CHEMIE UND CHEMISCHE TECHNOLOGIE

VON

DR. TECHN. DIPL.-ING. **WILLI MACHU**
WIEN

MIT 99 TEXTABBILDUNGEN

Springer-Verlag Wien GmbH

1949

ISBN 978-3-7091-2396-6 ISBN 978-3-7091-2395-9 (eBook)
DOI 10.1007/978-3-7091-2395-9

Ursprünglich erschienen bei Springer-Verlag in Vienna 1949.
Softcover reprint of the hardcover 1st edition 1949

Vorwort.

Bei meiner Vorlesung über „Chemie für Maschinenbauer“ an der Technischen Hochschule in Brünn tauchte bei mir der Wunsch auf, einem Bedürfnis und Interesse der Studentenschaft, aber auch der bereits in der Praxis stehenden Ingenieure aller Fachrichtungen oder Nichtchemiker nach einem Grundriß der Chemie und chemischen Technologie Rechnung zu tragen und alles für den Ingenieur und Naturwissenschaftler Wissenwerte auf diesem Gebiete kurz zusammenzufassen. Es hatte sich nämlich gezeigt, daß es wohl eine ganze Reihe von ausgezeichneten Spezialwerken größeren Umfanges über anorganische, organische, physikalische oder technologische Chemie gibt, eine kürzere Zusammenfassung aber aller dieser Gebiete, wie sie zur Einführung in die Chemie für den Ingenieur oder Nichtchemiker benötigt wird, fehlte.

In den erwähnten Fachbüchern empfindet der Ingenieur, aber auch der Chemiker es meist als sehr zeitraubend, daß einerseits bei der Besprechung der Eigenschaften eines Stoffes ihre Herstellungsverfahren und Anwendungsmöglichkeiten in der Technik nur gestreift oder überhaupt nicht erwähnt werden, während andererseits in Werken technologischen Inhaltes die zum Verständnis der technischen Verfahren erforderlichen allgemeinen chemischen Gesetzmäßigkeiten und stofflichen Eigenschaften nicht behandelt werden. Das Studium der Chemie und chemischen Technologie ist daher dem Nichtchemiker dadurch erschwert, daß er vielfach mehrere umfangreiche Spezialwerke zu Rate ziehen muß. Dadurch wird auch der Überblick und das Verständnis beeinträchtigt und ein unnötig großer Zeitaufwand erforderlich.

Im vorliegenden Buche wird nun der Versuch gemacht, dem werdenden und fertigen Ingenieur aller Fachrichtungen, dem Studierenden der Chemie, Physik, Medizin usw. ein kurz gefaßtes Buch über die allgemeinen und physikochemischen Grundlagen der anorganischen und organischen Chemie sowie über die chemisch-technologischen Vorgänge bei der Herstellung der wichtigsten Roh-, Bau- und Werkstoffe an die Hand zu geben. Es wurde dabei auch berücksichtigt, daß das Buch auch als kleines Nachschlagewerk für Löslichkeiten, stoffliche Eigenschaften usw. dienen soll. Es wurden daher bei der Besprechung der einzelnen Stoffe auch ihre wichtigsten physikalischen Eigenschaften, wie Krystallsystem, Farbe, Dichte, Schmelz- und Siedepunkt, Löslichkeit, Anwendungsmöglichkeit, Festigkeit usw., angeführt.

Die den Techniker, Physiker usw. besonders interessierenden Abschnitte, wie Baumaterialien, Brennstoffe, Treibstoffe, Schmiermittel, Metalle, Legierungen, Werkstoffe, Korrosion und Korrosionsschutz, Kunststoffe, Wasserreinigung usw., sind ausführlicher, andere, für ihn weniger wichtige Gebiete, wie z. B. die organischen Farbstoffe, kürzer behandelt worden. Die zum Verständnis des chemischen Schrifttums und chemischer Vorgänge notwendigen Grundbegriffe, wie z. B. Dissoziation, Hydrolyse, chemische Kinetik, Katalyse, Kolloidchemie, Komplexverbindungen u. dgl., sind ohne Voraussetzung von Vorkenntnissen beim Leser an der jeweils günstigsten Stelle besprochen worden.

Der verhältnismäßig enge Rahmen des Buches zwang bei der ungeheuren Fülle des zu behandelnden Stoffes zu einer möglichsten Kürze bei der Behandlung der einzelnen Elemente, Verbindungen oder technischen Verfahren. Es konnte daher häufig nur auf die modernsten und technisch in größerem Umfange ausgeübten Verfahren ausführlicher eingegangen werden, ältere oder nicht mehr durchgeführte Verfahren meist nur kurz erwähnt werden.

Mein Streben ging dahin, in einer gedrängten Übersicht das Verhalten der Stoffe, ihre Eigenschaften, Herstellungsverfahren usw. so einfach und kurz wie möglich zu erörtern, ohne dabei Wichtiges zu übergehen oder das Verständnis zu gefährden. Es ist keineswegs Zweck dieses Buches, den Elektro-, Maschinen- oder Bauingenieur usw. auch zu einem Chemiker zu erziehen, sondern ihm nur das Verständnis für chemische Vorgänge zu vermitteln und seine Aufmerksamkeit auch auf die dem Chemiker bei der Lösung eines chemischen Problems zur Verfügung stehenden Mittel zu lenken. Der Ingenieur soll die Sprache des Chemikers verstehen lernen und sich möglichst auch eine chemische Denkweise bei chemischen Problemen aneignen, wie ja auch der Chemiker die Sprache des Ingenieurs verstehen muß.

Das vorliegende Buch eignet sich auch zum Studium der Chemie für Nichttechniker, wie Mediziner, Physiker, Philosophen, Mathematiker, Chemieschüler an Fachschulen, sowie zur Wiederholung der Chemie für Chemiker.

Es ist mir ein aufrichtiges Bedürfnis, allen jenen Herren Fachkollegen und Firmen, die mich bei der Abfassung des Werkes durch Überlassung von Bildmaterial, Literatur, der Durchsicht des Manuskriptes usw. unterstützten, auch an dieser Stelle meinen aufrichtigsten Dank auszusprechen. Besonderen Dank schulde ich meinem lieben Kollegen Herrn Dipl.-Ing. W. Stidl, der eine ganz außergewöhnliche Sorgfalt bei der Durchsicht des Manuskriptes anwandte.

Dieses Buch widme ich meiner lieben Mutter und dem Andenken meines guten Vaters.

Wien, im Dezember 1948.

W. Machu.

Inhaltsverzeichnis.

Abkürzungsverzeichnis.

Ac	Aceton
Ae	Aether
Al	Aethylalkohol
Alk	Alkalien
b	blau
br	braun
Bzl	Benzol
D	Dichte
d. P.	dichteste Packung
dim	dimorph
Dps	Doppelsalz
Dr	unter Druck
entw	entwickelt
fbl	farblos
fl	flüssig
flch	flüchtig
fl. z.	flächenzentriert
Fp	Schmelzpunkt
g	gelb
gef	gefällt
gf	gasförmig
gr	grün
h	heiß
h (vor Farben)	hell
hex	hexagonal
hy	hygroskopisch
k	konzentriert
kryst	krystallisiert
Kryst	Krystalle
l	löslich oder gelöst
ll	leicht löslich
L	Löslichkeit in Wasser
LA	Löslichkeit in Aethylalkohol
LM	Löslichkeit in Methylalkohol
Lm	Lösungsmittel
Lsg	Lösung
∞l	in jedem Verhältnis miteinander mischbar
M	Methylalkohol
mischbar	unbegrenzt mischbar mit Wasser usw.
monokl	monoklin
nl	nicht löslich
or	orange
r	rot
reg	regulär
r. z.	raumzentriert
rhomb	rhombisch
rhomboedr	rhomboedrisch
s.	siehe
s	schwarz gefärbt oder sehr
S	Säure
SS	Säuren
sdd	siedend
sl	sehr leicht löslich
subl	sublimiert
swl	sehr wenig löslich
tetr	tetragonal
trikl	triklin
ungegl	ungeglüht
Uwp	Umwandlungspunkt
v	violett
W	Wasser
wl	wenig löslich
zers	zersetzlich oder zersetzt

Zeichenerklärung.

Bei den einzelnen Verbindungen sind in Klammern vorerst meist die Farbe, dann das Krystallsystem, das spezifische Gewicht (Dichte) D, bei Gasen das Litergewicht bei 0° und 760 mm Druck, ferner der Schmelz- oder Flüssigkeitspunkt Fp, der Siede- oder Kochpunkt Kp oder Sublimationspunkt Sbl, eventuell bei der Erhitzung auftretende Umwandlungspunkte Uwp oder Zersetzungserscheinungen (Zers), und schließlich die Löslichkeit L in g des wasserfreien, gelösten Stoffes in 100 g der Lösung für den bei 20° C (in diesem Falle ohne Temperaturangabe) oder bei der besonders angegebenen Temperatur beständigen Bodenkörper angeführt. Soweit dies erforderlich war, wurde für diesen auch der Krystallwassergehalt angegeben. Bei Umwandlungspunkten sind beide Hydrate in Bruchform angeführt; z. B. bedeutet Uwp $^7/_5$ H_2O 38°, daß sich bei 38° C das Heptahydrat in das Pentahydrat umwandelt. Bei Löslichkeitsangaben für andere Temperaturen als 20° C sind diese besonders angeführt. So bedeutet z. B. die Angabe: L 90% Al 50°: 37, daß in 100 g 90%iger, aethylalkoholischer, gesättigter Lösung bei 50° 37 g des gelösten Stoffes enthalten sind. Bei Gasen ist die Löslichkeit in Volumina des gelösten Gases unter Normalbedingungen (0° C, 760 mm Druck) in 1 Volumen Flüssigkeit angegeben. Die zum Nachweise der einzelnen Elemente angeführten Reaktionen sind den von der Internationalen Kommission für neue analytische Reaktionen und Reagentien als empfindlich empfohlenen, möglichst spezifischen Reaktionen entnommen worden.

Die Abkürzungen wurden in Anlehnung an die Vorschläge der Deutschen Chemischen Gesellschaft gewählt.

„Wissen ist Macht!"

Einführung.

Allgemeine Grundlagen der Chemie.

1. Der Ingenieur und die Chemie.

Vor etwa 100 Jahren ist es noch möglich gewesen, daß einzelne große Männer, wie z. B. Alexander v. Humboldt u. a., die gesamten Naturwissenschaften ihrer Zeit zu beherrschen vermochten. Der riesige Aufschwung aller Geisteswissenschaften im letzten Jahrhundert, insbesondere aber die außerordentlich rasche Entwicklung der letzten 50 Jahre durch die Erfindung des Automobils, Radios, Films, Flugzeugs usw. hat es aber mit sich gebracht, daß auf nahezu allen Gebieten eine immer weiter gehende Spezialisierung eingetreten ist. Es ist heute schon physisch nicht mehr möglich, daß ein einzelner Mensch Fachmann auf allen Teilgebieten auch nur seiner eigenen Fachrichtung sein kann. Schon allein die ungeheure Zahl der Veröffentlichungen — im Chemischen Zentralblatt allein werden beispielsweise über 3000 chemische Fachzeitschriften referiert — auf einem Fachgebiete hat dazu geführt, daß man sich auf einem nur mehr oder weniger engen Teilgebiete seiner Fachrichtung weiterbilden und vervollkommnen kann. Wir alle kennen daher einen Chirurgen, Zahn-, Nasen-, Ohren-, Augenarzt, auf chemischem Gebiete einen Anorganiker, Organiker, Physikochemiker, Biochemiker, Technologen, Nahrungsmittelchemiker usw.

Die Vorteile, die mit einer solchen Spezialisierung des Fachwissens verbunden sind, sind einleuchtend. Andererseits muß jeder Einsichtige zugeben, daß sie auch mit einer großen Gefahr verbunden sein kann. Schlechterdings kann man sich einen Fachmann nicht vorstellen, der nicht auch einen Überblick über die übrigen Fächer seiner Fachrichtung besitzt und den Zusammenhang zwischen verschiedenartigen Erscheinungen zu beherrschen vermag. Gerade die Praxis zeigt ja immer wieder, daß jeder einzelne „Fall" fast stets bei seiner Analyse sehr kompliziert aus Teilerscheinungen aus verschiedenen Fachgebieten zusammengesetzt ist. Man möge beispielsweise nur an die Erscheinungen der Korrosion, das ist die mit der Zerstörung unserer Werkstoffe durch die Atmosphäre, Lösungen usw. zusammenhängende Wissenschaft, denken, bei der elektrochemische, metallurgische, anorganische, organische, physikalische, konstruktive, kolloidchemische, physikochemische, technologische usw. Probleme auftreten und berücksichtigt werden müssen. Die Natur reiht die „Fälle“ nicht in ein starres Schema ein, wie es sich der Menschengeist, meist aus Bequemlichkeitsgründen, selbstverständlich aber auch auf Grund praktischer und pädagogischer Erwägungen, gerne wünschen und konstruieren möchte. Ein zartes, meist nicht auf den ersten Blick ersichtliches Netz von Fäden spinnt sich vom Kernpunkt eines jeden Problems strahlenartig in die weiter entfernten oder benachbarten Teilgebiete, und derjenige ist erst der wahre Fachmann, der diese inneren Zusammenhänge erkennt und auch anwendet.

Es muß daher im Interesse eines jeden Ingenieurs liegen, sich auch jenen notwendigen Überblick auf die Rand- und Fachgebiete seiner Fachrichtung zu verschaffen, der ihn befähigt, über den Dingen zu stehen. Eines jener Gebiete, die scheinbar mit dem Fachgebiete des Maschinenbauers, Elektrotechnikers, Bauingenieurs usw. in keinem näheren Zusammenhange stehen, ist die Chemie. Es gibt aber täglich Probleme, mit denen sich der Ingenieur befassen muß und bei denen die Chemie eine wichtige Rolle spielt. Schon allein die Werkstofffragen, die Vorgänge bei der Verbrennung in der Feuerung und im Motor, die Reinigung des Wassers für die Speisung des Dampfkessels, Schmiermittel, Treibmittel, Sprengstoffe, Brennstoffe, Kunststoffe usw. erfordern zu ihrer sachgemäßen, wirtschaftlichen und richtigen Anwendung auch rein chemische Kenntnisse über diese Fragen.

Selbstverständlich kann man von einem Ingenieur nicht eine ebensolche gründliche Ausbildung wie vom Berufschemiker selbst verlangen. Ein gewisses Mindestmaß aus der Chemie ist jedoch zum Verständnis technischer Fragen allgemeiner Art auch für den Ingenieur erforderlich. Im vorliegenden Buche wird daher der Versuch unternommen, dem Ingenieur die elementaren Kenntnisse der Chemie und chemischen Technologie zu vermitteln.

2. Die Einteilung und Aufgaben der Chemie.

Die Chemie ist ein Teil der Naturwissenschaften, u. zw. die Lehre von den Stoffen und ihren Anwendungen. Wegen der Fülle der Erscheinungen bei den stofflichen Veränderungen hat man die Chemie in zahlreiche Teilgebiete unterteilt, die aber nicht immer scharf getrennt werden können, sondern in den Randgebieten meist ineinander übergreifen. Die *anorganische* Chemie befaßt sich mit den Stoffen der leblosen Natur aus dem Mineralreiche, die *organische* mit den zahlreichen Verbindungen des Kohlenstoffes, die zum Teil auch im lebenden tierischen und pflanzlichen Organismus vorkommen. Die *chemische Technologie* behandelt die Herstellungsverfahren und die Anwendung der in der chemischen Industrie und im täglichen Leben verwendeten Stoffe.

Die *analytische Chemie* ist die Lehre von der Zerlegung eines Stoffes in seine Bestandteile oder Elemente, die *synthetische Chemie* hat die umgekehrte Aufgabe, zusammengesetzte Stoffe aus einfacheren oder Elementen aufzubauen. Den Übergang der Chemie zur Physik behandelt die *physikalische Chemie*. Die Erkenntnisse der reinen Chemie finden ihre Anwendung in der *angewandten Chemie*, u. zw. der Mineral-, Agrikultur-, Mikro-, Nahrungsmittel-, Bio-, physiologischen, pharmazeutischen Chemie usw.

3. Physikalische und chemische Vorgänge.

Die Physik ist ebenso wie die Chemie eine exakte Naturwissenschaft, die sich mit der Beschreibung und Beobachtung der Naturerscheinungen befaßt. Während aber die Physik sich mehr mit der Untersuchung der Zustandsänderungen der Stoffe befaßt, ist die Chemie die Lehre von den Veränderungen der Stoffe selbst. Unter „Stoff" versteht man alle Materie, unabhängig von ihrer jeweiligen Größe und äußeren Gestalt, also nur bezüglich ihrer spezifischen Eigenschaften betrachtet. Stoffe sind z. B. Glas, Holz, Wasser, Eisen, Kautschuk usw. Jeder Wassertropfen ist ebenso der chemische Stoff „Wasser" wie das Weltmeer, ein Eiszapfen oder Wasserdampf. Jeder Stoff hat seine spezifischen Eigenschaften, die immer gleich sind und auch stets gleichbleiben. Die Unveränderlichkeit der Eigenschaften der Stoffe in der Natur ist die Grundlage der Naturwissenschaften überhaupt.

Die Unterschiede zwischen physikalischen und chemischen Vorgängen lassen sich am einfachsten an Beispielen aufzeigen.

a) Erhitzt man einen Platindraht in einer Flamme, so wird er glühend, ändert aber seine Zusammensetzung und spezifischen Eigenschaften nicht. Nach dem Abkühlen ist das Platin wieder gänzlich unverändert. Erhitzt man aber ein Stück Magnesiumband in einer Flamme, so geht unter greller Lichterscheinung eine stoffliche Veränderung vor sich. Das ursprünglich metallisch blanke und zusammenhängende Band zerfällt zu einem weißen Pulver, das nicht mehr aus Magnesium, sondern aus Magnesiumoxyd besteht.

b) Erhitzt man Wasser in einem oben offenen Gefäße, so kommt es schließlich zum Sieden und verdampft. Die Wasserdämpfe kann man in einem Kühler durch Abkühlung auf eine Temperatur unter dem Siedepunkt (100° C) wieder zu flüssigem Wasser verdichten oder kondensieren, das bei der Verdampfung und Kondensation seine stofflichen Eigenschaften nicht veränderte. Schickt man aber durch das Wasser mit Hilfe von zwei Platinelektroden einen elektrischen Strom entsprechender Spannung und Stärke hindurch, so treten an den beiden Elektroden Gase, u. zw. Wasserstoff (2 Vol.) und Sauerstoff (1 Vol.), auf. Diese lassen sich nicht mehr durch einfache Wasserkühlung zu Wasser verdichten und besitzen gänzlich andere Eigenschaften als das Wasser. Durch den elektrischen Strom ist das Wasser nämlich in seine beiden Komponenten, Wasserstoff und Sauerstoff, zerlegt worden. Der Platindraht der Elektroden erfuhr beim Stromdurchgang keine stoffliche Veränderung. Die metallische Leitung (Leiter erster Klasse) ist somit ein physikalischer, die Stromleitung unter Zersetzung (Leiter zweiter Klasse) demnach ein chemischer, u. zw. elektrochemischer Vorgang.

4. Die chemischen Grundoperationen.

Zur Ausführung chemischer Vorgänge oder Reaktionen werden sowohl im Laboratorium als auch im chemischen Betriebe eine Reihe von stets gleichbleibenden Operationen durchgeführt, die nachstehend kurz beschrieben werden sollen.

a) Mechanische Oberflächenvergrößerung. Um die verschiedenen Stoffe besser aufeinander zur Einwirkung bringen zu können, müssen sie sich möglichst innig berühren. Die Berührung ist um so häufiger, je feiner die Stoffe verteilt sind, da dadurch die Oberfläche und damit die Reaktionsfähigkeit ganz außerordentlich erhöht wird. Mineralische Stoffe werden nach der Gewinnung durch Brechen, Mahlen, Stoßen, Reiben, Drücken, Biegen (Hartzerkleinerung), Stoffe der organischen Natur, wie Holz, Zuckerrüben, Kartoffeln usw., durch Schneiden, Schnitzeln, Naßschleifen (Weichzerkleinerung) zerkleinert. Die Zerkleinerungsmaschinen (s. S. 294) für feste Stoffe spielen in der chemischen Technik eine große Rolle. Die Flüssigkeiten lassen sich erheblich einfacher zerteilen, z. B. durch Auspressen aus Düsen (Zerstäuberdüsen), Herabtropfenlassen, Rieseln über feste Körper (Rieseltürme, evtll. noch mit Füllkörpern), Verteilung auf Platten (Hordenwäscher, Gaswäscher) usw. Gase brauchen nur gut durchgemischt zu werden, was z. B. durch Ausströmenlassen aus einer größeren Anzahl von Röhren, durch poröse Platten usw. möglich ist.

b) Stückigmachen oder Agglomerieren. Der umgekehrte Vorgang der Oberflächenverkleinerung ist die Vereinigung kleinerer Teilchen zu größeren, festeren, vielfach unter gleichzeitiger Formgebung (Brikettierung). Das Agglomerieren kann durch Zusammenschmelzen, Sintern (Erhitzen bis unterhalb des Schmelzpunktes, aber bis zur beginnenden Erweichung), Verwendung von Bindemitteln (Pech, Wasser), Lösemitteln (Krystallisation) oder hohen Druck erfolgen.

c) Mischen. Die Ausgangsprodukte für chemische Reaktionen müssen meist möglichst gleichmäßig miteinander vermischt werden, um einen störungsfreien Ablauf der Reaktion sowie gleichmäßige Reaktionsprodukte zu erhalten. Feste Stoffe werden mit festen in langsam sich drehenden Trog- oder Trommelmischmaschinen mit Rührwerken, Mischeinbauten usw., gemeinsame Zerkleinerung nach bestimmten Mengenverhältnissen in Mühlen, kontinuierliches Durchpressen durch Mischschnecken, Umschaufeln, Einpressen durch Luft in Silos usw. gemischt. Feste und flüssige Stoffe mischt man in Schaufelrührwerken, Knetwerken, durch Einpressen von Druckluft, Umwälzen in einem Holländer, Zerkleinerungsmaschinen wie im Kollergang usw.

Tab. 1. Übersicht über die Trennungsverfahren auf Grund des verschiedenen Aggregatzustandes (nach Henglein).

Aggregatzustand der zu trennenden Mischung		Trennungsverfahren
1. fest	fest	Sieben, Windsichten (Trennung durch Schwerkraft), Naßklassieren (Trennung durch Sedimentation), Flotieren (Schwimmaufbereitung durch Gasblasen), Extrahieren mit selektiven Lösungsmitteln, Trennung durch Elektrizität (elektrostatische Entstaubung, Trennung durch Magnetismus).
	flüssig	Abschlämmen und Dekantieren (die groben Teilchen setzen sich früher ab als die feineren), Auswaschen, Zentrifugieren, Krystallisieren, Pressen, Filtrieren (Filter lassen die Flüssigkeit, nicht aber den festen Stoff durch), Dialyse (Trennung von Kolloiden von Krystalloiden durch eine halbdurchlässige Membran), Elektroosmose (Trennung von festen Kolloidteilchen von Flüssigkeiten durch ein elektrisches Potentialgefälle), Trocknen.
	gasförmig	Verlangsamung der Strömungsgeschwindigkeit (Staubkammern, Prallwände), Auswaschen, elektrostatische Verfahren, Filter.
2. flüssig	flüssig	Zentrifugieren, Verdampfen, Destillieren (Trennung einer Flüssigkeit von einem nicht flüchtigen oder festen Rückstand), Rektifikation (wiederholte Zerlegung zweier siedender Flüssigkeiten und Kondensation), Ausfrieren, Extrahieren.
	gasförmig	Extrahieren, Desorption (durch verminderten Druck oder Gasstrom).
3. gasförmig — gasförmig		Verflüssigen und dann Destillieren (Rektifizieren), Adsorbieren (Festhalten von Gasen an der Oberfläche fester Stoffe mit großer Oberfläche), Überführung in einen anderen Aggregatzustand und dann Trennen, Absorption (Auswaschen), Diffusion durch Trennrohr.

Lösliche Stoffe können mit Flüssigkeiten durch Lösen vermischt werden. Da das Lösungsmittel fast stets leichter als der feste Stoff ist, die Lösungsgeschwindigkeit auch durch dauernde Erhöhung des Konzentrationsgefälles steigt, muß die Lösung dauernd gerührt werden. Dies kann mit Rührwerken, bei denen evtll. Ketten am Boden mitschleifen, Erwärmung, kontinuierliches Durchtreiben durch Schneckenlöser usw. erreicht werden. Das Lösungsmittel strömt dem Flusse des zu lösenden Stoffes entgegen, um sich möglichst weitgehend mit ihm zu sättigen (Gegenstromprinzip).

Flüssigkeiten werden untereinander durch Rühren mit festen Rührwerken oder Düsen, Auspressen aus Mischdüsen, Umpumpen usw. gemischt. Der Mischeffekt beim Rühren steigt mit der dritten Potenz der Umdrehungszahl an, erreicht aber ein Maximum. Sollen zwei sich nicht mischende Flüssigkeiten, wie z. B. Asphalt, in Wasser innigst ineinander verteilt werden, so geschieht dies auf dem Wege der Emulgierung, wozu intensiv und schnell arbeitende Rührwerke, Auspressen aus engen Öffnungen, Zentrifugieren usw. dienen können. Flüssigkeiten und Gase mischt man mit Mischdüsen, Lochplatten, Gase untereinander durch Ventilatoren.

d) Trennen. Eine sehr häufig erforderliche Operation ist die Trennung des erzeugten Produktes von der Reaktionsmischung, wozu je nach dem Aggregatzustand verschiedene Methoden angewendet werden müssen. Häufig stehen zur Trennung in speziellen Fällen mehrere verschiedenartige Trennungsverfahren zur Verfügung und muß erst den jeweiligen Verhältnissen entsprechend die günstigste, wirtschaftlichste und einfachste Trennungsmethode ausgewählt werden. Eine Übersicht über die Trennungsverfahren auf Grund des verschiedenen Aggregatzustandes gibt die Tab. 1 (nach Henglein).

5. Die chemischen Elemente.

Zerlegt man die zusammengesetzten Stoffe in immer einfacher werdende Bestandteile, so gelangt man schließlich zu einfachen Stoffen, die auf chemischem Wege nicht mehr weiter in einfachere aufgespalten werden können. Diese einfachen Stoffe bezeichnet man als Elemente, von denen man derzeit 96 kennt. Ihr Anteil am Aufbau der uns zugänglichen Erdrinde ist derart verschieden, daß eigentlich nur neun Elemente die äußere Erdschicht einschließlich der Meere aufbauen. Wie aus der ersten Spalte der Tab. 2 hervorgeht, kommen diese neun Elemente bereits in einer Häufigkeit von fast 99% vor.

Das Erdinnere weist eine ganz andere Zusammensetzung als die Erdrinde auf, wie sich bereits aus dem spezifischen Gewicht der Erde von 5,52 ergibt, während die Silikatschicht an der Erdoberfläche ein spez. Gew. von 2,7—3,1 aufweist. Wahrscheinlich besteht das Erdinnere aus einer Nickel-Eisen-Legierung. Die Sonne, Sterne und Weltnebel bauen sich, wie wir auf Grund von Untersuchungen von Meteoriten und spektralanalytischen Beobachtungsergebnissen wissen, aus den auch auf der Erde vorkommenden Elementen auf. Bisher wurde noch auf keinem Sterne ein auf der

Erde nicht auch vorhandenes Element entdeckt. Das ganze Weltall ist somit aus den 96 Elementen, die auch auf der Erde vorkommen, aufgebaut.

Tab. 2. Häufigkeit der wichtigsten Elemente in der äußeren Erdrinde (15 km Tiefe) in Gewichtsprozenten.

Sauerstoff . . .	49,42	Chlor	0,188	Kupfer . . .	0,016
Silicium	25,75	Phosphor . . .	0,120	Wolfram . .	0,0069
Aluminium . . .	7,51	Kohlenstoff . . .	0,087	Thorium . .	0,0025
Eisen	4,70	Mangan	0,080	Kobalt . . .	0,0018
Calzium	3,39	Schwefel	0,048	Molybdän . .	0,0015
Natrium	2,64	Chrom	0,033	Blei	0,0008
Kalium	2,40	Stickstoff	0,030	Zinn	$6,0.10^{-6}$
Magnesium . . .	1,94	Zink	0,020	Silber	$4,0.10^{-8}$
Wasserstoff . . .	0,88	Nickel	0,018	Quecksilber .	$2,7.10^{-8}$
Summe . .	98,63	Vanadin	0,016		

Moderner Elementbegriff. Die Elemente werden in Metalle und Nichtmetalle eingeteilt, wobei die Metalle mit Ausnahme des Quecksilbers bei gewöhnlicher Temperatur fest, die Nichtmetalle fest, flüssig oder gasförmig sind. Die moderne Chemie hat den früheren Begriff des Elementes, das aus einzelnen, gleichartigen und nicht mehr weiter zerlegbaren Teilchen, den *Atomen*, bestehen sollte, schwer erschüttert. Sie hat gefunden, daß bei den radioaktiven Elementen ein dauernder Selbstzerfall der Atome vor sich geht. Andererseits ist es gelungen, durch künstliche radioaktive Strahlung bei der Atomzertrümmerung nahezu alle Elemente spurenweise in einfachere Bestandteile zu zerlegen und Atome in andere Atome umzuwandeln. Fast alle Elemente sind auch nicht aus gleichartigen, z. B. gleichschweren Atomen zusammengesetzt, sondern aus mehreren Atomgattungen mit zwar gleichen chemischen Eigenschaften, aber mit verschiedener Masse. Man unterscheidet heute daher exakte *Reinelemente*, die aus nur einer einzigen und gleichartigen Atomart bestehen, und *Mischelemente*, die aus mehreren Atomarten, sog. *Isotopen* (s. S. 104), aufgebaut sind. Für gewöhnlich findet man jedoch mit der älteren Elementtheorie das Auslangen.

6. Atom, Atomgewicht, Formelsymbole, Moleküle, Molekulargewicht.

Als Atom wurde bereits auf S. 6 das kleinste, auf chemischem Wege nicht mehr weiter zerlegbare Teilchen eines Stoffes bezeichnet. Da die Atome selber ein unwägbar kleines Gewicht haben, hat man als das Atomgewicht nicht das Gewicht eines einzelnen, sondern einer bestimmten Anzahl, nämlich $6,06.10^{23}$ (Loschmidtsche Zahl, s. S. 10) Atome, festgesetzt. Früher wurde als

Einheit des Atomgewichtes jenes des Wasserstoffes als des leichtesten Elementes gewählt. Da aber Sauerstoffverbindungen viel häufiger als die des Wasserstoffes (Tab. 2) und ihre Molekulargewichte auch viel genauer bestimmbar sind, bezieht man sämtliche Atomgewichte auf den Sauerstoff, dessen Atomgewicht gleich 16,0000 gesetzt wurde. Wasserstoff hat dann das Atomgewicht 1,0081.

Das Atomgewicht bedeutet auch das Gewicht von $6{,}06 . 10^{23}$ Atomen eines Elementes in g und heißt dann *Grammatom.* Die Atomgewichte selbst sind unbenannte Zahlen und geben nur das Verhältnis des Grammatoms des Elementes zum Atomgewicht des Sauerstoffes gleich 16,0000 an. Das Grammatom ist somit das in g ausgedrückte Atomgewicht. Grammatom und Atomgewicht sind also dem Werte nach gleich.

Formelzeichen. Zur einfacheren Bezeichnung der Elemente wurden von Bunsen Abkürzungen eingeführt, die aus charakteristischen, meist den Anfangsbuchstaben der lateinischen oder griechischen Namen der Elemente gebildet sind. H bedeutet also Wasserstoff (lat. *H*ydrogenium), O Sauerstoff (*O*xygenium), Fe Eisen (lat. *Fe*rrum) usw. Diese Symbole bedeuten aber nicht nur die Atomart, sondern auch die Menge eines Elementes, u. zw. das Grammatom. O bedeutet also nicht nur Sauerstoff, sondern 16,0000 g Sauerstoff.

Chemische Verbindungen, Moleküle. Da chemische Verbindungen aus Atomen bestehen, kann man die Zeichen für Verbindungen durch Aneinanderreihung der Symbole für die Atome darstellen. Man erhält so die chemischen Formeln für Verbindungen. Die chemische Formel für Wasser ist z. B. H_2O. Sie gibt uns an, daß das kleinste noch für sich existenzfähige Wasserteilchen, ein *Molekül* Wasser, aus 2 Atomen Wasserstoff und 1 Atom Sauerstoff besteht. Der Index „2“ zeigt an, daß 2 gleichartige Atome Wasserstoff im Molekül vorhanden sind.

Die chemischen Formeln geben außer über die Art der in der Verbindung enthaltenen Elemente auch Auskunft über die Mengenverhältnisse, in denen sich die Atome vereinigt haben. Die Formel H_2O besagt, daß im Wasser $2 \times 1{,}0081 = 2{,}0162$ g Wasserstoff an 16,0000 g Sauerstoff gebunden sind. Die Summe der Atomgewichte der Verbindung ist das *Molekulargewicht* oder *Molgewicht*, das für Wasser z. B. 18,016 ist. Wird das Molekulargewicht in g ausgedrückt, so wird dieses als *Grammolekulargewicht*, abgekürzt *Molargewicht*, *Molgewicht* oder *Mol*, bezeichnet. Ein Mol Wasser sind also 18,016 g Wasser.

7. Verbindungen und Gemenge.

Fast alle chemischen Elemente sind befähigt, sich mit anderen zu chemischen Verbindungen zu vereinigen. In diesen weisen die

Elemente vollkommen andere physikalische und chemische Eigenschaften als im elementaren Zustande auf. Während elementares, metallisches Natrium das Wasser stürmisch und unter Feuererscheinungen zersetzt, elementares Chlor ein gelbgrünes, stechend riechendes und giftiges Gas darstellt, ist die chemische Verbindung beider, das Natriumchlorid oder Kochsalz, eine farblose, regulär krystallisierende, wasserlösliche und ungiftige Substanz, die sogar als Genußmittel dient.

Vielfach ist bei oberflächlicher Betrachtung nicht ohneweiters zu erkennen, ob eine chemische Verbindung von mehreren Elementen oder nur ein physikalisches, mechanisches Gemenge mehrerer Verbindungen oder Elemente vorliegt. Während Gemenge auf physikalischem Wege durch Lösen, Sieben usw. in die einzelnen Bestandteile zerlegt werden können, ist dies bei einer chemischen Verbindung nicht durch physikalische, wohl aber durch chemische Methoden möglich. Eine klare, wässerige homogene Kochsalzlösung ist keine Verbindung des Wassers mit Natriumchlorid, denn sie läßt sich durch Verdampfung des Wassers leicht in Wasser und festes Natriumchlorid zerlegen. Ein inniges Gemenge von Schwefel und Eisenpulver kann sowohl durch Lösen des Schwefels in Schwefelkohlenstoff, Entfernen des Eisens durch Auflösen in Salzsäure, wobei ein geruchloses Gas, Wasserstoff, entweicht, oder Entfernung des Eisens mit einem Magneten in Schwefel und Eisen getrennt werden. Läßt man Schwefel und Eisen z. B. durch Anzünden des Gemenges miteinander reagieren, so ist die entstandene chemische Verbindung Eisensulfid weder durch Lösen mit Schwefelkohlenstoff noch durch einen Magneten in Schwefel und Eisen zu zerlegen. Beim Behandeln mit Salzsäure löst sich die ganze Verbindung unter Entwicklung eines unangenehm riechenden giftigen Gases, des Schwefelwasserstoffes, auf, kurz, die Eigenschaften der Elemente sind in der Verbindung verschwunden und durch neue ersetzt.

8. Konstante und multiple Proportion, Gesetz der Erhaltung der Masse und Energie.

Wenn man bei der Herstellung einer Verbindung aus den Elementen, z. B. von Natriumchlorid nach der Reaktionsgleichung $Na + Cl = NaCl$, also 22,997 g Natrium, das Grammatom des Natriums, und 35,457 g Chlor (1 Grammatom Chlor) aufeinander einwirken läßt, so erhält man 58,454 g Natriumchlorid. Verwendet man eines der beiden Elemente im Überschuß, z. B. 30 g Natrium, so ist nach der Reaktion die Differenz von 7,003 g Natrium unverändert neben dem NaCl festzustellen. Ebensowenig kann auch ein noch so großer Überschuß an Chlor an das Natriumchlorid gebunden werden.

Natrium und Chlor reagieren daher nur derart miteinander, daß stets auf 1 Gewichtsteil Natrium 35,457 : 22,997 = 1,54 Gewichtsteile Chlor kommen. Die Gewichte, in denen sich die einzelnen Elemente mit anderen zu Verbindungen vereinigen und die unveränderlich sind, nennt man die *Verbindungsgewichte.* Die Elemente reagieren also stets nur in ganz bestimmten Mengenverhältnissen miteinander. Jenes Verbindungsgewicht eines Elementes, das sich mit 1,0081 g Wasserstoff oder der äquivalenten Menge eines anderen einwertigen Elementes verbindet, oder das 1,0081 g Wasserstoff in einer Verbindung zu ersetzen vermag, bezeichnet man als das *Äquivalentgewicht.* Die Regelmäßigkeit, daß sich die Elemente stets nur in ganz bestimmten Gewichtsverhältnissen zu Verbindungen vereinigen, nennt man das *Gesetz der konstanten Proportionen.*

Das Gesetz der konstanten Proportionen kann auf Grund der Annahme von Dalton, daß im Grammatom eines jeden beliebigen Elementes gleich viele Atome vorhanden sind, abgeleitet werden. $6{,}06 \cdot 10^{23}$ Natriumatome (Loschmidtsche Zahl) vereinigen sich mit ebensoviel Chloratomen zu $6{,}06 \cdot 10^{23}$ Molekülen Natriumchlorid. Auf jedes einzelne Chloratom entfällt daher nur genau 1 Chloratom oder auf 1 Grammatom Natrium (= 22,997 g Na) 35,457 g Cl.

Kann sich ein Atom eines Elementes mit zwei, drei, vier oder mehr Atomen eines anderen Elementes vereinigen, so folgt aus den eben angestellten atomistischen Überlegungen, daß die Gewichtsverhältnisse der betreffenden Elemente zueinander in einem einfachen, ganzzahligen Verhältnis stehen müssen, nämlich 1 : 2, 1 : 3, 1 : 4 usw. Diese Gesetzmäßigkeit wird als *Gesetz der multiplen Proportionen* bezeichnet.

Nach dem *Gesetz von der Erhaltung der Masse* bleibt bei allen chemischen Vorgängen die Masse der reagierenden Stoffe konstant. In den Reaktionsgleichungen stehen auf beiden Seiten der Gleichung keinesfalls gleiche Stoffe, sondern nur gleiche Mengen. Ebenso wie die Masse bleibt bei der Reaktion auch die Energie des gesamten Systems konstant. Strenger gefaßt hat dieses Gesetz wegen der Umwandelbarkeit von Masse in Energie zu lauten: In einem geschlossenen System bleibt bei allen Umsetzungen die *Summe* von Masse und Energie konstant. Da die Reaktionsprodukte stets einen kleineren oder größeren Energieinhalt als die Ausgangsstoffe besitzen, tritt diese Energiedifferenz als Wärme auf und wird als die *Wärmetönung* (s. S. 75) der Reaktion bezeichnet. Als Einheit der Wärmemenge wird die kleine (cal) oder die tausendmal so große Kilocalorie kcal verwendet. Bei der Bildung von Natriumchlorid aus Natrium und Chlor nach der Reaktionsgleichung $2\,Na + Cl_2 = 2\,NaCl + 196\,kcal$ werden 196 kcal frei. Die Reaktionsgleichung gibt daher außer den Mengenverhältnissen der beteiligten Stoffe auch die Energieänderung des Systems beim Umsatz an.

9. Die Wertigkeit oder Valenz.

Das Vorhandensein von chemischen Verbindungen und von Molekülen, die aus gleichartigen Atomen wie z. B. beim gasförmigen Wasserstoff H_2 und Sauerstoff O_2 bestehen, läßt auf das Vorhandensein von Kräften schließen, die den Zusammentritt und -halt der Atome bewirken. Man kann sich vorstellen, daß von jedem Atom, das mit einem anderen verbunden ist, eine Valenzkraft ausgeht, mittels der sie sich gegenseitig festhalten.

Die Atome verbinden sich aber nicht wahllos miteinander, sondern nach ganz bestimmten bevorzugten Gesichtspunkten. Außerdem ist es möglich, daß ein Atom 2, 3, 4 bis zu 8 Valenzen besitzen kann. Man spricht dann von 2-, 3-, 4-, 8wertigen Atomen. Hat z. B. ein 3wertiges Atom seine 3 Valenzen abgesättigt, kann es keine weiteren Atome mehr binden. In den meisten Fällen hat ein Atom mehrere verschiedene Wertigkeiten, so ist Eisen 2- und 3wertig, Chrom 2-, 3-, 6-, 7wertig usw. Durch welche Atome die Valenzen abgesättigt werden, ist an sich gleichgültig. So kann z. B. der 4wertige Kohlenstoff vier Atome Wasserstoff, vier Atome Chlor, zwei 2wertige Atome wie Sauerstoff, Schwefel oder ein 4wertiges Atom wie Silicium binden.

Bei den Molekülen unterscheidet man zwei größere Klassen, die dualistisch gebauten, die auch heteropolare oder polare genannt werden nach Art des Natriumchlorids, und die unitarischen, homöopolaren oder unpolaren. Die letzteren können nicht in zwei elektrisch entgegengesetzt geladene Teile aufgespalten werden; zu ihnen gehören die meisten organischen Verbindungen.

10. Nomenklatur der anorganischen Verbindungen.

Die Bezeichnung der anorganischen Verbindungen wird leider noch nicht einheitlich gehandhabt. Die neuere Nomenklatur hat sich auch in Fachwerken noch nicht durchgesetzt. Nach der neueren Nomenklatur wird die Wertigkeitsstufe in Form einer römischen Ziffer in den Namen der Verbindung eingeschaltet, nach der älteren die höhere Wertigkeitsstufe durch Einschaltung des Buchstabens „i“ in den lateinischen oder griechischen Elementnamen oder durch Anhängung der Silben -oxyd oder -id, die niedrigere durch Einschaltung des Buchstabens -o oder durch die Nachsilben -oxydul oder -ür gekennzeichnet. Eisen-II-Oxyd FeO, gesprochen Eisen-zwei-oxyd, ist somit nach der älteren Bezeichnungsweise als Ferrooxyd oder Eisenoxydul, Eisen-II-Chlorid $FeCl_2$ als Eisenchlorür oder Ferrochlorid zu bezeichnen. Eisen-III-Oxyd Fe_2O_3 entspricht Ferrioxyd oder Eisenoxyd, Eisen-III-Chlorid $FeCl_3$ Ferrichlorid oder Eisenchlorid.

Bei den Salzen der sauerstofffreien Säuren, wie Salzsäure, Schwefelwasserstoff usw., wird zuerst das Kation, dann das Anion genannt und die Silbe -id angehängt, z. B.: Natriumchlorid NaCl, Kaliumsulfid K_2S. Bei sauerstoffhaltigen Salzen wird die normale höhere Oxydationsstufe durch Anhängung der Silbe -at, die niedrigere durch -it gekennzeichnet. Beispiel: Natriumsulfat Na_2SO_4, Natriumsulfit Na_2SO_3. Das saure Salz $NaHSO_4$ heißt nach der neueren Bezeichnung Natriumhydrosulfat, daneben findet sich aber auch noch vielfach Natriumbi- oder Natriumdisulfat. Zum Verständnis auch älterer Bezeichnungsweisen sind im vorliegenden Werke stets neben den neueren auch die älteren Bezeichnungen angeführt.

A. Nichtmetalle.

I. Sauerstoff.

Symbol O; Atomgewicht 16,0000; Wertigkeit II; Ordnungszahl 8; Siedepunkt —183,0°; Schmelzpunkt —218,5°; kritische Temperatur —118,8°; Dichte (—183°) 1,118.

Vorkommen. Sauerstoff wurde gleichzeitig von Scheele und Priestley 1774 entdeckt. Im freien Zustande kommt der Sauerstoff in der Luft vor, die 20,9 Vol.% Sauerstoff enthält. Gebunden liegt der Sauerstoff im Wasser, in fast allen Gesteinen und Mineralen sowie in den Stoffen, aus denen der pflanzliche und tierische Organismus aufgebaut ist, vor. Sauerstoff ist das verbreitetste Element auf der Erde (Tab. 2). Er ist ein farb-, geschmack- und geruchloses Gas, das von Wasser etwas gelöst wird (100 ccm Wasser lösen bei 0° 4,890, bei 20° 3,102 und bei 100° 1,700 ccm Sauerstoff). Mit steigender Temperatur nimmt somit die Löslichkeit des Sauerstoffes im Wasser, allgemein die Löslichkeit von Gasen in Flüssigkeiten, ab. Sie ist auch proportional dem Druck des Gases (*Henrysches Gesetz*). Je höher der Druck ist, desto größer ist auch die Löslichkeit des Gases in der Flüssigkeit. Die Konzentration eines Gases in einem gegebenen Raum über der Flüssigkeit und die Konzentration in der Lösung stehen in einem konstanten Verhältnis zueinander.

Die wichtigsten *physikalischen Eigenschaften* des Sauerstoffes sind: Schmelzpunkt oder Flüssigkeitspunkt Fp —218,5°, Siedepunkt oder Kochpunkt Kp —183°, kritische Temperatur —118,8°, Dichte D (—183°) 1,118. Beim kritischen Temperaturpunkt läßt sich der Sauerstoff durch einen Druck von 49,7 Atm. (krit. Druck) verflüssigen; relative Dichte (Luft = 1) = 1,10535, Sauerstoff = 1 = 1,000; 1 Liter wiegt bei 0°, 760 mm (Normalbedingungen eines Gases) 1,429 g.

Sauerstoffmolekel, thermische Dissoziation. Gasförmiger Sauerstoff ist zweiatomig, d. h. das kleinste für sich beständige Sauerstoffteilchen, das Sauerstoffmolekül, besteht aus zwei Atomen. Die Bindung zwischen diesen beiden Atomen der Sauerstoffmolekel ist sehr kräftig. Durch starkes Erwärmen wird die Eigenbewegung der Atome aber so stark, daß sie schließlich die Anziehungskräfte überwinden und die Sauerstoffmolekel in zwei Atome zerfällt oder, wie der Fachausdruck lautet, dissoziiert. Diese sog. *thermische Dissoziation* beträgt bei 2500° aber erst 0,85%, bei 3000° 5,95%. Im flüssigen Sauerstoff liegen wahrscheinlich auch aus vier Atomen bestehende O_4-Molekeln vor, da mit sinkender Temperatur allgemein der der Dissoziation entgegengesetzte Vorgang der *Assoziation*, d. h. Bildung größerer Moleküle aus kleineren, überwiegt.

Gasgesetze. Die Dichte der Gase ändert sich sehr stark mit der Temperatur und dem Druck, wobei die folgenden Beziehungen bestehen:

Gesetz von Boyle-Mariotte: Das Produkt aus Druck p und Volumen v eines Gases ist bei gleicher Temperatur stets konstant: $pv = \text{konst.}$

Gesetz von Gay-Lussac: Bei konstantem Druck ändert sich das Volumen eines Gases bei einer Temperaturerhöhung um 1° um $^1/_{273}$ des Volumwertes bei 0° (v_0): $v_t = v_0\,(1 + {}^1/_{273}\,t) = v_0\,(1 + \alpha t)$; $\alpha = {}^1/_{273}$. Dieselbe Beziehung gilt für die Änderung des Druckes mit der Temperatur bei konstantem Volumen: $p_t = p_0\,(1 + {}^1/_{273}\,t) = p_0\,(1 + \alpha t)$.

Gesetz von Avogadro: Ein Mol eines jeden Gases nimmt bei 0° und 760 mm unabhängig von seiner Zusammensetzung den Raum von 22,415 Litern ein und enthält die gleiche Anzahl von Gasmolekülen.

Durch Vereinigung dieser drei Gesetze erhält man die *Zustandsgleichung für ideale Gase:* $PV = RT$. „Ideal" bedeutet, daß das Gas den Gasgesetzen 100%ig gehorcht, was aber nur theoretisch oder bei sehr großer Verdünnung (niedrigem Druck) und hohen Temperaturen der Fall ist. P bedeutet den Druck, V das Volumen von 1 Mol des Gases, R die Gaskonstante = 0,0820 Literatm./°, T die absolute Temperatur in Grad Kelvin (° K). Die Dichte von Gasen wird durch Wägung eines bestimmten Volumens des Gases ermittelt, auf 0° und 760 mm Druck (den Normalbedingungen eines Gases) und die Dichte des Sauerstoffes = 1,0000 bezogen. Allgemein versteht man unter *Dichte* das Verhältnis Gramm-Masse/ccm, unter *spezifischem Gewicht* das Verhältnis Gramm-Gewicht/ccm (mit der Dichte zahlenmäßig gleich, auch *Volumgewicht* oder *Wichte* genannt) und *relative Dichte* = *Wichtezahl* = bezogene Dichte. Die relative Dichte, d. i. das Gewichtsverhältnis gleicher Volumina des Stoffes und eines Vergleichskörpers, wird bei Gasen vielfach auch auf Luft = 1 bezogen.

Chemische Eigenschaften. Sauerstoff ist ein sehr reaktionsfähiges Element, das sich mit fast allen anderen Elementen schon bei gewöhnlicher Temperatur vereinigen kann. Dieser Vorgang wird *Oxydation* genannt. Bei Raumtemperatur verläuft die Oxydation aber nur bei sehr wenigen Elementen, wie Phosphor, Alkalimetallen usw., rasch. Erst bei Erreichen einer bestimmten Temperatur nimmt die Oxydationsgeschwindigkeit größere Werte an. Langsame Oxydationsvorgänge sind auch das Rosten des Eisens, das Faulen des Holzes, die Verbrennungsvorgänge bei der Atmung im lebenden Organismus, wodurch diesem die zur Aufrechterhaltung des Lebens und der Kraftäußerung erforderliche Energie zugeführt wird.

Verbrennung. Geht die Oxydation unter Feuererscheinung vor sich, so wird sie Verbrennung genannt. Zur Einleitung der Verbrennung ist aber meistens die Erreichung einer bestimmten Temperatur erforderlich. Ist diese aber überschritten, so steigert sich durch die bei der Verbrennung frei werdende Energie die Temperatur noch weiter, so daß mitunter äußerst lebhafte Reaktionen vor sich gehen. Magnesium strahlt z. B. beim Verbrennen ein blendendweißes grelles Licht aus, wobei eine Temperatur von etwa 3000° erreicht wird (Magnesiumfackel, -blitzlicht).

In reinem Sauerstoff gehen alle Verbrennungserscheinungen viel lebhafter vor sich als in der Luft, die ja $^4/_5$ ihres Volumens an Stickstoff enthält, der die Verbrennung nicht unterstützt, sondern im Gegenteil noch Wärme für seine Erhitzung auf die Verbrennungstemperatur entzieht. So entflammt ein glimmender Holzspan bei Berührung mit reinem Sauerstoff mit großem Glanz, welche Reaktion zur Erkennung von Sauerstoff benützt werden kann. Auch an sich nur träge verlaufende Oxydationen gehen in reinem Sauerstoff derart lebhaft vor sich, daß z. B. glühendes Eisen in Sauerstoff unter kräftigem Funkensprühen zu Eisen-II, III-Oxyd Fe_3O_4 verbrennt. Die Reaktionsgleichungen für die Verbrennung von Magnesium, bzw. Eisen lauten: $2\,Mg + O_2 = 2\,MgO + 287{,}8$ kcal; $3\,Fe + 2\,O_2 = Fe_3O_4 + 265{,}7$ kcal.

Da der Sauerstoff bei gewöhnlicher Temperatur in Gasform stets nur als beständiges Sauerstoffmolekül O_2 auftritt, muß man in die Reaktionsgleichung O_2 und nicht O einsetzen. O bedeutet freien atomaren Sauerstoff, der bedeutend reaktionsfähiger als die Sauerstoffmolekel ist, da die O-Atome bei niedrigen Temperaturen sehr unbeständig sind. Sie besitzen nur eine Lebensdauer von etwa ½ Sek. und trachten, sich mit anderen Sauerstoffatomen zu molekularem Sauerstoff O_2 zu vereinigen oder sich mit Elementen anderer Verbindungen zu verbinden.

Phlogistontheorie. Über das Wesen der Verbrennungsvorgänge herrschte bis ins 18. Jahrhundert eine völlig irrige Ansicht. Man nahm an (Phlogistontheorie von Stahl, 1660—1734), daß brennbare Stoffe einen Stoff Phlogiston enthalten, der bei der Verbrennung unter „Kalkbildung“ (hier unter Oxydbildung) aus dem Metall entweicht. Erst 1774 wurde von Lavoisier durch erstmalige Verwendung der Waage in der Chemie bei der Bildung von rotem Quecksilberoxyd aus Quecksilber und Sauerstoff und dessen Rückverwandlung in Metall und Sauerstoff durch stärkeres Erhitzen gezeigt, daß entgegen der Auffassung der Phlogistiker der verbrennende Stoff aus der Luft einen Bestandteil, nämlich Sauerstoff, aufnimmt. Lavoisier konnte nämlich bei der Verbrennung eine Gewichtszunahme feststellen und das beim Zerfall des Quecksilberoxyds HgO in Hg und $O_2/2$ auftretende Gas als Sauerstoff identifizieren. Er erkannte auch die Atmung als Verbrennungsvorgang. Wie leider sehr häufig im täglichen Leben und auch in der Wissenschaft, konnte sich seine richtige Auffassung über die Verbrennungsvorgänge erst nach jahrelangem Kampfe durchsetzen.

Umkehrbare Reaktionen. Bei der Oxydation des Quecksilbers beim Erhitzen an der Luft und seinem Zerfall bei höherer Temperatur nach der Gleichung $2\,Hg + O_2 \rightleftarrows 2\,HgO$ lernten wir einen besonderen Typus von Reaktionen kennen, die sog. umkehrbaren Reaktionen. Diese sind dadurch gekennzeichnet, daß sie durch Wahl geeigneter Versuchsbedingungen entweder im Sinne des Pfeiles von links nach rechts unter Oxydbildung oder aber umgekehrt (Zerfall des Oxyds bei höherer Temperatur) verlaufen können. Bei einer gegebenen Temperatur stellt sich bei ihnen ein Gleichgewichtszustand (s. S. 72) ein.

1. Darstellung und Gewinnung von Sauerstoff.

Im Laboratorium wird Sauerstoff gelegentlich durch Erhitzung sauerstoffreicher Verbindungen, wie z. B. von Kaliumchlorat $KClO_3$, Kaliumpermanganat $KMnO_4$, Mandioxyd (Braunstein) MnO_2, Bleidioxyd PbO_2, Chromtrioxyd CrO_3 usw., dargestellt, die unter Sauerstoffabgabe zerfallen, wie z. B. $2\,KClO_3 = 2\,KCl + 3\,O_2$.

Katalysatoren. Diese Reaktion verläuft erst bei Temperaturen über 350° mit größerer Geschwindigkeit. Man kann sie aber durch Zusatz von Mangandioxyd wesentlich beschleunigen, so daß auch schon bei Temperaturen von etwa 200° in raschem Strome Sauerstoff entwickelt werden kann. Das Mangandioxyd wird bei dieser Reaktionsbeschleunigung selbst nicht verändert, was sich z. B. durch Lösen des gebildeten Kaliumchlorids in Wasser und Wägung des zurückbleibenden Braunsteins nachweisen läßt. Stoffe, die nur durch ihre Anwesenheit den Ablauf einer chemischen Reaktion zu beschleunigen vermögen, nennt man *Katalysatoren* oder Reaktionsbeschleuniger. Diese Stoffe spielen in der Chemie, aber auch bei biologischen Vorgängen eine große Rolle.

Über die Wirkungsweise der Katalysatoren ist nur wenig bekanntgeworden. Man nimmt an, daß sie mit der reagierenden Substanz unbeständige Zwischenprodukte bilden, die besonders reaktionsfähig sind und dann bei der Reaktion wieder in Katalysator und Reaktionsprodukt zerfallen. Bei Reaktionen an der Oberfläche von Katalysatoren, wie z. B. die Oxydation von SO_2 zu SO_3 (s. S. 86), spielen auch Oberflächenkräfte usw. eine Rolle. Die Affinität (s. S. 77) des Vorganges wird durch die Katalysatoren aber nicht verändert, ebensowenig die Lage des Gleichgewichtes bei umkehrbaren Reaktionen. Es wird nur die Geschwindigkeit der Einstellung des Gleichgewichtszustandes beschleunigt. Nach W. Ostwald kann man die Wirkung eines Katalysators mit einem die Reibung (Reaktionswiderstände) vermindernden Schmiermittel vergleichen (s. a. S. 22 u. 48).

Gewinnung von Sauerstoff. Früher wurde Sauerstoff auch auf chemischem Wege durch Bildung und Zersetzung von Bariumperoxyd (s. S. 325) gewonnen; dieses Verfahren ist aber gänzlich zugunsten der Luftverflüssigung aufgegeben worden. Die Gewinnung von Sauerstoff neben Wasserstoff durch elektrolytische Zersetzung des Wassers kommt nur bei billigen Strompreisen, z. B. aus Wasserkräften oder Braunkohle, als Herstellungsverfahren in Betracht, besitzt aber in kohlearmen Ländern, wie Schweden, Norwegen, Italien usw., einige Bedeutung.

Tab. 3. Zusammensetzung von trockener Luft.

Gas	Vol.%	Gew.%	Kritische Temp.	Siedepunkt	Schmelzpunkt
Stickstoff	78,095	75,525	— 146	— 195,8	— 210,5
Sauerstoff	20,939	23,140	— 119	— 183,0	— 218,5
Kohlensäure . . .	0,031	0,047	+ 31,4	— 78,52 (subl)	— 65,0
Edelgase:					
Helium	5.10^{-4}		— 267,9	— 269	— 272
Neon	15.10^{-4}		— 228,7	— 246	— 248,6
Argon	0,93		— 122,4	— 185,8	— 190
Krypton	1.10^{-4}		— 63	— 151,7	— 157
Xenon	1.10^{-5}		16,6	— 106,9	— 111,5

Die Luft ist ein Gemenge verschiedener Gase, wie aus der Tab. 3 hervorgeht. Sie ist daher durch physikalische Methoden zerlegbar (s. unten).

2. Luftverflüssigung und Luftzerlegung.

Die Trennung der Luft in ihre Bestandteile erfolgt auf Grund deren verschiedener Siedepunkte. Es muß daher die Luft vorerst verflüssigt und dann rektifiziert werden. Die Verflüssigung der Luft ist durch eine Abkühlung zur kritischen Temperatur (— 140,7), d. i. jene Temperatur, oberhalb der selbst durch Anwendung stärkster Drücke eine Verflüssigung des Gases nicht mehr erreicht werden kann, möglich. Der kritische Druck beträgt bei der kritischen Temperatur 38,4 Atm. Bei — 194,4, dem Siedepunkt der flüssigen Luft, kann diese auch schon bei 1 Atm. verflüssigt werden. Die Luftverflüssigung beruht darauf, daß durch eine plötzliche adiabatische Ausdehnung, bei der kein Austausch von Wärme mit der Umgebung stattfindet, die Luft sich sehr stark abkühlt. Zur Durchführung dieses Prinzips stehen zwei Verfahren in Anwendung, das von Linde, bei welchem nur der Joule-Thomson-Effekt, also innere Arbeitsleistung, zur Abkühlung ausgenutzt wird, während beim Verfahren von Claude ein großer Teil der komprimierten Luft in einer Expansionsmaschine Arbeit leistet und sich dabei abkühlt. Mit der so gewonnenen Kälte wird der kleinere Teil der Luft abgekühlt und auf diese Weise verflüssigt.

In der Abb. 1 ist das Luftverflüssigungsverfahren von Linde schematisch dargestellt. Die durch den Hahn *a* angesaugte Luft wird im Kompressor *b* komprimiert und gibt im Wärmeaustauscher *c* ihre Wärme an Kühlwasser ab. Durch die Leitung *d* gelangt die Luft in den Wärmeaustauscher *e*, wobei sie durch kalte Luft im Gegenstromprinzip gekühlt wird. Bei ihrer Entspannung auf Mitteldruck durch das Reduzierventil *f* in das Sammelgefäß g kühlt sich die gekühlte Luft noch weiter ab. Sie strömt durch den Wärmeaustauscher wieder zum Kompressor *b* zurück. Bei mehrmaliger Wiederholung von Kompression, Kühlung und Entspannung sinkt die Temperatur immer tiefer, so daß in g schließlich flüssige Luft auftritt. Je nach dem Druck, auf den die Luft gebracht wird, unterscheidet man Hochdruckanlagen für einen Anlaßdruck von 200 Atm. und Betriebsdrücke von 35—60 Atm., Mitteldruckverfahren mit 40—50, bzw. 15—20 Atm. und eine Kombination beider Verfahren.

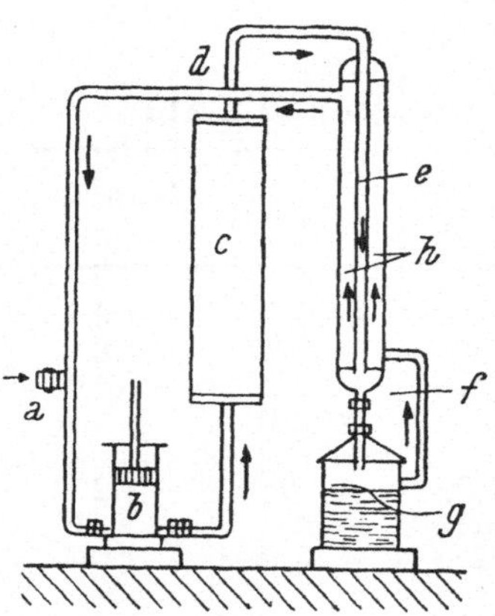

Abb. 1. Schema des Luftverflüssigungsverfahrens nach Linde.

Die Trennung der flüssigen Luft in Sauerstoff und Stickstoff beruht auf den verschiedenen Siedepunkten der verflüssigten Gase. Läßt man flüssige Luft verdampfen, so verdampft nicht nur zuerst der Stickstoff, sondern der sich entwickelnde Dampf ist stets stickstoffreicher als die zurückbleibende Flüssigkeit. Gibt man daher flüssige Luft auf einen Zweisäulenapparat (s. S. 507) auf, wobei im unteren Apparatteil eine Vorrektifikation, in der oberen Säule aber eine Hauptrektifikation vorgenommen wird, so kann im obersten Boden reiner Stickstoff (99,8%), im mittleren Teile der Säule aber 99,5%iger Sauerstoff gewonnen werden. Stickstoff und Sauerstoff kommen in Stahlflaschen auf 150—200 Atm. komprimiert in den Handel. Die Gestehungskosten für 1 m³ Sauerstoff betragen etwa 1 Groschen.

Eigenschaften flüssiger Luft. Flüssige Luft ist farblos bis hellblau gefärbt. Sie wird in offenen, doppelwandigen Gefäßen, deren Zwischenraum evakuiert ist und deren Glaswände zur Reflexion der Wärmestrahlen versilbert sind (Dewar-Gefäße), aufbewahrt. Pflanzenblätter werden in flüssiger Luft klingend hart und zerspringen auf Schlag oder Stoß wie sprödes Glas. Quecksilber läßt sich zu einer hellklingenden Glocke formen. Kautschuk wird hart und spröde. Der elektrische Widerstand von Metallen wird außerordentlich herabgesetzt (Supraleitfähigkeit der Metalle).

Verwendung von Sauerstoff. Sauerstoff wird in steigendem Ausmaße in der chemischen Industrie für Verbrennungs- und Oxydationszwecke verwendet, da sich gezeigt hat, daß sich trotz des höheren Preises des reinen Sauerstoffes gegenüber der billigeren Luft technische Vorteile erzielen lassen, z. B. bei der Herstellung von Kohlenmonoxyd in Generatoren (s. S. 159), Verbrennung von Ammoniak zu Salpetersäure (s. S. 124), Erzeugung von Wasserstoff (s. S. 160), im Hochofenprozeß als Gebläsewind (s. S. 463) usw. Die Hauptmenge des Sauerstoffes wird für das autogene Schweißen verbraucht, wobei zwecks inniger Verbindung zweier Metalle diese mit einer reduzierend (s. S. 20 u. 52) wirkenden Flamme von Wasserstoff oder Acetylen mit Sauerstoff an der Verbindungsstelle zum Schmelzen gebracht werden. Weiters wird der Sauerstoff in Rettungsapparaten, für Inhalationen usw. gebraucht.

II. Wasserstoff.

Symbol H; Atomgewicht 1,0082; Ordnungszahl 1; Wertigkeit +I; Fp —259°; Kp —252°; kritische Temperatur —239,9°; Dichte (fl, Kp) = 0,0708.

Vorkommen. Wasserstoff wurde 1781 von Priestley entdeckt. Er findet sich frei in Spuren in der Atmosphäre, bildet aber den Hauptbestandteil der äußersten Schicht der die Erde umgebenden Lufthülle. Aus Vulkanen und Erdgasquellen ausströmende Gase enthalten u. a. auch Wasserstoff, der wahrscheinlich durch Zersetzung von Wasser durch glühende Metalle im Inneren der Erde entstanden ist. Die planetarischen Nebel und die jüngsten Sterne bestehen hauptsächlich aus Wasserstoff und Helium. Auch in der Sonnenatmosphäre findet sich freier Wasserstoff. In größeren Mengen kommt jedoch der Wasserstoff gebunden als Wasser vor. Auch tierische und pflanzliche Organismen enthalten gebundenen Wasserstoff.

Physikalische Eigenschaften. Wasserstoff ist das leichteste aller Elemente, dessen Dichte nur $^1/_{14}$ der Luftdichte beträgt ($D = 0{,}06949$ [Luft = 1]; $D_{O_2=1} = 0{,}06289$). 1 Liter Wasserstoff wiegt (0°, 760 mm) 0,0899 g (Luft = 1). $D_{fl, Kp} = 0{,}0708$; Fp = —259,1°; Kp = —252,8°; krit.Temp. = —239,9°; Löslichkeit (L) in Wasser (W) bei 0° (abgekürzt: LW0°): 0,0218; L 20°: 0,01819; L 100°: 0,01600. Wasserstoff ist ein farb-, geruch- und geschmackloses Gas. Er besitzt eine sehr hohe spezifische Wärme von Sp = 3,408 und einen negativen Joule-Thomson-Effekt, d. h. bei der Ausdehnung von komprimiertem Wasserstoff tritt bis etwa —70° keine Abkühlung, sondern eine Erwärmung ein. Man muß daher, wenn man Wasserstoff nach dem Verfahren von Linde (s. S. 18) verflüssigen will, auf mindestens —70° vorkühlen.

Löslichkeit in Metallen. In vielen Metallen ist der Wasserstoff unter Bildung einer Metall-Wasserstoff-Legierung löslich, d. h. er verhält sich in diesen wie ein Metall. So vermag Palladium bei Raumtemperatur etwa das 1000fache seines Volumens an Wasserstoff zu lösen. Auch in Platin ist die Löslichkeit sehr groß. Im technischen Eisen verursacht gelöster Wasserstoff, der beim Beizen, d. i. eine Säurebehandlung des Eisens zur Entfernung von Rost- oder Zunderschichten, vom Eisen aufgenommen werden kann, die sog. Beizsprödigkeit. In diesem Zustande ist das Eisen sehr spröde, so daß es sich nur schwer walzen und ziehen läßt.

Wasserstoff ist ein zweiatomiges Gas, zerfällt aber bei hohen Temperaturen ebenso wie Sauerstoff usw. (bei 2500° z. B. zu rund 3%) in die Atome. Bildet man in Wasserstoff zwischen Wolframelektroden (wegen seiner Schwerschmelzbarkeit wird Wolfram verwendet) einen elektrischen Lichtbogen, so entstehen sehr unbeständige freie Wasserstoffatome. Leitet man den Gasstrom auf eine feste Wand, so findet dort eine Vereinigung zu Wasserstoffmolekülen statt. Dieser Vorgang ist nach $H_2 \rightleftarrows 2H - 101$ kcal mit der Entwicklung einer großen Wärmemenge verbunden. Diese reicht aus, um Temperaturen von etwa 4000° an der Aufprallstelle des Gasstromes zu erreichen, so daß auch sehr hoch schmelzende Stoffe, wie z. B. Wolfram oder Molybdän, geschweißt werden können (Arcatom-Schweißverfahren). Da die Schweißflamme kohlenstoff- und sauerstofffrei ist, können keine schädlichen Verzunderungen und Aufkohlungen auftreten.

Ortho- und Parawasserstoff. Wie später (s. S. 98) noch näher besprochen werden wird, bestehen die Wasserstoffatome aus einem positiv geladenen Kern und einem den Kern umkreisenden negativen Elektron. Beim Wasserstoffatom kann nun ein eigenartiger Fall von Isomerie eintreten. Unter „*Isomerie*" versteht man das Auftreten eines Stoffes in zwei oder mehreren strukturell verschiedenen Formen mit voneinander abweichenden chemischen und/oder physikalischen Eigenschaften. Durch die Rotation des Elektrons um den Kern entsteht ein Kerndrall oder Spin, der einen verschiedenen Drehungssinn haben kann. Vereinigen sich nun zwei Atome mit zwei parallelen Kernspinen, so erhält man Orthowasserstoff, während Parawasserstoff aus zwei Atomen mit antiparallelen Kerndrallen entsteht. Gewöhnlicher Wasserstoff besteht zu ¼ aus Para- und ¾ aus Orthowasserstoff, die sich etwas in physikalischer, nicht aber in chemischer Hinsicht voneinander unterscheiden. Ihre Trennung ist gelungen.

Chemisches Verhalten des Wasserstoffes. Wird Wasserstoff an der Luft oder in Sauerstoff erhitzt, so verbrennt er mit mattblauer, aber sehr heißer Flamme zu Wasser: $2H_2 + O_2 = 2H_2O$ (dampfförmig) + 115,7 kcal. Die starke chemische Verwandtschaft oder Affinität (s. S. 77) zwischen Sauerstoff und Wasserstoff macht sich auch bei gebundenem Sauerstoff geltend, so daß der Wasserstoff vielen Metalloxyden in der Hitze den Sauerstoff zu entziehen vermag. Man nennt diesen Vorgang *Reduktion.* Die reduzierende Wirkung des Wasserstoffes wird z. B. durch folgende Reaktionsgleichung zum Ausdruck gebracht: $FeO + H_2 = Fe + H_2O$. Die

Temperatur, bei der diese Reduktion mit größerer Geschwindigkeit vor sich geht, ist je nach der Art des Metalloxyds verschieden. So wird Silberoxyd Ag_2O bei etwas mehr als 100°, Wolframtrioxyd WO_3 bei etwa 1200° und Chromoxyd Cr_2O_3 erst bei über 2500° reduziert. Je edler ein Metall ist, desto leichter kann es in den metallischen Zustand übergeführt werden. Das edelste Metall, das Gold, entsteht schon beim bloßen Erhitzen seiner Verbindungen in metallischer Form (Oxydation und Reduktion s. a. S. 52).

Knallgas. Mit Sauerstoff (1 Vol.-Teil) bildet Wasserstoff (2 Vol.-Teile) ein explosives Gemisch, das Knallgas genannt wird und durch einen elektrischen Funken, eine Flamme usw. zur Entzündung gebracht werden kann. Die beiden Gase brauchen aber nicht in dem nach der Reaktionsgleichung $2\,H_2 + O_2 = 2\,H_2O$ erforderlichen, sog. stöchiometrischen Verhältnis vorhanden zu sein, sondern es genügt, wenn im Sauerstoff etwa 6% Wasserstoff und im Wasserstoff etwa 5% O_2 anwesend sind, um ein explosives Gemisch zu bilden. Man bezeichnet die Gehalte eines Gasgemisches an brennbarem Gas, zwischen denen das Gemisch zur Explosion gebracht werden kann, als untere und obere Explosionsgrenzen. Je niedriger die untere Explosionsgrenze liegt, desto gefährlicher ist das Gas zu handhaben, da schon geringe Gehalte des Gases in der Luft bei Funkenbildung (durch reibende oder stoßende metallische und nichtmetallische Gegenstände, elektrostatische Aufladung von Treibriemen und Stoffen aller Art, vor allem organischen Isolierstoffen) zur Explosion führen können. Die Gefahr steigt außerdem mit weit auseinanderliegenden Explosionsgrenzen, da dann die Wahrscheinlichkeit des Auftretens explosiver Gemische größer wird. Meist liegen die Explosionsgrenzen im Gemisch mit Luft enger beisammen als im Gemisch mit Sauerstoff, da der Luftstickstoff gleichfalls auf die Entzündungstemperatur des Gemisches erhitzt werden muß und dadurch die Entzündungstemperatur heraufgesetzt wird. In der Tab. 4 sind für einige anorganische und organische Gase und Dämpfe die Explosionsgrenzen, Entflammungspunkte und geeignete Löschmittel angegeben. Bei den Löschmitteln bedeuten: 1 Wasser, 2 Schaumlöschmittel, 3 Kohlensäure, 4 Trockenlöschmittel.

Explosion. Wird durch Erwärmung an einer Stelle das explosive Gasgemisch zur Entzündung gebracht, so werden durch die bei der Teilverbrennung frei werdende Reaktionswärme die Nachbarteilchen schon höher erhitzt, so daß sie schon schneller zur Reaktion kommen und die Verbrennung mit größerer Explosionsgeschwindigkeit (s. S. 680 f.) von 1000—8000 m/sec durch das Gemisch fortschreitet. Trifft die Druckwelle des hocherhitzten Explosionsgases (etwa 3000° C) auf feste Wände, so werden diese fortgeschleudert (Geschoß) oder zertrümmert. Bei zu großer Verdünnung (Unterschreitung der Explosionsgrenzen oder verminderter Druck) kann die Verbrennungswärme bei der Entzündung nicht mehr auf andere Teilchen genügend rasch übertragen werden, so daß das Gemisch entweder überhaupt nicht brennt oder nicht explodiert.

Tab. 4. Explosionsgrenzen und Entflammungspunkte einiger anorganischer und organischer Gase und Dämpfe.

Stoff	Explosionsgrenzen im Gemisch mit Luft in %		Entflammungstemp. in °C in geschlossenen Gefäßen	Selbstentzündungstemp. in °C	Geeignetes Löschmittel
	untere	obere			
Wasserstoff H_2	4,1	74,2	—	580	—
Ammoniak NH_3	16,0	27,0	—	780	3, 4
Kohlenoxyd CO	12,5	74,2	—	651	1, 3, 4
Methan CH_4	5,3	13,9	—	537	—
Acetylen C_2H_2	2,5	80	—	335	—
Benzol C_6H_6	1,4	8	−11	580	2, 3, 4
Leuchtgas	5,3	31	—	590	—
Benzin	1,2	6,0	−6 bis +8	232–260	2, 3, 4
Alkohol C_2H_5OH	3,28	19	13	426	1, 3, 4
Aceton $(CH_3)_2CO$	2,15	13,0	−18	604	1, 3, 4

Einfluß der Temperatur auf die Entzündung. Die Vereinigung des Wasserstoffes mit dem Sauerstoff findet auch bei bedeutend niedrigeren Temperaturen als der Entzündungstemperatur statt, mit sinkender Temperatur jedoch mit immer stärker abnehmender Reaktionsgeschwindigkeit. Bei 500° ist sie gerade noch deutlich an den Gefäßwänden, die aktiv an der Reaktion teilnehmen (Wandreaktionen), meßbar. Bei gewöhnlicher Temperatur bedarf es jedoch sehr kräftig wirkender Katalysatoren (s. S. 16 u. 86), um die sonst sehr langsame Reaktion zu beschleunigen und einzuleiten. Wird Wasserstoff z. B. bei 20° über fein verteiltes Platin (Platinschwamm, -schwarz) geleitet, so löst dieser den molekularen Wasserstoff auf, wobei in der entstehenden Pt-H-Legierung der Wasserstoff in einatomarer Form vorliegt. Da dieser, wie bereits erwähnt, bedeutend reaktionsfähiger als der molekulare H_2 ist, entzündet er sich an der Luft. In dieser Form wird Platinschwamm oder -mohr auch heute noch als Gasanzünder verwendet (Döbereinersches Feuerzeug).

Wasser als Katalysator. Ein wichtiger Katalysator der Verbrennung des Wasserstoffes ist auch das Wasser, da nur in Anwesenheit von Wasser die Knallgasreaktion vor sich geht. Da aber bereits Spuren von Feuchtigkeit, die in den gewöhnlichen Gasen stets vorhanden sind, als Katalysator genügen, kann man den katalytischen Einfluß des Wassers, der auch bei vielen anderen Umsetzungen vorhanden ist, nur durch peinlichste Trocknung der Gase ausschalten. Das Motto „Corpora non agunt nisi fluida“ (Die Stoffe reagieren nur in flüssigem Zustande) ist jedoch nicht streng erfüllt, da selbst Reaktionen in festem Zustande bekannt sind.

Knallgasgebläse. Leitet man Wasserstoff und Sauerstoff in einen Brenner, in dem die Gase in getrennten Leitungen befördert werden und sich erst an der Düse mischen können (Abb. 2), so erfolgt bei der Entzündung keine Explosion, sondern eine normale Verbrennung. Mit diesen Knallgasgebläsen, auch Daniellscher Hahn genannt, lassen sich Temperaturen bis zu 2500° C erzielen.

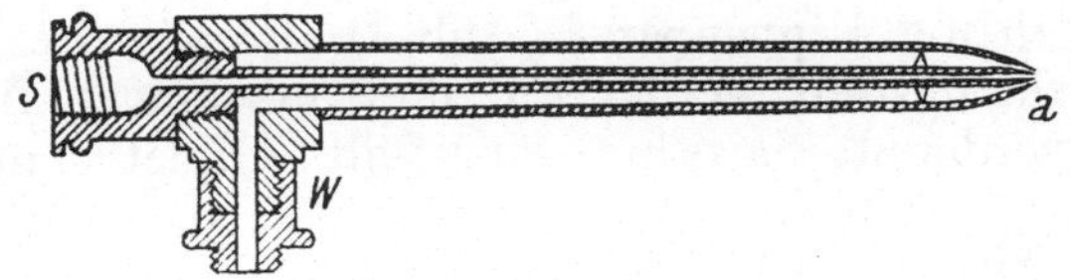

Abb. 2. Knallgasgebläse (Daniellscher Hahn).

Sie werden z. B. zum Schmelzen des Quarzes bei der Quarzglasherstellung (s. S. 322), von Halbedelsteinen usw. benützt.

Verbindungen des Wasserstoffes mit Nichtmetallen und Metallen. Mit den Halogenen vereinigt sich der Wasserstoff in sehr lebhafter, explosionsartiger Reaktion (s. S. 21) zu Halogenwasserstoffen, wie z. B. $H_2 + Cl_2 = 2\,HCl + 43{,}7$ kcal. Die Reaktionswärme ist sehr hoch, aber niedriger als bei der Knallgasreaktion und Wasserbildung. Auch Schwefel, Selen und Tellur, Phosphor und Kohlenstoff vereinigen sich bei höheren Temperaturen mit Wasserstoff zu Verbindungen.

Während die Alkalimetalle auch bei höheren Temperaturen beständige Wasserstoffverbindungen, Hydride genannt, bilden, in denen der Wasserstoff als negativ geladenes, salzbildendes Element auftritt, sind die salzartigen Wasserstoffverbindungen des Kupfers, Silbers und Goldes unbeständig. Die Wasserstoffverbindungen mit Eisen, Nickel und den Platinmetallen besitzen, ähnlich wie Legierungen, metallischen Charakter.

Darstellung des Wasserstoffes.

Die Rohstoffquelle zur Darstellung des Wasserstoffes ist das Wasser. Auf einfachstem Reaktionswege erfolgt die Zerlegung des Wassers durch die sehr reaktionsfähigen Alkalimetalle, wie z. B. Natrium oder Kalium. Diese setzen sich mit dem Wasser in einer sehr stürmischen Reaktion nach der Gleichung $2\,Na + 2\,H_2O = 2\,NaOH + H_2$ um. Der entwickelte Wasserstoff beginnt durch die auftretende Reaktionswärme an der Luft zu brennen. Das gebildete Natriumhydroxyd ist im Wasser leicht löslich. Die Lösung färbt rotes Lackmus blau, Phenolphthalein rot: sie reagiert „alkalisch“ oder „basisch“. Alle in wässeriger Lösung alkalisch reagierenden, negativ geladene Hydroxylionen OH' abspaltende oder positiv geladene Wasserstoffionen bindende Stoffe nennt man *Basen.* Es sind dies meist in Wasser lösliche Metallhydroxyde.

Stoffe, die, wie Lackmus oder Phenolphthalein, die Anwesenheit einer Säure oder Base zu erkennen gestatten, nennt man *Indikatoren.*

Darstellung im Laboratorium. Im Labor stellt man geringere Mengen von Wasserstoff durch Einwirkung von verdünnter Salz- oder Schwefelsäure auf Zink oder Eisen her: $Zn + 2\,HCl = ZnCl_2 + H_2$; $Fe + H_2SO_4 = FeSO_4 + H_2$. Man verwendet für diese Umsetzungen den sog. Kippapparat (Abb. 3), der aus drei Glaskugeln besteht. In die mittlere werden z. B. die Zinkstangen, in die untere und obere verdünnte Salzsäure eingefüllt. Öffnet man den Glas-

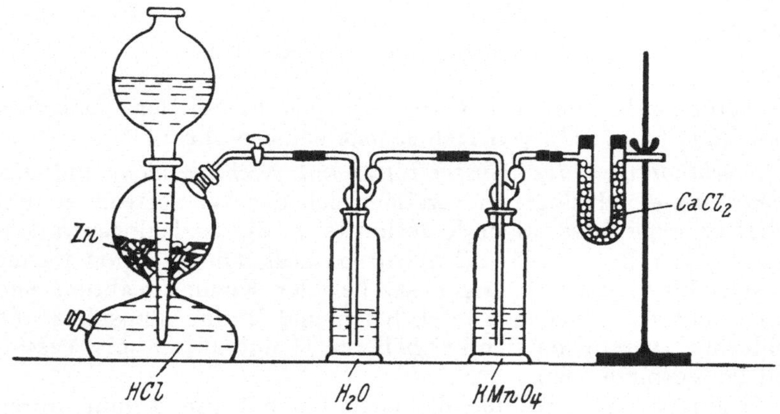

Abb. 3. Kippscher Gasentwicklungsapparat.

hahn, so kann die Säure durch den hydrostatischen Druck durch den Zwischenraum zwischen der Einschnürung und dem Glasrohr in die mittlere Kugel steigen und dort Wasserstoff entwickeln. Dieser wird von mitgerissenen Nebeln der Salzsäure, ferner von Arsenwasserstoff AsH_3, der aus der Verunreinigung des technischen Zinks durch Arsen herrührt, durch Waschen mit Wasser, das die Säurenebel aufnimmt, und verdünnter Kaliumpermanganatlösung, die den Arsenwasserstoff zu Arsensäure (gelöst) oxydiert, in zwei hintereinander geschalteten Waschflaschen gereinigt. Schließlich wird der Wasserstoff durch wasserfreies Calziumchlorid, das sehr stark Feuchtigkeit anzieht (hygroskopisch ist) und in einem U-Rohr eingefüllt ist, getrocknet. Will man die Wasserstoffentwicklung abstellen, so schließt man den Glashahn, worauf durch den sich noch entwickelnden Wasserstoff die Säure aus der mittleren Kugel herausgedrückt wird.

Ältere technische Darstellungsverfahren. Aluminium, Zink und Silicium können nicht nur mit Säuren, sondern auch bei der Umsetzung mit konzentrierten Lösungen von starken Basen, wie Alkalihydroxydlösungen (in der Technik auch heute noch „Laugen" genannt), Wasserstoff in Freiheit setzen: $Zn + 2\,NaOH = Na_2ZnO_2$

(Natriumzinkat) + H_2. Mit Ferrosilicium, einer Eisen-Silicium-Legierung (s. S. 210), und 4%iger Natriumhydroxydlösung bei 80—90° wurde früher in transportablen Anlagen, z. B. zur Füllung von Luftballons, Wasserstoff erzeugt (Silikolverfahren): Si + 2 NaOH + + H_2O = Na_2SiO_3 (Natriummetasilicat) + 2 H_2. Für wissenschaftliche usw. Zwecke kann auch aus Calziumhydrid CaH_2, Hydrolith genannt, Wasserstoff hergestellt werden, da sich dieses mit Wasser unter lebhafter Wasserstoffentwicklung nach der Gleichung CaH_2 + + 2 H_2O = $Ca(OH)_2$ + 2 H_2 umsetzt. Aus 42 g Calziumhydrid (1 Mol) erhält man 2 Mole Wasserstoff, die ein Molvolumen von 2 × 22,41 l = 44,82 l besitzen. 1 g CaH_2 liefert somit rund 1 Liter Wasserstoff.

Technische Darstellung. In der Technik wird der Wasserstoff heute vornehmlich nach folgenden fünf Verfahren hergestellt:

a) Tiefkühlung von wasserstoffreichen Gasen (Kokereigasen);
b) Konvertierung von Wassergas (Zerlegung von Wasserdampf durch Wassergas);
b') Zerlegung von Wasserdampf durch Metalle;
c) Elektrolyse von Wasser;
d) Thermische Spaltung von Kohlenwasserstoffen.

a) Tiefkühlung von Kokereigas. Die Grundlage des Verfahrens bildet der besonders niedrige Kp des Wasserstoffes von —252,8°, während Kohlenoxyd bei —192°, Stickstoff bei —196° und Sauerstoff bei —183° sieden. Bei der Tiefkühlung nach dem Verfahren von L i n d e wird das auf etwa 12 Atm. komprimierte Kokereigas mit etwa 60% H_2 vorerst vom Benzol durch Kühlung mit flüssigem Ammoniak befreit. Ebenso wird die Kohlensäure aus den Gasen durch eine Druckwäsche mit Wasser, das die Kohlensäure auflöst, entfernt. Der in den Gasen enthaltene Wasserdampf wird durch Kühlung auf —45° ausgefroren.

Bei der anschließenden Tiefkühlung mit flüssigem Stickstoff werden nacheinander entsprechend den Siedepunkten bei —100° Propylen, bei —140° Äthylen, bei —180° Methan, bei —190° CO verflüssigt und abgetrennt. Die Restgase, bestehend aus Wasserstoff, Stickstoff und Spuren CO, werden durch Waschen mit flüssigem Stickstoff in Kolonnenapparaten (s. S. 507) vom CO befreit. Für die Wirtschaftlichkeit des Verfahrens ist eine gute Ausnützung der Kälte zur Vorkühlung des Kokereigases und des Hochdruckstickstoffes in Kältespeichern von ausschlaggebender Bedeutung. Der Stickstoff stört, wenn der Wasserstoff zur Ammoniaksynthese verwendet werden soll, nicht.

b) Umsetzung von Wassergas. Wassergas besteht aus einem Gemisch von CO und H_2 (Tab. 16, s. S. 156). Das Kohlenoxyd kann mit Wasserdampf bei mittleren Temperaturen beim Überleiten über Kontaktmassen aus gebranntem Dolomit bei 400—500° C, Eisenoxyd bei 550—600° C (I. G.-Verfahren), oder schwefelfesten Katalysatoren unter Druck der Gase (Verfahren der American

Magnesium Metals Corp.) fast restlos nach der Gleichung $CO + H_2O \rightleftharpoons CO_2 + H_2$ umgesetzt (konvertiert) werden. Das gebildete Kohlendioxyd wird wieder durch eine Druckwäsche mit Wasser entfernt.

b') Wasser reagiert mit Eisen, Aluminium und Zink bei Rotglut unter Oxyd- und Wasserstoffbildung. Diese Umsetzung kann technisch in innen geheizten Öfen vorgenommen werden, die aus feuerfesten Schamottesteinen mit zwei im Innenraum eingebauten Eisenzylindern bestehen. (Generator von Franke-Messerschmidt, Bamag-Wasserstoff-Generator.) Durch hocherhitztes Wassergas ($H_2 + CO$), das mit unzureichender Luftmenge verbrennend in den Eisenschächten, die mit Brauneisenstein oder Kiesabbränden (Fe_2O_3) beschickt sind, aufsteigt, wird ein Teil des Eisenoxyds reduziert. Nach dem Umschalten des Wassergases auf Wasserdampf, der in

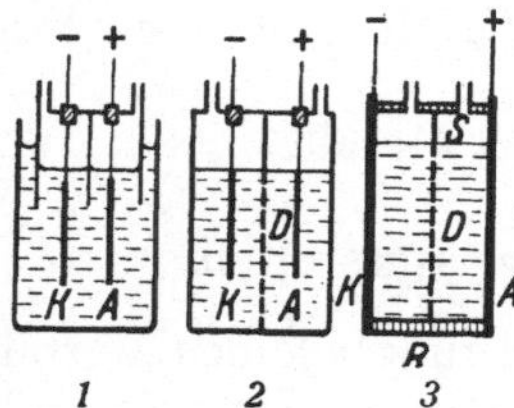

Abb. 4.
1 unipolare Trogzelle mit Glasglocken, *2* unipolare Trogzelle mit Diaphragma, *3* unipolare Zelle mit Diaphragma.

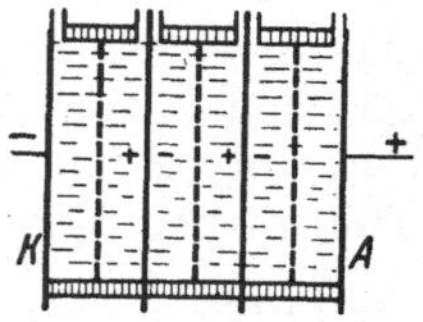

Abb. 5. Bipolare Zelle (Filterpreßzelle).

entgegengesetzter Richtung einströmt, wird der Wasserstoff am glühenden Eisen bei 650—850° nach der umkehrbaren Reaktion $3\,Fe + 4\,H_2O \rightleftharpoons Fe_3O_4 + 4\,H_2$ zersetzt. Dieses Verfahren eignet sich vorwiegend zur Erzeugung geringer Wasserstoffmengen, wie sie z. B. für die Ölhärtung (s. S. 604) benötigt werden.

c) Elektrolytische Wasserzersetzung. Wird durch die wässerige Lösung einer Sauerstoffsäure, Base oder eines Salzes der Alkalimetalle ein elektrischer Strom hindurchgeschickt, so wird auf Grund der elektrolytischen Dissoziation (s. S. 35) dieser Lösungen an der negativen Elektrode (Kathode) Wasserstoff, an der positiven (Anode) Sauerstoff entwickelt. Sekundär bilden sich die an den Elektroden entladenen Ionen immer wieder zurück, so daß praktisch nur eine Zerlegung des Wassers stattfindet.

Die technische Durchführung des an sich einfachen Vorganges erfordert jedoch umfangreiche Einrichtungen. Die Wasserzersetzungszellen sollen nur wenig Energie verbrauchen, eine niedrige Zellenspannung aufweisen, eine möglichst weitgehende Trennung in reinen O_2 und H_2 ermöglichen und niedrige Anschaffungs- und Bedienungskosten aufweisen. Die heute verwendeten Konstruktionen benützen entweder Unipolarzellen (Abb. 4) oder Bipolarzellen (Abb. 5). Bei der erstgenannten Anordnung tauchen die Anoden *A* und Kathoden *K* entweder in den Elektrolyttrog (Abb. 4, Fall 1) ein oder die Elektroden werden von den Gefäßwandungen gebildet (Abb. 4, Fall 3). Zum Auffangen der Gase dienen Glocken, zur besseren Gastrennung Diaphragmen *D* (poröse, stromdurchlässige Wände). Bei den Bipolarzellen ist nur die erste und letzte Elektrode mit der Stromquelle verbunden, während die übrigen als „Mittelleiter", u. zw. auf der einen Seite als Anoden, auf der anderen als Kathoden, wirken. In der Praxis sind zahlreiche derartige Zellen hintereinandergeschaltet, wobei häufig die Einzelglieder der Zellen wie bei einer Filterpresse durch Druck auf zwei Endplatten zusammengehalten werden. Bei diesen „Filterpressenzellen" ist ein gesonderter Elektrolyttrog nicht erforderlich. Zwischen den Elektroden sind immer Diaphragmen angeordnet. Bipolarzellen benötigen nur wenig Raum und insgesamt nur zwei Stromzuführungen.

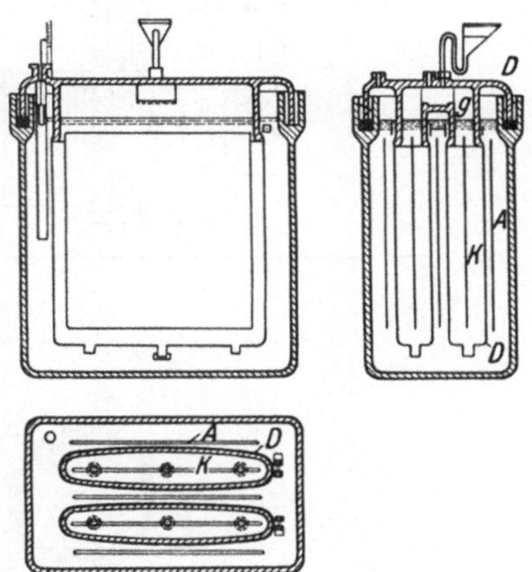

Abb. 6. Holmboe-Zelle.

In der Abb. 6 ist als Beispiel einer praktisch verwendeten Zellenkonstruktion die unipolare Zelle nach H o l m b o e dargestellt. Die Zellen besitzen einen Flüssigkeitsverschluß, Blech- oder Lamellenelektroden aus Streifen von Eisen oder Nickel, die durch Rohrstücke gezogen werden, und Diaphragmensäcke *D* aus Asbesttuch, die um die Elektroden bis auf kleine Öffnungen angeordnet sind. Die Zellen werden für 1500—18.000 Amp. gebaut. Die Spannung beträgt 1,99—2,09 V. Der Wasserstoff ist 99,95—99,99 rein.

Eine der größten Wasserzersetzungsanlagen ist die Filterpreßzelle nach P e c h k r a n z (Abb. 7), die eine Energieaufnahme von 100.000 kWh besitzt. Durch vier starke Schraubenbolzen *a* werden die Elektrodenplatten und die aus durchlochten Nickelfolien bestehenden Diaphragmen zwischen zwei Pressen *b* und *c* zusammengepreßt. Der schwere Elektrolyseur wird von Füßen *d* getragen. Die Behälter *e* und *f* dienen zum Waschen des H_2 und O_2 sowie zum Kühlen (*k*) der Elektrolytflüssigkeit. Die Elektroden g bestehen aus vernickeltem Eisenblech, *j* ist eine isolierte Bahn zur Bewegung der Endplatten *c*. Der Stromverbrauch beträgt etwa 5,8 kWh pro m^3 H_2, die Stromdichte 650—700 Amp./qm, die Spannung 2,35 V. Der Wasserstoff ist 99%, der Sauerstoff 97,7% rein. Der Elektrolyt besteht aus einer 20—25%igen Lösung von Natrium- oder Kaliumhydroxyd. Die ähnlich gebaute Wasserzersetzungsanlage der Bamag-Meguin wird sehr stark verwendet.

d) Spaltung von Kohlenwasserstoffen. Viele Kohlenwasserstoffe zerfallen bei 1100—1200° in ihre einfachen Bestandteile, beispielsweise Methan CH_4 nach $CH_4 = C + 2\,H_2 - 19$ kcal. Um die Abscheidung von Kohlenstoff zu vermeiden, setzt man den Gasen Wasserdampf zu, wobei sich, ähnlich wie bei der Wassergaserzeugung (s. S. 160), CO, CO_2 und H_2 bilden. Aus Kokereigasen (s.

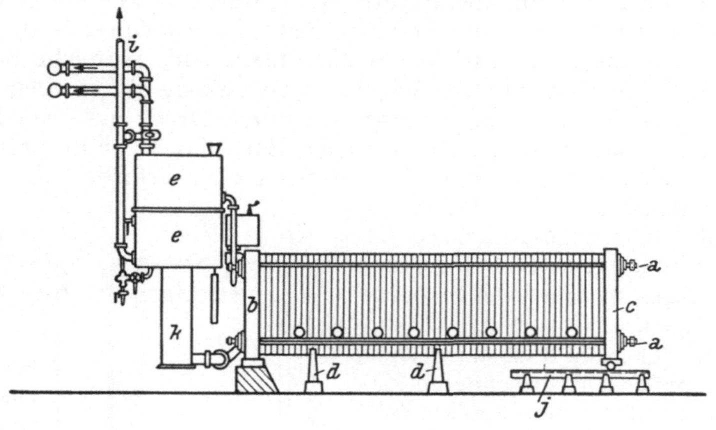

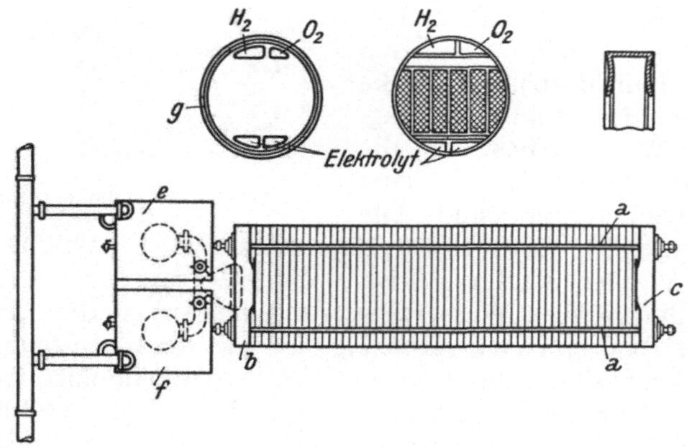

Abb. 7. Pechkranzelektrolyseur (Vertikal- und Horizontalschnitt).

S. 166), die reichliche Mengen von Methan enthalten (Tab. 16), lassen sich nach diesem Verfahren für die Benzinsynthese (s. S. 516) geeignete Ausgangsgase herstellen. In der Praxis geht man meist von den Abgasen der Hydrierwerke (s. S. 604) aus, die CH_4, Äthan C_2H_6, Propan C_3H_8 usw. enthalten. Die Erwärmung der Gase auf die Reaktionstemperatur erfolgt entweder durch Außenbeheizung durch Gas oder Zufuhr der Wärme von innen durch Teilverbrennung von CH_4 unter Sauerstoffzufuhr: $CH_4 + \frac{1}{2}\,O_2 = CO + 2\,H_2 + 7$ kcal. Die Gase müssen schwefelfrei sein, da die Katalysatoren (Nickel) sehr empfindlich gegen Schwefel sind.

Verwendung von Wasserstoff. Wasserstoff wird in riesigen Mengen (Weltverbrauch etwa 3 Mlld. m^3) zur Synthese von Ammoniak, Hydrierung von CO zu Methanol CH_3OH und höheren Alkoholen, Hydrierung von Kohle, Teer, Ölen usw. zu Benzin (s. S. 516), Fetthärtung (s. S. 604), zum autogenen Schweißen (s. S. 23) usw. verwendet.

III. Das Wasser.

Vorkommen. Die wichtigste Wasserstoff-Sauerstoff-Verbindung ist das Wasser. Das Wasser bedeckt in Form der Weltmeere mehr als $^2/_3$ der gesamten Erdoberfläche. Durch Verdunstung des Meerwassers durch die Kraft der Sonne entsteht ein natürlicher Kreislauf des Wassers, da dieses nach Kondensation des Wasserdampfes als Regen, Schnee, Tau, Reif, Hagel usw. wieder als Meteorwasser zur Erde fällt. Zum größten Teil wird das Wasser dabei von den Winden über Land abgeführt. Je nach den örtlichen Verhältnissen nimmt das Wasser auf seinem weiteren Wege über und unter der Erde als See-, Fluß-, Grund-, Quellwasser usw. mehr oder weniger Mineralstoffe auf, so daß das natürliche Wasser nie rein ist.

Regenwasser. Das verhältnismäßig reinste, natürlich vorkommende Wasser ist das Regenwasser. Es enthält aber gleichfalls die aus der Luft aufgenommenen Verunreinigungen, wie Ammoniak, Salpetersäure, salpetrige Säure, Kohlensäure, Chloride, Sulfate, in der Nähe größerer Städte oder Industrieanlagen auch schwefelige Säure, Schwefelwasserstoff, Salz-, Schwefelsäure, Staub, Ruß, Kalksalze, Silicate, ferner auch Bakterien, Pilze, Sporen usw.

Härte des Wassers. Die Reinheit des Wassers wird meist nach seinem Gehalt an Calzium- und Magnesiumsalzen beurteilt, da diese Stoffe bei der Verwendung als Kesselspeise- und Waschwasser besonders stark stören. Die Härte wird in Graden angegeben, wobei 1^0 Deutsche Härte (d) dem Gehalt von 10 g Kalk (CaO) in 1000 l Wasser, 1 französischer Härtegrad 10 g Calziumcarbonat ($CaCO_3$) in 1000 l Wasser und 1 englischer Härtegrad 10 g $CaCO_3$ in 700 l Wasser entspricht. Ein Grad d gibt auch den Gehalt von 7,2 g Magnesiumoxyd (MgO) in 1000 l Wasser an. Regenwasser hat eine Härte von 0,5—$1,5^0$ d (s. S. 40).

Grundwasser. Sinkt das Regenwasser in den Boden ein, so sammelt es sich auf wasserundurchlässigen Schichten in einiger Tiefe als Grundwasser. Auf seinem Wege durch die Bodenschichten nimmt das Wasser lösliche Salze, wie Gips, Natriumchlorid usw., auf oder löst Bodenbestandteile unter der Mitwirkung von aus der Luft aufgenommener Kohlensäure, wie z. B. Kalkstein oder Dolomit. Dieses Wasser ist sehr hart und kann bis zu 600 mg CaO/l (60^0 d) enthalten, während Wasser aus Urgestein nur 2—3^0 d aufweist. Grundwasser kann auch, insbesondere in moorigen Gegenden, Eisen- und Manganhydrocarbonate, ferner organische Huminstoffe u. dgl. enthalten. Am wenigsten stört aufgenommenes Kochsalz. Grundwasser aus größeren Tiefen ist in der Regel bakterienfrei. Tritt der Grundwasserstrom wieder zutage, so erhält man *Quellwasser*. *Sickerwasser* aus Drainrohren ist ein Gemisch von Regen- und Grundwasser.

Flußwasser, Seewasser. Die Zusammensetzung von *Flußwasser* schwankt je nach der Beschaffenheit der verschiedenen Quellwässer. Meist ist das Flußwasser weicher als das Quellwasser, weil durch Freiwerden von CO_2 aus den Hydrocarbonaten unlösliches Calzium- und Magnesiumcarbonat ausfallen und dadurch die Härte sinkt. Die Härte der meisten Flußwässer schwankt zwischen 4—12° d.

Das *Wasser der Landseen* gleicht in seiner Zusammensetzung dem der Flüsse. Die Farbe des Seewassers rührt meist nur vom Boden her. Grünes Wasser stammt von Kalk-, schwarzes von Moorböden. Die natürliche Farbe des Wassers ist in einer Schichtdicke von mehr als 10 m blau. Manche Salzseen sind nahezu gesättigte Lösungen von Kochsalz, Natriumsulfat, -carbonat und -hydrocarbonat.

Das *Meerwasser* enthält bis zu 5% Salze, die Ostsee etwa 1,3%, die Ozeane rund 3,5—3,8%. Die prozentische Zusammensetzung der verschiedenen Meere ist so ziemlich gleich.

1. Physikalische Eigenschaften des Wassers.

Wasser zeigt ein Dichtemaximum bei 4° C. Dies ist sowohl in klimatischer als auch biologischer Hinsicht von Bedeutung, da im Winter bei einer Abkühlung des Wassers kaltes Wasser nur bis zur Temperatur von 3,945° als schwerere Flüssigkeit zu Boden sinkt, bei weiterer Abkühlung aber als kalte Schicht an der Oberfläche bleibt.

Festes Wasser (Eis) ist zum Unterschied von den meisten anderen festen Stoffen leichter als die Flüssigkeit, da es sich beim Gefrieren um 9,082 Vol.% ausdehnt. Es schwimmt daher auf Wasser. Die Ausdehnung des Wassers beim Gefrieren verursacht durch Sprengwirkung zum großen Teil die Verwitterung von Gesteinen. In geschlossenen Gefäßen muß das Gefrieren des Wassers durch Zusätze von sog. Kälteschutzmitteln, die den Gefrierpunkt des Wassers herabsetzen, verhindert werden (Autokühler usw.). Die Schmelzwärme, die zur Überführung von 1 g Eis von 0° in Wasser von 0° erforderlich ist, beträgt 79 cal. Sie ist genau so groß wie die beim Gefrieren frei werdende Krystallisationswärme (negatives Vorzeichen).

Beim Abkühlen von Wasser kann es vorkommen, daß der Gefrierpunkt von + 0,0076° C (bei 4,6 mm Hg-Säule) unterschritten wird, ohne daß sich Eis bildet. Diese Erscheinung nennt man *Unterkühlung*. Sie kann durch „Impfen“ mit einem Eiskrystall, der als Krystallisationskeim wirkt, aufgehoben werden, worauf spontane Krystallisation oder Erstarrung erfolgt.

Sieden. Bei 100° C und 760 mm Druck geht das Wasser in Wasserdampf über, wozu eine Verdampfungswärme von 536 cal/g aufgewendet werden muß. Sie ist gleich groß wie die bei der Kondensation des Wasserdampfes zu Wasser frei werdende Kondensationswärme. Auch der Siedepunkt kann beim Erhitzen überschritten werden, ohne daß Sieden eintritt (überhitztes Wasser). Wird der Siedeverzug ausgelöst, so kann es wegen der plötzlich frei werdenden großen Dampfmenge zum Herausschleudern von Flüssigkeit aus Kochgefäßen oder zu Dampfkesselexplosionen kommen. Der Siedeverzug läßt sich häufig durch scharfkantige und poröse Gegenstände (Siedesteinchen) vermeiden.

2. Dampfdruck; Zustandsdiagramm des Wassers.

Das Wasser, ebenso aber auch andere Stoffe, verdampfen zu einem geringen Teil bereits weit unterhalb des Siedepunktes. Der Wasserdampf besitzt bei jeder Temperatur einen bestimmten Dampfdruck, der bei 100° C, dem Siedepunkt, den Wert von 760 mm erreicht. Aus der Dampfdruckkurve, die die Abhängigkeit des Dampfdruckes von der Temperatur wiedergibt, kann der Siedepunkt einer Flüssigkeit bei jedem Druck abgelesen werden. Ebenso ändert sich der Schmelzpunkt des Eises mit dem Druck, aber ungleich schwächer als der Siedepunkt. Bei einer Druckerhöhung um 2000 Atm. sinkt der Schmelzpunkt erst auf —20° C ab. Die Dampfdruckkurve des Wassers und die Kurve für die Abhängigkeit des Schmelzpunktes des Eises vom Druck sind in der Abb. 8 eingezeichnet.

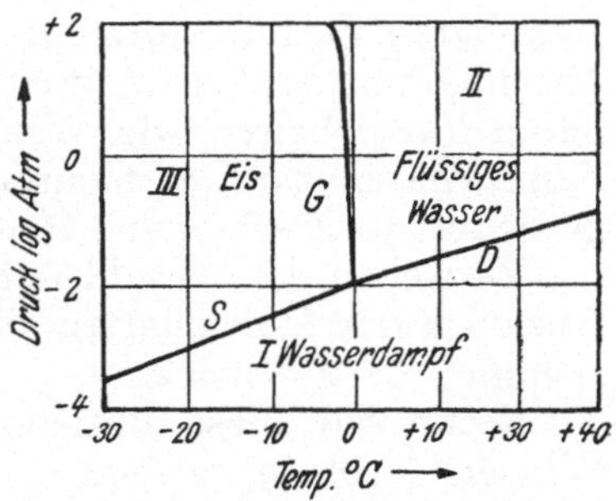

Abb. 8. Zustandsdiagramm des Wassers.

In diesem Zustandsdiagramm des Wassers gibt es drei Felder, die die stabilen Existenzbereiche des Wasserdampfes (I), Wassers (II) und Eises (III) kennzeichnen. Bei den durch diese Zustandsfelder gegebenen Bedingungen des Druckes und der Temperatur sind nur diese Zustandsformen des Wassers allein stabil, so z. B. in II nur Wasser. Bei den Drucken und Temperaturen, die der Dampfdruckkurve *D* entsprechen, die den Zustandsfeldern des Wassers II und des Dampfes III gemeinsam angehört, sind Wasser und Dampf nebeneinander gleichzeitig vorhanden. Bei Änderung der Temperatur stellt sich automatisch ein dieser entsprechender neuer Dampfdruck ein. Auf der Gefrierpunktskurve *G* sind nebeneinander Eis und Wasser, längs der Sublimationskurve *S* Eis und Dampf gleichzeitig beständig. Nur im Schnittpunkt der drei Kurven, der bei einem Druck von 4,6 mm und einer Temperatur von 0,0076° C liegt, sind Eis, Dampf und Wasser gleichzeitig vorhanden. Dieser Punkt wird *Tripelpunkt* genannt. Wird die ihm zugehörige Temperatur oder der Druck geändert, so gelangt man auf eine der drei Kurven, auf denen nur zwei Zustandsformen des Wassers nebeneinander existieren können. Es muß dann also eine der drei Phasen (Zustandsformen) verschwinden.

3. Die Phasenregel.

Die drei Aggregatszustände des Wassers sind im Gleichgewichtszustande unter ganz bestimmten Bedingungen (s. S. 31) nebeneinander existenzfähig. Von G i b b s wurde 1874 eine Gesetzmäßigkeit aufgefunden, die die Zahl der frei verfügbaren Versuchsbedingungen, Freiheiten genannt, bei einem physikalischen Vorgang, also die freie Wahl von Druck und Temperatur usw. und die Zahl der gleichzeitig in einem System aus mehreren Molekelarten im Gleichgewicht nebeneinander existenzfähigen Phasen zu berechnen gestattet. Phasen sind die mechanisch voneinander trennbaren Zustandsformen. Es gibt also wegen der vollständigen Mischbarkeit der Gase nur eine gasförmige Phase. Bei nicht mischbaren Flüssigkeiten wie Wasser und Öl hat man z. B. 2 Phasen. Feste Phasen kann es mehrere geben, u. zw. bildet jeder für sich gesondert in Erscheinung tretende feste Körper eine eigene Phase.

Zwischen der Anzahl der Phasen P, der Freiheiten F und der Anzahl n der Molekelarten eines Systems besteht die folgende Beziehung: $P + F = n + 2$.

Wenn wir diese Beziehung auf das Zustandsdiagramm des Wassers (Abb. 8) anwenden, ergibt sich folgendes: Wenn ein System aus Wasserdampf allein besteht, ist nur 1 Phase ($P = 1$) und 1 Molekelart (H_2O) vorhanden ($n = 1$): $1 + F = 1 + 2$; $F = 2$. Man kann also innerhalb des Zustandsfeldes I Druck und Temperatur beliebig ändern und hat stets nur Wasserdampf vor sich. Derartige Systeme, in welchen 2 Freiheiten (Druck und Temperatur) beliebig geändert werden können, nennt man *divariant*.

Besteht das System aus Wasser und Wasserdampf (bei Temperatur $> 0{,}0076°$), haben wir 1 flüssige und 1 gasförmige Phase ($P = 2$), aber nur 1 Molekelart (H_2O; $n = 1$): $2 + F = 1 + 2$; $F = 1$. Man kann nur mehr 1 Freiheit (Druck *oder* Temperatur) ändern, ohne daß eine der Phasen verschwindet. Die Zustandsänderungen können sich nur längs der Dampfdruckkurve *D* abspielen (*univariantes System*).

Sind gleichzeitig Wasser, Eis und Dampf vorhanden, so haben wir 3 Phasen ($P = 3$), aber nur 1 Molekelart (H_2O; $n = 1$): $3 + F =$

$= 1 + 2$; $F = 0$ (nonvariantes System). Es gibt also nur einen Punkt (Tripelpunkt), in welchem die drei Phasen gleichzeitig nebeneinander vorhanden sein können.

Die Phasenregel besitzt, z. B. in der Metallkunde, große Bedeutung zur Feststellung, ob sich ein heterogenes, d. h. aus Dampf und flüssigen oder festen Phasen bestehendes System im Gleichgewicht befindet, da dann nur die nach der Phasenregel geforderte Anzahl von Freiheiten, bzw. Phasen vorhanden sein können.

4. Siedepunktserhöhung und Gefrierpunktserniedrigung.

Setzt man dem Wasser oder einem anderen, beliebigen Lösungsmittel einen löslichen Stoff zu, so wird sein Dampfdruck erniedrigt. Die Lösung muß also auf eine höhere Temperatur als das reine Lösungsmittel erhitzt werden, damit beide den gleichen Dampfdruck, z. B. den Druck von 760 mm, also den Siedepunkt, bei 1 Atmosphäre Druck, erreichen. Die Siedepunktserhöhung ist proportional der Konzentration des gelösten Stoffes, ausgedrückt in einer chemisch vergleichbaren Einheit (Mol), aber unabhängig von seiner Art. Sie beträgt bei der Auflösung von einem Mol eines beliebigen Stoffes in 1000 g Wasser 0,52° (molare Siedepunktserhöhung). Man kann daher unter gewissen Voraussetzungen aus der Siedepunktserhöhung das Molgewicht einer Substanz bestimmen.

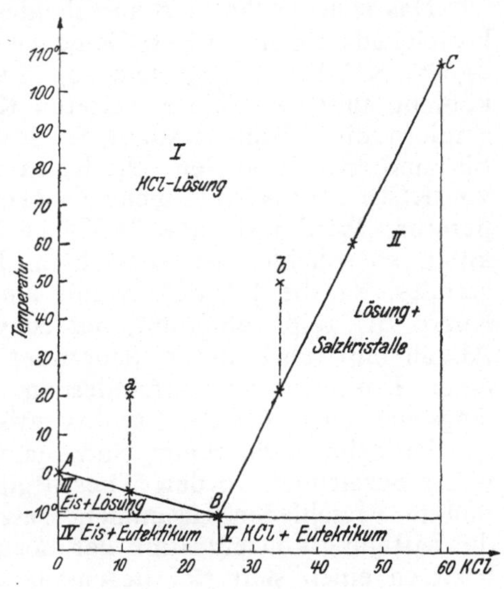

Abb. 9. Schmelzdiagramm von Wasser und Kaliumchlorid.

Ebenso wird der Schmelzpunkt des Wassers durch das Lösen eines Stoffes erniedrigt, u. zw. pro 1 Mol in 1000 g Wasser um 1,86°. Für niedrige Konzentrationen ist die molare Siedepunktserhöhung E_s und die molare Gefrierpunktserniedrigung E_k beim gleichen Lösungsmittel konstant und unabhängig von der Natur des gelösten Stoffes (*Gesetz von Raoult*).

5. Schmelzpunktsdiagramm, Löslichkeitsdiagramm.

Die Löslichkeit eines Stoffes in einem Lösungsmittel ist meist nur eine begrenzte. Sie steigt in den meisten Fällen mit steigender

Temperatur, erreicht aber für jede Temperatur nur eine bestimmte Konzentration, die Sättigungskonzentration. Wird also eine Lösung abgekühlt, so werden bei Erreichen einer bestimmten Temperatur Salz- oder Lösungsmittelkrystalle auskrystallisieren. Wird z. B. eine 11,4%ige Kaliumchloridlösung von 20° C abgekühlt (Punkt *a* in Abb. 9), so ändert sich bis zu einer Temperatur von — 5° im System nichts. Bei Unterschreitung der Temperatur von — 5°, bei der diese Lösung an KCl gesättigt ist, scheidet das System jedoch Eiskrystalle ab. Bei weiterer Abkühlung wird, wie das Schmelzdiagramm von Wasser und Kaliumchlorid (Abb. 9) zeigt, immer weiter Eis abgeschieden, wodurch die Lösung konzentrierter wird. Bei fortgesetzter Abkühlung erreicht man unter dauernder Auskrystallisation von Eis und einem Konzentrationsanstieg der Lösung schließlich den kryohydratischen Punkt *B*, der einer 24,60%igen KCl-Lösung entspricht, die bei — 10,7° C erstarrt.

Das sich im Punkt *B* ausscheidende kryohydratische Gemisch besteht aus einem innigen Gemenge von 75,40% Eiskrystallen und 24,60% KCl-Krystallen, dem sog. *Eutektikum*. Eine weitere Abkühlung führt zu keiner weiteren Konzentrationsänderung mehr, sondern die Lösung erstarrt zu dem eutektischen Gemenge von Eis- und KCl-Krystallen. Die Kurve *BC* entspricht der Löslichkeit von KCl in Wasser bei mehr als 24,60% KCl und steigender Temperatur. Wird z. B. eine 34,35%ige KCl-Lösung (Punkt *b*) abgekühlt, so scheiden sich erst beim Erreichen ihres Sättigungszustandes, da die Löslichkeit mit sinkender Temperatur, wie die Kurve *BC* zeigt, abnimmt, bei 20° C KCl-Krystalle ab. Weitere Abkühlung führt unter dauernder Abscheidung von KCl zu einer Konzentrationsverminderung der Lösung, bis schließlich längs der Kurve *CB* der kryohydratische Punkt *B* erreicht wird.

Im Schmelzdiagramm sind die verschiedenen Zustandsfelder näher bezeichnet worden. Dieses gibt nicht nur die Erstarrungspunkte verschieden zusammengesetzter Lösungen, sondern auch die Sättigungskonzentration der Lösung an. Manche Salzlösungen besitzen einen sehr tief liegenden kryohydratischen oder eutektischen Punkt. So gefriert z. B. ein Gemisch von 100 g Eis oder Schnee mit 30,7 g Natriumchlorid bei — 21,2°, mit 84 g Magnesiumchlorid-Hexahydrat $MgCl_2 . 6\,H_2O$ bei — 33,6° und mit 143 g Calziumchlorid-Hexahydrat $CaCl_2 . 6\,H_2O$ bei — 55°. Derartige Lösungen werden als Kühlsolen in Kältemaschinen verwendet. Auch das Auftauen von eingefrorenen Schienenwechseln durch Bestreuen mit Kochsalz beruht auf dem niedrigen Erstarrungspunkt des Gemisches von Wasser, Eis und Kochsalz.

6. Osmotischer Druck.

Trennt man eine Lösung einer chemischen Verbindung wie z. B. Zucker vom reinen Lösungsmittel (Wasser) durch eine sog.

halbdurchlässige oder semipermeable Wand, so tritt das Lösungsmittel (Wasser) in die Lösung des Stoffes über. Die semipermeable Wand gestattet nämlich nur dem reinen Lösungsmittel, nicht aber dem gelösten Stoff den Durchtritt durch die Membran. Derartige Membranen bestehen z. B. aus Tierblasen, Pergamentpapier oder einem Häutchen von Kupferferrocyanid, das in den Poren einer mit Kupfersulfat gefüllten Pukallzelle aus porösem gebranntem Ton durch deren Eintauchen in eine Kaliumferrocyanidlösung ausgefällt wurde.

Die Ursache des Eindringens des Lösungsmittels in die Lösung ist der sog. osmotische Druck der Lösung, die sich durch Aufnahme von Lösungsmittel zu verdünnen und damit ihren osmotischen Druck herabzusetzen sucht. Verschließt man die gänzlich angefüllte Zelle allseitig und bringt auf ihr ein barometrisches Steigrohr an, so kann aus dem allmählichen Anstieg des Flüssigkeitsspiegels im Steigrohr der osmotische Druck unmittelbar aus der Steighöhe gemessen werden (Pfeffer, 1877). Dieser ist als jene Kraft anzusehen, die die Moleküle des gelösten Stoffes auf die Flächeneinheit der Gefäßwandungen ausüben. Die Moleküle trachten, einen möglichst großen Raum einzunehmen, was durch Vergrößerung des Volumens der Lösung erreichbar ist.

Dieses Verhalten der gelösten Moleküle ist jenem von Gasmolekülen, die gleichfalls einen möglichst großen Raum einzunehmen bestrebt sind, sehr ähnlich. Tatsächlich konnte van t'Hoff 1886 zeigen, daß der osmotische Druck ebenso groß ist wie der Gasdruck, der herrschen würde, wenn die gelösten Moleküle den gleichen Raum der Lösung in Form von Gasmolekülen einnehmen würden. Es gilt somit für die Osmose die allgemeine Zustandsgleichung der Gase $pv = RT$. Gleich molekulare Lösungen zeigen unabhängig von der Art des gelösten Stoffes den gleichen osmotischen Druck. Diese äquimolekularen Lösungen heißen auch isoosmotische oder isotonische Lösungen. Ein Mol eines gelösten Stoffes zeigt in 22,41 l der Lösung, dem Molvolumen, einen Druck von 1 Atm. oder, wenn 1 Mol in 1 l gelöst ist, einen Druck von 22,41 Atm. Mit wachsender Temperatur steigt analog dem Gesetz von Gay-Lussac (s. S. 14) auch der osmotische Druck an.

Der osmotische Druck kann zur Bestimmung des Molekulargewichtes eines gelösten Stoffes herangezogen werden, jedoch ergeben Bestimmungen der Siedepunktserhöhung oder Gefrierpunktserniedrigung genauere Resultate. Die Osmose spielt in der lebenden Zelle eine große Rolle, die ja mit wässerigen Lösungen gefüllt und von halbdurchlässigen Zellwänden umgeben ist.

7. Elektrolytische Dissoziation.

Bei der Untersuchung der Siedepunktserhöhung, Gefrierpunktserniedrigung und des osmotischen Druckes zeigte es sich, daß die eingewogene Molzahl nur von bestimmten Stoffen, wie Zucker, Harnstoff u. dgl., mit der Theorie übereinstimmende Werte ergibt. Untersucht man jedoch die Lösung von Säuren, Basen oder Salzen, so ergibt sich, daß das gefundene Molekulargewicht wesentlich höher ist, als der eingewogenen Menge und der darin enthaltenen Anzahl Molekülen des gelösten Stoffes entspricht. Von Arrhenius wurde zur Erklärung dieser Tatsache angenommen (1887), daß in wässeriger Lösung die Moleküle von Säuren, Basen und Salzen in zwei elektrisch entgegengesetzt geladene Teilchen zerfallen oder dissoziieren. Da diese unter dem Einfluß eines elektrischen Feldes wandern, wurden sie „Ionen" genannt. Metalle und Wasserstoff bilden stets positiv geladene Ionen, die zur Kathode wandern und daher auch Kationen heißen. Die Säurereste und Hydroxylgruppen (OH') hingegen sind negativ geladen und bilden zur Anode wandernde Anionen. Natriumchlorid NaCl ist z. B. in ein positiv geladenes Natriumion ($Na^{\cdot}$ oder Na^{+} geschrieben) und ein negativ geladenes Chlorion (Cl' oder Cl^{-}), KOH in $K^{\cdot}$ und OH' dissoziiert. Schwefelsäure bildet zwei H-Ionen $H^{\cdot}$ und einen doppelt negativ geladenen SO_4''-Rest, die dreibasische Phosphorsäure H_3PO_4 3 $H^{\cdot}$ und den PO_4'''-Rest. Stets muß die Summe der positiven und negativen Ladungen gleich groß sein, da die Lösung nach außen als Ganzes neutral ist.

Die Ladung eines einwertigen Ions entspricht einem elektrischen Elementarquantum $e = 1{,}6.10^{-19}$ Clb, von mehrwertigen Ionen dem entsprechenden Vielfachen dieses Betrages.

Dissoziationsgrad. In stark verdünnten Lösungen ist die Dissoziation der Säuren, Basen und Salze in Ionen eine praktisch vollständige. In konzentrierteren Lösungen nahm aber Arrhenius an, daß nur ein gewisser Teil der Moleküle in Ionen zerfallen sei. Das Verhältnis zwischen den zerfallenen und undissoziierten Molekülen bezeichnet man als Dissoziationsgrad α. Mit steigender Verdünnung wächst α und die elektrolytische Leitfähigkeit λ der Lösung, die dem reziproken Werte des Widerstandes der Lösung gleich ist. Die elektrolytische Leitfähigkeit ist daher ein Maß für die Anzahl der vorhandenen Ionen und den Dissoziationsgrad. Die Leitfähigkeit nimmt beim Auflösen eines Moles einer Substanz vom Werte λ_c für die Konzentration c mit steigender Verdünnung bis zu einem Maximum λ_∞ zu, das erreicht ist, wenn alle Moleküle in Ionen dissoziiert sind. Ein weiteres Ansteigen von α ist daher nicht mehr möglich. Der Dissoziationsgrad α ist dann gegeben durch das Verhältnis $\alpha = \frac{\lambda_c}{\lambda_\infty}$ (Formel von Arrhenius) und stets kleiner als 1. Außer von der Zahl der Ionen ist die elektrolytische Leitfähigkeit auch von deren Wanderungsgeschwindigkeit abhängig. Bei einer Temperaturerhöhung wächst im allgemeinen die Leitfähigkeit.

Starke Elektrolyte. Der Ausgleich der positiven und negativen elektrischen Ladungen wird im Wasser durch die hohe Dielektrizitätskonstante des Wassers verhindert. Bei den sog. starken Elektrolyten, wie der Salz-, Schwefel-, Salpetersäure und deren Salzen, Natrium-, Kaliumhydroxyd usw., die man als vollständig dissoziiert ansehen kann, treten zum Unterschiede von den nur zu einem geringen Ausmaße dissoziierten schwachen Elektrolyten, wie z. B. Essigsäure, Ammoniumhydroxyd usw., Wechselwirkungen zwischen den Ionen auf. Erreicht die Konzentration der Ionen bei den starken Elektrolyten oder hoher Gesamtkonzentration des gelösten Stoffes größere Werte, so treten nicht nur dissoziierte Ionen wieder zu nicht dissoziierten Molekülen zusammen, sondern es findet auch wegen der stärkeren Annäherung der Ionen eine rein elektrostatische Anziehung zwischen dem Anion und Kation statt. Diese verursacht eine Hemmung ihrer Beweglichkeit, die sich wieder in einer Verminderung der elektrolytischen Leitfähigkeit und der osmotischen Eigenschaften (osmotischer Druck, Siedepunktserhöhung und Gefrierpunktserniedrigung) auswirkt. Jener Bruchteil der Ionen, der an der Leitfähigkeit aktiv beteiligt ist, wird als Aktivitätskoeffizient f_λ bezeichnet. Entsprechend gibt der osmotische Koeffizient f_0 jenen Bruchteil der Ionen an, deren osmotische Wirksamkeit nicht beschränkt ist. Bei unendlicher Verdünnung wird f_λ und f_0 gleich 1, bei konzentrierteren Lösungen und stärkeren Elektrolyten stets kleiner als 1. Die starken Elektrolyten zeichnen sich besonders in verdünnten Lösungen durch eine sehr weitgehende Dissoziation in Ionen aus, während die schwachen Elektrolyte unter den gleichen Bedingungen nur zu einem bedeutend geringeren Ausmaße in Ionen zerfallen sind. Die starken Elektrolyte weisen daher bei gleichen Konzentrationen eine hohe, die schwachen eine ungleich kleinere Ionenkonzentration und Leitfähigkeit auf. Während z. B. eine 1molare Lösung von KCl zu 75,4%, eine $^1/_{1000}$molare zu 99,2% dissoziiert ist, ist eine gleich konzentrierte Lösung von Essigsäure nur zu 0,38%, bzw. 30,6% in Ionen gespalten.

8. Weitere Eigenschaften der Wassermoleküle.

Bei hohen Temperaturen zerfällt die Wassermolekel in Wasserstoff und Sauerstoff sowie Wasserstoff und Hydroxyl OH. Bei 2000° C sind 0,56% H_2 und ½ O_2 sowie 0,59% ½ H_2 und OH, bei 2500° C 4,5% H_2 und ½ O_2 sowie 5,6% ½ H_2 und OH vorhanden. Dieser Zerfall ist für die Berechnung der Verbrennungswärmen und erreichbaren Temperaturen von Wasserstoff enthaltenden Gasgemischen und Kohlen von Bedeutung (s. S. 718).

Die Wassermolekel ist strukturell elektrisch asymmetrisch gebaut, $\begin{smallmatrix}+\text{Ⓗ}\\+\text{Ⓗ}\end{smallmatrix}\text{Ⓞ}=$, wobei an einem Pole des als Ellipsoid gedachten Wassermoleküls die positiven, am anderen die negativen Ladungen überwiegen. Man spricht daher von einer Polarität der Wassermolekel. Die beiden H-Atome schließen mit dem Kern des O-Atoms einen Winkel von etwa 105^0 ein. Das Wasser besitzt daher ein hohes Dipolmoment von $1{,}86 . 10^{-18}$ (s. S. 62).

Zu einem geringen Ausmaß ist das Wasser in $H^{\cdot}$- und OH'-Ionen gespalten, u. zw. beträgt ihre Konzentration je 10^{-7} Mole je l. Im Wasser liegen wahrscheinlich nicht einfache H_2O-Moleküle, sondern Mehrfachmoleküle $(H_2O)_n$ vor, die durch Assoziation (Vereinigung) entstanden sind.

IV. Die Wasserreinigung.

1. Trinkwasser.

Trinkwasser muß klar, farblos, geruchlos, frei von fäulnisfähigen Stoffen, Eisen, Mangan und pathogenen Bakterien sein. Schon Spuren von Ammoniak und Nitrit deuten auf eine Verunreinigung durch tierische oder menschliche Abgänge hin. Oberflächenwasser wird durch Absetzen in Klärbecken unter Zusatz von etwas Kalk CaO, durch Filtration durch Sandfilter (Langsamfilter), die aus Steinen, Kies und darüber feinem Filtersand bestehen, behandelt. Als häusliche Filter werden Berkefeldfilter (Kieselgur), Tonfilter (Pukallzellen) usw. verwendet. Die Entkeimung wird durch Chlor, Ozon (teurer) oder nach dem Katadynverfahren vorgenommen. Beim Chloratorverfahren wird aus einem Hochdruckbehälter über ein Gasfilter und ein Reduzierventil das gasförmige Chlor unmittelbar in das Wasser eingeleitet (etwa 0,1—0,3 g Chlor/1 cbm Wasser). Der Chlorüberschuß wird durch Natriumthiosulfat $Na_2S_2O_3$ (Antichlor) oder Aktivkohle beseitigt. *Ozon* wird in kiesgefüllten Türmen mit dem Wasser in Berührung gebracht (Paris, Paderborn, Petersburg).

Beim *Katadynverfahren* wird blasig aufgetriebenes Silber mit großer Oberfläche mit dem Wasser in Berührung gebracht. Das Silber gibt Spuren von Silberionen an das Wasser ab, die bakterizid wirken. Das Silber kann auch mit Silberelektroden unter Wasser elektrolytisch zerstäubt werden.

Eisen und Mangan werden durch feine Belüftung und Verteilung des Wassers, wobei dieses durch eine Brause über Koks, Ziegel, Holzplatten u. dgl. laufen gelassen wird, entfernt. Färbungen, schlechter Geschmack und Geruch werden durch Zusatz von Aluminiumsulfat, aus welchem durch Hydrolyse (s. S. 81) Aluminiumhydroxyd entsteht, beseitigt, da dieses die Farbstoffe usw. mit sich zu Boden reißt. Auch Aktivkohle kann dazu verwendet werden.

2. Reinigung von Kesselspeisewasser.

Kesselstein. Das zur Dampf- und Krafterzeugung dienende Kesselspeisewasser muß frei sein von schädlichen Gasen wie Sauerstoff und Kohlendioxyd, Ölen und den sog. Kesselsteinbildnern. Die im Wasser gelösten festen Bestandteile, wie insbesondere die Hydrocarbonate des Calziums und Magnesiums, Gips, Kieselsäure, Aluminium- und Eisenverbindungen, scheiden sich beim Verdamp-

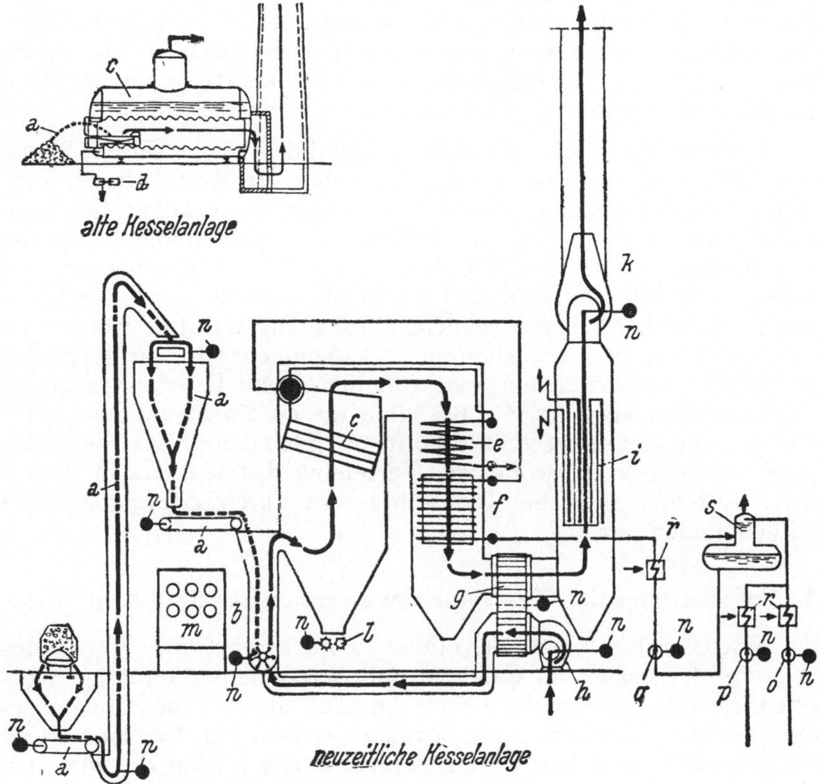

Abb. 10. Schema einer alten und einer neuzeitlichen Kesselanlage.

fen des Wasser im Kessel aus und brennen an der Kesselwand zu harten Krusten, dem Kesselstein, an. Bereits eine 1 mm dicke Schicht Kesselstein verursacht wegen des schlechteren Wärmeüberganges einen etwa 10%igen höheren Kohlenverbrauch. Außerdem können durch sie Wärmestauungen, Ausglühungen, Beulen, Risse und Kesselexplosionen hervorgerufen werden.

Dampfkessel. Mit der Entwicklung des Dampfkesselbaues sind die Anforderungen an die Reinheit des Kesselspeisewassers ganz außerordentlich angestiegen. Die großen Unterschiede zwischen einem älteren Einflammrohrkessel und einer modernen Dampferzeugungsanlage gehen deutlich aus der Abb. 10 (Siemens & Halske) hervor. Während beim Einflammrohrkessel noch ein Wasser mit 12—14° d verwendbar war, wird im modernen Steilrohrkessel reines Wasser zur Speisung gefordert. In der Abb. bedeuten: *a* die Brennstoffaufgabe, *b* eine Krämermühle zur Zerkleinerung der Kohle, *c* den Kessel, *d* eine Duplexspeisepumpe, *e* einen Überhitzer für den Wasserdampf, *f* einen Economiser, g einen Luftvorwärmer, *h* einen Frischluftventilator, *i* ein Elektrofilter, *k* einen Rauchgasventilator, *l* einen Schlackenbrenner, *m* eine Kesselüberwachungstafel, *n* Elektromotoren, *o* eine Kondensat-, *p* eine Destillat-, *q* eine Kesselspeisepumpe, *r* einen Vorwärmer und *s* einen Speisewasserbehälter mit Entgaser.

Entgasung. Sauerstoff und Kohlendioxyd, die durch Regen und Luft in das Wasser gelangen, greifen die Kesselwände, Vorwärmer, Rohrleitungen usw. um so stärker an, je höher die Temperatur ist. Insbesondere bei höheren Dampfspannungen ist die vollständige Befreiung, d. h. Entgasung des Kesselspeisewassers vor seinem Eintritt in den Kessel notwendig. Diese wird durch ein Kochverfahren und nachträgliche Absaugung der frei werdenden Gase und Dämpfe vorgenommen. Vakuumentgaser arbeiten bei 50—80° C, Niederdruckentgaser von 105° C und Druckentgaser bei Temperaturen über 105° C. Bei allen diesen Konstruktionen wird das Wasser in fein verteilter Form mit Heizdampf auf Siedetemperatur vorgewärmt, wobei die Verteilung des Wassers in Rieseltassensystemen oder bei Druckentgasern durch Zerstäuberdüsen vorgenommen wird.

3. Aufbereitung des Kesselspeisewassers auf chemischem Wege.

Wie bereits S. 29 ausgeführt wurde, wird als Härte des Wassers der Gehalt an Calzium- und Magnesiumverbindungen bezeichnet. Die Härtebildner sind zum Teil als Hydrocarbonate gelöst, die beim Kochen in die normalen unlöslichen Carbonate und Kohlendioxyd zerfallen. Die Hydrocarbonate stellen die sog. *vorübergehende, temporäre* oder *Carbonathärte* dar. Die durch Kochen nicht fällbaren Sulfate und Chloride des Ca und Mg bilden die *bleibende* oder *permanente Härte.* Die Summe von Carbonat- und bleibender Härte ist die Gesamthärte des Wassers. Außer den bereits angeführten Schädigungen der Härtebildner durch Kesselsteinbildung verursachen sie durch die Bildung unlöslicher, grau gefärbter, schmieriger Calzium- und Magnesiumseifen mit den Fettsäuren der Seifen beim Waschen einen beträchtlichen Mehrverbrauch an Seife sowie eine Verschmutzung der Wäsche.

Die Aufbereitung des Wassers erfolgt entweder:

1. Mit Hilfe von Enthärtungschemikalien;
2. unter Verwendung von Basen- und Säureaustauschern;
3. durch Vereinigung dieser beiden Verfahren;
4. durch Verdampfung und anschließende Kondensation des Wasserdampfes.

Kalk-Soda-Verfahren. Wasser mit größerer Härte wird durch Zusatz von Enthärtungschemikalien, wie Kalk $Ca(OH)_2$, Natriumcarbonat oder an dessen Stelle manchmal mit Vorteil Natriumhydroxyd, aufbereitet. Dabei gehen die folgenden Umsetzungen vor sich (Berechnung s. S. 719):

$Ca(HCO_3)_2$ (Calziumhydrocarbonat) $+ Ca(OH)_2 = 2\,CaCO_3 + 2\,H_2O$
$Mg(HCO_3)_2 + 2\,Ca(OH)_2 = 2\,CaCO_3 + Mg(OH)_2 + 2\,H_2O$
$Ca(OH)_2 + CO_2$ (freie Kohlensäure) $= CaCO_3 + H_2O$
$MgCl_2 + Ca(OH)_2 = CaCl_2 + Mg(OH)_2$.

Die Sulfate von Ca und Mg werden durch Soda ausgefällt: $CaSO_4 + Na_2CO_3 = CaCO_3 + Na_2SO_4$. Wird Natriumhydroxyd an Stelle von Soda verwendet, so reagiert dieses wie folgt:

$Ca(HCO_3)_2 + 2\,NaOH = CaCO_3 + Na_2CO_3 + 2\,H_2O$
$Mg(HCO_3)_2 + 4\,NaOH = Mg(OH)_2 + 2\,Na_2CO_3 + 2\,H_2O$.

Das gebildete Natriumcarbonat wirkt dann auf die Sulfate unter deren Fällung als Carbonate weiter ein. An Stelle von Natriumcarbonat kann auch Bariumcarbonat (im 10%igen Überschuß), Bariumhydroxyd oder -chlorid verwendet werden, das sich mit den Sulfaten unter Bildung von schwerlöslichem Bariumsulfat umsetzt: $CaSO_4 + BaCO_3 = BaSO_4 + CaCO_3$. Da bei diesem *Baryt- oder Reisert-Verfahren* nur unlösliche Verbindungen entstehen, ist das erhaltene Wasser sehr salzarm. Das Verfahren ist aber teurer als das Kalk-Soda-Verfahren.

Reinigung mit Trinatriumphosphat, Regenerativverfahren. Da die Löslichkeit des $CaCO_3$ und $Mg(OH)_2$ in Wasser noch merklich ist, kann beim Kalk-Soda-Verfahren keine geringere Härte als etwa $2{,}5^0$ d, der Löslichkeit des $CaCO_3$ entsprechend, erreicht werden. Wird reineres Wasser, z. B. für Hochdruckkessel, benötigt, muß noch durch Zusatz von Trinatriumphosphat $Na_3PO_4 \cdot 12\,H_2O$ nach einer Vorenthärtung mit Kalk-Soda die Resthärte durch Fällung des Calziums als unlösliches Tricalziumphosphat $Ca_3(PO_4)_2$ beseitigt werden. Man kann auch mit Trinatriumphosphat allein enthärten, was aber teurer ist. Die Vorenthärtung wird beim sog. Regenerativverfahren durch das im Kessel sich anreichernde Natriumcarbonat durch Rückführung eines Teiles des Kesselwassers in den Reiniger vorgenommen.

Wasserreinigungsanlagen. Die Reaktionen zur Ausfällung der Härtebildner verlaufen bei niedrigen Temperaturen (kaltes Aufbereitungsverfahren) nur langsam und erfordern eine Behandlungsdauer von 3—6 Stunden. Durch Verwendung von Kontaktkörpern und innigste Mischung des Rohwassers mit den Chemikalien kann die Reaktionszeit auf 5—30 Minuten, durch Erwärmung (Aufbereitung auf warmem Wege) auf 1½ Stunden abgekürzt werden. In der Wärme arbeitet man entweder bei 80° in offenen, drucklosen Behältern oder bei höherer Temperatur, dann aber, wegen der starken Dampfentwicklung, in geschlossenen oder unter Druck stehenden Anlagen.

Der Zusatz der Chemikalien muß bei allen Verfahren stets genau proportional den jeweilig durchfließenden Rohwassermengen erfolgen, wozu automatisch arbeitende Zuteilvorrichtungen (Do-

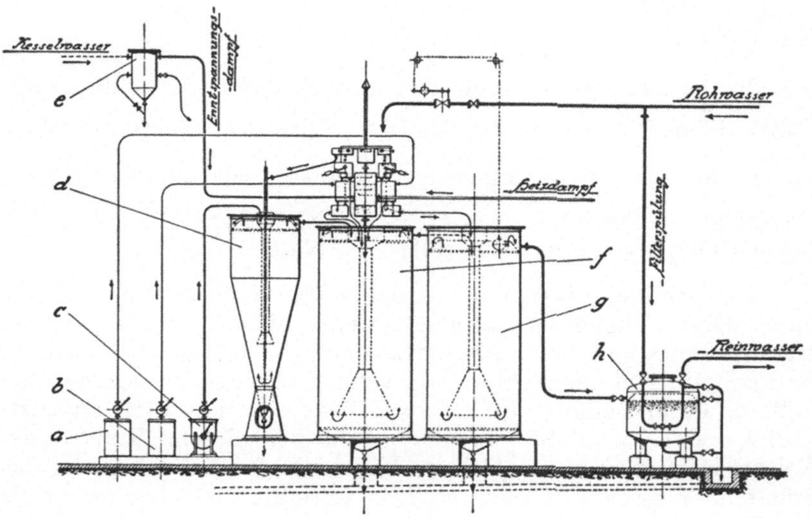

Abb. 11. Kalk-Soda-Trinatriumphosphat-Enthärtungsanlage mit Entgasung.

sierungen) dienen. Diese arbeiten entweder mit einer Überlaufwehrdosierung (Kippschalen oder Schöpfbecher), einer hydrostatischen oder Kolbendosierung.

Entölen. Die Entfernung von Öl erfolgt durch Filter von Wolle, Aktivkohle, Zusatz von Aluminiumsulfat oder durch Abscheidung des Öles auf elektrischem Wege (Elektrolytentöler).

Zur Durchführung der Enthärtung stehen verschiedene Konstruktionen in Verwendung. Die Abb. 11 zeigt eine moderne Kalk-Soda-Trinatriumphosphat-Enthärtungsanlage mit Entgasung der Fa. Bühring & Brückner, Wien. Das Rohwasser wird in einem Wasserverteilgefäß in mehrere Teilströme zerlegt, wobei die Hauptmenge unmittelbar in den Reaktor *f* (Reaktionsgefäß), Teilströme zum Auflösebehälter für Soda *a*, Trinatriumphosphat *b* und Ätzkalk *c* geleitet werden. Der Ätzkalk wird im Kalklöser *c* gelöscht und in den Kalksättiger *d* geführt, wo das Wasser sich mit dem Calziumhydroxyd sättigt und beim Aufsteigen klärt. Auf dem Reaktor *f* ist links eine Dosiervorrichtung mit Kippschale für Sodalösung, rechts für Trinatriumphosphatlösung angebracht. Zwischen ihnen befindet sich ein Kaskadenvorwärmer, in welchem das Rohwasser durch Heizdampf erwärmt wird. Das erwärmte Rohwasser, die Soda- und Kalklösung werden innig im Zirkulationsrohr gemischt und im Reaktor *f* aufeinander zur Einwirkung gebracht. Der Dampf, der aus rückgeführtem und in einem Entspannungstopf entspannten Kesselwasser herrührt, dient gleichfalls zur Vorwärmung des Rohwassers im Kaskadenvorwärmer. Im Reaktor steigt das Wasser von unten nach oben mit verringerter Strömungsgeschwindigkeit hoch, gelangt in den Reaktor g für Trinatriumphosphat und sodann zum Kiesfilter *h*. Nach der Filtration wird es im Entgaser *e*, in welchen auch reines Kondensat zugeführt wird, beim Herunterfließen über Kaskaden durch von unten entgegenströmen-

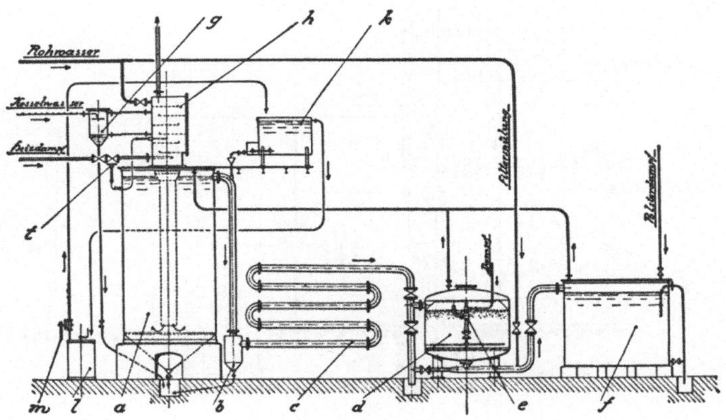

Abb. 12. Wasserreinigungsanlage nach Budenheim.

den Heizdampf entgast. O_2 und CO_2 entweichen. Das gereinigte Wasser wird im Speisewasser-Sammelbehälter *j* gesammelt. *l* ist ein Wasserstandsregler.

Eine neuzeitliche Wasserreinigungsanlage nach dem Verfahren Budenheim (Vorreinigung mit rückgeführtem Kesselspeisewasser, Fertigenthärtung mit Trinatriumphosphat) zeigt die Abb. 12 (Bühring & Brückner G. m. b. H., Wien), in welcher in drei Stufen eine restlose Speisewasseraufbereitung erzielt wird: 1. durch einen Entgasungsprozeß wird das Rohwasser mit Dampf bei 90° drucklos entgast und gleichzeitig eine teilweise Ausfällung der Carbonathärte bewirkt; 2. in einem Reaktor oder Röhrenreaktor wird durch die Alkalien des Kesselwassers eine Vorenthärtung durchgeführt; 3. in einem Röhrenreaktor (oder Reaktor) wird die Nachenthärtung mit Trinatriumphosphat vorgenommen. Hierauf wird das Wasser filtriert und einem Sammelbehälter zugeführt. In der Abb. 12 bedeuten: *a* Vorreaktor, *b* Schlammsammler, *c* Röhrenreaktor, *d* Kiesfilter, *e* Dampfstrahl-Luftdruck-Apparat, *f* Weichwasser-Sammelbehälter, g Entspanner, *h* Kaskadenvorwärmer, *k* Phosphatzulaufbehälter, *l* Phosphatauflösebehälter, *m* Flügelpumpe, *t* Temperaturregler.

4. Aufbereitung mit Basenaustauschern (Permutiten) oder Anionenaustauschern.

Rohwasser geringer Härte (etwa 6—8° d) oder überwiegender bleibender Härte (außerdem für kleinere Anlagen) kann man auch mit Permutiten, d. s. natürliche oder künstlich hergestellte Zeolithe (Natrium-Aluminium-Silicate), enthärten. Diese besitzen die Fähigkeit, das Natrium gegen andere Basen, wie CaO, MgO usw., auszutauschen. Die Enthärtung erfolgt in einer 40—100 cm hohen

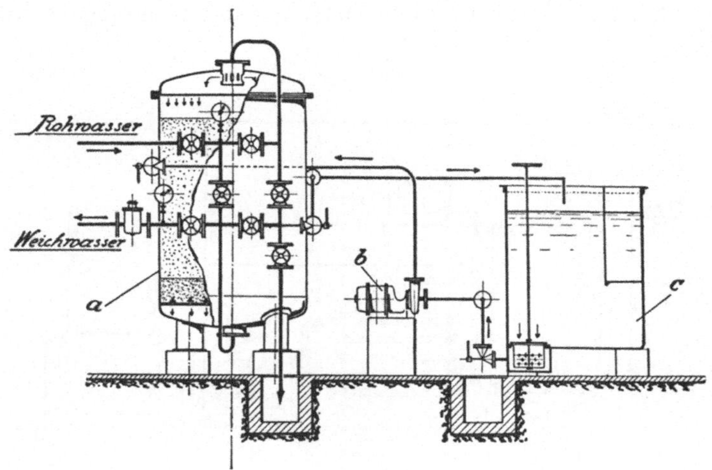

Abb. 13. Wasserreinigungsanlage mit Basenaustauschern.

Schicht des Permutits und geht bis 0° d herunter, wobei Natriumhydrocarbonat $NaHCO_3$ und -sulfat Na_2SO_4 in das Rohwasser übergehen. Diese bilden aber keine festbackenden Ablagerungen im Kessel.

$$\underset{\text{Natriumpermutit}}{Na_2O \cdot Al_2O_3 \cdot 2\,SiO_2 \cdot 6\,H_2O} + Ca(HCO_3)_2 =$$
$$= \underset{\text{Calziumpermutit}}{CaO \cdot Al_2O_3 \cdot 2\,SiO_2 \cdot 6\,H_2O} + 2\,NaHCO_3$$

$$Na_2O \cdot Al_2O_3 \cdot 2\,SiO_2 \cdot 6\,H_2O + CaSO_4 =$$
$$= CaO \cdot Al_2O_3 \cdot 2\,SiO_2 \cdot 6\,H_2O + Na_2SO_4.$$

Ist das Permutit erschöpft, so wird es mit einer Kochsalzlösung regeneriert:

$$CaO \cdot Al_2O_3 \cdot 2\,SiO_2 \cdot 6\,H_2O + 2\,NaCl =$$
$$= Na_2O \cdot Al_2O_3 \cdot 2\,SiO_2 \cdot 6\,H_2O + CaCl_2.$$

Vor dem Eintritt in den Permutitreiniger muß das Rohwasser klar und frei von Eisenverbindungen sowie Säuren (CO_2) sein. Die Abb. 13 zeigt eine Anlage für Basenaustauscher *a* mit Soleumwälzpumpe *b* und Solegefäß *c* für Leistungen über 3 cbm/Std. (Bühring & Brückner G. m. b. H., Wien). Um einen möglichst geringen Soleverbrauch zu erreichen, regeneriert man bei größeren Anlagen vorerst mit einer bereits einmal gebrauchten Kochsalzlösung (Sole) und setzt dann die Regenerierung mit Frischsole fort. Der Salzverbrauch beträgt pro cbm und 1^0 d etwa 50 g. Vorteile der Permutitenthärtung sind: Ersparnis der Erwärmung des Wassers, Unempfindlichkeit gegen Härteschwankungen, keine Schlammbildung.

Zur *Enteisenung und Entmanganung* wird ein durch Behandlung von Calziumpermutit mit Kaliumpermanganatlösung hergestellter, braunrot gefärbter Manganpermutit verwendet, der durch Oxydation fällend wirkt.

Eine Wasserreinigungsanlage, bei der sowohl die Aufbereitung mit Enthärtungschemikalien als auch Basenaustauschern vorgenommen wird, ist in der Abb. 14 (Bühring & Brückner, Wien) dargestellt. Dieses Verfahren wird insbesondere bei Rohwässern mit überwiegender Carbonathärte angewendet. Die Carbonate werden in einer Entcarbonisierungsanlage mit Kontaktapparat *e* auf etwa $2{,}5^0$ d entfernt, das Wasser filtriert und in einem nachgeschalteten Basenaustauscher praktisch auf 0^0 d enthärtet. Dieses Verfahren liefert ein salz- und kohlensäurearmes Speisewasser, das auch für Hochdruckkessel, nach vorangegangener Entgasung, geeignet ist. *a* ist der Kalkauflöser, *b* ein Kiesfilter, *c* der Reaktor, *d* der Kalksättiger, *f* die Dosierung, *g* der Entgaser, *h* der Entspannungstopf, *l* ein Sicherheitsüberlauf, *j* der Basenaustauscher, *k* ein Wärmeaustauscher, *l* ein Speisewasser-Sammelbehälter, *m* ein Solegefäß und *n* ein Wasserstandsregler.

Anionenaustauscher. In jüngster Zeit werden zum Austausch von Basen auch Massen aus Kunstharzen, chemisch behandelter Braunkohle usw. (Wofatite) verwendet, die Calzium-, Magnesium-, Natriumionen usw. gegen Wasserstoffionen austauschen (H-Ionen-Austauscher). Gewisse Aminoplaste (Kunstharze, s. S. 696) sind befähigt, auch Anionen, wie Sulfat-, Carbonat-, Chlorionen usw., gegen Hydroxylionen auszutauschen (OH-Austauscher). Durch Kombination beider Verfahren ist es möglich, auf rein chemischem Wege ohne Destillation ein vollkommen salzfreies Wasser herzustellen.

Die *Destillation* liefert vollkommen salzfreies Wasser, ist aber zu teuer. Hingegen wird mit Vorteil das Kondensat des Dampfkesselbetriebes wieder dem Kessel zugeführt, wobei nur eine Entölung vorgenommen werden muß. Da aber das Kondensat nie zur Speisung des Kessels ausreicht, muß noch gereinigtes Zusatzwasser hergestellt werden.

5. Abwasserreinigung.

Die Abwässer aus Haushaltungen enthalten fäulnisfähige Stoffe, Schmutzstoffe, schlammbildende Schwebestoffe, Obstreste,

Bakterien usw., solche aus Industrien häufig Eisenverbindungen und freie Schwefel- oder Salzsäure u. dgl. Wässer aus Schlächtereien, Gerbereien, Zellulose-, Zuckerfabriken usw. sind reich an fäulnisfähigen organischen Stoffen.

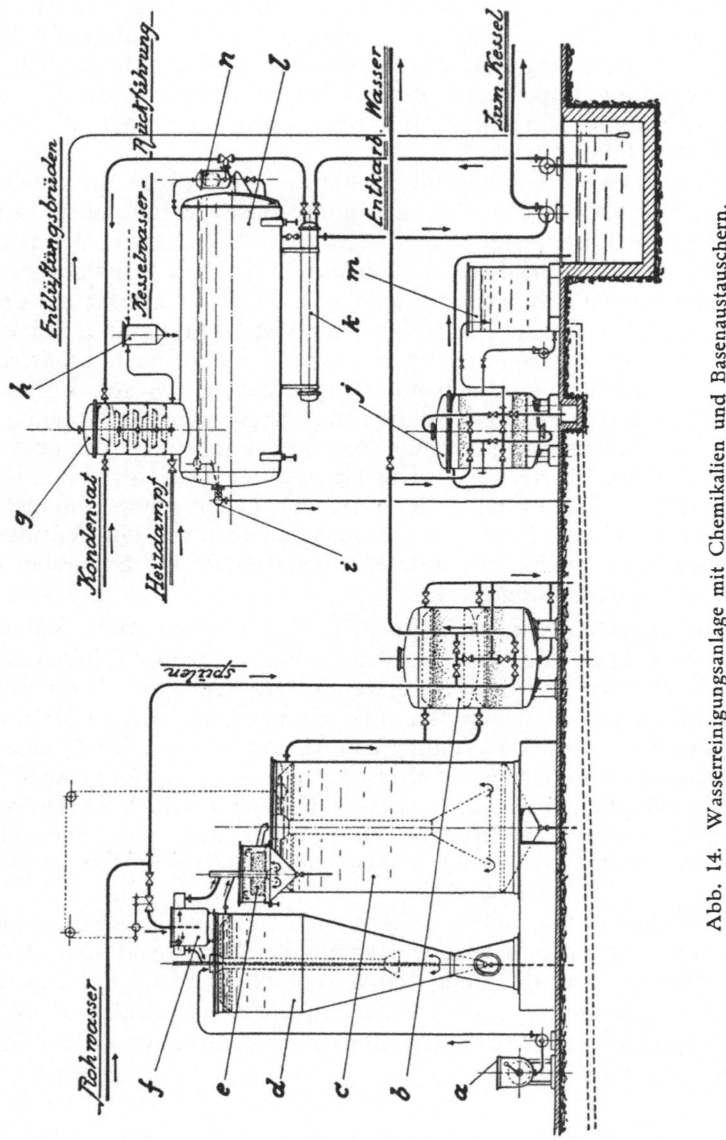

Abb. 14. Wasserreinigungsanlage mit Chemikalien und Basenaustauschern.

Die Reinigung der Abwässer von Städten erfolgt am einfachsten durch Einleiten in wasserreiche Flüsse, wobei durch die Tätigkeit von Bakterien und höheren Wassertieren schon wenige Kilometer unterhalb der Städte das Wasser wieder seine normale Zusammensetzung aufweist. Beim Fehlen größerer Flußläufe muß das Abwasser vorerst in Sandfängern von Sand usw. mit Sieben, Rechen usw. sowie Absetz- und Klärbecken von den gröberen und feineren Schlammteilen befreit werden. Da das vorgereinigte Wasser noch fäulnisfähig ist, wird es noch entweder chemisch durch Zusatz von Aluminiumsulfat, bakterientötenden Stoffen wie Blut- und Holzkohle oder Ton oder biologisch durch Bakterientätigkeit gereinigt. Die Bakterien verdauen die im Wasser enthaltenen organischen Substanzen und bilden dabei geruchlose Gase, wie Methan und Kohlensäure.

Belebtschlammverfahren, Rieselverfahren. Der viel verwendete Emscherbrunnen besteht aus einem trichterförmigen Klärraum und darunterliegendem Schlammfaulraum, aus dem der Schlamm selbsttätig auf ein Schlammtrockenbeet geleitet wird. Die Bakterientätigkeit sucht man durch Einblasen von Luft in das Wasser anzuregen (Belebtschlammverfahren, Bio-Aerator). Eine Kombination von Bakterienwirkung und Filtration stellen die Verwendung von biologischen Füll- und Tropfkörpern sowie die Rieselverfahren dar. Bei sandigen Böden (Berlin) kann man die Abwässer auf Landflächen gleichzeitig landwirtschaftlich nutzbar machen. Die Wässer werden dabei gezwungen, durch den Boden zu sickern, und geben dabei ihre Nährstoffe, wie Stickstoff, Phosphor und Kali, an die Pflanzen ab.

Industrieabwässer. Chemikalien enthaltende Industrieabwässer werden vor dem Einlassen in den Vorfluter (Wasserlauf) durch Zusatz von Ätzkalk neutralisiert und dadurch gleichzeitig eine Ausfällung des Eisens und anderer Schwermetalle bewirkt. Der Schlamm wird in Klärbecken absitzen gelassen.

V. Wasserstoffperoxyd.

Wasserstoffperoxyd H_2O_2 (D 0° 1,465; Fp —0,89°; Kp 116°; Kp [28 mm]: 69,7°) ist das erste Reduktionsprodukt von molekularem Sauerstoff durch atomaren Wasserstoff. Wasserstoff im Entstehungszustand (status nascendi) ist atomar und daher besonders reaktionsfähig: $O_2 + 2\,H = H_2O_2$. Wasserstoffperoxyd hat die Struktur H—O—O—H mit einer sog. Sauerstoffbrücke —OO—, die das charakteristische Merkmal aller Perverbindungen ist. Zum Unterschiede von den Dioxyden, fälschlich Superoxyden genannt, wie z. B. Bleidioxyd $Pb\langle{}^{O}_{O}$, die die beiden Sauerstoffatome an das Metall gebunden enthalten, sind in den Perverbindungen die beiden O-Atome noch mit einer Valenz aneinandergekettet. Diese Bindung ist jedoch nicht mehr so stark wie in den Sauerstoffmolekülen, so daß das Wasserstoffperoxyd-Molekül freiwillig unter Abgabe von Energie und Bildung von atomarem, aktivem Sauerstoff zerfällt: $H_2O_2 \rightarrow H_2O + O + 23{,}5\,kcal$. Der frei werdende aktive Sauerstoff ist ein äußerst kräftiges Oxydationsmittel, worauf die technische Verwendung des Wasserstoffperoxyds als Bleich-, Desinfektions- (Mundspülwasser) und Oxydationsmittel beruht.

Katalyse und Stabilisierung. Der Zerfall des Wasserstoffperoxyds kann durch Katalysatoren wie Platin, Osmium, Kupfer, Eisen, besonders stark aber durch das im Blut, Speichel usw. enthaltene Ferment (s. S. 551) Katalase beschleunigt werden. Im reinen Zustand ist jedoch Wasserstoffperoxyd jahrelang ohne größere Konzentrationsabnahme an aktivem Sauerstoff haltbar. Die Haltbarkeit wird durch Zusatz von sog. Stabilisatoren, wie Natriumpyrophosphat, -benzoat, Phosphorsäure, Oxychinolin usw., noch bedeutend erhöht. Derartige Stoffe mit einer den Katalysatoren entgegengesetzten, die Reaktion des Selbstzerfalls verzögernden Wirkung nennt man *Inhibitoren* (s. a. S. 16, 22 u. 86).

Reduktionswirkung. Das Wasserstoffperoxyd ist interessanterweise auch befähigt, neben seiner starken Oxydations- auch eine Reduktionswirkung an anderen sauerstoffreichen Verbindungen auszuüben. Der aktive Sauerstoff trachtet nämlich, sich mit dem Sauerstoff der anderen Oxydationsmittel zu molekularem Sauerstoff zu vereinigen. So wird z. B. bei der Reduktion des Kaliumpermanganates mit H_2O_2 freier Sauerstoff und Mangan-II-Salz gebildet.

Vorkommen und Bildung. Wasserstoffperoxyd kommt in sehr geringer Menge in der Atmosphäre vor. Es bildet sich dort unter dem Einfluß ultravioletter Strahlen der Sonne aus Sauerstoff und Wasserdampf. Mit dem Regen gelangt das H_2O_2 zur Erde. Auf der Bildung von Wasserstoffperoxyd durch die UV-Strahlen der Sonne beruht auch die Bleichwirkung der Sonne auf feuchte Wäsche. Durch die unmittelbare Vereinigung von Wasserstoff und Sauerstoff kommt die Bildung von Wasserstoffperoxyd in Flammen zustande. Richtet man eine Knallgasflamme gegen Eis, wodurch sie sehr stark abgeschreckt und der bei hohen Temperaturen vorhandene labile Zustand stabilisiert wird, so kann man im Schmelzwasser auf Grund der Gelbfärbung mit Titansalzlösung Wasserstoffperoxyd (0,02—0,2%) nachweisen. Mit Titanverbindungen bildet H_2O_2 gelb gefärbtes Pertitanat. Leitet man Sauerstoff auf eine Wasserstoff entwickelnde Platinkathode in verdünnter Schwefelsäure, so findet durch den naszierenden Wasserstoff eine Reduktion des Sauerstoffmoleküls zu H_2O_2 statt.

Technische Darstellung. Technisch wird das Wasserstoffperoxyd nach vier Verfahren hergestellt. Beim ältesten Verfahren wird Bariumperoxyd (s. S. 325) mit 3—6%iger Schwefelsäure umgesetzt, vom Bariumsulfat abfiltriert, die anfallende verdünnte Wasserstoffperoxydlösung im Vakuum durch Destillation aus

Quarz- oder Steinzeuggefäßen auf 35% gebracht und dabei gleichzeitig gereinigt: $BaO_2 + H_2SO_4 = H_2O_2 + BaSO_4$.

Beim sog. Weißensteiner-Verfahren wird eine etwa 45%ige Schwefelsäure bei hohen Stromdichten 100 Amp./qdm) an Platinanoden oxydiert, wobei sich zwei HSO_4-Radikale zur Perschwefelsäure $H_2S_2O_8$ $OH—SO_2—OO—SO_2—OH$ polymerisieren. Durch Wasserdampfdestillation im Vakuum aus viele Meter langen Bleiröhren wird die Perschwefelsäure zu Schwefelsäure und Wasserstoffperoxyd hydrolysiert, das abdestilliert wird. Die Schwefelsäure geht wieder im Kreislauf zur Elektrolyse zurück. Wegen der Empfindlichkeit des Wasserstoffperoxyds gegen Verunreinigungen und hohe Temperaturen ist die Herstellung des reinen konzentrierten Wasserstoffperoxyds einer der schwierigsten Prozesse der anorganischen Großindustrie.

Bei dem im größten Umfange ausgeübten Verfahren von Pietzsch und Adolph (Elektrochemische Werke, München) wird eine schwefelsaure Ammonsulfatlösung zwischen Platinanoden und Bleikathoden elektrolysiert, wobei sich mit etwa 95%iger Stromausbeute Ammonpersulfat bildet. Dieses wird mit Kaliumhydrosulfat zu schwerlöslichem Kaliumpersulfat umgesetzt, das abgenutscht und im festen Zustande mit Schwefelsäure und Wasserdampf in Wasserstoffperoxyd und Kaliumhydrosulfat umgesetzt wird. Das Wasserstoffperoxyd wird abdestilliert, das Kaliumhydrosulfat wird wieder zur Bildung von Kaliumpersulfat aus Ammonpersulfat benützt. Das Verfahren arbeitet somit mit zwei nacheinander ausgeführten Kreisprozessen:

$$\underbrace{(NH_4)_2SO_4 + H_2SO_4 + O} = (NH_4)_2S_2O_8 + H_2O$$

$$+ 2\,KHSO_4$$

$$K_2S_2O_8 + 2\,\overbrace{NH_4HSO_4}$$

$$+ H_2O = \overbrace{2\,KHSO_4} + H_2O_2$$

Beim Löwenstein-Verfahren wird eine Ammonbisulfatlösung anodisch zu Ammonpersulfat oxydiert und diese Lösung unmittelbar einer Wasserdampfdestillation im Vakuum ausgesetzt, wobei Wasserstoffperoxyd abdestilliert und die Ammonbisulfatlösung regeneriert wird.

Auch durch *stille elektrische Entladung* in einem Gemisch von Wasserstoff und Sauerstoff, wobei sich atomarer Wasserstoff bildet, kann Wasserstoffperoxyd dargestellt werden, jedoch hat dieses Verfahren aus wirtschaftlichen Gründen nicht mit den elektrolytischen Darstellungsverfahren in Wettbewerb treten können.

Hingegen bietet das Verfahren der I. G. Farbenindustrie A. G., welche an Hydrazobenzol, gelöst in organischen Lösungsmitteln, Sauerstoff anlagert (einen derartigen Vorgang der Oxydation bei

Raumtemperatur nennt man *Autoxydation*) und das gebildete Wasserstoffperoxyd (etwa 20%ig) abtrennt, den Vorteil, unmittelbar aus den Elementen H_2 und O_2 H_2O_2 ohne elektrischen Strom und Platin herstellen zu können.

Peroxyde. Wasserstoffperoxyd ist eine sehr schwache zweibasische Säure, die befähigt ist, eines oder beide H-Atome gegen Metall einzutauschen. Dies ist die charakteristische Eigenschaft einer jeden Säure. Die Salze des Wasserstoffperoxyds werden Hydroperoxyde, wie z. B. Na—OOH, oder Peroxyde Na—OO—Na genannt.

Handelswaren. Wasserstoffperoxyd ist im Handel als 3%ige Lösung für medizinische Zwecke, zum Bleichen als 30-, 45- und 60%ige Lösung. Eine 80%ige Lösung besitzt schon eine derartige Oxydationskraft, daß sie, insbesondere bei Anwesenheit von Katalysatoren, wie z. B. Eisenrost, Holz und andere entflammbare Stoffe zur Entzündung bringt. Die Aufbewahrung erfolgt in Glas-, Steinzeug- oder paraffinierten Reinaluminiumgefäßen. Es dient als Bleich- und Desinfektionsmittel. Im Kriege wurde es als 85%ige Lösung zum Antriebe von Raketengeschossen und Düsenflugzeugen verwendet.

Nachweis. Bildung gelber Peroxytitansäure H_2TiO_6 oder blauer, durch Äther ausschüttelbarer Perchromsäure $HCrO_5$ in schwefelsaurer Lösung.

VI. Ozon.

Physikalische Eigenschaften und Vorkommen. Ozon O_3 (D -183^0 : 1,78; Fp $-251{,}4^0$; Kp $-112{,}3^0$; krit. Temperatur -5^0) ist ein bei zahlreichen Reaktionen, z. B. beim Schweißen, in geringen Mengen auftretendes Gas von charakteristischem Geruch. In der Atmosphäre kommt es in der Bodennähe in einer Menge von 10^{-7} bis 10^{-8} Vol.-Teilen vor. Im reinen Zustand ist das Gas blau gefärbt. Es wirkt ätzend und erstickend, in sehr großer Verdünnung aber erfrischend. Es absorbiert die kurzwelligen Strahlen zwischen 2200 und 3200 Å besonders kräftig. Flüssiges und festes Ozon sind schwarzblau gefärbt. Die drei Sauerstoffatome bilden ein gleichschenkeliges Dreieck mit einem stumpfen Winkel von etwa 122^0.

Chemisches Verhalten. Reines, auch flüssiges und festes Ozon sind sehr explosiv. Festes Ozon explodiert schon bei Reibung bei -250^0. Gemische von Sauerstoff mit 10% O_3 explodieren beim Durchschlagen eines elektrischen Funkens. Ozon ist nur wenig beständig, bei 100^0 zerfällt auch sehr verdünntes Ozon sehr rasch. Die geringe Beständigkeit des Ozons beruht auf dem Bestreben, in beständige Sauerstoffmolekel überzugehen: $2\,O_3 \rightarrow 3\,O_2 + 69$ kcal. Der frei werdende atomare Sauerstoff ist zu kräftigen Oxydationswirkungen befähigt, wobei aber auch alle 3 O-Atome gleichzeitig in Aktion treten können: $H_2S + O_3 = H_2SO_3$.

Mit vielen organischen Verbindungen reagiert Ozon meist in der Weise, daß er sich primär als ganzes Molekül anlagert, z. B. an die Doppelbindung der Isoprenmoleküle des Kautschuks (s. S. 537): $—C=C— + O_3 = —\underset{\diagdown\ O_3\ \diagup}{C—C}—$. Diese Ozonide zerfallen dann an der Stelle der Doppelbindung, worauf eine Methode zum Nachweis des Sitzes der Doppelbindung in der organischen Chemie beruht. Von Harries und Hofmann wurde über das Ozonid die Konstitution des Kautschuks aufgeklärt (1909). Zimtöl und Terpentinöl entflammen, wenn man einen Ozonstrom gegen sie bläst. Kautschuk wird in Berührung mit Ozon brüchig.

Darstellung. Ozon bildet sich aus Sauerstoff durch Aufspaltung einer Molekel nach $3\,O_2 = 2\,O_3 — 69$ kcal. bei hohen Temperaturen, z. B. in Spuren bei der Verbrennung, bei der Zersetzung von Wasserstoffperoxyd (wobei sich das frei werdende aktive O-Atom an eine O_2-Molekel anlagert), bei der Bestrahlung von Sauerstoff mit ultraviolettem Licht (Atmosphäre), bei der Elektrolyse von verdünnter Schwefelsäure bei sehr hohen Stromdichten und bei der stillen elektrischen Entladung in Sauerstoff. Technisch wird nur die stille elektrische Entladung in Luft in der Siemensröhre zur Darstellung angewendet.

Der zu ozonisierende trockene Sauerstoff oder die Luft streicht durch den 1—2 mm breiten Zwischenraum zwischen einem Glaszylinder und einem darin angeordneten konzentrischen Aluminiumzylinder. Der eine Pol der Hochspannungsleitung ist mit dem Al-Zylinder, der andere mit dem metallischen Gehäuse und dem Kühlwasser in Verbindung. Die Spannung beträgt 8000—10.000 V. Die Ozonbildung erfolgt durch Stoßanregung durch die bei der Glimmentladung entstandenen Ionen und Elektronen. Durch Schaltung mehrerer Röhren hintereinander sollen Konzentrationen von 10—15% Ozon in Sauerstoff erreicht werden können. Die stille elektrische Entladung bewirkt gleichzeitig auch eine Zersetzung des Ozons.

Verwendung. Ozon wird zur Sterilisation des Trinkwassers, Desodorisierung von Spitälern, Theatern, Schulen, Fleisch- und Fischhallen, zum Bleichen von Ölen und Fetten, zur künstlichen Alterung von Weinbrand (Oxydation der Aldehyde zu Säuren) usw. verwendet.

Nachweis. Ausscheidung von Jod aus Kaliumjodid (unter Rotfärbung von gleichzeitig anwesendem Phenolphthalein), wobei mit Stärke Blaufärbung auftritt (Chlor und Stickoxyde stören). Rotviolette Färbung von Filterpapier, das mit Tetramethyldiaminodiphenylmethan $(CH_3)_2 = N - C_6H_4 - CH_2 - C_6H_4 - N(CH_3)_2$ imprägniert und mit Alkohol befeuchtet ist.

Oxydation und Reduktion.

Zu den wichtigsten chemischen Reaktionen gehören die Oxydation und Reduktion. Eine Oxydation besteht darin, daß ein Oxydationsmittel an einen anderen Stoff Sauerstoff abgibt oder ihm Wasserstoff entzieht. Wasserstoffperoxyd gibt z. B. bei seinem Zerfall (s. S. 48) 1 O-Atom an einen „Acceptor" ab, Chlor und Brom entziehen Wasserstoff und wirken auf diese Weise oxydierend. Die Oxydation ist mit einem Übergang des oxydierten Elementes in eine andere Wertigkeitsstufe verbunden, wobei entweder höhere positive Wertigkeiten (Fe^{II} in Fe^{III}) oder kleinere negative erhalten werden, wie z. B. $H_2S + Cl_2 = 2\,HCl + S$. Die höhere Wertigkeitsstufe ist durch einen größeren Überschuß von positiven elektrischen Ladungen im Atom gekennzeichnet und kann genau so wie die niedrigere negative Wertigkeitsstufe auch durch einen Entzug von negativer Elektrizität erreicht werden. Aus diesem Grunde können Oxydationen und Reduktionen auch auf elektrolytischem Wege durchgeführt werden (s. S. 435).

Reduktion. Im Gegensatz zur Oxydation besteht die Reduktion darin, daß ein Reduktionsmittel einem Stoff Sauerstoff entzieht oder an ihn Wasserstoff abgibt. So ist die Bildung von Wasserstoffperoxyd aus molekularem Sauerstoff durch naszierenden Wasserstoff ein Reduktionsvorgang, ebenso z. B. die Abscheidung von Quecksilber aus einer Lösung von Quecksilberchlorid durch Natriumstannit. Das zweifach positiv geladene $Hg^{\cdot\cdot}$-Ion verliert hier positive Ladungen. Bei der Reduktion werden also niedrigere positive Wertigkeitsstufen gebildet (höhere negative). Sie entspricht der Aufnahme von negativen Elektronen.

Im Grunde genommen ist jedem Oxydationsvorgang ein gleichzeitig verlaufender Reduktionsvorgang zuzuordnen und kann man von Oxydation oder Reduktion allein nur im Hinblick auf das näher betrachtete Ergebnis sprechen. Denn wenn man z. B. Eisenoxyd mit Kohlenoxyd zu metallischem Eisen reduziert, geht gleichzeitig der gleichwertige Oxydationsvorgang der Überführung des Kohlenoxyds in Kohlendioxyd vor sich: $FeO + CO = Fe + CO_2$.

Potential von Oxydations- und Reduktionsmitteln. Die Stärke von Oxydations- und Reduktionsmitteln wird gemessen an dem Potentialunterschiede, der zwischen einer Lösung eines dieser Stoffe in der Konzentration von 1 Grammäquivalent (1 normal) und einer Normalwasserstoffelektrode (s. S. 225) besteht. Starke Oxydationsmittel sind z. B. Fluor (+ 1,9 V), Ozon (+ 1,9 V), Wasserstoffperoxyd (+ 1,7 V), unterchlorige Säure (+ 1,7 V), Kaliumpermanganat (+ 1,6 V); mittlere Oxydationsmittel Chlor (+ 1,3 V),

Chromsäure (+ 1,3 V), Sauerstoff (+ 1,1 V), Brom (+ 1,1 V); schwache Oxydationsmittel Salpetersäure (+ 0,95 V), Silberoxyd (+ 0,80 V). Kräftige Reduktionsmittel sind Kalium (— 3,2 V), Natrium (— 2,8 V), Magnesium (— 1,5 V), Aluminium (— 1,3 V), Zink (— 0,76 V), Schwefelwasserstoff (— 0,55 V); mittlere Reduktionsmittel Eisen (— 0,44 V), Wasserstoff (± 0 V). Diese Reihenfolge kann sich jedoch mit dem Medium, in welchem die Lösung erfolgt, ändern.

VII. Schwerer Wasserstoff (Deuterium).

Beim Wasserstoff mit dem Atomgewicht 1,0081 gibt es ein Isotop (s. S. 104), den schweren Wasserstoff oder Deuterium D, dessen Atomgewicht dopelt so schwer als das des einfachen Wasserstoffes ist. Das Atom des Deuteriums ist ein Wasserstoffatom, in dessen Kern neben einem Proton noch ein Neutron vorhanden ist (s. S. 101). Deuterium kommt in einer Menge von 0,02% im gewöhnlichen Wasserstoff vor und steht mit diesem in einem Gleichgewicht $H_2 + D_2 \rightleftharpoons 2\,HD$, so daß im gewöhnlichen Wasserstoff 3 Molekülarten, nämlich H_2, D_2 und HD, auftreten. Wasserstoff mit dem Atomgewicht 1 (H^1 geschrieben) wird auch als Protium bezeichnet, jedoch hat sich diese Bezeichnung nicht eingeführt.

Darstellung von D. Die Trennung der Isotopen gelang nach verschiedenen Verfahren, z. B. auf Grund der verschiedenen Diffusionsgeschwindigkeit durch feine Öffnungen, die proportional der Quadratwurzel aus dem Molekulargewicht ist. H und D unterscheiden sich durch den Schmelzpunkt (Fp — 254,6°), Siedepunkt (Kp — 253,5°), Verdampfungswärme usw., aber auch in chemischer Hinsicht. Beispielsweise vereinigen sich Wasserstoff H^1 und Chlor bei 0° 13mal so schnell wie D_2 und Cl_2. Zwischen den D- und H^1haltigen Verbindungen bestehen nur geringe Unterschiede.

Schweres Wasser. Im normalen Wasser sind 9 verschiedene Arten des Wassers möglich, die sich aus den Elementarten H^1, D^2 sowie den 3 Sauerstoffisotopen O^{16}, O^{17} und O^{18} zusammensetzen. Genauer kennt man die beiden Wasser $H^1_2O^{16}$ und $D^2_2O^{16}$. Schweres Wasser kann am leichtesten durch Elektrolyse des gewöhnlichen Wassers erhalten werden, da sich H^1_2O leichter zersetzt als D^2_2O, dieses sich daher immer mehr im Rückstand anreichert.

Wegen des niedrigeren Dampfdruckes von H^1_2O reichert sich D^2_2O in den Salzseen, im Gletschereis usw. an. Die Bestimmung des Gehaltes von Wasser an H^1_2O und D^2_2O erfolgt durch das spez. Gew., das für H^1_2O bei 20° 0,9980, für D^2_2O 1,1051 ist. Wegen dieses um rund 10% höheren spez. Gew. hat das Deuteriumoxyd D^2_2O den Namen „schweres Wasser" erhalten.

Eigenschaften. Leichtes und schweres Wasser unterscheiden sich sowohl physikalisch als auch chemisch. Der Gefrierpunkt von reinem H_2^1O liegt z. B. bei —0,0014°, von D_2O bei 3,80°, der Kp von H_2O bei 99,99945°, von D_2O bei 101,42° usw. Die Löslichkeit von Salzen in D_2O ist geringer als in H_2O, ebenso ist die elektrolytische Leitfähigkeit der Salze in D_2O-Lösungen kleiner. Auch in biologischer Hinsicht bestehen Unterschiede. Kaulquappen und kleine Fische gehen in D_2O zugrunde, Tabaksamen keimen in D_2O nicht usw. Normales Wasser besteht zu 99,76% aus $H_2^1O^{16}$, 0,17% $H_2^1O^{18}$, 0,037% $H_2^1O^{17}$, 0,0322% HDO^{16}, 0,000003% D_2O^{16} usw.

VIII. Die Halogene.

Als Halogene oder Salzbildner faßt man die 4 Elemente Fluor, Chlor, Brom und Jod zusammen, die sich durch eine sehr große Reaktionsfähigkeit auszeichnen und daher im freien Zustande in der Natur nicht vorkommen. In der Tab. 5 sind die wichtigsten Eigenschaften der Halogene zusammengestellt. Als Maß für das Bestreben zur Salzbildung ist die sog. Ionisierungsarbeit, d. i. die zur Überführung des Atoms in das Ion erforderliche Energie, angeführt. Sie ist bei allen Halogenen negativ, d. h. die Atome gehen freiwillig unter Abgabe von Energie in Ionen, also Verbindungen über. Am reaktionsfähigsten ist das Fluor. Es besitzt auch die größte Elektroaffinität, die mit steigendem Atomgewicht abnimmt, so daß jedes Halogen das mit höherem Atomgewicht aus den Salzen verdrängen kann. Man kann also z. B. mit Chlorgas aus der Lösung eines Bromides Brom in Freiheit setzen.

Die Halogene sind in gasförmigem Zustande zweiatomar. Mit steigender Temperatur dissoziieren sie in einzelne Atome, wobei Fluor am beständigsten ist und Jod am leichtesten thermisch dissoziiert. Die beständigsten Verbindungen der Halogene sind die Halogen-Wasserstoff-Verbindungen, die aber gleichfalls bei höherer Temperatur in die freien Halogene und Wasserstoff zerfallen, u. zw. gleichfalls vom Fluorwasserstoff zum Jodwasserstoff bei immer niedrigerer Temperatur. H_2F_2 ist bei 1500° beständig, HCl zu 0,08%, HBr zu 1,29% und HJ zu 35,1% zerfallen. Die wässerigen Lösungen der Halogene sind sehr stark dissoziiert und unsere stärksten Säuren. Die Neigung der Halogene, mit Sauerstoff Oxyde zu bilden, ist nur gering. Die Fähigkeit zur Bildung von Sauerstoffsäuren, wie z. B. HClO, unterchlorige Säure, $HClO_2$, chlorige Säure, $HClO_3$, Chlorsäure und $HClO_4$, Perchlorsäure, ist erheblich. Diese sind in freiem Zustande nicht sehr beständig, beständiger aber in Form ihrer Salze.

IX. Fluor.

Symbol F; Atomgewicht 19,00; Ordnungszahl 9; Schmelzpunkt —218°; Siedepunkt —188,3°; kritische Temperatur —129°; Dichte (—200°) 1,140; Dichte (Luft = 1) = 1,31; Wertigkeit: I.

Vorkommen. Fluor kommt in der Natur als Flußspat oder Fluorit CaF_2, Kryolith (Eisstein) Na_3AlF_6 (Grönland), Apatit $3\,Ca_3(PO_4)_2 . Ca(F, Cl)_2$ mit überwiegendem Fluorgehalt (Fluorapatit) oder vorherrschendem Chlorgehalt (Chlorapatit), in Birkenblättern, Knochen und im Zahnschmelz vor.

Darstellung. Die Darstellung des Fluors ist schwierig, da es fast alle Materialien angreift und nur Platin, Iridium und Gold beständig sind. Ebenso wie bei der ersten Darstellung des Fluors durch Moissan (1886) wird es auch heute noch durch Elektrolyse dargestellt. Man verwendet als Elektrolyt eine Schmelze von Kaliumhydrofluorid KHF_2 bei 250° oder dessen Lösung in Flußsäure bei etwa —23°. Man benützt Gefäße aus Kupfer, Silber oder Magnesium, die sich mit einer Fluoridschicht überziehen und dann nicht mehr angegriffen werden. Diese Erscheinung trifft man verhältnismäßig häufig. Sie gestattet, auch nur weniger beständige Stoffe als Werkstoffe einsetzen zu können. Die Anoden bestehen aus Graphit, die Kathoden aus Silber.

Chemische Eigenschaften. Fluor ist das reaktionsfähigste aller Elemente. Es verbindet sich selbst bei niedrigsten Temperaturen sofort unter Feuererscheinungen mit Wasserstoff, bei gewöhnlicher Temperatur mit Jod, Schwefel, Arsen, Blei, Antimon, Bor, Silicium und fein verteiltem Kohlenstoff. Wasser wird durch Fluor unter Freiwerden von ozonhaltigem Sauerstoff zersetzt: $H_2O + F_2 = H_2F_2 + O_2$. Kohlenwasserstoffe werden in Fluorwasserstoff und Kohlenstofftetrafluorid CF_4 übergeführt. Die meisten Metalle verbrennen sofort in Fluor.

Fluorverbindungen.

Fluorwasserstoff H_2F_2, *Flußsäure* (fbl, D_{fl} 0,987; Fp —85°; Kp 19,5°; LW:

Tab. 5. Die wichtigsten Eigenschaften der Halogene.

Halogen	Atomgewicht	Farbe bei 20°	Ionisierungsarbeit kcal	Schmelzpunkt	Siedepunkt	Kritische Temp.	Dichte (Luft = 1)	Dichte g/cm³	LW 20°	Wertigkeit	Normal-Potential Volt
Fluor	19,00	gelbgrün, Gas	— 90	— 218	— 188,3	— 129	1,31	1,140 (— 200)	zers. W	1	+ 1,9
Chlor	35,457	grün, Gas	— 89	— 101	— 34,1	+ 141	2,486	1,557 (— 30)	2,26	1, 3, 4, 5, 6, 7	+ 1,35
Brom	79,92	rotbraun, flüssig	— 86	— 7,3	+ 58	+ 311		3,14	3,53	1, 5	+ 1,08
Jod	126,92	violett schwarz, fest	— 80	113,6	+ 183	+ 512		4,93	0,022	1, 3, 5, 7	+ 0,54

mischb.) ist bis 85° zu höheren Molekülen $(HF)_4$ und $(HF)_2$ assoziiert, und zwar auch im gelösten, flüssigen und festen Zustande. Die wässerige Lösung heißt Flußsäure; sie ist nicht so stark dissoziiert wie die übrigen Halogen-Wasserstoff-Säuren. Man stellt sie aus Flußspat durch Behandlung mit konzentrierter Schwefelsäure in einem gußeisernen Kessel mit Bleideckel her: $CaF_2 + H_2SO_4 = CaSO_4 + H_2F_2$. Die abziehenden Dämpfe der Flußsäure werden mittels Bleirohren durch mehrere mit Wasser beschickte Bleiflaschen geleitet, die in einer Kühlwanne in Wasser stehen. Die absorbierte Säure wird durch Destillation auf 40—52% angereichert. Zum Transport und zur Aufbewahrung dienen Gefäße aus Blei, Fässer mit Harzauskleidung, Flaschen aus Hartgummi, Paraffin oder Ceresin. Gasförmige Flußsäure wirkt sehr schädlich auf die Atmungsorgane ein. Die wässerige Säure erzeugt auf der Haut sehr schlecht heilende, eiterige und schmerzhafte Wunden. Auch die Fluoride sind giftig (Gegenmittel Calziumchloridlösung) und wirken bakterizid.

Verwendung. Flußsäure dient zum Ätzen und Mattieren von Glas, das ebenso wie Kieselsäure und Silicate unter Bildung von löslichen Fluoriden und Salzen der Kieselfluorwasserstoffsäure H_2SiF_6 gelöst wird: $SiO_2 + 2\,H_2F_2 = SiF_4 + 2\,H_2O$; $SiO_2 + 3\,H_2F_2 = H_2SiF_6 + 2\,H_2O$. Flüssige Säure ätzt Glas glatt, gasförmige und ein Gemisch von Flußsäure und flußsauren Salzen des Kaliums, Natriums, am besten des Ammoniums, hingegen matt. Nicht zu ätzende Stellen werden mit Asphalt, Wachs, Paraffin, Harzgemischen u. dgl. abgedeckt.

Flußsäure dient ferner zur Entfernung des Gußsandes von Gußstücken, Entkieseln und Weichmachen von spanischem Rohr für Rohrgeflechte, zur Herstellung von Fluorverbindungen wie künstlichem Kryolith Na_3AlF_3 (s. S. 349), Kieselfluorwasserstoffsäure H_2SiF_6, Antimonfluorid, zur Unterdrückung der wilden Gärung bei der Preßhefeerzeugung (s. S. 567) usw.

Ebenso wie mit Kieselsäure bildet Flußsäure auch mit anderen Metalloxyden komplexe (s. S. 112) Säuren, wie Borfluorwasserstoffsäure HBF_4, Fluortitansäure H_2TiF_6 usw.

Fluoride, Säuren, Salze. Säuren sind solche Verbindungen, die ein oder mehrere abdissoziierbare Wasserstoffatome besitzen (s. Dissoziation, S. 35). Sie röten blaues Lackmus und bilden mit Basen unter Wasseraustritt neutrale Salze, wie z. B. $HCl + NaOH = NaCl + H_2O$. *Salze* entstehen somit durch Austausch der ersetzbaren Wasserstoffatome einer Säure durch Metalle oder Neutralisation der $H^{\cdot}$-Ionen der Säure durch die OH'-Ionen einer Base. Sind mehrere H-Atome im Säuremolekül vorhanden (mehrbasische Säuren), so können diese durch stufenweise Dissoziation und fortschreitenden Ersatz der H-Ionen durch Metalle mehrere Reihen von Salzen bilden.

Die Flußsäure verhält sich wie eine vierbasische Säure, d. h. sie kann bis zu 4 Atomen Wasserstoff gegen einwertiges Metall austauschen und somit 4 Reihen von Salzen bilden, u. zw. 3 saure und 1 neutrales: KH_3F_4, $K_2H_2F_4$, K_3HF_4, K_4F_4. Die Alkali- und Silberfluoride sind leicht, jene anderer Metalle schwer löslich und meist farblos. Na-, Zn- und Cu-Fluorid werden wegen ihrer antiseptischen Wirkung zur Imprägnierung von Holz, wie Eisenbahnschwellen, Tapeten usw., zwecks Fäulnisverhinderung verwendet.

Fluor bildet beim Einleiten in verdünnte Natriumhydroxydlösung *Fluoroxyd* F_2O, ein farbloses Gas. Bei elektrischen Entladungen in Gemischen von Fluor und Sauerstoff entsteht Difluordioxyd F_2O_2, eine bei tiefer Temperatur blutrot gefärbte Flüssigkeit.

Nachweis. Probe im Platin- oder Eisentiegel mit konzentrierter Schwefelsäure am Wasserbad erwärmen; Tiegel mit einem Uhrglas bedecken, dessen untere konvexe Seite mit Wachs überzogen ist, in welches mit Holz Striche geritzt sind; die Flußsäuredämpfe ätzen die wachsfreien Stellen des Glases. Calziumchloridlösung fällt aus fluoridhaltigen Lösungen einen weißen gallertartigen Niederschlag, unlöslich in verdünnter Essigsäure, schwer löslich in verdünnter Salz- und Salpetersäure.

X. Chlor.

Symbol Cl; Atomgewicht 35,457; Ordnungszahl 17; Schmelzpunkt —101°; Siedepunkt —34,1°; kritische Temperatur +141°; Dichte (—30°) 1,557°; Dichte (Luft = 1) 2,486; Wertigkeit: I, III, IV, V, VI, VII.

Vorkommen. Chlor kommt nur gebunden vor, wobei es sich insbesondere als Natriumchlorid überall im Boden findet, aus dem es durch die Wasserläufe in das Meer gelangt. Diese enthalten neben geringen Mengen von Magnesium- und Kaliumchlorid etwa 2,5—3% NaCl. Das in allen Meeren gelöste Kochsalz würde in festem Zustande den Raum aller Kontinente einnehmen. Durch Eintrocknen von riesigen Binnenseen und -meeren entstanden die Salzlager, von denen diejenigen in Norddeutschland in einer Mächtigkeit bis zu 1000 m die gewaltigsten sind.

Physikalische Eigenschaften (Tab. 5). Technisch besonders wichtig ist die Eigenschaft des Chlors, bei 15° durch einen Druck von 6 Atm. und bei 1 Atm. bei —34,1° verflüssigt werden zu können. Man kühlt daher gasförmiges Chlor mit Kältemischungen (s. S. 34) und Kühlmaschinen auf etwa —50° ab und kann so das Gas dann leicht flüssig erhalten. Als Sperr- und Schmierflüssigkeit für die Kolben usw. dient konzentrierte Schwefelsäure. Gewöhnliches Chlor besteht zu 77% aus dem Chlorisotop Cl^{35} und 23% aus Cl^{37} sowie Spuren von Cl^{39}. Die Tab. 6 enthält die wichtigsten Vorschriften für die Lagerung verflüssigter und komprimierter Gase, wie z. B. von Chlor.

Tab. 6. Hauptsächlichste Vorschriften für die wichtigeren Gase.

Gasart	Probedruck der Flaschen in Atm	Wiederholung der Druckprüfung nach Jahren	Für 1 kg verflüssigtes Gas erforderlicher Fassungsraum in l	Höchster Fülldruck für verflüssigte Gase in Atm.	Ventilanschlüsse nach DIN 477				
					Gewinderichtung	Gewindedurchmesser	Gewindegrund	Gangzahl auf 1″	Bemerkungen
Kohlendioxyd	190	5	1,34	—	rechts	21,80	19,48	14	
Ammoniak	30	5	1,86	—	„	21,80	19,48	14	Eisen
Schwefeldioxyd	12	2	0,8	—	„	22,643	20,588	14	
Chlor, Chlorkohlenoxyd	22	2	0,8	—	„	24,931	21,335	8	
Stickoxydul	180	5	1,34	—	„	16,465	14,951	19	
Stickstofftetroxyd	22	2	0,8	—	„	21,80	19,48	14	
Äthan	95	5	3,3	—	links	21,80	19,48	14	
Chlormethyl	16	2	1,25	—	„	21,80	19,48	14	
Chloräthyl	12	2	1,25	—	„	21,80	19,48	14	
Methylamin	16	2	1,70	—	„	21,80	19,48	14	
Ölgas, Blaugas	190	5	2,5	—	„	21,80	19,48	14	
Acetylen	40	5	—	15	—	—	—	—	Bügelanschluß fettfrei
Sauerstoff	50% mehr als der Fülldruck	5	—	200	rechts	26,174	24,119	14	
Stickstoff, Edelgase		5	—	200	„	24,32	22,00	14	
Wasserstoff		5	—	200	links	21,80	19,48	14	
Kohlenoxyd		5	—	200	„	21,80	19,48	14	
Methan		5	—	200	„	21,80	19,48	14	
Preßluft		5	—	200	rechts	20,857	22,912	14	Innengewinde

Chemische Eigenschaften. Chlor ist nach dem Fluor das reaktionsfähigste Element und verbindet sich mit Ausnahme von Sauerstoff, Stickstoff und Kohlenstoff mit allen anderen Elementen unmittelbar zu Chloriden. Alle Metalle werden schon bei gewöhnlicher Temperatur von feuchtem Chlor angegriffen. Gepulvertes Arsen, Antimon und Wismut entzünden sich beim Einwerfen in ein mit Chlor gefülltes Gefäß. Ein Gemenge von Chlor und Wasserstoff hält sich im Dunkeln fast unverändert. Im zerstreuten Tageslicht reagiert es langsam, explodiert aber bei Belichtung mit Sonnen- oder Magnesiumlicht (Chlorknallgas), wobei HCl entsteht: $Cl_2 + H_2 = 2\,HCl + 43{,}7\,kcal$. Es ist dies ein schönes Beispiel für den katalytischen Einfluß des Lichtes auf chemische Reaktionen. Eine Spur Feuchtigkeit ist zum Einleiten der Reaktion erforderlich, trockenes Chlor reagiert viel träger als feuchtes.

Tab. 7. Wirkungen reizender und giftiger Gase und Dämpfe in Milligramm pro Liter (nach Lehmann, Heß und Zangger).

Name	Sofort tödlich	In 1/2—1 Std. sofort oder später tödlich	In 1/2—1 Std. lebensgefährl. Erkrankung	1/2—1 Std. erträglich ohne sofortige oder spätere Folgen
Chlor	2,5	0,10–0,15	0,04–0,06	0,01
Brom	3,5	0,22	0,04–0,06	0,022
Salzsäure	—	1,84–2,60	1,50–2,00	0,06—0,13
Schwefelige Säure	—	1,40—1,70	0,40—0,50	0,17
Ammoniak	—	1,50—2,70	1,50–2,50	0,18
Schwefelwasserstoff	1,2–2,8	0,60–0,84	0,50–0,70	0,24–0,36
Nitrose Gase, Salpetersäure, Salpetrige Säure	—	0,60—1,00	—	0,20–0,40
Blausäure	0,3	0,12–0,15	0,12—0,15	0,05—0,06
Arsenwasserstoff	5,0	0,05	0,02	0,02
Phosphorwasserstoff	—	0,56—0,84	0,40–0,60	0,14—0,26
Osmiumtetroxyd OsO_4	—	—	—	0,001
Kohlensäure	—	90—120	60—80	60—70
Kohlenoxyd: Rauch 0,1—0,5 %, Leuchtgas 5–10 %, Generatorgas 24 %, Sprenggas 30–60 %	—	2–3	2–3	0,50—1,00
Phosgen	—	0,02—0,10	0,05	—
Benzin	—	30—40	25—30	10—20
Chloroform	—	200	—	30—40
Tetrachlorkohlenstoff	—	400—500	150—200	60–80
Schwefelkohlenstoff	—	15	10–12	3—5
Anilin, Toluidin	—	—	—	0,5
Nitrobenzol	—	—	—	1,0—1,5

Chlor brennt in einer Wasserstoffflamme, ebenso eine Wasserstoffflamme in Chlor. Dieses Verfahren wird u. a. zur technischen Darstellung von Salzsäure ausgenützt. Chlor ist sehr giftig und reizt die Atmungsorgane sehr. In der Tab. 7 sind die Wirkungen reizender und giftiger Gase und Dämpfe auf den menschlichen Organismus angeführt.

Mit Wasser reagiert Chlorgas, besonders rasch bei Belichtung, unter Bildung von Salzsäure und unterchloriger Säure: $H_2O + Cl_2 = HCl + HClO$. Die unterchlorige Säure ist unbeständig und zerfällt, insbesondere leicht bei Belichtung, in Salzsäure und atomaren Sauerstoff. Dieser ist zur Ausführung von kräftigen Oxydationswirkungen befähigt, worauf die Verwendung des Chlors zum *Bleichen* und *Desinfizieren* beruht. Beim *Bleichen* mit Sauerstoff und Chlor werden die meist gefärbten Schmutzstoffe sowie die natürlichen Pflanzenfarbstoffe und das Blattgrün in farblose Oxydationsprodukte übergeführt, die Schmutzstoffe also zerstört.

Darstellung. Das ältere Darstellungsverfahren aus Mangandioxyd MnO_2 (Braunstein) und Salzsäure durch deren Oxydation zu Wasser und Chlor: $MnO_2 + 4\,HCl = MnCl_2 + 2\,H_2O + Cl_2$ (Weldonverfahren) ist ebenso verlassen worden wie der Deaconprozeß, bei welchem ein Gemenge von Luft und Salzsäure bei etwa 400° über erhitztes, als Katalysator dienendes Kupfer-I-Chlorid CuCl geleitet wurde: $4\,HCl + O_2 = Cl_2 + 2\,H_2O$.

Sämtliches Chlor wird heute als Nebenprodukt bei der Alkali-Chlor-Elektrolyse (s. S. 233) gewonnen. Während man früher aus Salzsäure Chlor darstellte, ist man wegen der Überproduktion an Chlor durch die Elektrolyse heute sogar dazu übergegangen, Chlor wieder mit Wasserstoff zu Salzsäure zu verbrennen. Es ist dies eines der zahlreichen Beispiele, wie sich in der chemischen Industrie durch Änderung der Rohstofflage oder von wirtschaftlichen Voraussetzungen oft grundlegend neue, ja konträre Verhältnisse gebildet haben.

Verwendung. Zum Bleichen, Desinfizieren von Trink- und Badewasser, Herstellung von Chlorkalk, Chlorkohlenwasserstoffen, Chloraten (selten geworden), Chlorverbindungen, für Kunststoffe, direkte Herstellung von Hypochloriten ohne Elektrolyse oder für Kleinverbraucher usw. In den Handel kommt das Chlor in verflüssigtem Zustande in Stahlflaschen oder großen eisernen Kesselwagen. Trockenes Chlor greift Eisen nicht an.

Nachweis. Blaufärbung von angefeuchtetem Kaliumjodid-Stärke-Papier durch Jodausscheidung. Durch den Geruch sind noch 0,0001 Vol.% in der Luft nachweisbar.

XI. Chlorwasserstoff, Salzsäure.

Vorkommen. Salzsäure HCl (fbl; 1 l wiegt 1,6392 g; Fp —114°; Kp —85°; L: 1 Vol. W löst 0° 507; 60° 339 Vol. HCl) kommt frei in den Exhalationen von Vulkanen, entstanden durch Zersetzung von Wasserdampf an geschmolzenen Chloriden des Magmas, vor. Der Magensaft des Menschen enthält 0,4% HCl.

Eigenschaften. Chlorwasserstoff ist ein stechend riechendes Gas, das verflüssigt ein Nichtleiter der Elektrizität ist. Im festen Zustande bildet es ein sog. Molekelgitter (s. S. 62). Feste Chlorwasserstoffkrystalle sind daher nicht wie z. B. NaCl aus Ionen, sondern aus undissoziierten HCl-Molekülen aufgebaut. Flüssiger Chlorwasserstoff ist hygroskopisch, gasförmiger bildet an der Luft mit Wasserdampf Nebel (feine Tröpfchen). Wasser löst leicht und schnell unter Erwärmung, die wässerige Lösung heißt *Salzsäure.* Die gesättigte Lösung mit D = 1,20 entsprechend 40 Gew.% HCl (bei Salzsäure ergeben die verdoppelten Dezimalen der Dichte den Prozentgehalt der Lösung an HCl) gibt an der Luft Nebel von Salzsäure ab und heißt *rauchende Salzsäure.* Die technische Salzsäure enthält etwa 38% HCl (D = 1,19). Beim Einleiten von Luft in eine rauchende Salzsäure entsteht unter Entweichen von HCl-Gas eine 25%ige HCl-Lösung.

Azeotropische Gemische. Beim Sieden verdünnt sich die konzentrierte Lösung der Säure bis zu einer Konzentration von 20,24%, die als solche bei 760 mm mit konstanter Zusammensetzung bei 110° C siedet. Verdünntere Salzsäurelösungen als 20,24% geben beim Sieden vorerst Wasser, dann verdünntere Salzsäure ab, bis gleichfalls eine 20,24%ige Säure übergeht. Derartige Stoffgemische mit konstanter Zusammensetzung beim Siedepunkt nennt man azeotropische Gemische. Außer HCl verhalten sich auch Salpeter-, Schwefelsäure, Alkohol u. a. ähnlich. Diese Gemische mit Wasser lassen sich durch Destillation nicht trennen. Sie stellen aber keine chemischen Verbindungen des Wassers mit den Säuren usw. dar, da sich ihre Zusammensetzung bei einer Druckänderung ändert. Sie bilden somit nur Gemenge (s. S. 8), die sich aber beim Sieden wie ein einheitlicher Stoff verhalten.

Chemische Eigenschaften. Salzsäure ist eine der stärksten Säuren, die in verdünntem Zustande fast zur Gänze in Ionen dissoziiert ist. Sie löst unedle Metalle, wie Eisen, Zink, Nickel usw., unter Wasserstoffentwicklung auf und greift daher Apparate usw. sehr stark an. Wegen der leichten Löslichkeit der meisten Metallchloride kommt dieser Angriff auch nicht durch Ausbildung unlöslicher Salzschichten allmählich zum Stillstande (Selbstpassivierung), so daß die Salzsäure und auch die Chloride in werkstofftechnischer Hinsicht besonders gefährlich sind.

1. Krystallstruktur.

Läßt man durch einen Krystall Röntgenstrahlen hindurchgehen, so treten in den Gitterpunkten der Krystalle infolge von Beugungserscheinungen Interferenzen auf, die man auf einer zur Strahlenrichtung senkrecht stehenden photographischen Platte sichtbar machen kann (Laue-Photogramme). Nach Bragg beobachtet man aber vorteilhafter die Reflexion der Röntgenstrahlen an den Gitterebenen, wobei an Stelle von Einzelkrystallen auch ein Krystallpulver verwendet werden kann.

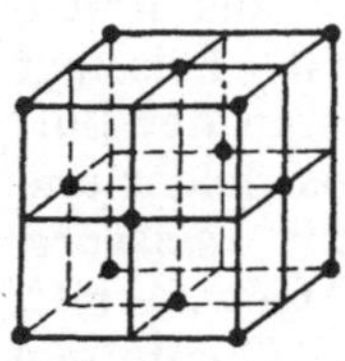

Abb. 15. Elementarwürfel des kubisch flächenzentrierten Gitters.

Aufbau eines Krystalles. Untersucht man mit Hilfe dieser Methode die Struktur von HCl-Krystallen, so zeigt sich, daß diese aus einem einfachen, kubisch flächenzentrierten Gitter (Abb. 15) bestehen. Die Krystalle sind aus HCl-Molekülen aufgebaut, die in bestimmten Ebenen, den Gitterebenen, angeordnet sind. Die HCl-Moleküle stehen gleichzeitig auch an den Eckpunkten und in den Mittelpunkten der Seitenflächen des Elementarwürfels, des kleinsten geometrisch die Gesamtanordnung wiedergebenden Gebildes. Die Anordnung der Bausteine eines Krystalles ist daher eine sehr regelmäßige. Die Molekeln stoßen ohne Zwischenräume aneinander, so daß die Länge der Kante des Elementarwürfels dem Durchmesser der HCl-Molekel entspricht. Derartige Gitter, bei denen die Gitterpunkte von Molekülen besetzt sind, nennt man *Molekelgitter* (s. a. S. 224).

Polare und unpolare Bindungen. Bei vielen Metallen, wie z. B. Calzium, besteht das Gitter aus Atomen (Atomgitter), während die meisten Salze, wie z. B. Natriumchlorid, auch im krystallisierten Zustande aus $Na^{\cdot}$- und Cl'-Ionen aufgebaut sind (Ionengitter). Der NaCl-Krystall besteht aus zwei ineinander geschalteten Krystallgittern, von denen eines aus den Natrium-, das andere aus den Chlor-Ionen besteht. Bei den Ionengittern sind die den Krystall zusammenhaltenden Kräfte elektrostatischer Natur (polares Bindungsvermögen, polare Valenz). Bei den Atomgittern treten Kräfte zwischen den einzelnen Elektronenschalen der Atome (s. S. 98) auf (unpolare Valenz), indem die Atome zwei Elektronen gemeinsam haben, die um beide Atome kreisen. Zwischen den Molekeln der Molekelgitter sind sog. van der Waalsche Kräfte (Anziehungskräfte) wirksam. Nur Stoffe mit einem Ionengitter sind in flüssigem Zustande (gelöst oder geschmolzen) Leiter der Elektrizität, man nennt sie daher polar oder heteropolar, im Gegensatze zu den nichtdissoziierten (unpolaren oder homöopolaren) Stoffen mit einem Atom- oder Molekelgitter (s. a. S. 501).

Dipolmoment. Auch im gasförmigen Zustande bestehen Unterschiede zwischen den Bindungsverhältnissen innerhalb der Moleküle. Stickstoff, Sauerstoff, Wasserstoff, Chlor, Silberchlorid usw. bilden auch im gasförmigen Zustande nur sog. *Atommolekeln* mit unpolarer Bindung, während die Dämpfe von Alkalihalogeniden *Ionenmolekeln* mit polarer Bindung darstellen. Gemessen wird die Polarität durch das Dipolmoment, das Produkt aus elektrischer Ladung und dem Abstand von positiver und negativer Ladung des

Dipols. Wasserstoff hat das Dipolmoment $\mu = 0$, HCl von $1{,}03 . 10^{-18}$, Wasser von $1{,}86 . 10^{-18}$.

2. Darstellung von Salzsäure.

Die *technische Darstellung* von Salzsäure erfolgt aus Kochsalz und konzentrierter Schwefelsäure. Die Umsetzung geht in 2 Stufen vor sich:

$$NaCl + H_2SO_4 = NaHSO_4 + HCl - 1{,}2\,\text{kcal (in der Kälte)},$$
$$NaHSO_4 + NaCl = Na_2SO_4 + HCl - 15{,}8\,\text{kcal (in der Wärme)}.$$

Im Handmuffelofen (Sulfatofen) wird auch heute noch stufenweise gearbeitet, wobei die erste Reaktionsstufe in einer aus Gußeisen bestehenden runden Pfanne, die zweite in einer von Flammengasen umspülten Schamottemuffel durchgeführt wird. Die Verwendung der Muffel bietet den Vorteil, daß das frei werdende Salzsäuregas nicht mit den Feuerungsgasen verdünnt wird und ein reines Natriumsulfat, in der Technik kurz Sulfat genannt, das zur Glasherstellung (s. S. 316) dienen soll, erhalten wird.

Das Ansaugen von Verbrennungsgasen in undichte Muffeln wird durch eine Druckgasfeuerung (Einblasen von Unterwind unter den Rost oder sehr tief liegende Feuerung) verhindert. Die Heizgase umspülen die Muffel in Kanälen, beheizen schließlich die Pfanne und gehen in den Kamin. Hat die Reaktion zwischen dem Kochsalz und der Schwefelsäure in der Pfanne nachgelassen, bei der etwa 70% der Salzsäure entwichen sind (reinere Pfannengase), so wird das Reaktionsgemisch aus Bisulfat und Kochsalz mit langen Eisenstangen mit Schabern auf den rotglühenden Schamotteherd gekrückt und dort bis zum Aufhören der Gasentwicklung (Herdgase, enthalten mehr SO_3 und As) mehrmals umgewendet. Die reineren Pfannengase werden manchmal von den Herdgasen getrennt verarbeitet.

Gelegentlich wird die Umsetzung nur bis zur 1. Stufe, also Bildung von Natriumhydrosulfat, durchgeführt, da dabei nur niedrigere Temperaturen von etwa 300° erforderlich sind und daher weniger Schwefelsäure mit den HCl-Dämpfen mitgerissen wird.

Sulfatautomaten. In den mechanischen Salzsäureöfen (Abb. 16) oder Sulfatautomaten erfolgt die Gewinnung von Salzsäure und Sulfat kontinuierlich und automatisch. Auf einem feststehenden Herd aus Schamotte bewegt sich ein Rechen mit Schabern. Von oben wird Kochsalz und Schwefelsäure zufließen gelassen, die sich auch auf einer Mischschale treffen können. Durch das Rührwerk wird das Reaktionsgut gemischt und langsam nach den äußeren Teilen des Herdes befördert, von wo es automatisch ausgetragen, gekühlt und gleich gemahlen wird. Der Herd und der Deckel der Muffel werden durch eine Feuerung von unten und oben beheizt. Die Salzsäuredämpfe ziehen dann zur Absorption.

H a r g r e a v e s - Verfahren. Um Schwefelsäure zu sparen, kann man an ihrer Stelle beim Hargreaves-Verfahren Kochsalzbriketts, die sich in etwa zehn gußeisernen Zylindern befinden, mit Schwefeldioxyd und Luftsauerstoff bei 500° unmittelbar umsetzen: $2\,NaCl + SO_2 + \frac{1}{2}\,O_2 + H_2O = Na_2SO_4 + 2\,HCl$. Nach etwa drei Wochen ist die Umsetzung eines Zylinders beendet. Der

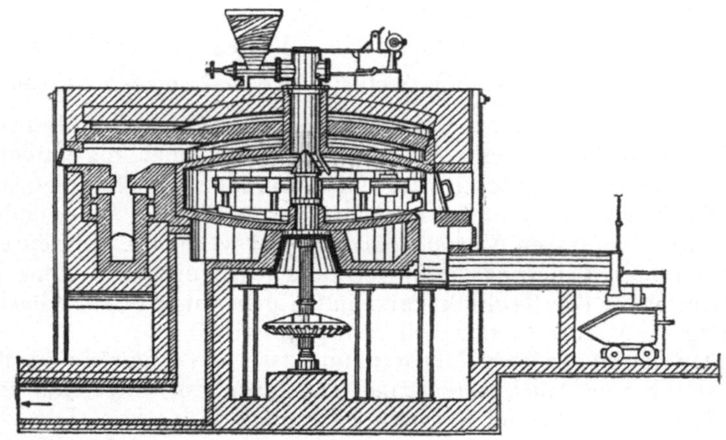

Abb. 16. Mechanischer Salzsäureofen.

frisch gefüllte Zylinder der Batterie wird mit den Restgasen, der fast vollständig ausreagierte mit frischen, starken Röstgasen beschickt (Gegenstromprinzip).

Kettenreaktionen. Bei der Bildung von Chlorwasserstoff aus H_2 und Cl_2 durch Belichtung oder Erwärmung haben Untersuchungen ergeben, daß die Umsetzung mit großer Geschwindigkeit vor sich geht, wenn an einer Stelle des Gasgemisches die Energie ausreicht, um Chlormoleküle in Chloratome zu spalten. Die Cl-Atome reagieren dann mit H_2-Molekülen unter Bildung von HCl-Molekülen und H-Atomen, die ihrerseits wieder mit Chlormolekülen HCl und neue Cl-Atome bilden usw. Diese Reaktionen pflanzen sich nun immer weiter fort: $Cl_2 \rightarrow 2\,Cl$; $Cl + H_2 \rightarrow HCl + H$; $H + Cl_2 \rightarrow HCl + Cl$; $Cl + H_2 \rightarrow HCl + H$ usw. Derartige Reaktionen nennt man *Kettenreaktionen.* Die Länge einer Reaktionskette beträgt bei Bestrahlung mit einem Lichtquant unter günstigen Bedingungen mehr als 7 Millionen Teilreaktionen. Durch *Wandreaktionen* oder Anwesenheit negativer Katalysatoren, die die Anregungsenergie auf sich nehmen, kann die Reaktionskette jedoch schon früher abgebrochen werden.

Synthese aus H_2 und Cl_2. Bei der Synthese von HCl aus den Elementen wird entweder in einem Quarzbrenner Chlor in einer Wasserstoffatmosphäre verbrannt oder beide Gase werden durch einen auf mehrere 100° erhitzten Katalysator, z. B. Holzkohle, streichen gelassen, wobei sich ohne Flammenbildung (flammenlose Verbrennung) die Vereinigung zu HCl vollzieht.

Absorption der Salzsäuredämpfe. Die Überführung der HCl-Dämpfe in flüssige Salzsäure erfolgt durch Absorption mit Wasser in Steinzeugtourills. Diese bestehen aus einer Reihe hintereinandergeschalteter, etwa 1 m hoher Kühlgefäße, in denen das Wasser, bzw. verdünnte Salzsäure im Gegenstrom zu den über das Wasser hinstreichenden Salzsäuredämpfen kaskadenförmig fließt. Vor dem Eintritt in die Tourills wird das Salzsäuregas noch in einem aus Sandstein bestehenden kleinen Turm durch Berieselung mit Wasser gekühlt und gleichzeitig von Schwefelsäurenebeln befreit. Die bei der Absorption der Salzsäuredämpfe in den Tourills auftretende Absorptionswärme wird durch Luftkühlung beseitigt. Erwähnt seien auch die Cellariustourills, die sich auch für die Kühlung mit Wasser eignen und sich gegenüber den gewöhnlichen Tourills durch eine größere Oberfläche auszeichnen. Die nicht absorbierten Salzsäuregase werden im sog. Schaffnerturm, der etwa 10 m hoch und mit Tonplättchen und Koksstückchen gefüllt ist, durch Berieseln mit Wasser vollständig aufgenommen. Diese verdünnte Salzsäure wird dann durch die Tourills geleitet. An Stelle der Tourills kann die Absorption auch nur in Türmen allein aus säurefestem Material durchgeführt werden.

Reinigung, Verwendung. Die rohe technische Salzsäure ist meist eisenhaltig und durch Schwefelsäure, Arsenverbindungen und organische Stoffe (von den Kitten herrührend) verunreinigt. Sie kann durch Destillation gereinigt werden. Salzsäure wird in Glasballons, großen Steinzeuggefäßen oder gummierten Kesselwagen befördert.

Die Salzsäure dient zur Herstellung von Chlorsulfonsäure (durch unmittelbares Zusammenleiten der Salzsäuredämpfe und Schwefeltrioxyd), für Chlorierungen, zur Futtersilierung, in der Metallurgie zum Beizen des Eisens usw.

Nachweis. Saure Reaktion durch Rötung von Lackmus; weißer Niederschlag in salpetersaurer Lösung mit Silbernitrat.

XII. Sauerstoffverbindungen des Chlors.

Das Chlor bildet die in der Tab. 8 zusammengestellten Oxyde und Sauerstoffsäuren. Die der chlorigen und Chlorsäure zugrunde liegenden Oxyde sind nicht bekannt.

Chlormonoxyd Cl_2O (gbr; D 3,887; Fp —116°; Kp 3,8°; L: 1 Vol. W löst 0° 200 Vol.), sehr leicht zersetzlich; kann explodieren.

Unterchlorige Säure HClO entsteht beim Lösen von Chlor in Wasser. Die Säure kann durch Beseitigung der Salzsäure mit Quecksilberoxyd HgO in reinem Zustande erhalten werden.

Wasserfrei ist sie aber nicht bekannt, da sie sich bei der Destillation zersetzt. Auch durch Licht und beim Stehen zerfällt sie unter Freiwerden von atomarem, bleichend wirkendem Sauerstoff (s. S. 48). Die Säure ist schwächer als die Kohlensäure. Ihre Salze, die *Hypochlorite*, sind jedoch beständig, insbesondere in verdünnter, alkalischer Lösung. Sie wirken gleichfalls kräftig bleichend und oxydierend. Eau de Javelle (Bleichlauge) wird durch Einleiten von Chlor in Natronlauge: $2\,NaOH + Cl_2 = NaOCl + NaCl + H_2O$, oder durch Elektrolyse von Natriumchloridlösungen (s. S. 316) hergestellt. Ein bekanntes Bleichmittel ist der Chlorkalk (s. S. 282).

Tab. 8. Oxyde und Sauerstoffsäuren des Chlors.

Oxyde	Wertigkeit	Formel	Säure des Oxyds aus Spalte 1	Name der Säure	Name der Salze
Chlormonoxyd . .	1	$Cl^{I}O_2$	$HCl^{I}O$	Unterchlorige Säure	Hypochlorite
„	3	—	$HCl^{III}O_2$	Chlorige Säure	Chlorite
Chlordioxyd . . .	4	ClO_2	—	—	
„	5	—	$HCl^{V}O_3$	Chlorsäure	Chlorate
Chlorhexoxyd. . .	6	Cl_2O_6	—	—	—
Chlorheptoxyd . .	7	Cl_2O_7	$HClO_4$	Perchlor- oder Überchlorsäure	Perchlorate

Von der *chlorigen Säure* kennt man nur ihre Salze, die *Chlorite*, die aus Chlordioxyd, Alkalihydroxydlösungen oder -carbonaten und Wasserstoffperoxyd erhalten werden: $2\,ClO_2 + H_2O_2 + Na_2CO_3 = 2\,NaClO_2 + H_2O + CO_2 + O_2$; weniger stark oxydierend als Hypochlorite; Alkalisalze sind leicht löslich. Natriumchlorit $NaClO_2 \cdot 3\,H_2O$ wird zum Pflanzenaufschluß, Bleichen und für Veredelungsverfahren vorgeschlagen.

Chlordioxyd ClO_2 (g; D 3,013; Fp —79°; Kp 9,9°; L: 1 Vol. W löst 4° 20 Vol.) entsteht beim Versetzen von Kaliumchlorat mit konzentrierter Schwefelsäure: $2\,KClO_3 + H_2SO_4 = 2\,ClO_2 + K_2SO_4 + H_2O + \frac{1}{2}\,O_2$. Beim Einleiten des Gases in Alkalien bilden sich keine Salze einer Sauerstoffsäure des vierwertigen Clors, sondern durch *Disproportionierung* Chlorite (Cl^{III}) und Chlorate (Cl^{V}). Die Disproportionierung tritt häufig bei Stoffen in mittlerer Oxydationsstufe in Erscheinung, wobei sich aus dieser, selbstverständlich unter Beibehaltung der Summe der Wertigkeiten, die niedrigere und höhere Oxydationsstufe bilden: $2\,Cl^{IV} \rightarrow Cl^{III} + Cl^{V}$.

Chlorsäure $HCl^{V}O_3$ ist nur in Form der verdünnten wässerigen Lösung ihrer Salze, der Chlorate, bekannt. Die Säure kann aus Lösungen von Bariumchlorat mit verdünnter Schwefelsäure in Freiheit gesetzt werden. Durch Verdunsten wird eine etwa 40%ige Säure erhalten, die so stark oxydierend wirkt, daß brennbare Stoffe bei der Berührung mit der Lösung entflammen. Sie ist eine sehr starke, praktisch vollständig in Ionen dissoziierte Säure. Die Chlorate werden nur durch Elektrolyse von KCl- oder NaCl-Lösungen dargestellt (s. S. 245 u. 252). Die oxydierende Wirkung der Chlorate wird durch die Anwesenheit einer Spur einer Osmiumverbindung katalytisch beschleunigt. Das Gemisch von Chlorat und Salzsäure enthält freie Chlorsäure und Salzsäure und wirkt wegen der Bildung von Chlordioxyd nach $HCl + HClO_3 = ClO_2 + Cl + H_2O$ äußerst stark oxydierend. Man nennt das Gemenge *Euchlorin.* Es dient zur Zerstörung organischer Substanzen in anorganischen Stoffen.

Perchlorsäure, Überchlorsäure $HClO_4$ (fbl; D 1,764; Fp —112°; Kp 39° [bei 56 Torr.]; LW 12° : 95,4; 45° : 89,2 [1 H_2O]; L: Chlorof.) ist im reinen Zustande aus Perchloraten und Schwefelsäure im Vakuum destillierbar. Bei gewöhnlichem Druck zerfällt sie oberhalb 90° in ClO_2, O_2 und H_2O. Die reine Säure ist aber unbeständig und kann sich bei Anwesenheit von nur Spuren organischer Substanzen explosionsartig zersetzen. In verdünntem Zustande ist die Lösung jedoch haltbar und ungefährlich zu handhaben. Beim Verdampfen siedet bei 203° ein konstant siedendes Gemisch (s. S. 61) mit 72% $HClO_4$. Überchlorsäure ist stark dissoziiert und wirkt nicht so stark oxydierend wie Chlorsäure. Sie bildet mit Wasser mehrere gut krystallisierende feste Hydrate mit 1; 2; 2,5; 3; 3,5 Molen Krystallwasser.

Ihre Salze, die Perchlorate, werden aus Kaliumchlorat beim Erhitzen durch Disproportionierung (s. o.) nach $2\,KCl^{V}O_3 = KCl^{VII}O_4 + KCl^{I} + O_2$ oder durch Elektrolyse von KCl-Lösungen (s. S. 253) in der Kälte dargestellt. $KClO_4$ wird zur Bereitung von Sprengstoffen verwendet (s. S. 680).

Chlorheptoxyd Cl_2O_7 (fbl; Öl; Fp —91,5°; Kp 82°), sehr leicht zersetzlich; explosiv.

Chlorhexoxyd Cl_2O_6 (orangerot; Fp — 1°) entsteht aus ClO_2 und Ozon. Leicht zersetzlich. Wahrscheinlich besteht es aus einem Gemisch von Cl^{V}- und Cl^{VII}-Oxyd.

XIII. Brom.

Symbol Br; Atomgewicht 79,92; Ordnungszahl 35; Schmelzpunkt —7,3°; Siedepunkt 58°; kritische Temperatur 311°; Dichte 3,14; Wertigkeit: I, V.

Vorkommen. Brom ist ein steter Begleiter des Chlors und kommt im Verhältnis etwa $1\,Br_2 : 250\,Cl_2$ in Form von Bromiden sehr verbreitet vor. Die Gewinnung lohnt sich jedoch nur aus den Staßfurter Abraumsalzen (s. S. 250), wo das Brom als Bromcarnallit $KBr . MgBr_2 . 6\,H_2O$ als isomorphe Beimischung des gewöhnlichen Carnallits $KCl . MgCl_2 . 6\,H_2O$ vorkommt. Das Meerwasser enthält 0,015% Bromide. Aus ihm wird in Nordamerika Brom gewonnen.

Eigenschaften (s. a. Tab. 5). Brom ist in seinen Eigenschaften und Verbindungen dem Chlor sehr ähnlich und vereinigt sich bereits bei gewöhnlicher Temperatur stürmisch mit Phosphor, Arsen, Schwefel, Antimon, Kohlenstoff, den meisten Metallen, insbesondere heftig mit Kalium. Es erreicht aber nicht die Reaktionsfähigkeit des Chlors, besonders nicht gegen Wasserstoff und Natrium. Brom erzeugt auf der Haut tiefe, schmerzhafte und schwer heilende Wunden. Die Dämpfe greifen auch in sehr großer Verdünnung die Augen und Atmungsorgane an. Die wässerige, braun gefärbte Lösung in Wasser (1 l Wasser löst 35 g Brom) heißt Bromwasser. Brom ist mit Schwefelkohlenstoff und Chloroform in jedem Verhältnis mischbar.

Darstellung. Brom kann ebenso wie Chlor durch Elektrolyse von Alkalibromidlösungen an der Anode abgeschieden werden: $2\,NaBr + 2\,H_2O = Br_2 + H_2 + 2\,NaOH$. Technisch erfolgt die Darstellung nur durch Austausch von Brom gegen Chlor beim Einleiten eines Chlorstromes und Austreiben des Broms mit Wasserdampf: $MgBr_2 + Cl_2 = MgCl_2 + Br_2$. Die auf 60—80° vorgewärmte Endlauge der Kaliumchloridgewinnung (s. S. 252) mit 0,15—0,35% Brom läuft in einem Turm aus Granit, Sandstein oder Steinzeug über Verteiler herunter, während von unten ein Chlor- und Dampfstrom entgegenströmt. Das Brom wird in einer Steinzeugschlange zu Rohbrom verdichtet und durch Destillation gereinigt.

In der Kubierschky-Kolonne wird unmittelbar anschließend an die Austreibung des Broms seine Raffination in einem kleinen Türmchen vorgenommen. Bei der Gewinnung des Broms aus Meerwasser wird letzteres gleichfalls mit Chlor und Wasserdampf und Luft behandelt. Brom kommt in Flaschen von 2—4 kg in den Handel.

Verwendung. Brom findet als Silberbromid in lichtempfindlichen Schichten und als regulierender Zusatz in Entwicklern ausgedehnte Verwendung in der Photographie (s. S. 405). Weiters wird es zur Herstellung von Bromverbindungen und KBr verwendet, die als Beruhigungsmittel und Schlafmittel in der Medizin dienen.

Bromverbindungen.

Bromwasserstoff HBr (fbl; D 2,17; Fp —87°; Kp —66,9°; L: 1 Vol. W löst 10° 580 Vol.; 100°; 345 Vol.; 1 Al). Entsteht aus den Elementen durch Belichtung oder Erwärmung auf 200—300° mit Platin als Katalysator sowie beim Auftropfenlassen von Brom auf mit Wasser befeuchteten roten Phosphor. Das hiebei primär gebildete Phosphorpentabromid PBr_5 spaltet sich mit Wasser in Phosphorsäure und HBr: $PBr_5 + 4\,H_2O = H_3PO_4 + 5\,HBr$. Die wässerige Lösung der Bromwasserstoffsäure reagiert stark sauer. Die bei 15° mit HBr gesättigte Lösung enthält etwa 50% HBr, D 1,52. Sie verdünnt sich beim Sieden auf 48%, um so bei 126° unzersetzt zu sieden (s. S. 61). Bromwasserstoff ist dem Chlorwasserstoff sehr ähnlich, wird aber leichter oxydiert, z. B. schon durch konzentrierte Schwefelsäure. Man kann daher nicht wie bei HCl Bromwasserstoff aus Bromiden mit konzentrierter Schwefelsäure in Freiheit setzen. Man würde dann einen stark mit Brom verunreinigten Bromwasserstoff erhalten: $2\,HBr + H_2SO_4 = Br_2 + SO_2 + 2\,H_2O$.

Unterbromige Säure HOBr entsteht beim Einleiten von Brom in Wasser sowie beim Ansäuren von Alkalibromitlösungen. Die Lösung ist jedoch nur bis zu Konzentrationen von etwa 6% und Temperaturen bis 30° beständig. Sie wirkt fast ebenso stark oxydierend und bleichend als Lösungen von unterchloriger Säure und Hypochloriten.

Bromsäure $HBrO_3$ (fbl; zers 100°; sll: W) ist nur in wässeriger Lösung in Form ihrer Salze beständig. Aus $KClO_3$ kann $KBrO_3$ durch doppelte Umsetzung beim Schmelzen erhalten werden: $KBr + KClO_3 = KBrO_3 + KCl$. Bromsäure weist ähnliche Eigenschaften wie die Chlorsäure auf.

Nachweis. Gelblicher Niederschlag mit Silbernitratlösung, löslich in konzentriertem Ammoniak.

XIV. Jod.

Symbol J; Atomgewicht 126,92; Ordnungszahl 53; Schmelzpunkt 113,6°; Siedepunkt 183°; kritische Temperatur 512°; Dichte 4,93; Wertigkeit: I, III, V, VII.

Vorkommen. Jod kommt in der Natur sehr verbreitet, aber nur in sehr geringen Konzentrationen vor. Meerwasser enthält etwa 10—20 mg/m³, Binnenseen und Mineralquellen mehr. Seetange reichern das Jod an, so daß es aus ihrer Asche (bis 0,4% Jod) gewonnen werden kann. Der wichtigste Lieferant für Jod ist der Chilesalpeter, der bis zu 0,1% Jod in Form von Natriumjodat $NaJO_3$ enthält.

Eigenschaften (s. a. Tab. 5). Joddampf ist violett gefärbt. Er besteht aus Jodmolekülen J_2, die aber bei höherer Temperatur leicht in Jodatome zerfallen. Die Löslichkeit in Wasser wird durch Zusatz von Kaliumjodid außerordentlich stark erhöht, da sich eine Additionsverbindung KJ_3 bildet. Die Lösung von Jod in Chloroform ist violett, in Alkohol und Äther braun gefärbt. Dies beruht auf einer verschiedenen Assoziation der Jodmoleküle in diesen Lösungen. Die chemische Affinität des Jods ist bedeutend geringer als die des Chlors und Broms. Jod wird aus den Jodiden leicht durch Chlor oder Brom in Freiheit gesetzt. Es wirkt nur mehr schwach oxydierend.

Gewinnung. In Schottland, Norwegen, Frankreich und Japan wird heute noch Jod aus der Asche von Seetang gewonnen. Diese wird ausgelaugt und die Lauge mit Schwefelsäure und Mangandioxyd erhitzt. Das sich dabei verflüchtigende Jod wird in tönernen Vorlagen verdichtet.

Aus den Mutterlaugen der Krystallisation des Salpeters (s. S. 255) mit etwa 3 g Jod wird das Jod durch Reduktion des Natriumjodats mit einem Gemisch von Natriumsulfit und -hydrosulfit als schwarzer Jodschlamm mit 65—80% Jod abgeschieden: $2\,NaJO_3 + 2\,NaHSO_3 + 3\,Na_2SO_3 = J_2 + 5\,Na_2SO_4 + H_2O$. Der Jodschlamm wird in Filterpressen abgepreßt und das Jod durch Sublimation aus zylindrischen Eisenretorten und Verdichtung in Steinzeugvorlagen gereinigt. Die Welterzeugung an Jod beträgt etwa 1000 t jährlich, Hauptlieferant ist Chile.

Bedeutung und Verwendung. Jod besitzt medizinisch eine große Bedeutung, da es in geringen Mengen für den normalen Stoffwechsel unbedingt erforderlich ist. Besonders die Schilddrüse ist jodreich (0,2% Jod als Thyroxin). Jodarmes Trinkwasser erzeugt Kropf, was durch Verabreichung von Jodpräparaten oder jodhaltigem Kochsalz („Vollsalz") verhindert werden kann. Jodtinktur ist eine 5—10%ige alkoholische Jodlösung, sie dient zur Wunddesinfektion. Jod wird auch zur Herstellung von Jodverbindungen, wie Na-, K- und Ag-Jodid, verwendet.

Nachweis. Blaufärbung von Stärke durch Bildung einer Anlagerungsverbindung, der Jodstärke.

Jodverbindungen.

Jodwasserstoff HJ (fbl; D 5,66; Fp —50,9°; Kp 35,4°; L: 1 Vol. W löst 10° 425 HJ); Sättigung bei 0° 78 Gew.% (D 2); konstant siedendes Gemisch bei 57 Gew.%, 127° C, 760 mm (D 1,7). Entsteht ähnlich wie Bromwasserstoff aus Jod und in Wasser suspendiertem rotem Phosphor. Die Darstellung aus den Elementen ergibt aber keine guten Ausbeuten, da sich ein Gleichgewichtszustand zwischen sich bildenden und zerfallenden HJ-Molekülen einstellt: $H_2 + J_2 \rightleftharpoons 2\,HJ$. Im Gleichgewicht ist die Geschwindigkeit der Reaktion der Bildung von HJ (→) ebenso groß als die des Zerfalles in die Elemente (←). Auch durch Einleiten von H_2S in eine wässerige Aufschlämmung von Jod oder Umsetzung von Kupfer-I-Jodid CuJ mit H_2S entsteht HJ: $H_2S + J_2 = 2\,HJ + S$; $2\,CuJ + H_2S = 2\,HJ + Cu_2S$.

Jodwasserstoff ist in wässeriger Lösung eine starke Säure, die mit Metallen mit Ausnahme von AgJ, PbJ_2 und HgJ_2 lösliche Jodide bildet. Die leichte Zersetzlichkeit von HJ bewirkt, daß dieses sowohl in wässeriger Lösung als auch in gasförmigem Zustande ein starkes Reduktionsmittel darstellt.

Unterjodige Säure HJO bildet sich aus Jod und Alkalien, ist aber sehr unbeständig. Sie zerfällt schon beim Ansäuren der Lösung unter Ausscheidung von Jod, so daß die freie Säure gar nicht existenzfähig ist. Auch die Hypojodite, ihre Salze, sind nur in Lösung bekannt.

Jodsäure HJO_3 (fbl; fest; D 4,629; LW 0°: 70,3; 100°: 80,8) entsteht beim Erhitzen von Jod in konzentrierter Salpetersäure. Jodate bilden sich aus Chloraten oder Bromaten durch Umsetzung mit Jod: $2\,KClO_3 + J_2 = 2\,KJO_3 + Cl_2$. Die Jodsäure ist dimolekular $H_2J_2O_6$. Sie kann daher auch ein saures Jodat wie z. B. KHJ_2O_6 bilden. Sie ist keine so starke Säure als Brom- und Chlorsäure. Beim Erhitzen findet unter Wasserabspaltung Bildung von *Jodpentoxyd* J_2O_5 statt (fbl; D 4,799; zers 300°; sl: W).

Überjodsäure H_5JO_6 (fbl; Fp 130°; zers) ist aus der unbekannten Überjodsäure HJO_4 durch Wasseranlagerung entstanden zu denken. Sie bildet sich aus Perjodaten und Säuren. Perjodate erhält man durch Oxydation von Alkalihypojoditen mit Chlor in der Wärme. Auch Perjodate entsprechen nicht der Formel $NaJO_4$, sondern lagern in alkalischer Lösung NaOH und Wasser an $NaJO_4 + NaOH + H_2O = Na_2H_3JO_6$. Sie sind sehr unbeständig.

Verbindungen von mehreren Halogenen untereinander.

Die Halogene können sich auch untereinander zu Verbindungen vereinigen, die im flüssigen Zustande Nichtleiter der Elektrizität sind. Sie stellen also homöopolare (s. S. 62) Verbindungen dar. Die fluorhaltigen Verbindungen sind farblos, die übrigen in der Reihe Cl-Br-J mit zunehmender Intensität gefärbt. Sie sind explosiv. Man kennt die Verbindungen ClF_3, ClF, BrF_5, BrF, BrCl, BrF_3, JF_5, JF_7, JCl, JCl_3 und JBr. Sie haben keine technische Bedeutung.

XV. Massenwirkungsgesetz.

Bei der Besprechung der Bildung von Jodwasserstoff aus den Elementen (s. S. 70) wurde erwähnt, daß die Reaktion im Gegensatz zur Bildung von Chlorwasserstoff und Bromwasserstoff nur mit schlechter Ausbeute an HJ durchgeführt werden kann, da die Umsetzung zwischen Wasserstoff und Jod nur unvollständig verläuft und zur Ausbildung eines Gleichgewichtszustandes führt. Über die Lage dieses chemischen Gleichgewichtes und die Anteile der an der Reaktion beteiligten Molekeln sagt die chemische Formelgleichung nichts aus. Diese Frage wird erst durch das von Guldberg und Waage 1864 aufgestellte Massenwirkungsgesetz beantwortet. Dieses Gesetz besagt, daß in einem System von mehreren, miteinander reagierenden Stoffen bei gegebener Temperatur das Produkt der jeweils vorhandenen Konzentrationen der Rechtsstoffe, dividiert durch das Produkt der Konzentrationen der Linksstoffe, eine Konstante ist.

So bilden sich z. B. pro Zeiteinheit bei der Reaktion aus n_1 Molen von A und n_2 Molen von B, m_1 Mole des Stoffes C und m_2 Mole von D, während gleichzeitig m_1C- und m_2D-Moleküle wieder die Ausgangsprodukte A und B zurückbilden. Die Geschwindigkeit der rechtslaufenden Reaktion (→) ist gleich der der linksläufigen (←). Formelmäßig läßt sich dieses Verhalten durch die Gleichung $n_1A + n_2B \rightleftharpoons m_1C + m_2D$ darstellen. Die Reaktion bleibt bei einem gewissen Zustande stehen, ganz gleichgültig, ob A und B oder C und D die Ausgangsstoffe waren, und zwar dann, wenn die Bedingung erfüllt ist: $K_c = \frac{[C]^{m_1} . [D]^{m_2}}{[A]^{n_1} . [B]^{n_2}}$, wobei $[A]$ die Konzentration des Stoffes A in Molen pro Liter usw. und K_c die sog. Gleichgewichtskonstante bedeuten. Für Gasreaktionen rechnet man zweckmäßiger mit den Teildrücken $p_A . p_B$ usw., wobei die Gleichgewichtskonstante dann lautet: $K_p = \frac{p_A{}^q . p_B{}^r}{p_C{}^s . p_D{}^t}$. Ihr Zahlenwert ist von K_c verschieden. Für die Reaktion $H_2 + J_2 \rightleftarrows 2\,HJ$ lautet z. B. die Gleichgewichtsbedingung $K_c = \frac{[HJ]^2}{[H_2] . [J_2]}$. Ihr Wert beträgt z. B. bei 448° 0,020. In dieser Form gilt das Massenwirkungsgesetz nur für homogene (gleichartige) Systeme. Im *heterogenen* (s. S. 73) System, also z. B. bei Reaktionen zwischen Gasen oder Lösungen mit festen Körpern, hat weder die Menge noch das Verhältnis der festen Körper zueinander einen Einfluß auf die Massenwirkungskonstante, da ihre Konzentrationen in der reagierenden Phase als konstant anzusehen sind. Sie müssen nur zum Ablaufe der Reaktion vorhanden sein, werden aber in der Formel des Massenwirkungsgesetzes nicht berücksichtigt. So lautet z. B. das Massenwirkungsgesetz (abgekürzt MWG) für die Reaktion: $3\,Fe + 4\,H_2O \rightleftarrows Fe_3O_4 + 4\,H_2 : K_t = \frac{[H_2]^4}{[H_2O]^4}$ oder $k_t = \frac{[H_2]}{[H_2O]}$. Unabhängig von der Menge des vorhandenen Fe oder Fe_3O_4 oder deren Mengenverhältnis zueinander stellt sich für eine bestimmte Temperatur ein bestimmtes Gleichgewichtsverhältnis zwischen Wasserstoff und Wasserdampf ein.

XVI. Die Reaktionsgeschwindigkeit.

Die Reaktionsgeschwindigkeit ist die Anzahl von Molen pro Volumseinheit, die in der Zeiteinheit von einem System umgewandelt werden. Da die Konzentration der Ausgangsstoffe immer kleiner wird, nimmt auch die Reaktionsgeschwindigkeit gegen Ende der Umsetzung immer stärker ab.

Je nach der Zahl der an der Reaktion teilnehmenden Moleküle unterscheidet man mono-, bi-, trimolekulare usw. Reaktionen, die auch Reaktionen erster, zweiter, dritter usw. Ordnung genannt werden. Trimolekulare Reaktionen sind schon ziemlich selten, auch wenn nach der chemischen Reaktionsgleichung 3 oder mehr Molekeln an der Umsetzung beteiligt sind. Die Reaktionen verlaufen nämlich fast immer in Stufen (Ostwaldsche Stufenregel). Der am langsamsten verlaufende Vorgang bestimmt die Gesamtgeschwindigkeit.

Monomolekulare Reaktionen. Wenn sich der Stoff A umwandelt, so ist zur Zeit $t = 0$ seine Konzentration A, nach der Zeit t, innerhalb welcher sich die Menge x umgewandelt hat $(A - x)$. Die Reaktionsgeschwindigkeit dx/dt ist proportional der jeweils noch vorhandenen Menge von A, also $(A - x)$: $dx/dt = k\ (A - x)$.

Die Integration ergibt $k = \frac{1}{t} \ln \frac{A}{A - x}$. k ist die Geschwindigkeitskonstante der Reaktion.

Bimolekulare Reaktionen. Die meisten chemischen Reaktionen sind bimolekular: $A + B = C + D$. Für diese Umsetzung ergibt sich die Reaktionsgeschwindigkeit, wenn zur Zeit t von A und B die Menge x umgewandelt ist, zu: $dx/dt = k\,.\,(A - x)\,.\,(B - x)$ und integriert $k = \frac{1}{A - B} \cdot \frac{1}{t} \ln \frac{(A - x)\,B}{(B - x)\,A}$.

Reaktionen im heterogenen System. Bei Reaktionen zwischen flüssigen oder gasförmigen Stoffen mit festen Körpern, z. B. die Auflösung eines Metalls in einer Säure, ist die Reaktionsgeschwindigkeit auch noch der Berührungsfläche F proportional. Bei heterogenen Reaktionen liegen wesentlich kompliziertere Verhältnisse als bei solchen in Lösungen oder Gasen allein vor. Denn hier ist die Reaktionsgeschwindigkeit außer von der chemischen Geschwindigkeit auch noch von der Schnelligkeit des Zutransportes der Reaktionsteilnehmer zueinander und des Abtransportes der Reaktionsprodukte abhängig. Der einfachste Fall ist wohl der, daß die Reaktionsgeschwindigkeit durch die Diffusion des einen Reaktionspartners, beispielsweise der Säure zum Metall, beherrscht wird. Jeder Auflösungsvorgang eines festen Körpers ist eine heterogene Reaktion.

Einfluß von Temperatur, Druck usw. auf das Gleichgewicht und die Reaktionsgeschwindigkeit.

Die Lage des Gleichgewichtes der meisten Reaktionen ändert sich mit der Temperatur, wobei für die Abhängigkeit der Gleichgewichtskonstante K_c von der Temperatur (Reaktionsisochore) die von van 't Hoff abgeleitete Beziehung gilt: $\left(\frac{d \ln K_c}{dT}\right)_{v\,=\,\text{konst}} = \frac{-W_c}{RT^2}$, wobei W_c die Wärmetönung der Reaktion bei konstantem Volumen, R die Gaskonstante und T die absolute Temperatur bedeuten. Unter gewissen Voraussetzungen (W unabhängig von der Temperatur) ergibt die Integration der Gleichung für die Reaktionsisochore: $\ln K_c = \frac{-W}{RT} + \text{Konst.}$ Konst. ist eine Integrationskonstante, die berechenbar wird, wenn K_c für eine bestimmte Temperatur bekannt ist. Die Abhängigkeit der Wärmetönung von der Temperatur ist im allgemeinen nicht sehr groß, sie ist erst bei größeren Temperaturbereichen zu berücksichtigen.

Prinzip von Le Chatelier-Braun. Nach vorstehender Formel nimmt bei steigender Temperatur K_c ab bei exothermen, also unter Abgabe von Wärme verlaufenden Reaktionen. Diese thermodynamisch abgeleitete Aussage war bereits früher als Prinzip der Beseitigung des Zwanges von Le Chatelier und Braun bekannt, das folgendes besagt: Wird ein System erhitzt, abgekühlt, unter Druck gesetzt oder entspannt, so tritt eine innere Reaktion ein, die die Störung des Gleichgewichtes aufzuheben trachtet. Wird z. B. ein chemisches System bei konstanter Temperatur komprimiert, so verschiebt sich sein Gleichgewicht so, daß eine Volumsverminderung stattfindet und umgekehrt. Wird ein System erwärmt, so wird eine Gleichgewichtsänderung hervorgerufen, die die zugeführte Wärme absorbiert. Die durch exotherme, also unter Freiwerden von Wärme verlaufenden Reaktionen entstandenen Verbindungen sind daher in der Kälte, die bei endothermen Vorgängen unter Energiezufuhr sich bildenden Stoffe bei hohen Temperaturen beständiger.

Im allgemeinen wird durch eine Temperaturerhöhung um 10^0 die Reaktionsgeschwindigkeit etwa verdoppelt. Katalysatoren beschleunigen bloß die Einstellung des Gleichgewichtes, verändern aber nicht die Gleichgewichtskonstante der Reaktion. Die Lage des Gleichgewichtes wird also nicht verschoben.

Druck kann die Reaktionsgeschwindigkeit nur bei multimolekularen Reaktionen bei Gasen beeinflussen, und zwar nur dann, wenn durch die Reaktion die Gesamtzahl der Moleküle verändert wird. So wird z. B. bei der Synthese von Ammoniak nach $N_2 + 3\,H_2 \rightleftharpoons 2\,NH_3$ die Ammoniakausbeute durch eine Druckerhöhung begünstigt, weil sich bei der Reaktion die Molzahl der Ausgangsstoffe von 4 auf 2 verringert (Tab. 12, S. 110).

XVII. Thermochemie.

Bei der Bildung oder Zersetzung von chemischen Verbindungen, beim Lösen von Stoffen usw. tritt stets eine Entwicklung oder

Absorption von Wärme auf, die als Wärmetönung, Reaktionswärme, Bildungswärme, Lösungswärme usw. bezeichnet wird. Man mißt sie mit dem Kalorimeter und gibt die Wärmeabgabe, bzw. -aufnahme in kleinen (cal) oder großen (kcal) Kalorien an. Bezogen wird die Wärmetönung auf die durch die chemische Reaktionsgleichung gegebenen Grammatome oder Gramm-Moleküle umgesetzter oder gebildeter Substanz. Nur bei solchen Stoffen, deren Zusammensetzung sich nicht formelmäßig angeben läßt, wie z. B. bei Kohle oder Nahrungsmitteln, wird die auftretende Verbrennungswärme auf 1 g oder 1 kg des Stoffes bezogen und als Heizwert oder Nährwert bezeichnet.

Exotherme und endotherme Reaktionen. Tritt bei einer Reaktion eine Wärmeabgabe an die Umgebung auf, die mit einem + -Zeichen angegeben wird, so spricht man von einer exothermen Reaktion. Verbrennt z. B. Wasserstoff und Sauerstoff zu Wasser nach der Gleichung $2\,H_2 + O_2 = 2\,H_2O$ (fl) + 136,6 kcal, so besagt diese Gleichung, daß bei der Verbrennung von 4,032 g H_2 mit 32 g Sauerstoff 136,6 kcal frei werden. Eine exotherme Reaktion (mit positiver Wärmetönung) läuft, einmal an einer Stelle in Gang gebracht, im allgemeinen von selbst weiter.

Umgekehrt gibt es auch Vorgänge, zu deren Ablauf dauernd Wärme zugeführt werden muß, sog. endotherme Reaktionen. Die Bildung von Stickoxyd aus Stickstoff und Sauerstoff nach der Gleichung $N_2 + O_2 = 2\,NO$ — 43,2 kcal verlangt die Zufuhr von Wärme im elektrischen Lichtbogen, damit sie überhaupt vor sich geht. Zur Bildung von 2 Molen NO (60 g) müssen mindestens 43,2 kcal aufgewendet werden.

Unterer und oberer Heizwert. Bei kalorischen Angaben ist stets der Zusatz erforderlich, auf welchen Aggregatszustand (Temperatur) sich die Angabe bezieht. Die Wärmetönung der Reaktion der Verbrennung von Wasserstoff ändert sich, wenn als Reaktionsprodukt nicht flüssiges, sondern, wie dies in den meisten Feuerungen der Fall ist, dampfförmiges Wasser entsteht. Denn in diesem Falle wird die Kondensationswärme von 0,536 kcal pro g oder 9,6 kcal pro Mol (18 g) Wasser nicht gewonnen, da sie von den Verbrennungsprodukten mitgeführt wird. Bezogen auf Wasserdampf lautet daher die Gleichung (für flüssiges Wasser): $2\,H_2 + O_2 = 2\,H_2O$ (flüssig) + 136,7 kcal bei 18°; (für Dampf): $2\,H_2 + O_2 = 2\,H_2O$ (Dampf) + 115,7 kcal bei 18°. Die Verdampfungswärme pro Mol Wasser (18 g) beträgt bei 18° 10,5 kcal, bei 100° 9,6 kcal/Mol oder 0,536 kcal/g. Der obere Heizwert für 1 Nm^3 H_2 bei der Verbrennung zu flüssigem Wasser beträgt daher 3050 kcal, der untere bei der Bildung von Wasserdampf nur 2570 kcal/Nm^3.

Lösungswärme, Neutralisationswärme. Beim Auflösen eines Stoffes in Wasser wird immer Wärme umgesetzt. Für die Wärmetönung ist daher auch der Umstand von Bedeutung, ob die Stoffe in gelöstem oder gasförmigem Zustand miteinander reagieren. So wird beim Auflösen von Salzsäuregas in Wasser (lateinisch aqua) nach der Gleichung: $HCl\,(Gas) + aq = HCl \,.\, aq + 17{,}3\,kcal$ eine Wärmemenge von 17,3 kcal frei, die Lösung erwärmt sich daher. Wird nun z. B. die Bildung eines Salzes aus einer Säure und einer Base, welcher Vorgang auch Neutralisation genannt wird, einmal mit Chlorwasserstoff durch Einleiten des Gases in eine Lösung von Natriumhydroxyd, das andere Mal durch Vermischen äquivalenter Lösungen von Salzsäure und Natriumhydroxyd durchgeführt, so erhält man im ersten Falle eine um die Lösungswärme des Salzsäuregases in Wasser vermehrte Neutralisationswärme, die im zweiten Falle allein in Erscheinung tritt:

1. $NaOH\,aq + HCl\,(Gas) = NaCl\,aq + H_2O + 31{,}0\,kcal$;
2. $NaOH\,aq + HCl\,aq = NaCl\,aq + H_2O + 13{,}7\,kcal$.

Die Neutralisationswärme von 13,7 kcal hat bei allen Neutralisationsvorgängen in verdünnten Lösungen für den Umsatz von 1 Grammäquivalent einer beliebigen, starken Säure mit 1 Grammäquivalent*) der Lösung einer starken Base den gleichen Wert von 13,7 kcal. Denn bei der Neutralisation handelt es sich im Grunde genommen nur um die stets gleichbleibende Ionenreaktion $H^{\cdot} + OH' \rightleftharpoons H_2O$, wobei undissoziiertes Wasser entsteht. Nur bei schwach dissoziierten Säuren und Basen kann man eine von 13,7 kcal etwas abweichende Neutralisationswärme finden, da hier neben der Neutralisation gleichzeitig auch noch eine Dissoziation mit positiver oder negativer Wärmetönung vor sich geht.

Bildungs- und Zersetzungswärme. Ein wichtiges Gesetz der Thermodynamik sagt aus, daß auf Grund des Gesetzes von der Erhaltung der Energie jene Wärmemenge, die bei der Bildung einer Verbindung usw. frei wird, genau so groß ist wie jene Wärmemenge, die zu ihrer Zersetzung erforderlich ist. Es ändert sich bloß das Vorzeichen der Wärmetönung bei der Bildung und Zersetzung. Wenn z. B. bei der Zersetzung von Stickoxydul N_2O durch einen elektrischen Funken nach der Gleichung $2\,N_2O = 2\,N_2 + O_2 + 40\,kcal$ 40 kcal frei werden, ist zur Bildung von N_2O aus den Elementen der gleiche Wärmebetrag aufzuwenden: $2\,N_2 + O_2 = 2\,N_2O - 40\,kcal$.

Hydratationswärme. Bei der Anlagerung oder Aufnahme von Wasser an Salze usw., wobei Hydrate entstehen, wird stets die Hydratationswärme abgegeben, so daß die Hydrate energieärmer als die betreffenden wasserfreien Stoffe sind. Bei einer bestimmten Temperatur, dem Umwandlungspunkt, geht das Salz in die wasser-

---

*) 1 Lösung ist 1 normal (1 *n*), wenn sie 1 Grammäquivalent (S. 10 u. 714) (Abkürzung Val) in 1 Liter gelöst enthält. 1 ccm dieser Lösung enthält dann $\frac{1}{1000}$ Grammäquivalent oder 1 mval.

freie Verbindung über, wobei das Hydratwasser frei wird. Der Umwandlungspunkt macht sich in einem Knick der Dampfdruckkurve oder einer Änderung der Löslichkeit bemerkbar.

Heßscher Wärmesatz. Von Heß wurde 1840 folgende Gesetzmäßigkeit aufgefunden: Die gesamte, bei einem Vorgang entwickelte oder aufgenommene Wärmemenge ist unabhängig vom Reaktionswege, sondern nur vom Anfangs- und Endzustand des Systems abhängig. Auf Grund des Gesetzes von Heß ist die Berechnung von vielen Wärmetönungen möglich, die für sich nicht ohne weiteres meßbar wären. So kann man die Verbrennungswärme des Kohlenstoffes zu CO, die für sich nicht bestimmbar ist, leicht aus der Differenz der Verbrennungswärme von C zu CO_2 und von CO zu CO_2 berechnen, da es gleichgültig ist, ob man den Kohlenstoff unmittelbar zu Kohlendioxyd verbrennt oder ob die Verbrennung stufenweise vorgenommen wird:

$$\begin{array}{ccc} & CO_2 & \\ \nearrow & & \nwarrow \\ C & \rightarrow & CO \end{array} \qquad \begin{array}{r} C + O_2 = CO_2 + 96{,}96\,\text{kcal}; \\ -[CO + \tfrac{1}{2}\,O_2 = CO_2 + 67{,}96\,\text{kcal}] \\ \hline C + \tfrac{1}{2}\,O_2 = CO + 29{,}00\,\text{kcal}. \end{array}$$

XVIII. Chemische Verwandtschaft oder Affinität.

Das Reaktionsvermögen mancher Moleküle mit anderen Molekeln oder der Zerfall von Molekeln in Atome usw. läßt auf eine gewisse Verwandtschaft oder Affinität zwischen den beteiligten Stoffen schließen. Diese Affinität äußert sich beim Vorliegen bestimmter äußerer Reaktionsbedingungen, wie z. B. der Temperatur, des Lichtes, Anwesenheit von Feuchtigkeit usw. Sie ist für verschiedene Reaktionen ungleich groß.

Früher wurde angenommen (Berthelot, Thomson), daß die chemische Reaktion in dem Sinne verläuft, in welchem die größte Wärmeentwicklung stattfindet. Diese Ansicht trifft jedoch nicht zu. Vielmehr ist als Maß für das Verbindungsvermögen oder die Affinität von Elementen, Säuren, Basen usw. von van 't Hoff die maximale Arbeit erkannt worden, die ein Vorgang unter bestimmten Versuchsbedingungen leisten kann. Die Affinität ist nicht wie die Wärmetönung eine unveränderliche Größe, sondern sie ändert sich mit Temperatur, Druck, Konzentration usw. Sie stellt eine Energiegröße dar, die durch die Beziehung: $A - W = T.\,dA/dT$ gegeben ist. A stellt die maximale Arbeit, dA/dT ihren Temperaturkoeffizient und W die Wärmetönung dar. Die Integration liefert

$A = -T \int_0^T \frac{W dT}{T^2} + KT.$ Die Integrationskonstante K kann aus der Messung von A bei einer bestimmten Temperatur ermittelt werden.

Ist die Temperaturabhängigkeit der Wärmetönung bekannt, so läßt sich A im ganzen Temperaturbereich berechnen. Nur für $T=0$, beim absoluten Nullpunkt, ist $A=W$, ist also die Annahme von Berthelot und Thomson zutreffend.

Der dritte Hauptsatz der Thermodynamik. Nach dem 3. Hauptsatz der Thermodynamik von Nernst ist für Reaktionen zwischen festen Stoffen für $T=0$ lim $dA/dT=$ lim $dW/dT=0$. Daraus ergibt sich $A=-T\int\limits_0^T \frac{W dT}{T^2}$.

Für Gase ist von Nernst eine Annäherungsformel zur Berechnung der Gleichgewichtskonstanten K_p für die Gasreaktion $nA+mB+oC \rightleftharpoons vD+wE \pm W$, $K_p=\frac{p_A^n \cdot p_B^m \cdot p_C^o}{p_D^v \cdot p_E^w}$, angegeben worden, die lautet: $\log K_p=\frac{-W}{4{,}57\,T}+\sum\nu \,.\, 1{,}75 \log T+\sum\nu \,.\, C_k$. p sind die Teildrücke in Atm., $\sum\nu$ die Summe der Anzahl der gasförmigen Moleküle, die auf der linken Seite der Gleichung positiv, auf der rechten negativ gezählt werden. C_k sind die konventionellen chemischen Konstanten der nur gasförmigen Molekelarten. Ihre Addition erfolgt auf der linken der Gleichung mit positivem, auf der rechten Seite mit negativem Vorzeichen. Die wichtigsten konventionellen chemischen Konstanten sind in der Tab. 9 zusammengestellt.

Tab. 9. Die wichtigsten konventionellen chemischen Konstanten.

Stoff	Konstante	Stoff	Konstante	Stoff	Konstante
Wasserstoff . . .	1,6	Salzsäure	3,0	Kohlendioxyd . .	3,2
Methan	2,5	Bromwasserstoff .	3,3	Kohlenoxyd . . .	3,5
Stickstoff	2,6	Jodwasserstoff . .	3,4	Schwefelkohlenstoff	3,1
Sauerstoff	2,8	Stickoxyd	3,5	Ammoniak . . .	3,3
Chlor	3,1	Stickoxydul . .	3,3	Wasser	3,6
Brom	3,5	Schwefelwasserstoff	3,3	CCl_4	3,1
Jod	3,9	Schwefeldioxyd .	3,3	Benzol	3,0

Will man z. B. die Gleichgewichtskonstante des Vorganges beim Brennen von Kalk nach: $CaCO_3 = CaO + CO_2 - 42$ kcal berechnen, so ist $\sum\nu=-1$, $\sum\nu \,.\, C_k=-3{,}2$; $K_p=\frac{1}{p_{CO_2}}$; $\log K_p = \log\frac{1}{p_{CO_2}}=\frac{-W}{4{,}571\,T}-1{,}75 \log T-3{,}2$.

XIX. Schwefel.

Symbol S; Atomgewicht 32,07; Ordnungszahl 16; Schmelzpunkt S_α 118°, S_β 119°; Siedepunkt 444,6°; Dichte S_α 2,07, S_β 1,96, S_m 1,42; Wertigkeit: II, IV, VI.

Vorkommen. Schwefel gehört mit den ihm nahe verwandten Elementen Selen und Tellur zur sog. Schwefelgruppe. Die wichtigsten Fundstätten für Schwefel sind Texas und Louisiana in Nordamerika und Sizilien. Sie sind vulkanischen Ursprungs. Gebundener Schwefel findet sich vorwiegend als Sulfat, und zwar Gips, Anhydrit, Schwerspat, und Sulfiden, wie Pyrit, Zinkblende, Kupferkies, Bleiglanz usw., ferner als Schwefelwasserstoff in Schwefelquellen. In Pflanzen und Tieren bildet der Schwefel einen wesentlichen Bestandteil der Eiweißstoffe, Muskeln, Haare usw.

Physikalische Eigenschaften. Schwefel (2-, 4-, 6wertig) kommt in zwei krystallinen und einer amorphen Modifikation vor. Bei gewöhnlicher Temperatur liegt er als rhombischer Schwefel S_α vor (goldgelb; D 2,07; Fp 118°; Kp 444,6°; nl: W; L in CS_2), der sich bei sehr langsamem Erhitzen bei 95,5° in monoklinen Schwefel S_β (goldgelb; D 1,96; Fp 119°; Kp 444,6°; nl: W; L: CS_2, Toluol usw.) umwandelt. Außerdem gibt es noch eine amorphe Modifikation des Schwefels (g; D 1,92; Fp 120°; nl: W, CS_2), der sich beim raschen Erstarren von geschmolzenem Schwefel als halbweiche plastische Masse abscheidet, wenn er von Temperaturen über 300° durch Eingießen in Wasser abgeschreckt wurde. Beim raschen Erhitzen von rhombischem Schwefel schmilzt dieser bereits bei 112,8° zu einer gelblichen, leicht beweglichen Masse, die sich bei stärkerem Erhitzen dünkler färbt und bei 220° so zähflüssig ist, daß sie selbst aus dem umgekehrten Schmelzgefäß nicht ausfließt. Bei weiterer Erhitzung wird der Schwefel dann wieder dünnflüssiger, bleibt aber braun gefärbt. Der gelb gefärbte dünnflüssige Schwefel besteht aus S_8-Molekülen S_λ, der braune Schwefel S_m hat ein noch unbekanntes Molekulargewicht.

Polymorphie. Man nennt die Eigenschaft eines chemischen Stoffes, in mehreren Erscheinungsformen mit verschiedenen, beim Umwandlungspunkte sich ändernden physikalischen Eigenschaften auftreten zu können, Polymorphie (= Vielgestaltigkeit), bei Elementen Allotropie.

Schwefeldampf besteht aus S_8- und S_6-, bei 860° aus S_2-Molekülen, die bei 2000° in S-Atome zu zerfallen beginnen.

Der beim raschen Abkühlen von Schwefeldämpfen sich abscheidende Schwefel (Schwefelblumen) besteht zum größten Teile aus amorphem Schwefel, ebenso der beim Ansäuern von Ammonsulfidlösungen u. dgl. als Schwefelmilch sich abscheidende fein verteilte, kolloidale (s. S. 206) Schwefel.

Chemisches Verhalten. Schwefel ist ziemlich reaktionsträge. Beim Erhitzen auf 250° an der Luft verbrennt er mit blauer Flamme zu SO_2. Bei gewöhnlicher Temperatur ist Schwefel gegen Sauerstoff und Feuchtigkeit beständig. Konzentrierte Salpetersäure und Königswasser oxydieren langsam zu Schwefelsäure. Mit den Halogenen, insbesondere Fluor, reagiert Schwefel heftiger. Alle Metalle bilden bei höheren Temperaturen mit Schwefel Sulfide.

Gewinnung. Das auf Sizilien im Tagbau geförderte Rohmaterial enthält nur 20—40% S. Dieser wird in einfachen gemauerten Öfen (Calcaroni) durch Verbrennen eines Teiles des Schwefels (Brenndauer 1—2 Monate) oder vorteilhafter nach Gill mit gespanntem Wasserdampf (3—4 Atm.) ausgeschmolzen. Durch Destillation wird der rohe Schwefel gereinigt.

Die Förderung auf Sizilien wird aber in ihrer Bedeutung bei weitem durch die Produktion in Texas und Louisiana übertroffen, wo der Schwefel in bis zu 85 m mächtigen Lagern mit 65—80% S vorkommt. Da auf dem Schwefel eine bis zu 60 m starke Schicht von Schwimmsand ruht, ist eine bergmännische Gewinnung unmöglich. Der Schwefel wird daher nach H. Frasch durch Einbringen von etwa 25 cm starken Eisenrohren in das Schwefellager, durch Ausschmelzen mit überhitztem Wasserdampf von 160—170° gewonnen. Das Eisenrohr enthält noch zwei weitere konzentrische Eisenrohre für den Wasserdampf und den geschmolzenen Schwefel. Dieser wird mit Preßluft aus dem Bohrloch herausgedrückt und mit einer Reinheit von 98—99,6% zu großen Blöcken erstarren gelassen.

Eine wertvolle Schwefelquelle sind auch die Kokereigase, denen der Schwefel durch Eisenerzreiniger oder anorganische und organische Absorptionsmittel (s. S. 139) entzogen wird. Aus Sulfaten kann Schwefel nach dem Verfahren von Claus-Change gewonnen werden, das ursprünglich zur Aufarbeitung der Calziumsulfid enthaltenden Sodarückstände beim Leblanc-Verfahren (s. S. 238) ausgearbeitet worden war. Heute wird noch die Reduktion von Bariumsulfat (s. S. 325) mit Kohle im Drehrohrofen zu Bariumsulfid durchgeführt. Durch Einleiten von Kohlendioxyd in einer Reihe hintereinandergeschalteter eiserner Zylinder wird der Schwefel als Schwefelwasserstoff ausgetrieben. Das H_2S wird dann im Clausofen, der 7—9 m breite und etwa 3 m hohe Schichten von Eisenoxyd oder Bauxit als Kontaktmasse enthält, mit gerade ausreichender Luftmenge bei 230° zu S verbrannt: $2\,H_2S + O_2 = 2\,H_2O + S_2 + 102$ kcal. Der Schwefel wird in Verdichtungseinrichtungen teils flüssig, teils in großen Kammern in Form von Schwefelblumen zurückgehalten.

Dieses ältere Clausverfahren ist von der I. G. Farbenindustrie A. G. dadurch verbessert worden, daß die Verbrennung stufenweise vorgenommen wird: $H_2S + 1\frac{1}{2}\,O_2 = SO_2 + H_2O + 124$ kcal;

$SO_2 + H_2S = 3\,S + 2\,H_2O + 29$ kcal. Die Verbrennungswärme der 1. Reaktionsstufe wird in einem Dampfkessel nutzbar gemacht.

Verwendung. Die Weltproduktion an Schwefel beträgt etwa 3 Mill. t, von der rund ¾ aus Nordamerika stammen. Schwefel dient zur Herstellung von Schwefelsäure, zum Vulkanisieren des Kautschuks, zur Herstellung von Zündhölzern, Ultramarin, Schwefelkohlenstoff, Zinnober, zur Vertilgung von Pflanzenschädlingen, als säurefester Kitt usw.

1. Schwefelverbindungen.

Schwefelwasserstoff H_2S (fbl; D 1,5292; Fp —85,5°; Kp —66,4°; L: 1 Vol. W löst 2,67 Vol. H_2S; l : Al) bildet sich bei der Fäulnis schwefelhaltiger Stoffe, insbesondere von Eiweißstoffen (faule Eier) sowie aus geschmolzenem Schwefel und Wasserstoff bei 300°. Im Laboratorium wird H_2S durch Zersetzung von Eisensulfid mit Säuren im Kippapparat (Abb. 3) dargestellt: $FeS + 2\,HCl = FeCl_2 + H_2S$. Schwefelwasserstoff besitzt einen widerlichen Geruch und ist sehr giftig. Im festen Zustande bildet er ein Molekelgitter (s. S. 62). Die wässerige Lösung reagiert aber deutlich sauer, da H_2S zu etwa 1% nach $H_2S \rightleftharpoons H^{\cdot} + SH'$ sowie $HS' \rightleftharpoons H^{\cdot} + S''$ dissoziieren kann. Die zweite Dissoziationsstufe ist aber bereits viel schwächer ausgeprägt. Schwefelwasserstoff ist daher eine schwache zweibasische Säure, die saure Hydrosulfide NaSH und normale Sulfide Na_2S bilden kann. Die Alkalisulfide sind leicht löslich, die Metallsulfide unlöslich. Die Erdalkalisulfide nehmen eine Mittelstellung ein. H_2S ist brennbar. Da er leicht Wasserstoff abspaltet, wirkt er auch als kräftiges Reduktionsmittel (s. S. 52).

Hydrolyse. Die löslichen Sulfide reagieren in Wasser stark alkalisch. Dies beruht auf der sog. Hydrolyse, d. i. der Aufspaltung eines Salzes durch das Wasser in freie Säure und Base. Das Wasser ist selbst sehr schwach in $H^{\cdot}$ und OH' gespalten, sein Dissoziationsgrad beträgt 10^{-14}. Wird nun ein Salz einer starken Säure mit einer schwachen Base (Aluminiumsulfat) oder umgekehrt (Na_2S) in Wasser gelöst, so treten die Ionen des Salzes und Wassers miteinander in Wechselwirkung, wobei sich nach allgemeiner Regel immer der am wenigsten dissoziierte Stoff bildet:

$$Na_2S + H_2O \rightarrow NaOH + NaSH \rightarrow 2\,Na^{\cdot} + SH' + OH';$$

$$Al_2(SO_4)_3 + 6\,H_2O \rightarrow 2\,Al(OH)_3 + 3\,H_2SO_4 \rightarrow 6\,H^{\cdot} + 3\,SO_4'' + \\ + 2\,Al(OH)_3.$$

Die Lösung von Natriumsulfid reagiert wegen des Auftretens größerer Mengen von OH' alkalisch, jene von Aluminiumsulfat zufolge der Anwesenheit reichlicher Mengen von $H^{\cdot}$ sauer. Durch zunehmende Temperatur und stärkere Verdünnung wird die Hydrolyse begünstigt. Salze schwacher Basen mit schwachen Säuren werden gleichfalls hydrolytisch gespalten, reagieren aber neutral.

Der Hydrolysengrad, d. i. der prozentische Anteil der durch das Wasser gespaltenen Salzmoleküle, ist für verschiedene Stoffe ungleich groß. Er beträgt z. B. für eine 0,01 *n* Aluminiumchloridlösung 92%, für eine 0,01 *n* Natriummetasilicatlösung 3,1%.

Polysulfide. Alkalisulfide und Ammonsulfid können weiteren Schwefel auflösen, der als Polysulfid wie Na_2S_2, Na_2S_3 bis Na_2S_7 gebunden wird. Je schwefelreicher ein Polysulfid ist, desto dünkler ist es gefärbt. Die niedrigen Glieder besitzen eine gelbe, die höheren rote Farbe. Durch Säuren werden konzentriertere Lösungen der Polysulfide unter Abscheidung von Hydropolysulfiden wie H_2S_2, H_2S_3 usw. zersetzt, die wasserklare, rote Öle darstellen.

Nachweis. Schwarzfärbung von Bleiacetatpapier durch Bildung von PbS; rotviolette Färbung mit Lösungen von Nitroprussidnatrium.

2. Sauerstoffverbindungen des Schwefels.

Schwefelmonoxyd SO ist das der Sulfoxydsäure H_2SO_2 zugrunde liegende Oxyd. Es ist jedoch nur in Form des Formaldehyd-Sulfoxylates bekannt. Dieses entsteht bei der Einwirkung von Formaldehyd auf eine Lösung von Natriumhyposulfit und findet in der Küpenfärberei (s. S. 690) wegen seiner guten Beständigkeit als Reduktionsmittel unter dem Namen Rongalit Verwendung: $Na_2S_2O_4 + 2\,HCHO + 4\,H_2O = NaHSO_2 . HCHO . 2\,H_2O + NaHSO_3 . . HCHO . H_2O$.

Schwefeldioxyd SO_2 (fbl; D 2,9263; krit. Temp. +157°; Fp —75,7°; Kp —10,02°; sl: W, Al) ist ein stechend riechendes Gas, das sich bei Raumtemperatur schon bei 4—5 Atm. verflüssigen läßt. Bei der Verdampfung von 1 kg flüssigem SO_2 bei —10,02° werden 93,4 kcal gebunden, so daß sich flüssiges SO_2 als Betriebsmittel für Kompressions-Kältemaschinen eignet. Flüssiges SO_2 kann Chloride und Bromide auflösen, die in der Lösung etwas dissoziiert sind, was auf die hohe Dielektrizitätskonstante des Schwefeldioxyds zurückzuführen ist. Auch organische Stoffe, wie hochmolekulare Kohlenwasserstoffe, sind in flüssigem SO_2 löslich, welche Eigenschaft zur Raffination von Erdöldestillaten ausgenützt wird (s. S. 507).

Die wässerige Lösung von SO_2 reagiert sauer, da sich in der Lösung schwefelige Säure H_2SO_3 bildet, die eine mittelstarke zweibasische Säure darstellt. Durch Kochen oder Einblasen von Luft kann jedoch das SO_2 aus der wässerigen Lösung wieder vollständig ausgetrieben werden, welches Verfahren bei der technischen Gewinnung und Reinigung von SO_2 angewandt wird. SO_2 kommt verflüssigt in Stahlflaschen in den Handel.

Chemische Eigenschaften. Feuchtes SO_2 und schwefelige Säure sind starke Reduktionsmittel, die sauerstoffreichen Verbindungen, wie Permanganaten, Chromaten usw., Sauerstoff zu entziehen vermögen. Während bei diesem Vorgang die Bildung von Schwefelsäure verhältnismäßig leicht gelingt, ist zur raschen direkten Vereinigung, Verbindung mit Sauerstoff bei der Schwefelsäureherstellung die Anwesenheit von Katalysatoren erforderlich. Als zweibasische Säure mit der Strukturformel $S^{IV} \begin{smallmatrix} \diagup OH \\ = O \\ \diagdown OH \end{smallmatrix}$ bildet die schwefelige Säure saure Hydrosulfite wie z. B. $NaHSO_3$ und normale Sulfite Na_2SO_3, die mit Ausnahme der Alkali- und sauren Erdalkalisulfite schwer löslich sind. Die wässerigen Lösungen oxydieren sich an der Luft zu Sulfaten. SO_2 wirkt bakterizid und wird daher zum „Schwefeln", d. h. Verbrennen von Schwefel zu SO_2, von Wein-, Bierfässern usw., verwendet. Gleichzeitig wirkt es reduzierend und bleichend. Es schädigt den Pflanzenwuchs, insbesondere von Nadelhölzern, was sich in der Nähe von größeren Fabriken und Städten usw. an der Braunfärbung der Nadeln bemerkbar machen kann.

Bildung und Darstellung. Im Laboratorium wird SO_2 gelegentlich noch durch Eintropfenlassen von konzentrierter Schwefelsäure in eine käufliche 40—50%ige Natriumhydrosulfitlösung dargestellt, wobei ein regelmäßiger Strom von SO_2 entweicht: $NaHSO_3 + H_2SO_4 = NaHSO_4 + SO_2 + H_2O$. Auch beim Auflösen von Kupfer in konzentrierter Schwefelsäure entweicht SO_2: $Cu + + H_2SO_4 = CuO + SO_2 + H_2O$.

Die technische Darstellung erfolgt ausschließlich durch Verbrennen von Schwefel oder sog. Rösten (oxydierendes Erhitzen an der Luft) von Pyrit, Zinkblende, Bleiglanz usw. Elementarer Schwefel wird meist mit Druckdüsen, aber auch in rotierenden Zylindern oder Schwefelverbrennungsöfen, in denen sich der Schwefel auf gußeisernen Tassen befindet, bei etwa 1000° verbrannt.

Rösten von sulfidischen Erzen. Für die Abröstung von Pyrit mit etwa 53% S, 0,2—4% Cu, ferner As, Sb, Zn, Pb, Co, Hg usw. enthaltend, richtet sich die Apparatur nach der Stückgröße des Erzes. Grobstückiger Kies wird in Grobkiesöfen geröstet, die aus einer Reihe nebeneinander gebauter Herde bestehen, die durch nicht bis zum Ofengewölbe reichende Scheidewände voneinander getrennt sind. Der Kies liegt auf vierkantigen Roststäben, während die zur Abröstung erforderliche Luft durch Luftlöcher oder unter den Rost eintritt. Durch Drehen der Roststäbe mit einem eigenen Schlüssel fällt die abgeröstete mürbe Erzschicht unter den Rost.

Die Reaktion $4\,FeS_2 + 11\,O_2 = 2\,Fe_2O_3 + 8\,SO_2$ ist stark exotherm und geht, wenn sie einmal durch Erhitzung auf etwa 400° in Gang gebracht wurde, von selbst weiter.

Die Röstgase ziehen durch einen über dem Ofenblock liegenden gemeinsamen Kanal ab.

Feinkiese werden entweder im Fortschaufelungsofen (s. Abb. 67), in Drehrohr- oder mechanischen Röstöfen geröstet. Die Drehrohröfen sind gasdicht gebaut und besitzen Inneneinrichtungen zum Hochheben und Wenden des Feinkieses, der als feiner Schleier

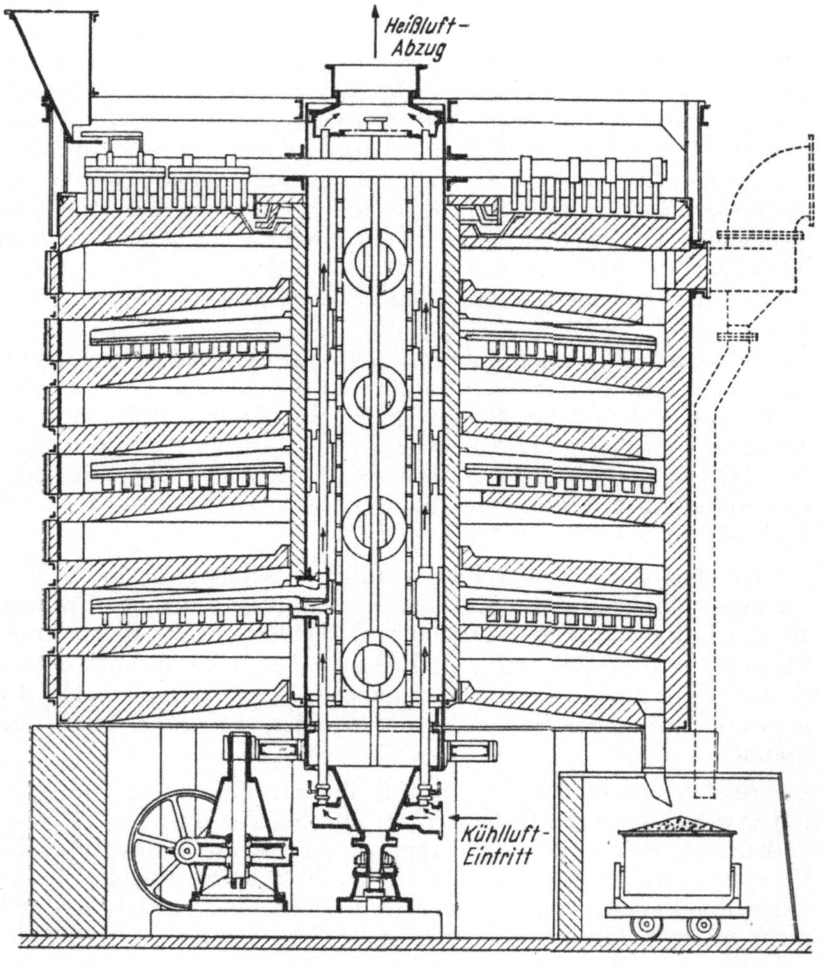

Abb. 17. Mechanischer Röstofen, System Lurgi.

herabfällt und dabei von der Luft, die durch am Umfang des Ofenrohres über dessen ganze Länge verteilte Luftdüsen eingeblasen wird, oxydiert wird. Die Kiesabbrände enthalten weniger als 1—1,5% S. Sie werden zur Gewinnung des Kupfers noch chlorierend geröstet (s. S. 394), brikettiert und im Hochofen auf Eisen verarbeitet.

Die mechanischen Röstöfen (Abb. 17, System Lurgi, ferner

von Wedge, Herreshoff usw.) bestehen aus mehreren übereinander angeordneten Herdplatten, auf denen der Kies durch Rührer, die an einer senkrecht stehenden Welle angebracht sind, mit quergestellten Zähnen gleichmäßig verteilt und weiterbefördert wird. Durch Öffnungen, die sich abwechselnd in der Mitte und am Umfange der Herdplatten befinden, wandert der Kies vom Rand nach der Mitte, fällt auf die nächste Platte, wird dort nach außen befördert, fällt wieder herab usw. Die Rührarme müssen mit Wasser oder Luft gekühlt werden. Sie sind auch während des Betriebes auswechselbar.

Die Röstgase mit 7—9% SO_2 werden auf Schwefelsäure, flüssiges SO_2, zur Herstellung von Calziumbisulfitlösung für die Zellstoffgewinnung usw. aufgearbeitet. Zur Erzeugung von flüssigem SO_2 werden sie in Rieseltürmen mit Wasser gereinigt, von Wasser absorbiert, durch Wasserdampf und Einblasen von Luft wieder ausgetrieben, gekühlt, getrocknet und komprimiert.

Als *festes* SO_2 kommt *Kaliumpyrosulfit* $K_2S_2O_5$ (fbl; monokl; zers 190°; L: 44,9) in den Handel, das durch Übersättigen von warmen Kaliumcarbonatlösungen mit SO_2 erhalten wird. Es dient zum Schwefeln von Weinfässern.

Thionylchlorid $SOCl_2$ (fbl; D 1,638; Fp —104,5°; Kp 75,7°; zers sich mit W, SS, Alk, Al) wird technisch aus Schwefeldichlorid und -trioxyd dargestellt: $SCl_2 + SO_3 = SOCl_2 + SO_2$. Es dient in der organischen Chemie zur Durchführung von Chlorierungen. Es ist als Säurechlorid (s. S. 593) der schwefeligen Säure anzusehen, bei welchem die beiden OH-Gruppen durch Cl ersetzt sind: $O = S\langle{}^{OH}_{OH}$ schwefelige Säure, $O = S\langle{}^{Cl}_{Cl}$ Thionylchlorid. Den Namen eines Säurechlorides bildet man durch Anhängung der Silben -ylchlorid an den deutschen, lateinischen oder griechischen Säurenamen. Sie sind sehr reaktionsfähig und werden durch Wasser, Säuren und Alkalien zersetzt, wobei sich die betreffende Sauerstoffsäure und Salzsäure oder deren Salze bilden.

Schwefeltrioxyd SO_3 (fbl; D 2,75; Fp 16,8°; Kp 44,8°; sl: W) stellt eine farblose Flüssigkeit dar, die bei 16,8° zu weißen Krystallnadeln erstarrt. Durch Spuren von Wasser oder Schwefelsäure findet eine Polymerisation zu $(SO_3)_2$ statt, wobei eine weiße, asbestartige Masse entsteht, die bei 50° ohne zu schmelzen sublimiert. Die Flüssigkeit raucht an der Luft stark, da sich ihre Dämpfe mit der Feuchtigkeit der Luft zu fein verteilten Tröpfchen von Schwefelsäure vereinigen. Im Kriege wurde zur künstlichen Vernebelung ein Gemisch von Chlorsulfonsäure mit 50% SO_3 verwendet. SO_3 ist in Wasser in jedem Verhältnis löslich und vereinigt sich beim jähen Zusammenbringen mit Wasser explosionsartig zu Schwefelsäure: $SO_3 + H_2O = H_2SO_4$. Da sich aber beim

Auflösen von SO_3 in Wasser Nebel bilden, wird in der Technik zur Absorption von SO_3 beim Schwefelsäurekontaktverfahren (s. S. 92) wasserfreie konzentrierte Schwefelsäure benützt. In dieser löst es sich zu einer dickflüssigen, öligen, durch Eisen und Spuren organischer Substanzen meist dunkel gefärbten, stark rauchenden Flüssigkeit, die rauchende Schwefelsäure, in der Technik Oleum genannt. Oleum mit 20 und 65% SO_3 ist flüssig, mit 40 und über 70% SO_3 zufolge Abscheidung von Krystallen von Pyroschwefelsäure $H_2S_2O_7$ fest.

Bildung und Darstellung. SO_3 bildet sich beim Erhitzen von Hydrosulfaten, wobei primär Pyrosulfate entstehen: $2\,NaHSO_4 = Na_2S_2O_7 + H_2O$; $Na_2S_2O_7 = Na_2SO_4 + SO_3$. Auch beim Glühen von Metallsulfaten entweicht SO_3. Auf diese Weise wurde schon im 15. Jahrhundert durch Glühen von Eisen-III-Sulfat rauchende oder Nordhauser Schwefelsäure hergestellt: $Fe_2(SO_4)_3 = Fe_2O_3 + 3\,SO_3$. Es dient zur Herstellung von konzentrierter und rauchender Schwefelsäure für die Farb- und Sprengstoffindustrie.

Theorie des Kontaktprozesses. Größte technische Bedeutung besitzt das Verfahren der katalytischen Oxydation von SO_2 durch den Sauerstoff der Luft zu SO_3, wozu Platin- oder Vanadinsäure-Kontakte verwendet werden (s. u.). Dieses von Knietsch 1891 ausgearbeitete Verfahren beruht auf der umkehrbaren Reaktion $2\,SO_2 + O_2 \rightleftharpoons 2\,SO_3 + 22{,}6\,\text{kcal}$. Die Reaktion geht selbst bei Anwesenheit von Katalysatoren bei Temperaturen bis 200° sehr langsam vor sich. Bei 400—430° ist die Reaktionsgeschwindigkeit bereits sehr groß und eine fast 100%ige Umsetzung erzielbar. Bei höheren Temperaturen beginnt wieder ein Zerfall von SO_3, bei 1000° bildet sich überhaupt kein SO_3 mehr.

Kontaktgifte, Theorie der Katalyse. Bei der katalytischen Oxydation von SO_2 zu SO_3 spielt die Reinheit der Reaktionsgase von sog. Kontaktgiften eine große Rolle. Die Katalyse spielt sich ja nur an der Oberfläche des festen Katalysators ab, der wahrscheinlich durch eine Adsorptionswirkung die reagierenden Stoffe in hoher Konzentration zusammenbringt, die ja nach den Gesetzen der chemischen Kinetik (s. S. 72) für die Erhöhung der Reaktionsgeschwindigkeit sehr günstig ist. Die Reaktionswärme wird gleichfalls von der Oberfläche des festen Katalysators aufgenommen und zur Beschleunigung der Reaktion nutzbar gemacht. Wahrscheinlich bildet der Katalysator mit den Reaktionspartnern labile, aber sehr reaktionsfähige Zwischenverbindungen, wie z. B. höhere Platinoxyde, die ihren Sauerstoff leicht wieder an SO_2 usw. abgeben. Vornehmlich spielen für diese Vorgänge sog. aktive Zentren, die sich durch einen höheren Energieinhalt auszeichnen, wie Gitterstörstellen, Krystallecken und -kanten usw., eine Rolle.

Wird nun die Oberfläche des Katalysators durch eine dünne Schicht eines nicht an der Reaktion teilnehmenden Stoffes, wie

z. B. Arsensäure As_2O_3, Hg usw., bedeckt, so haben O_2 und SO_2 nur schwer oder gar keinen Zutritt zu den aktiven Stellen der Oberfläche. Die Katalysatorwirkung wird verringert oder bleibt gänzlich aus. Man bezeichnet Stoffe wie As_2O_3 usw. als Kontaktgifte.

XX. Schwefelsäure.

Vorkommen, Eigenschaften. Schwefelsäure H_2SO_4 (fbl; D 1,834; Fp 10,5°; Kp zers 338°; L mischbar; org. Lsm) ist die wichtigste Säure überhaupt. Sie kommt frei in einigen heißen Quellen sowie im Speichel einiger Schneckenarten vor. Im reinen Zustande ist sie eine farblose, ölige Flüssigkeit, die mit Wasser unter sehr starker Wärmeentwicklung (Verdünnungswärme) in allen Verhältnissen mischbar ist. Da beim Eingießen von Wasser in konzentrierte Schwefelsäure wegen einer plötzlichen Dampfentwicklung Säure herumgespritzt werden kann, ist beim Verdünnen stets die Säure langsam in das Wasser und nie umgekehrt das Wasser in die Säure einzugießen. Mit Wasser bildet die Schwefelsäure mehrere krystallisierbare Hydrate (mit 1, 2, 4, 6 und 8 H_2O). Das Hydrat $H_2SO_4 . H_2O$ schmilzt bei 8°, so daß eine etwa 87%ige Säure im Winter leicht einfrieren kann, wodurch Glasballons zerspringen können.

Schwefelsäure ist eine starke zweibasische Säure, die 2 Reihen von Salzen, nämlich saure Hydrosulfate wie z. B. $NaHSO_4$ und normale Sulfate wie Na_2SO_4 bildet. Die konzentrierte Säure wirkt, namentlich in der Wärme, stark oxydierend, so daß sie durch Kohlenstoff, Schwefel, Kupfer, Silber und Wasserstoff reduziert werden kann. Starke Reduktionsmittel wie Zink (in der Hitze) oder Jodwasserstoff (in der Kälte) reduzieren bis zum Schwefel.

Die konzentrierte Säure ist stark hygroskopisch und wird daher auch zum Trocknen von Gasen verwendet. Auf organische Stoffe, wie Papier, Zucker usw., wirkt sie wasserentziehend und verkohlend. Gold und Platin werden von konzentrierter Schwefelsäure nicht gelöst, weshalb sie technisch zur Trennung von Silber und Gold verwendet wird (s. S. 409).

In der Hitze spaltet die Säure etwas SO_3 ab. Bei 338° destilliert eine 98,3%ige Säure über. Über 450° ist die Säure vollständig in SO_3 und H_2O gespalten.

Nachweis. Rötung von blauem Lackmuspapier und weißer Niederschlag beim Fällen mit Bariumchloridlösung, unlöslich in verdünnter Salz- oder Salpetersäure.

Technische Darstellung.

Zur Darstellung der Schwefelsäure stehen zwei Verfahren in Anwendung, die beide von Röstgasen mit etwa 7—9% SO_2 ausgehen. Nach dem Bleikammerverfahren wird die gewöhnliche, wasserhaltige Säure, nach dem Kontaktverfahren die rauchende Schwefelsäure hergestellt. Vielfach wird aber auch die konzentrierte Säure nach dem Kontaktprozeß erzeugt, wobei rauchende

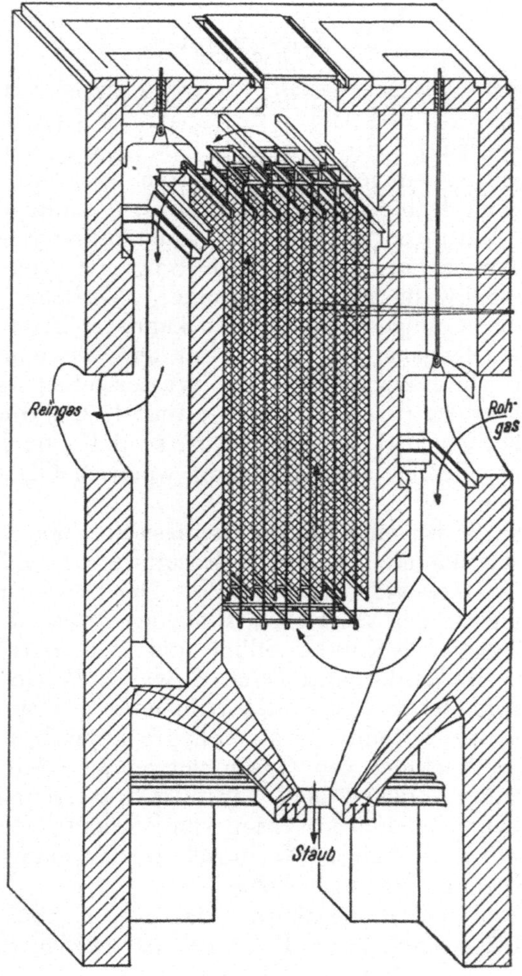

Abb. 18. Elektrische Entstaubung nach Cotrell-Möller.

Schwefelsäure mit Wasser verdünnt wird. Beide Verfahren haben ihre Berechtigung und werden sich voraussichtlich kaum gegenseitig verdrängen.

a) *Bleikammerverfahren.*

Elektrische Entstaubung. Die aus dem Röstofen kommenden heißen Röstgase gelangen vorerst zu einer Entstaubungsanlage, die entweder aus Staubkammern besteht oder elektrisch nach Cotrell-Möller arbeitet. Bei diesem häufig in der Technik angewandten Entstaubungsverfahren werden die zu entstaubenden Gase durch Kammern geführt, in denen sich auf etwa 50.000 V Gleichstromspannung aufgeladene Metalldrähte oder -gewebe befinden (Abb. 18). Diese senden Ionen und Elektronen aus, die von den Staubteilchen aufgenommen werden. Die so elektrisch gewordenen Teilchen wandern zur Gegenelektrode, werden entladen und abgeschieden. In den Entstaubungsanlagen werden die Röstgase von Flugstaub, der aus den Oxyden des As, Fe, Pb, Zn, Tl, Bi, Sb, Se und Te besteht, befreit.

Gloverturm. Mit etwa 200—300° gelangen die gereinigten Röstgase in den „Gloverturm", der aus einem gemauerten Schacht mit dickem Bleimantel besteht und mit säurefesten Schamottesteinen, Koks, Raschigringen u. dgl. ausgesetzt ist (Abb. 19, *b*). Hier rieselt ihnen die aus dem am Ende des Systems stehenden Gay-Lussac-Turm stammende Gloversäure entgegen, die Nitrosylschwefelsäure enthält. Die Gase denitrieren die Gloversäure, d. h. befreien sie von ihrem Gehalt an Stickoxyden (s. S. 118), konzentrieren die Kammersäure von 50—52° Bé (D = 1,53—1,56, etwa 65%) auf etwa 60° Bé (D = 1,71, etwa 80%) und kühlen sie auf etwa 80° ab.

Die Dichteangabe in Graden Bé (Beaumé) besteht darin, daß der Nullpunkt der Dichteskala reinem Wasser und 10° Bé einer 10%igen Kochsalzlösung entspricht. Die Skala wird dann über 10° Bé in gleichen Teilen wie von 1 bis 10 fortgesetzt. Besonders in fremdsprachigen Literaturstellen, aber auch in unserer Technik werden Bé-Angaben noch vielfach gebraucht.

Im Gloverturm werden bereits etwa 15—17% des SO_2 mit Luft und NO_2 in Schwefelsäure übergeführt. Auf den Gloverturm wird auch etwas Salpetersäure zur Deckung der NO_2-Verluste aufgegeben.

Die Bleikammern. Die Hauptreaktion geht in den Bleikammern vor sich, die aus zwei bis vier, je 1000—5000 m³ großen, aus 2—3 mm starkem Bleiblech zusammengelöteten und von einem Holzgerüst oder einer Eisenkonstruktion getragenen Kammern bestehen (Abb. 19, *c*). Sie stehen in einem mit der Kammersäure gefüllten Bleitroge. Die Bruttoformel der Oxydation, die sich mit Ausnahme der Rückoxydation von NO zu NO_2 in flüssiger Phase abspielt, lautet: $SO_2 + NO_2 + H_2O = H_2SO_4 + NO$. Ein wesentliches Zwischenprodukt ist die Nitrosylschwefelsäure $HSNO_5$.

Bei der Schwefelsäurebildung wird viel Wärme frei, die teilweise auch von der Hydratation, d. h. der Wasseraufnahme des SO_3 nach $SO_3 + H_2O = H_2SO_4 + 21{,}2\,\text{kcal}$ herrührt. Die Bleikammern werden daher durch eine Wasserberieselung von außen gekühlt, damit nicht die Temperatur in den Kammern auf mehr als

90^0 ansteigt, da sonst dann das Blei durch die nitrosen Gase zu stark angegriffen wird.

Als Sauerstoffüberträger oder Katalysator wirkt das Stickstoffdioxyd NO_2, das nach seiner Reduktion durch SO_2 in den Bleikammern wieder durch den in den Röstgasen noch enthaltenen Sauerstoff nach $2\,NO + O_2 = 2\,NO_2$ zurückgebildet wird. Das zur Schwefelsäurebildung erforderliche Wasser wird in den Bleikammern durch Zerstäubungsdüsen eingespritzt (Abb. 19, *l*). Die Temperatur der Gase sinkt bis zur letzten Kammer auf 30^0. Die Farbe der Gase ist in der ersten Kammer wegen des Überwiegens von SO_2 noch weiß, sie wird immer dünkler und ist in der letzten nach der Oxydation des NO zu NO_2 tiefrot.

Gay-Lussac-Turm. Die teuren Stickoxyde müssen wiedergewonnen werden, weshalb die SO_2-freien Gase aus den Kammern, ehe sie ins Freie gelangen, durch den Gay-Lussac-Turm streichen (Abb. 19, *d*), der ähnlich wie der Gloverturm gebaut ist. Über Füllkörper rieselt eine etwa 80%ige Säure herab, die die Stickoxyde in Form der Nitrosylschwefelsäure $HSNO_5 \left(\begin{matrix}O\\O\end{matrix}\!\!\gg S \!\!<\!\begin{matrix}OH\\ONO\end{matrix}\right)$ zur sog. Nitrose absorbiert. Diese geht dann auf den Gloverturm zur Denitrierung. Die Bewegung der Gase erfolgt durch Exhaustoren, der Säure durch Kolben- oder Kreiselpumpen (Abb. 19, *g*, *l*, *i*).

Konzentrierung. Aus den Kammern fließt eine 62—66%ige Säure, die Kammersäure, ab. Sie kann in dieser Form zur Herstellung von Superphosphat (s. S. 308), Alaun (s. S. 348) u. dgl. unmittelbar verwendet werden. Für die meisten Verwendungszwecke muß sie aber gereinigt und konzentriert werden. Teilweise erfolgt ja eine Konzentrierung im Gloverturm, wo eine Konzentrationserhöhung auf 80% erzielt wird. Die Gloversäure dient zur Herstellung von Natriumsulfat und Salzsäure (s. S. 63), Ammonsulfat (s. S. 259) usw. Die 80%ige und 93—98%ige, die konzentrierte Säure des Handels, die zur Raffination von Erdöl, zum Nitrieren, Sulfurieren, Akkumulatorensäureherstellung dient, wird aber zum größten Teil durch besondere Konzentrierungsverfahren aus Kammersäure erzeugt.

Zur Konzentrierung dienen u. a. *Schalenapparate*, in denen die Säure durch kaskadenförmig übereinander aufgestellte Quarzgutschalen fließt, die von Feuergasen umspült werden. Der *Keßlerapparat* besteht aus einem Steintrog (Saturex) aus unangreifbarer Volviclava und einem kleinen Kolonnentürmchen, Rekuperator genannt, in denen die Säure im Gegenstrom zu Feuergasen strömt. Im *Gaillard-Turm* wird die Säure oben versprüht, während von unten heiße Feuergase entgegenströmen.

Reinigung. Die Reinigung erstreckt sich auf die Entfernung des Arsens durch Fällung mit Schwefelwasserstoff als Arsensulfid und der nitrosen Gase mit Ammonsulfat: $N_2O_3 + 2\,NH_3 = 3\,H_2O + 2\,N_2$. Schwefelsäure aus Schwefel hergestellt ist arsenfrei.

Intensiv- und Turmsysteme. Zur Erzielung besserer Umsetzungen, zwecks besserer Raumausnützung usw. hat man sog. Intensivsysteme geschaffen, die aus hohen schmalen Kammern oder Tangentialkammern, Plattentürmen usw. bestehen. Sehr bewährt haben sich an Stelle der Bleikammern die sog. Walzenkästen aus Bleiblech, in denen sich rasch umdrehende, in nitrose Säure eintauchende Walzen befinden. Diese versprühen die Säure

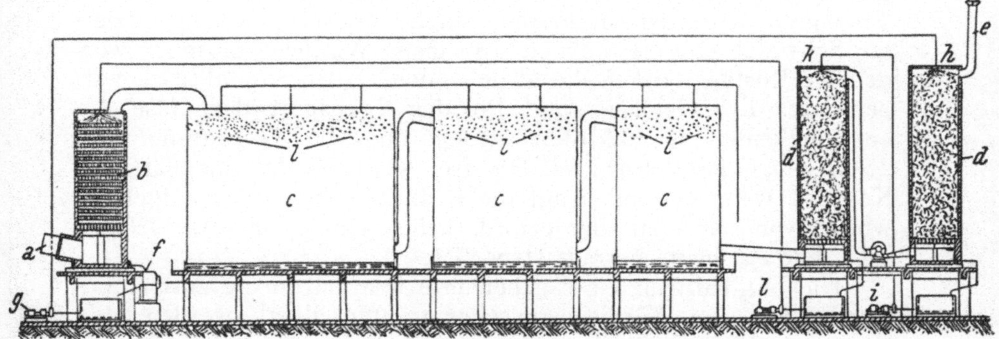

Abb. 19. Bleikammeranlage zur Herstellung von Schwefelsäure.

und bewirken so eine innige Vermischung der nitrosehaltigen Säure mit dem SO_2, wodurch die Schwefelsäurebildung begünstigt wird.

Da 1 m^3 des Gloverturmes etwa 20—30mal soviel Säure liefert als 1 m^3 Kammerraum, hat man mit Vorteil auch sog. Turmsysteme gebaut, die nur aus sechs Türmen bestehen. Drei dienen zur Säureerzeugung nach Art des Gloverturmes, die anderen drei arbeiten als Gay-Lussac-Türme unter Absorption der Stickoxyde.

Schwefelsäure aus Gips. Nach einem Verfahren von W. J. Müller kann aus Gips oder Anhydrit Schwefelsäure gewonnen werden, wenn der Gips mit Tonschiefer und Kohle im Drehrohrofen auf etwa 1400° oxydierend erhitzt wird. Es entsteht dabei ein auf Hochofenzement weiterverarbeitbarer Klinker (s. S. 303) und Gase mit 7—9% SO_2, die in einer Schwefelsäurefabrik auf Schwefelsäure verarbeitet werden können.

Schwefelsäure aus Schwefelwasserstoff. H_2S-haltige Abgase, z. B. bei der Ammoniakgewinnung aus Gaswasser in den Kokereien (s. S. 176), können durch sog. nasse Verbrennung auf Schwefelsäure verarbeitet werden. Die Gase werden mit Luft in einem Verbrennungsraum verbrannt: $2\,H_2S + 3\,O_2 = 2\,SO_2 + 2\,H_2O$. Das Gemisch von SO_2 und Wasserdampf wird gekühlt und an einem

Vanadinsäurekontakt zu SO_3 umgesetzt. Man erhält eine etwa 60%ige reine Schwefelsäure.

b) Kontaktverfahren.

Zur technischen Durchführung der katalytischen Oxydation von SO_2 zu SO_3 (s. S. 86 SO_3) dient Platin, auf Asbest, oder Vanadinsäure, auf Kieselgur aufgetragen. Die Rostgase werden gekühlt, in Staubkammern elektrisch von staubförmigen Verunreinigungen befreit und dann mit Wasser in einem Wäscher oder Waschtürmen zur Beseitigung der letzten Staubreste und des dampfförmigen Arsens und Quecksilbers gewaschen (Abb. 20 u. 68). In einem Trockenturm werden sie hierauf durch Berieseln mit konzentrierter Schwefelsäure getrocknet. In einem Wärmeaustauscher werden die Röstgase durch die abziehenden heißen Kontaktgase vorgewärmt. Ein Gebläse sorgt für den Transport der Gase. Im anschließenden Kontaktofen erfolgt nun die Oxydation nach $2\,SO_2 + O_2 = 2\,SO_3 + 45\,\text{kcal}$. Die frei werdende Wärme hält den Kontakt, wenn er einmal auf die Reaktionstemperatur aufgeheizt wurde, von selbst auf der erforderlichen Höhe von etwa 430 bis 450^0. Die Ausbeute beträgt etwa 97%.

Die SO_3-haltigen Gase geben ihre Wärme an die zuströmenden Röstgase im Wärmeaustauscher größtenteils ab, werden noch in einem Röhrenkühler gekühlt und dann in Absorptionskästen von konzentrierter Schwefelsäure, bzw. Oleum absorbiert. Das aus der Absorptionsanlage abfließende hochkonzentrierte Oleum kann durch Zusatz von konzentrierter Schwefelsäure auf einen beliebigen SO_3-Gehalt eingestellt werden. Ein Teilstrom der den Kontakt verlassenden Gase wird nicht auf Oleum, sondern auf konzentrierte Schwefelsäure verarbeitet, wozu in Türmen mit konzentrierter Schwefelsäure das SO_3 aus den Gasen ausgewaschen und dieses verdünnte Oleum durch Zusatz von Wasser oder verdünnter Schwefelsäure auf den gewünschten Schwefelsäuregehalt eingestellt wird.

Die Kontaktgase enthalten immer noch etwas nicht umgesetztes SO_2. Nachdem das SO_3 aus den Gasen möglichst restlos ausgewaschen wurde, behandelt man die Restgase mit Natriumcarbonatlösungen, wobei eine Natriumsulfitlösung entsteht.

Versand. Der Versand der Schwefelsäure erfolgt in Glasballons, bei größeren Mengen bis zu einer Konzentration von etwa 92% in verbleiten Gefäßen, über 92% in schmiedeeisernen Kesselwagen, da konz. Schwefelsäure Eisen nicht angreift (Passivierung durch eine Ferrosulfatschicht).

Die Welterzeugung an Schwefelsäure beträgt etwa 10 Mill. t, von der aber der Hauptteil gar nicht in den Handel kommt, sondern in eigenen Betrieben auf Salze oder für andere Zwecke verarbeitet wird.

XXI. Weitere Säuren des Schwefels.

Pyroschwefelsäure $H_2S_2O_7$ (D 1,9; Fp 34,8°; zers; sl) entsteht aus H_2SO_4 und SO_3. Auch beim Austritt von Wasser aus zwei Molekülen Säure, z. B. beim Erhitzen von Natriumhydrosulfat, bildet sich Pyrosäure, bzw. Natriumsulfat. Durch Zusatz von Wasser geht sie leicht in Schwefelsäure, bzw. Sulfate über.

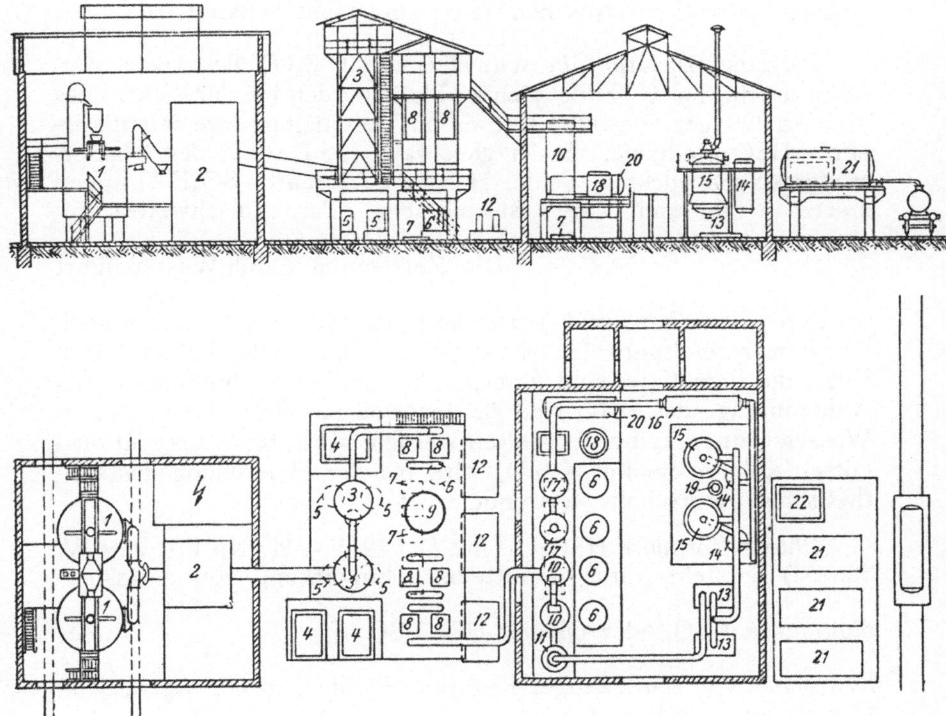

Abb. 20. Kontaktanlage für Schwefelsäuremonohydrat (Lurgi, Gesellschaft für Chemie und Hüttenwesen, Frankfurt a. M.).

1 Röstöfen mit sieben Herden
2 Elektrofilter
3 Waschtürme
4 Absatzkästen
5 Säurekühler
6 Vorlaufbehälter
7 Pumpen
8 Elektrische Entarsenierung
9 Zwischenturm
10 Trockentürme
11 Säurefänger
12 Rieselkühler
13 Gebläse
14 Wärmeaustauscher
15 Kontaktkessel
16 SO_3 Kühler
17 Absorptionstürme
18 Bleiverteiler
19 Vorheizer für *15*
20 Vorratsbehälter
21 Lagerbehälter
22 Bleikasten

Sulfomonopersäure, Carosche Säure, Peroxyschwefelsäure H_2SO_5 ist ein Derivat des Wasserstoffperoxyds, in dem 1 H-Atom durch das $—SO_3H$-Radikal ersetzt ist. Sie entsteht aus konz. Schwefelsäure und Wasserstoffperoxyd nach der umkehrbaren Reaktion $H_2O_2 + H_2SO_4 \rightleftharpoons \begin{matrix} O \\ O \end{matrix} \!\!>\! S \!<\!\! \begin{matrix} OH \\ OO—H \end{matrix} + H_2O$. Sie bildet sich bei der Hydrolyse von Perschwefelsäure: $H_2S_2O_8 + H_2O = H_2SO_5 + H_2SO_4$. Durch weitere Hydrolyse entsteht Wasserstoffperoxyd und Schwefelsäure. In wässeriger Lösung ist daher die Carosche Säure nicht beständig. Diese Reaktionen gehen bei der Destillation von Perschwefelsäure oder sauren Ammonpersulfatlösungen bei der technischen Herstellung von Wasserstoffperoxyd auf elektrolytischem Wege vor sich (s. S. 49).

Die Carosche Säure ist ein sehr starkes Oxydationsmittel, die Mangansalze bereits in der Kälte zu Permanganat zu oxydieren vermag. Salze der Caroschen Säure sind nicht bekannt.

Perschwefelsäure, Überschwefelsäure $H_2S_2O_8$, *Peroxydischwefelsäure* (fbl; Fp 60°) bildet sich an Platinanoden bei der Elektrolyse in etwa 30%iger Schwefelsäure durch Vereinigung zweier entladener —HSO_4-Radikale. Sie ist gleichfalls ein Derivat des Wasserstoffperoxyds, dessen beide H-Atome durch —SO_3H-Gruppen ersetzt sind, und zwar ist sie eine Peroxydischwefelsäure: $\frac{O}{O}\!\!\gg\! S \!<\! \frac{OH\ HO}{OO} \!>\! S \!\ll\! \frac{O}{O}$. Die Zersetzung durch Wasser führt zu Caroscher Säure und Wasserstoffperoxyd. Es ist daher auch die Perschwefelsäure in wässeriger Lösung nicht haltbar. Ihre Salze, die Persulfate, sind hingegen beständige Verbindungen. Als Abkömmlinge des H_2O_2 sind sie, insoweit sie durch Hydrolyse in Wasserstoffperoxyd aufgespalten werden, sehr starke Oxydationsmittel. Kaliumpersulfat $K_2S_2O_8$ wird bei der Herstellung des synthetischen Kautschuks verwendet.

Chlorsulfonsäure HSO_3Cl (fbl; D 1,79; F —80; Kp 151; zers W, SS, Al) entsteht durch unmittelbare Einwirkung von Salzsäuredämpfen auf SO_3 oder Oleum: $HCl + SO_3 = \frac{O}{O}\!\!\gg\! S \!<\! \frac{OH}{Cl}$. Wasser hydrolysiert in sehr heftiger Reaktion. Es dient in der organischen Chemie zu Chlorierungen.

Im *Sulfurylchlorid* $\frac{O}{O}\!\!\gg\! S \!<\! \frac{Cl}{Cl}$, SO_2Cl_2 (fbl; D 1,667; Fp —54,1°; Kp 69,5°; zers W, SS, Alk) sind beide OH-Gruppen der Schwefelsäure durch Chlor ersetzt. Es entsteht bei der Einwirkung von SO_2 auf Chlor in der Gasphase und zerfällt bei hohen Temperaturen wieder in diese Bestandteile. Wasser zersetzt zu Schwefel- und Salzsäure.

Thionylchlorid $SOCl_2$ (Kp 78°) ist eine farblose, unangenehm riechende Flüssigkeit, die aus Phosgen und Schwefeldioxyd nach $COCl_2 + SO_2 = SOCl_2 + CO_2$ entsteht. Durch Wasser wird sie sofort in SO_2 und HCl gespalten. In der organischen Chemie und Technologie wird es zur Einführung von Chlor (s. S. 593) oder der Thionylgruppe SO= in Benzolderivate verwendet.

Thiosulfate, Salze der in reiner Form nicht bekannten Thioschwefelsäure $H_2S_2O_3$, $\frac{O}{O}\!\!\gg S \!\!<\!\! \frac{OH}{SH}$, werden technisch durch Kochen von Sulfiten mit Schwefel unter Schwefelaufnahme oder Oxydation von Polysulfiden dargestellt: $Na_2SO_3 + S = Na_2S_2O_3$; $2\,Na_2S_2 + 3\,O_2 = 2\,Na_2S_2O_3$. Beim Ansäuern der Lösungen entsteht die freie Säure, die in der Kälte langsam, schneller aber in der Wärme unter Abspaltung von Schwefel und SO_2 zerfällt. Gleichzeitig wird etwas Pentathionsäure durch Abspaltung von Wasser gebildet: $5\,H_2S_2O_3 = 2\,H_2S_5O_6 + 3\,H_2O$. Thiosulfate wirken stark reduzierend. Chlor und Jod werden leicht in Salzsäure, bzw. Natriumjodid übergeführt. Auf dieser Reaktion beruht die Verwendung des Natriumthiosulfates in der Bleicherei als „Antichlor" zur Beseitigung der die Gewebe sonst schädigenden Chlorreste. Dieses Salz wird auch in der Photographie als Fixiernatron zur Entfernung des Überschusses von Silberbromid verwendet.

Hyposulfite. Sie sind die Salze der im freien Zustande nicht bekannten unterschwefeligen Säure $H_2S_2O_4$. Technische Bedeutung besitzt das Zink- und Natriumhyposulfit, die in der Küpenfärberei (s. S. 692) als starke Reduktionsmittel verwendet werden. Natriumhyposulfit wird durch Reduktion von gleichen Teilen $NaHSO_3$ und H_2SO_3 mit Zink dargestellt: $2\,NaHSO_3 + H_2SO_3 + + Zn = Na_2S_2O_4 . 2\,H_2O + ZnSO_4$. Auch durch elektrolytische Reduktion ist das Salz herstellbar.

Als *Polythionsäuren* bezeichnet man Säuren mit mehr als 1 Schwefelatom. Bekannt sind die Dithion- oder Unterschwefelsäure $H_2S_2O_6$, Trithionsäure $H_2S_3O_6$, Tetrathionsäure $H_2S_4O_6$, Pentathionsäure $H_2S_5O_6$ und Hexathionsäure $H_2S_6O_6$, aber nur in wässeriger Lösung und in Form ihrer Salze. Über die Wertigkeit des Schwefels und die Konstitution dieser Säuren ist noch nichts Genaueres bekannt. Am beständigsten sind die Di- und Tetrathionsäure, am labilsten die Hexathionsäure. Durch starke Alkalien werden sie zersetzt.

XXII. Schwefel-Halogen-Verbindungen.

Schwefel verbindet sich verhältnismäßig leicht mit den Halogenen zu gasförmigen oder flüssigen, unpolaren Verbindungen, wie z. B. *Dischwefeldifluorid* S_2F_2, *Schwefeltetrafluorid* SF_4 (fbl; Fp — 124°; Kp — 40°) und Schwefelhexafluorid (fbl; Fp [Dr] —50,7°; subl —63,8°; swl: W; wl: Al). Technisch verwendet wird das *Dischwefelchlorid,* auch *Schwefelchlorür* oder *Chlorschwefel* genannt, S_2Cl_2 (br-g; D 1,678; Fp —80°; Kp 138,6°; W zers langsam; l: CS_2) beim Vulkanisieren des Kautschuks, da es ein gutes Lösungsmittel für Schwefel darstellt. Es entsteht als braungelbes Öl beim Einleiten von Chlor in flüssigen Schwefel.

Durch Einleiten von Chlor in Dischwefelchlorid entstehen durch weitere Chloraufnahme *Monoschwefeldichlorid* SCl_2 (D 1,621; Fp —80°; Kp 159°) und *Schwefeltetrachlorid* SCl_4 (Fp —30°; zers beim Erhitzen). Auch ein *Dischwefelbromid* S_2Br_2 (r; D 2,635; Fp —46°; Kp 54°; W zers) ist bekannt.

XXIII. Selen.

Symbol Se; Atomgewicht 78,96; Ordnungszahl 34; Schmelzpunkt: Se (rot) 144°, Se (grau) 220,2°; Siedepunkt: Se (rot) 688°, Se (grau) 688°; Dichte: Se (rot) 4,42, Se (grau) 4,80; Wertigkeit: II, IV, VI.

Vorkommen und Gewinnung. Selen kommt als Begleiter des Schwefels zu etwa 0,005% in den meisten schwefelhaltigen Mineralien, in einigen selteneren Mineralien auch in etwas größeren Mengen vor, ist aber im allgemeinen ein selteneres Element. Es wurde im Schlamm der Bleikammern entdeckt, wo es sich als rotes Selen abscheidet. Auch die Staubkammern der Röstöfen enthalten festes SeO_2. Durch Erhitzen des Selenschlammes mit Kaliumcyanid erhält man Kaliumselenocyanid KCNSe, aus dem es durch Säuren als rotes Selen abgeschieden werden kann.

Eigenschaften. Selen ist 2-, 4- und 6wertig und kommt in zwei Modifikationen, einer nichtmetallischen roten (monokl; D 4,42; Fp 144°; Kp 688°; nl: W, CS_2; l: H_2SO_4) und einer grauen, stabileren, metallischen Form (hexag; D 4,80; Fp 220,2°; Kp 688°; nl: CS_2) vor. Das metallische Selen besitzt die Eigenschaft, daß es in einer A-Form im Dunkeln nur etwa $^1/_{100}$ der elektrischen Leitfähigkeit im belichteten Zustande, der B-Form, besitzt. Da die Leitfähigkeit mit der Intensität des absorbierten Lichtes ansteigt, eignet sich das Selen zur Anfertigung von *Photozellen.* Außer durch Belichtung wandelt sich die A-Form auch durch Erwärmung auf Temperaturen über 100° in die gut leitende B-Form um.

Selendampf ist weniger stark assoziiert als Schwefeldampf, er besteht bereits nur wenig über dem Siedepunkt nur mehr aus Se_2-Molekülen. Die Umwandlungsgeschwindigkeit des roten in graues, metallisches Selen ist bei Zimmertemperatur gering. Primär fällt, wie auch stets in anderen Fällen, bei der Abscheidung und Darstellung erst die labilere rote Modifikation an (Bleikammern). Selen ist giftig.

Selenverbindungen.

Selen ist in seinen Verbindungen jenen des Schwefels sehr ähnlich; sie sind aber weniger beständig als diese.

Selenwasserstoff SeH_2 (fbl; D 3,61; Fp —65,7°; Kp —41,4°; L: 1 Vol. W löst 4° 3,77 Vol. H_2Se) ist ein widerlich riechendes, sehr giftiges Gas, das bei der Einwirkung von Säuren auf Seleneisen entsteht. Es wirkt als schwache zweibasische Säure salzbildend, wobei Selenide, wie z. B. Natriumselenid Na_2Se, entstehen. H_2Se ist an der Luft unbeständig und zersetzt sich unter Ausscheidung von rotem Selen.

Selendioxyd SeO_2 (fbl; D 3,95; Fp [Dr] 340°; subl 316°; sl: W, Al, H_2SO_4) entsteht beim Verbrennen von Selen in Sauerstoff; an der Luft brennt Selen nicht. In Wasser löst es sich leicht zu *seleniger Säure* H_2SO_3 (fbl; hex; D 3,004; zers), die schwächer als die schweflige Säure ist. Sie bildet saure ($NaHSeO_3$) und neutrale (Na_2SeO_3) Selenite. Beim Erhitzen zersetzt sich die selenige Säure in SeO_2 und Wasser.

Durch Einwirkung starker Oxydationsmittel auf Lösungen von seleniger Säure entsteht *Selensäure* H_2SeO_4 (fbl; hex; Fp 58°), die die beiden Hydrate $H_2SeO_4 . H_2O$ (fbl; hex; D 2,627; Fp 25°) und $H_2SeO_4 . 4\,H_2O$ (fbl; Fp 51,7°) bildet. Sie ist eine starke zweibasische Säure. Ihre Salze, die Selenate, sind den Sulfaten sehr ähnlich. Sie werden aber durch starke Reduktionsmittel bis zu metallischem Selen reduziert.

Nachweis. Kaliumjodid-Stärke-Papier gibt in schwach saurer Lösung Gelbfärbung; H_2S fällt ein zitronengelbes Gemisch von S und Se aus. Konzentrierte Schwefelsäure löst Selen mit grüner Farbe, beim Verdünnen fällt rotes Selen aus.

XXIV. Tellur.

Symbol Te; Atomgewicht 127,61; Ordnungszahl 52; Schmelzpunkt Te (grau) 452; Siedepunkt 1390; Dichte 6,24; Wertigkeit: II, IV, VI.

Vorkommen und Darstellung. Tellur ist noch seltener als Selen und in seinen Eigenschaften dem S und Se sehr ähnlich. Es kommt gediegen sowie in einigen seltenen Mineralien, wie Tellursilber Ag_2Te, Blättererz, einem Gemenge von Blei-Antimon-Gold-Sulfiden und -Telluriden usw., in Siebenbürgen, Kalifornien und Brasilien vor. Zur Gewinnung des Metalles reduziert man die Lösungen seiner Verbindungen mit SO_2, wobei das Tellur als schwarzes, amorphes Pulver ausfällt.

Eigenschaften. Tellur ist 2-, 4- und 6-wertig und kommt in einer grauen metallischen Modifikation vor (rhomboedr.; D 6,24; Fp 452°; Kp 1390°; nl: W, CS_2; l: konz. H_2SO_4), deren elektrische Leitfähigkeit bei steigender Temperatur verschiedene Maxima und Minima zeigt, was auf das Vorhandensein wenigstens zweier verschiedener Modifikationen zurückzuführen sein dürfte. Konzentrierte Schwefelsäure löst Tellur mit roter Farbe, beim Verdünnen fällt schwarzes, amorphes Tellur, eine weitere Modifikation, aus. Tellur verbrennt beim Erhitzen mit fahler, bläulich-grüner Flamme zu TeO_2. Tellur ist so spröde, daß es gepulvert werden kann.

Tellurverbindungen.

Tellurwasserstoff H_2Te (fbl; D 2,57; Fp —49°; Kp —2,3°; sl: W; l: Al) entsteht aus Telluriden, den Verbindungen des Tellurs mit Metallen, mit HCl als unangenehm riechendes, sehr giftiges Gas. Die wässerige Lösung und das Gas werden durch den Luftsauerstoff leicht unter Abscheidung von Tellur zersetzt.

Tellurdioxyd TeO_2 (tetrag; fbl; Fp 753°; L: $0{,}67.10^{-3}$; l: SS, Alk; nl: NH_3) entsteht außer durch Verbrennen von Tellur auch beim Lösen des Elementes in Salzsäure und Eindampfen der Lösung. Die freie tellurige Säure H_2TeO_3 ist in Wasser kaum löslich. Besser löslich sind ihre Salze, die Tellurite, wie z. B. das aus Wasser gut krystallisierende Kaliumtellurit $K_2TeO_3 . 3\,H_2O$.

Tellursäure H_6TeO_6 (hexag.; D 3,05; L 0° : 19,8; 100° : 259) scheidet sich bei der Oxydation des Tellurs oder von TeO_2 mit Salpeter- oder Chromsäure beim Einengen der Lösung in Form von Krystallen aus. Sie ist eine nur sehr schwache Säure, die beim Erhitzen von 160° an Wasser abspaltet und bei etwa 300° in TeO_3 *Tellur-VI-Oxyd* (g; D [monokl] 5,9; D [reg] 3,05; zers; nl: W, SS, Alk; l: konz. KOH) übergeht. Ihre Salze, die Tellurate, können leicht zu metallischem Tellur reduziert werden, wobei in verdünnten Lösungen tiefrote kolloide Lösungen entstehen.

Nachweis. Zinn-II-Chlorid in stark HCl-saurer Lösung gibt eine braune bis schwarze Färbung oder Fällung. Hydrazinchlorhydrat (5—10%) gibt in stark salzsaurer Lösung bei 100° nach einigen Minuten eine schwarze Fällung.

XXV. Der Atombau.

Die Erscheinungen, die bei elektrischen Entladungen in verdünnten Gasen, wie z. B. der Ablenkbarkeit der Kanalstrahlen durch einen Magneten, auftreten, die Kompliziertheit der Spektren leuchtender Gase und Dämpfe, die Ionisation der Atome usw. haben zu der Erkenntnis geführt, daß am Aufbau der Materie auch die Elektrizität wesentlich beteiligt ist. Die Elementarteilchen der Elektrizität sind die Elektronen, deren Ladung $e = 4{,}804.10^{-10}$ elst. E. und deren Masse $m = 9{,}109.10^{-28}$ g ist. Diese Ladung heißt das *elektrische Elementarquantum.* Die Masse des Elektrons beträgt nur $^1/_{1840}$ der Masse des Wasserstoffatoms. Auf Grund der Bestimmung der freien Weglänge von α-Strahlen durch Metallfolien (s. S. 328) usw. kann gefolgert werden, daß der Durchmesser von Atomen in der Größenordnung von 10^{-8} cm ist.

Atommodell von Rutherford. Rutherford konnte an Hand der Ablenkung von positiv geladenen α-Teilchen durch das Zentrum der Atome, den Atomkern, zeigen, daß die Materie den Raum nicht gleichmäßig erfüllt, sondern daß noch große Zwischenräume zwischen dem Kern und der Schale vorhanden sind. Das erste Atommodell von Rutherford bestand daher in der Annahme, daß das Atom aus einem positiv geladenen Kern (Durchmesser etwa 10^{-13} cm) besteht, der nahezu die ganze Masse des Atoms enthält. Um diesen Kern kreisen in Ellipsenbahnen die Elektronen, deren Umlauf den Kepplerschen Gesetzen über die Planetenbahnen gehorcht. Die Zahl der um den Kern kreisenden Elektronen ist, wie erst später bekannt wurde, gleich der Ordungszahl des Elementes, der Kernladungszahl, der Atomnummer und bei den niedrigeren Gliedern annähernd gleich der Hälfte des Atomgewichtes.

Bohrsches Atommodell. Da nach Rutherford die Emission von Spektrallinien durch das Atom nicht erklärt werden konnte, nahm Bohr an, daß die Elektronen nur auf ganz bestimmten Bahnen, den Quantenbahnen, kreisen können, ohne daß Energie aufgenommen oder abgegeben wird. Der Radius der Elektronenbahn ist durch ihre Energie gegeben. Springt ein Elektron von einer Bahn auf eine andere, so muß es dabei Energie aufnehmen oder abgeben. Springt es z. B. von einer weiteren auf eine näher zum Kern gelegene Bahn, die energieärmer ist, so wird Energie frei und in Form von Strahlung abgegeben. Zwischen der Energie vor der Strahlung E_1 und nach der Strahlung E_2 besteht die von Planck aufgestellte Beziehung $E_1—E_2 = h\nu$, wobei h das Wirkungsquantum und ν die Frequenz der Strahlung ist.

Man unterscheidet sieben Arten von möglichen Elektronenbahnen, in denen 1-, 2-, 3-, ... 7quantige Elektronen mit den Hauptquantenzahlen 1-, 2-, 3-, ... 7- umkreisen. Die kleinste Schale wird K-Schale genannt, in der 1-quantige Elektronen als K-Gruppe umkreisen. Die nächstgrößere Schale wird als L-Schale mit der 2-quantigen L-Elektronengruppe bezeichnet, dann folgen die M-, N-Schale usw. Die Tab. 10 enthält die Elektronenverteilung und die Quantenzahlen für den Grundzustand der Atome für einige Elemente.

Beim Wasserstoff kreist um den Atomkern, der aus einem Proton (positiv geladenes kleinstes Masseteilchen) besteht, ein 1-quantiges Elektron auf einer 1-quantigen (K)-Bahn.

Das Helium weist 2 positive Kernladungen und 2 Elektronen auf. Da damit die K-Schale besetzt ist, ist Helium ein stabiles, gesättigtes Atom, und zwar ein Edelgas. Lithium hat 3 positve Kernladungen und 3 Elektronen, von denen 2 in der K-Schale kreisen, das 3. in der L-Schale. Dieses Elektron kann leicht abgespalten werden, wobei sich die stabile Edelgaskonfiguration des Lithiumions, aber mit einer positiven Ladung, ergibt. Daher ist das Lithiumion einwertig.

Alle Atome haben das Bestreben, so viele Elektronen abzuspalten, daß eine beständige Edelgaskonfiguration zurückbleibt, oder aber so viele Elektronen aufzunehmen, daß die äußerste

Elektronenschale vollständig aufgefüllt wird, also 8 Elektronen enthält, wodurch sich gleichfalls die stabile Edelgasstruktur ergibt. Im ersteren Falle entstehen wegen der nunmehr vorhandenen überschüssigen positiven Kernladungen positive Kationen, im zweiten wegen der Aufnahme negativ geladener Elektronen negative Anionen.

Beryllium hat 4 Elektronen, 2 in der K-Schale und 2 in der L-Schale, die abgespalten werden können. Beryllium ist daher +2-wertig. Das Boratom hat 3, der Kohlenstoff 4 Elektronen in der L-Schale und kann daher 3, bzw. 4 Elektronen abgeben. B ist +3-wertig, C+4-wertig (z. B. CO_2). Kohlenstoff kann aber auch 4 Elektronen zur Herstellung der stabilen Achter-L-Schale aufnehmen und ist dann —4-wertig (CCl_4). Diese Sonderstellung des Kohlenstoffes bedingt die große Mannigfaltigkeit der Kohlenstoffverbindungen.

Das Stickstoffatom hat 5 Elektronen in der K-Schale, kann daher 5 Elektronen abspalten und bildet dann +5-wertige N-Atome (N_2O_5), aber auch 3 Elektronen aufnehmen und ist dann —3-wertig (NH_3).

Mit steigender Anzahl der Elektronen in der äußersten Schale nimmt das Bestreben zu, diese Schale auf 8 Elektronen zu vervollständigen. Das Sauerstoffatom mit 6 Elektronen nimmt daher nur mehr 2 Elektronen auf und ist daher —2-wertig. Noch stärker ist dieses Streben beim Fluor ausgebildet, das bereits 7 Elektronen in der L-Schale besitzt und nur mehr 1 Elektron aufzunehmen braucht, um die stabile Edelgasstruktur zu erreichen. Fluor ist daher äußerst reaktionsfähig und geht sehr leicht in —1-wertige Fluorionen über. Beim Neon ist die L-Schale mit 8 Elektronen komplett, Neon ist daher ein Edelgas, das weder Elektronen abgibt noch aufnimmt, daher auch keine Verbindungen bildet.

Das nächste Elektron wird vom Atom bereits in die M-Schale aufgenommen, aber von ihm auch wieder sehr leicht unter Bildung eines +1-wertigen Ions abgegeben. Das Na-Ion ist daher beständiger als das Na-Atom. Die leichte Abspaltbarkeit des einen äußersten Elektrons bedingt die große Reaktionsfähigkeit der Alkalimetalle.

Der weitere Aufbau der Atome vollzieht sich in völlig ähnlicher Weise. Die M-Schale kann 18, die N-Schale 32 Elektronen, die O- und P-Schale wieder 18 Elektronen aufnehmen. Analoges zeigt sich nach jedem Edelgas, indem nämlich das nächste Elektron nicht in die noch nicht vollständig aufgefüllte M-Schale, sondern in die folgende N-Schale aufgenommen wird. Dadurch entsteht das +1-wertige Kalium. Die restlichen 10 Elektronen werden erst, nachdem beim Calzium 2 Elektronen in der N-Schale vorhanden sind, wieder in der M-Schale eingebaut, wodurch die Lücken aufgefüllt werden (s. Tab. 10).

Bei den seltenen Erden mit der Ordnungszahl 57—71 werden Elektronen in die innere N-Schale eingebaut, obwohl bereits die O-Schale mit 9 und die P-Schale mit 2 Elektronen besetzt ist. Da mit den chemischen Mitteln nur Elektronen der äußersten und selten der nächstfolgenden, nicht mehr aber der dritten Schale abgespalten werden können, unterscheiden sich die seltenen Erden in chemischer Hinsicht nur sehr wenig, wodurch ihre Trennung sehr erschwert ist. Maßgebend für das chemische Verhalten der Atome sind vor allem die leicht abspaltbaren Elektronen der äußersten Schale.

Tab. 10. **Elektronenverteilung und die Grundterme der Atome im Normalzustand (Teilauszug).**

Ordnungszahl Atom	Grundterm	1_0	2_0	2_1	3_0	3_1	3_2	4_0	4_1	4_2	4_3	5_0	5_1	5_2	6_0	6_1	6_2	7_0	n_e
		K	L		M			N				O			P			Q	„Schale“
		s	s	p	s	p	d	s	p	d	f	s	p	d	s	p	d	s	„Bahntyp“
1 H	^2S	1																	1. Periode
2 He	^1S	2																	
3 Li	^2S	2	1																2. Periode
4 Be	^1S	2	2																
5 B	^2P	2	2	1															
6–9 C, N, O, F	—	2	2	2–5															
10 Ne	^1S	2	2	6															
11 Na	^2S	2	2	6	1														3. Periode
12 Mg	^1S	2	2	6	2														
13 Al	^2P	2	2	6	2	1													
14–17 Si, P, S, Cl	—	2	2	6	2	2–5													
18 A	^1S	2	2	6	2	6													
19 K	^2S	2	2	6	2	6		1											4. Periode
20 Ca	^1S	2	2	6	2	6		2											
36 Kr	^1S	2	2	6	2	6	10	2	6										
37 Rb	^2S	2	2	6	2	6	10	2	6			1							5. Periode
38 Sr	^1S	2	2	6	2	6	10	2	6			2							
39 J	^2D	2	2	6	2	6	10	2	6	1		2							
49 In	^2P	2	2	6	2	6	10	2	6	10		1							
54 X	^1S	2	2	6	2	6	10	2	6	10		2	6						
55 Cs	^2S	2	2	6	2	6	10	2	6	10		2	6		1				6. Periode
58 Ce	^3H	2	2	6	2	6	10	2	6	10	1	2	6	1	2				
86 Rn	^1S	2	2	6	2	6	10	2	6	10	14	2	6	10	2	6			
87 —	—	2	2	6	2	6	10	2	6	10	14	2	6	10	2	6		1	7. Periode
88 Ra	^1S	2	2	6	2	6	10	2	6	10	14	2	6	10	2	6		2	
89 Ac	^2D	2	2	6	2	6	10	2	6	10	14	2	6	10	2	6	1	2	
92 U	^7S	2	2	6	2	6	10	2	6	10	14	2	6	10	2	6	5	1	

1. Der Atomkern.

Der Atomkern besteht aus positiv geladenen Protonen oder Wasserstoffkernen und elektrisch neutralen Neutronen. Beide haben das Atomgewicht von rund 1. Protonen und Neutronen sind auf engstem Raum durch uns noch wenig bekannte Kräfte zusammengepreßt. Die chemischen Eigenschaften sind aber nur durch die Anzahl der vorhandenen Protonen bestimmt. Die Anzahl der Protonen entspricht der Ordnungszahl, die Anzahl der Summe von Protonen und Neutronen dem abgerundeten Atomgewicht oder der Massenzahl.

Künstliche Radioaktivität. Durch Beschießung von Atomkernen mit Neutronen oder sehr schnell fliegenden Protonen und Deuteronen (Kerne des Deuteriums) oder Heliumkernen kann man diese vom Atomkern aufnehmen oder durch sie andere Elementarteilchen herausschleudern lassen. Bei diesen Kernreaktionen bleiben die Summen der Massenzahlen und Ladungen vor und nach der Reaktion gleich. Vielfach entstehen bei diesen Kernreaktionen unbeständige Elemente, die unter Aussendung von Elementarteilchen in beständigere Elemente übergehen. Man erhält somit auf künstlichem Wege radioaktive Stoffe.

Auf künstlichem Wege wurden nach 1940 in Amerika aus Uran vier neue Elemente mit einem höheren Atomgewicht als Uran, unserem bis dahin schwersten Element, entdeckt und dargestellt. Es sind dies die vier folgenden, wegen ihrer Stellung über dem Uran auch als „Transurane" bezeichneten Elemente:

Neptunium (Np), Ordnungszahl 93, Massenzahl 235, 236, 237, 238, 239;
Plutonium (Pu), Ordnungszahl 94, Massenzahl 236, 238, 239, 241;
Americium (Am), Ordnungszahl 95, Massenzahl 241, 242;
Curium (Cm), Ordnungszahl 96, Massenzahl 240, 242.

Von diesen neuen Elementen kommt besonders dem Plutonium eine größere Bedeutung zu, da es nicht nur für die Atombombe verwendet wurde, sondern auch für eine technische Ausnützung der Atomenergie in besonderem Maße in Betracht kommt.

Atomenergie. Bei der Spaltung schwerer Atomkerne, wie Uran oder Thorium, durch Neutronen hat O. Hahn nachgewiesen, daß dieser Zerfall mit einer außerordentlich hohen Energieentwicklung vor sich geht, die nicht nur die bei chemischen Reaktionen um das Vielmillionenfache übertrifft, sondern auch alle anderen bisher bekannten radioaktiven Prozesse in ihrer Energieentwicklung (s. S. 328) weit zurückläßt. Durch diesen Zerfall des Urans durch Neutronen werden noch zusätzlich Neutronen bei der Reaktion selbst frei gemacht, die dann ihrerseits wieder weitere Spaltungen bewirken können. Es kann somit eine Kettenreaktion (s. S. 64) der Atomzertrümmerung eintreten, die zu einer Vergrößerung der frei werdenden Atomenergie führt. Durch den Zerfallsprozeß des Urans wird eine Energie von rund 150 Mill. EV pro Atomkern frei, die in Form von kinetischer Energie der Zerfallsprodukte auftritt.

Eine Steuerung des Vorganges, die für jede fruchtbringende Anwendung der Atomzertrümmerung unbedingte Voraussetzung

Tab. 11. Periodisches System der Elemente.

	a I b	a II b	a III b	a IV b	a V b	a VI b	a VII b	VIII	
	$M^{I}Cl$, $M_2^{I}O$	$M^{II}Cl_2$, $M^{II}O$	$M^{III}Cl_3$, $M_2^{III}O_3$	$M^{IV}H_4$, $M^{IV}O_2$	$M^{III}H_3$, $M_2^{V}O_5$	$M^{II}H_2$, $M^{VI}O_3$	$M^{I}H$, $M_2^{VII}O_7$	$M^{VIII}O_4$	
1	1 H 1,0080								2 He 4,003
2	3 Li 6,940	4 Be 9,02	5 B 10,82	6 C 12,010	7 N 14,008	8 O 16,0000	9 F 19,000		10 Ne 20,183
3	11 Na 22,997	12 Mg 24,32	13 Al 26,97	14 Si 28,06	15 P 30,98	16 S 32,06	17 Cl 35,457		18 A 39,944
4 a	19 K 39,096	20 Ca 40,08	21 Sc 45,10	22 Ti 47,90	23 V 50,95	24 Cr 52,01	25 Mn 54,93	26 Fe 55,85 27 Co 58,94 28 Ni 58,69	
b	29 Cu 63,57	30 Zn 65,38	31 Ga 69,72	32 Ge 72,60	33 As 74,91	34 Se 78,96	35 Br 79,916		36 Kr 83,7
5 a	37 Rb 85,48	38 Sr 87,63	39 Y 88,42	40 Zr 91,22	41 Nb 92,91	42 Mo 95,95	43 Ma	44 Ru 101,7 45 Rh 102,91 46 Pd 106,7	
b	47 Ag 107,88	48 Cd 112,41	49 In 114,76	50 Sn 118,70	51 Sb 121,76	52 Te 127,61	53 J 126,92		54 X 131,3
6 a	55 Cs 132,91	56 Ba 137,36	57—71*	72 Hf 178,6	73 Ta 180,88	74 W 183,92	75 Re 186,31	76 Os 190,2 77 Ir 193,1 78 Pt 195,23	
b	79 Au 197,2	80 Hg 200,61	81 Tl 204,39	82 Pb 207,24	83 Bi 209,00	84 Po 210	85 –		86 Rn 222
7 a	87	88 Ra 226,05	89 Ac 227	90 Th 232,12	91 Pa 231	92 U 238,07			

57—71*: 57 La 138,92; 58 Ce 140,13; 59 Pr 140,92; 60 Nd 144,27; 61 –; 62 Sm 150,43; 63 Eu 152,0; 64 Gd 156,9; 65 Tb 159,2; 66 Dy 162,46; 67 Ho 163,5; 68 Er 167,2; 69 Tm 169,2; 70 Yb 173,04; 91 Cp 174,99

Halbmetalle — Nichtmetalle — Edelgase

ist, kann durch gewisse Zusätze zum Uran erreicht werden, die die Geschwindigkeit der Neutronen abbremsen können. Durch die Abbremsung der Neutronen werden Kettenreaktionen des Zerfalls eingeleitet, wodurch die großen Energien frei werden. Aller Voraussicht nach wird es im nächsten Jahrzehnt möglich sein, auf diesem Wege der Menschheit eine neue, gewaltige Energiequelle zu erschließen. Dies ist um so notwendiger, als unsere bekannten Erdölvorräte selbst bei nur gleichbleibender Förderung in nur etwa fünfzig Jahren, günstigstenfalls (Iran) in rund hundert Jahren, die Kohlenvorräte der Erde in einigen hundert Jahren erschöpft sein werden. Die Tatsache der Atombombe hat bereits die Möglichkeit vor Augen geführt, willkürlich einen Atomzerfall größeren Ausmaßes zu bewirken.

Wellentheorie der Materie. Die Materie kann auf Grund von Interferenz- und Beugungserscheinungen auch durch ein Wellenmodell veranschaulicht werden, wie dies von de Broglie (1924), Heisenberg, Schrödinger u. a. getan wurde. Diese Forscher ersetzten das Teilchenbild von Atomen und Elektronen durch ein Wellenbild der Atome und Elektronen. Bewegte Atome und Elektronen verhalten sich unter bestimmten Versuchsbedingungen tatsächlich nicht wie Teilchen, sondern wie Wellen. Bei der Wellentheorie der Materie handelt es sich aber nicht um einen Widerspruch zur Korpuskulartheorie, sondern nur um einen auch bei der Erklärung des Lichtes bestehenden Dualismus von wissenschaftlichen Vorstellungen, also um eine Art Modellvorstellung und nicht um eine Aussage über das tatsächliche Wesen der Materie an sich.

2. Isotope.

Es hat sich gezeigt, daß bei fast allen Elementen verschiedene Atomarten vorkommen können, die bei gleicher Ordnungszahl die gleiche Stellung im periodischen System der Elemente (s. S. 105) besitzen, aber verschiedene Massenzahlen aufweisen. Man nennt derartige Elemente *Isotope* und die Gesamtzahl der Isotope eines Elementes die *Plejaden.* Beim Blei gibt es z. B. 8 Isotope, die sich im Atomgewicht bis zu 8 Einheiten unterscheiden, chemisch aber derartig ähnlich sind, daß sie nur sehr schwierig auf physikalischem Wege (verschiedene Verdampfungsgeschwindigkeit, Ausströmungsgeschwindigkeit, photochemische Zersetzung usw.) voneinander getrennt werden können.

Massenspektrograph. Der eindeutige Nachweis der Isotopie gelang Aston durch Verwendung des Massenspektrographen, bei welchem Kanalstrahlen, bestehend aus +-geladenen Masseteilchen (Atome, Moleküle, Atomgruppen), zuerst einem elektrischen und dann einem magnetischen Felde ausgesetzt werden. Alle Teilchen gleicher Masse werden gleich stark abgelenkt und an einem und demselben Punkte (scharfer Fleck) im photographischen Massenspektrogramm vereinigt.

Die Atomgewichte der einzelnen Vertreter einer Plejade sind ganzzahlig, was eine Bestätigung der Annahme von Prout darstellt, wonach alle Elemente nur aus Wasserstoffatomen aufgebaut sein sollten. Die verschiedenen unganzzahligen Atomgewichte kommen durch ein verschiedenartiges Mischungsverhältnis ganzzahliger Atomarten zustande (s. z. B. Chlor, S. 57). Die größere Masse des schwereren Cl^{37}-Atoms gegenüber Cl^{35} kommt durch einen Mehrgehalt von 2 Neutronen im Atomkern zustande.

XXVI. Das periodische System der Elemente.

Geschichtliches. Schon frühzeitig ist erkannt worden, daß Elemente mit verwandten chemischen Eigenschaften in ihren Atomgewichten bestimmte Regelmäßigkeiten aufweisen. So fand z. B. Döbereiner 1829, daß in den sog. Triaden, wie z. B. Chlor (Atomgew. 35,46), Brom (Atomgew. 79,92) und Jod (126,93) oder Schwefel (32,06), Selen (79,2) und Tellur (127,5), zwischen den einzelnen Elementen annähernd gleiche Unterschiede in den Atomgewichten bestehen, so zwischen Cl, Br und J von 45, bzw. 47 und zwischen S, Se und Te etwa 47.

Von Mendelejeff und Lothar Meyer wurde gleichzeitig 1869 eine Anordnung der chemischen Elemente nach steigendem Atomgewicht gegeben, wobei sich zeigte, daß die chemischen und physikalischen Eigenschaften der Elemente innerhalb eines ganz bestimmten Zyklus wiederkehren und sich in ganz bestimmter Weise ändern. Sie ordneten die Elemente in 7 Perioden, wobei die Elemente mit gleicher Wertigkeit und chemischen Eigenschaften untereinander gestellt wurden.

Periodenzahl. Die Zahl der Elemente einer Periode ist verschieden (Tab. 11). Sie kann durch die Formel $2n^2$ ($n = 1, 2, 3, 4$) wiedergegeben werden. In der 1. Periode beträgt sie 2 (H und He), bei der 2. und 3,. den beiden kleinen Perioden, je $8 = 2.2^2$, bei der 4. und 5,. den beiden großen Perioden, je $18 = 2.3^2$ und bei der 6. Periode $32 = 2.4^2$ Elemente. Die Perioden sind in der Waagerechten wieder in 9 Gruppen I bis VIII und 0 unterteilt, innerhalb der Gruppen in Untergruppen a und b, wobei die chemisch zusammengehörigen Elemente senkrecht untereinander stehen.

Ordnungszahl. Später hat sich jedoch gezeigt, daß nicht das Atomgewicht, sondern die Kernladungszahl oder Ordnungszahl die ausschlaggebende Größe des periodischen Systems darstellt. Auf Grund der steigenden Ordnungszahlen konnten nicht nur die Elementenpaare Jod-Tellur, Kalium-Argon und Nickel-Kobalt in der richtigen Reihenfolge angeordnet werden, sondern auch die seltenen Erden in der III. Gruppe der 6. Periode zwanglos eingereiht werden. Die Unterschiede in den Atomgewichten

$^{39,994}_{18}\mathrm{Ar}$- $^{39,096}_{19}\mathrm{K}$, $^{58,69}_{28}\mathrm{Ni}$- $^{58,94}_{27}\mathrm{Co}$, $^{126,92}_{53}\mathrm{J}$- $^{127,61}_{52}\mathrm{Te}$,

wobei das Atom mit dem größeren Atomgewicht (oben geschrieben) die niedrigere Ordnungszahl (unten) aufweist, sind nur durch besondere Mischungsverhältnisse der Isotopenarten dieser Elemente bedingt.

In der Tab. 11 sind vor dem Symbol des Elementes fett gedruckt die Ordnungszahlen und darunter das Atomgewicht angegeben. Die Nichtmetalle sind fett, die Halbmetalle halbfett eingerandet. Element Nr. 43 und 61 sind kurzlebige radioaktive Elemente, Nr. 87 ein Zerfallsprodukt des Actiniums und Nr. 85 ein Zweigprodukt der Radiumzerfallsreihe. Es sind somit alle Elemente bekannt.

Auf den Plätzen 81—92 stehen jeweils mehrere radioaktive Elemente mit gleicher Kernladungszahl, die als Isotope in ihren chemischen Eigenschaften vollkommen gleichartig sind.

Durch das periodische System kommen eine Reihe von Gesetzmäßigkeiten zum Ausdruck. Die maximale Wertigkeit gegen Sauerstoff entspricht der Gruppennummer des Elementes, sie steigt von den Alkalimetallen von 1 bis zu den Platinmetallen auf 8. Die Edelgase sind nullwertig. Die Elemente der IV. Gruppe sind gegen Wasserstoff gleichfalls vierwertig, die Wertigkeit gegen Wasserstoff nimmt aber mit steigender Gruppennummer ab. Zu Beginn jeder Periode steht ein stark negatives Element, zwischen den Perioden ein inaktives Edelgas.

Meist ändern sich innerhalb einer Gruppe die chemischen und physikalischen Eigenschaften einer Elementenfamilie stetig. So fällt z. B. in der I. Gruppe bei den Alkalimetallen mit steigendem Atomgewicht der Schmelzpunkt und steigt das Atomvolumen an, während bei den Erdalkalimetallen der II. Gruppe die Löslichkeit der Sulfate vom Magnesium zum Radium abnimmt. Bei Nichtmetallen nimmt mit steigendem Atomgewicht der metallische Charakter zu usw.

XXVII. Stickstoff.

Symbol N; Atomgewicht 14,008; Ordnungszahl 7; Schmelzpunkt —210,5°; Siedepunkt —195,8°; kritische Temperatur —146°; Wertigkeit: II, III, IV, V.

Stickstoff gibt der V. Gruppe des periodischen Systems den Namen Stickstoffgruppe, die aus den Elementen Stickstoff, Phosphor, Arsen, Antimon und Wismut besteht. Stickstoff und Phosphor sind Nichtmetalle, Arsen und Antimon gehören zu den Halbmetallen und Wismut ist bereits ein Metall. Die Verbindungen der Elemente der Stickstoffgruppe haben alle eine sehr ähnliche

Zusammensetzung und Eigenschaften, was mit der Anordnung von je 5 Elektronen in der äußeren Elektronenschale zusammenhängt.

Vorkommen; Kreislauf des Stickstoffes. Stickstoff ist der Hauptbestandteil der Luft (Tab. 3), die 78,095 Vol.% N_2 enthält. Stickstoffverbindungen kommen auch in der Natur in gebundenem Zustande als Chilesalpeter, in den Steinkohlen, Pflanzen- und Tierkörpern vor. Die Pflanzen, Menschen und Tiere, die zum Aufbau ihrer Eiweißstoffe unbedingt Stickstoff benötigen, sind nur selten befähigt, wie z. B. die Leguminosen, und auch diese nur unter der Mitwirkung von Bakterien an den Wurzelknöllchen, Stickstoff unmittelbar zu assimilieren. Wild wachsende Pflanzen nehmen den erforderlichen Stickstoff aus den Verwesungsprodukten ihrer Umgebung. Bei intensiver Bodenbewirtschaftung verarmt dieser nicht nur an Stickstoff, sondern auch an anderen für das Pflanzenwachstum unbedingt notwendigen Elementen, Phosphor und Kalium. Diese müssen durch künstliche Düngung (s. S. 306) dem Boden wieder zugeführt werden.

Die Tiere müssen ihren Stickstoffbedarf durch pflanzliches Eiweiß oder deren Abbauprodukte, den Aminosäuren, decken. Der menschliche Organismus kann nur fremde Eiweißstoffe verarbeiten. Durch die Abbauprodukte der menschlichen und tierischen Nahrung wird der Stickstoff größtenteils wieder abgeschieden, der dann von Pflanzen im Kreislauf wieder aufgenommen wird. Nur ein geringer Teil des Stickstoffes geht dabei durch Bildung von elementarem Stickstoff verloren, wird aber durch Nitrate und Salpetersäure, die von den Bodenbakterien oder durch elektrische Entladungen in der Luft gebildet werden, ergänzt.

Gewinnung. Stickstoff wird nur aus der Luft gewonnen. Auf rein chemischem Wege kann man die übrigen Bestandteile der Luft entfernen und erhält einen nur mehr durch die Edelgase verunreinigten Stickstoff. Da die Edelgase aber chemisch inaktiv sind, beeinträchtigen sie die technische Verwendung des Stickstoffes nicht. Bei der Gewinnung auf diesem Wege wird der Wasserdampf durch Trocknen mit wasserfreiem Calziumchlorid oder konzentrierter Schwefelsäure oder Ausfrieren, das Kohlendioxyd durch Natronkalk oder Natriumhydroxyd, der Sauerstoff durch Bindung als Kupferoxyd durch Glühen mit metallischem Kupfer vom Stickstoff getrennt.

Vollkommen reiner, von Edelgasen freier Stickstoff wird durch Erhitzen einer Ammonnitritlösung (aus Natriumnitrit und Ammonsulfat hergestellt) oder durch thermische Zersetzung von Aziden bei etwa 320° erhalten: $NH_4NO_2 = N_2 + 2\,H_2O$; $2\,NaN_3 = 2\,Na + 3\,N_2$. In der Technik wird Stickstoff in größtem Umfange durch Zerlegung flüssiger Luft hergestellt (s. S. 17).

Verwendung. Stickstoff wird zur Herstellung von Kalkstickstoff (s. S. 286), Ammoniaksynthese (s. S. 109), als inertes Gas zur Durchführung sauerstoffempfindlicher Reaktionen, als nichtbrennbares und nichtexplosives Druckmittel zum Abdrücken von brennbaren Flüssigkeiten, wie Benzin, Benzol usw., verwendet.

Eigenschaften. Stickstoff ist farb-, geruch- und geschmacklos. Die Stickstoffmolekel besteht bis zu sehr hohen Temperaturen aus N_2-Molekülen. Erst oberhalb 3000° findet eine Dissoziation in merklichem Ausmaße (0,075%) statt, bei 4000° beträgt sie erst 2,93%. Stickstoff ist daher auch bei hohen Temperaturen sehr reaktionsträge, da die Dissoziationswärme, die vor Eingehen einer Reaktion der Stickstoffatome aufgewendet werden muß, sehr hoch ist.

Mit Lithium verbindet sich Stickstoff bereits bei gewöhnlicher Temperatur zu Lithiumnitrid Li_3N. Mit den übrigen Alkali- und Erdalkalimetallen findet die Vereinigung erst bei mehr als 100° statt, mit Al, B, Si, Ti erst bei Weißglut zu den Nitriden Na_3N, Mg_3N_2, AlN, BN, Si_4N_3, Ti_3N_4 usw. Nur der unter dem Einfluß elektrischer Entladungen (Optimum bei einem Druck von 2 mm Quecksilbersäule) entstandene atomare Stickstoff (einige % freie Stickstoffatome im Stickstoff) bildet mit den meisten Elementen auch bei Raumtemperatur Nitride. Stickstoff verbindet sich mit Wasserstoff, besonders unter dem Einfluß von Katalysatoren, zu Ammoniak, mit Calziumcarbid bei etwa 900° zu Kalkstickstoff, im elektrischen Lichtbogen mit Sauerstoff zu Stickoxyd und mit Acetylen zu Blausäure. Das kurze Nachleuchten in aktivem Stickstoff beruht auf der Wiedervereinigung der Stickstoffatome zu Molekülen.

1. Verbindungen des dreiwertigen Stickstoffes.

a) Ammoniak.

Ammoniak NH_3 (Gas; D_{fl} 0°: 0,64; D 0,7714 kg/Nm³; Fp —77,8°; Kp —33,5°; krit. Temperatur 132,4°; Verdampfungswärme 327 cal; L: 1 Vol. W löst 0°, 1 Atm., 1300 Vol. NH_3; sl: M, Al) wird von Wasser begierig aufgenommen. Die konzentrierte wässerige Lösung des Handels ist etwa 25%ig, die bei 15° gesättigte wässerige Lösung enthält aber 35 g NH_3/100 g Wasser. Salmiakgeist ist etwa 10%ig.

Bei der Einwirkung des Wassers auf Ammoniak handelt es sich um eine chemische Reaktion, wobei sich Ammoniumhydroxyd $NH_3 + H_2O = NH_4OH$ mit den Ionen $NH_4^{\cdot}$ und OH′ bildet. Die Anwesenheit der Hydroxylionen bedingt die alkalische Reaktion des Ammoniumhydroxyds. Es ist jedoch nur eine sehr schwache Base, deren Dissoziationsgrad bei 25° nur $1{,}8 . 10^{-5}$ beträgt.

Bereits in der Kälte gibt Ammoniumhydroxyd leicht Ammoniak ab, weshalb die wässerige Lösung stark nach Ammoniak riecht. Durch Kochen der Lösung läßt sich das Ammoniak gänzlich austreiben, da auf Grund des Gleichgewichtes $NH_3 + H_2O \rightleftharpoons$ $\rightleftharpoons NH_4OH \rightleftharpoons NH_4^{\cdot} + OH'$ in dem Maße, als Ammoniak gemeinsam mit Wasser verdampft, aus Ammoniumhydroxyd neues Ammoniak nachgeliefert werden muß.

Das Ammoniumhydroxyd verhält sich ähnlich wie die Alkalimetalle wie eine Base und kann daher Salze, die Ammoniumsalze (s. S. 258), bilden. Das Ion $NH_4^{\cdot}$ weist eine große Ähnlichkeit mit dem Kaliumion auf. Seine Salze sind den Kaliumsalzen isomorph und besitzen häufig die gleiche Löslichkeit. Ammoniak ist das Endprodukt der Fäulnis von pflanzlichen und tierischen Eiweißstoffen.

Verbrennung. Mit Sauerstoff verbrennt Ammoniak zu Stickstoff und Wasser, jedoch kann unter der Einwirkung von bestimmten Katalysatoren, wie Platin oder Eisen- und Wismutoxyd, die Reaktion so geleitet werden, daß Stickoxyd entsteht. Diese Reaktion wird technisch in großem Umfange zur Darstellung von Salpetersäure durchgeführt.

Lösevermögen des flüssigen Ammoniaks. Bemerkenswert ist das Lösevermögen des flüssigen Ammoniaks für Alkali- und Erdalkalimetalle, wobei tiefblau gefärbte Lösungen von Anlagerungsverbindungen des Ammoniaks, die Metallammoniake, entstehen. Diese sind sehr reaktionsfähig. Die Isolierung der Calziumverbindung $Ca(NH_3)_6$ ist durch W. Biltz gelungen. Ebenso lösen sich in Ammoniak Jod, Schwefel, Phosphor, ferner stickstoff- und halogenhaltige Salze wie Nitrate, Nitrite, Cyanide, Rhodanide, Cyanate, Chloride, Bromide, Jodide usw., wobei häufig charakteristisch gefärbte Lösungen entstehen.

Nachweis. Neßlers Reagens, eine alkalische Lösung von Kaliummercurijodid $K_2[HgJ_4]$, gibt einen orange gefärbten Niederschlag, bei Spuren von Ammoniumsalzen (verunreinigtes Wasser!) eine gelbe Färbung.

b) Darstellung von Ammoniak.

Theorie der NH_3-Bildung. Das wichtigste Darstellungsverfahren für Ammoniak ist die Synthese aus Stickstoff und Wasserstoff nach Haber-Bosch nach der Gleichung $N_2 + 3\,H_2 \rightleftarrows$ $\rightleftarrows 2\,NH_3 + 24\,\text{kcal}$. Da die Reaktion unter Wärmeabgabe verläuft, so ist zu erwarten, daß nach dem Prinzip von Le Chatelier (s. S. 74) eine möglichst niedrige Temperatur die Ausbeute an Ammoniak erhöhen muß. Außerdem sollte eine Druckerhöhung das Gleichgewicht nach der Seite der NH_3-Bildung verschieben. Tatsächlich ist die Ammoniakausbeute, wie Nernst gezeigt hat, dem herrschenden Gesamtdruck direkt proportional. Nach dem Massenwirkungsgesetz lautet die Gleichung für die Gleichgewichtskonstante für die Ammoniakbildung $K_t = \frac{[NH_3]}{[N_2] \cdot [H_2]^3}$. In der Tab. 12 sind die NH_3-Ausbeuten bei der Synthese in Abhängigkeit von Druck und Temperatur wiedergegeben, wobei der günstige Einfluß einer niedrigen Temperatur und eines hohen Druckes auf die Lage des Gleichgewichtes eindeutig zu erkennen ist. Zu sehr kann man aber die Temperatur in der Technik nicht herabsetzen, da dann die Reaktionsgeschwindigkeit zu sehr erniedrigt würde. Andererseits steht einer Druckerhöhung über 1000 Atm. die Widerstandsfähigkeit der metallischen Werkstoffe für die Druckapparate bei hohen Temperaturen entgegen.

Tab. 12. Ammoniakausbeute bei der Synthese aus $N_2 + 3 H_2$.

Temp.	Druck in Atmosphären				
	1	100	200	600	1000
200°	15,3	80,6	85,8	95,4	98,3
400°	0,44	25,1	36,3	65,2	79,8
600°	0,049	4,5	8,25	23,1	31,4
800°	0,0117	1,15	2,24		
1000°	0,0044	0,44	0,87		

Katalysator. Die technische Durchführung des Verfahrens wurde erst durch Auffindung geeigneter Katalysatoren der Reaktion möglich, wodurch aber nur die Einstellung des Gleichgewichtes beschleunigt wird. Von den vielen Tausenden untersuchten Katalysatoren hat sich reines Eisen mit einem geringen Zusatz von Alkalimetallen und Aluminiumhydroxyd am besten bewährt. Diese Mischkatalysatoren haben sich als geeigneter erwiesen als einfache Katalysatoren.

Sehr wahrscheinlich bildet sich aus dem Eisen intermediär an den aktiven Stellen Fe_2N oder Fe_4N, die sehr unbeständig sind und sofort mit Wasserstoff unter Ammoniakbildung reagieren. Das Aluminiumoxyd wirkt nur als Trägergerüst des fein verteilten, durch Reduktion erhaltenen Eisens und verhindert die Rekrystallisation, die mit einer Kornvergröberung und damit Oberflächenverkleinerung und Verringerung der Wirksamkeit verbunden ist.

Gasmischung. Das für die Synthese erforderliche Gasgemisch wird in Ländern mit billiger Wasserkraft durch Wasserzersetzung, meist aber aus Braunkohlen-Generatorgas und Wassergas hergestellt. Das aus 2 Vol. Wassergas und 1 Vol. Generatorgas bestehende Gemisch, das H_2, CO, N_2 und CO_2 usw. enthält, wird in einem Wäscher gekühlt, gereinigt, vorerst gespeichert und mit Wasserdampf zur Entfernung des CO über einen Kontakt geleitet, der aus Eisenoxyd besteht und an welchem bei etwa 500° die Umsetzung $CO + H_2O = CO_2 + H_2$ vor sich geht. Das neue Gasgemisch wird wieder über einen Gasbehälter zu einem Kompressor geführt, der es auf einen Druck von 25 Atm. bringt, bei dem es in einem Rieselturm durch Druckwasser von CO_2 befreit wird.

Aus dem Druckwasser kann bei Druckentlastung die Kohlensäure gewonnen werden. Meist wird sie auf Trockeneis (s. S. 143) aufgearbeitet.

Nach der Druckwäsche wird das Gasgemisch in einem mehrstufigen Kompressor auf 200 Atm. verdichtet, in einem Waschturm mit einer ammoniakalischen Kupfer-I-Formiat-Lösung zur Entfernung des restlichen CO und O_2 sowie mit Natronlauge zur Beseitigung der restlichen CO_2-Spuren gewaschen. Die Gase müssen sehr rein sein, da sonst die Ausbeute an NH_3 verringert wird. Bereits 0,03% O_2 sowie Spuren von Schwefelverbindungen und CO stören. Durch Zumischen von reinem Stickstoff, der aus flüssiger Luft stammt, wird das reine Gasgemisch schließlich auf das Verhältnis von 3 Vol. H_2 auf 1 Vol. N_2 gebracht und in den Kontaktofen geleitet.

Kontaktöfen. Die jahrelange Entwicklung hat zu Kontaktöfen von etwa 12 m Länge, einem Durchmesser von über 1 m und einem Gewicht von etwa 75 t geführt. Der Ofen ist mit einem Ringwärmeaustauscher ausgestattet, um bereits im Ofen selbst einen Wärmeaustausch zu erzielen, die drucktragende Wand, die aus reinem Eisen besteht, zu kühlen und vor einer Kohlenstoffaufnahme zu schützen. Die Katalysatormasse wird beim Gasaustritt durch ein Röhrenbündel gleichmäßig aufgeheizt. Das Synthesegas strömt dem Kontaktofen im Gegenstrom zum Frischgas zu und wärmt dieses vor.

Während beim Haber-Bosch-Verfahren die Reaktion bei 200 Atm. und 475—600° durchgeführt wird, arbeitet Claude in Frankreich bei 1000 Atm. und Casale in Italien bei 800 Atm. Das Erhitzen der Öfen erfolgt anfangs durch eine elektrische Heizung. Nach dem Verlassen des Kontaktofens wird das Gasgemisch gekühlt und entweder als flüssiges Ammoniak gewonnen oder in einen Wasserabsorber gedrückt, in dem das NH_3 als 25%ige Lösung ausgewaschen wird. Die nicht umgesetzten Restgase gehen wieder im Kreislauf in den Prozeß zurück.

Die Ammoniaksynthese ist eine Großleistung der Technik gewesen, da es sich hier erstmalig um eine großtechnische Durchführung eines hohe Drücke und gleichzeitig hohe Temperaturen erfordernden Prozesses handelte. Hinsichtlich der Apparaturen und Werkstoffe waren ganz außerordentliche Schwierigkeiten zu überwinden. Die zu bewältigenden Gasmengen sind sehr groß, für 1 t Produkt benötigt man 2000 m³ H_2 und 700 m³ N_2. Im Jahre 1937 wurden 654.000 t synthetisches Ammoniak erzeugt, d. i. ¼ der gesamten Welterzeugung an Stickstoff.

Erzeugung aus Kalkstickstoff. Ein anderer Weg zur Erzeugung von Ammoniak geht über die Herstellung von Kalkstickstoff (s. S. 286). Das fein gepulverte Calziumcyanamid $CaCN_2$ wird mit Wasser, dem etwas Calziumchlorid zugesetzt wurde, zur Zerstörung von Karbid und Phosphid gut durchgefeuchtet und dann im Autoklaven unter Druck mit Wasser erhitzt, wobei sich nach $CaCN_2 + 3H_2O = CaCO_3 + 2NH_3$ Ammoniak bildet. Dieses wird ausblasen gelassen und in Schwefelsäure absorbiert.

Das Verfahren von Serpek, durch Verseifung von Aluminiumnitrid AlN Ammoniak darzustellen, wurde bisher großtechnisch kaum angewendet. Große Mengen von Ammoniak werden als Nebenprodukt im Kokereibetrieb (s. S. 176) gewonnen.

Im Laboratorium wird Ammoniak entweder durch Erwärmen von Ammonchlorid mit Calziumhydroxyd in einem Kolben oder durch Auftropfenlassen von konzentriertem Ammoniumhydroxyd auf Plättchen von Natriumhydroxyd dargestellt. Das Gas kann nicht mit wasserfreiem $CaCl_2$ getrocknet werden, da dieses mit Ammoniak eine komplexe Additionsverbindung $CaCl_2 . 8NH_3$ bildet. Wasserfreies Ammoniak erhält man durch Trocknung von NH_3 in einem Turm mit Ätzkalk CaO (NH_4-Verbindungen s. S. 259 f.).

c) *Komplexverbindungen.*

In den Additionsverbindungen des Ammoniaks an Calziumchlorid oder andere Salze begegnet uns eine neue Klasse von Verbindungen, die durch bloße Anlagerung von Ionen oder neutralen Radikalen an einfache Ionen entstehen. Man nennt sie komplexe Ionen und schreibt sie zum Unterschied von einfachen, normalen Ionen nicht in runden, sondern in eckigen Klammern. Die Komplexsalze sind meist anders als die normalen Salze gefärbt. Der Unterschied zwischen einfachen und Komplexsalzen zeigt sich am besten in wässeriger Lösung bei der Dissoziation, wobei z. B. das Komplexsalz $Co[(NH_3)_6](NO_3)_3$, Hexaminkobaltitrinitrat, keine Kobaltionen $Co^{\cdot\cdot}$, sondern die Ionen $[Co(NH_3)_6]^{\cdot\cdot\cdot}$ liefert.

In den Komplexsalzen kann an Stelle des NH_3 auch NO_3, NO, Cl, CN, ja sogar H_2O treten. Das Kobalt kann durch andere Metalle, wie Ni, Fe, Ag, Cu, Cr usw., ersetzt sein. Sind Anionen an das Metallion angelagert worden, so ist auch das Anlagerungsprodukt negativ geladen, wie z. B. $[Ag(CN)_2]'$, $[Cu(CN)_4]'''$, $[SiF_6]''$ usw.

Wertigkeit, Ladungssinn. Das den Mittelpunkt der Komplexverbindung bildende Metallion wird Stamm- oder Zentralion genannt. Die Wertigkeit des Komplexes entspricht dann derjenigen des Metallions, wenn nur neutrale Gruppen wie NO, NH_3, H_2O usw. angelagert wurden, wie z. B. $[Ca(8NH_3)]^{\cdot\cdot}$ oder $[Fe(NO)]^{\cdot\cdot}$. Der Ladungssinn und die Wertigkeit ändern sich jedoch bei der Anlagerung positiv oder negativ geladener Ionen in dem Sinne, daß der entstehende Komplex die algebraische Summe der Ladungen als Eigenladung aufweist. So ist z. B. das Komplexion $[Cu(CN)_4]'''$ des $K_3[Cu(CN)_4]$ mit einwertigem Cu dreifach negativ geladen, weil $1(+) + 4(-) = 3(-)$ ergibt. Dieses Salz besitzt wie alle Komplexsalze auch eine geringere elektrolytische Leitfähigkeit als die normalen Salze, da die Anzahl der Ionen, die allein den Stromtransport besorgen, verringert ist, wie sich aus der folgenden Gegenüberstellung ergibt: $3\,KCN + CuCN \rightarrow 3\,K^{\cdot} + 4\,CN' + Cu^{\cdot}$ (Summe: 8 Ionen); $K_3[Cu(CN)_4] \rightarrow 3\,K^{\cdot} + [Cu(CN)_4]'''$ (Summe: 4 Ionen).

Umladung. Durch Komplexbildung kann auch bei Addition negativ geladener Ionen eine Umladung des Zentralatoms erfolgen, da z. B. das Silberion $Ag^{\cdot}$ positiv geladen ist und daher zur Kathode wandert, während $Ag(CN)_2'$ als negativ geladenes Anion zur Anode wandert. Es kann sogar der Fall eintreten, daß ein aus Ionen entstandenes Salz in seiner wässerigen Lösung den elektrischen Strom überhaupt nicht leitet, da keine abdissoziierbaren Teile vorhanden sind. So ist z. B. das Salz $[Pt(NH_3)_2Cl_4]$ ein Nichtleiter der Elektrizität.

Stärke der Komplexbindung. Der Komplexsalzbildung verdanken viele schwer lösliche Salze ihre Löslichkeit. Silbercyanid ist z. B. sehr schwer löslich, das Doppelsalz $K[Ag(CN)_2]$ leicht löslich. Die Komplexbindung kann unter Umständen so stark sein, daß das gebundene Metallion keine normalen Reaktionen mehr eingeht. Aus der Lösung von Kaliumferrocyanid $K_4[Fe(CN)_6]$ kann man z. B. mit NaOH kein Eisenhydroxyd mehr fällen, ja dieses Salz sogar zum Nachweise von Eisenionen benützen, da es mit Eisen-III-Verbindungen einen tiefblauen Niederschlag von Berliner Blau ergibt.

Dissoziation der inneren Sphäre. Zu einem geringen Ausmaß sind auch die Komplexionen in der inneren Sphäre in freie Ionen gespalten, das komplexe Ferricyanidion $[Fe(CN)_6]'''$ z. B. in $Fe^{\cdots} + 6\,CN'$. Der Grad, in welchem die innere Sphäre dissoziieren kann, ist für die verschiedenen Komplexionen ungleich groß. Starke Komplexe dissoziieren wenig, schwächere in stärkerem Ausmaße. Je edler ein Metall ist, desto stärkere Komplexe vermag es zu bilden. Die stärksten und beständigsten Komplexverbindungen bilden somit die Edelmetalle (Abegg und Bodländer), während von den stark negativen Alkalimetallen überhaupt keine Komplexverbindungen bekannt sind.

Werners und Kossels Theorie; Elektronenkonfigurationen. Mit der einfachen Wertigkeitslehre ist die Bildung der Komplexverbindungen nicht zu erklären. Von Werner wurde die Fähigkeit zur Bindung im Komplexion mit dem Vorhandensein von sog. Restaffinitäten oder Nebenvalenzen erklärt. Diese werden in den Konstitutionsformeln nicht durch Striche, sondern durch Punkte angedeutet. Sie sind gleicher Art als wie die in komprimierten Gasen als zwischenmolekulare Kräfte wirksamen van der Waalschen Kräfte oder Nebenvalenzen.

Nach Kossel nimmt man jetzt an, daß die einzelnen Ionen

des Komplexes teils Elektronen abgegeben, teils aufgenommen und dadurch Edelgaskonfiguration mit vollständigen Achterschalen (s. S. 98) gebildet haben. Die Anziehung zwischen dem Zentralatom und den übrigen Ionen, Radikalen oder Elementen, H_2O, O_2 usw. ist dann rein elektrostatischer Natur. Die Elektronenkonfigurationen einiger Sauerstoffverbindungen, des Ammoniaks und einiger Komplexionen sehen dann z. B. wie folgt aus:

$$\left[\begin{array}{ccc} :\ddot{O}: & & :\ddot{O}: \\ & N^{V} & \\ & :\underset{\cdot\cdot}{O}: & \end{array}\right]' ; \left[\begin{array}{ccc} :\ddot{O}: & & :\ddot{O}: \\ & S^{VI} & \\ :\underset{\cdot\cdot}{O}: & & :\underset{\cdot\cdot}{O}: \end{array}\right]'' ; \left[\begin{array}{ccc} H & & H \\ & N & \\ H & & H \end{array}\right]^{\cdot}$$

Das Sauerstoffatom hat 6 Elektronen in der äußersten Elektronenschale, das Stickstoffatom 5; der Stickstoff gibt 5 Elektronen zur Vervollständigung der Achterschale an die Sauerstoffatome ab, eines wird noch von dem Kation des Salzes genommen, so daß also das Nitration (—1)-wertig ist. Das Schwefelatom gibt 6 Elektronen an die Wasserstoff- und Sauerstoffatome ab, die beiden fehlenden Elektronen werden vom Kation genommen, infolgedessen ist das Sulfation (—2)-wertig. Im Ammoniumion haben die 4 H-Ionen ihre Elektronen an das Stickstoffatom abgegeben, das nunmehr seinerseits eine vollständige Achterschale gebildet hat. Das noch überzählige 5. Elektron des Stickstoffatoms ist an das Anion abdissoziierbar und ergibt so das einfach positiv geladene Ammoniumion.

Bei den Komplexionen liegen vollkommen gleichartige Verhältnisse vor. So sind z. B. im Kaliumplatinchlorid $K_2[PtCl_6]$, das in die Ionen $2\,K^{\cdot}$ und $[\overset{IV}{Pt}Cl_6]''$ dissoziiert, von jedem Chloratom 1 Elektron zu ihren bereits vorhandenen 7 aufgenommen worden, wobei 4 vom Platin abgegeben werden konnten. Die beiden restlichen wurden vom Kation, im vorliegenden Falle von den beiden Kaliumatomen, entnommen. Es ergibt sich somit ein (—2)-wertiges Anion des Komplexes. Bei neutralen Gruppen wie NH_3, H_2O, die bereits abgesättigte Achterschalen besitzen, bestimmt die Anzahl der vom Zentralatom abgegebenen Elektronen die Wertigkeit des Komplexions, die z. B. im Falle des Silbers +1-wertig, des Nickels +2-wertig, des Chroms +3-wertig ist. Bei NH_3 und H_2O kommt die elektrostatische Anziehung durch die Polarität (s. S. 62) dieser Verbindungen zustande.

Koordinationszahl; Ersatz von Ionen durch andere usw. Die Anzahl der um das Zentralatom gelagerten Ionen oder Neutralteile ist aus Symmetriegründen 3, 4, 6, 8 oder 14, sie wird die Koordinationszahl genannt. Am häufigsten sind die Zahlen 6 (Cr, Fe-II, Fe-III, V-III, Rh-III, Ir-III, Pd-II, Zn, Bi, Cd, Pt-V) und 4 (Cu-II, Cu-I, Cd-II, Pt-II, Pd-II, Au-I, Ag-I). Innerhalb des Komplexes können die Ionen oder Neutralteile gegeneinander ausgetauscht werden, wobei sich die Ladung des Komplexes natürlich ändert. Durch Ersatz von 1 Cl-Ion im Di-Kalium-Hexa-Chloroplatinat $K_2[PtCl_6]$ durch 1 NH_3 erhält man Kalium-Pentachlor-monoaminplatinat $K[PtCl_5(NH_3)]$, durch 3 NH_3-Gruppen $[Pt(NH_3)_3Cl_3]$ Cl, Triamino-Trichloro-Platin-IV-Chlorid usw. In der letztgenannten Verbindung hat das Platin seinen Ladungssinn geändert und wandert nunmehr zur Kathode. Es können auch 2-wertige Ionen, wie z. B. ein SO_4'', CO_3'', zwei 1-wertige Ionen oder zwei Neutralteile ersetzen.

Werden in den Metallammoniaken alle NH_3-Gruppen durch H_2O ersetzt, so erhält man z. B. aus dem gelben Hexamin-Chrom-III-Chlorid $[Cr(NH_3)_6]Cl_3$ das violette Hexaquo-Chrom-III-Chlorid $[Cr(H_2O)_6]Cl_3$, d. i. violettes Chromchloridhydrat. Zwischen den Hydraten und den Komplexsalzen bestehen keine wesentlichen Unterschiede.

Bei den Komplexsalzen sind auch verschiedene Isomeriefälle, und zwar Ionisationsisomere, Hydratations- und Koordinationsisomere, möglich, die dadurch zustande kommen, daß einmal ein Ion oder eine Atomgruppe innerhalb, das anderemal außerhalb des Komplexes steht. Auch Stereo- und Spiegelbildisomerie, d. i. eine durch verschiedene räumliche Atomanordnung genannte Isomerieerscheinung (rechter und linker Handschuh), ist bei den Komplexverbindungen bekanntgeworden.

d) Abkömmlinge des Ammoniaks.

Metallamide. Im NH_3 ist der Wasserstoff durch Metall ersetzbar, wobei Metallamide entstehen. Wird z. B. NH_3 bei 300—350° über geschmolzenes Natrium geleitet, so entsteht *Natriumamid*: $2Na + 2NH_3 = 2NaNH_2 + H_2$ (fbl; kryst; Fp 206°; subl 400°; zers W), das das Zwischenprodukt der Natriumcyaniddarstellung (s. S. 248) bildet. Wasser zersetzt es stürmisch unter H_2-Entwicklung, O_2 wird als Peroxyd $NaNH_2 . O_2$ gebunden. Dieser explodiert beim Erwärmen. Auch andere Schwermetallamide sind explosiv.

Metallimide wie BaNH, SrNH, CaNH usw. bilden sich durch Ersatz von 2 H-Atomen im NH_3 durch 2-wertige Metalle, beispielsweise beim thermischen Zerfall der Amide. Bleiimid entsteht bei der Einwirkung von Kaliumamid auf die Lösung von Bleijodid in flüssigem Ammoniak. Sie sind gleichfalls explosiv.

Die *Metallnitride* können als Abkömmlinge des Ammoniaks aufgefaßt werden, bei denen alle 3 H-Atome durch Metall ersetzt sind, z. B. Li_3N, Ba_3N_2, Mg_3N_2 usw. Sie entstehen durch Erhitzen der Metalle in einem Stickstoffstrom. Die Nitride der Metalle der 4.—6. Gruppe des periodischen Systems sind sehr hart und chemisch sehr widerstandsfähig (Hartmetalle s. S. 428), während die Nitride der Metalle der 1.—3. Gruppe durch Wasser zu den Metallhydroxyden und Ammoniak zersetzt werden (Serpeks Aluminiumnitrid-Verfahren zur Darstellung von NH_3).

Wird im NH_3 ein H-Atom durch ein Halogenatom ersetzt, so erhält man ein Amin, wie z. B. *Chloramin* NH_2Cl (Fp —66°). Dieses kann aber auch als Säureamid (s. S. 595) der unterchlorigen Säure HOCl aufgefaßt werden, da es ja auch tatsächlich nach $NaOCl + NH_3 = NH_2Cl + NaOH$ durch Ersatz der OH-Gruppe im HOCl durch NH_2 dargestellt werden kann. Es ist sehr unbeständig, die verdünnte wässerige Lösung ist nur bei Anwesenheit von Alkalien und Ammoniumhydroxyd haltbar. Das reine Chloramin zerfällt bereits bei —50° explosionsartig.

Eine Verbindung $NHCl_2$ ist nicht bekannt, wohl aber eine *Imiddisulfosäure* $NH(SO_2 . OH)_2$. Hingegen kennt man Halogenverbindungen mit vollständigem Ersatz aller drei H-Atome, wie z. B. *Stickstofftrifluorid* oder *Fluorstickstoff* NF_3 (fbl; $D_{fl, -129^0}$: 1,537; Fp —216,6°; Kp —120°), das bei der Einwirkung von Fluor auf Ammoniak bei der Schmelzflußelektrolyse von saurem Ammonfluorid $(NH_4)HF_2$ an der Platinanode nach $NH_3 + 3 F_2 = NF_3 + 3 HF$ erhalten wird. Das farblose Gas wird zwar von Wasser, Säuren oder Alkalien nicht zersetzt, explodiert aber im Gemisch mit leicht oxydierbaren Stoffen wie H_2S, CH_4 usw. nach Funkenzündung.

Auch *Stickstofftrichlorid* NCl_3, *Chlorstickstoff* (g; fl; D 1,65; Fp $<$ —40°; Kp $<$ 71°; zers W; l: CCl_4, $CHCl_3$, CS_2, Bzl), ein gelbes, stechend riechendes Öl, explodiert bei Erschütterung oder Reibung und Berührung mit leicht oxydierbaren Stoffen wie Terpentinöl schon bei Raumtemperatur heftig. Es bildet sich aus $NH_3 + 3 HClO = NCl_3 + 3 H_2O$ oder $NH_3 + 3 Cl_2 = NCl_3 + 3 HCl$. Wasser, in dem es ziemlich löslich ist, zersetzt allmählich in NH_3 und HClO. Bei der Einwirkung von NH_3 auf mit Jod gesättigte Kaliumjodidlösung entsteht nicht NJ_3, Jodstickstoff, sondern ein schwarzer Niederschlag, der aus NHJ_2 und NH_3-NJ_3 besteht. Er explodiert im trockenen Zustande schon bei bloßer Berührung.

Hydroxylamin NH_2OH (fbl; kryst; D 1,204; Fp 33,05°; zers; Kp [60 mm] 70°; sl: W, M, Al; swl: Ae, Chlf, CS_2, Benzin) ist als hydroxyliertes NH_3 aufzufassen. Am besten erhält man es durch elektrolytische Reduktion von Salpetersäure an amalgamierten Bleikathoden in 50%iger Schwefelsäure, in die die Salpetersäure zutropfen gelassen wird, oder durch Reduktion von Natriumnitrit mit Natriumhydrosulfit. Dabei entsteht als Zwischenprodukt das hydroxylamindisulfosaure Natrium $HON(SO_3Na)_2$, aus dem durch Hydrolyse beim Erwärmen mit verdünnten Säuren Hydroxylamin erhalten wird. Dieses ist stark hygroskopisch. Die wässerige Lösung reagiert alkalisch und bildet mit Säuren leicht lösliche Salze, wie z. B. das NH_2HO-HCl *Hydroxylamin-Hydrochlorid* (fbl; monokl; D 1,67; Fp 151°; zers b. Erh.; L: 82; l: M; wl: Al; nl: Ae) oder

Hydroxylamin-Sulfat $(NH_2OH)_2SO_4$ (fbl; monokl; Fp [zers] 170°; L 30°: 44,1; swl: Al). Edelmetallösungen gegenüber besitzt Hydroxylamin ein beträchtliches Reduktionsvermögen, die in Metalle übergeführt werden. Die Ausscheidung von Kupfer aus Fehlingscher Lösung (alkalische Kupfer-II-Salzlösung) kann zum Nachweis von Hydroxylamin benützt werden.

Beim Erwärmen zerfällt H. explosionsartig. Mit Aldehyden und Ketonen reagiert H. unter Bildung von Oxymen (s. S. 585).

Hydrazin N_2H_4, Diamid (fbl; fl; D 1,011; Fp 1,4°; Kp 113,5°; sl: W, Al) wird technisch aus Natriumhypochlorit und starker Ammoniumhydroxydlösung in Anwesenheit von etwas Leim oder Gelatine und Erhitzen hergestellt. Zunächst entsteht Monochloramin nach $NH_3 + NaOCl = NH_2Cl + NaOH$, aus dem mit weiterem NH_3 nach $NH_2Cl + NH_3 = N_2H_4 . HCl$ gebildet wird, das beim Destillieren mit starker Kalilauge bei 120° *Hydrazoniumhydroxyd* N_2H_5OH ergibt, das auch als *Hydrazinhydrat* $N_2H_4 . H_2O$ (fbl; fl; D 1,03; Fp —41°; Kp 118,5°; sl: W, Al) bezeichnet wird. Dieses stellt eine ölige, an der Luft rauchende, fischartig riechende, die Schleimhäute reizende und angreifende, wasserlösliche, schwache Base mit starkem Reduktionsvermögen dar. Mit Säuren, wie Salz- oder Schwefelsäure, bildet es Salze, wie N_2H_5Cl, *Hydrazoniumchlorid* (w; Nadeln; Fp 89°; sl: W; nl: Al), *Hydrazoniumnitrat* $N_2H_4 . HNO_3$ (fbl; dimorph; [labil] Nadeln; [stabil] Spieße; Fp [Nadeln] 70,7°; Fp [Spieße] 104°; zers; sl: W, Al) und *Hydrazoniumsulfat* (fbl; rhomb; D 1,38; Fp 254° [zers]; Kp [60 mm] 70°; L 32°: 2,96; sl: h. W; nl: Al), welche für gewöhnlich als Hydrazoniumsalze verwendet werden. Vollkommen wasserfreies Hydrazin kann sich selbst auch als schwache Säure betätigen und mit Metallen durch Ersatz von H-Atomen explosible Metallhydrazide, wie z. B. N_2H_3Na, bilden.

Stickstoffwasserstoffsäure N_3H (fbl; fl; Fp —80°; Kp 37°; l: W, Al) bildet sich bei der Einwirkung von Stickoxydul auf Natriumamid bei etwa 190° nach $N_2O + NaNH_2 = NaN_3 + H_2O$. Durch Zusatz von verdünnter Schwefelsäure und Destillation kann die reine Säure, eine klare, leicht bewegliche, intensiv riechende und die Schleimhäute angreifende Flüssigkeit, erhalten werden. Die Säure und ihre Dämpfe können nach $2 HN_3 = H_2 + 3 N_2 + 123$ kcal mit großer Gewalt explodieren. Das H-Atom der Stickstoffwasserstoffsäure kann als H-Ion abdissoziieren und durch seinen Ersatz durch Metalle Azide bilden.

Natriumazid NaN_3 (fbl; hex; D 1,846; L 17°: 41,7; L Al 16°: 0,314; nl: Ae) ist dem Natriumchlorid ähnlich und wie andere Alkaliazide verhältnismäßig beständig. Es kann z. B. erhitzt werden, wobei es ohne Explosion in Na und N_2 zerfällt. Hingegen sind die Schwermetallazide, wie AgN_3 *Silberazid* (fbl; Nadeln; Fp [explod] 252°; swl: W, HNO_3; l: NH_3), *Quecksilberazid* HgN_3 (w; kryst; zerf. im Licht; L: 0,025), *Bleiazid* PbN_6 (fbl; Prismen;

Tab. 13. Stickstoff-Sauerstoff-Verbindungen.

Name	Formel	Wertigkeit des Stickst.	Eigenschaft bei 20°	Flüssigkeitsdichte $H_2O = 1$ Temp.	D	F	K_p Krit. Temp.	Anhydrid
Distickstoffmonoxyd, Stickoxydul	N_2O	III+V	fbl Gas	−89	1,226	−90,7	−88,7 +36,5	Untersalpetrige Säure $H_2N_2O_2$
Stickstoffmonoxyd, Stickoxyd	NO	II	fbl Gas	−151	1,27	−163,7	−151,8 −93	
Distickstofftrioxyd, Stickstofftrioxyd . . .	N_2O_3	III	unter Druck blaue Flüssigkeit	−10	1,45	−102 (−10)		
Stickstoffdioxyd.	NO_2	IV	braunes Gas	0°	1,27	−160,9	−150,2	Salpetrige Säure HNO_2
Distickstofftetroxyd, Stickstofftetroxyd . . .	N_2O_4	IV	gelbe Flüssigkeit	0°	1,48	−11,3	zers 21,1	
Distickstoffpentoxyd, Stickstoffpentoxyd . .	N_2O_5	V	weiße Krystalle	30°	1,63	30°	etwa 50°	Salpetersäure HNO_3

Fp 350°; s explos, wl: W; L 100°: 0,05), nicht nur bedeutend weniger löslich, sondern stellen ähnlich wie die reine Säure äußerst explosive Stoffe dar, die schon bei gewöhnlicher Temperatur auf Schlag und Stoß äußerst heftig explodieren. Das Bleiazid findet in der Sprengstoffindustrie an Stelle des Quecksilberazides zur Herstellung von Zündhütchen Verwendung.

Das Wasserstoffatom der Stickstoffwasserstoffsäure läßt sich auch durch negative Elemente oder Gruppen wie Cl, J, Cyan CN usw. ersetzen, wobei z. B. aus NaN_3 und NaOCl beim Ansäuern der Lösung mit Essigsäure Chlorazid ClN_3, ein farbloses, beim Erwärmen explosives Gas, erhalten wird. Auf ähnliche Weise sind Jodazid JN_3, gelbe Krystalle, und CNN_3, Cyanazid, farblose Nadeln, dargestellt worden.

2. Sauerstoffverbindungen des Stickstoffes.

Der Stickstoff bildet mit Sauerstoff eine Reihe von Verbindungen, die in der Tab. 13 zusammengestellt sind. In ihnen ist der Stickstoff 2- bis 5-wertig.

Stickoxydul N_2O, $N^{III} \equiv N^{V} = O$ ist ein in Wasser verhältnismäßig leicht lösliches (1 Vol. löst 15° 0,7378 Vol. N_2O) Gas, das durch Reduktion von Salpetersäure mit Zinkstaub, H_2S oder $SnCl_2$ (Zinn-II-Chlorid), sowie beim vorsichtigen Erwärmen von Ammonnitrat NH_4NO_3 auf über 170° nach $NH_4NO_3 = N_2O + 2\,H_2O$ entsteht. Die wässerige Lösung von N_2O reagiert neutral, enthält also keine salpetrige Säure. Im Gegensatz zu NO ist N_2O gegen Sauerstoff beständig und läßt sich auch nicht in höhere Stickoxyde überführen. Es unterhält die Verbrennung organischer Stoffe, da es oberhalb 800° in N_2 und O_2 zerfällt. Es wurde zu diesem Zwecke bereits in der Luftschiffahrt verwendet. Bei gewöhnlicher Temperatur wirkt es nicht oxydierend, bildet aber mit Wasserstoff ein explosives Gemisch. Es zersetzt sich bei Zündung durch einen elektrischen Funken explosionsartig: $2\,N_2O = 2\,N_2 + O_2 + 40$ kcal.

Eingeatmet verursacht das Gas einen rauschähnlichen narkotischen Zustand, weshalb es auch Lachgas genannt wird und in der Medizin als Narkotikum Verwendung findet. Es wird in Stahlflaschen komprimiert in den Handel gebracht.

Untersalpetrige Säure $H_2N_2O_2$ entsteht aus ihrem Silbersalz Silberhyponitrit (w. Kryst., swl) durch Umsetzung mit Salzsäure. Die Säure ist in Wasser leicht löslich und scheidet sich beim Eindampfen ihrer Lösung in weißen Krystallen ab. Diese zerfallen bei Berührung, Schlag, Erwärmen, oft auch ohne äußere Ursache explosionsartig. Ihre Salze, die auch Nitrosylverbindungen genannt werden, erhält man aus $NaNO_2$- oder $Ba(NO_2)_2$-Lösung durch Reduktion mit Natriumamalgam. Die Säure ist dimolekular.

Stickoxyd, Stickstoffmonoxyd NO (1 Vol. W löst 20° 0,04706 Vol. NO) kann durch Reduktion von Salpetersäure mit Eisen-II-Salzen, SO_2, z. B. Eintropfenlassen von Salpetersäure in eine salzsaure $FeCl_2$-Lösung nach $HNO_3 + 3\,FeCl_2 + 3\,HCl = NO + 3\,FeCl_3 + 2\,H_2O$, beim Auflösen von Kupfer oder Quecksilber in Salpetersäure $(D = 1{,}2)$: $3\,Cu + 8\,HNO_3 = 3\,Cu(NO_3)_2 + 4\,H_2O + 2\,NO$, beim Kochen einer wässerigen Lösung von Eisen-II-Sulfat, Schwefelsäure und Natriumnitrit dargestellt werden: $2\,FeSO_4 + 2\,NaNO_2 + 2\,H_2SO_4 = Fe_2(SO_4)_3 + 2\,H_2O + 2\,NO + Na_2SO_4$. Da das Gas meist durch höhere Stickoxyde verunreinigt ist, reinigt man es durch Waschen mit Natronlauge in einer Waschflasche, durch welche NO nicht, die höheren Stickoxyde aber unter Nitrit- und Nitratbildung absorbiert werden.

Reines NO erhält man durch Einleiten des Gases in eine Eisen-II-Sulfat-Lösung, welche das Gas unter Bildung von tiefbraun gefärbtem Ferronitrososulfat absorbiert und beim Erwärmen wieder abgibt: $FeSO_4 + NO \rightleftharpoons [Fe(NO)]\,SO_4$.

Darstellung im Lichtbogen. Technisch wurde die Bildung im elektrischen Flammenbogen aus N_2 und O_2 durchgeführt, die sich nach $N_2 + O_2 = 2\,NO - 42{,}2\,kcal$ bei sehr hoher Temperatur vereinigen. Da die Bildung Wärmezufuhr erfordert, wird sie durch hohe Temperaturen begünstigt. Das Gleichgewicht der Reaktion liegt bei gewöhnlicher Temperatur ganz auf der linken Seite der Gleichung und verschiebt sich mit steigender Temperatur langsam nach rechts. Bei 2000° sind erst etwa 0,833 Vol.% NO, bei 3000° 5,22 Vol.% NO und bei 4000° 12,2 Vol.% NO im Luftgemisch vorhanden. Bei gewöhnlicher Temperatur ist das Gas nur wegen seiner geringen Zerfallsgeschwindigkeit längere Zeit existenzfähig.

Bei der technischen Herstellung des NO aus Luft im elektrischen Lichtbogen (s. S. 124) verhindert man den bei hohen Temperaturen rascheren Zerfall des NO in die Elemente dadurch, daß man das bei höheren Temperaturen erreichte Gleichgewicht mit höheren NO-Konzentrationen durch plötzliches Abkühlen, „Abschrecken" oder „Einfrieren" genannt, in einen niedrigeren Temperaturbereich überträgt, in welchem die Zerfallsgeschwindigkeit gering ist. Technisch erreicht man nur eine Konzentration von etwa 3% NO in Luft, was einer Gleichgewichtskonzentration von etwa 2700° entspricht.

Mit Sauerstoff reagiert NO sehr leicht unter Bildung von braun gefärbtem NO_2, welche Reaktion beim Bleikammerprozeß (s. S. 88) eine große Rolle spielt. Es unterhält die Verbrennung nicht, obwohl glühende Metalle wegen des Zerfalles des NO in N_2 und O_2 bei hohen Temperaturen in ihm verbrennen. Starke Oxydationsmittel wie Chromtrioxyd und Kaliumpermanganat oxydieren zu Salpetersäure, kräftige Reduktionsmittel wie Zinn-II-Chlorid oder Chrom-II-Salze führen in NH_3 über. Von Blut wird NO, ähnlich wie Sauerstoff, als Stickoxydhämoglobin angelagert. Von NO leiten sich keine Säuren ab. Der Nachweis erfolgt über die Braunfärbung von Eisen-II-Sulfat-Lösung. NO ist giftig.

Distickstofftrioxyd, Stickstoffsesquioxyd, Salpetrigsäureanhydrid N_2O_3 ist nur bei sehr tiefen Temperaturen als tiefblaue Flüssigkeit beständig. N_2O_3 kann bei der Einwirkung von Arsentrioxyd auf Salpetersäure nach $As_2O_3 + 2\,HNO_3 + 2\,H_2O = 2\,H_3AsO_4 + N_2O_3$ dargestellt werden, wobei sehr kleine Mengen von Quecksilbersalzen die Reaktion begünstigen, größere aber nachteilig beeinflussen. Stickstofftrioxyd kann aber auch durch bloßes Abkühlen eines stöchiometrischen Gasgemisches von NO und NO_2 dargestellt werden: $NO + NO_2 = N_2O_3$. Das Gemenge von NO und NO_2 verhält sich so, als ob in ihm die Verbindung N_2O_3 vorliegen würde, da es von kalter NaOH-Lösung unter Bildung von Natriumnitrit absorbiert wird: $(NO + NO_2) + 2\,NaOH = 2\,NaNO_2 + H_2O$. In Wasser löst sich das Gasgemisch zu salpetriger Säure auf.

Salpetrige Säure HNO_2 ist nur in verdünnter wässeriger Lösung und in Form ihrer Salze bekannt. Aus diesen erhält man sie durch Ansäuren mit verdünnter Schwefelsäure in freiem Zustande. Sie zerfällt aber schon bei Raumtemperatur nach $3\,HNO_2 = HNO_3 + 2\,NO + H_2O$. Als mittlere Oxydationsstufe des Stickstoffes kann die salpetrige Säure sowohl Oxydations- als auch Reduktionswirkungen ausüben. So wird aus Jodwasserstoff Jod freigemacht, wobei sie selbst zu NO reduziert wird: $2\,KJ + 2\,H_2SO_4 + 2\,KNO_2 = 2\,NO + J_2 + 2\,K_2SO_4 + 2\,H_2O$. Andererseits wird z.B. Kaliumpermanganat zum Mangan-II-Salz reduziert, die salpetrige Säure aber zu Salpetersäure oxydiert: $2\,KMnO_4 + 5\,KNO_2 + 3\,H_2SO_4 = 2\,MnSO_4 + K_2SO_4 + 5\,KNO_3 + 3\,H_2O$.

Tautomerie. Dieses verschiedenartige Verhalten der salpetrigen Säure kann durch eine Tautomerie, d.i. die Fähigkeit zweier isomerer Formen, sich gegenseitig ineinander umzuwandeln, zwischen den beiden folgenden isomeren Konstitutionsformeln mit 3- und 5-wertigem Stickstoff erklärt werden: $O = N^{III} - OH \rightleftarrows \begin{matrix} O \\ O \end{matrix}\!\!> N^{V} - H$. Beide Stoffe befinden sich in der Lösung in einem reversiblen Gleichgewicht und wandeln sich sehr rasch ineinander um, so daß die Säure nach jeder der beiden Formeln reagieren kann

Nachweis. Bildung von gefärbten Azoverbindungen mit organischen Aminen. So können in Wasser Spuren von durch Fäulnisprozessen entstandenen Nitriten durch die Rotfärbung nach Zusatz einer essigsauren Lösung von Sulfanilsäure (s. S. 671) oder Naphthylamin (s. S. 704) nachgewiesen werden.

Nitrosylverbindungen. Mit anderen Säuren bildet die salpetrige Säure Säureanhydride, die auch Nitrosylverbindungen genannt werden. Technisches Interesse hat die Nitrosylschwefelsäure $HSO_4 . NO$, die beim Einleiten von N_2O_3 in konzentrierte Schwefelsäure entsteht: $2\,H_2SO_4 + N_2O_3 = 2\,\begin{matrix} O \\ O \end{matrix}\!\!> S <\!\!\begin{matrix} OH \\ ONO \end{matrix} + H_2O$. Sie bildet sich in den Bleikammern (s. S. 88) aus NO_2 oder N_2O_3 und SO_2 dann, wenn zu wenig Wasser in die Kammern eingespritzt wurde, in Form weißer, blätteriger Krystalle nach $2\,NO_2 + SO_2 + H_2O = HSO_3 . ONO + HNO_2$ oder $N_2O_3 + 2\,SO_2 + H_2O + O_2 = 2\,SO_2 <\!\!\begin{matrix} OH \\ ONO \end{matrix}$. Nach Zusatz von Wasser zerfällt sie in Schwefelsäure und salpetrige Säure. Im Gloverturm der Schwefelsäurefabriken (s. S. 89) liegt in der nitrosen Säure gleichfalls stets Nitrosylschwefelsäure vor, in welcher Form sie durch SO_2 in Schwefelsäure und NO übergeführt wird: $2\,HSO_3 . ONO + SO_2 + 2\,H_2O =$

$= 3\,H_2SO_4 + 2\,NO$. Auf diese Weise wird im Gloverturm die Schwefelsäure von den Stickoxyden befreit (denitriert).

Stickstoffoxychlorid, Nitrosylchlorid NOCl (g; Gas; D -80^0 1,41; Fp $-61{,}5^0$; Kp $-6{,}5^0$; krit. Temperatur 163^0; zers W; l: CCl_4, Chlf, CS_2, Bzl) bildet sich im Königswasser, das aus einem Gemenge von 3 T. konz. HCl und 1 T. HNO_3 besteht, nach $HNO_3 + 3\,HCl = Cl_2 + NOCl + 2\,H_2O$ und bewirkt gemeinsam mit dem frei werdenden Chlor, daß das Königswasser stärker lösend wirkt als jede Säure für sich allein. Wasser zersetzt: $NOCl + H_2O = HNO_2 + HCl$.

Stickstoffdioxyd NO_2 ist ein braunes Gas, das aus NO und O_2 sowie bei der thermischen Zersetzung von Bleinitrat entsteht: $2\,Pb(NO_3)_2 = 2\,PbO + 4\,NO_2 + O_2$. Das Gas verdichtet sich bei $22{,}4^0$ zu einer gelbroten Flüssigkeit, die bei -10^0 zu farblosen Krystallen erstarrt. Im Dampfzustand besteht zwischen NO_2 und N_2O_4 zwischen 20^0 und 150^0 ein Gleichgewichtszustand $2\,NO_2 \rightleftarrows N_2O_4$, wobei bei 64^0 etwa 50% und bei 150^0 rund 100% NO_2 vorhanden sind. Die Aufhellung des Gases, der Flüssigkeit und der Krystalle mit sinkender Temperatur ist auf den Übergang der dunkel gefärbten NO_2-Moleküle in Doppelmoleküle N_2O_4 zurückzuführen. Durch kaltes Wasser wird NO_2 zu HNO_2 und HNO_3, durch Alkalien zu Nitrat und Nitrit gelöst, als ob NO_2 ein gemischtes Anhydrid der Salpeter- und salpetrigen Säure wäre:

$$N_2O_4 + H_2O = HNO_3 + HNO_2;$$
$$N_2O_4 + 2\,NaOH = NaNO_3 + NaNO_2 + H_2O.$$

Beim Erhitzen auf 200^0 beginnt NO_2 in NO und O_2 zu zerfallen: $2\,NO_2 \rightleftarrows 2\,NO + O_2$. Bei etwa 650^0 ist nur mehr NO und O_2 vorhanden. NO_2 wirkt auf Kohlenstoff, Schwefel und Phosphor heftig oxydierend ein, die in ihm lebhaft verbrennen. Wird NO_2 in konzentrierter Salpetersäure gelöst, so erhält man die rote rauchende Salpetersäure. NO_2 ist ebenso wie andere nitrose Gase giftig, da sie zu Lungenödem führt, wobei die Vergiftung oft erst nach Stunden bemerkt wird. Als Gegenmittel kann man zerstäubte Lösungen von Natriumbicarbonat einatmen oder diese Lösungen trinken.

Distickstoffpentoxyd, Stickstoffpentoxyd, Salpetersäureanhydrid N_2O_5 kann aus Salpetersäure durch Wasserentzug mittels Phosphorpentoxyd oder Oxydation von NO_2 mit Ozon dargestellt werden. Aus der salpetersauren Lösung kann unter vermindertem Druck bei 20^0 das Gas ausgetrieben und durch starke Kühlung zu gelben Krystallen kondensiert werden. Sowohl die Flüssigkeit als auch das Gas sind nur wenig beständig und zerfallen leicht in andere Stickoxyde und Sauerstoff. In Wasser löst sich N_2O_5 unter starker Erwärmung der Lösung zu Salpetersäure: $N_2O_5 + H_2O = 2\,HNO_3$.

3. Salpetersäure.

Vorkommen. Salpetersäure kommt in freiem Zustande in der Natur nur sehr selten, hingegen häufiger in Form ihrer Salze, der Nitrate, vor. Unter dem Einfluß von elektrischen Entladungen entstehen dauernd geringe Mengen von Ammonnitrat und -nitrit in der Luft, die mit den Niederschlägen in den Boden gelangen. Außerdem bilden sich durch Fäulnisvorgänge stickstoffhaltiger Substanzen sowie die biologische Tätigkeit der Knöllchenbakterien im Boden Nitrate, z. B. an den Wänden der Viehställe („Mauersalpeter", Calziumnitrat). In Chile und Peru finden sich in den trockenen Sandwüsten ausgedehnte Lager von Natronsalpeter $NaNO_3$, in Indien und Ungarn von Kaliumnitrat KNO_3.

Eigenschaften. Im reinen Zustande ist Salpetersäure eine wasserhelle, durch Zersetzung im Licht unter Abspaltung von O_2 und Stickoxyden aber schwach gelb gefärbte, stechend riechende und rauchende Flüssigkeit (Fp —41,3°; Kp 86° [zers]). Mit Wasser bildet 68%ige HNO_3 ein Siedepunktsmaximum (s. S. 61) bei 120°, das durch Destillation nicht mehr auf eine höhere Konzentration gebracht werden kann. Die rote rauchende Salpetersäure enthält Stickoxyde, die entweder durch Zusatz von reduzierend wirkendem Paraformaldehyd oder (früher) von Mehl bei der Gewinnung von HNO_3 aus Salpeter und Schwefelsäure gebildet werden können. HNO_3 löst alle Metalle mit Ausnahme von Gold, weshalb sie früher als „Scheidewasser" zur Trennung des Goldes von anderen Metallen verwendet wurde.

Eisen und Aluminium sind in konzentrierter Salpetersäure unlöslich (passiv), da die sich bildende Oxydhaut in konz. HNO_3 unlöslich ist und das Metall vor einem weiteren Angriff durch die Säure schützt.

Salpetersäure ist ein kräftiges Oxydationsmittel, da sie im Licht und in der Wärme leicht nach $2\,HNO_3 = 2\,NO_2 + H_2O + O$ zerfällt. Besonders kräftig oxydierend wirkt rauchende Salpetersäure, die bei der Berührung mit brennbaren organischen Stoffen meist sofort eine Entflammung bewirkt. Auf der Haut entsteht bei kurzer Einwirkung von Salpetersäure eine Gelbfärbung, die auf einer Nitrierung der Eiweißstoffe beruht (Xanthoproteinreaktion). Längere Einwirkung ruft schmerzende, schwer heilende Wunden hervor.

Darstellung von Salpetersäure.

Zur Darstellung von Salpetersäure stehen drei Verfahren in Ausübung:

1. Umsetzung von Natronsalpeter mit Schwefelsäure,
2. Vereinigung von N_2 und O_2 der Luft im elektrischen Lichtbogen,

3. Verbrennung von Ammoniak zu Stickoxyden (das verbreitetste Verfahren).

1. Beim heute kaum mehr ausgeübten Verfahren der Darstellung der Salpetersäure aus Natronsalpeter und Schwefelsäure wurde der Salpeter meist im Dreikesselsystem von Übel mit Schwefelsäure erhitzt, wobei folgende Umsetzung vor sich ging: $NaNO_3 + H_2SO_4 = HNO_3 + NaHSO_4$. Die vorteilhaft im Vakuum abdestillierende Salpetersäure wurde in Kühlschlangen oder Röhrenkondensatoren aus Steinzeug verflüssigt.

2. Das Verfahren der Erzeugung der Salpetersäure aus der Luft im elektrischen Lichtbogen ist an die Verwendung billiger Wasserkräfte gebunden (Norwegen). Die Ausbeute ist nur gering (3%; s. S. 120). Zur Übertragung der Wärme des elektrischen Lichtbogens auf die Luft wurden verschiedene Konstruktionen ausgearbeitet. Birkeland und Eyde breiteten den Lichtbogen durch seitlich angeordnete starke Elektromagnete zu einer großen runden Scheibe, der elektrischen Sonne, aus. Schönherr (I.G. Farbenindustrie A.G.) erzeugte in einem aufrecht stehenden Rohr durch Einblasen von Luft einen langen schmalen Lichtbogen, der den ganzen Querschnitt des Rohres einnahm. Die Gebrüder Pauling verwendeten den Hörner-Blitzableitern nachgebildete Elektroden. Die Nitrum A.G. (Siebbert) blies die Luft von drei Seiten tangential in einen Ofen ein und erzeugte einen kreisenden Flammenring.

Alle diese Verfahren verbrauchten nicht nur sehr viel Strom, sondern haben auch mit größeren Schwierigkeiten bei der Aufarbeitung der nur 1—3% NO enthaltenden Reaktionsgase auf Salpetersäure zu kämpfen. Sie wurden durch die Ammoniakverbrennung fast vollständig verdrängt.

3. Werden Ammoniak und Luft auf mehr als 300° erhitzt, so entstehen bei Gegenwart von Platin als Katalysator Stickoxyde. Ist die Strömungsgeschwindigkeit der Gase gering, so geht die Oxydation des Ammoniaks noch weiter und liefert Stickstoff und Wasserdampf. Um also Stickoxyde zu erhalten, muß man sehr kurze Berührungszeiten von nur etwa $^1/_{1000}$ sec. mit dem Katalysator einhalten. Die günstigste Temperatur im Katalysator von etwa 900° stellt sich nach anfänglicher Erwärmung der Katalysatoren auf elektrischem Wege durch die Reaktionswärme der Reaktionen: $4\,NH_3 + 5\,O_2 = 4\,NO + 6\,H_2O + 215{,}6\,cal$, $4\,NH_3 + 6\,O_2 = 2\,N_2O_3 + 6\,H_2O + 258{,}4\,cal$ und $4\,NH_3 + 7\,O_2 = 4\,NO_2 + 6\,H_2O + 269{,}5\,cal$ von selbst ein und bleibt auch erhalten. Als Zwischenprodukte bei der Verbrennung scheinen die Radikale NH und HNO aufzutreten.

Die Ausbeute an Stickoxyden beträgt an Platindrahtnetzen und Luft etwa 90%, mit sauerstoffreicherer Luft, wie sie in Ammoniakfabriken von der Luftzerlegung her leicht zu erhalten ist, etwa 92%. Die Katalysatormasse besteht entweder aus Platinnetzen, Platin-Rhodiumnetzen (Ausbeute 96%) oder einem Gemisch von Eisen-Wismut-Oxyd (Ausbeute 80—85%).

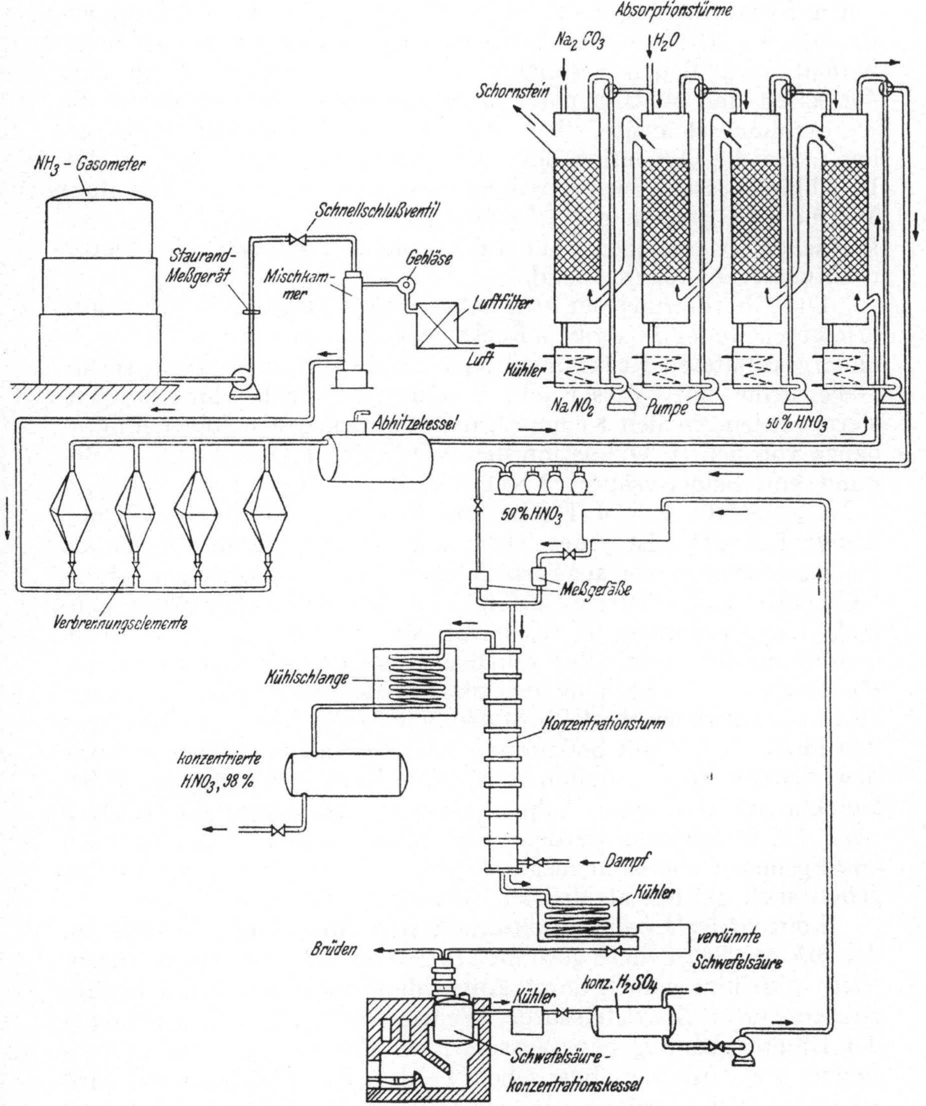

Abb. 21. Schema einer Salpetersäureanlage (Verbrennung von Ammoniak nach Frank und Caro) mit Konzentrationsanlage.

Beim Verfahren von Frank und Caro (Abb. 21) mit Platinnetzen wird das Ammoniak durch einen Exhaustor angesaugt oder aus Ammoniumhydroxydlösungen mit Kalk und Dampf ausgetrieben. In Kühlern wird es sodann von Wasserdampf befreit, in Wäschern mit Natronlauge das Kohlendioxyd beseitigt und in einem Ausgleichsbehälter gespeichert. Aus diesem wird es durch einen Exhaustor angesaugt und mit der durch ein Luftfilter angesaugten Luft gemischt. Zur genauen Einstellung des Mischungsverhältnisses dienen besondere Staurand-Meßgeräte. Nach dem Verlassen der Mischkammer wird das Gas-Luft-Gemisch in die Verbrennungselemente über die erhitzten Platindrahtnetze geleitet, wo die Oxydation des Ammoniaks zu Stickoxyden erfolgt. In Abhitzekesseln wird den Reaktionsgasen ein großer Teil ihrer Wärme entzogen. Die Verbrennungselemente bestehen aus zwei konischen, viereckigen Aluminiumkästen, zwischen die Platindrahtnetze eingespannt sind.

Die Überführung der stickoxydhaltigen Gase in Salpetersäure erfolgt entweder in großen Reaktionskammern oder in hintereinandergeschalteten Reaktionstürmen aus Granit, in welchen sie im Gegenstrom mit Wasser und verdünnter Salpetersäure kondensiert werden. In den Kammern und Türmen gehen folgende Vorgänge vor sich: 1. Oxydation des NO: $2\,NO + O_2 = 2\,NO_2$; 2. Bildung von Salpetersäure: $2\,NO_2 + H_2O = HNO_3 + NO$; $HNO_2 + NO_2 = HNO_3 + NO$. Da bei der Reaktion eine große Wärmemenge frei wird, ist jeder Turm mit einem außerhalb liegenden Kühlschlangensystem aus Ferro-Silizium-Legierung versehen. Innerhalb eines jeden Turmes erfolgt für sich ein mehrmaliger Umlauf der verdünnten Säure, bevor sie auf den nächsten Turm weiterbefördert wird. Man erhält eine etwa 40—50%ige Säure. Da die restlose Auswaschung der Stickoxyde unwirtschaftlich wäre, läßt man entweder rund 5% Stickoxyde in die Luft oder beschickt den letzten Turm mit Sodalösung oder Kalkmilch, wobei Natrium-, bzw. Calziumnitrit erhalten wird. Aus letzterem kann durch Behandeln mit verdünnter Salpetersäure *Norgesalpeter* $Ca(NO_3)_2 . 2$ oder $4\,H_2O$ erhalten werden. Die dabei entweichenden nitrosen Gase gehen in die Kondensation zurück. Etwa 1% der Stickoxyde gehen auch bei der alkalischen Absorption verloren.

Konzentrierte Salpetersäure läßt sich durch bloße Destillation der 50%igen Säure nicht gewinnen (s. S. 61 u. 123). Die Hochkonzentrierung gelingt jedoch durch Anwendung von wasserentziehender konzentrierter Schwefelsäure. Wegen der starken Erniedrigung der Dampfspannung des Wassers kann die Salpetersäure in konzentriertem Zustande abgetrieben werden. Zur Durchführung wird entweder das Gemisch von $HNO_3 + H_2SO_4 + H_2O$ in Retorten unter Vakuum destilliert (Trockenes oder Valentiner Verfahren) oder beim „Nassen Verfahren“ auf den Kopf eines Turmes aufgegeben und von unten Wasserdampf oder Salpetersäuredampf eingeblasen (Abb. 21). Am oberen Ende des Turmes entweicht konzentrierte dampfförmige Salpetersäure, die in Schlangen- oder

Röhrenkühlern kondensiert wird und eine 96—97%ige Säure ergibt. Aus der Kolonne läuft eine etwa 70%ige Schwefelsäure ab, die für eine neuerliche Verwendung konzentriert werden muß.

Das günstigste Ammoniak-Verbrennungsverfahren scheint jenes der Bamag-Meguin A.G. zu sein, bei welchem durch Verwendung von reinem Sauerstoff an Stelle von Luft N_2O_4 gebildet wird, das sich sofort in hochkonzentrierte 98%ige Salpetersäure überführen läßt. Reines NH_3 und 97—98%iger Sauerstoff werden durch Vermischung im richtigen Mengenverhältnis in eigens eingerichteten Verbrennungskammern verbrannt. In diesen kann die wegen der Verwendung von reinem Sauerstoff höhere Verbrennungswärme ohne Beeinträchtigung der NO-Ausbeute durch unterhalb der Platindrahtnetze angeordnete Wasserschichten abgeführt werden. Diese bewirken nicht nur eine Kühlung, sondern verhindern auch das Zurückschlagen einer Explosionswelle in die Gasleitungen und Behälter. Über den Platinnetzen befindet sich ein Wärmeaustauscher.

Aus den Gasen wird durch einen besonderen Kondensatfänger so viel Wasser in Form von verdünnter Salpetersäure niedergeschlagen, daß das verbleibende Wasser zur Bildung von 98%iger Säure ausreicht. Durch Verlangsamung der Strömungsgeschwindigkeit der Gase in großen Kühlkammern wird den Verbrennungsgasen Zeit zur Bildung von N_2O_4 gegeben und Feuchtigkeit in Form von 60%iger Säure abgeschieden. Die Restgase, die aus fast reinem NO_2, bzw. N_2O_4 bestehen, werden in einem Solekühler zu flüssigem N_2O_4 bei tieferen Temperaturen als -10^0 kondensiert, das in besonderen Mischgefäßen mit der 60%igen Säure zum sog. Rohgemisch vereinigt wird.

Die Stickoxyde werden aus den Restgasen durch Berieseln mit konzentrierter Salpetersäure, die Stickoxyde leicht aufnimmt, ausgewaschen. Die Überführung der Stickoxyde im Rohgemisch in HNO_3 erfolgt in einem Autoklaven mit O_2 unter Druck. Die noch verbleibenden restlichen Stickoxyde werden in einer Entgasungskolonne mit Dampf abgetrieben und kondensiert. Die Ausbeute beträgt etwa 92% des eingebrachten NH_3. Für 1 t N_2 werden rund 4000 m^3 O_2 benötigt, das vor allem frei von aus der Elektrolyse stammenden Laugeteilchen sein muß.

Verwendung. Salpetersäure wird zur Herstellung von Farb-, Sprengstoffen, Düngemitteln (Ammon-, Natrium- und Calziumnitrat), zum Beizen und Brennen (Glanzgeben) von Kupfer, Nickel, Silber und ihren Legierungen, für Oxydationszwecke, Herstellung von Nitraten usw. verwendet. Natriumnitrit dient vor allem zur Durchführung von Diazotierungen (s. S. 686) in der Farbstoffchemie.

Mischsäure ist ein Gemisch von konz. HNO_3 und konz. H_2SO_4, das zur Durchführung von Nitrierungen organischer Verbindungen und Stoffe wie Zellulose verwendet wird (s. S. 623). Man stellt sie in Behältern her, die mit einer Kühlvorrichtung zur Abführung der Mischwärme und einem Rührwerk ausgestattet sind. Die gebrauchte Mischsäure wird ähnlich wie bei der Hochkonzentrierung der Salpetersäure (s. o.) durch Einblasen von Wasserdampf in den Boden einer Destillationskolonne aus Quarzgut, in der von oben Mischsäure herabrieselt, denitriert.

Nachweis. Blaufärbung einer Lösung von Diphenylamin in konz. H_2SO_4; Bildung eines braunen Ringes beim Unterschichten der zu prüfenden Lösung, in der $FeSO_4$ aufgelöst wurde, mit konz. H_2SO_4; Reduktion in alkalischer Lösung mit Devardascher Legierung (Cu : Al : Zn = 10 : 9 : 1) zu NH_3.

XXVIII. Phosphor.

Symbol P; Atomgewicht 30,98; Ordnungszahl 15; trimorph; Schmelzpunkt $P_{weiß}$ 44°, P_{rot} (43 Atm.) 590°; Siedepunkt $P_{weiß}$ 280,5°; Dichte $P_{weiß}$ 1,824, P_{rot} 2,20; Wertigkeit: III, V.

Vorkommen. Phosphor findet sich in der Natur insbesondere als mikrokrystalliner Apatit $3\,Ca(PO_4)_2 . Ca(Cl, F)_2$, der durch Verwitterung in schwer löslichen Phosphorit $Ca_3(PO_4)_2$ übergeht. Die wichtigsten Fundstätten für Phosphorit liegen in Algier, Tunis und Marokko, wo etwa 60% der Welterzeugung an Phosphorit in der Höhe von rund 8,5 Mill. t im Jahre 1937 abgebaut wurden. Nahezu ebenso wichtig sind die amerikanischen Floridaphosphate, die fast 40% der Phosphoriterzeugung lieferten. Bedeutsam ist auch der Phosphorgehalt gewisser Eisenerze, von denen die lothringische und die luxemburgische Minette bis zu 2% P enthalten.

Die Knochen der Wirbeltiere enthalten Carbonatapatit $Ca_3(PO_4)_2 . CaCO_3$. Phosphor bildet für alle Menschen, Tiere und Pflanzen einen lebenswichtigen Stoff. Außer den Knochen enthalten die Schalen der Krebse, Muscheln, ferner das Blut, die Haare, der Eidotter, die Milch, Muskelfasern, Nerven- und Gehirnzellen Phosphor, letztere in Form von kompliziert zusammengesetzten Phosphorsäure-Glycerin-Estern, die man auch Phosphatide nennt. Phosphor macht in der Natur einen ähnlichen Kreislauf wie der Stickstoff (s. S. 107), nur geht ein großer Teil des Phosphors mit den Resten der Meerestiere am Boden des Meeres verloren. Im Ackerboden tritt bei intensiver Bewirtschaftung eine Phosphorverarmung ein, der durch Streuen von Phosphorsäuredüngemitteln (s. S. 308) entgegengearbeitet werden muß.

Eigenschaften. Phosphor tritt in drei verschiedenen Modifikationen, und zwar als weißer, roter oder violetter und schwarzer Phosphor, auf. Die unbeständigste Form, der *weiße Phosphor* (fbl; reg; D 1,824; Fp 44°; Kp 280,5°; nl: W; L: Al 0,3; L: CS_2 10°: 880; l: Bzl), tritt stets bei der Kondensation von Phosphordämpfen auf, da sich nach der Ostwaldschen Stufenregel von mehreren Zustandsformen primär stets die unbeständigste ausbildet. Weißer Phosphor besitzt schon bei gewöhnlicher Temperatur einen beträchtlichen Dampfdruck und läßt sich mit Wasserdampf bei 100° destillieren. Er ist sehr reaktionsfähig und oxydiert sich an der Luft schon bei gewöhnlicher Temperatur, welcher Vorgang mit Lichterscheinungen und Entwicklung von Ozon verbunden ist.

Die Molekel des dampfförmigen Phosphors besteht bis zu rund 800° aus P_4-Teilchen, die oberhalb 800° in P_2-Molekeln zerfallen. Bei Temperaturen über 2000° dissoziieren diese weiter in P-Atome.

Chemilumineszenz. Phosphor beginnt bei 60° bereits zu brennen, wobei sich Phosphorpentoxyd bildet: $P_4 + 5\,O_2 = 2\,P_2O_5 + 740\,\text{kcal}$. Das Leuchten bei der langsamen Oxydation des Phosphors an der Luft ist eine Erscheinung der Chemilumineszenz, die auch bei anderen Oxydationsvorgängen, wie z. B. von Pyrogallol und Formaldehyd mit 30%igem Wasserstoffperoxyd, auftritt. Das Leuchten selbst geht nur in der Gasphase und bei bestimmten Mischungsverhältnissen, z. B. nicht mehr in reinem Sauerstoff, vor sich. Die Temperatur der leuchtenden Gase ist sehr niedrig und mit der Hand kaum fühlbar, so daß man auch von einer kalten Verbrennung spricht.

Mit den Halogenen reagiert Phosphor bei Raumtemperatur unter Feuererscheinung, mit den meisten Metallen beim Erwärmen unter Bildung von Phosphiden. Salpetersäure oxydiert zu Phosphorsäure, heiße Alkalilauge unter Entwicklung von PH_3 zu unterphosphorigsaurem Alkali. Mit Wasserdampf entstehen beim technisch durchgeführten Liljenroth-Verfahren bei 600° Phosphorsäure und Wasserstoff: $P_4 + 16\,H_2O = 4\,H_3PO_4 + 10\,H_2$. Monelmetall wirkt als Katalysator, Schamotte bei 1000°. Die Dämpfe müssen schnell abgeschreckt werden, um die Bildung von anderen Oxydationsstufen des Phosphors zu vermeiden. Das Ipatieff-Verfahren besteht in der Behandlung von Phosphor mit flüssigem Wasser im Autoklaven bei 300—400°. Es liefert höherprozentige Phosphorsäure als das Liljenroth-Verfahren.

Roter oder violetter Phosphor. Dieser bildet sich aus weißem Phosphor bereits bei der Bestrahlung in der Sonne, wobei er sich mit einer Kruste des roten Phosphors überzieht. Schneller geht der Übergang in die violette Modifikation durch Erwärmen unter Luftabschluß, z. B. in eisernen Kesseln, auf etwa 250° vor sich. Die Anwesenheit von Spuren von Jod beschleunigt gleichfalls die Umwandlung, wobei je nach der Höhe der Umwandlungstemperatur hellrote bis violette Produkte entstehen. Roter oder violetter Phosphor unterscheidet sich grundlegend vom weißen. Roter Phosphor (hex; D 2,20; subl; Fp [43 Atm.] 590°; nl: W, org. Lsgml) oxydiert an der Luft nicht, leuchtet daher auch im Dunkeln nicht, entzündet sich erst bei 440° und ist ungiftig. Aus geschmolzenem Blei kann er in dunklen monoklinen Blättern, metallischer Phosphor genannt, umkrystallisiert werden, ist jedoch auch in dieser Form nur violetter Phosphor, der den elektrischen Strom nicht leitet. Der sog. amorphe Phosphor ist nur fein verteilter roter Phosphor.

Schwarzer Phosphor wurde aus farblosem Phosphor durch Erhitzen auf 200° bei 4000 Atm. Druck erhalten (D 2,70). Er ist nicht entzündlich, leitet den elektrischen Strom, ist am reaktionsträgsten von allen drei Modifikationen des Phosphors und stellt daher seine stabilste Zustandsform dar.

1. Darstellung von Phosphor.

Phosphat wird etwa mit der Hälfte seines Gewichtes an reinem Sand (Quarz) und Kohle gemischt und in einem elektrischen Ofen auf 1300—1450° erhitzt: $2\,Ca_3(PO_4)_2 + 6\,SiO_2 + 10\,C = 6\,CaSiO_3 + 10\,CO + P_4 - 564\,kcal$. Die Beschickung wird in einem feuerfest gemauerten Phosphatofen entweder durch die strahlende Hitze eines zwischen zwei Kohlenblöcken eingespannten horizontalen Heizwiderstandes oder unmittelbar durch den Lichtbogen von drei in die Beschickung senkrecht hineinragenden Söderberg-Elektroden in Sternschaltung erhitzt. Die Dreiphasenöfen sind mit Eisenblech ummantelt und weisen einen aus Elektrodenkoks und Pech gestampften, geneigten Boden auf. Die eisernen Deckel der Öfen sind mit Asbest abgedichtet und besitzen in kreisförmiger Anordnung mehrere Einfüllöffnungen für die in etwa Nußgröße eingefüllte Beschickung. Die Söderberg-Elektrode ist eine in dem Maße, in welchem sie unten abbrennt, oben durch Aufstampfen von Elektrodenkoks und Pech wieder kontinuierlich nachwachsende Elektrode, die erst während des Betriebes brennt. Die Schlacke wird von Zeit zu Zeit abgestochen. Die Phosphordämpfe werden nach einer elektrischen Entstaubung nach Cottrell-Möller in Kupferkondensatoren, die mit warmem oder kaltem Wasser beschickt sind, verdichtet. Auch eine trockene Kondensation in einer CO-Atmosphäre ist gebräuchlich. Das bei der Reaktion gebildete CO wird aufgefangen und verwertet.

Wird an Stelle von Quarz Bauxit (s. S. 346) verwendet, besitzt die Schlacke hydraulische Eigenschaften (s. S. 291) und kann als Zement verwendet werden. Unter der Schlacke sammelt sich Ferrophosphor, das für sich abgestochen und an Eisengießereien verkauft wird. Durch Erhitzen mit Alkalien bei 300 Atm. lassen sich aus Ferrophosphor auch Alkaliphosphate herstellen. Der Rohphosphor wird unter Wasser umgeschmolzen, über Sand filtriert, raffiniert und in Stangenform gegossen. In den Handel kommt er in Tankwagen oder in verlöteten Blechbüchsen, wobei er unter

Wasser aufbewahrt wird. 1 kg Phosphor braucht zu seiner Herstellung etwa 12—14 kWh.

Der größte Teil des erzeugten Phosphors wird auf Phosphorsäure und Düngemittel verarbeitet. Dabei wird er unmittelbar im Anschluß an den elektrischen Ofen durch Einführung der Phosphordämpfe in große Verbrennungskammern unter Einblasen von Luft zu Phosphorpentoxyd verbrannt. Die Reaktionswärme wird zur Vorwärmung des Reaktionsgemisches benützt. Dieses sog. „Einstufenverfahren" ist in Amerika sehr gebräuchlich. Beim „Zweistufenverfahren" wird vorerst Phosphor erzeugt, der dann erst in Phosphorsäure- und Düngemittelfabriken zu P_2O_5 verbrannt wird. Dieses wird aus den Verbrennungsgasen durch Einspritzen von Wasser herausgewaschen und in Phosphorsäure übergeführt. Die Absorption der Nebel des P_2O_5 bereitet jedoch Schwierigkeiten, so daß seine Reste auf elektrostatischem Wege niedergeschlagen werden müssen. Der bei der Verbrennung mit Luft verbleibende Stickstoff kann für die NH_3-Synthese nutzbar gemacht werden.

Da mit der Phosphorsäureerzeugung meist auch die Erzeugung von Nebenprodukten, wie PCl_3, PCl_5, $POCl_3$, P_4S_3 usw., verbunden ist, das CO auch gut verwertbar ist, ist das Zweistufenverfahren dem Einstufenverfahren überlegen.

Roter Phosphor wird in der *Zündholzindustrie* zur Herstellung der Reibflächen verwendet. Weißer Phosphor darf wegen seiner Giftigkeit nicht zur Herstellung von Zündhölzern verwendet werden. Die Zündmassen der Sicherheits- oder schwedischen Zündhölzer bestehen aus Sauerstoffträgern, wie Kaliumchlorat, Kaliumbichromat, Mangandioxyd, weiters oxydablen Stoffen, wie Antimonsulfid, Leim oder Gummiarabikum, die Reibflächen enthalten roten Phosphor, P_4S_3 oder andere Schwefel-Phosphor-Verbindungen, wie P_2S_3, P_3S_6, P_2S_5, ferner Braunstein, eventuell Schwefel, Glaspulver und Leim. Die Entflammung beim Reiben der Zündholzköpfchen an der Reibfläche kommt dadurch zustande, daß durch die Reibungswärme der rote Phosphor in leicht entzündlichen weißen umgewandelt wird, der sich entzündet und das mit Weichparaffin getränkte Hölzchen zur Entflammung bringt (s. S. 136 u. 253).

Phosphor kann auch wegen seiner Entzündlichkeit für Brandbomben und zur Erzeugung künstlicher Nebel verwendet werden. In der Medizin werden sehr geringe Mengen (0,2—3 mg P) von in fetten Ölen gelöstem Phosphor bei Rachitis u. dgl. zur Beschleunigung der Knochenbildung verabreicht. Größere Mengen von Phosphor bewirken Phosphornekrose (Knochenfraß).

2. Phosphorverbindungen.

a) Phosphor-Wasserstoff-Verbindungen.

Phosphorwasserstoff, Phosphin, PH_3 (fbl; Gas; D_{fl} 0,74;

Fp —133,8°; Kp —87,8°; L: 1 Vol. W löst 17° 0,26 Vol. PH_3) wird in reinem Zustande bei der Zersetzung von Phosphoniumjodid durch Kaliumhydroxyd erhalten: $PH_4J + KOH = PH_3 + KJ + H_2O$. Bei der Einwirkung von kochender Kalilauge auf Phosphor nach $P_4 + 3\,KOH + 3\,H_2O = 3\,KH_2PO_4 + PH_3$ sowie von Wasser auf Phosphorcalzium entsteht neben PH_3 stets auch flüssiger Phosphorwasserstoff P_2H_4, der im Gegensatz zum Phosphin an der Luft schon bei gewöhnlicher Temperatur selbstentzündlich ist. PH_3 entzündet sich an der Luft erst bei über 150°, wobei bei der Verbrennung Phosphorsäure entsteht: $PH_3 + 2\,O_2 = H_3PO_4$.

PH_3 ist äußerst giftig, es riecht nach faulen Fischen. Bereits eine Konzentration von 0,04 mg PH_3/l Luft, die noch unter der Wahrnehmbarkeitsgrenze liegen, verursacht nach mehrstündiger Einwirkung den Tod durch Lungenödem. PH_3 weist eine Ähnlichkeit mit NH_3 auf, da es sich z. B. mit trockenem HJ zu *Phosphoniumjodid* vereinigt: $PH_3 + JH = PH_4J$ (fbl; tetrag; subl 61,8°; l: W, SS, Alk zers). Mit Wasser bildet die Phosphoniumgruppe PH_4 keine den NH_4-Ionen analogen PH_4-Ionen, sondern zerfällt mit Wasser in PH_3 und Halogenwasserstoff. Hingegen sind die durch Ersatz des Wasserstoffes im PH_4 durch Alkylgruppen erhaltenen Phosphoniumbasen, wie z. B. das Tetramethylphosphoniumhydroxyd $[P(CH_3)_4]\,OH$, stark dissoziierte Basen.

Flüssiger Phosphorwasserstoff P_2H_4 (Kp 58°; nl: W) ist selbstentzündlich. Er bildet sich beim Eintragen von Calzium- oder Magnesiumphosphid in Wasser und macht bereits in Spuren PH_3 an der Luft selbstentzündlich. Calzium bildet die Phosphide Ca_2P_2 Dicalziumdiphosphid und Ca_3P_2 Tricalziumdiphosphid, die neben Calziumpyrophosphat $Ca_2P_2O_7$ bei der Einwirkung von Phosphordampf auf glühendes CaO entstehen. Dieses graubraun bis braun gefärbte Produkt ist das Phosphorcalzium des Handels, das in verlöteten Blechbüchsen in den Handel kommt. Es kann als Leuchtmasse in Wasser verwendet werden.

b) Phosphor-Sauerstoff-Verbindungen.

Unterphosphorige Säure H_3PO_2 (fbl; kryst; D 1,49; Fp 17,4°; zers; sl: W, Al, Ae) leitet sich von einem unbekannten 1-wertigen Oxyd des Phosphors ab und wird aus Phosphor und Bariumhydroxyd sowie Umsetzung des Bariumhypophosphites mit Schwefelsäure erhalten. Die unterphosphorige Säure kommt in 2 tautomeren (s. S. 121) Formen

$$P^{III}\begin{cases}-OH\\-OH\\-H\end{cases} \rightleftarrows \begin{matrix}H\\H\end{matrix}\Big\rangle P^{V}\Big\langle\begin{matrix}OH\\O\end{matrix}$$

vor. Sie stellt ebenso wie ihre leicht löslichen Salze, die Hypophosphite genannt werden, ein starkes Reduktionsmittel dar, das Quecksilber-, Silber-, Wismut- und Kupfersalze zu den Metallen reduzieren kann. Sie ist eine einbasische Säure.

Phosphor-III-Oxyd, Diphosphorhexoxyd P_2O_6 (fbl; monokl; D 2,14; Fp 22,7°; Kp 173°; l: W, Ae, CS_2, Bzl) ist nach der Bestimmung der Dampfdichte dimolekular. Es zerfällt bei Belichtung langsam, bei Temperaturen über 200° aber rascher in P_2O_4 *Diphosphortetroxyd* (fbl; rhomb; Fp > 100; subl: ~ 180; sl: W [zers]) und Phosphor. P_2O_4 zersetzt sich in Wasser rasch zu phosphoriger und Phosphorsäure. P_2O_6 entsteht bei der Verbrennung von Phosphor mit unzureichendem Luftzutritt und oxydiert sich an der Luft allmählich zu P_2O_5, wobei bei Raumtemperatur Chemilumineszenz, oberhalb 70° Feuererscheinungen auftreten. Mit Wasser oder verdünnten Säuren wird P_2O_6 allmählich unter Bildung von

Phosphoriger Säure H_3PO_3 gelöst (fbl; kryst; D 1,65; Fp 73,6°; sl: W). Diese ist eine zweibasische Säure, für die die tautomeren Formeln (s. S. 121) gelten:

$$P^{III}\begin{matrix} \diagup OH \\ -OH \\ \diagdown OH \end{matrix} \rightleftarrows O = P^{V}\begin{matrix} \diagup OH \\ -OH \\ \diagdown H \end{matrix}.$$

Sie bildet Monophosphite, wie z. B. NaH_2PO_3, und Diphosphite, wie Na_2HPO_3. Die Alkali- und Calziumphosphite sind leicht, die übrigen Phosphite aber schwer löslich. Sie wirken stark reduzierend, sind aber eigenartigerweise gegenüber Salpetersäure beständig.

Unterphosphorsäure $H_4P_2O_6$ entsteht bei der langsamen Oxydation von Phosphor mit wenig Luft in Form von farblosen Krystallen der Zusammensetzung $H_4P_2O_6 . 2\,H_2O$. Sie ist eine schwache vierbasische Säure der Formel

$$\begin{matrix} HO \diagdown \\ HO \diagup \end{matrix} \overset{\overset{\displaystyle O}{\|}}{P} - O - P \begin{matrix} \diagup OH \\ \diagdown OH \end{matrix},$$

deren Alkalisalze leicht, das Thoriumsalz aber schwer löslich ist, was zur Trennung des Thoriums von den seltenen Erden benützt wird.

Phosphorpentoxyd P_2O_5 (fbl; amorph oder rhomboedr; D 2,39; subl 358°; Fp [Dr] 563°; l: W zu $H_2P_2O_6$, Metaphosphorsäure) ist das Endprodukt der Oxydation des Phosphors oder niedrigerer Phosphoroxyde bei der Verbrennung mit überschüssiger Luft. Es stellt eine weiße, flockige, geruchlose Masse dar. Der Dampf entspricht der Molekel P_4O_{10}. Geschmolzenes P_2O_5 bildet eine glasige Masse, die zur Herstellung von Phosphatgläsern dient. Phosphorpentoxyd phosphoresziert grünlich, insbesondere nach Bestrahlung. Es ist äußerst stark hygroskopisch und kann sogar anderen Verbindungen ihr Konstitutionswasser entziehen. Es setzt auf diese Weise Anhydride, wie z. B. aus Schwefel-, bzw. Salpetersäure SO_3, bzw. N_2O_5, in Freiheit. Es wird daher im Laboratorium als sehr wirksames Trockenmittel für Gase verwendet.

Wenig Wasser zersetzt P_2O_5 unter Bildung von Metaphosphorsäure $(HPO_3)_2$.

Orthophosphorsäure H_3PO_4 (w; fbl; dim; rhomb; D 1,88; Fp [w] 41,75°; Fp [fbl] 38°; L: 542 [84,5%]; l: Al) leitet sich vom P_2O_5 ab und kann durch Lösen von P_2O_5 in genügend viel Wasser, Oxydation von weißem oder violettem Phosphor mit Salpetersäure oder technisch aus Calziumphosphat mit Schwefelsäure dargestellt werden. Vom P_2O_5 leiten sich je nach der reagierenden Wassermenge drei verschiedene Säuren ab:

$$\text{Orthophosphorsäure: } P_2O_5 + 3\,H_2O = 2\,H_3PO_4$$
$$\text{Pyrophosphorsäure: } P_2O_5 + 2\,H_2O = H_4P_2O_7$$
$$\text{Metaphosphorsäure: } P_2O_5 + H_2O = HPO_3.$$

Die Orthophosphorsäure ist eine mittelstarke dreibasische Säure der Formel $O = P \begin{smallmatrix} \diagup OH \\ -OH \\ \diagdown OH \end{smallmatrix}$, die durch Wasserabspaltung in Pyro- und Metaphosphorsäure übergeführt werden kann. Sie ist die wichtigste Phosphorsäure, da alle in der Natur vorkommenden Phosphate sich von ihr ableiten. Sie bildet 3 Reihen von Salzen, die durch Ersatz von 1, 2 oder 3 H-Atomen durch Metalle darstellbar sind:

Primäres, Mononatrium- oder Dihydrophosphat NaH_2PO_4,
Sekundäres, Dinatrium- od. Natriummonohydrophosphat Na_2HPO_4
und Tertiäres oder Trinatriumphosphat Na_3PO_4.

Das Monophosphat reagiert neutral, das Dinatriumphosphat schwach und das Trinatriumphosphat infolge Hydrolyse stark alkalisch. Das letztere ist in gelöstem Zustande auch nur in stark alkalischer Lösung beständig.

Phosphorsäure bildet die Grundlage der in der Korrosionsschutztechnik viel verwendeten Phosphatierungsbäder, die aus schwach sauren primären Phosphaten des Zinks und Mangans, meist noch mit Nitraten als Beschleunigungsmitteln, bestehen.

Nachweis. Fällung in schwach salpetersaurer Lösung mit Ammonmolybdat als gelber Niederschlag $(NH_4)_3[P(Mo_3O_{10})_4]$.

Pyrophosphorsäure $H_4P_2O_7$ (fbl; glasig oder kryst; Fp [kryst] 61°; sl: W) wird am besten durch Erhitzen von Diphosphaten der Alkalien: $2\,Na_2HPO_4 = Na_4P_2O_7 + H_2O$, Umsetzung mit Bleisalzen zu leicht löslichem Bleipyrophosphat $Pb_2P_2O_7$, Fällung des Bleies mit H_2S als PbS und Eindampfen der Lösung erhalten. Pyrophosphorsäure ist eine vierbasische Säure $\begin{smallmatrix} HO \\ HO \end{smallmatrix} \rangle P \langle \begin{smallmatrix} O\;O \\ O \end{smallmatrix} \rangle P \langle \begin{smallmatrix} OH \\ OH \end{smallmatrix}$, von der aber nur 2 Reihen von Salzen, nämlich die normalen und die zweifachsauren, wie z. B. $Na_4P_2O_7$ und $Na_2H_2P_4O_7$, bekannt sind. Die wässerige Lösung der Pyrophosphorsäure geht langsam, schneller beim Erwärmen, in Orthophosphorsäure über.

Metaphosphorsäure HPO_3 (fbl; amorph; D 2,17; sl: W) entsteht beim längeren Erhitzen von Pyrophosphorsäure auf über 300° unter Wasserabspaltung. Sie wird wegen ihrer glasigen Beschaffenheit auch Phosphorglas oder glasige Phosphorsäure genannt. Ihr kommt eine polymere Formel $(HPO_3)_n$ zu. Die Metaphosphorsäure $HO-P\begin{smallmatrix}\nearrow O\\ \searrow O\end{smallmatrix}$ ist eine mittelstarke einbasische Säure, ihre Salze heißen Metaphosphate. Sie entstehen beim Glühen von primären Orthophosphaten wie: $Na_2HPO_4 = NaPO_3 + H_2O$. Metaphosphorsäure kann Eiweiß koagulieren. Polymere Metaphosphate sind in Wasser leicht löslich, weshalb Hexanatriummetaphosphat zur Unschädlichmachung der Härtebildner (s. S. 38) im Wasser verwendet wird.

Die *Phosphorsalzperle*, die in der analytischen Chemie zum Nachweis von Metallen verwendet wird, ist durch gelöste Metalloxyde gefärbtes Natriummetaphosphat. Sie wird durch Schmelzen einiger Kryställchen von Phosphorsalz $Na(NH_4)HPO_4 . 2\,H_2O$ in einer Platinöse im Bunsenbrenner erhalten. Chrom, Uran, Vanadin färben grün, Kupfer, Kobalt, Wolfram blau usw.

c) Halogen-, Schwefel- und Stickstoffverbindungen des Phosphors.

Phosphortrichlorid PCl_3 (fbl; D 1,57; Fp —92°; Kp 74,5°; W, SS, Alk zers; l: Ae, Chlf, CS_2) wird technisch durch Verbrennung von weißem Phosphor im Chlorstrom bei Anwesenheit von überschüssigem PCl_3 unter Ausschluß von Luft hergestellt. Die Wärmeentwicklung bei der Umsetzung reicht zur Destillation des PCl_3 aus, das am Rückflußkühler kondensiert wird. Zur Befreiung von PCl_5 wird es noch einmal mit Phosphor destilliert. Die Flüssigkeit raucht an der Luft und wird von Wasser stürmisch zersetzt. Die Dämpfe reizen zu Tränen. Es dient wie alle Phosphorchloride zur Herstellung organischer Chlorverbindungen.

Phosphorpentachlorid PCl_5 (hg; tetrag; Fp [Dr] 149°; Kp ~62°; subl 140°; W, SS, zers; l: CCl_4) wird durch Zerstäubung von PCl_3 in einem von unten aufsteigenden Chlorstrom erzeugt, wobei sich PCl_5-Krystalle ausscheiden: $PCl_3 + Cl_2 = PCl_5$. Beim Erhitzen dissoziiert es in PCl_3 und Cl_2, wobei dieser Zerfall bei 185° 50% erreicht und bei 300° vollständig ist. Wegen dieser leichten Chlorabspaltung wird PCl_5 in der Zwischenproduktenfabrikation zur Herstellung von Säurechloriden (s. S. 593) benützt. Zur Silierung von Grünfutter kommt PCl_5 in verlöteten Blechbüchsen unter dem Namen „Pentesta“ in den Handel. Beim Öffnen der Büchsen unter Wasser löst sich das PCl_5 zu einem Gemisch von Phosphorsäure und Salzsäure auf: $PCl_5 + 4 H_2O = H_3PO_4 + 5 HCl$. Das Säuregemisch wird über das Grünfutter gegossen.

Phosphoroxychlorid $POCl_3$ (fbl; fl; D 1,675; Fp 1,3°; Kp 105,4°; W, SS zers) wird technisch aus PCl_3 und Kaliumchlorat nach $3 PCl_3 + KClO_3 = 3 POCl_3 + KCl$ dargestellt. Mit Alkoholen oder Phenolen entstehen unter Absaugung der frei werdenden Salzsäure im Vakuum technisch wertvolle Phosphorsäureester, wie z. B. Tributylphosphat und Trikresylphosphat, die lichtbeständige Weichmachungsmittel für Nitro- und Acetylzellulose darstellen.

Phosphorsulfide, Tetraphosphortrisulfid P_4S_3 (g; rhomb u. kub; D 2,03; Fp 172,5°; Kp 407°; nl: W, HCl, H_2SO_4; l: HNO_3, Alk, CS_2), P_4S_7 *Tetraphosphorheptasulfid* (hg; kryst; D 2,19; Fp 310°; Kp 523°; nl: fast alle Lsgsm), P_4S_{10} *Tetraphosphordecasulfid*, auch Phosphorpentasulfid genannt (hg; kryst; dim; D 2,09; Fp 290°; Kp 514°; l: CS_2; zers: W, Alk), entstehen beim Zusammenschmelzen von Phosphor und Schwefel. Sie sind praktisch unlöslich, ungiftig, entzünden sich bei höherer Temperatur an der Luft und werden zur Herstellung von Reibflächen für Zündhölzer (s. S. 126, 131 u. 253) oder schwefelhaltiger organischer Verbindungen verwendet.

Phosphorstickstoff P_3N_5 (w; amorph; D 2,51; nl: alle Lsgsm) wird aus P_2O_5 und trockenem NH_3 bei Rotglut erhalten.

Nachweis von Orthophosphat: Ammonmolybdat (4% in verd. HNO_3) + Benzidin (0,05% in 10% Essigsäure) + Natriumacetat (ges. Lsg) 20°, gibt bei der Tüpfelprobe eine blaue Färbung.

XXIX. Kohlenstoff.

Symbol C; Atomgewicht 12,010; Ordnungszahl 6; Dichte (Diamant 3,51, Graphit 2,25); Sublimationspunkt von Graphit 3540° C; Wertigkeit: II, IV.

Bedeutung. Kohlenstoff nimmt zwar am Aufbau der Erdrinde nur mit einer Menge von 0,2% (Tab. 1) teil, ist aber für die belebte Welt das wichtigste Element, da alle tierischen und pflanzlichen Organismen aus Kohlenstoffverbindungen aufgebaut sind. Die große Mannigfaltigkeit der Kohlenstoffverbindungen ergibt sich bereits aus seiner Stellung im periodischen System (Tab. 11, s. S. 103), wonach er sowohl gegen Wasserstoff als auch gegen Sauerstoff 4-wertig ist. Außerdem ist aber der Kohlenstoff befähigt, nicht nur mit anderen Elementen Verbindungen einzugehen, sondern sich auch selbst mit anderen Kohlenstoffverbindungen zu ketten- oder ringförmigen Gebilden beliebiger Größe zu vereinen. Die große Mannigfaltigkeit und Bedeutung der Kohlenstoffverbindungen kann man daraus ersehen, daß man derzeit etwa 40.000 anorganische und 350.000 organische (Kohlenstoff-) Verbindungen kennt, von denen etwa 250 anorganische, aber mehr als 10.000 organische Verbindungen technisch erzeugt oder gewonnen werden.

Vorkommen. Kohlenstoff kommt vorwiegend gebunden in Form von Carbonaten wie Kalkstein und Dolomit, die ganze Gebirgszüge bilden, ferner als fossile Überreste organischen Lebens in Form von Kohle, Erdöl, Erdwachs, Asphalt, Naturgas usw. vor. Reiner Kohlenstoff tritt in zwei allotropen Modifikationen, als Diamant und Graphit, auf.

Diamant wird auf sekundärer Lagerstätte in Flußsand, gewöhnlich mit anderen Edelsteinen oder Edelmetallen gemeinsam (Brasilien, Ural, Australien, Borneo usw.), oder aber auf primärer Lagerstätte in einem dunkelbläulich bis grauen vulkanischen Tuff, der als Kimberlit bezeichnet wird, gefunden. Die Hauptfundstätte für Diamant ist derzeit Südafrika, wo er bergmännisch mit Maschinen und Waschvorrichtungen gewonnen wird. Selbst reichstes Gestein enthält nicht mehr als etwa 0,1 g Diamanten pro 1 t Gestein. Großbritannien beherrscht etwa 93% der gesamten Welterzeugung an Diamanten.

Künstliche Diamanten. Verschiedentlich wurde bereits der Versuch unternommen, Diamanten auf künstlichem Wege herzustellen, jedoch scheinen alle derartigen bisherigen Versuche mit Ausnahme jenes von Moissan (1894) gescheitert zu sein. Moissan schreckte mit Kohlenstoff gesättigtes Eisen sehr rasch ab und erhielt angeblich bis ½ mm große Krystalle von Diamant. Eine Wiederholung dieses Versuches ist aber anderen Forschern bisher nicht gelungen.

Graphit kommt namentlich als krystalliner Graphit auf Ceylon, Madagaskar und mehr oder weniger amorph in Mexiko, Korea, Steiermark, Burgenland, Böhmen, bei Passau usw. vor. Durch die Schwimmaufbereitung kann Graphit großer Reinheit gewonnen werden. Er wird auch künstlich durch längeres Erhitzen von Kohle unter Luftabschluß, und zwar ähnlich wie Siliciumcarbid (s. S. 216), in einem aus losen feuerfesten Steinen zusammengesetzten Ofen zwischen Kohleelektroden hergestellt. Die Elektroden sind durch einen lose geschütteten Kohlekern miteinander verbunden, der rings von Anthrazit, Petrolkoks oder Teerpechkoks umgeben ist. Zuoberst befindet sich eine Deckschicht von Kohlepulver. Nach der Erhitzung auf mehr als 2500° durch den Stromdurchgang ist die Kohle oder der Koks in Graphit umgewandelt. Dieser bildet sich auch bei der thermischen Zersetzung von Siliciumcarbid und von kohlenstoffhaltigen Gasen, z. B. als Retortengraphit. Auch der natürliche Graphit ist durch starke Überhitzung kohlenstoffhaltiger Materialien durch vulkanische Vorgänge entstanden. Die stabilste Modifikation des Kohlenstoffes ist der Graphit, da Diamant bei längerem Erhitzen unter Luftabschluß in Graphit umgewandelt werden kann.

Ruß, Koks, Retortenkohle oder amorpher Kohlenstoff bestehen, wie röntgenographische Untersuchungen ergeben haben, aus Mikrokrystallen von Graphit, so daß es amorphen Kohlenstoff eigentlich nicht gibt. Ruß wird technisch durch Verbrennung von Kohlenwasserstoffen, wie Naphthalin, Steinkohlenteer, Teeröl usw,. bei ungenügendem Luftzutritt oder Verbrennen von Naturgas (in USA.) an kühlenden Eisenflächen als Gasruß erhalten. Er wird in größeren Mengen von der Kautschukindustrie benötigt.

Eigenschaften von Diamant und Graphit. Obwohl Diamant und Graphit chemisch aus dem Element Kohlenstoff bestehen, weisen diese beiden Modifikationen sehr große Unterschiede auf. Während Diamant der härteste bekannte Stoff mit der Härte 10 in der Skala nach Mohs ist, besitzt Graphit nur die Härte von etwa 1. Diamant krystallisiert regulär, Graphit hexagonal. Diamant leitet den elektrischen Strom fast nicht und Wärme nur schlecht, während Graphit sowohl Wärme als auch Elektrizität gut leitet. Die Dichte des Diamanten beträgt 3,51, jene des Graphits nur 2,25. Graphit sublimiert bei 3540°.

Diamant ist im reinen Zustand durchsichtig und besitzt das höchste bekannte Lichtbrechungsvermögen von 2,5, Graphit ist schwarz und undurchsichtig. Auf dem großen Lichtbrechungsvermögen des Diamanten beruht seine Verwendung als Schmuckgegenstand. Fälschungen aus Bleiglas können leicht bei der Bestrahlung mit Radiumpräparaten erkannt werden, da dabei nur der Diamant fluoresziert.

Sowohl Diamant als auch Graphit sind gegen chemische Einflüsse äußerst widerstandsfähig, wobei Diamant noch weniger angreifbar ist. Diamant verbrennt beim Erhitzen an der Luft auf etwa 800°, Graphit bereits auf 700°. Graphit läßt sich durch Behandlung mit rauchender konzentrierter Salpetersäure zu Graphitsäure, einer sechsbasischen cyclischen Säure $C(COOH)_6$, oxydieren.

Krystallstruktur. Diese großen Unterschiede zwischen Diamant und Graphit beruhen auf ihren verschiedenartigen Krystallgittern. Diamant besitzt ein Krystallgitter aus zwei ineinanderstehenden, flächenzentrierten kubischen Gittern, die gegeneinander um ¼ der Raumdiagonalen verschoben sind. Beim Graphit bilden je 6 C-Atome ein regelmäßiges Sechseck, die sich zu wabenförmigen Krystallgitterebenen zusammensetzen. Zahlreiche derartige Sechsecke sind im doppelten Abstand der Entfernung der C-Atome in den Sechsecken zu Schichten (Schichtengitter) vereinigt. Längs der Schichten ist der Graphit gut spaltbar (s. a. S. 212).

Verwendung von Diamant und Graphit. Diamant wird vorwiegend für Schmuckgegenstände, die unreinen und undurchsichtigen Sorten aber zum Besetzen von Gesteinsbohrern, Schleifwerkzeugen für Metalle, zum Schneiden von Glas usw. verwendet.

Graphit ist das Rohmaterial für die Herstellung von Elektroden für elektrische Öfen, Bogenlampen, Dynamobürsten usw. Gemische von Ton und Graphit liefern die Minen der Bleistifte. Die verschiedene Härte der Bleistiftsorten wird durch verschiedene Mischungsverhältnisse und Brenndauern erhalten. Graphit dient auch als Schmiermittel, Anstrichfarbe, zum Überziehen von nichtleitenden Formen in der Galvanoplastik usw. Die Weltproduktion an Diamant betrug 1913 5,3 Mill. Karat (1 Karat = 0,2 g), von Graphit (1927) rund 1,5 Mill. t.

Mikrokrystalliner (amorpher) Kohlenstoff. Trotz seiner strukturellen Ähnlichkeit mit dem Graphit weist der mikrokrystalline oder amorphe Kohlenstoff z.B. in Form der Holzkohle, von Koks usw. eine Reihe von spezifischen Eigenschaften auf. Amorpher Kohlenstoff ist niemals reiner Kohlenstoff, sondern er enthält höchstens 90% C neben Sauerstoff, Wasserstoff, Schwefel, Stickstoff und Aschenbestandteilen.

Zufolge der Kleinheit der Kryställchen, die fast die Dimensionen großer organischer Moleküle erreichen, besitzt der mikrokrystalline Kohlenstoff eine außerordentlich große Oberflächenentwicklung, die bei künstlich absichtlich mit möglichst großer Oberfläche erzeugten sog. Aktivkohlen bis zu 1 qm/1 mg erreichen kann. Die feinere Verteilung des Kohlenstoffes bedingt vor allem eine bedeutend größere Reaktionsfähigkeit. Diese äußert sich z.B. darin, daß amorphe Kohle bereits bei etwa 200° an der Luft sich langsam oxydiert. Mikrokrystalliner Kohlenstoff besitzt auch ein starkes Reduktionsvermögen. Kohlenstoff in Form von Koks oder Kohle stellt daher das am häufigsten in der Technik, besonders in der Metallurgie, verwandte Reduktionsmittel dar.

Adsorption. Durch die große Oberflächenentwicklung des mikrokrystallinen Kohlenstoffes entsteht ein starkes Adsorptionsvermögen für gas-, dampfförmige oder gelöste Stoffe. Die Adsorption ist proportional der Oberfläche des festen adsorbierenden Stoffes und nimmt mit steigender Temperatur ab, so daß der adsorbierte Stoff durch Erwärmen im reinen Zustande wiedergewonnen werden kann. Zwischen der Konzentration des zu adsorbierenden Stoffes c und der adsorbierten Menge a in g besteht das von Ostwald und Freundlich abgeleitete Gesetz $a = \alpha c^{\frac{1}{n}}$, wobei α und $\frac{1}{n}$ Konstanten darstellen (Adsorptionsisotherme).

Mit Holz- oder Aktivkohle, die durch Ausglühen von adsorbierten Gasen befreit worden sind, kann man in evakuierten Gefäßen bei Kühlung mit flüssiger Luft ein fast vollständiges Vakuum erzeugen. Aktivkohle, die aus Obstkernen, Nußschalen, Holz usw. hergestellt werden kann, besitzt auch ein großes Entfärbungsvermögen für gelöste Farbstoffe. So kann man organische gefärbte Flüssigkeiten, wie Benzin, Benzol usw., durch Filtrieren über Aktivkohle entfärben. Aus Spiritus können durch Filtrieren oder Schütteln mit Aktivkohle die höher siedenden Fuselöle (s. S. 569) entfernt werden. Für die Adsorption gilt die sog. Traubesche Regel, daß in homologen Reihen die Kapillaraktivität und Adsorption mit steigendem Molekulargewicht erhöht wird. Von einem Gemisch mehrerer Stoffe wird also zuerst der höhermolekulare adsorbiert.

Ähnlich wie Aktivkohle wirken Blut-, Knochen-, Zucker- und Tierkohle, die gleichfalls für Entfärbungs-, Adsorptionszwecke usw. verwendet werden. Auch Gasreste, die nach anderen Methoden wegen ihrer zu starken Verdünnung nicht mehr wirtschaftlich gewonnen werden könnten, lassen sich durch Adsorption mit Holzkohle, Aktivkohle, Silicagel (s. S. 211) usw. verwerten, wie z. B. Benzoldämpfe, Aether, SO_2, H_2S. Durch Erwärmen oder Dampfeinleiten können die adsorbierten Stoffe gewonnen und die Kohle wieder regeneriert werden. Auch in Gasmasken werden Aktivkohlen verwendet.

1. Sauerstoffverbindungen des Kohlenstoffes.

Kohlenoxyd CO (fbl; D 1,250; Fp —205,1°; Kp —191,6°; kritische Temperatur —140,2; L: 1 Vol. W löst 0° 0,0329 Vol. CO; l: Al, CuCl-Lsg) entsteht bei der Einwirkung von CO_2 auf glühenden Kohlenstoff, kann sich daher auch umgekehrt aus CO_2 unter Abscheidung von festem C nach der umkehrbaren Reaktion $CO_2 + C \rightleftarrows 2\,CO$ bilden. Die Lage des Gleichgewichtes ist nach dem Massenwirkungsgesetz von der Temperatur abhängig: $K_p = \frac{[CO_2]}{[CO]^2}$, wobei sich für jede Temperatur ein bestimmtes Verhältnis zwischen CO_2 und CO einstellt. Die Gleichgewichtsverhältnisse, die für die Technik der Verbrennungsvorgänge sehr wichtig sind, wurden von Boudouard untersucht. Wie sich aus der Abb. 22 ergibt, beginnt die Reduktion des CO_2 bei Temperaturen über 400° und ist bei etwa 950° praktisch vollständig. Über 1000° besteht das bei der Verbrennung von Kohlenstoff entstehende Gas bei Gegenwart von festem Kohlenstoff nur aus CO.

CO entsteht auch aus Oxalsäure $(COOH)_2$ durch Wasserentzug oder technisch aus Ameisensäure durch deren Eintropfenlassen in konzentrierte Schwefelsäure: $HCOOH = H_2O + CO$. Die technische Gewinnung von CO ist auf S. 140 beschrieben.

Eigenschaften. CO ist farb- und geruchlos. Kohlenoxyd ist eine der wenigen Verbindungen mit 2-wertigem Kohlenstoff: C = O. CO ist nur schwer, z. B. durch Kaliumpermanganat mit Silbersalzen oder Chromsäure und Quecksilberoxyd als Katalysator bei Raumtemperatur, zu oxydieren. Luftsauerstoff oxydiert mit Kupfer als Katalysator bei Gegenwart von KOH. An der Luft verbrennt CO mit fahlblauer Flamme zu CO_2.

CO ist ein starkes Gift, da es sich mit dem Hämoglobin des Blutes zu Kohlenoxydhämoglobin verbindet, in welcher Verbindung das CO stärker an das Hämoglobin gebunden ist als der Sauerstoff. 0,15% CO in der Luft führen bereits zu schwerer Erkrankung, 0,37% nach etwa 2 Stunden zum Tode. Leuchtgas ent-

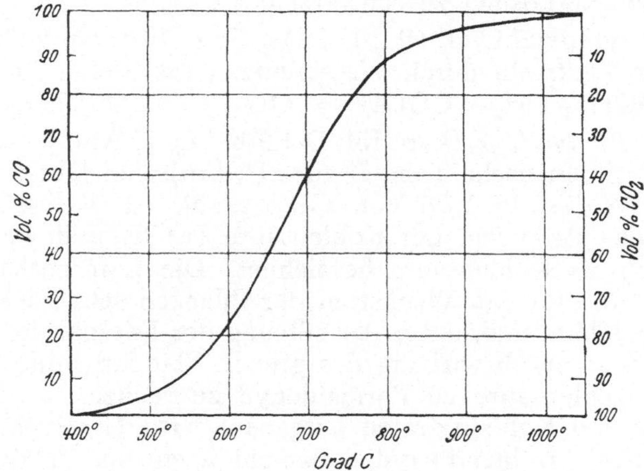

Abb. 22. Abhängigkeit des $CO \rightleftharpoons CO_2$-Gleichgewichtes von der Temperatur.

hält etwa 8—20% CO. Gegenmittel gegen eine Kohlenoxydvergiftung sind frische Luft, künstliche Atmung mit reinem Sauerstoff, Hautreizmittel und Frottieren der Glieder.

Kohlenoxyd bildet mit fein verteiltem Nickel, Eisen und Kobalt gasförmige und flüssige Karbonyle. Mit Chlor entsteht Phosgen $COCl_2$, mit Schwefel Kohlenoxysulfid COS. Besonders wichtig ist seine Fähigkeit, Oxyden bei höheren Temperaturen ihren Sauerstoff entziehen zu können, sie also zu reduzieren. So besteht der wesentlichste Vorgang der Eisengewinnung im Hochofen in der Reduktion der Eisenoxyde mit CO (s. S. 463).

Von einer salzsauren oder ammoniakalischen Kupfer-I-Chlorid-Lösung wird CO unter Bildung einer Anlagerungsverbindung CuClCO absorbiert, welche Reaktion in der quantitativen Gasanalyse zur Bestimmung des CO benützt wird. Feste erhitzte Alkalihydroxyde absorbieren CO unter Bildung von Formiaten (s. S. 589). Mit NH_3 vereinigt es sich in einer Lösung von Methylalkohol unter Druck und bei Anwesenheit von Natrium als Katalysator zu Formamid, das durch Wasserabspaltung beim Überleiten über Bauxit in Gegenwart von viel NH_3 bei 300—350° Ammoncyanid gibt:

$$CO + NH_3 \rightarrow H-C\begin{cases} O \\ NH_2 \end{cases} \xrightarrow{+NH_3} NH_4CN + H_2O$$

In großem Maßstabe wird auch die Überführung von CO und H_2 in Methylalkohol mit Chrom-Zink-Katalysatoren unter Druck durchgeführt. Mit Wasserstoff entsteht beim Überleiten über fein verteiltes Nickel bei 270° Methan (Sabatier): $3\,H_2 + CO \rightleftarrows CH_4 + H_2O$. Technisch wird diese Reaktion aber vorwiegend von rechts nach links zur Bildung von Wasserstoff durchgeführt.

Nachweis. Reduktion von Natriumacetat enthaltender Palladium-II-Chlorid-Lösung zu schwarzem Palladium.

Kohlensuboxyd C_3O_2 (fbl; D 1,114; Fp —107°; Kp 6,3°; L: W zu Malonsäure) entsteht durch Wasserentzug aus Malonsäure mittels P_2O_5: $COOH-CH_2-COOH = OC=C=CO + 2\,H_2O$.

Kohlendioxyd CO_2 (kub; fbl; D 1,9768; Fp [5 Atm.] —57,6°; Kp [subl] —78,5°; kritische Temperatur 31°; kritischer Druck 73 Atm.; L: 1 Vol. W löst 0° 1,797 Vol. CO_2; 1 Vol. Al 0° löst 4,33 Vol. CO_2) ist das Anhydrid der Kohlensäure H_2CO_3 und wird häufig selbst auch als Kohlensäure bezeichnet. Die Luft enthält 0,03—0,04% CO_2, die für das Wachstum der Pflanzen sehr wichtig sind, da diese befähigt sind, unter Ausnützung der Energie des Sonnenlichtes und unter Mitwirkung des grünen Blattfarbstoffes Chlorophyll die Kohlensäure zu Formaldehyd zu reduzieren, der dann zu Zucker und Kohlehydraten aufgebaut wird (Assimilation des Kohlenstoffes). Kohlendioxyd entweicht auch aus Vulkanen und Erdspalten. Gelöst ist es in allen Wässern enthalten und verursacht dort durch Auflösung von Calzium- und Magnesiumverbindungen die Härte des Wassers (s. S. 29). Kohlensäurereiche Wässer werden zu Heilzwecken (Säuerlinge) verwendet. In gebundener Form bildet die Kohlensäure als Calzium- und Magnesiumcarbonat ganze Gebirgszüge.

Kreislauf des Kohlenstoffes in der Natur. Kohlendioxyd entsteht auch als Endprodukt der Verbrennung von Kohlenstoff und bei der Verwesung von tierischen und pflanzlichen Stoffen. Da auch bei der Atmung das bei der Verbrennung der kohlenstoffhaltigen Nahrungsmittel entstandene Kohlendioxyd ausgeatmet wird, das von den Pflanzen wieder aufgenommen und assimiliert werden kann, herrscht in der belebten Welt ein ständiger Kreislauf des Kohlenstoffes (s. a. S. 107 u. 128).

Bildung und Darstellung. Kohlendioxyd entsteht bei der Zersetzung von Carbonaten durch Säuren: $CaCO_3 + 2\,HCl = CaCl_2 + CO_2 + H_2O$ oder bei deren thermischen Spaltung: $CaCO_3 \rightleftarrows CaO + CO_2 - 42\,kcal$. Die erste Darstellungsmethode wird im Laboratorium, die zweite in der Technik in großem Maßstabe zur Herstellung von Mörtel, von CO_2 und in der Zuckerindustrie usw. ausgeführt. Auch Hydrocarbonate werden teils durch Kochen der wässerigen Lösung, vollständig aber durch Erhitzen auf 200° unter Kohlendioxydaustreibung in die normalen Carbonate umgewandelt: $2\,NaHCO_3 = Na_2CO_3 + H_2O + CO_2$.

Flüssiges Kohlendioxyd. Zur Herstellung von flüssigem Kohlendioxyd, das in Stahlflaschen in den Handel kommt, geht man von natürlichen Kohlendioxydquellen, von Gärungskohlensäure (s. S. 563), Kalkofenkohlendioxyd, meist aber den Verbrennungsprodukten von Koks aus. Dieser wird vorerst in einem Generator (s. S. 156) vergast und das Generatorgas in eigenen Verbrennungskammern mit vorgewärmter Luft zu CO_2 verbrannt. Zur Befreiung von Flugstaub und SO_2 wäscht man die Gase vorerst mit Wasser in mit Kalksteinen ausgesetzten Türmen durch Berieselung. Die Gase mit etwa 18% CO_2 werden sodann durch ein Gebläse in bis 20 m hohe Kokstürme gedrückt, in denen es durch herabrieselnde Natrium- oder Kaliumcarbonatlösung zu den entsprechenden Hydrocarbonaten gebunden wird: $K_2CO_3 + CO_2 + H_2O = 2\,KHCO_3$. Die etwa 40° warme Lösung wird mit heißer Kochlauge (s. u.) vorgewärmt. In einer Art Flammrohrkessel wird durch die heißen Verbrennungsgase des Generatorgases durch Kochen aus der Bicarbonatlösung das CO_2 ausgetrieben. Die Lauge geht wieder nach Kühlung in den Betrieb zurück. Das feuchte CO_2 wird gekühlt, getrocknet und komprimiert. 1 kg Koks liefert etwa 2 kg flüssiges Kohlendioxyd samt der erforderlichen Betriebskraft. Flüssiges CO_2 kommt in Stahlflaschen oder Kesselwagen, auf 60—70 Atm. komprimiert, in den Handel. Es wird in der Nahrungsmittelindustrie (Bierausschank, Herstellung von Limonaden), als Feuerlöschmittel, Betriebsmittel für Kältemaschinen usw. verwendet.

Trockeneis. Läßt man flüssiges Kohlendioxyd durch eine feine Düse ausströmen, so entsteht zufolge der starken Entspannung von 70 auf 1 Atm. und der damit verbundenen Abkühlung stets CO_2 in Form von Kohlensäureschnee, der für sich, z. B. im Gemisch mit Benzin oder Aether, zur Herstellung von Kältemischungen bis zu Temperaturen von —80° dient.

Wird der Kohlensäureschnee komprimiert, so erhält man Trockeneis. Zu seiner Herstellung wird flüssiges CO_2 in stehende Expansionszylinder eingepreßt, in welchen sich der Schnee von selbst verdichtet. Trockeneis kommt in Form von Blöcken in den Handel, die zerschnitten und zerbrochen werden können (D 1,3—1,5). Es besitzt etwa die doppelte Kälteleistung als Wasser (152 kcal auf 1 kg), sublimiert bei 1 Atm. bei —78,5° ohne zu schmelzen, wobei im Gegensatz zu Wassereis keine Flüssigkeit hinterbleibt. Das CO_2 wirkt außerdem noch desinfizierend.

Der Versand erfolgt in Wellpappekartons oder Holzkisten. Bei guter Isolation betragen die Verdampfungsverluste beim Versand nur etwa 5%. 1 kg Trockeneis liefert 0,5 m³ gasförmiges CO_2 (1 Atm.). Trockeneis findet in der Nahrungsmittelindustrie, in der chemischen Industrie, z. B. zur Erzeugung von Azofarbstoffen, im Haushalt usw. Verwendung.

Eigenschaften und Verhalten von CO_2. Kohlendioxyd ist ein farbloses Gas von charakteristischem schwachem Geruch, das weder die Atmung noch die Verbrennung unterhält. Die Atemluft enthält etwa 4% CO_2, pro Minute atmet der Erwachsene rund 0,5 g CO_2 aus. Größere Mengen als 5% CO_2 in der Luft sind giftig und können bei längerer Einwirkung sogar tödlich wirken. Da seine Dichte etwa 1,5 mal so groß ist als die der Luft, kann sich CO_2 in Gärkellern, in der Nähe von CO_2-Quellen, in Erdschächten usw. sammeln, die daher erst nach gründlicher Durchlüftung oder durch Überprüfung mit einer brennenden Kerze betreten werden dürfen. Bei hohen Temperaturen dissoziiert das CO_2 nach $2\,CO_2 \rightleftarrows 2\,CO + O_2$, jedoch sind bei 2000° erst rund 7% zerfallen.

Von den meisten Schwermetallen wird CO_2 in der Glühhitze zu CO reduziert. Leichtmetalle wie Mg oder Na können die Reduktion bis zu elementarem Kohlenstoff führen. So tritt gelegentlich beim Destillieren des Zinks in rissigen Zinkretorten (s. S. 375) durch Einsaugen von CO_2 Bildung von Zinkoxyd und CO oder beim Abbrennen eines Gemisches von festem CO_2 mit Magnesium Kohlenstoff auf: $Zn + CO_2 = ZnO + CO$; $CO_2 + 2\,Mg = 2\,MgO + C$.

Die CO_2-Molekel ist lang gestreckt $O = C = O$, ebenso jene von Kohlenoxysulfid $O = C = S$ und Schwefelkohlenstoff $S = C = S$.

Kohlensäure H_2CO_3 ist nur in Form ihrer wässerigen Lösung und Salze bekannt. Sie entsteht beim Auflösen von CO_2 in Wasser, wobei bei 15° 1,019 Vol. CO_2 löslich sind. Von der gelösten Kohlensäure ist jedoch nur etwa 1% in $H^{\cdot}$- und $HCO_3{}'$- sowie $CO_3{}''$-Ionen dissoziiert. Sie ist somit nur eine sehr schwache Säure. Die Lösung reagiert jedoch deutlich sauer, rötet Lackmus und schmeckt auch säuerlich. Durch Erwärmen oder Verdunstenlassen der Lösung, auch bei Verminderung des Druckes bei unter Druck gelöster Kohlensäure (Schaumwein, Bier, Mineralwasser usw.) entweicht wieder gasförmiges CO_2.

Als zweibasische Säure bildet die Kohlensäure saure und normale Salze, und zwar die Hydro- oder Bicarbonate und die Carbonate. Nur die Alkalicarbonate sind löslich, ihre Lösungen reagieren infolge von Hydrolyse alkalisch. Die Hydrocarbonate reagieren etwa neutral. Hydrocarbonate des Ca, Mg, Fe (Eisensäuerlinge), Mn sind in allen natürlichen Wässern enthalten. Die Hydrocarbonate der Alkalien lassen sich in fester Form darstellen, während sich die Lösungen der Hydrocarbonate der anderen Metalle beim Einengen unter Kohlendioxydentwicklung und Bildung der normalen Carbonate zersetzen.

Von Laugen wird CO_2 unter Carbonatbildung aufgenommen.

2. Auflösung von schwer löslichen Verbindungen in Säuren, Löslichkeitsprodukt.

Wird eine Lösung eines Alkalicarbonates oder festen Carbonates mit einer Lösung einer starken Säure versetzt, so wird die

Kohlensäure als schwache Säure verdrängt. Da sie in wässeriger Lösung bei hohen Konzentrationen sofort in Wasser und Kohlendioxyd zerfällt, brausen die Lösungen der Alkalicarbonate oder die festen Carbonate beim Zusatz einer starken Säure auf. Ebenso wie Kohlensäure verhalten sich alle Salze schwacher Säuren beim Zusatz einer starken Säure. Wegen des geringeren Dissoziationsgrades der schwachen Säuren vereinigen sich die nach Zusatz der starken Säure in der Lösung vorhandenen H- und Anionen der schwachen Säure zu undissoziierten Molekeln, während die Ionen der starken Säure als solche bestehen bleiben. Dieser Vorgang schreitet bis zur vollständigen Auflösung der unlöslichen Verbindung der schwächeren Säure fort.

Jeder Stoff ist, wenn auch manchmal nur in sehr geringer Menge, so doch stets zu einem gewissen Ausmaß in einem Lösungsmittel löslich. Bei sehr kleinen Konzentrationen, also starker Verdünnung, können wir annehmen, daß die gelöste Verbindung, wenn sie überhaupt Ionen bildet, vollständig in Ionen dissoziiert ist. Denn bei unendlicher Verdünnung ist bei Salzen starker Säuren eine vollständige Dissoziation in Ionen anzunehmen (s. S. 35).

Wenden wir das Massenwirkungsgesetz unter der Annahme an, daß sich die gelösten Molekeln mit dem Bodenkörper in einem chemischen Gleichgewicht befinden, so ergibt sich für die Löslichkeit von $CaCO_3$ z. B. das folgende Gleichgewicht: $CaCO_3$ (fest) $\rightleftarrows$ $\rightleftarrows CaCO_3$ (gelöst) $\rightleftarrows Ca^{\cdot\cdot} + CO_3''$; $K_c = \frac{[Ca^{\cdot\cdot}]\,[CO_3'']}{[CaCO_3]}$. Da die Löslichkeit des festen Calziumcarbonates bei einer bestimmten Temperatur einen konstanten Wert hat, ist auch die Konzentration der gelösten undissoziierten Moleküle $CaCO_3$ konstant. Man kann daher die konstanten Konzentrationen $[CaCO_3]$ mit der Konstanten K_c zusammenziehen und erhält: $P_{CaCO_3} = [Ca^{\cdot\cdot}] . [CO_3'']$. P wird als das Ionen- oder Löslichkeitsprodukt des Elektrolyten bezeichnet. Da in 1 Liter reinem Wasser bei 18^0 C $1{,}0.10^{-4}$ Mole $CaCO_3$ oder $1{,}0.10^{-4}$ Mole Anionen CO_3'' und $1{,}0.10^{-4}$ Mole Kationen $Ca^{\cdot\cdot}$ löslich sind, hat P den Wert $1{,}0.10^{-8}$.

Die Anwendung des Massenwirkungsgesetzes auf die Löslichkeit fester Stoffe ergibt z. B. auch, daß bei Zusatz von Natriumchlorid zu einer Aufschlämmung von unlöslichem Silberchlorid die Löslichkeit desselben noch kleiner werden muß. Das Löslichkeitsprodukt von Silberchlorid ist $P_{AgCl} = [Ag^{\cdot}] . [Cl'] = 1.10^{-5}$. Wird nun durch Zusatz von NaCl zur Aufschlämmung die Konzentration der Chlorionen erhöht, so muß, da P_{AgCl} den konstanten Wert von 10^{-5} besitzt, die Silberionenkonzentration kleiner werden, also Silberionen mit Chlorionen zu undissoziiertem AgCl zusammentreten und weiteres AgCl somit ausfallen. Man kann somit durch Zusatz eines löslichen Salzes einer gleichnamigen Säure zu einem schwer löslichen Salz derselben Säure die Löslichkeit des Salzes herabsetzen.

Durch Zusatz von H-Ionen in Form einer starken Säure zu einem Gemisch oder Lösung eines Salzes einer schwachen Säure, wie z. B. eines Carbonates in Wasser, das wegen des geringen Dissoziationsgrades der Kohlensäure nur wenig H-Ionen und CO_3-Ionen enthält, wird die H-Ionen-Konzentration der Lösung stark erhöht. Um den Wert der Dissoziationskonstanten der Kohlensäure nach $2\,H^{\cdot} + CO_3'' \rightleftharpoons H_2CO_3$, $K_c = \frac{[H^{\cdot}]\,[CO_3'']}{[H_2CO_3]}$, aufrechtzuerhalten, müssen sich ein Teil der vorhandenen H- und die CO_3-Ionen zu undissoziierter Kohlensäure H_2CO_3 vereinigen. Um das Lösungsgleichgewicht aufrechtzuerhalten, muß der Bodenkörper neue CO_3''-Ionen nachliefern, die wieder mit den H-Ionen zu H_2CO_3 zusammentreten usw. Auf diese Weise verschwindet der unlösliche Bodenkörper. Reicht die Wasserstoffionenkonzentration der zugesetzten Säure nicht aus, um die Dissoziation der Kohlensäure zurückzudrängen, wie z. B. bei sehr verdünnter Säure oder Essigsäure, so bleibt der Niederschlag ganz oder teilweise unlöslich.

Nachweis von CO_2. Trübung von Barium- oder Calziumhydroxydlösung durch Bildung der unlöslichen Carbonate.

Percarbonate werden sowohl durch Elektrolyse von Alkalicarbonatlösungen bei möglichst tiefen Temperaturen und hohen Stromdichten an Platinanoden als auch durch Einwirkung von Wasserstoffperoxyd auf Alkalicarbonate erhalten. Sie stellen Derivate des H_2O_2 (s. S. 47) dar. Man kennt Monoperoxy- und Diperoxycarbonate, die eine oder zwei Peroxygruppen —OO— enthalten:

$$C{\begin{matrix} \diagup ONa \\ = O \\ \diagdown OO-Na \end{matrix}} \quad \text{und} \quad C{\begin{matrix} \diagup OO-Na \\ = O \\ \diagdown OO-Na \end{matrix}}$$

. Sie werden in Waschmitteln an Stelle von Perborat verwendet, da sie mit Wasser bleichend wirkendes Wasserstoffperoxyd abspalten.

3. Halogen- und schwefelhaltige Kohlenstoffverbindungen.

Kohlenoxychlorid, Phosgen $COCl_2$ (fbl; D 1,392; Fp —126°; Kp + 8°; kritische Temperatur + 182°; sl: Bzl, Toluol, Hexamethylentetramin) entsteht nach $CO + Cl_2 = COCl_2$ bei Raumtemperatur unter dem Einfluß des Sonnenlichtes oder im Dunkeln mit Aktivkohle als Katalysator bei etwa 200°. Wasser zersetzt in Kohlen- und Salzsäure: $COCl_2 + 2\,H_2O = H_2CO_3 + 2\,HCl$. Es ist sehr giftig, 0,1% in Luft wirken bereits tödlich. Es wurde im ersten Weltkrieg als Kampfgas verwendet. Phosgen dient in der Farbstoffindustrie zur Einführung der Carbonylgruppe —CO—.

Kohlenoxysulfid COS (fbl; Fp — 138°; Kp — 50,2°; kritische Temperatur 105°; wl: W; l: Toluol) bildet sich beim Überleiten von CO über Schwefel bei etwa 400° oder bei der Zersetzung von Kaliumrhodanid mit Schwefelsäure: $KCNS + H_2SO_4 + H_2O = COS + NH_4KSO_4$. Wasser wirkt allmählich zersetzend: $COS + H_2O = CO_2 + H_2S$.

Schwefelkohlenstoff, Kohlenstoffsulfid CS_2 (fbl; D 1,261; Fp — 112,1°; Kp 45,2°; L: wl: W; l: Al, Ae) bildet sich bei 600—900° bei der Einwirkung von Schwefeldämpfen auf glühende Kohlen: $C + S_2 = CS_2 - 25$ kcal. Die Erhitzung des Schwefels und der Holzkohlen- oder Koksschicht kann auf elektrischem Wege durch Widerstandsheizung erfolgen. Durch Graphitelektroden wird der Schwefel verdampft, der dann durch einen mit glühender Kohle beschickten Schacht streicht. Reiner Schwefelkohlenstoff hat einen angenehmen Geruch. Die den unangenehmen Geruch des technischen Produktes verursachenden organischen Schwefelverbindungen lassen sich durch Waschen mit Kalkmilch und einer mit Brom versetzten Kaliumcarbonatlösung beseitigen. CS_2 ist brennbar, dampfförmig im Gemisch mit Luft explosiv (Tab. 3). Er dient zum Vulkanisieren des Kautschuks und als Lösungsmittel für Fette und Harze.

Thiocarbonate, die man sich durch Ersatz der 3 Sauerstoffatome der Kohlensäure durch S-Atome entstanden denken kann, bilden sich beim Einleiten von Schwefelkohlenstoff in Hydrosulfidlösungen: $CS_2 + 2\,NaSH = Na_2CS_3 + H_2S$. Durch Säuren werden sie unter Abscheidung von Thiokohlensäure H_2CS_3, einer gelben, öligen Flüssigkeit, zersetzt. Diese ist aber sehr unbeständig und zerfällt in CS_2 und H_2S. Das Kaliumthiocarbonat wird zur Vertilgung von Pflanzenschädlingen, wie der Reblaus, verwendet. Über weitere Kohlensäurederivate siehe S. 664.

4. Kohlenstoff-Stickstoff-Verbindungen.

Cyan $(CN)_2$ (dimorph; fbl; D 2,327; Fp — 34,4°; Kp — 21,2°; kritische Temperatur 128°) ist ein farbloses, leicht nach bitteren Mandeln riechendes Gas. Es brennt mit roter, blau gesäumter Flamme und ist sehr giftig. Dem Molekül kommt die Formel $(CN)_2$, $N \equiv C - C \equiv N$, zu. In seinen Eigenschaften ist es den Halogenen sehr ähnlich. Es kommt in geringen Mengen im Hochofengichtgas, im Kokerei- und Leuchtgas, bei der trockenen Destillation der Schlempe (s. S. 566) usw. vor. Es bildet sich auch bei der Zersetzung von Quecksilbercyanid: $Hg(CN)_2 = Hg + (CN)_2$, oder beim Erwärmen einer Lösung von Kaliumcyanid und Kupfersulfat: $2\,CuSO_4 + 4\,KCN = 2\,K_2SO_4 + 2\,Cu(CN) + (CN)_2$. Wasser löst etwa sein 4faches, Alkohol sein 23faches Vol. an Cyan. Durch Mineralsäuren wird es unter Bildung von Oxalsäure und Ammoniak allmählich unter Wasseraufnahme gespalten („verseift"), welche Umsetzung in der organischen Chemie vielfach zur Darstellung von Carbonsäuren mit der Gruppe —COOH aus den Nitrilen (s. S. 588) angewandt wird.

Ausgangsprodukt für die Herstellung des Cyans ist die Gasreinigungsmasse (s. S. 171), gelbes Blutlaugensalz, Kaliumcyanid, Schlempe (s. S. 567).

Durch Anlagerung von Halogenen an Quecksilbercyanid oder Blausäure HCN entstehen *Stickstoffhalogenverbindungen*, wie *Cyanchlorid* CNCl (fbl; D_{fl} 1,186; Fp —5°; Kp 13°; l: W, Al, Ae), *Cyanbromid* CNBr (fbl; D 2,015; Fp 52°; Kp 61,3°; l: W, Al) und *Cyanjodid* CNJ (fbl; Fp 146,5°; Kp > 100°; wl: W; l: Al, Ae). Durch Behandlung mit Ammoniak liefern sie *Cyanamid* $CN.NH_2$ (fbl; D 1,1729; Fp 43°; Kp 140°/19 mm; Nadeln; sl: W, Al, Ae; wl: CS_2; zerfließlich; flüchtig mit Dampf; zers bei etwa 150°), aus dem durch Wasseraufnahme Harnstoff (s. S. 664) entsteht. Calziumcyanamid ist das bekannte Düngemittel Kalkstickstoff (s. S. 248).

Cyanamid polymerisiert sich in wässeriger Lösung leicht zum *Dicyandiamid* $(NCNH_2)_2$ $H_2N-\overset{\overset{\displaystyle NH}{\|}}{C}-NH-C\equiv N$ (D 1,404; Fp 209°; Blätter; L W 13°: 2,26; Al 13°: 1,26; Ae 13°: 0,01; reagiert neutral). In salzsaurer Lösung geht es durch Aufnahme von Wasser in *Dicyandiamidin* über: $H_2N-\overset{\overset{\displaystyle NH}{\|}}{C}-NH-CO-NH_2$ (Fp 105°; zers 160°; ll: W; wl: Al; nl: Ae), das ein Reagens auf Nickelionen darstellt.

Cyanwasserstoffsäure, Blausäure HCN (fbl; D 0,699; Fp —14,7°; Kp 24,6°; mischbar m. W, Al, Ae) entsteht bei der hohen Temperatur des elektrischen Lichtbogens aus den Elementen C, H_2 und N_2. Die Darstellung erfolgt gewöhnlich durch Einwirkung von warmer, verdünnter Schwefelsäure auf Kaliumferrocyanid oder Kaliumcyanid nach $2K_4[Fe(CN)_6] + 3H_2SO_4 = K_2Fe[Fe(CN)_6] + 3K_2SO_4 + 6HCN$ oder $2KCN + H_2SO_4 = K_2SO_4 + 2HCN$.

Beim Stehen der wässerigen Lösung, namentlich im Sonnenlicht, findet eine Zersetzung unter Abscheidung brauner amorpher Stoffe statt, die durch Zusatz von Mineralsäuren verlangsamt werden kann. Durch konzentrierte oder starke Säuren findet eine Verseifung (s. S. 588) in Ammoniak und Ameisensäure statt: $HCN + 2H_2O = NH_3 + HCOOH$. Cyanwasserstoffsäure bildet als einbasische schwache Säure Salze, die Cyanide. Die Alkalicyanide sind stark hydrolytisch gespalten; sie reagieren daher alkalisch und riechen nach Blausäure. Diese ist sehr giftig und wird daher auch zur Vertilgung von Ungeziefer, Obstbaumschädlingen usw. verwendet. Die Blausäurevergiftung beruht auf der Inaktivierung des Fermentes (s. S. 551) Katalase und der Bildung von Cyan-Hämoglobin.

Cyansäure kommt in zwei tautomeren Formen (gleiche Zusammensetzung, verschiedene Konstitution, s. S. 121) vor, nämlich als normale *Cyansäure* $N \equiv C - OH$ und *Isocyansäure* $O = C = NH$ (D 1,14; Kp 23,5°; l: W, zers). Die Isocyansäure entsteht aus der polymeren Cyanursäure $CO \langle \begin{matrix} NH - CO \\ NH - CO \end{matrix} \rangle NH \cdot H_2O$ (fbl; D 1,74; L: W 8°: 0,15; 100°: 4,2; l: Al), ist aber in freiem Zustande nur bei 0° etwas beständig.

Historische Bedeutung hat das *Ammoniumisocyanat* $CO = N - - NH_4$, das sich unmittelbar aus dem Dampf von *HCNO* und trockenem Ammoniak bildet und beim Erwärmen in den isomeren Harnstoff $CO(NH_2)_2$ umlagert. Auf diese Weise stellte Wöhler 1828 erstmalig auf synthetischem Wege eine organische Verbindung aus anorganischen Ausgangsstoffen im Laboratorium her und bewies damit, daß zum Aufbau einer organischen Substanz die sog. „Lebenskraft" nicht notwendig ist.

XXX. Brennstoffe.

Die Brennstoffe sind für Industrie, Technik und Haushalt gleich wichtige Stoffe, da sie unsere wichtigsten Lieferanten von Wärme und Energie darstellen. Sie enthalten als wesentlichsten Bestandteil Kohlenstoff, an anderen brennbaren Stoffen auch noch Wasserstoff und Schwefel, während der in den Brennstoffen noch enthaltene Sauerstoff, Stickstoff, das Wasser und die Asche unbrennbar sind.

Es gibt natürliche Brennstoffe, wie Holz, Braun- und Steinkohle, Torf, bituminöse Schiefer, Erdöl, Naturgas, und künstliche, wie Koks, Holzkohle, Briketts, Destillationsprodukte von Kohlen, Erdöl, synthetisches Benzin, Leuchtgas, Gichtgas, Generatorgas, Wassergas, Acetylen, Propan usw.

Heizwert. Die wesentlichste Eigenschaft eines Brennstoffes ist sein Heizwert. Jene Wärmemenge, die 1 kg des Brennstoffes bei vollständiger Verbrennung liefert, wenn die Verbrennungsprodukte auf die Ausgangstemperatur zurückgekühlt werden und das Wasser sich in flüssigem Zustand befindet, wird als *oberer Heizwert* H_o bezeichnet.

Der *untere Heizwert* H_u oder einfache Heizwert schlechthin unterscheidet sich von H_o um die Verdampfungswärme des gebildeten Wassers, ist also bei 0° um 597, bei 20° um 585 und bei 100° um 539 kcal/kg kleiner als H_o. Meist beträgt der Unterschied zwischen H_o und H_u, je nach dem Wasserstoffgehalt, 5—15% des oberen Heizwertes. Fast stets wird bei den Verbrennungsvorgängen nur der untere Heizwert des Brennstoffes ausgenützt, da die Abgase meist eine Temperatur über 100° haben.

Luftbedarf. Nur bei einem Überschuß von Luft findet eine vollständige Verbrennung des Kohlenstoffes nach $C + O_2 = CO_2$ statt. Bei Luftmangel ist die Verbrennung unvollkommen, wobei sich neben CO_2 auch CO nach $C + CO_2 = 2\,CO$ bildet. Die Wärmeverluste, die durch Entweichen eines Teiles des Brennstoffes als unverbranntes CO entstehen, sind größer als jene, die durch einen geringen Luftüberschuß verursacht werden. Am besten kann man sich von der Art und Güte einer Verbrennung durch die Untersuchung der Rauchgase (Verbrennungsgase) überzeugen. Eine höhere Temperatur als 250°, die zur Erzeugung eines Kaminzuges erforderlich ist, sollen die Rauchgase nicht haben.

Kohlendioxydgehalt der Rauchgase. Aus der Bestimmung des CO_2-Gehaltes, bzw. O_2-Gehaltes kann man auf die Vollkommenheit einer Verbrennung schließen, da für gleichartige Brennstoffe die Summe von $CO_2 + O_2$ gleich groß ist. Der theoretische Höchstbetrag des Kohlendioxyds beläuft sich bei Koks auf 20,5%, bei Magerkohlen auf 19,2%, bei Steinkohlen 18,8%, bei Braunkohlen 18,7% (bei rheinischer Braunkohle 19,6%), bei Mineralöl 15,0% und Leuchtgas auf 12,0% CO_2 max. Aus diesen Zahlen und den durch die Analyse der Rauchgase gefundenen CO_2-Gehalten erhält man durch Division den Luftüberschuß. Für eine vollkommene Verbrennung muß man mindestens einen 1,3—1,5fachen Luftüberschuß anwenden, erfahrungsgemäß beträgt er bei Handbeschickung das 1,3—1,9fache (Berechnung s. S. 716).

Verbrennungstemperatur. Die theoretische Grenztemperatur, die bei der Verbrennung eines Brennstoffes ohne Abgabe von Wärme an die Umgebung erreicht werden kann, bezeichnet man als die Verbrennungstemperatur. Die höchste Flammentemperatur für verschiedene Gase bei Verbrennung mit Luft beträgt z. B.: Wasserstoff = 2045°; CO = 2100°; CH_4 = 1875°; Aethan = 1895°; Propan = 1925°; Steinkohlengas = 1918° (Berechnung s. S. 718).

Für die Beurteilung eines Brennstoffes kommen auch seine Entzündlichkeit, Brennbarkeit, Zündgrenzen, Zündgeschwindigkeit usw. in Betracht.

1. Natürliche feste Brennstoffe.

a) Holz. Holz von Laub- und Nadelbäumen enthält im lufttrockenen Zustande 12,5—14% Wasser, 45,5—57% Zellulose, 28—39% Lignin, 0,4—1,6% Fette und Harze sowie 1,3—4% Zucker. Die elementare Zusammensetzung schwankt etwa in den Grenzen: 50—52% C, 6—6,5% H_2, 40—44% O_2, 0,05—0,1% N_2, 0,8—5% Asche. Da Wasserstoff und Sauerstoff im Holz annähernd in dem zur Wasserbildung erforderlichen Verhältnis von 1 : 8 vorhanden sind, also kein verbrennbarer oder „disponibler“ (s. u.) Wasserstoff mehr vorhanden ist, enthält Holz nur etwa 50% brennbare Bestandteile. Das Fällen des Holzes erfolgt am besten im Winter, da dann der Feuchtigkeitsgehalt am kleinsten ist. Durch Lufttrocknung, die etwa zwei Jahre dauert, kann man den Wassergehalt auf etwa 15—20% herabsetzen. Vollkommen trockenes Holz entwickelt bei der Verbrennung etwa 3500—3800 kcal. Es ist leicht entzündlich und enthält etwa 70—78% flüchtige Bestandteile.

b) Torf. Torf entsteht durch Zersetzung von Pflanzen unter Wasser durch Gärung, Inkohlung und Fäulnis unter der Mitwirkung von Bakterien. Nach dem Grade der Inkohlung unterscheidet man Fasertorf (oberste Schicht der Torflager, wenig vermodert, gelbbraun), Sumpftorf (mittlere Schicht, braun), Pechtorf (untere Schicht, dicht, schwarz). Lebertorf ist erhärteter Faulschlamm.

Torf wird von Hand oder maschinell in Stücken ausgestochen und zum Trocknen an der Luft gelagert. Erdiger, schlammiger Torf wird mit dem Bagger ausgehoben. Frischer Torf hat einen Wassergehalt von etwa 90%, der durch Trocknen auf etwa 25% herabgesetzt werden kann. Vollständig trockenen Torf erhält man durch Darren. Je älter der Torf ist, desto weiter ist die Inkohlung fortgeschritten, d. h. desto mehr Kohlenstoff und weniger Sauerstoff enthält er. Der Aschengehalt schwankt zwischen 1 und 60%. Die Zusammensetzung eines Modertorfes betrug z. B.: 52—58% C, 6—7% H_2, 32—40% O_2, 2—3% N_2, 0,1—1% S, 50—55% flüchtige Bestandteile, Heizwert (wasser- und aschefrei) 5200—5600 kcal/kg, lufttrocken und mit mittlerem Aschengehalt etwa 3500—4000 kcal/kg. Torf wird als Hausbrand, zur Herstellung von Torfkoks, Torfvergasung, als Torfmull, Streu usw. verwendet.

c) Braunkohle. Die Braunkohlen stellen nach dem Torf die nächste Stufe der Inkohlung der Pflanzen dar. Braunkohlenlagerstätten sind sehr verbreitet. Besonders wertvoll sind die böhmischen Braunkohlen, die im Heizwert der Steinkohle nahekommen. Braunkohlen haben einen braunen Strich (auf unglasiertem Porzellan) und färben zum Unterschiede von Steinkohle heiße Natronlauge braun.

Nach der Struktur unterscheidet man Braunkohlen mit Einschlüssen von holziger Beschaffenheit (erdige und schieferige, Weichbraunkohlen) und Braunkohlen ohne holzige Einschlüsse (matte und glänzende Hartbraunkohlen). Braunkohlen werden durch Tag- und Bergbau gewonnen.

Die Braunkohle besteht, ähnlich wie die Steinkohle, aus Reinkohle (mit 50—77% C, 3—6% H_2, 20—30% O_2, 0—2% N_2), 5—20% Asche und Wasser, sie enthält auch 0,1—10% Schwefel (meist als Pyrit), bis zu 10% Bitumen (Schwelkohle) und bis zu 60% Grubenfeuchtigkeit. Lufttrockene Braunkohle enthält 15—30% Wasser. Manche Braunkohlen neigen zur Selbstentzündung.

Förderkohle besitzt einen Heizwert von 1600 bis 2500 kcal/kg, reine Braunkohlensubstanz von 6000 bis 7000 kcal/kg. Durch Verdichtung wird der Heizwert der Förderkohle bedeutend erhöht, er beträgt bei Naßpreßsteinen 3800—4000 kcal und bei Braunkohlenbriketts 4800—5000 kcal. Braunkohle wird zur Entgasung, Vergasung, als Brennstoff und zur Krafterzeugung verwendet. Der Transport auf größere Entfernungen lohnt sich nur bei der böhmischen Braunkohle.

d) Steinkohle. Die Steinkohlen stellen die ältesten fossilen Kohlen dar und bilden das Endprodukt der Inkohlung und Bituminierung von Pflanzen. An der Kohlenbildung ist insbesondere das Lignin beteiligt gewesen. Vor allem ist der Sauerstoff und Wasserstoff der Pflanzen bei der Umwandlung in Kohle verbraucht worden (Inkohlungsvorgang), weshalb die ältesten Kohlen (Anthrazit) den wenigsten Sauerstoff und Wasserstoff enthalten, hingegen am kohlenstoffreichsten sind. Sie ergeben auch die größte Koksausbeute.

Sehr große Kohlenlagerstätten finden sich in England, Nordfrankreich, Belgien, bei Aachen, in Holland, Westfalen, Oberschlesien, im Saargebiet, Donezbecken, bei Ostrau, Krakau usw. Bedeutende Kohlenvorkommen liegen in Nordamerika, Kanada, Mexiko, China, Ural, im asiatischen Rußland usw. Der kohlenärmste Erdteil ist Afrika.

Zusammensetzung. Steinkohle enthält eingeschlossene Gase, und zwar hauptsächlich Grubengas (Methan CH_4), das die Ursache der schlagenden Wetter in Steinkohlenbergwerken ist. Als disponiblen Wasserstoff bezeichnet man diejenige Menge Wasserstoff, die übrig bleibt, wenn man vom gesamten Wasserstoff so viel abzieht, als zur Bindung des gesamten vorhandenen Sauerstoffes als Wasser erforderlich ist: $H - O/8$. Der Stickstoff stammt aus den Eiweißstoffen von pflanzlichen und tierischen Organismen, er beträgt etwa 0,4—2,5%. Der Schwefel, meist 1—2%, selten bis zu 10%, stammt aus den Pflanzen, Gips und Eisenkies. Beim Trocknen an der Luft entweicht nur die grobe Feuchtigkeit, während das nicht fühlbare „hygroskopische“ Wasser in der Kohle bleibt. Der Aschengehalt beträgt im Mittel 6—7%, kann aber zwischen 1 und 15% schwanken. Die Rohkohle besteht aus der Reinkohle, der Asche und dem Wasser.

Einteilung der Steinkohlen. Unterwirft man Steinkohlen der trockenen Destillation, d. h. verkokt man sie, so entweichen Gase und Dämpfe, aus denen sich beim Abkühlen Teer und Ammoniakwasser niederschlagen. Als Rückstand hinterbleibt Koks. Die Koksausbeute, die Koksform und die Flammenerscheinungen beim Verbrennen sind derartig charakteristisch, daß danach eine Einteilung der Kohlen möglich ist (Tab. 14 nach Keppeler).

An der Luft erleidet die Kohle durch Oxydation einen Lagerverlust. In dicken Schichten von mehr als 2—3 m kann Selbstentzündung eintreten. Derartige Brände dürfen nicht durch Wasser gelöscht, sondern müssen auseinandergerissen werden, da durch Besprengen der Brand meist noch heftiger wird.

Aus Kohlenklein werden auch Briketts hergestellt, wobei als Bindemittel Teer, Pech, Melasse, Asphalt, Kalk, Leim usw. dient (Heizwert 7600—7800 kcal).

2. Flüssige Brennstoffe.

Die festen Brennstoffe weisen den Nachteil auf, nach der Verbrennung einen festen Rückstand, die Asche oder Schlacke, zu hinterlassen. Außerdem besitzen sie einen bedeutend höheren Feuchtigkeitsgehalt als die flüssigen oder gasförmigen Brennstoffe. Ein wesentlicher Unterschied zwischen festen und flüssigen Brennstoffen besteht auch bei der Überführung in den dampfförmigen Zustand darin, daß da-

Tab. 14. Einteilung der Steinkohlen (nach Keppeler).

Kohlengattung	Elementarzusammensetzung der Reinkohle %	Disponibler H %	Koksausbeute %	Beschaffenheit des Kokses	Menge der flüchtigen Bestandteile in %; Flammenbeschaffenheit	Vertreter der Kohlengattung
Trockenkohlen (Sandkohlen), Flammkohlen	75—80 C 5,5—4,5 H 19,5—15,5 O	2,5—3	50—60	pulverförmig, höchstens zusammengefrittet; spez. Gew. 1,25	50—40 langflammig	schlesische Kohlen
Fettkohlen (Backkohlen), Gaskohlen	80—85 C 5,8—5 H 14,2—10 O	3,7—4	60—68	stark gebläht, geschmolzen; spez. Gew. 1,28—1,3	40—32 langflammig	Saar- und Ruhrkohlen
Fettkohlen (Backkohlen), Eßkohlen	84—89 C 5,5—5 H 10,5—6 O	4,2	68—74	geschmolzen, mittelmäßig fest; spez. Gew. 1,30	32—36 mäßig lange Flamme	Ruhrkohlen
Fettkohlen (Backkohlen), Kokskohlen	88—91 C 5,4—4,5 H 6,5—4,5 O	4,0—4,7	74—82	geschmolzen, sehr fest; spez. Gew. 1,3—1,35	26—18 kurzflammig	
Magere Kohlen (anthrazitische Kohlen) und Anthrazit	90—95 C 4,5—2 H 5,5—3 O	3,8—1,5	82—92	weniger gefrittet bis pulverförmig; spez. Gew. 1,35—1,41	18—8 sehr kurzflammig	westfälische und sächsische Anthrazite

bei die festen weitgehend zersetzt werden, während die flüssigen weitgehend unverändert bleiben. Auf der leichten Überführbarkeit in den gas- und dampfförmigen Zustand beruht die Verwendung der flüssigen Brennstoffe als Betriebsstoff für Motoren.

Auch bei den flüssigen Brennstoffen bildet der Kohlenstoff den Hauptbestandteil, sie sind jedoch wasserstoffreicher und enthalten meist nur wenig Sauerstoff. Der Heizwert ist mit rund 10.000 kcal höher als bei den Kohlen. Flüssige Brennstoffe sind leicht entzündbar und durch einen Luft- oder Dampfstrahl einfach zu zerstäuben. Die Verbrennung ist vollständig und momentan. Sie kann mit einem geringeren Luftüberschuß erfolgen als bei den Kohlen. Verladung, Speicherung und Transport sind einfacher als bei festen Brennstoffen, da auf die Raumeinheit etwa die doppelte Menge des Heizwertes gegenüber Kohlen gespeichert werden kann. Aus diesem Grunde ist man in der Schiffahrt von der Kohlen- zur Ölfeuerung übergegangen. Die Ölfeuerungen sind genau regulierbar, erfordern weniger Beaufsichtigung und sind jederzeit an- und abzustellen.

Flüssige Brennstoffe gewinnt man aus Erdöl (s. S. 506), Steinkohlenteer (s. S. 192), Braunkohlenteer, Pflanzenölen, Spiritus usw. In der Tab. 15 sind die Zusammensetzung und der Heizwert von flüssigen Brennstoffen nach D'Ans-Lax zusammengestellt.

Tab. 15. Flüssige Brennstoffe.

Brennstoff	Dichteverhältnis	Zusammensetzung		Heizwert H_o kcal/kg	Heizwert H_u kcal/kg
		%C	%H		
Kraftsprit	0,80–0,81	52	13	7140	6440
Flugbenzin	0,70–0,74	84,5–85,5	14,5–15	11200–11500	10000–10300
Motorenbenzin	0,72–0,75	84,5–85,5	14,5–15	10800–11500	9800–10500
Motorenbenzin mit ∼10% Alkohol	0,74–0,76	81–82	14,5–15	10800–11000	10000–10200
Petroleum	0,80–0,82	85–86	14,0–15	10000–10500	9500–10000
Motorenbenzol	0,86–0,88	90–92	8,2–8,4	10000–10200	9550–10000
Gasöl	0,84–0,86	86–87	13,0–14	10600–10900	10100–10400
Dieselöl	0,85–0,88	86–88	12,0–13	10600–10800	9800–10100
Braunkohlenteeröl f. Dieselmotoren	0,86–0,90	86–88	8,0–10	10400–10600	9700–9900
Steinkohlenteeröl f. Dieselmotoren	0,95–0,97	86–88	9,0–10	9200–9500	8700–9200
Steinkohlenteerheizöl	1,04–1,08	88–90	7,0–8	9300–9500	9000–9300

3. Gasförmige Brennstoffe.

Gasförmige Brennstoffe verbrennen ebenso rückstandsfrei wie die flüssigen, sie lassen sich aber leichter mit Luft mischen, erfordern einen sehr geringen Luftüberschuß und ergeben daher höhere Verbrennungstemperaturen und geringere Rauchgasmengen.

Durch Vorwärmung der Heizgase und der Verbrennungsluft in Wärmespeichern oder Rekuperatoren (s. S. 319) kann die den Verbrennungsgasen innewohnende Wärme wieder nutzbar gemacht und eine höhere Verbrennungstemperatur erreicht werden. Die Flamme kann leicht oxydierend oder reduzierend eingestellt und leicht reguliert werden.

Erdgas. Die gasförmigen Brennstoffe sind nur selten natürlichen Ursprunges wie das Erdgas, das aus Bohrlöchern oder Erdspalten, oft unter einem Druck bis zu 100 Atm., entströmt. „Trokkenes" Erdgas enthält vorwiegend CH_4, Methan, und hat einen Heizwert von 7000 bis 9000 kcal/nm^3. „Nasses" Erdgas mit einem Heizwert von 7000 bis 15.000 kcal/nm^3 enthält außer Methan auch noch höhere Homologe, wie Aethan, Propan und Butan usw. Durch teilweise Verflüssigung nasser Erdgase erhält man flüssiges Erdgas oder Naturgasolin.

Meist werden die gasförmigen Brennstoffe durch Entgasung (Schwelgase, Destillations- oder Kokereigase) oder Vergasung mit Luft (Gichtgas, Mondgas, Generatorgas), Wasserdampf (Wassergas) oder Sauerstoff (Kohlenoxyd) hergestellt.

Als Heizgase werden auch die Destillations- und Krackgase, die bei der Destillation von Teeren und Ölen abgespalten werden oder die bei der Krackung von höhermolekularen Kohlenwasserstoffen zu Benzin (s. S. 513) als Nebenerzeugnisse entstehen, verwendet. Destillationsgase haben einen Heizwert von 12.000 bis 18.000 kcal/nm^3, Krackgas von 15.000 bis 20.000 kcal/nm^3.

Die zum Betriebe von Explosionsmotoren in letzter Zeit vielfach verwendeten Flüssiggase werden entweder aus nassem Erdgas, aus Destillations- oder Krackgasen, Koksofengas oder als Nebenerzeugnis bei der Synthese von flüssigen Brennstoffen gewonnen. Gasol enthält etwa zu gleichen Teilen gesättigte und ungesättigte Kohlenwasserstoffe, die bei geringem Druck verflüssigbar sind und in Leichtmetallflaschen aufbewahrt werden. Ihr Heizwert beträgt etwa 13.000—18.000 kcal/nm^3. Verflüssigtes Propan und Butan (Heizwert 22.000—28.000 kcal/nm^3) dienen gleichfalls als Heizgas oder zum Betriebe von Kraftfahrzeugen.

Luftgas ist eine durch Verdampfung von Benzin oder Benzol mit Kohlenwasserstoffen auf kaltem Wege angereicherte (karburierte) Luft. Die Beladung erfolgt bis zu einem Gehalte, der über der oberen Explosionsgrenze liegt. Der Heizwert beträgt 2000—3500 kcal/nm^3. Reines *Methan*, CH_4, wird entweder bei der Kühlung von Steinkohlengas (s. S. 155) oder bei der biologischen Abwasserreinigung in Faulbecken (s. S. 45) gewonnen. Das Gas ist zunächst durch Schwefelwasserstoff und Kohlendioxyd verunreinigt und wird vor der Verwendung gereinigt. Der Heizwert schwankt zwischen 3000 und 7000 kcal/nm^3.

Technisch verwertete Heizgase sind auch noch Acetylen

Tab. 16. Mittlere Zusammensetzung und Heizwert gasförmiger Brennstoffe.

Gasart	Zusammensetzung CO_2 %	s KW*) %	CO %	H_2 %	CH_4 %	N_2 %	Dichteverhältnis (Luft = 1)	H_o kcal/nm³	H_u kcal/nm³
Steinkohlengas	2—3	3—4	7—10	48—52	27—30	2—5	0,40—0,42	5200—5600	4800—5000
Kokereigas	2—3	2—2,5	6—8	52—57	24—27	8—12	0,40—0,44	4600—4800	4100—4300
Steinkohlenschwelgas	7—10	7—10	6—9	8—12	55—60	2—4	0,7—0,9	7000—8000	6000—7000
Braunkohlenschwelgas	35—45	4—6	4—7	30—35	18—25	2—4	0,8—1,0	3000—3600	2600—3200
Stadtgas (Normalgas)	3—4	2—3	8—20	50—57	16—25	3—5	0,45—0,50	4200—4600	3700—4100
Generatorgas	4—7	—	26—30	10—12	0—0,3	52—56	0,85—0,90	1200—1300	1150—1250
Gichtgas	7—8	—	18—25	2—3	—	60—62	0,95—1,0	950—1000	940—980
Braunkohlengeneratorgas	6—8	1—2	25—27	12—16	1—3	45—50	0,75—0,85	1400—1600	1300—1500
Wassergas	4—7	—	36—40	46—50	0—0,5	4—7	0,52—0,58	2600—2800	2350—2550
Steinkohlenwassergas	4—6	0,2—0,5	32—35	45—48	5—8	5—8	0,52—0,56	3000—3400	2700—3000
Ölkarburiertes Wassergas	4—6	3—6	30—35	42—48	5—10	3—6	0,55—0,60	3500—4500	3300—4000

*) schwere Kohlenwasserstoffe.

(Heizwert 14.000 kcal/nm³) und Wasserstoff (Heizwert 3000 kcal/nm³). In der Tab. 16 ist die mittlere Zusammensetzung und der Heizwert einiger gasförmiger Brennstoffe nach D'Ans-Lax wiedergegeben.

a) Generatorgas (Luft- oder Kraftgas).

Die Überführung der festen Brennstoffe auf dem Wege der vollständigen Vergasung in gasförmige kann durch trockene Luft (Generator-, Luft- oder Kraftgas), Luft und Wasserdampf (Halbwassergas), Wasserdampf (Wassergas), Gemische von Luft und Sauerstoff oder reinem Sauerstoff (Kohlenoxyd) erfolgen. Soll das entstehende Gas als Heizgas weiterverwendet werden, was ja meist der Fall ist, so können die Gase auch teerige Anteile enthalten. Kraftgas muß frei von Teer sein. Bei Verwendung bituminöser Brennstoffe erreicht man dies entweder durch Abscheidung des Teers aus dem Gase oder durch Zersetzung des Teers im Generator selbst. Letzteres geschieht am einfachsten bei der sog. absteigenden Vergasung, bei der die teerhaltigen Gase, von oben nach unten ziehend, die glühende Feuerzone passieren müssen, wobei der Teer gekrackt wird. Hochtemperaturkoks und Anthrazit ergeben von vornherein ein praktisch teerfreies Gas.

Bei der Vergasung durch Luft wird diese durch eine 1 bis 3 m hohe Schicht des Brennstoffes hindurchgeführt, wobei man Generatoren mit natürlichem Zug, mit Unterwindgebläsen (Druckgasgeneratoren) oder Durchsaugen von Luft durch den saugend wirkenden Kolbenhub einer Explosionskraftmaschine (Sauggasgeneratoren) unterscheidet. Beim Heizen mit Generatorgas ist der Generator oder Gaserzeuger von der Gasfeuerung, in der die Verbrennung des Generatorgases mit Zweit- oder Sekundärluft erfolgt, örtlich getrennt.

Während bei den direkten Feuerungen die Brennstoffschicht nur 6 bis 12 cm hoch ist und eine Verbrennung bis zu CO_2 erfolgt, gehen im Generator in der wesentlich höheren Brennstoffschicht folgende Vorgänge vor sich: In der obersten Schicht aus fester Kohle, Koks, Torf, Holz u. dgl. findet nur eine Trocknung und Entwässerung statt. In der nächsttieferen Schicht geht eine Entwässerung und gleichzeitig eine Verkokung vor sich, wobei dieser Koks in der nächsttieferen Zone teilweise vergast und über dem Rost schließlich bei etwa 1300° zu Kohlendioxyd verbrannt wird.

Bei der Verbrennung der untersten Koksschicht nach $C + O_2 = CO_2 + 96{,}6$ kcal wird so viel Wärme frei, daß diese Schicht weißglühend wird. Dieses CO_2 setzt sich in der Vergasungsschicht mit festem Kohlenstoff nach $C + CO_2 = 2\,CO - 39{,}8$ kcal um. Bei zu niedriger Koksschicht, zu hohem Preßdruck der Luft, zu nassen oder stark wasserhaltigen Brennstoffen wie Braunkohlen sinkt die Temperatur in den oberen Schichten zu schnell ab oder findet das CO_2 nicht genügend Zeit, um vollständig in CO umgewandelt zu werden, so daß man dann kohlendioxydreichere Gase erhält. Das Generatorgas enthält aus diesen Gründen, die man nie ganz ausschalten kann, einige % CO_2 (Tab. 16).

Mischgas, Halbwassergas, Wassergasgleichgewicht. Da durch die hohe Temperatur bei der Verbrennung des Kokses die Roststäbe angegriffen werden und ein Schmelzen der Schlacke eintreten kann, wodurch ein Dauerbetrieb unmöglich würde, setzt man heute allgemein der vergasenden Luft etwas Wasserdampf zu, der mit glühender Kohle bei Temperaturen über 1000° (bei mehr als 1200° ausschließlich) nach der Gleichung $C + H_2O \rightarrow CO + H_2 - 28{,}30$ kcal, unter 1000° aber nach $C + 2\,H_2O \rightarrow 2\,H_2 + CO_2 - 18{,}20$ kcal reagiert. Beide Reaktionen sind durch das sog. Wassergasgleichgewicht $CO + H_2O \rightleftarrows CO_2 + H_2 + 10{,}10$ kcal verbunden, die je nach der Temperatur von links nach rechts oder umgekehrt verläuft. Angestrebt ist nur die erstere Reaktion, da ja CO_2 ein unbrennbares Gas darstellt.

Diese Reaktionen, die bei der Bildung des Wassergases allein vor sich gehen, verlaufen im Mischgasgenerator gleichzeitig mit der Verbrennung des Kohlenstoffes zu CO_2 und wirken, da sie Wärme verbrauchen (endotherm sind), kühlend. Durch den Zusatz von Wasserdampf findet auch eine Erhöhung des Heizwertes des Kraftgases statt, da mehr brennbare Gase und weniger Stickstoff vorhanden sind.

Bauart der Generatoren. Je nach der Bauart der Generatoren unterscheidet man Festrostgeneratoren (für kleinere Leistungen, bei denen die Asche noch von Hand gezogen wird), Drehrostgeneratoren, Tischrostgeneratoren (für Rohbraunkohle), Schwelgeneratoren (bei denen im oberen Teile des Schachtes zur Teergewinnung ein Schweleinbau vorgesehen ist, um die Schwelgase von den im unteren Teile des Generators gebildeten Vergasungs-

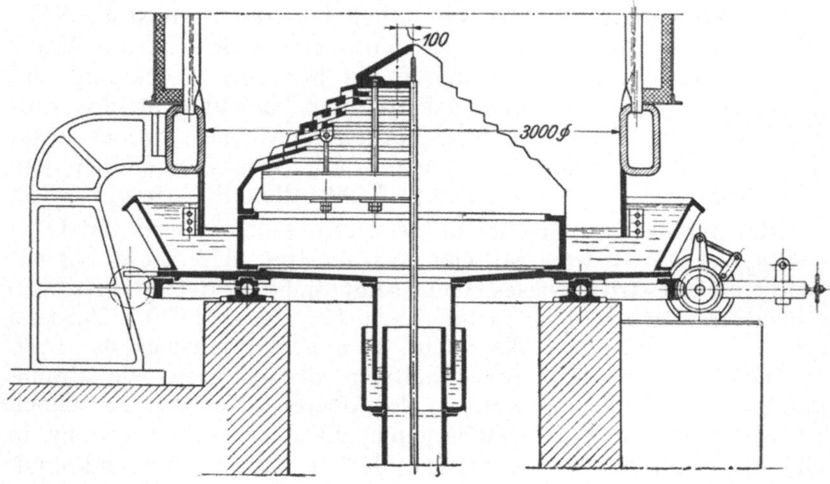

Abb. 23. Drehrost für Generatoren nach Kerpely.

gasen getrennt abführen zu können) und Abstichgeneratoren (für sehr aschenreiche Kohlen, bei denen bei Temperaturen von etwa 1600°, die durch Zufuhr von erhitzter Luft erreicht wird, die Schlacke flüssig abgestochen wird). Der Schacht ist entweder gemauert oder er besteht aus Stahl, ist aber dann mit einem Wassermantel umgeben, in dem gleichzeitig die Entwicklung des zur Mischgaserzeugung erforderlichen Wasserdampfes erfolgt. Vielfach wird der Dampf auch aus einem Dampfkessel entnommen.

Drehrostgeneratoren. Neuzeitliche Generatoren sind für einen kontinuierlichen Betrieb eingerichtet, wobei an Stelle des fixen Rostes ein Drehrost vorgesehen ist, der einen aus mehreren Ringen bestehenden Treppenrost darstellt. Die Abb. 23 zeigt einen weit verbreiteten Drehrost nach Kerpely, der den unteren Abschluß des Generators bildet. Die Schüssel ist mit Wasser gefüllt. Die Schüssel und der Rost werden durch einen Motor langsam gedreht, wobei die Schlacke zwischen dem exzentrischen Rost und dem Mantelring zerquetscht wird. In der Abb. 24 ist ein Röhrendampfkessel-Generator System Marischka (Städtische Gaswerke, Wien) dargestellt, bei welchem der ganze Schacht des Generators als Wassermantel-Röhrendampfkessel ausgebildet ist. Die strahlende Wärme des Ofens liefert die zur Dampferzeugung erforderliche Wärme.

Die *Halbgasfeuerung von Boetius* ist gleichfalls eine Art Generator, in der sich auf einer Schrägrost- oder Treppenrostfeuerung eine sehr starke Kohlenschicht befindet, so daß die Verbrennung der Kohle auf ihr nur unvollständig vor sich geht. Die entstehenden Vergasungsprodukte werden dann hinter der Feuerbrücke durch Sekundärluft, die durch gesonderte Kanäle zugeführt wird, verbrannt. Im *Generator von Mond* wird die Vergasungstemperatur durch Zufuhr von größeren Wasserdampfmengen so niedrig gehalten, daß eine höhere Ausbeute an Ammoniak erzielt werden kann.

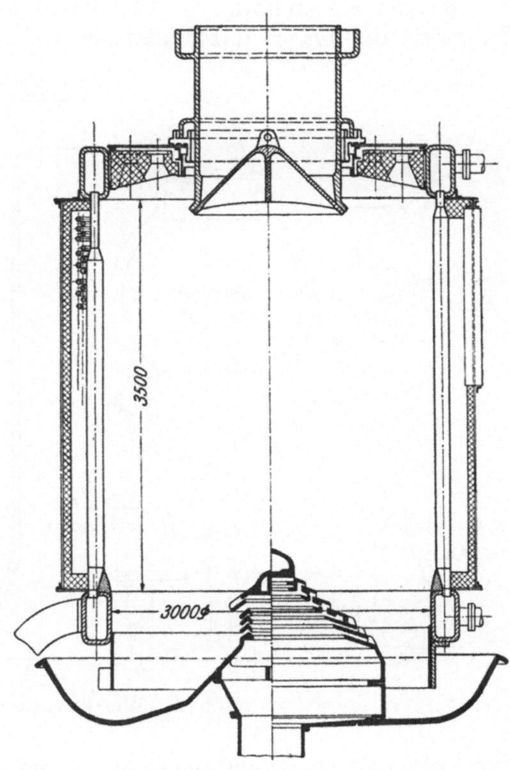

Abb. 24. Röhrendampfkessel-Generator (System Marischka).

Im *Winkler-Generator* (I. G. Farbenindustrie A. G., Abb. 25) ist es gelungen, Braunkohle mit Sauerstoff-Stickstoff - Gemischen 50 + 50 und Wasserdampf kontinuierlich zu vergasen, wobei ein an H_2 und CO sehr reiches, bei Verwendung von reinem Sauerstoff an Stelle von Sauerstoff und Stickstoff auch stickstofffreies Gas erhalten wird, das entweder zur Herstellung von Synthesegas für die Ammoniakherstellung (s. S. 109) oder Wasserstoffgewinnung nach Konvertierung des restlichen Kohlenoxyds (s. S. 25) verwendet werden kann. Soll nur Kraftgas gewonnen werden, so wird nur Luft und Wasserdampf eingeblasen, bei der Gewinnung von

Wasserstoff auch nur reiner Sauerstoff. Aus einem Vorratsbehälter wird getrocknete, zerkleinerte Braunkohle in den unteren Teil des Generators eingeführt und durch ein von unten eingeleitetes Vergasungsmittel dauernd in Schwebe erhalten. Bei etwa 1000° geht die Vergasung vor sich. Die den Gasen innewohnende Wärme wird in einem Abhitzekessel ausgenützt. Ein Rührer sorgt für eine dauernde Abführung der Schlacke.

b) Wassergas.

Bei der Herstellung von Generatorgas oder Mischgas wird der Heizwert des Gases durch den als Ballast vorhandenen Stickstoff

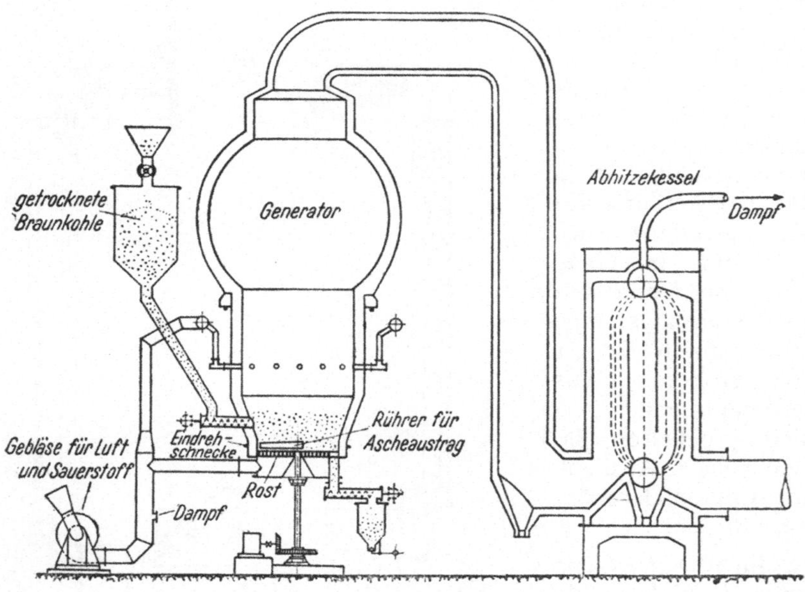

Abb. 25. Winkler-Generator.

der Luft sehr stark herabgesetzt. Je nach dem Wasserstoffgehalt beträgt dieser nur 900—1200 kcal/nm³. Bei Verwendung von Wasserdampf allein zur Vergasung des Kohlenstoffes erhält man hingegen ein theoretisch zu 50% CO und 50% H_2 bestehendes Gasgemisch, das nur noch von der Blaseperiode (s. u.) herrührend, einige % N_2 enthält (Tab. 16). Da die endothermen Wassergasreaktionen (s. S. 157) Wärme verbrauchen, muß in einer dem Gasen oder Gasmachen vorangehenden Periode (Heißblasen) durch Verbrennung eines Teiles des Kohlenstoffes zu CO_2 die nötige hohe Temperatur von über 1200° und die für die endotherme Wassergasreaktion erforderliche Wärmemenge erzeugt werden. Da stets auch ein gewisser Teil des Kohlenstoffes nur bis zu CO verbrannt

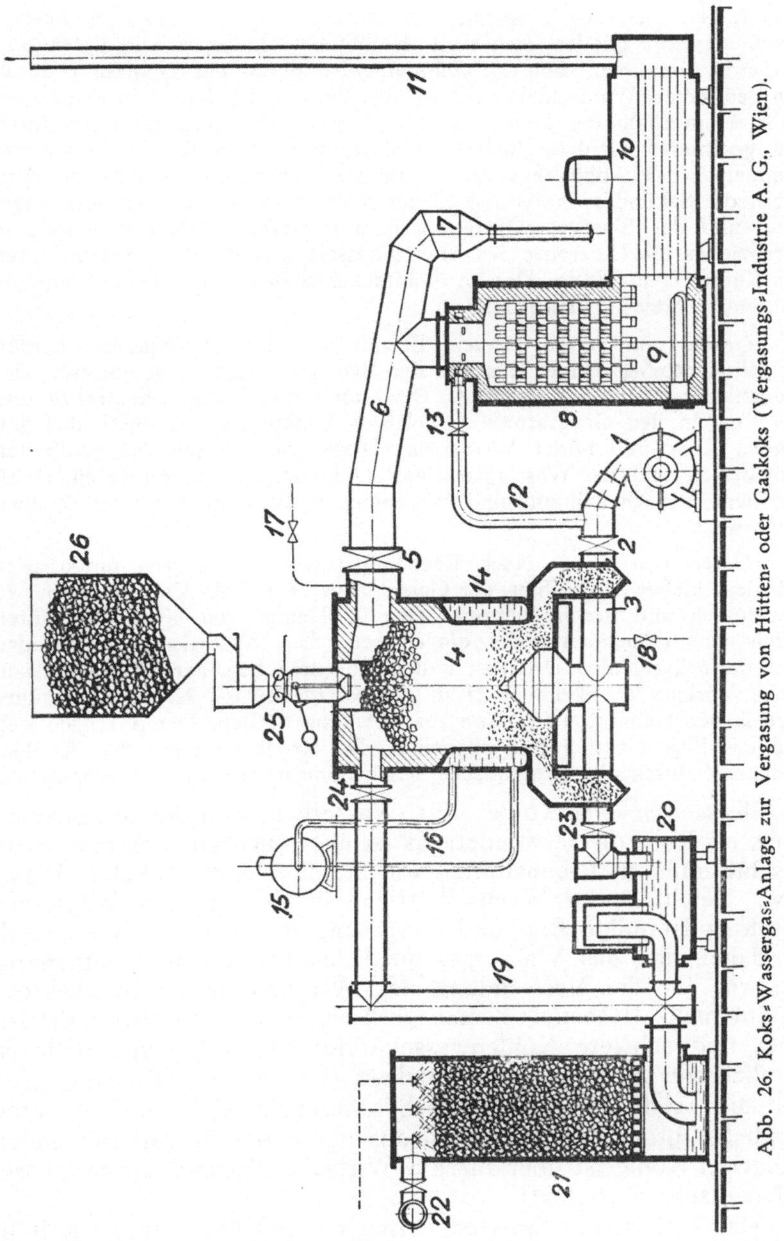

Abb. 26. Koks-Wassergas-Anlage zur Vergasung von Hütten- oder Gaskoks (Vergasungs-Industrie A. G., Wien).

wird und sich auch CO_2 mit Kohlenstoff zu CO umsetzt, wird das Blasegas in eigenen Abhitzeanlagen verbrannt und damit sein Heizwert voll ausgenützt.

Die Abb. 26 zeigt eine Koks-Wassergas-Anlage der Vergasungs-Industrie A. G., Wien, zur Vergasung von Hütten- oder Gaskoks. Der Betrieb des Generators gliedert sich in 1. Heißblasen, 2. Gasen von unten und 3. Gasen von oben. Beim *Heißblasen* wird durch das Gebläse *1* durch den geöffneten Windschieber *2* und die Windleitung *3* Luft in den Generator *4* unterhalb des Drehrostes eingeblasen. Das Blasegas zieht durch den geöffneten Heißgasschieber *5*, Blaseleitung *6* in die Verbrennungskammer *8* des Abhitzekessels *10*. In die Verbrennungskammer *8* wird durch die Sekundärwindleitung *12* bei geöffnetem Schieber *13* Luft eingeleitet und das Blasegas vollständig in *8* verbrannt. Die heißen Abgase durchziehen die Heizrohre des Abhitzekessels *10* und gelangen dann durch den Kamin *11* ins Freie. Der im Abhitzekessel *10* erzeugte Dampf wird im Röhrenüberhitzer *9* überhitzt.

Gasen von unten. Nach Beendigung des Heißblasens werden die Windschieber *2* und *13* sowie der Blasegasschieber *5* geschlossen, der Gasschieber *24* jedoch geöffnet. Der durch den Dampfschieber *18* und den Rost in den Generator *4* eingeleitete Dampf streicht durch den glühenden Koks und bildet Wassergas. Dieses zieht durch den geöffneten Schieber *24* und die Wassergasleitung *19* in den Wäscher (Skrubber) *21*, von dem es nach Kühlung und Waschung in die Nutzgasleitung *22* abgeleitet wird.

Gasen von oben. Nach Beendigung des Gasens von unten wird der Gasschieber *23* geöffnet, der Gasschieber *24* und der Dampfschieber *18* geschlossen und durch Dampfschieber *17* Dampf von oben nach unten durch den glühenden Koks eingeblasen. Das Wassergas verläßt den Generator durch den Drehrost und zieht durch Schieber *23*, die hydraulische Vorlage *20*, Skrubber *21* in die Nutzgasleitung *22* ab. Ganz kurz wird in den Generator *4* sodann von unten zur Spülung Dampf eingeblasen und das Blasen von neuem begonnen. Die Kohle wird aus dem Kohlenbunker *26* durch die automatische Beschickungsvorrichtung *25* aufgegeben.

Wassergas aus Kohle. Für Wassergas wird im allgemeinen Koks als Rohstoff verwendet. Es ist aber auch möglich geworden, aus bituminösen Brennstoffen, wie Steinkohle, Braunkohle, Lignit usw., gleichfalls im Wechselbetriebe in Generatoren Wassergas durch vollständige Ent- und Vergasung herzustellen. Wesentlich ist dabei, daß das Wassergas möglichst teerfrei und methanarm ist, was für die Verwendung des Wassergases als Synthesegas (Ammoniak-, Methanol-, Benzinsynthese, Ölhärtung) notwendig ist. Teer und schwere Kohlenwasserstoffe stellen für die Synthese nämlich nur einen nutzlosen Ballast dar, der den Wirkungsgrad und die Leistungsfähigkeit der Syntheseanlagen herabsetzt. Eine möglichst große Gasgewinnung aus der natürlich vorkommenden billigeren Kohle ist aber für die Wirtschaftlichkeit der Syntheseanlagen sehr vorteilhaft.

Das Prinzip der direkten Erzeugung von Wassergas aus bituminösen Kohlen besteht darin, daß zunächst in einer ersten Stufe die Kohle durch Erhitzen entgast wird, wodurch der Teer und die Kohlenwasserstoffe abdestillieren und ein für die folgende Vergasung zu Wassergas geeigneter Koks erhalten wird. Hierauf wird unmittelbar anschließend eine restlose Vergasung des Kokses mit

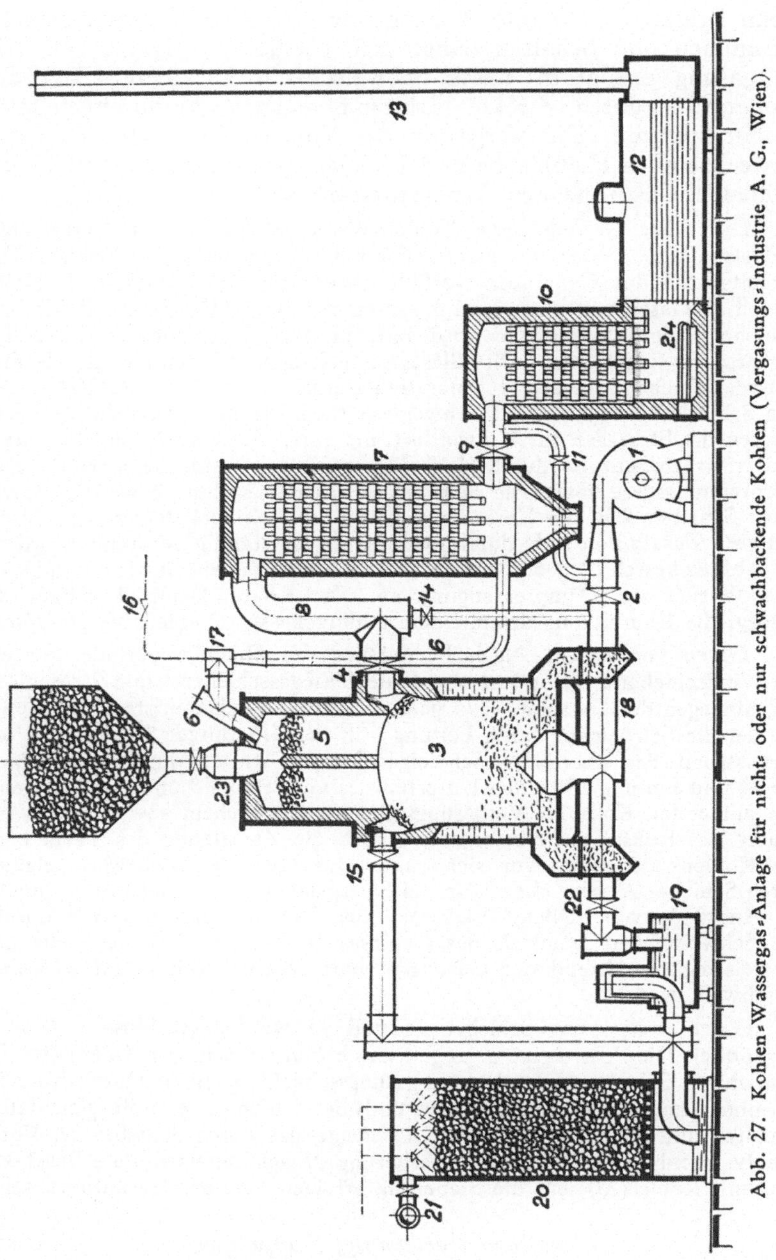

Abb. 27. Kohlen-Wassergas-Anlage für nicht- oder nur schwachbackende Kohlen (Vergasungs-Industrie A. G., Wien).

gleichzeitiger Aufspaltung der flüchtigen Destillationsprodukte vorwiegend zu CO und H_2 vorgenommen. Zur Vergasung eignen sich vor allem nicht backende oder nur schwach backende Steinkohlen, ferner Braunkohle, Torf oder Lignit. Diese Brennstoffe schmelzen beim Erhitzen nicht oder backen nur in sehr geringem Ausmaße zusammen und behalten daher ihre Gasdurchlässigkeit bei. Die Entgasung erfolgt in einem Schwelschacht im oberen Teil des Generators durch direkte Erhitzung mittels hindurchgeleiteter heißer Spülgase. Die Vergasung des Kokses geht auch hier durch abwechselndes Heißblasen und Einleiten von Wasserdampf in die glühende Kokszone des Generators vor sich.

Die Abb. 27 zeigt eine Kohlen-Wassergas-Anlage der Vergasungs-Industrie A. G., Wien, für nicht- oder nur schwachbackende Kohlen. Die Arbeitsweise des Generators zerfällt wieder in drei Perioden: 1. Heißblasen, 2. Gasen von unten und 3. Gasen von oben. Durch das Gebläse *1*, Schieber *2* und Leitung *18* wird Luft in den Vergasungsschacht *3* des Generators eingeblasen. Die Blasegase gelangen größtenteils durch den Blasegasschieber *4* in den Regenerativüberhitzer *7*, zum kleinen Teil durch den Schwelschacht *5* und die Schwelgasleitung *6* in den Überhitzer *7*. Dort werden die Blasegase durch Zweitluft, die durch Schieber *14* und Leitung *8* eintritt, verbrannt, wodurch das Gitterwerk in *7* aufgeheizt wird. Die Verbrennungsgase sowie die Schwelgase aus der Leitung *6* werden durch einen Schieber *9* in die Verbrennungskammer *10* eingeleitet, wo sie durch weiteren Zusatz von Luft durch Schieber *11* vollständig verbrannt werden. Im Abhitzekessel *12* geben die Gase vor ihrem Eintritt in den Kamin *13* ihre Wärme zur Dampferzeugung ab. Ein Röhren-Dampfüberhitzer *24* besorgt die Überhitzung des mit dem Abhitzekessel *12* erzeugten Dampfes.

Gasen von unten. Nach Beendigung der Heißblaseperiode werden die Windschieber *2*, *11* und *14* sowie die Blasegasschieber *4* und *9* geschlossen, hingegen der Gasschieber *15* geöffnet. Durch ein Dampfstrahlgebläse *17* werden die Schwelgase durch Leitung *6* in den Überhitzer *7* geleitet. Von dort strömt das überhitzte Schwelgas-Dampf-Gemisch durch den Schieber *14* und Leitung *18* in den Unterteil des Generators *3* und durchstreicht den glühenden Koks im Vergasungsschacht, in welchem sowohl die Vergasung des Kokses zu Wassergas als auch die Zersetzung des Teers und der Kohlenwasserstoffe vor sich geht. Das teerfreie Wassergas gelangt durch Schieber *15*, Skrubber *20* in die Nutzgasleitung *21*. Gleichzeitig findet ein Ansaugen von heißem Wassergas aus dem Generatorunterteil durch den Schwelschacht *5* mittels des Gebläses *17* statt, so daß die Kohle im Schwelschacht während der Gasungsperiode ständig erhitzt und wirksam entschwelt wird.

Gasen von oben. Schieber *14* und *15* werden geschlossen, *4* und *22* geöffnet. Die Schwelgase gelangen durch Leitung *6* in den Überhitzer *7*, dann durch Schieber *4* in den Vergasungsschacht *3*. Beim Durchströmen von oben nach unten wird der Teer und die Kohlenwasserstoffe gleichfalls gespalten und gleichzeitig Wassergas erzeugt, das durch Schieber *22*, Vorlage *19*, Skrubber *20* in die Nutzgasleitung *21* geleitet wird. Die Beschikkung mit Kohle (*23*) und die Steuerung erfolgen vollkommen automatisch.

c) Restlose Vergasung, Doppelgas.

Beim Generatorbetrieb war früher das Auftreten von größeren Teermengen eine unerwünschte Begleiterscheinung, da dadurch Verstopfungen der Gasleitungen, Verluste an Heizwert, Störungen bei der Verwendung zu Kraftzwecken usw. auftraten.

Die Forderung nach Erzeugung von flüssigen Brennstoffen, verbunden mit dem Streben nach Erzeugung von staubfreiem, unzersetztem Teer, konnten durch Verwendung von Generatoren mit eingebautem Schwelraum (Schwelglocken) und Innen-, bzw. Innen- und Außenbeheizung weitgehend erfüllt werden.

Ähnlich wie beim Kohlen-Wassergas-Generator (Abb. 27) bezweckt die restlose Vergasung von Stein- oder Braunkohle oder deren Gemischen die Gewinnung eines Heizgases mit einem Heiz-

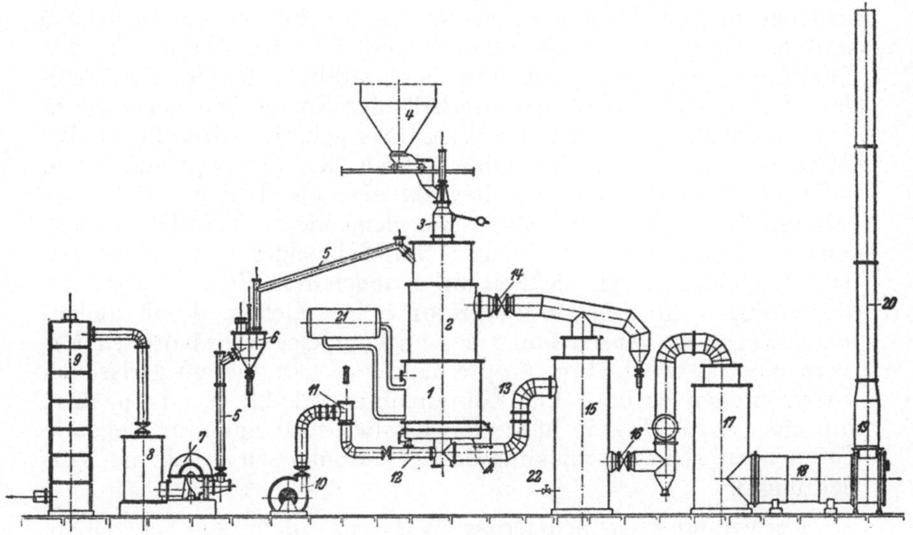

Abb. 28. Schema einer Doppelgasanlage (Vergasungs-Industrie A. G., Wien).

wert von etwa 3200 kcal/nm³ Gas. Die Kohle wird in einem Schwelzylinder meist durch Innenbeheizung abgeschwelt und der entstandene Koks im unteren Teil des als Generator ausgebildeten Schachtes dem üblichen Wassergasprozeß unterworfen. Der heiße Koks wird somit ohne Wärmeverlust unmittelbar vergast. Das Schwelgas und Wassergas werden miteinander vermischt, das Gemisch ist das Doppelgas. Der Heizwert des Gases kann durch Zusatz heizkräftiger Stoffe (Karburierung mit Teerölen usw.) erhöht werden.

Die Abb. 28 zeigt das Schema einer Doppelgasanlage der Vergasungs-Industrie A. G., Wien. Die Arbeitsweise zerfällt in eine Heißblase- und eine Gaseperiode. Beim Heißblasen wird mittels eines Gebläses *10* die Luft durch das Ventil *11* und die Windleitung *12* unterhalb des Drehrostes in den Vergasungsschacht *1* des Generators eingeblasen. Die Blasegase gelangen durch Schieber *14* in den Regenerativüberhitzer *15*, wo sie durch Zweitluft, die durch Leitung *13* eingeleitet wird, teilweise verbrannt werden und das Schamottegitterwerk des Überhitzers aufheizen. Die noch nicht vollständig verbrannten Abgase gelangen durch den Blasegasschieber *16* in die Verbrennungskammer *17* des Abhitzekessels *18*, wo sie vollständig verbrannt werden. Die Abgase mit etwa 900—1000° durchziehen den als liegenden Rauchrohrkessel ausgebildeten Abhitzekessel *18* und den Economiser *19* und gelangen schließlich in den Kamin *20*.

Bei der Gaseperiode wird zunächst der Überhitzer *15* und der Generator *1* mit Dampf kurz gespült. Windschieber *11*, Blasegasschieber *14* und Abgasschieber *16*, die Glocke der Teervorlage *6* sind geöffnet. Durch das Dampfventil *22* wird Dampf in den Überhitzer eingeleitet und dort hoch erhitzt. Durch die Heißdampfleitung *13* gelangt er unterhalb des Rostes und von dort in den Vergasungsschacht *1*, wo Wassergas gebildet wird. Das heiße Wassergas wird beim Aufsteigen durch den Schwelschacht *2* in viele Teilströme zerlegt und bewirkt eine gleichmäßige und vollständige Entgasung der Kohle. Aus dem oberen Teil des Schwelschachtes wird nun das Gemisch von Schwelgas und Wassergas, das Doppelgas, durch die Leitung *5* abgeleitet. Es gelangt durch die Vorlage *6* in den Desintegrator *7*, in welchem durch umlaufenden Teer die Abscheidung des im Doppelgase enthaltenen Urteers bewirkt wird. Ein Tropfenfänger *8* hält die mitgerissenen Teertröpfchen zurück. Ein Röhrenkühler *9* kühlt das Doppelgas auf eine etwa 10—15° über der Kühlwassertemperatur liegende Temperatur. Die Beschickung erfolgt automatisch durch die Vorrichtung *3*.

Verwendung von Wassergas. Wassergas dient zum Schweißen, für Gasfeuerungen in der Metall-, Glas-, Textilindustrie usw., zur Darstellung von NH_3, H_2, als Zusatz zum Steinkohlengas usw. Für 100 nm³ Wassergas benötigt man etwa 50—60 kg Koks. 1 nm³ kostet etwa zwei bis drei Groschen. Zur zentralen Gasversorgung kann Wassergas mittels Ölen oder Schwelteer karburiert, d. h. mit schweren Kohlenwasserstoffen beladen werden, wodurch sein Heizwert wesentlich erhöht wird. Das Karburierungsmittel wird in einen durch die Blasegase des Generators aufgeheizten Karburator eingespritzt und hier zu Ölgas mit hohem Heizwert gekrackt (s. S. 513). Das karburierte Wassergas stellt ein Gemisch von Blauwassergas und Öl- oder Teergas dar.

XXXI. Gaswerke und Nebenprodukte.

1. Die Entgasung von Steinkohle.

Wird Steinkohle unter Luftabschluß erhitzt, so entstehen fester Koks, flüssiger Teer und Wasser sowie brennbare Gase und Dämpfe. Die Entgasungsprodukte bilden sich aus der Kohle erst unter dem Einfluß der hohen Temperatur durch sog. pyrogene

Zersetzung. Über 100° entweicht zunächst die Feuchtigkeit und das Konstitutionswasser der Kohle. Bei 200° entweichen im Vakuum Methan und seine niederen Homologen (s. S. 502), zwischen 270 und 300° CO und CO_2. Bei etwa 280° beginnt bereits die Abscheidung eines braunroten Öles und damit die Zersetzung der Kohle. Zwischen 100 und 400° verändern sich die bituminösen Bestandteile der Kohle. Bis 600° erweichen diese und destilliert ein Teil der flüchtigen Bestandteile ab (Tieftemperaturdestillation). Die Entgasungsprodukte, wie Teerdämpfe und schwere Kohlenwasserstoffe, durchdringen die Kohlensubstanz und bedingen so das schwammige Gefüge des Kokses.

Zufolge des hohen Gehaltes der Gase an schweren Kohlenwasserstoffen am Beginn der Destillation ist der Heizwert der Gase anfangs am größten. Er nimmt mit steigender Temperatur im Inneren des Kokskuchens, d. h. fortgeschrittener Entgasungsdauer ab, da die schweren Kohlenwasserstoffe bei höheren Temperaturen unter Abscheidung von graphitischem Kohlenstoff (Retortengraphit) zersetzt werden. Dadurch geht ein Teil des Heizwertes des Gases verloren. Mit steigender Temperatur werden wasserstoffreichere Gase erhalten.

Die *Erzeugnisse der Entgasung* sind in ihrer Menge und Art vor allem von der Kohle und der Destillationstemperatur abhängig. Etwa 1/3 des Stickstoffes der Kohle bildet mit dem Wasserstoff Ammoniak, das bei höherer Temperatur wieder teilweise in HCN übergeht. Etwa 3—6% des Schwefels der Kohle bilden mit Wasserstoff Schwefelwasserstoff, von dem wieder ein Teil mit der glühenden Kohle unter Bildung von Schwefelkohlenstoff reagiert. Die Teerbeschaffenheit hängt vom Temperaturverlauf ab. Bei langsamer Destillation erhält man einen dünnflüssigen Teer. Waren die Teerdämpfe längere Zeit hohen Temperaturen ausgesetzt, so zerfallen die hochmolekularen Kohlenwasserstoffe und es entsteht ein zähflüssiger Teer mit hohem Kohlenstoff- und Naphthalingehalt. Die Gasausbeute nimmt mit steigender Temperatur zu. Die Ofentemperatur beträgt etwa 1250—1300° C.

2. Gaserzeugungsanlagen.

Die Entgasung der Steinkohle wird in Retorten- oder Kammeröfen vorgenommen. Man verwendet Gas- oder Gasflammkohlen (Tab. 14) mit weniger als 35 und mehr als 15% flüchtigen Bestandteilen. In kleineren Anlagen arbeitet man noch mit den älteren, aus Dinas- oder Silikatsteinen (s. S. 355) gemauerten Retortenöfen, die entweder aus horizontalen, schräg oder vertikal gestellten 1—9 Retorten bestehen, die zu einer Batterie vereinigt sind. Die Retorten werden von außen durch gesondert erzeugtes Generatorgas (Schwachgas) beheizt.

Zur Erhöhung der Ofenleistung je Ofeneinheit verwendet

man meist Kammeröfen, wobei gleichfalls wieder zwischen Schräg-, Vertikal- und Horizontal-Kammeröfen unterschieden wird. Der beste Koks wird in den Horizontal-Kammeröfen erhalten, die auch das gegebene Ofensystem für Großgaswerke sind. Sie sind in Gasanstalten und Kokereien in gleicher Weise brauchbar und sehr verbreitet. Die Abb. 29 zeigt eine Kohlengaserzeugungsanlage der Wiener Städtischen Gaswerke. Durch einen Kohleneinfüllwagen, der die Kohlenmenge für eine ganze Kammerfüllung faßt, wird die zweckmäßig aufbereitete, d. h. durch Mahlen homogenisierte und entsprechend gemischte Kohle durch Füllöcher in der Ofendecke in die Kammer eingefüllt. Eine Planierstange besorgt die gleichmäßige Verteilung der Kohlefüllung. Das Planieren und Füllen dauert nur 1—1½ Minuten.

Die Kammern werden meist durch Generatorgas beheizt, das in Zentralgasgeneratoren erzeugt wird. Die Öfen sind aber auch meist als Verbundöfen eingerichtet, die eine wahlweise Beheizung mit Generatorgas (Schwachgas) oder Steinkohlengas (Starkgas) ermöglichen. Die Kammern sind etwa 300—500 mm breit. Der Kohledurchsatz je Kammer beträgt in 24 Stunden etwa 10 t, die Gasausbeute je t Kohle etwa 340 m³ Gas. Zur Erhöhung der Gasausbeute bläst man, namentlich gegen Ende des Verkokungsvorganges, Wasserdampf in die Kammern ein oder mischt dem Gas gesondert aus Koks erzeugtes Wassergas bei.

Beim *System Koppers* ist unter jeder Heizwand des Ofens ein Wärmeregenerator vorhanden, der parallel zur Richtung der Heizwände angeordnet und in der Mitte unterteilt ist. Die vorzuwärmende Verbrennungsluft und das vom Generator kommende Heizgas treten durch Brenner in die einzelnen vertikalen Heizzüge ein, in denen sie emporsteigend verbrennen. In der anderen Hälfte der Heizwand fallen sie nach abwärts und heizen die andere Regeneratorhälfte auf. Etwa alle 30 Minuten wird die Beheizungsrichtung gewechselt.

Kokskühlung. Ist die Beschickung einer Kammer entgast, so wird der fertige Kokskuchen durch einen Auspreßstempel auf maschinellem Wege aus der Kammer herausgedrückt und sofort durch Bebrausen mit Wasser in einem Kokslöschturm abgekühlt. Zur Ausnützung der im glühenden Koks innewohnenden Wärme kann auch eine trockene Kokskühlung durch umlaufende Kühlgase erfolgen.

Gaskühlung. Die aus der Kohle entweichenden, gelbbraun gefärbten Gase und Dämpfe entweichen oben aus der Kammer und sind in den Steigrohren noch etwa 300° heiß. Durch Luftkühlung oder Berieselung mit Ammoniakwasser sinkt die Gastemperatur auf etwa 90°, wobei sich in einer Vorlage bereits Dickteer und Wasser abscheiden. Mit einer Temperatur von 50 bis 70° gelangen die Gase zu einem Ringluftkühler, der aus zwei konzentrischen

Blechzylindern besteht, oder, wie bei der gezeichneten Anlage (Abb. 28), zu einem Wasserröhren-Kühler, der aus zahlreichen, von Wasser umspülten Eisenrohren besteht. Das Gas durchstreicht von oben nach unten, das Kühlwasser fließt um die Röhren und von unten nach oben. Während der Kühlung scheidet sich weiterer Teer (insgesamt 3,5—9% der Kohle) und Wasser (zusammen 3,5—15%) ab.

3. Gasreinigung und Gewinnung von Nebenprodukten.

Nach der Kühlung muß das Rohgas noch von Teer, Schwefel, Benzol, Naphthalin, Ammoniak und Cyan befreit werden. Zur Überwindung des Widerstandes in den Gasreinigungs-Apparaten und des Gegendruckes des Gasbehälters ist nach dem Kühler ein *Gassauger* in die Gasleitung eingebaut (Abb. 30, Wiener Städtische Gaswerke). Das Gas gelangt sodann zu einem *Teerscheider*, da bei der Kühlung des Gases wegen zu geringer Fallgeschwindigkeit der kleineren Teertröpf-

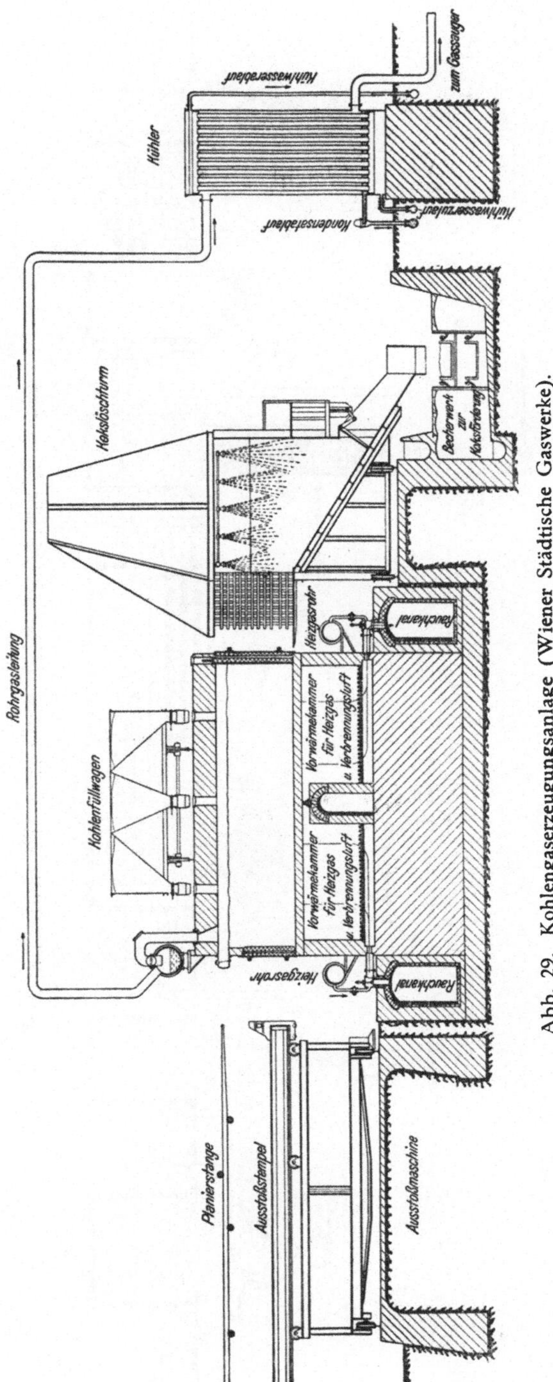

Abb. 29. Kohlengaserzeugungsanlage (Wiener Städtische Gaswerke).

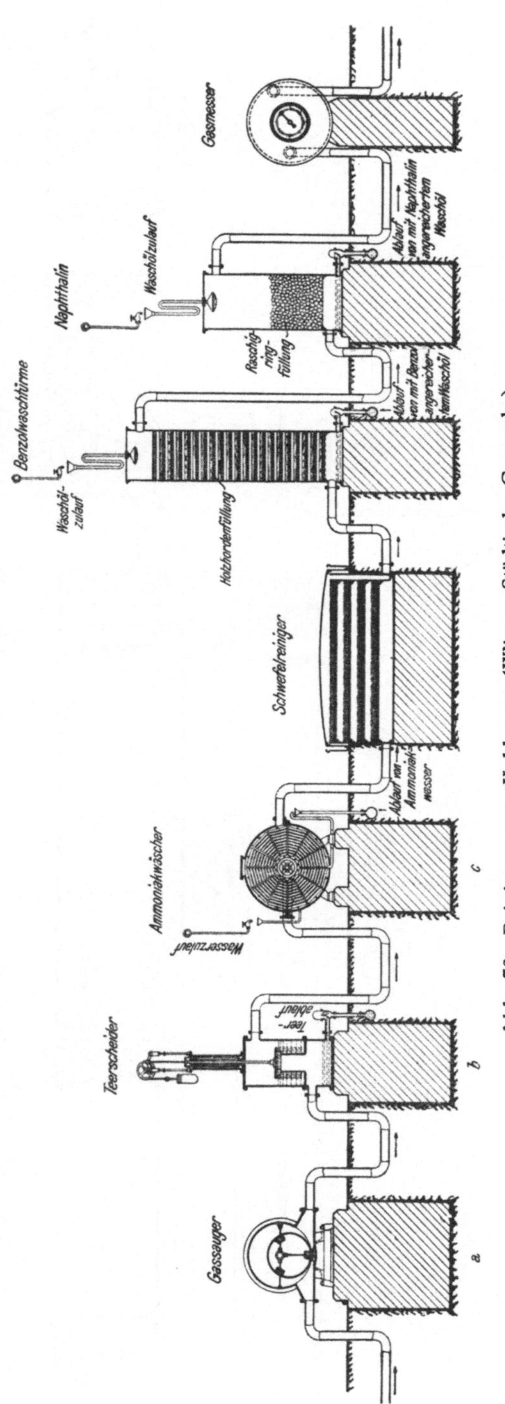

Abb. 30. Reinigung von Kohlengas (Wiener Städtische Gaswerke).

chen nur eine unvollkommene Teerausscheidung erreicht wird. In 1000 m³ Rohgas sind auch nach der Kühlung immer noch 3—4 kg Teer vorhanden, die eine weitere Reinigung und Verteilung des Gases stören würden. Das Gas wird vom Teer durch Stoßverdichtung befreit, indem man es mit großer Geschwindigkeit auf eine feste Fläche aufprallen läßt. Beim Teerscheider von Pelouze strömt das Gas durch eine polygonale, oben geschlossene Glocke mit feinen Löchern in eine zweite konzentrische Glocke ein. Durch die Stoßwirkung beim Auftreffen auf die zweite Glocke wird der Teer abgeschieden. Das Gas strömt durch Schlitze in die zweite Glocke, die gegen die erste versetzt sind, ab. Auch durch Zentrifugalwäscher kann die Entteerung des Gases erfolgen. Der Teer und das Ammoniakwasser gelangen durch die Teerleitung zur Scheidegrube.

Ammoniakwäsche. Zum Teil ist das Ammoniak bereits in der Teervorlage und im Kondensat des Kühlers abgeschieden worden.

Es wird aus dem Gas in stehenden Horden- oder rotierenden Wäschern mit Wasser ausgewaschen. Die Abb. 29 zeigt einen sog. Standardwäscher. Dieser besteht aus einem runden gußeisernen Gehäuse, das sich aus einzelnen Kammern zusammensetzt, die bis zu einer gewissen Höhe mit Wasser gefüllt sind. In den Kammern befinden sich die auf einer rotierenden Scheibe befestigten Wascheinlagen, die aus geschlitzten, aus einzelnen Elementen zusammengesetzten Holzpaketen, Pissavefasern oder Holzkugeln bestehen. Diese Waschelemente werden bei der Rotation untergetaucht, abgespült und im oberen Kammerteile von dem Gas bestrichen.

Das Frischwasser tritt in die letzte Gaskammer ein und durchfließt nacheinander die vorhergehenden Kammern, bis es aus der ersten, in die das Gas eintritt, mit dem höchsten Ammoniakgehalt austritt. Der rotierende Wäscher kann zur Erhöhung der Waschfläche mit Raschigringen, d. s. etwa 1—6 cm lange und gleich hohe zylindrische, hohle dünnwandige Füllkörper, eingefüllt werden. Auch Zentrifugal- oder Schleuderwäscher können zur Ammoniakwäsche verwendet werden. Sie bestehen aus einem senkrecht stehenden zylindrischen Gefäß mit mehreren Kammern, in denen je ein Schaufelrad die Waschflüssigkeit ansaugt, abschleudert und zerstäubt. In manchen Anlagen ist nach dem Teerscheider noch ein Cyanwäscher und vor dem Ammoniakwäscher ein Naphthalinwäscher vorgeschaltet.

Entschwefelung. Der Schwefelgehalt des Gases besteht zu 94—97% aus H_2S, der Rest aus organischen Schwefelverbindungen, vorwiegend CS_2. Das Gas enthält von etwa 30% des Gesamtschwefels bei der Kühlung und Ammoniakwäsche noch etwa 500—1000 g S in 100 m^3 Gas. Da der Schwefel zu Rohrkorrosionen Anlaß gibt, muß er möglichst vollständig entfernt werden. Zur Entschwefelung wird am Kontinent fast ausschließlich Raseneisenerz, ein wasserhaltiges Eisenoxyd oder künstliches Eisenhydroxyd, sog. Luxmasse (s. S. 346), verwendet. Die Entschwefelung geht gemäß der Gleichung $2\,Fe(OH)_3 + 3\,H_2S = Fe_2S_3 + 6\,H_2O + 14{,}9$ kcal vor sich. Ist die Blausäure nicht vorher mit Eisen-II-Sulfatlösung ausgewaschen worden, wird es vom Eisen-II-Sulfid, das durch Reduktion von Eisen-III-Sulfid oder dessen Zerfall nach $Fe_2S_3 = 2\,FeS + S$ entstanden ist, absorbiert: $FeS + 2\,HCN = Fe(CN)_2 + H_2S$. Die Cyanverbindungen werden bis zu einem Gehalt von etwa 15% Berliner Blau (s. S. 481) aufgenommen.

Die Regenerierung der Schwefelreinigungsmasse wird durch den Luftsauerstoff und Feuchtigkeit unter Bildung von Schwefel bewirkt: $Fe_2S_3 + 3/2\,O_2 + 3\,H_2O = 2\,Fe(OH)_3 + 3\,S + 145$ kcal. Die angefeuchtete Masse wird auf dem Fußboden flach ausgebreitet und mehrfach umgeschaufelt. Setzt man dem Gas vor seinem Eintritt in den Reiniger etwa 1½% Luft zu, so tritt schon während der Absorption der Schwefelverbindungen eine Wiederbelebung der Reinigungsmasse ein. Sie wird bis zu einem Schwefelgehalt von 40 bis 55% S wiederverwendet und geht dann in die Schwefelsäurefabrik.

Zur Reinigung des Gases von Schwefelwasserstoff dienen gußeiserne Kästen, die durch leicht abnehmbare schmiedeeiserne Deckel mit Wasserverschluß verschließbar sind (Abb. 29). Die Reinigungsmasse ist in zwei bis sechs Lagen von 150 bis 200 mm Höhe auf gitterförmigen Holzlagen (Horden) gelagert. Meist sind drei bis vier Kästen im Gegenstromprinzip hintereinandergeschaltet. Das Gas durchstreicht die Roste und die Masseschichten und zieht schwefelfrei ab. An Stelle der trockenen Entschwefelung mit Raseneisenerz stehen auch noch andere Entschwefelungsmittel in Gebrauch, wie z. B. Aktivkohle, bei der eine katalytische Oxydation des Schwefelwasserstoffes durch Luftsauerstoff erfolgt. Der Schwefel wird aus der Kohle durch Ausdämpfen, Extrahieren mit Schwefelkohlenstoff oder Ammonsulfidlösung entfernt. Die Ammonsulfidlösung zerfällt beim Erhitzen unter Druck in flüssigen Schwefel, Ammoniak und H_2S. Die beiden letztgenannten Stoffe gehen wieder zur Absorption.

Nach dem sog. Thyloxverfahren wird das Gas mit einer schwach ammoniakalischen Lösung von Natriumthioarseniat gewaschen und der so aufgenommene Schwefel durch Oxydation mit Luftsauerstoff als Schwefel abgeschieden: $Na_3AsO_2S_2 + H_2S = Na_3AsOS_3 + H_2O$; $Na_3AsOS_3 + \frac{1}{2} O_2 = Na_3AsO_2S_2 + S$. Gleichzeitig wird auch der Cyanwasserstoff HCN aufgenommen und durch den Schwefel und das Ammoniak in Ammonrhodanid NH_4CNS übergeführt.

Sehr aussichtsreich ist das Verfahren der Herauslösung des Schwefelwasserstoffes mit wässerigen Lösungen von Triäthanolamin, Natriumphenolat, durch Alkali- oder Erdalkalisalze von Aminosäuren (Alkazidverfahren) usw. Der in der Kälte aufgenommene Schwefelwasserstoff wird beim Erhitzen auf 100° fast vollständig und in konzentrierter Form wieder abgegeben. Das H_2S wird entweder im Clausofen (s. S. 80) oder über einem Vanadinkontakt durch nasse Verbrennung auf Schwefelsäure verarbeitet (s. S. 91).

Auch das Waschen mit Kaliumcarbonatlösungen und spätere Austreibung mit Kohlendioxyd, Thiosulfatlösungen und schwefeliger Säure, die Oxydation mit alkalischer Eisen-III-Cyanidlösung $K_3Fe(CN)_6$, komplexen Eisenverbindungen usw., wurde schon technisch ausgeübt.

Da das Ammoniak des Gases fast stets in Ammonsulfat übergeführt wird (s. S. 259), das Gas aber selbst ausreichende Schwefelmengen zur Bindung des gesamten Ammoniaks enthält, sucht man den Umweg der Darstellung von Schwefelsäure zu ersparen und den Schwefel und das Ammoniak gleichzeitig zu gewinnen. Beim Katasulfverfahren der I.G. Farbenindustrie A.G. wird der Schwefelwasserstoff des Gases durch beigemengten Luftsauerstoff durch Ni-Fe-V-Mo-Katalysatoren zu SO_2 verbrannt und mit Ammoniumhydroxydlösung ausgewaschen. Es entsteht eine Ammonsulfit- und -bisulfitlösung, die beim Kochen Schwefel abscheidet und dabei selbst in das Sulfat übergeht: $(NH_4)_2SO_3 + 2\,NH_4HSO_3 = 2\,(NH_4)_2SO_4 + S + H_2O$.

Beim Einleiten des SO_2-haltigen Gases in eine Aufschlämmung von Eisenoxydhydrat (*Verfahren der „Kohlentechnik"*) entsteht Ammonsulfit und Eisensulfid, das durch Luft wieder in Eisenoxydhydrat verwandelt wird.

Feld wäscht H_2S und NH_3 gleichzeitig durch eine Polythionatlösung aus, wobei sich Ammonthiosulfat und freier Schwefel bilden. Aus einem Teil des Schwefels wird durch Verbrennen SO_2 erzeugt, das mit Ammonthiosulfat zu Ammonpolythionatlösung regeneriert wird, das in den Kreislauf zurückgeht:

1. $(NH_4)_2S_3O_6 + H_2S + 2\,NH_3 = 2\,(NH_4)_2S_2O_3$;

1a. $(NH_4)_2S_4O_6 + H_2S + 2\,NH_3 = 2\,(NH_4)_2S_2O_3 + S$;

2. $2\,(NH_4)_2S_2O_3 + 3\,SO_2 = (NH_4)_2S_3O_6 + (NH_4)_2S_4O_6$;

3. $(NH_4)_2S_3O_6 = (NH_4)_2SO_4 + SO_2 + S$.

Die Koppers Comp. wäscht den Schwefelwasserstoff aus dem entteerten Gase mit Sodalösung aus, wobei sich Natriumhydrosulfid NaSH, Na_2S, NaCN und $NaHCO_3$ bilden. Durch Einleiten von Luft wird die Lösung in einem zweiten Wäscher regeneriert.

In England wird auch der Schwefelkohlenstoff in Reinigern mit Schwefelcalzium entfernt.

Benzolgewinnung. Das Benzol wurde schon seit langem auf Kokereien aus dem Gase entfernt. Auf Gaswerken ging man erst während des ersten Weltkrieges wegen des Mangels an Motorenbenzin an die Gewinnung des Benzols. Durch dessen Auswaschen wird der Heizwert des Gases um 3—5% vermindert. Die Benzolkohlenwasserstoffe werden durch Auswaschen des gereinigten Gases mit einem organischen Waschöl, als welches Steinkohlenteeröle, bestehend aus Mittel-, Schwer- und Anthracenöl, in Betracht kommen, gewonnen. Das Öl nimmt so viel Benzol auf, bis der Partialdruck des Benzols in der Lösung dem Teildruck des Benzols im Gase entspricht. Auch Naphthalin wird vom Waschöl aufgenommen, bei einem Naphthalingehalt des Öles von mehr als 10% jedoch sogar an das Gas wieder abgegeben.

Die Benzolwäscher bestehen aus vertikalen zylindrischen Gefäßen mit Horden (Abb. 29) oder Ring- oder rotierenden Wäschern. Diese Apparate dienen zur Verteilung des Waschöles und Berieselung des Gases zwecks inniger Vermischung. Die Horden bestehen, ähnlich wie die Ammoniakwäscher, aus schmalen, nach unten konisch zulaufenden, ungehobelten Latten aus Kiefernholz, die unten mit Tropfnasen versehen sind. Mehrere Wäscher sind hintereinandergeschaltet, wobei der letzte Wäscher mit frischem Öl berieselt wird (Gegenstromprinzip).

Das mit Benzol angereicherte Waschöl fließt in eine Sammelgrube, von wo es in eine Abtreibapparatur gepumpt wird. In dieser wird aus dem Öl mit direktem oder indirektem Dampf, im letzteren Falle unter Anwendung von Vakuum, das Benzol abgetrieben. Da neben Benzol auch noch dessen Homologe mit höherem Siedepunkt, Naphthalin und vom Wasserdampf mechanisch mitgerissene Waschöltröpfchen im Benzol enthalten sind, wird es durch eine nochmalige Destillation gereinigt. Man verwendet dazu Destillationsblasen mit Rektifikationskolonnen und Dephlegmator (s. S. 507). Das Benzol kann aus dem Gas auch mit Aktivkohle gewonnen werden.

Naphthalinwäscher. Zur Beseitigung des Naphthalins, das bereits bei einem Gehalt von nur 1 g/m³ bei stärkerer Abkühlung des Gases zu Verstopfungen von Rohren führt, wird das Gas mit Anthracenöl gewaschen. Als Wäscher dienen Hordenwäscher, rotierende Wäscher oder Wäscher mit Raschigringen (Abb. 29). Bei diesen genügen kleinere Wäscherdimensionen, da die Ringe die Wäscherquerschnitte nur um etwa 8% vermindern, gegenüber einer Querschnittsverminderung von 50% durch Holzhorden. Das spezifische Gewicht des Öles nimmt von 1,13 bis 1,18 bei der Absorption ab. Hat es 1,06 erreicht, kommt es zum Teer. Meist verwendet man mehrere Wäscher hintereinander. Vielfach wird das Benzol gemeinsam mit dem Naphthalin aus dem Gase ausgewaschen, da das Öl sowohl Benzol als auch Naphthalin aufnehmen kann.

Gasmessung, -trocknung, -behälter. Hat das Gas die Reinigeranlagen durchwandert, so wird es vor der Speicherung in sog. Stationsmessern gemessen. Je nach dem Meßprinzip unterscheidet man drei Arten von Gasmessern: 1. Direkte Messung durch Kammern, die zu einer Trommel vereinigt sind (Crosley-Trommeln), 2. Messung unter Berücksichtigung der Strömungs- und Druckgesetze mit Flügelrad, Pitotrohr, Stauscheibe usw.; 3. Messung der Wärmemenge, die zu einer bestimmten Temperaturerhöhung des Gases erforderlich ist (Thomasgasmesser).

Zur Vermeidung von Kondensaten im Rohrnetz, insbesondere bei Gasfernleitungen, soll das Gas einen derartig geringen Wassergehalt aufweisen, daß der Taupunkt des Gases unter der niedrigst möglichen Temperatur im Rohrnetz liegt. Die Trocknung kann durch Kompression, Tiefkühlung oder Behandlung mit hygroskopischen Stoffen, wie Silicagel, 40%iger Calziumchloridlösung oder konzentrierter Schwefelsäure, erfolgen.

Das Gas wird sodann in großen Gasometern gesammelt. Bei den nassen Gasometern taucht eine zylindrische, einseitig geschlossene Gasglocke, die unter Umständen teleskopiert ist, in ein Wasserbecken. Bei den neuerdings stärker verwendeten trokkenen Gasbehältern wird in einem polygonalen Blechbehälter eine Scheibe auf und ab bewegt, die gegen die Behälterwandung mit Teeröl abgedichtet ist. Die Scheibe wird durch Rollen völlig horizontal und stoßfrei geführt. Vielfach wird das Gas durch ein viele Kilometer langes Rohrsystem den Verbraucherstellen zugeleitet (Gasfernversorgung).

Leuchtgasentgiftung. Das im Leuchtgas enthaltene Kohlenoxyd stellt wegen seiner starken Giftigkeit eine große Gefahr beim Ausströmen aus undichten Leitungen, bei Unachtsamkeit usw. dar. Man hat daher bereits versucht, das Stadtgas von Kohlenoxyd dadurch zu befreien, daß man es gemeinsam mit Wasserdampf bei etwa 400° über einen aus Eisenoxyd bestehenden Kontakt leitet, wobei die folgende Umsetzung vor sich geht: $CO + H_2O = H_2 + CO_2$. Da der entstehende Wasserstoff bei geringem Gewicht ein großes Volumen einnimmt, wird durch diese Konvertierung wegen der Volumsvermehrung der Heizwert des Gases etwas vermindert. Man sucht diese Heizwertverminderung durch Verringerung des Wassergaszusatzes auszugleichen. Die Kosten für die Entgiftung sind nur gering. Das Gas enthält nur mehr 1—2% CO und ist dann als ungefährlich zu betrachten.

4. Gaswasserverarbeitung.

Etwa 15% des Stickstoffes der Kohle treten als freies Ammoniak im Gas oder Gaswasser in Form von Ammoniumsalzen wieder auf, und zwar gebunden als leicht zersetzliches Carbonat, Hydrosulfid, Cyanid (das sog. „freie Ammoniak") und schwer zersetzliches Sulfat, Sulfit, Thiosulfat, Chlorid, Rhodanid und Ferrocyanid („gebundenes Ammoniak"). Das „freie Ammoniak" kann bloß durch Kochen und Dampfeinleitung, das „gebundene Ammoniak" nur nach Zusatz von Calziumhydroxyd in der Wärme abgetrieben werden. Das Ammoniak wird auf Ammonsulfat oder reines verdichtetes Gaswasser verarbeitet.

Beim *direkten* Verfahren wird eigentlich kein Gaswasser abgeschieden, sondern das teerhaltige Gas wird heiß vom Teer gereinigt und durch Schwefelsäure von 60° Bé geleitet, wobei sich Ammonsulfat bildet (s. S. 259). Beim *halbdirekten* Verfahren wird das heiße Gas zur völligen Abscheidung des Teers auf Außentemperatur gekühlt und dann durch das Säurebad geleitet. Das bei der Kühlung abgeschiedene Ammoniakwasser wird mit Kalkmilch abgetrieben und das gasförmige Ammoniak dem Rohgas vor dem Schwefelsäuresättiger wieder zugesetzt. Diese beiden Verfahren werden vorwiegend in Kokereien ausgeübt.

Beim *indirekten* Verfahren, nach welchem insbesondere in Gasanstalten gearbeitet wird, wird das gesamte, im Gas enthaltene Ammoniak in Wäschern mit Wasser ausgewaschen (Abb. 30) und nach möglichst starker Anreicherung in Abtreibkolonnen unter Zusatz von Kalk wieder ausgetrieben. Das NH_3 wird entweder in Schwefelsäure eingeleitet oder zu reinem Gaswasser verdichtet.

Das im Schwefelsäuresättiger abgeschiedene Ammonsulfat wird entweder mit kupfernen Löffeln von Hand ausgeschöpft oder mit einem Ejektor aus dem Bade ausgehebert und dann zentrifugiert. Selten wird das Ammoniak auf Ammonchlorid oder Ammoncarbonat verarbeitet (s. S. 259 u. 261).

Das Gaswasser enthält auch 0,05—0,5% Phenole (s. S. 671) und dessen Homologe, Pyridin (s. S. 706) usw. Da die Phenole im Abwasser die Fischerei und die Trinkwasserversorgung schädigen würden, werden sie meist durch Extraktion mit Benzol gewonnen. Aus dem Benzol wird das Phenol entweder durch Behandlung mit Natriumhydroxydlösung in Natriumphenolat übergeführt oder durch Destillation abgetrennt.

5. Ölgas und Blaugas.

Das Ölgas wird durch Zersetzung von flüssigen Brennstoffen, wie hochsiedenden Erdöldestillaten, Braunkohlen- und Schieferschwelteerdestillaten, seltener von Pflanzenfetten erhalten. Die Krackung (s. S. 513) wird bei größeren Leistungen in zwei hintereinandergeschalteten Generatoren, die mit Gittersteinen aus Schamotte ausgesetzt sind, welche durch Heizgase auf etwa 700—800° erhitzt wurden, durch Einspritzen vorgenommen. Das Öl verdampft und wird in einem Überhitzer gespalten. Es hat einen hohen oberen Heizwert von 8000 bis 12.000 kcal/m^3, besitzt eine hohe Leuchtkraft der frei brennenden Flamme und ist einfacher herzustellen als Steinkohlengas. Es wird für kleinere Beleuchtungsanlagen wie im Eisenbahn- und Signalwesen, verwendet, wird jedoch immer mehr durch die elektrische Beleuchtung verdrängt.

Aus Gasöl kann man auch eine Abart des Ölgases, das nach seinem Erfinder benannte *Blaugas*, herstellen. Es enthält etwa 80% derjenigen Kohlenwasserstoffe des Ölgases, die sich nur durch Druckanwendung ohne Kühlung verflüssigen lassen. Das Gasöl wird bei niedriger Temperatur vergast, gereinigt und gekühlt. Hierauf werden bei etwa 20 Atm. dem Gas jene Anteile entzogen, die sich schon bei gewöhnlicher Temperatur verflüssigen lassen. Hierauf werden jene Gase, die bei 100 Atm. und 20° nicht mehr verflüssigbar sind, wie Wasserstoff und Methan, vom verflüssigten Blaugas abgetrennt. Die Restgase sind das Ölgas, das in Stahlflaschen in den Handel kommt und zur Beleuchtung von Seezeichen und Eisenbahnwaggons verwendet wird.

XXXII. Kokereien.

Unterschiede zwischen Kokereien und Gasanstalten. In Kokereien wird grundsätzlich in der gleichen Weise wie in den Gasanstalten die Kohle entgast. Während früher das Hauptaugenmerk nur auf die Gewinnung eines guten Kokses gelegt und die bei der Verkokung frei werdenden Gase anfänglich verbrannt wurden, sind die Unterschiede zwischen den Gasanstalten und Kokereien immer mehr verwischt worden. Sowohl in Kokereien als auch in Gasanstalten trachtet man, einen guten Koks und ein hochwertiges Gas zu erhalten. Da in Gasanstalten auf eine möglichst hohe Gasausbeute Wert gelegt wird, mischt man dort dem Gas 25—35% Wassergas zu. Auf die Leuchtkraft des Gases wird heute kein Wert mehr gelegt.

Das hochwertige Kokereigas wird heute in ausgedehntem Umfange zum Betriebe von Gasmotoren, Martinöfen, zur *Städtebeleuchtung* usw. verwendet. Bei nutzbringendem Absatz des Koksgases wird Schwachgas (Heizgas mit geringem Heizwert, wie Generatorgas) zur Beheizung der Öfen verwendet. Der wesentlichste Unterschied zwischen der Stark- und Schwachgasbeheizung ist der, daß das Schwachgas wegen seines geringeren Heizwertes ebenso wie die Verbrennungsluft in Regeneratoren vorgewärmt werden muß.

Bauart der Öfen. Nach der Bauart unterscheidet man folgende Typen von Koksöfen, die durchwegs mit Nebenproduktgewinnung arbeiten:

a) *Rekuperativ- oder Abhitzeöfen* mit Verwertung der Abhitze der von den Öfen kommenden Verbrennungsgase unter Dampfkesseln und Verwertung der Überschußgase (Gewinnung von viel Dampf, wenig Überschußgas) (s. a. S. 319);

b) *Regenerativöfen* mit Verwertung der Abhitze zur Luftvorwärmung und mit Überschußgasverwertung (kein Dampf, viel Überschußgas) (s. a. S. 318);

c) *Verbundöfen* für Heizung mit Generator- oder staubfreiem Gichtgas (Schwachgase), wobei das gesamte Kokereigas (Starkgas) für andere Zwecke zur Verfügung steht. Sie können aber auch wahlweise mit Starkgas beheizt werden.

Die meist liegend ausgebildeten Öfen haben entweder waagerechte oder senkrechte Heizkanäle. In den Abb. 31—33 ist ein Regenerativofen System Kogag dargestellt. Durch die Leitung *a* tritt das Heizgas in die Gasverteilungskanäle *b* und gelangt von dort in die mittleren Heizzüge *c*. Die Ofenköpfe werden wegen der stärkeren Abstrahlungsverluste durch die besondere Zuführungsleitung b_1 beheizt. Durch Öffnung *d* tritt Verbrennungsluft in die Wärmespeicher *e*, wird hier vorgewärmt und gelangt durch einen Luftverteilungskanal zu den Brennerstellen der Heizzüge *c*. Die Verbrennungsgase durchstreichen den oberen Horizontalkanal *f* und gehen durch die Heizzüge der anderen Ofenhälfte zu den Wärmespeichern und schließlich in den Kamin *h*. Alle 30 Minuten wird die Beheizungsrichtung gewechselt. Die Beheizung geht sowohl in senkrechter als auch in horizontaler Richtung voll-

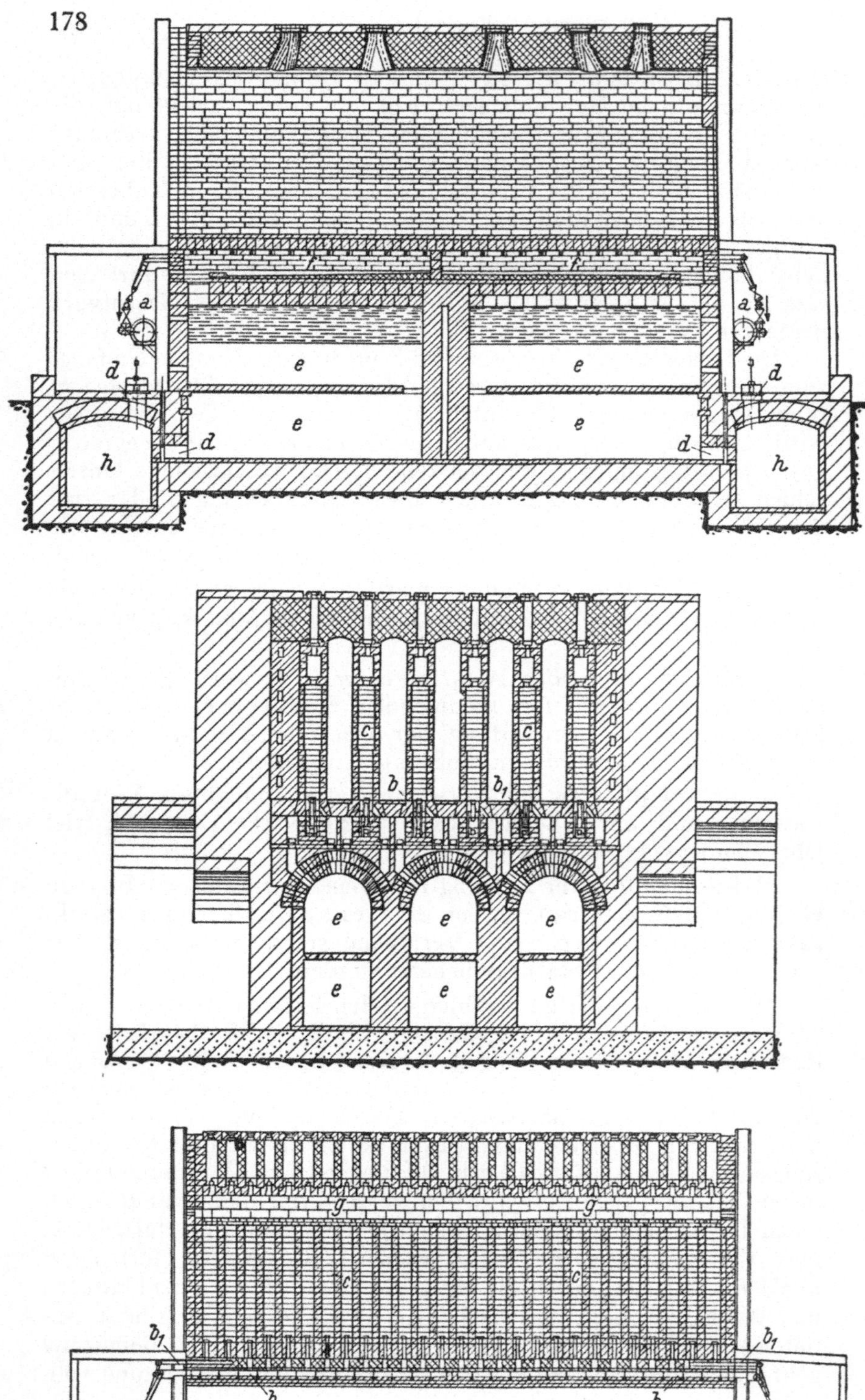

Abb. 31—33. Regenerativ-Koksofen (System Kogag).

kommen gleichmäßig vor sich, wodurch ein Zurückbleiben der Beschickung vermieden wird.

Die Abb. 34 und 35 zeigen den Verbund-Kreisstrom-Ofen nach System Koppers. Bei dieser Beheizungsart verlassen die Ver-

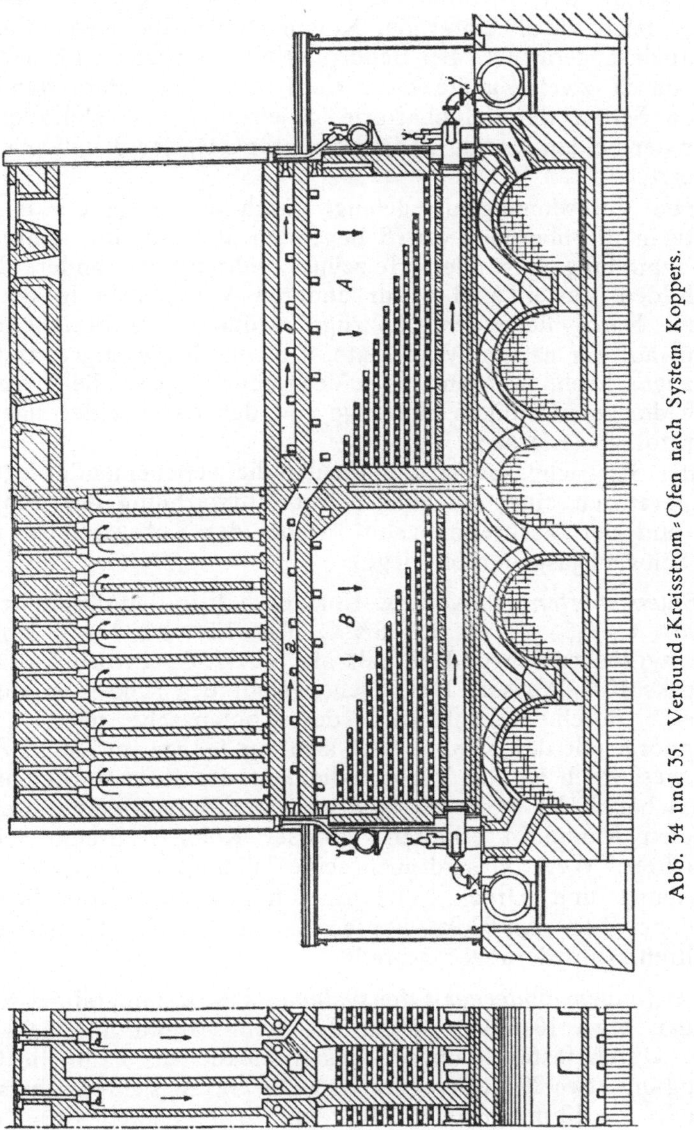

Abb. 34 und 35. Verbund-Kreisstrom-Ofen nach System Koppers.

brennungsgase eines jeden Heizzuges durch den danebenliegenden die Heizwand. Die Binderwände, durch welche beflammte Heizzüge von solchen, die Verbrennungsgase führen, getrennt werden, sind an ihrem unteren Ende durchbrochen, so daß zwischen den beiden Heizzügen knapp oberhalb der Brenner eine Verbindung geschaffen ist. Durch Injektorwirkung wird ein Teil der Abgase aus dem benachbarten Heizzuge herübergesaugt, wodurch eine Verzögerung der Verbrennung und damit eine größere Flammenlänge erzielt wird. Unter der Kammersohle sind gleichfalls Verteilkanäle angeordnet. Bei Beheizung mit Starkgas führt man das Gas durch zwei Kanäle dem Kopf der Regeneratorwand von beiden Seiten der Ofenbatterie gleichzeitig den Heizzügen zu. Einer der beiden Kanäle ist immer unter Gas, der danebenliegende gesperrt.

Die Verbrennungsluft gelangt durch den Regenerator *B* zur Hälfte in die oberhalb von *B* liegenden und mit ihm unmittelbar in Verbindung stehenden Heizzüge, während die andere Hälfte durch den Verteilkanal *b* zur anderen Wandhälfte in die über diesem Kanal liegenden Heizzüge strömt. Das Steinkohlengas brennt auf der ganzen Wandseite, z. B. durch die ungeradzahligen Heizzüge, hoch, während die Verbrennungsgase die Heizwand durch die geradzahligen Heizzüge und den darunterliegenden Regenerator *A* verlassen.

Bei Schwachgasbeheizung dienen die nebeneinanderliegenden Regeneratoren einer Ofenhälfte zur Vorwärmung der Schwachgase und der Verbrennungsluft, wobei der Luftgenerator neben dem Schwachgasgenerator liegt.

Eigenschaften des Kokses. Koks enthält im Durchschnitt etwa 80—90% C, 0,5—3% H, 0,1—8% O, 0,4—1,5% N, 1% S. Koks ist nicht hygroskopisch und enthält als Stückkoks etwa 0,5—2%, als Feinkoks 10% Wasser. Der Aschengehalt des Kokses ergibt sich ungefähr durch Multiplikation der Kohlenasche mit 1,4. Der Phosphorgehalt der Kohle findet sich zur Gänze im Koks wieder. Sehr wesentlich ist die Verbrennlichkeit des Kokses. Leicht verbrennlicher Koks wird bei niedriger Verkokungstemperatur und schmalen Kammern erhalten. Poröser Koks verbrennt leichter als dichter. Wertvoll sind auch seine Widerstandsfähigkeit gegen Zerreibung und Druck. Die Entzündungstemperatur liegt im Mittel bei 700°. An Koks werden die in der Tab. 17 zusammengestellten Anforderungen gestellt.

Leistungen moderner Ofensysteme. Die Kammerabmessungen betragen etwa 10—14 m Länge, 0,3—0,5 m Breite und 2,0—4,2 m Höhe. Durch festes Stampfen des Kohlekuchens kann die Ofenfassung um etwa 20% erhöht werden. Die Garungszeiten schwanken je nach der Kammerbreite und dem Wassergehalt der Kohlen zwischen 9 und 30 Stunden. Der Ofendurchsatz hängt von der Kammerbreite, der Garungszeit und dem Ofensystem ab. Für 1000 t Trockenkohlendurchsatz benötigt man bei 500 mm Kammerbreite und 24 Stunden Garungszeit täglich 89 Öfen, bei 300 mm

Kammerbreite und 9 Stunden Garunggszeit täglich 56 Öfen. Als feuerfeste Baustoffe für den Gas- und Koksofen kommen vorwiegend kalk- und tongebundene Silikasteine, Tondinas, Schamottestein, tonerdereiche hochbasische Steine u. dgl. in Betracht.

Tab. 17. Anforderungen an Hochofen- und Gießereikoks.

	Hochofenkoks	Gießereikoks
Asche	9 %	8 %
Wasser	5 %	5 %
Schwefel	1–1,25 %	1 %
Staub am Empfangsort	6 %	6 %
Porenraum	50 %	40 %
Stückkoks über 40 mm (Trommelprobe)	65–70 %	75–80 %
Verkokungstemperatur	700–800°	1000–1100°
Stückkoks über 50 mm (Fallprobe)	75 %	85 %

XXXIII. Die Schwelung der Steinkohle.

Unter Schwelung versteht man die Entgasung von bituminösen Brennstoffen bei niedrigen Temperaturen von 400 bis 600°. Man bezeichnet diesen Vorgang auch als Halb-, Ur- oder Tieftemperaturverkokung. Am ältesten ist die Braunkohlenschwelung, während die Steinkohlenschwelung erst jüngeren Datums ist. Die Ölschiefer-, Torf- und Holzschwelung hat nur eine geringere Bedeutung. Hingegen wird die Schwelung von Kohlen in Zukunft größere Wichtigkeit besitzen, da sie die Gewinnung von Treibstoffen aus Kohle auf einfache Weise ermöglicht.

Die niedrigere Entgasungstemperatur beim Schwelen bedingt gegenüber der Hochtemperaturentgasung in Gasanstalten (s. S. 166) und Kokereien (s. S. 176) andere Ergebnisse hinsichtlich Koks- und Gasausbeute und deren Zusammensetzung, die in der Tab. 18 nach Fr. Müller zusammengestellt sind. Die Angaben beziehen sich auf die Verarbeitung von 100 t Gasflammkohle.

Ausschlaggebend für die Wirtschaftlichkeit des Schwelens ist die Beschaffenheit des Schwelkokses. Dieser muß Härte und genügend großes Schüttgewicht ohne Feuchtigkeit aufweisen. Der Form nach geringwertige Brennstoffe werden durch die Schwelung veredelt, da sie bei der Schwelung in eine stückige, transportfähige Form übergeführt werden. Meist wird nur eine nicht oder nur wenig backende Steinkohle verkokt.

Der Schwelkoks (Halbkoks) mit etwa 8—15% flüchtigen Bestandteilen wird wegen seiner rauchlosen Verbrennung als Hausbrand, ferner für metallurgische Zwecke, als Zusatz zu gasreichen, schlecht backenden Kohlen bei der Verkokung, als Generatorbrennstoff, für Kohlenstaubfeuerungen usw. verwendet. Schwelkoks kann auch brikettiert werden. Um trockenen Koks zu erhalten, wird nicht naß gelöscht, sondern eine trockene Gaskühlung angewendet. Der Heizwert des Schwelkokses ist etwa gleich groß als jener der Ausgangskohle.

Der Urteer enthält zum Unterschied vom Hochtemperaturteer wesentliche Mengen von Phenolen aliphatischer (s. S. 502) und hydroaromatischer (s. S. 523) Kohlenwasserstoffe, enthält aber kein Naphthalin und Anthracen. Die Ölausbeute ist mit etwa 60% höher als beim Hochtemperaturteer. Der Urteer ist in dünner Schicht goldbraun gefärbt. Paraffin ist meist nur sehr wenig vorhanden, ebensowenig hochwertige Schmieröle. Urteer wird meist als Treibstoff und flüssiger Brennstoff für Ölfeuerungen verwendet. Im Gegensatz zum ammoniakalischen Gaswasser ist das Schwelwasser schwach sauer. Seine Menge ist fast gleich groß als wie die Urteermenge. Die Schwelgase enthalten 60—70 g Benzin/m^3, das durch Waschen mit Waschöl (s. S. 182) gewonnen wird. Die Schwelgase enthalten nur wenig, nämlich 10—20% Wasserstoff, hingegen 55—70% CH_4 und Homologe sowie 2—10% schwere Kohlenwasserstoffe. Wegen seines hohen Heizwertes von 6500 bis 7000 kcal/nm^3 wird es zur Beheizung von Industrieöfen, als Stadtgas usw. verwendet.

In der Abb. 36 ist ein Schwelgasgenerator für Steinkohle der Vergasungs-Industrie A. G., Wien, dargestellt. Er besteht aus einem Drehrostgenerator mit aufgesetztem Schwelschacht. Der Generatorschacht ist mit einem Wassermantel umgeben, der mit einem Oberkessel als Dampfsammler *11* in Verbindung steht. Aus dem Silo *14* wird die Kohle durch eine mechanisch angetriebene, automatisch arbeitende Beschickungsvorrichtung *13*, die aus zwei sich hintereinander öffnenden Gichtglocken besteht, in den Schwelschacht eingeschleust. Durch die lange Aufenthaltszeit im Schwelschacht, die durch richtige Bemessung des Schwelschachtes bedingt ist, wird die Kohle in eine Art Halbkoks übergeführt und gelangt als solche in den eigentlichen Generatorschacht *1*. Die zur Vergasung erforderliche Luft wird durch ein Gebläse *12* geliefert. Die über die Windleitung *5* geführte Luft wird mit Dampf von der Dampfleitung *16* aus dem Dampfsammler *11* her, den Erfordernissen des Betriebes entsprechend, gesättigt und durch die Schlitze des Kegelrostes in den Generator eingeblasen. Das in *1* erzeugte Schwachgas ist, da es aus Halbkoks entsteht, vollkommen teerfrei („Klargas"). Ein Teil desselben steigt außerhalb der Schwelretorte hoch, wobei es die Retorte von außen erwärmt. Es tritt mit 400—450^0 aus der Klargasleitung aus, enthält keine Kohlenwasserstoffe und hat geringeren Heizwert als normales Mischgas. In einem Röhrenkühler *6* wird es gekühlt, im Standrohr *7* durch Einspritzen von Wasser gereinigt.

Der zweite Teil des Klargases steigt in der Schwelretorte 2 hoch und erhitzt durch die ihm innewohnende Wärme die Kohle.

Das Schwelgas, das aus einem Gemisch von Halbkoks-Generatorgas und Destillationsgasen besteht, verläßt im oberen Teil der Schwelretorte den Generator mit einer Temperatur von 90 bis 140°. Da wasserfreier Teer etwa doppelt soviel wert ist als Teer mit nur 5% Wasser, muß ein Absinken der Temperatur unter den Taupunkt des Schwelgases vermieden werden. Das Schwelgas

Tab. 18. Unterschiede zwischen Hoch- und Tieftemperaturverkokung.

Hochtemperaturverkokung (1000–1100°)	Tieftemperaturverkokung (450–550°) Verarbeitung von	
	aschearmer Kohle	minderwertiger, aschereicher Kohle
73 % Koks (Hochofen- oder Gießereikoks)	75–80 % Schwelkoks (mit der Eigenschaft einer Magerkohle, geringere Härte und Dichte)	72–80 % Schwelkoks
18–20 % Koksgas (d. s. rund 320 m³/t Kohle), D 0,45 (Luft = 1); Heizwert 5000 kcal/m³	6–7 % Gas (d. s. 60–70 m³/t Kohle); Heizwert 7000 kcal/m³	5–7 % Gas (d. s. 50–70 m³/t Kohle); Heizwert 7000 kcal/m³
3–3,5 % Teer 100 % hauptsächlich aus aromatischen Kohlenwasserstoffen bestehend: 50 % Pech, 10 % Teerfettöl, 15 % Anthracenöl, 15 % Naphthalinöl, 2 % Leichtöl, 2 % Kohanthracen, 2 % Rohnaphthalin	7–10 % Urteer, hauptsächlich aus aliphatischen Kohlenwasserstoffen bestehend: 30 % Pech, 55 % Heizöl, 12 % Benzin	4–6 % Urteer gleicher Beschaffenheit
1–3 % Leichtöl 100 % (aus den Gasen ausgewaschen): 45 % ger. 90er Benzol, 9 % ger. 90er T luol, 13 % Lösungsbenzol, 3 % Schwerbenzol, Rest: Cumaronharze, Abfallharze, Rückstandsöl, Naphthalin, Vaselin	0,5–1 % rohes Gasleichtöl	0,4–0,5 % rohes Gasleichtöl
0,4 % NH_3 (d. h. 1,4 % Ammonsulfat)	kein NH_3 (wenigstens meistens Gewinnung nicht lohnend)	kein NH_3

wird durch Leitung *4* einer zweistufigen elektrostatischen Teerscheidung *9* und *10* zugeführt. In *9* wird bei 80—90° dünnflüssiger Teer (8—10% der vergasten Kohlenmenge) ohne Asphalt, in *10* nach Durchgang durch einen Röhrenzwischenkühler *8* bei etwa 30° Teeröl und Schwelwasser (etwa 1—3% der Kohle) abgeschieden. Soll das Öl als Dieseltreibstoff verwendet werden, müssen die Phenole mit Natronlauge als Natriumphenolat abgeschieden werden. Dieses läßt sich als wässerige Lösung leicht vom Öl abtrennen. Das aus *7* kommende Klargas und das aus *10* kommende

Schwelgas werden in einer Gassammelleitung *17* vereinigt abgeführt. Das Klargas hat einen Heizwert von etwa 1300 kcal/nm^3, das Schwelgas von etwa 1700 kcal/nm^3. In der Anlage können auch Braunkohle und Gemische von Stein- und Braunkohle vergast werden.

In anderen Anlagen wird die Kohle nur bei niederer Temperatur entgast, wobei Halbkoks, Urteer und Gas die Endprodukte

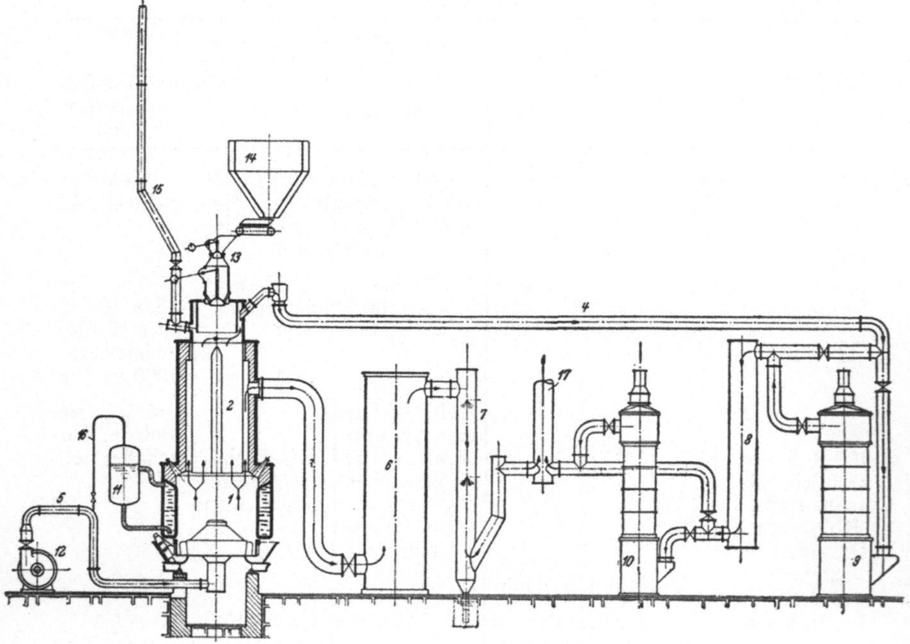

Abb. 36. Schwelgasgenerator-Anlage für Steinkohle (Vergasungs-Industrie A. G., Wien).

darstellen. Zur Schwelung werden entweder Kanal- oder Schachtöfen verwendet, bei denen das Schwelgut in Ruhe der Wärmebehandlung ausgesetzt wird, oder aber die Kohle wird beim Schwelen ständig umgewälzt, wozu Drehrohröfen verwendet werden.

Die *Gewinnung von Nebenprodukten* erfolgt auf die gleiche Weise wie bei der Hochtemperaturverkokung. Meist wird das Schwelgut mit dem Heizmittel in innige Berührung gebracht, da die Kohle ein schlechter Wärmeleiter ist. Überhitzungen über 600° sollen bei der Urteerschwelung vermieden werden.

XXXIV. Braunkohlenschwelung.

Beim Schwelen von Braunkohle erhält man je nach der Ausgangskohle verschiedene Ausbeuten an Teer, Koks, Gas usw. Je mehr extrahierbares Bitumen die Kohle enthält, desto mehr wertvollen Teer ergibt sie beim Schwelen. Schwelkohle ergibt z. B. nach Graefe 33% Teer, 35% Koks, 23% Wasser und 9% Verlust (Gase), während eine Feuerkohle mit 59,4% Wasser nur 5% Teer, 25% Koks, aber 63,5% Wasser und 6,5% Gase ergab.

Der erhaltene feinkörnige, poröse *Grudekoks* war anfänglich ein unerwünschtes Nebenprodukt, hat sich aber beim Verbrennen in eigenen Öfen zum Hausbrand, ferner Kohlenstaubfeuerungen usw. wegen seiner rauch- und rußfreien Flamme sehr bewährt. Grudekoks kann auch als Filtermaterial für Schmutzwasser verwendet werden.

Bei vorsichtiger Schwelung von Braunkohle entsteht der sog. praktische Urteer, zu dessen Bildung die montanwachsartigen Körper (s. S. 521) gerade abgebaut sind. Dieser Teer enthält 10—13% Phenole, 1,5—3% Asphalt und etwa 30% Paraffin. Der sog. theoretische Urteer ist möglichst ohne jede Zersetzung entstanden. Er enthält etwa 70% montanwachsartige Körper, 5—20% Phenole. Unerwünscht ist der etwa 0,5—1,5% betragende Schwefelgehalt des Braunkohlenteers. Wertvoll ist sein Benzin- und Solarölgehalt, der Gehalt an hellem und schwerem Paraffinöl, Gasöl, Weich- und Hartparaffin. Die Öle dienen nach entsprechender Aufarbeitung vorwiegend als Heiz-, Treib- und Schmieröl. Das Teerpech wird vorwiegend auf Elektrodenkoks abdestilliert.

Schwelgase, Schwelwasser. Aus dem Schwelgas (etwa 130 nm^3/t Kohle) wäscht man mit Paraffinwaschöl die Leichtölbestandteile heraus. Die Schwelgase werden meist zur Beheizung der Schwelöfen verwendet, sie haben einen Heizwert von rund 1500—3500 kcal/nm^3, im Drehofen bis 4500 kcal/nm^3. Das Schwelwasser, das seiner Menge nach den Hauptbestandteil der Schwelprodukte darstellt, enthält Alkohole, Aldehyde, Ketone, Nitrile, Essigsäure und Homologe, Phenole (Brenzkatechin), Ammoniak und Pyridine, aber nur in einer Menge von je 0,1%. Die Aufarbeitung des Schwelwassers lohnt sich nicht, seine Beseitigung bereitet oft Schwierigkeiten. Die Menge des Schwelwassers kann durch Vertrocknung der Kohle vermindert werden.

Schwelanlagen. Zum Schwelen von Braunkohle wird meist der seit Jahrzehnten bewährte Rolle-Ofen (Abb. 37), der kontinuierlich arbeitet, verwendet. Er besteht aus einem als Schacht ausgebildeten geschlossenen Gefäß („Gefäßofen") oder Retorte *1*, die von Feuergasen in Ringzügen *2* umspült wird. Im Inneren der Retorte *1* befindet sich ein engerer Zylinder aus eisernen, kegelstumpfartig geformten Ringen, den sog. Glocken *3*, deren einzelne Ringe jalousieartig aufeinander ruhen. Die grubenfeuchte Braunkohle gelangt in den Zwischenraum zwischen der Schamotteretorte *1* und dem Glockenzylinder *3*, wird im oberen Drittel entwässert und im

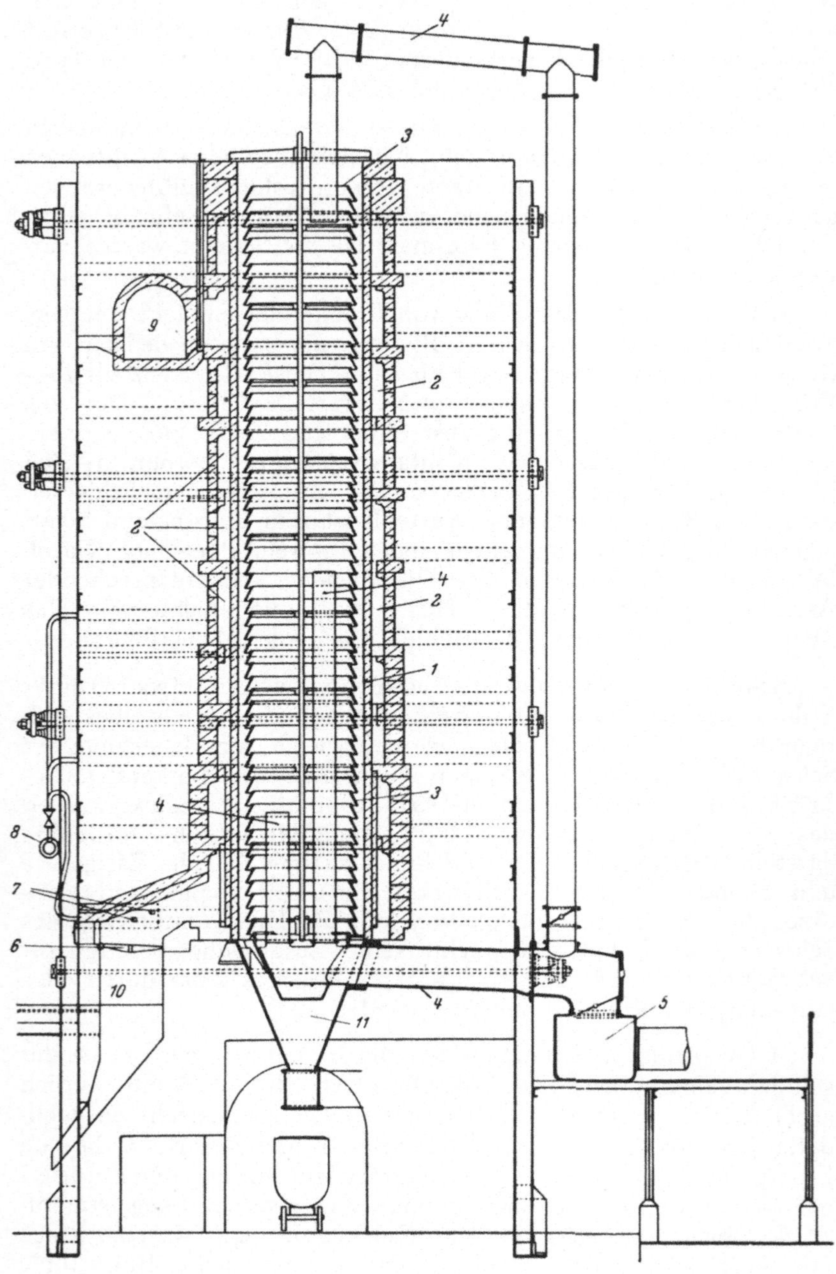

Abb. 37. Neuzeitlicher Rolle-Ofen mit drei Absaugestellen zur Schwelung von Braunkohle.

unteren Teil des Ofens geschwelt. Die Wasserdämpfe und Schwelgase werden bei einem neuzeitlichen Rolle-Ofen (Abb. 37) an drei Stellen *4* abgesaugt. Durch die rasche Absaugung der Schwelgase aus der Erhitzungszone bleiben sie vor einer Zersetzung bewahrt. In einer Vorlage *5* sammelt sich bereits etwas Teer. Die Hauptmenge des Teers und das Kondenswasser aber werden in einer eigenen Kondensationsanlage niedergeschlagen. *6* ist eine Rostfeuerung, *7* sind die Eintrittsöffnungen für das Heizgas, *8* die Heizgasleitung, *9* der Rauchgaskanal, *10* der Aschenfall, *11* der Koksabzug. Die Feuerzüge müssen dicht mit Nuten- und Falzsteinen gemauert sein, da die Schwelung mit Unterdruck ausgeführt wird und sonst leicht Rauchgase in größerer Menge in den eigentlichen Ofenraum eindringen würden. Dadurch würde der Heizwert der Schwelgase sehr stark herabgesetzt werden.

XXXV. Ölschieferschwelung.

Manche Gesteine (Ölschiefer) enthalten etwa 15—25%, estnischer Ölschiefer bis zu 45% bituminöse Substanzen, die man mit höchster Teerausbeute unter Verzicht auf eine strenge Wärmewirtschaft verschiedentlich abdestilliert. Je nach der Natur der Kohlenwasserstoffe teilt man die Ölschiefer in paraffinische (schottische, französische) und naphthenische (estnische, württembergische) ein.

Messeler Schieferteer enthält z. B. etwa 4% Leichtöl, 63% Gasöl, 7,5% Rohparaffin, neben 25,5% Rückstand einschließlich Verlust. Aus dem Rohöl kann man 2—4% Benzin, 35% Treiböl, 10% Schmieröl und 35% Pech und Koks gewinnen. Der Teer kann durch Hydrierung (s. S. 516) in Benzin übergeführt werden. Zur Schwelung verwendet man Retorten- oder Kanalöfen.

XXXVI. Holzverkohlung.

Die technische Holzverkohlung befaßt sich mit der thermischen Zersetzung des Holzes in geschlossenen Räumen, wobei sich verschiedene Zersetzungsprodukte bilden, die in geeigneten Auffangapparaturen durch Kühlung der sich entwickelnden Schweldämpfe als Destillate gewonnen werden. Als Rückstand dieses Holzzersetzungsprozesses, genannt Holzverkohlung, verbleibt die Holzkohle. Man unterscheidet Hartholz- und Weichholzverkohlung. Als Rohmaterial für die erstere dient das Holz der Buche, Birke und Eiche, für die Weichholzverkohlung harzreiche Hölzer, vornehmlich der Kiefer und deren Stubben (Wurzelstöcke). Die Ausbeute an wertvollen Produkten (Essigsäure und Holzgeist), die aus dem Destillate gewonnen werden können, ist aus Harthölzern bedeutend größer als aus Weichholz, weshalb auch in erster Linie nur Harthölzer industriell verkohlt werden. Harzreiche Weichhölzer geben bei der Verkohlung als Destillat wertvolles Kienöl oder Kienteer, wodurch auch die Verkohlung solcher Hölzer lohnend ist.

Die Holzverkohlung oder Schwelung des Holzes ist eine uralte Industrie. Beim ursprünglichen Verkohlungsverfahren in *Meilern* gingen jedoch die gesamten Nebenprodukte, wie der Teer, Methylalkohol, Aceton, Essigsäure usw., verloren. Man ging daher zur Destillation aus Retorten aus Guß- oder Schmiedeeisen

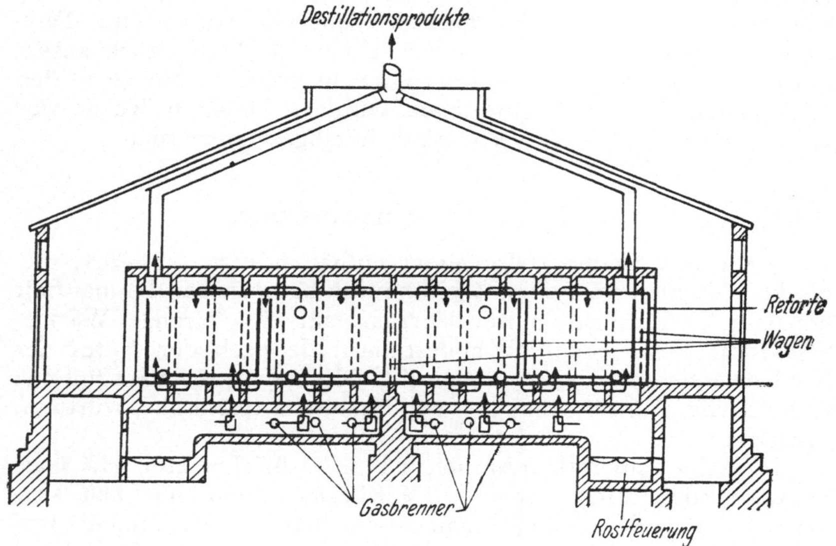

Abb. 38. Kanalofen zur ununterbrochenen Holzverkohlung.

mit direkter oder indirekter Beheizung über, verwendet aber auch Kanalöfen für ununterbrochene Arbeitsweise, wobei das Holz in lufttrockenem Zustand in Wagen auf Schienen durch einen Ofenkanal geleitet wird.

In der Abb. 38 ist eine solche gemauerte Wagenretorte modernster Bauart abgebildet. Das Holz wird in die Verkohlungswagen eingeschlichtet, welche in die Retorte eingefahren werden. Diese wird sodann dicht verschlossen. In der Retorte befinden sich einige Rohre, durch welche heiße Verbrennungsgase streichen. Mit Hilfe der beheizten Rohre wird der Retorteninhalt erwärmt. Durch die Erwärmung des Holzes zersetzt sich dieses, die sich entwickelnden Dämpfe werden durch eine vorgesehene Abzugsöffnung zu einer Kondensationsapparatur abgeleitet. Zwischen den Temperaturen 280 und 320° C ist der Zersetzungsprozeß exotherm, wobei sich die größte Menge an Schweldämpfen entwickelt. Die Temperatur steigt in der Retorte noch auf 400° C.

Nach Beendigung des Verkohlungsprozesses und Aufhören

der Entwicklung von Schweldämpfen wird die Retorte geöffnet, der Wagen mit der glühenden Holzkohle herausgezogen und in eine danebenstehende Kühlkammer wieder eingeschoben und dicht verschlossen.

Durch die Abkühlung der Schweldämpfe erhält man den Rohessig und Holzteer. Das unkondensierbare Gasgemisch, bestehend

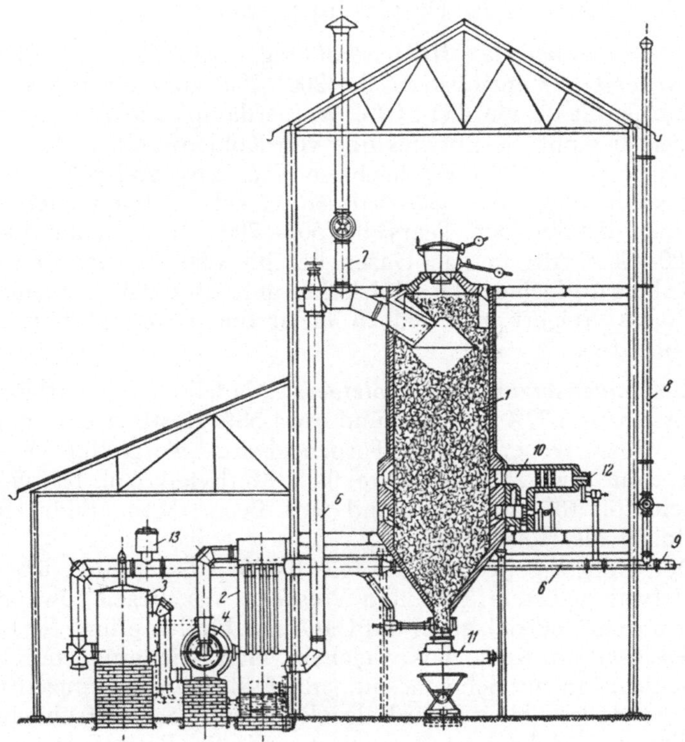

Abb. 39. Schwelofen für Holz (Julius Pintsch A. G.).

aus Kohlendioxyd CO_2, Kohlenmonoxyd CO, Wasserstoff H_2 und Methan CH_4, ist brennbar und wird zur Beheizung der Retorten benützt.

Die Abb. 39 zeigt einen Schwelofen für Holz der Julius Pintsch A.G., der aus einem Schacht *1* mit Innenbeheizung besteht. Stück- und Abfallholz werden durch eine Beschickungsvorrichtung in den Generator *1* eingeführt und durch aus einem Gasbrenner seitlich eingeführte frische Verbrennungsgase geschwelt. Durch das Absaugrohr *6* im oberen Teil des Schwelofens werden die flüchtigen Schwelerzeugnisse entfernt, zum Kühler *2* und Teerabscheider *3* geführt, wobei ein Schwelgasgebläse *4* für den Transport der Gase sorgt. Die Hauptmenge des entteerten Gases geht in den unteren

Teil des Ofens zurück, um das verkohlte Holz zu kühlen, während ein weiterer Teil des Gases zur Beheizung des Ofens mit einem Gasbrenner *12* in die Verbrennungskammer *10* geführt wird. Der noch verbleibende Gasüberschuß wird entweder in die Luft gelassen oder anderen Heizstellen durch die Schwelgasleitung *9* zugeführt. *8* ist die Ausblaseleitung für überschüssiges Schwelgas. Die fertige, gekühlte Holzkohle wird mit der Austragsvorrichtung *11* gezogen. *13* ist ein Gasdruckregler.

Vorgänge bei der Holzverkohlung. Bei 150—200° wird das Holz vorerst nur entwässert. Bei 200—280° entwickeln sich sauerstoffhaltige Gase, wie CO_2, CO, Wasserdampf und Essigsäure. Bei 280—380° beginnt die Entwicklung von Kohlenwasserstoffen, Essigsäure, Holzgeist (CH_3OH), leichtem Teer usw. und geht das Holz in Rotkohle über. Bei 380—500° entwickeln sich reichliche Mengen eines dickflüssigen Teers, bei 500—700° Dickteer mit Paraffin. Bei 700—900° tritt in den Gasen bereits Wasserstoff auf und ist der Kohlenstoffgehalt der Holzkohle auf etwa 90% gestiegen. In der Praxis steigert man jedoch meist die Temperatur auf nicht mehr als etwa 380—400°.

Zusammensetzung des Holzteers. Nadelholzteer enthält etwa 12% Essigsäure, 30% Terpene und etwa 58% Restteer einschließlich Pech. Er ist wegen seines Terpengehaltes wertvoller als Laubholzteer mit etwa 2% Essigsäure, 0,6% Methylalkohol, 18% Wasser, 5% Leichtöl, 10% Schweröl und 60% Pech. Man erhält etwa ¼ des Holzes als Holzkohle.

Der Rohessig besteht aus ca. 8—10% Essigsäure, 4% Holzgeist, etwas gelöstem Teer und Wasser. Aus diesen gewann man früher durch Neutralisation mit CaO und Eindampfung der Lösung den essigsauren Kalk, aus welchem man wiederum durch Zusammenbringen mit Schwefelsäure die Essigsäure in konzentrierter Form herstellte. Heute wird der Rohessig nach verschiedensten Destillationsverfahren aufgearbeitet und die Essigsäure und der Rohholzgeist aus diesem direkt in konzentrierter Form gewonnen. Diese letzteren Produkte werden durch Rektifikation und Raffination in geeigneten Kolonnenapparaturen aufgearbeitet und folgende Produkte erhalten: reine konzentrierte Essigsäure von 98 bis 100%, genannt Eisessig, reine konzentrierte Essigsäure von 80% für Genußzwecke, technische konzentrierte Essigsäure verschiedener Stärke für die Herstellung von Acetaten und für andere industrielle Zwecke. Aus der Essigsäure wird weiters mittels verschiedener Katalysatoren bei höherer Temperatur Aceton gewonnen, welches ein wichtiges Lösungsmittel darstellt.

Aus dem rohen Holzgeist, welcher ein Gemisch von hauptsächlich Methanol, dann Aceton, Methylester, Allylalkohol usw. darstellt, wird *Reinmethanol* erzeugt. Dieser dient vornehmlich für die Herstellung von *Formaldehyd* durch Oxydation mit Luftsauerstoff in Anwesenheit von Katalysatoren. Formaldehyd ist ein Gas und gelangt in seiner wässerigen Lösung von 40 Vol.% in den Handel oder er wird kondensiert und als Paraformaldehyd in Pulverform erzeugt. Formaldehyd dient in der Technik für Zwecke der Desinfektion, zur Herstellung pharmazeutischer Artikel und für die Herstellung von Kunstharzen. Aus dem Holzgeist werden außerdem hergestellt ein Gemisch aus Methanol, Aceton und Methylester als *Lösungsmittel* und ein Gemisch von Methanol, Aceton und Allylalkohol als *Denaturierungsmittel* für Spiritus.

Aus dem Holzteer wird durch Destillation das *Holzteeröl* gewonnen, welches infolge seines hohen Gehaltes an Phenolen ein wichtiges Imprägnierungsmittel für Holz darstellt. Aus dem Kienöl, bzw. Kienteer, welcher bei der Verkohlung von harzreichem Weichholz gewonnen wird, werden durch Destillation das Holzterpentinöl und andere Öle, die als *Lösungsmittel* verwendet werden, erzeugt.

Holzkohle enthält etwa 81% C, 4% H, 14% O + N und 1% Asche. Ihr Heizwert beträgt etwa 7600 kcal/kg. Sie wird für Adsorptionszwecke (s. S. 139), als Brennstoff, zur Durchführung chemischer Reaktionen (Natriumcyanid NaCN, Schwefelkohlenstoff CS_2, in nordischen Ländern im Hochofen) usw. verwendet.

Aus Laubholzteer erhält man durch Extraktion mit Natriumhydroxydlösung Kreosotöl, das Guajakol, Kreosol, Xylenole usw. enthält, eine stark antiseptische Wirkung besitzt und zum Räuchern von Fleisch usw. verwendet wird. Nadelholzteer dient zum Streichen von Schiffen, Tränken von Tauen, Netzen, das Holzteerpech als Asphaltersatz, Birkenholzteer zum Imprägnieren von Juchtenleder usw.

Die meisten durch Holzverkohlung erhaltenen chemischen Erzeugnisse werden heute billiger durch die Synthese hergestellt, so daß die Holzverkohlung, die heute meist nur mehr mit dem Ziele der Herstellung der Holzkohle ausgeführt wird, viel an Bedeutung verloren hat.

XXXVII. Torfverkohlung.

Wegen des bis 90% betragenden Wassergehaltes kann Torf nur an seiner Gewinnungsstelle verarbeitet werden. Das Haupterzeugnis der Torfschwelung ist der Torfkoks, Teer wird nur in einer Menge von 2 bis 4% erhalten. Durch langsamen Durchsatz bei 600—700° erhält man völlig entgasten Torfkoks, der als Edelkoks vorwiegend zu metallurgischen Prozessen verwendet wird. Bei raschem Durchsatz oder schonender Wärmebehandlung erhält man eine Art Tieftemperaturkoks, der mit längerer Flamme brennt.

Durch Abspaltung von Wasser und sauerstoffhaltigen Verbindungen, wie CO_2 bei etwa 300°, findet eine Anreicherung des Kohlenstoffes statt, welcher Vorgang als Inkohlung bezeichnet wird. Der Torfteer enthält feste und flüssige Paraffine, Naphthene, Olefine, Phenole, Pechstoffe usw.

XXXVIII. Teerdestillation.

Im unveränderten Zustande wird Teer zur Straßenteerung, Herstellung von Dachpappe usw. benützt. Die Hauptmenge des Teers wird jedoch durch fraktionierte Destillation (s. S. 507) auf die in ihm enthaltenen organischen Stoffe, Schmieröl, Pech usw., aufgearbeitet, wobei eine bedeutende Veredelung und Wertsteigerung erzielt wird. Die im Teer enthaltenen Verbindungen sind die Grundlage für die hohe Entwicklung der Industrie der Teerfarbstoffe, Arzneistoffe, Zwischenprodukte usw. geworden. Kokereiteer, dessen Anteile etwa $^4/_5$ des verarbeiteten Steinkohlenteers überhaupt ausmacht, wird grundsätzlich in gleicher Weise wie Gasanstaltsteer destilliert. Unterschiede in der Aufarbeitung bestehen nur zwischen Stein- und Braunkohlenteer, in deren Destillationsverfahren sich die anderen Teere, wie Urteer usw., ohne Schwierigkeiten einordnen lassen.

1. Aufarbeitung von Steinkohlenhochtemperaturteer.

Teer ist eine ölige, dickflüssige, übelriechende, durch ausgeschiedenen Kohlenstoff schwarz gefärbte Masse. Der freie Kohlenstoff ist durch thermische Zersetzung von einfachen Kohlenwasserstoffen an heißen Flächen entstanden. Kokereiteer enthält etwa 10—12%, Gasanstaltsteer bis 35% freien C. Die Verarbeitung des Steinkohlenteers auf seine Bestandteile erfolgt teils durch Destillation, teils durch Krystallisation (zur Gewinnung von Phenolen, Naphthalin, Anthracen usw.). Im Steinkohlenteer kommen zahlreiche chemische Verbindungen vor, wie aus der Übersicht in Tab. 19 nach Spilker hervorgeht.

Bei den meisten Destillationsanlagen muß der Teer vor der Destillation von seinem Wassergehalte (bis 5%) durch Erhitzen auf 160—180° in Entwässerungsblasen oder einer Entwässerungskolonne, die nach Art der Rektifikationskolonnen mit Glockenböden (s. S. 510) ausgestattet ist, oder durch die Wärme der Destillationsgase befreit werden. Die Destillation wird diskontinuierlich oder kontinuierlich vorgenommen. Bei der ersteren arbeitet man in schmiedeeisernen, stehenden oder liegenden Blasen mit 10—50 m³ Füllinhalt, die mittels Flammrohren oder Feuerrohren und festen Brennstoffen auf Schrägrostfeuerungen beheizt werden. Die Dämpfe entweichen aus dem Helm, dem oberen Teil der Blase, und werden durch einen Röhrenkühler gekühlt. Die Kondensate laufen in die Ölvorlage, an denen auch das Vakuum (500 —600 mm) wirksam ist, unter dem der Blaseninhalt steht. Der Destillationsrückstand, das Pech, wird mit einer Temperatur von

Tab. 19. Übersicht über die im Steinkohlenteer vorkommenden Verbindungen (nach Spilker).

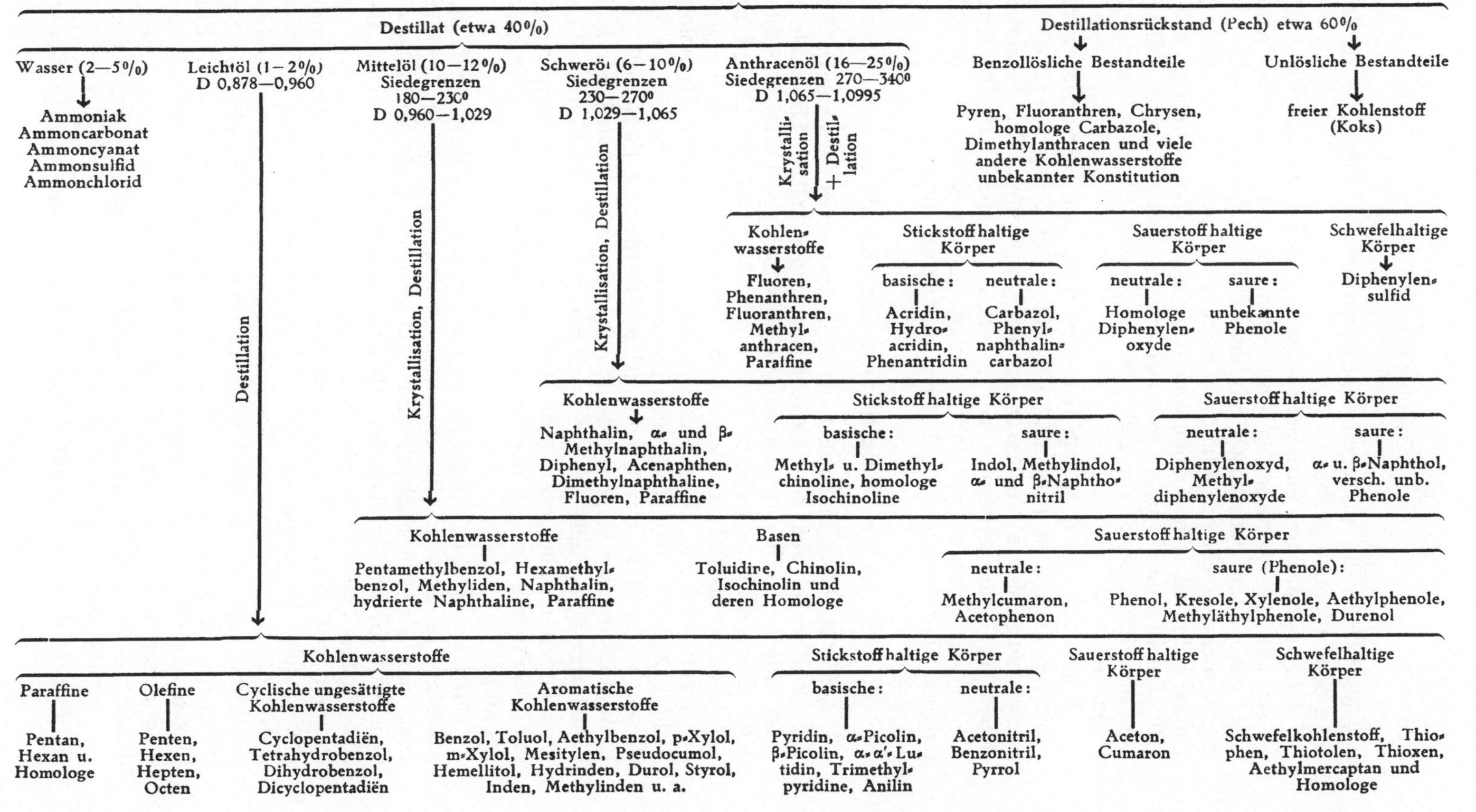

350 bis 400° in die Vorlagen abgelassen und bei 100—150° in Formen oder Pfannen gegossen.

Die periodischen Verfahren wurden durch kontinuierliche verbessert (Raschig, Kubierschky u. a.). Nach Raschig läuft der heiße Teer nach Wärmeaustausch mit dem heißen Pech hintereinander durch mehrere eiserne Pfannen, zwischen denen sich Ausgleichsgefäße befinden. Die Temperatur der ersten Pfanne beträgt 140—170° (Leichtöl und Wasser), die zweite steht unter Vakuum (Mittelöl), die dritte wird auf 280—350° angeheizt (Schwer- und Anthracenöl).

Kubierschky zerlegt den fein zerteilten Teer durch hocherhitzten Dampf in Pech und Destillat. Das durch Borrmann weiter ausgebildete Verfahren ist sehr verbreitet. Die Erhitzung dauert in Röhrenerhitzern bei Mengen von nur 100—200 Liter bloß einige Minuten, so daß die Bildung von Koks, die an eine längere Überhitzung gebunden ist, vermieden wird.

2. Die Verarbeitung der Destillate.

Leichtöl. Die erhaltene Leichtölfraktion wird gemeinsam mit dem Rohbenzol aus dem Kokereigas aufgearbeitet. Die Abb. 40 zeigt eine Leichtöl- und Benzolgewinnungsanlage (Wiener Städtische Gaswerke), in welcher Benzol und Leichtöl mit Dampf abgetrieben werden. Das übergehende Produkt enthält bei Verwendung von direktem Dampf neben Benzol noch dessen Homologe Toluol, Xylol, Cumol u. a., noch mitgerissenes Naphthalin, so daß dieses Vorprodukt durch nochmalige Destillation in Benzol und Blasenrückstand zerlegt werden muß. Das Benzol wird mit konzentrierter Schwefelsäure zur Entfernung des Pyridins und seiner Homologen und ungesättigten Verbindungen sowie Natronlauge zur Beseitigung der sauren Bestandteile (Phenol und Homologe) gereinigt.

Mittelöl. Da bei der ersten Destillation des Rohteers keine scharfe Trennung in die einzelnen Bestandteile erfolgt, enthält auch das Mittelöl noch Anteile von Schwer- und Anthracenöl. Das Mittelöl erstarrt bei der Abkühlung und scheidet etwa 30—35% festes Naphthalin ab. Die Naphthalinkrusten werden zusammen mit dem Rohnaphthalin aus dem Schweröl verarbeitet. Die Ablauföle enthalten 20—30% Phenole (Phenol, *o*-Kresol, *m*-Kresol, *p*-Kresol, symm. Xylenol, s. S. 671). Aus dem Karbolöl (Fraktion von 180 bis 220°) wird das Phenol mit 8—10%iger Natronlauge ausgezogen, die öligen Verunreinigungen durch Einblasen von Wasserdampf abgetrieben (Klardampfen) und die Phenole durch Einleiten von CO_2 ausgefällt. Das Rohphenol wird durch mehrmalige Destillation in krystallisierendes reines Phenol und nichtkrystallisierbares Kresol getrennt.

Schweröl. Das Schweröl wird nochmals aus großen Blasen

destilliert, wobei durch langsames vorsichtiges Fraktionieren das Naphthalin in dem bis 260° übergehenden Anteil von den höher siedenden Fraktionen getrennt wird. Das Naphthalinöl wird ähnlich wie das Mittelöl durch Kühlung in Pfannen auf Rohnaphthalin und Karbolsäure geschieden. Das abgetropfte Rohnaphthalin wird bei 250—300 Atm. in Seiherpressen in angewärmtem Zustand abgepreßt. Aus dem Warmpreßgut wird durch Behandlung mit konzentrierter Schwefelsäure und Natronlauge bei Temperaturen über 80° sowie Destillation reines Naphthalin hergestellt.

Anthracenöl. Aus dem grünlichen, dickflüssigen Anthracenöl scheiden sich beim Abkühlen in Pfannen in einem Kühlhaus noch etwa 5% Krystalle mit 30% Anthracen ab. Obwohl nach Anthracen nur eine sehr geringe Nachfrage herrscht, muß es doch aus dem Schweröl abgeschieden werden,

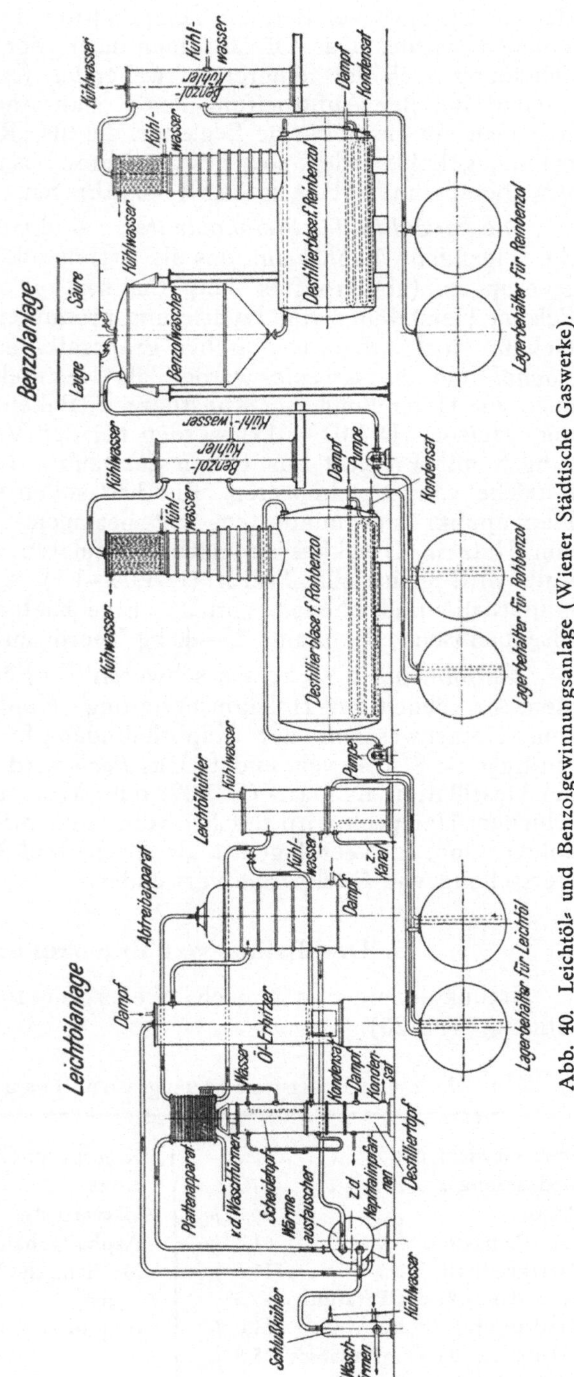

Abb. 40. Leichtöl- und Benzolgewinnungsanlage (Wiener Städtische Gaswerke).

da das Öl sonst bei tieferen Temperaturen feste Ausscheidungen ergeben würde. Das Öl läßt man nach der Filtration zur Abscheidung auch der feineren schwebenden Krystalle längere Zeit stehen. Bei der Aufarbeitung des Rohanthracens auf Anthracen löst man mit Benzol seine Begleiter, die als „Rohphenanthren" zusammengefaßt werden, sowie mit weiteren Lösungsmitteln Carbazol usw. heraus und erhält so das Reinanthracen.

Die *Produkte des Steinkohlenteers* sind somit im wesentlichen die folgenden: *Naphthalin*, das als Brennstoff in Motoren und Ölfeuerungen (abgetropftes Naphthalin), zur Konservierung von Pelzen, Herstellung von Hydrierungsprodukten, wie Tetralin und Dekalin, von Farben, chemischen Präparaten usw. verwendet wird. *Phenol* und die *Kresole* werden als Desinfektionsmittel, Phenol auch zur Herstellung von Kunstharzen (Bakelit, s. S. 697) verwendet. *Heizöle* (D 1,02—1,11) werden bei der Verbrennung in Feuerungen mit Preßluft aus Düsen zerstäubt. *Treiböle* dienen zum Betriebe von Dieselmotoren. Bis 300° sollen 60% übergehen, der Flammpunkt soll mindestens 65° betragen. Zur *Imprägnierung* von Holz in Druckkesseln nach Evakuieren zur Entfernung der Luft wird gleichfalls *Teeröl* (D 1,04—1,1) verwendet, das noch Naphthalin und Phenole enthält. Eine Kiefer- oder Buchenholz-Eisenbahnschwelle nimmt 35—40 kg Teeröl auf.

Karbolineum besteht aus schweren Teerölen oder Anthracenölen; sie dienen zur Holzkonservierung. *Naphthalinwaschöl* wird zum Herauswaschen der Naphthalindämpfe aus Kokerei- und Stadtgas (s. S. 174) verwendet. Das *Pech* wird je nach dem Grade der Destillation als Hart- (D 1,09) oder Weichpech (D 1,13) unterschieden. Hartpech wird mit Schweröl zum Brikettieren von Steinkohlenstaub, in Teeröl gelöst als Eisen- und Dachlack sowie zur Herstellung von Dachpappe verwendet.

3. Destillation von Braunkohlenteer.

Braunkohlenteer hat nach Metzger folgende Zusammensetzung (Tab. 20):

Tab. 20. Zusammensetzung von Braunkohlenteer.

Spez. Gewicht bei 35°	0,879	Kreosot im Gesamtdestillat	7,4 %
Siedeanfang	116°	Koks	2,0 %
Rohöl	34,2 %	Gasverlust	2,5 %
Paraffinmasse	61,3 %	Asphaltgehalt	0,2 %
Paraffingehalt	16,6 %	Mechanische Verunreinigungen	0,01 %
Schmelzpunkt des Paraffins	47,5°	Naphthalin	0,01 %
Kreosot im Rohöl	11,0 %		
Kreosot in der Paraffinmasse	5,5 %		

Das Hauptziel der Braunkohlenverarbeitung ist die Paraffin- und Ölgewinnung. Das Schema der Schwelteeraufarbeitung ist in der Tab. 21 dargestellt. Es ist für alle Braunkohlenschwelteere so

Tab. 21. Schema der Braunkohlenschwelteer-Aufarbeitung (nach Trutnowsky).

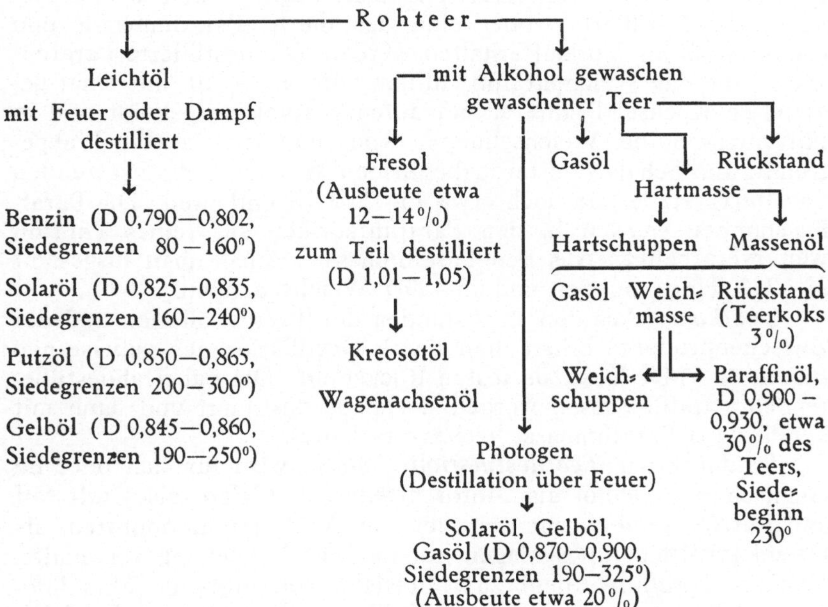

ziemlich gleich. Der geschmolzene Teer wird mit 80—90% Alkohol im Verhältnis 1 : 1 im Gegenstrom kontinuierlich gewaschen, wobei die sauren Bestandteile bis auf 1—2% und die Asphaltstoffe gelöst werden. Der Teer wird vom aufgenommenen Alkohol und vom Leichtöl durch Dampf befreit und gelangt dann zur Destillation. Durch Verdünnen des Alkohols auf rund 50% kann dieser vom Leichtöl abgetrennt werden. Das Gemisch aus Kreosotölen und Alkohol, der sog. Fresolsprit, wird durch Ausblasen mit Dampf von Alkohol befreit, der Alkohol in Kolonnenapparaten (s. S. 507) in hochprozentiger Form zurückgewonnen.

Die Destillation des Teers erfolgt aus stehenden zylindrischen, schmiedeeisernen Blasen unter Vakuum und mit überhitztem, trockenem Wasserdampf. Bei Temperaturen über 300° beginnt bereits in der Blase Koksbildung, 300° dürfen daher nicht überschritten werden. Braunkohlengeneratorteer ist entweder asphaltarm (6%) oder asphaltreich (30%). Minderwertige Teere mit mehr als 14% Asphalt können nicht mehr nach dem Alkohol-Waschverfahren verarbeitet werden, sondern werden auf Pech destilliert. Die asphaltarmen Braunkohlenteere, die aus Schwelgeneratoren stammen, werden wie normale Schwelteere oder mit diesen vermischt verarbeitet. Hochwertiger Teer kann auch auf kontinuierlichem Wege destilliert werden.

Zur Verarbeitung der *Paraffinmasse* wird diese mit 2% konzentrierter Schwefelsäure und 1% Natronlauge behandelt und auf 8° gekühlt. Das auskrystallisierende Hartparaffin wird auf Filterpressen als Rohparaffin (Hartschuppen) abgetrennt, das Ablauföl nochmals destilliert, wobei eine destillierte Paraffinmasse und etwas Gasöl als Vorlauf erhalten werden. Die destillierte Paraffinmasse, die das Weichparaffin enthält, wird auf —10° mit einer gesättigten Kochsalzlösung als umlaufende Kühlsole gekühlt und in Filterpressen die Weichschuppen vom dunklen Paraffinöl abgetrennt. Ein Schaber entfernt die an den Wänden sich ansetzenden Paraffinkrystalle, die noch etwa 15—20% Öl enthalten. Die Paraffinschuppen werden in den Paraffinfabriken auf reines Paraffin weiterverarbeitet. Aus den Paraffinmassen erhält man insgesamt 20—25% Hartschuppen und 15—20% Weichschuppen.

Teerkoks. Aus den Rückständen der Teerdestillation und der Zwischenprodukte erhält man durch Destillation aus gußeisernen Blasen 10—14% Koks als festen Rückstand. Die dabei abdestillierenden Paraffinmassen werden nochmals destilliert und dann mit der übrigen Paraffinmasse weiterverarbeitet.

Produkte der Teerdestillation. Solaröl wird für sich oder im Gemisch mit Gelböl als Motorentreibstoff, *Gelböl* als Kraftstoff und Putzöl, *Treiböl* zum Betriebe von Verbrennungsmotoren, als Heizöl für Ölfeuerungsanlagen, für die Ölgasherstellung verwendet. *Dunkles Paraffinöl* dient zum Betriebe von größeren Dieselmotoren, Ölfeuerungen, als Waschöl für die Benzol- und Leichtölgewinnung, zur Herstellung von Schmiermitteln durch Kochen mit Zinkchlorid. *Fresol* wird als Heizöl, Wagenachsenöl und zur Holztränkung gebraucht. *Teerkoks* wird zur Herstellung von Elektroden, *Pech* zum Brikettieren verwendet.

XXXIX. Arsen.

1. Halbmetalle.

Symbol As; Atomgewicht 74,96; Ordnungszahl 33; Schmelzpunkt: As grau (Druck) 817°; subl 616°; Dichte As grau 5,73; As gelb 2,026; Wertigkeit: III, V.

Bor, Silicium, Germanium, Arsen und Antimon bilden die Gruppe der sog. Halbmetalle, die den Übergang von den Metalloiden zu den Metallen darstellen und teils metallische, teils nichtmetallische Eigenschaften haben. Sie kommen meist in einer metallischen, den Strom leitenden und einer nichtmetallischen, isolierenden Modifikation vor. Sie können sowohl mit Säuren als auch mit Basen Salze bilden (s. S. 347, amphoteres Verhalten). Arsen besitzt große Ähnlichkeit mit dem Phosphor, ist ebenso wie dieser 3- und 5-wertig und bildet analoge Säuren wie der Phosphor. Es besitzt weniger metallischen Charakter als das Antimon.

Vorkommen von Arsen. Arsen kommt verhältnismäßig selten, und zwar gediegen als Scherbenkobalt (im Harz, Erzgebirge) sowie in Mineralen, wie Arsenkies FeAsS, Arseneisen $FeAs_2$ u. a., sowie in kleineren Mengen in vielen Erzen, besonders Zn-, Cu-, Pb-, Ni-, Co- und Ag-Erzen, vor, wo es den Schwefel vertritt. Bei der Verhüttung dieser Metalle erhält man als Zwischenprodukt eine Verbindung des Arsens mit Blei, Kupfer, Eisen und Nickel, die sog. „Speisen“, aus denen beim Abrösten das Arsen als Arsentrioxyd As_2O_3 entweicht. Auch manche Quellen enthalten Arsen (Dürkheim).

Gewinnung von Arsen. Zur Gewinnung von Arsen wird Arsenkies oder Arseneisen oder ein Gemenge von As_2O_3 mit Kohlen in liegenden Tonretorten unter Luftabschluß erhitzt, wobei Arsendämpfe entwickelt werden, die sich in heißen metallischen Vorlagen als graues, krystallinisches, metallisches Arsen, in kalten Vorlagen als gelbbraunes, amorphes Arsen und Schwefelarsen verdichten. Die Weltproduktion an Arsen beträgt etwa 25.000 t.

Arsen-Modifikationen. Arsen (3- und 5-wertig) tritt in 2 Modifikationen auf, und zwar einer grauen metallischen Form, die hexagonal rhomboedrisch krystallisiert, spröde ist und daher pulverisiert werden kann (D 5,73; Fp [Dr] 817°; subl 616°; nl: W, SS; HNO_3 und Königswasser oxydieren). Sie geht beim Erhitzen, ohne vorher zu schmelzen, bei etwa 630° in einen hellgelben, knoblauchartig riechenden Dampf über, der aus As_4-Molekülen besteht. Bei schneller Abkühlung des Dampfes erhält man das goldgelbe, durchsichtige nichtmetallische Arsen (reg; D 2,026; nl: W; sl: CS_2), das auf Grund seiner leichten Löslichkeit in CS_2 an weißen Phosphor erinnert. Die hellgelbe nichtmetallische Modifikation ist aber bei gewöhnlicher Temperatur unbeständig und geht bei Belichtung und Erwärmung leicht in die metallische über. Schwarzes und braunes Arsen sind nur besondere Erscheinungsformen des metallischen grauen Arsens. An der Luft verbrennt Arsen zu As_2O_3. In feuchter Luft bedeckt es sich mit einer Oxydschicht und verliert dadurch seinen Glanz. Metallisches Arsen wird nur sehr selten verwendet. Beispielsweise dient es als Zusatz von 0,3—1% As zum Bleischrot, um diesen härter und besser körnbar zu machen. Arsen ist sehr giftig.

2. Arsenverbindungen.

a) Verbindungen des dreiwertigen Arsens.

Arsenwasserstoff AsH_3 (fbl; Gas; D 2,695; Fp —113,5°; Kp —54,8°; 1 Vol. W löst 0,2 Vol. AsH_3) entsteht bei der Einwirkung von nascierendem Wasserstoff (s. S. 20) auf Arsenverbindungen oder durch Zersetzung von Zink- oder Magnesiumarsenid $ZnAs_2$, bzw. $MgAs_2$ mit Säuren oder Wasser. Das farblose, widerlich riechende Gas ist sehr giftig und zerfällt beim Erhitzen unter Luftabschluß leicht in Arsen und Wasserstoff. Wird daher AsH_3-haltiger Wasserstoff, wie er bei der sog. Marshschen Arsenprobe durch Entwicklung von Wasserstoff aus arsenfreiem (sog. forensischem) Zink und Schwefelsäure in Anwesenheit von Arsenverbindungen gebildet wird, durch ein an einer Stelle glühend gemachtes Glasrohr geleitet, so scheidet sich an den kühleren Stellen das Arsen als grauer „Arsenspiegel" ab. Dieser ist zum Unterschied vom ähnlich sich bildenden „Antimonspiegel" aus Antimonwasserstoff SbH_3 in Hypochloritlösungen löslich. Arsenhaltiger Wasserstoff bildet sich bei der Auflösung technischer, arsenhaltiger Metalle, wie Zink, Eisen usw., mit Säuren, z. B. auch beim Beizen von Eisen mit Säuren. Die Vergiftung mit Arsenwasserstoff beruht auf einer chemischen Veränderung des roten Blutfarbstoffes. Sie führt zu einer inneren Erstickung.

Arsentrioxyd, Arsenik, Giftmehl, Hüttenrauch, arsenige Säure As_2O_3 (w; dim; rhomb; reg; am; D reg 3,86; subl 321; zers; W löst zu H_3AsO_3) bildet sich bei der Verbrennung von metallischem Arsen oder arsenhaltigen Verbindungen an der Luft. Zur Gewinnung von As_2O_3 werden die arsenhaltigen Erze in Fortschaufelungsöfen, mechanischen Flammöfen oder Drehrohröfen (s. S. 279 und SO_2 s. S. 80) geröstet und die sich entwickelnden Dämpfe in weitläufigen Kondensationsvorrichtungen (gemauerte Kanäle, „Giftfänger") als graues Giftmehl verdichtet. Da das so erhaltene Produkt noch durch Flugstaub usw. verunreinigt ist und nur etwa 75—80% As_2O_3 enthält, wird es ein zweitesmal in Flammöfen oder gußeisernen Retorten umsublimiert, wobei weißes Arsenikmehl (Giftmehl) oder weißes Arsenikglas erhalten wird (99,6—100% As_2O_3). Gelbes Arsenglas ist eine Mischung von Arsentrioxyd und Arsensulfid.

Arsentrioxyd kommt in 3 Modifikationen, der gewöhnlich auftretenden, pulverigen, regulär krystallisierenden, beständigen, einer rhombischen und einer glasigen, amorphen instabilen Modifikation vor, die durch längeres Erhitzen von As_2O_3 bis nahe an den Sublimationspunkt entsteht. Beim Abkühlen geht die glasige Form in die stabile krystallinische über. Der Dampf besteht bei Rotglut aus As_4O_6-, bei über 1800° aus As_2O_3-Molekülen.

Medizinische Wirkung. As_2O_3 und andere Arsenverbindungen sind sehr giftig und dienen als Rattenvertilgungsmittel, wobei die tödliche Dosis etwa 15 mg/kg Lebendgewicht beträgt. Als Gegenmittel bei Arsenvergiftungen wird Magnesiumoxyd verwendet, das mit As_2O_3 eine unlösliche Verbindung eingeht. Kleinere Arsenikdosen wirken stimulierend, regen die Bildung der Blutkörperchen an und wirken als allgemeines Kräftigungsmittel, größere dagegen tödlich. Arsen kommt in geringen Mengen in allen Tieren und Pflanzen vor, auch der menschliche Harn enthält normalerweise etwa 10 mgAs/l.

As_2O_3 wird auch zum Konservieren von Tierbälgen und Holz, als Glasmacherseife (s. S. 317) zur Läuterung des Glases, zur Herstellung von Farben, Emails usw. verwendet.

Arsenige Säure, orthoarsenige Säure H_3AsO_3 bildet sich neben metaarseniger Säure $HAsO_2$, pyroarseniger Säure $H_4As_2O_5$ und noch höheren Säuren beim Auflösen von As_2O_3 in Wasser. Sie ist eine sehr schwache 3-basische Säure $As\begin{matrix}/OH\\—OH\\\backslash OH\end{matrix}$, die mit den anderen genannten Säuren im Wasser stets in einem Gleichgewichtszustand vorhanden ist und daher von diesen nicht abgetrennt werden kann. Beim Eindampfen der wässerigen Lösung hinterbleibt As_2O_3. Arsenige Säure kann aber auch mit starken Säuren, wie Salzsäure, Salze bilden und verhält sich dann wie eine Base mit den Ionen $As(OH)_2^{\cdot}$, $As(OH)^{\cdot\cdot}$ und $As^{\cdot\cdot\cdot}$. Sie ist daher amphoter oder ein Ampholyt (s. S. 347). Bis zu einem p_H-Werte unter 4,4 liegen $As^{\cdot\cdot\cdot}$-Kationen, bei $p_H > 4,4$ AsO_3'''-Anionen vor, während bei $p_H = 4,4$ beide sich zu elektrisch neutralem As_2O_3 vereinigen. Der p_H-Wert von 4,4 wird als isoelektrischer Punkt bezeichnet. Die Salze der arsenigen Säure heißen Arsenite. Sie sind mit Ausnahme der Erdalkali- und Schwermetall-Arsenite leicht löslich. Die Malerfarben Scheelesgrün und Schweinfurter Grün sind Kupferarsenite.

Arsentrichlorid $AsCl_3$ (fbl; fl; D 2,16; Fp —16,2°; Kp 130,4°; W zers; l: HCl) entsteht bei der direkten Vereinigung von Arsen und Chlor. Die an der Luft rauchende Flüssigkeit wird von Wasser unter Bildung von Salz- und arseniger Säure zersetzt: $AsCl_3 + 3\,H_2O \rightleftarrows H_3AsO_3 + 3\,HCl$. Das Gleichgewicht kann durch Zugabe von konzentriertem HCl so weit nach links verschoben werden, daß $AsCl_3$ quantitativ aus stark salzsaurer Lösung überdestilliert werden kann. $AsCl_3$ löst Schwefel, Phosphor, Schwefelkohlenstoff, Jodide und Bromide vieler Schwermetalle, auch organische Stoffe ohne Zersetzung auf, wobei die Salze schwach elektrolytisch dissoziiert sind.

Arsentrisulfid As_2S_3 (g; monokl; amorph; D 3,43; Fp 300°; Kp 707°; nl: W, v SS; l: Alkalien, Schwefelalkalien) findet sich in der Natur als zitronengelber Auripigment oder entsteht bei der Fällung von Arsensalzlösungen mit H_2S. Als rotgelbe amorphe Masse, die nach dem Pulverisieren gelb erscheint, erhält man es beim Zusammenschmelzen von Arsen mit Schwefel. Das Zerkleinern eines Stoffes wirkt immer farbaufhellend. As_2S_3 wurde als Malerfarbe verwendet. In Alkalien und Schwefelalkalien ist es unter

Arsenit-, wie z. B. Na_3AsO_3-, bzw. Sulfoarsenitbildung (Na_3AsS_3) löslich.

Diarsendisulfid As_2S_2 (dim; r; monokl; D_r 3,51; D_s 3,20; Uwp 267°; Fp 320°; Kp 565°; nl: W; v SS; l: Sulfide, Alk) kommt als rot gefärbtes Mineral Realgar vor und kann künstlich durch Zusammenschmelzen von Arsen und Schwefel in den entsprechenden Mengenverhältnissen oder Sublimieren von Arsen- und Schwefelkies erhalten werden. Es wurde früher als Malerfarbe Arsenrubin, Rotglas usw. verwendet. Heute dient es wegen der blendenden Lichterscheinung beim Verbrennen mit Salpeter zur Herstellung weißer Signalfeuer.

b) Verbindungen des fünfwertigen Arsens.

Arsenpentoxyd As_2O_5 (w; am; D 4,09; zers bei Rotglut; W löst zu H_3AsO_4) bildet sich bei der Entwässerung von Arsensäure als weißes Pulver. Es ist stark hygroskopisch und geht durch Wasseraufnahme allmählich in Arsensäure H_3AsO_4 über.

Arsensäure $H_3AsO_4 \cdot ½ H_2O$ (fbl; rhomb; D 2—2,5; Fp 35,5°; L 0°: 81; L 100°: 94,4) bildet sich bei der Oxydation von As_2O_3 mit Salpetersäure beim Eindampfen auf dem Wasserbade. Die wässerige Lösung ist weniger stark dissoziiert als die Phosphorsäure, mit deren Salzen die Arseniate chemisch sehr ähnlich und auch isomorph sind. Calziumarseniat $Ca_3(AsO_4)_2$ ist ein sehr häufig verwendetes Pflanzenschutz- und Insektenvertilgungsmittel.

Arsen-V-Chlorid, Arsenpentachlorid $AsCl_5$ (fbl; Fp ~ —40°) ist nur bei sehr tiefen Temperaturen beständig (—30°) und zersetzt sich schon bei gewöhnlicher Temperatur in $AsCl_3$ und Cl_2.

Arsenpentasulfid As_2S_5 (g; leicht schmelzbar; subl; dissoz 500°; nl: W, verd SS; l: Alk; Schwefelalk) bildet sich als glasige Masse beim Zusammenschmelzen von Arsen mit Schwefel oder beim schnellen Einleiten von H_2S in die saure Lösung von Arsen-V-Salzen. In Alkalien ist es unter Arseniatbildung (Na_3AsO_4), in Schwefelalkalien unter Sulfarsenatbildung (Na_3AsS_4) löslich.

Nachweis von Arsen. Marshsche Arsenprobe, Arsenspiegel (thermische Zersetzung von AsH_3); Zink + $HgCl_2$ oder $AgNO_3$ in saurer Lösung gibt braune, bzw. g-s Färbung.

XL. Antimon.

Symbol Sb; Atomgewicht 121,8; Ordnungszahl 51; Schmelzpunkt 630°; Siedepunkt 1635°; Dichte 6,684; Wertigkeit: III, V.

Eigenschaften. Antimon ist ein bläulich-weißes Metall, sehr spröde und pulverisierbar, nicht hart (hex; D 6,684; Fp 630°; Kp 1635°; nl: H_2F_2, HCl, verd H_2SO_4, Alk; l: Königswasser, HNO_3 + + Weinsäure). Erhitzt verbrennt es an der Luft zu Sb_2O_3, das einen dichten weißen Rauch bildet. Mit allen Halogenen vereinigt es sich unmittelbar. Salzsäure greift nicht an, Schwefelsäure löst unter Bildung von Antimonsulfat auf. Salpetersäure oxydiert zu antimoniger und Antimonsäure.

Metallisches Antimon wird wegen seiner Sprödigkeit in metallischer Form gar nicht verwendet und daher vielfach auch nicht in reinem Zustande hergestellt, sondern nur in Form von Legierungen. 12% Antimon steigern die Härte des Bleis auf das Vierfache, so daß Blei-Antimon-Legierungen als Lagermetall verwendet werden können. Technisch verwendet werden Lagermetall, Hartblei, Letternmetall, Britanniametall und andere Bleilegierungen (s. S. 419). Außer dem metallischen Antimon gibt es noch drei weitere labile Modifikationen, zwei metallische, darunter das explosive Antimon, das bei der Elektrolyse von konzentrierten Antimontrichloridlösungen entsteht, sowie eine amorphe, gelbe Modifikation, die dem gelben Arsen ähnlich ist.

Vorkommen. Antimon kommt in geringeren Mengen sowohl gediegen als auch an Schwefel gebunden, wie z. B. Sb_2S_3, Grauspießglanz, vor. Rohstoffe für die Antimongewinnung stellen auch die Antimonabstriche bei der Bleiverhüttung (s. S. 417) dar, die meist gleich auf Pb-Sb-Legierungen verarbeitet werden. $^2/_3$ der auf etwa 26.000 t geschätzten Weltproduktion von Antimon liefert China. Das im Handel befindliche Antimonium crudum ist Antimontrisulfid Sb_2S_3, das aus Transportgründen aus Antimonerzen in Flammöfen mit geneigter Ofensohle durch Saigern ausgeschmolzen und zu Blöcken erstarren gelassen wurde.

Gewinnung. Die Gewinnung von Antimon erfolgt entweder durch die *Niederschlagsarbeit* oder oxydierende Röstung und Reduktion. Bei der ersteren Darstellungsmethode werden antimonreiche Erze oder Antimonium crudum in Flammöfen oder Tiegeln mit Soda oder Natriumsulfid geschmolzen, die Silicate abgezogen und Eisenblechabfälle zugesetzt. Das Antimon scheidet sich nach $Sb_2S_3 + 3\,Fe = 2\,Sb + 3\,FeS$ am Boden ab.

Beim *Röstreduktionsverfahren*, das größere Bedeutung als die Niederschlagsarbeit besitzt, weil auch ärmere Erze und Saigerrückstände verarbeitet werden können, wird das Erz in niedrigen Schachtöfen unter Zusatz von Koks bei Temperaturen unter 400° geröstet. Im wesentlichen sublimiert Sb_2O_3 ab, das dann in einem Flammofen unter Zusatz von Soda und Kohle reduziert wird. Zur Raffination des Rohantimons wird dieses mit Soda, Sulfat und Kohle unter Natriumsulfidbildung umgeschmolzen. Reines Antimon (99,4—99,6% rein) weist an der Oberfläche einen „Stern", eine großblättrige Krystallzeichnung, auf.

Antimonverbindungen.

a) *Verbindungen des dreiwertigen Antimons.*

Antimonwasserstoff SbH_3 (fbl; Gas; D_{fl} 2,26; Fp —91°; Kp —18°; 1 Vol. W löst 0,2 Vol. SbH_3) bildet sich bei der Einwirkung von nascierendem Wasserstoff auf Antimonsalzlösungen oder bei der Auflösung von Sb-Mg-Legierungen in Säuren. Er zerfällt in Gegenwart von metallischem Antimon bereits langsam bei Raumtemperatur in Antimon und Wasserstoff und bildet bei seinem Zerfall ebenso wie Arsen auf glühendem Glas einen Antimonspiegel, der aber in Hypochloritlösungen unlöslich ist. SbH_3 ist nicht so giftig wie AsH_3.

Antimontrioxyd Sb_2O_3 (w; reg und rhomb; D_{reg} 5,20; D_{rhomb} 5,67; Fp 654,8°; Kp 1456°; subl; nl: W, Al; l: konz. HCl, Weinsäure, Alk) findet sich in der Natur als Antimonblüte. Es kann aus $SbCl_3$ mit Soda dargestellt werden. Es bildet sich auch bei der Verbrennung von metallischem Antimon an der Luft. Der Dampf besteht aus Doppelmolekülen Sb_2O_6. Bei längerem Erhitzen an der Luft geht Sb_2O_3 in *Antimon-(III, V)-Oxyd, Antimontetroxyd* Sb_2O_4 über (w; D 7,5; nl: W, Al; wl: SS; l: Alk). Seine wässerige Lösung reagiert zufolge Bildung von antimoniger und Antimonsäure schwach sauer.

Antimonhydroxyd $Sb(OH)_3$ entsteht beim Versetzen einer Lösung von Antimonyltartrat (s. u.) mit verdünnter Schwefelsäure als weißer, flockiger, amphoterer Stoff, der sich sowohl in Säuren zu Antimonsalzen, wie $SbCl_3$, als auch in Basen zu Salzen der antimonigen Säure, wie z. B. Natriummetantimonit $NaSbO_2 . 3\,H_2O$ auflöst. Alle Antimonsalze bilden beim Verdünnen mit Wasser basische Verbindungen.

Antimon-III-Chlorid, Antimontrichlorid $SbCl_3$ (fbl; rhomb; D 3,140; Fp 73,3°; Kp 187°; l: wenig W, konz HCl, Ae, CS_2, viel W zers) kann durch Erhitzen von Antimon im Chlorstrom oder durch Auflösen von Antimonsulfid Sb_2S_3 in konzentrierter Salzsäure erhalten werden. Die wässerige Lösung scheidet beim Verdünnen durch Hydrolyse einen weißen Niederschlag von basischem Salz, *Antimonylchlorid* SbOCl (w; rhomboedr; zers 170°; nl: W, Al, Ae; l: HCl, Weinsäure, CS_2), aus, der bei weiterem Wasserzusatz schließlich in Sb_2O_3 übergeht. SbOCl mit dem Ion SbO′, Antimonyl genannt, bildet mit konzentrierter Salzsäure und konzentrierten Alkalichloriden komplexe Verbindungen, wie $Na_3[SbCl_6]$, $K_3[SbCl_6]$ usw. Antimontrichlorid wird zum Brünieren von Stahlwaren, Färben von Messinggegenständen usw. verwendet, wobei beim Eintauchen in die Antimonchloridlösung durch elektrochemische Wechselwirkung mit dem Eisen sich ein dünner, mattschwarzer Überzug von Antimon abscheidet, der außer einer dekorativen Wirkung auch einen geringen Rostschutz gewährt.

Antimontrifluorid SbF_3 (fbl; rhomb; D 4,38; Fp 292°; subl; L 20°: 443; 30°: 562) bildet im Gegensatz zum Chlorid beim Verdünnen mit Wasser keine basischen Salze. Es wird in der Baumwollfärberei als Beize an Stelle von Brechweinstein (s. u.) verwendet.

Kaliumantimonyltartrat, Brechweinstein $SbO . KC_4H_4O_6 . \frac{1}{2} H_2O$ (fbl; rhomb; D 2,60; zers b Erhitzen; L: 7,9; L 100°: 35,7) wird durch Kochen von Sb_2O_3 in einer wässerigen Lösung von Kalium-Natrium-Tartrat erhalten. Es bildet beim Verdünnen mit Wasser keine basischen Salze, wird aber durch Zusatz von Säuren unter Abscheidung von $Sb(OH)_3$ zersetzt. Es dient als Farbbeize und Brechmittel.

CO — O — SbO
|
CHOH
|
CHOH
|
COOK

Antimontrisulfid Sb_2S_3 (orange oder r; am: viol; s: rhomb; destilliert unzersetzt; $D_{r, am}$ 4,12; D_{viol} 4,28; D_s 4,65; F 546; L: $1,7.10^{-4}$; l: HCl, $(NH_4)HS$) kommt als Antimonit (Grauspießglanz) in der Natur vor. Bei der Fällung von Antimonsalzen mit H_2S entsteht zuerst die rote amorphe Modifikation, die beim Erhitzen auf etwa 300° in die schwarze, dem Grauspießglanz entsprechende, übergeht. Beim Kochen mit Alkalisulfidlösungen geht das Sb_2S_3 in Lösung, wobei sich eine Reihe von Sulfosalzen, die sich teils von der orthosulfantimonigen Säure, wie z. B. $(NH_4)_3 SbS_3$, der metantimonigen Säure, wie $KSbS_2$, der pyroantimonigen Säure $(NH_4)_4Sb_2S_5$, Polysulfosäuren usw., ableiten. Durch nur teilweisen Ersatz des Sauerstoffes der antimonigen Säure H_3SbO_3 durch Schwefel entstehen Sulfoxyverbindungen, wie KSbOS, Kaliumsulfoxyantimonit usw. Man erhält sie durch Zusammenschmelzen von Sb_2S_3 und Sb_2O_3 als braune bis rubinrote durchscheinende Masse, die Antimonglas genannt und als Farbe verwendet wird.

Antimontrisulfid dient als licht- und luftbeständige Malerfarbe Antimonzinnober. Es wird technisch durch Erhitzen von $SbCl_3$ mit Natriumthiosulfatlösung dargestellt. Auch zur Herstellung von Zündhölzchen findet es Verwendung (s. S. 131 u. 136).

b) Verbindungen des fünfwertigen Antimons.

Antimonpentaoxyd Sb_2O_5 (fbl; D 4,09; zers 300°; nl: W, Al; wl: SS; l: Alk) bildet sich beim Erhitzen von Antimon mit konzentrierter Salpetersäure. Es geht bei 400—500° unter Sauerstoffabgabe in Sb_2O_4 über. Das Antimonpentaoxyd kann als das Anhydrid der Antimonsäure H_3SbO_4 angesehen werden, da die wässerige Aufschlämmung schwach sauer reagiert. Durch Schmelzen von Sb_2O_5 mit Alkalien entstehen Salze, die Antimonate, die sich von der Orthoantimonsäure H_3SbO_4, der Pyroantimonsäure $H_4Sb_2O_7$ und der Metantimonsäure $HSbO_3$ ableiten. Die Lösungen dieser Salze ergeben beim Ansäuern einen gallertartigen Niederschlag, der die freien Säuren in Form reversibler Kolloide (s. S. 206) enthält und beim Trocknen wieder in Sb_2O_5 übergeht.

Bleiantimonat wird als gut deckende, haltbare Malerfarbe Neapelgelb sowie zur Färbung von Gläsern und Porzellan verwendet. Das saure Kaliumpyroantimonat $K_2H_2Sb_2O_7 . 6 H_2O$ (L 20°:

2,74) dient als Reagens auf Natrium, da Natriumpyroantimonat $Na_2H_2Sb_2O_7 . 6\,H_2O$ (fbl; tetrag; L 12,3°: 0,03; 100°: 0,3; nl: Al) in Wasser schwer löslich ist.

Antimon-V-Chlorid, Antimonpentachlorid $SbCl_5$ (fbl; fl; D 2,39; Fp + 2,0°; Kp [68 mm] 102°; W: zers; l: konz HCl, Weinsäure) bildet sich beim Erhitzen von Antimonpulver in Chlorgas oder Sättigen von $SbCl_3$ mit Chlor. Mit zunehmender Temperatur dissoziiert $SbCl_5$ in steigendem Maße in $SbCl_3$ und Cl_2. Es wird zur Durchführung organischer Chlorierungen als Chlorüberträger verwendet. Die wässerige Lösung von $SbCl_5$ reagiert zufolge Hydrolyse sauer. Durch viel Wasser erfolgt Zersetzung, wobei sich ein Niederschlag von Antimonsäure abscheidet: $SbCl_5 + 4\,H_2O \rightleftarrows H_3SbO_4 + + 5\,HCl$. In Gegenwart von konzentriertem HCl bildet sich komplexe Hexachlorantimonsäure $H[SbCl_6]$, deren Alkalisalze gut krystallisieren.

Antimon-V-Sulfid, Antimonpentasulfid, Goldschwefel Sb_2S_5 (orange; am; subl; L 0°: $1{,}41 . 10^{-2}$; wl: verd SS; l: Alk, NH_4SH) fällt als orangeroter Niederschlag beim Einleiten von Schwefelwasserstoff in Lösungen von Antimon-V-Salzen aus. Beim Erwärmen über 220° wird unter Bildung von Sb_2S_3 leicht Schwefel abgespalten, weshalb sich Antimonpentasulfid gut als Vulkanisations-, Färbe- und Streckungsmittel für Kautschuk sowie zur Herstellung von Zündhölzchen eignet. In den Zündholzköpfchen (s. S. 131 u. 136) wird durch die Reibungswärme aus dem Sb_2S_5 Schwefel abgespalten, der durch Kaliumchlorat oxydiert und zur Entzündung gebracht wird. Antimon-V-Sulfid entsteht auch beim Ansäuern von $Na_3SbS_4 . 9\,H_2O$, *Schlippeschem Salz* (g; reg; D 2,698; Fp 884°; L 15°: 16,7; 40°: 48,1; nl: Al). Dieses wird aus Grauspießglanz und Schwefelpulver durch Kochen mit Natronlauge erhalten und wird zur Herstellung des bei der Vulkanisierung des Kautschuks benötigten Sb_2S_5 verwendet.

Nachweis von Sb. Antimonspiegel bei der Marshschen Probe (s. S. 200), unlöslich in Hypochloritlösung; CsCl gibt einen weißen Niederschlag (starke HCl-Lsg), der mit Kaliumjodid KJ gelb wird.

XLI. Der kolloide Zustand.

Unter Kolloiden versteht man einen Verteilungszustand der Materie, bei welchem die Teilchengröße etwa 10^{-7} bis 10^{-5} cm beträgt. Während Salze, Säuren, Basen, Harnstoff, Zucker usw. beim Lösen sich in einzelne Ionen oder Moleküle mit einem Teilchendurchmesser von etwa 10^{-8} cm zerteilen, entstehen beim Auflösen von gewissen Stoffen, wie Leim, Kieselsäure, Eiweiß, Zellulose usw., bedeutend größere Molekülaggregate. Da man ursprünglich annahm, daß alle krystallisierbaren Stoffe sog. echte oder molekular-disperse Lösungen bilden, nichtkrystallisierbare hingegen kolloide, unterscheidet man daher zwischen krystalloiden und kolloiden Lösungen. Der Name Kolloid stammt nach Graham, dem Entdecker des kolloiden Zustandes, vom griechischen Wort „Kolla" für „Leim", dem markantesten Vertreter dieser Klasse, ab.

Die Kolloide bilden den Übergang von den Krystalloiden zu den groben Aufschwemmungen oder Suspensionen mit einer Teilchengröße von etwa 10^{-4} cm. Diese sind aber bereits sehr unbeständig und setzen leicht ab. Zwischen den Krystalloiden, Kolloiden und Suspensionen bestehen aber keine scharfen Grenzen, sondern gibt es allmähliche Übergänge.

Alle kolloiden Lösungen sind als zweiphasig anzusehen. Den kolloid verteilten Stoff nennt man die *disperse Phase.* Den Stoff, in dem das Kolloid verteilt ist, die zusammenhängende Phase, bezeichnet man als *Dispersionsmittel.* Dieses kann fest sein wie z. B. bei der kolloiden Auflösung des Goldes in Glas, dem Rubinglas, oder flüssig, wie bei den meisten wässerigen kolloiden Lösungen, den *Solen.* Je nach der Art des flüssigen Dispersionsmittels spricht man von Hydrosolen (wässerige Dispersionen), Alkosolen (Alkohol als Dispersionsmittel), Organosolen (organische Dispersionsmittel) usw. Wässerige Sole sind z. B. Wasserglaslösungen, die Milch, Kautschukmilch, Blutserum, Stärke-, Farbstofflösungen usw.

Tab. 22. Schema für die Bezeichnung kolloider Systeme.

Disperse Phase	Dispersionsmittel		
	fest	flüssig	gasförmig
fest	Gläser (Rubinglas)	Suspensoide	Rauche (NH_4Cl, SO_3)
flüssig		Emulsoide (Milch?)	Nebel (Salzsäure)
gasförmig	feste Schäume (Schlacken, Iporka)	Schäume (Seifenschaum)	

Ist der zerteilte Stoff flüssig, so spricht man von *Emulsionen* (s. Tab. 22), ist er fest, von *Suspensionen.* Wenn ein Gas in einer Flüssigkeit kolloid verteilt ist, hat man einen *Schaum. Rauch* ist die kolloide Verteilung eines festen Stoffes in einem Gas, *Nebel* eines flüssigen Stoffes (Wasser) in einem Gas. Derartige Kolloide mit gasförmigem Dispersionsmittel bezeichnet man auch als *Aerosole.* Oft ist es gar nicht feststellbar, ob die disperse Phase fest oder flüssig ist.

Kolloide Teilchen sind im gewöhnlichen Mikroskop unsichtbar. Läßt man aber im sog. Ultramikroskop das Licht nur seitlich auf die Teilchen auffallen und vermeidet jedes durchfallende Licht, so wird das Licht durch das Kolloidteilchen abgebeugt und dieses als leuchtender Punkt im sonst homogenen dunklen Gesichtsfeld sichtbar. Der Weg der Lichtstrahlen kann ähnlich wie beim Durchgang eines Sonnenstrahles durch ein Zimmer mit staubiger Luft sichtbar werden (Tyndalleffekt). Infolge der Wärmebewegung, die bei den kleinen Kolloidteilchen bereits wirksam ist, zeigen diese im Ultramikroskop die sog. Brownsche Molekularbewegung.

Wegen des geringen Zerteilungsgrades sind osmotischer Druck, Gefrierpunktserniedrigung und Siedepunktserhöhung, die ja der Teilchenzahl proportional sind, bei Kolloiden nur sehr gering. Auch das Diffusionsvermögen der großen Molekülaggregate ist nur klein, welche Eigenschaft man zur Trennung von Krystalloiden von Kolloiden durch sog. semipermeable Membranen bei der *Dialyse* ausnützt.

Elektrische Ladung und Wanderung. Auf Grund ihrer großen Oberfläche zeigen die Kolloide die Eigenschaft der Adsorption, und zwar besonders von Ionen, wobei sie selbst elektrisch aufgeladen werden. Die meisten Kolloide sind an sich elektrisch negativ geladen, nur wenige Metallhydroxyde, wie z. B. jene von Chrom, Eisen und Aluminium, sind positiv geladen. Unter dem Einfluß eines elektrischen Potentialgefälles wandern daher die Kolloidteilchen entsprechend ihrem Ladungssinn entweder zur Kathode oder Anode, genau so wie Ionen, aber nur langsamer. Diese Erscheinung wird als Elektrophorese bezeichnet.

Koagulation. Die elektrische Ladung der Kolloidteilchen ist auch die Ursache der Beständigkeit kolloider Lösungen, da sich die gleichnamig geladenen Teilchen gegenseitig abstoßen und in Schwebe erhalten. Wird aber durch Adsorption von entgegengesetzt geladenen Ionen eines zugesetzten Elektrolyten entgegengesetzter Ladung die Eigenladung eines Kolloidteilchens neutralisiert, so können sie sich auf Grund ihrer molekularen Anziehungskräfte zu größeren Teilchen wie Suspensionen oder noch gröberen vereinigen, die nicht mehr beständig sind und ausflocken. Diesen Vorgang der Ausscheidung von kolloiden Teilchen aus ihren Lösungen nennt man *Koagulation.* Den ausgefallenen Niederschlag nennt man *Gel.*

Peptisation. Wäscht man aus dem Gel die adsorbierten Ionen aus oder behandelt man es mit bestimmten Chemikalien, z. B. ein durch Säuren aus Wasserglaslösungen koaguliertes Kieselsäuregel mit Alkalien, so gehen *reversible Kolloide* aus dem Gel- wieder in den Solzustand über. Dieser Vorgang wird „Peptisation“ genannt. Bemerkenswert ist, daß bei diesen Vorgängen an Kolloidteilchen keine stöchiometrischen Gesetze gelten. So kann sowohl die Koagulation als auch die Peptisation mit Ionenmengen durchgeführt werden, die nur einige Prozente der Kolloidmenge betragen.

Schutzkolloide, Goldzahl. Manche gegen die Koagulation durch Elektrolyte empfindliche Kolloide, wie z. B. Metallsole, können durch einen Zusatz von kleinen Mengen stabiler Emulsoide (Schutzkolloide), wie Kasein, Albumin, protalbyn- oder lysalbinsaures Natrium usw., beständiger gemacht werden. Die Schutzwirkung derartiger Kolloide wird nach Zsigmondy durch die sog. *Goldzahl* angegeben, das ist jene Menge des Zusatzes, die eben nicht mehr ausreicht, um ein Goldsol bestimmter Konzentration und bestimmter Eigenschaften gegen die koagulierende Wirkung einer bestimmten Natriumchloridkonzentration zu schützen. Derartige mit Schutzkolloiden versehene kolloide Metalle können eingetrocknet und mit Wasser wieder in Lösung gebracht werden, wie z. B. das unter dem Namen „Kollargol" im Handel befindliche kolloide Silber (s. S. 401).

Herstellung von Kolloiden. Kolloide Lösungen von Metallen stellt man durch Reduktion der Lösungen von Metallsalzen oder durch Elektrodenzerstäubung her, wobei man zwischen den Metall-Elektroden unter Wasser einen elektrischen Lichtbogen übergehen läßt. Kolloide Lösungen von Hydroxyden, Sulfiden usw. entstehen unter Einhaltung bestimmter Bedingungen statt der grobdispersen Fällung dieser Verbindungen. Viele Stoffe, wie Leim, Eiweiß, Gummi usw., gehen durch bloßes Auflösen in den kolloiden Zustand über. Auch durch äußerst feine mechanische Zerteilung, wie z. B. durch die Plausonsche Kolloidmühle, lassen sich Stoffe in ein Kolloid überführen. Umgekehrt kann man die Bildung von Kolloiden vielfach durch Zusatz von starken, insbesondere mehrwertigen Elektrolyten zur Lösung verhindern.

XLII. Silicium.

Symbol Si; Atomgewicht 28,06; Ordnungszahl 14; Schmelzpunkt 1414°; Siedepunkt 2630°; Dichte 2,34; Wertigkeit: IV.

Vorkommen. Silicium ist nach dem Sauerstoff das verbreitetste Element auf der Erde, das in der Form der Silicate und der Kieselsäure einen wesentlichen Bestandteil der Erdkruste bildet. Sie kommt auch in Pflanzen und Tieren in Form von kolloider Kieselsäure vor und dient dort vorwiegend zur Versteifung der Skelette (Diatomeen, Kieselgur) und Halme.

Eigenschaften. Silicium kommt in einer grauen metallischen Modifikation vor. Das sog. braune amorphe Silicium stellt nur eine besonders feine Verteilung von Siliciumkryställchen dar, denen es seine größere Reaktionsfähigkeit verdankt. Krystallisiertes Silicium bildet schwarze, undurchsichtige, spröde, harte Oktaeder oder Tafeln. Geschmolzenes, aus Kieselsäure durch Reduktion mit Kohle im elektrischen Ofen erhaltenes Silicium stellt eine stahlgraue Masse dar (D 2,34; Fp 1414°; Kp 2600°).

Mit Ausnahme von Flußsäure ist Silicium in Säuren nicht löslich, welche Eigenschaft sich auch auf die Legierungen mit Eisen

(10—20% Si; Thermisilid, Tantiron usw.) überträgt. Mit Fluor entzündet es sich bereits bei Raumtemperatur, mit den übrigen Halogenen reagiert es erst bei 400—500°. Im Sauerstoffstrom verbrennt es bei Temperaturen über 600° zu SiO_2. Mit Stickstoff verbindet es sich bei 1000° zu Siliciumnitrid Si_3N_4, über 2000° mit Kohlenstoff und Bor zu Siliciumcarbid SiC, bzw. -borid SiB_3. Mit vielen Metallen legiert es sich oder bildet Verbindungen, die Silicide genannt werden, wie Mg_2Si, FeSi, Cu_3Si usw. Alkalilaugen lösen fein zerteiltes Silicium oder Ferrosilicium leicht unter Wasserstoffentwicklung (s. S. 210) auf.

Darstellung. Zur Darstellung von metallischem Silicium ist die Reduktion von SiO_2 mit Kohlenstoff nicht recht geeignet, da sie leicht zum Carbid führt. Günstiger ist die Verwendung von Al, Mg oder CaC_2 als Reduktionsmittel. Das bei der Reduktion mit Magnesiumpulver in Form eines braunen Pulvers erhaltene Silicium ist sehr reaktionsfähig und vereinigt sich leicht mit den Halogenen, Sauerstoff, Schwefel usw. Durch Lösen in geschmolzenem Zink oder Aluminium, Auflösen der erhaltenen Schmelze in Säuren kann es in Form kleiner Krystalle erhalten werden. Reines Silicium wird technisch nicht verwendet und daher auch nicht hergestellt, sondern nur eine Legierung von Fe-Si. Bis zu einem Gehalte von etwa 17% Si kann man Ferrosilicium im Hochofen herstellen. Höherprozentige Fe-Si-Legierungen bis zu 98% Si werden aus Quarz und Koks im Elektroofen erhalten. Nach der Reduktion wird Eisen zugesetzt, das sich mit dem Silicium legiert. Ferrosilicium dient in der Stahlindustrie zur Entschwefelung und Desoxydation von Stahl sowie zu Legierungszwecken. Da die Affinität des Siliciums zum Sauerstoff größer ist als die zwischen Sauerstoff und Eisen, entzieht es dem Eisen den Sauerstoff, der das Eisen „unruhig" machen würde (s. S. 475).

1. Siliciumdioxyd, Kieselsäure.

Vorkommen. Siliciumdioxyd SiO_2 kommt in 4 verschiedenen Modifikationen vor, als bis 870° beständiger Quarz (fbl; hex; hex hemimorph; D 2,651; Uwp $\alpha \rightarrow \beta$-Quarz 575°; Fp ~ 1477°; Kp 2230°), als *Trydimit* (fbl; rhomb; hex; D 2,26; Beständigkeitsbereich 870°; Fp 1670°; Kp 2230°), als oberhalb 1470° beständiger Christobalit (tetrag; D 2,32; Uwp $\alpha \rightarrow \beta$ 250°; Fp 1702°; Kp 2230°) sowie als amorphe Kieselsäure mit niedrigem Wassergehalt wie Feuerstein, Opal, Kieselsinter usw. Die amorphe Kieselsäure ist selbst bei Raumtemperatur instabil, geht aber nur schwierig in die krystallisierten Modifikationen über. Neben diesen Modifikationen gibt es aber noch in jeder Beständigkeitsstufe α- und β-Formen, so daß das Zustandsdiagramm des Siliciumdioxyds sehr kompliziert ist. Es kommen Schmelzpunkte zwischen 1470 und 1710° vor.

Kieselsäure ist chemisch sehr beständig, sie wird nur von Flußsäure unter Bildung von Kieselflußsäure, ferner von Alkalien in konzentrierter Lösung und bei höheren Temperaturen und Drucken sowie beim Schmelzen in Form von Alkalisilicaten gelöst.

Hydratisiertes Siliciumdioxyd, die eigentliche Kieselsäure, ist wegen der Unveränderlichkeit des Siliciumdioxyds in Wasser nur durch Ausfällung aus wässerigen Lösungen von Alkalisilicaten durch Zusatz von Säuren darstellbar. Dabei tritt aber anfangs kolloid gelöste Kieselsäure auf, z. B. beim Einlaufenlassen einer verdünnten Lösung von Wasserglas in überschüssige verdünnte Salzsäure. Wählt man eine stärkere Wasserglaslösung, so kann die ganze Lösung in Form eines Gels (s. S. 208) (Gallerte) erstarren. Sowohl die verdünnte kolloide Lösung als auch ihr Gel können durch Dialyse von beigemengter Salzsäure und Natriumchlorid befreit werden.

Wie jedes Kolloid kann auch die kolloide Kieselsäure durch Zusatz von Elektrolyten ausgeflockt werden, wobei diese Fällung aber reversibel ist, d. h. durch Entfernung der Elektrolyte durch Dialyse kann das SiO_2-Gel wieder in den Solzustand übergeführt werden. Ebenso ist eine Fällung als Gel auch durch Verdampfung des Wassers möglich. Wird die Entwässerung zu weit, z. B. beim Erwärmen auf höhere Temperaturen, getrieben, so wird das Gel irreversibel und löst sich bei einem Wasserzusatz nicht mehr auf.

Silicagel. Das teilweise entwässerte Kieselsäuregel ist eine poröse Masse mit großer aktiver Oberfläche, die unter dem Namen aktive Kieselsäure, Silicagel oder Osmosil im Handel ist und als Adsorptions-, Bleich- und Trockenmittel für gelöste Gase, Stoffe und Wasserdampf technische Verwendung findet.

Bleich- oder Fullererde mit dem wesentlichen Bestandteil Montmorillonit $Al_2(OH)_2(Si_2O_5)_2 \cdot n\,H_2O$ wird durch Herauslösen von Aluminiumhydroxyd mit konzentrierter Salzsäure poröser gemacht und besitzt gleichfalls ein gutes Adsorptionsvermögen. Sie wird ähnlich wie das Silicagel zum Entfärben von Erdöl, Wiedergewinnung von geringen Mengen flüchtiger Lösungsmittel, Entfernung von SO_2 aus verdünnten Röstgasen usw. verwendet.

Irgendein bestimmtes Hydrat der Kieselsäure tritt bei der Entwässerung nicht auf, ebensowenig entspricht der Wassergehalt des koagulierten Kieselsäuregels der Formel der Orthokieselsäure H_4SiO_4. Die Kieselsäure ist eine derart schwache Säure, daß sie bereits durch Kohlendioxyd aus ihren Salzen in Freiheit gesetzt wird. Wässerige Lösungen von Silicaten werden schon durch das CO_2 der Luft zersetzt. Ebenso verdanken die in der Natur sich vorfindenden Kieselsinter (Geysire Islands, im Yellowstone-Park in Amerika usw.) der zersetzenden Wirkung der Kohlensäure der Luft auf Silicatlösungen ihren Ursprung.

2. Silicate.

Vom SiO_2 leiten sich als dem Anhydrid der Kieselsäure Salze, die Silicate, ab. Nur die Alkalisilicate sind wasserlöslich, die Di- und Trisilicate, wie sie z. B. im Wasserglas vorliegen, erst unter Druck bei Temperaturen über 100°. Durch Zusammenschmelzen von Sand mit Soda oder Natriumhydroxyd oder Auflösen von kolloider Kieselsäure in starker Natronlauge kann man je nach den angewandten Mengenverhältnissen *Natriummetasilicat* Na_2SiO_3 (fbl; kryst oder am; D 2,4; Fp 1027°; sl: W [Hydrolyse]; nl: Al), das aus wässeriger Lösung als $Na_2SiO_3 \cdot 9\,H_2O$ auskrystallisiert, und *Natriummetadisilicat* $Na_2Si_2O_5$ (fbl; am; Fp 864°; l: W; nl: Al) darstellen. Im Wasserglas des Handels (s. S. 248) liegen Gemische mehrerer Natriumsilicate vor, wobei die Kieselsäure in der Lösung zum Teil ionogen, teils aber auch schon kolloid vorhanden ist. Dies gibt sich nicht nur im Tyndalleffekt (s. S. 208) der Lösung, sondern auch an der zunehmenden Viskosität konzentrierterer und kieselsäurereicherer Lösungen zu erkennen.

Polykieselsäuren. Das Siliciumatom besitzt ähnlich wie das Kohlenstoffatom, jedoch nicht in derart starkem Ausmaß wie dieses, die Fähigkeit, sich zu Ketten, Ringen und netzartigen Strukturgebilden zu vereinigen. Dabei entstehen recht kompliziert gebaute Polymerisationsprodukte der Metakieselsäure. Man kennt bisher die reine Metakieselsäure $H_2SiO_3 \rightleftarrows 2\,H^{\cdot} + SiO_3''$, die Orthokieselsäure $H_4SiO_4 \rightleftarrows 4\,H^{\cdot} + SiO_4''''$, ferner die Polykieselsäuren Dikieselsäure $(H_2SiO_3)_2$, deren Anhydrid Metadikieselsäure H_2SiO_5, Trikieselsäure $(H_2SiO_3)_3$, deren Anhydrid Metatrikieselsäure $H_4Si_3O_8$, Tetrakieselsäure $(H_2SiO_3)_4$, deren Anhydrid Metatetrakieselsäure $H_6Si_4O_{11}$, Hexakieselsäure $H_{12}Si_6O_{18}$ usw.

Struktur der Silicate. Der strukturelle Aufbau der Silicate wurde durch Röntgenuntersuchungen aufgeklärt. Dabei wurde festgestellt, daß in allen Kieselsäuren die Sauerstoffatome das Siliciumatom tetraedrisch umstellen (Abb. 41, *a*, Orthokieselsäure; Ringe: Sauerstoffatome, schwarze Kreise: Siliciumatome). Mehrere $[SiO_4]$-Tetraeder können ein O-Atom auch gemeinsam besitzen, wobei sich Doppeltetraeder (Pyrosilicate, Abb. 41, *b*) und Ringe bilden können (Abb. 41, *c—d*). Durch den ganzen Krystall können sich auch faserförmige Tetraederketten $[SiO_3]''n$ erstrecken (Abb. 41, *e*), wodurch die leichte Spaltbarkeit in Richtung solcher Ketten bei vielen Silicaten erklärlich ist.

Vereinigen sich 2 parallele Ketten $[SiO_3]''n$, so entstehen „Bänder" $[Si_4O_{11}]^{-6}$, die ebenso wie die Ketten durch dazwischen gelagerte Ca-, Fe-, Mg-, Al-Ionen zu räumlichen Gittern vereinigt werden können. Netze (Abb. 41, g) entstehen durch Vereinigung von Ketten und Bändern und erklären die blätterartige Struktur von Glimmer, Talk usw. In den räumlich aufgebauten Feldspaten ist jedes 4. Si-Atom des Quarzgitters durch Al ersetzt. Es kann auch noch Kalium eingebaut werden (Abb. 41, *h*). Von vielen Silicaten ist aber der strukturelle Aufbau noch nicht aufgeklärt. Vielfach ist es z. B. unbekannt, ob das Aluminium als Anion oder Kation vorliegt, ob der Wasserstoff als Krystallwasser oder Säurewasserstoff vorhanden ist usw.

Anwendung. Die Kieselsäure und Siliciumdioxyd finden in der Technik eine sehr vielseitige Anwendung. Durch Schmelzen

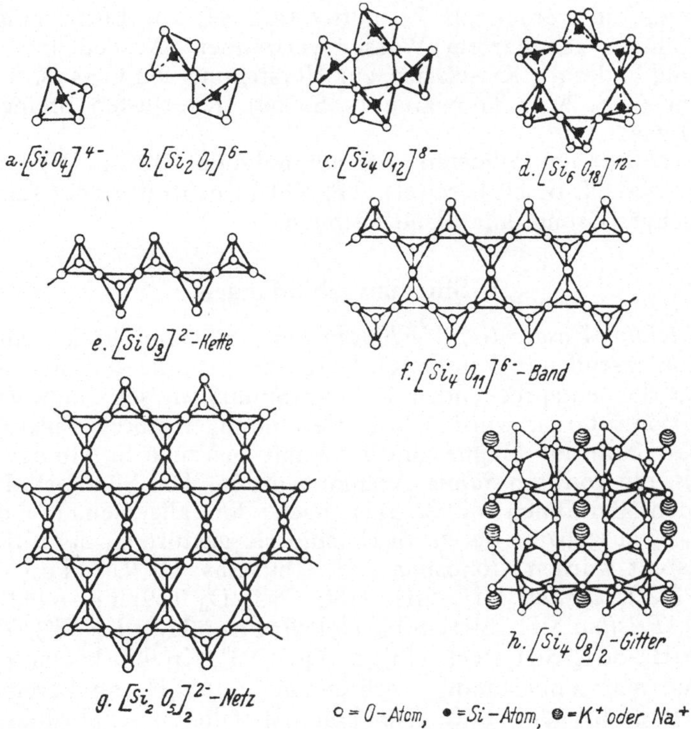

Abb. 41, *a*—*h*. Struktureller Aufbau der Silicate.

von Bergkrystall vor der Knallgasflamme erhält man das bis 1200° beständige, durch einen sehr geringen Temperaturkoeffizienten ausgezeichnete Quarzglas (s. S. 322), durch Schmelzen von reinem Sand das durch feinste Luftbläschen undurchsichtige, milchige Quarzgut (s. S. 323). Sie lassen sich zu Tiegeln, Schalen, Röhren, usw. formen und dienen wegen ihrer guten chemischen Beständigkeit vielfach als Werkstoff für technische und Laboratoriumsgeräte. Die Verwendung des Silicagels als Adsorptionsmittel wurde bereits erwähnt (s. S. 139).

Auch Kieselgur oder Infusorienerde besitzt als Skelett der Kieselalgen nach Entfernung der organischen Substanzen durch

Glühen eine sehr poröse Struktur und kann bis zum Fünffachen seines Gewichtes an Flüssigkeiten aufsaugen, ohne feucht zu erscheinen. Sie dient zur Aufsaugung von Aceton als Lösungsmittel für Acetylen (Dissousgas), von Nitroglycerin, als saugfähiges und chemisch beständiges Verpackungsmaterial usw. Sie wird auch als Wärmeisolation, Poliermittel, zur Herstellung leichter Steine usw. verwendet.

Die Alkali-Aluminium-Silicate besitzen die Fähigkeit, das Natriumion gegen andere Ionen, wie Ca, Mg, Fe, Mn usw., auszutauschen. Sie werden als Permutite (s. S. 44) zur Entfernung der Härtebildner aus hartem Wasser verwendet. Ausgedehnte Verwendung findet die Kieselsäure zur Herstellung von Glas (s. S. 316), Zement (s. S. 291), Tonwaren (s. S. 350), feuerfesten Steinen (s. S. 354) usw.

Nachweis von Silicaten. Ammonmolybdat (10% in W) + $SnCl_2$ (10% in NaOH, frisch bereitet), 20°, gibt in neutraler oder schwach alkalischer Lösung eine blaue Färbung.

3. Siliciumverbindungen.

Silicium-Wasserstoff-Verbindungen. Silicium bildet ähnlich wie Kohlenstoff mit Wasserstoff Verbindungen, die aber im Gegensatz zu den entsprechenden C-H-Verbindungen sehr unbeständig sind. Von Stock wurden Si-H-Verbindungen durch Einwirkung von Salzsäure auf Magnesiumsilicid mit bis zu 6 Si-Atomen dargestellt, die von ihm *Silane* genannt wurden. Die Silane sind ähnlich den Paraffinen (s. S. 512) nach der allgemeinen Formel Si_nH_{2n+2} aufgebaut. Bis zu Si_2H_6 sind sie gasförmig, dann flüssig. Dargestellt wurden *Monosilan* SiH_4 (fbl; Gas; D_{fl} 0,68; Fp —185°; Kp —112°), *Disilan* SiH_3-SiH_3 (fbl; Gas; D_{fl} 0,69; Fp —132°; Kp —15°), *Trisilan* SiH_3-SiH_2-SiH_3 (fbl; fl; Fp —117°; Kp 53°), *Tetrasilan* SiH_3-SiH_2-SiH_2-SiH_3 (fbl; fl; Fp —93°; Kp 90°) bis zu Si_6H_{14}. Sie sind sehr unbeständig, verbrennen von Si_3H_8 ab bereits bei Berührung mit der Luft, die höheren Glieder explosionsartig. Schon durch Spuren von Wasser und Laugen werden sie unter Wasserstoffentwicklung und Abscheidung von SiO_2, bzw. Bildung von Alkalisilicaten zersetzt.

Bei der Zersetzung von Silicium-Halogen-Verbindungen mit Wasser entstehen Sauerstoff und Wasserstoff enthaltende Verbindungen, wie *Prosiloxan* $Si{\overset{\diagup O}{\underset{\diagdown H}{— H}}}$, das dem Formaldehyd ähnlich zusammengesetzt ist und *Disiloxan* $(SiH_3)_2O$ genannt wird, beides farb- und geruchlose, an der Luft nicht selbstentzündliche Gase. *Siline* sind die bei der Zersetzung von Calziumsilicid Ca_2Si mit alkoholischer Salzsäure entstehenden, selbstentzündlichen, sehr reaktionsfähigen Si, O und H enthaltenden Verbindungen, wie z. B. *Oxydisilin* $(Si_2H_2O)_3$.

Der Wasserstoff kann in den Si-H-Verbindungen auch durch Alkyle ersetzt werden, wobei Silicium-Alkyl-Verbindungen, wie z. B. $Si(CH_3)_4$, *Siliciumtetramethyl* und $Si(C_6H_5)_4$, *Siliciumtetraphenyl*, erhalten werden. Aethylsilicat findet Verwendung im Bautenschutz als Konservierungsmittel für Steine und Bauwerke, für hitzebeständige Überzüge usw. Unter dem Namen „Silastic" und „Silicone-rubber" werden in USA. siliciumhaltige organische Kunstprodukte vertrieben, die noch bei $+260^0$ und -23^0 elastisch und biegsam sind.

Siliciumtetrachlorid $SiCl_4$ (fbl; fl; D 1,48; Fp $-67{,}7^0$; Kp 57^0; W: zers) bildet sich beim Überleiten eines Chlorstromes über ein erhitztes Gemenge von Quarz und Kohle: $SiO_2 + C + 2\,Cl_2 = SiCl_4 + CO_2$. An Stelle von Chlor kann auch Tetrachlorkohlenstoff CCl_4, an Stelle von Kohle CO, von SiO_2 Carborund SiC verwendet werden. Allgemein wird die Bildung schwerer darstellbarer Metallchloride aus Metalloxyd und Chlor durch die Anwesenheit von Kohlenstoff wesentlich erleichtert, wobei sich intermediär wahrscheinlich CCl_4 bildet. $SiCl_4$ wird durch Wasser lebhaft zu Kiesel- und Salzsäure zersetzt: $SiCl_4 + 4\,H_2O = 4\,HCl + H_4SiO_4$. Wird an Stelle von Quarz und Kohle Ferrosilicium dem Chlorstrome ausgesetzt, so entstehen neben $SiCl_4$ noch die Chloride Si_2Cl_6 (fbl; Fp $2{,}5^0$; Kp 147^0), *Disiliciumhexachlorid*, und Si_3Cl_8 (fbl; fl) *Trisiliciumoctochlorid*, beides farblose, an der Luft rauchende Flüssigkeiten. Erstere wird durch Wasser in Silicooxalsäure $H_2Si_2O_4$, letztere in Silicomesoxalsäure $H_4Si_3O_6$ zersetzt, die aber weiter unter Wasserstoffentwicklung in Kieselsäure übergehen. $SiCl_4$ dient als Vernebelungsmittel sowie zur Herstellung von Kieselsäureestern in der pharmazeutischen Chemie.

Siliciumchloroform $SiHCl_3$ (fbl; fl; D 1,35; Fp -134^0; Kp $31{,}7^0$; W zers; l: CS_2, CCl_4, $CHCl_3$, Bzl) bildet sich beim Überleiten eines trockenen Chlorwasserstoffstromes über Silicium oder Ferrosilicium: $Si + 3\,HCl = SiHCl_3 + H_2$. Die farblose, an der Luft rauchende Flüssigkeit wird durch Wasser unter Wasserstoffentwicklung in Silicoameisensäure HSiOOH übergeführt, die sich aber rasch zu Silicoameisensäureanhydrid $(H_2Si_2O_3)_n$ polymerisiert. Schon bei Berührung mit einem heißen Glasstab entzündet sich Siliciumchloroform und verbrennt mit einer grünlichen Flamme. Bei höheren Temperaturen zerfällt es in Wasserstoff, Silicium und Siliciumtetrachlorid.

Siliciumtetrafluorid SiF_4 (fbl; Gas; D 3,622; Fp_{Dr} $-90{,}2^0$; Kp_{Dr} $-95{,}7^0$; W zers; l: HF) entsteht bei der Einwirkung von Fluorwasserstoff auf SiO_2, technisch von konzentrierter Schwefelsäure auf Flußspat und Sand: $SiO_2 + 2\,CaF_2 + 2\,H_2SO_4 = SiF_4 + 2\,CaSO_4 + 2\,H_2O$. Das farblose Gas wird beim Einleiten in Wasser heftig zersetzt, wobei sich gallertartige Orthokieselsäure H_4SiO_4 abscheidet und die frei gewordene Flußsäure mit SiF_4 zu H_2SiF_6, Kieselfluorwasserstoffsäure, zusammentritt. Auf Calziumoxyd wirkt SiF_4 unter Feuererscheinungen ein. Glas wird von SiF_4 nicht geätzt. Das beim Aufschluß von Rohphosphaten mit konzentrierter Schwefelsäure (s. S. 216) entstehende SiF_4 wird durch Wasser in eigenen Spritzkammern als Kieselsäure und H_2SiF_6 niedergeschlagen.

Kieselfluorwasserstoffsäure H_2SiF_6 ist nur in wässeriger Lösung beständig. Sie bildet sich beim Auflösen von Quarz in Flußsäure nach $6\,HF + SiO_2 = H_2SiF_6 + 2\,H_2O$ oder neben Kieselsäure beim Einleiten von SiF_4 in Wasser. Technisch wird sie in mit Blei ausgeschlagenen Kästen aus Sand und 30—35%iger Flußsäure unter Erwärmen mit Dampf hergestellt. Man setzt nur so viel Wasser zu, als zur Verhinderung der Verdampfung der Säure erforderlich ist. Auch bei der Superphosphaterzeugung fällt H_2SiF_6 an (s. o.). Die Kieselfluorwasserstoffsäure ist eine starke 2-basische Säure, deren Bariumsalz $BaSiF_6$ *Bariumsilicofluorid* $BaSiF_6$ (rhomboedr; D 4,29; L: $2{,}2.10^{-2}$; wl: Al) und Kaliumsalz *Kaliumsilicofluorid* K_2SiF_6 (fbl; dim; reg; hexag; D_{reg} 2,75; D_{hex} 3,08; L 17,5°: 0,12; L 100°: 0,9; nl: Al) in Wasser schwer löslich sind. Die löslichen Salze, in der Technik häufig „Fluate“ genannt, spalten leicht Flußsäure ab und wirken wie diese daher sehr stark antiseptisch, verhindern die Gärung und werden zur Konservierung des Holzes, Verhütung der Schimmelbildung auf Tapeten usw. verwendet.

Natriumsilicofluorid Na_2SiF_6 (fbl; hex; D 2,68; L: 0,65; L 100°: 2,4; nl: Al) wird zur Herstellung von Milchglas, in der Emailindustrie als Trübungsmittel sowie als Schädlingsbekämpfungsmittel verwendet. Es spaltet beim Erhitzen auf etwa 700° SiF_4 ab und geht dabei in Natriumfluorid über.

Siliciumcarbid SiC (fbl; hex; rhomboedr; D 3,17; zers: über 3000°; nl: W, SS, Königswasser, Alk) bildet sich aus SiO_2 und Kohlenstoff bei etwa 2000° im elektrischen Widerstandsofen: $SiO_2 + 3\,C = SiC + 2\,CO$. Aschenarmer Hüttenkoks wird mit reinem Quarz, etwas Sägemehl und Kochsalz zur Verflüchtigung der Verunreinigungen als Chloride zwischen zwei feststehenden Kopfplatten mit Kohleblöcken, die die Stromzuführung erhalten, durch einen Kern aus Kohlestücken durch Widerstandsheizung auf etwa 2000° erhitzt. Das CO verbrennt mit blauer Flamme durch die Fugen der Ofenmauer. Nach dem Erkalten wird amorphes SiC, darunter krystallisiertes, blauschwarzes SiC und etwas Graphit, der durch die Zersetzung von SiC bei etwa 2200° entstanden ist, gewonnen. Die Spannung beträgt 230—280 V. 1 kg SiC benötigt zu seiner Darstellung etwa 7 kWh.

Das Siliciumcarbid wird noch durch Behandlung mit Säuren nach dem Vermahlen auf einem Kollergang von Aschenresten und Eisenverbindungen befreit, durch Schlämmen in verschiedene

Korngrößen sortiert und wegen seiner großen Härte als Schleifmittel in Schleifsteinen oder auf Schleifpapieren verwendet. Die Härte beträgt nach Mohs 9,6, kommt also dem Diamant sehr nahe. SiC hat auch ein Diamantgitter und kann aus diesem durch Ersatz eines C-Atoms durch ein Si-Atom hervorgehen. SiC wurde erstmalig großtechnisch vom Amerikaner Acheson hergestellt. Es ist unter dem Namen Carborundum u. a. im Handel. Da SiC den elektrischen Strom etwas leitet, wird es auch für Heizwiderstände, wie z. B. als Silit, Silundum usw., verwendet. Seine hohe chemische Beständigkeit und gute Wärmeleitfähigkeit ermöglichen auch seine Verwendung zur Herstellung von beständigen Ofenauskleidungen, für Wärmeregeneratoren, als Material für Schmelztiegel (Wetamasse) usw.

Siliciumdisulfid SiS_2 entsteht beim Zusammenschmelzen von Silicium mit Schwefel. Es kann durch Sublimation bei vermindertem Druck gereinigt werden und wird dann in Form von seidenglänzenden, an feuchter Luft unter H_2S-Entwicklung sich zersetzenden Nadeln erhalten.

Siliciumnitride SiN, Silicocyan, ferner Si_3N_4 und Si_2N_3 entstehen bei der Einwirkung von Stickstoff auf weißglühendes Silicium. Sie stellen unlösliche, weiße, amorphe Stoffe dar, die von schmelzenden Alkalien unter Ammoniakabspaltung zersetzt werden.

XLIII. Germanium.

Symbol Ge; Atomgewicht 72,60; Ordnungszahl 32; Schmelzpunkt 958°; Dichte 5,35; Wertigkeit: II, IV.

Eigenschaften. Germanium steht in seinen Eigenschaften zwischen dem Silicium und Zinn. Es ist ein seltenes, 2- und 4-wertiges Metall (D 5,35; Fp 958°; l: in H_2O_2-Lsg; nl: HCl, KOH), dessen Existenz und wesentlichsten Eigenschaften von Mendelejeff auf Grund seines periodischen Systems vorausgesagt wurden, als es noch nicht einmal entdeckt war, eine glänzende Bestätigung der Brauchbarkeit des periodischen Systems. Germanium ist hart, spröde, grauweiß gefärbt und in Säuren sehr schwer löslich. An der Luft verbrennt es zu GeO_2, *Germaniumdioxyd* (w; rhomb; D 4,703; Fp 1115°; L: 0,40; L 100°: 1,04), das auch bei der Oxydation von Germanium mit konzentrierter Salpetersäure entsteht. GeO_2 bildet mit Alkalien germaniumsaure Salze, die Germanate.

Vorkommen. Germanium findet sich in sehr geringer Menge in Zinkblende. Metallisches Germanium kann durch Reduktion von GeO_2 mit Wasserstoff oder Kohlenstoff bei Glühhitze erhalten werden. Durch Zusammenschmelzen des Minerals Argyrodit $Ag_4GeS_4 . 2 Ag_2S$ mit einem Gemisch von Kaliumnitrat und -carbonat kann Kaliumgermanat, aus diesem mit Säuren kolloide *Germaniumsäure* $Ge(OH)_4$ erhalten werden, die durch Erhitzen in

GeO_2 übergeführt werden kann. Die metallischen Eigenschaften sind beim Germanium von allen Halbmetallen am stärksten ausgeprägt.

Germaniumverbindungen. In seinen Verbindungen ist das Ge 2-, vorwiegend aber 4-wertig. Bekannt ist ein *Germaniumsulfid* GeS (metallisch glänzend, grauschwarze Tafeln), *Germaniumchlorid* $GeCl_2$ (farblose Krystalle), das durch Hydrolyse in *Germaniumoxychlorid* Ge_2OCl_2 und schließlich in *Germaniumhydroxyd* $Ge(OH)_2$ übergeht. Dieses ergibt beim Erhitzen grauschwarzes Germanium-II-Oxyd GeO.

Germaniumdioxyd wurde bereits erwähnt. *Germanium-IV-Chlorid* $GeCl_4$ (fbl; fl; D 1,88; Fp —56°; Kp 84°; W zers zu GeO_2) bildet sich bei der Einwirkung von Chlor auf Germanium. *Germaniumfluorid* GeF_4 (D 6,65 kg/Nm³; subl —35°) bildet mit Flußsäure *Germaniumfluorwasserstoffsäure* H_2GeF_6, eine starke zweibasische Säure, deren Kaliumsalz sehr schwer löslich ist und daher zur quantitativen Bestimmung des Germaniums dient.

Germaniumchloroform $GeHCl_3$ (fbl; fl; D 1,93; Fp —71°; Kp 75,2°; W zers; l: HCl) entsteht bei der Einwirkung von trockenem Chlorwasserstoff auf pulverförmiges Germanium. *Germaniumwasserstoffe* GeH_4, Ge_2H_6 und Ge_3H_8 bilden sich bei der Zersetzung von Magnesiumgermanid MgGe durch Säuren. GeH_4 liefert wie AsH_3 beim Erhitzen im Glasrohr einen irisierenden kupferfarbigen Germaniumspiegel. *Germanium-IV-Sulfid* (Germaniumdisulfid) GeS_2 (fbl; D 2,94; Fp ~800°; Kp subl >600°) fällt aus sauren Germaniumsalzlösungen beim Einleiten von Schwefelwasserstoff als weißer Niederschlag aus (l W kolloid durch Hydrolyse; l: KOH, NH_4OH, Na_2S).

Germanium hat keine technische Verwendung und Bedeutung.

XLIV. Bor.

Symbol B; Atomgewicht 10,82; Ordnungszahl 5; Schmelzpunkt 2300°; sublimiert 1600°; Siedepunkt ~2550°; Dichte 2,3; Wertigkeit: III.

Vorkommen. Bor findet sich in der Natur in Form freier Borsäure und borsaurer Salze des Na, K, Mg, Ca, wie Sassolin $B(OH)_3$, in Toskana, in Kalifornien als Colemanit $2\,CaO \cdot 3\,B_2O_3 \cdot 5\,H_2O$, in Chile als Boronatrocalcit $Na_2O \cdot 2\,CaO \cdot 5\,B_2O_3 \cdot 12\,H_2O$, in Kleinasien als Kalkborate, wie Borocalcit $CaO \cdot 2\,B_2O_3 \cdot 4\,H_2O$ usw. In den Staßfurter Salzlagern kommt eingesprengt der Boracit $6\,Mg(BO_2)_2 \cdot MgCl_2 \cdot 2\,B_2O_3$ vor. Bor ist ein für die Pflanzen notwendiger Wuchs- oder Reizstoff, bei dessen Abwesenheit Mangelerscheinungen auftreten.

Eigenschaften. Reines Bor stellt ein braunes bis schwarzes, mikrokrystallines Pulver dar (rhomb; D 2,3; Fp 2300°; subl 1600°;

Kp $\sim 2550^0$). Es kann durch Reduktion von Borchlorid BCl_3 mit Wasserstoff im elektrischen Lichtbogen oder von Bortrioxyd B_2O_3 mit Magnesium dargestellt werden. Aus geschmolzenem Aluminium krystallisiert Bor beim Erkalten in Form der stark glänzenden, schwarz gefärbten und sehr harten Verbindung AlB_{12}, dem sog. quadratischen Bor oder dem Bordiamant, aus, der für Schleifzwecke Verwendung findet.

Nächst dem Diamant ist Bor das härteste Element. Es besitzt nur eine geringe elektrische Leitfähigkeit, verbrennt an der Luft zu B_2O_3 und vereinigt sich mit Chlor zu BCl_3 und mit Stickstoff bei Weißglut zu Bornitrid. Bor wird vorwiegend in Form seiner Verbindungen Borsäure, Borax und Perborat verwendet. Die Weltproduktion an Borsäure und Borax betrug 1930 etwa 80.000 t, wovon Italien 2500 t, Deutschland nur 250 t lieferte. Österreich besitzt keine Bormineralien.

Borverbindungen.

Borsäureanhydrid B_2O_3 (fbl; am; kub?; D 1,844; Fp 294^0; l W zu Borsäure; l: Al) entsteht als farblose, glasige, stark hygroskopische Masse beim Schmelzen von Tetraborsäure $H_2B_4O_7$ oder beim Verbrennen von Bor an der Luft.

Borsäure $B(OH)_3$ (fbl; trikl; D 1,435; zers; L 0^0: 2,59; 21^0: 4,90; 99,5^0: 28,1; l: Al, Glyc) kommt in freiem Zustande in Toskana in dort aus dem Boden ausströmenden Wasserdämpfen oder als Mineral Sassolin auf der Insel Volcano vor. Die Dämpfe werden in mit Wasser gefüllten, gemauerten Behältern kondensiert und die Lösungen nach genügender Anreicherung der Borsäure durch die Wärme der Dämpfe selbst bei 50—60^0 eingedampft. Beim Erkalten krystallisiert die Borsäure aus, sie wird durch Umkrystallisieren gereinigt. Borsäure bildet weiße, glänzende, sich fettig anfühlende sechsseitige Schuppen, die in kaltem Wasser unter ganz schwachsaurer Reaktion wenig löslich sind. Beim Kochen ist die Borsäure mit den Wasserdämpfen etwas flüchtig.

Durch Wasserabgabe geht die feste Borsäure beim Erwärmen in *Metaborsäure* HBO_2 und dann in Tetra- oder Pyroborsäure $H_2B_4O_7$ über. Trotz ihrer Schwäche ist die Borsäure wegen ihrer Hitzebeständigkeit befähigt, auch starke Säuren, wie Salzsäure, aus NaCl beim Erhitzen auszutreiben und Metaborate zu bilden: $NaCl + H_3BO_3 = NaBO_2 + HCl + H_2O$. Die Borate leiten sich von der Meta- oder Tetraborsäure ab, die letzteren sind beständiger. Ihr wichtigstes Salz ist der Borax.

Natriumtetraborat, Borax $Na_2B_4O_7 . 10\,H_2O$ (fbl; monokl; reg; D 1,72; wasserfrei D 2,37; Fp 75^0; Fp$_{0\,H_2O}$ 741^0; L 0^0: 1,3; 30^0: 3,7; 100^0 [$5\,H_2O$]: 34,3; nl: Al) findet sich an den Ufern und im Wasser des großen Tinkalsees in Tibet und wurde früher von dort als Tinkal nach Europa ausgeführt. Heute wird Borax vorwiegend künstlich durch Neutralisation von Borsäure mit Natriumcarbonat: $4 H_3BO_3 + Na_2CO_3 = Na_2B_4O_7 + 6 H_2O + CO_2$ oder durch Aufschluß von natürlichen Kalkboraten mit Sodalösungen unter Zusatz von Natriumhydrocarbonat gewonnen. Vom Calziumcarbonat wird abfiltriert und der beim Erkalten auskrystallisierende Borax durch mehrmalige Umkrystallisation gereinigt.

In wässeriger Lösung reagiert Borax schwach alkalisch. Beim Erhitzen bläht sich Borax vorerst auf, wobei Krystallwasser abgegeben wird. Schließlich entsteht geschmolzenes Boraxglas, das die Fähigkeit besitzt, Metalloxyde mit charakteristischer Färbung zu lösen. Hierauf beruht die Verwendung des Borax einerseits zum Löten und Schweißen von Metallen, andererseits zum Nachweis von Metallen in der Boraxperle. Borax findet auch Verwendung als Antiseptikum, in der Gerberei, zur Herstellung von Borosilicatglas (Thermometerglas), optischen Gläsern, Glasuren, Emaillen, als Flußmittel für Porpellanfarben usw.

Borate und Borsäure geben beim Erhitzen mit organischen Alkoholen in Gegenwart von Schwefelsäure Ester, wie z. B. den Borsäuremethylester $B\begin{cases} O-CH_3 \\ O-CH_3 \\ O-CH_3 \end{cases}$, der beim Anzünden mit grüner Flamme brennt. Diese Reaktion dient zum Nachweis von Borverbindungen. Glycerinborsäureester

$$B\begin{cases} OH \\ O-CH_3-CHOH-CH_2OH \\ O-CH_3-CHOH-CH_2OH \end{cases}$$

kann leicht ein Wasserstoffion abdissoziieren und verhält sich wie eine starke einbasische Säure. Er wird zur maßanalytischen Bestimmung der Borsäure benützt.

Das *Natriumperborat* des Handels ist eigentlich *Natriummetaborat-Hydroperoxyd-Trihydrat* $NaBO_2 . H_2O_2 . 3 H_2O$ und entsteht bei der Einwirkung von Wasserstoffperoxyd auf die Lösung von Natriummetaborat oder Borax oder aus Borax und Natriumperoxyd oder am besten bei der Elektrolyse von sodahaltigen gesättigten Boraxlösungen an Platinanoden. Intermediär bildet sich Natriumpercarbonat Na_2CO_4, das dann in Na_2CO_3 und H_2O_2 zerfällt, welches mit Metaborat Perborat ergibt. Die Herstellung eines körnigen, haltbaren Natriumperborats ist jedoch sehr schwierig, da metallische Verunreinigungen auf die Zersetzung des Wasserstoffperoxyds eine katalytische Wirkung ausüben. Nur unter bestimmten, geheimgehaltenen Bedingungen erhält man kein schlammiges, sondern grobkörniges, gut filtrierbares und trocknungsfähiges Produkt.

Die wässerige Lösung des Perborates gibt alle Reaktionen

des Wasserstoffperoxyds und wird auch wie dieses verwendet. Da Borverbindungen eine gewisse stabilisierende Wirkung auf H_2O_2 ausüben, ist Perborat auch gut haltbar. Es stellt im trokkenen Zustand eine sehr geeignete Form zur Überführung des H_2O_2 in den festen Zustand dar. Es wird hauptsächlich als bleichend wirkender Zusatz zu Waschmitteln gebraucht. Persil z. B. besteht aus 10% Natriumperbonat, ferner Soda, Seifenpulver und Wasserglas.

Bor bildet ebenso wie Silicium mit Wasserstoff Verbindungen, die *Borane.* Sie werden entweder aus Borhalogeniden und Wasserstoff unter dem Einfluß elektrischer Entladungen oder durch Zersetzung von Metallboriden mit Säuren erhalten. Sie stellen farblose, bei Temperaturerhöhung in Bor und Wasserstoff zerfallende, durch Wasser oder schneller durch Laugen zu Borsäure, bzw. Boraten zersetzliche Verbindungen dar. Man kennt zwei Reihen von Boranen, B_nH_{n+4} und B_nH_{n+6} mit bis zu 10 Boratomen. Die mittleren Glieder sind flüssig, die höheren fest und beständiger als die niedrigen. Sie verhalten sich wie ungesättigte schwache Säuren und können mit Ammoniumhydroxyd Salze bilden, Chlor und Chlorwasserstoff addieren, ihren Wasserstoff gegen Amino- und Methylgruppen austauschen usw. Erhitzt man die Ammoniumborane, so entstehen unter Ringschluß bis 500° beständige, benzolartige Verbindungen, die von Stock Pseudo- oder anorganisches Benzol genannt wurden: $3(NH_4)_4[B_4H_6] =$

$$= 4\,B_3N_3H_6 + 21\,H_2, \text{ Konstitution } HB\begin{matrix} \diagup NH-BH \diagdown \\ \\ \diagdown NH-BH \diagup \end{matrix}NH.$$

Bortrifluorid BF_3 (fbl; Gas; D 1,58; Fp —128,8°; Kp —101°; W zers; l: konz H_2SO_4) entsteht bei der Einwirkung von Schwefelsäure auf Kaliumborfluorid $K[BF_4]$ oder auf Borsäureanhydrid und Flußspat CaF_2. Das farblose Gas zersetzt sich mit Wasser zu Borfluorwasserstoffsäure HBF_4, einer starken, gegen Wasser beständigen Säure. Ihre meisten Salze sind leicht wasserlöslich und gut krystallisierbar, nur KBF_4, *Kaliumborfluorid* (fbl; reg; rhomb; D 2,50; Fp 530°; L: 0,45; 100°: 5,9; wl: Al), ist schwer löslich.

Bortrichlorid BCl_3 (fbl; fl; D_{fl} 1,43; Fp —108,7°; Kp 7,6°; W, Al zers) bildet sich bei Rotglut bei der Einwirkung von Chlor auf ein Gemenge von B_2O_3 und Kohle.

Borstickstoff, Bornitrid BN (w; am; D 2,30; Fp 2730°; subl; nl: W, HCl, H_2F_2; H_2SO_4 zers bei 200°) bildet sich beim starken Glühen von Bor im Ammoniak- oder Stickstoffstrom, leichter von Borax mit Ammonchlorid oder von BCl_3 mit Ammoniak. Auch bei der Darstellung von metallischem Bor bei Weißglut an der Luft enthält das Bor stets etwas Bornitrid. Es ist sehr beständig, wird aber von Wasserdampf bei Rotglut in Borsäure und NH_3 zerlegt.

Borcarbid B_6C (s; kryst; D 2,6; Fp ~2350°; Kp >2500°; nl: SS; l: schmelzende Alk) wird durch Schmelzen von Borsäure mit Kohlenstoff im elektrischen Ofen erhalten. Es erreicht Diamanthärte.

Nachweis. Grünfärbung einer Flamme von Methylalkohol durch Borsäuremethylester; Kurkumatinktur + NH_4OH oder Na_2CO_3, schwache HCl-Lsg, 20°, Tüpfelprobe, gibt rote Färbung.

B. Metalle.

I. Allgemeine Eigenschaften der Metalle.

1. Elektrische Leitfähigkeit.

Die Metalle weisen eine ganze Reihe von charakteristischen Eigenschaften auf, durch die sie sich grundlegend von den übrigen Elementen unterscheiden. Ein wesentliches Kennzeichen des metallischen Zustandes ist die elektrische Leitfähigkeit. Metalle sind Leiter 1. Klasse, d. h. sie leiten den elektrischen Strom, ohne von ihm zersetzt zu werden und ohne daß Ionen, also Materie, transportiert wird. Bei den Leitern 2. Klasse, die bei Stromdurchgang zersetzt werden (Elektrolyte), nimmt die elektrische Leitfähigkeit im Gegensatz zu den Metallen mit steigender Temperatur zu. Bei den Metallen erreicht die Leitfähigkeit erst in der Nähe des absoluten Nullpunktes ganz besonders große Werte (Supraleitfähigkeit der Metalle).

2. Undurchsichtigkeit.

Metalle sind undurchsichtig und weisen in kompakter Form einen Glanz auf. Nur durch allerdünnste Schichten kann das Licht durchscheinen, wie z. B. beim Blattgold, das grünlich durchscheinend ist. Im fein verteilten Zustand wie in der Pulverform werden selbst gefärbte Nichtmetallverbindungen, wie z. B. Kaliumbichromat, weiß, während auch weiße fein verteilte Metalle mit Ausnahme des Aluminiums dunkel werden. Metalldämpfe sind aber wie viele Nichtmetalldämpfe durchsichtig, sie leiten den elektrischen Strom nicht und sind auch im dampfförmigen Zustand einatomig.

Mit Ausnahme des Quecksilbers sind alle Metalle bei Raumtemperatur fest. Die meisten Metalle sind dehnbar und zähe, sie können zu Platten ausgewalzt, zu Drähten gezogen, zu Hohlkörpern ausgearbeitet werden usw. Untereinander können sich die meisten Metalle gegenseitig auflösen, wobei Legierungen entstehen. Da die Legierungen im physikalischen Sinne im allgemeinen Lösungen darstellen, besitzen sie meist einen niedrigeren Schmelzpunkt als die reinen Metalle (Ausnahme bei Verbindungsbildung). Es gibt Legierungen, die chemische Verbindungen der Komponenten darstellen, wie z. B. die Lösung von Natrium in Quecksilber, wobei sich Natriumamalgam bildet.

3. Krystallstruktur.

Die Metalle krystallisieren in einfachen Krystallgittern (s. a. S. 61), und zwar

1. im *kubisch flächenzentrierten Gitter*, bei welchem die Schichten der Metallionen so übereinander liegen, daß jedes Ion der oberen Reihe in die Mitte zwischen zwei unteren Ionen zu liegen kommt (Abb. 15). Die dritte Schicht liegt wieder genau über der ersten. Jedes Metallion ist von 12 Ionen gleichen und kleinsten Abstands umgeben. Der sog. Elementarwürfel enthält daher 12 Ionen, die Korrodinationszahl ist 12. In diesem System krystallisieren Ag, Cu, Al, Pb, Pt, α-Fe. Der Elementarwürfel weist 12 Symmetrieebenen auf, worauf die gute Dehnbarkeit und Plastizität dieser Metalle beruht.

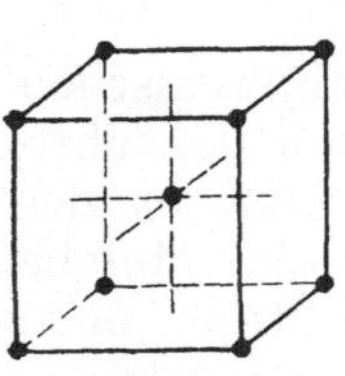

Abb. 42. Kubisch raumzentriertes Gitter.

2. Im *kubisch raumzentrierten Gitter* liegt jedes Metallion der oberen Schicht in der Mitte zwischen 4 Ionen der unteren Schicht im tiefstmöglichen Punkt. Die dritte Schicht liegt wieder genau über der ersten (Abb. 42). Von dem mittleren Metallion haben 8 umgebende Ionen den kleinsten und gleichen Abstand. Die Korrodinationszahl beträgt daher 8. Beispiel: Wolfram, Molybdän usw.

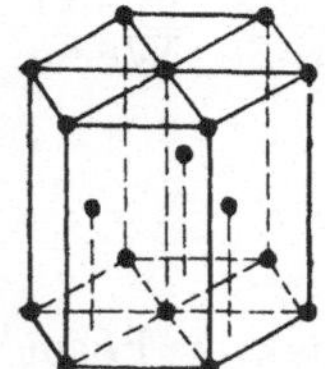

Abb. 43. Dichteste hexagonale Kugelpackung.

3. *Die dichteste hexagonale Kugelpackung* weist einen Elementarkörper mit sechseckiger Grundfläche auf. Die Ionen sitzen an den Ecken und im Mittelpunkte jedes Sechseckes (Abb. 43). Von der zweiten Ionenschicht liegen 3 Ionen genau über den Mittelpunkten der sechs, von den Eckpunkten und dem Mittelpunkt des Grundsechseckes gebildeten kleinen Dreiecken. Die Korrodinationszahl beträgt 12. Es gibt aber nur eine Symmetrieebene, so daß die Metalle dieses Krystallsystems, wie Mg, Zn und Cd, nur eine einzige Gleitebene besitzen, daher bei normalen Bedingungen nur schwer bearbeitbar sind.

4. Regel von Dulong und Petit.

Die meisten Metalle gehorchen der Regel von Dulong und Petit, wonach das Produkt aus spezifischer Wärme und Atomgewicht konstant ist und den Wert 6,4 aufweist. Die Metalle besitzen zum Unterschied von den Nichtmetallen eine einatomige Struktur, d. h. jedes Metallmolekül besteht nur aus einem einzigen Atom. In Lösungen besitzen die Metalle, insofern sie nicht mit Sauerstoff komplexe Ionen bilden, stets nur positiv geladene Ionen (Kationen). Sehr charakteristisch für Metalle ist ihre Fähigkeit, Salze mit Säuren zu bilden.

5. Elektrochemische Spannungsreihe.

Die Fähigkeit verschiedener Metalle, in den Ionenzustand überzugehen, ist verschieden groß. Ein Maß für dieses Bestreben, die Lösungstension oder Elektroaffinität, stellt die elektrochemische Spannungsreihe der Metalle dar, in der die Spannungsunterschiede der Metalle in einer Lösung des Metallsalzes in Volt gegenüber im Platin gelösten Wasserstoff angegeben sind (Normalwasserstoffelektrode $E_H = 0V$). Die Normalwasserstoffelektrode besteht aus Platin, die in 2 normale ($2n$) Schwefelsäure eintaucht und von Wasserstoff umspült wird. Diese Säure ist annähernd 1-normal an Wasserstoffionen, da sie zu rund 50% in Ionen dissoziiert ist. Das Potential der Wasserstoffelektrode wird als Bezugselektrode gleich Null gesetzt.

Tab. 23. Spannungsreihe der Elemente in Volt.

Kationen						Anionen	
Li/Li$^{\cdot}$	$-3{,}02$	Zn/Zn$^{\cdot\cdot}$	$-0{,}76$	H/H$^{\cdot}$	± 0	S$''$/S	$-0{,}55$
K/K$^{\cdot}$	$-2{,}92$	Cr/Cr$^{\cdot\cdot}$	$-0{,}56$	As/As$^{\cdot\cdot\cdot}$	$+0{,}3$	4 OH$'$/O_2 + 2 H_2O	$+0{,}88$
Na/Na$^{\cdot}$	$-2{,}71$	Fe/Fe$^{\cdot\cdot}$	$-0{,}44$	Cu/Cu$^{\cdot\cdot}$	$+0{,}345$	2 J$'$/J_2	$+0{,}54$
Ca/Ca$^{\cdot\cdot}$	$-2{,}55$	Cd/Cd$^{\cdot\cdot}$	$-0{,}40$	Ag/Ag$^{\cdot}$	$+0{,}80$	2 Br$'$/Br_2	$+1{,}08$
Mg/Mg$^{\cdot\cdot}$	$-2{,}35$	Co/Co$^{\cdot\cdot}$	$-0{,}255$	Hg/Hg$^{\cdot\cdot}$	$+0{,}86$	2 Cl$'$/Cl_2	$+1{,}35$
Al/Al$^{\cdot\cdot\cdot}$	$-1{,}28$	Ni/Ni$^{\cdot\cdot}$	$-0{,}25$	Pt/Pt	$+0{,}863$	2 F$'$/F_2	$+1{,}9$
Mn/Mn$^{\cdot\cdot}$	$-1{,}1$	Pb/Pb$^{\cdot\cdot}$	$-0{,}13$	Au/Au$^{\cdot}$	$+1{,}5$		
		Sn/Sn$^{\cdot\cdot}$	$-0{,}10$				

In der Tab. 23 ist die Spannungsreihe der Metalle eingetragen. Bei positivem Vorzeichen des Normalpotentials findet in saurer Lösung keine Auflösung des Metalls unter Wasserstoffentwicklung statt (Cu, Ag, Au), während Metalle mit negativem Metallpotential unter Wasserstoffentwicklung in Lösung gehen (Zn, Fe).

Auch die chemischen Eigenschaften eines Elementes können wir aus seinem Normalpotential ablesen. Die Reaktionsfähigkeit eines Elementes ist um so größer und die Auflösung eines Metalls erfolgt um so leichter, je negativer das Potential ist. Die Alkalimetalle mit ihrem sehr stark negativen Potential sind daher äußerst reaktionsfähig und somit die unbeständigsten Metalle. Im Ionenzustand sind sie am stabilsten. Hingegen besitzen die Schwermetalle Silber, Quecksilber, Gold und Platin nur eine sehr geringe Neigung, in den Ionenzustand überzugehen, also Elektronen abzugeben (s. S. 98 u. 35). Sie bilden daher unsere beständigsten Metalle.

Ein Metall vermag auch alle anderen Metalle aus dem ionisierten Zustand zu verdrängen, die in der Spannungsreihe der Metalle unter ihm stehen, also ein positiveres Potential besitzen. So kann man z. B. in der Technik aus kupferhaltigen Lösungen das Kupfer durch Eisen ausfällen.

Die Elektromotorische Kraft (EMK) irgendeines aus 2 verschiedenen Stoffen gebildeten Elementes ergibt sich aus der Differenz der EMK der Metalle gegen die Normalwasserstoffelektrode. Das Danielelement, das aus einer Kupferplatte, die in eine Kupfersulfatlösung, und einer Zinkplatte, die in eine Zinksulfatlösung eintaucht, besteht, weist folgende Spannung auf:

$$\text{EMK} = \varepsilon_{0\,Cu/Cu^{\cdot\cdot}} - \varepsilon_{0\,Zn/Zn^{\cdot\cdot}} = +0{,}345 - (-0{,}76) \doteq 1{,}105\ \text{V}.$$

Auffallend in der Spannungsreihe ist die Tatsache, daß die Leichtmetalle mit einem spezifischen Gewicht bis etwa 5 oberhalb des Mangans stehen. Vom Mangan ab folgen dann die Schwermetalle mit einem spezifischen Gewicht von etwa 7—13, während die schwersten Edelmetalle (spez. Gew. von Gold 19,3, von Platin 21,5) den Schluß der Reihe bilden.

Eine noch eindeutigere Beziehung besteht zwischen dem Atomvolumen, d. i. dem Quotienten Atomgewicht : spezifisches Gewicht und der Elektroaffinität. Das größte Atomvolumen besitzen die reaktionsfähigsten Alkalimetalle, während die reaktionsträgeren Edelmetalle mit der geringsten Atomenergie ein sehr kleines Atomvolumen besitzen.

Die Metalle sind unsere wichtigsten Werkstoffe. Ihre wichtigsten physikalischen Eigenschaften sind in der Tab. 24 zusammengestellt.

6. Darstellung von Metallen.

Die Metalle werden aus ihren Erzen, in denen sie meist als Sulfide oder Oxyde, seltener als Carbonate oder Silicate vorliegen, durch Reduktion gewonnen. Sie werden hiefür gegebenenfalls durch Rösten, d. i. die thermische Überführung in das Oxyd durch Erhitzen an der Luft vorbereitet. Das verbreitetste Reduktionsmittel ist der Kohlenstoff in Form von möglichst aschearmem Koks, der den Metalloxyden bei hoher Temperatur ihren Sauerstoff entziehen kann (Fe, Cu, Pb, Sn usw.). Die Leichtmetalloxyde besitzen aber eine derart hohe Bildungswärme, daß die Verbrennungsenergie des Kohlenstoffes nicht ausreicht, um das Oxyd zu zersetzen. Andere Metalle, wie Ti, Mn, V usw., bilden sehr leicht bei der Reduktion Carbide. Außer dem Kohlenstoff können auch noch andere reaktionsfähige Elemente, wie Al, Na, H, oder der elektrische Strom als Reduktionsmittel für Metallverbindungen angewendet werden.

7. Legierungen.

Im reinen Zustand sind die Metalle meist nicht nur schwierig darzustellen, sondern sie weisen erst nach gewissen Zusätzen besonders günstige Eigenschaften, wie Festigkeit, Widerstandsfähigkeit gegen chemische Angriffe usw., auf. Man legiert daher die

Tab. 24. Übersicht über die Konstanten der technisch wichtigsten Metalle.

Metall	Chemisches Zeichen	Atomgewicht	Wertigkeit	Vorkommen in der festen Erdkruste in %	Farbe	Spez. Gewicht bei 18° C	Schmelzpunkt in °C bei 760 mm	Siedepunkt in °C bei 760 mm	Ausdehnungskoeffizient . 10^4	Wärmeleitfähigkeit bei 18° C cal/cm-sek. . C°	Elektr. Leitfähigkeit in Ohm mm² (bei 18° C) . 10^{-4}	Festigkeit kg/mm²	Härte kg/mm²	Dehnung %
Aluminium	Al	26,97	3	8,1	silberweiß	2,69	658,8	1800	0,238	0,461	32,7	6,0	20,0	40
Beryllium	Be	9,02	2		weiß	1,84	1278 ± 5°							
Blei	Pb	207,21	2, 4	0,001	bläulichgrau	11,34	327,4	1525	0,293	0,0837	4,80	1,6—1,8	4,0	45
Cadmium	Cd	112,41	2	0,000 002	bläulichweiß	8,64	320,9	766	0,247	0,224	13,2	6,5	20,0	20
Chrom	Cr	52,01	2, 3, 6	0,04	silberweiß	7,1	1560—1570	2200	0,084		38,5		350,0	
Eisen	Fe	55,84	2, 3, 6	5,08	grau	7,875	1528	2450	0,1149	0,1436	10,0	24,0	45,0	30—35
Gußeisen						7,0—7,5	1100—1250		0,086	0,117		∾ 25		
Stahl						7,6—7,8	1400—1500		0,11	0,133		50—60		18
Gold	Au	197,2	1, 3	0,000 000 1	goldgelb	19,3	1063,0	> 2200	0,143	0,705	41,3	14,0	18,5	50
Iridium	Ir	193,1	3, 4		weiß	22,4	2340	> 4800	0,065	0,141	18,9		172	
Kobalt	Co	58,94	2, 3	0,001	rötlichgrau	8,8	1490	3185	0,181	0,165	10,3	25,0	125,0	< 1
Kupfer	Cu	63,57	1, 2	0,002	rosenrot	8,93	1083	2310	0,169	0,938	57,2	16—20	35—40	50
Magnesium	Mg	24,32	2	2,10	silberweiß	1,74	650,0	1107 ± 5°	0,261	0,378	23,0	20,0	25,0	10
Mangan	Mn	54,93	2,3,4,6,7	0,07	hellgrau	7,3	1247	1900	0,228					
Molybdän	Mo	96,0	3,4,5,6,8		weiß	10,2	2622 ± 10	3560	0,052	0,346	22,8			
Nickel	Ni	58,69	2, 3, 4	0,01	silberweiß	8,8	1452	3075	0,130	0,142	8,5	50,0	70,0	45
Platin	Pt	195,23	2, 4	0,000 000 01	grauweiß	21,4	1770	3800	0,090	0,165	9,1	19,0	25,0	50
Quecksilber	Hg	200,61	1, 2	0,0001	silberweiß	13,595	— 38,8	357,0	1,82 (kubisch)	0,0197	1,063	—	—	—
Silber	Ag	107,88	1	0,000 001	weiß	10,50	960,5	1950	0,197	1,006	61,4	13,0	25,0	50
Tantal	Ta	181,36	5		weiß	16,6	3029	4100	0,065	0,130	6,8			
Wismut	Bi	209,0	3, 5	0,000 001	rötlich	9,80	271,5	1420	0,137	0,0194	0,84			
Wolfram	W	184,0	2, 4, 5, 6		weiß	19,1	3400	4830	0,044	0,476	17,9	150,0		
Zink	Zn	65,38	2	0,001	bläulichweiß	7,14	419,4	906	0,171	0,265	16,5	15—20	35,0	30
Zinn	Sn	118,70	2, 4	0,0005	silberweiß	7,28	231,8	2270	0,270	0,153	8,82	2—3	6,0	30—50

Metalle mit anderen Metallen oder Nichtmetallen. Im allgemeinen können beim Zusatz eines Metalls zu einem anderen folgende Möglichkeiten der Vereinigung auftreten:

1. Die beiden Metalle bilden im festen Zustand eine lückenlose Reihe von Mischkrystallen, d. h. sie sind in jedem Verhältnis miteinander mischbar. Beispiel: Silber—Gold (Abb. 44). Auf den Ordinaten sind die Temperaturen, auf der Abszisse die Gewichtsprozente aufgetragen. Die obere Kurve gibt den Beginn der Erstarrung (Liquiduskurve), die untere ihr Ende an (Soliduskurve). Eine bestimmt zusammengesetzte Legierung, z. B. eine solche mit 30% Au, beginnt bei 1000° C zu erstarren und ist bei 987° fest. Zu Beginn der Erstarrung scheidet sich eine Legierung mit 45% Au aus (Schnittpunkt der Ordinate bei 30% mit der Liquiduskurve und Horizontale bis zur Soliduskurve). Dadurch wird die verbleibende Schmelze goldärmer, so daß ihr Erstarrungspunkt sinkt. Schließlich erstarrt eine Legierung mit 15% Au (Schnittpunkt der Ordinate bei 30% mit der Soliduskurve und Horizontale bis zur Liquiduskurve). Bei langsamer Abkühlung gleichen die zuerst ausgeschiedenen Gold-Mischkrystalle ihre Zusammensetzung mit dem Bade aus, so daß schließlich (im Idealfalle) nur einheitlich zusammengesetzte Mischkrystalle mit 30% Au vorliegen.

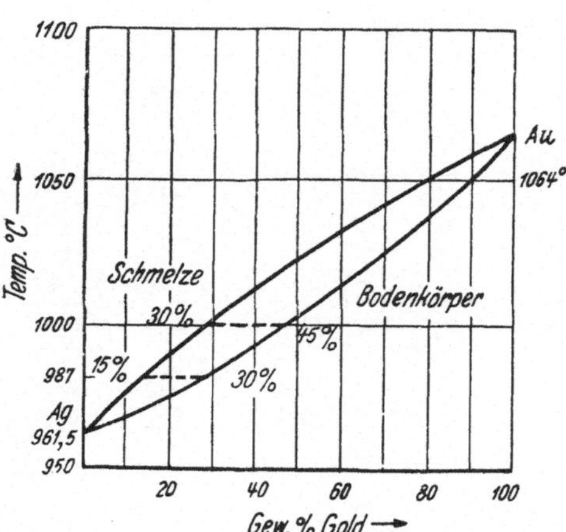

Abb. 44. Zustandsdiagramm Silber—Gold.

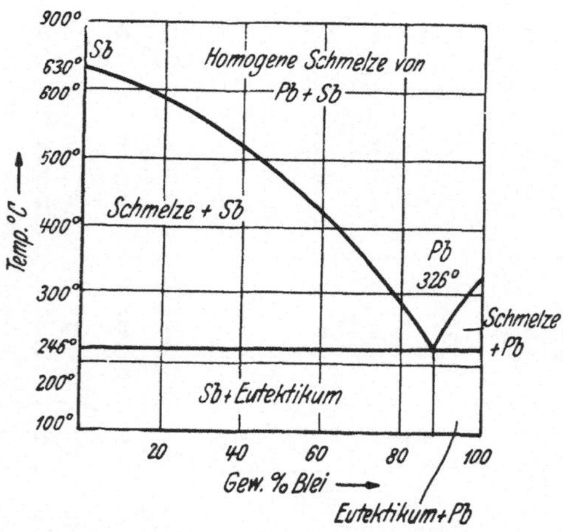

Abb. 45. Zustandsdiagramm Blei—Antimon.

Der Beginn und das Ende eines Erstarrungsvorganges gibt sich bei der Beobachtung der Temperatur-Zeit-Kurve bei der Erstarrung durch einen Knick in der Kurve zu erkennen, da die

Erstarrungswärme bei der Verfestigung frei wird und den Abkühlungsvorgang verlangsamt (thermische Analyse).

2. Die Metalle bilden keine Mischkrystalle und sind im flüssigen Zustand vollkommen ineinander löslich, im festen aber gänzlich unlöslich (Silber—Blei, Blei—Antimon; Abb. 45). Durch gegenseitige Zusätze erniedrigen die Metalle ihren Schmelzpunkt, aber es krystallisiert bei der Erstarrung zuerst nur reines Antimon bei antimonreicheren Legierungen als 13% Sb, bzw. reines Blei bei Legierungen mit mehr als 87% Pb aus. Die Schmelzpunkte dieser Legierungen liegen auf den Kurvenästen Sb—*E* und Pb—*E*.

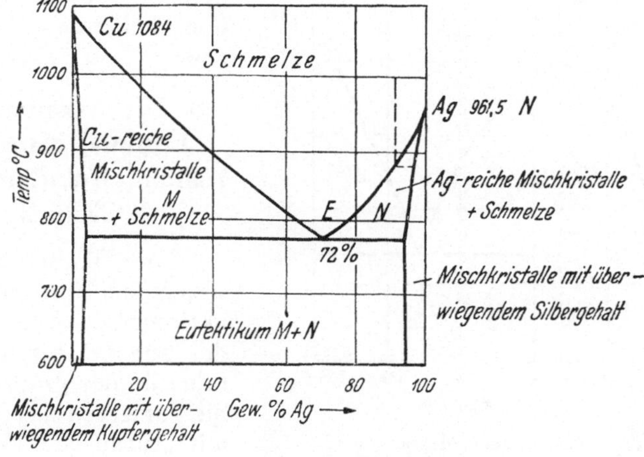

Abb. 46. Zustandsdiagramm Kupfer—Silber.

Im Punkte *E*, dem Schnittpunkt beider Kurven, erstarrt bei 246° C ein inniges Krystallgemenge der beiden reinen Metalle mit 87% Pb und 13% Sb. Diese Legierung mit dem tiefsten Erstarrungspunkt wird als *Eutektikum* bezeichnet.

3. Die Metalle sind im flüssigen Zustand vollkommen, im festen jedoch nur teilweise ineinander löslich. Bei dieser beschränkten Löslichkeit der Metalle ineinander krystallisieren aus der Schmelze Mischkrystalle mit einer von der Temperatur abhängigen maximalen Löslichkeit. Bei der Abkühlung einer Schmelze von Kupfer—Silber z. B. mit 90% Ag (Abb. 46) krystallisiert ein Mischkrystall mit 97% Ag und 3% Cu aus. Beim weiteren Abkühlen durchläuft die Schmelzpunktskurve die Werte der Kurve Ag—*E*, bis im Eutektikum *E* bei 778° ein Krystallgemenge, bestehend aus Mischkrystallen der Zusammensetzung *M* und *N*, erstarrt.

4. Beide Metalle gehen eine metallische Verbindung miteinander ein. Diese tritt dann wie ein reines Metall als selbständige Phase auf, so daß z. B. das System Magnesium—Zink (Abb. 47) in

die beiden Teilsysteme $MgZn_2$-Mg und Zn-$MgZn_2$, die dem Fall 2 entsprechen, zerlegt werden kann. Es treten dann zwei verschiedene Eutektika und acht Zustandsfelder auf.

Die Mischkrystallbildung hat man sich derart vorzustellen, daß entweder das eine Atom im Mischkrystallgitter durch ein anderes ersetzt wurde (Substitutionslegierung) oder das zweite Atom mit kleinem Atomdurchmesser lagert sich in Zwischenräume des Krystallgitters ein (Additionslegierung). Beispielsweise wird die Härte des Stahles auf die Einlagerung von Kohlenstoff in das Eisengitter zurückgeführt. Enthält eine Legierung 3 oder mehr Komponenten, so entstehen oft nur schwer zu überblickende Verhältnisse.

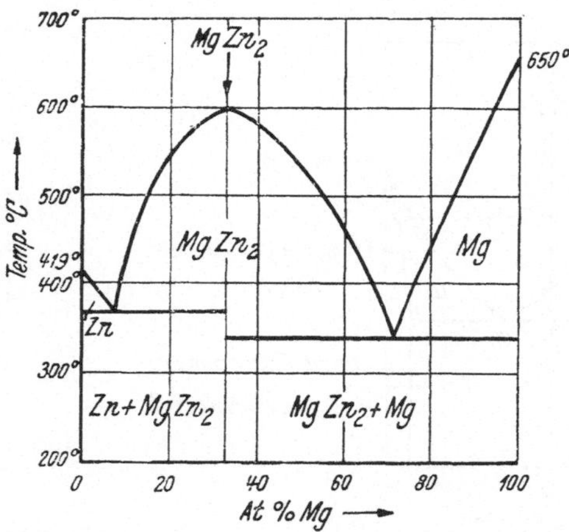

Abb. 47. Zustandsdiagramm Magnesium—Zink.

8. Die Alkalimetalle Lithium, Natrium, Kalium, Rubidium und Cäsium.

Die Alkalimetalle besitzen eine sehr große Reaktionsfähigkeit, die in der angeführten Reihenfolge immer größer wird. Sie zersetzen das Wasser mit stürmischer Wasserstoffentwicklung und bilden dabei Basen mit stärkster alkalischer Wirkung. Cäsium reagiert mit Wasser explosionsartig, Lithium am mäßigsten. Cäsiumhydroxyd CsOH ist die stärkste Base überhaupt, Lithiumhydroxyd LiOH die schwächste Base unter den Alkalihydroxyden. Alle Alkalimetalle sind +1-wertig. Die energiereichen Alkalimetalle sind befähigt, andere Metalle aus ihren Verbindungen zu verdrängen. Sie stellen daher sehr kräftig wirkende Reduktionsmittel dar.

Flammenfärbung durch Alkalimetalle. Die Dämpfe der Alkalimetalle geben meist schon in Spuren charakteristische Flammenfärbungen. So färben z. B. noch $3 \cdot 10^{-10}$ g Natrium die Flamme gelb, so daß erst nach längerem Ausglühen z. B. eines Platindrahtes ein natriumfreies Flammenspektrum erhalten wird. Kalium färbt violett, Lithium rot, Rubidium dunkelrot, Cäsium himmelblau.

Die technische Anwendbarkeit der Alkalimetalle ist wegen ihrer starken Reaktionsfähigkeit und der damit verbundenen Unbeständigkeit nur sehr gering. Interessant ist, daß Lithium (D 0,53), Kalium (D 0,86) und Natrium (D 0,97) sogar leichter als Wasser sind. Die Alkalimetalle sind sehr weich, sie lassen sich schneiden und mit dem Fingernagel ritzen. Die Aufbewahrung erfolgt entweder in verlöteten Blechbüchsen oder unter Petroleum.

Verwendung. Eine Blei-Calzium-Lithium-Legierung wird bei der Deutschen Reichsbahn als Lagermetall verwendet. Lithium dient häufig an Stelle von Phosphor als Desoxydationsmittel für Kupfer.

Alle Alkalimetallverbindungen mit Ausnahme derjenigen mit gefärbtem Säurerest, wie z. B. Chromate, sind farblos und sehr

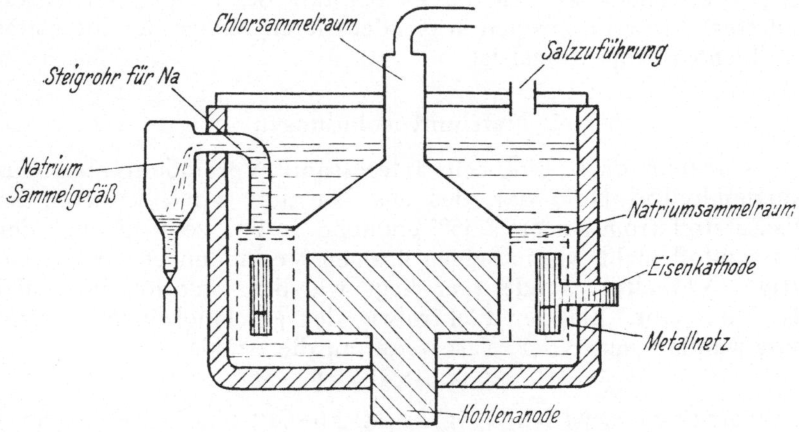

Abb. 48. Downs-Zelle zur Natriumgewinnung.

temperaturbeständig. Sie sind mit wenigen Ausnahmen in Wasser sehr leicht löslich.

II. Natrium.

Symbol Na; Atomgewicht 23,00; Ordnungszahl 11; Schmelzpunkt 97,8°; Siedepunkt 877°; Dichte 0,97; Wertigkeit: I.

Das wichtigste Alkalimetall ist das Natrium (D 0,97; Fp 97,8°; Kp 877°). Natrium kommt in einer Menge von 2,2% in der Erdrinde vor, hauptsächlich als Natriumchlorid im Meerwasser (2,6—2,9%; s. S. 30 u. 57).

Darstellung. Natrium wird durch Elektrolyse eines geschmolzenen Gemisches von NaCl und $CaCl_2$ (zur Erniedrigung des Schmelzpunktes des NaCl) hergestellt. Früher wurde die Elektrolyse mit geschmolzenem Natriumhydroxyd als Elektrolyt ausgeführt (Castner-Verfahren), jedoch ist dieses Verfahren wegen der zu geringen Stromausbeute (45%) aufgegeben worden. Die Temperatur der Kochsalzschmelze beträgt etwa 600°, die Spannung 7—8 V. In der stark verbreiteten Downs-Zelle (Abb. 48) werden ringförmige Eisenkathoden verwendet, die eine zentrale kreisförmige Graphitanode umgeben. Zwischen Anode und Kathode ist ein Metalldrahtnetz eingeschaltet, um das Natrium, das sich in kleinen Tröpfchen abscheidet, nicht an die Anode gelangen zu lassen. Das Natrium ist leichter als die Schmelze, steigt auf und rinnt in eine Vorlage.

Verwendung. Natrium ist silberweiß, glänzend und überzieht sich an der Luft mit einer weißen Schicht von Natriumhydroxyd. Es wird als Reduktionsmittel, in Lagermetallen, zur Herstellung von NaCN, $NaCN_2$, Na_2O_2, organischen Synthesen, z. B. bei der Kautschuksynthese, verwendet. Natrium kann auch in Photozellen verwendet werden, da es bei der Bestrahlung mit ultraviolettem Licht Elektronen aussendet, deren Menge der Intensität des Lichtes proportional ist.

1. Natriumverbindungen.

Natriumhydrid. Eine sehr interessante Verbindung stellt das Natriumhydrid NaH dar, das aus Natrium durch Erhitzen im Wasserstoffstrom auf etwa 350° entsteht. In ihm zeigt nämlich der Wasserstoff nicht wie in seinen übrigen Verbindungen ein metallartiges Verhalten, sondern er liegt wie das Chlorion im NaCl als Anion vor. Bei der Elektrolyse der geschmolzenen Verbindung wandert daher der Wasserstoff an die Anode:

$$NaH \rightarrow Na^{\cdot} + H'.$$

Natriumperoxyd Na_2O_2 (g; kryst; Fp 460°; zers > 460°; W zers) bildet sich beim Verbrennen von Natrium an der Luft. Technisch wird bei der Erzeugung von Na_2O_2 zur Milderung des Reaktionsverlaufes die Luft im Gegenstromprinzip über mit Na_2O_2 verdünntes Natrium geleitet, wodurch die hohe Reaktionswärme bei der Verbrennung abgeleitet wird. Durch Säuren wird Na_2O_2 unter Bildung von Wasserstoffperoxyd zersetzt, ein früher auch technisch ausgeübtes Darstellungsverfahren für H_2O_2. Mit Wasser geht dieser Zerfall gleichfalls vor sich, jedoch bildet sich dabei NaOH, das die katalytische Zersetzung des H_2O_2 sehr stark beschleunigt. Diese Reaktion wird jedoch z. B. in Atomschutzgeräten zur Entwicklung von Sauerstoff aus Na_2O_2 ausgenützt. In Berührung mit organischen Substanzen, wie Holz usw., kann Na_2O_2, das wegen seiner Fähigkeit der leichten Sauerstoffabgabe ein sehr kräftiges Oxydationsmittel darstellt, Brände verursachen. Es wird in verlöteten Blechbüchsen aufbewahrt und versandt.

Natriumhydroxyd, Ätznatron NaOH (w; dim; D 2,13; Fp 322°; Kp 1390°; L [g in 100 g Lsg]: 7° [3,5 H_2O]: 32,97; 18° [1 H_2O]: 51,7; 80° [0 H_2O]: 75,83; 192,9°: 83,9) entsteht bei der Einwirkung von Natrium auf Wasser. Technisch wird es aus Natriumcarbonatlösungen durch sog. Kaustifizierung mit gelöschtem Kalk: $Na_2CO_3 + Ca(OH)_2 \rightleftarrows CaCO_3 + 2\,NaOH$, oder durch Elektrolyse von Natriumchloridlösungen (s. unten) erhalten. Die Reaktion bei der Kaustifizierung ist umkehrbar und wird durch hohe Temperatur und gutes Rühren beschleunigt. Die Konzentration der Sodalösung darf etwa 20% nicht überschreiten. Bei der technischen Ausführung des Verfahrens wird gebrannter Kalk in Eisenkörben in die siedend heiße Sodalösung eingehängt oder aber gelöschter Kalk in diese eingetragen. Nach der Umsetzung wird die Lösung durch Absetzen klären gelassen oder aber durch Zellenfilter (Abb. 56) vom Kalkschlamm befreit. Die etwa 11%ige NaOH-Lösung wird sodann in Mehrkörperverdampfern (Abb. 89) im Vakuum auf rund 50% eingedampft und die weitere Konzentrierung und schließlich das Schmelzen in halbkugeligen, oben offenen Gußeisen- oder Nickelkesseln, eventuell in nur mit Nickel plattierten Eisenkesseln, vorgenommen.

Das Ätznatron wird für den Großbedarf in Eisenblechtrommeln gegossen oder in „Schuppen" verkauft. Reinere Sorten kommen in Stangen gegossen und Plätzchen in den Handel. Es enthält etwa 3% Na_2CO_3 und etwas NaCl. Die Wertangabe erfolgt in Graden, die den Gesamtgehalt an titrierbarem Alkali als Na_2CO_3 ausdrücken. Reines Natriumhydroxyd kann nur aus metallischem Natrium durch Befeuchten mit Wasser in Silbergefäßen dargestellt werden. Die Hauptmenge an NaOH wird aber auf elektrolytischem Wege erzeugt (s. unten).

Die wässerige Lösung des Natriumhydroxyds, die technisch Natronlauge genannt wird, reagiert sehr stark alkalisch.

Verwendung. Herstellung von (festen) Natronseifen, Kesselspeisewasserenthärtung, Mercerisieren von Baumwolle, Zellwolle- und Aluminiumindustrie.

2. Die Chlor-Alkali-Elektrolyse.

Theoretische Grundlagen. Schickt man durch eine Natriumchloridlösung den elektrischen Strom hindurch, so wandern die Natriumionen an die Kathode, werden dort entladen und setzen sich mit dem Wasser unter Freiwerden von Wasserstoff und Bildung von Natriumhydroxyd um: $2\,Na^{\cdot} + 2\,\ominus \rightarrow 2\,Na + 2\,H_2O = 2\,NaOH + H_2$ (Kathodenvorgang). Die Chlorionen wandern im elektrischen Feld zur Anode und werden dort gleichfalls entladen. Die Chloratome vereinigen sich zu Chlormolekülen, die gasförmig entweichen: $2\,Cl' \rightarrow Cl_2 + 2\,\ominus$ (Anodenvorgang). Neben dem Hauptprodukt NaOH wird daher bei der Elektrolyse einer Kochsalzlösung auch Wasserstoff und Chlor gewonnen. Eine Vermischung der Lauge mit dem Anodenchlor muß, falls diese Produkte nicht zur Erzeugung von Bleichlauge (s. S. 245) oder Chlorat (s. S. 252) dienen sollen, unbedingt vermieden werden.

Technische Durchführung. Technisch werden zur Verhinderung der Vermischung der Anoden- und Kathodenprodukte folgende Wege beschritten:

1. Verfahren mit feststehenden Elektroden und vertikalem oder horizontalem Diaphragma;

2. Verfahren mit feststehenden Elektroden ohne Diaphragmen (Glockenverfahren) und

3. Verfahren mit flüssiger (Quecksilber-) Kathode, Amalgamverfahren.

Allgemein trachtet man, zur Ersparnis von Energie und Lohn mit möglichst hohen Stromdichten und großen Apparaten zu arbeiten und möglichst im kontinuierlichen, weitgehend mechanisierten Betriebe zu arbeiten. Die Betriebsspannung soll möglichst niedrig sein, um möglichst viele Zellen mit einem Gleichstromgenerator betreiben zu können. Bei der Konstruktion der Apparate muß auch auf die häufig erforderlichen Reparaturen und Auswechslungen von Elektroden und Diaphragmen usw. Rücksicht genommen werden. Erdschlüsse müssen durch gute Isolation vermieden werden.

1. Bei den *Diaphragmenverfahren* ist der Anoden- und Kathodenraum durch ein poröses Diaphragma getrennt, das dem Stromdurchgang nur einen sehr geringen Widerstand entgegensetzen soll und die Vermischung des Anolyten und Katholyten jedoch verhindern muß. Je stärker alkalisch der Katholyt wird, um so mehr OH'-Ionen nehmen am Stromtransport teil. Da diese ungleich schneller wandern als die Cl'-Ionen, gelangen sie auch an die Anode, werden dort entladen und setzen sich zu O_2 und H_2O um: $4\,OH = 2\,H_2O + O_2$. Der Sauerstoff greift die Anodenkohle an und bildet CO_2, weshalb man vorteilhafter solche aus unangreifbarem, geschmolzenem Fe_3O_4, Magnetit, verwendet. Auch Acheson-Graphit hat sich als Anodenmaterial bewährt.

Ein geringer Stromausbeuteverlust entsteht auch durch Bildung von Hypochlorit an der Anode nach $Cl_2 + OH' = HOCl + Cl'$. Mit fortschreitender Dauer der Elektrolyse nimmt auch die Konzentration der Cl' ab und sinkt daher die Stromausbeute rasch. Aus diesen Gründen darf man die Konzentration an Alkali nicht zu hoch ansteigen lassen, sondern unterbricht die Elektrolyse bereits bei einem Gehalt an Alkali, der unter der Konzentration an unzersetztem KCl oder NaCl liegt. Die Lauge wird dann in Vakuum-Mehrkörperverdampfern (Abb. 89) bis auf eine Konzentration von etwa 50% eingedampft. Dabei fällt das unzersetzte KCl, bzw. NaCl bis auf etwa 1% aus und wird am Boden des Verdampfers ständig durch Schnecken ausgesoggt.

Beim ältesten Diaphragmenverfahren, dem *Griesheimer-Verfahren*, wurde das Diaphragma aus Zement, Kochsalz und Salzsäure hergestellt. In einem größeren Diaphragmenkasten hingen eine ganze Reihe von Magnetitanoden in einem als Kathode geschalteten Eisenkasten (4 V, 81% Stromausbeute, 90—94° C, ruhender Elektrolyt).

Günstiger arbeitet die moderne Krebszelle (Abb. 49), die ein vertikales, zweimal U-förmig gestaltetes Asbestdiaphragma besitzt, das an der perforierten Eisenblechkathode unmittelbar anliegt. Die Graphitanoden hängen in dem taschenförmigen Zellenkörper. Der Elektrolyt durchfließt dauernd das Diaphragma (3,7 V, 90—92% Stromausbeute). Vertikale Diaphragmenzellen beanspruchen

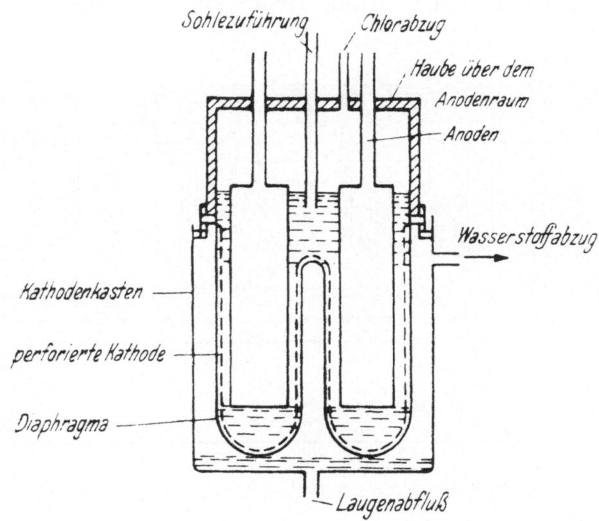

Abb. 49. Krebszelle zur Alkali-Chlor-Elektrolyse.

nur etwa $^1/_3$ des Raumes von solchen mit horizontalen Diaphragmen.

Die bewährte Siemens-Billiter-Zelle mit horizontalem Diaphragma zeigt die Abb. 50. Sie besteht aus einer flachen Eisenblechwanne *E*, über deren Boden sich eine nahezu horizontale Netzkathode *K* oder ein Rost von Vierkantstäben befindet. Über dieser liegt ein Diaphragma *T* aus dichtem Asbestgewebe mit einer oberen Schicht von Bariumsulfat und Asbestwolle *D*, durch deren Dicke die Durchflußgeschwindigkeit des Elektrolyten geregelt wird. Über ihr befinden sich die plattenförmigen Graphitanoden *A* und eine Ton- oder Glasröhre *H* zur Erwärmung des Elektrolyten. Der Zufluß des Elektrolyten erfolgt gleichmäßig über die ganze Oberfläche verteilt (*S*, *R*). Die Natronlauge tropft ständig in den leeren Raum der Zelle durch das Diaphragma hindurch (3,5—4,7 V; 70—90° C; 95% Stromausbeute; 12—16% NaOH, bzw. 18—20% KOH; Anodenchlor enthält 1,5% CO_2). Die Bäder arbeiten monatelang kontinuierlich.

2. Beim *Glocken- oder Schichtungsverfahren* des Aussiger Vereines für Chemische Produktion wird die Kathoden- von der Anodenflüssigkeit bloß durch ihr spezifisches Gewicht und durch die Wanderung der Ionen voneinander getrennt. Das Natriumion wandert rascher als das Chlorion, es entweicht nach seiner Entladung auch nicht gasförmig wie dieses, so daß es sich an der Kathode anreichern kann und eine spezifisch schwerere Laugenschicht ausbildet. Die OH′-Ionen wandern von unten nach oben zur Anode und würden die Schichtbildung nicht nur stören, sondern allmählich bis zur Anode gelangen. Diesem Bestreben ar-

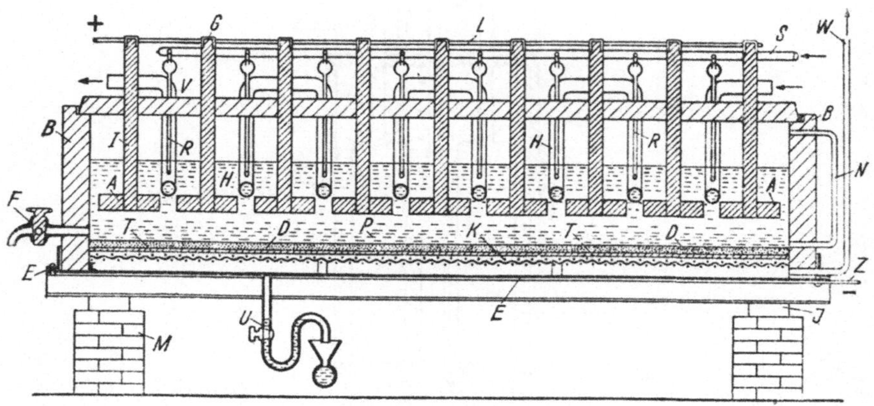

Abb. 50. Siemens-Billiter-Zelle zur Alkali-Chlor-Elektrolyse.

beitet man durch Zufließenlassen des Elektrolyten und Abfluß der Kathodenflüssigkeit entgegen. Man muß nur dafür sorgen, daß die durch Neutralisation von OH′ mit H˙ (vom HClO herrührend) entstandene Neutralschicht mehrere Zentimeter vom unteren Anodenrand konstant stehenbleibt und diese Schicht durch die Wasserstoffentwicklung nicht gestört wird. Dies kann durch eine zweckmäßige Ableitung des H_2 erreicht werden. In der Abb. 51 ist eine Aussiger Glockenzelle wiedergegeben. In einer Betonwanne *B* sind 25 Glockenzellen eingebaut. Jede Zelle ist mit einem Eisenblechmantel *E* umgeben, der die Kathode darstellt, während sich im Inneren eine plattenförmige, durchlöcherte Graphitanode von etwa 1 m Länge, 6 cm Breite und 5 cm Dicke befindet. Durch eine Bohrung der Anode fließt von Zeit zu Zeit Kochsalzlösung zu einer Verteilerrinne, während die schwere Natronlauge durch einen Überlauf überfließt. Das Chlor entweicht durch eine Öffnung im Glockendeckel, der Wasserstoff wird oberhalb der Kathode *E* abgesaugt. Die Lauge enthält 100—150 g/l NaOH.

3. Beim Quecksilberverfahren besteht die Kathode aus flüs-

sigem Quecksilber, an dem das Na-Ion entladen und in Form einer etwa 0,2% Na enthaltenden Quecksilber-Legierung aufgenommen wird. In einer Nebenzelle wird das Amalgam nach Kellner unter der elektrolytischen Mitwirkung eines kurz geschlossenen Elementes: Fe-Kathode/NaOH/Hg-Na zu NaOH und H_2 zersetzt, worauf das Quecksilber wieder in das Verfahren zurückkehrt. Das Amalgam ist wegen der hohen Überspannung des Wasserstoffes am Quecksilber gegen Wasser allein beständig und liefert, da es in der Nebenzelle nur mit reinem Wasser, bzw. verdünnter Lauge in Berührung kommt, unmittelbar eine 30%ige chloridfreie Lauge. In USA. wird das Natriumamalgam zwecks Gewinnung von Natriummethylat großtechnisch auch mit Methylalkohol zersetzt.

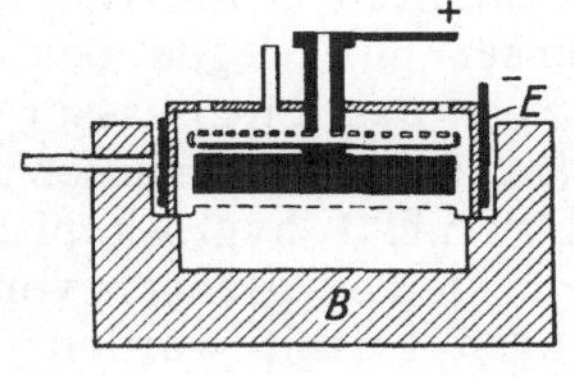

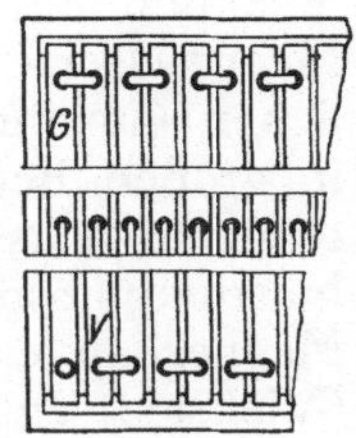

Abb. 51. Aussiger Glockenzelle (Quer- und Horizontalschnitt).

In der Abb. 52 ist die aus der ursprünglichen Zelle von Castner-Kellner hervorgegangene Solvay-Zelle wiedergegeben. Der Entwickler und Zersetzer sind räumlich getrennt. Das Quecksilber fließt in der Elektrolysierzelle langsam über eine schwach geneigte Fläche und nimmt bei der Elektrolyse Natrium auf. Das Amalgam tritt am unteren Ende des Entwicklers aus und durchfließt den Zersetzer. Das von Na befreite Quecksilber gelangt durch ein Schöpfrad wieder in die Elektrolysierzelle. Die zweiteiligen Zellen bestehen aus zwei 14 m langen, 0,5 m breiten, flachen Eisenkästen *K* und *K'*, die mit einem Zementboden ausgestattet sind. Die durch Glasplatten abgedeckte Elektrolysierzelle *K* wird von der Natriumchloridlösung, die Zersetzungszelle *K'*, auf deren Boden sich Eisenplatten befinden, von Wasser durchflossen. Die Anoden bestehen aus Platin-Iridium-Streifen. Sehr störend macht sich das „Vermullen“ des Quecksilbers bemerkbar, wobei dieses nicht mehr zusammenfließt, sondern Kügelchen bildet. Die Ursache sind organische Verunreinigungen. Die Stromausbeute beträgt etwa 95%, die Badspannung 4,2 V.

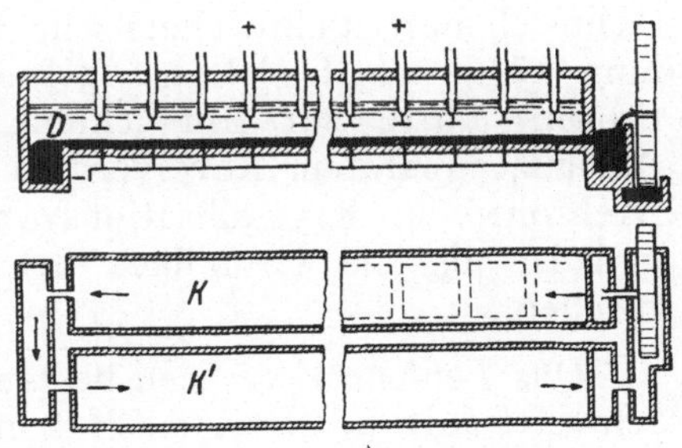

Abb. 52. Solvay-Zelle.

3. Natriumchlorid.

Natriumchlorid, Kochsalz NaCl (fbl; reg; D 2,17; Fp 800°; Kp 1465°; L 0°: 35,6; L 20°: 35,85; 100°: 39,1; L [g in 100 g Lsg] 20°: 26,39) ist die verbreitetste Natriumverbindung. Sie kommt im Meerwasser, in den Salzlagerstätten (s. S. 250) und auch sonst sehr verbreitet vor. Die Gewinnung erfolgt durch Losbrechen (Steinsalz), Auslaugen mit Wasser unter Tage und Heraufpumpen der Sole und deren Eindampfen sowie durch Verdunstenlassen von Meerwasser. Bei dieser nur wegen der Zollgrenzen wirtschaftlichen Gewinnung wird das Meerwasser z. B. in Südfrankreich in großen Becken (Salzgärten) einlaufen und dort langsam verdunsten gelassen. Das nicht hygroskopische Tafelsalz ist durch Natriumphosphat von kleinen Mengen von stark hygroskopischen Magnesiumverbindungen befreit worden. Denaturiertes Steinsalz (Viehsalz) enthält Ziegelmehl, Eisenoxyd usw. Kochsalz wird zur Herstellung von Soda, Salzsäure usw. verwendet.

4. Natriumcarbonat, Soda.

Natriumcarbonat $Na_2CO_3 . 10\,H_2O$ (fbl; monokl; D [$10\,H_2O$]: 1,46; D [$0\,H_2O$] 2,53; Fp 850°; L 25°: 21,58; L [g in 100 g Lsg] 20°: 17,6; 31,85° [$10/7\,H_2O$]: 31,5; 35,2° [$7/1\,H_2O$]: 33,8; 104,8° [$0\,H_2O$]: 31,1) krystallisiert aus wässerigen Lösungen mit 10 Molekülen Krystallwasser (Krystallsoda). Das Dekahydrat gibt beim Liegen an der Luft Wasser ab, wobei sich die Krystalle mit wasserfreiem Salz bedecken. Einen derartigen Vorgang der natürlichen Entwässerung einer krystallwasserhaltigen Substanz beim Liegen an der Luft nennt man „*Verwitterung*". Soda war das erste großtechnisch hergestellte chemische Produkt. Der zu seiner Darstellung 1794 von Leblanc gefundene „trockene" Leblanc-Soda-Prozeß führte zur Entwicklung zahlreicher Apparaturen, wie Auslaugeapparaten, Revolveröfen, den Vorläufern der modernen Drehrohröfen, Krystallisationsvorrichtungen, Kalzinieröfen usw., und ist als die Grundlage der chemischen Großindustrie anzusehen.

Das *Leblanc-Verfahren* bestand darin, daß man Kochsalz mit Schwefelsäure in Natriumsulfat und Salzsäure überführte, worauf dann das Sulfat mit Kohle und Kalkstein geschmolzen, ausgelaugt und die Lösung mit CO_2 und Luft behandelt wurde. Aus dem Calziumsulfid-Rückstand wurde durch Behandeln mit CO_2 und Austreiben des Schwefelwasserstoffes ein Teil des Schwefels wiedergewonnen. Durch den gesteigerten Bedarf an Schwefelsäure wurde durch den Leblanc-Prozeß auch diese Industrie gefördert. Die anfallende Salzsäure führte zum Ausbau der Industrie der Chlorerzeugung (Weldon-Prozeß). Obwohl der Leblanc-Prozeß als ein idealer Kreisprozeß entwickelt wurde, ist er aus wirtschaftlichen Gründen durch den „nassen" Ammoniak-Soda-Prozeß verdrängt worden.

Das *Ammoniak-Soda-Verfahren* beruht auf der Schwerlöslichkeit des Natriumhydrocarbonats $NaHCO_3$ in wässeriger, mit Natriumchlorid gesättigter Ammonchloridlösung. Wird in eine gesättigte ammoniakalische Kochsalzlösung Kohlendioxyd eingeleitet, so fällt Natriumhydrocarbonat aus: $NaCl + NH_3 + CO_2 + + H_2O \rightleftarrows NaHCO_3 + NH_4Cl$. Die Durchführbarkeit des so einfach erscheinenden Verfahrens ist aber an die Einhaltung ganz bestimmter Temperatur- und Konzentrationsverhältnisse usw. gebunden, wobei nur bei niedrigen Temperaturen die Reaktion von links nach rechts verläuft. Bei zu niedriger Temperatur stört wieder die zu geringe Löslichkeit der Salze. Der Prozeß ist kein so idealer Kreisprozeß wie das Leblanc-Verfahren, da mit einem Kochsalzüberschuß gearbeitet werden muß und die Calziumchlorid-Endlauge verlorengeht. Trotzdem ist der Ammoniak-Soda-Prozeß bedeutend wirtschaftlicher als dieses. Eine genaue Kenntnis der chemischen Vorgänge sowie eine genaue Betriebskontrolle sind für die Wirtschaftlichkeit des Verfahrens sehr wesentlich.

Obwohl Solvay nicht der Erfinder des chemischen Teiles des Verfahrens war, wird dieses doch nach ihm bezeichnet, da er es erst durch Schaffung geeigneter Apparate, wie des Solvayturmes usw., ermöglichte, die Verluste an dem teuren Ammoniak auf ein erträgliches Maß (derzeit etwa ¼% der Sodamenge) einzuschränken, so daß das Verfahren wirtschaftlich wurde.

Technische Durchführung des Verfahrens. Beim Verfahren zur Herstellung der Ammonsoda wird zunächst in eine gesättigte und gereinigte Kochsalzlösung (etwa 300 g NaCl/l), die am billigsten als Sole aus Kammern, die in Salzlagern ausgesprengt sind und aus in den Boden getriebenen Sonden gewonnen wird, unter Abkühlung Ammoniak eingeleitet. Das Ammoniak enthält etwas CO_2, wodurch die Verunreinigungen der Sole, wie Calzium-, Eisenverbindungen und Kieselsäure sowie ein Teil der Magnesia, gefällt werden. Die Absorption des Ammoniaks, Wasserdampfes (s. u.) und des Kohlendioxyds führt trotz Kühlung zu einer Erwärmung der Sole von 20° auf 40°.

Diese Operation wird nach Solvay in einer einzigen größeren Absorptions-Kolonne mit Nachsättigung der gekühlten Lauge (Abb. 53) oder aber in einer Batterie von etwa 6 hintereinandergeschalteten Absorptionskesseln (Abb. 54) nach Honigmann, die noch mit einer von frischer Sole berieselten Kolonne zum Auswaschen der letzten Ammoniakreste verbunden ist, durchgeführt. Die Sättigungsanlage nach Abb. 53 besteht aus dem Sättiger, einem Nachsättiger, einem Kolonnengaswäscher, die zu einem gemeinsamen Pasettenturm vereinigt sind, sowie dem Filter-

Luft-Wäscher. Die Sole fließt aus den Klärern in den Laugenkühler, durchströmt den Pasettenturm und Nachsättiger und wird mit dem von unten kommenden Ammoniakgas gesättigt. Da das Gas wasserhaltig ist und die Sole sich erwärmt, wird sie noch mit Steinsalz nachgesättigt und filtriert.

Die ammoniakalische Sole wird sodann mit Kohlendioxyd,

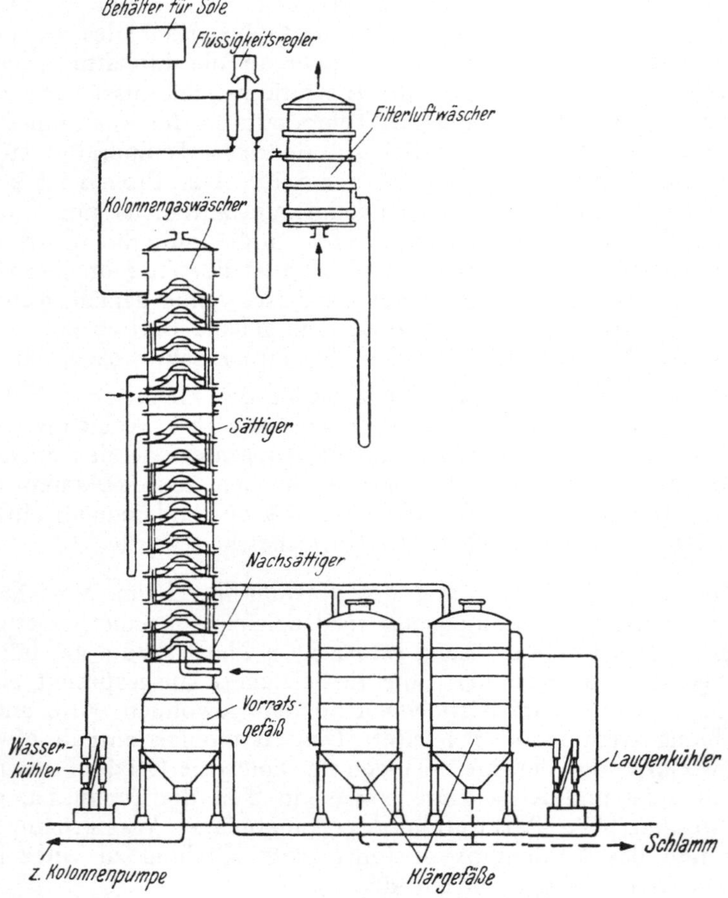

Abb. 53. Solvay-Anlage zur Sättigung der Salzsole mit Ammoniak.

das sowohl von der Calzinierung des Bicarbonats als auch durch Brennen von Kalk (s. S. 278) erzeugt wurde, bei 30—40° C gesättigt (carbonisiert). Bei niedriger Temperatur entsteht schlammiges und schlecht filtrierbares Bicarbonat, bei höherer geht die Ausbeute zurück und entweicht viel NH_3. Die Bindung des CO_2 geht anfangs rasch vor sich, wobei die Ausscheidung des festen Bicarbonats erst nach Überschreiten der Bildung von normalem Ammoncarbonat beginnt. Die starke Wärmeentwicklung muß durch Schlangenkühler oder Außenberieselung der Fällkessel beseitigt werden.

Die Fällung wird entweder im sog. Solvayturm (Abb. 55) oder in einer Fällkesselbatterie vorgenommen (Verfahren nach Honigmann, Abb. 54). Der Solvayturm ist 20 m hoch und weist 15—25 eiserne Ringe mit einer größeren Öffnung auf, die von einer gewölbten, von Stegen getragenen Siebplatte überbrückt wird. Die Sole tritt in etwa $^1/_3$ der Kolonnenhöhe ein, verteilt sich über die Siebplatten und wird mit der am Fuße der Kolonne eingepreßten 65—70%igen Kohlensäure aus dem Kalkofen und der Calzinierung sowie über der Kühlung mit Kalkofengas von 38—42% CO_2 gesättigt. Die Fällkessel sind den Absorptionskesseln für NH_3 ähnlich, weisen aber gleichfalls wie die Solvaytürme eine Reihe von Siebböden auf. Sie sind im Gegenstromprinzip zu 4—6 hintereinandergeschaltet. Das CO_2reichste Gas, das von der Bicarbonatzersetzung herrührt, wird in den schon

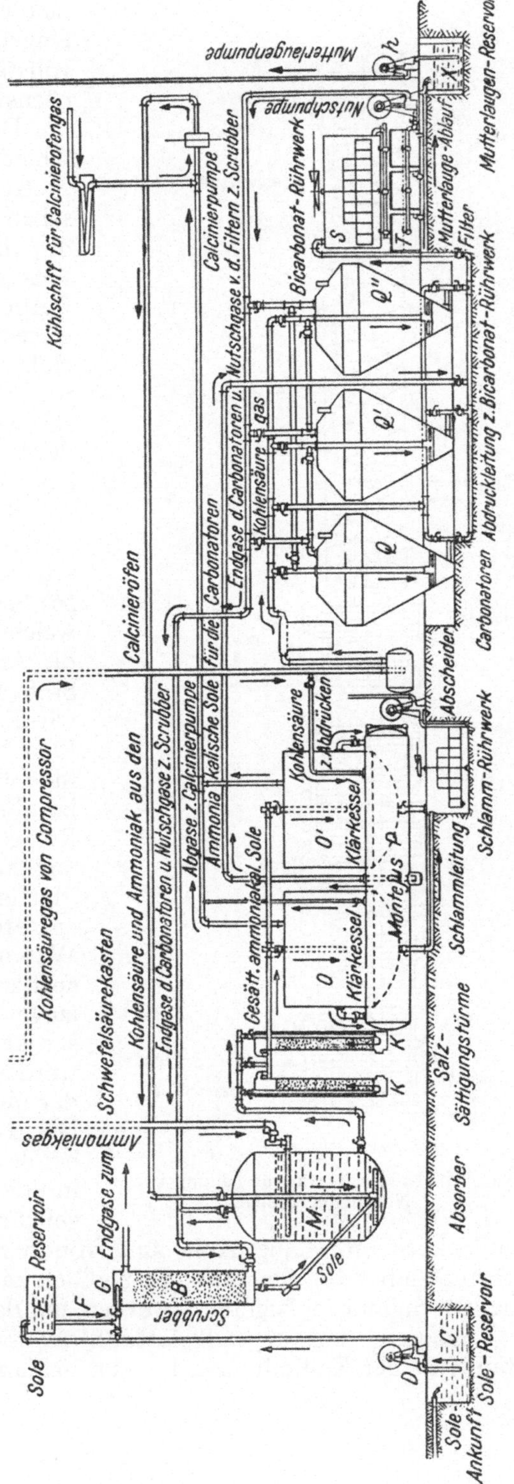

Abb. 54. Ammoniak-Soda-Prozeß nach Honigmann.

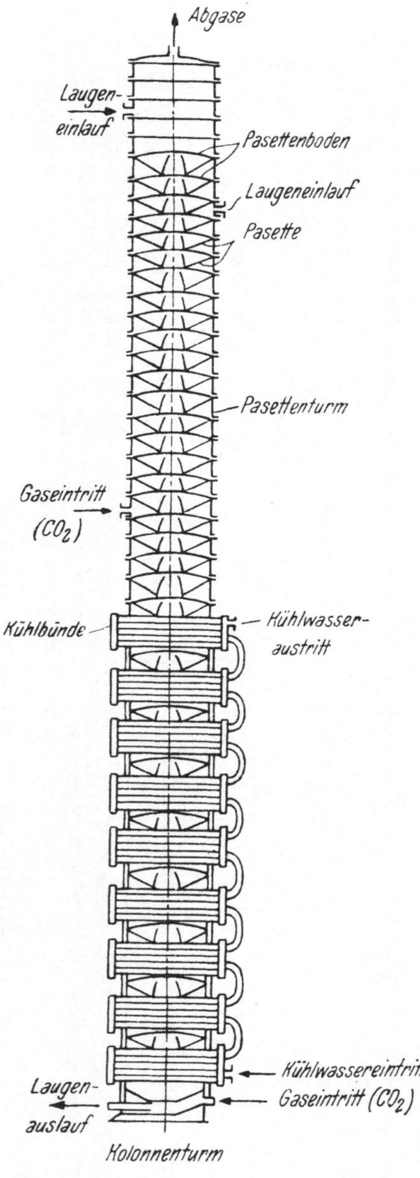

Abb. 55. Kolonnenturm zur Fällung von Natriumbicarbonat.

fast gesättigten letzten Kessel eingeleitet und nach dessen vollständiger Sättigung auf den nächsten Kessel umgeschaltet.

Die Trennung des ausgeschiedenen Bicarbonats von der Mutterlauge wird teils in Nutschen vorgenommen, die in der chemischen Industrie auch sonst recht häufig verwendet werden. Diese bestehen aus viereckigen oder runden, aus Holz oder Eisen hergestellten Kästen, die mit einem Saugstutzen und mit Filtertuch bedeckter Siebplatte ausgestattet sind.

Besser als die Saugnutschen haben sich die kontinuierlich arbeitenden Vakuumfilter (Abb. 56) bewährt. In einem Trog, in welchem durch ein Rührwerk die Aufschlämmung des festen Stoffes in Schwebe gehalten wird, dreht sich eine mit Filtertuch bespannte Trommel, die in mehrere Zellen unterteilt ist. Ein Steuerkopf setzt der Reihe nach einige Zellen unter Vakuum zur Absaugung der Mutterlauge, während an einer späteren Drehstelle Wasser zum Waschen des Kuchens aufgespritzt wird. Das die Mutterlauge verdrängende Deckwasser kann gesondert abgesaugt werden, um eine Verdünnung der Mutterlauge zu vermeiden. Die Trommel gelangt sodann bei ihrer Drehung in eine Zone, in der von innen Druckluft zugeleitet wird, um den Kuchen zu lockern und seine Abhebung von der Filteroberfläche durch einen Schaber zu erleichtern. Schließlich kann von außen der Trommel ein Spülmittel zugeführt werden, um das Filter zu reinigen.

Schwere und krystallisierte Stoffe, wie z. B. die Löserückstände in der Kaliindustrie, können in Planfiltern, Drehinnenfiltern oder Scheibenfiltern von der Lösung getrennt werden, die gleichfalls mit Steuerkopf, Zellen usw. ausgestattet sind.

Sehr wesentlich ist bei den Zellenfiltern die Art der *Abnahme des Filtergutes vom Filter*. Als Abnahmevorrichtungen kommen in Betracht: Gautschwalzen aus Weichgummi, von denen der vom Filter übernommene Kuchen durch Messer abgeschabt wird; die Gautschwalze kann auch nur als Übernahmswalze fungieren, wobei unter Belassung einer gewissen Kuchenstärke der

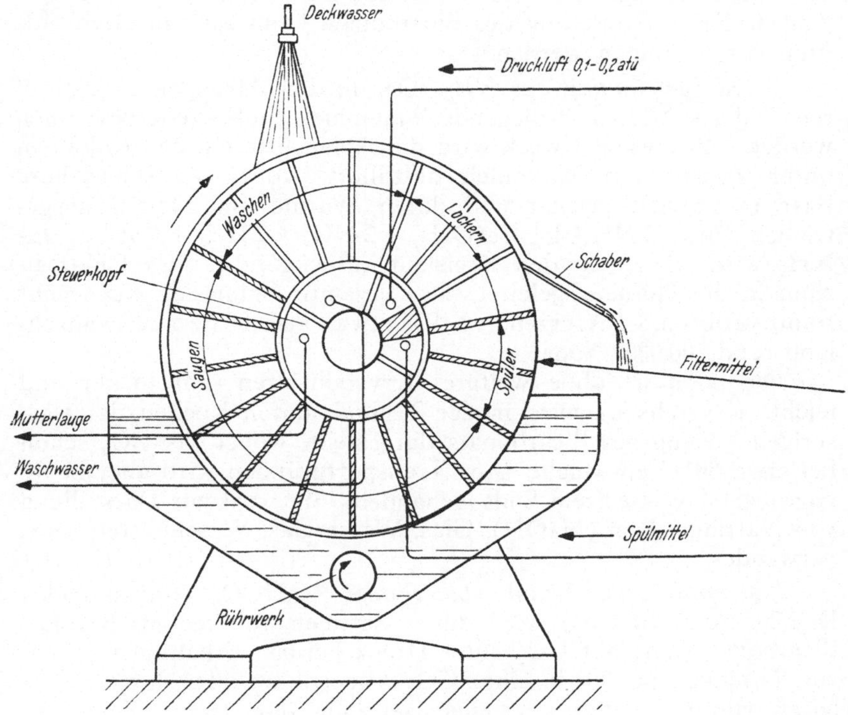

Abb. 56. Drehfilter nach Wulff.

Kuchen von der Gautschwalze durch eine schnell laufende Welle abgenommen wird; Schnürenabnahme durch ein System von parallelen endlosen Schnüren, die über die Filtertrommel und eine Abwurfwalze kleineren Durchmessers geführt werden, den Kuchen mitnehmen und erst an der Knickstelle abfallen lassen; Siebabnahme durch ein endloses Sieb oder Drahtgitter, das über die Trommel läuft und in das der Feststoff einfiltriert wird. Das Gewebeband läuft meist in Schleifen durch einen anschließenden Kanaltrockner und kehrt nach Abfallen des getrockneten Kuchens wieder auf das Filter zurück.

Calzinierung des Bicarbonats. Das Natriumbicarbonat wird

mit möglichst wenig Wasser gewaschen („gedeckt") und dann durch Calzinieren in der Thelenpfanne in das normale Carbonat übergeführt. Diese ist eine etwa 10 m lange, 2 m breite und zwecks Wiedergewinnung des CO_2 und des im Bicarbonat enthaltenen NH_3 geschlossene Pfanne. Sie weist einen Fülltrichter zum Eintragen des Bicarbonats, ein Kratzwerk zum Abkratzen der Krusten und Vorwärtsbewegen sowie ein Gasabzugsrohr auf. Sie wird von unten beheizt. Das Bicarbonat wird in der Richtung der Feuergase bewegt und am Ende der Pfanne selbsttätig ausgetragen. Die Calzinierung des Bicarbonats kann auch in Drehrohröfen vorgenommen werden.

Wiedergewinnung des NH_3. Das in den Ablaugen zum größten Teil als NH_4Cl vorliegende Ammoniak muß wiedergewonnen werden. Zu diesem Zweck wird die Ablauge in eigenen Kolonnen unter Zusatz von Kalkmilch destilliert, wobei die schwächere Base in Freiheit gesetzt und durch Wärme und Dampf ausgetrieben wird: $2\,NH_4Cl + Ca(OH)_2 = 2\,NH_3 + 2\,H_2O + CaCl_2$. Das NH_3 wird wieder in den Kreislauf zurückgeführt, das Chlorcalzium in die Flüsse abgeleitet. Das gesamte Chlor des NaCl geht somit verloren. USA. erzeugten 1935 etwa 1,700.000 t Soda, Deutschland rund 700.000 t Soda.

Die Soda ist ohne weiteres Krystallisieren sehr locker und leicht. Krystallsoda wird in der Technik durch Kochen der wässerigen Lösung des Bicarbonats dargestellt, wobei das CO_2 schon bei etwa 80° C entweicht. Aus Transportgründen wird aber heute vorwiegend wasserfreie Soda gehandelt. Sie wird zur Darstellung von Natriumsalzen (NaOH), Glas, Wasserglas, Waschmitteln usw. verwendet.

Natriumhydrocarbonat, -bicarbonat $NaHCO_3$ (fbl; monokl; D 2,20; zers; L: 9,57) wird durch Sättigen von technisch roher Bicarbonatlösung mit CO_2 unter Druck bei 65°, Erkaltenlassen sowie Trocknen bei 40° in einer CO_2-Atmosphäre oder durch Überleiten von CO_2 über krystallisierte Soda dargestellt. Es ist in Wasser nur wenig und mit schwach alkalischer Reaktion löslich. Bei etwa 80° verliert die wässerige Lösung CO_2 und geht in Na_2CO_3 über. Es wird als Speisesoda (Neutralisation von überschüssiger Magensäure), mit Zitronen- oder Weinsäure usw. gemischt als Brausepulver, Backpulver usw. verwendet.

5. Weitere Natriumverbindungen.

Natriumnitrat, Chilesalpeter $NaNO_3$ (fbl; rhomboedr; D 2,27; Fp 308°; L [g in 100 g Lsg] 0°: 42,2; 20°: 46,8; 100°: 63,5) kommt natürlich in Chile und Peru vor (s. S. 69). Die Gewinnung erfolgt dort durch Auslaugung und Umkrystallisieren. Die Hauptmenge des Natriumnitrates wird jedoch aus Natriumnitritlösungen (s. u.) nach Zusatz von verdünnter Salpetersäure und Erwärmen mittels direktem Dampf hergestellt. Es gibt beim Schmelzen bei etwa 400° unter Nitritbildung Sauerstoff ab, weshalb die Schmelze stark oxydierend wirkt. $NaNO_3$ ist stark hygroskopisch. Es wird als Düngemittel, zur Darstellung von KNO_3 usw. verwendet. Zur Schießpulvererzeugung ist $NaNO_3$ wegen seiner Hygroskopizität nicht geeignet. In Europa ist es weitgehend durch das aus der Luft erzeugte Ammonnitrat als Düngemittel verdrängt worden.

Natriumnitrit $NaNO_2$ (fbl; rhomb; D 2,17; Fp 276,9°; L [g in 100 g Lsg]: 44,9) wird aus Sodalösungen durch Einleiten von N_2O_3 erhalten, das durch Verbrennen von NH_3 dargestellt wurde. Die Sodalösung wird auf die beiden letzten Türme der Kondensationsanlagen zur Gewinnung von Salpetersäure aufgegeben (s. S. 125). Wegen der geringeren Beständigkeit der salpetrigen Säure wirkt das Nitrit, insbesondere in saurer Lösung, stärker oxydierend als die Salpetersäure, obwohl es einen niedrigeren Sauerstoffgehalt als jene aufweist. $NaNO_2$ ist stark hygroskopisch. Es wird in der Farbstoffindustrie zur Herstellung von Diazoverbindungen verwendet (s. S. 686).

Natriumhypochlorit NaOCl. Die Darstellung erfolgt durch Einleiten von Abfallchlor in verdünnte Natronlauge oder durch Elektrolyse von kalter 10%iger Kochsalzlösung ohne Diaphragmen (s. S. 233). Man verwendet entweder Platin-, Platin- und Kohle- oder nur Kohleelektroden; Anode und Kathode sind sehr nahe beieinander, um eine Vermischung des Anolyten mit dem Katholyten herbeizuführen. Die auf elektrolytischem Wege hergestellten Laugen weisen gegenüber den chemisch erzeugten den Vorteil auf, daß sie kein die Faser schädigendes freies Alkali enthalten. Natriumhypochlorit stellt ein starkes Bleichmittel dar, das in der Textil- und Papierindustrie Verwendung findet. Die Lösungen werden nur in geringer Konzentration hergestellt, da stärker konzentrierte unbeständig sind und die Anwendung wegen einer möglichen schädlichen Einwirkung auf die Faser nur in geringer Konzentration erfolgt.

Natriumchlorat $NaClO_3$ (fbl; reg; rhomboedr; rhomb; D 2,50; Fp 248°; L 0°: 45,1; 20°: 49,7; L 100°: 67,1 in 100 g Lsg) wird durch Elektrolyse heißer Kochsalzlösungen dargestellt. Das dabei primär entstehende NaOCl lagert sich in der Hitze und besonders leicht in saurer Lösung in Chlorat um: $3\,NaOCl = NaClO_3 + 2\,NaCl$. Man setzt daher den Bädern Salzsäure zu, außerdem aber auch noch Bichromat, wodurch sich auf der Nickel- oder Eisenkathode ein Film von Chromhydroxyd ausbildet, der die kathodische Reduktion des NaOCl verhindert. Die Anoden bestehen aus Magnesit. Natriumchlorat ist ein starkes Oxydationsmittel, das leichter löslich als $KClO_3$ ist.

Natriumsulfat, Glaubersalz $Na_2SO_4 \cdot 10\,H_2O$ ($0\,H_2O$: fbl; rhomb; hex; D 2,67; Uwp 240°; Fp 884°; L 32,38° [$10/0\,H_2O$]: 33,2;

L 100°: 29,9; 10 H_2O: fbl; monokl; D 1,46; Uwp 32,38°; L 0°: 4,2; L 30°: 29,1) kommt in Verbindung mit Magnesium- und Calziumsulfat in den Staßfurter Lagerstätten vor. Die Gewinnung erfolgt aus Magnesiumsulfatlösungen durch doppelte Umsetzung mit NaCl, Abkühlung und Krystallisieren: $MgSO_4 + 2\,NaCl + 10\,H_2O = Na_2SO_4 \cdot 10\,H_2O + MgCl_2$. Das krystallisierte Salz gibt beim Lagern an der Luft Wasser ab (verwittert, s. S. 238), wobei sich die Krystalle mit wasserfreiem Sulfat bedecken.

Wird $Na_2SO_4 \cdot 10\,H_2O$ erhitzt, so wandelt es sich bei 32,4° C, seinem Schmelzpunkt, in das wasserfreie Salz um. Da dieses eine andere Löslichkeit als das wasserhaltige Salz besitzt, ja seine Löslichkeit mit steigender Temperatur sogar abnimmt, zeigt die Löslichkeitskurve des Natriumsulfats bei 32,4° einen scharfen Knickpunkt, der *Umwandlungspunkt* genannt wird. Beim Krystallisieren einer gesättigten Lösung von Natriumsulfat unterhalb 32,4° krystallisiert das wasserhaltige, oberhalb 32,4° das wasserfreie Salz aus. Will man daher wasserfreies Natriumsulfat herstellen, so muß die Krystallisation bei höherer Temperatur als 32,4° vorgenommen werden.

Gesättigte Lösungen von Glaubersalz zeigen öfters besonders schön die Erscheinung der Übersättigung, d. h. trotz Überschreitung des Löslichkeitspunktes findet beim Abkühlen keine Krystallisation statt. Durch Einbringen eines Krystallsplitters von Natriumsulfat oder Staubteilchen u. dgl. wird jedoch ein Krystallkeim geschaffen, der die Übersättigung aufhebt, so daß die ganze übersättigte Lösung mit einem Schlag spontan durchkrystallisiert und erstarrt.

Natriumsulfat wird zur Glas- und Wasserglaserzeugung verwendet.

Natriumhydrosulfat, -bisulfat $NaHSO_4$ (fbl; trikl; [0 H_2O] D 2,74; sl: W) wurde früher als Nebenprodukt bei der Salpetersäuredarstellung aus $NaNO_3$ mit Schwefelsäure oder bei der Salzsäuregewinnung aus NaCl und Schwefelsäure erhalten. Heute wird es meist durch Einwirkung von Schwefelsäure auf Natriumsulfat oder -chlorid hergestellt. Die Lösung reagiert zufolge Hydrolyse stark sauer und wird daher gelegentlich auch als Ersatz für Schwefelsäure benützt.

Natriumthiosulfat, Antichlor, Fixiernatron $Na_2S_2O_3 \cdot 5\,H_2O$ (fbl; monokl; D 1,73; Fp [0 H_2O] 698°; L 0° [5 H_2O]: 34,4; L 20°: 41,2; L 48,0° [5/2 H_2O]: 61,6; L 100° [0 H_2O]: 72,7 [g in 100 g Lsg]) wird durch Kochen von Lösungen von Natriumsulfit mit Schwefel oder Oxydation von Lösungen von Natriumpolysulfid Na_2S_2 mit Luftsauerstoff und Krystallisation gewonnen. Es findet Verwendung in der Bleicherei als Antichlor zur Beseitigung von am Bleichgut anhaftenden Chlorresten, in der Photographie als Fixiernatron zum Lösen des nicht entwickelten Halogensilbers, wobei dieses in eine leicht lösliche Komplexverbindung übergeführt wird, usw.

Natriumsulfit $Na_2SO_3 . 7\,H_2O$ (fbl; monokl; D 1,56; L 0° [$7\,H_2O$]: 12,5; L 20°: 20,7; L 33,4° [$7/0\,H_2O$]: 28,0; L 100°: 21,2 [g in 100 g Lsg]) erhält man aus Sodalösung beim Einleiten von SO_2 (s. S. 82), Neutralisation der sauren Lösung des Sulfits mit gesättigter Sodalösung und Krystallisation. Es muß luftdicht gelagert werden, da es unter Wasserabgabe leicht verwittert und dabei zu einem losen Pulver zerfällt. Die Lösung reagiert zufolge Hydrolyse alkalisch. Es wird als Reduktionsmittel verwendet. Es kommt auch als Bisulfitlösung (40—45%ig) in den Handel und dient als Bleichmittel für Wolle, Seide, Überführung organischer Aldehyde in krystallisierte Verbindungen (s. S. 584), bei der Wasserreinigung zur Entfernung des Sauerstoffes, in der photographischen Technik als Zusatz zum Entwickler und Fixierbad.

Natriumsulfid, Schwefelnatrium $Na_2S . 9\,H_2O$ (fbl; tetr; D [$0\,H_2O$] 1,86; Fp [$0\,H_2O$] 920°; L 10° [$9\,H_2O$]: 13,4; L 28° [$9\,H_2O$]: 17,7; L 48° [$9/6\,H_2O$]: 26,3; L 90°: 86,4 [g in 100 g Lsg]) wird durch Reduktion von Natriumsulfat mit Kohle bei etwa 1100° nach $Na_2SO_4 + 4\,C = Na_2S + 4\,CO$ im Handsoda- oder Drehrohrofen, Auslaugen der Schmelzkuchen und Krystallisation dargestellt. Das Natriumsulfid fällt in großen braungelben Krystallen an (chemisch rein farblos), die beim Erhitzen wasserärmere Hydrate mit 6, 5½, 5 und 4½ Molen Krystallwasser bilden und schließlich in ein wasserfreies Salz übergehen. Wird die Lösung von Natriumsulfid bis zum Schmelzen der Krystalle erhitzt, so erhält man ein etwa 60—62%iges Produkt.

Die zufolge Hydrolyse stark alkalische Lösung löst weiteren Schwefel unter Bildung von Polysulfiden der Zusammensetzung Na_2S_2 bis Na_2S_5, deren Färbung immer dunkler wird. Das Disulfid ist gelb, das Pentasulfid bereits dunkelbraun gefärbt. Natriumsulfid findet ausgedehnte Verwendung in der Gerberei als Enthaarungsmittel (s. S. 661) und zum Weichmachen der Häute, in der Kunstseidenindustrie zur Denitrierung der Nitroseide, zur Anreicherung armer sulfidischer Erze durch Flotation, zur Herstellung von Schwefelfarbstoffen (s. S. 690) usw.

Trinatriumphosphat $Na_3PO_4 . 12\,H_2O$ (fbl; hex; D 1,63; D [$0\,H_2O$] 2,54; L 15°: 9,91) reagiert infolge Hydrolyse stark alkalisch und ist auch nur in stark alkalischer Lösung beständig. Zur Darstellung wird Dinatriumphosphat mit Natriumhydroxyd versetzt und die Lösung krystallisieren gelassen. Es wird zur Wasserenthärtung, in Waschmitteln (P_3 von Henkel), als Entfettungsmittel für Metalle, besonders zur Reinigung alkaliempfindlicher Metalle, wie Al, Sn, Zn und deren Legierungen, am besten in Mischung mit Wasserglas und Netzmitteln (zur Herabsetzung der Oberflächenspannung) verwendet.

Sekundäres Natriumphosphat, Dinatriumphosphat $Na_2HPO_4 \cdot 12\,H_2O$ (fbl; monokl; D 1,53; L [$12\,H_2O$] 0^0: 1,8; L 20^0 [$12\,H_2O$]: 7,2; L $35{,}0^0$ [$12/7\,H_2O$]: 30; L $48{,}4^0$ [$7/2\,H_2O$]: 44,1; L 95^0 [$2/0\,H_2O$]: 51 [g in 100 g Lsg]) entsteht bei der Einwirkung von Soda auf Phosphorsäure: $H_3PO_4 + Na_2CO_3 = Na_2HPO_4 + H_2O + CO_2$. Es reagiert gegen Phenolphthalein neutral. Es dient zum Beschweren der Seide, wobei durch Inprägnierung mit Lösungen von Zinntetrachlorid, Dinatriumphosphat und Wasserglas das Gewicht der Seide erhöht wird; zum Nichtentflammbarmachen von Geweben, Herstellung von Glasuren usw. Beim Schmelzen verliert es Krystall- und Konstitutionswasser und geht in Natriumpyrophosphat $Na_4P_2O_7$ über (fbl; monokl; D [$10\,H_2O$] 1,82; Fp [$0\,H_2O$] 988^0; L 0^0: 3,1; L 20^0: 5,8; L 80^0: 23,1 [g in 100 g Lsg]).

Mononatriumphosphat, Primäres Natriumphosphat $NaH_2PO_4 \cdot 1$ oder $2\,H_2O$ (fbl; rhomb; dim; D 2,04; zers 200^0; L 0^0: 37,4; L 18^0: 45,0) reagiert in wässeriger Lösung schwach sauer. Bei Rotglut geht es in polymeres *Natriummetaphosphat* $(NaPO_3)_n$ (fbl; am; D 2,48; F 610; swl: W; l: SS) über, das Verwendung als Wasserenthärtungsmittel findet.

Natriumcyanid NaCN (fbl; reg; Fp 562^0; Kp 1497^0; sl: W) wird meist aus Natrium, Ammoniak und Kohle hergestellt, die in Eisenkesseln auf etwa 800^0 erhitzt werden, wobei Natriumamid $NaNH_2$ als Zwischenprodukt entsteht: $2\,Na + 2\,NH_3 = 2\,NaNH_2 + H_2$; $NaNH_2 + C = NaCN + H_2$ (Castner-Verfahren). Eine andere synthetische Darstellungsmethode für NaCN besteht im Schmelzen von Kalkstickstoff mit Steinsalz und Kohle bei Temperaturen über 1000^0 nach $CaCN_2 + C + 2\,NaCl = CaCl_2 + 2\,NaCN$. Das Reaktionsprodukt kann unmittelbar (50%ig) zum Auslaugen von Gold- und Silbererzen verwendet werden. Man kann aber auch in der wässerigen Lösung mit Soda das Calzium als Calziumcarbonat ausfällen und eindampfen, wobei zuerst NaCl und dann das leichter lösliche NaCN auskrystallisiert. Bei der Destillation von Schlempe (s. S. 627) in Schamotteretorten entsteht aus dem Methylamin durch Überhitzung der Destillationsgase auf etwa 1000^0 in Gitterschächten NH_3 und HCN, die durch Schwefelsäure, bzw. Natronlauge ausgewaschen werden. Die Lösung des Natriumcyanids wird eingedampft und krystallisieren gelassen. Auch aus Kohlenoxyd, Methylalkohol, Natrium und Ammoniak kann NaCN dargestellt werden. Natriumcyanid ist wie Blausäure und alle Cyanide stark giftig. Die tödliche Dosis beträgt etwa 0,1 g. Die wässerige Lösung reagiert zufolge Hydrolyse stark alkalisch und riecht nach Blausäure HCN. Es ist billiger als KCN und verdrängt dieses daher in der Galvanotechnik und Metallurgie (Härtebäder), den wichtigsten Anwendungsgebieten der Alkalicyanide.

Alkalisilicate, Wasserglas. Kieselsäure besitzt die Eigenschaft, im geschmolzenen Zustande mit Alkalioxyden Silicate zu bilden, die aus dem Schmelzfluß glasartig erstarren. Dabei findet nur ein allmählicher Übergang vom flüssigen in den festen Zustand statt, ähnlich wie bei den Gläsern (s. S. 313). Das Alkalisilicat ist, ähnlich wie die Gläser, befähigt, SiO_2, bzw. Na_2O als feste Lösung aufzunehmen, so daß man beliebige Molarverhältnisse zwischen Siliciumdioxyd SiO_2 und Natriumoxyd Na_2O schmelzen kann.

Technisch wichtig sind die sog. *Wassergläser*, d. s. die durch Wasser zersetzlichen und in Wasser löslichen Gläser. Sie stellen wie alle Gläser keine einheitlichen chemischen Verbindungen dar und haben ein wechselndes Molarverhältnis. Das gewöhnliche Wasserglas des Handels weist z. B. ein solches von 3,3 SiO_2 auf 1 Na_2O auf. Seltener werden die teureren Kaliwassergläser hergestellt, bei denen an Stelle von Na_2O als Base K_2O dient. Alle Wassergläser sind in kaltem und heißem Wasser nur schwierig, unter Druck (2—3 Atm.) jedoch leicht in Lösung zu bringen. Die Handelswasserglaslösung weist eine Konzentration von etwa 35% (38° Bé) auf. Durch Versprühen der heißen Lösung kann auch pulverförmiges lösliches Wasserglas hergestellt werden. Zufolge Hydrolyse der schwachen Säure H_4SiO_4 und der Stärke der Base NaOH reagiert die Wasserglaslösung stark alkalisch.

Verwendung. Wasserglaslösungen werden als mineralischer Leim zum Leimen des Papiers, mit Kalk, Zinkoxyd, Magnesia vermischt als Kitt, zum Strecken und Füllen von Seifen, Unentflammbarmachen von Geweben oder Holz, Konservieren von Eiern, Wasserdichtmachen von Mauern, Sandstein, Ziegeln usw. verwendet. Das Alkalisilicat wird bereits durch die Kohlensäure der Luft zersetzt, wobei sich unter Ausscheidung von unlöslicher Kieselsäure Natriumcarbonat bildet, das an der Luft verwittert und zu unschönen, weißen Ausblühungen Anlaß gibt. Stereochromie ist eine Art der Malerei, bei der alkalibeständige Farben mit Wasserglaslösungen auf Wänden befestigt werden.

Nachweis von Natrium. Fällung der neutralen oder alkalischen Lösung mit $K_2H_2Sb_2O_7$, Dikaliumpyroantimonat. Löslichkeit 1 Teil $Na_2H_2Sb_2O_7$ in 350 Teilen Wasser (100°). Gelbfärbung der Flamme (überempfindlich).

III. Kalium.

Symbol K; Atomgewicht 39,10; Ordnungszahl 19; Schmelzpunkt 63,5°; Siedepunkt 762,2°; Dichte 0,86; Wertigkeit: I.

Vorkommen. Kalium kommt vornehmlich als Kalifeldspat in Gesteinen vor, ferner in den mehrere Meter mächtigen „Abraumsalzen“ der Salzlagerstätten (s. S. 230). Alle Pflanzen nehmen aus dem Boden Kaliverbindungen auf, der auf diese Weise bald an Kalium verarmen würde, wenn nicht dauernd Kalium in Form von Düngemitteln wieder ergänzt würde. Kaliverbindungen sind viel seltener und daher teurer als Natriumverbindungen. Die größten Kalisalzlagerstätten der Welt besitzt Deutschland. Bedeutende Kalisalzlagerstätten finden sich auch noch im Elsaß, in Spanien, im Uralgebiet, in Neu-Mexiko usw.

Darstellung. Kaliummetall (tetrag; D 0,86; Fp 63,5°; Kp 762,2°) kann ähnlich wie Natrium durch Schmelzflußelektrolyse von Kaliumhydroxyd KOH dargestellt werden. Es besitzt jedoch nur eine sehr geringe technische Bedeutung. Kalium ist stärker photoelektrisch als Natrium und wird daher zur Anfertigung von Photozellen verwendet.

1. Kaliumverbindungen.

Kaliumhydroxyd, Ätzkali KOH (1, 2, 4 H_2O; fbl; D 2,044; Fp 359,8°; Kp 1327°; L: [g in 100 g H_2O]: 111,4) ist die technisch wichtigste Kaliumverbindung. Sie wird meist durch Elektrolyse von kalten Lösungen von Kaliumchlorid nach den für NaOH beschriebenen Verfahren (s. S. 233) hergestellt. Die KOH-haltige Lösung wird in Mehrkörperverdampfern auf 50% KOH eingedampft, in mit Nickel oder Silber plattierten Kesseln bis zur Wasserfreiheit erhitzt und dann in Stangen oder Blöcke gegossen. Kaliumhydroxyd kann auch durch Kaustifizieren von Kaliumcarbonatlösungen mit Kalkmilch ähnlich wie NaOH (s. S. 232) dargestellt werden. Es ist stark hygroskopisch und zerfließt daher an der Luft.

Geschmolzenes KOH greift Glas, Porzellan, in sauerstoffhaltigem Zustand Eisen, ja sogar Platin an, weshalb sich als Behältermaterial für die Kalischmelze am besten Nickel und Silber eignen. Kalilauge ist die stärkste technisch verwendbare Base. Sie wird zur Verseifung von Fetten zwecks Herstellung von Kalioder Schmierseifen (s. S. 610), Erzeugung von Teerfarbstoffen usw. verwendet.

2. Die Kalisalzindustrie.

Kaliumchlorid KCl (fbl; D 1,984; Fp 770°; Kp 1407°; L: 34,35; wl: Al) findet sich in der Natur in großen Lagern als Sylvin KCl, insbesondere aber als Carnallit $KCl . MgCl_2 . 6 H_2O$, ferner auch als Kainit $KCl . MgSO_4 . 3 H_2O$ in den Abraumsalzen. Die Kalisalzlagerstätten verdanken ihre Entstehung ebenso wie die großen Steinsalzlager der Anwesenheit eines großen, stark salzhaltigen Meeres, das von Frankreich und England bis zum Ural reichte und infolge sehr trockener klimatischer Verhältnisse, die mehrere tausend Jahre dauerten, eintrocknete. Zuerst schieden sich die schwer löslichen Salze, wie der Gips $CaSO_4 . 2 H_2O$, ferner Anhydrit $CaSO_4$, Polyhalit $2 CaSO_4 . MgSO_4 . K_2SO_4 . 2 H_2O$ und Steinsalz aus und zum Schlusse erst die am leichtesten löslichen Kalisalze.

Als man in der Mitte des vorigen Jahrhunderts in der norddeutschen Tiefebene nach Steinsalz suchte, fand man bei den

Tiefbohrungen anfangs nur die für wertlos gehaltenen Kalisalze, bevor man auf die eigentlichen Steinsalzlager stieß. Man warf diese „Abraumsalze" auf die Halde, bis man ihren Wert für die Industrie und insbesondere für die Landwirtschaft erkannte. In wenigen Jahrzehnten entstanden zahlreiche Kalisalzbergwerke, im Jahre 1913 waren es in Deutschland allein mehr als 200.

Neben der deutschen Kalisalzindustrie ist nur noch die französische mit ihren Gruben im Elsaß von Bedeutung. Beide beherrschten den Weltmarkt. Die spanische, russische und amerikanische Erzeugung war demgegenüber nur von geringer Bedeutung. 1928 wurden in Deutschland 125 Mill. dz Kalisalze gefördert.

Die Kalisalze sind immer so stark verunreinigt, daß sie nur zum Teil und bei hochprozentigen Rohsalzen unmittelbar nach dem Vermahlen als Dünger verwertbar sind. Meist werden sie in eigenen Fabriken auf KCl und K_2SO_4 verarbeitet, wobei auch noch als Nebenprodukt Kieserit, schwefelsaure Kalimagnesia und Bittersalz $MgSO_4 \cdot 7\,H_2O$, Glaubersalz $Na_2SO_4 \cdot 10\,H_2O$, Brom und Magnesiumchlorid gewonnen werden.

Die wichtigsten Rohsalze der Kaliindustrie sind 1. der Carnallit $KCl \cdot MgCl_2 \cdot 6\,H_2O$, 2. der Sylvinit, ein Gemenge von Sylvin (KCl) und Steinsalz (NaCl), 3. das Hartsalz, ein Gemenge von Sylvin, Steinsalz, Kieserit ($MgSO_4 \cdot H_2O$) und Anhydrit ($CaSO_4$) sowie 4. der Kainit $KCl \cdot MgSO_4 \cdot 3\,H_2O$. Seltener sind die K_2SO_4-haltigen Kalisalze.

Die rohen Salze werden in Schächten durch Sprengarbeit gewonnen, in Backenbrechern vorgebrochen und in Glockenmühlen (Abb. 60, *b*), die nach Art der Kaffeemühlen gebaut sind, vorerst grob sowie in Walzenstühlen (zwei geriffelte Walzen, die sich mit verschiedener Geschwindigkeit drehen), Schlagstiftmühlen, bestehend aus einer mit Stiften besetzten rotierenden Scheibe in einem gleichfalls mit Stiften ausgestatteten Gehäuse, Schlagnasenmühlen (Nasen an Stelle der Stifte) oder Schlagkreuzmühlen (s. S. 297) mit in einer flachen Trommel rotierenden Schlägern fein gemahlen.

Verhältnismäßig einfach ist die Aufarbeitung des Sylvinits, da sich in der Kälte mehr NaCl wie KCl (bei 0° lösen sich 31,2% NaCl und 10,6% KCl, bei 100° 25,7% NaCl und 30,9% KCl) löst, während bei 100° sich die beiden Löslichkeiten gerade umkehren. Behandelt man daher Sylvinit in der Hitze mit einer in der Kälte gesättigten Lösung von NaCl, so wird nur KCl gelöst, das beim Erkaltenlassen der Lösung als reines KCl auskrystallisiert. Die Mutterlauge wird neuerlich zum Behandeln von Sylvinit verwendet, der Löserückstand geht in das Bergwerk als „Versatz" zum Auffüllen von leeren Schächten zurück.

Die *Verarbeitung des Rohcarnallits* auf „Chlorkalium" KCl ist schon wesentlich schwieriger, da außer KCl und NaCl auch noch das Doppelsalz Carnallit sowie Magnesiumchlorid auftreten. Beim Eindampfen der gesättigten Lösung krystallisiert zuerst mit

NaCl verunreinigtes KCl und dann Carnallit aus, während $MgCl_2$ in der Mutterlauge verbleibt. Zur Aufarbeitung des Rohcarnallits wird das auf Walnußgröße zerkleinerte Material mit einer aus dem Betriebe stammenden 10—20%igen heißen, NaCl-haltigen Magnesiumchloridlösung in gußeisernen Lösekesseln oder moderneren, kontinuierlich arbeitenden Lösern, die aus langen eisernen Trögen mit Schaufelschnecken bestehen, behandelt. Nach dem Absetzen der Verunreinigungen wird krystallisieren gelassen, wozu früher Krystallisierkästen, heute kontinuierliche Krystallisationsrinnen dienen. Es scheidet sich Chlorkalirohstoff mit etwa 65—70% KCl ab. Durch Decken, d. i. ein Auswaschen mit ganz wenig Wasser, wird die Mutterlauge verdrängt und mehr NaCl als KCl gelöst. Nach 4 bis 6 Decken hat man bereits ein 90 bis 98%iges KCl erzielt.

Das Decken geschieht vielfach in langen Rinnen mit Transportspiralen, in denen sich Salz und Wasser im Gegenstrom bewegen. Durch heiße Feuergase wird das Salz in rotierenden, geneigten eisernen Trommeln getrocknet. Die Mutterlauge der ersten Krystallisation wird eingedampft, wobei sich NaCl ausscheidet, und krystallisieren gelassen, wobei sich künstlicher Carnallit abscheidet. Dieser wird durch Ausrühren mit einer magnesiumchloridarmen Lauge bis auf ca. 70% KCl angereichert. Aus der $MgCl_2$-reichen Endlauge wird noch das Brom (aus dem isomorphen Bromcarnallit $KBr . MgBr_2 . 6\,H_2O$ stammend) durch Einblasen von Dampf und Chlor in Granittürmen gewonnen (s. S. 68). Die restliche Lauge wird entweder zur Staubbindung, Brikettierung von Erzen, Herstellung von Magnesiazement usw. in den Handel gebracht, der Überschuß in die Flüsse abgelassen.

Noch komplizierter ist die Verarbeitung von Hartsalz, da außer den Bestandteilen des Carnallits auch noch etwa 20—30% Kieserit vorhanden sind. Um möglichst wenig Kieserit zu lösen, setzt man der NaCl-haltigen Löselauge Magnesiumchlorid zu und arbeitet möglichst rasch. Aus der Löselauge krystallisiert wieder ein Chlorkalirohstoff aus, der ebenso wie der Löserückstand des Rohcarnallits weiterverarbeitet wird (s. vorstehend). Die Mutterlauge wird wieder zum Behandeln von Hartsalz verwendet. Etwa $^1/_3$ der gesamten Kaliumchloridproduktion stammt aus Hartsalz.

In der Kaliindustrie werden aus den Kalisalzen fünf verschiedene Marken Düngesalz mit 12—52% K_2O sowie Chlorkali für technische und industrielle Zwecke mit 80—99% KCl hergestellt.

3. Weitere Kaliumverbindungen.

Kaliumchlorat $KClO_3$ (D 2,32; Fp 356°; zers; L: 7,3) wird heute fast nur mehr durch Elektrolyse heißer KCl-Lösungen ohne Diaphragmen hergestellt. Ähnlich wie bei der Erzeugung von Natriumhypochlorit (s. S. 245) entsteht an der Anode unterchlorige

Säure HOCl, an der Kathode KOH. Durch Vermischung des Elektrolyten durch den an der Kathode entwickelten Wasserstoff bildet sich aus diesen Reaktionsprodukten Kaliumhypochlorit KOCl, das sich in der Wärme in $KClO_3$ umlagert. Der Elektrolyt erhält gleichfalls einen Zusatz von Salzsäure und Kaliumbichromat (s. S. 245). Kaliumchlorat zerfällt in der Wärme in KCl und Sauerstoff, welcher Zerfall durch Braunstein, Kobaltoxyd u. a. Metalloxyde katalysiert wird (s. S. 16, 22, 48 u. 86).

In Berührung mit organischen Stoffen, namentlich in der Wärme, können Brände entstehen. Mischungen von Kaliumchlorat mit organischen Stoffen können bereits bei Reibung explodieren. Ein Hauptanwendungsgebiet für $KClO_3$ ist die Zündholzindustrie (s. S. 131, 136 u. 205), wobei die Zündmasse meist aus Kaliumchlorat und Antimonsulfid besteht. Die Reibfläche enthält roten Phosphor, der bei Reibung oder Stoß mit $KClO_3$ explosionsartig und sehr rasch reagiert. Kaliumchlorat wird auch in der Sprengstoffindustrie verwendet, da Mischungen mit bestimmten organischen Stoffen eine geringere Brisanz als organische Nitroverbindungen aufweisen.

Kaliumchlorat wirkt stark oxydierend, führt Eisen-II- in Eisen-III-Verbindungen über, macht aus Salzsäure Chlor frei usw. Beim Versetzen der Krystalle mit konzentrierter Schwefelsäure entsteht explosives Chlordioxyd ClO_2. Es ist giftig und wirkt in wässeriger saurer Lösung zufolge der Bildung von freier Chlorsäure $HClO_3$ stark oxydierend.

Kaliumperchlorat $KClO_4$ (fbl; D 2,52; zers 610°; L: 1,67; LA 21°: 0,008) wird durch fortgesetzte Elektrolyse von etwa 5%iger NaCl-Lösung in der Kälte bei hohen Stromdichten sowie durch Umsetzung der erhaltenen $NaClO_4$-Lösung mit KCl und Krystallisation gewonnen. Es ist ziemlich schwer löslich, beständiger und weniger stoß- und reibungsempfindlich als $KClO_3$, das es in der Sprengstofftechnik bereits weitgehend verdrängt hat. Bei Rotglut stellt $KClO_4$ ein starkes Oxydationsmittel dar.

Kaliumcyanid KCN (reg; fbl; D 1,52; Fp 623°; L 25°: 71,6; nl: Al; LM 19,5°: 4,81) kann nach den für NaCN angegebenen Verfahren (s. S. 248) dargestellt werden, wenn an Stelle der Na- die entsprechende Kaliumverbindung bei der Synthese verwendet wird. Auch durch Überleiten von NH_3 und Stickstoff über eine erhitzte Mischung von KOH, K_2CO_3 und Kohle kann KCN erzeugt werden, wobei Eisen als Katalysator wirkt. KCN ist sehr giftig. Es liefert im Überschuß mit vielen Metallen leicht lösliche komplexe Metallverbindungen, wie $KAu(CN)_2$, $K_3Cu(CN)_4$ usw. Es wird zum Auslaugen von Silber und Gold aus seinen Erzen, in der Galvanotechnik zum Ansetzen von Bädern zum Vergolden, Verkupfern, Versilbern usw. verwendet, auf welchem Gebiete es aber immer mehr durch das billigere Natriumcyanid verdrängt wird.

Kaliumcarbonat, Pottasche K_2CO_3 (fbl; D 2,29; Fp 897°; L [2 H_2O] 20°: 111,5; L M 25°: 1,5) wurde früher durch Auslaugen von Holzasche, die etwa 2% Kaliumcarbonat enthält, in Töpfen („Potte") erhalten, woher sie den Namen „Pottasche" erhalten hat. Das Verfahren wird heute noch gelegentlich in waldreichen Gebieten, wie Rußland, Kanada, Schweden usw. durch Verbrennen von Holz ausgeübt. Holz ist jedoch ziemlich aschearm (0,2—2% Aschengehalt) und außerdem beträgt der Kaligehalt der Asche nur 10—25%, so daß die Ausbeuten nur gering sind. Das durch Eindampfen und Krystallisierenlassen der Lauge erhaltene Produkt ist auch nur sehr unrein und enthält nur 50—80% K_2CO_3 neben Kaliumsulfat, Soda und Kaliumchlorid.

Bis Ende des vorigen Jahrhunderts war auch noch das Leblanc-Soda-Verfahren zur Herstellung von Kaliumcarbonat in Anwendung. Es gibt nämlich kein dem Ammonsodaprozeß entsprechendes Verfahren, da das Kaliumhydrocarbonat viel zu stark löslich ist (s. S. 239).

Heute erfolgt die Darstellung von Kaliumcarbonat auf wirtschaftlicherer Weise nach den folgenden vier Verfahren a) bis d).

a) Nach dem Verfahren von Engel und Precht wird in wässeriger Lösung aus Kaliumchlorid, Magnesiumoxyd und Kohlendioxyd das Doppelsalz Kalium-Magnesium-Hydrocarbonat $KHCO_3 \cdot MgCO_3 \cdot 4\,H_2O$ ausgefällt, das sich als schwer löslicher krystalliner Niederschlag abscheidet:

$$3\,MgCO_3 \cdot 3\,H_2O + 2\,KCl + CO_2 = 2\,[KHCO_3 \cdot MgCO_3 \cdot 4\,H_2O] + MgCl_2.$$

Als Ausgangsprodukt für das Verfahren kann nur das Magnesiumcarbonat-Trihydrat $MgCO_3 \cdot 3\,H_2O$ verwendet werden, das sich aus einer wässerigen Aufschlämmung von Magnesiumoxyd beim Einleiten von CO_2 bildet. Durch Erhitzen des Kalium-Magnesium-Hydrocarbonates mit Wasser unter Druck wird das Doppelsalz unter Ausscheidung von Magnesiumcarbonat und Kohlendioxyd zersetzt: $2\,(KHCO_3 \cdot MgCO_3 \cdot 4\,H_2O) = K_2CO_3 + 2\,MgCO_3 + CO_2 + 9\,H_2O$. Das Magnesiumcarbonat wird im Drehrohrofen wieder zu MgO gebrannt, die Magnesiumchloridlauge mit CaO oder gebranntem Dolomit in MgO und $CaCl_2$ übergeführt. Das MgO kehrt wieder in den Prozeß zurück.

Aus der Lösung des Kaliumcarbonates krystallisiert beim Eindampfen Krystallpottasche $K_2CO_3 \cdot 2\,H_2O$ aus, die entweder als solche oder nach dem Calzinieren wasserfrei in den Handel kommt. Sie ist praktisch natriumfrei und dient zur Herstellung von feinen Kaligläsern (s. S. 314).

b) Die Hauptmenge an Pottasche wird aber heute durch Elektrolyse von Kaliumchloridlösungen nach den für Natrium beschriebenen Verfahren (s. S. 233) gewonnen. Aus der so erhaltenen 50%igen KOH stellt man nach dem Verdünnen mit Wasser durch Einleiten von CO_2 in Türmen Kaliumcarbonat her, dampft in

Vakuumverdampfern (Abb. 89, S. 625) weitgehend ein und läßt krystallisieren. Man erzeugt entweder Krystallpottasche oder calzinierte Pottasche.

c) An der rohen *Schafwolle* haften etwa 50% Schmutz und Schweiß an, die etwa 20% anorganische und organische lösliche Kaliumverbindungen enthalten. Neben Chloriden und Sulfaten ist auch Oleat, Stearat, Acetat usw. vorhanden. Man laugt die Wolle mit kaltem Wasser aus, dampft die Lösung ein und calziniert sie im Flammofen, wobei etwa 3%, auf die Rohwolle bezogen, technisches Kaliumcarbonat mit etwa 80% K_2CO_3 erhalten wird. Aus der ausgelaugten Wolle werden mit Lösungsmitteln, wie Benzin, Schwefelkohlenstoff usw., der Wolle schließlich auch noch etwa 20% Fette entzogen, die auf Wollfett (Lanolin) verarbeitet werden.

d) Bei der *Zuckergewinnung* aus Zuckerrüben fällt nach der Melassevergärung (s. S. 566) oder der Entzuckerung der Melasse (s. S. 626) eine Schlempe an, die alle Salze der Rüben enthält. Außer zur Verfütterung kann die Schlempe auch noch zur Gewinnung von Kaliumcarbonat dienen. Sie wird eingedampft und entweder in Flammöfen oder in geschlossenen Retorten zwecks gleichzeitiger Gewinnung von Cyan (s. S. 147) geglüht, wobei die organischen Verbindungen, besonders reichlich beim Glühen unter Luftabschluß, in Kaliumcarbonat und Kohlenstoff übergeführt werden, die als schwarze Schlempekohle zurückbleiben. Die Kohle wird mit Wasser ausgelaugt und die Pottasche von den Verunreinigungen, wie Soda, Kaliumchlorid, -sulfat usw., durch fraktionierte Krystallisation getrennt.

Kaliumcarbonat ist in Wasser leicht löslich, die Lösung reagiert zufolge Hydrolyse stark alkalisch. Es findet Verwendung zur Herstellung von Kaliwasserglas, Kaligläsern, -seifen, anderen Kaliumverbindungen usw.

Kaliumnitrat, Kalisalpeter KNO_3 (fbl; dim; rhomboedr und rhomb; D 2,109; Uwp 127,8°; Fp 308°; L: 31,5; swl: Al) wird in geringen Mengen in Ostindien und Ungarn durch Auslaugen gewisser Böden mit Wasser und Krystallisierenlassen der eingeengten Lauge gewonnen. Die Hauptmenge wird jedoch nach der „Konversionsmethode" durch Umsetzung von Natronsalpeter mit Kaliumchlorid in heißer gesättigter Lösung durch sog. „doppelte Umsetzung" dargestellt. Bei dieser Umsetzungsmethode tauscht ein Salzpaar in Lösung wechselseitig sowohl das Kation als auch das Anion aus, weshalb man von „doppelter" Umsetzung spricht: $NaNO_3 + KCl \rightleftarrows KNO_3 + NaCl$. Die Stoffpaare auf der rechten und linken Seite der Gleichung bilden ein „reziprokes Salzpaar", dessen Löslichkeit in Abb. 57 in Abhängigkeit von der Temperatur wiedergegeben ist. NaCl ist oberhalb 68° das am schwersten lösliche Salz, während KNO_3 unterhalb 32° am schwersten löslich ist. Aus einer Lösung, die alle 4 Verbindungen gleichzeitig enthält, wird sich daher beim Einengen oberhalb 68° NaCl und bei darauffolgender Abkühlung unter 32° KNO_3 abscheiden. Ein reziprokes Salzpaar ist z. B. auch NaCl und NH_4HCO_3 beim Solvayprozeß (s. S. 239). Bei den doppelten Umsetzungen handelt es sich überhaupt um einen sehr häufig auftretenden allgemeinen Reaktionstypus.

Tatsächlich arbeitet man in der Technik aber derartig, daß man in heißem Wasser Kaliumchlorid und Natriumnitrat auflöst. Das schwer lösliche NaCl setzt sich in der Hitze ab und wird in Nutschen abfiltriert, während das Kaliumnitrat beim Erkalten in verkupferten Gefäßen auskrystallisieren gelassen wird. Das erste Produkt der Krystallisation ist meist noch unrein (es enthält etwa 10% NaCl) und wird nochmals aufgelöst und krystallisiert (umkrystallisiert). In den Mutterlaugen, die immer wieder verwendet werden, reichert sich allmählich Natriumjodat und Kaliumperchlorat an, die schließlich als Jod und $KClO_4$ gewonnen werden.

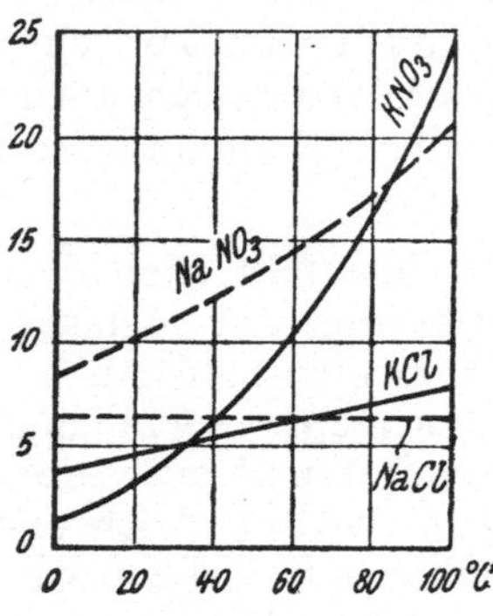

Abb. 57. Löslichkeiten des reziproken Salzpaares Natriumnitrat, Kaliumchlorid, Kaliumnitrat und Natriumchlorid.

Das wichtigste Anwendungsgebiet für Kaliumnitrat ist die Schießpulverherstellung (s. S. 680), wobei KNO_3 als sauerstofflieferndes Oxydationsmittel dient.

Kaliumferrocyanid, Kalium-Eisen-II-Cyanid, gelbes Blutlaugensalz $K_4Fe(CN)_6 . 3 H_2O$ (g; monokl; D 1,93; L: 28,0). Bei der Einwirkung von Kaliumcyanid auf Ferrosalzlösungen entsteht anfangs ein Niederschlag von Eisen-II-Cyanid, $Fe(CN)_2$, der sich aber im Überschuß des KCN zu einer gelben Lösung des komplexen (s. S. 112) Kalium-Eisen-II-Cyanides löst. Diese Verbindung dissoziiert nicht mehr in die Ionen $Fe^{\cdot\cdot}$, $K^{\cdot}$ und CN', sondern wird, wie sich aus Leitfähigkeits- und Überführungszahlen ergibt, in $K^{\cdot}$ und $Fe(CN)_6''''$ aufgespalten. Die Lösung stellt sogar ein empfindliches Reagens auf Eisen-III-Ionen dar, wobei ein blau gefärbter Niederschlag von Berliner Blau entsteht: $4 Fe^{III}Cl_3 + 3 K_4[Fe^{II}(CN)_6] = Fe^{III}_4[Fe^{II}(CN)_6]_3 + 12 KCl$ (s. S. 481), das einen licht- und säureechten Mineralfarbstoff darstellt, der häufig als Malerfarbe sowie für Papier- und Tapetendruck verwendet wird.

Kaliumferrocyanid wird heute fast durchwegs als Nebenprodukt bei der Erzeugung des Steinkohlengases (s. S. 166) gewonnen, das etwa 0,1—0,2 Vol.% Blausäure HCN enthält. Bei der Entfernung der Schwefelverbindungen aus dem Gas durch hydratische Eisenerze (Gasreinigungsmasse) wird der Schwefel als FeS, Eisensulfid, gebunden, gleichzeitig aber auch das HCN vom FeS als Eisencyanid $Fe(CN)_2$ absorbiert, das unter der Einwirkung von Sauerstoff in Berliner Blau übergeht. Nach dem Auslaugen der Ammonsalze wird die gebrauchte Gasreinigungsmasse mit Calziumhydroxyd $Ca(OH)_2$ gemischt, mit Wasser Ferrocyancalzium ausgelaugt und dieses mit Kaliumchlorid in schwer lösliches Kalium-Calzium-Ferrocyanid $K_2Ca[Fe(CN)_6]$ und hierauf mit Kaliumcarbonatlösung in $K_4[Fe(CN)_6]$ übergeführt. Das gelbe Blutlaugensalz ist ziemlich beständig und auch nicht giftig, da es keine freien Cyanide enthält. Es dient zur Herstellung von Berliner Blau, Sprengstoffen und zum Zeugdruck.

Kalium-Eisen-III-Cyanid, Kaliumferricyanid, rotes Blutlaugensalz $K_3[Fe(CN)_6]$ (r; monokl; D 1,894; L: 46,0; wl: Al) entsteht durch Oxydation des gelben Blutlaugensalzes mittels Chlor oder an der Anode durch den elektrischen Strom. Als Oxydationsprodukt wirkt es selbst wieder oxydierend und kann z. B. Wasserstoffperoxyd zu Wasser und Sauerstoff oxydieren. Es ist weniger beständig als das gelbe Blutlaugensalz, scheidet beim Stehen der Lösung einen blauen Niederschlag ab und wird auch im Magen von der Salzsäure des Magensaftes zu Blausäure zersetzt, weshalb es giftig ist. Es dient als Oxydationsmittel in der Färberei und zur Herstellung von Blaupausen.

Nachweis. Gelb gefärbter Niederschlag von Kaliumplatinchlorid $K_2[PtCl_6]$ durch Platinchlorwasserstoffsäure H_2PtCl_6 in schwach saurer oder neutraler Lösung; blaurote Färbung der Bunsenbrennerflamme.

IV. Lithium, Rubidium und Cäsium.

Diese Alkalimetalle kommen auf der Erde nur in sehr geringen Mengen vor, Rubidium Rb (Atomgewicht 85,5; Ordnungszahl 37; r. z.; hellgrau; D 1,532; Fp 39°; Kp 713°; zers W) und Cäsium Cs (Atomgewicht 132,8; Ordnungszahl 55; r. z.; hellgrau; D 1,90; Fp 28,5°; Kp 690°; zers W) als Begleiter des Kaliums in einigen Mineralquellen und in den Abraumsalzen, Lithium Li (Atomgewicht 6,94; Ordnungszahl 3; r. z.; D 0,534; Fp 179°; Kp 1372°; zers W und Al) als Begleiter des Natriums in einigen seltenen Mineralen. An Rubidium und Cäsium konnte Robert Bunsen die Bedeutsamkeit der Spektralanalyse nachweisen, da er diese Elemente bei der Untersuchung des Dürkheimer Mineralwassers nach diesem Verfahren entdeckte.

Spektralanalyse. Bei der Spektralanalyse wird das Licht der in der Bunsenflamme oder im elektrischen Lichtbogen verdampften Substanz durch ein Prisma zerlegt. Dabei kann man die durch verschiedene Färbungen oder ihre Lage der Spektrallinien charakterisierten Elemente deutlich erkennen. Die Skala ist vorher durch die Eichung mit dem Spektrum bekannter Stoffe für die Untersuchung vorbereitet worden. Zur Erkennung der einzelnen Elemente eignet sich nach Riesenfeld besonders gut die Beobachtung der folgenden Linien des Spektrums:

Tabelle 25.

Alkalien			Erdalkalien		
Natrium	589,3 $\mu\mu$	gelb	Magnesium	518,4 $\mu\mu$	grün
Kalium	768,2 „	rot und		517,3 „	„
	404,5 „	violett		516 „	„
Lithium	670,8 „	rot	Calzium	612,2 „	rot
				622,0 „	„
Rubidium	781 „	rot und		553 „	grün
	421 „	violett	Strontium	604,4 „	orange
Cäsium	458 „	blau		460,8 „	blau
			Barium	524,2 „	grün
				517,7 „	„

An der Intensität der Schwärzung der einzelnen Linien auf der photographischen Aufnahme mittels des Spektrographen (gegebenenfalls mit Quarzglasprisma) kann man auch quantitativ die Zusammensetzung verschiedener Verbindungen, Legierungen usw. bestimmen.

Das metallische Rubidium und seine Verbindungen gleichen in ihrem chemischen Verhalten am ehesten dem Kalium und dessen entsprechenden Verbindungen. Technische Bedeutung besitzen das Rubidium und Cäsium nicht, bloß das Lithium wird als geringer Zusatz in einigen Legierungen sowie in der Medizin zur Beseitigung von gichtischen Harnsäurekonkretionen verwendet.

V. Ammonium.

Symbol NH_4.

Das in den wässerigen Lösungen des Ammoniaks und der Ammonsalze enthaltene Ammoniumradikal NH_4 verhält sich in vielen Hinsichten wie ein einwertiges Metall. In ihren Eigenschaften, Löslichkeitsverhältnissen, ihrer Krystallstruktur usw. sind die Ammonsalze besonders den Kaliumsalzen ähnlich, mit denen sie auch isomorph sind. Im Krystallgitter vertritt das NH_4 K- oder Na-Ionen, wobei das Volumen des NH_4-Radikals zwischen jenem des Kalium- und Natriumions liegt. Im freien Zustande ist das Radikal NH_4 noch nicht dargestellt worden. Im Ammoniumamalgam, das durch Umsetzung von Natriumamalgam mit konzentrierter Ammonchloridlösung oder auf elektrolytischem Wege darstellbar ist, kann das NH_4-Radikal das Natrium verdrängen: $NaHg + NH_4Cl \rightleftarrows (NH_4)Hg + NaCl$. Das Ammoniumamalgam ist aber unbeständig und zerfällt bald in Quecksilber,

Ammoniak und Wasserstoff. Auch durch Wasser wird das Amalgam zerlegt.

Ammoniumoxyd $(NH_4)_2O$ (Fp —78°) und *Ammoniumhydroxyd* NH_4OH (Fp —77°) konnten wasserfrei dargestellt werden, jedoch sind diese Verbindungen nur bei sehr tiefen Temperaturen beständig. Alle Ammoniumsalze sind mit Ausnahme des Ammoniumplatinchlorids $(NH_4)_2[PtCl_6]$ und sauren Ammontartrates leicht löslich, beim Erhitzen flüchtig und dissoziieren dabei mehr oder weniger vollständig in freie Säure und Ammoniak NH_3. Nicht flüchtige Säuren spalten beim Erhitzen NH_3 ab.

Ammonchlorid, Chlorammon, Salmiak NH_4Cl (fbl; reg; dim; D 1,53; D [350°] 1,01; Uwp 180°; subl 335°; L: 37,4; LM 19,5°: 3,35; LA 17°: 0,67) wird technisch durch Einleiten von Ammoniak in Salzsäure dargestellt. Die Neutralisationswärme (s. S. 76) bewirkt bereits, daß ein großer Teil des Wassers verdampft, der Rest wird in gemauerten Apparaten verflüchtigt. Die sich abscheidenden lockeren, weißen Krystalle werden geschleudert und getrocknet. Beim Erhitzen tritt, insbesondere bei Gegenwart von Wasserdampf, eine Spaltung in NH_3 und HCl ein, worauf die Verwendung des Salmiaks als Hilfsmittel beim Löten, bei der Feuerverzinkung, -verbleiung, -verzinnung usw. beruht. Die frei werdende Salzsäure löst die Metalloxyde auf, die teils als Ammoniakate gebunden werden, teils als Chloride sich verflüchtigen. Auf diese Weise wird eine reine, oxydfreie Metalloberfläche erhalten, die für eine innige Verbindung und gute Haftfestigkeit des Lotes oder Metallüberzuges die Voraussetzung ist. Die Salmiaksteine werden, da Ammonchlorid nicht schmilzt, sondern zufolge thermischer Dissoziation bereits unterhalb des Schmelzpunktes sublimiert, unter Druck in geschlossenen Behältern durch Schmelzen erzeugt. Größere Mengen von Ammonchlorid lassen sich auch nach dem Solvay-Soda-Prozeß (s. S. 238) darstellen. Ammonchlorid wird in großem Ausmaße als Düngemittel, zum Zeugdruck, zur Erzeugung von Trocken- und Füllelementen verwendet.

Ammoniumperchlorat NH_4ClO_4 (fbl; rhomb; D 1,95; L: 16,5; wl: Al; zers b. Erh.) bildet sich auf ähnliche Weise wie das Chlorid beim Einleiten von NH_3-Gas in Perchlorsäure. Es explodiert beim Erwärmen sowie bei Initiierung sehr heftig und wird zur Herstellung von Sprengstoffen verwendet.

Ammoniumsulfat, Ammonsulfat $(NH_4)_2SO_4$ (fbl; rhomb; D 1,77; Fp 357° [zers]; L: 43; wl: Al) wird als wichtigste Ammonverbindung durch Einleiten von NH_3 in 80%ige Schwefelsäure oder Umsetzung von Gips mit Ammoncarbonat hergestellt. Bei der ersteren Arbeitsweise leitet man das Ammoniakgas, wie es aus Ammoniakkolonnen (s. S. 507) erhalten wird, mittels Tauchröhren aus Blei die von einer bleiernen Tauchglocke umgeben sind, in die Schwefelsäure, die sich in einem mit Bleiblech ausgeschlagenen

Holzkasten befindet. Die nicht absorbierbaren Gase, wie Cyan, Kohlendioxyd, Schwefelwasserstoff usw., ziehen unverändert ab. Die Säure erwärmt sich durch die Neutralisationswärme auf über 100°, so daß kein Wasser absorbiert werden kann. Im Ausmaße der Übersättigung der Schwefelsäure mit Ammonsulfat scheidet sich diese am Boden des Säurebehälters allmählich ab und wird mit kupfernen Seihern herausgeholt, abgeschleudert und getrocknet. Die Kokereien und Gasanstalten liefern die Hauptmenge des Ammonsulfats. Aus 100 kg Kohle erhält man etwa 1,2 kg Ammonsulfat.

Zur Darstellung aus Gips wird staubfein gemahlener Gips nach dem Anrühren mit Wasser zu einem Brei in Sättigern mit NH_3 und CO_2 behandelt, wobei folgende Reaktion vor sich geht: $CaSO_4 + (NH_4)_2CO_3 = CaCO_3 + (NH_4)_2SO_4$. Nach beendeter Umsetzung trennt man das Calziumcarbonat, das als Düngerkalk verkauft wird, in Drehfiltern (Abb. 56, S. 243) ab und dampft die Ammonsulfatlösung im Vakuum ein. Nach dem Abschleudern und Trocknen erhält man ein Produkt mit etwa 25% NH_3. Die Mutterlauge geht zur Gipsumsetzung zurück.

Ammoniumsulfid $(NH_4)_2S$ bildet sich beim Einleiten von Schwefelwasserstoff in eine Ammoniumhydroxydlösung oder bei der Vereinigung der beiden gasförmigen Komponenten bei niedriger Temperatur. Die farblosen Krystalle verlieren jedoch bald NH_3 und gehen in *Ammoniumsulfhydrat* NH_4SH (fbl; rhomb; D [57°] 0,89; Fp [Druck] 120°; l: W, Al) über. Die anfänglich farblose Lösung riecht nach Schwefelwasserstoff und Ammoniak (Hydrolyse) und färbt sich beim Stehen an der Luft allmählich gelb, da H_2S durch den Luftsauerstoff zu Schwefel oxydiert, der als gelb gefärbtes Ammoniumdisulfid $(NH_4)_2S_2$ gelöst wird. Als Endprodukt der Oxydation erhält man farbloses *Ammoniumthiosulfat* $(NH_4)_2S_2O_3$ (fbl; monokl; zers b. 150°; sl: W).

Ammoniumsulfidlösungen lösen sehr leicht Schwefel auf, wodurch verschiedene Polysulfide $(NH_4)_2S$ mit X-2 bis 7, wie z. B. $(NH_4)_2S_4$ Ammoniumtetrasulfid, erhalten werden. Je mehr Schwefel das Produkt enthält, desto dünkler gefärbt ist es.

Ammoniumsulfidlösungen dienen in der analytischen Chemie zur Fällung von Metallsulfiden, in geringerem Ausmaße auch für Metallfärbungen.

Ammoniumnitrat NH_4NO_3 (fbl; monokl; rhomboedr; reg; D 1,73; Uwp 32,84°; 125°; Fp 169,5°; zers b. 200°; L: 187,7; LM: 18,5; LA 20,5°: 3,7) wird durch Neutralisation von Salpetersäure mit Ammoniak in Türmen oder durch Einleiten von NH_3 in geschmolzenes, Salpetersäure enthaltendes Ammonnitrat erzeugt. Bei der Turmneutralisation werden durch eigene Wäscher die Abgase von NH_3 und Stickoxyden befreit. In der Mischapparatur wird die auftretende Reaktionssäure durch eine zirkulierende Lauge abgeführt. Die Ammonnitratlauge gelangt in ein Neutralisationsgefäß und von dort in einen Vorratsbehälter, wird filtriert und in einer Verdampfungsapparatur bis auf einen geringen Wassergehalt eingedickt. Den Krystallbrei bringt man auf eine wassergekühlte Walze, von der das feste Salz mit nur einigen Prozenten Wasser durch einen Schaber abgestreift wird.

Nach einer anderen Arbeitsweise wird die Verdampfung des Wassers erspart, indem man Ammoniak und Salpetersäure in einem großen Kessel, der geschmolzenes Ammonnitrat enthält, zusammenbringt. Die auftretende Reaktionswärme genügt, um überschüssiges Wasser zu verdampfen. Der Krystallbrei wird auf die gleiche Weise auf Kühlwalzen verfestigt.

Bei langsamer Erhitzung zerfällt Ammonnitrat unter Bildung von Stickoxydul N_2O (s. S. 119), hingegen bei rascher Erwärmung nach folgender Gleichung: $2\,NH_4NO_3 = 2\,N_2 + 4\,H_2O + O_2$. Bei Initiierung durch eine Zündkapsel geht dieser Zerfall explosionsartig vor sich, weshalb Ammonnitrat in Mischung mit kohlenstoffreichen, leicht verbrennbaren, aber schwer flüchtigen Stoffen zu den stoßunempfindlichen Sicherheitssprengstoffen (s. S. 680), insbesondere im Bergbau, Verwendung findet. Da bei der Verbrennung auch keine festen Stoffe entstehen, stellt ein Ammonnitrat enthaltender Sprengstoff ein rauchloses Pulver dar.

Ammoniumnitrit NH_4NO_2 (schwach hygroskopische, hellgelbe Krystalle; zers b. Erh.; sl: W, Al, M; wl: Ae) entsteht beim Überleiten eines Gemisches von NH_3 mit wenig Luft über erhitztes Platindrahtnetz oder Platinasbest (auf Asbest durch thermische Zersetzung von Platinsalzen niedergeschlagenes Platin) in Form eines dichten weißen Nebels. Die durch Abkühlen verdichtete Krystallmasse zersetzt sich bereits bei gewöhnlicher Temperatur, beim Erhitzen jedoch explosionsartig in N_2 und H_2O. Auch die wässerige Lösung zersetzt sich schon bei 60—70°. Ammonnitrit findet sich in Spuren nach Gewittern in der Atmosphäre.

Ammoniumcarbonat $(NH_4)_2CO_3 \cdot H_2O$ (fbl; D 2,39; zers b. 58°; L 15°: 100; Alk zers) wird durch direkte Vereinigung von NH_3 und CO_2 oder Erhitzen von Ammonchlorid oder -sulfat mit Calciumcarbonat $CaCO_3$ dargestellt:

$$2\,(NH_4)Cl + CaCO_3 = (NH_4)_2CO_3 + CaCl_2.$$

Früher wurde es durch trockene Destillation stickstoffhaltiger tierischer Abfälle erzeugt, woran noch der Name „Hirschhornsalz" erinnert. Dieser Stoff enthält jedoch neben Ammoncarbonat, -hydrocarbonat NH_4HCO_3 noch *Ammoncarbaminat* $\begin{matrix} NH_4O \\ NH_2 \end{matrix}\!\!>\!C = O$ (w; kryst; subl 60°; L 15°: 25; L 65°: 67; l: Al), das aber unter Wasseraufnahme in der Wärme in Ammoncarbonat übergeht. Dieses ist sehr leicht zersetzlich und riecht deutlich nach Ammoniak. Es wird auch als Backhilfsmittel verwendet, ebenso das

Ammonhydrocarbonat, Ammonbicarbonat NH_4HCO_3 (fbl; rhomb; monokl; D 1,58; zers 60°; L: 21,7), das beim Sättigen von Ammoniumhydroxydlösungen mit Kohlendioxyd entsteht.

Ammoniumcyanid NH_4CN (fbl; D 1,02; zers 36°; subl 40°; L; sl: W; l: Al) wird erhalten, wenn man Formamid mit viel Ammoniak bei 300—350° über erhitzten Bauxit leitet:

$$H-C\begin{matrix}\nearrow O \\ \searrow NH_2\end{matrix} + NH_3 \rightleftarrows NH_4CN + H_2O$$

Es wird an Stelle von Natriumcyanid zur Laugerei von Silber- und Golderzen benützt.

Ammoniumrhodanid NH_4CNS (fbl; monokl; D 1,31; Fp 149,5°; zers 173°; L: 163; L: Al, Pyridin) bildet sich in Form krystallinischer Blätter bei der Einwirkung von Schwefelkohlenstoff auf Ammoniumhydroxydlösungen unter Druck bei 110°.

Primäres Ammoniumphosphat, Monoammoniumphosphat $NH_4H_2PO_4$ (fbl; tetr; D 1,79; L: 68,6) erhält man beim Einleiten von NH_3 in verdünnte Phosphorsäure bis zum Farbumschlag von Methylorange. Beim Eindampfen krystallisiert das Salz aus.

Diammoniumphosphat, Sekundäres Ammoniumphosphat $(NH_4)_2HPO_4$ (fbl; monokl; D 1,803; zers b. Erh.; L: 36,8) wird durch Absättigen von Phosphorsäure mit NH_3 in Form grober Krystalle erhalten. Beide Phosphate werden als Düngemittel verwendet.

Triammoniumphosphat, Tertiäres Ammoniumphosphat $(NH_4)_3PO_4 . 3\,H_2O$ kann nicht durch Einengen von mit Ammoniumhydroxyd versetzten Lösungen des Diammonphosphates erhalten werden, da sich die Lösung zersetzt. Man stellt es durch Einwirkung von gasförmigem NH_3 auf die Krystalle von Diammonphosphat dar.

Organische Ammoniumverbindungen. Werden die H-Atome im NH_4 durch organische Radikale ersetzt, so erhält man Substitutionsprodukte, deren Basizität mit der Anzahl der organischen Komponenten ansteigt. Tetramethylammoniumhydroxyd $N(CH_3)_4OH$ z. B. ist eine weit stärkere Base als Ammoniumhydroxyd.

Nachweis. Silbernitratlösung (20%) und Formaldehyd (33—40%) ergeben in schwach salpetersaurer Lösung (frisch bereitet) Ammoniakentwicklung oder eine Fällung; Kaliumquecksilberjodid K_2HgJ_4 (Neßlers Reagens) ergibt NH_3-Entwicklung und einen gelbroten Niederschlag oder Färbung; größere Ammoniumsalzmengen entwickeln mit Alkalien NH_3.

VI. Die Erdalkalimetalle Beryllium, Magnesium, Calzium, Strontium, Barium und Radium.

Die Erdalkalimetalle sind gleichfalls noch Leichtmetalle, deren spezifisches Gewicht in der Reihenfolge Ca, Mg, Be, Sr, Ba von

1,6 auf 3,8 ansteigt. Sie sind immer 2-wertig. Die weißen Oxyde bilden mit Wasser Basen, die jedoch bedeutend weniger löslich und schwächer dissoziiert sind als die Alkalihydroxyde. Die Basizität der Erdalkalihydroxyde steigt in der angegebenen Reihenfolge an und erreicht beim Bariumhydroxyd fast die Stärke der Alkalihydroxyde. Calzium, Strontium und Barium sind in ihrem chemischen Verhalten einander sehr ähnlich. Beryllium stellt den Übergang zu dem Erdmetall Aluminium dar.

Alle Erdalkalioxyde bilden weiße, erdige, mikrokrystalline und schwer schmelzbare Pulver. Sie besitzen ein Ionengitter und bilden mit Wasser starke Basen. Die Chloride, Bromide, Jodide und Nitrate sind in Wasser leicht, die Carbonate, Phosphate, Silicate und Fluoride aber schwer löslich. Die Erdalkalimetalle bilden auch Hydride, Nitride, Phosphide und Carbide, von denen nur das Calziumcarbid, dieses aber in größtem Ausmaße, von technischer Bedeutung ist.

Ungleich wichtiger als die Erdalkalimetalle sind ihre Verbindungen. Calziumverbindungen bilden die Grundlage unserer Mörtel- und Baustoffe, Gläser, der Carbidindustrie. Mg- und Ca-Verbindungen, wie z. B. Kalkstein, Kreide und Dolomit, sind sehr verbreitet und bilden ganze Gebirgsstöcke.

Die Erdalkalimetalle reagieren mit Wasser nicht so lebhaft wie die Alkalimetalle, zersetzen, wie z. B. Ca und Ba, das Wasser immer noch unter lebhafter Wasserstoffentwicklung. Auf *Beryllium* (Atomgewicht 9,02; Ordnungszahl 4; hex; hgrau; D 1,85; Fp 1280°; Kp 2967°; nl: W; l: HCl, Alk) bildet sich bei der Einwirkung von Wasser eine passivierend wirkende Schutzhaut von Berylliumhydroxyd $Be(OH)_2$, die den weiteren Angriff des Wassers zum Stillstand bringt. Auch in Salpetersäure entsteht auf Beryllium eine schützend wirkende Deckschicht von Berylliumoxyd BeO, während es von allen anderen Säuren und Laugen leicht aufgelöst wird.

Beryllium ist ziemlich selten und daher ein teures Metall. Es wird durch Schmelzflußelektrolyse von Barium- und Natriumfluorid enthaltendem *Berylliumfluorid* BeF_2 (fbl; tetr; D 1,986) dargestellt. Es wird gelegentlich als kornverfeinernder und vergütend wirkender Zusatz in geringen Mengen in gewissen Legierungen verwendet. Kupfer kann z. B. durch einen Zusatz von etwa 0,1—2,5% eine außerordentliche Härte verliehen werden (*Berylliumbronzen*).

Berylliumverbindungen besitzen wegen der Seltenheit des Metalles kein technisches Interesse. Der durchsichtige Edelstein Smaragd ist ein Beryllium-Aluminium-Silicat. Bemerkenswert ist, daß lösliche Berylliumverbindungen, wie z. B. *Berylliumsulfat* $BeSO_4 \cdot 4\,H_2O$ (L 25°: 42,4), süß schmecken, weshalb das Element Be in Frankreich heute noch den Namen Glucinium, Symbol Gl, trägt.

Die Ähnlichkeit des Berylliums mit dem Aluminium ergibt

sich z. B. aus der Reaktion von Berylliumverbindungen mit Ammoniumhydroxyd, wobei ein weißer voluminöser Niederschlag von *Berylliumhydroxyd* $Be(OH)_2$ entsteht, der in starken Laugen wieder löslich ist. *Berylliumoxyd* BeO (w; hex; D 3,06; Fp 2500°; Kp 2967°; nl: W; l: SS, Alk) ist sehr schwer schmelzbar. *Berylliumnitrat* $Be(NO_3)_2 . 3\,H_2O$ (w; kryst; Fp 60°; L: 103,3) wird in der Gasglühlichtindustrie als Zusatz zur Imprägnierungsflüssigkeit für die Glühstrümpfe verwendet, damit der Glühkörper nach der Veraschung des Fadengerüstes ein festes Skelett erhält.

Nachweis von Be. Morin (Pentahydroxyflavon) in Methylalkohol, schwach alkalischer Lösung gibt eine gelbe bis grüne Fluoreszenz. Nach Zusatz von 5 *n* Salzsäure tritt Entfärbung ein.

Barium (r. z.; fbl; D 3,5; Fp 710°; Kp 1638°; zers W) und *Calzium* (kub. fl. z.; hgrau; D 1,55; Fp 850°; Kp 1439°; zers W) werden beide durch Schmelzflußelektrolyse in geringen Mengen gewonnen. Sie werden in einigen Bleilegierungen als härtend wirkender Zusatz für Lagermetalle verwendet.

VII. Magnesium.

Symbol Mg; Atomgewicht 24,32; Ordnungszahl 12; Schmelzpunkt 687°; Siedepunkt 1102°; Dichte 1,74; Wertigkeit: II.

Reines *Magnesium* (hex; D 1,74; Fp 657°; Kp 1102°; l: SS; nl: Alk, NH_3), das wegen seines geringen spezifischen Gewichtes als Werkstoff sehr gut brauchbar wäre, ist wegen seiner geringen chemischen Beständigkeit und Weichheit in der Technik als Baustoff unverwendbar. Nur in Form von Legierungen (Elektron), und auch da nur nach einer entsprechenden Oberflächenbehandlung, stellt Magnesium einen verwendbaren Werkstoff dar. Wegen der außerordentlich starken Lichtwirkung, die bei der Verbrennung des Magnesiums auftritt, wird das Metall in der Feuerwerkerei zu Magnesiumfackeln, Leuchtkugeln, Raketen und Blitzlichtpulvern verwendet. Elementares und durch Aufdampfen von Jod aktiviertes Magnesium setzt sich mit vielen organischen Sauerstoff- oder Halogenverbindungen in Gegenwart von Aether zu Oxy- oder Halogen-Magnesium-Verbindungen, wie z. B. Aethylmagnesiumbromid C_2H_5MgBr, um (Grignardsche Reaktion, s. S. 543), die für die organische synthetische Chemie wegen ihrer Reaktionsfähigkeit mit anderen organischen Gruppen größere Bedeutung besitzen.

Magnesium ist ein unentbehrlicher Bestandteil der Zelle, da es im Chlorophyll ähnlich wie das Eisen im Blutfarbstoff gebunden ist.

1. Darstellung von Magnesium.

Magnesium wird entweder durch Schmelzflußelektrolyse von künstlichem, oxydfreiem und wasserfreiem Carnallit (s. S. 264) an

Eisenelektroden (Verfahren der I. G. Farbenindustrie A. G.) oder aber durch Reduktion von Magnesiumoxyd MgO mit Kohle bei Temperaturen über 2000° (Verfahren der Österreichisch-Amerikanischen Magnesit A. G., Radenthein) dargestellt. Beim I.-G.-Verfahren wird die Schmelze des Carnallits in eisernen, von außen oder durch Widerstandsheizung erwärmten Tiegeln, die als Kathoden dienen, und Kohlenanoden bei etwa 700—750°, 7—8 V und etwa 1 Amp/dm² elektrolysiert. Das geschmolzene, leichte Magnesium schwimmt auf der Schmelze und sammelt sich in Form von Kügelchen. Das an der Anode entwickelte Chlor wird wieder zur Herstellung von reinem Magnesiumchlorid aus MgO und Kohle benützt. Das erhaltene Magnesium wird noch einmal mit raffinierend wirkenden Zusätzen umgeschmolzen, um oxydische und salzartige Verunreinigungen zu entfernen. Besonders gefährlich wirkt sich ein nur etwa 0,01% betragender Natriumgehalt aus, der das Magnesium bereits vollständig unbeständig macht.

Das thermische Verfahren zur Gewinnung von Magnesium besteht darin, daß Magnesiumoxyd mit Kohle im elektrischen Ofen auf eine Temperatur über 2000° erhitzt wird. Da bei Temperaturen unter 2000° das Gleichgewicht der Reaktion $MgO + C \rightleftharpoons Mg + CO$ wieder auf der Seite der Bildung von MgO liegt, sich also wieder aus Magnesiumdampf und Kohlenoxyd MgO zurückbilden würde, wird den heißen Reaktionsgasen bei ihrem Austritt aus dem Ofen gekühlter Wasserstoff zugesetzt, so daß der für die Rückoxydation besonders gefährliche Temperaturbereich von 2000° bis 200° schnell und ohne Gefahr durchlaufen wird. Bildet sich auch nur teilweise MgO zurück, so umhüllt dies die Magnesiumtröpfchen mit einem feinen Häutchen, das das Zusammenschmelzen der Magnesiumteilchen und die Gewinnung eines kompakten Metallregulus verhindert.

Das erhaltene Rohmagnesium wird hierauf in ununterbrochenem Betriebe in einem Strome eines indifferenten Gases im Vakuum verdampft. Die Dämpfe werden schnell so weit abgekühlt, daß gerade der Siedepunkt des Magnesiums unterschritten wird. Das in flüssigem Zustand kondensierte Mg tropft in ein vorgelegtes Kohlenwasserstofföl und erstarrt zu Körnern mit einem Reinheitsgrad von 99,97% Mg. Das Verfahren wird in Kärnten, Amerika und England ausgeübt.

2. Magnesiumverbindungen.

Magnesiumoxyd MgO (w; reg; D 3,2—3,7; Fp 2642°; Kp 2800°; L 18°: $0{,}84.10^{-3}$; l: SS) stellt ein weißes, lockeres Pulver dar. In Wasser löst es sich nur wenig und unter Bildung von Magnesiumhydroxyd auf. Wegen seiner Schwerschmelzbarkeit wird es zur Herstellung von hochtemperaturbeständigen Tiegeln sowie von feuerfesten Magnesitsteinen (s. S. 354) verwendet. In diesen bilden die natürlichen Beimengungen des krystallinen Magnesits von Eisencarbonat $FeCO_3$ (2—8%) neben anderen Verunreinigungen, wie 1—5% CaO, 1—3% Al_2O_3, 1—5% SiO_2 usw., bei hohen Temperaturen Magnesiaferrite usw., die die Sinterbarkeit des Magnesits ermöglichen. Sie führen bei der Herstellung der feuerfesten Magnesitsteine oberhalb 1400° zum innigen Zusammenkitten der Magnesitkrystalle. Die durch die Eisenverbindungen dunkel gefärbten Magnesitsteine schmelzen erst oberhalb 2000°, sie sind also hoch feuerfest.

Die Sinterung wird in Schacht-, Drehrohr- oder Kanalöfen durchgeführt. Zur Herstellung von Magnesitsteinen wird die gepulverte, mehrere Wochen zur Hydratisierung feucht gelagerte, bereits einmal gesinterte Masse bei 150—300 Atm. zu Ziegeln usw. gepreßt und nach dem Trocknen neuerlich bis zur Sinterung gebrannt. Magnesiastampfmasse besteht aus einem Gemisch von körnigem und gepulvertem Magnesit sowie Teer als Bindemittel und wird mit rotwarmen Eisenstampfern über der Ausmauerung der Magnesitsteine aufgebracht. Sie dient z. B. zur Ausfütterung der Siemens-Martin-Öfen in der Stahlindustrie (s. S. 468), zum Auskleiden von Gießpfannen, elektrischen Öfen usw. Wegen der Bindungsfähigkeit für saure Stoffe, wie Phosphor- oder Kieselsäure, wird Magnesit als „basisches" Futter bezeichnet.

Magnesiumhydroxyd $Mg(OH)_2$ (w; rhomboedr; D 2,36; L 18°: $8{,}4.10^{-4}$; L 100°: 4.10^{-3}; l: SS) entsteht bei der Fällung von Lösungen von Magnesiumsalzen mit Basen als weißer, gallertartiger Niederschlag, der in Wasser nur wenig löslich ist. Die wässerige Lösung reagiert schwach alkalisch. Trotz seiner geringen Löslichkeit kann aber MgO und $Mg(OH)_2$ auch sehr starke Säuren neutralisieren, wobei selbst bei Verwendung eines Überschusses der Basen keine stark alkalische Reaktion auftritt.

Magnesiumchlorid $MgCl_2 . 6\,H_2O$ (fbl; monokl; D 1,56; Uwp $4\,H_2O$: 116,7°; L —33,5° ($12\,H_2O$): 20,6; L 20°: 54,25; Fp 712°; Kp 1418°; l: Al) krystallisiert mit 1, 2, 4, 6, 8 und 12 Krystallwasser. Es stellt wegen seiner geringen Verwertbarkeit einen lästigen Ballast der Kaliwerke dar, da es in großen Mengen bei der Aufarbeitung des Carnallits auf Kaliumchlorid (s. S. 250) anfällt. Geringe Mengen werden für die Herstellung von *Magnesiazement* verwendet. Trägt man stark geglühtes Magnesiumoxyd in eine konzentrierte Magnesiumchloridlösung (D 1,3) bis zur Bildung eines knetbaren steifen Breies ein, so bildet sich zunächst eine plastische Mischung, die nach wenigen Stunden zu einer harten, politurfähigen, glänzenden, weißen Masse von Magnesiumoxydchlorid der ungefähren Zusammensetzung $MgCl_2 . 5\,MgO . aq$ erstarrt. Die als Sorel- oder Magnesiazement bezeichnete Masse wird zur Herstellung von künstlichen Lithographiesteinen, Elfenbein, Kitten für Metall und Glas, mit Korkabfällen oder Sägespänen usw. vermischt als Fußbodenbelag (Steinholz oder Xylolith genannt), in Mischung mit Baumwollfasern von Knöpfen, Billardkugeln, mit Schleifmitteln für Schleifsteine usw. verwendet. Sorelzement ist jedoch nicht ausreichend wasserbeständig, so daß er nur dort mit Erfolg eingesetzt werden kann, wo größere Wassermengen mit ihm nicht in Berührung kommen können. Hingegen ist er gegen Salzsole hinreichend beständig und hat sich daher in Bergwerken zur Abdämmung von Soleeinbrüchen gut bewährt. Eine weitere Anwendungsmöglichkeit für Magnesiumchlorid bietet die Baumwollindustrie, wo es zum Feucht- und Geschmeidighalten von Baumwollfasern dient. Magnesiumchlorid ist sehr stark hygroskopisch.

Beim Erhitzen mit Wasserdampf zerfällt Magnesiumchlorid unter Bildung von Salzsäure nach $MgCl_2 + H_2O = MgO + 2\,HCl$, welches Verfahren kurze Zeit auch zur Erzeugung von HCl angewendet wurde (Einfließenlassen der Lösung in glühende Retorten). Die Zerfallsreaktion des $MgCl_2$ spielt auch im Dampfkesselbetrieb eine gewisse Rolle, da es mit Wasser bereits bei Temperaturen über 100° HCl abspaltet, wodurch starke Korrosionen verursacht werden können.

Magnesiumsulfat, Bittersalz, Kieserit $MgSO_4 . (1, 5/4, 2, 4, 5, 6, 7, 12\,H_2O)$ (fbl; rhomb; D 2,66; Fp 1127°; L $0\,H_2O$ Ae: 1,17; L $1\,H_2O$ 100°: 48,0; 200°: 1,6; L ($7\,H_2O$): 35,6; L A 3°: 15; L M 17°: 40,1) findet sich in reichlichen Mengen in den Kalisalzlagern (s. S. 250). Aus wässerigen Lösungen krystallisiert das Bittersalz $MgSO_4 . 7\,H_2O$ aus, das in den Bitterwässern vorkommt und abführend wirkt. Beim Erhitzen verliert das krystallisierte Salz Krystallwasser.

Magnesiumcarbonat $MgCO_3$ (fbl; dim; rhomboedr; rhomb; D 3,037; zers 350°; L: $1{,}1.10^{-2}$; l: CO_2-haltiges W; ll: SS) krystallisiert mit 1, 2, 3 und 5 Molekeln Krystallwasser. Es kommt für sich als Magnesit und als isomorphe Beimischung von $CaCO_3$ als Dolomit reichlich in der Natur vor. Magnesit dient als feuerfestes Material (s. MgO). Die Abgabe der CO_2 beginnt bereits bei 350°, vollständig ist sie aber erst bei Rotglut.

Basisches Magnesiumcarbonat $4\,MgCO_3 . Mg(OH)_2 . 4\,H_2O$ (D 2,16) kommt als Magnesia alba in Form weißer Ziegel in den Handel. Es findet Verwendung als Putzmittel, Zahnpulver und säurebindendes Mittel in der Medizin und bildet das Bindemittel für Holzwolle bei der Erzeugung der Heraklithplatten (für eine schnelle Leichtbauweise angewendet).

Magnesiumorthosilicat Mg_2SiO_4 (fbl; D 3,21; Fp $<$ 1900°; nl: W) kommt als Mineral Olivin, *Magnesiummetasilicat* $MgSiO_3$ (fbl; D 3,28; Fp 1524°; nl: W) als Enstatit vor. Auch Talk, Meerschaum, Asbest usw. enthalten Magnesiumsilicate. Die faserige Struktur des Asbestes wird durch $(Si_4O_{11})^{-VI}$-Gruppen hervorgerufen, die kettenförmig aneinandergereiht sind (vgl. Abb. 40, *e*). Asbest wird wegen seiner guten chemischen Beständigkeit zur Herstellung von Filtertüchern und auf Grund seiner Hitzebeständigkeit als Wärmeisolation verwendet. Er kommt in Faserform, Schnur, Pappe und Gewebe in den Handel.

Nachweis von Mg. Dinatriumphosphat Na_2HPO_4, fest, NH_4Cl und NH_4OH ergeben in neutraler bis schwach ammoniakalischer Lösung eine weiße Fällung von *Magnesiumammoniumphosphat* $MgNH_4PO_4 . 6\,H_2O$ (fbl; L 15°: 6.10^{-3}; nl: Al). Dieses ergibt beim Glühen *Magnesiumpyrophosphat* $Mg_2P_2O_7$ (fbl; D 2,598; Fp 1383°; nl: W, Al; l: SS), die analytische Wägungsform des Mg; Kalium- oder Natriumhypojodit KJO oder NaJO ergeben eine braunrote Fällung oder Färbung.

3. Korrosion und Korrosionsschutz.

Der Korrosion, d. i. die von der Oberfläche ausgehende unerwünschte Zerstörung eines Werkstoffes, sind mit Ausnahme der Edelmetalle alle unsere Werkstoffe unterworfen. Als Ursache der Korrosion ist das Bestreben der Metalle anzusehen, mit dem Sauerstoff der Luft und den Atmosphärilien Wasser, CO_2, SO_2 Verbindungen einzugehen. Dieses Streben ist im allgemeinen um so größer, je unedler ein Metall ist. In Gegenwart von Wasser entstehen auf der Metalloberfläche galvanische Elemente, Lokalelemente genannt, wobei an der Anode die Metallauflösung und an der Kathode, die von den Korngrenzen, edleren Verunreinigungen, Schlackeneinschlüssen gebildet wird, Wasserstoff zur Abscheidung gelangt.

Bei Anwesenheit von Sauerstoff, wie dies bei der Korrosion an der Luft fast stets der Fall ist, und in nahezu neutralen Lösungen wird der an der Lokalanode entstehende Wasserstoff sofort zu Wasser oxydiert oder „depolarisiert", so daß die Metallauflösung ungehindert oder sogar noch verstärkt vor sich gehen kann. Manche Metalle, wie z. B. Kupfer, werden überhaupt erst in Gegenwart von O_2 oder anderen oxydierend wirkenden Stoffen angegriffen.

Entstehen bei der Einwirkung des angreifenden Mittels auf der Metalloberfläche unlösliche, fest haftende Verbindungen, so können diese durch Bildung porenarmer Deckschichten die Korrosion vermindern oder bei sehr dichten Schichten ganz zum Stillstand bringen. Auf diesem Verhalten beruht die gute Beständigkeit der an sich unedlen Metalle Aluminium, Zink und Chrom.

Zur Korrosion ist meist das Vorhandensein von Wasser und O_2 erforderlich. Daher greifen organische Flüssigkeiten die Metalle erst bei Anwesenheit von mindestens Spuren von Wasser an. Rein chemisch wirken die Halogene Cl_2, Br_2 und J_2, ferner H_2, N_2, SO_2 und O_2 auf Metalle ein.

Der Angriff kann auf folgende Weise erfolgen:

1. Gleichförmig verteilt auf die ganze Metalloberfläche. Die Geschwindigkeit der Korrosion wird dann durch die Diffusionsgeschwindigkeit des Sauerstoffes oder der Säure zur Metalloberfläche bestimmt. Gleichmäßige Metallabnahme, angegeben in g/qm Tag oder mm/Jahr. Beispiel: Rosten des Eisens, Verzunderung, Zink.

2. Ungleichförmiger Angriff, Lochfraß (pitting), Angriff auf einzelne Stellen der Metalloberfläche beschränkt. Gefährlicher als die gleichförmige Korrosion. Beispiel: Chrom-Nickel-Stahl in Ferrichloridlösung.

3. Interkrystalline Korrosion. Es werden nur die Korngrenzen zwischen den mikroskopischen Krystallkörnern des Metalls angegriffen. Führt zum Zerfall des Werkstoffes. Beispiel: Cr-Ni-Stahl, erhitzt auf 500—900° C, langsam abgekühlt (Schweißen!).

Der Lochfraß und die interkrystalline Korrosion führen durch Kerbwirkung zu starken Festigkeitsverlusten des Werkstückes. Zerstörung des Werkstückes (Durchlöcherung) trotz sehr geringen Materialverlustes.

Einen ganz allgemeinen Überblick über die Korrosion der wichtigsten Metalle vermitteln die von G. Schikorr zusammengestellten Tab. 26—28, die jedoch nur einen ersten Anhaltspunkt für das voraussichtliche Verhalten der Metalle geben.

Vorbemerkungen.

1. Es bedeutet:

1 = Material fast immer verwendbar, Angriff etwa 0,0001 g/qm Tag;
2 = Material in den meisten Fällen verwendbar, Angriff etwa 0,01 g/qm Tag;
3 = Material mitunter verwendbar, Angriff etwa 1 g/qm Tag;
4 = Material sehr selten verwendbar, Angriff etwa 100 g/qm Tag;
5 = Material nie verwendbar, Angriff etwa 10.000 g/qm Tag.

2. Die Angaben des Schrifttums schwanken sehr stark je nach den Bedingungen (Reinheit des Metalls, Konzentration des angreifenden Stoffes, der Temperatur) und nach dem Beobachter. In den Tabellen sind die Angaben häufig nur geschätzt.

3. Korrosionsfördernd wirken in der Regel Erhöhung der Temperatur, Wasserstoffionenkonzentration, Bewegung der Lösung und Ungleichförmigkeit des Gefüges.

4. Die meisten Angaben beziehen sich auf Luftgegenwart.

5. Besonders wichtig ist oft der Wassergehalt der angreifenden Stoffe. Manchmal erhöht Wasser den Angriff (Alkohol, Treibstoffe, Atmosphäre), manchmal vermindert es den Angriff (z. B. Aluminium in organischen Stoffen).

6. Die Angaben in der Tabelle können nur als Hinweise dienen.

Tab. 26. Korrosion der Metalle durch sauerstoffhaltige wässerige Lösungen der Spalte 1.

	Al	Pb	Cd	Cr	Fe	Fe + Si	18% Cr 8% Ni Rest Fe	Cu[2]	Cu + Zn[2]	Cu + Sn[2]	Cu + Ni[2]	Ni[2]	Zn	Sn[2]
Destill. Wasser	2–3	2–3	2	1	3		1	2	2	2	1–2	1	2–3	2
Kohlensäure	2–3	2–4		1	3–4		1–2	2–3	2–3		2	2	2–4	2
Salpetersäure	2–4	2–5	5	1–4	5	1–3	1–4?	5	5	3–5	2–5	1–5	5	3–5
Salzsäure	5	2–5	5	5	5	2–5	5	4	4	3–4	3–4	3–5	5	3–4
Schwefelsäure[1]	3–4	2–5	5	3–4	3–5	2–4	2–5	3	3	2–3	3	3–4	5	3–4
Schweflige Säure	4	2		4	4	2	2–4	3	3	2–3	2–4	4	5	3–4
Phosphorsäure	4	2–4		4?	3–5	1–4	1–5	3–4	3–4		2–4	3–4		
Flußsäure	3–5	4		4		5					2?	1[3]		
Borsäure	2–3				3–4	2	1–2			2–3		1?		
Ammoniak	2		3	1	1–2	1–2	1	4	4	3–4	2–4	1–2		1
Natronlauge, Kalkmilch (chlorfrei)	5[3]	3–4		1	1	1–3	1	2–3	2–3	1–2	1–3	1	3–4	4–5
Soda (chlorfrei)	4[3]	2		1	1	1–3	1				2–3	1		3–4
Natrium- und Calziumsulfid (chlorfrei)		1		1	1	3	1				3–4			
Natrium-, Calziumchlorid usw.	3–4	2–4	2?	1–2	3	2–3	2	3–4	3–4	2–4	2?	2–3	2–3	2
Natrium-, Calziumnitrat usw.	2–3			1	3		1	2–3	2–3	2	1–2	1	2–3	
Natriumsulfat	2–3	2		1–2	3	5	1	2–3	2–3	1–3	1–2	1–2		
Ammonchlorid	4	2–3		3	4	5	1–3	4	4	2–4	3–4	2?		
Ammonsulfat	3–4	1		2	4	1–2	1–3		3?	3	2	2	3–4	
Ammonnitrat	2			1	4	1–2	1–5	3	3?	3	4	2	4–5	
Alaun, Aluminiumsulfat	3–4	2–3			4	2–3	2–3		2–3		2	3	4	
Ferrosulfat	4				4	1	2				3–4			
Quecksilber- und Kupfersalze	4–5				4	1–4	1–5		2–4			3–4	5	
Wasserstoffperoxyd	2–4			1	2–4		1	2–4			3	1	2–5	
Fließendes Leitungswasser	3–4	2–4	2?	1	2–4	2–3	1	2	2–3	2	2	1–2	2–3	2
Chromsäure, Chromat, Bichromat	1	1		1	1	1–2	1				4	1	1–3	4

[1] Konzentrierte H_2SO_4 greift oft weniger an.
[2] Bei Abwesenheit von Sauerstoff häufig 1–2.
[3] Zusatz organ. Stoffe, wie Gummiarabikum oder Wasserglas, vermindert den Angriff.

Maßnahmen zum Schutze der Metalle gegen die Korrosion.

Die wichtigsten Maßnahmen zur Verhütung der Korrosion sind folgende:

1. Zulegieren von die Beständigkeit erhöhenden Metallen, z. B. mehr als 13% Cr zum Eisen, etwa 0,2% Cu (Baustahl), Ni (nichtrostender Stahl, 18% Cr, 8% Ni, Rest Fe); Si, Mo, Cu, W, Zr (zur Erhöhung der Säurebeständigkeit); Al, Si (für Zunderbeständigkeit).

2. Aufbringung metallischer Überzüge beständigerer Metalle. Die metallischen Überzüge können durch Aufschmelzen (Tauchen in Metallschmelzen, Abkürzung [*T*], Diffusion oder Zementation [*Z*]), Aufdampfen oder Behandlung mit dampfförmigen Metallverbindungen [*D*], Plattieren (Walzschweißplattieren, Verbundguß [*P*]), Aufspritzen von geschmolzenen Metallen [*S*] oder auf galvanischem Wege [*G*] aufgebracht werden.

Die Überzugsmetalle, geordnet nach ihrer Bedeutung, sind: Zink [*T, G, Z, S*], Zinn [*T, G*], Nickel [*P, G, Z*], Chrom [*G, Z, D*], Aluminium [*P, T, S, Z*], Blei [*T, G, P*], Cadmium [*G, T*], nichtrostender Stahl [*P, D*], Kupfer [*P, G, Z*], Silber [*P, G*], Gold [*P, G*], Platin [*P, G*], Rhodium [*G*]. Gut schützend wirken nur festhaftende, dichte Überzüge von einer bestimmten Mindestdicke an, die z. B. beim Zink 0,02 mm, beim Nickel 0,0025 mm, beim Chrom 0,02 mm, beim Blei 1,25 mm beträgt. Vorbedingung für gute Haftfestigkeit ist vollständige Reinheit von Fetten und Oxyden.

Tab. 27. Korrosion der Metalle durch Stoffe der Spalte 1.

	Al	Pb	Cd	Cr	Fe	Fe + Si	18% Cr 8% Ni Rest Fe	Cu	Cu + Zn	Cu + Sn	Cu + Ni	Ni	Zn	Sn
Erdböden	4	2–4		1–2	2–4		1–2	2				2	3–4	2–3
Gips, Gipsmörtel	3	2		1	2–4		1	2–3				1–2	2–4	
Zement, Zementmörtel	4	3–4		1	1–2		1	2–3					2–4	2?
Schwefel, flüssig	1?	4		1?		2	3	4–5	3–4	4	4	4	2?	
H_2S+O_2 (in feuchtem Zustande)	1		1?				1	2–4	3			2	2–3	
Nitrose Gase (in feuchtem Zustande)	2		1?	1	4		1–2	4				1–5		
SO_2+O_2 (in feuchtem Zustande)	2–4							4				1–4	2–5	
Halogene (in feuchtem Zustande)	5	2–5			2–5	2–5	2–5	2–5				1–5		4–5
Luft (in feuchtem Zustande)	1–4	1–2	1–2	1	2–4		1	1–2	2	1–2	1–2	1–2	1–3	1–2
Luft + Salznebel (in feuchtem Zustande)	2–4		2–3	1–3	3–4		1–3	2–4			1–3	1–3	3	2–3

Tab. 28. Korrosion der Metalle durch organische Stoffe.

	Al[2]	Pb	Cr	Fe	Fe + Si	18% Cr 8% Ni Rest Fe	Cu	Cu + Sn	Cu + Ni	Ni	Zn	Sn
Aceton	1–2		1	2–3		1						
Aethyl-, Methylalkohol	2	2–3	1	1–2		1	2?		1	1		
Aethyläther	2		1	1–2		1						
Ameisen-, Essig-, Oxalsäure	4	2–4	2–4	2–4	1–3	1–4	2–4	3	2–4	1–4	4	2–4
Propion-, Butter-, Baldriansäure	3–4[1]		1–3	2–3	1–2	1–3	2–4	3	1–3	1–4	4	2–4
Citronen-, Bernstein-, Milch-, Salicyl-, Weinsäure	2–4[5]	3–4	1–3	2–4	1–3	1–3	2–4	3	1–3	2–3	4	2–3
Blausäure	1?	3–4		3–4	2	1					2?	
Höhere Fettsäuren	2–4[1]		1–3	1–3	1–2	1	2–3	2	2–3	1?	2–3	
Gerbsäure	3	4		3–4	1–2	1			3	1		
Anilin, Amide	2–4						4	4				
Benzol	1–2		1	1–3			1–2	1–2			2	1
Kampfer, geschmolzen	1?	2[4]		2								
Formaldehyd	1			2–3		1–3						
Gelatine	1							3	1	2		
Harze	1	3–4		3–4			2–3		2	1		
Phenole	1–2[1]	3–4	1	3–4	2	1			2	2		1
Schwefelkohlenstoff				2–3		1				2		
Terpentinöl	1			2		1						
Tetrachlorkohlenstoff (feucht)	1?	4		1–3		1–2	3	2–4	2–4	2–3	3–4	3–4
Zuckerlösungen	2			2–3								1
Bier	2–3			3				3	3	2	3	2–3
Milch	2		1–2	3		1–2				2–3		2
Wein	2–3?			3			4				3–4	3
Fette Öle	2			1–3								
Petroleum	1–2			1–3								
Urteeröle	2–4[1]			1–4			2		2–4	2	2–4	
Org. Schwefelverbindungen in Kraftstoffen	2	3–4		3–4			3–4	2		2	4	1–2

[1] Wasserhaltig! Die wasserfreien Stoffe greifen stärker an. Völlig wasserfreie organische Säuren rufen häufig einen weit stärkeren Angriff hervor als Säuren mit 0,1 bis 1 % Wasser.

[2] Aluminium gegen Acetanilid, Alkaloide, Amylacetat, Ketone, Paraffin, Pyrogallol, Resorcin, Ricinusöl, Sulfonalwachs, Paraldehyd, wasserfreien Essigsäureäthylester, Fette, Nitroglycerin: 1; gegen Acetessigester, Kresole, Leinölfirnis, Naphthol, Naphthylamin, Nitrocellulose, Olivenöl, ätherische Öle, Jauche, Aethylentrichlorid, Chinon, Tischlerleim, Krapplack, Spirituslack, Senföle, Zellstoffmasse: 2; gegen Benzaldehyd: 4.

[3] Bei Sauerstoffabwesenheit oft kein Angriff.

[4] Bei Gegenwart von Eisen: 4.

[5] Milchsäure 1?

3. Aufbringung anorganischer Überzüge.

a) Oxydation durch Erhitzen an der Luft, eventuell auch in Anwesenheit von Wasserdampf, oder durch chemische oder elektrolytische Oxydation in Salz- oder Säurebädern oder Schmelzen; oft nur geringer Schutzwert, sehr empfindlich gegen mechanische Beschädigungen.

b) Silicat- oder Emailschmelzen. Niedrig schmelzende, meist Borsäure enthaltende Glasflüsse, denen Oxyde des Al, Ca, Mg, Zn und Zr u. dgl. beigemischt sind.

c) Phosphatieren. Behandlung in wässerigen, schwach phosphorsauren Lösungen von Zink- oder Manganphosphat bei 96—98° oder 20—30° C; sehr guter Haftgrund für Öl- oder Lackanstriche, deren Beständigkeit durch das Phosphatieren wesentlich erhöht wird.

4. Organische Überzüge.

a) Lacke oder Anstriche (siehe vorhergehenden Abschnitt).

b) Öle oder Fette; Gemische von Vaselin, Wollfett, Talg, manchmal auch Mineralöl, Fischöl, Wachsöl; nur in bedeckten Räumen verwendbar, Schutzdauer bis ungefähr 2 Jahre; Aufbringen durch Streichen, Spritzen, Tauchen u. dgl.

c) Teer und Asphalte. Billiger Schutz gegen Wetter, Feuchtigkeit und SO_2-haltige Industrieluft. Meist Zusatz von Ölfirnis. Schutzwirkung hängt von der Dicke des Überzuges ab. Am besten 2 oder 3 Anstriche mit Zwischenlagen von Pappe, Textilien, Drahtgewebe, Zelluloid, Gummi.

d) Gummiüberzüge. Beständig gegen Säuren und Alkalien, empfindlich gegen organische Lösungsmittel für Gummi und Schwefel, Mineralöl. Aufbringung durch Aufkleben von dünnen Platten oder Aufspritzen von Gummilösung; Kupfer muß vorher verzinnt werden, Eisen kann unmittelbar behandelt werden.

5. Maßnahmen am angreifenden Mittel.

a) Beseitigung oder Fernhalten von O_2 (inerte oder reduzierend wirkende Gase, wie H_2, Vakuum).

b) Beseitigung der Feuchtigkeit (Trocknen der Luft, durch konzentrierte Schwefelsäure oder $CaCl_2$).

c) Wasserreinigung. Beseitigung von O_2 durch Vakuum, Erwärmen, Filtrieren über Eisenspäne, Sulfitzusatz, Beseitigung von CO_2 durch Kalksteinfilter; Kalk-Soda-Reinigung.

d) Zusatz von Stoffen, die die Deckschichtbildung fördern (Wasserglas, Calziumsalze, CrO_3 und ihre Salze, Leim).

6. Elektrochemische Schutzverfahren.

a) Kathodische Polarisierung des Metalls zur Kompensation der Lokalströme (Cumberland-Verfahren für Kondensatoren und Dampfkessel; Erdölleitungen).

b) Leitende Verbindung mit einem Schutzmetall, das dann allein angegriffen wird (Zink für Eisen, Eisen für Bronze und Messing, Mangan- oder Aluminiumlegierungen).

7. Bauliche Schutzmaßnahmen.

Vermeidung horizontaler Flächen, von Mulden, Vertiefungen, Sümpfen, starken Spannungsbeanspruchungen des Werkstoffes, der Berührung zweier verschiedener Metalle verschiedenen Potentials.

4. Korrosion und Oberflächenschutz von Magnesium.

Verhalten von Magnesium. Magnesium bildet an der Luft augenblicklich eine Oxydhaut aus, die aber derart porös ist, daß sie das Metall weder gegen feuchte Luft noch Wasser schützen kann. Kochendes Wasser zersetzt Magnesium bereits unter Bildung von $Mg(OH)_2$, MgO und H_2, während kaltes reines Wasser Magnesium nur wenig und langsam angreift. Eine Kochsalzlösung zersetzt aber bereits mit starker Wasserstoffentwicklung, da die kleinen Chlorionen durch die zahlreichen Poren der Deckschicht zum blanken Metall durchdringen können und mit diesem unter Bildung von leicht löslichem Magnesiumchlorid reagieren. Gegen heiße Alkalien selbst hoher Konzentration ist aber Magnesium beständig.

Selbst verdünnte Säuren lösen Magnesium leicht auf. Magnesium ist um so beständiger, je reiner es ist. Metallische oder nichtmetallische Verunreinigungen ($MgCl_2$) verursachen einen verstärkten oder dauernd fortschreitenden Angriff (Lokalelementwirkung, s. S. 268).

Eine Berührung von Magnesium mit edleren Metallen (Tab. 23) begünstigt den Angriff auf das Mg beträchtlich. Das Magnesium stellt nämlich auf Grund seines stark negativen Metallpotentials im Lokalelement: Magnesium/edleres Metall, stets die Anode dar und wird dann durch den Strom des Lokalelements zusätzlich in verstärktem Ausmaße aufgelöst. Für den Konstrukteur ist dies von großer Bedeutung, da alle elektrisch leitenden Berührungen von Magnesiumteilen mit anderen Metallen, wie Al, Ni, Cu, Pb, Mn, Fe, Zn, Hg usw., eine Begünstigung des Korrosionsangriffes auf das Mg bewirken und daher vermieden werden müssen (Isolierung).

Oberflächenschutz. Der Korrosionsschutz des Mg und seiner Legierungen beruht in einer Verstärkung der natürlichen Oxydschicht auf chemischem oder elektrochemischem Wege sowie einer Porenabdichtung durch Nachbehandlung. Die verbreitetste Nachbehandlungsart des Mg und seiner Legierungen besteht in einem Beizen mit einem Gemisch von konzentrierter Salpetersäure und etwa 10% Kaliumbichromat $K_2Cr_2O_7$. Es bildet sich eine dünne, gelb gefärbte Schutzschicht aus, die bei Walz- und

Gußmaterial eine verschiedene Beschaffenheit aufweist. Gute Ergebnisse sollen auch durch eine Behandlung mit Bädern aus seleniger Säure H_2SeO_3 und Kochsalz oder Phosphorsäure und Natriumselenit erzielt werden können, wobei sich ein Überzug von Selen auf dem Metall abscheidet. Dieser besitzt „selbstheilende" Eigenschaft, d. h. bei einer Verletzung des Überzuges bildet sich dieser von selbst durch Reduktion von Selenwasserstoff H_2Se wieder nach.

Der elektrochemische Oberflächenschutz des Mg und von Mg-Legierungen besteht in einer anodischen Behandlung in einer heißen Natronlauge (Dauer etwa 25 Min.; 70—80° C; 1 Amp/qcm; 3—6 V). Dieses sog. „Elomagverfahren" wird dann angewendet, wenn der chemische Oberflächenschutz allein nicht mehr ausreicht. Andere elektrolytische Oxydationsverfahren erzeugen Fluoridschichten (Flussalverfahren), Überzüge aus Chromoxyd und Manganoxyd, Magnesiumsilicat usw.

Nachbehandlung. Für alle Schutzverfahren für Magnesiumlegierungen ist eine Nachbehandlung der Schutzschicht sehr wesentlich, um deren Poren zu verstopfen. Dazu dienen Fette, Wachse, Lacke, Wasserglaslösungen, Lösungen von Fluoriden usw. Sehr gut hat sich die Kombination des Elomagverfahrens mit einem Einbrennlack bewährt.

5. Magnesium und Magnesiumlegierungen.

Reines Magnesium hat eine sehr niedrige Proportionalitätsgrenze (d. i. jene Belastung pro Einheit des ursprünglichen Querschnittes, bei der die Deformationen aufhören, den Belastungen direkt proportional zu sein). Sie beträgt für gegossenes reines Magnesium 0,07 kg/qcm, im gewalzten Zustand rund 0,4 kg/qcm. Durch eine Kaltbearbeitung wie Walzen wird die Proportionalitätsgrenze somit erhöht. Einer der wesentlichsten Gesichtspunkte für die Auswahl von Legierungskomponenten ist die Erhöhung der Proportionalitätsgrenze. Auch der Elastizitätsmodul des reinen Magnesiums ist nur gering (Dehnungsmodul $E = 0{,}29.10^{+6}$ kg/qcm). Selbst die festeren Mg-Legierungen haben einen Elastizitätsmodul von $0{,}35$—$0{,}4.10^6$ kg/qcm gegenüber etwa $0{,}77.10^6$ kg/qcm bei Aluminium und etwa 2.10^6 kg/qcm bei Stahl.

Die wichtigsten Mg-Legierungen sind jene mit Al (4—12%), meist auch noch bis 3% Zink. Mehr als 0,3% Mangan erhöhen die Korrosionsbeständigkeit der Mg-Legierungen ganz beträchtlich. In Europa werden Mg-Legierungen mit mehr als 1% Al sowie Zn, Cu und Mn als „Elektron" bezeichnet. Die Zusammensetzung der Elektronlegierungen schwankt jedoch innerhalb größerer Grenzen. Sie finden ausgedehnte Verwendung in der Optik, Automobil-, Textil-, Elektro- und Luftfahrtindustrie. Elektron ist gegen Wasser, Alkalien, Benzin, Öl und säurefreie Fette unempfindlich. Auch

Cadmium und Nickel werden als Legierungskomponenten verwendet.

Magnesiumlegierungen enthalten meist über 85% Mg. Bemerkenswert ist, daß Mg-Legierungen eine höhere Wechselfestigkeit als Aluminiumlegierungen besitzen, was für gewisse Verwendungsgebiete einen Vorteil bedeuten kann.

Wegen der starken Affinität des Magnesiums zum Sauerstoff werden bestimmte Mg-Legierungen bei der Herstellung von Metallgüssen als *Desoxydationsmittel* verwendet, die die Aufgabe haben, Metalloxyde des Gußmetalls zu reduzieren. Derartige Mg-Legierungen für Desoxydationszwecke sind z. B. Cupromagnesium mit 10, 20 und 50% Mg, Rest Cu; Zink-Magnesium mit 50% Mg; Zinn-Magnesium mit 50% Mg; Nickel-Magnesium mit 50% Mg; Ferromagnesium mit 12% Mg.

Magnesiumlegierungen können geschmiedet, gewalzt, heißgepreßt, gezogen, geschweißt und zu Drähten, Bändern, Profilen usw. verarbeitet werden. Auch ein Gießen nach dem Sand-, Kokillen- und Spritzgußverfahren ist möglich. In der Tab. 29 sind einige charakteristische Magnesiumlegierungen und ihre physikalischen Eigenschaften angegeben.

VIII. Calzium und Calziumverbindungen.

Symbol Ca; Atomgewicht 40,07; Ordnungszahl 20; Schmelzpunkt 850°; Siedepunkt 1439°; Dichte 1,55; Wertigkeit: II.

1. Metallisches Calzium.

Calzium (kub fl. z.; hgrau; D 1,55; Fp 850°; Kp 1439°; zers W) wird durch Schmelzflußelektrolyse von Gemischen von $CaCl_2$ und KCl mit der „Berührungskathode" (die Elektrode berührt nur die Badoberfläche und wird im Maße der Abscheidung des Metalls dauernd aus der Lösung herausgehoben) gewonnen (Verwendung s. S. 264).

2. Calziumverbindungen.

Calziumverbindungen sind auf der ganzen Erdoberfläche sehr stark verbreitet (Tab. 2). Calziumsilicate, -sulfat (Gips und Anhydrit), -carbonat (Calzit, Kalkstein, Aragonit, Marmor) bilden einen wesentlichen Bestandteil der Erdrinde. Sie stellen die Ausgangsprodukte für unsere wichtigsten Baustoffe, Zement und Mörtel, für Carbid, die Gläser usw. dar.

Nachweis von Ca. H_2SO_4 oder Na_2SO_4 und eventuell Alkohol ergeben eine weiße Fällung; rotviolette Flammenfärbung.

Calziumoxyd, Ätzkalk CaO (fbl; reg; amorph; D 3,2—3,4; Fp 2572°; Kp 2850°; L: 0,118) ist ein weißes, schwer schmelzbares, an der Luft begierig Feuchtigkeit und CO_2 anziehendes Pulver. Mit

Tab. 29. Zusammensetzung und physikalische Eigenschaften von Magnesium und Magnesiumlegierungen.

Bezeichnung	Zustand	Al %	Zn %	Mn %	$\sigma_{0,2}$ kg/mm²	σ_B kg/mm²	Dehnung %	E'-Modul kg mm²	Brinell-Härte (H 5, 250/30) kg/mm²	Dauerbiegewechselfestigkeit kg/mm²	Verwendungszweck
Mg 99,99 %	Sandguß					9,5	6		30	5,7	
Mg 99,99 %	gewalzt					18,3	4		40	5,7	
Mg 99,99 %	gewalzt und geglüht					18,3	5		33		
Dow-Metal	gegossen	8,5	0,5	0,15	2 % Cu	16,1	2		58		
A M 4,4	gewalzt und geglüht	4,0		0,4		26,0–30,0	20–26		54		
A Z 6	Sandguß	6,0	3,0	0,3	9–10,5	16–20	3–6	4300	50–58	7–8	Dauerbeanspruchte Gußstücke
A 9 V	„	8,5	0,5	0,3	10–11	24–27	8–12	4400	56–63	8–10	Mechanisch besonders hoch beanspruchte Teile
A 8 K	„	7,5	0,5	0,2	10–11	15–19	2–5	4300	52–57	7–8	Besonders gute Korrosionsbeständigkeit
A Z 91	Kokillenguß	9,0	1,0	0,3	11–13	18–22	2,5–5	4400	60–65	7–8	Dauerbeanspruchte Teile
A Z 91	Spritzguß	9,0	1,0	0,3	15–16	18–20	1–2	4300	62–70		Massenteile
A Z M.	gepreßt	6,5	1,0	0,3	20–22	28–32	11–16	4500	60–65	13	Beanspruchte Konstruktionsteile
A Z 855	„	8,0	0,3	0,2	21–23	29–32	8–12	4500	68–75	13–14	Luftschrauben
A Z 31	„	3,0	1,0	0,3	18–20	25–28	8–12	4300	53–58	10	Leicht verformbares Konstruktionsmaterial
A M 503	„			1,5	14–17	19–23	1,5–5	4200	41–46	7	Schweißbare Profile
A M 503	Bleche			1,5	8–14	19–23	5–10	3900	39–42		Verkleidungen, Brennstoffbehälter
A Z M	„	6,5	1,0	0,3	18–22	28–32	10–14	4300	58–63		Beanspruchte Flugzeugteile

Wasser bildet es die starke Base *Calziumhydroxyd* $Ca(OH)_2$ (w; rhomboedr; D 2,23; zers; L: 0,118 CaO; l: SS, Glyc und W), die in der Technik vielfach als die billigste Base für Neutralisationszwecke verwendet wird.

Calziumoxyd wird in größtem Umfange durch Brennen von Calziumcarbonat (Kalkstein, Marmor, Muschelkalk) hergestellt. Dieses dissoziiert nach der umkehrbaren Reaktion: $CaCO_3 \rightleftarrows CaO + CO_2 - 42{,}52$ kcal. Bei 908° erreicht der Dissoziationsdruck des CO_2 1 Atm. Praktisch ist es aber durch ständige Abführung des CO_2, einer Wechselwirkung des CO_2 mit dem Kohlenstoff des Brennstoffes nach $C \rightleftarrows CO_2 + 2\,CO$ sowie Verdünnung der Brenngase mit Luft und Wasserdampf (Verwendung angefeuchteten Kalksteins beim Brennen, Ofenzug) möglich, die Kohlensäure auch schon bei niedrigeren Temperaturen als 900° auszutreiben. Trotzdem wird in der Technik zur Beschleunigung des Brennvorganges dieser bei etwa 1000—1100° durchgeführt.

3. Kalkbrennen.

Zum Brennen des Kalkes verwendet man meist Schachtöfen, es sind aber auch Ring- und Drehrohröfen in Gebrauch. Bei den Schachtöfen unterscheidet man solche mit Innenfeuerung oder kleiner Flamme, bei denen der Kalkstein und kurzflammiger Brennstoff wie Koks oder Steinkohle abwechselnd von der Gicht aus in den Schacht eingetragen werden, und solche mit Außenfeuerung oder großer Flamme. Bei diesen wird der langflammige Brennstoff entweder auf 2—5 um den Ofen herum angeordneten Rostfeuerungen verbrannt oder in Generatoren (s. S. 158) vergast. Auch flüssige oder gasförmige Brennstoffe wie Ferngas können verwendet werden. Bei den Öfen mit Außenfeuerung können auch geringerwertige Brennstoffe verbrannt werden und kommt der Kalk mit der Koksschlacke nicht in Berührung, die ein oberflächliches Schmelzen des Branntkalkes hervorrufen kann. Die Feuergase durchstreichen den Schacht von unten nach oben, während auf der Gicht nur der Kalkstein aufgegeben wird.

Schachtöfen sind zum Brennen des Kalkes vielfach, z. B. in der Soda-, Carbid-, Mörtel-, Zuckerindustrie usw., in Verwendung, wobei nicht nur der Ätzkalk, sondern meist auch das CO_2 verwendet werden. Die Öfen sind daher vielfach mit Eisenblech umkleidet und besitzen oben einen gasdichten Gichtverschluß. Die Kalkschachtöfen bestehen aus einem unten offenen Schacht aus Schamottegemäuer, das auf Eisensäulen aufruht. Der Schacht ist 12—18 m hoch, 3—5 m breit und verjüngt sich nach oben. In der Rast, dem unteren Teile des Ofenschachtes, verjüngt sich der Schacht nach unten, um der Volumsverminderung beim Brennen Rechnung zu tragen. Im Mantel sind in verschiedener Höhe mehrere Schaulöcher angebracht, um den Brennvorgang beobachten zu können. Der Ofen arbeitet kontinuierlich, indem durch die Gicht mittels Kippwagen von Zeit zu Zeit ein Gemisch von Kalkstein und Kohle eingetragen und unten gebrannter Ätzkalk dauernd abgezogen wird.

Die Brenngase mit etwa 30—35 Vol.% CO_2 werden oben möglichst gleichmäßig abgesaugt oder durch eine Esse weggelassen. Die höchste Temperatur herrscht in der Rast, während der obere Schachtteil mehr zum Vorwärmen und Trocknen dient. Die Brennluft wird durch die Ziehöffnung angesaugt, wobei für die Herstellung von hochprozentigem Kohlendioxyd die Ziehöffnungen verschließbar sein müssen. Ein Schachtofen liefert täglich etwa 25 t Ätzkalk.

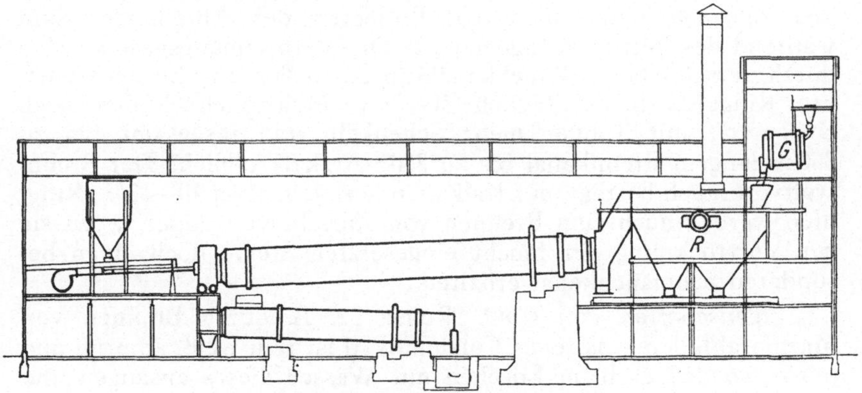

Abb. 58. Polysius-Drehrohrofen zur Herstellung von Zement.

Die *Drehrohröfen*, die in der Kalkstickstoffindustrie häufig zum Brennen des Kalkes verwendet werden, sind bis 100 m lang und 2,5 m breit (Abb. 58). Die Drehöfen werden in der chemischen Industrie vielfach zum Sintern, Brennen oder Verschwelen verschiedener Stoffe verwendet. Sie bestehen aus zwei übereinander gelagerten, drehbaren Rohren, von denen im oberen Brennrohr am oberen Ende das zu brennende Material eingebracht und im Gegenstrom zu dem am unteren Ende des Brennrohres eingebrachten Brennstoff befördert wird. Dieser besteht aus Gas, Heizöl oder pulverisierter Kohle (Kohlenstaubfeuerung), die durch Preßluft eingeblasen wird. Nach Verlassen der heißesten Brennzone fällt der fertig gebrannte Kalk (Zement, Magnesit usw.) in das darunter befindliche, in entgegengesetzter Richtung gelagerte und geneigte Kühlrohr und wird dort durch eingesaugte Luft gekühlt.

Der *Ringofen* (Hoffmann) ist als in sich geschlossener langer Brennofen mit horizontalem, meist ovalem Schacht aufzufassen. Das Feuer wandert ununterbrochen fort, während das Brenngut ruht.

Der Ringofen nützt die Wärme der abziehenden Gase, die sich an der gebrannten Ware und den heißen Ofenwänden vorwärmen, wieder zum Vorwärmen des Kalksteins aus und verbraucht daher nur wenig Brennstoff, verwertet aber das CO_2 nicht. Der liegende Schacht ist in 12—20 Abteilungen mittels Papierschieber unterteilt, die beim Vorrücken des Feuers verbrennen und so ein Fortschreiten des Brennvorganges ermöglichen. Das Feuer wird nur in einer, bei ganz großen Ringöfen an zwei gegenüberliegenden Stellen unterhalten, während 4—5 Kammern zum Vorwärmen der Verbrennungsluft und Abkühlen des Kalksteins dienen. Die Heizkohle wird von oben durch verschließbare Glocken eingeworfen. Die Zugänge zum Füllen und Entleeren der Abteilungen sind während des Betriebes zugemauert. Die Verbrennungsgase werden durch verschließbare Rauchkanäle in einen Schornstein abgesaugt. Ein Ringofen liefert täglich 50—70 t, Mehrschenkel-Öfen nach Eckardt mit 3 oder mehr Schenkeln und insgesamt bis zu 360 m langem Brennkanal bis zu 250 t Ätzkalk täglich. Der Brennstoffverbrauch beträgt, auf Kalkstein bezogen, etwa 10—12%. Ringöfen werden auch zum Brennen von Ziegeln verwendet, wozu sie zur Vortrocknung der feucht eingesetzten Steine noch einen besonderen Schmauchkanal erhalten.

Eigenschaften von CaO. Reines, z. B. durch Brennen von Marmorabfällen erhaltenes Calziumoxyd ist rein weiß, amorph und porös, so daß es beim Löschen mit Wasser dieses ansaugen und die in den Poren enthaltene Luft entweichen kann. Ein Schmelzen des Kalkes ist wegen des hohen Schmelzpunktes des CaO beim Brennen nicht zu befürchten. Gebrannter Kalk zieht bei der Lagerung begierig aus der Luft CO_2 an und geht dabei wieder in $CaCO_3$ über. Eine zu lange Lagerung von Ätzkalk ist daher zu vermeiden.

4. Löschen des Kalkes.

Das Löschen des Kalkes, wie die Vereinigung des Wassers mit dem Calziumoxyd zu Calziumhydroxyd in der Technik genannt wird, geht unter großer Wärmeentwicklung vor sich: $CaO + H_2O = Ca(OH)_2 + 15{,}2$ kcal. Diese Reaktion verläuft bei einem bei sehr hoher Temperatur gebrannten Kalk nur sehr langsam, mit dem porösen, bei heller Rotglut im Kalkofen erhaltenen Produkt aber sehr rasch. Bei Anwendung eines nur sehr geringen Wasserüberschusses kann die Temperatur der Masse bis etwa 150^0 ansteigen, wobei Wasserdampf entweicht und ein staubendes Pulver erhalten wird.

In der Praxis wird das Löschen entweder durch Anspritzen mit Wasser, bis die Stücke zu einem Pulver zerfallen, und Anrühren mit Wasser zu einem dicken Brei, oder durch Einhängen des Kalkes in Körben in Wasserbottiche vorgenommen. Beim Ausschütten der Körbe zerfällt der Kalk dann zu einem Pulver. Die angewendete Wassermenge ist für das richtige Löschen sehr wesentlich. Bei richtiger Bemessung entsteht ein steifer Kalkbrei, der bei reinen Kalksorten eine speckige Beschaffenheit aufweist (Fettkalk). Enthält der gebrannte Kalk größere Mengen von Verunreinigungen, wie SiO_2, Al_2O_3, MgO, Fe_2O_3 usw., so bildet sich beim Löschen eine mehr pulverförmige bis schlammige Masse, der Magerkalk.

Im Kalkbrei liegt eine innige Mischung eines Hydrogels der ungefähren Zusammensetzung $Ca(OH)_2 . 4\,H_2O$ mit einem Hydrosol (s. S. 281) von 1,27 g CaO auf 1 Liter vor. Für die spätere Verwendung des Löschkalkes als Mörtelstoff ist die kolloidale Beschaffenheit des Calziumhydroxyds sehr wesentlich, da nur dieses ein ausreichendes Bindevermögen für Sand besitzt. Mit zu wenig Wasser entsteht nur ein grießiges, sandiges Pulver, wobei dieser „verbrannte" Kalk auch durch eine spätere Zugabe von Wasser nicht mehr richtig bindet. Bei zu starker Wasserzugabe („ersäufter Kalk") erhält man gleichfalls keinen Fettkalk mehr, da die kolloidale Beschaffenheit des Calziumhydroxyds bei Anwesenheit von zu viel Wasser verschwindet.

Calziumhydroxyd, $Ca(OH)_2$, *Löschkalk* (w; hexag; amorph; D 2,08; Kryst 2,23; zers b. Erh.; L: 0,118 CaO; l: SS, Glyc. und W) entsteht bei der Einwirkung von Wasser auf Calziumoxyd und spaltet bei der Erhitzung auf über 450° dieses wieder ab, wobei es wieder in CaO übergeht. Von den Alkalihydroxyden unterscheidet es sich durch die geringere Temperaturbeständigkeit. Die Löslichkeit in Wasser nimmt mit steigender Temperatur ab (Ausnahme!), da bei 18° C 1 Teil $Ca(OH)_2$ in 780 Teilen Wasser, bei 100° C aber erst in 1280 Teilen Wasser löslich ist. Da bei der Verwendung des Calziumhydroxyds für Neutralisationen die Löslichkeit zu gering wäre, verwendet man in der Technik nicht die reine wässerige Lösung, sondern eine 10%ige Aufschlämmung als „Kalkmilch". Sie reagiert stark alkalisch und stellt die billigste technische Base dar.

5. Weitere Calziumverbindungen.

Calziumhydrid CaH_2 (fbl; D 1,7; Fp 816°; zers W). Metallisches Calzium verbindet sich bei 400—500° unter heller Feuererscheinung mit trockenem Wasserstoff zu einem weißen krystallinischen Hydrid. Es wirkt sehr stark reduzierend und zersetzt Wasser unter lebhafter Wasserstoffentwicklung: $CaH_2 + 2\,H_2O = Ca(OH)_2 + 2\,H_2$. Aus 1 g Hydrid wird etwa 1 Liter H_2 entwickelt. CaH_2 wird manchmal zur drucklosen Beförderung von Wasserstoff und raschen Wasserstoffentwicklung verwendet.

Calziumchlorid, Chlorcalzium $CaCl_2$ (1, 2, 4, 6) H_2O ($6\,H_2O$: fbl; hex; D 1,65; Fp 29,5°; hy; L: 74,5; LA: 24,5; LM: 29,2; Uwp $4\,H_2O$: 29,8°; $2\,H_2O$: 45,3°; $1\,H_2O$: 175,5°) wird durch Eindampfen der Ablaugen der Solvay-Soda-Produktion und Krystallisation gewonnen. Wasserfreies, geschmolzenes oder poröses $CaCl_2$ dient, da es in das krystallisierte Salz mit 6 Molen Krystallwasser überzugehen trachtet, wegen seiner Hygroskopizität zur Trocknung von Gasen (Exsikkator, Gebläsewind des Hochofens usw.). Auch organische Flüssigkeiten, in denen $CaCl_2$ gar nicht löslich ist, wie Benzol, können damit getrocknet werden. Bei der Gastrocknung werden die Granalien in Trockentürme oder -röhren eingefüllt oder auf Horden ausgebreitet, durch die man das zu trocknende Gas hindurchleitet. $CaCl_2$ vermag den Gefrierpunkt des Wassers bis auf —55° herabzusetzen (s. S. 34) und wird daher als Betriebsmittel in Kühlanlagen und Kältemaschinen verwendet.

Calziumhypochlorit $Ca(ClO)_2 . 4H_2O$ (fbl; kryst; L 0°: 27,9) entsteht bei der Einwirkung von $CaCl_2$ auf Lösungen von Natriumhypochlorit. Es kann im Vakuum wasserfrei erhalten werden. Das weiße Pulver ist sehr leicht, insbesondere bei der Einwirkung von CO_2, zersetzlich. Größere technische Bedeutung als Bleichmittel besitzt der *Chlorkalk* $CaCl(OCl) . CaO . 2H_2O$, der beim Einleiten von Chlorgas in Kalkmilch entsteht und aus Mischkrystallen der beiden basischen Salze $Ca(OCl)_2 . 2Ca(OH)_2$ und $CaCl_2 . Ca(OH)_2 . H_2O$ neben etwas freiem Calziumhydroxyd besteht. Chlorkalk besitzt einen charakteristischen unangenehmen Geruch und spaltet beim Aufschlämmen in Wasser die bleichend wirkende unterchlorige Säure HOCl (s. S. 65) ab, da diese leicht unter Bildung von atomarem Sauerstoff zerfällt.

Technisch wird Chlorkalk aus gelöschtem Kalk mit etwa 4% Feuchtigkeit entweder im mechanischen Apparat von Hasenclever, der aus 6 übereinanderliegenden Gußeisenzylindern, in denen sich Transportwellen mit schräggestellten Flügeln bewegen, oder im moderneren Etagenofen von Krebs-Backmann hergestellt. Dieser ist ähnlich wie die mechanischen Kiesröstöfen (Abb. 17) mit Rührarmen in den einzelnen Etagen ausgestattet. Der Kalk wird von oben durch die Zylinder, bzw. die Etagen dem Chlorkalk nach unten entgegenbewegt. Zur Vermeidung einer Erwärmung, die zur Chloratbildung führen würde, ist das Chlorgas meist mit Luft verdünnt. Chlorkalk enthält etwa 35% aktives Chlor.

Ein bis 75% Calziumhypochlorit enthaltendes Präparat wird durch Einleiten von Chlor in eine Aufschlämmung von Ätzkalk in Wasser und Aussalzen des Hypochlorites durch Zusatz von NaCl (Aussalzen ist das Verdrängen eines Stoffes aus der Lösung durch Zusatz größerer Salzmengen) hergestellt. Chlorkalk findet Verwendung zum Bleichen, Desinfizieren usw.

Calziumsulfat kommt in der Natur als Anhydrit $CaSO_4$ (monokl; w; D 2,96; Fp 1297°; L 100°: 0,067) und Gips $CaSO_4$ (½ und $2H_2O$) (fbl; monokl; D 2,32; Fp 1450°; L: 0,2036; nl: Al; Uwp 1193) in mächtigen Lagern im Harz, Württemberg, Bayern, bei Berlin sowie in den Steinsalzlagerstätten vor. Krystalliner Gips wird als Marienglas, körniger, weißer als Alabastergips (für Bildhauerzwecke) bezeichnet. Das Verhalten des Gipses bei der Erwärmung wird auf S. 289 besprochen werden. Beim Erhitzen auf Temperaturen über 900° zersetzt sich das $CaSO_4$ unter Bildung von CaO und basischen Sulfaten. Diese Zersetzung wird besonders durch die Anwesenheit von Kieselsäure SiO_2 begünstigt, wobei Calziumsilicat $CaSiO_3$ und SO_2 entstehen.

Calziumhydrosulfit, -bisulfit $Ca(HSO_3)_2$ entsteht bei der Einwirkung von SO_2 auf Kalkstein oder -milch und dient in der Zellstoffindustrie zur Befreiung des Holzes von den inkrustierenden Ligninstoffen (Sulfitzellulose, s. S. 635).

Sekundäres Calziumsulfid, Schwefelcalzium CaS (w; reg; D 2,8; L 10°: 0,015; 90°: 0,033; h W zers zu $Ca(SH)_2$ und $Ca(OH)_2$) erhält man bei der Reduktion von Gips mit Kohle oder CO bei Rotglut. Die wässerige Lösung zerfällt in der Hitze, wobei das leicht lösliche *Calziumhydrosulfid* (primäres Calziumsulfid $Ca(SH)_2 . 6\,H_2O$, fbl; Prismen; L: 80; sl: Al) entsteht. Dieses dient in der Gerberei zur Enthaarung von Fellen und Häuten. Auch in kosmetischen Enthaarungsmitteln ist meist das Calziumhydrosulfid der wirksame Bestandteil. Aus den wässerigen Lösungen des Calziumsulfides kann man mit CO_2 Schwefelwasserstoff in Freiheit setzen, das dann zu SO_2 verbrannt werden kann (s. S. 80).

6. Fluoreszenz, Phosphoreszenz.

Leuchtfarben. Die Sulfide des Mg, Ca, Sr und Ba sowie Zn besitzen in Verbindung mit den entsprechenden Metalloxyden Al_2O_3 oder B_2O_3 die Fähigkeit, nach Zusatz von Alkalichloriden und Spuren von Schwermetallsalzen (Mn, Bi oder Cu) im Dunkeln nach vorhergegangener Belichtung zu leuchten. Diese Leuchtmassen nehmen bei der Belichtung eine bestimmte Energiemenge auf und geben diese entweder schon während der Belichtung wieder ab (Fluoreszenz) oder größtenteils erst nach der Belichtung (Phosphoreszenz). Phosphoreszierende Stoffe nennt man auch Phosphore. Ihre wesentlichsten Eigenschaften wurden von Lenard aufgeklärt.

Diese Stoffe bilden den wesentlichen Bestandteil der Leuchtsteine oder -massen (Leuchtfarben). Sie können auch in Verbindung mit radioaktiven Substanzen als *Radiofarben* verwendet werden. Leuchtmassen dienen auch als Lichtumwandler zur Umwandlung des von Geissler-Röhren ausgestrahlten ultravioletten Lichtes in sichtbares Licht, z. B. für Reklamebeleuchtungen.

7. Calziumcarbonat und -carbid.

$CaCO_3$ (Aragonit: fbl; rhomb; D 2,93; zers 825°; L 18°: $1{,}5 . 10^{-3}$; Calzit: fbl; hex; D 2,711; Fp [Dr] 1025 Atm. 1339°; subl 898,6; L 18°: $1{,}3 . 10^{-3}$) ist in der Natur als Kalkstein, Kalksinter, Marmor,

Kreide, Muschelkalk sehr verbreitet und bildet das Ausgangsmaterial für die Herstellung von Branntkalk CaO und die Luftmörtel. Die stabile Modifikation des Calziumcarbonates ist der Calzit oder Kalkspat, Aragonit die labile Zustandsform. $CaCO_3$ ist in kohlensäurehaltigem Wasser leicht löslich (1 : 77), wobei sich Calziumhydrocarbonat $Ca(HCO_3)_2$ bildet. In dieser Form ist das Calzium in allen natürlichen Wässern, besonders reichlich in kalkhaltigen Böden, enthalten. Calziumhydrocarbonat ist nicht nur die Ursache der Härte des Wassers (s. S. 29 ff.), sondern auch des guten Geschmackes des Trinkwassers, da reines, destilliertes Wasser geschmacklos ist.

An der Luft zerfällt das Calziumhydrocarbonat, insbesondere beim Erwärmen unter Freiwerden von Kohlensäure und Abscheidung von Calziumcarbonat: $Ca(HCO_3)_2 = CaCO_3 + CO_2 + H_2O$. In der Natur spielt die Bildung und der Zerfall des Calziumhydrocarbonates eine große Rolle, wobei die Bildung der Tropfsteinhöhlen, von Kesselstein, Calziumseifen beim Waschen, Korrosion von Rohrleitungen für Wasser und Dampf durch die frei gewordene Kohlensäure die wichtigsten Erscheinungen sind.

Calziumcarbid CaC_2 (fbl; tetr; D 2,22; Fp 2300°; W zers zu C_2H_2) entsteht im elektrischen Lichtbogenofen beim Erhitzen von gebranntem Kalk mit Koks nach $CaO + 3\,C \rightleftarrows CaC_2 + CO - 108\,kcal$. Die Reaktionstemperatur muß mindestens 1600°, vorteilhaft 2000° betragen, weil sonst das CO eine Rückbildung von CaO bewirken würde. Andererseits darf eine Temperatur von 2500° nicht überschritten werden, da sonst das Carbid wieder nach der Gleichung $CaC_2 \rightleftarrows Ca + 2\,C$ zerfällt, wobei unter Verdampfung des Calziums, das an der Luft zu CaO verbrennt, Verluste an elektrischer Energie auftreten würden.

Die zur Durchführung der Carbidbildung erforderlichen großen Wärme- und Energiemengen kann in ausreichendem Maße nur der elektrische Lichtbogenofen liefern. Derartige Prozesse, bei denen der elektrische Strom nur den Wärmelieferanten darstellt, nennt man *elektrothermische Vorgänge*. Die Erzeugung ist an billige Stromquellen aus Wasserkräften oder Braunkohle gebunden. 1 kWh darf nicht mehr als etwa 1 gr kosten. Für 1 kg Carbid benötigt man etwa 3 kWh.

Technisch wird diese Reaktion in größtem Umfange durchgeführt, da das aus dem Carbid durch Einwirkung von Wasser nach $CaC_2 + 2\,H_2O = Ca(OH)_2 + C_2H_2$ entstehende Acetylen (s. S. 541) das Ausgangsmaterial für zahlreiche organische Synthesen, wie z. B. von Kautschuk (s. S. 527), geworden ist. Aus Carbid kann über Kalkstickstoff (s. u.) auch Ammoniak gewonnen werden. Der verwendete Kalk muß sehr rein sein und mindestens 95% $CaCO_3$ enthalten, da ein höherer Tonerde- und Magnesiumoxydgehalt zur Strengflüssigkeit des Carbids und damit zu Schwierigkeiten beim

Abstich führen. Phosphor kann zur Bildung von Calziumphosphid Ca_3P_2 Anlaß geben, das eine Selbstentzündung des Acetylens verursachen kann (s. S. 132). Ebenso hohe Anforderungen sind auch an den Aschengehalt des Kokses zu stellen, der nicht höher als 8—10% sein soll, da alle Verunreinigungen der Ausgangsstoffe in das Carbid übergehen.

Die elektrischen Öfen zur Herstellung von Carbid weisen eine

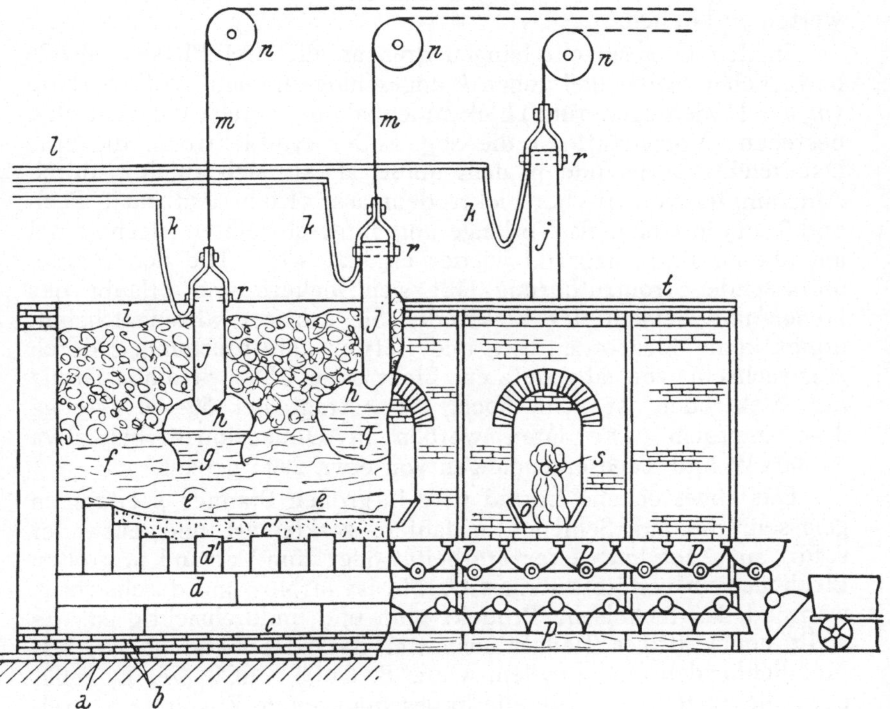

Abb. 59. Dreiphasen-Carbidofen.

kombinierte Widerstands- und Lichtbogenheizung auf, wobei die Beschickung selbst den Heizwiderstand abgibt. Die Öfen arbeiten kontinuierlich, wobei die neue Beschickung oben eingetragen und das im Sumpf g sich ansammelnde Carbid von Zeit zu Zeit mittels einer fahrbaren Hilfselektrode abgestochen wird. Die modernen Öfen arbeiten meist mit Dreiphasenstrom in Dreiecks- oder Sternschaltung.

Der rechteckige, meist aber runde Ofen selbst (Abb. 59) besteht aus einem verhältnismäßig niedrigen Schacht aus feuerfesten Steinen mit einem Boden aus Kohlenstampfmasse *c* und *c'* aus zerkleinerten Elektroden, Teer, Pech, guten, längs gelegten Elektroden *d* und Elektrodenstumpen *d'*. Sie werden gegen die Erde durch schlecht leitende Diatonitsteine *a* und zwei Schichten von feuerfesten Steinen (Schamotten *b*) abisoliert. *s* ist das Abstichloch, *o* die eiserne Abflußrinne für das Carbid, *e* ist geschmolzenes und wieder erstarrtes Carbid, *f* gesinterte Mischung aus Kalkstein und Koks, g der Sumpf von geschmolzenem Carbid, aus dem abgestochen wird. Der Schacht ist fest von einer Eisenarmatur *t* umspannt. Die Öfen sind meist oben offen, wobei das CO entweicht und verbrennt. Moderne Öfen sind jedoch vollkommen geschlossen, um auch das sich entwickelnde CO verwerten zu können.

In den Ofenschacht hängen drei, an die drei Phasen mittels beweglicher Stromzuleitungen *k* angeschlossene heb- und senkbare ($m, n =$ Höhenregulierung) Elektrodenpakete *j* herein, die aus Kohle bestehen. Vorteilhaft ist die sog. Söderberg-Elektrode, die eine Dauerelektrode ist und in dem Maße, als sie sich abnützt, durch Aufstampfen von frischer Elektrodenmasse (Koks, Anthrazit, Pech und Teer) in einem als Verlängerung aufgeschweißten Blechmantel am oberen Ende dauernd wieder ergänzt wird. Die den Mantel umfassende Stromzuführung läßt sich lockern und erlaubt das Heben und Senken der Elektrode. Sie arbeitet wirtschaftlicher, ergibt keine Elektrodenreste und Betriebsunterbrechungen durch Auswechseln von abgenutzten Elektroden. Die Strombelastung der Elektroden ist sehr hoch, sie beträgt bei 50—90 V etwa 3—6 Amp/qcm. Die Öfen werden in Dimensionen bis etwa 40.000 kW und Tageserzeugungen von etwa 200 t gebaut.

Das abgestochene Carbid wird in großen Pfannen *p* erstarren gelassen, die auf Schienen *q* laufen, zerkleinert und entweder sofort auf Acetylen weiterverarbeitet oder zum Versand in großen Blechbüchsen verlötet. Reines Carbid ist farblos und durchsichtig, während das technische Produkt grau und undurchsichtig ist. Es stellt ein kräftiges Reduktionsmittel dar, das befähigt ist, aus Metallchloriden und -oxyden, wie z. B. CuCl, $CuCl_2$, Fe_2O_3, $FeCl_3$ usw., die betreffenden Metalle in geschmolzenem Zustande in Freiheit zu setzen. Die Reaktion kann schon durch die Flamme eines Zündholzes eingeleitet werden und verläuft unter lebhafter Flammenerscheinung.

Das zur Acetylenentwicklung verwendete Carbid soll aus 1 kg mindestens 300 l (praktisch 305—310 l bei 1 Atm. und 15°) Acetylen entwickeln (Litrigkeit des Carbides). Das zum Schweißen und Schneiden von Metallen verwendete Acetylen kommt, in Aceton gelöst, das von Kieselgur (s. S. 213) aufgesaugt ist, in Druckflächen aus Stahl in den Handel (Dissousgas). Größere Schweißanlagen besitzen ihre eigenen Acetylenentwickler, die entweder nach dem Einwurf- oder Zulaufsystem arbeiten. Etwa die Hälfte der etwa 2 Mill. t betragenden Carbiderzeugung wird auf Kalkstickstoff weiterverarbeitet.

Calziumcyanamid $CaCN_2$ (fbl; Fp 1190°?; wird v. h W zers),

Kalkstickstoff entsteht aus Carbid bei der Einwirkung von Stickstoff bei etwa 1000° (Verfahren von Frank und Caro): $CaC_2 + N_2 = CaCN_2 + C + 50$ kcal. Calziumcyanamid vermag mit Wasser unter Bildung von Ammoniak zu reagieren: $CaCN_2 + 3\,H_2O = CaCO_3 + 2\,NH_3$. Diese Reaktion verläuft bei hohen Temperaturen rasch, bei niedrigeren, wie im Ackerboden, aber langsam. Kalkstickstoff stellt daher ein wertvolles Düngemittel dar.

Zur Herstellung erhitzt man fein gepulvertes Calziumcarbid in einem durchlöcherten, etwa 2 m hohen zylindrischen Siebeinsatz, dessen Löcher durch Pappepapier verstopft sind, durch einen in der Mitte des Einsatzes befindlichen Silit-Heizwiderstand. Der Stab wird mittels eines Papperohres durch das Carbid geführt. Er taucht am unteren Ende zur Stromzuführung in Kohlegrieß. Die Siebeinsätze stehen in größeren eisernen Behältern und besitzen einen Deckel aus Schamotte. Während der Erhitzung wird durch die Siebeinsätze Stickstoff durch das Carbid geleitet. Ist die Reaktion eingeleitet, wird die Heizung abgestellt, da die frei werdende Reaktionswärme zur Fortführung der Reaktion ausreicht. Die Azotierungstemperatur von 1000° kann durch einen Zusatz von etwa 5—10% Calziumchlorid zum Carbid auf etwa 700—800°, mit Calziumfluorid auf rund 900° herabgesetzt werden (Verfahren von Polzenius). Die Azotierungsdauer beträgt etwa 24—30 Stunden. Eine ganze Reihe von etwa 20 t Carbid fassenden Siebeinsätzen sind zu einer Batterie vereinigt.

Nach dem Erkalten der Reaktionsmasse wird der grauschwarz gefärbte Kalkstickstoff zerkleinert und gemahlen. Nicht umgesetztes Carbid wird durch fein zerstäubtes Wasser zersetzt. Das feine Pulver staubt stark und würde die Atmungsorgane beim Aufstreuen wegen seines Gehaltes an freiem Calziumoxyd angreifen, wenn nicht durch einen Zusatz von 2—3% Teeröl das Stauben verhindert würde.

Die Bildung von Kalkstickstoff kann auch in einem Kanalofen erfolgen. Das Gemisch von Carbid und Calziumchlorid wird in 30 cm hohen durchlöcherten eisernen Kästen auf Wagengestellen in einen Kanal eingefahren, der Einrichtungen zum Heizen und Kühlen aufweist. Das Carbid wird dem Stickstoffstrome entgegenbewegt. Nur in der Vorwärmezone wird geheizt, in der Reaktionszone im Außenmantel des Kanals gekühlt.

Kalkstickstoff enthält etwa 20—21% Stickstoff, 17—18% C, 54—57% CaO. Unter der Einwirkung von Wasser und Kohlensäure entsteht aus Kalkstickstoff freies Cyanamid: $CaCN_2 + H_2O + CO_2 = CaCO_3 + N{\equiv}C\text{-}NH_2$, das durch Wasseraufnahme (Erwärmen mit Säuren und Katalysatoren) in künstlichen Harnstoff übergeführt werden kann: $CN\text{-}NH_2 + H_2O = NH_2\text{-}CO\text{-}NH_2$. Harnstoff ist das stickstoffreichste und wertvollste stickstoffhaltige

Düngemittel. Deutschland erzeugte jährlich etwa 700.000 t Kalkstickstoff, d. i. etwa die Hälfte der Welterzeugung.

Calziumphosphate. Von der 3-basischen Phosphorsäure leiten sich 3 verschiedene Calziumphosphate ab, und zwar das *Mono- oder primäre Calziumphosphat* $Ca(HPO_4)_2 . H_2O$ (fbl; trikl; D 2,22; zers 200; ll: SS), das *sekundäre oder Dicalziumphosphat* $CaHPO_4 . . 2 H_2O$ (fbl; hex; monokl; D 2,306; L 24,5°: 0,02; L 60°: 0,11; l: Ammoncitrat) und das in Wasser kaum mehr lösliche *tertiäre Tricalziumphosphat* $Ca_3(PO_4)_2$ (fbl; amorph; D 3,14; Fp 1730°), das selbst in verdünnten Säuren nicht mehr löslich ist. Auch die in der Natur vorkommenden Phosphate Apatit und Phosphorit sind sehr schwer lösliche Stoffe, so daß sie von der Pflanze, für welche der Phosphor einen unentbehrlichen Nährstoff darstellt, nicht aufgenommen oder assimiliert werden können. Knochenasche enthält etwa 80% Tricalziumphosphat und 20% Calziumcarbonat, woraus auch die Wichtigkeit des Phosphors für den menschlichen und tierischen Organismus hervorgeht.

Calziumnitrat $Ca(NO_3)_2 . 4 H_2O$ (fbl; monokl; D 1,82; D 0 H_2O: 2,4; Fp 42,5°; Fp 0 H_2O: 561°; L: 127; hy) wird hauptsächlich in Norwegen durch Auflösen von reinstem Kalkstein in 40—50%iger Salpetersäure, wie sie bei der thermischen Vereinigung von Stickstoff und Sauerstoff im elektrischen Lichtbogen erhalten wird (s. S. 288), erzeugt. Die klare Lösung wird im Vakuum eingedampft und auf Kühlwalzen auf einen ziemlich engen Temperaturbereich abgekühlt, um die Krystallbildung günstig zu beeinflussen. Auf besonderen Kühlwalzen wird dann die eingedickte Lauge krystallisieren gelassen. Die Krystalle werden mit einem Schaber abgekratzt. Nach dem Vermahlen werden die Krystalle in luftdichten Säcken verpackt, um ein Zusammenbacken der Krystalle, wodurch die Streufähigkeit verlorengehen würde, zu vermeiden. Das Salz ist als *Norgesalpeter* im Handel.

IX. Mörtel- und Baustoffe.

1. Einteilung der Mörtel.

Mörtel sind mineralische Bindemittel, die zum Verkitten von Bausteinen und Verputzen von Mauern dienen. Sie erhärten an der Luft oder unter Wasser nach einiger Zeit zu steinharten Massen. Da die Mörtelstoffe für sich allein beim Trocknen oder Erhärten schwinden (ausgenommen Gips, der eine geringe Volumszunahme zeigt), setzt man ihnen Magerungsmittel oder Zuschlagsstoffe zu, wodurch ihre Anwendung auch wirtschaftlicher wird.

In der Praxis unterscheidet man zwei größere Gruppen von Mörteln, zwischen denen allerdings keine scharfe Trennungslinie besteht und die mehr oder weniger ineinander übergehen. Je nach der Art der Erhärtung trennt man in folgende Gruppen von Bindemitteln:

1. Luftmörtel, die bloß unter dem Einflusse der Luft erhärten. Zu ihnen gehören a) der Lehm, b) der Gips und c) der Kalkmörtel.

2. Hydraulische Bindemittel oder Wassermörtel, die auch ohne Mitwirkung der Luftkohlensäure unter Wasser erhärten können. Sie werden auch durch Wasser nicht mehr zersetzt. Hydraulische Bindemittel sind: a) Wasserkalke, b) Romanzement, c) Portlandzement, d) Eisenportlandzement, e) Hochofenzement, f) Puzzolanzement, g) Sonderzemente.

2. Luftmörtel.

a) *Lehm.* Lehm wird nur selten in Form von sandigem, unreinem Ton als Baustoff verwendet, dem man zur Erhöhung der Festigkeit Kälberhaare, Strohabfälle u. dgl. zusetzt. Die Erhärtung besteht nur in einer Trocknung ohne chemische Veränderung des Bindemittels. Er weicht im Wasser auf, ist empfindlich gegen Frost und wird nur für vorübergehend errichtete oder landwirtschaftliche Bauten verwendet. Lehm ist aber ziemlich feuerbeständig und ein billiger Ersatz für Schamotte bei der Ofenausmauerung.

b) *Gips.* Als Mörtelstoff wird nur das Calziumsulfat-Dihydrat $CaSO_4 . 2\,H_2O$ verwendet, während der Anhydrit wegen seiner Druckfestigkeit als Baustoff in Betracht kommt. Das Dihydrat spaltet bereits bei 65° Wasser ab. Durch Erwärmen auf 130—160° entsteht das Hemihydrat $CaSO_4 . \frac{1}{2}\,H_2O$. Bei der Entwässerung des mehlfein gemahlenen Gipses in Frederkingapparaten, die mit einer Heizung durch Dampfschlangen und einer Rührung ausgestattet sind, bis etwa 200° erhält man wasserfreien, aber löslichen Anhydrit. Wegen der wallenden Bewegung des Gipses beim Entweichen des Wassers wird das „Brennen" des Gipses auch als „Kochen" bezeichnet. Auch Drehrohröfen sind zum Brennen des Gipses im Gebrauch.

Beim Anrühren bildet der durch Entwässerung bei etwa 160—200° erhaltene *Stuckgips* sofort das Halbhydrat und langsamer das Dihydrat (Gips) zurück. Stuckgips füllt wegen der Volumsvermehrung beim Abbinden die Formen gut aus und wird daher als schnell erhärtender Mörtelstoff zur Herstellung von Gipsabgüssen, leichten Wänden, Dielen usw. verwendet.

Beim Erhitzen von Gips auf Temperaturen über 900° entweicht etwas SO_3 und entstehen basische Sulfate oder ein inniges Gemisch von CaO und $CaSO_4$, der *Estrichgips.* Das Brennen des Gipses zu Estrichgips wird in Schachtöfen ähnlich den Kalköfen vorgenommen. Estrichgips erhärtet mit Wasser und bildet sehr feste, zusammenhängende Massen, die als Fußbodenbelag verwendet werden. Auf Ziegel- oder Betonschichten wird eine 3—4 cm dicke Schicht von breiförmigem Estrichgips aufgetragen, etwa 12 Stunden abbinden und rund 10—12 Tage erhärten gelassen. Bei der Erhärtung entsteht neben $CaSO_4 . 2 H_2O$ auch $Ca(OH)_2$, bzw. $CaCO_3$. Das Austrocknen des Estrichgipses bei der Erhärtung muß, z. B. durch Auflegen von feuchten Säcken, verhindert werden.

Stuckgips besitzt eine Druckfestigkeit von etwa 80 kg/qcm, Estrichgips von 180—300 kg/qcm. Gips ist gegen Wasser nicht beständig und kann daher im Freien nicht verwendet werden. Auf feuchtem Grund haftet Gips nicht. Seine Bearbeitungsfähigkeit für Zieh- und Antragarbeiten kann durch Anmachen mit Leimwasser verbessert werden. Gips wird auch als Düngemittel verwendet.

c) *Kalkmörtel.* Seit uralten Zeiten dient der Kalkbrei im Gemisch mit Sand in Form des Luftmörtels als Baumaterial, da dieses Gemenge auch in den Fugen der Bausteine mit der Zeit erhärtet und die feste Verbindung der Bausteine bewirkt. Bei der Erhärtung des Mörtels wird zuerst das überschüssige Wasser abgegeben, so daß bei diesem als „Abbinden" bezeichneten Vorgang das Mauerwerk feucht ist. Sodann erfolgt im Laufe der Zeit die Erhärtung des Mörtels durch Aufnahme von Kohlendioxyd aus der Luft, wobei nach der Gleichung $Ca(OH)_2 + CO_2 = CaCO_3 + H_2O$ krystallines Calziumcarbonat gebildet wird, das die innige Verbindung der Bausteine mit dem beigemengten Sand herstellt.

Zu seiner Bereitung wird Weiß- oder Graukalk (letzterer magnesiumoxydhaltig) mit Sand und Wasser vermischt. Das Wasser darf jedoch nicht lehmig oder in Fäulnis übergegangen sein. Auch hartes Wasser und Seewasser sind zum Anmachen des Mörtels nicht geeignet. Als Sand kommt insbesondere Quarzsand, ferner Flußsand, von Schwefel oder anderen treibend wirkenden Stoffen freier Schlacken- oder Aschensand in Betracht. Magerer Mörtel enthält etwa 4 Raumteile, fetter (Putzmörtel) 2 Raumteile Sand, sie ergeben 4, bzw. 2,4 Raumteile Mörtel.

Da der Kohlendioxydgehalt der Luft nur sehr gering ist (etwa 0,03%), verläuft der Erhärtungsvorgang des Luftmörtels verhältnismäßig langsam. Zu seiner Beschleunigung brennt man häufig in Neubauten offene Koksfeuer ab. Bei dickeren Mauern geht die Einwirkung der CO_2, die von außen nach innen zu vor sich geht, derart langsam vor sich, daß z. B. in alten dicken Festungsmauern nach einem nach mehreren Jahrhunderten vorgenommenen Abbruch im Inneren der Mauer noch feuchter, nur halb abgebundener, weicher Mörtel gefunden wurde. Das Abbinden und die Erhärtung des Luftmörtels geht somit nur durch die Einwirkung der Luft und ohne chemische Mitwirkung des Wassers vor sich. Eine Erhärtung des Calziumhydroxyds unter Wasser ist nicht möglich.

3. Hydraulische Bindemittel oder Wassermörtel.

Von den Luftmörteln unterscheiden sich wesentlich die hydraulischen Bindemittel, zu denen

a) die Wasserkalke und Romanzemente als ungesinterte, natürlich vorkommende hydraulische Bindemittel,

b) der Portlandzement als künstliches, gesintertes hydraulisches Bindemittel sowie

c) der Eisenportlandzement, Hochofenzement sowie die Puzzolanzemente als künstliche, gemischte hydraulische Bindemittel gehören.

Das wesentliche Kennzeichen der hydraulischen Bindemittel besteht darin, daß die trockenen hydraulischen Bindemittel sich mit Wasser bedeutend weniger energisch als reiner gebrannter Kalk vereinigen, dafür selbst unter Wasser nach einiger Zeit erhärten können. Auch die erreichbare Druck- und Zugfestigkeit der hydraulischen Bindemittel übertrifft jene der Luftmörtel ganz erheblich.

Maßgeblich für dieses Verhalten sind chemische Verbindungen des Calziumoxyds mit im Rohmaterial enthaltenen Verunreinigungen, wie den Tonen, die Kieselsäure, Aluminiumoxyd, Eisenoxyd, Alkalien usw. Bei den hohen Brenn-, bzw. Sintertemperaturen bilden sich Silicate, Aluminate usw. des Calziums. Da diese Bestandteile erst die Fähigkeit, unter Wasser abbinden zu können, verleihen, bezeichnet man sie als „Hydraulefaktoren“. Je höher der Gehalt dieser Verbindungen und je geringer der Anteil an freiem Kalk geworden ist, in desto ausgeprägterem Maße ist die Eigenschaft der Erhärtungsfähigkeit unter Wasser vorhanden.

Der Anteil der Silicate, Aluminate usw. ist um so größer, je mehr Verunreinigungen im Rohkalk vorhanden sind und je höher die Brenntemperatur gewesen ist, da eine chemische Verbindung des CaO mit dem SiO_2 und Al_2O_3 erst bei sehr hohen Temperaturen erfolgt. Beim gewöhnlichen Brennen, wobei nur Temperaturen von etwa 900—1000° erreicht werden, ist der Anteil dieser Verbindungen und damit das Erhärtungsvermögen unter Wasser noch gering. Im allgemeinen verlaufen Reaktionen im festen Zustande bedeutend träger als im flüssigen. Beim Portland-, Hochofen- und Schmelzzement herrschen höhere Temperaturen als etwa 1400°, so daß günstigere Bedingungen für die Bildung der die hydraulischen Eigenschaften bewirkenden Silicate, Aluminate usw. vorliegen. Bei etwa 1400° beginnt bereits bei höheren Gehalten von SiO_2 und Al_2O_3 der Schmelzvorgang der Calziumverbindungen, ohne daß jedoch die ganze Masse bereits flüssig wird. Man bezeichnet diese Vorstufe des Schmelzens, die sich nur in einem Erweichen und Teigigwerden der Masse zu erkennen gibt, als

Sinterung. Die Schmelzzemente stellen dann die Endstufe der Reihe der hydraulischen Bindemittel dar.

Je nach dem Gehalte an Silicaten und Aluminaten des Calziums und damit verbundenen hydraulischen Eigenschaften des Bindemittels unterscheidet man folgende Arten von hydraulischen Bindemitteln:

a) Wasserkalke.

Wasserkalke werden aus tonigen Kalksteinen mit etwa 10—20% Ton hergestellt. Die Brenntemperatur ist nicht wesentlich höher als beim Kalkbrennen, so daß der Anteil an Calziumsilicaten und -aluminaten usw. nur sehr gering ist. Wasserkalk kann nicht in Stücken abgelöscht werden, er muß auch nicht gemahlen werden.

Schwarzkalk wird durch Brennen von Magnesiumcarbonat enthaltendem Kalk (dolomitischem Kalk) bei 650—750° erhalten. Bei einem niedrigen Gehalt an aufgeschlossenen Silicaten müssen diese nur schwach hydraulischen Wasserkalke 7—21 Tage vor der Wasserhärtung auch an der Luft erhärten gelassen werden. Die hydraulischen Eigenschaften können durch einen Zusatz von Zement, Traß, Puzzolanerde und anderen hydraulischen Zuschlägen verbessert werden. Da die hydraulischen Kalke nach dem Brennen gemahlen werden, eignen sie sich besonders gut zum Putzen, da sie keine Treiberscheinungen durch nachträgliches Löschen einzelner Teilchen zeigen.

b) Romanzement.

Romanzement wird aus einem tonreichen Mergel mit etwa 25% Tongehalt durch Brennen bei etwa 1200°, also noch unterhalb der Sinterungstemperatur, gewonnen. Es liegt somit ein wesentlicher Teil des Aluminiumoxyds ungebunden vor, so daß Romanzement nach dem Pulvern durch Wasser leicht hydratisiert werden kann. Er stellt ein gelbes bis rötliches, sich scharf anfühlendes Pulver dar, das mit Wasser in etwa 20 Minuten abbindet. Er eignet sich aus diesem Grunde vorwiegend zur Trockenlegung, Dichtung von Quellen und Herstellung von Kunststeinen. Durch einen Zusatz von Sand wird die Abbindezeit nur unwesentlich verlängert. In dieser Form eignet sich Romanzement vorzüglich zum Putzen auf reinem, gut angenäßtem und wetterbeständigem Untergrund. Mit Romanzement lassen sich höhere Festigkeiten als mit Wasserkalken erzielen, sie erreichen aber nicht die Werte des Portlandzementes. Romanzement wird immer mehr durch den Portlandzement verdrängt.

c) Portlandzement.

Während die Wasserkalke und Romanzemente im allgemeinen so zum Brande kommen, wie sie in der Natur gefunden werden, oder überhaupt nur zerkleinert werden, sind die Zemente künstlich hergestellte Mischungen aus Kalk und tonhaltigen Stoffen, um die besten Werte bezüglich Abbinden, Erhärtung und Beständigkeitseigenschaften hervorzurufen. Nach der Definition des Deutschen Normenausschusses ist „Portlandzement ein hydraulisches Bindemittel mit nicht weniger als 1,7 Gewichtsteilen Kalk (CaO) auf einen Gewichtsteil lösliche Kieselsäure (SiO_2) + Tonerde (Al_2O_3) + Eisenoxyd (Fe_2O_3), hergestellt durch Feinzerkleinerung und innige Mischung der Rohmischung, Brennen mindestens bis zur Sinterung und Feinmahlen. Dem Portlandzement dürfen nicht mehr als 3% Zusätze zu besonderen Zwecken zugegeben werden. Der MgO-Gehalt darf höchstens 5%, der Gehalt an SO_3 nicht mehr als 2,5% im geglühten Portlandzement betragen".

Die Zusammensetzung des trockenen Portlandzementes schwankt in den Grenzen 58—66% CaO, 18—26% SiO_2, 4—12% Al_2O_3, 2—5% Fe_2O_3, 0—3% MnO, 1—5% MgO, 0,5—2,5% SO_3, 0—2% Alkalien, 0—1% S, 0,5—5% Glühverlust. Das Verhältnis $\frac{\%\ CaO}{SiO_2 + Al_2O_3 + Fe_2O_3} = 1{,}8 - 2{,}2$ bezeichnet man als hydraulischen Modul, jenes zwischen $\frac{SiO_2}{Al_2O_3 + Fe_2O_3} = 2{,}0 - 2{,}5$ als Silicatmodul, die für die hydraulischen Eigenschaften sehr maßgeblich sind. Der Magnesiumoxyd- und der Sulfatgehalt dürfen eine bestimmte Höchstgrenze nicht überschreiten, da sie zu dem gefährlichen Treiben, d. h. einer Volumsvergrößerung des Zementes nach der Erhärtung führen.

Herstellung. Zur Herstellung des Portlandzementes geht man nur sehr selten von natürlich vorkommenden Kalkmergeln aus, die der normengemäßen Zusammensetzung des fertigen Zementes entsprechen, sondern man stellt sich durch Zusammenmischen von Kalkstein oder Tonmergel einerseits sowie Ton oder kalkhaltigem Tonmergel andererseits in dem dem hydraulischen Modul entsprechenden Mengenverhältnis eine Rohmischung nach dem Trocken- oder Naßverfahren her. Die Mischung erfolgt hierbei während des Feinmahlens. Beim Trockenverfahren werden die aus der Grube kommenden Rohstoffe zunächst grob bis auf Erbsengröße vorzerkleinert, wozu Steinbrecher, Walzenstühle mit Stachel- oder Glattwalzen, Kollergänge (Läuferwerke) mit feststehendem Läufer und rotierendem Bodenteller usw. dienen (Abb. 60 *a, c, e*). Häufig werden die Rohstoffe in rotierenden Trockentrommeln, d. s. schwach geneigte und mit Schamottesteinen ausgekleidete Eisenzylinder, getrocknet. Das Trockengut wird am oberen Ende der Trommel eingetragen und durch heiße Feuerungsgase einer Rostfeuerung, die mit dem Gute ziehen, getrocknet. Nach dem Trocknen erfolgt die Feinzerkleinerung in Kugel- oder Rohrmühlen (Abb. 60 *j*). Für das Brennen der Mischung im Schachtofen werden nach Zusatz von 10—12% Wasser Ziegel gepreßt, da der Schachtofen kein

Pulver verarbeiten kann. Aber auch für das Brennen im Drehrohrofen werden dem trockenen Gemisch 10—20% Wasser zugegeben, da das feine Pulver nicht nur stark verblasen, sondern sich auch im rotierenden Drehrohrofen entmischen würde.

Beim häufig ausgeübten *Naß- oder Dickschlammverfahren*

Abb. 60, *a—o*. Die verschiedenen Typen der Zerkleinerungsmaschinen.

werden die Rohstoffe gemeinsam vorzerkleinert und in einer Rohmühle, und zwar einer sog. Verbundmühle, die aus einer Grob- und Feinrohrmühle besteht, unter Zusatz von Wasser naß vermahlen. Der erhaltene Feinschlamm geht mit etwa 36—40% Wasser in die Dickschlammbehälter, aus welchen er durch Preßluft in den Drehofen befördert wird.

Die Drehrohröfen oder Rotierer der Zementindustrie (Abb. 58) sind bis 160 m lang und 2—4 m breit und mit feuerfesten Steinen, wie Schamotte, Klinkerbeton (Mischung von Klinker und Zement), oder Dynamidonsteinen (geschmolzene Tonerde enthaltender Schamotte) ausgemauert. Sowohl das obere Brennrohr als auch das untere, kürzere Kühlrohr sind an ihrem Umfange mit mehreren Laufkränzen zur Lagerung auf Rollen sowie Zahnradkränzen zur Ausführung der Drehbewegung versehen. Die Umdrehungsdauer beträgt 1—2 Min. und richtet sich vorwiegend nach der Brenntemperatur und der Reaktionsgeschwindigkeit. Der in Abb. 58 dargestellte Drehofen von Polysius besitzt eine erweiterte Sinterzone, um die Reaktionsdauer verlängern zu können. Bei manchen Drehöfen fehlt das untere Kühlrohr, das auch zur Vorwärmung der Verbrennungsluft dient. Der Drehrohrofen benötigt wenig Handarbeit, mischt das Brenngut gut durch und ergibt große Leistungen. Er hat sich sowohl in der Zementindustrie, zum Brennen von Kalk (s. S. 278), Aufschließen von Chromeisenstein mit Soda, Calzinieren von Pigmenten, Rösten von Pyriten (s. S. 84) usw. bewährt.

Dem Drehrohrofen ist in der Zementindustrie eine stärkere Konkurrenz in den neuzeitlichen automatischen Drehrostschachtöfen (Abb. 61) entstanden, die weniger Brennstoff, nämlich etwa 20% Kohle, gegenüber etwa 23% beim Trocken- und etwa 27% beim Dickschlammverfahren im Drehrohrofen erfordern. Bei den automatischen Drehrostschachtöfen nach Abb. 60 wird die zu Preßkörpern mit Wasser als Bindemittel verformte Rohmischung und Koks durch eine automatische Beschickungsvorrichtung aufgegeben. Von unten wird durch den Drehrost Druckluft zur Verbrennung des Kokses eingeblasen. Die Austragung der gebrannten Klinker erfolgt gleichfalls auf automatischem Wege.

Erst durch die Schaffung der Drehrohröfen und der automatischen Drehrostschachtöfen stieg die Produktion der Zementindustrie gewaltig an. Während in den gewöhnlichen Schachtöfen, die gelegentlich auch heute noch zum Brennen des Zementes verwendet werden, die Leistung nur 16—20 t täglich beträgt, erreicht sie in den automatischen Schachtöfen 100—120 t pro Tag.

Brennvorgang. Beim Brennvorgang wird eine Temperatur von etwa 1400—1450° erreicht, wobei unter Sinterung der Masse der sog. Klinker gebildet wird. In der Vorwärmzone entweicht nur das Wasser, bei 900° auch die Kohlensäure. Bei weiterer Temperaturerhöhung beginnen unter Gelbfärbung der Masse Reaktionen zwischen dem Calziumoxyd und der Kieselsäure, Aluminiumoxyd und Eisenoxyd vor sich zu gehen, wobei etwa 42% Tricalziumsilicat $3\,CaO\,.\,SiO_2$, etwa 34% Dicalziumsilicat $2\,CaO\,.\,SiO_2$, etwa 7% Tricalziumaluminat $3\,CaO\,.\,Al_2O_3$, außerdem die Verbindungen $5\,CaO\,.\,3\,Al_2O_3$, $3\,CaO\,.\,5\,Al_2O_3$, $4\,CaO\,.\,Al_2O_3\,.\,Fe_2O_3$ usw. entstehen. Ferner ist auch im Klinker immer noch freier, ungebundener Kalk CaO vorhanden.

Die fertig gebrannte Mischung stellt beim Drehrohrofenbetrieb eine grünlich gefärbte, sehr harte, kugelige Masse dar, die zunächst auf das Klinkerlager gebracht wird, wo sie einige Monate lagern gelassen wird. Dadurch wird bei einem allfälligen „Leichtbrand", d. h. nicht vollständig gesintertem Klinker der Überschuß

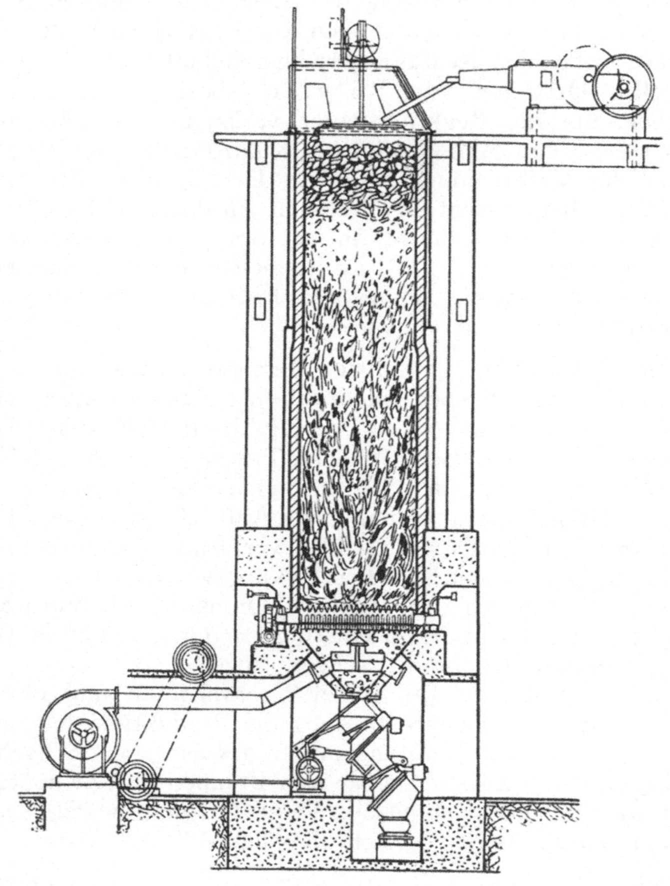

Abb. 61. Automatischer Drehrostschachtofen zum Brennen von Zement.

an freiem Kalk durch Aufnahme von Kohlendioxyd und Wasser aus der Luft unschädlich gemacht. Freier Kalk kann sonst beim Abbinden des Zementes zu Treiberscheinungen (Volumsvergrößerung) Veranlassung geben.

Zur Verwendung des Klinkers als Zement muß dieser staubfein gemahlen werden, wobei auf dem 900-Maschen-Sieb kein Rückstand bleiben darf. Die Zerkleinerung des sehr harten Klinkers erfolgt in Kugel- oder Rohrmühlen, eventuell in einer Vereinigung beider, der Verbundmühle.

4. Zerkleinerungsmaschinen.

Unterteilung. Die Zerkleinerungsmaschinen sind in der chemischen Technik für die Zerkleinerung vieler harter Stoffe, wie Erze, Kalkstein, Phosphate, Schlacken usw., in Gebrauch. Sie werden in Apparate zur Grobzerkleinerung bis Nußgröße (Vorbrecher; Backenbrecher, Kegelbrecher, Walzenbrecher, Hammerbrecher), Mittelkornzerkleinerung bis Grießgröße (Schroter oder Nachbrecher; Brechschnecken, Walzwerke, Kollergänge, Glockenmühlen, Schlag- und Schleudermühlen) und für die Feinzerkleinerung, die eigentlichen Mühlen (Pochwerke oder Stampfmühlen, Mahlgänge, Stiftmühlen, Ringwalzenmühlen, Pendelmühlen, Kugelmühlen, Rohrmühlen, Naßmühlen, Kolloidmühlen) unterteilt. Eine schematische Übersicht über die verschiedenen Typen der Zerkleinerungsmaschinen nach Henglein ist in der Abb. 60 gegeben. Wegen der Härte der zu zerkleinernden Stoffe sind die besonders beanspruchten Teile auswechselbar aus Hartguß, Stahlguß oder Hartstahl hergestellt.

Vorbrecher. Die *Backenbrecher* (Abb. 60, *a*) bestehen aus einem feststehenden und einem periodisch hin und her schwingenden Teil, zwischen denen das zu zerkleinernde Gut zerquetscht wird. Beim *Kegelbrecher* (Abb. 60, *b*) nähert sich ein exzentrisch gelagerter, runder beweglicher Teil einem feststehenden. Er arbeitet kontinuierlich und ohne größere Geräuschentwicklung. Die Spaltbreite ist durch Höher- oder Tieferlagerung des beweglichen Kegels verstellbar. *Walzenbrecher* (Abb. 60, *c*) bestehen aus zwei geriffelten oder auch glatten Walzen mit verstellbarer Spaltenbreite, die sich gegeneinander bewegen. *Hammerbrecher* (Abb. 60, *d*) weisen zwei drehbare Achsen mit durch die Fliehkraft sich radial einstellenden Hämmern auf, die das Gut zerschlagen.

Schroter oder Nachbrecher. Brechschnecken zerbrechen das Gut zwischen einer sich drehenden Schnecke und Roststäben. Bei *Kollergängen* (Abb. 60, *e*; s. a. Abb. 97) drehen sich in einem Teller zwei schwere Läufer, die auf dem zu walzenden Gut abrollen. Es kann aber auch der Teller drehbar und die Läufer feststehend ausgebildet sein. Bei der *Ringwalzen- oder Kentmühle* (Abb. 60, *f*), die besonders zur Zerkleinerung der sehr harten Phosphorite geeignet ist, drehen sich in einem feststehenden Gehäuse ein senkrechter Mahlring und darin 3 durch Druckschrauben federnd gelagerte Walzen. In den *Schlagmühlen* (Abb. 60, *g*) wird durch die Fliehkraft sich schnell drehender Stäbe das Gut zertrümmert. *Schleudermühlen* oder *Desintegratoren* bestehen aus zwei ineinandergreifenden, im entgegengesetzten Sinne umlaufenden Mahlkörben mit 4—6 gleichachsigen Kreisen von Stahlstäben.

Feinmühlen. Beim *Pochwerk* (Abb. 60, *h*) wird durch einen mittels Hebedaumen gehobenen und niederfallenden Stempel in einem mit Sieben ausgestatteten Pochtrog das Gut zerschlagen.

Der *Mahlgang* (Abb. 60, *i*) besteht aus 2 waagrechten Mühlsteinen mit gefurchten Mahlflächen, von denen sich nur einer bewegt. Bei den *Rohrmühlen* (Abb. 60, *j*) wird in einem bis 10 m langen, rotierenden, schwach geneigten Stahlrohr durch die Fallwirkung von Stahlkugeln oder Flintsteinen das Gut zerkleinert. In der *Kugel- oder Kugelfallmühle* (Abb. 60, *k*) zerkleinern in einer kurzen, um eine waagrechte Achse sich drehenden Trommel aus härtestem Stahlguß mit Sieben und Schlitzen im Mantel fallende und rollende Kugeln das Gut. Die *Verbundmühle* besteht in einer Vereinigung einer Kugel- und Rohrmühle, wobei in der Kugelmühle durch Verwendung größerer Kugeln eine Vorzerkleinerung, in der sich anschließenden Rohrmühle mittels kleinerer Kugeln das Gut bis auf Mehlfeinheit zerteilt wird. Verbund- und Rohrmühlen werden häufig auch naß betrieben.

Pendelmühlen (Abb. 60, *l*) weisen 1 (Griffinmühle) oder 3—6 (Raymondmühle) durch Fliehkraft auf die Innenfläche eines waagrechten, feststehenden, gepanzerten Mahlringes pendelartig aufgehängte schwere Pistille auf, die wie ein Wagenrad auf der Straße das Gut zerdrücken.

Stiftmühlen oder *Dismembratoren* (Abb. 60, *m*) bestehen ähnlich wie die Schleudermühlen aus einem feststehenden, seitlichen Abschlußdeckel und einer sich rasch drehenden Scheibe, die beide mit konzentrischen Ringen von Schlagstiften ausgestattet sind.

Beim *Walzenstuhl* (Abb. 60, *n*) drehen sich 2 Walzen mit verschiedener Geschwindigkeit gegeneinander und nach unten und oben. Die *Einwalzenmühle* (Abb. 60, *p*) besteht nur aus einer einzigen Walze mit verstellbarem Reibbarren. In der *Vibratom-Schwingmühle* schwingt der Mahlkörper samt seiner Füllung aus Porzellankugeln in kreisförmiger Bahn. Die *Kolloidmühle* zerkleinert durch äußerst feine Zermahlung bei sehr hohen Umdrehungszahlen das Gut bis auf kolloide Dimensionen.

Der Wirkungsgrad aller Zerkleinerungsmaschinen ist nur sehr gering, meist ist er kleiner als etwa 1%.

5. Das Abbinden und die Erhärtung des Zementes.

Beim Anmachen des Zementes mit Wasser tritt eine Hydratation, d. h. Wasseraufnahme unter Bildung kalkärmerer Verbindungen ein. So bilden sich z. B. aus Tricalziumsilicat das Dicalziumsilicat und Calziumhydroxyd und weiterhin das Metasilicat $CaO . SiO_2$, die sich gelartig ausscheiden, und die als Streckungsmittel zugesetzten Sandkörner unter Erstarrung verkitten. Bei der Erhärtung entziehen die noch nicht hydratisierten Zementteilchen dem Gel Wasser, wobei dieses zum Teil in den krystallinen Zustand übergeht. Wegen der kolloidalen Beschaffenheit des Gels geht die Umsetzung mit dem Wasser nur langsam vor sich, weshalb der

Abbindevorgang und die Erhärtung noch nach Monaten nicht vollständig beendet sind. Das Gel erschwert auch die Diffusion des Wassers, worauf auch die Wasserbeständigkeit des Zementes beruht.

6. Prüfung, Eigenschaften und Anwendung des Zementes.

Prüfung. Die Vorschriften für die einheitliche Lieferung und Prüfung des Zementes sind in Normen festgelegt.

Abbinden. Beim Anmachen des Zementes mit Wasser zu einem Brei bindet der Zement ab, wobei Normalbinder in 2—4 Stunden, Schnellbinder in weniger als ½ Stunde zu einem losen Kuchen erstarren. Durch längere Lagerung an feuchter Luft wird ein Schnellbinder langsamer bindend, ebenso durch einen bis zu 3% zulässigen Zusatz von Gips. Die durch Schmelzen von Bauxit u. dgl. hergestellten Tonerdezemente (Gießzemente) binden und erhärten innerhalb 24 Stunden vollständig, während normaler Zement selbst nach einem Jahr noch eine Festigkeitssteigerung erkennen läßt. Schnellbinder erlangen eine geringere Festigkeit als Langsambinder.

Die Abbindezeit wird aus der Eindringstiefe einer belasteten Nadel von 1 qmm Querschnitt und 300 g Gewicht an mit 27—30% Wasser angerührtem Zementbrei ermittelt (Normalnadel von Vicat).

Raumbeständigkeit. Eine wesentliche Eigenschaft des Zementes ist seine Raumbeständigkeit, d. h. er darf sein Volumen nach dem Abbinden und Erhärten nicht verändern und keine Treib- und Schwindrisse auch bei der Kochprobe zeigen. Das Treiben wird durch ein 24 Stunden langes Einlegen eines abgebundenen flachen Zementkuchens unter einer Glocke und Aufbewahrung unter Wasser beobachtet. Es dürfen keine Verkrümmungen und Kantenrisse auftreten. Für genauere Messungen werden Prismen bestimmter Länge hergestellt und die Längenänderungen bestimmt.

Das Treiben des Zementes wird durch einen zu hohen Kalk-, Magnesia- und Schwefelgehalt sowie „Schwachbrand", d. i. zu geringer Brenndauer oder niedriger Brenntemperatur, verursacht.

Feinheit. Die Mahlfeinheit des Zementes wird durch Sieben ermittelt, wobei auf einem 1000-Maschen-Sieb (je 1 qcm) nur ein Rückstand von etwa 10—30% bleiben darf. Die Druck- und Zugfestigkeit des Zementes ist durch dauernde Verbesserung der Herstellungsverfahren in den letzten Jahren dauernd gestiegen. Zur Prüfung wird ein Gemisch von 100 g Zement mit 300 g Normal-Quarzsand und 32—40 g Wasser durch einen besonderen Hammerapparat in einer der Ziffer 8 ahnlichen Form, bzw. zur Ermittlung der Druckfestigkeit in einen Würfel von 50 qcm Seitenfläche geschlagen, 1 Tag unter einer Glocke sowie für Luftbauten 6 Tage unter Wasser und 21 Tage an der Luft, für Wasserbauten 28 Tage unter Wasser erhärten gelassen.

Beständigkeit. Normales Wasser greift Zement nicht an, es nimmt im Gegenteil seine Beständigkeit noch im Laufe der Zeit zu. Sehr weiches Wasser, wie Regenwasser, Wasser aus Urgesteinsgebieten, kann durch Herauslösen von Calziumhydroxyd aus dem Zement Schädigungen herbeiführen. Besonders schädlich wirken sich sulfat-, namentlich gipshaltige Wässer aus, da sich aus dem Gips und dem Tricalziumaluminat eine krystallisierte, wasserhaltige Verbindung bildet, die unter Volumsvergrößerung zum sog. Gipstreiben führt. Mehr als 5% Gips, der zur Regelung der Abbindezeit dem Zement manchmal absichtlich zugesetzt wird, darf im Zement nicht vorhanden sein. Ebenso greift Meerwasser, in welchem Magnesiumsulfat enthalten ist, mit der Zeit Zement an. Durch Meerwasser wird das CaO aus dem Zement herausgelöst und durch MgO ersetzt. Außerdem bildet sich zerbröckelndes Kalk-Tonerde-Sulfat. Am beständigsten gegen Meerwasser sind eisenreiche, kieselsäurereiche und tonerdearme Zemente, die bereits längere Zeit vor dem Einsetzen in das Meer an der Luft gelagert haben. Ebenso schädlich wirkt sich Magnesiumchlorid aus, das z. B. in Xylolith-Fußböden (s. S. 266, Magnesiazement) enthalten ist, die meist auf einer Betonunterlage verlegt werden. Bereits 0,1% Zucker im Anmachwasser verhindert das Erhärten des Zementes.

Säuren. Säurehaltiges Wasser führt zu einer Zerstörung des Zementes, da die Säure den freien Kalk des Zementes herauslöst. Wässer mit aggressiver, d. h. nicht gebundener und zur Lösung des Calzium- oder Magnesiumhydrocarbonates befähigten Kohlensäure können zur Ausbildung von weißen Flecken von Calziumcarbonat auf Beton (auch auf Ziegelmauerwerk) führen, da das herausgelöste Calziumhydrocarbonat sich an der Luft unter Abscheidung von $CaCO_3$ zersetzt (s. S. 30 u. 284). Rauchgase, die stets freies SO_2 und Schwefelsäure enthalten, greifen Beton an, desgleichen tierische und pflanzliche Öle mit freien Fettsäuren sowie Wässer mit einem Gehalte an Huminsäuren (Moorwässer). Ammonchlorid wirkt ähnlich wie eine freie Säure kalklösend und daher zerstörend auf Beton ein.

Schutz des Betons. Als Gegenmaßnahme gegen die Zerstörung durch chemische Einflüsse verwendet man dichteren Stampfbeton, zementreichere Betonmischungen, harte Zuschlagsstoffe mit guter Kornabstufung, einen wasserdichten Verputz mit zementreichem Mörtel, Zusatz von Bitumenemulsionen, Bitumen- oder Asphaltanstriche, Behandlung mit Fluoriden, wodurch unlösliches Calziumfluorid entsteht (Fluatierung), usw. Gut bewährt haben sich kalkarmer Zement, wie z. B. Hochofenzement oder Tonerdezement, weiters Zuschlagsstoffe mit löslicher Kieselsäure (wie Traß), die sich mit dem Kalk zu unlöslichem Calziumsilicat umsetzt. Ein vollständiger Säureschutz kann durch Umhüllung des Betons mit säurefesten Klinkern (Beizwannen), Bekleben mit Kunstharzfolien usw. erfolgen.

Anwendung. Zement wird entweder mit Quarzsand vermischt als Mörtel für Luft- oder Wasserbauten oder als selbständiger Baustoff, als Beton, verwendet. Während der ersten Zeit der Erhärtung darf der Zement nicht austrocknen und ist vor zu starker Besonnung, Hitze und Frost zu schützen. Aber bereits nach mehreren Tagen hat der Zement ausreichend Wasser gebunden, so daß ihm Frost und Hitze nicht mehr schaden können. Bei niederen Temperaturen wird das Abbinden des Zementes stark verzögert. Bei Temperaturen von etwa —3° kann man nur durch Verwendung angewärmten Wassers oder Zuschlagsstoffen betonieren. Frostschutzmittel, wie Calziumchlorid, können bei Eisenbeton ein Rosten des Eisens bewirken.

Die besten Eigenschaften lassen sich mit einem Mischungsverhältnis von 1 Teil Sand auf 1 Teil Zement erzielen. Je mehr Sand oder Kies dem Zement zugesetzt werden, desto geringer wird seine Festigkeit. Für Luftbauten verwendet man meist ein Mischungsverhältnis von Zement zu Sand gleich 1 : 3 bis 1 : 6, mit Kies von 1 : 8 bis 1 : 10 und ½ Teil Ätzkalk. Für Wasserbauten beträgt es 1 Teil Zement auf 1—2 Teile Sand. Je feiner der Sand und die Mahlfeinheit des Zementes sind, desto bessere Festigkeitswerte werden erreicht. Die Festigkeit steigt selbst nach Jahren noch an. Nach Ost ergaben sich für eine Probe die folgenden Zug- und Druckfestigkeiten bei Luft- und Wasserhärtung (Tab. 30).

Tab. 30. Zeitliche Veränderung der Zug- und Druckfestigkeit einer Zementprobe in kg/qcm (Ost).

Mischungsverhältnis	Zugfestigkeit				Druckfestigkeit			
	nach 28 Tagen		nach 1 Jahr		nach 28 Tagen		nach 1 Jahr	
	Luft	Wasser	Luft	Wasser	Luft	Wasser	Luft	Wasser
Reiner Zement		28				303		
1 Zement + 1 Sand . .	47	47	75	56	520	530	792	702
1 Zement + 6 Sand . .	39	35	67	44	399	397	609	515
1 Zement + 6 Sand + ½ Kalkbrei	21	19	45	30	186	189	351	303

Die Druckfestigkeit von verschiedenen Betonmischungen mit Kiessand, bzw. mit nur gebrochenem Gestein ist nach D'Ans-Lax in der Tab. 31 wiedergegeben.

Das Raumgewicht des gewöhnlichen Betons beträgt etwa 2,2—2,4 kg/m³, bei Leichtbeton mit Bims und ähnlichen Stoffen 1,8 kg/m³. Beton weist einen Dehnungsmodul von rund 100.000—500.000 kg/qcm, Leichtbeton bis zu 10.000 kg/qcm auf. Die Schwindung beim Austrocknen kleinerer Körper im trockenen Raum beträgt zwischen 0,2 und 0,8 mm/m, von größeren im Freien unter 0,2 mm/m, von Putzmörtel bis 0,8 mm/m und mehr. Beton ist gegen etwa 12 Atm. Wasserdruck undurchlässig. Die Wasseraufnahme beträgt durch Kapillarwirkung 2—12%.

Tab. 31. Würfeldruckfestigkeit von Betonmischungen in kg/qcm für 28 Tage alten Beton.

Zementgehalt kg/cbm	Gemischtkörniger Zuschlag (bis 30 mm, stetig abgestuft) grobkörnig	mittelkörnig	feinkörnig
		Stampfbeton, etwas nässer als erdfeucht	
180	210	160	110
240	310 (6% H_2O)	260 (8% H_2O)	190 (10% H_2O)
300	420	380	260
		Weicher Beton	
180	140	120	90
240	210 (8% H_2O)	190 (11% H_2O)	150 (13% H_2O)
300	290	270	220
		Flüssiger Beton	
180	120	100	80
240	170 (10% H_2O)	160 (13% H_2O)	130 (15% H_2O)
300	230	210	190

Als Putzmörtel wird Zement in einem Mischungsverhältnis von 1 : 2,5 bis 1 : 1 an solchen Stellen verwendet, wo es auf besondere Festigkeit und Wasserdichtigkeit ankommt. Größere Mengen von Zementmischungen werden immer aus wirtschaftlichen Gründen und wegen der erzielbaren größeren Gleichmäßigkeit mit eigenen Mischmaschinen hergestellt.

Die Mischung von Zementmörtel mit Kies oder Steinschlag als Zuschlag wird als Beton bezeichnet. Er wird als Gieß- oder Stampfbeton in größtem Umfange zur Herstellung von Bauten aller Arten gebraucht. Seine Festigkeit wird durch Armierung durch Eisenteile, wie Drahtstäbe, Eisenstäbe usw., wesentlich erhöht (Eisenbetonbau). Die Haftfestigkeit des Zementes an Eisen ist ausgezeichnet. Wegen der Alkalität des Zementes, die auf Eisen passivierend wirkt, rostet das Eisen nicht. Im Jahre 1937 wurden in Deutschland 12,4 Mill. t Zement erzeugt.

7. Eisenportlandzement.

Gewisse, bei der Erzeugung von Gießereiroheisen anfallende hochbasische Schlacken besitzen nach Abschreckung mit Wasser, Wasserdampf oder Luft hydraulische Eigenschaften, da sie sich in ihrer Zusammensetzung weitgehend jener des Portlandzementes nähern. Sie sind nur kieselsäure- und eisenreicher sowie kalkärmer (etwa 40% SiO_2, 40% CaO, 8—20% $Al_2O_3 + Fe_2O_3$), enthalten aber, da sie aus dem Schmelzfluß hergestellt wurden, ausreichende Mengen von Calziumsilicaten und -aluminaten. Langsam erstarrte Schlacken besitzen keine zementartigen Eigenschaften, sondern nur die abgeschreckte granulierte, glasartige Schlacke.

Die Schlacke wird mit der für die Zementerzeugung notwendigen Menge Kalk vermischt und wie normales Zementrohmehl zu Klinkern gebrannt. Dieser Zement würde sich vom Portlandzement gar nicht unterscheiden. Eisenportlandzement besteht nun aus einer Mischung von 70% des aus Gießereiroheisenschlacke erzeugten Zementes und 30% granulierter Hochofenschlacke, die bereits beim Vermahlen des Klinkers zugemischt wird. Die Schlacke stellt hier kein Verdünnungsmittel dar, da ihre aufgeschlossenen Silicate usw. in Verbindung mit dem Alkali des Zementes, die als Erreger wirken, hydraulische Eigenschaften erlangen. Wegen der Herstellungsart des Eisenportlandzementes durch Mischen von Schlacke und Portlandzement bezeichnet man Eisenportlandzement auch als „Mischzement". Er kann wie normaler Zement, insbesondere für Meerbauten, verwendet werden. Die Erzeugung an Eisenportlandzement in Europa beträgt etwa 3 Mill. t.

8. Hochofenzement oder Kraterzement.

Krater- oder Hochofenzement stellt eine Mischung von 20—30% Portlandzement mit 80—70% granulierter basischer Hochofenschlacke dar. Die Schlacke darf nicht mehr als 5% Mangan enthalten. Das Verhältnis $\frac{CaO + MgO + {}^1/_3\,Al_2O_3}{SiO_2 + {}^2/_3\,Al_2O_3}$ muß größer als 1 sein. Die Erzeugnisse sind nicht so hochwertig wie Portland- oder Eisenportlandzement.

9. Puzzolanzement.

Viele Gesteine vulkanischen Ursprunges, wie die Puzzolanerde (Fundort Puzzuoli am Meerbusen von Bajae), die Santorinerde (Insel Santorin) und gewisse Trasse aus der Eifel besitzen gleichfalls aufgeschlossene Calziumsilicate und -aluminate. In den meisten Fällen bedürfen diese Mineralien nur einer Zerkleinerung und eventuell eines Zusatzes eines „alkalischen Erregers" wie Kalk CaO, um die hydraulischen Eigenschaften in Erscheinung treten zu lassen. Die Puzzolanerde wurde bereits von den Römern zu Hafenbauten verwendet, ebenso alt ist die Verwendung der Eifeler Basalte und Trasse für Bauzwecke. Die heutige Anwendung ist nur örtlich beschränkt.

Zu den Puzzolanzementen rechnet man auch alle Mischungen aus etwa 20% gelöschtem Kalk mit hydraulischen Zuschlägen wie Ziegelmehl, Kieselgur, Bimsstein, die dem Kalke hydraulische Eigenschaften verleihen.

10. Spezialzemente.

Spezialzemente sind mit einem bestimmten Zusatz zur Erreichung eines Zweckes hergestellte Zemente. Der wichtigste ist der *Tonerdezement*, auch *Schmelz-* oder *Elektrozement* genannt. Er enthält als Hauptbestandteil Calziumaluminate (etwa 40% CaO, 40% Al_2O_3, 10% SiO_2) und wird durch Schmelzen von Bauxit mit 6—7% SiO_2 und 12—20% Fe_2O_3 im Widerstandslichtbogenofen hergestellt. Der Energieaufwand für 1 kg Zement beträgt etwa 900 kWh. Er zeichnet sich durch einen sehr schnell vor sich gehenden, auf der Bildung von Monocalziumaluminat beruhenden Erhärtungsvorgang und kann schon nach 12 Stunden voll belastet werden. Die Druckfestigkeit beträgt nach 12 Stunden bereits 500 kg/qcm. Tonerdezement ist außerdem sehr widerstandsfähig gegen Meerwasser. Er ist sehr raumbeständig. Sein wichtigstes Anwendungsgebiet ist daher für solche Bauten gegeben, die bereits nach 1—2 Tagen belastet werden sollen, sowie für Meeresbauten. Wegen der starken Wärmeentwicklung beim Abbinden kann Tonerdezement noch bei —10° verarbeitet werden.

Gießzement ist ein Zement für Putz- und Fassadenarbeiten, der nach 5—10 Minuten abbindet. Erzzement ist ein Portlandzement, bei dem die Tonerde fast zur Gänze durch Eisenoxyd ersetzt ist. Er zeichnet sich durch eine besonders hohe Widerstandsfähigkeit gegen Meerwasser und gipshaltige Wässer aus.

Weißer Sternzement wird aus möglichst eisenfreien Rohstoffen, wie Kaolin, Marmor, Feldspat usw., eventuell auch nach Zusatz von Fluoriden zur Entfärbung der Eisenoxyde, hergestellt. Er ist wegen seiner hellen Farbe besonders zum Ausfugen und zur Erzeugung der Zementwaren geeignet.

Hochwertiger Portlandzement ist ein besonders fein gemahlener und sorgfältig erzeugter Portlandzement, der bereits nach 3 Tagen die gleiche Festigkeit als wie normaler Portlandzement nach 28 Tagen aufweist. Er wird für schnell auszuführende Bauten verwendet. Über *Magnesiazement* s. S. 266.

11. Kalksandsteine, Schwimmsteine, Schlackensteine, Eternit.

Kalksandsteine sind Bausteine aus Kalkmörtel und Sand. Feinkörniger Sand, der am besten auch einen gewissen Teil von Staubsand enthält, wird mit 6—7% Ätzkalk versetzt, auf Drehtischpressen zu Ziegeln verformt, diese werden auf Plattformwagen verladen und in Härtekessel gefahren, wo sie 8—10 Stunden einem Dampfdruck von etwa 8 Atm. ausgesetzt werden. Bei dieser Behandlung bildet sich Calziumhydrosilicat, das die Sandkörner als amorphe Masse verkittet. Kalksandsteine besitzen eine garantierte Mindestdruckfestigkeit von 140 kg/qcm.

Schwimmsteine werden aus Mischungen von Bimsstein mit Zement hergestellt. Sie sind porig und leicht. *Schlackensteine* erhält man aus Schlackensand und gepulvertem Ätzkalk durch Anfeuchten und Pressen der Mischung zu Steinen. *Hüttensteine* stellt man aus gekörnter Hochofenschlacke und Kalk, Schlackenmehl oder Zement her. *Eternit* ist eine Mischung von Asbest und Zement, die in Plattenform gepreßt wurden. In der Tab. 32 sind die Gütewerte von Mauerziegeln, Hüttensteinen, Leichtbausteinen usw. wiedergegeben.

Tab. 32. Gütewerte von Mauerziegeln, Hüttensteinen, Kalksandsteinen, Leichtbausteinen usw.

Steinart	Druckfestigkeit (Mittelwert) kg/qcm	Raumgewicht (Rohgewicht) kg/qcm	Wasseraufnahme Gewichts%	Wärmeleitzahl bei 20° C in kcal · $m^{-1} \cdot h^{-1} \cdot C^{-1}$	Biegefestigkeit	
					senkrecht zur Faser	gleichlaufend zur Faser
Mauerklinker . . .	≧ 350		≦ 6			
Hartbrandziegel .	≧ 250		≦ 12			
Mauerziegel Mz 150	≧ 150		≧ 8			
Kalksandstein . .	≧ 150		≧ 10			
Hüttenhartstein HHS	≧ 250		≧ 5			
Hüttenstein HS 50; 100; 150	≧ 50; 100; 150		≧ 10			
Sonder-Schwimmstein	≧ 30	≦ 1,2		≦ 0,25		
Hütten-Schwimmstein	≧ 20	≦ 1,0		≦ 0,2		
Sonder-Schlackenstein	≧ 50	≦ 1,4		≦ 0,28		
Schwimmstein . .	≧ 20	≦ 0,8		≦ 0,15		
Asbestzement, gepreßt		1,8–2,2	≦ 20		280–380	200–290
Leichtbauplatten .		0,36–0,57		≦ 0,08	4–17	4–17

12. Bautenhilfsmittel.

In den letzten Jahren sind chemische Hilfsmittel zur Verdichtung von Mauerwerk gegen Feuchtigkeit, Bekämpfung von Fäulniserregern wie Hausschwamm, Verfestigung des Bauuntergrundes, Verhinderung des Eindringens von Wasser im Untergrund usw. immer häufiger zur Anwendung gekommen. Zur Isolierung von Mauerwerk gegen Feuchtigkeit dienen verschiedenartige bituminöse Massen, die kalt auf dem noch zu feuchten Untergrund aufgetragen werden können. Eine ähnliche Wirkung weisen isolierend wirkende, Bitumen und Lösungsmittel enthaltende Anstrichmittel auf, die gleichfalls kalt aufgetragen werden. Eine sehr wirksame Isolation gegen Feuchtigkeit stellt eine Auskleidung mit Teerpappe dar.

Fliesen und Platten usw. aus keramischem Material können bei Anwendung von säurefesten Kitten oder Fugenmörteln auch säureführende Wässer abdichten. Schaumbeton ist ein mit gasentwickelnden Stoffen, wie Calziumhydrid, Wasserstoffperoxyd u. dgl., versetzter Zement. Er wirkt sowohl wärme- als auch schallisolierend und ist wesentlich leichter als normaler Beton. Die gleichen Eigenschaften weisen die Leichtbauplatten, wie z. B. Heraklith, auf, die aus Holzwolle unter Verwendung von kaustisch gebrannter Magnesia oder Magnesiazement als Bindemittel hergestellt wurden.

Eine gute chemische Beständigkeit sowie Isolationsfähigkeit gegen Wärme und Kälte weisen zahlreiche Kunststoffe auf Kunstharzbasis, wie z. B. Iporka, Mipolam usw., auf (s. S. 697). Die Wasseraufnahmefähigkeit von Ziegeln kann durch eine Imprägnierung mit wasserabstoßend wirkenden Mitteln, ebenso Wasserglaslösungen vermindert oder beseitigt werden. Eine große Bedeutung besitzen auch die Anstrichmittel und Lacke (s. S. 605). Ausblühungen auf Ziegeln, die meist durch Auslaugen mit wasserlöslichen Sulfaten entstehen, können durch einen Zusatz von Bariumcarbonat zur Tonmasse vor dem Brennen verhindert werden, da dann wasserunlösliches Bariumsulfat gebildet wird.

X. Düngemittel.

Die Pflanzen nehmen aus dem Ackerboden mineralische Stoffe, wie Phosphor, Stickstoff, Kalium, Schwefel, Calzium, Kieselsäure, Magnesium und Eisen, auf. Während der Bedarf der Pflanzen an S, Ca, Mg und Fe ohne weiteres gedeckt werden kann, tritt durch die Ernten sehr bald ein Mangel an K, N und P ein, die im Boden nur in geringeren Mengen vorhanden sind. Dieser Mangel muß durch eine künstliche Zufuhr, die Düngung, wieder ausgeglichen werden. Kalium-, Stickstoff- und Phosphorverbindungen stellen die direkt wirkenden Dünger dar, die unmittelbar von der Pflanze aufgenommen werden, während indirekt wirkende, wie z. B. der Kalk, im Boden chemische Vorgänge auslösen, wodurch die für die Pflanze schwer aufnehmbaren Stoffe leichter assimilierbar gemacht werden. Es ist das größte Verdienst Justus von Liebigs, bereits im Jahre 1840 darauf hingewiesen zu haben, daß die Pflanze außer Licht, Luft, Wasser und Wärme auch noch alle anderen mineralischen Nährstoffe in dem für sie erforderlichen Verhältnis im Boden vorfinden muß. Sind diese Stoffe nicht in ausreichendem Maße vorhanden, so müssen sie ihm zugeführt werden. Liebig ist somit als der Begründer der Düngemittelindustrie anzusehen.

Man unterscheidet natürliche und künstliche sowie Stickstoff-,

Phosphor-, Kali- und Mischdünger. Zu den natürlichen Düngemitteln zählt seit alters her der Stallmist, der aus den festen und flüssigen tierischen Ausscheidungen sowie der Einstreu besteht. Stallmist enthält sowohl N, P als auch K, Schafdünger z. B. 0,83% N, 0,23% P, 0,67% K, Pferdedünger 0,58% N, 0,28% P, 0,53% K, Rindviehdünger 0,34% N, 0,16% P, 0,40% K. Diese Mengen sind jedoch zur Pflanzenernährung nicht ausreichend, so daß bei Verwendung von Stallmist allein eine Verarmung des Bodens einsetzt. Stallmist erwärmt aber den Boden, lockert ihn und führt ihm Humusstoffe sowie Wuchsstoffe, Hormone und Fermente zu, die den künstlichen Düngemitteln fehlen.

Natürliche Düngemittel stellen auch die menschlichen Exkremente, die Jauche, Gülle, Abfälle von Schlachthöfen und Abdeckereien, der Kompost und die Gründüngung dar. Fäkalien kommen nach dem Vermischen mit Trockenmitteln, wie Asche oder Torf, gepulvert als Poudrette in den Handel. Aus Tier- oder Fischkadavern gewinnt man nach dem Zerkochen zwecks Herausholung des Fettes und Leimes nach dem Trocknen Fischmehl, das 7—9% N, 10—17% P und etwa 1% K enthält.

Bei der Gründüngung werden grüne Leguminosen untergepflügt, die die Fähigkeit besitzen, den Stickstoff der Luft unmittelbar zu assimilieren.

Für die Ernährung der Menschheit ist die Ertragssteigerung des Bodens durch Pflanzenvermehrung, Züchtung besserer Sorten, Verwendung von Wuchsstoffen und die Unkrautbekämpfung von größter Bedeutung. Der Verbrauch der mitteleuropäischen Landwirtschaft an Düngemitteln ist sehr hoch und beträgt wertmäßig etwa 10% des gesamten Aufwandes der Landwirtschaft. Die Wertsteigerung durch die erzielten Mehreinnahmen betragen jedoch mehr als das Einundeinhalbfache der Düngemittelkosten. Durch die Verwendung der künstlichen Düngemittel konnte nachgewiesenermaßen der Durchschnittsertrag eines Hektars bei Brotgetreide von 10,7 auf 19,1 dz, bei Kartoffeln von 77 auf 158 dz, bei Runkelrüben von 198 auf 410 dz und bei Kleeheu von 34,7 auf 51,4 dz erhöht werden.

1. Stickstoffdüngemittel.

Nitrate wie der Chilesalpeter oder synthetischer Natronsalpeter $NaNO_3$, mit etwa 16% N, sowie Kalk- oder Norgesalpeter (s. S. 288) mit 15,5% N werden von den Pflanzen leicht aufgenommen, aber wegen ihrer zu leichten Löslichkeit und Nichtadsorbierbarkeit durch den Boden schnell durch den Regen ausgewaschen. Sie werden als Kopfdüngung bei gewünschter rascher Wirkung gegeben.

Ammoniaksalze, wie Ammonsulfat (21% N) oder Ammonchlorid (25% N), wirken physiologisch saurer und langsamer als die Nitrate, da sie im Boden erst nitrifiziert werden müssen. Nur die Kartoffel kann Ammonsalze unmittelbar aufnehmen. Mischungen von Nitraten und Ammonsalzen, wie Kalium-Ammonium-Salpeter, Natronammonsalpeter, Ammonsulfatsalpeter oder Leunasalpeter, haben sich besonders auf kalkarmen Böden bewährt, da sie weniger sauer als die Ammonsalze wirken.

Kalkstickstoff (s. S. 287) wirkt erst durch chemische und bakterielle Zersetzung im Boden, und zwar langsamer als die Nitrat- und Ammondünger. Störend wird das starke Stauben und die ätzende Wirkung des Kalkstickstoffes empfunden, das aber durch Ölen gemindert werden kann. *Harnstoff* ist der wertvollste und stickstoffreichste Dünger (46% N), für die allgemeine Anwendung in der Landwirtschaft aber zu teuer. Er wird daher nur in der Gärtnerei und zur Blumendüngung verwendet. Geringere Bedeutung haben auch die phosphor- und stickstoffhaltigen tierischen Abfallstoffe, wie Leder-, Blut-, Horn-, Fisch-, Fleisch-, Kadavermehl, Wollstaub usw.

2. Phosphorhaltige Düngemittel.

Die Rohstoffe zur Herstellung der phosphorhaltigen Düngemittel stellen die Calziumphosphate, phosphorhaltigen Eisenerze, die Knochen und Guanophosphat (Vogelexkremente). Große Phosphatlager finden sich in Amerika (Florida, Tennessee, Karolina), Algier, Tunis, Marokko usw. mit 65—80% Tricalziumphosphat. In Mitteleuropa kommen nur sehr untergeordnete Lagerstätten vor, wie z. B. im Lahn-Dill-Gebiete usw.

Alle natürlichen Phosphate enthalten nur unlösliches und nur in sauren Böden langsam aufschließbares Tricalziumphosphat, müssen also durch einen künstlichen Aufschluß in assimilierbare Form übergeführt werden. Düngemittel mit wasserlöslichem primärem Calziumphosphat, wie Superphosphat oder Nitrophoska, sowie sekundärem oder in 2%iger Ammoncitratlösung löslichem Phosphat können jedoch von der Pflanze ohne weiteres aufgenommen werden.

Die Herstellung des Superphosphates ist eine Industrie großen Umfanges, die den größten Verbraucher von Schwefelsäure darstellt. Nach Zerkleinerung der sehr harten Rohphosphate in Backenbrechern, Kugel-, Ring- oder Pendelmühlen (Abb. 60) wird er gemahlen, gesiebt und mit Kammersäure (67—68% H_2SO_4) in einem gußeisernen Mischgefäß mit mechanisch betriebenem Rührapparat vermischt. Die breiförmige Masse wird in einen unter dem Mischkessel befindlichen, gemauerten „Phosphatkeller" abfließen gelassen, in welchem die eigentliche Aufschlußreaktion:

$$Ca_3(PO_4)_2 + 2\,H_2SO_4 + 5\,H_2O = Ca(H_2PO_4)_2 \,.\, H_2O + 2\,CaSO_4 \,.\, 2\,H_2O$$

unter bis 130° betragender Erwärmung der Masse vor sich geht. Bei einem Überschuß von Schwefelsäure erhält man auch freie

Phosphorsäure, bei einem Unterschuß Dicalziumphosphat, das nur mehr citratlöslich ist. Da meist nur die wasserlösliche Phosphorsäure des Superphosphates bezahlt wird, arbeitet man mit einem geringen Überschuß an Schwefelsäure. Dieser wird dann durch einen Zusatz von leicht aufschließbaren Phosphaten beseitigt, um kein schmieriges Produkt, das nicht mehr streufähig ist, zu erhalten.

Der Gips nimmt im Keller Wasser auf, erstarrt und führt auf diese Weise den Brei in eine verarbeitungsfähige Form über. Während das Mischen nur wenige Minuten dauert, erfordert die Erstarrung etwa 3 Stunden. Nach völliger Erstarrung beginnt man, solange das Superphosphat noch etwa 100° heiß ist, um die Kondensation von Wasserdampf zu verhindern, mit der Entleerung des Kellers. Diese erfolgt auf mechanischem Wege durch Abschaben oder Abkratzen. Für jede Aufschlußmaschine sind 2 Keller vorgesehen, die abwechselnd gefüllt und entleert werden. Das fertige Superphosphat wird mehrere Meter hoch in Hallen aufgeschichtet, wo es bis zum Versand liegenbleibt.

Die Verunreinigungen der Phosphate, wie Aluminium-, Eisenoxyd usw., können bei der Lagerung ein „Zurückgehen" des Superphosphates durch Bildung wasserunlöslicher Phosphate dieser Metalle verursachen, wenn sie in größerer Menge als etwa 2% im Rohphosphat vorhanden sind. Superphosphat enthält etwa 18% wasserlösliches P_2O_5.

Beim Aufschluß entstehen im Mischkessel und im Phosphatkeller saure, gesundheitsschädliche Gase, wie HCl, H_2F_2, SiF_4, H_2SiF_6 usw., die in Absorptionsanlagen durch Einspritzen von Wasser niedergeschlagen und durch Umsetzen mit Kochsalz auf Natriumsilicofluorid verarbeitet werden.

Durch Mischen mit Ammonsulfat werden Ammoniak-Superphosphate als Mischdünger hergestellt, wobei durch chemische Umsetzungen mit dem Phosphat Ammonphosphat und Calziumsulfat entstehen.

In Amerika wird auch ein *Doppel-Super-Phosphat* genanntes Düngemittel hergestellt, wobei man von niedrigprozentigen, billigeren Phosphaten ausgeht. Durch Aufschluß mit kalter Schwefelsäure von nur 15—20° Bé wird vorerst eine 6—8%ige Phosphorsäure erzeugt, die nach dem Konzentrieren auf 30—50% neuerlich zum Aufschluß von phosphorarmen, calziumcarbonatreichen Phosphaten verwendet wird. Da kein Gips vorhanden ist, geht die Erhärtung nur sehr langsam vor sich und muß die Masse getrocknet werden. Doppel-Super-Phosphat weist einen Gehalt von etwa 45% wasserlöslichem Phosphorpentoxyd auf.

Die Herstellung der technischen Phosphorsäure kann man auch nach der sog. Dorr-Gegenstrom-Dekantations-Methode vornehmen. Der Dorr-Eindicker ist eine Vorrichtung zum Abschlämmen und Dekantieren von in Flüssigkeiten fein verteilten Stoffen, wobei im vorliegenden Falle nur die klare Flüssigkeit gewonnen werden soll. Die beim Aufschluß des Rohphosphates mit verdünnter Schwefelsäure erhaltene verdünnte Phosphorsäure wird mit den darin aufgeschlämmten unlöslichen Verunreinigungen durch einen Eintragkasten in einen Behälter oder ein Becken geführt, in welchem der langsam am Boden absetzende Dickschlamm durch eine sich drehende Krählvorrichtung zu einer Austragsöffnung befördert wird, von wo er mittels einer Pumpe abgezogen wird. Da nur die Grundfläche für die Leistung des Absetzgefäßes ausschlaggebend ist, baut man Eindicker mit 2—4 übereinanderliegenden Kammern.

Bei der Dorr-Gegenstrom-Dekantations-Methode, die in der chemischen Technik zur Trennung von festen Bestandteilen von einer Lösung vielfach angewendet wird, ohne daß diese wesentlich verdünnt würde, werden das Reaktionsgemisch und das zum Auswaschen benützte Frischwasser durch 3—6 hintereinandergeschaltete Dorr-Eindicker geleitet. Aus dem 1. Eindicker wird die klare Lösung, so wie sie bei der Reaktion entstanden ist, gewonnen, in den übrigen Behältern eine durch das Auswaschen etwas verdünnte Lösung.

Die Phosphorsäure zur Herstellung des Doppel-Super-Phosphates kann auch in reinem Zustande durch Verbrennung von Phosphordämpfen (s. S. 130—131) hergestellt werden. Als Nebenprodukt der Leimfabriken wird „Noir épuré“ durch Umsetzung von Knochenkohle oder Knochenasche mit Salzsäure erhalten: $Ca_3(PO_4)_2 + 2\,HCl = 2\,CaHPO_4 + CaCl_2$. Man kann auch mit Vorteil durch Anwendung eines Überschusses von Salzsäure technische Phosphorsäure herstellen und diese mit Kalk als Dicalziumphosphat mit 36—40% citratlöslichem P_2O_5 gewinnen: $Ca_3(PO_4)_2 + 4\,HCl = Ca(HPO_4)_2 + 2\,CaCl_2$; $Ca(HPO_4)_2 + CaO + 3\,H_2O = 2\,CaHPO_4 \cdot 2\,H_2O$.

Läßt man die durch Aufschluß von Phosphaten mit überschüssiger Säure oder durch Verbrennung von Phosphor erhaltene verdünnte Phosphorsäure auf Alkali- oder Ammoniumhydroxyd, bzw. -carbonat einwirken, so erhält man Na-, K- oder NH_4-Phosphat. Borsuperphosphat ist eine Mischung von Superphosphat mit 17—18% P_2O_5 und 5% Borax.

Ein sehr wichtiger Phosphorsäuredünger ist das *Thomasphosphatmehl*, das beim Verblasen von Thomasroheisen mit 1,8—2,2% P im basisch gefütterten Konverter durch Oxydation des Phosphors durch Luft und Bindung des entstandenen P_2O_5 an Kalk als flüssige Thomasschlacke erhalten wird. Während früher die phosphorreicheren Eisenerze im sauren Bessemerkonverter (s. S. 468) nicht verarbeitet werden konnten, arbeitet man heute im basisch gefütterten Thomaskonverter bewußt mit Erzen höheren Phosphorgehaltes oder setzt diesen sogar absichtlich Phosphate im Hochofen zu. Der Phosphor wird als Tetracalziumphosphat-Silicat $Ca_4P_2O_9 \cdot Ca_2SiO_4$ gebunden. Die Kieselsäure wird als absichtlicher

Zuschlag zur Schlacke zwecks Erhöhung der Citratlöslichkeit der Phosphorsäure von 60 auf 90% gegeben. Nach dem Erkalten wird die Thomasschlacke in Kugel- und Rohrmühlen fein gemahlen und von den Eisenteilchen durch Sieben oder Magnete getrennt.

Im Thomasmehl erfolgt die Bewertung des P_2O_5-Gehaltes (15—20%) nur an Hand der Citratlöslichkeit. Von den Pflanzen wird die Phosphorsäure des Thomasmehles langsamer aufgenommen als jene des Superphosphates. Es eignet sich besonders gut zur Düngung auf sauren, kalkarmen, leichten Böden.

Glühphosphate werden aus phosphorarmen Mineralien durch Glühen mit Kalk, Soda und Phonolit (K_2O oder Na_2O) . Al_2O_3 . . $(SiO_2)_2$ oder Leucit durch Glühen im Drehrohrofen bei 1100—1200° hergestellt. Die Aufbereitung der Phosphorsäure der Mineralien erfolgt also nur auf trockenem Wege und führt zu Phosphatdüngern mit etwa 15—25% P_2O_5, von der etwa 60—70% citratlöslich sind, sowie 8—15% K. Sie sind als Rhenaniaphosphate im Handel. Auch die schwefelhaltigen Schlacken, die bei der Entschwefelung des nach dem sauren Schlackenverfahren erschmolzenen schwefelreichen Roheisens anfallen, ergeben beim Glühen mit geringwertigen, niedrigprozentigen Rohphosphaten hellfarbige Phosphatdünger mit etwa 15—20% P_2O_5, von der etwa 80% citratlöslich sind. Die Verwertung dieser Schlacken ist für die Eisenindustrie sehr erwünscht, da sie sehr stark hygroskopisch sind und beim Lagern auf der Halde Schwierigkeiten bereiten.

3. Kalidünger.

Als Kalidünger werden entweder die hochprozentigen, bloß gemahlenen Kalirohsalze mit 12,4—15% K_2O, Carnallit mit 10% K_2O oder die daraus in der Kaliindustrie (s. S. 250) hergestellten höherprozentigen Kalisalze, wie Kaliumsulfat mit 48—52% K_2O, Kalimagnesia mit 26—30% K_2O und Kaliumchlorid mit 20, 30, 40 und 50% K_2O, verwendet. Die Sulfate werden den Chloriden vorgezogen, da manche Pflanzen gegen Chloride empfindlich sind. Kalisalze sind nur auf leichten Böden anwendbar, da sie auf schweren Böden zu Verkrustungen führen.

4. Kalkdünger.

Calzium ist für die Ernährung der Pflanze unentbehrlich, calziumreichere Pflanzen widerstehen dem Frost und Schädlingen besser. Kalk steigert den Zuckergehalt von Rüben, den Stärkegehalt der Kartoffel und erhöht die biologische Bodentätigkeit. Durch einen zu hohen Kalkgehalt des Bodens werden aber gewisse Pflanzenkrankheiten, wie die Herzfäule der Zuckerrüben, der Schorf der Kartoffel usw., begünstigt. Kalk begünstigt sowohl eine Verminderung der Acidität des Bodens als auch eine Verbesserung dessen Krümelstruktur. Er wird in Form von gemahlenem Kalkstein, -mergel, gebranntem Kalk, Abfallkalk, wie Leunakalk, der bei der Umsetzung von Ammoncarbonat mit Gips erhalten wird (s. S. 260), je nach dem Kalkbedarf der verschiedenen Kulturpflanzen in wechselnden Mengen gegeben.

5. Mischdünger.

Sehr beliebt sind solche Dünger, die alle für die Pflanzenernährung wichtigen Elemente in einem einzigen Dünger vereinigt enthalten. Die Herstellung kann vielfach nicht durch einfaches Mischen erfolgen, da viele Salze auch im festen Zustande, namentlich wenn sie wasserhaltig sind, miteinander reagieren oder zusammenbacken. Ein häufig gebrauchter Volldünger ist Nitrophoska mit 12% Stickstoff (je zur Hälfte als Salpeter und Ammonium), 12% P_2O_5, 21,5% K_2O und 15—18% $CaCO_3$. Leunaphos enthält 40 Teile Diammonphosphat und 60 Teile Ammonsulfat (20% N, 20% P_2O_5). Ammonsuperphosphat s. S. 309. Ein Volldünger ist auch Hekaphos, bestehend aus Harnstoff, Kalisalpeter und Diammonphosphat mit 28% N, 14% P_2O_5 und 14% K_2O. Er wird vorwiegend in der Gärtnerei verwendet.

Stickstoff-Kalkphosphat-IG weist einen Stickstoffgehalt von 16%, von 16% P_2O_5 und 35% $CaCO_3$ auf. Kaliammonsalpeter enthält 15% N, 30% K_2O, 5% $CaCO_3$. Amsupka ist eine Mischung von Ammonsulfat, $Ca(H_2PO_4)_2$, $CaSO_4$, $(NH_4)_2HPO_4$ und KCl mit 7% N, 7% P_2O_5 und 14% K_2O. Ein Mischdünger auf organischer natürlicher Grundlage ist der Guano, der aus den Exkrementen vorweltlicher und lebender Vögel besteht. Dieser häuft sich auf manchen Inseln und Küsten zu hohen Bergen auf und wird, da die Phosphorsäure vielfach bereits mineralisiert ist, häufig mit Schwefelsäure aufgeschlossen. Peruguano I enthält z. B. 7% N, 14% P_2O_5 und 1—2% K_2O.

6. Pflanzenschutz- und -wuchsmittel.

Die Ertragsfähigkeit des Bodens kann auch durch Unkrautbekämpfung, Vertilgung von Pflanzenschädlingen im Saatgut (Beizmittel), an der lebenden Pflanze und der Ernte selbst sowie Verwendung von das Wachstum fördernden Spurenelementen und Wuchsstoffen gefördert werden. Die chemische Industrie liefert heute sehr wertvolle Hilfsmittel für die Landwirtschaft, die wesentlich zur Verbesserung der Ernährungsgrundlage der Menschheit beitragen. Neben den normalen Düngemitteln kommen z. B. auch Stoffe zur Anwendung, die bereits in Spuren gewisse Mangelkrankheiten beseitigen, wie z. B. borhaltiges Superphosphat die Herzfäule der Zuckerrüben, Manganverbindungen die Dörrfleckenkrankheit des Hafers, Kupferverbindungen die Heidemoorkrankheit usw.

Saatgutbeizmittel, wie z. B. Kupfercarbonat, organische Quecksilbersalze, wie z. B. Formaldehyd-Orthochlorphenol-Quecksilber, bekämpfen am Samenkorn vorhandene Erreger von Pflanzenkrankheiten, wie z. B. Weizensteinbrand, Haferflugbrand usw. Pilze und Insekten auf Zweigen, Blättern und Früchten werden durch Spritz- und Stäubemittel bekämpft, wozu sich Schwefel, Sulfide, wie BaS mit Bariumpolysulfiden (Solbar), Kupferverbindungen, Kaliumpermanganat, Salicylsäure, Arsenverbindungen, wie Calzium- und Bleiarsenat, Petroleum, Nikotin, Formaldehyd usw., eignen. Die zur Bekämpfung der Peronospora im Weinbau verwendete Kupfer-Kalk-Brühe besteht aus Kupfersulfat (1 kg) und Kalk (0,4 kg), während Nosprasen außerdem auch einen die feine Verteilung bewirkenden Zusatz von Calziumarseniat aufweist.

Ein sehr verbreitetes Unkrautbekämpfungsmittel ist eine 1—2%ige Lösung von Natriumchlorat, ferner eine 25%ige Lösung von Eisenvitriol oder 10%ige Schwefelsäure. Wurzelschädlinge werden durch Bodendesinfektionsmittel, wie Schwefelkohlenstoff, Kaliumthiocarbonat K_2CS_3, Formaldehyd, Tetrachlorkohlenstoff, Blausäure usw., bekämpft.

In der Forstwirtschaft werden Schwammschutzmittel, wie Steinkohlenteeröle, Dinitrophenol, Sublimat, Kupfersulfat, ferner Wurmschutzmittel, wie Teeröle, gechlorte Naphthaline usw., verwendet.

Wuchsstoffe sind Substanzen, die die Art des Wachstums beeinflussen. So kann z. B. die Wurzelbildung von Stecklingen durch die in den Pflanzen vorkommenden Auxine oder aus dem Harn gewinnbare β-Indoxyl-Essigsäure (Heteroauxin) verkürzt und beschleunigt werden, was für die Kultur von Stecklingen bereits praktische Bedeutung besitzt (Belwitan).

XI. Glas.

1. Die verschiedenen Glassorten.

Glas ist eines der ältesten, bereits den Ägyptern bekannten chemischen Erzeugnisse. Es ist ein amorphes, nicht krystallisierendes Gemenge von Kieselsäure und anderen, in dieser gelösten Verbindungen der Kieselsäure mit verschiedenen Metalloxyden, das bei etwa 1400° dünnflüssig ist, beim Abkühlen allmählich erstarrt und dann durchsichtig bis durchscheinend bleibt. Die Lösung der Silicate in der Kieselsäure bleibt auch im festen Zustande erhalten, weshalb das Glas auch als eine feste amorphe Lösung aufgefaßt werden kann.

Glas stellt somit keine einheitliche chemische Verbindung, sondern eine amorphe Lösung verschiedener Verbindungen dar, die wegen ihrer großen Zähigkeit sehr beständig sind und sich deshalb innerhalb eines großen Temperaturbereiches wie ein einheitlicher Körper verhalten. Es entspricht der ungefähren Zusammensetzung $CaO . Na_2O$ (oder K_2O, PbO) $. 6 SiO_2$. Glas besitzt ebenso wie die Alkalisilicate (s. S. 248) keinen ausgesprochenen Schmelzpunkt, sondern bei der Erstarrung einer Glasschmelze wird mit sinkender Temperatur die Masse immer zäher, um allmählich in den festen Zustand überzugehen. Bei Glas kann man daher nur von einer Erweichungstemperatur sprechen. Die allmähliche Zähigkeitszunahme des Glases bei der Erstarrung ermöglicht aber erst die Verarbeitung durch Blasen usw.

Das erstarrte Glas bleibt ebenso wie die Schmelze vollkommen klar und durchsichtig, da sich keine krystallisierten Verbindungen ausscheiden. Nur bei sehr lang andauernder Erhitzung in der Nähe des Schmelzpunktes, wie sie praktisch nur bei fehlerhafter Arbeitsweise vorkommt, findet eine Ausscheidung von Krystallen, eine Entglasung, statt, wodurch das Glas trübe und undurchsichtig wird.

Der Auffassung des Glases als einem Gemenge von verschiedenen chemischen Verbindungen entspricht auch der Versuch, seine chemischen und physikalischen Eigenschaften auf Grund der Mischungsregel an Hand der Eigenschaften der Mengenbestandteile zu berechnen. Diese Berechnung hat sich jedoch nicht in allen Fällen als zutreffend erwiesen, da in vielen Gläsern, die in ihrer Zusammensetzung von der normalen stark abweichen, auch andere chemische Gleichgewichtszustände eintreten können. Durch Einführung von bestimmten Koeffizienten für die verschiedenen Metalloxyde, die mit den perzentuellen Anteilen zu multiplizieren sind, kann man jedoch die Wirkung dieser Metalloxyde auf die Glaseigenschaften angenähert bestimmen.

Die chemischen und physikalischen Eigenschaften eines Glases werden sehr wesentlich von seiner Zusammensetzung beeinflußt. Reines Alkalisilicat ist noch verhältnismäßig leicht löslich (s. S. 248). Mit steigendem CaO-Gehalt wird aber nicht nur die Löslichkeit in Wasser herabgesetzt, sondern auch der Schmelzpunkt erhöht. Die Basen Na_2O, bzw. CaO können durch andere Metalloxyde, wie K_2O, PbO, Al_2O_3, ZnO, Tl_2O, die Kieselsäure durch Bor-, Arsen-, Phosphor-, Kieselfluorwasserstoffsäure ersetzt werden, wobei verschiedenartige Glassorten erhalten werden. Während das Calzium-Natrium-Silicat-Glas zur Herstellung von Fensterglas und Geräten verwendet wird, dienen Kaliumoxyd enthaltende Gläser zur Erzeugung optischer und schwerschmelzbarer Geräte (Kron- und Flintglas). Bleisilicathaltige Gläser zeichnen sich durch ein besonders starkes Lichtbrechungsvermögen aus (Krystallglas). Straß ist ein Gemisch von Blei-, Natrium-, Kaliumoxyd, Kieselsäure und Borsäure und wird wegen seiner guten Schleifbarkeit und seines hohen Glanzes zur Herstellung von Edelsteinnachbildungen verwendet.

Emails sind besonders alkalireiche, borsäurehaltige und kieselsäurearme und daher niedrig schmelzende Gläser, die durch einen Zusatz von Zinnoxyd, Knochenasche oder organischen Stoffen getrübt sind. Aluminiumoxyd macht die Gläser strengflüssiger. BaO, Al_2O_3, B_2O_3 und As_2O_3 sind neben viel SiO_2 im chemisch besonders widerstandsfähigen Jenaer Geräteglas enthalten.

2. Chemische Beständigkeit und physikalische Eigenschaften der Gläser.

Die meisten Metallsilicate sind gegen Wasser nicht genügend beständig, von Säuren werden sie leicht zersetzt. Erst wenn die kieselsäurereichen Alkalisilicate auch noch Kalk oder Bleioxyd enthalten, entstehen chemisch widerstandsfähige Gläser. Kaligläser sind leichter löslich als Natrongläser. Bei der Zersetzung durch Wasser wird zuerst aus der obersten Schicht Alkali herausgelöst, während nur wenig Kieselsäure in Lösung geht. Dadurch reichert sich die Grenzschicht an sehr schwer löslichen, kieselsäurereichen und alkaliarmen Silicaten an, so daß der Angriff sehr bald zum Stillstand kommt. Alte Gläser sind daher beständiger als neue. Alkalien greifen stärker, Säuren schwächer als Wasser an. Nur Gläser mit einem höheren Gehalte an CaO, BaO, PbO und anderen Metalloxyden können auch durch Säuren angegriffen und zersetzt werden.

Flußsäure löst Glas vollständig auf. Glas leitet den elektrischen Strom und die Wärme schlecht und stellt einen guten Isolator dar. Störend kann jedoch eine Flüssigkeitshaut auf die Isolationsfähigkeit einwirken. Mit steigender Temperatur nimmt die Leitfähigkeit wegen Verminderung der Zähigkeit des Glases zu. Die Glasschmelze leitet den Strom wie ein Elektrolyt.

Beim Abkühlen von Glasgeräten wird deren Oberfläche schneller fest als das Innere. Es treten daher in den Gläsern Spannungen auf, die bei zu rasch abgekühlten Körpern, z. B. unterm Wasser erstarrten Glastropfen, so groß sind, daß beim Ritzen der Glasoberfläche der erstarrte Tropfen zu einem feinen Pulver zerspringt. Die Gläser sind wegen der in ihnen herrschenden Spannungen daher besonders gegen größeren Temperaturwechsel empfindlich und springen beim raschen Erwärmen, bzw. Abkühlen leicht. Durch langsames Abkühlen in Öl können dünne Glasgegenstände spannungsfrei hergestellt werden, die eine größere Widerstandsfähigkeit gegen Stoß- und Temperaturwechsel aufweisen (gehärtetes Glas).

Zur Vermeidung zu großer Spannungen beim Abkühlen oder beim Anwärmen für eine Verarbeitung werden Glasgegenstände bei der Herstellung nach dem Formen in einem Abkühlofen nochmals bis zur beginnenden Erweichung erhitzt und dann nur sehr langsam auskühlen gelassen.

Das Auftreten der inneren Spannungen kann auch durch Erzeugung von zweischichtigen Gläsern mit verschiedenem Wärmeausdehnungskoeffizienten vermieden werden. Diese Verbundgläser werden insbesondere für Wasserstandsgläser angewendet. Sie sind als Schottsche Verbundgläser, Robax-, Dusax-, Durobax- und Felsenglas usw. im Handel. In der Tab. 33 sind die wichtigsten Eigenschaften der Gläser zusammengestellt.

Tab. 33. Eigenschaften der Gläser.

Eigenschaft	Quarzglas	Gewöhnliche technische Gläser	Bleiglas	Pyrexglas (Borosilicatglas)	Sondergläser
Zerreißfestigkeit in kg/qmm	9	7–9	4–6	2,8	Faden unter 10 μ Ø: 20–50
Druckfestigkeit in kg/qmm	200	80–100			
Dehnungsmodul in kg/qmm		6000–7000		7000	
Härte nach Mohs . .	7	6–7	5–6		
Dichte	2,20	2,35–2,48	2,89	2,25	
Dielektrizitätskonstante	3,5–4	5–7		4,48	8–12
Spez. elektr. Leitfähigkeit Ohm^{-1}	10^{-11}–10^{-15} . Ohm^{-1} . cm^{-1}			10^{-14}	
Spez. Wärme cal/g . °C	0,18	0,17–0,20		0,20	
Wärmeleitzahl in kcal/(mh °C)	1,26	0,7			Glaswolle, Stopfdichte 50–150 kg/cbm: 0,03–0,06
Linearer Ausdehnungskoeffizient $\times 10^7$, 0–100°C	5,18	70–100		32	35–60
Brechungszahl n_D . .	1,4585	1,52	1,55	1,47	
Erweichungstemp. °C .	1400	570	490–290	600	
Durchschlagsfestigkeit kV/cm	100–150	100–150			370–450 (Jenaer Gläser)

Eine der wesentlichsten Eigenschaften des Glases ist seine Sprödigkeit und Empfindlichkeit gegen Schlag und Stoß. Strukturell besteht das Silicatglas aus einem Netzwerk von SiO_4-Tetraedern, zwischen die Alkali-, Blei-, Calziumionen usw. eingelagert sind (vgl. Abb. 41, *h*).

3. Rohstoffe zur Glasherstellung.

Als *Rohstoff* zur Glaserzeugung dient Kieselsäure in Form von Quarzsand, der für weiße Glassorten möglichst eisenarm sein muß. Für gewöhnliches grünes Flaschenglas werden die in der Nähe der

Fabrik befindlichen Gesteine, wie Sand, Lehm, Mergel, ferner Glasscherben und Natriumsulfat verwendet, durch die auch Alkalien, aber auch größere Mengen von Eisen- und Aluminiumoxyd in das Glas eingebracht werden. Das Alkali wird in Form von Soda, Pottasche oder Natriumsulfat, das mit Kohle reduziert wird, Kalk als Marmor, Kreide oder Kalkstein gebraucht. Auch Scherben alter Gläser werden vielfach zur Herstellung des Glassatzes benützt. Blei wird als Mennige Pb_3O_4 eingeführt, die kein metallisches Blei enthält und auch nicht so leicht reduzierbar ist wie Bleiglätte PbO. Für Spezialgläser werden auch noch BaO, MgO, ZnO, B_2O_3, Borax, Flußspat, Kryolith, Phosphorsäure, arsenige Säure usw. gebraucht. Geringe Eisenfärbungen sucht man durch Bildung von komplementären Farbtönen zu verdecken, wozu Nickel- und Kobaltoxyd, Weinstein, Selen und seltene Erden dienen.

4. Die Herstellung des Glases.

Die *Herstellung des Glases* gliedert sich in die Gemengebereitung, das Schmelzen, die Verarbeitung, das Kühlen, woran sich vielfach ein Ätzen, Schleifen und Polieren anschließt. Die Warmverarbeitung des Glases geschieht in Glashütten, die aus einem Gemengehaus mit Mischvorrichtungen, einem eigentlichen Schmelzgebäude mit Streck- und Kühlöfen, ferner den Verarbeitungsmaschinen und dem Lager für die Roh- und Brennstoffe sowie für die Fertigerzeugnisse bestehen. Das Gemenge wird in eigenen Mischmaschinen, zuweilen unter Zugabe von Wasser, innig vermischt und in Vorratsbehältern aufbewahrt, aus denen es in die Öfen oder Häfen befördert wird.

Das Einschmelzen der Gläser erfolgt entweder in aus gebrannter Schamotte erzeugten, bis zu 2000 kg Glas fassenden Häfen oder bei größeren Glasmengen in sog. Wannenöfen. Das Glasgemenge wird möglichst vorsichtig bis zum Aufhören der Gasentwicklung erhitzt, worauf das Blankschmelzen oder Läutern bei 1300—1600° erfolgt. Das Aufsteigen der Gasblasen in der zähflüssigen Schmelze wird dabei durch Zusatz von stark gasenden Stoffen, wie Arsenik oder grünes Holz, und Rühren begünstigt (Bülwern des Glases). Die an die Glasoberfläche aufsteigenden Verunreinigungen, Glasgalle genannt, werden abgezogen (abfeimen) und eventuell noch Entfärbungsmittel, wie Braunstein oder färbende Oxyde wie Nickeloxyd oder Selenverbindungen, zugesetzt.

Im Glashafen müssen alle Operationen nacheinander ausgeführt werden, was einen großen Zeitverlust ergibt. Man arbeitet daher meist mit mehreren Häfen oder mit Häfen, die durch Zwischenwände für die einzelnen Operationen unterteilt sind. Für größere Massenfabrikation arbeitet man daher derzeit in Wannenöfen, während die Häfen nur mehr für die Erzeugung kleinerer Mengen von Spezialgläsern verwendet werden.

Die Häfen und die Wannensteine bestehen aus einem gegen die Glasschmelze möglichst widerstandsfähigen Material wie einer Ton-Schamotte-Mischung oder vorteilhafter aus natürlichen Tonerde-Kieselsäure-Verbindungen wie Mullit oder Sillimannit. Die Schmelzöfen für die Häfen sind meist runde oder längliche, backofenähnliche Bauten, an deren Wänden die Häfen auf „Bänken" aufgestellt werden.

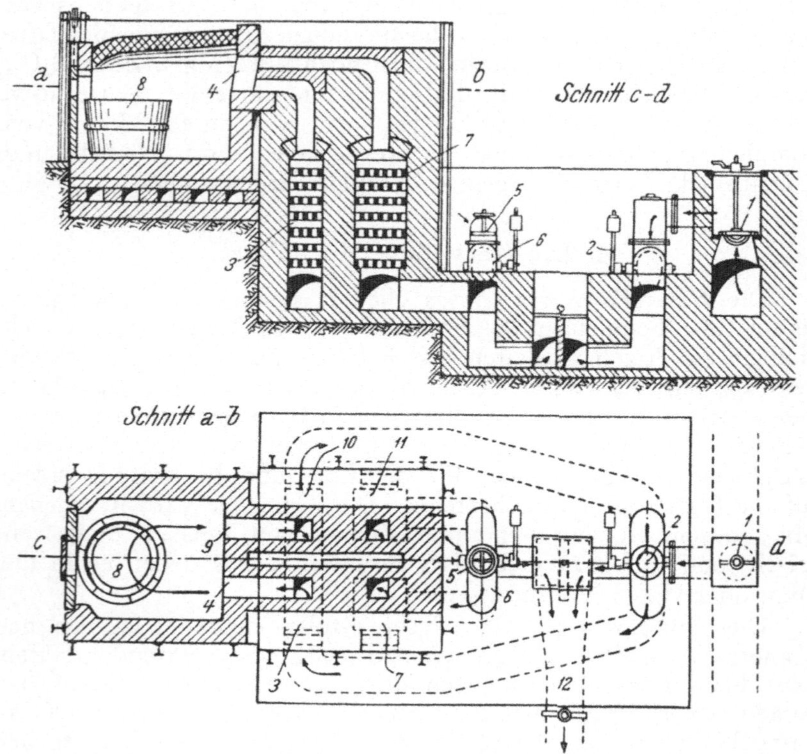

Abb. 62. Siemensscher Regenerativ-Glasofen für einen Hafen.

Regenerativfeuerung. Die Bänke weisen eine schwach geneigte Herdsohle auf, damit sich bei einem Bruche eines Hafens die Schmelze in besonderen „Taschen" leichter sammeln kann. Die Abb. 62 zeigt einen Siemensschen Regenerativ-Glasofen für einen Hafen, es gibt aber auch Öfen mit bis zu 12 Häfen und mehr. Der dargestellte Ofen ist ein sog. Oberflammofen mit rückkehrender Flamme. Das durch das Gasregulierventil *1* eintretende Generatorgas geht durch einen Gaswechsel 2, wird beim Passieren durch die mit feuerfesten Steinen ausgesetzte Gaskammer mit Hilfe der dort aufgespeicherten Wärme hoch erhitzt und tritt durch den Brenner *4* in den Ofen ein. Hier trifft es mit der gleichfalls in der Luftkammer *7* vorgewärmten Verbrennungsluft, die durch das Luftventil *5* und den Luftwechsel *6* geströmt ist, zusammen und verbrennt. Die Flammengase umkreisen den Hafen *8* und verlassen den Ofen durch den zweiten Brenner *9*, durchstreichen das zweite Kammerpaar *10* (Regeneratoren) und *11* und geben ihre Wärme an deren Gitterwerk aus Steinen ab. Nach etwa ½ Stunde wird durch Umstellen der Wechselklappen die Gasrichtung geändert.

Diese Siemenssche Regenerativfeuerung erlaubt nicht nur die Verwendung billiger Brennstoffe, wie Braunkohle und Torf, sondern auch eine leichtere Regelung der Ofentemperatur. Sowohl die Heizgase als auch die Verbrennungsluft gelangen vorgewärmt in die vor dem Flammloch des Ofens liegenden Mischkammern, wodurch eine höhere Verbrennungstemperatur erreichbar ist. Die Regenerativfeuerung wird auch in anderen Industriezweigen mit Vorteil angewendet, z. B. in der Stahlindustrie bei den Siemens-Martin-Öfen.

Der *Wannenofen* bildet einen die ganze Ofenlänge einnehmenden einzigen langen Hafen, in welchem bei Nacht eingeschmolzen und bei Tag ausgearbeitet wird (Tageswanne). Es kann aber auch fortlaufend eingeschmolzen und ausgearbeitet werden. Der Glasfluß nimmt den ganzen Boden des Ofens ein. Die kontinuierlich arbeitenden Wannen werden häufig durch Einsätze, die von der Ofendecke in die Glasschmelze eintauchen, in drei Teile unterteilt. Man erhält so eine fortlaufende Wanne. Im ersten Teil wird das Glasgemenge niedergeschmolzen, im zweiten wird die Läuterung vorgenommen, während das reine Glas am anderen Ende nach einer gewissen Abkühlung auf die für die Verarbeitung günstigste Temperatur entnommen wird.

Rekuperativfeuerungen. Ein anderes System zur Ausnützung der in den abziehenden Verbrennungsgasen enthaltenen Wärme zur Vorwärmung des Heizgases und der Verbrennungsluft besteht darin, daß man die Kanäle für die abziehenden heißen Abgase und jene für die zu erwärmende zuströmende Luft und das Generatorgas nebeneinander legt, so daß ein dauernder Wärmeausgleich stattfindet. Bei diesen „Rekuperativöfen“ werden die Heizgase daher unmittelbar in die Mischkammer geleitet.

Die Abb. 63 zeigt eine Rekuperativwanne zur Herstellung von Flaschenglas. Das Gas passiert das Ventil *1* und tritt unmittelbar in den Brenner *2*. Hier trifft es mit der aus *3* eintretenden vorgewärmten Sekundärluft zusammen, wodurch eine über den Wanneninhalt hinstreichende heiße Flamme entsteht. Durch die Füchse *3* treten die Abgase in das aus drei Kammern *4*, *5* und *6* bestehende System von Rekuperatoren, wo sie ihre Wärme beim Durchgang durch die vielen Windungen der aus Hohlziegeln oder Falzplatten zusammengesetzten Kanäle abgeben. An Stelle von Gasgeneratoren kann man auch Ölfeuerungen verwenden, während die elektrische Heizung seltener ist und z. B. bei der Herstellung von Quarzglas angewendet wird.

Die fertigen Glasgegenstände müssen zur Verhinderung von Spannungen langsam abgekühlt werden, was in besonderen Kühl-

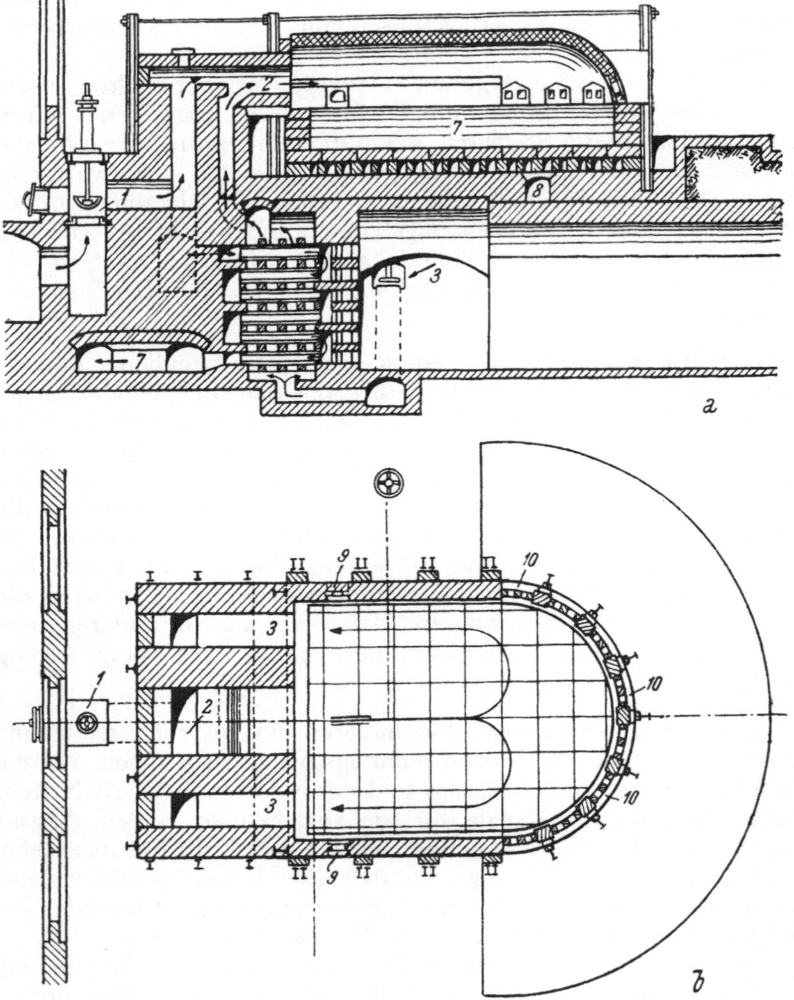

Abb. 63, *a* und *b*. Rekuperativwanne zur Herstellung von Flaschenglas.

öfen vorgenommen wird. Diese sind einfache, heizbare Kammern, in denen die Gegenstände unmittelbar oder mit Hilfe von Kühltöpfen aus Eisenblech oder Schamotte eingesetzt werden. Für Massenfabrikation haben sich Kanalöfen besser bewährt, die aus einem etwa 2 m breiten Kanal bestehen, dessen Temperatur von einem zum anderen Ende gleichmäßig abnimmt. Die zu kühlenden

Gegenstände werden durch einen Ketten- oder Wagentransport mit gleichmäßiger Geschwindigkeit durch den Kanal gezogen.

5. Formgebung des Glases.

Die *Formgebung* des Glases kann durch Gießen (Glasplatten, große Fenstergläser usw.), Pressen (billige Biergläser, Knöpfe, Tassen usw.) oder Blasen vorgenommen werden. Beim Blasen nimmt der Glasmacher mit der Glaspfeife einen Teil der klaren Schmelze aus dem Hafen oder der Wanne und bläst diesen unter häufigem Umschwenken, eventuell unter Mitbenutzung einer Metall- oder Holzform, von Zangen oder Scheren, zu der gewünschten Form auf. Röhren werden gleichfalls durch Blasen und Ziehen hergestellt. Zur Herstellung von Fensterglas dienen eigene Maschinen, die die Glasmasse durch einen Schlitz aus dem Wannenofen entnehmen und dann zwischen Walzen hochziehen. Von einer Arbeitsbühne aus können dann die Glastafeln in der gewünschten Größe abgeschnitten werden (Verfahren von Fourcault und Colburn).

Mit der Flaschenblasmaschine von Owens, bei der selbsttätig aus einer rotierenden Wanne durch viele Glasmacherpfeifen Glasschmelze entnommen wird, können bis zu 100.000 Flaschen täglich erzeugt werden. Die Maschine ahmt die verschiedenen Stadien des Glasblasevorganges möglichst getreu nach. Bei den Preßblasemaschinen wird die erste Formgebung durch Preßluft vorgenommen, während zur Fertigstellung ein Preßstempel verwendet wird. Röhren hohen Kalibers für die Glühlampenindustrie werden auf automatisch arbeitenden Röhrenziehmaschinen (von Danner) hergestellt, wobei das Glas auf eine geneigte, feuerfest ummantelte Welle aus Chrom-Nickel-Stahl läuft, von der es infolge ihrer Drehung als Rohr abläuft. Die Maschine verarbeitet 4000 kg Glas täglich.

Dickere Glastafeln, Drahtglas mit Drahteinlagen oder geripptes und gemustertes Glas werden durch Gießen und Auswalzen des Glases hergestellt. Große Hohlgefäße werden nach dem Sievertschen Verfahren in der Weise erzeugt, daß auf eine feuchte Asbestplatte ein Glasposten aufgetragen und nach dessen Ausbreitung die gewünschte Form darübergestülpt wird. Die aus dem feuchten Asbest sich entwickelnden Dämpfe treiben das Glas in die Form. Das Verfahren wird auch zur Tafelglasherstellung angewendet.

Beim Pressen des Glases drückt ein eiserner, meist verchromter Stempel das flüssige Glas in eine eiserne Form. Durch Anwendung rotierender Tische können viele Tausend Glasteller, Schüsseln, Trinkgläser usw. täglich mit einer Maschine hergestellt werden.

Nichtsplitterndes oder *Sicherheitsglas* besteht aus zwei oder mehreren dünnen Glasplatten, die durch Zwischenschichten aus Celluloseacetat oder Polyvinylkondensationsprodukten und einem Klebemittel miteinander verbunden sind. Bei einem Bruch der Glasplatten hält die biegsame Zwischenschicht die Splitter zusammen. Eine 2,5 cm starke Schicht aus nichtsplitterndem Glas ist bereits beschußsicher.

Hartglas wird durch sehr rasche Abkühlung plastischer Glasoberflächen mittels Luft hergestellt. Glas kann auch zu *Glasfäden*, die etwa zehnmal dünner als Baumwollfäden sind, ausgezogen werden. Diese können zu Glasgespinsten, -geweben usw. verarbeitet werden. Diese sind unbrennbar und wirken sehr gut isolierend gegen Wärme und elektrische Ströme. Für Kleidungsstücke oder Wäsche sind sie aber wegen ihrer hautreizenden Wirkung nicht verwendbar.

6. Gefärbte und getrübte Gläser.

Die *Färbung* des Glases erfolgt durch Zusatz verschiedener Metalloxyde zur Glasschmelze. Die grüne Farbe des gewöhnlichen Glases rührt von Verunreinigungen des Glases durch Eisenoxyde her, da man zu ihrer Herstellung nur billigen gewöhnlichen Sand, Lehm, Mergel usw. verwendet. Manganoxyde färben Natronkalkgläser braungelb bis violett, Chromoxyd leicht schmelzbare Gläser gelb, schwerer schmelzbare gelb bis grün, Kupferoxyd blaugrün bis himmelblau, Nickeloxyd violett bis gelbgrün, Uranoxyd gelb, Alkalisulfid gelb bis braun, Cadmiumsulfid gelb (kaisergelb), Selen und Selenide rosenrot, Kobaltoxyd blau. Schwarzes Glas wird durch Einführen größerer Mengen färbender Oxyde, wie Mangan-, Kobalt-, Eisenoxyd usw., erhalten. Rubinglas ist durch fein verteiltes, kolloides metallisches Gold oder Kupfer rot gefärbt.

Eine Färbung der Glasoberfläche kann durch Aufstreichen von harzsaurem Metall und Einbrennen in Muffen vorgenommen werden (Lüsterfarben). Lasieren nennt man das Auftragen von Silber oder Kupfer auf Glas in Form einer Verteilung ihrer Verbindungen in Ton und Erhitzen.

Getrübte Gläser entstehen durch Einverleibung kleiner Teilchen mit vom Grundglas verschiedenem Lichtbrechungsvermögen in die Glasmasse. Als Trübungsmittel werden Knochenasche, Kryolith, Flußspat, Fluorsilicate usw. verwendet. Getrübtes Glas dient vorwiegend zur Herstellung von Beleuchtungskörpern.

Strahlenschutzglas wird zum Schutze der Augen gegen die optisch besonders aktiven Strahlen des Sonnenlichtes, Quecksilberdampflichtes sowie der Schweißstrahlung usw. verwendet. Es enthält meist Oxyde des Cr oder der seltenen Erden.

7. Quarzglas.

Quarz, der aus reinem Siliciumdioxyd SiO_2 besteht, besitzt gleichfalls die Fähigkeit, aus dem Schmelzfluß glasig zu erstarren.

Quarzglas weist einen sehr geringen Wärmeausdehnungskoeffizienten auf und kann von Dunkelrotglut mit Wasser abgeschreckt werden, ohne daß es springt. Außerdem besitzt Quarz eine sehr große Durchlässigkeit für ultraviolette Strahlen sowie eine hervorragende chemische Beständigkeit gegen fast alle sauren Chemikalien.

Die Herstellung des Quarzglases kann nur bei Temperaturen über 1600° vorgenommen werden, da der Quarz nur dann in den glasigen Zustand übergeht. Man stellt es durch Schmelzen von Bergkrystall vor der Knallgasflamme und Bearbeitung der Schmelze nach dem üblichen Glasmacherverfahren her.

In solchen Fällen, wo es nicht auf eine größere Durchlässigkeit für Licht ankommt, verwendet man das leichter herstellbare, weniger reine und durch Luftblasen getrübte *Quarzgut* oder *Vitreosil.* So werden z. B. in der Schwefelsäureindustrie die Pfannen zur Konzentrierung der Säure (s. S. 90), die Verbrennungsöfen für Chlor in Wasserstoff zur Herstellung von Salzsäure, Pumpen usw. aus Quarzgut hergestellt. Gegen heiße Phosphorsäure (über 300°) ist Quarz nicht beständig, ebensowenig gegen schmelzende Alkalien.

8. Glasuren und Emails.

Glasuren nennt man die Rohstoffgemische und die daraus hergestellten Überzüge aus leicht schmelzenden Gläsern auf keramischen Gegenständen. Es gibt verschiedene Arten von Glasuren. Die Erdglasur besteht aus Kieselsäure, Tonerde und Alkalien. Sie ist strengflüssig und wird z. B. auf Hartporzellan aufgebracht. Bleiglasuren sind niedrig schmelzende, durchsichtige, weiße oder gefärbte Gläser, die auf Töpfergeschirr und Fayence aufgetragen werden. Die Salzglasur ist ein dünner, glasurartiger Überzug auf Steinzeug, der noch während des Brennens durch Einwerfen von Kochsalz in den Ofen erzeugt wird. Das verdampfte Steinsalz wird an der Oberfläche des keramischen Gegenstandes unter Bildung von Na_2O zersetzt, und dieses bildet dann mit dem Steinzeug die Glasur.

Das *Email* stellt einen korrosionsschützenden Überzug auf Eisengegenständen dar, der sich durch eine außerordentlich hohe Beständigkeit auszeichnet, aber auf größeren Gegenständen nur schwer porenfrei aufgebracht werden kann. Nachteilig ist auch die Empfindlichkeit der Emailüberzüge gegen schroffen Temperaturwechsel und mechanische Verletzungen. Von diesen Emailfehlern abgesehen, stellt aber das Emaillieren eines unserer besten Korrosionsschutzverfahren für kleinere Eisengegenstände dar.

Zur Herstellung von Emailüberzügen erzeugt man sich zuerst durch Schmelzen ein Alkali-Bor-Tonerde-Glas, das Fluoride, Phosphate oder Zinndioxyd als Trübungsmittel enthält, läßt die

Schmelze in eine Wanne einlaufen und mahlt die abgeschreckte Glasmasse zusammen mit Ton und den färbend wirkenden Zusätzen naß in der Glasurmühle. Die Glasur wird dann auf den rotglühenden Eisengegenstand aufgestäubt (Puderemail) oder der Glasurbrei auf den gut gereinigten und gebeizten Metallgegenstand aufgetragen. Meist werden zwei oder mehrere Emailüberzüge aufeinander zur Erzielung verschiedener Färbungen usw. aufgetragen. Früher mußte das Email zur Erzielung einer guten Haftfestigkeit geringe Mengen von Kobalt- und Nickeloxyd enthalten, heute kann man sowohl bor- als auch nickel- und kobaltfreie Emails herstellen.

XII. Strontium und Strontiumverbindungen.

Symbol Sr; Atomgewicht 87,6; Ordnungszahl 38; Schmelzpunkt 797°; Siedepunkt 1364°; Dichte 2,6; Wertigkeit: II.

Metallisches Strontium kann durch Schmelzflußelektrolyse von Strontiumchlorid dargestellt werden. Das weiche Metall (kub. fl. z.; hgrau; D 2,6; Fp 797°; Kp 1364°; zers W, Al) oxydiert an der Luft leicht, entzündet sich bei feiner Verteilung manchmal schon von selbst und wird von Wasser stürmisch zersetzt. Wegen seiner geringen chemischen Beständigkeit wird das Metall technisch nicht verwendet.

Auch die Strontiumverbindungen besitzen nur ein geringes Interesse. Lediglich in der Zuckerindustrie (s. S. 624) wird *Strontiumhydroxyd* $Sr(OH)_2 . 8 H_2O$ (tetr; D 1,40; D [0 H_2O] 3,625; Fp 375°; L: 0,70 SrO) zur Gewinnung des restlichen, nicht mehr krystallisierbaren Zuckers aus der Melasse verwendet. Wegen der schönen roten Flammenfärbung durch Strontiumverbindungen wird das Oxalat und Nitrat zur Herstellung roter Feuerwerkskörper gebraucht.

Die in der Natur verbreitetste Strontiumverbindung ist das *Strontiumsulfat* (Cölestin) $SrSO_4$ (fbl; rhomb; D 3,96; Uwp 1152°; Fp 1600°; L: $11{,}4 . 10^{-3}$; nl: Al). Es dient als Ausgangsmaterial zur Herstellung der übrigen Strontiumverbindungen.

Ein weiteres Strontiummineral ist der Strontianit, *Strontiumcarbonat* $SrCO_3$ (fbl; rhomb; hex; D 3,7; Fp [60 Atm.] 1497°; L: $1{,}0 . 10^{-3}$; l: NH_4-Salzlsg). Es fällt auch als weißer unlöslicher Niederschlag beim Zusatz von Alkalicarbonatlösungen zu Strontiumsalzlösungen aus.

Nachweis. Eine gesättigte Gipslösung gibt bei 100° in Gegenwart von Alkohol nach 5 Min. eine weiße Fällung. HNO_3 (D 1,2—1,5) ergibt einen weißen Niederschlag. Karminrote Flammenfärbung.

XIII. Barium und Bariumverbindungen.

Symbol Ba; Atomgewicht 137,4; Ordnungszahl 56; Schmelzpunkt 710°; Siedepunkt 1638°; Dichte 3,5; Wertigkeit: II.

Metallisches Barium kann durch Elektrolyse einer heißen Bariumchloridlösung an Quecksilberkathoden und Destillation des Quecksilbers aus der erhaltenen Ba-Hg-Legierung dargestellt werden. Barium (r. z.; fbl; D 3,5; Fp 710°; Kp 1638°; zers W; l: A) ist ein silberweißes Metall, weich, unbeständig gegen Luft und reagiert lebhaft mit Wasser. Es besitzt geringe technische Bedeutung als Gettersubstanz in Vakuumröhren und für einige Blei- und Nickellegierungen (s. a. S. 420).

Hingegen werden Bariumverbindungen in der Technik vielfach verwendet. *Bariumoxyd* (reg; hex; D_{hex} 5,32; Fp 1923°; Kp ~2000°; l zu $Ba(OH)_2$) entsteht aus Bariumcarbonat beim Glühen mit Kohle oder aus Bariumnitrat. Es dient heute noch in geringem Umfange zur Erzeugung von *Bariumperoxyd* (fbl; $0\,H_2O$: amorph; $8\,H_2O$: hex; D 4,96; dissoz. 795; zers m. W) durch Glühen bei 500° bei 2 Atm. Druck im CO_2-freien Luftstrom. Bei stärkerem Erhitzen oder Druckverminderung gibt Bariumperoxyd wieder Sauerstoff ab, da es sich um ein umkehrbares Gleichgewicht $2\,BaO + O_2 \rightleftarrows 2\,BaO_2 + 25\,kcal$ handelt. Nach dem Prinzip vom kleinsten Zwange (s. S. 74) führt eine Temperaturerhöhung, da BaO_2 unter Wärmeentwicklung entsteht, zum Zerfall von BaO_2. Eine Druckerhöhung des Sauerstoffes fördert die BaO_2-Bildung, eine Druckverminderung führt umgekehrt zu seiner Zersetzung. BaO_2 wird heute noch in geringerem Umfange zur Darstellung von Wasserstoffperoxyd (s. S. 47) verwendet. Früher benützte man BaO_2 auch zur Darstellung von Sauerstoff. Es ist ein kräftiges Oxydationsmittel. Es wird in Mischung mit Aluminium- oder Magnesiumpulver zu Zündkirschen für Thermitgemische (s. S. 337) benützt. Bariumoxyd bindet Kohlensäure und Wasser noch kräftiger als Calziumoxyd und ist daher ein äußerst wirksames alkalisches Trockenmittel.

Bariumhydroxyd $Ba(OH)_2 . 3$ oder $8\,H_2O$ (fbl; tetr; D 1,86; kongr. 78; L: 3,48 BaO; wl: Al) entsteht bei der Einwirkung von Wasser auf BaO. Es ist leichter löslich als Calzium- und Strontiumhydroxyd. Die wässerige Lösung wird in der analytischen Chemie zum Nachweise von Kohlensäure in Gasen verwendet, da diese einen weißen Niederschlag von Bariumcarbonat $BaCO_3$ bildet. Bei der Melasseentzuckerung kann $Ba(OH)_2$ in gleicher Weise wie $Sr(OH)_2$ verwendet werden, wobei das entstehende Bariumsaccharat sodann mit CO_2 zersetzt wird.

Bariumsulfat $BaSO_4$ (fbl; rhomb; monokl; D 4,50; Fp 1580°; L 18°: $0{,}23 . 10^{-3}$) kommt als Mineral Schwerspat oder Baryt in der Natur vor und ist das Ausgangsmaterial zur Darstellung der übrigen Bariumverbindungen. Durch Reduktion mit Kohle oder CO im Drehrohrofen nach $BaSO_4 + 4\,C = BaS + 4\,CO$ wird als Zwischenprodukt *Bariumsulfid* BaS (fbl; reg; zers W; nl: Al) hergestellt, das in größerem Umfange zur Herstellung der Pigmentfarbe Lithipone (s. S. 381) und Blanc fix dient. Aus der Lösung von Bariumsulfid wird mittels CO_2 $BaCO_3$ ausgefällt, das entweder durch Glühen mit Kohle in BaO oder durch Behandeln mit Säuren in die entsprechenden Bariumsalze übergeführt werden kann. Bariumsulfat ist rein weiß und nur sehr schwer in Wasser löslich. Es wird als chemisch beständige, weiße Anstrichfarbe (Permanentweiß, Blanc fix) verwendet und besitzt eine gute Deckkraft. Außerdem dient es zum Beschweren und Weißfärben von Papier (s. S. 641) usw.

Durch Einleiten von Chlor oder Einwirkung von Salzsäure auf die Lösung von Bariumsulfid erhält man *Bariumchlorid* $BaCl_2 \,.\, 2\,H_2O$ (fbl; rhomb; D 3,097; Fp [$0\,H_2O$] 960°; Kp 1560°; L: 35,7; LM: 2,17) und aus diesem durch Kochen mit überschüssigem Salpeter *Bariumnitrat* $Ba(NO_3)_2$ (fbl; reg; D 3,24; Fp 592°; L: 9,03; nl: Al), das zur Herstellung von Sprengstoffen verwendet wird.

Bariumcarbonat $BaCO_3$ (fbl; rhomb; rhomboedr; reg; D 4,3; Uwp 811°; 982°; Fp 1740°; L 13°: $1{,}62.10^{-3}$; nl: Al) wird technisch durch Einleiten von CO_2 in die wässerige Lösung von BaS gewonnen: $BaS + CO_2 + H_2O = BaCO_3 + H_2S$. Der frei werdende Schwefelwasserstoff wird im Clausofen (s. S. 80) zu Schwefel verbrannt. Bariumcarbonat dient zur Darstellung von BaO_2 und damit auch von H_2O_2 (s. S. 47). Durch Glühen mit Koks bei etwa 800° wird $BaCO_3$ in BaO übergeführt. $BaCO_3$ wird auch als Rattengift verwendet, da alle Bariumverbindungen giftig sind. Für den Menschen stellen die im Magensafte löslichen Bariumverbindungen starke Herzgifte dar, weshalb das in der Röntgentechnik als Kontrastmittel verwendete Bariumsulfat vollkommen frei von $BaCl_2$ und $BaCO_3$ sein muß.

Bariumsilicofluorid $BaSiF_6$ (fbl; rhomboedr; D 4,29; L: $2{,}2.10^{-2}$; wl: Al) entsteht bei der Einwirkung von Kieselfluorwasserstoffsäure H_2SiF_6 auf die Lösungen von Bariumsalzen als schwer löslicher Niederschlag, der auch zum Nachweise des Bariums dienen kann.

Bariumhydrid BaH_2 entsteht aus Barium und Wasserstoff bei mäßigen Temperaturen, es wird durch Wasser unter Wasserstoffentwicklung zersetzt.

Bariumnitrid Ba_3N_2 bildet sich beim Erhitzen von Barium in einem Stickstoffstrom auf 600°.

Bariumcarbid BaC_2 entsteht ebenso wie Calziumcarbid beim Schmelzen von BaO mit Koks im elektrischen Ofen.

Nachweis. HNO_3 oder konz. Nitrate, H_2SO_4 oder H_2SiF_6 und festes Ammonsalz in schwach salzsaurer Lösung ergeben eine weiße Fällung. Blaßgrüne Flammenfärbung.

XIV. Radium und Radiumverbindungen.

Symbol Ra; Atomgewicht 226,0; Ordnungszahl 88; Schmelzpunkt 700°; Siedepunkt 1140°; Wertigkeit: II.

Radium (hgrau; Fp 700°; Kp 1140°; W u. SS zers) gleicht in seinen Eigenschaften dem Barium. Das hellgraue bis silberweiße Metall ist an der Luft unbeständiger als das Barium und wird durch Wasser lebhaft zersetzt. Die Radiumverbindungen sind im allgemeinen etwas schwerer löslich als die entsprechenden Bariumverbindungen. Besonders schwer löslich ist das *Radiumsulfat* $RaSO_4$ (fbl; L: $2{,}1.10^{-4}$; nl: SS), in welcher Form es daher am zweckmäßigsten aus seinen wässerigen Lösungen mit Schwefelsäure gefällt wird. Da die Konzentration der Radiumsalzlösungen nur sehr gering ist, würde zufolge Übersättigungserscheinungen und Erreichung der Löslichkeitsgrenze das $RaSO_4$ nur schwer oder gar nicht ausfallen. Man hilft sich in solchen Fällen durch Fällung einer ähnlichen, am besten isomorphen Substanz, wie z. B. $BaSO_4$, das dann das $RaSO_4$ mitreißt. Man spricht dann von einer sogenannten induzierten Fällung, wobei das $BaSO_4$ den Induktor darstellt. Induzierte Reaktionen sind solche, die erst durch eine nebenher verlaufende ähnliche Reaktion ausgelöst werden.

Das *Radiumoxalat, -carbonat* $RaCO_3$ (nl: W; l: SS) und *-phosphat* sind gleichfalls schwer löslich, das *-chlorid* $RaCl_2$ (fbl; rhomb; D 4,91; Fp 100°; L: 24,5), *-bromid* $RaBr_2$ (fbl; D 5,79; Fp 728°; L: 50,6), *-nitrat* und *-acetat* sind leicht löslich.

Darstellung. Am Radium wurden erstmalig radioaktive Zerfallserscheinungen (s. S. 328) näher untersucht. Technisch wird das Radium aus Uranerzen, wie der Uranpechblende U_3O_8, gewonnen, die sehr geringe Mengen von Radium enthalten (Aufschluß mit Soda und Fällung des Radiums als $RaSO_4$ neben $BaSO_4$, Überführung in die beiden isomorphen Bromide, die dann durch mehr als 100malige faktionierte Krystallisation voneinander getrennt werden). Radium wird somit als Radiumbromid $RaBr_2 . 2\,H_2O$ gewonnen. Radiumpräparate dürfen nur vollkommen wasserfrei in verschlossenen Gefäßen aufbewahrt werden, da das Wasser durch die vom Radium ausgehenden Strahlungen zersetzt wird und dann Knallgasexplosionen auftreten könnten.

Die Weltproduktion betrug 1939 etwa 100 g Ra, wobei insbesondere Kanada (70 g) und Kantaga in Belgisch-Kongo als Hauptlieferanten auftraten. Joachimstal erzeugt etwa 1,5 bis 4 g Ra jährlich. Die gesamten Weltvorräte an Ra dürften etwa 1000 g betragen. 1 mg Ra kostete 1938 etwa 300 S.

Verwendung. Radium wird in der Medizin zu Heilzwecken in Form von Bestrahlungen, Bädern, Trink- oder Inhalationskuren mit radioaktiven Wässern, Packungen von Heilschlamm oder Einspritzungen von Salzlösungen zur Behandlung vieler Hautkrankheiten, chronischer Entzündungen, Geschwüren, Krebs usw. verwendet.

Die Bestimmung des Radiumgehaltes eines Präparates erfolgt durch Vergleich der γ-Strahlung mit jener eines Standardpräparates.

Radioaktivität.

Gewisse Elemente besitzen die Eigenschaft, ohne äußere Beeinflussung unter Selbstzerfall dauernd Energie in Form einer Strahlung (α-, β- und γ-Strahlen) auszusenden. Diese Strahlen schwärzen die photographische Platte, erzeugen Ionisationen, Lumineszenzerscheinungen, chemische und physiologische Wirkungen usw. (Becquerel, 1896). α-Strahlen sind wie die Anodenstrahlen materieller Natur, da sie aus zweifach positiv geladenen Heliumkernen mit dem Atomgewicht 4 bestehen. Ihre Geschwindigkeit beträgt etwa $^1/_{10}$ bis $^1/_{20}$ der Lichtgeschwindigkeit. Bei ihrem Fluge ionisieren die α-Strahlen die Luft und vermögen bis zu 300.000 Ionen zu erzeugen. Sie werden durch einen Magneten abgelenkt. Durch den dauernden Zusammenstoß usw. mit anderen Gasmolekülen wird aber die Energie der Heliumkerne abgebremst, wobei bei verschiedenen Elementen wegen der verschiedenen Anfangsgeschwindigkeit ihrer α-Strahlen eine verschieden große, aber stets gleichbleibende Reichweite zu beobachten ist. Wie die Tab. 34 erkennen läßt, ist die Reichweite um so größer, je größer die Anfangsgeschwindigkeit der Teilchen gewesen ist (15°; 1 Atm.).

Tab. 34. Reichweite und Anfangsgeschwindigkeit von α-Strahlen in Luft bei 15° C und 1 Atm.

Radioaktives Element	Reichweite in cm	Anfangsgeschwindigkeit in cm/sec
Uran	2,67	$1{,}40.10^9$
Thorium	2,90	$1{,}44.10^9$
Radium	3,39	$1{,}52.10^9$
Radium-Emanation	4,12	$1{,}61.10^9$
Thorium-C′	8,62	$2{,}06.10^9$

Am Ende ihrer Flugstrecke fangen die Heliumkerne Elektronen ein und werden zu Heliumatomen. Aus der Menge des entwickelten Heliums kann man die Zahl der ausgesendeten α-Teilchen sowie die Zeitdauer ihrer Entwicklung berechnen. Diese Methode wird zur Bestimmung des geologischen Alters von Gesteinen benützt. In dichteren Medien als Luft ist die Reichweite natürlich geringer. So verschluckt z. B. eine nur 0,05 mm dicke Aluminiumfolie auch die stärkste Strahlung von Thorium-C′.

Radiumfarben. α-Teilchen können mittels der sog. Sidotschen Blende, d. i. Zinksulfid, durch Aufleuchten sichtbar gemacht werden. Der aus dem Zinksulfidschirm, Blende und Linse bestehende Apparat wird Spinthariskop genannt. Durch Zählen der aufblitzenden Stellen kann die Zahl der α-Teilchen ermittelt werden. Die Eigenschaft von Zinksulfidpräparaten, beim Auftreffen von α-Teilchen aufzuleuchten, macht man sich durch Zumischen von geringen Mengen von radioaktiven Stoffen, wie z. B. Mesothorium, zunutze, wobei im Dunkel dauernd leuchtende und von einer vorherigen Belichtung unabhängige Radiumfarben erhalten werden.

Die *β-Strahlen* können noch als korpuskulare Strahlung aufgefaßt werden, da sie wie die Kathodenstrahlen aus negativ geladenen Teilchen mit der Masse von $^1/_{1800}$ des Wasserstoffatoms bestehen. Ein Magnet lenkt die β-Strahlen in entgegengesetzter Richtung wie die α-Strahlen ab. Ihre Geschwindigkeit ist erheblich größer als die der α-Strahlen, sie erreicht nahezu die Lichtgeschwindigkeit. Demzufolge ist auch ihr Durchdringungsvermögen wesentlich größer als jenes der α-Strahlen. Die Reichweite ist jedoch nicht konstant, da sie keine konstante Anfangsgeschwindigkeit aufweisen. Ihre Energie wird durch jene Schichtdicke von Aluminiumfolien angegeben, die die Strahlungsintensität auf die Hälfte herabsetzt. Ein ähnliches Maß der Strahlungsenergie ist der Absorptionskoeffizient $\mu = \frac{\ln 2}{\text{Halbwertsschicht}}$. Für das radioaktive Element der Uranzerfallsreihe UX_2, für Radium und Emanation betragen z. B. die Halbwertsschichten, bzw. Absorptionskoeffizienten in Al 0,05, 0,0022 und 0,016 mm, bzw. 14, 312 und 43.

Langsame und daher leichter absorbierbare Strahlen mit kleinem Absorptionskoeffizienten werden als weiche, schnellere, somit schwerer absorbierbare als harte Strahlen bezeichnet. β-Strahlen schwärzen die photographische Platte und ionisieren die Luft gleichfalls, jedoch schwächer als α-Teilchen. Eine Trennung der α- und β-Strahlen ist auf Grund ihres verschieden großen Durchdringungsvermögens durch Abschirmung mittels entsprechend dicker Aluminiumfolien möglich, wobei die α-Strahlen vollständig, die β-Strahlen jedoch nur sehr wenig absorbiert werden können.

Die *γ-Strahlen* sind keine Massenstrahlen. Sie bestehen aus elektromagnetischen Schwingungen, besitzen daher auch keine elektrischen Ladungen und können somit auch nicht durch einen Magneten abgelenkt werden. γ-Strahlen wirken ähnlich wie sehr harte Röntgenstrahlen, sind ebenso schnell wie die Lichtstrahlen und weisen ein sehr großes, für die Strahlen eines und desselben Elementes ungleiches Durchdringungsvermögen auf. Man gibt daher auch für die Durchdringungsfähigkeit der γ-Strahlen nur eine Halbwertsschicht an. Diese beträgt z. B. für Radium *C* in Luft bei 15° C 150 m, in Aluminium 5,5 cm und in Blei 1,3 cm.

γ-Strahlen schwärzen die photographische Platte gleichfalls und können ebenso wie Röntgenstrahlen einen Schirm von Barium-Platin-Cyanür zum Aufleuchten bringen. Das große Durchdringungsvermögen der Radiumstrahlen, das zu Verbrennungen, Gewebszerstörungen usw. führen kann, erfordert sogar größere Vorsicht beim Arbeiten als das Experimentieren mit Röntgenstrahlen.

Hervorgerufen wird die Radioaktivität durch einen dauernden freiwilligen Selbstzerfall der radioaktiven Elemente, der durch künstliche Mittel, wie z. B. eine Temperaturerhöhung, nicht beschleunigt werden kann. Beim Zerfall werden entsprechend der ausgestrahlten Energie große Wärmemengen frei, die für 1 g Radium pro Stunde 132 cal betragen. Beim vollständigen Zerfall von 1 g Ra wird die gleiche Energiemenge frei wie bei der Verbrennung von 500 kg Kohle. Man kann berechnen, daß durch den Zerfall der radioaktiven Elemente Uran und Thorium der Erde so viel Wärme zugeführt wird, daß der Überschuß der Wärmeausstrahlung der Erde gegen die Einstrahlung durch die Sonne ausgeglichen werden kann, so daß sogar eine allmähliche Erwärmung der Erde (Eiszeiten!) möglich ist.

Künstliche Radioaktivität. Die hohe Energie, die z. B. für den Zerfall eines Radium-C-Atoms 5,4 Millionen Elektron-Volt beträgt, ermöglicht auch die Zertrümmerung von Atomen, die nach üblichen chemischen oder physikalischen Methoden unerreichbar wäre. Trifft nämlich ein mit hoher Geschwindigkeit fliegendes α-Teilchen auf den Kern eines anderen Elementes, so können Kernreaktionen eintreten (s. S. 102). Entstehen bei diesen Reaktionen Atome, die sich freiwillig unter Aussendung von Elementarteilchen in beständigere Elemente umwandeln, so spricht man von künstlicher Radioaktivität (über Atomenergie s. a. S. 102).

Beim Zerfall wandelt sich das radioaktive Element in ein anderes um, eine Erscheinung, die den Begriff des Atoms als unwandelbares Gebilde erschüttert hat. Da beim Zerfall neuerlich radioaktive Elemente entstehen können, kann man vollständige Zerfallsreihen von Elementen aufstellen. Diese leiten sich vom Uran und Thorium, den beiden schwersten Elementen mit den höchsten Ordnungszahlen, ab. Beim Uran verzweigt sich die Zerfallsreihe, wobei die eine über das Radium zum Radium *G* (Radium-Blei), die andere über das Actinium zum Ac*D* (Actinium-Blei) führt. Auch beim Thorium entsteht als Endglied der Zerfallsreihe Thorium *D* (Thorium-Blei), so daß also das Blei das Endprodukt aller radioaktiven Zerfallsvorgänge darstellt.

Beim Zerfall hat man α- und β-Strahler zu unterscheiden, während die γ-Strahlung nur als sekundärer Vorgang des Zerfalles aufzufassen ist. Wird vom Atom ein α-Teilchen ausgestrahlt, so verliert der Atomkern 2 positive Ladungen. Seine Ordnungszahl wird dadurch um 2 Einheiten kleiner, ebenso sein Atomgewicht um 4 Einheiten. Das neue Element hat daher im periodischen System einen um 2 Gruppen nach links verschobenen Platz und ein um 4 verringertes Atomgewicht. In der Abb. 64 ist die vom Uran durch dessen Zerfall sich ableitende Zerfallsreihe der radioaktiven Elemente von U*I* bis RaG (Ra-Pb) dargestellt.

Beim Zerfall des Radiums mit der Ordnungszahl 88 und dem Atomgewicht 226 entsteht durch α-Strahlung das Element Emanation oder Radon mit der Ordnungszahl 88 — 2 = 86 und dem Atom-

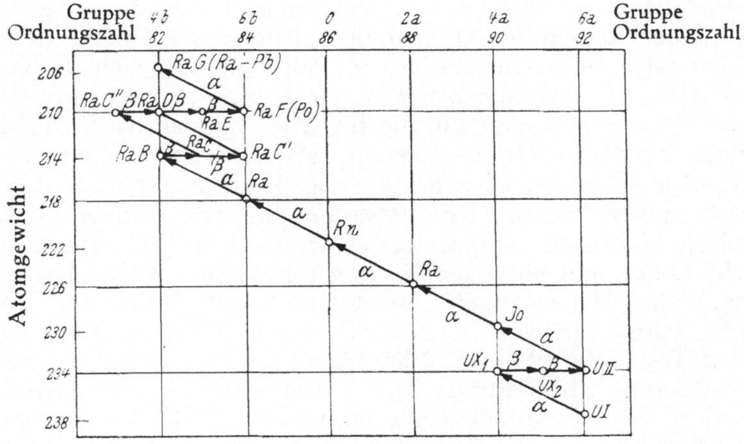

Abb. 64. Uran-Zerfallsreihe.

gewicht 226 — 4 = 222. Durch die Verringerung der Ordnungszahl um 2 Einheiten wandert das Element Radon um 2 Gruppen nach links, so daß es von der 2. Gruppe der Erdalkalimetalle in die 0. Gruppe der Edelgase verschoben wird. Tatsächlich verhält sich Radon wie ein Edelgas.

Ist das radioaktive Element andererseits ein β-Strahler, so entsteht durch den Verlust eines negativen Elektrons eine positive Überschußladung im Kern. Die Ordnungszahl des Elementes steigt um 1 Einheit. Da aber das Elektron nur eine sehr geringe Masse aufweist, wird bei der β-Strahlung das Atomgewicht praktisch nicht verändert. Das neue Element rückt wegen der höheren Ordnungszahl um 1 Gruppe im periodischen System nach rechts, behält aber sein Atomgewicht bei. Das Zerfallsprodukt des Thoriums, das Mesothorium$_1$ mit der Ordnungszahl 88 (2. Gruppe des periodischen Systems) und dem Atomgewicht 228, ergibt bei dem mit β-Strahlung verbundenen weiteren Zerfall Ms-Th$_2$ mit der Ordnungszahl 89, das in der 3. Gruppe des periodischen Systems steht und das Atomgewicht 228 besitzt. Die Verschiebungsgesetze des radioaktiven Zerfalles wurden von Soddy und Fajans aufgestellt.

Bei der künstlichen Radioaktivität können auch Positronen auftreten, die wegen ihrer kleinen Massenzahl zu keiner Änderung des Atomgewichtes, wohl aber wegen des Verlustes einer positiven Ladung zum Sinken der Ordnungszahl um eine Einheit führen. Positronen besitzen nämlich dieselbe Masse wie die Elektronen, aber eine positive elektrische Ladung.

Halbwertszeit. Die Geschwindigkeit, mit der radioaktive Substanzen zerfallen, ist proportional der Konzentration der jeweils vorhandenen aktiven Atome, entspricht daher dem Gesetz der monomolekularen Reaktionen der chemischen Kinetik (s. S. 72). Wenn A_0 die zu Beginn des Zerfalles ursprünglich vorhandene Aktivität, A_t jene zur Zeit t ist, so ist $A_t = A_0 . e^{-\lambda t}$, wobei λ die Zerfallskonstante darstellt, die für jedes radioaktive Element eine charakteristische Größe darstellt. Die Geschwindigkeit des Zerfalles gibt man meist durch die sog. Halbwertszeit an, d. i. jene Zeit, nach welcher die Konzentration eines radioaktiven Elementes auf die Hälfte des Anfangswertes gesunken ist. Sie kann zwischen sehr hohen und niedrigen Werten schwanken. Beispielsweise beträgt die Halbwertszeit für Uran $4{,}5.10^9$ Jahre, für Radium 1580 Jahre, für RaC' 10^{-6} Sek., für RaE 3,85 Tage, Polonium 136,5 Tage, Protactinium 32.000 Jahre, Actinium 20 Jahre, Thorium 2.10^{10} Jahre, Mesothorium$_1$ 6,72 Jahre usw. Ein Radiumpräparat verliert daher innerhalb eines Jahres etwa 0,04% seiner Substanz.

Entsteht aus einer langlebigen Substanz mit großer Halbwertszeit ein kurzlebiges Element, so stellt sich im Laufe der Zeit ein sog. radioaktives Gleichgewicht ein, bei welchem in der Zeiteinheit gleichviel kurzlebige Atome zerfallen als neu gebildet werden. Beispielsweise besteht zwischen Uran und Radium ein solches radioaktives Gleichgewicht, so daß in alten Uranmineralien stets ein konstantes Mengenverhältnis zwischen Uran und Radium von $3{,}3.10^{-7}$ besteht.

Da man berechnen kann, in welcher Zeit und wieviel Heliumgas und Blei aus 1 g Uran entstehen kann (1 g Uran liefert in 10 Millionen Jahren 1 ccm He), kann man aus dem Helium- und Bleigehalt von kompakten radioaktiven Mineralien ihr Alter berechnen. Es ergibt sich z. B. für verschiedene Uranerze ein Mindestalter von 600 Millionen Jahren, aus dem Bleigehalt von etwa 1600 Millionen Jahren. Der letztere Wert ist wegen der Unmöglichkeit der Diffusion des Bleis der wahrscheinlichere.

XV. Die Erdmetalle und die Metalle der seltenen Erden.

Die Erdmetalle Aluminium, Scandium, Yttrium, die Lanthaniden (seltenen Erden) und Actinium zeichnen sich durch eine besondere Reaktionsfähigkeit gegenüber dem Sauerstoff aus. Sie bilden schwer schmelzbare, erdige Oxyde, die der Gruppe den Namen „Erdmetalle“ gegeben haben. Die meisten Erdmetalle sind 3-wertig, es gibt aber auch Verbindungen der seltenen Erden, in denen sie 2- und 4-wertig vorkommen. Die Hydroxyde sind nur mehr sehr schwach basisch und lösen sich nicht mehr in Wasser. Ihr basischer Charakter kommt nur mehr in der Fähigkeit, mit Säuren Salze zu bilden, zum Ausdruck. Der saure Charakter nimmt vom Aluminium zu den schwereren Erdmetallen immer mehr ab. Die ersten Glieder der Erdmetalle sind Leichtmetalle, die übrigen Schwermetalle.

Das wichtigste Element der Erdmetalle und der Leichtmetalle überhaupt ist das Aluminium, das sowohl als Reinaluminium als auch in Form seiner Legierungen in der Technik eine ausgedehnte Verwendung gefunden hat. Der große Aufschwung der Luftschiffahrt, Flugzeugindustrie und des Automobilbaues wäre ohne die Anwendung der Aluminiumlegierungen kaum möglich gewesen.

XVI. Aluminiun.

Symbol Al; Atomgewicht 26,97; Ordnungszahl 13; Schmelzpunkt 658,8°; Siedepunkt 4800°; Dichte 2,69; Wertigkeit: III.

Aluminium ist mit einem Anteil von etwa 8% am Aufbau unserer Erdrinde beteiligt und das verbreitetste Metall überhaupt (Tab. 2). Es kommt aber nur in Form von Verbindungen, insbesondere Silicaten, wie Feldspat, Glimmer, Hornblende usw., in den meisten Gesteinen vor. Ihre Verwitterungsprodukte stellen die gleichfalls sehr verbreiteten Kaoline, Bauxite und Tone dar. Krystallisiertes Aluminiumoxyd findet sich als Korund und Schmirgel, als durchsichtige und gefärbte Qualitäten auch in Form von Rubin (durch Spuren von Chromoxyd rot gefärbt) und Spinell (durch Titan- und Eisenoxyd blau gefärbt).

1. Eigenschaften.

Aluminium (s. Tab. 24) ist ein glänzendes, silberweißes Metall, das in reinem Zustande wegen seiner ungenügenden mechanischen Festigkeitswerte und Weichheit für Konstruktionen und Bauzwecke nicht verwendet werden kann. Wertvoll ist seine elektrische Leitfähigkeit, die nur von Silber und Kupfer übertroffen wird. Bezieht man aber die Leitfähigkeit auf das Gewicht des Leiters, so besitzt ein Al-Draht die 1,7fache Leitfähigkeit eines gleich langen und gleich dicken Kupferdrahtes. Reinaluminium wird daher als Material für Freileitungen verwendet.

Aluminium läßt sich sehr gut bei Temperaturen bis 500°, aber auch in der Kälte durch Pressen, Schmieden, Ziehen zu Drähten, Walzen zu feinen Folien (Blattaluminium), Gießen usw. in die mannigfaltigsten Formen überführen. Oberhalb 500° wird Al spröde. Durch Kaltbearbeitung, wie Walzen, Hämmern u. dgl., wird die Härte und Zugfestigkeit vergrößert, die Duktilität oder Dehnung aber vermindert. Glühen verursacht eine Rekrystallisation (Kornvergröberung) und Weichwerden des Metalls. Wichtiger als das Reinaluminium, das auch wegen seiner guten chemischen Beständigkeit vielfach eingesetzt wird, sind aber seine Legierungen geworden, mit denen man im vergüteten Zustande die Festigkeitswerte des Flußstahles erreichen kann.

2. Darstellung von Aluminium.

Die Darstellung des Aluminiums erfolgt durch Schmelzflußelektrolyse einer Lösung von Tonerde in Kryolith $AlF_3 . 3\,NaF$ bei etwa 950°, wobei als Flußmittel Flußspat CaF_2 zugesetzt wird. Reines Aluminiumoxyd allein würde wegen seines hohen Schmelzpunktes von 2050° zu große Schwierigkeiten bei der Elektrolyse bereiten. Die Elektrolyse anderer Aluminiumsalze oder wässeriger Al-Salzlösungen konnte bisher nicht mit Erfolg durchgeführt werden. Auch eine Reduktion von Aluminiumoxyd mit Kohle führt nicht zum Metall, sondern zur Bildung von Carbid Al_4C_3.

Wegen der hohen Bildungswärme von Al_2O_3 aus Aluminium und Sauerstoff von 385 cal pro Mol Al_2O_3, die bei der Gewinnung des Metalls wieder aufgewendet werden muß, ist zur Zerlegung von Aluminiumoxyd und Gewinnung des Metalls ein hoher Aufwand an elektrischer Energie erforderlich, der etwa 20 kWh pro 1 kg Al beträgt. Die Erzeugung von Al ist daher an billige Wasserkräfte wie Wasserfälle (Neuhausen an den Rheinfällen, Niagarafall) oder Braunkohlenlagerstätten gebunden.

Bei der Aluminiumgewinnung ist bemerkenswert, daß das von Bunsen im Jahre 1854 gefundene Erzeugungsverfahren sich innerhalb von fast 100 Jahren praktisch nicht geändert hat, ein in der Metallurgie einzig dastehender Fall. Der hohe Stromaufwand bei der Erzeugung und der Zwang, reine, möglichst kieselsäure- und eisenoxydfreie Tonerde verwenden zu müssen, der zur Entwicklung einer eigenen Tonerdeindustrie geführt hat, sind einer stärkeren Verbreitung des Aluminiums bisher hinderlich gewesen. Trotz seiner stark ansteigenden Produktion wird das Aluminium das Eisen wohl nie verdrängen können, da gewisse Eigenschaften mit dem Al überhaupt nicht erreichbar sind, wie z. B. große Härte, Schneidhaltigkeit von Messern usw. Derzeit wird noch etwa 100mal soviel Eisen als Al erzeugt. Dabei stieg die Welterzeugung von 9300 t im Jahre 1904 auf 439.000 t im Jahre 1937 und etwa 2,3 Mill. t im Jahre 1944. Gegenwärtig beträgt der Preis von 1 kg Al etwa 1,20 S gegenüber 0,04 S für 1 kg Eisen.

Technisch wird die Erzeugung von Al in elektrischen Öfen vorgenommen, die aus einem eisernen Blechkasten g bestehen und mit einer Stampfmasse *e* von Kohlepulver und Teer ausgekleidet sind (Abb. 65). In der Bodenplatte, die als Kathode wirkt, sind eine Anzahl eiserner Stifte zur Stromzuführung vorgesehen, die durch eine große Kupferlasche zur Bodenplatte bewirkt wird. In das Bad hängen von oben 1—2 Reihen von aus Petrolkoks gebrannten Kohleelektroden *b* herein, die an heb- und senkbaren Kupferschienen *a* befestigt sind. Der Elektrolyt besteht aus einer niedrig schmelzenden Mischung von Kryolith und Flußspat, die bis zu etwa 20% Al_2O_3 aufzulösen vermag. Der Schmelzpunkt dieses Gemisches liegt bei etwa 900°. Die Erwärmung des Bades erfolgt nur durch die Widerstandsheizung des elektrischen Stromes.

Das sich am Boden abscheidende flüssige Aluminium *j* (Fp 658°) wird von Zeit zu Zeit durch am Boden mit einer Klappe verschließbaren Kübeln und Löffeln ausgeschöpft und nach dem Umschmelzen, das zur Befreiung des Metalls von anhaftenden Badresten vorgenommen wird, in Platten oder Barren gegossen. Auch ein Abstechen des Aluminiums bei geneigter Bodenfläche der Ofensohle ist üblich. Die Anoden haben vom Niveau des Aluminiums einen kürzeren Abstand als zu den Seitenwänden des Ofens, so daß der Strom nur von den Kohlenanoden zur Bodenplatte fließt. An den Seitenwänden des Ofens scheidet sich dann erstarrter Elektrolyt *d* ab, wodurch eine Schonung der Wände *f* bewirkt wird.

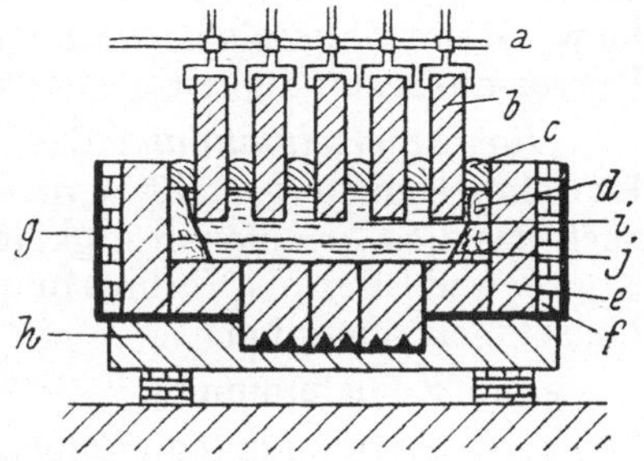

Abb. 65. Elektrischer Ofen zur Erzeugung von Aluminium.

Die Badspannung beträgt etwa 5 V, die Belastung rund 1 Amp/qcm Badquerschnitt. Große Öfen nehmen bis zu 100.000 Amp. auf. Verarmt die Schmelze an Al_2O_3, so tritt der sog. Anodeneffekt auf, der sich in einem Anstieg der Badspannung auf 20—30 V zu erkennen gibt (Aufleuchten einer Kontrollampe). Es muß dann Al_2O_3 *c* dem Bade zugesetzt werden. Bei der Elektrolyse wird an der Kathode Al abgeschieden, während die zur Kohlenanode wandernden OH' dort entladen werden und mit dem Kohlenstoff unter Bildung von CO und CO_2 reagieren. Der Verbrauch an Elektrodenkohlen ist daher fast genau so groß als die erzeugte Aluminiummenge, während für 1 kg Al etwa 2 kg wasserfreie Tonerde benötigt werden. Aus den Verunreinigungen der Tonerde, wie SiO_2, Fe_2O_3, werden die betreffenden Metalle (Si, Fe usw.) bei der Elektrolyse sogar leichter als das Al abgeschieden und gehen daher zur Gänze in das Aluminium über. Der Reinheitsgrad des erzeugten Aluminiums hängt daher von der Reinheit der verwendeten Tonerde ab. Da das reinste Al die beste Korrosionsbeständigkeit und Leitfähigkeit aufweist, trachtet man, den Reinheitsgrad des Aluminiums möglichst hoch zu treiben. Reinaluminium weist einen

Gehalt von 99,3—99,7% Al neben Eisen und Silicium als hauptsächlichsten Verunreinigungen auf.

Reinstaluminium. Reinstaluminium mit mehr als 99,9—99,99% Al wird durch einen 2. elektrolytischen Raffinationsprozeß im Schmelzfluß aus technisch reinem Aluminium gewonnen, dem zur Erhöhung des spez. Gew. Kupfer zulegiert wurde. Diese schwere Al-Cu-Legierung liegt am Boden der elektrolytischen Zelle und bildet die Anode, aus der das Aluminium in den geschmolzenen Elektrolyten, bestehend aus einer Mischung aus Kryolith, AlF_3 und BaF_2, übergeht. Die oberste Schicht, welche die Kathode bildet, besteht aus reinstem Aluminium. Die Trennung dieser drei geschmolzenen Schichten erfolgt nur durch das verschiedene spez. Gew. Reinstaluminium zeichnet sich durch eine vielfach höhere Korrosionsbeständigkeit gegenüber dem Reinaluminium aus.

Umschmelzaluminium, das aus Altmaterial durch besonderes Umschmelzen hergestellt wird, enthält etwa 98 bis 99% Al, wobei auch das die Korrosionsfestigkeit besonders stark beeinträchtigende Kupfer und Eisen als Verunreinigungen auftreten. Wir unterscheiden Umschmelzaluminium

a) in Reinaluminium,

b) in Aluminiumlegierungen.

Beide durch besonderes Schmelzen und Raffination gewonnene Typen sind in den Metallwerken bei entsprechender Erfahrung und Vorsicht in der Legierungstechnik voll verwendungsfähig.

Das Wichtigste beim Umschmelzen ist die Vermeidung der Eisenaufnahme. Durch Eisen besonders verunreinigte Aluminiumschmelzen können in der Vakuumschmelze mit Magnesiumüberschuß fast eisenfrei gemacht werden.

3. Verwendung von Aluminium.

Die wesentlichste Eigenschaft des Aluminiums ist sein geringes spez. Gew., weshalb es, insbesondere in Form seiner Legierungen, mit Erfolg im Flugzeugbau, Luftschiffbau, für Ganzmetallflugzeuge, im Kraftwagenbau, in der Fördertechnik usw. verwendet wird. Seine hohe chemische Beständigkeit im reinen Zustande macht es zur Herstellung von chemischen Apparaten, insbesondere für die Nahrungsmittelindustrie, von Kochgeschirren usw. geeignet. Vielfach wird Al an Stelle von Kupfer wegen seiner guten elektrischen Leitfähigkeit im Freileitungsbau verwendet, wobei aber besondere Sorgfalt auf die oxydfreie Verbindung der Drahtenden gelegt werden muß, welches Problem aber restlos gelöst ist.

Erwünscht ist das geringe spez. Gew. des Al bei schnell bewegten Teilen, wie Kolben von Verbrennungskraftmaschinen, Pleuelstangen, Spindeln von Spinnmaschinen usw. Zusammengeknitterte Aluminiumfolie bildet eine hervorragende Wärmeisolation (Alfol), da das Al ein großes Wärmerückstrahlungsvermögen aufweist. Gepulvertes Al wird mit Bindemitteln als Anstrichmittel verwendet.

Die starke chemische Verwandtschaft des Aluminiums zum Sauerstoff macht man sich in der Technik vielfach zunutze. In der Stahlindustrie dient das Al zur Desoxydation des Stahles vor dem Gießen, um einen dichten und blasenfreien Guß zu erzielen.

Thermitverfahren. Von Goldschmidt wurde ein Verfahren zur Reindarstellung von schwer mit Kohle reduzierbaren Metallen mit Hilfe von Aluminiumgrieß gefunden. Eisen-, Mangan-, Vanadin-, Kobalt- und Chromoxyd werden in einem Schamottetiegel mit Aluminiumgrieß in solcher Menge gemischt, daß der Sauerstoffgehalt des Metalls vom Al aufgenommen werden kann, und mittels einer Zündkirsche von BaO_2 und Mg-Pulver mit einem Magnesiumband angezündet. Die sehr heftig verlaufende Reaktion ergibt innerhalb weniger Sekunden flüssiges Metall, das sich am Boden des Tiegels in Form eines zusammenhängenden Regulus sammelt. Darüber befindet sich geschmolzene Tonerde.

Die als Thermit bezeichnete Mischung von Eisenoxyd und Aluminiumgrieß dient zur schnellen Schweißverbindung von Eisenteilen, wie Straßenbahnschienen. Aluminiumpulver wird wegen seiner hohen Verbrennungswärme zu Oxyd gelegentlich auch als Zusatz zu Sprengstoffen verwendet. Da bei der Verbrennung keine gasförmigen Produkte entstehen, die sehr viel Wärme unausgenützt mit sich fortführen, wird praktisch die gesamte frei werdende Wärme zur Erhöhung der Temperatur des festen oder flüssigen Reaktionsgemisches verwertet.

4. Korrosion von Aluminium und Aluminiumlegierungen.

Von dem sehr unedlen Metall Aluminium mit einem Normalpotential von —1,28 V (Tab. 23) wäre zu erwarten, daß es selbst vom Wasser leicht angegriffen würde. Diese starke Reaktionsfähigkeit kommt z. B. bei dem Versuch, es aus wässeriger Lösung durch den elektrischen Strom abzuscheiden, vollauf zur Wirkung. Es wird an der Kathode nur Wasserstoff entwickelt, aber kein Metall abgeschieden. Nur in wasserfreien organischen Elektrolyten kann das Aluminium mit geringer Stromausbeute elektrolytisch niedergeschlagen werden.

Tatsächlich ist das Aluminium aber gegen Wasser oder wässerige Lösungen von Salzen sehr gut beständig. Es verdankt diese gute Beständigkeit gerade seiner großen Affinität zum Sauerstoff. Das Metall überzieht sich nämlich bei der Berührung mit der Luft augenblicklich mit einer unsichtbaren, etwa 10^{-6} cm dicken, sehr fest haftenden und praktisch porenfreien Oxydschicht, die bereits nach kurzer Zeit die weitere Einwirkung des Sauerstoffes zum Stillstand bringt. Diese Oxydhaut verhindert wegen ihrer Unlöslichkeit in Wasser und den meisten Lösungen eine Auflösung des Aluminiums. Sie ermöglicht die Verwendung des Aluminiums in der Nahrungs- und Genußmittelindustrie, zur Aufbewahrung und zum Transporte von Milch, Bier, aber auch von konzentrierter Salpetersäure, Benzin, Ölen, Fetten usw.

Konzentrierte Schwefelsäure greift das Aluminium nur in der Wärme unter Bildung von SO_2 an. Verdünnte und konzentrierte Salzsäure lösen es aber leicht auf. Seewasser greift Al und seine Legierungen mehr oder weniger stark an. Gegen Alkohol, Wein, Benzin, Benzol, Kohlenwasserstoffe, Chlorkohlenwasserstoffe, Fettsäuren, Öle, Fette, Glycerin, Schwefel und Schwefelverbindungen usw. ist Al beständig.

In solchen Lösungen, in denen die Oxydschicht löslich ist, wie z. B. in heißer starker Natronlauge, wird das Aluminium leicht und unter starker Wasserstoffentwicklung aufgelöst.

Die Oxydschicht bewirkt auch eine elektrochemische Passivierung, d. i. eine Inaktivierung der Oberfläche, gegen den elektrischen Strom. Diese Undurchlässigkeit gegen den elektrischen Strom wird im Elektrolytkondensator und -gleichrichter ausgenützt. Die Sperrwirkung des Aluminiumoxyds kommt aber nur bei anodischer Schaltung des Metalls zur Geltung. Der kathodische Stromstoß des Wechselstoßes führt eine Aktivierung herbei, so daß dieser Teil des Wechselstromes durch den Gleichrichter durchtreten kann.

Die schnelle Oxydation des Aluminiums an der Luft macht sich z. B. beim Schweißen des Al unangenehm bemerkbar, da die auftretenden Oxydschichten die Haftung der Metalle aneinander erschweren. Das Verschweißen des Aluminiums ist nur mit besonderen, die Oxydhaut lösenden Schweißmitteln möglich. Die nicht leitende Oxydschicht stört den Stromübergang bei Aluminiumdrähten an Verbindungsstellen sowie bei der galvanischen Abscheidung von Metallen auf Aluminium.

Die Schutzschicht von Aluminiumoxyd bewirkt hingegen bei hohen Temperaturen eine bedeutend geringere Verzunderung des Al und seiner Legierungen. Mit einem aufgespritzten Aluminiumüberzug versehene Roststäbe oxydieren sich oberflächlich und erhöhen durch diese Oxydschicht die Lebensdauer in Feuerungen ganz beträchtlich.

Aluminium kann durch Quecksilberverbindungen sehr stark aktiviert werden. Es bildet sich sehr reaktionsfähiges Aluminiumamalgam, bei dem die Wirkung der Schutzschicht ausgeschaltet ist. So aktiviertes Aluminium zersetzt Wasser stürmisch. Mit metallischem Quecksilber tritt eine Amalgamierung nur bei Reinaluminium und an jenen Stellen ein, an welchen die Oxydhaut verletzt wurde. Da aber in wässerigen Lösungen die Oxydhaut manchmal quellbar ist, durch Säurespuren auch die Bildung von Quecksilbersalzen möglich ist, können auch Aluminiumlegierungen amalgamiert werden. In Behältern und Apparaten aus Al oder Al-Legierungen dürfen keine Thermometer oder dgl. mit Quecksilberfüllung verwendet werden (nur Alkoholfüllung), damit nicht bei einem allfälligen Bruch des Thermometers eine Durchlöcherung der Behälterwand eintreten kann.

Interkrystalline Korrosion. Eine besonders gefährliche Art der Korrosion von Aluminiumlegierungen ist die interkrystalline Korrosion. Bei dieser treten im Anfange nur örtlich rauhe Stellen, im späteren Stadium aber Durchlöcherungen des Metalls auf. Eine Folge der interkrystallinen Korrosion, bei der die Bindesubstanz zwischen den einzelnen Mikrokrystallen (Korngrenzen) bevorzugt aufgelöst wird, ist eine starke Verminderung der Zugfestigkeit und Dehnung. Namentlich für dünne Metallbleche ist die interkrystalline Korrosion gefährlich, da sie leicht zur gänzlichen Durchlöcherung führen kann. Kupferhaltige Al-Legierungen wie Al-Cu-Mg neigen besonders stark zur interkrystallinen Korrosion. Diese ist auf eine ungünstige Wärmebehandlung und Ausscheidung von Krystallen von $CuAl_2$ an den Korngrenzen zurückzuführen.

5. Schutz von Aluminium und seinen Legierungen gegen Korrosion.

Eine Verbesserung der Korrosionsbeständigkeit des Aluminiums ist insbesondere durch Erhöhung des Reinheitsgrades des Metalls erreichbar. Das beständigste Aluminium ist das Reinstaluminium mit 99,99% Al (s. S. 336). Auch Reinaluminium übertrifft in seiner Korrosionsfestigkeit alle anderen Aluminiumlegierungen.

Bei der Beurteilung des Einflusses von Verunreinigungen des Aluminiums auf seine Beständigkeit hat aber immer die Wärmebehandlung, welche das Metall erfahren hat, in den Kreis der Betrachtungen gezogen zu werden, da diese über die Form und die Verteilung, in welcher die Verunreinigungen vorliegen, von großem Einflusse ist. Sind die Verunreinigungen als feste Lösungen vorhanden, so wirken sie sich nicht so schädlich aus als nach einer Alterung, insbesondere einer solchen bei erhöhter Temperatur, oder einer Wärmebehandlung, durch welche die gelösten Komponenten, meist in Form von Aluminiumverbindungen, wieder zur Ausscheidung gebracht werden. Es entsteht dadurch ein heterogenes Gefüge, das der Anlaß zur Ausbildung von zahlreichen Lokalelementen (s. S. 268) ist.

Zur Erhöhung der Festigkeit und Härte des Aluminiums ist der Zusatz von Legierungskomponenten wie Kupfer unbedingt erforderlich, wodurch aber die Neigung des Aluminiums zur Korrosion wesentlich erhöht wird. Der ungünstige Einfluß des Kupfers kann teilweise durch Mangan, Cadmium und Titan, die kornverfeinernd wirken, oder von Silicium, Magnesium und Antimon, wodurch eine günstige Deckschichtbildung bewirkt wird, ausgeglichen werden. Ein Siliciumzusatz in einer Höhe von 13% (Guß-Al-Si, Silumin) hat sich in der Öl- und Fettindustrie als sehr vorteilhaft erwiesen.

Eine wesentliche Verbesserung der Beständigkeit des Aluminiums und seiner meisten Legierungen kann durch eine künstliche Verstärkung der natürlichen Oxydschicht bewirkt werden. Beim sog. MBV-Verfahren erfolgt die Verstärkung durch eine 3—5 Min. dauernde Tauchbehandlung in einer kochenden Lösung von 5% Soda und 1,5% Natriumchromat, Waschen und Trocknen. Für die Behandlung kupferhaltiger Legierungen setzt man diesem Bade noch etwas Wasserglas zu (EW-Verfahren). Durch diese Behandlung wird die natürliche Oxydschicht am Aluminium von etwa 0,05 μ auf rund 1—2 μ verstärkt. Der Film verträgt noch ein Bürsten, Biegen und Walzen, besitzt jedoch keine größere mechanische Widerstandsfähigkeit.

Einen wirksameren Schutz kann man durch eine elektrolytische Oxydation des Aluminiums erzielen, welche Behandlung als Eloxalverfahren bekannt ist. Entfettete und gebeizte Aluminiumgegenstände werden anodisch entweder in einer Lösung von Oxalsäure mit Wechselstrom oder Schwefelsäure und Gleichstrom bei erhöhter Temperatur behandelt. Auch Mischungen dieser Säuren, Phosphatbäder, Lösungen von Chromsäure, Ammonsulfid, -hydroxyd usw. sowie Zusätze von Chrom-, Borsäure sowie die Verwendung von mit Gleichstrom überlagertem Wechselstrom sind in Anwendung.

Die Eigenschaften und das Aussehen der erzeugten Filme sind von der Badzusammensetzung usw. etwas abhängig. Schichten aus schwefelsauren Bädern sind meist durchscheinend und glänzend, solche aus Chromaten und Oxalaten opak und hellgrau. Die erzielbare Schichtdicke schwankt zwischen 10 und 30 μ, kann aber in Spezialbädern niedrigerer Konzentration und Temperatur bis zu 600 μ erreichen.

Während der elektrolytischen Behandlung steigt während des Wachstums der Schicht der Widerstand derselben, so daß die angelegte Spannung allmählich gesteigert werden muß. Ein Stromdurchgang ist schließlich nur mehr in den sich ständig durch Funkenbildung neu zu bildenden Poren der Eloxalschicht möglich, die daher ziemlich stark porös ist. Zur Erzielung eines verläßlichen Korrosionsschutzes führt man eine Nachbehandlung der Eloxalschicht durch, wodurch die Poren verstopft werden, z. B. durch Kochen mit Wasser, verdünnten Wasserglaslösungen, Tränken mit neutralen organischen Stoffen, wie Paraffin, Wachs u. dgl., oder Lackieren.

Die Porosität der Eloxalschicht und ihr Absorptionsvermögen

ermöglichen ihre Färbbarkeit in praktisch allen Farben mit organischen Farbstoffen. Sie stellen eine ausgezeichnete Grundlage für Lacke und Anstriche dar, wobei sie in dieser Kombination einen hervorragenden Korrosionsschutz ergeben. Die beste Wirksamkeit besitzt eine Eloxalschicht bei Reinaluminium oder dessen Legierungen mit kleinen Gehalten an Mn und Mg.

Von Metallüberzügen auf Al und seinen Legierungen haben sich nur Plattierungen mit Rein- oder Reinstaluminium (Dicke 5—25% des Grundmetalls) und Verwendung von Zwischenschichten aus diffusionsvermindernden Al-Mn-Legierungen bewährt. Sie werden durch Warmwalzen oder in Strangpressen aufgebracht. Bemerkenswert ist die sog. Fernschutzwirkung der Plattierschichten, die in einem Korrosionsschutz auch bei Verletzungen der Plattierschicht in einer Breite bis zu 20 mm besteht.

6. Aluminiumlegierungen.

Für viele technische Verwendungsgebiete ist das Reinaluminium nicht nur zu weich, sondern auch zu schwierig zu bearbeiten. So lassen sich z. B. Armaturen in Reinaluminium kaum anbringen, da die Gewinde nicht eingeschnitten werden können oder nicht halten. Um das geringe spez. Gew. und seine gute Widerstandsfähigkeit auch für technische Zwecke nutzbar zu machen, hat man die Aluminiumlegierungen geschaffen. Vergleicht man die besten Al-Legierungen vom Typus des Al-Cu-Mg (Duralumin) mit Stählen, so zeigt sich, daß für gleiches Gewicht das Aluminium mit den besten legierten Stählen hinsichtlich der Festigkeitswerte in Wettbewerb treten kann.

Eine Festigkeitserhöhung des Aluminiums wird vorwiegend durch die Legierung mit Cu, Zn, Mn, Mg, Si, Fe oder Ni erreicht, wobei aber deren Anteil im Al selten mehr als 10% beträgt. Infolgedessen haben alle Aluminiumlegierungen mit mehr als 90% Al eine Dichte unter 3. Al-Si-Legierungen sind sogar leichter als Al. Eine weitere Festigkeitssteigerung wird durch Kaltbearbeitung, wie Walzen, Ziehen, Schmieden, vielfach aber auch durch eine Wärmebehandlung, besonders im bearbeiteten Zustande, erreicht. Durch Anwendung dieser Maßnahmen kann die Festigkeit des geglühten, reinsten Al von 6 kg/qmm auf etwa 65 kg/qmm erhöht werden. In der Tab. 35 sind die Zusammensetzungen, Festigkeitseigenschaften und wesentlichsten Verwendungsmöglichkeiten nach DIN 1713 von Aluminium-Knet-Legierungen, in Tab. 36 von Al-Guß-Legierungen zusammengestellt. Zum Vergleiche ist auch Reinaluminium, ein legierter Stahl und ein Edelstahl angeführt.

Man unterscheidet Guß- und Knetlegierungen des Al. Die Gußlegierungen mit den wesentlichsten Komponenten Cu, Si, Mg oder Zn werden nach den für Messing oder Bronzen üblichen Verfahren in Eisen- oder Sandgußformen gegossen. Das Gußgefüge ist gröber als das durch Kaltbearbeitung (Kneten) erhaltene und wird manchmal, z. B. bei *G* Al-Si-13, durch einen kleinen Zusatz von Natrium verfeinert.

Durch Walzen oder Pressen werden die *Knetlegierungen* des Al erzeugt, die sich durch eine höhere Härte und Zugfestigkeit, aber geringere Dehnung gegenüber den Gußlegierungen auszeichnen. Durch den Knetvorgang werden nämlich die in den Korngrenzen der Mikrokrystalle der Gußlegierungen sitzenden Zwischensubstanzen zerrissen und in das Innere der beim Kneten neu gebildeten Krystalle gebracht. Im Gefolge der zur Vergütung durchgeführten Glühung unterhalb der Solidustemperatur tritt dann Neukrystallisation mit feinerem Korn sowie Auflösung der Zwischensubstanz ein. Die Vergütung durch Wärmebehandlung ist aber auch bei Gußlegierungen möglich.

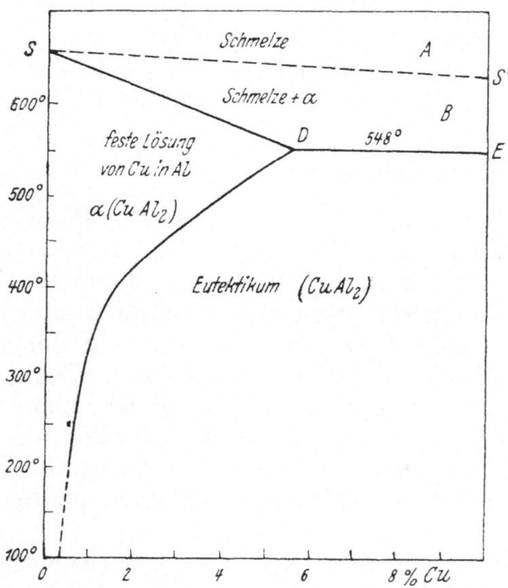

Abb. 66. Phasendiagramm der Al-Cu-Legierungen.

Vergütung. Am Beispiel der von Wilm im Jahre 1909 erfundenen Knetlegierung Al-Cu-Mg möge das Wesen der Vergütung näher erläutert werden. Das Duralumin ist eine vergütbare Al-Cu-Mg-Legierung mit etwa 4,2% Cu, 0,5% Mg, 0,3% Si, 0,5% Mn und 0,3% Fe. Im geschmolzenen Zustande sind bei höheren Temperaturen alle Mischungen homogen. Bei der Abkühlung scheiden sich je nach der Höhe des Kupfergehaltes bei verschiedenen Temperaturen aus der Schmelze Krystalle der Verbindung $CuAl_2$ (a-Phase) ab. In der Abb. 66 ist das Al-reiche Ende des Schaubildes der binären Al-Cu-Legierungen dargestellt. Die Abscheidung der Cu-Al_2-Krystalle erfolgt entlang der Kurve *SS'*. Bei weiterer Abkühlung erstarren die Legierungen längs der Kurve *DE*. Unterhalb der Temperatur von 548° sind alle Al- Cu-Legierungen zu einem Eutektikum aus a-Krystallen und einer festen Lösung von Cu in Al erstarrt.

Im festen Zustande vermag aber das Al nicht mehr als 5,6% Cu bei 545° C in Lösung zu halten. Mit sinkender Temperatur nimmt die Löslichkeit des Cu in Al entlang der Linie *DF* noch weiter ab, so daß bei 500° nur mehr 4,8% Cu, bei 450° 2,5% Cu, bei 385° 1,25%

Tab. 35. Zusammensetzung, Festigkeitseigenschaften und Verwendungsmöglichkeiten von Aluminium-Knet-Legierungen.

	Kurzzeichen	Markenname	Anwendungs-möglichkeit für	% Si	% Cu	% Zn	% Mg	% Mn	% Ni	Zustand	Elastizitäts-modul kg/qmm	Zug-festig-keit kg/qmm	Bruch-dehnung %	Brinell-härte H(P=5D²) kg/qmm
1	Rein-Al										7300	10	43	44
2	warmvergüteter Cr-Ni- od. Cr-V-Stahl										22.000	110	14	
3	gewalzter Kohlenstoffstahl, Blech										22.000	73	20	
4	Al-Cu-Mg	Duralumin	mechanisch sehr hoch beanspruchte Teile	0,2—1,5	3,5—5,5		0,2—2	0,1—1 5		weich		16—22	25—15	40—60
5	,,	,,								ausgehärtet und kalt verfestigt		42—58	15—5	120—150
6	Al-Cu-Ni	Y-Legierung	hoch beanspruchte warmfeste Schmiedestücke (200—300°)		3,8—4,2		1,3—1,6		1,8—2,2	weich		16—22	25—15	40—60
7	,,	,,								ausgehärtet		33—42	20—8	100—120
8	Al-Cu			0,2—0,5	4,5—6			0,4—0,6		ausgehärtet und kalt verfestigt		42—50	10—2	120—140
9	Al-Mg-Si	Anticorrodal	gute mechanische und chemische Widerstandsfähigkeit	0,3—1,5			0,3—2	0—1,5		weich		11—13	27—15	30—40
10	,,	,,								ausgehärtet und kalt verfestigt		35—42	10—2	100—120
11	Al-Mg 3	Hydronalium	mechanische hoch beanspruchte Teile von hoher Seewasserbeständigkeit; hoher Mg-Gehalt bedingt höhere mechanische Festigkeit			0—1,2	2,5—4	0—1,5		halbhart		22—27	15—8	55—65
12	Al-Mg 5	,,				0—1,2	> 4—6	0—1,5		,,		25—32	15—8	70—85
13	Al-Mg 7	,,				0—1,2	> 6—8	0—1,5		,,		35—42	15—8	90—105
14	Al-Mg 9	,,				0—1,2	> 8—10	0—1,5		,,		38—46	15—8	95—110
15	Al-Mg-Mn	KS-Seewasser	höhere Verformungsfähigkeit, hohe chemische Beständigkeit			0—0,2Sb	2—2,5	1—2		,,		20—30	8—4	60—80
16	Al-Si	Silumin	für höheren Verformungswiderstand	12—13,5						,,		15—20	10—3	50—60
17	Al-Mn	Mangal						1—2		,,		12—18	15—5	40—50

Tab. 36. Zusammensetzung, Festigkeitseigenschaften und Verwendungsmöglichkeiten von Aluminium-Guß-Legierungen.

	Kurzzeichen	Markenname	Anwenduugsmöglichkeit	% Si	% Cu	% Zn	% Mg	% Mn	% Ni	% Sb	% Ti	Bearbeitungszustand	Zugfestigkeit σ_B kg/qmm	Bruchdehnung ϑ_{10} %	Brinellhärte H(P 5D²) kg/qmm
1	*G* Al-Cu	Cupralumin	Gute Wärmebeständigkeit		7—9							Sandguß	12—18	4—0,5	60—90
2	*G* Al-Zn-Cu	C-Legierung	auch für wechselnde Belastung		2—5	8—12						,,	12—18	4—0,5	60—90
3	*G* Al-Cu-Ni				4		1,5		2			Sandguß, ausgehärtet	24—27	0,8—0,3	100—115
4	*G* Al-Si	Silumin	Verwickelte stoßfeste Gußstücke									,, ,,	17—22	8—4	50—60
5	,,	,,		11—13,5								Kokillenguß	18—26	5—3	60—80
6	*G* Al-Si-Cu	Oscillumin	Verwickelte schwingungsfeste Gußstücke	11—13,5	0,7—0,9			0,2—0,4				,,	18—22	3—2	60—80
7	*G* Al-Si-Mg			9—13,5			0,1—0,5	0,4—0,6				Kokillenguß, ausgehärtet	26—32	1,5—1,7	90—110
8	*G* Al-Mg (a)		Teile hoher Festigkeit und Dehnung	0—1,5			2—4	0—1,5		0—1	0—0,3	,, ,,	25—33	15—8	80—90
9	*G* Al-Mg (b)		Stoßbeanspruchte Teile	0—0,6			>4—10	0—1,5		0—1	0—0,3	,, ,,	24—28	11—6	75—85
10	*G* Al-Mg (c)		Flüssigkeitsdichte Teile	0,6—1,5			>4—10	0—1,5		0—1	0—0,3	,, ,,	22—26	10—7	60—65
11	*G* Al-Mg-Si		Verwickelte hochbeanspruchte Teile	2—5			0,3—2	0—1,5		0—1	0—0,3	Sandguß, ausgehärtet	17—28	4—1	70—100
12	,,			2—5			0,3—2					Kokillenguß, ausgehärtet	20—30	4—1	80—100

und bei Raumtemperatur weit weniger als 1% Cu löslich sind. Längs der Entmischungslinie *DF* scheiden sich bei der Abkühlung Cu-reiche Mischkrystalle von $CuAl_2$ ab. Schreckt man aber eine Legierung, deren Zusammensetzung und Temperatur innerhalb des α-Gebietes liegt, ab, so erhält man eine homogene feste Lösung, da die für den Krystallisations- und Entmischungsvorgang notwendige Zeit fehlte. Gegenüber der langsam erkalteten inhomogenen Legierung ist bei der abgeschreckten bereits ein erheblicher Anstieg der Härte und Festigkeit festzustellen. Die Abschreckung stellt somit bereits eine wesentliche Vergütung der Legierungseigenschaften dar.

Als *Vergütung* bezeichnet man aber den erst nach der Abschreckung einsetzenden Vorgang, wobei bei gewöhnlicher Lagerung eine weitere selbsttätige Erhöhung der Festigkeit und Härte auftritt. Dieser Vorgang kommt bei Raumtemperatur bei manchen Legierungen erst nach Wochen oder Monaten zum Stillstand. Man spricht dann von einer Selbst- oder Kaltvergütung im Gegensatz zur Warmvergütung, bei der die Legierung nicht sich selbst überlassen bleibt, sondern auf eine Temperatur von 90—180° längere Zeit erwärmt wird, wodurch der Vergütungsvorgang wesentlich beschleunigt wird. Eine sichtbare Ausscheidung eines Segregates ist aber auch unter dem Mikroskop nicht zu erkennen.

Wird die Temperatur von etwa 180° bei der Warmvergütung überschritten, so tritt eine sichtbare Ausscheidung von $CuAl_2$-Krystallen auf. Gleichzeitig findet eine Erweichung, also ein gegenteiliger Effekt der Vergütung statt. Der bei der Vergütung im Inneren der Krystalle vor sich gehende unsichtbare Vorgang besteht in einer hochdispersen Ausscheidung und Verteilung der α-Phase, also einer Entmischung der festen Lösung von Cu in Al, auf welche die Verfestigung beim Anlassen zurückzuführen ist.

Der Vorgang der Wärmebehandlung wird als „Anlassen" oder „Tempern", die Verfestigung als „Alterung" oder „Vergütung" bezeichnet. Eine entfestigende Wärmebehandlung hingegen, die mit sichtbarer Segregatbildung verbunden ist, nennt man „Glühen" (Ausglühen oder Weichglühen), selbst wenn sie z. B. bei einer Temperatur von z. B. 300° stattfindet, bei der noch kein sichtbares Glühen erkennbar ist.

Diese am Beispiel der Legierung Al-Cu beschriebenen Vorgänge sind für alle Vergütungsprozesse charakteristisch. Vergütbar sind alle jene Legierungen, die innerhalb des krystallinen Zustandes eine Phasenbeweglichkeit, also eine beschränkte Löslichkeit im festen Zustande mit einer Entmischungslinie aufweisen. Es muß ein Legierungsbestandteil vorhanden sein, der aus der festen Lösung durch Anlassen in dispers verteiltem Zustande wieder zur Ausscheidung gebracht werden kann.

7. Aluminiumverbindungen.

Aluminiumoxyd Al_2O_3 (fbl; hexag; D 3,85; Fp 2046°; Kp 2700°; nl: W; ungegl l: SS) kommt krystallisiert als Korund, durch Eisenoxyd verunreinigt, auf Naxos, Smyrna und einigen anderen griechischen Inseln, in Kleinasien usw. vor. Er wird als Schleifmittel (Schmirgel) verwendet. Die Edelsteine Korund, Rubin und Saphir bestehen gleichfalls aus krystallisiertem, durchsichtigem und gefärbtem Aluminiumoxyd. Diese Edelsteine können durch Schmelzen von chrom-, eisen- und titanhaltiger Tonerde in der Knallgasflamme und Auftropfenlassen der Schmelze auf einen kleinen Krystall in der Größe von einigen Zentimetern künstlich erzeugt werden. Aus mehr oder weniger reiner Tonerde oder Bauxit stellt man durch Schmelzen die künstlichen Schleifmittel Korund, Alundum usw. her.

Darstellung von Al_2O_3. Amorphe Tonerde dient als Ausgangsmaterial zur Darstellung des Aluminiums (s. S. 334) sowie von vielen Aluminiumverbindungen. Da sie in der Natur nicht in der erforderlichen Reinheit von etwa 99,9% Al_2O_3 vorkommt, muß sie technisch erzeugt werden. Das Rohmaterial bildet der rote, eisenreiche und kieselsäurearme Bauxit mit etwa 50—60% Al_2O_3, der auf alkalischem Wege aufgeschlossen wird. Beim trockenen Verfahren von Löwig wird der zerkleinerte Bauxit im Flamm- oder Drehrohrofen mit Soda geglüht, wobei Natriumaluminat $Na_2O \cdot Al_2O_3$ und -ferrit $Na_2O \cdot Fe_2O_3$ gebildet werden. Während das Ferrit bei der Behandlung des Schmelzkuchens mit Wasser in Eisenhydroxyd und NaOH zerfällt, kann das Aluminat ausgelaugt werden. Die Lösung wird bei etwa 70° mit CO_2 behandelt, wobei Aluminiumhydroxyd ausfällt und Soda zur Durchführung des Verfahrens gewonnen wird. Der abfiltrierte „Rotschlamm", d. i. Eisenhydroxyd, kann als Gasreinigungsmasse (Luxmasse) (s. S. 171) zur Entschwefelung von Kokerei- und Leuchtgas verwendet werden. Das ausgefällte Tonerdehydrat wird entweder zur Herstellung von Aluminiumverbindungen, wie Alaun usw., verwendet oder aber zur Erzeugung von Tonerde scharf calziniert.

Ungleich verbreiteter ist das *nasse Verfahren von Bayer*. Der zur Zerstörung organischer Stoffe im Drehrohrofen calzinierte Bauxit wird mit konzentrierter Natronlauge (45° Bé) unter einem Druck von 3—5 Atm. bei 160—180° in 2—3 Stunden aufgeschlossen, vom Rotschlamm in Filterpressen oder Drehfiltern abfiltriert, mit Wasser auf ein spez. Gew. von 1,23 verdünnt und mit festem Aluminiumhydroxyd versetzt. Dieses wirkt als Krystallisationskeim für das in übersättigter Lösung gehaltene Aluminiumhydroxyd, so daß dieses durch bloßes, etwa 36—48 Stunden betragendes Rühren zum überwiegenden Teile ausgefällt werden kann (Ausrührverfahren). Die noch Natriumaluminat enthaltende

Lösung wird durch Eindampfen wieder konzentriert und zum neuerlichen Aufschluß verwendet.

Enthält der Bauxit zu viel Kieselsäure, so fällt diese zum Teil als Natrium-Aluminium-Silicat $Na_2O\ Al_2O_3 . 3SiO_2 . 9H_2O$ mit dem Rotschlamm aus. Ein höherer SiO_2-Gehalt stellt daher nicht nur einen Verlust an Alkali dar, sondern das SiO_2 wird teilweise auch vom Aluminiumhydroxyd beim Ausrühren aufgenommen und geht dann in die calzinierte Tonerde sowie in das Aluminium über. Das Silicium übt besonders auf die elektrische Leitfähigkeit des Metalls einen ungünstigen Einfluß aus. Das ausgerührte Aluminiumhydroxyd wird abfiltriert und bei etwa 1200—1300° calziniert, wobei wasserfreies, in Säuren unlösliches Al_2O_3 erhalten wird.

Saure Aufschlußverfahren. Es sind auch saure Aufschlußverfahren für kieselsäurereiche Materialien, wie Ton, bekannt geworden, bei welchen z. B. Ton mit schwefeliger Säure unter Druck ausgelaugt und ein einbasisches Sulfit gewonnen wird. Dieses läßt sich leicht durch Glühen in Al_2O_3 überführen. Auch Salpetersäure kann zum Aufschluß von Ton verwendet werden, wobei die Lösung im Autoklaven unter Druck erhitzt wird. Es spaltet sich dann durch Hydrolyse Eisenhydroxyd ab. Schwefelsäure ergibt beim Aufschluß Aluminiumsulfat, das auf Alaun verarbeitet werden kann. Ein Glühen des Sulfates bei hohen Temperaturen liefert aber nur schwer ein vollkommen sulfatfreies Oxyd, wobei auch durch Zersetzung von SO_3 bei den hohen Temperaturen Verluste auftreten.

Aluminiumhydroxyd $Al(OH)_3$ fällt aus den Lösungen von Aluminiumsalzen nach einem Zusatz von Alkalien oder Ammoniumhydroxyd als weißer, voluminöser, stark wasserhaltiger Niederschlag aus. Es ist als hydratisiertes Aluminiumoxyd $Al_2O_3 . 3\,H_2O$ (fbl; monokl; D 2,42; L: $1{,}5.10^{-4}$) aufzufassen. Überschüssige Alkalilauge löst den Niederschlag unter Bildung von Aluminat wieder auf.

Amphoteres Verhalten. Das Aluminiumhydroxyd besitzt die Eigenschaft, nicht nur mit Säure, wie z. B. Schwefelsäure, wie eine Base Salze zu bilden, sondern auch selbst als Säureradikal aufzutreten und mit basischen Oxyden Verbindungen, die Aluminate, zu bilden. Man spricht dann von einem amphoteren Verhalten des Hydroxyds. Das Aluminiumhydroxyd kann demnach wie folgt reagieren: $Al(OH)_3 + 3\,HCl = AlCl_3 + 3\,H_2O$; $Al(OH)_3 + NaOH = NaAlO_2 + 2\,H_2O$. Ähnlich wie Aluminiumhydroxyd verhalten sich auch andere schwache Hydroxyde, wie Zink-, Chrom-, Eisenhydroxyd usw.

Bei längerem Stehen geht das amorphe Hydroxyd in krystallisierten, unbeständigen Bayerit oder den beständigen, auch in der Natur vorkommenden Hydrargillit über. Bereits an der Luft und noch leichter beim Erwärmen verliert das Orthohydroxyd $Al(OH)_3$

Wasser, wobei als Zwischenstufe das im Bauxit auftretende kolloide AlO(OH) gebildet wird. Bei 930° entsteht die beständige krystalline α-Modifikation des Korunds Al_2O_3. Die amorphen Modifikationen des Aluminiumhydroxyds besitzen ein großes Absorptionsvermögen für Wasser, Salze, Farbstoffe usw., welche Eigenschaft man in der Chromatographie genannten Absorptionsanalyse zur Trennung von Salzgemischen und organischen Verbindungen verwendet.

Aluminiumsulfat $Al_2(SO_4)_3 . 18\,H_2O$ (fbl; monokl; D 1,69; L: 36,3) wird aus eisenfreiem Aluminiumoxydhydrat und Schwefelsäure hergestellt. Es ist das verbreitetste Aluminiumsalz. Eisenarmer Bauxit oder Kaolin wird mit Schwefelsäure von 54—55° Bé bei etwa 100° aufgeschlossen, durch Klären von der unlöslichen Kieselsäure abfiltriert und nach Oxydation des Eisens mit Chlorkalk dieses durch gelbes Blutlaugensalz als Berliner Blau ausgefällt. Die filtrierte Lauge wird entweder bis zur Erstarrung eingedampft oder nach Konzentrierung das Sulfat auskrystallisieren gelassen. Das so erhaltene Sulfat enthält bis etwa 0,01% Fe. Es dient zum Leimen des Papiers, wobei harzsaure Salze des Aluminiums auf der Papierfaser niedergeschlagen werden, um dieses tintenfest zu machen. Auch zur Abwasserreinigung und in der Gerberei findet das Sulfat Verwendung. Als Beizmittel in der Färberei darf es jedoch nicht mehr als 0,001% Fe enthalten, da das Eisen sonst Mißfärbungen hervorrufen würde. Ein derartiges eisenarmes Sulfat wird aus gefälltem Aluminiumhydroxyd und Schwefelsäure hergestellt. Das Sulfat verdrängt immer mehr den Alaun, da es leichter löslich ist wie dieser.

Die Doppelsalze des Aluminiumsulfates mit Alkalisulfaten sind die *Alaune*, als deren ältester Vertreter der Kalialaun $KAl(SO_4)_2 . 12\,H_2O$ (fbl; reg; D 1,751; Fp 89°; L: 6,01) bereits den Ägyptern bekannt war. Er wurde von diesen zur Konservierung von Leichen verwendet. Die Alaune zeichnen sich durch ein hervorragendes Krystallisationsvermögen aus und werden daher vielfach zur Reindarstellung verschiedener Alkaliverbindungen und Trennung von Salzgemischen herangezogen. Kalialaun wird aus gesättigter Aluminiumsulfatlösung durch Zusatz von gesättigter Kaliumsulfatlösung und Impfen mit einem Alaunkrystall hergestellt. Die wässerige Lösung reagiert infolge Hydrolyse sauer. Alaun dient in der Lederindustrie als Gerbmittel.

Das Kalium kann in den Alaunen durch andere Alkalimetalle, wie Na, Rb, Cs, NH_4, das Aluminium durch Chrom, Eisen, Vanadin usw. ersetzt werden. Technische Bedeutung hat der Chromammoniumalaun $Cr(NH_4)(SO_4)_2 . 12\,H_2O$ (v; reg; D 1,72; Fp 94°; L 0°: 3,8; L 40°: 24,7), der zum Gerben von Häuten und Härten von Gelatine verwendet wird, ebenso der Eisenammoniumalaun $NH_4Fe(SO_4)_2 . 12\,H_2O$ (hv; reg; D 1,71; L 20°: 14), der als leicht lösliches, leicht rein darzustellendes Eisensalz in der analytischen

Chemie zur Titerstellung oxydimetrischer Lösungen verwendet wird.

Die Alaune sind hervorragende Vertreter des *Isomorphismus*, da sie alle im gleichen Krystallsystem krystallisieren und die Kationen des einen Alauns die des anderen im Raumgitter vollständig ersetzen können. Die Krystallarten sind in jedem Mischungsverhältnis ineinander mischbar und können in der Lösung des anderen Salzes weiterwachsen. Voraussetzung für die Isomorphie ist Gleichheit im Molekelbau, Krystalltypus und in gewissem Umfange auch der Ionenradien. Eine Trennung isomorpher Salzgemische ist meist recht schwierig. Sie kann nicht durch einfache Umkrystallisation, sondern nur durch die viel umständlichere oftmalige fraktionierte Krystallisation erfolgen (z. B. die Trennung der Bromide von Ra und Ba, s. S. 327).

Aluminiumchlorid $AlCl_3$ und $AlCl_3 . 6\,H_2O$ (fbl; hex; D [$0\,H_2O$] 2,41; Fp [$0\,H_2O$, 2,5 Atm.] 190°; Kp 183°; sl: W, Ae, org. Lm) entsteht wasserfrei bei der Einwirkung von Chlor auf Aluminiumspäne oder von Chlor und Kohle auf tonerdehaltige Materialien bei hohen Temperaturen. Das krystallisierte Chlorid wird durch Auflösen von Ton in Salzsäure und Einleiten von HCl-Gas erhalten. Aluminiumchlorid aktiviert viele Kohlenwasserstoffe und ihre Halogenderivate und ermöglicht dadurch viele organische Synthesen. Es dient auch als Katalysator bei der Veredelung von Petroleum durch Kracken (s. S. 513).

Aluminiumfluorid AlF_3 (fbl; rhomboedr; D 3,07; subl 1260°; nl: W, SS, Alk) entsteht beim Auflösen von Aluminiumoxyd in Flußsäure. Das Doppelsalz mit Natriumfluorid ist der Kryolith $3\,NaF . AlF_3$ (fbl; monokl; D 2,90; Fp 1100°; L: 0,06; Alk zers), es wird beim Auflösen von Tonerde in Flußsäure in Gegenwart von Natriumfluorid erhalten. Der natürliche Kryolith wird in Grönland gefunden, ist aber kieselsäurehaltig und wird daher in der Aluminiumindustrie durch den künstlichen Kryolith verdrängt. Er dient auch zur Herstellung von Milchglas und von Emaillen.

Aluminiumnitrid AlN (hb-grau; hex; D 3,05; Kp 2200°; entw mit W NH_3) bildet sich beim Erhitzen von Aluminiumspänen im Stickstoffstrom oder technisch von Tonerde oder Bauxit mit Kohle in Luft im Drehrohrofen bei 1600—1800°. Dieses von Serpek vorgeschlagene Verfahren wurde zur Herstellung von Ammoniak in die Technik einzuführen versucht. Das Nitrid zersetzt sich mit wässeriger Natronlauge (20° Bé) im Druckautoklaven bei 2—4 Atm. (kombinierter Bayer-Nitrid-Prozeß): $AlN + 3\,H_2O = NH_3 + Al(OH)_3$. Das Verfahren hat aber keine größere Bedeutung erlangt.

Aluminiumcarbid Al_4C_3 (hg; rhomboedr; D 2,36; Kp 1400°; entw mit W CH_4) wird bei der Reaktion von Aluminiumoxyd mit Kohle im elektrischen Ofen erhalten. Mit Wasser entwickelt es

Methan, das aber durch H_2 und NH_3 durch beigemengtes Al und AlN verunreinigt ist.

Aluminiumsilicate bilden in Form einfacherer und kompliziert zusammengesetzter Verbindungen einen wesentlichen Bestandteil unserer Erdkruste. Sie besitzen einen sehr komplizierten Aufbau, da die Siliciumatome ebenso wie der Kohlenstoff die Fähigkeit besitzen, kettenartig verzweigte Molekülaggregate zu bilden (s. S. 213). Sie sind chemisch sehr beständig, teilweise sogar gegen Flußsäure und Alkalischmelzen. Aluminiumsilicate bilden die Grundlage der Industrien der Tonwaren, des Porzellans, der feuerfesten Erzeugnisse, des Ultramarins usw. Permutite (s. S. 44) sind künstliche oder natürlich wasserhaltige Alkali-Aluminium-Silicate, z. B. $Na_2O . Al_2O_3 . 2\,SiO_2 . 2\,H_2O$, die bei der Wasserreinigung verwendet werden.

Ultramarin ist ein blauer, schwefelhaltiger Mineralfarbstoff, und zwar ein Natrium-Aluminium-Silicat; es findet sich in der Natur als Lasurstein, wird aber auch künstlich aus Kaolin, Natriumsulfat, Schwefel, Kieselsäure und Kohle bei heller Rotglut hergestellt. Die Erzeugung gliedert sich in die Vorbereitung der Rohmaterialien, Herstellung der Brennmischung, das Roh- und Feinbrennen, Auslaugen, Mahlen, Schlämmen, Pressen und Trocknen. Ultramarin ist wohl gegen Alkalien, nicht aber gegen Säuren beständig. Es dient als Maler- und Anstrichfarbe sowie als Waschblau zum Verdecken der Gelbfärbung der Wäsche mit der Komplementärfarbe blau.

Nachweis von Al. Alizarin (gelb), 1%ige Lösung in Alkohol, Ammonsulfid und Isoamylalkohol geben eine Rotfärbung.

XVII. Tonwaren.

Unter Tonwaren versteht man alle durch Brennen von Ton hergestellten Erzeugnisse. Je nach dem Herstellungsverfahren, der Dichte des erhaltenen Scherbens, seiner Farbe, der Beschaffenheit der Glasur, der Brenntemperatur usw., die weitgehend von der Reinheit der verwendeten Rohstoffe abhängen, unterscheidet man Tonwaren mit dichtem oder porösem Scherben. Der dichte Scherben ist durch Erhitzung bis zur Sinterung und Verglasung hergestellt worden. Er ist wasserdicht, hellklingend und klebt nicht an der Zunge. Poröse Scherben sind bei Temperaturen unterhalb der Sinterungsgrenze gebrannt. Sie besitzen ein mehr oder weniger lockeres Gefüge, sind Wasser aufsaugend, erdig und kleben an der Zunge.

Die Tonwaren kann man in folgende größere Gruppen unterteilen:

I. Tonwaren mit porösem Scherben:

1. Baumaterialien: a) aus nicht weiß brennenden Rohstoffen,

wie Mauer- und Dachziegel, Hohlsteine, Drainrohre, Bauterrakotten usw.; b) aus weiß bis gelblich brennenden Rohstoffen, wie die feuerfesten Schamotte-, Dinas-, Silicasteine, Muffeln, Retorten.

2. Geschirr: a) aus nicht weiß brennendem Scherben (Töpfergeschirr, Fayence, Bauerngeschirr, -majolika, Ofenkacheln, Wasserkühler, Kochgeschirr); b) aus weißlich brennenden Rohstoffen (Steingut, Tonpfeifen, Tonzellen, Kalksteingut, Sanitätsgeschirr usw.).

II. A. Tonwaren mit dichtem, nicht oder nur an den Kanten durchscheinendem Scherben (Steinzeug):

1. Baumaterialien aus nicht weiß brennenden Rohstoffen (Klinkerware, säurefeste Steine, Fußbodenbelag, Tonwaren).

2. Geschirr: a) aus nicht weiß brennenden Rohstoffen (Wannen, Tröge, chemische Geräte); b) aus weißlich brennenden Rohstoffen (Steinzeug, Feinterrakotten, Wedgewoodware, Steatit).

II. B. Tonwaren mit durchscheinendem, dicht brennendem Scherben:

1. Baumaterialien: a) nicht weiß brennend: fehlt; b) weiß brennend: Wandplatten, Hartporzellan (Kugeln, Steine).

2. Geschirr: a) nicht weiß brennend: fehlt; b) weiß brennend: Hartporzellan, Weichporzellan (Knochenporzellan, Frittenporzellan, Segerporzellan, Biskuitporzellan).

In der Tab. 37 sind die wesentlichsten Eigenschaften keramischer Stoffe nach D'Ans-Lax zusammengestellt.

Ein besonders wichtiger Rohstoff zur Herstellung der Tonwaren ist der aus dem Feldspat durch Verwitterung hervorgegangene Kaolin $Al_2O_3 . 2\,SiO_2 . 2\,H_2O$, der als Vertreter der typischen Eigenschaften der tonigen Materialien als „Tonsubstanz" bezeichnet wird. Reiner Kaolin ist vollkommen weiß und wird auch Porzellanton genannt, da er für die Porzellanherstellung verwendet wird. Ist er durch Wasser von seiner primären Lagerstätte weggeschwemmt und mit Eisenoxyd, Calziumcarbonat und Quarzsand verunreinigt worden, so erhält man den Ton oder Lehm. Löß ist das durch Wind vertragene und wieder abgelagerte Tonmaterial.

Ton besitzt die Fähigkeit, mit Wasser einen zähen, plastischen Teig zu bilden, der um so fetter oder steifer wird, je mehr Tonsubstanz er enthält. Je reicher ein Ton an Tonsubstanz und organischen Huminsäuren ist, desto mehr Sand und erdige Bestandteile vermag er aufzunehmen. Man spricht dann von einem fetten im Gegensatz zu einem mageren, an Tonsubstanz armen Ton. Unter der Bildsamkeit eines Tones versteht man seine Fähigkeit, mit wenig Wasser einen beliebig verformbaren Teig zu bilden. Sie steht in innigem Zusammenhang mit der kolloiden Natur der Tonsubstanz. Die Huminsäuren und die kolloiden Silicate enthalten das Wasser in kolloidaler Bindung, das sehr hartnäckig festgehalten

Tab. 37. Eigenschaften keramischer Stoffe.

	Sinter-tonerde	Marquardt-Masse	Hart-porzellan	Steinzeug	Hart-stein-gut	Klinker	Ziegel	Schamotte	Silikastein	Asbest-platte	Isolierstein
Porosität in Gew.% (Wasseraufnahme)	0	—	0	0–5	0–10	5	8–15	5–15	10–15	—	—
Raumgewicht g/ccm	—	—	2,2–2,4	2,1–2,3	1,9	1,8–2,1	1,4–1,9	1,7–2,0	1,7–2,0	0,9	0,38–0,90
Dichte g/ccm	3,8	—	2,4–2,5	2,5–2,6	2,6	—	—	2,5–2,6	2,3–2,4	2,1–2,8	—
Druckfestigkeit kg/qcm	bis 20.000	—	5–7000	4000	—	> 350	> 150	100–300	100	—	3–5, 60–100
Zerreißfestigkeit kg/cm²	120	—	200–300	70–100	80–100	—	—	90	—	—	—
Biegefestigkeit kg/qcm	1100	—	6–7000	250–350	—	—	—	—	—	—	—
Dehnungsmodul kg/qcm	—	—	7–8000	4–6000	—	—	—	—	—	—	—
Lin. Ausdehnungskoeffizient $\beta \cdot 10^7$	70	52	30–40	40–45	50–70	—	—	20–50	bis 250°: 300	—	—
Spez. Wärme 20°/cal/g.°	0,20	0,23	0,22	0,19	—	—	0,20–0,26	0,23	0,22–0,26	—	—
Wärmeleitzahl cal/(cm. s. grad) bei 300°	0,042	0,0048	0,0025–0,004	0,003	—	—	0,001	0,001–0,004	0,001–0,003	0,0004	200°: 0,00024–0,00045 600°: 0,0004–0,0005
Temperaturleitzahl qcm sec	—	—	0,008	—	—	—	0,005	0,003–0,01	—	—	—
Schmelzpunkt in Segerkegel-Nr.	42	37	30	20–27	31	—	—	30–36	33–35	—	anwendbar bis 1040°, 1150°
Maßhaltigkeit (Mitteltoleranz)	—	—	± 2%	—	—	—	—	± 1–2%	—	—	—

wird. Durch Einsumpfen und Einmauken, d. h. Stehenlassen des Tones mit Wasser über Nacht oder noch länger, wird die Bildsamkeit eines Tones erhöht. Durch das Wasser werden nämlich auch die kleinsten Tonteilchen aufgeschlossen und eine besonders feine Verteilung derselben erzielt. Durch einen geringen Zusatz von Huminsäuren, z. B. aus Braunkohle, kann die Bildsamkeit gleichfalls erhöht werden.

Bei einem Zusatz von Alkalien, wie Soda oder Ätznatron, wird das in kolloidaler Bindung vorhandene Wasser vom Ton zum Teil abgegeben, so daß auch mit wenig Wasser eine weniger zähe, dünnflüssigere Mischung erhalten wird. Die mit Alkali versetzten Tonmischungen können sogar vergossen werden.

Die plastischen oder bildsamen Tone sind sehr weit verbreitet und finden sich in weißen, grauen und grau brennenden Sorten. Für gewöhnlich sind sie feuerfest. Sie werden für weißes Steingut, bessere Tongeschirre, feuerfeste Steine usw. verwendet. Durch Eisenoxyde verunreinigte und daher rot brennende Tone nennt man Töpfer- oder Ziegelton, kalkreiche und außerdem noch Eisenoxyd enthaltende geringwertige Tone Lehm, Letten oder Tonmergel. Durch Gebirgsdruck schieferig und hart gewordene Tone nennt man Schiefertone. Sie sind auch nach einer Zerkleinerung nur wenig plastisch, aber oft rein und feuerfest.

Reine Tonsubstanz ergibt beim normalen Brennvorgang einen porösen, saugenden und an der Zunge klebenden Scherben, da sie auch bei 1300°, der Brenntemperatur des Porzellans, nicht erweicht oder schmilzt.

Beim Trocknen und noch mehr beim Brennen zeigt reiner Ton die Eigenschaft, wegen des starken Wasserverlustes zu schwinden, d. h. sein Volumen zu verkleinern, so daß beim Trocknen bei sehr reinen und stark plastischen Tonen Risse und Sprünge auftreten. Durch Zusatz von sog. Magermitteln, wie Sand, Scherben von gebranntem Ton usw., wird das Schwinden herabgesetzt, da diese Stoffe das Wasser nicht zu binden vermögen und auch beim Brennen raumbeständig sind. Durch das Brennen geht das Quellungs- und Bindevermögen des Tones für Wasser verloren, wobei das konstitutionell gebundene Wasser der Tonsubstanz ausgetrieben wird. Je höher die Brenntemperatur und je mehr Verunreinigungen die Tonsubstanz enthält, desto stärker sintert der Scherben beim Brennen zusammen, so daß man dann beim Erkalten verglaste, dichte und nicht mehr saugende Klinker erhält. Derartige Stoffe, wie MgO, CaO, Fe_2O_3, FeO, SiO_2, Na_2O, K_2O usw., die den Schmelzpunkt des Gemisches herabsetzen, nennt man Flußmittel.

Die Aluminiumsilicate zeigen ebenso wie die Gläser keinen definierten Schmelzpunkt, sondern nur einen Erweichungspunkt. In der keramischen Industrie mißt man die Feuerfestigkeit, d. h. den Erweichungspunkt von Tonen mit den Nummern 1—42 der sog.

Segerkegel, das sind aus Feldspat, Calziumcarbonat, Quarz, Kaolin, Eisenoxyd, Borsäure, Bleioxyd, Magnesiumoxyd usw. bestehende und durch einen wechselnden Gehalt von Tonsubstanz und Flußmitteln bei verschiedenen Temperaturen schmelzende Körper. Sie haben die Gestalt von 6 cm hohen, dreiseitigen Pyramiden. Ihr Erweichungspunkt reicht in Stufen von 20° von 600—2000°. Die Brenntemperatur ist dann jene Nummer der Segerkegel, der gerade geschmolzen ist, d. h. dessen Spitze den Boden berührt. Porzellan brennt man z. B. bei Segerkegel Nr. 14, Ziegelsteine bei *SK* 05—010 usw.

1. Tonwaren mit porösem Scherben.

a) Baumaterialien.

Ziegel usw. Einfache Mauerziegel werden aus minderwertigem, kalkreichem Lehm oder Tonmergel, denen eventuell Sand als Magermittel zugesetzt wurde, hergestellt. Die vorteilhaft durch Wintern, d. h. durch angefeuchtet über den Winter abgelagerten und durch den Wechsel von Auftauen und Frieren aufgeschlossenen Tone werden in Kugelmühlen, Kollergängen, Walzwerken oder Tonschneidern zerkleinert, gut durchgearbeitet, von Verunreinigungen befreit und mit dem Sand gemischt.

Die Mischung, das Ziegelgut, gelangt nun in die Ziegelpresse (Kolben-, Strang-, Schnecken- oder Walzenpresse), aus welcher sie durch einen der gewünschten Ziegelform und -größe angepaßtes Mundstück herausgeschoben wird. Der heraustretende Strang wird mittels eines Drahtes in der erforderlichen Länge abgeschnitten und die Ziegel zum Trocknen auf Gerüste oder in den Ringofen gebracht.

Das Brennen erfolgt bei Temperaturen von etwa 1000° (*SK* 05) im Ring- oder bei besserer Ware in Gaskammeröfen, wobei poröse, rote bis blaßgelbe Ziegel erhalten werden. Für bessere Ziegel, wie Verblender, Hohlziegel, Dachziegel oder Drainrohre, wird kalkarmer Ton verwendet, der auch besser aufbereitet wird. Verblender und Dachziegel erhalten manchmal matte (Begüsse oder Engoben genannte) oder glänzende Überzüge (Glasuren). Die ersteren bestehen aus einer rot brennenden Tonmasse, die Glasuren aus niedrig schmelzenden glasartigen Massen (s. S. 323).

Die Druckfestigkeit von gewöhnlichen Mauerziegeln beträgt 100—150 kg/qcm, von scharf gebrannten Ziegeln (Hartbrand) etwa 250 kg/qcm und von Klinkern mindestens 350 kg/qcm.

b) Feuerfeste Materialien.

Für viele technische Materialien, wie z. B. für Tiegeln, Ofenauskleidungen, Gewölbe von Öfen, Futter von Konvertern usw., werden Baumaterialien benötigt, die nicht nur den Einwirkungen der Ofengase widerstehen, sondern auch bei der betreffenden hohen Temperatur nicht erweichen. Häufig wird auch gleichzeitig eine gewisse chemische Widerstandsfähigkeit gegen Schmelzen von Metallen oder Schlacken verlangt. Dem Techniker stehen für diese Zwecke eine ganze Reihe von Materialien zur Verfügung, die sich vielfach auf reine Tonerde und Kieselsäure aufbauen. Man bezeichnet sie als feuerfest, wenn sie einer Deformation bis zu 1600°, und hochfeuerfest, wenn sie bis 1800° widerstehen können. Reines Aluminiumoxyd schmilzt bei 2047°, ist aber nur schwierig zu verarbeiten. Das gleiche gilt für reines Siliciumdioxyd, das einen Schmelzpunkt von 1750° aufweist.

Die hochfeuerfesten Stoffe bestehen meist aus Gemengen von Ton mit einem Zusatz von Tonerde, Magnesiumoxyd oder Kohle. Eine gewisse Bildsamkeit und Verformbarkeit zu Ziegeln z. B. erreicht man einerseits durch Zusatz von SiO_2 zu Al_2O_3, andererseits von CaO zum SiO_2. Ziemlich reiner plastischer Bindeton mit viel Tonsubstanz liefert in Mischung mit stark gebranntem, grob zerkleinertem Ton beim Brennen den gebräuchlichsten feuerfesten Stoff, die *Schamotte*, mit einem Erweichungspunkt von 1300—1600°. Sie wird häufig zum Auskleiden von Öfen verschiedener Art verwendet. *Korundsteine* enthalten geschmolzenen Korund und Schamotte (Erweichungspunkt 2050°). Sie werden als *Dynamidonsteine* zur Ausfütterung von Zement-Drehrohr-Öfen gebraucht.

Zu den hochfeuerfesten Steinen gehören auch die *Bauxitsteine*, aus etwa 60% Tonerde und 40% Ton, die einen Schmelzpunkt von 1600—1850° aufweisen. Die *Dinassteine* bestehen aus 96—98% SiO_2 und 2—4% CaO in Form von Kalkmilch, die nach dem Brennen eine Verkettung der einzelnen Quarzkörner durch Calziumsilicat bewirkt. Beim *Tondinasstein* wird als Bindemittel an Stelle von Kalk Ton verwendet. Sie sind säurebeständig. Silicatsteine und Dinassteine besitzen die Eigenschaft, im Feuer nicht zu schwinden, sondern sogar zu wachsen. Ofengewölbe aus diesen Steinen kommen daher selbst im stärksten Feuer nicht zum Einsturz. Sie werden in Apparaten für saure Prozesse, wie Bessemerbirnen, sauren Martinöfen, Gewölben von Glasöfen usw., benützt. Ein weiteres hochfeuerfestes Material stellen die Magnesitsteine (s. S. 265) dar, die bis zu 1700—1800° verwendet werden können.

Dolomitsteine werden aus $MgCO_3$ enthaltenden Kalksteinen durch Brennen im Drehrohrofen bis zur Sinterung (1700°), Mahlen, Vermischen mit Teer, Einstampfen z. B. in Thomaskonverter oder Vermauern im ungebrannten Zustande erhalten. Kohlenstoff enthaltende Materialien sind gleichfalls sehr temperaturbeständig. *Graphittiegel*, z. B. für die Herstellung von Tiegelstahl, werden aus aschearmem Kokspulver und Teer gebrannt (Gebrauchstemperatur über 2000°). *Zirkonsteine* mit etwa 65% ZrO_2 und Ton als Bindemittel besitzen einen Erweichungspunkt von 2400°. *Chromitsteine* erhält man aus gemahlenem Chromeisenstein, der nach dem Versetzen mit 10% Kalkmilch und Teer zu Steinen gepreßt und bis zur Sinterung gebrannt wurde (1700°). Sie sind sowohl gegen basische als auch saure Schlacken beständig und werden in hüttenmännischen Öfen häufig als Trennungsschicht zwischen basischen und sauren Steinen eingemauert (Schmelzpunkt etwa 2000°).

c) Geschirr.

Töpferei-Erzeugnisse (Haushalt-Steingut, Majolika, Ofenkacheln). Töpfergeschirr wird aus gemeinem, leicht schmelzbarem Töpferton bei niederen Temperaturen gebrannt, nachdem der Gegenstand auf der Töpferscheibe geformt wurde. Griffe usw. werden durch Ansetzen mit einer breiförmigen Tonmasse mit den lederharten (vorgetrockneten) Erzeugnissen verbunden. Die Glasur besteht aus einer bleireichen Mischung von Ton und färbenden Metalloxyden (Bleiglasur). Gebrannt wird meist in einem sog. Kasselerofen in einem Feuer, d. h. mit nur einem einzigen Brande.

Majolika oder Schmelzware wird aus unreinerem, kalkreichem, den Scherben porig machendem Ton in zwei Feuern gebrannt, wobei zuerst der getrocknete Formling vorgebrannt und dann nach dem Aufbringen der SnO_2-reichen Bleiglasur fertiggebrannt wird. Vom Steingut unterscheidet sich Majolika also vorwiegend durch die Art der Aufbringung der Farben, die gemeinsam mit der Glasur erfolgt.

Bekannt sind auch die Delfter Fayence und die italienische Fayence der Renaissancezeit. Sie erhalten die Farben nach dem Aufbringen der zinndioxydreichen Glasur nach dem ersten Brande. Der Schmelzware sehr ähnlich ist die Herstellung der Ofenkacheln, die häufig mit einem dünnen Überzug von weißem Ton, der Begußmasse, zur Verdeckung des Grundtones überzogen werden.

d) Steingut.

Steingut sind Tonwaren mit nicht verglastem, undurchscheinendem Scherben und einer undurchsichtigen, die Wasserdichtheit bewirkenden, meist bleihaltigen Glasur. Es wird aus plastischem Ton, Kaolin, Feldspat und Quarz für feinporiges Hart- oder Feldspatsteingut oder Ton, Kaolin, Quarz und Kreide für großporiges, weiches oder Kalksteingut durch Naßmahlung hergestellt. Die Formgebung erfolgt entweder auf der Töpfer- oder Drehscheibe für runde Gegenstände oder Gießen in Gipsformen für eckige. Diese bestehen aus zwei oder mehreren, zusammensetzbaren Einzelteilen, in das der Schlicker, d. i. das fein gemahlene Gemisch der Rohstoffe mit Wasser, dem zur Verflüssigung 0,5—1% Soda oder Ätznatron zugesetzt wurde, eingegossen wird. Die poröse Gipsform saugt das Wasser auf, so daß der Gegenstand sich im Inneren der Form abformt. Durch Trocknen erhält man die „lederharten" Gegenstände, an die in diesem Zustande die Henkel usw. angesetzt werden.

Steingut dient als billiger Ersatz für Porzellan und wird zweimal in Kapseln, d. s. aus feuerfestem Ton hergestellte Einsatzgefäße zur Verhinderung der Verunreinigung durch Flugstaub, gebrannt. Die bleihaltigen, meist farblosen Glasuren werden aus Ton, Quarz, Bleioxyd und Borsäure hergestellt, wobei aus diesen Stoffen durch Schmelzen und Abschrecken der Schmelze eine Fritte erzeugt, die gemahlen und mit Ton versetzt als Schlicker auf die bei hoher Temperatur vorgebrannten Waren aufgebracht wird. Farben werden als sog. Unterglasurfarben vor dem Glasieren aufgetragen, worauf erst im Glasurbrand fertiggebrannt wird. Sie liegen unter der Glasur und können daher nicht abgerieben werden. Das meiste Haushaltsgeschirr, weiters die Pukallzellen, Tonfilter, Diaphragmen, Tonpfeifen usw. bestehen aus Steingut. Das Brennen des Steinguts erfolgt entweder in *Rundöfen mit überschlagender Flamme* oder Gaskammeröfen. Bei den ersteren steigen von 6—12 Feuerungen die Heizgase an der Innenseite des Ofens hoch, kehren an der Unterseite des Gewölbes um, ziehen durch den Fußboden und die Kanäle in der Wandung zum Schornstein ab. Für den Großbetrieb verwendet man auch den *Gaskammerofen von Mendheim* oder Tunnelöfen. Der Gaskammerofen stellt eine Art Ringofen mit in sich zurückkehrendem Brennkanal dar, der durch feste Wände getrennte zwei Reihen von Kammern enthält. Das Heizgas wird in Generatoren erzeugt und tritt, durch Luft vermischt, durch Ventile in die Ofenkammern ein. Die Luft hat sich am bereits gebrannten Gut vorgewärmt. Der *Tunnelofen* ist ein bis 100 m langer Kanal für Dauerbetrieb, der in der Mitte eine Vorwärmzone besitzt, wobei die Feuergase sowohl in die Brennzone als auch durch Längskanäle gegen das Eintrittsende des Kanals ziehen. Das Brenngut wird auf Wagen, deren Gestelle durch einen Sandverschluß gegen das Feuer geschützt sind, der Feuerzone entgegengeführt. Das Gut gibt nach dem Durchschreiten der Brennzone seine Wärme an die Ofenwände und an die entgegenströmende Verbrennungsluft ab.

2. Steinzeug.

Steinzeug ist eine Tonware mit dichtem, verglastem, aber nicht durchscheinendem Scherben. Man unterscheidet feineres, fast weiß brennendes Steinzeug aus hellfarbig brennendem, geschlämmtem Ton, Feldspat, Kaolin, Sand sowie gemeines Steinzeug oder Töpferware (gelblich bis braun gefärbt) aus Töpferton, Kaolin, Feldspat und Sand. Das Formen, Glasieren und Brennen erfolgt ähnlich wie beim Steingut, nur werden höhere Brenntemperaturen eingehalten. Die Salzglasur für gemeines Steinzeug wird durch Einwerfen von Kochsalz in den Ofen erzeugt, wobei mit dem Wasserdampf der Heizgase Salzsäure und Natriumoxyd gebildet werden, das dann an der Oberfläche des Steinzeuges eine durchsichtige Schicht von Natrium-Aluminium-Silicaten erzeugt. Steinzeug war auch das

Wedgewoodgeschirr von edlerer Form sowie die Jasperware, d. s. Geräte mit Reliefs auf blauem oder braunem Grunde Keramische Figuren aus Steinzeug sind in der Wohnkultur sehr beliebt. Feineres Steinzeug dient auch als Material für Fliesen, Fußbodenplatten, Reliefs, Wandschmuck usw.

Gewöhnliches Steinzeug verträgt keine schroffen Temperaturwechsel, eignet sich daher nicht zur Anfertigung von Kochgeschirr, bildet aber die Grundlage für die in der Wirtschaft und chemischen Industrie sehr verbreiteten säurebeständigen Gefäße, Tourills, Druckgefäße, Kondensationsröhren für Salz- und Salpetersäure, Wannen für galvanische Bäder, Spülwasser, Viehtröge, Milchnäpfe, Gefäße zum Einmachen von Früchten, Abortröhren usw. Säurebehälter aus Steinzeug können heute bis zu einem Fassungsvermögen von vielen Tausend Litern erzeugt werden.

Klinker sind aus sorgfältig aufbereitetem, eisenoxydhaltigem, aber kalkarmem Ton hergestellte Ziegel, die einen völlig dichten, gesinterten, klingenden Scherben aufweisen. Die Druckfestigkeit kann bis zu 3000 kg/qcm (Granit 1800—2000 kg/qcm) ansteigen. Sie werden auch als säurefeste Auskleidung in Glover-, Gay-Lusac-Türmen in der Schwefelsäureindustrie, zum Auslegen von Beizräumen, Großbehältern für Säuren usw. verwendet.

a) Hartporzellan.

Porzellan ist die wertvollste Tonware. Es besitzt einen weißen, wasserundurchlässigen, dichten, stahlharten, durchscheinenden Scherben mit glänzendem, muscheligem Bruch. Außer von Flußsäure wird es von keiner Säure, wohl aber von heißen, konzentrierten Laugen oder Alkalischmelzen angegriffen. Glasiertes Porzellan ist weniger widerstandsfähig als unglasiertes, sog. Biskuitporzellan. Gegenüber den Metallen besitzt Porzellan den Vorzug, keine plastischen Formveränderungen, Ermüdungs- und Alterungserscheinungen zu zeigen. Die statische Druckfestigkeit erreicht jene der besten metallischen Werkstoffe. Porzellan ist aber gegen Schlag und Stoß empfindlich. Je höher der Tonsubstanz- und je geringer der Quarzgehalt des Porzellans sind, desto weniger stoß- und temperaturempfindlich ist das Porzellan. Sehr wertvoll ist der große elektrische Widerstand und die hohe elektrische Durchschlagsfestigkeit, weshalb das Porzellan sich vorzüglich zur Herstellung von Isolatoren eignet.

Die Rohstoffe zur Herstellung des Porzellans sind sowohl für Hart- als auch Weichporzellan und die Glasuren die gleichen. Sie bestehen aus reinstem, möglichst eisenfreiem Kaolin, Kalifeldspat, Quarz und Kalkspat. Bildsamkeit weist davon nur der plastische Ton auf, während Quarz und Kalkspat die Magerungsmittel, Feldspat als einziger über seinen Schmelzpunkt erhitzter Bestandteil auch als Flußmittel wirken. Auch Quarz kann die Rolle eines Flußmittels übernehmen. Für Hartporzellan liegt die Mischung innerhalb der Grenzen von 40—65% Kaolin, 12—30% Quarz und 15—35% Feldspat.

Die Aufbereitung der Rohstoffe geschieht mit größter Sorgfalt. Der Kaolin wird in Schlämmtrommeln mit Rührwerk und in Schlämmrinnen geschlämmt und in Klärbehälter geleitet, wobei sich die gröberen Verunreinigungen, wie Sand usw., absetzen. In gröberen zementierten Behältern wird dann der Kaolinschlamm absitzen gelassen. Quarz und Feldspat werden im Kollergang und in Trommelmühlen zerkleinert und mit dem gereinigten Kaolin im Klärbecken gründlich gemischt. Die Mischung wird in Filterpressen vom überschüssigen Wasser befreit und die Filterkuchen werden zur Lagerung, die bis zu einem Jahr dauern kann, in den Massekeller gebracht, wobei durch dieses Mauken ein weiterer Aufschluß des Kaolins erfolgt.

Vor der Formgebung wird die Masse in der Masseschlagmaschine möglichst homogenisiert, da sich z. B. Unterschiede im Wassergehalt im Verziehen, Schiefsitzen von Henkeln usw. nach dem Brennen sehr störend bemerkbar machen. Die Formgebung erfolgt entweder mit der Hand, auf der Drehscheibe, durch Gießen in Gipsformen oder Stanzen, z. B. für Isolatoren. Die geformten Gegenstände werden langsam getrocknet und in zweietagigen Rundöfen (s. S. 357) im oberen Stockwerk, in welchem nur eine Temperatur von 800—900° herrscht, verglüht. Die noch porösen Formlinge werden durch Tauchen in den halbflüssigen Glasurbrei, der gleichfalls aus Kaolin, Quarz, Feldspat, Kalkstein, bisweilen auch Magnesit, aber mit einem höheren Anteil der Flußmittel besteht und daher leichter flüssig ist, überzogen. Im zweiten Gut-, Gar- oder Glattbrand wird bei *SK* 13—16 (1380—1460°) in Kapseln in der unteren Etage des Rundofens oder im Gaskammer- oder Tunnelofen fertiggebrannt. Hierauf wird mehrere Tage langsam erkalten gelassen.

Der Feldspat schmilzt, verbindet sich zum Teil mit dem Quarz und der aus der Tonsubstanz frei gewordenen Kieselsäure zu Sillimanit und Mullit. Er bewirkt auf diese Weise nicht nur den dichten, harten Scherben, sondern auch die hohe elektrische Isolationsfähigkeit. Die Schwindung beim Brennen beträgt linear 13—17%.

Das Verzieren des Porzellans erfolgt entweder durch Unterglasurmalerei mittels der Scharffeuerfarben, die gleichzeitig mit der Glasur oder auf dieser aufgetragen werden und daher der hohen Temperatur des Gutbrandes widerstehen müssen, oder durch Aufglasurmalerei mit Hilfe der Schmelz- oder Muffelfeuerfarben, die auf das glasierte Porzellan aufgebracht und in eigenen Muffeln eingebrannt werden. Das Aufbringen der Farben geschieht im Wege der Porzellanmalerei. Nur wenige Oxyde vertragen die hohe Temperatur des Garbrandes ohne Veränderung. Brauchbar ist z. B. Kobaltoxyd für blau, Chromoxyd für grün, Eisenoxyd für braun, Uranoxyd für schwarz usw. Die Muffelfeuerfarben sind niedrig schmelzende Bleigläser und können daher in den mannigfaltigsten Farben eingebrannt werden.

b) *Weichporzellan.*

Weichporzellan unterscheidet sich vom Hartporzellan nicht durch die Härte, sondern nur durch die niedrigere Brenntemperatur von etwa *SK* 6a—10 (1200—1300°), wobei die gleichen Rohstoffe in einem etwas flußmittel-, d. h. feldspatreicheren und tonerdeärmeren Mischungsverhältnis verwendet werden. Weichporzellan wird überall dort benützt, wo keine größeren Ansprüche an die mechanischen Festigkeiten, wie z. B. für Luxus- und Kunstgegenstände, gestellt werden. Wegen des niedrigeren Brandes ist das Weichporzellan verzierungsfähiger als Hartporzellan.

Es gibt verschiedene Arten von Weichporzellan. *Knochenporzellan* ist ein besonders in England erzeugtes Produkt aus 40—50% Knochenasche, 20—30% Pegmatit und 20—30% Kaolin mit einer bleihaltigen Glasur. Die Glasur wird vor dem Garbrand aufgetragen, worauf bei niedriger Temperatur der Glattbrand erfolgt. Es ist nicht so hart und widerstandsfähig wie Hartporzellan.

Frittenporzellan bildet bereits den Übergang zu den Gläsern und wird aus einer Fritte (75%), bestehend aus Sand, Salpeter, Kochsalz, Alaun, Soda und Gips, sowie Kreide (12,5%) und Kalkmergel (12,5%) ähnlich wie Knochenporzellan mit einer Bleiglasur hergestellt. Es ist ein milchglasartiges, durchscheinendes Erzeugnis.

Segerporzellan ist eine Nachbildung des japanischen Porzellans und besteht aus einer tonsubstanzarmen Mischung von 25% Tonsubstanz, 30% Feldspat und 45% Quarz. Es wird wie Hartporzellan hergestellt.

Asiatisches Porzellan ist ein Weichporzellan, das mit einer reliefartig aufgetragenen, dicken, gefärbten Emaille oder Glasur verziert ist. Der Scherben ist häufig schwach grünlich oder bläulich gefärbt.

Biskuitporzellan weist einen hohen Feldspat- und niederen Quarzgehalt auf und wird nicht glasiert. Es fühlt sich daher rauh an und ist matt. Durch einen geringen Eisengehalt ist die Masse oft gelblich gefärbt, wodurch *Elfenbeinporzellan* erhalten wird.

XVIII. Gallium.

Die drei selteneren, weiß gefärbten Schwermetalle Gallium, Indium und Thallium schließen sich an das Aluminium an, färben aber im Gegensatz zu diesem die Bunsenflamme, und zwar Gallium violett, Indium indigoblau und Thallium grün. Gallium kommt in geringen Mengen in Zinkblende und in einer Menge von 2.10^{-5}% im Mansfelder Kupferschiefer vor. Eine Trennung des Galliums vom Aluminium, mit dem es isomorph ist, ist nur äußerst schwierig durchzuführen. Das Gallium wird durch das Aluminium „getarnt".

Gallium (Symbol Ga; Atomgewicht 69,72; Ordnungszahl 31; 2-, insbes. 3-wertig; hgrau; D 5,9; Fp 29,5°; Kp 2064°; l: SS, Alk) ist hart und eignet sich wegen seines niedrigen Schmelzpunktes zur Füllung von Thermometern bis Temperaturen über 1000°. Weiters wird es für Zahnfüllungen, zur Spiegelherstellung usw. verwendet. Vom Zink kann Gallium mit Hilfe des *Galliumchlorides* $GaCl_3$ (fbl; kryst; D 2,47; Fp 78,0°; Kp 230°; zerfließlich l: W, Hydrolyse) getrennt werden, das im Vakuum bereits bei 70—80° verdampft. *Galliumoxyd* Ga_2O_3 (fbl; hex; D 6,44; Fp 1741°; l: SS, Alk; nl: nach dem Glühen) und *Galliumhydroxyd* $Ga(OH)_3$ sind in ihrem Verhalten den entsprechenden Aluminiumverbindungen sehr ähnlich. Galliumhydroxyd ist amphoter, aber stärker sauer und weniger basisch als Aluminiumhydroxyd.

Gallium bildet auch krystallisierende Alaune, wie z. B. den Kalialaun $Ga_2(SO_4)_3 . K_2SO_4 . 24\,H_2O$ (kub; fbl; D 1,895) oder Ammoniumalaun $Ga_2(SO_4)_3 . (NH_4)_2SO_4 . 24\,H_2O$ (kub; fbl; D 1,777). Gallium-II-Chlorid (fbl; Fp 175°; Kp 535°; sl: W, Hydrolyse) ist das beständigste Salz des 2-wertigen Galliums.

XIX. Indium.

Symbol In; Atomgewicht 114,8; Ordnungszahl 49; Schmelzpunkt 156°; Siedepunkt $>$ 1450°; Dichte 7,31; Wertigkeit: I, II, III.

Indium ist ein sehr seltenes, in Zinkblende vorkommendes, silberweißes, dehnbares Metall (1-, 2- und besonders 3-wertig; reg; D 7,31; Fp 156,4°; Kp $>$ 1450°; langsam l: HCl, H_2SO_4; sl: HNO_3). An der Luft erhitzt, brennt es mit violetter Flamme zu gelbem unschmelzbarem Indiumoxyd In_2O_3 (hg; amorph und rhomboedr; D 6,75; zers 1000°; l: SS; wl: nach dem Glühen). Beim Lösen von indiumhaltigem Zink in Salzsäure bleibt das In im Rückstand. Reines Indium kann durch Elektrolyse von Indiumsalzlösungen oder durch Reduktion von Indiumoxyd mit Natrium hergestellt werden. Das Metall wird zur Elektroplattierung von Silber, Herstellung von Spiegeln, als 5%iges Amalgam für Zahnplomben usw. verwendet. Indiumoxyd dient zum Färben von Gläsern.

Indium-III-Chlorid $InCl_3$ (fbl; hex?; D 4,00; Fp 586°; sl: W); Indiumsulfat $In_2(SO_4)_3$ (fbl; kryst; D 3,438; l: W) sowie die Alaune $In(NH_4)(SO_4)_2 . 12\,H_2O$ erinnern an das Aluminium, Indium-II-Chlorid an das Gallium-II-Chlorid.

XX. Thallium.

Symbol Tl; Atomgewicht 204,4; Ordnungszahl 81; Schmelzpunkt 302°; Siedepunkt 1457°; Wertigkeit: I, III.

Thallium ist ein dem Blei ähnliches, bläulichweißes, glänzendes, sehr weiches Metall (hex; D 11,84; Uwp 228°; Fp 302,5°; Kp 1457°; nl: W; l: verd. H_2SO_4), das an der Luft grau anläuft. In eigenen Mineralien kommt es nur sehr selten vor, aber in geringeren Mengen in Blenden, Kiesen und Kalisalzen, wo es bei der Verarbeitung der isomorphen Rubidiumsalze mitgewonnen werden kann. Eine besonders ergiebige Thalliumquelle ist der Flugstaub und der Bleikammerschlamm bei der Schwefelsäureherstellung. Das Metall wird daraus durch Lösen in Säuren und Elektrolyse gewonnen.

In seinen Verbindungen gleicht das 1-wertige Thallium den Alkalien (Hydroxyd, Carbonat und Sulfat) und dem Silber (Oxyd, Sulfid und Halogenid). Die betreffenden Verbindungen haben folgende Zusammensetzung und Eigenschaften: Thallium-I-Hydroxyd $Tl(OH) . H_2O$ (g; rhomb; L (0 H_2O) 0°: 26,0; L 40°: 52,2; l: Al); Thallium-I-Carbonat Tl_2CO_3 (fbl; monokl; D 7,11; Fp 273°; L: ~4; nl: Al), es dient zur Herstellung von stark lichtbrechenden Thallium-Flintgläsern; Thallium-I-Sulfat Tl_2SO_4 (fbl; rhomb; D 6,77; Fp 632°; L: 4,86); Thallium-I-Oxyd Tl_2O (s; Fp ~300°); Thallium-I-Sulfid (brs; amorph oder kryst; D 8,0; Fp 449°; L 19,96°: $2,15.10^{-2}$); Thallium-I-Chlorid TlCl (fbl; reg; D 7,00; Fp 427°; Kp 807°; L 0°: 0,17; L 100°: 1,93; swl: HCl); Thallium-I-Bromid TlBr (fbl; reg; D 7,55; Fp 467°; Kp 819°; L: 0,0476; nl: HBr); Thallium-I-Jodid TlJ (g, rhomb; r, reg; D_g 7,09; Fp 442°; Kp 823°; L 18°: $5,60.10^{-3}$; L 40°: $8,47.10^{-3}$; wl: Al).

Die Salze des 3-wertigen Thalliums gleichen in ihren Eigenschaften den entsprechenden Aluminiumsalzen, z. B. das Thallium-III-Hydroxyd TlO(OH) (br; amorph; nl: W; l: SS), Thallium-III-Oxyd Tl_2O_3 (br; amorph; s, hex; D_{hex} 9,65; Fp 717°; zers; swl: W; l: SS) und das wichtigste Thalliumsalz überhaupt, das Thalliumsulfat, Thallium-III-Sulfat $Tl_2(SO_4)_3 . 7 H_2O$ (fbl; kryst; zers W; l: H_2SO_4). Alle Thalliumverbindungen sind giftig, sie bewirken Haarausfall und hemmen die Schweißabsonderung. Thallium-III-Sulfat wird als Rattengift, in Form von verdünnten Lösungen zum Abtöten von Getreidepilzen als Saatgutbeize verwendet. Thallium färbt die Flamme grün.

XXI. Metalle der seltenen Erden.

Im periodischen System der Elemente gibt es in der 3. Gruppe eine Stelle, an der interessanterweise gleichzeitig 14 Elemente mit den Ordnungszahlen 57—71 stehen. Es sind dies die sog. Lanthaniden, die in ihrem chemischen Verhalten sehr ähnlich sind und auch in der Natur gemeinsam vorkommen. Mit den Elementen Scandium, Yttrium und Thorium bilden sie zusammen die Gruppe der sog. seltenen Erden. Diese eigenartige Stellung der Lanthaniden im periodischen System kommt durch ihren Atombau zustande (s. S. 101). Sie weisen in der äußersten Elektronenschale 2 Elektronen, in der nächstfolgenden aber 9 auf. Bei der Ionenbildung treten die beiden äußeren und 1 Elektron der nächsten Schale gemeinsam aus, so daß die stabile Oktettanordnung (Edelgaskonfiguration) zurückbleibt. Die seltenen Erden sind daher fast ausnahmslos 3-wertig. Nur das Cer bildet auch stabile 4-wertige Verbindungen.

Die Unterschiede in den Ordnungszahlen und Atomgewichten kommen dadurch zustande, daß in den aufeinanderfolgenden Gliedern Protonen in den Kern eintreten und die tieferliegenden Elektronenschalen aufgefüllt wurden.

Die Metalle der seltenen Erden sind silberglänzend und besitzen eine sehr große Affinität zum Sauerstoff und zu den Halogenen, die ebenso groß ist wie jene des Al und Mg. Die Gruppe umfaßt die Ceriterden Cer, Thorium, Lanthan, Praseodym, Neodym, Samarium, Europium und die Gadolinit- oder Yttererden Scandium, Yttrium, Ytterbium, Gadolinium, Terbium, Dysprosium, Holmium, Erbium und Thulium, zwischen denen jedoch keine scharfen Grenzen bestehen. Die Metalle der seltenen Erden bilden bei der Reduktion der Oxyde mit Kohle im elektrischen Ofen wie Aluminium Carbide, die durch Wasser unter Bildung von Acetylen und anderen Kohlenwasserstoffen zersetzt werden. Beim Erhitzen der Metalle im Stickstoffstrom entstehen Nitride, besonders leicht beim Cer.

Gemeinsam ist allen seltenen Erdmetallen die Bildung von auch in einem Überschuß von Alkalien unlöslichen Hydroxyden sowie die Fällbarkeit als Oxalate selbst in saurer Lösung, wodurch sie von den übrigen Metallen getrennt werden können. Untereinander weisen die seltenen Erden jedoch auf Grund ihres sehr ähnlichen Atombaues derartig große Ähnlichkeiten auf, daß ihre Trennung und Reindarstellung erst durch eine jahrzehntelange Arbeit zahlreicher Forscher, insbesondere Auer's v. Welsbach, möglich geworden ist.

Die seltenen Erden sind teils gefärbt, teils farblos. Ihr wichtigstes Vorkommen ist der Monazitsand (Brasilien, Australien, Afrika, Borneo usw.), der ursprünglich nur wegen seines hohen spez. Gew. von 4,9—5,25 als Ballast für Schiffe verwendet wurde. Heute dient er als Ausgangsmaterial für die beiden technisch wichtigeren Metalle der seltenen Erden Thorium und Cer. Durch Aufschluß des Monazitsandes mit konzentrierter Schwefelsäure werden die darin vorliegenden Phosphate der seltenen Erden gelöst, worauf diese in der Kälte mit Oxalsäure gefällt werden. Eine Trennung der einzelnen seltenen Erden ist wegen ihrer Isomorphie nur durch oftmalige fraktionierte Krystallisation, meist der Alkalidoppelsulfate oder -nitrate, möglich. Der Reinheitsgrad der Erden wird mit Hilfe der für die seltenen Erden charakteristischen Absorptionsspektren überprüft. Die Metalle selbst werden aus den Chloriden durch Schmelzflußelektrolyse dargestellt.

Technische Bedeutung haben das Thorium und Cer durch die Entdeckung des Gasglühlichtes durch Auer v. Welsbach sowie die Verwendung des Cermischmetalls als Zündstein für Feuerzeuge erlangt.

Gasglühlicht. Zur Herstellung der Glühstrümpfe wird ein Gewebe aus Baumwolle, Ramiefaser oder Kunstseide mit einer konzentrierten Lösung von Thorium- und Cernitrat getränkt und verascht, wobei ein Aschenskelett von 99,1% ThO_2 und 0,9% CeO_2 zurückbleibt. Durch Imprägnieren mit Kollodiumlösung wird dann diesem die für den Transport geeignete Festigkeit verliehen. Durch das in fester Lösung im Thoriumoxyd gelöste Ceroxyd findet eine selektive Emission von sichtbaren Strahlen durch das CeO_2 statt. Die Strahlung der Thoriumerde wird dahingehend gefärbt, daß ihr Emissionsspektrum in den sichtbaren Teil des Spektrums verschoben wird. Der Anteil an sichtbaren Strahlen bei hohen Temperaturen ist bei den seltenen Erden wesentlich größer als bei den anderen Metallen oder Stoffen, so daß ihre Lichtausbeute größer ist als die von elektrischen Glühlampen gleicher Temperatur. Da aber die Wärmeverluste bei der Gasbeleuchtung größer sind und auch die Glühdrähte auf höhere Temperaturen erhitzt werden, braucht man für 1 Hefnerkerze je Stunde bei Gasbeleuchtung etwa 4—5 kcal, bei Preßgas etwa 2 kcal, bei elektrischer Beleuchtung aber nur 1 kcal. Trotzdem ist die Gasbeleuchtung wirtschaftlicher, da der Nutzeffekt bei der Umwandlung von Wärme in elektrische Energie in der Dampfmaschine kleiner ist als 50%.

Für Feuersteine stellt man in kleinen Tiegeln durch Schmelzflußelektrolyse aus einem überwiegend aus Cerchlorid $CeCl_3 . 7 H_2O$ (fbl; hex; D 3,92; Fp 822°; sl: W, Al), Natrium- und Kaliumchlorid bestehenden Elektrolyten eine Legierung von Cer und Eisen her, die als Cermischmetall bezeichnet wird. Diese Legierung gibt beim Reiben mit einem Stahlrädchen besonders heiße Abreißfunken, durch die Benzindämpfe und Leuchtgas zur Entzündung gebracht werden können.

Nachweis von Cer. Wasserstoffperoxyd und NH_4OH oder Chininhydrochlorid geben eine gelbe oder gelbe bis rote Fällung.

Nachweis von Thorium. Ammoncarbonat und Thalliumnitrat, schw. alk. Lsg, gibt eine weiße Fällung.

Nachweis von Lanthan. Jod in KJ und NH_4OH und Natriumacetat, 100°, gibt eine blaue Färbung.

XXII. Die Erdsäurebildner Titan, Zirkon, Hafnium und Thorium.

Titan, Zirkon, Hafnium und Thorium bilden eine Gruppe von Metallen, die nur sehr schwierig rein darstellbar sind. Bei der Reduktion der Oxyde mit Kohle an der Luft entstehen Carbide oder Nitride. Eine Schmelzflußelektrolyse ist wegen des hohen

Schmelzpunktes dieser Metalle, der durchwegs über 1700° liegt, nicht möglich. Auf aluminothermischem Wege oder bei der Reduktion mit Kohle in Anwesenheit von Eisenoxyden erhält man nur Legierungen. Bloß die Reduktion der wasserfreien Chloride mit Natrium führt zu pulverförmigem Metall. Die wichtigste Wertigkeitsstufe ist die 4-wertige. Die krystallinen Dioxyde sind ähnlich dem SiO_2 in Säuren und Alkalien bei gewöhnlicher Temperatur unlöslich. Ihr basischer Charakter nimmt, wie auch in anderen Gruppen, mit steigendem Atomgewicht zu. In gleichem Sinne steigt auch die Neigung zur Bildung beständiger, normaler, nicht allzu leicht in basische Verbindungen hydrolysierbarer Salze. Wegen ihrer Ähnlichkeit mit den seltenen Erden bezeichnet man diese Gruppe gemeinsam mit Vanadin, Niob, Tantal und Protactinium als „Erdsäurebildner". Alle Erdsäurebildner bilden sehr hoch schmelzende und äußerst harte Carbide, Nitride und Boride, die chemisch sehr beständig sind und metallisches Leitvermögen besitzen. Sie werden zur Herstellung von Hartmetallen (s. S. 428) verwendet.

XXIII. Titan.

Symbol Ti; Atomgewicht 47,90; Ordnungszahl 22; (2-), 3- und 4-wertig.

Titan (grau; hex; D 4,43; Fp 1727°; Kp $>$3000°; nl: W; l: SS) ist in der Natur sehr verbreitet, und zwar als Dioxyd TiO_2, das als Mineral Rutil, Brookit und Anatas auftritt. Titan kommt häufig auch in Eisenerzen als Ilmenit, Eisen-II-Titanat $FeTiO_3$ vor, wobei es bei höheren Titangehalten bei der Verhüttung im Hochofen Schwierigkeiten (Bildung von schwerst schmelzendem Titancarbid, wodurch das Roheisen und die Schlacke zu zähflüssig werden) bereitet oder diese ganz unmöglich macht. Normalerweise geht aber das Titan im Hochofen bei niedrigen Gehalten der Erze in die Schlacke.

Titan ist stahlgrau, sehr hart und bei Rotglut schmiedbar. In der Atmosphäre ist es beständig, wird aber von Säuren leicht aufgelöst. Es findet in der Stahlindustrie zur Herstellung von Eisenlegierungen Anwendung, wobei es in Form von im Elektroofen erzeugtem Ferrotitan in den Stahl eingeführt wird. Eine Legierung von Titan mit Silicium wird als elektrischer Heizkörper verwendet.

Titanverbindungen.

Titan tritt in seinen Verbindungen 2-, 3- und 4-wertig auf, beständig sind aber nur die 4-wertigen Titanverbindungen. Die übrigen Verbindungen trachten, in die 4-wertige Stufe überzugehen, und stellen daher starke Reduktionsmittel dar.

Titandioxyd TiO_2 (fbl; amorph, tetr; rhomb; D [Rutil, tetr]

4,26; D [Anatas, rhomb] 3,84; Fp 1775°; nl: W, SS) ist die verbreitetste natürlich vorkommende Titanverbindung. Es ist rein weiß und wird nur von heißer konzentrierter Schwefelsäure, Schmelzen von Alkalibisulfat oder Ätznatron in Titansulfat $Ti(SO_4)_2$, bzw. Natriumtitanat Na_4TiO_4 übergeführt. In wässeriger Lösung sind jedoch beide Verbindungen nicht beständig. Das Titansulfat löst sich in kaltem Wasser als Titanylsulfat $TiOSO_4$, das Alkalititanat wird unter Abscheidung von kolloidaler Titansäure H_4TiO_4 oder Titanhydroxyd H_2TiO_3 (fbl; amorph oder kryst; nl: W; swl: SS; l: h k H_2SO_4, Alk) zersetzt. Das Titanhydroxyd, auch Metatitansäure genannt, ist aus der Orthotitansäure H_4TiO_4 durch Wasserabspaltung hervorgegangen.

Auf Zusatz von Alkalien zu Titansalzlösungen fällt in der Kälte ein hydratisiertes Titandioxyd $TiO_2 . (H_2O)_x$, die α-Titansäure. Sie ist zum Unterschiede von der durch Kochen von Titansalzlösungen mit Wasser erhaltenen, gleich zusammengesetzten β-Titansäure reaktionsfähiger als die β-Säure.

Reines Titandioxyd besitzt als Farbpigment größere technische Bedeutung, da es ein sehr großes Lichtbrechungsvermögen, geringes spez. Gew., Lichtechtheit und eine außerordentlich große Deckkraft besitzt. Es wird aus Ilmenit (mit etwa 40—42% TiO_2) nach Anreicherung des Erzes durch Aufschluß mit konzentrierter Schwefelsäure in verbleiten Eisenbottichen bei 170—190° in Lösung gebracht. Das Eisensulfat wird in der erkalteten Säure durch Zusatz von Eisenschrott, ebenso ein Teil des $TiOSO_4$, reduziert und als Eisensulfatheptahydrat $FeSO_4 . 7\,H_2O$ durch Abkühlung und Krystallisation zum größten Teil entfernt. Die Lösung wird sodann auf einen Gehalt von 200 g/l TiO_2, der für die Teilchengröße des Pigments sehr wesentlich ist, eingedampft und mit einer Paste von Natriumsulfat und Bariumsulfid bei 105° hydrolysiert. Das ausgefällte Gemisch von Bariumsulfat und H_4TiO_4 wird gewaschen, bei 820° calziniert, gemahlen und windgesichtet. Die Fällung der Titansäure kann auch mit Calziumchlorid oder Bariumchlorid vorgenommen werden, wobei sich auf den ausgeschiedenen Gips- oder Bariumsulfatkrystallen durch Hydrolyse Titansäure niederschlägt: $Ti(SO_4)_2 + 2\,CaCl_2 + 6\,H_2O = TiO_2 + 2\,CaSO_4 . 2\,H_2O + 4\,HCl$.

Wegen seiner hohen Deckkraft wird Titandioxyd aus wirtschaftlichen Gründen immer mit anderen weißen Pigmenten, insbesondere Bariumsulfat oder Zinkweiß ZnO, verschnitten. TiO_2 besitzt nicht wie ZnO härtende Eigenschaften auf den Ölfilm. Es wird auch zur Mattierung von Kunstseide, mit Eisenoxyd vermischt in der Keramik zur Herstellung gelblicher bis brauner Glasuren (Bunzlauer Braun) und zur Gelbfärbung der Masse künstlicher Zähne verwendet.

Peroxytitansäure H_6TiO_6 entsteht beim Versetzen der Lösung eines Titansalzes mit Wasserstoffperoxyd. Sie enthält zwei

—OOH—-Gruppen und leitet sich vom 4-wertigen Titan ab. Die Verbindung ist intensiv gelb gefärbt und kann sowohl zum Nachweise von Titan als auch von H_2O_2 dienen.

Titantetrachlorid $TiCl_4$ (fbl; fl; D 1,726; Fp —23°; Kp 136,5°; l: HCl, Al; W zers) bildet sich bei der Erhitzung von TiO_2, Titan oder Titancarbid und Kohle im Chlorstrom. Die Flüssigkeit raucht an der Luft und wird von Wasser unter starker Wärmeentwicklung zersetzt, wobei kolloide Ortho- und Metatitansäure entstehen: $TiCl_4 + 4\,H_2O = H_4TiO_4 + 4\,HCl$; $TiCl_4 + 3\,H_2O = H_2TiO_3 + 4\,HCl$. Das Titan-IV-Chlorid kann mit Chloriden komplexe gelbe Chlorotitanate, z. B. $(NH_4)_2[TiCl_6] . 2\,H_2O$, Ammoniumhexachlorotitanat bilden. Ähnliche Komplexe bildet auch das *Titantetrafluorid* TiF_4 (fbl; amorph; D 2,798; Kp 284°; l: W, Al; nl: Ae), so z. B. bereits mit Wasser $H_2[TiF_4(OH)_2]$ und H_2F_2, $H_2[TiF_6]$, Titanfluorwasserstoffsäure, von der sich Kalium- und Ammoniumsalze durch Neutralisation der Säure mit Kalilauge, -carbonat, bzw. Ammoncarbonat ableiten: K_2TiF_6; $(NH_4)_2TiF_6$. Beide Salze werden in der Gerberei und Färberei verwendet.

Verbindungen des dreiwertigen Titans.

Durch Reduktion mit elektrolytisch entwickeltem naszierendem Wasserstoff oder metallischem Zink in saurer Lösung können die Verbindungen des 4-wertigen Titans zunächst in jene des 3-wertigen Titans übergeführt werden. Auch beim Durchleiten eines Gemisches von $TiCl_4$ und Wasserstoff durch ein heißes Rohr entsteht Titantrichlorid $TiCl_3$ (hex oder trig; v; subl 432°; sl: W). Dieses ist zufolge von Hydratationsisomerie, wobei einmal 1 Mol Wasser komplex gebunden wird, das andere Mal als Krystallwasser auftritt, einmal violett, dann grün gefärbt. Die violetten Titan-III-Salze enthalten das Ion $[Ti(H_2O)_6]^{\cdots}$, die grünen bestehen aus der Verbindung $\left[Ti(H_2O)_4{}^{SO_4}_{Cl_2}\right]$.

Die Titan-III- oder Titanosalze wirken stark reduzierend und oxydieren sich schon an der Luft wieder zum Titan-IV-Ion. Im Titannitrid TiN, das durch Erhitzen eines Gemisches von Titandioxyd und Kohle im Stickstoffstrom bei etwa 1100° dargestellt wird, sowie im Titancarbid liegt das Titan gleichfalls 3-wertig vor. Das TiC wird durch Erhitzen von TiO_2 mit Kohle im Widerstands- oder Kohlerohrofen auf etwa 1700—1800° erhalten.

Titan-II-Chlorid, Titanochlorid $TiCl_2$ (s; subl in H_2; zers W; l: Al; nl: Ae) entsteht beim Erhitzen von Titan-III-Chlorid nach $2\,TiCl_3 \rightarrow TiCl_4 + TiCl_2$. Es ist noch unbeständiger als $TiCl_3$ und zersetzt sich bereits mit Wasser.

Nachweis von Titan. Gelbfärbung der Lösung eines Titansalzes mit H_2O_2 und Ammonfluorid.

XXIV. Zirkon und seine Verbindungen.

Symbol Zr; Atomgewicht 91,22; Ordnungszahl 40; 2-, 3- und besonders 4-wertig.

Zirkon (α = hex; β = r. z.; hgrau; D 6,49; Fp 1860°; Kp ~2900°; nl: W, SS; l: HF, Königsw) ist ein stahlartig aussehendes, sehr hartes, schleif- und polierfähiges Metall von großer chemischer Beständigkeit. Pulverförmiges Zirkon, wie es durch Reduktion von Kaliumzirkonfluorid $K_2[ZrF_6]$ oder Zirkonchlorid $ZrCl_4$ durch metallisches Natrium, Al, Mg oder im elektrischen Lichtbogen mit Kohle erhalten wird, verbrennt beim Erhitzen an der Luft zu ZrO_2. Bei gewöhnlicher Temperatur ist Zirkon spröde, bei hoher schmiedbar.

Das wichtigste Zirkonmineral ist der Zirkon $ZrSiO_4$, der mit Rutil und Zinnstein SnO_2 isomorph ist und in Norwegen, Kanada, im Siebengebirge sowie in mikroskopisch feiner Verteilung in den meisten Gesteinen gefunden wird. Schöne, durchsichtige, orange gefärbte oder rote Krystalle werden unter dem Namen Hyazinth als Edelstein, andere zu Zapfenlagern feiner Waagen, in der Uhrenindustrie usw. verwendet. Das Verwitterungsprodukt des Zirkons ist die Zirkonerde oder das *Zirkonoxyd* ZrO_2 (fbl; rhomb; monokl; über 1000° tetr; D 5,49; Fp 2680°; Kp > 2900°; nl: W, SS; l: k H_2SO_4, HF, Königsw). Zirkonoxyd kann ähnlich wie Quarzglas geschmolzen und zu einer chemisch und mechanisch sehr widerstandsfähigen glasigen Masse umgewandelt werden, die zur Anfertigung von Gefäßen dienen kann. Wegen des Umwandlungspunktes des monoklinen in tetragonales ZrO_2 bei Temperaturen über 1000° neigen diese Gefäße zum Reißen, was aber durch einen Zusatz von MgO verhindert werden kann, wobei sich kubische ZrO_2-Krystalle bilden. Auf sehr hohe Temperatur erhitztes ZrO_2 strahlt ein sehr grelles weißes Licht aus. Die Nernst-Stifte bestanden aus bis nahe an die Schmelztemperatur erhitzten Stäbchen aus 85%igem ZrO_2 und 15% Yttriumoxyd. Sie wurden bei 3000° gebrannt, bedürfen aber, da sie erst über 1000° eine gewisse Leitfähigkeit für den elektrischen Strom erhalten, einer eigenen Wärmequelle. Trotzdem die Nernst-Stifte wirtschaftlicher als die normalen Kohle- oder Wolframfadenlampen arbeiten, haben sie sich wegen des umständlichen Anwärmens nicht in die Technik einbürgern können.

Da Zirkonoxyd auch Röntgenstrahlen absorbiert, wird es auch zur Herstellung eines Kontrastbreies für Magen- und Darmaufnahmen in der Röntgentechnik benützt. Man benützt es auch an Stelle von Zinndioxyd zur Herstellung getrübter Emails, die sich durch eine hohe Beständigkeit gegen schroffe Temperaturwechsel, gegen Säuren und Alkalien auszeichnen. Wegen seiner rein weißen Farbe wird Zirkonoxyd auch als ungiftiges, gegen Schwefelwasserstoff beständiges Pigment Zirkonweiß als Ersatz für Bleiweiß verwendet, ferner wegen seines hohen Schmelzpunktes und der chemischen Widerstandsfähigkeit zur Anfertigung von feuerfesten Schmelztiegeln.

Die übrigen Verbindungen des Zirkons ähneln sehr jenen des Titans. Vom *Zirkonchlorid* $ZrCl_4$ (fbl; reg; D 2,80; Fp 437°; subl 321°; sl: W [Hydrolyse]; l: Al) und *Zirkonfluorid* ZrF_4 (fbl; monokl; D 4,43; subl; L: 1,32 [bei 50° Hydrolyse]; wl: SS) leiten sich durch Aufnahme von 2 Molekülen HCl, bzw. HF komplexer Säuren $H_2[ZrCl_6]$ und $H_2[ZrF_6]$ ab, die frei nur wenig beständig sind, in Form ihrer Alkalisalze aber eine große Beständigkeit aufweisen.

Zirkonylchlorid $ZrOCl_2 . 8 H_2O$ entsteht aus $ZrCl_4$ in wässeriger Lösung durch Hydrolyse. Zirkoncarbid (Fp 3550°; Kp 5100°) wird wegen seines hohen Schmelzpunktes und seiner großen Härte als Hartcarbid (s. S. 428) verwendet. Man erhält es durch Erhitzen von reinem ZrO_2 oder dem Metall beim Erhitzen mit Kohlenstoff auf 1900° als graues Pulver. Im Zirkonnitrid ZrN liegt das Zirkon 3-wertig vor. Diese Verbindung wird aus einem äquivalenten Gemisch von ZrO_2 und Kohlenstoff durch Glühen im Stickstoffstrom bei 1100° als hellgelbbraunes, in sehr reinem Zustande zitronengelbes Pulver gewonnen. Die Zirkonboride ZrB und ZrB_2 können durch Erhitzen der beiden Metalle im erforderlichen Mischungsverhältnis auf 1800—2200° oder nach dem „Aufwachsverfahren“ (s. S. 441) erhalten werden.

Nachweis. α-Nitroso-β-Naphthol gibt bei der Tüpfelreaktion eine grüngelbe Fällung oder Färbung; Alizarinrot S ergibt in stark saurer Lösung eine violettrote Färbung.

XXV. Hafnium.

Symbol Hf; Atomgewicht 178,6; Ordnungszahl 72; Wertigkeit: II, III, IV.

Hafnium wurde auf Grund von Überlegungen von Bohr, die er an Hand seiner Atomtheorie (s. S. 99) anstellte, im Mineral Zirkon entdeckt, in dem es in einer Menge bis zu 5% vorhanden ist. Es ist in seinen Eigenschaften dem Zirkon sehr ähnlich, so daß es von diesem nur sehr schwierig, und zwar über das $K_2[HfF_6]$, $(NH_4)_2[HfF_6]$ oder Hafnylchlorid $HfOCl_2$ durch oftmalige Krystallisation getrennt werden kann. Diese Verbindungen unterscheiden sich nämlich von den entsprechenden des Zirkons durch geringe Unterschiede in den Löslichkeiten. Carbid, Nitrid und Borid des Hafniums stellen sehr harte und hoch schmelzende Körper (Tab. 39) dar. Hafnium besitzt wegen seiner Seltenheit keine größere Bedeutung.

XXVI. Thorium.

Symbol Th; Atomgewicht 232,12; Ordnungszahl 90; Wertigkeit: IV.

Thorium (kub, fl. z.; s-grau; D 11,7; Fp 1827°; Kp 3530°; nl: W, HNO_3, Alk; wl: HF, H_2SO_4; l: HCl, Königsw) ist ein glänzendes, schwarzgraues, weiches Metall, das an der Luft beständig ist. Nur Salzsäure und Königswasser lösen es leichter auf. Das Metall kann nach dem Aufwachsverfahren (s. S. 441) durch thermische Dissoziation des Jodids in reinem Zustande oder durch Schmelzflußelektrolyse von Thoriumchlorid $ThCl_4$ in NaCl und KCl in mit ThO_2 verunreinigtem Zustande (lange Nadeln) erhalten werden. Es hat keine technische Bedeutung, besitzt aber wissenschaftliches Interesse als Ausgangsglied radioaktiver Elemente (s. S. 328).

Unter Aussendung von α-Strahlen geht Thorium in Mesothorium$_1$ über, das eine Halbwertszeit von 6,7 Jahren besitzt und zu den gleichen Zwecken wie Radium in der Medizin verwendet wird. Weitere wichtigere Glieder in der Zerfallsreihe des Thoriums sind das Radiothorium (1,9 Jahre) (Verwendung als „Radiumfarbe"), Thorium X (3,64 Tage) (Verwendung zu Heilzwecken), die jedoch nur Halbwertszeiten von einigen Tagen besitzen. Am Schlusse der Zerfallsreihe steht das Thorium D, ein Isotop des Bleis mit dem Atomgewicht 208, das auch Thoriumblei genannt wird. An Hand des Verhältnisses des Thoriums zum Thoriumblei in Thoriummineralien kann man deren Alter abschätzen.

Als Ausgangsmaterial für die Gewinnung des Thoriums, seiner Verbindungen und radioaktiven Zerfallsprodukte dient, da eigentliche Thoriummineralien, wie der Thorit $ThSiO_4$ und der Thorianit (Th, U)O_2, sehr selten sind, der Monazitsand (s. S. 363). Das Thorium tritt nämlich stets als Begleiter der seltenen Erden auf, unterscheidet sich aber von diesen durch seine Vierwertigkeit. Die Gewinnung des Thoriums aus dem Monazitsand wird stets mit jener der seltenen Erden verbunden. Das Mineral wird elektromagnetisch von Eisen befreit und mit konzentrierter Schwefelsäure aufgeschlossen. Die Lösung des leicht löslichen Thoriumsulfates wird von dem schwer löslichen Cer-Natrium-Sulfat abgetrennt, das Thorium mit Ammoncarbonat gefällt und der Niederschlag in Salpetersäure zu Thoriumnitrat aufgelöst.

Eine Lösung von 99% $Th(NO_3)_4$ und 1% $Ce(NO_3)_3$ wird in der Glühstrumpfindustrie zum Imprägnieren verwendet (s. S. 364). In der Lösung des Thornitrates kann mittels einer Fällung durch Ammoniumhydroxyd eine Trennung des Thoriums vom Mesothorium vorgenommen werden, wobei das Mesothorium in Lösung bleibt und erst durch induzierte Fällung von $BaSO_4$ mit $BaCl_2$ und H_2SO_4 niedergeschlagen wird (s. S. 327).

Thoriumverbindungen.

In seinen Verbindungen erinnert das Thorium an das Zirkon. *Thoriumoxyd* ThO_2 (fbl; amorph oder tetr; D 9,69; Fp 3050°; Kp 4400°; nl: W, SS; langsam l: k H_2SO_4) wird beim Erhitzen des Nitrats, Hydroxyds, Sulfats, Oxalats usw. als weißer, äußerst schwer schmelzbarer Rückstand erhalten. Die Löslichkeit in Säuren nimmt nach längerem Glühen ab. Durch mehrstündiges Anätzen mit konzentrierten Säuren kann es aber sogar mit Wasser in ein Sol übergeführt werden.

Thoriumhydroxyd $Th(OH)_4$ (fbl; amorph; swl: W, Alk; l: SS, Alk.-carbon.) fällt aus Thoriumsalzlösungen mit Basen als weißer, amorpher Niederschlag zunächst in Solform aus, geht aber allmählich in das Gel über.

Thoriumnitrat $Th(NO_3)_4 . 6\,H_2O$ (fbl; tetr; bläht sich beim Erhitzen auf [500°]; L: 181; sl: Al) wird durch Auflösen von Thoriumhydroxyd in Salpetersäure, Einengen und Krystallisierenlassen der Lösung erhalten. Verwendung: Glühstrumpfimprägnierung (s. S. 364). Es ist das am leichtesten lösliche und am meisten hergestellte Thoriumsalz.

Thoriumsulfat $Th(SO_4)_2$ (4, 6, 8) $9\,H_2O$ (fbl; monokl; $D_{9\,H_2O}$ 2,77; Uwp [$9 \rightarrow 4\,H_2O$]: 45°; L 20°: 1,38) wird durch Abrauchen von *Thoriumoxalat* $Th(C_2O_4) . 6\,H_2O$ (tetr; fbl; nl: W, HNO_3; l: Na_2CO_3-, $(NH_4)_2C_2O_4$-Lsg) mit konzentrierter Schwefelsäure erhalten. In kaltem Wasser ist das wasserfreie Salz reichlich löslich, beim Erwärmen auf 10—15° scheidet sich aber das schwer lösliche Nonahydrat ($9\,H_2O$) ab. Auf Zusatz von Schwefelsäure zu Lösungen von *Thoriumchlorid* $ThCl_4 . 8$ oder $9\,H_2O$ (fbl; rhomb?; D $0\,H_2O$: 4,59; Fp 770°; Kp ~840°; l: W, Al; swl: Ae) und Thoriumnitrat setzt sich ein gleichfalls sehr schwer lösliches Hydrat $Th(SO_4)_2 . 8\,H_2O$ ab. Das Sulfat wird in der Technik zur Befreiung des Thoriums von beigemengten seltenen Erden benützt. Ein Carbonat des Thoriums gibt es nicht. Beim Zusatz von Sodalösung zu einer Thoriumsalzlösung scheidet sich zuerst ein weißer Niederschlag aus basischen komplexen Carbonaten ab, der sich aber in einem Überschuß des Fällungsmittels zu der Komplexverbindung $Na_6[Th(CO_3)_5]$ wieder auflöst. Thorium bildet zum Unterschiede von anderen Elementen der 4. Gruppe keine löslichen komplexen Fluoride, sondern nur ein normales Thoriumfluorid $ThF_4 . 4\,H_2O$ (fbl; nl: W).

Nachweis. Fällung von Thoriumsubphosphat $ThP_2O_6 . 11\,H_2O$ aus salzsaurer Lösung mit saurem Natriumsubphosphat $Na_2H_2P_2O_6$; Ammonoxalat und Thalliumnitrat ergeben einen weißen Niederschlag; Fällung von Thoriumjodat $Th(JO_3)_4$ mit Natriumjodat $NaJO_3$ in salpetersaurer Lösung.

XXVII. Zink.

1. Eigenschaften des Metalls.

Symbol Zn; Atomgewicht 65,38; Ordnungszahl 30; Schmelzpunkt 419,4°; Siedepunkt 906°; Dichte 7,14; Wertigkeit: II.

Zink ist ein bläulichweißes, glänzendes Metall (s. a. Tab. 24), das an der Luft infolge oberflächlicher Oxydhautbildung aber bald matt wird. Bei gewöhnlicher Temperatur ist es ziemlich spröde, läßt sich aber bei 100—200° zu Blechen auswalzen oder zu Drähten ziehen. Über 205° wird Zink wieder sehr spröde, so daß man es zu einem Pulver zerreiben kann. Die Sprödigkeit des Zinks ist auf Verunreinigungen mit Arsen und Blei zurückzuführen. Bei sehr hohen Temperaturen verbrennen Zink und Zinkdämpfe mit blendend weißer Flamme zu voluminösem Zinkoxyd ZnO.

Chemisch ist das Zink, wie sich bereits aus seiner Stellung in der Spannungsreihe der Metalle ergibt (Tab. 23), ein ziemlich reaktionsfähiges Metall, das sowohl von Säure, aber wegen des amphoteren Verhaltens des Zinkhydroxyds auch von Laugen leicht aufgelöst wird. Beim pH-Werte von 10—12 besitzt die Löslichkeitskurve ein ausgesprochenes Minimum.

Einfluß von Verunreinigungen. Je reiner das Metall ist, desto geringer ist seine Löslichkeit in Säuren und Angreifbarkeit in wässerigen Lösungen, da die Verunreinigungen des Metalls, wie Antimon, Kupfer, Eisen und Arsen, als Lokalelemente (s. S. 268) wirksam sind und die Auflösung des Zinks beschleunigen. Elemente mit höherer Überspannung des Wasserstoffes, wie Blei, wirken jedoch nicht schädlich, Cadmium soll sogar die Beständigkeit des Zinks erhöhen. Reinstes Zink mit 99,992% Zn wird selbst von verdünnter Schwefelsäure nicht aufgelöst. Das Verhalten des reinen Zinks und der Einfluß geringer Verunreinigungen edlerer Metalle (0,01—0,03%) war der Gegenstand der Untersuchungen zahlreicher Forscher und die stärkste Stütze für die Lokalelementtheorie der Korrosion (s. a. S. 268).

An der Luft überzieht sich das Zink mit einer unsichtbaren oder, bei größerer Schichtstärke, weiß gefärbten, dichten Schicht von basischem Zinkcarbonat und Zinkoxyd (weißer Rost), die nach einiger Zeit die Einwirkung der Atmosphäre auf das Metall zum Stillstand bringen. Zink ist daher an der Atmosphäre als beständig anzusehen und wird daher vielfach an Stelle des Eisens, Kupfers, Messings usw. als Austauschwerkstoff verwendet.

Auch von Wasser wird das Zink kaum angegriffen, wenn genügend Kohlensäure und Carbonate anwesend sind, aus denen sich schützende Zinkcarbonatschichten bilden können. Lufthaltiges Wasser mit weniger als 7° dH bildet noch keine Schutzschichten. Sauerstoff- und kohlensäurefreies Wasser greift an. Magnesiumverbindungen enthaltendes Meerwasser greift im Vergleich zu einer 3%igen Kochsalzlösung bedeutend schwerer an, da sich MgO-haltige Schutzschichten ausbilden. Die Korrosionsbeständigkeit des Zinks und seiner Legierungen kann durch Aufbringung einer Phosphatschicht aus einem sauren Mangan- und Eisenphosphat enthaltenden Bade und nachträgliche Lackierung mit Einbrennlacken ganz beträchtlich erhöht werden.

2. Verzinkung.

Etwa 60% der Welterzeugung an Zink werden zum Überziehen von Eisengegenständen zum Schutze des Eisens gegen Verrostung verwendet. Bei der Heißverzinkung werden die durch Beizen gereinigten Gegenstände durch eine die letzten Oxydreste lösende Flußmitteldecke von Zink-Ammon-Chlorid bei etwa 490° in geschmolzenes Zink eingetaucht (1—3 Min.), wobei sich ein Überzug aus einer Eisen-Zink-Legierung sowie darüber eine Reinzinkschicht ausbilden. Die Feuerverzinkung ist bedeutend stärker verbreitet (etwa 90%) als die galvanische, Spritzverzinkung oder das Sherardisieren (Erhitzung in Zinkpulver).

Entgegen vielfach verbreiteter Ansicht bietet jedoch das Zink einer Verzinkung keinen galvanischen Schutz des Eisens (Zink bildet im Lokalelement Fe[Elektrolyt]Zn die Anode, Eisen die Kathode), da ein verläßlicher Korrosionsschutz des Eisens durch Zink nur bei einer dichten, porenfreien Aufbringung der Zinkschicht zu erzielen ist. Die Haltbarkeit einer Verzinkung beträgt in reiner Landluft etwa 40 Jahre, in der stark säurehaltigen Industrie- oder Großstadtluft nur etwa 8—10 Jahre. Das Verzinkungsverfahren spielt für die Haltbarkeit des Überzuges selbst keine Rolle, maßgeblich ist nur die Dicke der Auftragung und die Porenfreiheit der Schicht. Die Verzinkung ist das verbreitetste Metallüberzugsverfahren überhaupt. (Näheres über Korrosionsschutz durch Verzinkung usw. s. W. Machu, Metallische Überzüge, 3. Aufl., Leipzig, Akademische Verlagsges.)

Der elektrochemische Korrosionsschutz von Eisen durch das elektronegativere Zink wird gelegentlich zum Schutze von Dampfkesseln usw. durch Einhängen von Zinkplatten und metallisch leitende Verbindung mit dem Eisen auszuwerten versucht (Cumberland-Verfahren), jedoch versagt dieser Schutz manchmal aus noch nicht klar erkannten Gründen.

Zink wird für nichtrostende Wannen, Dachrinnen, Dach- und Wandbekleidungen, Elektroden für galvanische Elemente, zur Herstellung von Legierungen (Messing, Rotguß, Tombak, Neusilber usw.), zur Lithopon- und Zinkweißherstellung usw. verwendet.

3. Zinklegierungen.

Bei der Umstellung auf Zink und seine Legierungen hat sich gezeigt, daß eine ausreichende Beständigkeit der aus Zink hergestellten Legierungen nur dann gegeben ist, wenn zur Herstellung der Legierungen reinstes Zink mit 99,99% Zn, wie es nur auf elektrolytischem Wege gewonnen werden kann, verwendet wird. Als Legierungskomponenten kommen vorwiegend Kupfer, Aluminium, Mangan, Magnesium, Antimon, Cadmium usw. in Betracht. Nachteilig ist die geringe Festigkeit des Zinks und seiner Legierungen, insbesondere die Dauerstandsfestigkeit ist gering, sie beträgt nur etwa 1 kg/qmm bei Raumtemperatur.

Sehr verbreitet sind die Legierungen des Zinks mit Kupfer, wie Messing, Tombak, Rotguß usw., in denen aber das Kupfer den überwiegenden Bestandteil bildet, weshalb sie erst beim Kupfer (s. S. 394) besprochen werden. Zink-Kupfer-Legierungen sind gegen chemische Einflüsse weniger widerstandsfähig als das Zink. In gewissem Umfange wurden sie für billige kunstgewerbliche Gußstücke verwendet. Namentlich zur Herstellung von Massengegenständen werden Zinklegierungen benützt, die vorwiegend durch Spritzguß, aber auch durch Sand- oder Kokillenguß hergestellt werden.

Durch härtend wirkende Zusätze, wie Kupfer, Aluminium, Zinn, Nickel, Antimon, Cadmium usw., kann die geringe mechanische Widerstandsfähigkeit des Zinks verbessert werden. Zur Herstellung von Halbfabrikaten wurden auch kupferhaltige Zn-Al-Legierungen geschaffen, die sich durch Pressen, Ziehen oder Walzen verarbeiten lassen. In der Tab. 38 sind die wesentlichsten Eigenschaften einiger charakteristischer Zinklegierungen zusammengestellt.

4. Die Gewinnung des Zinks.

Die Darstellung des Zinks geht fast immer von der Zinkblende ZnS, seltener vom Galmei oder Zinkspat $ZnCO_3$ oder Kieselzinkerz Zn_2SiO_4 aus. Die Erze sind stets durch andere Metalle, wie Eisen (bis 18%), Mangan, Cadmium (bis 3%), Quarz usw., verunreinigt. Zur Gewinnung des Metalls gibt es heute zwei Wege, einen thermischen und einen elektrolytischen. Beide Verfahren gehen vom Zinkoxyd aus, das aus den Zinkerzen durch oxydierende Röstung unter Verarbeitung des SO_2 auf Schwefelsäure erhalten wird. Der Schwefel muß aus der Zinkblende möglichst vollständig entfernt werden, da jeder Schwefelrest einen Zinkverlust in den Muffelrückständen bedeutet.

Rösten. Da die Röstung längere Zeit erfordert und die Blende bei einem Schwefelgehalt von 6—8% S nicht mehr von selbst brennt, ist eine äußere Beheizung der Röstöfen erforderlich. Die Rösttemperatur von 800—900° darf nur wenig überschritten werden, da sich sonst Eisenzinkat Fe_2ZnO_4 bildet, das mit Kohle erst bei 1400° reduziert werden kann. Da auch die Röstgase wegen ihres SO_2-Gehaltes nicht in die Luft gelassen werden dürfen, können keine offenen Flammöfen, in denen sich die Röstgase mit den Heizgasen mischen und zu sehr verdünnt werden, sondern nur geschlossene Muffelröstöfen verwendet werden. Sehr verbreitet sind die sog. Handfortschaufelungsöfen mit meist 3 übereinanderliegenden Muffeln (Abb. 67), bei denen das Erz von Hand aus mit Eisenstangen gewendet und weiterbefördert wird. Die Heizgase werden nur über die unterste und über die oberste Muffel geführt. Die zum Abrösten erforderliche Luft tritt durch die unterste Arbeitstür ein.

Der mechanische Zinkblende-Röstofen von Spirlet weist gleichfalls 3 übereinanderliegende Röstkammern auf, die aus 5 gewölbten Herdplatten aus feuerfestem Material gebildet werden. Die 2. und 4. Herdplatte wird an ihrem Umfange durch gezahnte eiserne Ringe in Umdrehung gebracht, wobei durch an der Unterseite der Platten angebrachte schräggestellte Zähne eine Fortbewegung der Blende bewirkt wird. Auch Sinter-Röstmaschinen (Dwight-Lloyd-Apparat, Abb. 71) und Drehrohröfen können zum Rösten der Zinkblende verwendet werden.

Beim *thermischen Verfahren* wird das Zinkoxyd mit gasarmer Kohle in aus Schamotte bestehenden Retorten, die nur 30—140 kg Erz und Kohle fassen und je nach ihrer Größe zu 72—400 Stück in 2—3 Etagen in Öfen zusammengefaßt sind (belgische, schlesische und rheinische Öfen), auf 1100—1350° erhitzt. Bei dieser für die Reduktion des ZnO erforderlichen hohen Temperatur liegt das Zink, dessen Siedepunkt bei 1 Atm. bei 906° liegt, bereits im dampfförmigen Zustande vor. Die Schwierigkeiten der Zinkgewinnung werden noch dadurch erhöht, daß der Zinkdampf an der Luft zum Oxyd verbrennt und daß das bei der Reduktion mit Kohle gebildete CO_2 bei niedrigen Temperaturen auf Zinkdampf wieder unter Rückoxydation des Metalls einwirkt. Da außerdem die verwendeten Schamotteretorten Zink aufnehmen, betragen die Zinkverluste bei der technischen trockenen Zinkgewinnung auch heute noch 10—25%. Die thermische Zinkgewinnung ist daher einer der unvollkommensten metallurgischen Prozesse überhaupt.

Das aus der Beschickung herausdestillierende Zink kondensiert in einer Tonvorlage bei etwa 900° größtenteils zu flüssigem Zink. Der restliche Zinkdampf tritt mit dem Kohlenoxyd in eine auf die Tonvorlage aufgesteckte flaschenförmige Vorsteckkutte, auch Allonge oder Ballon genannt (Abb. 66), ein. Bei etwa 500—600° kondensiert wegen der schnellen Abkühlung der Zinkdampf großenteils als Zinkstaub. Dieser besteht aus fein verteiltem Zink mit 4—20% ZnO. Die Oberfläche der Zinkkügelchen ist mit einer Oxydhaut überzogen, die auch beim Erhitzen des Zinkstaubes über den Schmelzpunkt des Zinks ein Zusammenfließen der Kügelchen zu einem zusammenhängenden Metallregulus verhindert. Zinkstaub wird in der chemischen Industrie als Reduktionsmittel, zur Aus-

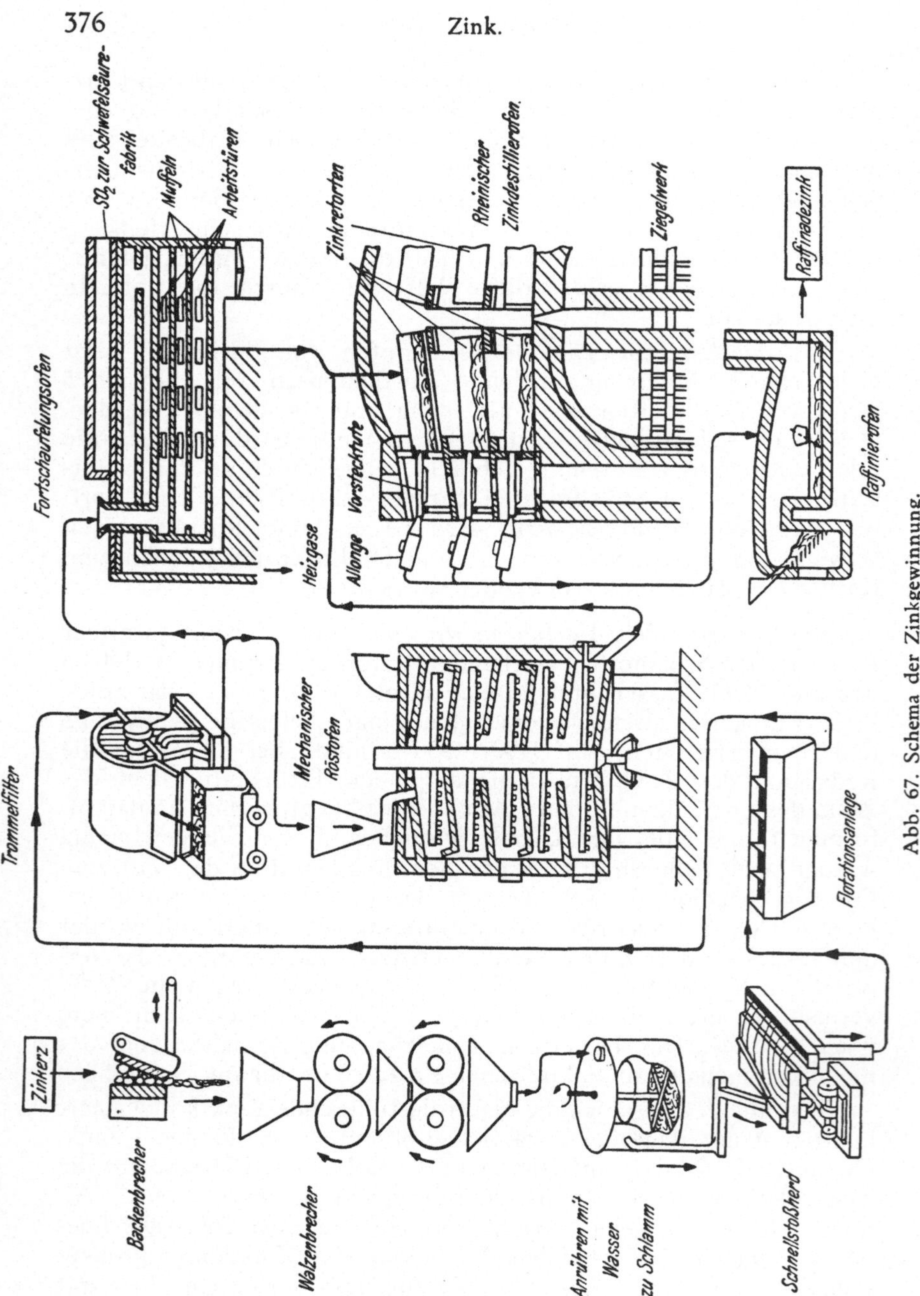

Abb. 67. Schema der Zinkgewinnung.

fällung von Silber und Gold aus den Laugen der Cyanidlaugerei sowie als Farbpigment verwendet.

Das bei der Reduktion des ZnO in der Muffel entstehende CO brennt mit fahlblauer Flamme aus den Vorstecktuten heraus. Die

Tab. 38. Eigenschaften und Zusammensetzung von Zinklegierungen.

Bezeichnung	Art der Legierung	Zustand	% Zn	% Al	% Cu	% Mg	% Sn	Zugfestigkeit kg/qmm	Dehnung %	Brinellhärte kg/qmm	Schlagfestigkeit kg/qmm
Sg Zn—Al—Cu, Zamak 2, Giesche ZL 1 .	Spritzguß		91—94	3,5—5	2,5—4			32—38	2,5—5	80—120	
Sg Zn—Al—Cu—II, Zamak 5, Giesche ZL 2 .	„		93,3—95,75	3,5—4,1	0,75—2,5			27—33	5—2	80—105	
Sg Zn—Al, Zamak 3, Giesche ZL 3	„		95,9—96,5	3,5—4,1	2,2—2,7			22—27	6—3	65—80	
	„		Rest	0,5—1	3—4	Ni 0,3—0,5	6—20	9—17	0,4—3,8	68—66	
Giesche ZL 3	Knetlgg.	gezogen						42	15	95	30
„ „ 3	„	gepreßt						49—55	5—10	110—125	15—20
Giesche ZL 6	„	gezogen						35—38	12—15	80—90	3—10
Giesche ZL 7	„	gepreßt						33—37	40—55	80—90	30
Giesche ZL 8	„	„						40—44	25—55	85—100	30
Zamak α	„	gepreßt oder gewalzt	Rest	3,9—4,3	0,9—1,2	0,02—0,05		36—40	4—6	85—95	18—23
Zamak β	„	gepreßt oder gewalzt	„	9—11	1—2	0,02—0,05		46—50	5—8	105—115	13—15
Zamak ϑ	„	gepreßt oder gewalzt	„	8—12	0—0,5			25—35	30—60	50—80	12—14
Zamak η	„	gepreßt oder gewalzt	„	8—12	0—0,5	0,005—0,01		40—50	15—30	80—100	8—10

ersten Teile des Destillates enthalten das Begleitmetall des Zinks, das Cadmium, da dieses früher siedet als das Zink (Kp 766°). Das erhaltene Rohzink ist durch 1—3% Blei, Eisen (einige $^1/_{10}$%), ferner durch As, Cd, Cu usw. verunreinigt. Durch Umschmelzen unter reduzierender Flamme im Flammofen erhält man Raffinationszink mit etwa 1% Pb und höchstens 0,02% Fe. Dieses Produkt ist das Handelszink. Feinzink mit 99,7—99,9% Zn wird durch eine neuerliche Destillation erhalten.

Elektrolytische Darstellung. Das reinste Zink wird durch Elektrolyse einer schwefelsauren Zinksulfatlösung gewonnen, die durch Auslaugen von sulfatisierend in mechanischen Zinkröstöfen gerösteten Zinkerzen mit der sauren Endlauge der Elektrolyse selbst erhalten wurde (Abb. 68). Die zinkhaltige Lauge wird in Dorr-Eindickern (s. S. 309) von den unlöslichen Bestandteilen befreit, wobei der sich absetzende Dickschlamm auf Blei weiterverarbeitet wird.

Da das Zink beträchtlich negativer als das Wasserstoffpotential ist (Tab. 23), ist eine Trennung von den in der Lauge enthaltenen edleren Verunreinigungen, wie Fe, As, Sb, Cu, Cd usw., die leichter als das Zink elektrolytisch abgeschieden werden, nicht möglich. Nur bei vollkommen reiner Elektrolytlösung gelingt die Abscheidung des Zinks ohne Wasserstoffentwicklung, weil nur dann der Wasserstoff eine derart hohe Überspannung aufweist, daß unter den Bedingungen der Elektrolyse der Wasserstoff nicht gasförmig entwickelt werden kann.*)

Sind nun im Elektrolyten elektropositivere Verunreinigungen vorhanden, an denen die Überspannung des Wasserstoffes kleiner ist als am Zink, so geht bei der Elektrolyse nur eine Wasserstoffentwicklung oder gleichzeitig mit der Abscheidung des Zinks eine starke Wasserstoffentwicklung vor sich, wobei schwammförmiges Zink erhalten wird. Auch aus diesem Grunde muß der Elektrolyt zur Zinkelektrolyse von allen metallischen Verunreinigungen befreit werden.

Die Reinigung des Elektrolyten erfolgt auf chemischem Wege. Mit Eisen werden As und Sb gefällt, durch Braunstein das Eisen in die 3-wertige Form übergeführt und dann mit Zinkoxyd als Eisenhydroxyd abgeschieden. Kupfer, Kobalt und Nickel werden mit Zinkstaub auszementiert (s. Arbeitsschema Abb. 67). Der Elektrolyt wird in Europa durch Auslaugen der gerösteten Erze mit einer etwa 7—10%, in Amerika (Tainton-Verfahren) mit einer rund 30% freie Schwefelsäure enthaltenden Endlauge hergestellt. Die unlöslichen Anoden bestehen aus Bleidioxyd oder Mangan-

*) Unter der Überspannung ist jener Mehraufwand von anzulegender Spannung zu verstehen, der über dem Gleichgewichtspotential des Wasserstoffes in der betreffenden Lösung liegt und zur Entwicklung des Wasserstoffes in gasförmigem Zustande erforderlich ist.

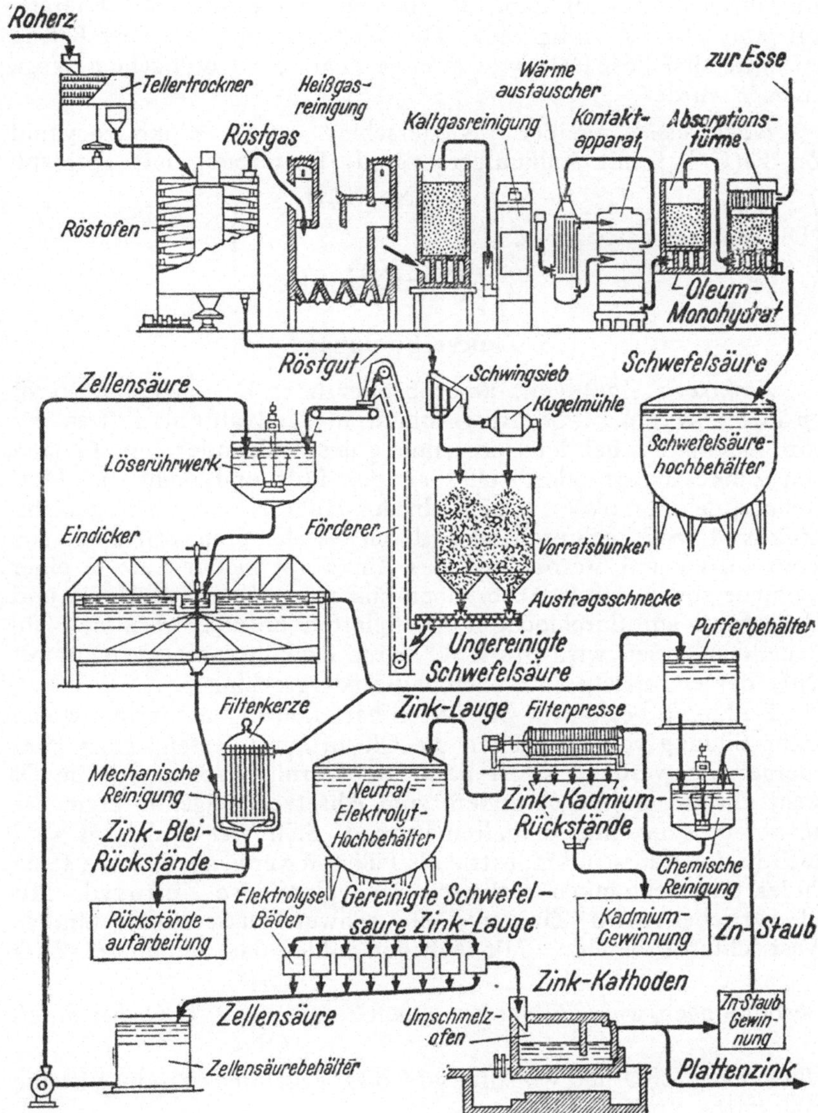

Abb. 68. Schema der elektrolytischen Zinkgewinnung (Giesches Erben).

dioxyd, die Kathoden aus dünnen Aluminiumblechen, von denen sich das Elektrolytzink (Reinheit 99,99% Zn) leicht abziehen läßt. Die etwa 3 mm dicken Zinkplatten werden umgeschmolzen und in Barren gegossen. Die Spannung beträgt 3 V, die Stromdichte an der Kathode etwa 1,5 Amp/qdm, beim amerikanischen Tainton-

Verfahren 3—30 Amp/qdm, die Stromausbeute 95%, der Energieaufwand 2,4—3 kWh/kg Zink. Die Welterzeugung an Zink betrug im Jahre 1937 1,646.000 t, wovon etwa $^1/_3$ auf elektrolytischem Wege erzeugt wurde.

Nachweis. Weißer Niederschlag von Zinkferrocyanid $Zn_2[Fe(CN)_6]$ mit Kaliumferrocyanid; Rotfärbung mit Dithizon

$$\left(\text{Diphenylthiocarbazon } C \begin{matrix} \diagup N = N - C_6H_5 \\ = S \\ \diagdown NH - NH - C_6H_5 \end{matrix}\right).$$

5. Zinkverbindungen.

Zinkoxyd ZnO (fbl; amorph oder hex; D_{am} 5,47; D_{hex} 5,78; Fp 1975°; swl: W; l: SS, Alk) kommt in der Natur als Rotzinkerz vor. Es entsteht bei der Verbrennung des Zinks oder beim Glühen von Zinkcarbonat oder -sulfid an der Luft und dient zur Darstellung des Metalls (s. S. 375). In der Hitze ist ZnO gelb gefärbt. Zinkoxyd wird technisch auch durch Verdampfen von Zink aus Tonretorten und Verbrennen des Zinks mit heißer Luft in einer Kammer sowie durch Ausbrennen zinkarmer Erze mit Kohle und Unterwind auf durchlochten Eisenplatten erzeugt. Aus den abziehenden Gasen wird das ZnO durch Sackfilteranlagen oder mit Hilfe der elektrischen Entstaubung niedergeschlagen.

Zinkoxyd besitzt im Ölanstrich härtende Eigenschaften, wobei unter Bildung von Zinkseifen die Öle in einen festen zähen Film übergeführt werden. Es ist derart feinkörnig, daß es sich im Öl nicht absetzt und sogar andere zum Absetzen neigende Pigmente im Schwebezustande zu halten vermag. Sehr viel Zinkoxyd wird auch in der Kautschukindustrie als Füllstoff verwendet. Auch feine Puder und Schminken enthalten das voluminöse Zinkoxyd. Mit Öl verrieben wird Zinkoxyd als schwefelwasserstoffbeständige Anstrichfarbe benützt. Mit Alkalien bildet das amphotere ZnO Verbindungen, wie z. B. Natriumzinkat $Zn\begin{matrix} \diagup OH \\ \diagdown ONa \end{matrix} . 3\,H_2O$. Ein durch Glühen von ZnO und Kobaltoxyd Co_2O_3 erhaltenes Produkt ist die Malerfarbe Rinmannsgrün.

Das Hydrat des Zinkoxyds, das *Zinkhydroxyd* $Zn(OH)_2$ (fbl; 5 Modifikationen, amorph oder rhomb; D_{kr} 3,05; zers 125°; L 29°: $1{,}9.10^{-4}$; l: SS, Alk), entsteht bei der Fällung von Zinksalzlösungen mit Alkalien oder Ammoniumhydroxyd. Es ist im Überschusse dieser Fällungsmittel löslich.

Zinkchlorid $ZnCl_2$ (1, 1½, 2½, 3, 4) H_2O (fbl; reg; D 2,91; Fp 313°; Kp 730°; L: 78,6; l: Al, Ae) zieht im wasserfreien Zustande sehr lebhaft Feuchtigkeit an und wird deshalb gelegentlich auch in der synthetischen Chemie zur Förderung solcher Reaktionen verwendet, die unter Wasseraustritt verlaufen. Die Darstellung erfolgt durch Auflösen von Zink in Salzsäure. Es löst sich in Wasser unter starker Wärmeentwicklung zu einer stark sauren, ätzend wirkenden Lösung, die Zellulose in eine stärkeähnliche, durch Jod färbbare Masse umwandelt. Technisch wichtig ist die Eigenschaft der Chlorzinklauge, Metalloxyde zu lösen, weshalb sie zum Abbeizen der oxydischen Verunreinigungen beim Löten des Eisens, Kupfers, Messings usw. sowie als Vorbereitung des Eisens vor dem Feuerverzinken, -verzinnen und Verbleien verwendet wird.

Mit Ammoniumhydroxyd entsteht anfangs ein weißer, gallertartiger Niederschlag von $Zn(OH)_2$, der sich im Überschuß zum Zinkammoniumsalz $Zn(NH_3)_4Cl_2$, das das Zink als Komplex enthält, löst. Zinkchlorid dient auch als Holzkonservierungs- und Schädlingsbekämpfungsmittel. Mit ZnO entsteht Zinkoxychlorid oder basisches Zinkchlorid Zn(OH)Cl, eine plastische, nach kurzer Zeit steinartig erhärtende Masse, die zum Abformen von Gegenständen, zur Herstellung künstlicher Zähne und als Zahnkitt Verwendung findet.

Zinksulfat, Zinkvitriol $ZnSO_4 . (1,6,7)\, H_2O$ (fbl; rhomb, monokl; $D_{0\, H_2O}$ 3,49; Uwp $7 \rightarrow 6\, H_2O$: 39,0°; Fp [7 H_2O] 40°; Fp [6 H_2O] 70°; 0 H_2O: zers 740°; L: 35) erhält man durch langsam oxydierende Röstung von Zinkblende, wobei der Luftsauerstoff gleich die Oxydation des Sulfid- zum Sulfatschwefel bewirkt. Zinksulfat wird zur Herstellung von Lithopon (s. u.), als Beize beim Zeugdruck, Zusatz zum Firnis und zur Holzkonservierung verwendet.

Zinksulfid ZnS (fbl; amorph, reg; hex; D 4,03; Fp [Dr] 1800°; subl 1180°; L [gef] 18°: $6{,}88 . 10^{-4}$; L_{reg} 18°: $6{,}46 . 10^{-5}$; sl: SS) ist als Zinkblende sehr verbreitet und das wichtigste Zinkerz. Es kann auch durch Fällung von Zinksalzlösungen mit Schwefelwasserstoff unter Abstumpfung der frei werdenden Säure oder mit Ammonsulfidlösungen als weißer, voluminöser Niederschlag erhalten werden. Zinksulfid gibt beim Rösten an der Luft den Schwefel als SO_2 ab und geht dabei in ZnO über. In Gegenwart von Alkalichloriden geglühtes, krystallisiertes Zinksulfid, das Spuren von Kupfersulfid enthält, leuchtet beim Auftreten von Röntgen- sowie α-, β- oder γ-Strahlen radioaktiver Substanzen auf (Sidotsche Blende, s. S. 328) und wird daher zum Belegen von Röntgenschirmen verwendet. Spuren von Mangansulfid verleihen dem ZnS die Fähigkeit der Tribolumineszenz, d. h. beim Reiben mit harten Teilchen leuchtet das Zinksulfid rötlich auf.

Technisch wird durch Fällung von Zinksulfatlösungen mit Bariumsulfidlösungen ein weißer Pigmentfarbstoff zur Herstellung von Anstrichfarben (Lithopon) erzeugt. Das ausgewaschene Gemisch von ZnS und $BaSO_4$ wird geglüht, abgeschreckt und gemahlen. Die Bewertung der Lithopone wird nach dem Gehalt an

ZnS vorgenommen. Man unterscheidet sechs verschiedene Sorten mit 60% (Silbersiegel) bis 16% (Gelbsiegel) ZnS. Lithopon ist billig, lichtecht, beständig gegen H_2S, leicht, besitzt jedoch nicht die gleiche Deckkraft wie Zinkweiß und Bleiweiß. Lithopon ist aber schon mit 15%, Bleiweiß erst mit 30% und Zinkweiß erst mit 98% Öl streichfähig.

XXVIII. Cadmium und Cadmiumverbindungen.

1. Gewinnung.

Symbol Cd; Atomgewicht 112,41; Ordnungszahl 48; Schmelzpunkt 320,9°; Siedepunkt 766°; Dichte 8,64; Wertigkeit: II.

Cadmium findet sich als Begleiter (0,1—0,4%) in Zinkerzen und destilliert wegen seiner leichten Reduzierbarkeit und des niedrigeren Siedepunktes (766° C) mit den ersten Anteilen des Zinks in die Vorlagen über (Abb. 66). Der sich zu Beginn der Zinkdestillation abscheidende, etwa 3—4% Cd enthaltende Zinkstaub wird für sich in kleineren Muffeln mit Kohle zweimal bei Dunkelrotglut destilliert, wobei ein Metall mit 99,5% Cd erhalten wird. Auch bei der Zinkgewinnung durch Elektrolyse (s. S. 378) und Lithoponherstellung (s. S. 381) fällt Cadmium als Nebenprodukt an.

2. Eigenschaften (Tab. 24).

Das Metall ist silberweiß, glänzend, aber dehnbar und weniger hart als Zink. Es verbrennt an der Luft zu braunem CdO. Cadmium wird in geringem Umfange zur Herstellung von Cadmiumüberzügen auf Eisen, die etwas beständiger als Zinküberzüge sind, weiters als orange bis rot gefärbte Farbstoffpigmente durch Mischen von gelbem Cadmiumsulfid mit Cadmiumselenid verwendet. Cadmium ist seltener und daher teurer als Zink, wird daher nur seltener technisch angewendet. Die Weltproduktion betrug 1937 etwa 3700 t.

Cadmium wird auch zur Herstellung leicht schmelzbarer Legierungen verwendet. Woodsches Metall (4 Teile Wismut, 1 Teil Zinn, 2 Teile Blei, 1 Teil Cadmium) schmilzt bei 70°, Lippowitzsche Legierung (15 Teile Wismut, 4 Teile Zinn, 8 Teile Blei, 4 Teile Cadmium) bei 60°. Sie werden für Schmelzsicherungen bei elektrischen Leitungen gebraucht. Cadmiumhaltige Lagermetalle werden in der Automobilindustrie verwendet.

3. Cadmiumverbindungen.

Die *Cadmiumverbindungen* erinnern sehr an jene des Zinks. Sie sind farblos, Cadmiumsulfid CdS gelb (g; hex; D 4,82; Fp [Dr] 1750°; subl 980°; L 18°: $1{,}3 . 10^{-4}$; l: SS; nl: Al), Cadmiumoxyd braun gefärbt (br; reg; D 4,69; subl 1390°; wl: W). Cadmiumsulfid ist schwerer löslich als ZnS und fällt daher auch schon aus schwach sauren Lösungen bei der Fällung mit H_2S. Das Oxyd ist bereits bei Dunkelrotglut mit Kohle reduzierbar und kann daher dadurch vom Zink getrennt werden. Cadmiumhydroxyd $Cd(OH)_2$ (fbl; amorph oder hex; D 4,79; L 25°: 2,6.10^{-4}; l: SS), Cadmiumcarbonat $CdCO_3$ (fbl; rhomboedr; D 4,258; zers 500°; wl: W; l: SS), Cadmiumchlorid $CdCl_2$ (1, 2½, 4) H_2O (fbl; monokl; D [2½ H_2O] 3,327; L [0 H_2O] A 15,5°: 1,7; L [2½ H_2O]: ~50; l: Al), Cadmium-Kaliumcyanid $CdK_2(CN)_4$ (fbl; D 1,85; L: 33; wl: Al; Verwendung in der Galvanotechnik), Cadmiumsulfat $CdSO_4$ (1, $^8/_3$, 7) H_2O (monokl; D [$^8/_3$ H_2O] 3,09; L: 43,2) sind weitere Verbindungen des Cadmiums.

Nachweis. Kaliumcyanid (25%ige wässerige Lösung) und Natriumselenid Na_2Se (1% in W) und 0,5% KCN (nicht stabil!) ergibt eine rotbraune Färbung bis Fällung.

XXIX. Quecksilber und seine Verbindungen.

Symbol Hg (latein. Hydrargyrum); Atomgewicht 200,61; Ordnungszahl 80; Schmelzpunkt —38,8°; Siedepunkt 357,0°; Dichte 13,595; Wertigkeit: I, II.

Quecksilber kommt gediegen in Form kleiner Tröpfchen oder als Silberamalgam sowie als roter oder schwarzer Zinnober, dem wichtigsten Quecksilbermineral, besonders in Spanien, Idria, Kalifornien, Mexiko usw. vor. Die Gewinnung des Metalls ist ziemlich einfach, da beim Rösten der quecksilberhaltigen Erze (0,1—1% Hg) an der Luft in Schacht-, Flamm- oder eigenen Schüttel-Röstöfen, eventuell mit einem Zusatz von Eisen und Kalk, das Metall und SO_2 abdestillieren. Das Quecksilber muß nur in vorgelegten Kammern oder besser in wassergekühlten Röhrenkondensatoren niedergeschlagen werden. Das unten offene Ende der aus Eisen, glasiertem Steinzeug oder mit Asphalt gestrichenem Holz bestehenden Rohre taucht in ein Wasserbecken. Der geeignetste Ofen zur Verhüttung von feineren Erzsorten ist der Schüttröstofen von Cermak-Spirek, in welchem das Erzklein auf sechs übereinanderliegenden Etagen von Dächern aus Schamottetafeln von oben langsam nach unten rutscht. Die Heizgase streichen von unten nach oben und heizen dabei die Schamotteplatten.

In den Röhrenkondensatoren wird ein Gemisch von Quecksilber, Quecksilbersalzen, Flugstaub, Ruß und Teer, Stupp genannt, erhalten, das in der Stupppresse in reines Hg und einen Stupprückstand zerlegt wird, der wieder in den Schüttröstofen zurückgeht.

Das flüssige Quecksilber kommt in Flaschen in den Handel. Die Weltproduktion betrug 1937 etwa 4600 t. Das Metall wird zum Füllen von Thermometern, Barometern, als Sperrflüssigkeit bei Instrumenten, zum Gleichrichten von Wechselstrom usw. verwendet. Quecksilberdampf sendet besonders reichlich ultraviolette Strahlen aus und wird daher zur Füllung von Quarzlampen für Heilzwecke, zu spektralanalytischen Zwecken, Lichtechtheitsprüfungen, Lumineszenzanalysen verwendet. Ultraviolette Strahlen sind chemisch bedeutend aktiver als gewöhnliches weißes Tageslicht und werden häufig zur Begünstigung chemischer Reaktionen herangezogen. Die Verwendung des Quecksilbers zur Herstellung von Knallquecksilber für die Erzeugung von Zündhütchen ist durch die Erfindung des Bleiazids stark zurückgegangen.

Giftigkeit. Quecksilber ist schon in Spuren in Form von Dampf (Dampfdruck 0,001 mm bei 20^0) in der Luft sehr giftig und verursacht Gedächtnisschwund, Zahnausfall, Nekrose usw. Es sind auch Fälle von Quecksilbervergiftungen durch Zahnplomben bekanntgeworden.

Amalgame. Flüssiges Quecksilber verbindet sich mit vielen Metallen, insbesondere den Alkalimetallen, Gold, Silber, Kupfer und Blei leicht (nicht aber z. B. mit Eisen, Platin) und unter beträchtlicher Wärmeentwicklung zu Legierungen, den sog. Amalgamen. Mehrere dieser Amalgame besitzen auch eine größere technische Bedeutung, wie z. B. die Na-Hg-Legierung bei den Quecksilberverfahren der Alkali-Chlor-Elektrolyse (s. S. 233), das Silber- und Goldamalgam zur Gewinnung dieser Metalle aus ihren Erzen usw.

Quecksilberverbindungen.

Man unterscheidet Verbindungen des 1-wertigen Hg, die Mercuro-, und des 2-wertigen Hg, die Mercuriverbindungen. Zwischen beiden stellt sich leicht ein Gleichgewicht $Hg^{\cdot\cdot} + Hg \rightleftarrows 2\,Hg^{\cdot}$ ein, das in wässeriger Lösung bei 20^0 weit nach rechts verschoben ist. Hg-II-Salze gehen daher beim Schütteln ihrer wässerigen Lösungen mit Quecksilber in Hg-I-Salze über. Andere Reduktionsmittel als metallisches Quecksilber, z. B. Zinn-II-Salze, führen je nach den Versuchsbedingungen gleichfalls zu Hg-I-Salzen oder sogar bis zum metallischen Quecksilber, das dann meist als schwarz gefärbter Niederschlag ausfällt. Durch Reduktionsmittel, wie z. B. $SnCl_2$, wird das Gleichgewicht weit nach links verschoben.

Wahrscheinlich handelt es sich bei den Quecksilber-I-Verbindungen um Doppelverbindungen des Hg^{II} mit metallischem Hg, z. B. beim $HgCl_2$ um $Hg(Hg)Cl_2$. Dies kann aus verschiedenen Reaktionen geschlossen werden, wie z. B. dem Zerfall des $HgCl_2$ in $HgCl_2$ und Hg-Metall im Lichte oder beim Behandeln mit Pirydin, der Bildung von fein verteiltem Hg und gelbem HgO bei der Fällung von Hg^I-Salzen mit Alkalilaugen sowie der Entstehung von Metall und Präzipitat $NH_2 . HgCl$ bei der Fällung von HgCl-Lösung mit Ammoniumhydroxyd.

Die Quecksilberverbindungen zeigen je nach der Art der salzbildenden Säuren große Unterschiede. Salze der Sauerstoffsäuren, wie z. B. $HgSO_4$ oder $Hg(NO_3)_2$, hydrolysieren sehr leicht, wobei die Lösung sauer reagiert und sich basische, schwer lösliche Quecksilbersalze abscheiden. Salze der Halogenwasserstoffsäuren, wie z. B. $HgCl_2$, HgJ_2, $Hg(CN)_2$ usw., enthalten das Hg-Atom derart stark komplex gebunden, daß es in wässeriger Lösung nur in sehr geringem Umfange dissoziiert und hydrolisiert. Die Lösungen enthalten nur sehr wenig $Hg^{\cdot\cdot}$- und Cl'-Ionen. Die Hg^{I}-Salze sind bimolekular und bilden auch bei der Dissoziation in wässeriger Lösung aus 2 Hg-Atomen bestehende Ionen: $Hg_2(NO_3)_2 = Hg_2^{\cdot\cdot} + + 2\,NO_3'$.

Historisches Interesse besitzt die Bildung und der Zerfall von *Quecksilber-II-Oxyd, Mercurioxyd* HgO (fein verteilt: g; grobkörnig: r; D 11,14; zers 100°; L 25°: 5,20.10⁻³; l: HNO_3, HCl). Seine Bildung erfolgt u. a. bei etwa 300° unter Wärmeentwicklung nach $2\,Hg + O_2 \rightarrow 2\,HgO + 43\,kcal$, jedoch verläuft die Reaktion nur langsam. Es stellt sich dabei ein von der Temperatur abhängiger Gleichgewichtszustand ein (heterogenes Gleichgewicht, s. S. 73) und je nach Temperatur und Druck des Sauerstoffes kann man die Reaktion im einen oder anderen Sinne verlaufen lassen. Bei Atmosphärendruck ist oberhalb 400° der Zerfall vorherrschend. L a v o i s i e r bewies an Hand dieser Reaktion im Jahre 1774, daß sich bei der Verbrennung ein Bestandteil der Luft, nämlich der Sauerstoff (s. S. 14), mit dem sich oxydierenden Stoff verbindet, wodurch die sog. Phlogistontheorie (s. S. 15) als unrichtig erwiesen worden war.

Quecksilber-II-Chlorid, Mercurichlorid, Sublimat $HgCl_2$ (fbl; rhomb; dimorph; D 5,42; Fp 277°; Kp 304°; L: 6,6; LA 25°: 23,1; LM 20°: 52,2; sl: Ae) entsteht beim Erhitzen von Quecksilber-II-Sulfat mit Kochsalz nach $HgSO_4 + 2\,NaCl = HgCl_2 + Na_2SO_4$. Sublimat wirkt bereits bei einer Menge von 0,2—0,4 g tödlich. Es wird in Form des leichter löslichen Komplexsalzes mit NaCl, Na_2HgCl_4 als starkes Desinfektionsmittel in der Wundbehandlung, zur Sterilisierung von Instrumenten usw. verwendet (mit Eosin rot gefärbte Sublimatpastillen). Sublimatlösungen werden auch wegen ihrer pilztötenden Eigenschaften zur Holzkonservierung benützt, welches Verfahren nach seinem Erfinder Kyanisieren genannt wird.

Quecksilber-II-Sulfid HgS (r: rhomboedr; s: reg; amorph; D_{rot} 8,09; D_s 7,67; subl 580°; Fp_{Dr} [1450] 700°; L [gef] 18°: $1,25.10^{-6}$; nl: SS; l: Alkalisulfidlsg) wird durch Fällung von Quecksilbersalzen mit überschüssiger Alkalisulfidlösung als schwarzes HgS erhalten. Durch Erwärmung mit verdünnter Alkalisulfidlösung erfolgt Überführung in das rote Sulfid, den Zinnober. Es dient als Malerfarbe.

Quecksilber-II-Fulminat, Knallquecksilber $Hg(CNO)_2 . 0,5\,H_2O$ (fbl; D 4,42; explodiert beim Erwärmen; l: W) bildet sich beim Eingießen von heißer, saurer Quecksilber-II-Nitrat-Lösung $Hg(NO_3)_2$.

. ½ H_2O (fbl; monokl; D [0 H_2O] 4,3; Fp 79°; L: W, Hydrolyse) in Alkohol. Bei gewöhnlicher Temperatur ist die Verbindung in lockerem Zustande gegen Schlag und Stoß unempfindlich, explodiert aber in gepreßtem Zustande auf Schlag oder bei rascher Erwärmung sehr heftig. Es wird in Mischung mit Kaliumchlorat, Leim, Glaspulver und Antimonsulfid zur Herstellung von Sprengkapseln verwendet.

Quecksilber-I-Chlorid, Mercurochlorid, Quecksilberchlorür, Kalomel Hg_2Cl_2 (fbl; tetr; D 7,15; subl 383,2°; Fp [Dr] 525°; L 18°: $2{,}1.10^{-4}$; L 43°: $7{,}0.10^{-4}$; l: Bzl, Pyridin) erhält man auf trockenem Wege durch Erhitzen von $HgCl_2$ mit metallischem Hg nach $HgCl_2 + Hg = Hg_2Cl_2$ oder Reduktion von $HgCl_2$-Lösungen mit Zinn-II-Chlorid. Mit Ammoniumhydroxyd entsteht ein schwarzer Niederschlag eines Gemisches von Hg-I-Amidoverbindungen. Hg_2Cl_2 ist in Wasser nur schwer löslich, daher ungiftig und dient als mildes Darmdesinfiziens.

Quecksilber-I-Nitrat, Mercuronitrat (fbl; monokl; D 4,79; l: W [Hydrolyse]; verd. HNO_3) entsteht bei der Einwirkung von verdünnter Salpetersäure auf Hg. Es ist das am leichtesten lösliche Hg-I-Salz.

Nachweis. Fällung als schwarzes HgS mit H_2S oder Na_2S-Lösung, unlöslich in verd. HNO_3; Zinn-II-Chlorid und Anilin gibt eine schwarze Färbung; Flüchtigkeit und Kondensation von Hg; Hg-I-Salze sind durch die Kalomelreaktion, Hg-II-Verbindungen durch die Reduzierbarkeit mit $SnCl_2$ erkennbar.

XXX. Kupfer.

1. Kulturgeschichtliches.

Symbol Cu (latein. Cuprum); rot; Atomgewicht 63,57; Ordnungszahl 29; Schmelzpunkt 1083°; Siedepunkt 2310°; Dichte 8,93; Wertigkeit: I, II.

Kupfer hat kulturgeschichtlich eine große Rolle gespielt, da es das erste, bereits von den Steinzeitmenschen zu Waffen und Geräten verarbeitete Metall darstellt. Die ältesten Funde von schön geformten Schmuckgegenständen aus Kupfer in Chaldäa gehen bis in das 4. Jahrtausend v. Chr. zurück. Bei den Griechen und Ägyptern bildete bis etwa 2500 v. Chr. nur das Kupfer das einzige Werkmetall. Diesem folgte die härtere Bronze, d. i. eine Legierung von Kupfer mit wenigstens 6% Zinn, die bis etwa 1000 v. Chr. verwendet wurde. Nach der Bronze wurde erst das Eisen benützt. Bei den Griechen des Homer, den Römern und noch viel länger bei den Galliern und Kelten bildete die Bronze das wichtigste Metall.

Diese Tatsache ist metallurgisch begründet, da das Kupfer aus seinen Erzen, insbesondere den oxydischen, leicht durch Glühen mit Holzkohle in metallischer Form gewonnen werden kann und vielfach Zinnerze, wie Zinnstein SnO_2, neben den Kupfererzen vorkommen. Die Gewinnung des Eisens in schmiedbarer Form bereitet jedoch viel größere Schwierigkeiten, so daß dieses heute technisch wichtigste Metall erst nach dem Kupfer und der Bronze in Gebrauch kam. Gegen Ende des 19. Jahrhunderts stieg dann wieder der Bedarf an Kupfer durch den großen Aufschwung der Elektroindustrie riesig an. 1937 betrug die Welterzeugung an Kupfer 2,175.000 t. Der größte Kupfererzeuger und -verbraucher sind die USA. (etwa 900.000 t jährlich).

2. Die Eigenschaften des Kupfers.

Kupfer (Tab. 24) (l. HNO_3; h. HBr; h. H_2SO_4; nl: HCl, verd. H_2SO_4) besitzt eine rosa bis gelbrote Färbung, ist ziemlich hart, dabei aber sehr zähe und dehnbar, so daß es sehr leicht verarbeitet werden kann. Man kann es zu Platten und Blechen auswalzen, zu Formen pressen, zu Drähten ziehen, stanzen, bohren, löten, schweißen, tiefziehen, drehen usw. Beim Gießen bereitet das Kupfer jedoch Schwierigkeiten, da es in flüssigem Zustande verschiedene Gase, wie Wasserstoff, Kohlenoxyd, SO_2 u. dgl., absorbiert, die beim Erstarren unter „Spratzen" wieder abgegeben werden, wodurch das Kupfer blasig wird. Die Legierungen des Kupfers besitzen diese Eigenschaft nicht, eignen sich daher auch zum Guß.

Die *elektrische Leitfähigkeit* des Kupfers ist nur um weniges geringer als die des bestleitenden Metalls überhaupt, des Silbers (spez. Widerstand von Kupfer $^1/_{58}$ Ohm). Da Kupfer aber häufiger und billiger als das Silber ist, ist es das am meisten gebrauchte Leitungsmaterial. Geringe Mengen von Silicium und Arsen setzen die elektrische Leitfähigkeit des Kupfers beträchtlich herab. Auch andere Verunreinigungen wirken sich schädlich aus, namentlich das Wismut, das bereits in Spuren Kalt- und Rotbrüchigkeit hervorruft.

Auch die *Wärmeleitfähigkeit* des Kupfers ist nur um 11% geringer als jene des Silbers (spez. Wärmeleitvermögen von Kupfer 0,90, von Silber 1,01, von Eisen 0,15, von Glas 0,002). Das Kupfer wird daher mit Vorliebe an solchen Stellen als Werkstoff verwendet, wo eine möglichst gute Wärmeübertragung erwünscht ist, wie z. B. bei Feuerungsrohren in Dampfkesseln, Kühlrohren, Kondensatoren, Waschkesseln, Kochgeschirren, Braupfannen usw. Die hohe Dauerstandsfestigkeit des Kupfers bei hohen Temperaturen empfiehlt es auch als Dichtungsmaterial für Autoklaven, für Führungsringe bei Geschossen usw.

Für alle diese Anwendungsgebiete kommt das Kupfer in blankem, ungeschütztem Zustande zur Anwendung, da das Metall zufolge seiner halbedlen Natur bereits an sich recht beständig ist.

Es vermag auf Grund seines edleren Potentials als der Wasserstoff (Normalpotential des Kupfers 0,345 V, Tab. 23) den Wasserstoff auch aus Säurelösungen nicht in Freiheit zu setzen, wird daher von reinem, sauerstofffreiem Wasser nicht mehr angegriffen. Auch verdünnte Salz- und Schwefelsäure greifen nicht an, hingegen wird es von Salpetersäure leicht aufgelöst. In dieser Säure erfolgt nämlich primär eine Oxydation des Kupfers zum Oxyd, das in Säuren ziemlich leicht löslich ist. Wenn in wässerigen Lösungen von Salzen und verdünnten Säuren mit Ausnahme der Salpetersäure ein Angriff erfolgt, so ist das nur über das Kupferoxyd, bei Anwesenheit von Oxydationsmitteln oder Kupfer-II-Verbindungen, möglich. Es greifen daher auch alle sauerstofffreien Salz- und Säurelösungen praktisch gleich stark und auch nur insoweit an, als sie das Kupfer zu oxydieren vermögen. Während die Salpetersäure von sich aus diese Oxydationskraft aufweist (Zerfall nach $2\,HNO_3 \rightarrow 2\,NO + H_2O + 3\,O$), wirkt in den übrigen Lösungen der gelöste Luftsauerstoff als Oxydationsmittel. Lufthaltige Lösungen greifen daher das Kupfer viel stärker an als sauerstofffreie. Durch Zusatz von Reduktionsmitteln, wie Natriumbisulfit, Fällungsmitteln für Kupfer-II-Salze, wie H_2S, Ausschaltung des Luftsauerstoffes kann man die Korrosion des Kupfers wesentlich vermindern.

Daraus folgt auch, daß das Kupfer an der Luft angegriffen wird, wobei mit den Atmosphärilien basisches Kupfercarbonat, Sulfat und Chlorid gebildet werden. Das in Wasser schwer lösliche, hellblau bis grün gefärbte basische Kupfercarbonat überzieht das Kupfer oberflächlich mit einem allmählich immer dicker werdenden Überzug, der sog. Patina, die nicht nur ein sehr schönes Aussehen besitzt, sondern auch das Metall vor einer weiteren Zerstörung schützt. Vielfach wird die Patina, z. B. auf Kunstgegenständen, künstlich durch eine Behandlung mit oxydierend wirkenden Lösungen erzeugt. Wegen des schönen dekorativen Aussehens der Patina werden Kupferbleche vielfach zur Herstellung von Dachdeckungen verwendet.

Gegen Ammoniak ist das Kupfer sehr empfindlich, da es in Gegenwart von Sauerstoff unter Bildung einer Komplexverbindung leicht aufgelöst wird. Ähnlich wirkt chloridhaltiges Wasser (Meerwasser) in Gegenwart von Luft. Siedende konzentrierte Schwefelsäure löst Kupfer unter Bildung von SO_2 und Kupfersulfat auf.

Kupfer wird vielfach in der Nahrungs- und Genußmittelindustrie benützt, so z. B. in der Zucker-, Brauerei- und Milchwirtschaft. Wasserstoff kann bei hohen Temperaturen auf kupferoxydulhaltiges (1%) Kupfer reduzierend einwirken und zur Ausbildung von Rissen und Sprüngen führen, da der in das Innere eindringende Wasserstoff das Kupferoxydul reduziert, wobei sich Wasserdampf hohen Druckes bildet. Kupfer, das bei hohen Temperaturen verwendet werden soll, muß daher vollkommen oxydfrei sein. Beim Liegen des Metalls an trockener Luft wird es durch Schwefelwasserstoff allmählich geschwärzt.

3. Die Gewinnung des Kupfers.

Das verbreitetste Kupfererz ist der Kupferkies oder Chalkopyrit $CuFeS_2$, der aber stets mit anderen Mineralien, wie Eisenkies, Zinkblende, Bleiglanz und Gangart, verunreinigt ist. Andere wichtige Kupfererze sind basisches Kupfercarbonat, Kupferlasur und das Kupferoxyd. Kupfer kommt in Nordamerika (Oberer See) in riesigen Mengen auch in gediegener Form vor.

Die Gewinnung des Kupfers kann nach einem trockenen und einem nassen Verfahren erfolgen. Der Gewinnung des Metalls auf trockenem Wege muß aber erst eine Anreicherung des Kupfers im „Kupferstein" vorangehen, da der Gehalt der Erze an Kupfer meist kleiner als 3% ist. Bei der sonst üblichen Metallgewinnung durch Schmelzen des Erzes mit Kohle würde nur ein sehr armes und stark verunreinigtes Metall erhalten werden, da die Verunreinigungen, wie z. B. das Eisen, der Menge nach überwiegen. Man macht sich bei der Anreicherung des Kupfers beim „Steinschmelzen" seine Eigenschaft zunutze, eine sehr kräftige Verwandtschaft zum Schwefel zu besitzen, so daß es sogar anderen Metallsulfiden deren Schwefel entziehen kann. Das Kupfersulfid ist auch verhältnismäßig beständig, so daß das Kupfer in dieser Form leicht angereichert werden kann. Weiters ist das Kupfer schwerer oxydierbar als das Eisen, wodurch das Eisen leichter verschlackt werden kann als das Kupfer. Der Kupferstein besteht aus Cu_2S und FeS.

Die Röstung der Kupfererze, die den Zweck hat, das Arsen vollständig und den Schwefel teilweise zu oxydieren, wird in den üblichen mechanischen Röstöfen (s. S. 84) oder Sintermaschinen nur so weit vorgenommen, daß stets noch so viel Schwefel vorhanden ist, um bei den späteren reduzierenden Schmelzen mit Kohle alles Kupfer als Sulfid Cu_2S und einen Teil des Eisens als FeS zu binden. Die Röstung wird auch manchmal noch durch Lagerung in Haufen vorgenommen, wobei der Kies an der Luft monatelang brennen gelassen wird. Die schwefelige Säure geht dabei in die Luft. Beim Verschmelzen mit Kohle wird die Gangart, insbesondere das Eisen, in Form einer kupferarmen, kieselsäurereichen Schlacke abgeschieden.

Der Schmelzvorgang wird in Schacht-, Flamm- oder sog. Wassermantelöfen (Abb. 69) vorgenommen. Die Wassermantelöfen sind nicht sehr hohe, runde oder rechteckige, gemauerte Schachtöfen, bei denen die Rast und der Schacht aus einem Wassermantel aus Eisen- oder Kupferblech bestehen, die dem Angriff der Beschickung besser widerstehen als ein keramisches Ofenfutter. Durch mehrere wassergekühlte Windformen wird vorgewärmter Wind zur Verbrennung des Brennstoffes eingeblasen. Die Schlacke wird durch eine wassergekühlte Lührmannsche Schlackenform, auf der entgegengesetzten Seite der Stein unterhalb der Formebene abgestochen. Neuzeitliche Kupferöfen arbeiten als Spuröfen, wobei ständig Schlacke und Stein gemeinsam als „Spur“ abgestochen werden und sich in einem fahrbaren Vorherd, einem gefütterten eisernen Kasten, trennen gelassen wird.

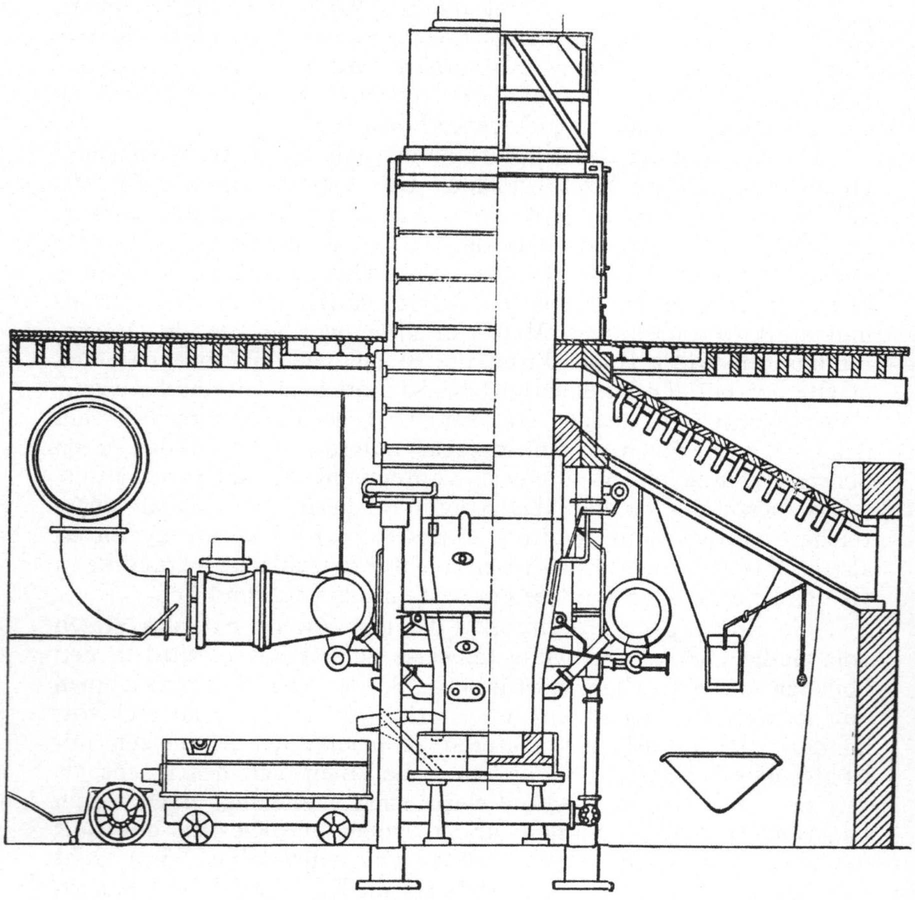

Abb. 69. Wassermantelofen.

Die Gichtgase mit etwa 15—22% CO werden zum Heizen von Kesseln und zum Betriebe von Gichtgasmotoren verwendet. Feinpulverige Erze, die man im Schachtofen nicht verarbeiten kann, werden in Flammöfen geschmolzen, die in Amerika riesige Dimensionen von etwa 35 m Länge erreicht haben. Sie arbeiten kontinuierlich, wobei an einem Ende Erz aufgegeben und am anderen Schlacke abgezogen und Stein abgestochen werden (s. Abb. 70).

Im Schacht-, Flamm- oder Wassermantelofen wird durch redu-

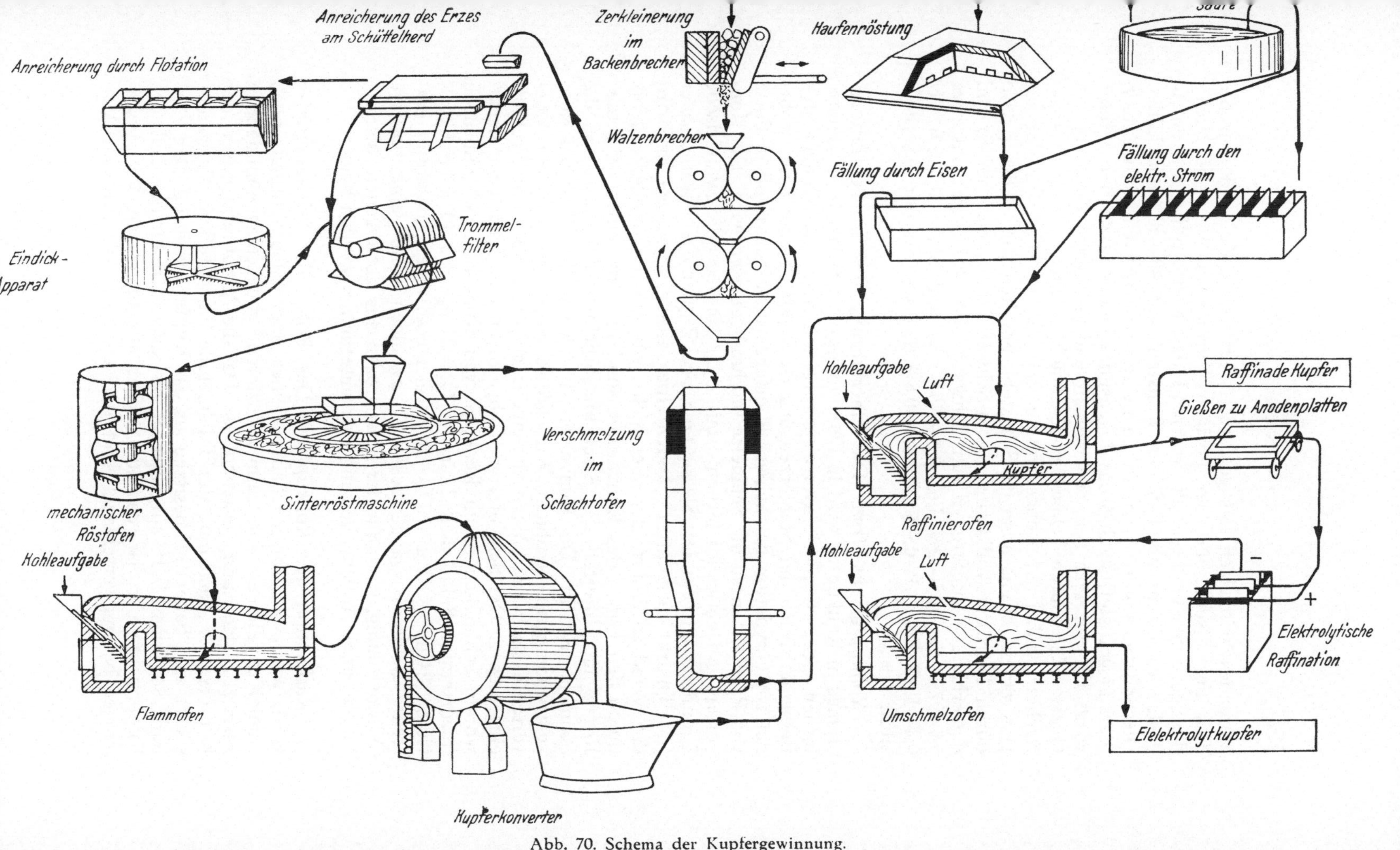

Abb. 70. Schema der Kupfergewinnung.

zierendes Schmelzen des gerösteten Erzes mit Kohle der größte Teil des Eisens und der übrigen Verunreinigungen als leichtflüssige Schlacke beseitigt, während das Kupfersulfid mit einem Teile des Eisens als FeS den Rohstein mit 40—50% Cu bildet. Dieser wird abgestochen, abkühlen gelassen, zerkleinert und oxydierend geröstet, so daß das Eisensulfid in das Oxyd übergeführt wird. Hierauf wird neuerlich reduzierend mit einem Zuschlag von Quarz oder sauren Schlacken geschmolzen und an Kupfer angereichert, wobei der Konzentrationsstein mit 60—75% Cu, der aus fast reinem, eisenarmem Cu_2S besteht, erhalten wird. Dieser wird durch Totrösten vollkommen vom Schwefel und Arsen befreit und das erhaltene Kupferoxyd zum Schwarz- oder Rohkupfer mit etwa 94—97% Cu, 0,5—2% Fe, 0,5—1,5% As und Sb, 0,2—1,2% Pb, 0,4—1,5% Zn, 0,4—0,9% Ni, 0,2—0,8% S, etwas Ag und Au reduziert.

Rohkupferschmelzen. Die Überführung des Konzentrationssteines in Rohkupfer wird in Flammöfen oder besser in Bessemerbirnen oder Kupferkonvertern vorgenommen, die ähnlich den Bessemerbirnen der Stahlerzeugung (s. S. 468) gebaut sind, wobei der zur Oxydation des Schwefels erforderliche Sauerstoff in Form von Preßluft durch die Schmelze hindurchgeblasen wird. Die Konverter sind entweder birnenförmig oder als liegende, zylindrische Trommeln ausgebildet. Sie sind um zwei Zapfen drehbar und sauer (mit Quarz) ausgefüttert. Durch einen dieser Schwingzapfen wird der Wind zugeführt, der aber nicht, wie bei der Stahlerzeugung, durch den Boden des Konverters, sondern durch einen halbkreisförmig im Unterteil der Birne angebrachten Windkasten in die Schmelze eintritt. Die Konverter werden mit dem flüssigen Konzentrationsstein beschickt, Kieselsäure zugesetzt, falls der Konverter basisch (mit Magnesitsteinen) gefüttert war, und Preßluft eingeblasen. Der Schwefel wird abgeröstet, das Eisen verschlackt, worauf schließlich durch Reaktion von Kupfer-I-Oxyd mit noch unzersetztem Sulfid nach: $2\,Cu_2S + 3\,O_2 = 2\,Cu_2O + 2\,SO_2 + 116{,}1\,kcal$; $Cu_2S + 2\,Cu_2O = 6\,Cu + SO_2 - 28{,}9\,kcal$ metallisches Rohkupfer entsteht. Beide Vorgänge besitzen zusammen somit eine positive Wärmetönung, wodurch der Blaseprozeß aus der eigenen Wärmetönung ohne Außenbeheizung aufrechterhalten werden kann.

Raffination des Rohkupfers. Das Roh- oder Schwarzkupfer wird, wenn das Kupfer kein Wismut oder Silber enthält, noch einmal oxydierend und dann reduzierend mit schlackenbildenden Zusätzen, wie Sand, geschmolzen. Da alle Verunreinigungen des Kupfers mit Ausnahme der Edelmetalle eine größere Verwandtschaft zum Sauerstoff besitzen als das Kupfer, wird auf dem Garherd so lange Luft aufgeblasen, bis auch ein kleiner Teil des Kupfers oxydiert ist, da dann sicher alle unedleren Verunreinigungen bereits verschlackt sind. Dieser Zeitpunkt wird am Aussehen einer Schöpfprobe erkannt. Das im Kupfer gelöste SO_2 wird durch „Dichtpolen", d. i. das Einführen von grünem Holz in die Schmelze, und die damit verbundene starke Dampf- und Gasentwicklung wieder beseitigt. Durch „Zähpolen" mit trockenem Holz oder Reduktion mittels Phosphor wird das Kupfer-I-Oxyd, das das Kupfer brüchig macht, reduziert. Man erhält schließlich das Gar- oder Raffinadekupfer mit 99,5—99,8% Cu, das für Walz-, Preß- und Schmiedeerzeugnisse sowie zur Herstellung von Legierungen, Röhren, Blechen usw. dienen kann.

Elektrolytische Raffination. Da bereits geringe Mengen von Verunreinigungen, wie namentlich Arsen und Silicium, die elektrische Leitfähigkeit des Kupfers erheblich beeinträchtigen, wird der größte Teil des Roh- oder Garkupfers auf elektrolytischem Wege raffiniert. Das Garkupfer wird unmittelbar aus dem Schmelzofen in Anodenform gegossen und dann einer Elektrolyse in einem Elektrolyten, bestehend aus 4—10%iger Schwefelsäure mit 12—20% $CuSO_4$ zwischen Kathoden aus dünnen Elektrolytkupferblechen, unterworfen (35° C, 0,1—0,3 V, 3—4 Amp/qdm). Zur Durchführung der Elektrolyse wird die Serien- oder Multiplenschaltung angewendet.

Bei der Elektrolyse lösen sich das Kupfer und die unedleren Verunreinigungen, wie z. B. das Bi, Ni, Co, Zn, Sb, As, im Elektrolyten als Sulfate auf, werden aber bei der angewendeten niedrigen Spannung von einigen $^1/_{10}$ Volt an der Kathode nicht wieder abgeschieden. Die edleren Begleiter des Kupfers, wie Au, Ag, Pt usw., bleiben an der Anode ungelöst und bilden den sog. Anodenschlamm. Dieser wird auf die Edelmetalle weiterverarbeitet. Vielfach werden gold-, silber- und platinhaltige Erze beim Kupfersteinschmelzen im Schacht- oder Wassermantelofen mit aufgegeben, da sich die Edelmetalle im Kupfer ansammeln und bei der elektrolytischen Kupferraffination leicht gewonnen werden können. Man verzichtet daher auf ein eigenes Erzeugungsverfahren für die Edelmetalle, deren Gewinnung wegen der Armut dieser Erze an Edelmetall (vielfach weniger als 1 g/t) nach anderen Verfahren unwirtschaftlich wäre. Elektrolytkupfer weist eine Reinheit von 99,99% Cu auf.

Nasses Verfahren. Beim nassen Verfahren zur Kupfergewinnung wird das Kupfer aus meist sehr armen Erzen, alten Halden usw. in eine wässerige Lösung übergeführt und daraus das Kupfer ausgefällt. Manche Eisenkiese (Rio-Tinto) enthalten bis zu 6% Cu. Diese werden bereits an Ort und Stelle vom größten Teile ihres Kupfers befreit, indem man sie in großen Haufen mehrere Monate lang an der Luft liegen läßt. Unter dem Einflusse der Feuchtigkeit und des Luftsauerstoffes bildet sich Eisen-III-Sulfat, das sich mit dem Cu_2S des Kieses zu $CuSO_4$ umsetzt. Dieses wird durch Auslaugen mit Wasser oder verdünnter Schwefelsäure gewonnen. Die Kupfersulfatlauge läßt man über Eisenspäne laufen, wobei das edlere Kupfer durch das Eisen infolge elektrochemischer Wechselwirkung (Tab. 23) als noch stark verunreinigtes, sog. Zementkupfer mit etwa 50—80% Cu ausfällt.

Aus gerösteten Pyriten und anderen Erzen, die sich nicht unmittelbar auslaugen lassen, kann man das Kupfer durch eine chlorierende Röstung gewinnen. Der zerkleinerte Kiesabbrand wird mit Kochsalz unter Luftzutritt bei 450—500° in gewöhnlichen Röst- oder Muffelöfen geröstet, wobei sich aus dem Kupfersulfid $CuSO_4$ und $CuCl_2$ bilden, die mit Wasser, verdünnter Schwefel- oder Salzsäure ausgelaugt werden. Die Auslaugeeinrichtungen bestehen aus großen, säurefesten Behältern mit Lattenrost und Kiesfiltern. An Stelle der Fällung des Kupfers mit Eisen als Zementkupfer kann man auch eine chemische Fällung oder elektrolytische Abscheidung vornehmen.

Das Zementkupfer wird getrocknet, in Ziegelform gepreßt und im Raffinierofen oder auf elektrolytischem Wege auf Reinkupfer verarbeitet. Der Kiesrückstand kann noch mit Chlor zur Entgoldung behandelt werden, worauf er nach dem Brikettieren im Hochofen auf Eisen verhüttet wird.

Etwa 1/3 der Weltproduktion des Kupfers (1937 2,175.000 t) wurde in USA. allein in Anaconda erzeugt. Amerika beherrscht durch seinen Kapitaleinfluß ¾ der Kupfererzeugung der Welt. Der Anteil Europas an der Kupfererzeugung beträgt nur etwa 10%.

4. Kupferlegierungen.

Die wichtigsten Legierungskomponenten in Kupferlegierungen sind Zink, Zinn, Aluminium, Nickel, Mangan, Kobalt, Eisen, Blei und Phosphor. Die ältesten Kupferlegierungen sind die Bronzen (s. S. 386) mit Gehalten von etwa 5—30% Sn. Zinn erhöht nicht nur die Festigkeit und Härte, sondern auch die chemische Widerstandsfähigkeit des Kupfers. Die Bronzen der Alten mit weniger als 6% Sn sind noch schmiedbar. Zink und Blei erhöhen in der Bronze die Gieß- und Verarbeitbarkeit. Durch einen Mangan-, Silicium- oder Phosphorzusatz werden beim Schmelzen und Gießen die Oxyde reduziert, die in Form feiner Häutchen im Inneren der Schmelze vorhanden sind und diese dickflüssig und die Bronze spröde und weniger fest machen. Je nach dem Reduktionsmittel bezeichnet man sie, obwohl sie nur Spuren derselben enthalten, als Phosphor-, Siliciumbronzen usw. Beispielsweise steigt die Elastizitätsgrenze einer mit Phosphor desoxydierten Bronze im Vergleich zu einer unbehandelten von 12 auf 13,5 kg/qmm, die Festigkeit von 16,1 auf 25,8 kg/qmm und die Dehnung von 2 auf 6,8%. Die Dichte der Bronzen beträgt je nach ihrer Zusammensetzung 8,4—9,1, die Zugfestigkeit 15—20 kg/qmm, die Brinellhärte für weiche Bronzen etwa 77 kg/qmm und für harte rund 170 kg/qmm. Gewalzte oder geschmiedete Bronzegegenstände weisen jedoch eine Streckgrenze bis etwa 45 kg/qmm, eine Zugfestigkeit bis 70 kg/qmm und Dehnungen bis 30% auf.

Bronzen werden in Sandformen oder Kokillen gegossen. Man unterscheidet a) *Zinnbronzen* (Gußbronzen) mit 6—20% Zinn, wobei die zinnreicheren für Teile mit starkem Reibungsdruck, wie Lagerschalen, Verschließplatten, Glocken, die ärmeren für den allgemeinen Armaturenbau, Drähte, Bänder und Bleche bestimmt sind; ferner b) *Rotguß* mit 4—10% Sn, 2—7% Zn und 1—3% Pb für allgemeine Maschinenarmaturen, für den Apparatebau, Lager für Eisenbahnen, Rohrflanschen usw. sowie c) *Sonderbronzen* mit 10% Sn und 4% Pb für Lager für Warmwalzzwecke oder 8% Sn und 12% Pb für Lager mit hohem Flächendruck. Bronzen und Rotguß sind hinsichtlich ihrer Korrosionsfestigkeit mit Messing mit 70% Cu gleichwertig, übertreffen diese jedoch in ihrer Beständigkeit gegen saure Wässer, da eine Entzinkung oder Entzinnung nicht möglich ist. Auch in Warmwasseranlagen und Seewasser haben sich Bronzen ausgezeichnet bewährt.

Die wichtigsten Legierungen des Kupfers sind jene mit Zink, die *Messinge* oder Gelbkupfer, die als Guß-, Walz- oder Schmiedelegierungen ausgedehnte Verwendung finden. Der Zinkgehalt kann bis zu 48% betragen. Mit steigendem Zinkgehalt wird die Farbe der Legierung immer lichter, ebenso nimmt auch die Korrosionsbeständigkeit ab. Für Gegenstände, die einer starken chemischen Beanspruchung ausgesetzt sind, verwendet man daher Legierungen mit weniger als 30% Zn (Admiralitätslegierung mit 70% Cu, 30% Zn). Messing ist leicht bearbeitbar. Gußmessinge enthalten 63—67% Cu, bis 3% Pb, Rest Zink, Sondermessinge 54—62% Cu und bis zu 7,5% Mn + Al + Fe + Sn, Rest Zn. Die ersteren dienen zur Herstellung von Gehäusen, Armaturen usw., die letzteren für hochbeanspruchte Teile im Fahrzeug- und Maschinenbau, Pumpen, Schiffsschrauben, seewasserbeständige Gußteile usw.

Walz- und Schmiedemessinge enthalten 58—90% Cu, 20—2% Pb, Sondermessinge 55—60% Cu, bis 5,7% Mn + Al + Fe + Sn, Rest Zn. Die Legierungen bis zu 20% Zn werden wegen ihrer roten Farbe auch als Rotguß oder Tombak bezeichnet. Schmiede- und Walzmessing dient zur Erzeugung von Stangen, Schrauben, Drehteilen, Instrumenten, Armaturen, Drähten, Blechen, Profilen usw. Die Legierungen bis 35% Zn sind nur in der Kälte zu bearbeiten, kalt- und warmbearbeitbar sind solche mit 35—42% Zn. Nur in der Wärme lassen sich Legierungen mit 42—48% Zn bearbeiten.

Das Schmelzen erfolgt im Tiegel oder Elektroofen, die Formgebung auch durch Spritzguß. Die Streckgrenze von Messing verschiedener Zusammensetzung und Bearbeitung schwankt zwischen 7—45 kg/qmm, die Zugfestigkeit zwischen 30—60 kg/qmm, die Dehnung zwischen 40—60%, die Dauerstandsfestigkeit bei 50 Millionen Lastwechsel zwischen 10—17 kg/qmm.

Aluminiumbronzen sind Legierungen des Kupfers mit 4—10% Al, die als Reckmaterialien und als Gußstücke zur Anwendung gelangen. Eventuell enthalten sie noch als weitere Zusätze 2—4% Fe, 6—7% Ni, 2—3% Mn und etwas Zinn. Sie sind die säurebeständigsten kupferreichen Legierungen und werden daher in der chemischen Industrie für Pumpen, Filter, Leitungen, Beizanlagen usw. gebraucht.

Neusilber (auch Alpaka, Argentan, Packfong, Ambrac, Chinasilber usw. genannt) ist eine Legierung mit 50—65% Cu, 10—30% Ni und 15—35% Zn. Nickel erhöht im Messing die Korrosionsbeständigkeit, die Festigkeit bei höherer Temperatur und macht das Gefüge feiner und dichter. Mit mehr als 10% Ni sind die Legierungen bereits rein weiß. Neusilber findet Anwendung für Geschirr, kunstgewerbliche Gegenstände usw. Es ist an der Atmosphäre äußerst korrosionsbeständig.

Als Münzmetall wird eine Legierung mit 95% Cu, 4% Sn und 1% Zn verwendet. Manganin ist eine aus 82—84% Cu, 12—15% Mn, 2,3—4% Ni und 0,7% Fe bestehende Legierung von sehr hohem elektrischem Widerstand, der nur in sehr geringem Maße temperaturabhängig ist. Billiger ist das Nickelin mit 56—62% Cu, 18—31% Ni und 13—20% Zn. Konstantan ist eine Legierung mit 60% Cu und 40% Ni mit einem spez. elektrischen Widerstand von 0,5 und einem Temperaturkoeffizienten von 0,0005. Manganin, Nickelin und Konstantan werden für elektrische Widerstände, insbesondere für Präzisionsinstrumente benützt. Die festesten Kupferlegierungen erhält man mit einem Zusatz von 2,5% Beryllium. Nach dem Abschrecken und Anlassen kann durch Ausscheidungshärtung (s. S. 342) eine Härte von 350 kg/qmm erreicht werden.

Eine bei der Korrosion des Messings sehr unangenehme Erscheinung ist die sog. Entzinkung, wobei ohne wahrnehmbare Formveränderung eine Verminderung der Festigkeit und schließlich ein Zerfall des Messings eintritt. Die Farbe schlägt von Gelb nach Rot in die des Kupfers um. Durch Korrosion wird sowohl das Kupfer als auch das Zink aufgelöst, aber nur das Kupfer wieder elektrochemisch niedergeschlagen. Ebenso gefürchtet ist der „Altersriß" des Messings, der im Auftreten von feinen Rissen besteht. Er wird durch eine falsche Wärmebehandlung und chemische Einwirkungen hervorgerufen.

Zur Erhöhung der Lebensdauer wird das Messing vielfach verzinnt, verbleit oder verchromt, mit einem Bitumenanstrich versehen usw.

5. Kupferverbindungen.

Das Kupfer bildet beständige 2-wertige, blau gefärbte Cupri- und unbeständige, leicht, z. B. durch bloße Oxydation durch den Luftsauerstoff, in die 2-wertige Form überführbare 1-wertige, meist farblose Cuproverbindungen. Die 1-wertigen Kupferverbindungen sind meist nur unter ganz besonderen Vorsichtsmaßnahmen darstellbar. Zwischen Kupfer-II- und Kupfer-I-Salzen besteht in wässeriger Lösung ein Gleichgewicht $Cu^{··} + Cu \rightleftarrows 2\,Cu^{·}$, das bei gewöhnlicher Temperatur fast zur Gänze auf der Seite der Kupfer-II-Verbindungen liegt.

a) *Verbindungen des zweiwertigen Kupfers.*

Kupfer-II-Oxyd, Cuprioxyd CuO (s; trikl; D 6,45; Fp 1336°; nl: W, Alk; l: SS, NH_3-, NH_4-Salzlsg) entsteht beim Glühen des Metalls, Carbonates, Nitrates, Sulfates an der Luft. Wie aus der geringen Bildungswärme des Oxyds ersichtlich ist (37,2 kcal/Mol), ist die Bindung des Sauerstoffes an das Kupfer nur schwach, so daß das Oxyd seinen Sauerstoff in der Wärme leicht an oxydierbare Stoffe abzugeben vermag. Kupferoxyd ist daher leicht reduzierbar.

Kupferhydroxyd $Cu(OH)_2$ (b; amorph; kryst; D 3,368; nl: W; l: SS, NH_3) fällt aus Kupfersalzlösungen mit Alkalilaugen als hellblauer, sehr wasserreicher Niederschlag, der, besonders in der Wärme, unter Wasserabgabe in schwarzbraunes Oxyd übergeht. Reines krystallisiertes Kupferhydroxyd wird als Bergblau oder Bremer Blau als Malerfarbe verwendet. In starker Lauge löst sich das $Cu(OH)_2$ wieder zu einem violett gefärbten Natriumcuprit auf, dessen Lösung ein gutes Reagens auf reduzierbare Stoffe darstellt. Das Gemisch mit Seignettesalz, dem Kalium-Natrium-Salz der Weinsäure, COOK-CHOH-CHOH-COONa dient als tiefblau gefärbte „Fehlingsche Lösung" zum Nachweis von Traubenzucker, z. B. im Harn, oder von anderen reduzierend wirkenden Stoffen, wobei das Kupfer zu rotem festem Kupfer-I-Oxyd reduziert wird.

Die Lösung des Kupferhydroxyds in überschüssiger starker Ammoniumhydroxydlösung enthält ein tiefblau gefärbtes komplexes Kupfer-II-Tetramin-Ion $[Cu(NH_3)_4]^{··}$. Die Lösung dient als Schweitzers Reagens zum Auflösen von Zellulose. Die hoch viskose Lösung wird in der Kunstseidenindustrie zur Herstellung der Bemberg- (Kupfer-) Seide verwendet (s. S. 648).

Kupfersulfat, Kupfervitriol $CuSO_4 . 5\,H_2O$ (b; trikl; D 2,286; wird bei 258° wasserfrei; L: 17,4; LA: 2,46; LM 8°: 15,6) entsteht bei der Verwitterung von Kupfersulfid enthaltenden Erzen (s. S. 393). Technisch wird es durch Auflösen von Kupfergranalien in heißer, ziemlich starker Schwefelsäure unter Einblasen von Luft und Krystallisierenlassen der gesättigten Lösung dargestellt. Beim vorsichtigen Erwärmen des Kupfersulfates werden vorerst wasserärmere Hydrate mit 3 und 1 Molen Krystallwasser und schließlich wasserfreies, farbloses Kupfersulfat erhalten. Dieses wird manchmal zur Herstellung geringerer Mengen von absolutem Alkohol verwendet, da es unter Lösungen und auch an der Luft begierig Wasser anzieht. Ammoniak fällt zunächst $Cu(OH)_2$, das im Überschusse zum schön blau gefärbten Ammoniakat $Cu(NH_3)_4 . SO_4 . H_2O$ gelöst wird. Kupfersulfat wird zur Bekämpfung von Parasiten, zur Herstellung von Kupferfarben, galvanischen Verkupferungen usw. verwendet.

Kupfer-II-Chlorid, Cuprichlorid $CuCl_2 . 2\,H_2O$ (b-gr; rhomb; D [2 H_2O] 2,50; D [0 H_2O] 3,39; Fp 630°; Kp 655°; L [2 H_2O] 17°: 43,1; L [0 H_2O] Al 0°: 31,9; LM 15,5°: 67,8) gibt beim Erhitzen das Krystallwasser und dann ein Atom Chlor ab. Beim Glühen an der Luft entsteht CuO und Cl_2. Die Bildung und Zersetzung von Kupferchlorid aus CuO, HCl, Cl_2 und O_2 bildete die Grundlage des Deacon-Prozesses, der früher zur Herstellung von Chlor aus Salzsäure über einem Kontakte aus Kupferoxyd ausgeübt wurde: $4\,HCl + O_2 \rightleftarrows 2\,Cl_2 + 2\,H_2O$. Bemerkenswert ist, daß verdünnte Lösungen von Kupfer-II-Chlorid die blaue Farbe der Kupfer-II-Ionen zeigen, konzentriertere und insbesondere salzsäurehaltige aber grünlichbraun gefärbt sind. Diese Farbe rührt sehr wahrscheinlich von komplexen $[CuCl_4]''$-Ionen her. Mittelstarke Lösungen besitzen die grüne Farbe des $CuCl_2 . 2\,H_2O$.

Kupfernitrat $Cu(NO_3)_2 . (3, 6, 9)\,H_2O$ (b; kryst; D [3 H_2O] 2,05; Fp 114,5°; L: 55,6) krystallisiert aus der salpetersauren Lösung des Kupfers beim Erkalten aus. Es ist stark hygroskopisch. Nicht hygroskopisch und unlöslich in Wasser ist das basische Kupfernitrat $Cu_4(NO_3)_6(OH)_2$, das aus dem normalen Nitrat durch entsprechenden Zusatz von Alkalien entsteht.

Normales Kupfercarbonat ist nicht bekannt, wohl aber basisches, wie z. B. der auch in der Natur vorkommende *Kupferlasur* $2\,CuCO_3 . . Cu(OH)_2$ (b; monokl; D 3,88; zers 220°; nl: W; l: NH_4-Salze), und ein grüner *Malachit* $CuCO_3 . Cu(OH)_2$. Diese und ähnlich zusammengesetzte basische Carbonate spielen bei der Korrosion des Kupfers und der Bildung der Patina an der Atmosphäre eine Rolle.

Schweinfurter Grün sowie *Scheeles oder Schwedisches Grün* sind kupfer- und arsenhaltige Malerfarben, die aus Kupferacetat und arseniger Säure, bzw. Natriumarsenit erhalten werden. Durch Bakterien- oder Schimmelpilztätigkeit kann aus ihnen der giftige Arsenwasserstoff entstehen, weshalb die Anwendung dieser Farben für die Zimmermalerei verboten ist.

b) Verbindungen des einwertigen Kupfers.

Kupfer-I-Oxyd, Cuprooxyd, Kupferoxydul Cu_2O (r; reg; D 5,88; Fp 1232°; nl: W; l: NH_3) entsteht bei der Reduktion Fehlingscher Lösung (s. o.) sowie bei der Einwirkung von Sauerstoff auf Kupfer bei niedrigen Temperaturen oder mäßigem Luftzutritt. Die natürliche Oxydschicht auf Kupfer besteht gleichfalls aus Cu_2O. Das Gleichgewicht zwischen Kupfer-II- und Kupfer-I-Ionen kann bei der Kupferelektrolyse zur Abscheidung von metallischem Kupfer im Elektrolyten führen, das dann in den Anodenschlamm geht.

Die 1-wertigen Verbindungen des Kupfers mit Cl, Br, J, CNS und CN sind in Wasser nur wenig löslich und besitzen nur geringes technisches Interesse. Mit einem Überschuß des gleichnamigen Ions entstehen jedoch leichter lösliche Komplexverbindungen, von denen z. B. das Kalium-Kupfer-Cyanür $K_3[Cu(CN)_4]$ zum Ansetzen der alkalischen Kupferbäder in der Galvanotechnik verwendet wird.

Die salzsaure oder ammoniakalische Lösung von *Kupfer-I-Chlorid* CuCl (fbl; reg; D 4,14; Fp 432°; Kp 1490°; L 25°: 1,5; l: HCl, NH_3, Pyridin) findet in der Gasanalyse Anwendung zur Absorption von CO und O_2. Das *Kupfer-I-Sulfid, Cuprosulfid* Cu_2S (b; rhomb; D 5,6; Fp 1127°; L 18°: $4{,}94.10^{-5}$; swl: HCl, Alk) ist der Bestandteil unserer wichtigsten Kupfererze, nämlich des Kupferglanzes Cu_2S und des Kupferkieses $CuFeS_2$.

Acetylenkupfer, Cuproacetylid Cu_2C_2 (r; explosiv; swl: W; l: KCN-Lsg mit C_2H_2-Entwicklung) entsteht beim Einleiten von Acetylen in eine ammoniakalische Kupfer-I-Chloridlösung als roter Niederschlag und stellt einen empfindlichen Nachweis für Acetylen dar. Die Verbindung ist im trockenen Zustande beim Erhitzen und auf Schlag explosiv.

Nachweis. Tiefblaue Färbung beim Zusatz von Ammoniak; rotbrauner Niederschlag mit Kaliumferrocyanid als $Cu_2[Fe(CN)_6]$; grüner Niederschlag mit alkoholischer Lösung von Benzoinoxim (Cupron).

XXXI. Silber.

Symbol Ag (latein. Argentum); Atomgewicht 107,88; Ordnungszahl 47; Schmelzpunkt 960,5°; Siedepunkt 1950°; Dichte 10,50; Wertigkeit: I.

Eigenschaften (Tab. 24). Silber ist ein weißes, glänzendes Metall, das sich leicht bearbeiten und verformen läßt. Es ist weicher als Kupfer, härter als Gold und nächst diesem das dehnbarste Metall. Silber kann zu Blechen von nur 0,0027 mm Dicke, die bereits etwas Licht mit blaugrüner Farbe durchlassen, ausgewalzt sowie zu feinsten Drähten ausgezogen werden. Filigrandraht wiegt bei einer Länge von 2 km nur 1 g. Geschmolzenes Silber nimmt aus der Luft Sauerstoff auf und gibt diesen beim Erstarren unter Spratzen wieder ab. Da wegen der Zähflüssigkeit des Metalls in der Nähe des Erstarrungspunktes der Sauerstoff nicht entweichen kann, entstehen Hohlräume, die das reine Silber zur Herstellung von Gußkörpern nicht geeignet machen. Silberlegierungen, wie z. B. solche mit 10% Cu, weisen diese Eigenschaft und die Nachteile des Spratzens nicht mehr auf und sind daher gießbar. Silber leitet von allen Metallen die Wärme und den elektrischen Strom am besten.

An der Luft wird das Silber durch Einwirkung von in der Atmosphäre stets in Spuren vorhandenem Schwefelwasserstoff durch Bildung von schwarzem Silbersulfid matt und trüb. Ebenso überzieht sich silbernes Eßgeschirr usw. mit der Zeit mit der schwarzen Silbersulfidschichte, das Silber läuft an und wird dadurch unansehnlich. Zur Verhinderung des Anlaufens kann man auf die Silbergegenstände eine hauchdünne Rhodiumschichte (nur 5 mg Rh/qdm) auf galvanischem Wege aufbringen. Da das Silbersulfid in Kaliumcyanidlösungen löslich ist, kann man angelaufene Silbergegenstände durch Behandlung mit einer 1%igen KCN-Lösung wieder silberglänzend machen. Umgekehrt kann man neue Silbergegenstände durch Eintauchen in eine verdünnte Natriumsulfidlösung oder Einhängen in eine schwefelwasserstoffhaltige Atmosphäre künstlich altern.

Löslichkeit. Silber ist auf Grund seines edlen Potentials (Tab. 23) gegen chemische Einwirkungen noch beständiger als das Kupfer und wird daher mit Erfolg zur Auskleidung von chemischen Apparaten, z. B. für Destillationsapparate, verwendet. Silber ist gegen Salzlösungen, verdünnte Fluß-, Salz-, Schwefel- und die meisten organischen Säuren beständig. Heiße konzentrierte Schwefelsäure löst zum Silbersulfat, Salpetersäure leicht aus ähnlichen Gründen wie beim Kupfer (s. S. 388) zum Nitrat. Als Zwischenprodukt bildet sich Silberoxyd Ag_2O, das in Säuren leicht löslich ist. An trockener und feuchter Luft ist es auch beim Erhitzen unveränderlich. Selbst geschmolzene Alkalien greifen nicht an.

Silberüberzüge. Da Silber sehr teuer ist, bringt man zur Auskleidung von Apparaten mit Silber auf einen Tragkörper aus Eisen durch Plattierung nur eine einige $^1/_{10}$ mm dicke Silberauflage auf, die den chemischen Schutz übernimmt, während die mechanische Festigkeit durch den Tragkörper gegeben ist. Da sich Silber mit Eisen nicht legiert, muß man zur Herstellung einer innigen Verbindung beider Metalle Zwischenschichten aus solchen Metallen verwenden, die sich sowohl mit Eisen als auch Silber legieren, wie z. B. Kupfer oder eine Cu-Ag-Legierung. Bestecke usw. werden auf galvanischem Wege aus cyanalkalischen Bädern versilbert.

Verwendung. Silber findet außer zur Herstellung von Schmuckgegenständen, Tafelgeschirr und als Schutz gegen Korrosion in der Apparatetechnik auch zur Erzeugung von Spiegeln ausgedehnte Verwendung. Auf die sorgfältig polierte und entfettete Glasoberfläche (Fettschichten würden die Haftung des Silbers, natürlich auch anderer Metallüberzüge, verhindern) wird aus einer ammoniakalischen Silbernitratlösung durch Anwendung eines milden Reduktionsmittels, wie Seignettesalz, Formaldehyd oder Milchzucker, eine dünne Schicht von fein verteiltem Silber niedergeschlagen. Erwärmen beschleunigt die Abscheidung des Silbers. Wesentlich ist, daß sich das Silber nicht als krystallines Metall oder Pulver, sondern in feinster Verteilung als kolloidales Metall abscheidet, da nur dieses ein genügend hohes Reflexionsvermögen besitzt. Die

Abscheidung des Silbers in kolloidalem Zustande wird durch Anwendung nur milde wirkender Reduktionsmittel oder Zusatz von sog. Schutzkolloiden (Eiweißstoffen), welche die Bildung größerer Silberkrystalle erschweren, ermöglicht. Kolloidales Silber kommt, in Stückform gebracht, als Kollargol in den Handel und dient zur Wundbehandlung und zum Ausspülen von entzündeten Körperhöhlen. Die Lösung des kolloidalen Silbers in Wasser ist schokoladebraun gefärbt.

1. Silberlegierungen.

Das reine Silber ist derart weich, daß sich Gebrauchsgegenstände daraus zu rasch abnützen würden. Reines Silber wird nur in der chemischen Industrie benützt. Es wird daher zur Erhöhung der Härte insbesondere mit Kupfer legiert. Die Brinellhärte steigt durch einen Kupferzusatz von 25 bis auf 55 kg/qmm. Das Kupfer erhöht gleichzeitig auch das Legierungsvermögen des Silbers für Fe, Mn, Cr, Mo, W, V, Ta usw. sowie die Festigkeit und Zähigkeit des Silbers. Der Silber- oder Feingehalt der Legierungen wird in Tausendteilen angegeben. Eine 80%ige Silberlegierung ist z. B. $^{800}/_{1000}$ Teile fein. Die bei der Verarbeitung durch Kaltwalzen, Ziehen zu Drähten usw. entstehende Oxydhaut wird durch Beizen mit heißer Schwefelsäure beseitigt, wodurch die Oberfläche auch an Silber angereichert wird.

Silbermünzen bestehen zu 90% aus Ag und 10% Cu. Silberlote zum Hartlöten sind gleichfalls auf der Grundlage von Ag-Cu-Legierungen mit geringen Zusätzen von Cd, Sn, Mn, Ni usw. zur Herabsetzung des Schmelzpunktes aufgebaut. Der Silbergehalt liegt zwischen 5 und 80%, der Schmelzpunkt zwischen 600—880°. Die Silberlote dienen zum Löten von Silber- und Kupferlegierungen, Eisen, Stahl und rostfreien Stählen.

Silber-Palladium-Legierungen, die sehr gut verarbeitbar sind, dienten als Zahnersatz. Zum Füllen der Zähne werden Silberamalgame verwendet, die kurz vor der Verwendung aus Quecksilber und gefeilter Ag-Sn-Legierung mit 40—70% Ag, 30—55% Sn, bis zu 5% Cu + Zn + Au + Pt hergestellt werden. Ternäre Au-Ag-Cu-Legierungen werden wegen ihrer Härte und Elastizität zur Herstellung von Goldfedern verwendet.

2. Die Gewinnung des Silbers.

Silber kommt in der Natur ziemlich selten vor. Man findet es sowohl gediegen als auch, und zwar ungleich häufiger, in Erzen gebunden an Schwefel oder Chlor. Der Silberglanz Ag_2S ist ein regelmäßiger Begleiter des Bleiglanzes, in dem er in einer Menge bis zu 1% enthalten sein kann, und des Kupferkieses. Hornsilber, AgCl, findet sich ziemlich häufig in Chile.

Die Gewinnung des Silbers erfolgt entweder indirekt auf

trockenem Wege, indem das Metall von Blei oder Kupfer bei der Verhüttung dieser Metalle aufgenommen und dann erst von ihnen abgetrennt wird, oder unmittelbar nach einem nassen Verfahren durch Auslaugung aus den erzführenden Gesteinen oder Erden. Die früher übliche Amalgamierung, d. h. Bildung einer Legierung des Silbers mit Quecksilber ist wegen der hohen Quecksilberverluste fast überall aufgegeben worden. Die Silbergewinnung ist daher meist an die Erzeugung von Blei, Kupfer oder auch Nickel gebunden.

Treibarbeit. Eines der ältesten Gewinnungsverfahren für Silber (und auch für Gold) ist die sog. Treibarbeit. Das wenigstens 0,02% Ag enthaltende Rohblei wird in eigenen Treibherden (Abb. 71), d. s. kleine offene, mit einem basischen Futter ausgekleidete Öfen, durch aufgeblasene Luft bei Temperaturen über 900° oxydierend geschmolzen, wobei das Blei zur Bleiglätte PbO oxydiert wird. Die Glätte rinnt durch eine „Glättegasse" dauernd ab, bzw. wird durch das Ofenfutter aufgenommen, während weder das Silber noch das Gold oxydiert werden. Außer dem Blei werden auch alle anderen Verunreinigungen oxydiert und abgezogen. Schließlich hinterbleibt am Ende der Treibarbeit, auch Kupellation genannt, ein Regulus von metallischem Silber mit etwa 95% Ag zurück, der sich durch seinen schönen hellen Glanz deutlich von der dunklen Herdsohle abhebt (Silberblick). Das Blicksilber wird noch in einem Flammofen zur weiteren Verschlackung des Bleis und Beseitigung des Antimons geschmolzen. Bei Anwesenheit von Gold und Platin wird es in Anodenform gegossen und auf elektrolytischem Wege weiterraffiniert.

Bei diesem nach Möbius benannten Verfahren werden die Silberanoden in einem aus verdünnter salpetersaurer Silbernitratlösung bestehenden Elektrolyten zwischen dünnen Reinsilberkathoden in einem Porzellan- oder Steinzeugtroge bei 1,5 V und etwa 2,5—3,5 Amp/qdm elektrolysiert. Die sich an den Kathoden ansetzenden Silberdendriten und -krystalle werden durch eine hin und her gehende Holzgabel von den Kathoden dauernd abgestreift, um einen Kurzschluß zu vermeiden. Die Silberkrystalle sammeln sich auf einem mit einem Tuch bedeckten, horizontalen Holzrost unter den Elektroden an. Das vorhandene Gold und Platin bleiben als Anodenschlamm in Baumwollbeuteln, in welche die Anoden eingehüllt werden, zurück. Er geht zur Goldscheidung. Silber kommt als Elektrolytsilber mit einer Reinheit von 99,90—99,99% Ag in den Handel. Außer dem „Blicksilber" wird auch der in Anodenform gegossene Anodenschlamm der Kupferelektrolyse (s. S. 393) elektrolytisch auf Reinsilber verarbeitet.

In vielen Bleierzen ist der Silbergehalt jedoch derart gering, daß das Rohblei weniger als 0,02% Ag enthält. Zur Gewinnung des wertvollen Silbers muß dann eine Anreicherung vorgenommen werden, die nach zwei Verfahren möglich ist. Das „*Pattinsonieren*"

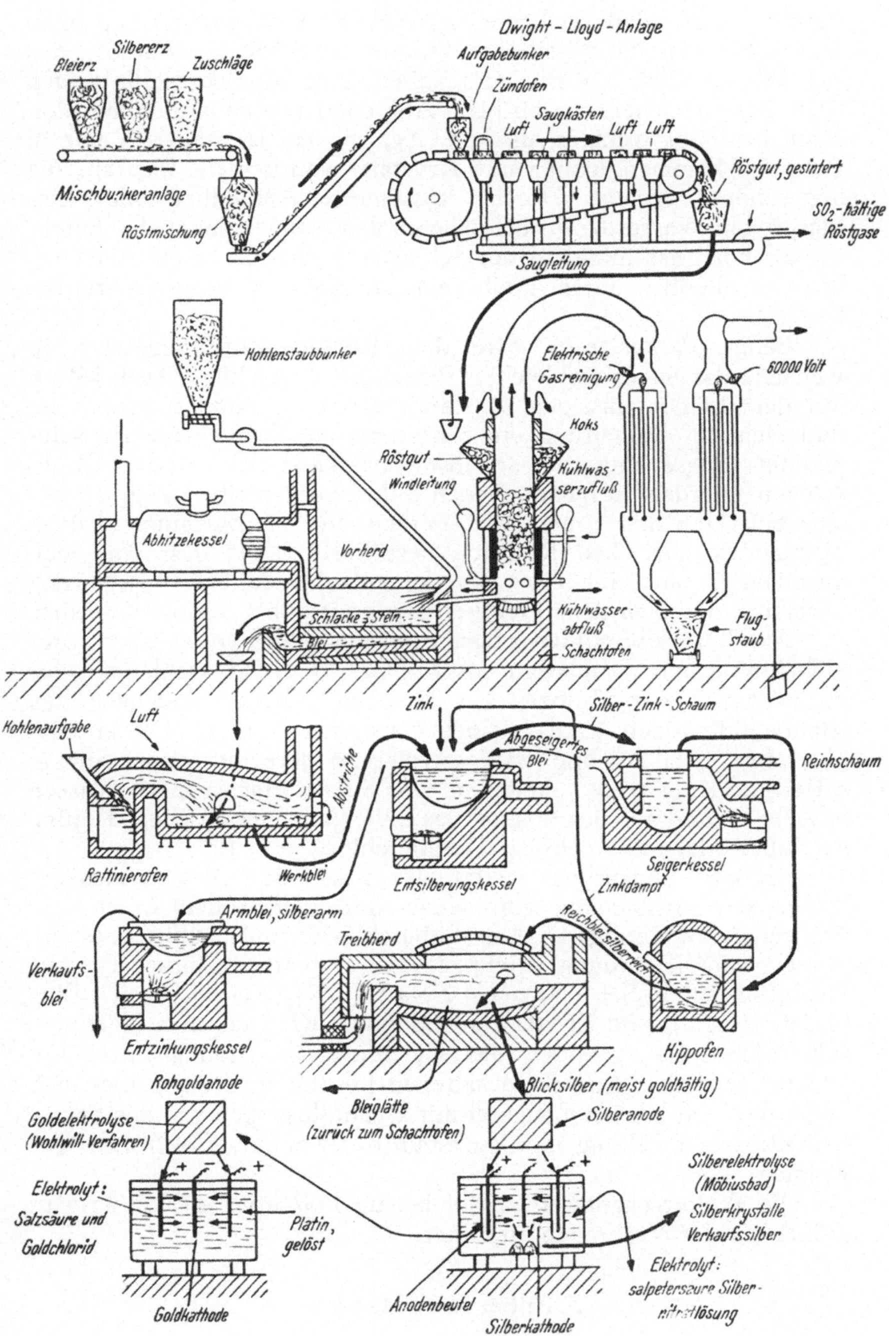

Abb. 71. Schema der Blei- und Silbergewinnung.

beruht darauf, daß im Legierungssystem zwischen Blei (Fp 327°) und Silber (Fp 960,5°) ein Eutektikum mit 2,5% Ag existiert, das bei 304° schmilzt. Da Blei und Silber keine Mischkrystalle bilden (s. S. 228), so scheiden sich beim Abkühlen von silberhaltigen Bleischmelzen mit weniger als 2,5% Ag, wie sie ja praktisch nur in Betracht kommen, daher nur Krystalle von reinem Blei ab, die abgeschöpft werden. Durch fraktionierte Abkühlung oder Einblasen von Wasserdampf bis nahe an den Schmelzpunkt des Eutektikums wird das Silber in der Schmelze immer mehr angereichert, bis es schließlich durch Treibarbeit auf Silber verarbeitet werden kann.

Beim „*Parkesieren*" wird dem Rohblei Zink zugesetzt, in welchem das Silber viel leichter löslich ist als im Blei. Da das Zink mit dem Blei in flüssigem Zustande nur beschränkt mischbar ist und sich bei Einhaltung einer bestimmten Temperatur als selbständige Phase vom Bleibad absondert, kann der erstarrte Zinkschaum mit dem aufgenommenen Silber vom Bleibad abgeschöpft werden. Der Silber und Blei enthaltende Zinkschaum wird in eigenen zylindrischen Retorten destilliert, wobei das Zink sich verflüchtigt und eine etwa 4% Ag enthaltende Pb-Ag-Legierung verbleibt, die nach dem Treibverfahren auf Silber verarbeitet wird.

Aus kupferführenden Erzen kann das Silber entweder bei der elektrolytischen Raffination des Kupfers im Anodenschlamm oder nach dem Ziervogelprozeß (in Mansfeld) durch Auslaugen des silbersulfidhaltigen Kupfersteines gewonnen werden. Dieser enthält etwa 0,5% Ag und wird oxydierend geröstet, wobei Silbersulfat und Kupferoxyd entstehen. Das Silbersulfat wird mit Wasser ausgelaugt und aus der Lösung das Silber mit metallischem Kupfer als Silber oder mit Kochsalz als Silberchlorid gefällt.

Größere Bedeutung besitzt das nasse Silbergewinnungsverfahren der Auslaugung von silber- und goldreichen Erzen mit Natriumcyanidlösungen. Aus Silberchlorid und -sulfid entsteht durch Komplexbildung leicht lösliches Natrium-Silber-Cyanid $NaAg(CN)_2$: $Ag_2S + 4\,NaCN = 2\,NaAg(CN)_2 + Na_2S$. Durch Einblasen von Luft und Zusatz von Kalkmilch wird aus dem Natriumsulfid Thiosulfat gebildet, das gleichfalls als Lösungsmittel für Silbersalze dient. Aus der erhaltenen Lösung wird das Silber und Gold, das sich bei der Laugerei mit Cyanidlösungen wie das Silber verhält, durch Fällung mit Zinkstaub oder durch Elektrolyse gewonnen.

Die Welterzeugung an Silber betrug 1937 etwa 7000 t, sie war größer als der Verbrauch an Silber.

3. Silberverbindungen.

Das Silber tritt in seinen Verbindungen fast stets 1-wertig, nur sehr selten auch 3- oder 4-wertig auf. Die Silberverbindungen sind meist farblos, das Bromid und Jodid sind gelb, das Oxyd braun, das Sulfid schwarz gefärbt.

Silberoxyd Ag_2O (s-br; reg; D 7,52; zers 300°; L: 2,14.10^{-3}; l: HNO_3) kann aus Lösungen des Nitrates durch Fällung mit kohlensäurefreier Natronlauge und Trocknung bei 50° als braunes Pulver oder durch Erhitzen von feinst verteiltem Silber auf 300° unter einem Sauerstoffdruck von mehr als 15 Atm. dargestellt werden. Die Bildungswärme beträgt nur mehr 6,4 kcal/mol. Entsprechend dieser geringen Bildungsenergie ist auch das Oxyd nur mehr wenig beständig. Schon beim Erhitzen auf etwa 160° beginnt bei 1 Atm. die Zersetzung in Silber und Sauerstoff. Bereits durch Belichtung wird langsam Sauerstoff entwickelt. Die geringe Beständigkeit des Silberoxyds hängt mit der edlen Natur des Silbers zusammen. Silberoxyd reagiert in wässeriger Aufschlämmung trotz seiner geringen Löslichkeit deutlich alkalisch und kann als Base fungieren. Aus den Lösungen von Bi, Zn, Cu, Hg, Fe, Co, Cr, Be, Al fällt es die entsprechenden Hydroxyde aus.

Silbernitrat $AgNO_3$ (fbl; rhomb; rhomboedr; D 4,35; Uwp 159,6°; Fp 208,5°; zers 444°; L: 68,3; LA; LM 19°: 3,81) ist das verbreitetste und am leichtesten lösliche Silbersalz. Es wird durch Auflösen von Silber in Salpetersäure und Krystallisierenlassen erhalten. Das Salz wird nicht hydrolysiert. Auf der Haut wird Silbernitrat unter Abscheidung von dunklem metallischem Silber reduziert, wobei es ätzend und desinfizierend wirkt. Als „Höllenstein" dient es in der Medizin zur Beseitigung von Warzen, Wucherungen usw.

Silberchlorid AgCl (fbl; amorph oder reg; D 5,56; Fp 455°; Kp 1554°; L: 1,54.10^{-4}; L 100°: 2,17.10^{-3}; L NH_3 [D 0,89]: 7,15) findet sich als Hornsilber in Silbererzlagern sowie im Meerwasser gelöst in einer Menge von etwa 1.10^{-5} g/l. Trotz seiner geringen Löslichkeit in Wasser ist das AgCl in konzentrierten Lösungen von Chloriden unter Komplexsalzbildung, z. B. als $Na[AgCl_2]$, löslich. Das Silberchlorid dient in der analytischen Chemie wegen seiner Schwerlöslichkeit sowohl zum Nachweise von Chlor- als auch Silberionen. In Ammoniumhydroxydlösungen ist AgCl löslich.

Photographie. Technisch besonders wertvoll ist die Eigenschaft der Halogenverbindungen des Silbers, durch das Licht unter Abscheidung von molekularem Silber zersetzt zu werden, wobei sich das lila, violett oder schwarzgrau gefärbte „Photohalogenid" bildet. In der Photographie dient eine Emulsion von kolloidalem Silberbromid in Gelatine zur Herstellung lichtempfindlicher photographischer Platten und Filme. Silberbromid ist das von allen drei Halogenverbindungen des Silbers am stärksten lichtempfindliche Salz, Silberjodid ist empfindlicher als das Chlorid.

Das durch die Lichteinwirkung ausgeschiedene Silber ist in der Platte nur als sog. „latentes“ Bild vorhanden und noch kaum sichtbar. Erst durch die Behandlung mit milde wirkenden organischen Reduktionsmitteln, wie z. B. Pyrogallol oder Hydrochinon, wird aus dem im Überschuß vorhandenen Silberbromid weiteres Silber abgeschieden, wobei die durch Lichteinwirkung gebildeten Silberteilchen als Krystallisationskeime wirken (Entwickeln). Das dann noch unzersetzte, nicht belichtete Silberbromid wird dann durch Behandlung mit Natriumthiosulfat (Fixiernatron) herausgelöst und die Platte so gegen die weitere Einwirkung des Lichtes unempfindlich gemacht, d. h. fixiert.

Auch die Positivpapiere enthalten als lichtempfindlichen Bestandteil Silberbromid, die Auskopierpapiere Silberchlorid.

Silberbromid AgBr (hg; amorph oder reg; D 6,47 [geschmolzen]; Fp 422°; zers 700°; L 25°: $1{,}35.10^{-5}$; L 100°: $3{,}7.10^{-4}$; wl: NH_3; l: KCN-, $Na_2S_2O_3$-Lsg) ist schwerer löslich als Silberchlorid und findet ausgedehnte Verwendung in der Photographie.

Silberjodid AgJ (g; trimorph; rhomboedr oder reg; D 5,67; Uwp 144,6°; Fp 556,8°; Kp 1506°; L 25°: $2{,}5.10^{-7}$; L 10% NH_3: 0,04; l: KCN-, $Na_2S_2O_3$-Lsg) ist das schwerstlösliche Silberhalogenid.

Silbercyanid AgCN (fbl; rhomboedr; reg; D 4,08; Fp 325°; L: $2{,}2.10^{-5}$; L 10% NH_3: 0,52) entsteht als weißer, käsiger, dem AgCl ähnlicher Niederschlag bei der Fällung von Silbersalzlösungen mit Alkalicyaniden. In einem Überschuß der Cyanide ist es unter Bildung von Komplexen, z. B. $K[Ag(CN)_2]$ (fbl; D 2,36; L: 20; wl: Al), löslich. Dieses Salz dient in der Galvanotechnik neben $Na[Ag(CN)_2]$ zum Ansetzen der Silberbäder.

Silberazid AgN_3 (fbl; kryst; Fp 252°; explosiv; swl: W [Hydrolyse], HNO_3; l: NH_3) entsteht als weißer, käsiger Niederschlag beim Fällen von Silbersalzlösungen mit Natriumazid. Im trockenen Zustande ist die Verbindung außerordentlich explosiv.

Knallsilber von Berthollet besteht wahrscheinlich aus einem Gemisch von Silberimid $NHAg_2$ und Silbernitrid NAg_3. Man erhält es aus ammoniakalischen Silbersalzlösungen beim Stehenlassen oder aus Silberoxyd und konzentriertem Ammoniumhydroxyd; es kann sich daher in Verspiegelungslösungen bei längerem Stehen bilden, worauf geachtet werden soll.

Das Silberfulminat (Knallsilber) AgONC ist das Silbersalz der Knallsäure HO-N═C und äußerst empfindlich gegen Schlag und Stoß. Bei 190° zersetzt es sich unter Feuererscheinungen. Für Initialzündungen von Sprengstoffen verwendet man aber das billigere Quecksilbersalz.

Nachweis. Chloride ergeben in salpetersaurer Lösung einen weißen, in überschüssigem Ammoniumhydroxyd löslichen Niederschlag.

XXXII. Gold.

Symbol Au (latein. Aurum); Atomgewicht 197,2; Ordnungszahl 79; Schmelzpunkt 1063°; Siedepunkt $>$2200°; Dichte 19,3; Wertigkeit: I, III.

Gold hat schon bei den alten Kulturvölkern als kostbares Metall eine große Rolle gespielt. Der Reichtum der Alten an Gold scheint bedeutender gewesen zu sein als aus der heutigen Ergiebigkeit der den Alten zur Verfügung stehenden, uns bekannten Fundstätten in Asien, Afrika und Europa geschlossen werden kann. Wahrscheinlich waren diese Lagerstätten im Altertum noch wesentlich goldreicher als heute, wo sie nahezu erschöpft sind. Auch im Altertum galt das Gold schon als Wertmesser des Reichtums und der Währung. Die technische Bedeutung des Goldes ist nur gering. Es wird zur Vergoldung von Blitzableitern, nicht oxydierenden Schaltern, zu Zahnkronen usw. verwendet.

1. Eigenschaften.

Gold (Tab. 24) besitzt einen schönen gelben Glanz, der auch unter der Einwirkung der Atmosphärilien, von Schwefelwasserstoff usw. nicht verlorengeht oder vermindert wird. Gold ist nämlich ein derart edles Metall, daß es auch bei sehr hohen Sauerstoffdrucken und bei höheren Temperaturen nicht oxydiert werden kann. Es ist sowohl gegen Wasser, Salzlösungen als auch gegen alle Säuren beständig und wird nur von kochendem Königswasser, einem Gemisch von 3 Teilen konzentriertem HCl und 1 Teil HNO_3 aufgelöst. Bei der Erhitzung sämtlicher Goldverbindungen tritt ein Zerfall in metallisches Gold und den entsprechenden Säurerest ein.

Bereits durch sehr schwache Reduktionsmittel, wie eine Eisen-II-Salzlösung, Formaldehyd oder Tannin, wird Gold aus seinen Lösungen abgeschieden. Gefälltes Gold besitzt Lehmfarbe. Die purpur- bis braunrote Suspension von kolloidalem Gold (Cassiusscher Goldpurpur), die man aus Goldsalzlösungen durch einen Zusatz von teilweise oxydierter Zinn-II-Salzlösung erhält, ermöglicht noch den Nachweis von 1 Teil Gold in 100 Millionen Teilen Lösung. Kolloidales Gold, an Zinndioxyd adsorbiert, dient in der Glasfärberei zur Erzeugung herrlich schöner rubinroter Färbungen des Glases (1 : 50.000).

Gold und Goldlegierungen hinterlassen auf unglasiertem Porzellan (Probierstein) einen gelben Strich, der in 30%iger Salpetersäure nicht oder nur sehr wenig nachgilbt. Diese Reaktion dient in der Goldwarenindustrie zum Nachweis des Goldgehaltes von Legierungen. Chlorwasser und Alkalicyanidlösungen lösen Gold leicht auf.

Gold ist außerordentlich weich und gut bearbeitbar. Blattgold ist nur etwa 0,00014 mm dick, es läßt das Licht grünlich durchscheinen. Von feinstem Golddraht wiegen 2 km nur 1 g. Gold ist dehnbarer und geschmeidiger als Silber.

Blattgold dient zum Vergolden von nichtmetallischen Werkstoffen, wie Holz, Kunststoffen usw. Auf Glas und Porzellan kann aus Lösungen von Goldchlorid in organischen schwefelhaltigen Ölen (Auroterpensulfid) nach dem Aufstreichen durch Erhitzung ein glänzender Goldüberzug aufgebracht werden. Metallwaren, insbesondere solche aus Kupfer, Silber oder deren Legierungen, werden entweder durch Aufwalzen oder Plattieren von Au-Cu-Legierungen vergoldet (Dublee) oder es wird auf galvanischem Wege ein dünner Goldüberzug abgeschieden. Goldüberzüge werden nur aus dekorativen Gründen aufgetragen, besitzen aber wegen der hervorragenden Beständigkeit des Goldes, wenn sie nicht allzu dünn aufgebracht wurden, auch einen gewissen Korrosionsschutz. Gold dient wegen seiner schönen Farbe und großen Beständigkeit zur Herstellung von Schmuckgegenständen, Münzen, Goldzähnen usw.

2. Gewinnung des Goldes.

Gold findet sich fast immer in elementarer Form auf primärer Lagerstätte als Berggold in Quarzgängen eingesprengt neben Kupfer-, Arsenkies, Zinkblende, Bleiglanz usw. oder nach der Verwitterung der Gesteine und Auswaschen auf sekundärer Lagerstätte als Seifen- oder Waschgold in alten Flußbetten als Ablagerung. Erze mit 20—40 g/t Gold sind schon sehr goldreich. Meist enthalten sie nur 3—5 g/t. Die hauptsächlichen Fundorte liegen in Südafrika, Transvaal, Australien, Kanada, Kalifornien, Ural, Mexiko usw. Mit den Flüssen gelangt das Gold auch in das Meer. In 1 cbm Meerwasser sind etwa 0,004 mg Gold enthalten. Wegen dieser großen Verdünnung ist die Goldgewinnung aus Meerwasser nicht mehr wirtschaftlich.

Das natürliche Gold ist nicht rein, sondern mit Ag, Cu, Fe, Pt, Pd, Rh usw. verunreinigt. Die eigentlichen Goldmineralien, wie Schrifterz $AgAuTe_2$ und das Wismutgold Au_2Bi, kommen ungleich seltener als das gediegene Gold vor.

Die Trennung des Goldes von den Begleitmineralien kann a) durch Waschen, b) Plattenamalgamation und c) durch Cyanidlaugerei erfolgen. Beim uralten Waschprozeß (Goldenes Vlies!) wird mit der Waschschüssel der Sand durch kreisende und schwingende Bewegungen, beim modernen hydraulischen Abbau durch kräftige Wasserstrahlen das Schwimmgebirge beseitigt. Der Waschprozeß wird heute mit der Amalgamation verbunden. Das grob in Pochwerken zerkleinerte Erz wird unter Wasserzusatz in eine Erztrübe übergeführt, die man über amalgamierte Platten laufen läßt. Das schwere Gold sinkt zu Boden und wird zu Goldamalgam mit etwa 60% Au gebunden, aus welchem das Quecksilber aus gußeisernen Retorten abdestilliert wird. Der noch mit Ag, Pt, Pd, Fe, Cu, Ni verunreinigte Rückstand wird mit Soda, Salpeter und Borax verschmolzen und dann durch Chlorgas oder elektrolytisch raffiniert.

Bei der Cyanidlaugerei wird das fein gemahlene goldhaltige Erz, auch der Rückstand der Amalgamation nach weiterer Zerkleinerung, mit 0,01—0,25%iger Natriumcyanidlösung unter Luftzutritt ausgelaugt. Sand wird durch Sickerlaugung, Schlamm durch Rührlaugung aufgeschlossen, wobei bei den Schlämmen ein Aussüßen, Filtrieren vorgenommen wird. Das Gold wird zu etwa 95% ausgebracht und durch frische Drehspäne von Zink oder Zinkstaub ausgefällt, durch Schwefelsäure vom überschüssigen Zink getrennt, mit Sand, Soda und Borax geschmolzen und raffiniert. Die Lauge geht wieder in den Betrieb zurück. Die Cyanidlaugerei ist das wirtschaftlichste Goldgewinnungsverfahren.

Bei der Chloration wird schwer amalgamierbares Erz mit Chlorwasser ausgelaugt. Dieses Verfahren wurde von Plattner auf die Entgoldung von Pyriten oder arsenhaltigen Kiesen nach einer chlorierenden Röstung angewendet. Das Gold wird nach Beseitigung des überschüssigen Chlors durch SO_2 mit Holzkohle oder H_2S gefällt. Nach dem Rösten des Niederschlags, der noch mit As, Ag, Pb und Cu verunreinigt ist, wird in Tiegeln mit Borax geschmolzen.

Raffination des Rohgoldes. Das Rohgold und der Anodenschlamm der Kupfer- und Silberraffination enthalten öfters auch noch Silber, Platinmetalle, Tellur usw. Die Reindarstellung des Goldes kann auf trockenem oder nassem Wege vorgenommen werden. Der seltenere trockene Weg (Möller-Verfahren) besteht im Schmelzen des Rohgoldes und Einleiten von Chlor in die Schmelze, wobei Silber und Kupfer in die Chloride übergeführt werden, während das Gold nicht angegriffen wird. Allgemein üblich ist heute das Verfahren der „Affination", bei welchem Goldlegierungen mit 0,3—60% Au, jedoch nicht mehr als 10% Cu mit heißer konzentrierter Schwefelsäure behandelt werden. Silber und Kupfer gehen als Sulfate in Lösung, worauf aus dieser Lösung das Silber mit Kupfer oder Eisen ausgefällt wird. Das Kupfersulfat wird gleichfalls gewonnen. Das zurückbleibende Gold wird mit Natriumhydrosulfat oder Salpeter umgeschmolzen.

Beim elektrolytischen Scheidungsverfahren von Wohlwill wird das Rohgold in Anodenform gegossen. In salzsaurer Lösung wird dann das Gold bei 70—95° auf Kathoden aus Feingoldblech unter Mitwirkung des Wasserstoffes bei Stromdichten von 10—20 Amp/qdm niedergeschlagen. Das Feingold ist 99,98% rein. Silber (als AgCl) und die Platinmetalle befinden sich im Anodenschlamm (s. a. Abb. 70).

Die *Goldproduktion* betrug im Jahre 1937 1128 t. Der gesamte Weltvorrat an Gold beträgt etwa 20.000 t, von dem sich der größte

Teil in USA. befindet. An der Welterzeugung ist Südafrika mit etwa $^1/_3$ beteiligt.

3. Goldlegierungen.

Reines Gold wird wegen seiner geringen Härte und Festigkeit und des hohen Preises nur selten angewendet. Meist wird es in Form von Legierungen mit Ag, Cu oder Ag und Cu gemeinsam, seltener noch mit Zusätzen von Platinmetallen, Nickel, Zink und Cadmium verwendet. Die Festigkeit steigt von 14 kg/qmm bis auf 60 kg/qmm bei einer Legierung mit 50% Au, 30% Ag und 20% Cu, die Dehnung beträgt mehr als 25%. Aushärtbare Au-Ag-Cu-Legierungen erreichen Festigkeiten bis 120 kg/qmm bei 3—5% Dehnung. Silber verschiebt die Farbe des Goldes nach Grün, Kupfer nach Rot.

Der Goldgehalt wird entweder in Karat (100% Gold entsprechen 24 Karat, 50% Au somit 12 Karat) oder wie bei Silber in 1000-Teilen angegeben. Goldmünzen enthalten meist 90% Au und 10% Cu. Platin und Palladium färben das Gold weiß. Dieses Weißgold mit etwa 20% Pd wurde als Zahnersatz an Stelle von Au-Pt-Legierungen verwendet. Legierungen des Goldes mit Platinmetallen sowie Zusätzen von Silber und Kupfer haben im ausgehärteten Zustande eine Zugfestigkeit von 70 kg/qmm, eine Dehnung von 35% und eine Härte von etwa 140 kg/qmm. Durch eine Wärmebehandlung bei 400° fällt die Dehnung auf 2%, während die Härte auf 240 kg/qmm und die Zugfestigkeit auf 100 kg/qmm ansteigen.

Nickel ergibt mit Gold und Zusätzen von Cu und Zn Weißgold mit 33—75% Au, das sehr hart, vergütbar, gegen Säuren ebenso beständig wie Feingold ist und als Zahnersatz verwendet wird. Eine Legierung von Au mit Cu und Zn (8karätig, 33,3% Au) hat im ausgeglühten Zustande eine Zugfestigkeit von 50 kg/qmm, 35—40% Dehnung und eine Härte von 90 kg/qmm. Die Korrosionsbeständigkeit dieser Legierung ist wegen des Zinkgehaltes jedoch herabgesetzt.

4. Goldverbindungen.

Die edle Natur des Goldes äußert sich in seiner Reaktionsträgheit. Gold bildet nur mit den Halogenen und dem Cyan 3-wertige Auri- und unbeständige 1-wertige Aurosalze. Beim Glühen zerfallen aber diese Verbindungen unter Rückbildung des Goldes. Alle Goldverbindungen neigen sehr stark zur Komplexsalzbildung. Zwischen den 1- und 3-wertigen Goldverbindungen besteht wieder ein Gleichgewichtszustand $3\,Au^{\cdot} \rightleftarrows 2\,Au + Au^{\cdot\cdot\cdot}$, wobei das Gleichgewicht bei gewöhnlicher Temperatur stark auf der rechten Seite liegt. So zerfällt z. B. *Gold-I-Chlorid, Goldchlorür* AuCl (hg; D 7,4; zers 289°; l: Alkalichloridlsg; W zers) schon beim Auflösen in Wasser in Gold und Gold-III-Chlorid.

Die beständigste und wichtigste Verbindung des 1-wertigen

Goldes ist das *Kalium-Gold-I-Cyanid* $K[Au(CN)_2]$ (fbl; rhomb?; D 3,45; L: 20; wl: Al; nl: Ae), das sich von der Aurocyanwasserstoffsäure $H[Au(CN)_2]$ ableitet. Es wird in der Galvanotechnik zum Ansetzen der Goldbäder verwendet.

Gold-I-Hydroxyd, Aurohydroxyd AuOH (hgrau; zers $>200^0$; kolloidal l: W (indigoblau); l: Alk unter Zers in Au und AuO . OH) entsteht bei der Einwirkung von Alkali und eines Reduktionsmittels, wie H_2SO_3, auf Gold-III-Salzlösungen.

Gold-III-Oxyd, Aurioxyd Au_2O_3 (br-s; zers $> 150^0$; nl: W; l: HCl) ist derart unbeständig, daß bei der Entwässerung von $Au(OH)_3$ bereits vor der Entfernung des ganzen Wassers schon Sauerstoff entweicht. Bei der Einwirkung von Ammoniumhydroxyd auf Gold-III-Salzlösungen entsteht Knallgold, das neben komplexem Goldoxydamin $Au_2O_3 . 3\,NH_3$ auch die Verbindung $NH{=}(AuNH_2Cl)_2$ enthält.

Reines *Gold-III-Hydroxyd, Aurihydroxyd* $Au(OH)_3$ ist nicht bekannt, da bei der Fällung von Gold-III-Salzlösungen mit Alkalien ein gelber wasserhaltiger Niederschlag entsteht, der beim Trocknen in AuO(OH) übergeht (g; l: HCl, HNO_3, KOH, NH_4OH). Beim Lösen des Niederschlages in NH_4OH erhält man Gold-III-Tetramin-Hydroxyd $[Au(NH_3)_4](OH)_3$.

Gold-III-Chlorid, Aurichlorid $AuCl_3$ (r-br; D 4,67; zers 254^0; Fp 288^0; sl: W, Al) entsteht bei der Einwirkung von Chlor auf Gold bei etwa 200^0. Durch Auflösen des Salzes in Salzsäure bildet sich die komplexe Aurichlorwasserstoffsäure $H[AuCl_4] . 4\,H_2O$ (hg; Nadeln; sl: W, Al), deren Lösung zur Goldraffination verwendet wird. Ihr Kaliumsalz $K[AuCl_4] . 2\,H_2O$ ist das am häufigsten dargestellte Goldsalz. Durch Einleiten von H_2S in Goldsalzlösungen erhält man in der Kälte einen Niederschlag von *Goldsulfid* AuS (s-br; zers 240^0; nl: SS; l: Königswasser; kolloidal l: W). In der Hitze fällt metallisches Gold aus. Der Niederschlag von AuS ist in Alkalipolysulfiden als Sulfaurat, z. B. $Au\!\begin{cases} SNH_4 \\ S \end{cases}$, löslich. Beim Ansäuern fällt wieder das Au_2S aus.

Nachweis. Ausfällung als Cassiusscher Goldpurpur mit Zinn-II-Chlorid-Lösung; Fällung mit Eisen-II-Sulfat; eine alkoholische Lösung von p-Dimethylaminobenzyliden-Rhodamin gibt eine violette Färbung.

XXXIII. Zinn.

Symbol Sn (latein. Stannum); Atomgewicht 118,70; Ordnungszahl 50; Schmelzpunkt $231{,}8^0$; Siedepunkt 2270^0; Dichte 7,28; Wertigkeit: II, IV.

1. Eigenschaften.

Zinn (Tab. 24) ist ein silberweißes, glänzendes, an der Luft vollkommen beständiges Metall. Es tritt in mehreren Modifikationen auf, die trotz gleicher chemischer Zusammensetzung verschiedene physikalische Eigenschaften aufweisen. Aus dem Schmelzfluß erstarrtes Zinn ist von 18—160° beständig und besitzt tetragonale Krystallstruktur mit einem spez. Gew. von 7,286 bei 20°. Beim Biegen von krystallisiertem Zinn ist ein knirschendes Geräusch, das sog. „Zinngeschrei“, zu vernehmen. Bei Temperaturen über 150° ist rhombisches Zinn mit einem spez. Gew. von 6,56 die beständige metallische Modifikation.

Neben diesen beiden metallischen Zinnarten gibt es aber auch noch eine dritte amorphe, graue, nichtmetallische, bei Temperaturen unter 18° beständige Modifikation (spez. Gew. 5,75). Die Umwandlungsgeschwindigkeit des metallischen in das amorphe Zinn ist jedoch bei 18° nur gering. Bei niedrigen Temperaturen (Maximum bei —50°) wird sie jedoch bereits merklich groß, so daß bei großen Kältegraden das Zinn, namentlich wenn es durch Ritzen und Impfen mit der grauen Modifikation versetzt wurde, in die nichtmetallische Form unter Verlust der Festigkeit umgewandelt wird. Da sich der Zerfall langsam durch das ganze Zinn vom Infektionsherd aus fortsetzt, bezeichnet man diese Erscheinung als „Zinnpest“. Das graue Zinn quillt aus dem weißen Zinn hervor, wobei in Zinnröhren, Orgelpfeifen usw. Löcher entstehen.

Zinn ist gegen Wasser, Luft und sehr viele Salzlösungen, wie z. B. von Kochsalz oder organische Säuren, beständig. Für die Korrosionsbeständigkeit des Zinns ist eine dünne, unsichtbare Oxydhaut am Zinn sowie die hohe Überspannung des Wasserstoffes verantwortlich zu machen. Da Zinnsalze auch ungiftig sind, ist Zinn in der Lebensmittelindustrie ein sehr wichtiges Material für Verpackungen und Konservendosen geworden. Der zulässige Bleigehalt des Zinns ist gesetzlich, je nach der Verwendungsart, auf 1, bzw. 10% begrenzt worden. Es läßt sich zufolge seiner Weichheit und Dehnbarkeit sehr leicht zu dünnen Folien, dem Stanniolpapier auswalzen. Dieses ist aber vielfach durch die billigere Aluminiumfolie, ebenso wie die Zinntube, verdrängt worden. Das wichtigste Anwendungsgebiet des Zinns ist die Konservendosenherstellung.

Bei der Weißblechherstellung wird ein gewalztes und gebeiztes Flußstahlblech nach dem Behandeln mit Flußmitteln, wie ($ZnCl_2 + NH_4Cl$), durch eine Fettschicht in das heiße Zinnbad eingetaucht und an einer anderen Stelle nach wenigen Minuten im verzinnten Zustande wieder herausgehoben. Da das Zinn sich mit dem Eisen nur schwer legiert, ist die Annahme des Zinns durch das Eisen nur gering, weshalb man nur bei größerer Auflagenstärke porenfreie, korrosionsbeständige Zinnüberzüge erhält. Da Zinn edler ist als das Eisen, setzt an der Stelle einer Pore oder sonstigen Verletzung des Überzuges die Korrosion nur in verstärktem Ausmaße ein.

Billiger als reine Zinnüberzüge sind solche aus Zinn-Blei-Legierungen mit nur 12—15% Sn. Da Blei aber sehr giftig ist, kann dieses „Ternemetall" nicht zur Herstellung von Konservendosen verwendet werden. Eine interkrystalline Korrosion des Zinns ist nur beim Vorhandensein bestimmter Verunreinigungen im Zinn beobachtet worden. Von verdünnter Salz-, Schwefel- und insbesondere Salpetersäure wird Zinn leicht aufgelöst. Bei der Einwirkung von Salpetersäure entsteht nicht Zinn-Nitrat, sondern durch dessen Hydrolyse Zinnsäure $Sn(OH)_4$ und bei längerem Erhitzen Metazinnsäure H_2SnO_3, die in verdünnter Salpetersäure unlöslich ist. Alkalien lösen beim Erwärmen das Zinn unter Wasserstoffentwicklung zu Stannaten auf, wofür das amphotere Verhalten der Zinnsäure maßgeblich ist.

2. Die Gewinnung von Zinn.

Für die Zinngewinnung kommt nur der Zinnstein oder Kassiterit SnO_2 in Betracht, der auf primärer Lagerstätte als Bergzinn, meist aber auf sekundärer Lagerstätte als Seifenzinn gewonnen wird. Die wichtigsten Fundorte liegen auf der malaiischen Halbinsel, in Australien, Mexiko und Alaska. Europa ist sehr arm an Zinnerzen, weshalb der Eigenbedarf Europas nur zu wenigen Prozenten aus der eigenen Bergwerkserzeugung gedeckt werden kann. Zinn ist nahezu so teuer wie Silber. Die gesamte Zinnerzeugung betrug 1937 210.000 t.

Der Zinngehalt der Erze ist meist nur sehr gering, er schwankt zwischen 0,2—2%. Da aber der Zinnstein ein sehr hohes spez. Gew. hat, gelingt leicht eine mechanische Aufbereitung auf einen Metallgehalt von 65—70% Sn. Für die Verhüttung werden die Erze durch oxydierende Röstung vorbereitet, wodurch sie von Schwefel und Arsen befreit werden. Die Verhüttung erfolgt ausschließlich auf trockenem Wege in Schacht- oder Flammöfen.

Im Flammofen können alle Erze, wie sie die Aufbereitung liefert, verarbeitet werden. Da das flüssige Zinn durch alle Mauerfugen dringt, wird der Herd des Flammofens auf ein Traggerüst aufgesetzt. Unter dem Herd ist ein kellerartiger, manchmal mit Wasser beschickter Raum, in dem das flüssige, durchgelaufene Zinn erstarrt. Das Erz wird mit Kalk und Anthrazit als Reduktionskohle geschmolzen. Die Schmelzprodukte sind Werkzinn, das zur Raffination in den Saigerofen geht, und eine Schlacke mit 20—40% Zinn, die noch einmal im Flammofen mit Anthrazit und Eisen zur Verschlackung der Silicate verschmolzen wird (Niederschlagsarbeit). Die so erhaltene Armschlacke wird nochmals mit Anthrazit usw. geschmolzen, die Schlacke geht dann mit 2% Sn auf die Halde. Die Produkte des Schlackenschmelzens sind unreines Schlackenzinn und Härtlinge, eine spröde Fe-Sn-, bzw. Fe-Cu-Legierung.

Die Raffination des Zinns erfolgt durch Saigern, wobei das Zinn auf Koks oder geneigten Platten nur wenig über seinen Schmelzpunkt erhitzt wird. Das Zinn fließt ab und Härtlinge bleiben als Saigerdörner zurück. Das Zinn wird dann im flüssigen Zustande einer oxydierenden Reinigung (Polen) mit grünem Holz unterworfen, wobei die Verunreinigungen oxydiert werden.

Zinn kann auch elektrolytisch aus einer Lösung von 15% Kieselfluorwasserstoffsäure H_2SiF_6 mit einem Zusatz von Leim oder Gelatine (Betts) gereinigt werden. Man gewinnt Zinn verschiedener Reinheit mit 99,8—99,15% Sn, 98% Sn und 93—96% Sn mit Kupfer, Eisen und Antimon als hauptsächliche Verunreinigungen.

Größere Bedeutung hat auch die Entzinnung von Weißblechabfällen mit 2—3% Zinn (alte Konservendosen), die in großen Eisenzylindern mit trockenem Chlor unter Druck behandelt werden. Das Zinn verflüchtigt sich als Zinn-IV-Chlorid, das kondensiert wird und in Seidenfabriken als Beschwerungsmittel Verwendung findet.

3. Zinnlegierungen.

Die wichtigste Zinnlegierung ist das Lötzinn, eine Legierung von Zinn mit 20—95% Blei. Schnellot enthält 3 Teile Zinn und 1 Teil Blei und schmilzt bei 185°. Die Weichlote schmelzen zwischen 180—300° und kommen in Stangen- oder Drahtform in den Handel. Ternemetall ist eine Zinn-Blei-Legierung mit 12—15, manchmal bis zu 50% Sn und wird als Überzugsmetall für Eisengegenstände verwendet. Britanniametall ist eine Zinn-Antimon-Legierung mit 91—94% Sn, die häufig noch mit geringen Mengen von Cu, Zn, Bi oder Pb legiert wird. Es ist härter als Zinn, läßt sich feilen, polieren und walzen und findet Verwendung als Lagermetall und für Haushaltungsgegenstände. Besonders wertvolle Legierungen des Zinns mit Kupfer sind die Bronzen (s. S. 394).

4. Zinnverbindungen.

Zinn bildet 2-wertige unbeständige Stanno- und beständigere 4-wertige Stanniverbindungen. Die geringe Beständigkeit der 2-wertigen Zinnsalze und ihr Bestreben, in die 4-wertige Form überzugehen, ist die Ursache für das starke Reduktionsvermögen der Stannoverbindungen. In beiden Wertigkeitsstufen bildet das Zinn nicht nur Kationen, sondern auch Anionen (Stannate, Stannite) sowie unlösliche basische Salze.

a) *Verbindungen des zweiwertigen Zinns.*

Zinn-II-Oxyd, Stannooxyd, Zinnoxydul SnO (b-s; amorph, reg; D 6,446; zers 700—950°; nl: W; l: SS) entsteht in pulverförmigem Zustande bei der langsamen Oxydation des Zinns oder beim Erhitzen von $SnCl_2$ mit starken Alkalien.

Zinn-II-Chlorid, Zinnchlorür $SnCl_2 . 2 H_2O$ (fbl; $2 H_2O$: monokl; D 2,70; D [0 H_2O] 3,393; Fp [2 H_2O] 37,7°; Fp [0 H_2O] 247°; Kp 603,25°; L [2 H_2O] 0°: 45,6; L 15°: 73,0; l: Al, Ae) ist das wichtigste Salz des 2-wertigen Zinns. Es entsteht durch Auflösen von Zinn in konzentrierter warmer Salzsäure und stellt ein sehr kräftiges Reduktionsmittel dar. Silber, Gold, Quecksilber usw. werden durch $SnCl_2$ aus ihren Lösungen in metallischer Form abgeschieden.

Mit Sodalösungen entsteht aus dem Chlorür ein weißer Niederschlag von *Zinn-II-Hydroxyd, Stannohydroxyd, Zinnhydroxydul* $Sn(OH)_2$ (fbl; rhomboedr; wl: W; l: SS, Alk [kolloidale Lsg]), der von Alkalilaugen wegen der amphoteren Natur des Hydroxyds zu Stannit aufgelöst wird. Die Lösung des Natriumstannits $NaHSnO_2$ wirkt gleichfalls kräftig reduzierend. Sie ist aber unbeständig und zerfällt mit der Zeit durch Disproportionierung, wobei sich die höhere Oxydationsstufe, nämlich Stannat, sowie die niedrigere, und zwar graues metallisches Zinn, bilden: $2 Sn^{II} \rightarrow Sn^{IV} + Sn$.

b) *Verbindungen des vierwertigen Zinns.*

Zinn-IV-Oxyd, Stannioxyd, Zinndioxyd SnO_2 (fbl; tetr; hex; rhomb; D 6,95; Fp [Dr] $>$ 1900°; subl 1800—1900°; nl: W, SS) ist das verbreitetste Zinnerz, das in der Natur als tetragonal krystallisierender Zinnstein vorkommt. Er wirkt in Glasflüssen als Trübungsmittel und erhöht die Beständigkeit der Gläser gegen schroffe Temperaturwechsel (Milchglas, Email). Durch Schmelzen mit Alkalien entstehen zufolge seiner Säurenatur Stannate, von denen z. B. das krystallisierte Natriumstannat $Na_2[Sn(OH)_6]$ (fbl; rhomboedr; D 1,81; L 15°: 16,7; nl: Al) als lösliches „Präpariersalz" in der Färberei als Beizmittel dient. Bei der Behandlung von Fasergebilden oder Geweben mit dem Salz schlägt sich feste Zinnsäure nieder, die mit den sauren Farbstoffen schön gefärbte, beständige und nicht abreibbare Farblacke bildet.

a-Zinnsäure $H_2[Sn(OH)_6]$ entsteht aus Zinnsalzlösungen durch Fällung mit Alkalien oder aus Stannaten durch Zusatz von verdünnten Säuren. Der weiße voluminöse Niederschlag ist anfangs in verdünnten Mineralsäuren und Alkalien löslich, polymerisiert aber, d. h. vergrößert sein Molekül, insbesondere beim Erhitzen unter Wasseraustritt und geht in die polymere Metazinnsäure oder b-Zinnsäure $(H_2SnO_3)_x$ über, die in verdünnter Salpeter-, Schwefelsäure und schwachen Alkalien unlöslich ist. Die Metazinnsäure ist reaktionsträger als die a-Zinnsäure. Beide Säuren besitzen kolloidale Natur und können andere Ionen, z. B. Phosphorsäure, adsorbieren.

Zinn-IV-Chlorid, Zinntetrachlorid, Stannichlorid $SnCl_4 . (0,3, 5,8) H_2O$ (fbl; $0 H_2O$: fl; D 2,232; Fp —33°; Kp 113,9°; l: W [Hydrolyse]; ∞ l: CS_2) wird bei der Entzinnung von Weißblechabfällen mit Chlor (s. S. 414) erhalten. Zinnchlorid bildet eine farblose, an der Luft rauchende Flüssigkeit. Das Hydrat $SnCl_4 . 5 H_2O$ wird in der Färberei zum Beizen der Fasern oder zum Beschweren von Seide gebraucht. Seine wässerige Lösung reagiert zufolge Hydrolyse sauer, wobei sich auch eine komplexe Säure $H_2[SnCl_6] . 6 H_2O$ bildet. Ihr Ammoniumsalz $(NH_4)_2[SnCl_6]$ (fbl; reg; D 2,51; subl; L 14,5°: 25; k Lsg siedet unzers) wird unter der Bezeichnung „Pinksalz" gleichfalls in der Färberei als Beizmittel verwendet.

Zinn-IV-Sulfid, Zinndisulfid, Stannisulfid SnS_2 (gold-g; hex; D 4,51; L 18°: $1,46.10^{-5}$; l: SS, Alk, g Ammonsulfid) dient als Mussivgold zum Bronzieren sowie als Malerfarbe. Es stellt einen billigen Goldersatz dar.

Nachweis. Fällung als Zinn mit Zink, Auflösen in HCl, Zusatz von $FeCl_3$-Lösung und $K_3[Fe(CN)_6]$, wobei Turnbullsblau ausfällt.

XXXIV. Blei.

Symbol Pb (latein. Plumbum); Atomgewicht 207,21; Ordnungszahl 82; Schmelzpunkt 327,4°; Siedepunkt 1525°; Dichte 11,34; Wertigkeit: II, IV.

1. Eigenschaften.

Blei (Tab. 24) weist auf frischen Schnittflächen einen bläulichgrauen Metallglanz auf, der jedoch zufolge Oxydbildung an der Luft bald verschwindet. An der Luft erhitzt, geht Blei in PbO, Bleiglätte, und später in Pb_3O_4, Mennige, über. Feinst verteiltes Blei, das durch vorsichtiges Erhitzen organischer Bleiverbindungen unter Luftausschluß erhalten wird, entzündet sich an der Luft von selbst (pyrophores Blei). Wegen des hohen spez. Gew. des wichtigsten Bleierzes, des Bleiglanzes, ist eine Anreicherung des Erzes auf etwa 60% Blei leicht möglich.

Auf Papier gibt Blei einen grauen Strich. Es wurde aus diesem Grunde auch früher zum Schreiben verwendet. Blei ist sehr weich (Härte 1) und läßt sich sowohl zu Blechen auswalzen als auch zu Drähten ziehen. Unter entsprechend hohem Druck (7500 kg/qcm) kann Blei schon bei gewöhnlicher Temperatur zum Fließen gebracht werden, so daß es zu Röhren ausgezogen werden kann. Blei ist gegen Wasser beständig, wird aber bei Gegenwart von Luftkohlensäure oder organischen Säuren unter Salzbildung angegriffen. Dieses Verhalten ist für die Verwendung von Bleiröhren für Trinkwasserleitungen sehr wesentlich, da alle Bleiverbindungen sehr giftig sind und chronische Bleivergiftungen hervorrufen. Wässer, die keine freie Kohlensäure, sondern nur Bicarbonate und Sulfate enthalten, sind nicht gefährlich, da diese Härtebildner auf der Bleioberfläche eine unlösliche Schutzschicht von Bleicarbonat und -sulfat bilden, die eine weitere Einwirkung des Wassers auf das Blei verhindern.

Auf der Ausbildung einer dichten, porenfreien und festhaftenden Schutzschicht von Bleisulfat beruht auch die Anwendbarkeit des Bleis in der chemischen Industrie, für Apparate, die zur Handhabung und Aufbewahrung von Schwefelsäure dienen, wie Bleiröhren, Bleiauskleidungen für Beizbehälter, Bleikammern, Bleipfannen zur Konzentrierung von Schwefelsäure usw. Ein Gehalt von 0,1% Tellur erhöht die Beständigkeit des Bleis gegen Schwefelsäure noch wesentlich. Reines Blei wird auch zur Herstellung der Bleiplatten von Bleiakkumulatoren verwendet. Von verdünnter Salpetersäure wird Blei leicht gelöst, ebenso greifen konzentrierte Alkalilaugen, lufthaltige Essigsäure, lufthaltiges Wasser und frischer Kalkmörtel an. Blei läßt sich leicht, z. B. durch eine Wasserstoffflamme, autogen schweißen und löten.

Giftwirkung. Bemerkenswert ist, daß auch unlösliche Bleiverbindungen von der Haut allmählich aufgenommen werden und dann zu Vergiftungen führen können. Zahlreiche Vergiftungen treten bei Arbeitern auf, die viel mit Bleifarben, -röhren, -lettern usw. beschäftigt sind. Die Vergiftungen äußern sich in Darmkrämpfen, Lähmungserscheinungen, Darmkolik, Zahnausfall, Nervenerkrankungen usw. Schon seit langem ist die Giftwirkung des Bleis bekannt. Es wurde für unauffällige Giftmorde den Speisen entweder als Bleicarbonat oder als der süß schmeckende Bleizucker (Bleiacetat) zugesetzt.

Blei stellt das Endglied des radioaktiven Zerfalls von Uran und Thorium dar (s. S. 328) und sollte der Theorie zufolge je nach der Entstehung aus Uran oder Thorium ein verschiedenes Atomgewicht, nämlich 206, bzw. 208, aufweisen. Tatsächlich wurden in Uran- und Thoriumerzen zwei verschiedene Bleiisotope mit dem erwarteten Atomgewicht von 206 für Radiumblei und 208 für Thoriumblei gefunden. Das gewöhnliche, aus Bleierzen dargestellte Blei mit dem Atomgewicht 207,2 ist ein Gemisch verschiedener Bleiisotope mit dem Atomgewicht 206, 208, 210, 211, 212 und 214, die alle durch radioaktiven Zerfall entstanden sind.

2. Die Bleigewinnung.

Das wichtigste Bleierz ist der Bleiglanz, der in Form bleigrauer, metallisch glänzender, meist würfelförmiger Krystalle vorkommt. Ein ständiges Begleitmineral des Bleiglanzes ist der Silberglanz. Der Silbergehalt der Bleierze von etwa 0,01—0,2%, höchstens bis

1% Ag hat für die Silbergewinnung eine große Bedeutung (s. S. 401). Seltener ist das Weißbleierz oder Cerussit $PbCO_3$. Der Bleiglanz ist mit Schwefelverbindungen des Cu, Fe, Zn, Sb und As sowie quarziger Gangart verunreinigt.

Die Gewinnung des Bleis aus seinen Erzen wird nur auf trockenem Wege vorgenommen. Sie ist verhältnismäßig einfach, da schon beim bloßen oxydierenden Rösten bei 550—600° metallisches Blei erhalten werden kann. Bei diesem „Röstreaktionsverfahren" wird ein Teil des Bleisulfids zum Oxyd oder Sulfat oxydiert, die dann nach den Gleichungen: $PbS + PbSO_4 = 2\,Pb + 2\,SO_2$; $PbS + 2\,PbO = 3\,Pb + SO_2$ auf Bleisulfid einwirken. Das Verfahren ist jedoch nur für reine, hochwertige Bleierze oder Konzentrate mit etwa 70% Pb anwendbar und kann daher verhältnismäßig selten ausgeübt werden. Es wird in Herden oder Flammöfen durchgeführt, wobei aber nur etwa 80% des Bleis ausgebracht werden. Der Rückstand der Röstreaktionsarbeit wird im Schachtofen weiterverarbeitet.

Bleiarme Erze, wie sie fast die Regel darstellen, werden vielfach nach dem „Röstreduktionsverfahren" aufgearbeitet oder sie werden in eigenen Röstkonvertern durch Hindurchblasen von Luft oder auf eigenen Sinterröstmaschinen geröstet (Abb. 69 u. 70). Bei diesen wird das in dünner Schicht auf einem Fischgrätenrost ausgebreitete Erz-Kalk-Gemisch mittels einer Zündflamme angezündet und dann Luft (Saugzug) durch die Masse gesaugt. Es gibt Maschinen mit rundem drehbarem Tisch nach Schlippenbach und Sintermaschinen mit waagrechtem endlosem Röstband nach Dwight-Lloyd. In der Abb. 70 ist das Schema des Blei-Gewinnungsprozesses mit einer Sinterröstmaschine nach Dwight-Lloyd dargestellt.

Auf den Sinterröstmaschinen und in den Röstkonvertern, in die das Erz, gemischt mit Kalk und Kohle, aufgegeben sowie durch das Erzgemisch Preßluft hindurchgeblasen wird, spielen sich andere Reaktionen als beim Röstreaktionsverfahren ab, da die Erze viel verdünnter sind. Man erhält nicht Blei, sondern Bleioxyd und SO_2, das wie bei allen Röstverfahren sulfidischer Erze auf Schwefelsäure verarbeitet wird. Das Verblase-Röstverfahren wird immer mehr durch die Sinterröstung verdrängt, die wirtschaftlicher ist und größere Leistungen bei geringerem Brennstoff- und Arbeitsaufwand aufweist.

Das in den Konvertern oder auf der Sinterröstmaschine erhaltene bleioxydhaltige Produkt wird sodann in eigenen Schachtöfen mit Koks reduzierend verschmolzen, wobei metallisches Rohblei und eine bleifreie Schlacke erhalten werden. Die Reduktion erfolgt durch Kohlenstoff und Kohlenoxyd: $PbO + C = Pb + CO$; $PbO + + CO = Pb + CO_2$. Sie wird entweder im Pilzofen, der einen kreisrunden Querschnitt aufweist, oder im Wassermantelofen (Abb. 68) mit rechteckigem Grundriß durchgeführt. Mit eigenen Windformen wird Druckluft in das wassergekühlte Gestell des Ofens eingeblasen. Beim Pilzofen ist der Schacht gemauert, beim Wassermantelofen besteht er aus einem gemauerten Unterteil und einem aus einer Anzahl schmiede- oder gußeiserner Kästen bestehenden Schacht. Die abziehenden Rauchgase werden vom Bleirauch entweder in Sackfiltern oder auf elektrischem Wege in Cotrell-Möller-Anlagen (Abb. 18, 70) befreit.

Das gewonnene Werkblei muß noch von seinen Verunreinigungen As, Sb, Sn, Cu, Zn usw. durch ein oxydierendes Schmelzen im Flammofen gereinigt werden, wobei als Oxydationsmittel entweder der Luftsauerstoff oder Wasserdampf dient. Die oxydierten Verunreinigungen, der Schlicker und der Antimonabstrich werden abgezogen. Wismut und Silber bleiben im Blei. Falls genügend Silber im Blei enthalten ist, wird dieses entsilbert (s. S. 402). Die Verunreinigungen können auch durch Behandlung des geschmolzenen Bleis mit geschmolzenem Ätznatron entzogen werden, worauf mit Zink entsilbert wird. Das entsilberte Armblei enthält noch etwa ½% Zn und wird in Eisenkesseln mit Blechhaube unter Einblasen von Wasserdampf bei Dunkelrotglut durch Oxydation des Zinks von diesem befreit. Handels- oder Weichblei enthält 99,98% Pb.

Reinstes, auch wismutfreies und daher zur Herstellung von Bleifarben geeignetes Blei wird durch elektrolytische Raffination nach einem Verfahren von Betts gewonnen, wobei Bleianoden zwischen dünnen Reinbleikathoden in einem aus Bleifluorsilicat $PbSiF_6$ und Kieselfluorwasserstoffsäure H_2SiF_6 bestehenden Elektrolyten bei 30° und 1 Amp/qdm elektrolysiert werden. Da das Blei die Neigung besitzt, sich in Form von Dendriten niederzuschlagen, setzt man dem Bade ein Kolloid, wie Gelatine, zu, das kornverfeinernd und den Niederschlag glättend wirkt.

Organische oder auch anorganische Kolloide besitzen allgemein die Eigenschaft, bei der elektrolytischen Metallabscheidung kornverfeinernd zu wirken, weshalb man z. B. allen Bädern, aus denen glänzende Metallüberzüge abgeschieden werden sollen, in der Galvanotechnik derartige Zusätze macht.

Die Bleiproduktion betrug im Jahre 1937 etwa 1,9 Millionen t, wobei USA., Australien und Mexiko die wichtigsten Erzeuger waren.

Außer zur Herstellung von Bleiröhren, Ausfütterung von Beizbädern, Bleidächern, -kammern, Akkumulatorenplatten dient das Blei auch zur Erzeugung von Bleifarben, Bleilegierungen, Lagermetallen, Letternmetall usw.

3. Bleilegierungen.

Das hohe spez. Gew. des Bleis und seine schlechten Festigkeitseigenschaften erschweren die Anwendung des Bleis als Baumaterial, da man gezwungen ist, sehr dickwandig zu bauen. Die Legierungen des Bleis haben daher die Aufgabe, durch Verbesserung der mechanischen Eigenschaften an Metall zu sparen. So steigt die Härte des Bleis von 4,1 kg/qmm durch einen Zusatz von 10% Antimon auf 10,1 kg/qmm, von 1,5% Arsen auf 10,5 kg/qmm. Arsen wird daher als härtender Zusatz (0,5%) bei der Herstellung von Bleischrott verwendet. Legierungen des Bleis mit 14—23% Sb bezeichnet man als Hartblei oder Antimonialblei, die Legierung mit 15% Sb und einem geringen Zusatz von Zinn findet Verwendung als Lagermetall, eine solche mit 25% Sb, 5% Sn und 2% Mn als Letternmetall zur Herstellung von Buchdrucklettern. Tellurblei mit bis etwa 1% Te ist gegen Schwefelsäure besonders widerstandsfähig und wird daher in der Schwefelsäureindustrie zur Herstellung von Bleikammern benützt. Legierungen des Bleis mit Alkali- und Erdalkalimetallen, wie Li, Mg, Na, Ca und Ba, finden als Lagermetalle Verwendung, wobei z. B. das Lurgimetall 3% Ba, 0,5% Ca und 0,25% Na enthält. Die Blei-Zinn-Legierungen werden beim Löten als Weichlote benützt. Ternemetall enthält bis zu 50% Sn und wird als korrosionsschützender Überzug für Eisengegenstände verwendet, kann aber wegen der Giftigkeit des Bleis in der Nahrungsmittelindustrie das Zinn für Konservendosen nicht ersetzen.

4. Bleiverbindungen.

Blei tritt in seinen Verbindungen 2- und 4-wertig in Form von Plumbo- und Plumbiverbindungen auf. Im Gegensatz zum Zinn ist aber hier die 4-wertige Stufe die unbeständigere Form, die in die 2-wertige überzugehen trachtet und dabei Oxydationswirkungen auszuüben vermag.

a) Verbindungen des zweiwertigen Bleis.

Blei-II-Oxyd, Bleioxyd, Bleiglätte, Massicot, Plumbooxyd PbO (g, rhomb; r, hex; D_g 9,53; D_r 9,37; Fp 890°; Kp 1470°; Uwp r→g: 590°; L [r und g] 20°: $1{,}7 \cdot 10^{-2}$; l: SS, Alk) entsteht beim Schmelzen von Blei unter Luftzutritt und bildet sich z. B. in reichlichen Mengen bei der Treibarbeit des Silbers (s. S. 402). Die erstarrte Bleiglätte besitzt blättrige Krystallstruktur. Das technische Produkt wird nach dem Vermahlen entweder als Anstrichfarbe verkauft oder neuerlich auf Blei verarbeitet. Geschmolzenes Bleioxyd greift Glas und Porzellan unter Bildung von Bleisilicaten an und wird zur Darstellung von stark doppelbrechendem Krystallglas verwendet.

Bleisuboxyd Pb_2O stellt nur ein feines, grauschwarzes Gemenge von metallischem Blei und PbO dar. Es wird beim Oxydieren des Bleis unterhalb seines Schmelzpunktes als grauschwarzes Pulver erhalten und dient als Farbpigment.

Bleihydroxyd $Pb(OH)_2$ (fbl; amorph; zers bei Erhitzung; swl: W; l: SS, Alk) entsteht als weißer, flockiger Niederschlag beim Zusatz von Ammoniumhydroxyd zu Bleisalzlösungen. In Alkalien löst es sich unter Bildung von Plumbiten, z. B. Na_2PbO_2, auf, die als Beizen für Baumwolle Verwendung finden.

Bleisulfid PbS (s; reg; D 7,1; D [kryst] 7,5; Fp 1114°; L [gef] 18°: $8{,}6.10^{-5}$; L [kryst] 18°: $2{,}8.10^{-5}$) kommt in der Natur als Bleiglanz vor. Es bildet sich auch in schwefelwasserstoffhaltiger Luft aus anderen Bleiverbindungen, worauf z. B. das Nachdunkeln alter Ölgemälde beruht. Durch deren Behandlung mit verdünnter Wasserstoffperoxydlösung wird das PbS zum weißen $PbSO_4$ oxydiert, so daß alte Gemälde auf diese Weise wieder aufgehellt werden können. PbS sublimiert unzersetzt bei höheren Temperaturen als 800° bereits merklich.

Bleisulfat $PbSO_4$ (fbl; rhomb; monokl; D 6,20; Uwp 850°; Fp 1187°; L 17°: $4{,}2.10^{-3}$; l: Alk; nl: Al) kommt in der Natur als Anglesit vor und entsteht beim Zusammentreffen von PbO oder löslichen Bleiverbindungen mit Schwefelsäure oder Sulfaten als weißer, sehr schwer löslicher Niederschlag. Als Anstrichfarbe ist es wenig geeignet, da es durch den Schwefelwasserstoff der Luft geschwärzt wird.

Bleichromat $PbCrO_4$ (g; monokl; trimorph; D 6,12; Fp 844°; L 18°: $\sim 1.10^{-5}$; l: SS, Alk) wird durch Fällung von Bleisalzlösungen mit Alkalichromaten oder -bichromaten als gelber amorpher Niederschlag erhalten, der trotz seiner Giftigkeit und seiner verhältnismäßig geringen Beständigkeit als Malerfarbe Chromgelb häufig verwendet wird. Ein basisches Bleichromat $Pb(PbO)CrO_4$, das aus dem normalen Chromat durch Einwirkung von Alkalien entsteht, bildet die tiefrot gefärbte Malerfarbe Chromrot.

Bleiacetat, Bleizucker $Pb(C_2H_3O_2)_2 . 3\,H_2O$ wurde schon von den Alchemisten aus Bleicarbonat und Essigsäure dargestellt. Er schmeckt stark süß mit einem metallischen Nachgeschmack und besitzt eine schleichende giftige Wirkung. Mit Bleiacetat getränktes Papier flammt ganz besonders leicht auf. Bleiessig ist eine Auflösung von PbO in Bleiacetat und stellt eine Lösung von basischem Bleiacetat der wahrscheinlichen Zusammensetzung $Pb[Pb(OH)_2]_2(C_2H_3O_2)_2$ und $Pb(CH_3COO)(OH)$ dar.

Bleichlorid $PbCl_2$ (fbl; rhomb; D 5,85; Fp 598°; Kp 954°; L: 0,97; L 100°: 3,2) löst sich in konzentrierter Salzsäure unter Komplexbildung auf. Bleichlorid ist das einzige schwer lösliche Chlorid eines zweiwertigen Schwermetalls. Ein Gemisch von PbO und $PbCl_2$ ist die gelbe Malerfarbe Kasseler Gelb.

Basisches Bleicarbonat $2\,PbCO_3 . Pb(OH)_2$ (fbl; hex; D 6,14; zers $\sim$180°; nl: W, Al) war schon im Altertum als mineralischer Farbstoff *Bleiweiß* bekannt. Technisch wird es nach dem holländischen oder deutschen Verfahren hergestellt. Beim ersteren werden Bleispiralen in irdenen Töpfen, die mit Bleideckeln lose verschlossen sind und am Boden rohen Essig enthalten, in Pferdemist und ausgelaugte Gerberlohe eingestellt. Durch die Fäulnis des Mistes wird Kohlensäure entwickelt, die in den Topf eindringt und mit der Essigsäure, die durch die bei der Fäulnis des Mistes auftretende Erwärmung verdampft wurde, auf das Blei unter Bildung von basischem Bleicarbonat einwirkt. Eine Charge braucht einige Monate bis zur Umwandlung des Bleis in basisches Bleicarbonat.

Beim moderneren deutschen Verfahren werden in geschlossenen Kammern dünne Bleistreifen in der Wärme den Dämpfen von Essigsäure und CO_2 ausgesetzt, wobei die Umwandlung des Bleis in das basische Carbonat wesentlich rascher erfolgt. Das fertige Produkt wird noch gemahlen, geschlämmt und getrocknet oder noch feucht mit Öl verrieben.

Das nach dem alten holländischen Verfahren erhaltene Weiß besitzt die größere Deckkraft. Bleiweiß weist eine außerordentliche Brillanz, Deckkraft und gutes Haftvermögen auf, weshalb es trotz seiner Empfindlichkeit gegen Schwefelwasserstoff und Giftigkeit als weiße Maler- und Anstrichfarbe sehr beliebt ist. Das licht- und luftbeständige Lithopon (s. S. 381) verdrängt aber allmählich das Bleiweiß.

b) Verbindungen des vierwertigen Bleis.

Bleidioxyd, Plumbioxyd PbO_2 (br; tetr; D 9,375; dissoziiert bei Erhitzung; L 25°: 14,6.10⁻³; wl: SS), fälschlich auch Bleisuperoxyd genannt, enthält die beiden O-Atome unmittelbar an das Bleiatom gebunden, ist also ein Dioxyd: $Pb\langle^{\displaystyle /\!\!/ O}_{\displaystyle \backslash\!\!\backslash O}$, während echte Peroxyde, wie z. B. Bariumperoxyd BaO_2, zwischen den beiden O-Atomen eine Sauerstoffbrücke aufweisen: $Ba\langle^{\displaystyle / O}_{\displaystyle \backslash O}|$. Bleidioxyd entsteht bei der Elektrolyse von Bleisalzlösungen in saurer oder neutraler Lösung an der Anode als unlöslicher Niederschlag oder auf chemischem Wege aus Bleisalzlösungen mit Hypochloriten sowie in einer Schmelze von Bleioxyd PbO in Kaliumchlorat. Bleidioxyd ist ein kräftiges Oxydationsmittel, entzündet roten Phosphor oder Schwefel beim Reiben, dient als sauerstoffabgebender Stoff in den Köpfchen der Streichhölzer, zur Oxydation farbloser Leukoverbindungen zu den Farbstoffen usw. Es gibt seinen Sauerstoff sehr leicht, z. B. schon beim Erwärmen im Vakuum auf 140°, ab.

Akkumulator. Ausgedehnte Verwendung findet das Bleidioxyd in der Elektrotechnik zur Herstellung von Akkumulatoren. Akkumulatoren sind Speichereinrichtungen für elektrische Energie, die fallweise beliebig wieder entnommen werden kann. Eine der gebräuchlichsten Einrichtungen dieser Art ist der Bleiakkumulator, bei welchem zwischen Anoden aus Bleidioxyd, Kathoden aus gepreßtem Bleipulver und einer 30%igen Schwefelsäure als Elektrolyt folgende Vorgänge sich abspielen:

$$PbO_2 + Pb + 2\,H_2SO_4 \underset{\text{Aufladung}}{\overset{\text{Entladung}}{\rightleftarrows}} 2\,PbSO_4 + 2\,H_2O.$$

Bei der Entnahme von elektrischer Energie geht an der Anode das Bleidioxyd in Bleisulfat über, wobei als Zwischenprodukt Blei-IV-Sulfat, Plumbisulfat $Pb(SO_4)_2$ (kryst; g-weißes Pulver; W zers zu H_2SO_4, $PbSO_4$ und O_2) auftritt. Vierwertiges Blei geht somit in zweiwertiges über, während an der Kathode metallisches Blei in Plumboionen übergeführt wird ($PbSO_4$). Bei der Aufladung, bei der die Stromrichtung entgegengesetzt als wie bei der Entnahme von elektrischer Energie verläuft, wird wieder aus dem Bleisulfat an der Kathode Blei und an der Anode über das Plumbisulfat Bleidioxyd zurückgebildet.

Da bei der Entladung Schwefelsäure gebunden, bei der Aufladung aber wieder frei wird, sinkt das spez. Gew. bei der Aufladung und steigt bei der Entladung, so daß an Hand der Dichte der Schwefelsäure der Ladungszustand kontrolliert werden kann.

Zur Herstellung der Akkuplatten wird in ein gitterförmiges Bleigerüst einerseits ein Gemisch von gepulvertem PbO_2 und Pb_3O_4, andererseits nur pulverförmiges PbO eingepreßt, die mit einem Bindemittel zu einer Paste angeteigt wurden. Durch Aufladen und Entladen werden hierauf beide Platten formiert.

Im geladenen Zustande beträgt der Spannungsunterschied zwischen Anode und Kathode 2,04 V. Im stromlosen Zustande findet nur eine sehr geringe Entladung statt, da der Übergang des Bleischwammes in Bleisulfat trotz des negativen Potentials des Bleis von —0,13 V wegen der hohen Überspannung des Bleis für Wasserstoff nur äußerst langsam vor sich geht. Immerhin erfolgt die Umwandlung des Bleis, bzw. Bleidioxyds in Bleisulfat selbst beim Fehlen einer Stromentnahme mit ziemlicher Geschwindigkeit, so daß der Akkumulator in etwa 6—8 Wochen entladen ist. Die Spannung ist dann auf 1,85 V gesunken.

Das bei längerem Stillstand des Akkus gebildete, mehr krystallisierte Bleisulfat ist bei der Aufladung oft nur schwer in Blei, bzw. Bleidioxyd rückführbar, so daß der Akkumulator allmählich sulfatisiert, d. h. unbrauchbar wird, wenn er längere Zeit ohne Aufladung steht.

Eine weitere Entladung als bis auf eine Spannung von 1,85 V soll nicht erfolgen, da sonst durch Auflockerung des Gefüges der Bleidioxydplatte bei der Aufladung diese zerstört werden kann. Sind in der Schwefelsäure oder im Blei Verunreinigungen vorhanden, wie z. B. Platin oder Eisen, an denen die Überspannung des Wasserstoffes so weit erniedrigt wird, daß das Blei seinem Lösungsbestreben nachkommen kann, geht es auch im Ruhezustand unter Wasserstoffentwicklung in Lösung. Es geht dann nicht nur die Entladung des Akkus im stromlosen Zustande in wenigen Tagen oder Stunden vor sich, sondern es ist auch eine normale Aufladung nicht mehr möglich. Der Akku ist dann unbrauchbar geworden. Es darf daher zur Ergänzung der Schwefelsäure nur reinste, eisen- und von anderen Schwermetallen freie sog. Akkumulatorensäure verwendet werden. Auch an das zur Ergänzung des verdunsteten Wassers notwendige destillierte Wasser sind höchste Anforderungen hinsichtlich seiner Reinheit zu stellen.

Mennige, Minium Pb_3O_4 (r; Prismen; D 9,07; dissoziiert bei Erhitzung; nl: W; von HNO_3, Alk zers) stellt das Bleisalz der Orthobleisäure H_4PbO_4 dar, deren H-Atome durch 2-wertiges Blei ersetzt sind. Mennige entsteht beim Erhitzen von pulverigem, nicht krystallisiertem Bleioxyd oder Bleiweiß im Luftstrom auf etwa 500° C. Es kommt in einer schwarzen, unbeständigen und einer roten, beständigen Modifikation vor. Die wertvollere rote Modifikation erhält man durch Erhitzen der Ausgangsstoffe auf über 390°. Mennige stellt unser wertvollstes Rostschutzpigment für Farbanstriche dar. Mit den Fettsäuren der Farbstoff-Bindemittel bildet die Mennige Bleiseifen, die auf die Eisenoberfläche passivierend und daher korrosionsschützend wirken. Außerdem wirkt die Mennige auch als Sauerstoffüberträger für das Öl und begünstigt dadurch dessen Erhärtung und Filmbildung. Mennigeanstriche werden meist als Grundanstrich aufgebracht, worauf dann durch ein- oder zweimaliges Streichen die rotgefärbte Mennige in beliebigen Farben überdeckt wird.

Die tiefrote Farbe der Mennige wird durch das Vorhandensein zweier verschiedener Wertigkeitsstufen des Metalls im gleichen Molekül verursacht, wodurch erfahrungsgemäß konstitutive Färbungen hervorgerufen werden. Dies beruht darauf, daß zwischen den beiden verschiedenen Oxydationsstufen eine Deformation der Elektronenhüllen verbunden mit einer Lockerung der Elektronenbindung eintritt, wodurch die Elektronenbahnen vergrößert werden. Dadurch wird aber die Lichtabsorption der Verbindung stark erhöht, so daß eine Farbvertiefung eintritt.

Calziumorthoplumbat Ca_2PbO_4 entsteht aus PbO und CaO durch Erhitzen an der Luft als braunrotes Pulver. Auch in dieser Verbindung zeigt sich die Fähigkeit des Bleioxyds, mit Basen ähnlich wie Aluminiumhydroxyd oder Zinndioxyd Salze zu bilden.

Über Bleitetraäthyl s. S. 583.

Nachweis. Fällung mit Schwefelsäure; der weiße Niederschlag von $PbSO_4$ löst sich in Ammontartrat wieder auf; Zinn-II-Chlorid und Kaliumjodid ergeben eine orangerote Färbung bis Fällung.

XXXV. Wismut.

Symbol Bi (latein. Bismutum); Atomgewicht 209,0; Ordnungszahl 83; Schmelzpunkt 271,5°; Siedepunkt 1420° C; Dichte 9,80; Wertigkeit: III, V.

1. Eigenschaften.

Wismut (Tab. 24) ist ein ziemlich seltenes, ähnlich wie Silber, aber mit einem rötlichen Schimmer glänzendes Metall von ausgeprägt krystalliner Struktur. Es ist auch bei Raumtemperatur so spröde, daß es leicht pulverisiert werden kann. Wismut besitzt im geschmolzenen Zustande ein höheres spez. Gew. (10,055) als im festen (D 9,78), so daß ähnlich wie beim Wasser das feste Wismut auf seiner Schmelze schwimmt. Bei der Erstarrung dehnt sich daher das Metall aus, so daß feste Umhüllungen, wie Glaskugeln usw., gesprengt werden. Bei allen anderen Metallen ist das feste Metall schwerer als die Schmelze und sinkt daher in dieser unter. Die Leitfähigkeit des Wismuts für die Wärme und den elektrischen Strom ist so gering, daß man es fast zu den Halbmetallen rechnen könnte.

Die Härte des Wismuts ist nur gering. Seine chemische Beständigkeit gegen Wasser und verdünnte wässerige Salzlösungen ist ausreichend, von Säuren mit Ausnahme von Salzsäure wird es aber leicht aufgelöst. In Salzsäure bildet sich nämlich eine schützend wirkende Schicht von basischem, schwer löslichem BiOCl, das die Auflösung des Metalls verhindert. Wismut ist ungiftig und wird in Form des basischen Wismutnitrates $BiONO_3 . H_2O$ (fbl; kryst; swl: W; l: HNO_3) als mildes Darmdesinfektionsmittel verwendet. Beim Erhitzen an der Luft verbrennt Wismut zu einem braungelben Rauch von Bi_2O_3.

Reines Wismut wird wegen seiner Sprödigkeit technisch nicht benützt, sondern nur seine Legierungen, wobei für die Anwendung der besonders niedrige Schmelzpunkt dieser Legierungen, z. B. für Schmelzsicherungen, ihre Ausdehnung beim Erstarren zur Anfertigung von Klischees mit genauer Wiedergabe aller Feinheiten der Zeichnung usw., nicht aber ihre chemische Beständigkeit oder mechanischen Eigenschaften maßgeblich sind. Die technische Bedeutung des Wismuts ist nur gering.

2. Gewinnung.

Wismut kommt gediegen gemeinsam mit Nickel- und Kobalterzen vor, ferner als Wismutglanz Bi_2S_3 (s; amorph; rhomb; D 7,39; Fp 727°; L [gef] 18°: $1,8.10^{-5}$; swl: Alk; l: k SS) und deren Verwitterungsprodukt Wismutocker Bi_2O_3 (g, br; monokl, reg, rhomb; D 8,9; Uwp 704°; Fp 860°; Kp 1890°; nl: W; l: SS). Als Rohstoffe für die Wismutgewinnung kommen auch der wismuthaltige Bleiabstrich und die Bleiglätte vom Treibprozeß in Betracht. Der wichtigste Wismuterzeuger ist Bolivien.

Die Gewinnung des Wismut erfolgt gemeinsam mit der Verarbeitung von Nickel- und Kobalterzen. Nach einer oxydierenden Röstung zur Verflüchtigung von Arsen und Antimon wird mit Kohle reduzierend verschmolzen. Die Arbeitstemperatur darf nur niedrig sein, da Wismut und Wismutoxyd leicht flüchtig sind. Man erhält Rohwismut mit 94% Bi, etwas Sb, As und Pb sowie eine niedrig schmelzende Schlacke.

Wismuthaltige Bleiglätte vom Treibprozeß mit etwa 2% Bi wird vorerst durch zweimaliges Schmelzen mit Kohle im Schachtofen auf etwa 20% Bi angereichert und dann auf nassem Wege durch Auflösen in 15%iger Salzsäure, Abstumpfen der freien Säure und Hydrolyse des *Wismutchlorids* $BiCl_3$ (fbl; kryst; D 4,75; Fp 224°; Kp 447°; zers W; l: HCl, Aceton) mit viel Wasser nach $BiCl_3 + H_2O = BiOCl + 2\,HCl$ als *Wismutoxychlorid* BiOCl (fbl; tetr; D 7,72; nl: W; l: SS) abgeschieden. Das getrocknete Produkt wird mit Kohle reduziert.

Das Rohwismut kann von seinen Verunreinigungen durch Aussaigern auf geneigten Eisenplatten befreit werden, wobei reines Wismut abläuft. Auch durch Schmelzen mit Soda und Salpeter oder Salpeter und etwas Chlorat wird es gereinigt. Antimon wird durch Schmelzen mit Soda und Schwefel entfernt. Auch auf elektrolytischem Wege kann aus einer salz- oder salpetersauren Lösung reines Wismut erhalten werden.

3. Wismutlegierungen.

Wismut eignet sich zur Herstellung besonders niedrig schmelzender Legierungen. Rosesches Metall besteht aus 2 Teilen Bi, 1 Teil Pb und 1 Teil Sn (Fp 94°), Woodsche Legierung aus 7—8 Teilen Bi, 4 Teilen Pb, 2 Teilen Sn und 1—2 Teilen Cd (Fp 70°). Das Eutektikum der Legierung aus 15 Teilen Bi, 8 Teilen Pb, 4 Teilen Sn und 4 Teilen Cd schmilzt bei 60° (Lippowitzsche Legierung). Diese und ähnliche Legierungen dienen zur Herstellung von Sicherungen an elektrischen Leitungen, Schmelzpfropfen an Sprinkleranlagen usw. Eine Legierung aus gleichen Teilen Sn, Bi und Pb wird wegen ihrer Ausdehnung beim Erstarren zur Anfertigung von Klischees verwendet.

4. Wismutverbindungen.

Für die Wismutverbindungen ist ihre Schwerlöslichkeit in Wasser charakteristisch. Die 5-wertige Oxydationsstufe des Wismuts ist nur schwierig darzustellen, so daß das Wismut in seinen Verbindungen praktisch nur 3-wertig auftritt. Die Wismutverbindungen lösen sich nur in entsprechend konzentrierten Säuren auf. Beim Verdünnen mit wenig Wasser entstehen weiße Niederschläge von Bismutylsalzen mit dem Kation BiO˙ ($Bi^{\cdot\cdot\cdot} + H_2O \rightarrow \rightarrow BiO^{\cdot} + 2 H^{\cdot}$), mit viel Wasser basische Verbindungen wechselnder Zusammensetzung.

Wismuthydroxyd $Bi(OH)_3$ (fbl; D 4,36; zers 415°; L: $0{,}144.10^{-3}$; l: SS, Glyc) fällt als weißer Niederschlag beim Versetzen von Wismutsalzen mit Alkalien. Er ist im Überschuß der Fällungsmittel unlöslich, verliert beim Trocknen Wasser und geht dabei in BiO(OH) über. Wismuthydroxyd wird leicht, z. B. durch Traubenzucker, reduziert, wobei sich braunes bis schwarzes Metall abscheidet. Diese Reaktion wird in der Medizin zum Nachweis von Zucker im Harn verwendet.

Wismutnitrat $Bi(NO_3)_3 . 5 H_2O$ (fbl; trikl; D 2,83; zers 300°; zers mit W; l: Manitlösung, HNO_3, Acet) krystallisiert aus der eingeengten Lösung des Wismuts in Salpetersäure in Form sehr hygroskopischer Krystalle. Es wird zur Herstellung von Wismutpräparaten sowie in der Medizin zur Wundbehandlung oder innerlich (Darm- und Magenkatarrhe) in Form von basischem Wismutnitrat, Wismutbitannat (Tannismut), basisches Bigallat (Dermatol, Brandwunden) usw. verwendet.

Es sind auch Wismutverbindungen des 5-wertigen Wismuts bekannt, die sich von einer Wismutsäure $HBiO_3$ ableiten.

Nachweis. NaJ, KJ und CsCl, RbCl ergeben in stark salzsaurer Lösung eine rote Fällung bis Färbung.

XXXVI. Vanadin.

Symbol V; Atomgewicht 51,0; Ordnungszahl 23.

Vanadin (2-, 3-, 4-, 5-wertig; grau; D 5,7; Fp 1726°; Kp 3000°; nl: W, HCl, Alk; l: HF, k h H_2SO_4, HNO_3) ist ein sehr hartes, graues, eisenähnliches Metall, das für die Stahl- und Hartmetallherstellung technisch bedeutsam ist. Es kommt in der Natur wohl weitverbreitet, jedoch immer nur in sehr geringen Mengen von einigen 0,001—0,01% als Begleiter der Eisenerze, Tone, Basalte, im Ackerboden usw. vor. Die Darstellung des Metalls bereitete längere Zeit große Schwierigkeiten, da die meisten Reduktionsmittel, wie Kohlenstoff, nur bis zum metallisch aussehenden Oxydul VO führen.

Die Darstellung des Vanadins kann nach dem Thermitverfahren (s. S. 337) aus dem Oxyd oder durch Reduktion des Fluorids mit Natrium erfolgen. Rohstoffe sind das Vanadin-Bleierz (Vanadinit $Pb_5Cl(VO_4)_3$) und der Patronit (das *Vanadinsulfid* VS_4 [gr-s; amorph oder kryst; D 4,00; swl: W, SS, Alk; l: k H_2SO_4, HNO_3]), die auf *Vanadinpentoxyd* V_2O_5 (g-r; rhomb; D 3,32; Fp 658°; zers 1750°; LM: $0{,}5.10^{-2}$; l: Alk) verarbeitet werden.

Technisch kann das Metall auch in Form einer Eisenlegierung

bei der Eisenherstellung aus den vanadinreichen, sauer erschmolzenen Roheisensorten (s. S. 461) gewonnen werden. Beim Frischen des Roheisens bei der Stahlverarbeitung wird das Vanadin als Oxyd V_2O_5 verflüchtigt und als Flugstaub gewonnen. Aus diesem wird dann durch Reduktion mit Kohle im Elektroofen bei Gegenwart von Eisenoxyd oder -schrott eine hochprozentige Fe-V-Legierung, das Ferrovanadin, mit etwa 30% V hergestellt. Da das Vanadin zum überwiegenden Teile ohnedies in der Stahlindustrie verwendet wird, wobei somit der Eisengehalt des Vanadins nicht stört, verzichtet man auf die schwierige Reindarstellung des Metalls und wendet dieses nur in Form des Ferrovanadins an. Aus den gleichen Gründen werden auch Eisenlegierungen von anderen technisch nur sehr schwierig in reinem Zustande gewinnbaren Metallen, wie Cr, Nb, Ta, Mo, U usw., hergestellt. Sie werden gleichfalls vorwiegend in der Stahlindustrie benötigt und aus den entsprechenden Oxyden aluminothermisch oder mit Kohle und Eisenoxyd im Elektroofen hergestellt.

Eine besondere Bedeutung hat das Vanadin als Legierungskomponente in Edelstählen, da es ein sehr hartes Vanadincarbid VC bildet, dessen Härte nach Mohs größer als 9 ist. Es erhöht daher schon in geringen Zusätzen von einigen $^1/_{10}$% bis 1% die Härte und Verschleißfestigkeit des Stahles. In Schnelldrehstählen, die bis zu 20% Wolfram enthalten, vergrößern 1—2% V die Dauerstandsfestigkeit und Schneidhaltigkeit des Stahles bei hohen Temperaturen.

1. Hartmetalle.

Eingebettet in Eisen, Nickel, insbesondere aber in Kobalt und deren Legierungen wird Vanadincarbid VC und -nitrid VN neben anderen Hartcarbiden, -nitriden und -boriden der Metalle der 4., 5. und 6. Gruppe des periodischen Systems der Elemente in den sog. Hartmetallen zur Herstellung von Werkzeugen zur Bearbeitung von harten Materialien, wie Stahl, Porzellan, Glas usw., verwendet. Das bekannte Hartmetall Widia besteht z. B. aus einer Legierung von Wolframcarbid WC mit 5% Kobalt. Seine Härte liegt zwischen der des Korunds und Diamanten (9,6—9,8). Die Dichte beträgt etwa 15,2, die Brinellhärte 1500 kg/qmm, die Festigkeit 150—180 kg/qmm, der E-Modul 60.000 kg/qmm, der thermische Ausdehnungskoeffizient $6{,}0.10^{-6}$ zwischen 20 und 400° C.

Mit Werkzeugen, deren Schneiden aus Hartmetallen bestehen, kann man nicht nur höhere Schnittgeschwindigkeiten einhalten, sondern auch eine längere Betriebsfähigkeit der Werkzeuge erzielen. Wegen des hohen Preises und der schwierigen Bearbeitbarkeit der Hartcarbide (bloß Diamant, Siliciumcarbid und Korund sind dazu geeignet) besteht bloß die Schneide dieser Werkzeuge aus Hartmetallformstücken, während der übrige Werkzeugschaft aus gewöhnlichen Werkzeugstählen verfertigt wird.

Die Fertigung von Massengütern aus harten Materialien durch Drehen, Bohren, Fräsen usw. wäre ohne die Erfindung der Hartmetalle nicht möglich gewesen. Die Hartmetalle behalten ihre Schneidfähigkeit auch noch bei Dunkelrotglut bei. Auch die Oberflächengüte der bearbeiteten Gegenstände ist eine sehr hohe und wird nur durch die Bearbeitung mit dem Diamanten übertroffen. Die Leistungen der Hartmetalle übertreffen jene der früheren Werkzeuge um ein Vielfaches.

Die große technische Bedeutung dieser Höchstleistungswerkzeuge für Zerspannungsarbeiten wird durch die besonderen mechanischen und physikalischen Eigenschaften der Hartmetalle bedingt, deren wichtigste in der Tab. 39 angeführt sind.

Tab. 39. Härte und Schmelzpunkte von Hartmetallen.

Carbide			Nitride			Boride		
Hartstoff	Härte n. Mohs	Fp abs.	Hartstoff	Härte n. Mohs	Fp abs.	Hartstoff	Härte n. M.	Fp abs.
TiC	8–9	3410 ± 90	TiN	8–9	3220 ± 50	Ti-Borid	9	
ZrC	8–9	3805 ± 125	ZrN	8	3255 ± 50	Zr- „	9	3265 ± 50
VC	9–10	2850	VN	9–10	2050	V- „	9	
NbC	9	3770 ± 125	NbN	8				
TaC	9	4150 ± 140	TaN	8	3090			
Mo_2C	7–9	2960 ± 50						
MoC	7–8	2965 ± 50						
W_2C	9–10	3140 ± 50				W- „		3195 ± 50
WC	9	3140 ± 50						
HfC	9	4160 ± 150				Hf- „		3335 ± 50

2. Vanadinverbindungen.

In seinen Verbindungen tritt das Vanadin 2-, 3-, 4- und 5-wertig auf, wobei die 5-wertige Oxydationsstufe die beständigste und wichtigste ist. Die niedrigeren Vanadinverbindungen oxydieren sich schnell und stellen daher teilweise kräftige Reduktionsmittel dar. Ihre Lösungen sind meist lebhaft gefärbt, z. B. $VSO_4 . 7\,H_2O$ rotviolett, VCl_4 braunrot, der Kalium-Vanadinalaun $KV(SO_4)_2 . 12\,H_2O$ violett usw. Beim Glühen der niederen Oxyde an der Luft entsteht das braunrote V_2O_5. Es vermag in Gläsern die ultravioletten Strahlen vollständig zu absorbieren und wird daher zur Herstellung von Schutzgläsern (z. B. für Schweißarbeiten) verwendet. Vom Vanadinpentoxyd leiten sich ebenso wie vom Phosphorpentoxyd als Anhydrid mehrere Säuren, nämlich Orthovanadinsäure H_3VO_4, Metavanadinsäure HVO_3 und Pyrovanadinsäure $H_2V_2O_6$, und von diesen eine Reihe von farblosen Salzen ab. Sie bilden beim Versetzen mit Wasserstoffperoxyd rot gefärbte Peroxyvanadinsäure HVO_4, welche Reaktion zur Identifizierung des Vanadins dienen kann. Die niedrigen Oxydationsstufen des Vanadins entstehen durch Reduktion von Vanadaten mit Zink in saurer Lösung. Der leichte Wertigkeitswechsel der Vanadinsalze befähigt sie, als Sauerstoffüberträger (Katalysator) gut brauchbar zu sein.

Natriumvanadat $NaVO_3$ entsteht beim Auslaugen von vanadinhaltiger Hochofenschlacke und bildet auch ein Zwischenprodukt zur Gewinnung des Metalls. Das Vanadincarbid VC (Tab. 39) erhält man beim Glühen von V_2O_5 mit der berechneten Menge Kohlenstoff im Kohletiegel bei etwa 2800° C. Besser als diese durch Schmelzen erzeugten Hartcarbide sind die durch bloße Sinterung unter hohem Druck hergestellten Sintercarbide, da sie nicht nur sehr fest, sondern auch nicht krystallisiert sind. Auch ist das Herstellungsverfahren nicht an so hohe Temperaturen wie der Schmelzprozeß gebunden.

Wegen seiner außerordentlich hohen Härte und guten Temperaturbeständigkeit dient Vanadincarbid als härtender Bestandteil in Hartmetallen (s. S. 428) und Schnelldrehstählen. Ebenso wie das Carbid wirkt auch das hoch schmelzende Vanadinnitrid (D 5,75; Fp 2050°).

Nachweis. 1% H_2O_2, starke H_2SO_4, ergibt beim Tüpfeln eine rote Färbung; Dimethylglyoxim (1% in Alkohol) und Ferrichlorid (1% in Al) ergeben in ammoniakalischer Lösung eine rote Färbung.

XXXVII. Niob.

Symbol Nb; Atomgewicht 93,5; Ordnungszahl 41.

Niob (2-, 3-, 4-, insbes. 5-wertig; stahlgrau; D 8,56; Fp 1950°; Kp 2900°; nl: SS, Königsw; l: HF) ist ein selten vorkommendes, glänzendes, hellgraues Metall, das selbst von Königswasser nicht aufgelöst wird. In England wird es auch heute noch Columbium, Symbol Cb, genannt. Niob ist an der Luft und in allen wässerigen Lösungen vollkommen beständig. Das reine metallische Niob besitzt die Härte des weichen Eisens, läßt sich aber noch schmieden, walzen und schweißen. Die Härte des Niobs wird aber durch Carbid- und Nitridbildung ganz außerordentlich gesteigert (Tab. 39), so daß es ähnlich wie V-, W- und Ta-Carbid zu hochwertigen Schneidwerkzeugen zur Bearbeitung sehr harter Materialien verwendet werden kann (s. S. 428).

Das wichtigste Mineral zur Darstellung des Niobs ist der Niobit, ein Niob-, Tantal-, Eisen- und Manganoxyd enthaltendes, im Granit vorkommendes Erz. Über die Hydrosulfate und Doppelfluoride des Kaliums (K_2TaF_7 ist schwer, K_2NbF_7 leicht löslich) stellt man das Oxyd Nb_2O_5 und daraus im elektrischen Ofen mit Kohle und Eisenoxyd Ferroniob, bzw. Ferrotantal her. Das reine Niob kann aus dem Oxyd auf aluminothermischem Wege gewonnen werden. Meist gelingt die Trennung des Niobs vom Tantal nur sehr unvollkommen, so daß reines Niob, bzw. Tantal, bzw. deren Verbindungen nicht nur schwierig darstellbar, sondern auch in der Technik kaum anzutreffen sind.

In seinen Verbindungen tritt das Niob meist 5-wertig auf. Von diesen sind nur das Carbid und Nitrid zur Herstellung von Hartmetallen von Bedeutung (s. S. 428). Das Carbid wird durch Erhitzen von Niobtrioxyd Nb_2O_3, das aus dem Pentoxyd Nb_2O_5 durch Reduktion mit Wasserstoff erhalten wurde, mit Kohle, das Nitrid durch Erhitzen eines Oxyd-Kohle-Gemisches im Stickstoffstrom erhalten.

Niobpentoxyd Nb_2O_5 (fbl; rhomb; D 4,4; Fp 1520°; nl: W, SS, Alk) löst sich in Alkalien zu weiß gefärbten Niobaten. Niob-V-Fluorid NbF_5 (fbl; monokl; D 3,29; Fp 75,5°; Kp 225°; l: W, Al; wl: CS_2, Chlf) bildet farblose Nadeln, Niob-V-Chlorid $NbCl_5$ (g; Fp 194°; Kp 240,5°; zers W; l: k HCl, Al, Ae) gelbe Nadeln. Niobhydroxyd $Nb(OH)_5$ ist ein weißer, amorpher, in Wasser und Säuren unlöslicher, aber in Alkalien löslicher Stoff.

Nachweis. Weißer Niederschlag mit NaOH; orangerote Färbung mit Gallussäure (Gerbsäure) und HCl.

XXXVIII. Tantal.

Symbol Ta; Atomgewicht 181,5; Ordnungszahl 73.

Tantal (2-, 3-, 4-, insbes. 5-wertig; D 16,65; Fp 3029°; Kp 4100°; nl: W, SS, Königsw) besitzt große Ähnlichkeit mit dem Niob, übertrifft es jedoch durch seine größere Duktilität, Elastizität und den bedeutend höheren Schmelzpunkt, der bei 3029° C liegt. Beim Erhitzen an der Luft verbrennt aber Tantal unter heller Lichterscheinung zum weißen Oxyd Ta_2O_5. Tantal ist gegen alle chemischen Reagentien, selbst gegen Königswasser, ausgenommen Flußsäure, beständig. Da seine elektrische Leitfähigkeit sehr hoch ist und es sich auch mit anderen Metallen, wie z. B. Zink und Cadmium, nicht legiert, übertrifft es als Kathodenmaterial sogar das Platin. An der Anode bildet sich auf dem Tantal eine passivierende und elektrisch nicht leitende Deckschicht von dunkelblauem Oxyd Ta_2O_4 aus. Durch Aufplattieren von nur 0,0025 mm dicken Platinfolien lassen sich aber die Eigenschaften des Platins als Anodenmaterial bei Anwendung des Tantals als Trägermetall für Elektroden kombinieren, wobei wegen des nur etwa 10% des Platins betragenden Tantalpreises beträchtliche wirtschaftliche Ersparnisse zu erzielen sind. Die Anoden zur Herstellung von Wasserstoffperoxyd aus Perschwefelsäure oder Persulfaten (s. S. 47) bestehen z. B. aus auf Tantal aufplattiertem Platin.

Tantal läßt sich auch zu sehr dünnen Drähten ausziehen und wurde daher früher zur Herstellung von elektrischen Glühlampen verwendet, wurde aber auf diesem Gebiete durch das Wolfram verdrängt. Tantalbleche werden auch in elektrolytischen Gleichrichtern mit Akkumulatorensäure und 1% $FeSO_4$ als Elektrolyt verwendet.

Gewinnung. Das Ausgangsmaterial für die Darstellung des Tantals ist der Tantalit, der in seiner Zusammensetzung dem Niobit sehr ähnlich ist (s. S. 430), aber nur mehr Tantal als Niob enthält. Die Gewinnung des Tantals ist jener des Niobs sehr ähnlich. Auch die Tantalverbindungen entsprechen in ihren Eigenschaften weitgehend den betreffenden Niobverbindungen. Neben metallischem Tantal wird auch Ferrotantal aluminothermisch, durch Reduktion mit Natrium oder im elektrischen Ofen durch Reduktion des Tantaloxyds mit Kohle gewonnen.

Von den Tantalverbindungen haben wieder das hoch schmelzende, sehr harte Carbid TaC und Nitrid (Tab. 39) TaN für die Herstellung von Hartmetallen (s. S. 428) Bedeutung. Vom Tantalpentoxyd Ta_2O_5 (fbl; rhomb; D 8,735; zers 1470°; nl: W, SS; langsam l: HF) leiten sich ebenso wie beim Niob Orthotantalsäure H_3TaO_4, Metatantalsäure $HTaO_3$ und Pyrotantalsäure $H_4Ta_2O_7$ und verschiedene kompliziert zusammengesetzte Polysäuren sowie deren Salze ab. Von Halogenverbindungen sind bekannt das Fluorid TaF_5 (fbl; tetr?; D 4,74; Fp 96,8°; Kp 229,5°; l: W, Fluoridlösungen) (unter Komplexbildung) und das Chlorid $TaCl_5$ (hgr; D 3,68; Fp 221°; Kp 241,6°; zers W; l: Al).

Nachweis. Weißer Niederschlag mit KF und HF in starker Flußsäurelösung; Digallussäure (Tannin) und Ammoniumoxalat (gesätt. wässerige Lsg) in neutraler oder schwach ammoniakalischer, Ammonchlorid enthaltender Lösung gibt eine Gelbfärbung.

XXXIX. Chrom.

Symbol Cr; Atomgewicht 52,01; Ordnungszahl 24; Schmelzpunkt 1560—1570°; Siedepunkt 2200°; Dichte 7,1; Wertigkeit: II, III, VI.

1. Eigenschaften.

Chrom (Tab. 24) ist ein weißes, etwas bläulich glänzendes, sehr hartes Metall, das in reinem metallischem Zustande vorwiegend nur zu Verchromungen gebraucht wird. Chrom ist an der Atmosphäre und in wässerigen alkalischen oder neutralen Lösungen sehr beständig, was auf eine unsichtbare, dünne, porenfreie und chemisch beständige Chromoxyd-Schutzschicht zurückzuführen ist. Diese versetzt das Chrom in den Zustand der Korrosionspassivität. Auf der Fähigkeit des Chroms, passivierend wirkende Oxydschichten zu bilden, beruht auch seine technisch sehr wertvolle Eigenschaft, bei Gehalten über 13% dem Eisen Korrosionspassivität zu verleihen, d. h. es korrosionsbeständig und rostfrei zu machen. In allen rostbeständigen Stählen sind daher mehr als 13% Chrom enthalten.

2. Passivität.

Von Salpetersäure wird Chrom nicht angegriffen, da diese gleichfalls passivierend wirkt. Salz- und Schwefelsäure lösen es jedoch auf. An der Unlöslichkeit des Chroms und Eisens in konzentrierter Salpetersäure wurden erstmalig die Erscheinungen der Passivität beobachtet und studiert. Die Passivität ist stets auf die Ausbildung einer unlöslichen, dichten und festhaftenden Deckschicht auf dem Metall zurückzuführen. Im passiven Zustande bleiben die normalen Reaktionen des aktiven Metalls aus und es verhalten sich auch unedle Metalle wie Edelmetalle, was sich z. B. an ihrer Unlöslichkeit und dem um etwa 1—1,5 V edleren Metallpotential zu erkennen gibt.

3. Verchromung.

Chrom ist sehr hart, so daß seine Bearbeitung im reinen Zustande sehr schwierig ist. Seine Sprödigkeit verhindert das Pressen, Ziehen, Walzen usw., so daß das Chrom nur als Überzugsmetall rein, sonst nur im legierten Zustande verwendet werden kann. Die Dicke einer normalen dekorativen Verchromung beträgt auf einer 0,025 mm dicken Nickelzwischenschicht nur 0,0005 mm, für Rostschutzzwecke 0,0025 mm, für Hartverchromung 0,02—0,4 mm. Die dünnen Chromschichten sind nicht porenfrei, so daß die dickere Nickelschicht den Korrosionsschutz übernehmen muß. Die dickeren Hartchromschichten sind jedoch porenfrei und können daher unmittelbar auf Eisen aufgebracht werden. Die Hartchromschicht dient zur Herstellung von maßhaltigen Werkzeugen, wie Lehren, Meßinstrumenten, Auskleidung von laufbeständigen Zylinderbohrungen usw. Der Elektrolyt für die Verchromung ist eine 25—40%ige Lösung von Chromsäure H_2CrO_4, die 1%, bezogen auf die Chromsäure, Schwefelsäure enthält. Die Stromausbeute beträgt nur etwa 15%, ein in der Galvanotechnik einzig dastehender Fall.

4. Darstellung.

Wegen der ungünstigen Bearbeitungsmöglichkeit des metallischen Chroms wird reines Chrom technisch nicht erzeugt. Bei der Reduktion von Chromoxyd Cr_2O_3 mit Kohlenstoff bei hohen Temperaturen erhält man kein reines Chrom, sondern wegen der starken Affinität des Chroms zum Kohlenstoff durch Bildung verschiedener Carbide ein stark mit Kohlenstoff verunreinigtes Metall. Da der größte Teil des Chroms in der Stahlindustrie zur Erzeugung von Chromstählen dient, die härter, zäher und korrosionsbeständiger als gewöhnlicher Stahl sind, wobei das Eisen als Begleitmetall nicht stört, wird auch das Chrom ebenso wie V, Nb, Ta,

Mo usw. meist in Form von Ferrochrom durch Reduktion mit Kohle im elektrischen Ofen (bis 60% Cr) oder Hochofen (bis 12% Cr) gewonnen. Ferrochrom wird nach seinem Kohlenstoffgehalt, der 0,3, 1 oder 7,5% C beträgt, bewertet.

Als Ausgangsmaterial der Ferrochromerzeugung dient der Chromit oder Chromeisenstein mit bis zu 70% Cr, $Cr_2[FeO_4]$, der zur Spinellgruppe zu zählen ist. Er wird in Europa in Griechenland, Jugoslawien, ferner in Kleinasien, im Ural, Neukaledonien, Südafrika, Rhodesien usw. gefunden. Die Weltproduktion an Chromeisenstein beträgt jährlich etwa 1,200.000 t, wovon ein erheblicher Anteil zur Erzeugung von feuerfesten Steinen (s. S. 354) für Hochofengestelle verwendet wird. Aus dem Chromeisenstein werden aber auch sämtliche Chromverbindungen hergestellt. Zu diesem Zwecke wird das feingepulverte Chromerz mit gebranntem Kalk im Flamm- oder Drehrohrofen mit oxydierender Flamme erhitzt, wobei sich das Calziumchromat bildet. Dieses wird mit Wasser ausgelaugt und mit Sodalösung zu Natriumchromat umgesetzt. Aus dem Natriumchromat werden dann die übrigen Chromverbindungen hergestellt.

Legierungen mit überwiegendem Chromgehalt werden außer Ferrochrom wegen ihrer ungünstigen technischen Verarbeitungsmöglichkeit in der Technik nicht hergestellt. Das Chrom wird vielmehr nur als ein die Härte, Zähigkeit und Korrosionsbeständigkeit verbessernder Legierungsbestandteil zu anderen Metallen, wie Eisen, zugesetzt.

5. Chromverbindungen.

Das Chrom tritt in seinen Verbindungen 2-, 3-, 6- und 7-wertig auf. Die 2-wertigen *Chromosalze* sind unbeständig und wirken sehr stark reduzierend, da sie begierig Sauerstoff aufnehmen und sich in höhere Oxydationsstufen umzuwandeln streben. Die größte technische Bedeutung besitzen die Verbindungen des 6-wertigen Chroms, wie die Chromsäure und die Chromate, die kräftige Oxydationsmittel darstellen und zum Ansetzen der Chrombäder, Herstellung der Chromfarben usw. dienen.

Alle Chromverbindungen sind giftig. Schon das dauernde Einatmen von fein verstäubten chromhaltigen Stoff- oder Lederteilchen führt zu Zerstörungen der Nasenscheidewände, welche Erkrankung öfters bei Näherinnen beobachtet wurde.

a) Zweiwertige Chromverbindungen.

Chrom-II-Chlorid, Chromchlorür $CrCl_2$ (fbl; hex; D 2,75; Fp 824°; sl: W) entsteht aus stark salzsaurer Lösung von Chrom-III-Chlorid $CrCl_3$ durch Reduktion mit Zink: $2\,CrCl_3 + Zn = 2\,CrCl_2 + ZnCl_2$, oder durch elektrolytische Reduktion an der Kathode. Es ist ein starkes Reduktionsmittel, absorbiert begierig Sauerstoff und wird dadurch wieder zum Chrom-III-Salz oxydiert. Chrom-II-Chlorid oxydiert sich sogar bei Luftabschluß durch das Lösungswasser, wobei Wasserstoff frei und Chromisalz gebildet wird.

Elektrolytische Oxydation und Reduktion. Am Beispiele des Chroms möge die elektrolytische Oxydation und Reduktion besprochen werden. Bei der Reduktion wird vom Metall, bzw. dem Radikal aus der Kathode ein Elektron aufgenommen und dieses dadurch in die um eins niedrigere Wertigkeitsstufe übergeführt: $Cr^{\cdot\cdot\cdot} + \ominus \rightarrow Cr^{\cdot\cdot}$. Der umgekehrte Vorgang, nämlich die elektrolytische Oxydation, kann an der Anode vorgenommen werden und wird technisch z. B. zur Regeneration der Chromsäure durchgeführt. Dabei werden drei Elektronen dem Chrom-III-Ion entzogen und an der positiv geladenen Anode neutralisiert, so daß 6-wertiges Cr^{VI}-Ion entsteht: $Cr^{3+} - 3 \ominus \rightarrow Cr^{6+}$.

Diese elektrolytische Reduktion, bzw. Oxydation ist dadurch möglich, daß die verschiedene Wertigkeit eines Metalls oder Radikals nur durch die Anzahl der Elektronen bestimmt ist, die in der äußersten Schale des Atoms sitzen (s. S. 98). Das positiv geladene Metallion ist ja aus dem elektrisch neutralen Metallatom durch den Austritt eines oder (je nach der Wertigkeit) mehrerer negativer Elektronen aus der äußeren Elektronenschale entstanden. Durch verschiedene elektrochemische Polarisierung kann man nun einem positiv geladenen Metallion an der Kathode ein negatives Elektron zuführen und dadurch den Anteil an positiven Ladungen verringern, während umgekehrt an der Anode dem Metallion weitere negativ geladene Elektronen entzogen und dadurch die positive Ladung des Metallions oder Radikals erhöht wird. An der Kathode kann das Metallion durch Zufuhr von Elektronen bis zum Metall reduziert, an der Anode durch Entzug von Elektronen das Metall in Ionenform übergeführt, d. h. aufgelöst werden.

Auch die Reduktion mittels Zink ist durch Austausch von Elektronen zu erklären, da aus dem neutralen Zinkatom 2 Elektronen an 2 Chromi-III-Ionen abgegeben werden, wodurch das nur zweifach positiv geladene Chromoion entsteht.

b) Verbindungen mit dreiwertigem Chrom.

Chrom-III-Oxyd, Chromioxyd Cr_2O_3 (gr; hex; D 5,21; Fp 1990°; nl: W, SS, Alk) entsteht als beständigstes Chromoxyd beim Glühen von Chromhydroxyd $Cr(OH)_3$ und den höheren Sauerstoffverbindungen des Chroms. Es dient zur Grünfärbung von Alkali-Kalk-Gläsern, in denen es sich leicht auflöst. Chromioxyd wird beim Abrauchen mit Schwefelsäure, d. h. Erhitzen der schwefelsauren Lösung bis zur Entwicklung von SO_3, sowie beim Schmelzen mit Alkalibisulfat in Chromsulfat, mit Alkalien, wie Soda und Salpeter (als Oxydationsmittel), in Natriumchromat übergeführt.

Chrom-III-Hydroxyd, Chromihydroxyd $Cr(OH)_3$ (v; amorph; nl: W; l: SS, Alk) fällt aus den Lösungen von Chrom-III-Lösungen durch Zusatz von Alkalien oder Ammoniumhydroxyd in Form graugrüner Flocken aus. Im Überschuß der Alkalien ist es unter Bildung von Alkalichromiten löslich, verhält sich also amphoter. Der Chromeisenstein (s. o.) stellt gleichfalls ein Chromit des Eisen-II-Oxyds dar. In Form eines Hydrates $2\,Cr_2O_3 \cdot 3\,H_2O$ bildet das Chromhydroxyd die Malerfarbe Chromgrün oder Guignetsgrün.

Die Ähnlichkeit des Chroms mit dem Aluminium zeigt sich in den 3-wertigen Chromsalzen, von denen z. B. der *Chromalaun* $KCr(SO_4)_2 \cdot 12\,H_2O$ (v; reg; D 1,83; Fp 89°; L: 11,1; nl: Al) ähnlich wie der Aluminiumalaun in regulären Oktaedern krystallisiert. Die Krystalle zeigen je nach der Richtung des einfallenden Lichtes oder der Durchsicht verschiedene Färbungen von violett nach grün, welche Eigenschaft allgemein Dichroismus genannt wird. Der Chromalaun wird in größeren Mengen aus der bei der Oxydation des Anthracens mittels Chrom-Schwefelsäure (eine Mischung von Kaliumbichromat und starker Schwefelsäure) anfallenden Mutterlauge gewonnen und dient in der Gerberei zur Herstellung des Chromleders (s. S. 661).

Chrom-III-Chlorid, Chromichlorid $CrCl_3$ (v; rhomboedr; D 2,92; Fp 1150°; subl 1300°; nl: W, Al; l: W unter Zusatz von Katalysatoren) wird wasserfrei beim Erhitzen von Cr_2O_3 mit Kohle im Chlorstrom erhalten. Das in Wasser unlösliche Salz löst sich aber in Gegenwart einer Spur eines Chrom-II-Salzes stürmisch zum dunkelgrünen komplexen Dichloro-Tetraquo-Chrom-III-Chlorid $[CrCl_2(H_2O)_4]Cl \cdot 2\,H_2O$ (gr; rhomb; D 2,76; Fp 83°; Kp 1200—1500°; L 35°: ~36,9; Löslichkeit ändert sich durch Isomerisationsgleichgewicht) auf, ein interessantes Beispiel einer heterogenen Katalyse.

Auch das Sulfat des 3-wertigen Chroms *Chrom-III-Sulfat, Chromisulfat* $Cr_2(SO_4)_3 \cdot 18\,H_2O$ (v; reg; D 1,86; L: ~55; Löslichkeit hängt vom inneren Gleichgewicht der Isomeren ab) ist in wässeriger Lösung komplex als $[Cr(SO_4)_2(H_2O)_4]SO_4 \cdot 4\,H_2O$ gelöst. Sowohl vom komplexen Chlorid, bzw. Sulfat kann nur $^1/_3$ des Chlors mit Silbernitrat, bzw. des Sulfats mit Bariumchlorid gefällt werden. Das Sulfat wird in der Färberei als Beize sowie zum Gerben von Häuten verwendet. Chrom-III-Sulfat besitzt die Fähigkeit, auf Leim, Gelatine, Eiweiß usw. härtend zu wirken.

c) Verbindungen des sechswertigen Chroms.

Chrom-VI-Oxyd, Chromsäureanhydrid CrO_3 (r; rhomb; D 2,70; Fp [zers] 198°; L: ~63; l: Ae) fällt aus konzentrierten Lösungen von Alkalichromaten nach einem Zusatz starker Schwefelsäure in Form von karmoisinroten Krystallnadeln aus, die sehr leicht löslich sind und schon an feuchter Luft zerfließen. Dabei entsteht wahrscheinlich die stark dissoziierte und daher kräftig sauer reagierende karmoisinrote Trichromsäure: $3\,CrO_3 + H_2O = 2\,H^{\cdot} +$

$+ Cr_3O_{10}''$. In etwas verdünnteren Lösungen liegt die orangerot gefärbte Dichromsäure $H_2Cr_2O_7$ vor. Bei sehr großer Verdünnung bildet sich aber die gelb gefärbte Chromsäure H_2CrO_4, die große Ähnlichkeit mit der Schwefelsäure aufweist und auch etwa gleich stark dissoziiert wie diese ist. Alle Chromsäurelösungen sind im alkalischen Medium gelb gefärbt, welche Färbung von der Chromsäure herrührt.

Chrom-VI-Oxyd wirkt sehr stark oxydierend. So entflammt Aether und Alkohol beim Auftropfen auf die Krystallnadeln des CrO_3, ebenso verbrennt trockenes Ammoniak NH_3 beim Leiten des Gases über die Krystalle zu N_2 und H_2O. Besonders in der organischen Chemie wird eine essig- oder schwefelsaure Lösung von Chrom-VI-Oxyd häufig zur Durchführung von Oxydationen verwendet, z. B. zur Darstellung des für die Herstellung von Alizarinfarben wichtigen Anthrachinons aus Anthracen. Die dabei anfallende schwefelsaure Lösung von Chromisulfat wird auf elektrolytischem Wege (s. o.) wieder zu Schwefelsäure und Chromsäure regeneriert: $Cr_2(SO_4)_3 + 3\,O + 5\,H_2O = 2\,H_2CrO_4 + 3\,H_2SO_4$.

Die starke Oxydationskraft der schwefelsauren Lösung des Chromsäureanhydrides wird auch bei der Füllung von aus Zink und Kohle bestehenden, zur Stromlieferung dienenden Primärelementen verwendet, da sie den an der Kohlekathode sich entwickelnden Wasserstoff dauernd zu Wasser oxydiert und dadurch eine Polarisation, d. h. eine Hemmung der elektromotorischen Wirksamkeit der Kohlenoberfläche durch eine Wasserstoffhaut verhindert. Die starke Löslichkeit der Zinkelektrode in dieser Lösung wird durch eine Amalgamierung, d. h. Bildung einer Zn-Hg-Legierung, an der der Wasserstoff eine sehr hohe Überspannung aufweist und daher nur bei sehr hohen Spannungen in Gasform entwickelt werden kann, wesentlich herabgesetzt. Chromsäureanhydrid dient auch als Elektrolyt für Verchromungen.

Von der Chromsäure leiten sich Salze, die *Chromate*, ab, die große Ähnlichkeit mit den Sulfaten aufweisen. Dies zeigt sich nicht nur in der Löslichkeit der Alkalichromate und der Unlöslichkeit des Blei- und Bariumchromats analog den entsprechenden Sulfaten, sondern in der auch vielfach auftretenden Isomorphie (s. S. 79 u. 349) zwischen Sulfaten und Chromaten.

Natriumchromat $Na_2CrO_4 . (4,6)\,10\,H_2O$ (g; monokl; D [$0\,H_2O$] 2,72; D [$10\,H_2O$] 1,483; Fp [$10\,H_2O$] 21°; Uwp [$4\,H_2O$] 20°; L 19,5°: 44,2) wird beim Glühen des Chromits mit Kalk und Soda, Auslaugen mit heißem Wasser und Krystallisation erhalten. Schon durch Zusatz von 70% Schwefelsäure gehen die Monochromate in Pyro- oder Bichromate, wie *Natriumbichromat* $Na_2Cr_2O_7 . 2\,H_2O$ (r-g; monokl; D 2,52; Fp [$0\,H_2O$] 320°; L: 64,3), über, die im Verhältnis zum Alkali doppelt soviel Chromsäure als die Monochromate enthalten. Von dem bei der Umsetzung entstehenden Natriumsulfat kann leicht abgetrennt werden, da es in der starken Schwefelsäure unlöslich ist. Aus dem Natriumbichromat wurde früher fast stets durch Zusatz von Kaliumsulfat das nicht hygroskopische *Kaliumbichromat* $K_2Cr_2O_7$ erzeugt (r-g; monokl; trikl; D 2,69; Uwp 236°; Fp 393°; L: 11,6), das in der Kälte schwerer löslich als das normale *Kaliumchromat* K_2CrO_4 ist (g; rhomb; dimorph; D 2,73; Uwp 670°; Fp 984°; L: 38,6). Da aber das Natriumsalz der Dichromsäure dieselben Reaktionen wie das gleiche Kaliumsalz gibt, es außerdem aber leichter löslich und auch billiger ist, wird in der Technik fast nur mehr das Natriumbichromat verwendet. Die Lösungen der Bichromate wirken sehr stark oxydierend auf oxydable anorganische und organische Stoffe ein.

Die Polychromsäuren sind nach der Wernerschen Theorie der Komplexverbindungen (s. S. 112) durch Ersatz von Sauerstoffatomen der CrO_4'' durch CrO_4-Tetraeder ähnlich wie bei der Kieselsäure, den Polyvanadaten, -molybdaten, -niobaten, -tantalaten und -wolframaten aufzufassen:

$$CrO_4'' = \begin{bmatrix} & O & \\ O & Cr & O \\ & O & \end{bmatrix}''; \quad Cr_2O_7'' = \begin{bmatrix} & CrO_4 & \\ O & Cr & O \\ & O & \end{bmatrix}''; \quad Cr_3O_{10}'' = \begin{bmatrix} & CrO_4 & \\ O & Cr & O \\ & CrO_4 & \end{bmatrix}'';$$

$$Cr_4O_{13}'' = \begin{bmatrix} & CrO_4 & \\ CrO_4 & Cr & CrO_4 \\ & O & \end{bmatrix}''.$$

Wird ein Gemisch von Alkalibichromat und Leim oder Gelatine belichtet, so entstehen unter Reduktion der Chromsäure Chromoxydverbindungen oder Chromichromate, die mit Leim in Wasser unlösliche Verbindungen bilden. Derartige Mischungen werden in der Photographie, zur Herstellung von Pigmentbildern sowie bei der Anfertigung von Tiefätzungen auf Metallen (Autotypie) usw. verwendet.

Chromylchlorid, Chromoxychlorid CrO_2Cl_2 (r-s; fl; D 1,911; Fp —96,5°; Kp 116,7°; W zers; l: Al, Ae, CS_2, Eisessig) entsteht bei der Einwirkung von 2 Molen Salzsäure auf Chromsäure:

$$\begin{matrix} O \\ O \end{matrix}\!\!>\!Cr\!<\!\boxed{\begin{matrix} OH & H \\ & + \\ OH & H \end{matrix}}\begin{matrix} Cl \\ \\ Cl \end{matrix} = \begin{matrix} O \\ O \end{matrix}\!\!>\!Cr\!<\!\begin{matrix} Cl \\ Cl \end{matrix} + 2\,H_2O,$$

praktisch durch Einwirkung von Schwefelsäure auf ein Gemisch von Kaliumbichromat und Kochsalz bei 120°. Die blutrote Flüssigkeit des reinen Chromychlorides raucht an der Luft infolge Bildung von HCl.

Bichromate geben in schwefelsaurer Lösung mit Wasserstoffperoxyd blaue *Peroxychromsäure* $H_2Cr_2O_{12}$, die aber nur kurze Zeit beständig ist und sich unter Sauerstoffentwicklung zersetzt. Die blau gefärbte Verbindung kann mit Äther ausgeschüttelt werden.

Nachweis. Bildung blauer, mit Aether ausschüttelbarer Peroxychromsäure nach Zusatz von H_2O_2 in stark schwefelsaurer Lösung; Gelbfärbung der Schmelze von Chromverbindungen mit Soda und Salpeter durch Bildung von Natriumchromat.

XL. Molybdän.

Symbol Mo; Atomgewicht 96,0; Ordnungszahl 42; Schmelzpunkt 2622 ± 10^0; Siedepunkt 3560^0; Dichte 10,2; Wertigkeit: II, III, IV, V, VI, VIII.

Molybdän (l: HNO_3, Königsw; nl: HCl, HF, verd. H_2SO_4) besitzt auf frischer Bruchfläche einen silberweißen metallischen Glanz, der jedoch an der Luft zufolge Oxydbildung bald verschwindet. Es ist spröde, hart und sehr schwer schmelzbar (Fp 2622 ± 10^0 C). Molybdän ist gegen Wasser, wässerige Lösungen von Salzen, Salz-, Schwefel-, nicht aber gegen Salpetersäure und Schmelzen von Alkalien beständig. In Sauerstoff erhitzt, verbrennt es bei Rotglut zu MoO_3. In geschmolzenem Natriumnitrit löst sich Molybdän als MoO_3 auf.

Im kohlenstofffreien Zustande ist Molybdän gut dehnbar und polierbar. Es kann aus dem Oxyd oder Chlorid durch Reduktion mit Wasserstoff bei Rotglut oder auf aluminothermischem Wege dargestellt werden. In reinem Zustande wird Molybdän nur in der Radio-, Glühlampen- und Röntgenindustrie verwendet, sonst nur in Form des Ferromolybdäns. Dieses stellt man im elektrischen Ofen aus MoO_3, Kohle und Eisen her. Es enthält etwa 50—85% Mo und dient in der Stahlindustrie als veredelnder Zusatz. Molybdän verleiht dem Stahle schon in geringen Mengen neben Chrom und eventuell Nickel und Kupfer die Eigenschaft der Säurebeständigkeit. Molybdänstahl besitzt selbst bei höheren Temperaturen eine sehr gute Dauerstandsfestigkeit. Er kann z. B. zur Herstellung der Schlangenrohre für Krackanlagen, Turbinenrädern usw. dienen, die sowohl hohen Drucken als auch hohen Temperaturen (bis etwa 500^0) ausgesetzt sind. Unter diesen Bedingungen beginnen andere Stähle bereits plastisch zu werden und zu fließen.

Als Ausgangsmaterial zur Gewinnung von Molybdän, Ferromolybdän und der Molybdänverbindungen dient der Molybdänglanz MoS_2, der in Neusüdwales, Queensland, Norwegen, in geringen Mengen auch im Sächsischen Erzgebirge usw. gefunden wird. Er bildet graphitähnliche, bleigrau glänzende, biegsame Blätter, die im Mittelalter vielfach zum Schreiben auf Papier verwendet wurden. Die Jahreserzeugung, auf metallisches Molybdän bezogen, betrug 1937 nur etwa 400 t.

Molybdänverbindungen.

Molybdän tritt in seinen Verbindungen 2-, 3-, 4-, 5- und 6-wertig auf, wodurch sich eine große Mannigfaltigkeit der Verbindungen ergibt. Größere Beständigkeit zeigen aber nur die Verbindungen des 6-wertigen Molybdäns, in denen es sowohl salz- als auch säurebildend auftritt. Das Molybdän besitzt in ausgeprägtem Maße die Fähigkeit, sehr kompliziert zusammengesetzte Poly- und Heteropolymolybdate zu bilden. Diese entstehen aus der normalen, der Schwefel- und Chromsäure ähnlichen Molybdänsäure H_2MoO_4 in saurer oder neutraler Lösung durch Polymerisation, d. h. Molekülvergrößerung. Beispielsweise besitzt das durch Eindampfen der wässerigen Lösung erhaltene Ammonmolybdat die Formel $(NH_4)_6[Mo_7O_{24}] \cdot 4\,H_2O$ und das damit aus salpetersaurer Lösung von Phosphaten entstehende, für die analytische Bestimmung des Phosphors wichtige, gelbe, krystalline Heteropolymolybdat die Formel $(NH_4)_3[P(Mo_3O_{10})_4] \cdot 6\,H_2O$ (g; swl: W, HNO_3; l: NH_3, Alk).

Das Bestreben zur Molekülvergrößerung ist bei der Molybdänsäure noch viel ausgeprägter als bei der Chromsäure, da die einfachen Molybdate nur in stark alkalischer Lösung beständig sind, während in neutralem oder saurem Medium hochmolekulare Polymolybdate großer Beständigkeit entstehen. Die entsprechenden Säuren, die in ähnlicher Form auch beim Wolfram und Chrom bekannt sind, heißen Polysäuren, da sie mehrmals einen Säurerest im Molekül enthalten. Neben den Polysäuren enthalten die stark sauren Lösungen der Polymolybdate auch kolloid gelöstes hydratisiertes Molybdäntrioxyd $MoO_3 \cdot x\,H_2O$. Der isoelektrische Punkt des Kolloids (s. S. 206) liegt bei einem pH von 0,9. Bei noch niedrigerem pH-Werte entstehen Molybdänylionen MoO^{IV+}. Der Aufbau dieser Polymolybdate entspricht den Polychromsäuren (s. S. 438).

Molybdäntrioxyd MoO_3 (fbl; rhomb; D 4,50; Fp 795°; L 18°: 0,002; L 79° (kolloide Lsg): 1,958; sl: H_3PO_4, Oxalsäure. Alk) entsteht beim Rösten des Molybdänglanzes oder anderer Molybdänverbindungen an der Luft.

Ein dem Molybdänglanz gleichartig zusammengesetztes *Molybdänsulfid* MoS_2 (s; hex; D 4,80; Fp 1185°; nl: W, SS, Alk; l: Königsw; h k H_2SO_4) bildet sich beim Behandeln von sauren Molybdänsalzlösungen mit Schwefelwasserstoff. Es ist im Überschuß von Alkali- oder Ammoniumpolysulfiden zu den entsprechenden, im krystallisierten Zustande meist schön gefärbten Sulfomolybdaten löslich.

Nachweis. Weißer Niederschlag in alkalischer Lösung mit $TlNO_3$; Kaliumrhodanid und Zinn-II-Chlorid ergeben beim Tüpfeln eine rote Färbung; Kaliumxanthogenat (fest) ergibt in salzsaurer Lösung eine rotviolette Färbung.

XLI. Wolfram.

Symbol W; Atomgewicht 184, 0°; Ordnungszahl 74; Schmelzpunkt 3400°; Siedepunkt 4890°; Dichte 19,1; Wertigkeit: II, III, IV, V, VI.

Wolfram (Tab. 24) (nl: W, SS, Königsw, Alk; l: HF + HNO_2) ist ein dunkelgraues, chemisch äußerst widerstandsfähiges Metall. Es wird weder durch die Atmosphärilien, Wasser, Salzlösungen, Säuren noch von Königswasser angegriffen. Nur Schmelzen von Alkalien oder Natriumnitrit führen es in Alkaliwolframat Na_2WO_4 über. Im Sauerstoffstrome verbrennt es beim Glühen zu Trioxyd WO_3. Wolfram besitzt von allen Metallen den höchsten Schmelzpunkt (Fp 3400° C), eignet sich daher zu Lichtbogenelektroden höchster Belastungsmöglichkeit sowie zur Herstellung von Drähten für elektrische Glühlampen und als Antikathoden von Röntgenröhren. Durch Reduktion von WO_3 mit Wasserstoff bei hohen Temperaturen wird pulverförmiges Wolfram erzeugt, das durch Hämmern bei Temperaturen über 1100° zusammengeschweißt und bei etwas niedrigeren Temperaturen zu Drähten ausgezogen werden kann. Beim Hindurchziehen durch einen elektrischen Ofen entsteht sodann bei etwa 2000° ein mehrere Meter langer Faden, der nur aus einem einzigen Wolframeinkrystall besteht.

Für die Gewinnung des Wolframs kommen vor allem der Wolframit (Mn, Fe) WO_4 und der Scheelit $CaWO_4$ in Betracht, deren wichtigste Fundorte in China, der malaiischen Halbinsel, Argentinien, Australien, Brasilien, Colorado, Korea, Portugal und Spanien liegen. Die Erze werden mit Soda und Salpeter zu *Natriumwolframat* $Na_2WO_4 \cdot 2H_2O$ (fbl; rhomb; D [0 H_2O] 4,2; Fp 698°; L [10 H_2O] 0°: 36,5; L 6°: 41,8) verschmolzen, aus dessen Lösung mit Calziumchlorid das Calziumwolframat $CaWO_4$ (fbl; tetr; D 6,04; L 15°: 0,2; nl: Al) ausfällt. Durch Umsetzung mit Salzsäure wird alsdann die Wolframsäure WO_3 zur Abscheidung gebracht. Diese bildet das Ausgangsmaterial für die Gewinnung des Wolframs (s. o.).

Aufwachsverfahren. Kleinere Mengen von hochschmelzenden Metallen, wie W, Mo, Ti, Zr, Hf, Th, Rhe, können auch nach dem sog. „Aufwachsverfahren" im reinen Zustande hergestellt werden. Das Verfahren beruht darauf, daß auf einem als Träger dienenden glühenden Faden aus Platin, Molybdän, Kohle usw. die Dämpfe solcher Substanzen, die die hochschmelzenden Metalle in Form von Halogenverbindungen, wie Jodiden, Wasserstoff- oder Sauerstoffverbindungen enthalten, zur thermischen Dissoziation gebracht werden. Enthalten die Dämpfe auch Stoffe, die mit hochschmelzenden Metallen bei der hohen Temperatur eine Reaktion eingehen können, so kann man Carbide, Nitride, Boride, Sulfide, Selenide usw. hochschmelzender Metalle in reiner, fester, unter Umständen sogar einkrystalliner Form auf dem Glühdraht niederschlagen.

Wolfram kommt mit einer Reinheit von etwa 98% W in den Handel. Der Weltverbrauch an Wolfram betrug 1934 etwa 16.000 t. Für die Erzeugung von Wolframstählen kann man die Legierung des W mit Fe, das Ferrowolfram mit etwa 75—85% W verwenden, das durch Reduktion von Wolframerzen und Eisenoxyd mit Kohle im elektrischen Ofen erhalten wird. Für die Zerspannungstechnik haben die Hartmetalle (s. S. 428) besondere Bedeutung erlangt, deren wichtigster Vertreter Legierungen von Wolframcarbid mit 5—10% Kobalt (Widia, Wolfram, Thoran) sind.

Wolframverbindungen.

Die Verbindungen des 2-, 3-, 4- und 5-wertigen Wolframs sind sehr unbeständig. Die niedrigeren Wertigkeitsstufen gehen leicht durch Oxydation in die höheren über. Die mittleren disproportionieren sich in niedrigere und höhere Oxydationsstufen. Einige Bedeutung besitzt das Oxyd des 4-wertigen Wolframs, *Wolframdioxyd* WO_2 (br; reg; D 12,11; Fp 1270°; nl: W, SS, Alk), das bei der Reduktion von WO_3 mit Wasserstoff bei Rotglut entsteht und zur Darstellung des Wolframcarbides dient.

Die wichtigsten und beständigsten Wolframverbindungen leiten sich vom 6-wertigen Wolfram ab. Wolfram tritt ebenso wie Mo, Ta, Nb usw. sowohl säure- als auch basenbildend auf. Normale Wolframverbindungen sind das *Wolfram-VI-Chlorid* WCl_6 (s-v; reg; D 3,52; Fp 275°; Kp 346,7°; W zers; l: Alk, Ae, CS_2, Bzl) und *Wolfram-VI-Fluorid* (hg; fl; D_{fl} 3,44; Fp + 2,3°; Kp 17,2°; W zers; l: Alk), die durch Einwirkung der freien Halogene auf das pulverförmige Metall entstehen.

Wolframtrioxyd, Wolframsäureanhydrid WO_3 (g; amorph oder rhomb; D 6,84; Fp 1473°; nl: W, SS; l: HF, Alk) ist das beständigste Wolframoxyd, das beim Glühen aller Wolframverbindungen mit flüchtigem Anion im Sauerstoffstrom als gelbes Pulver entsteht. Durch Polymerisation der Wolframsäure H_2WO_4 bilden sich ebenso wie beim Cr, Mo, Nb, Ta usw. in saurer Lösung Polywolframsäuren und -wolframate, wie z. B. die Hexawolframsäure, von der sich als Salze die Para- und Metawolframate, wie z. B. Natriumparawolframat $Na_{10}W_{12}O_{41} \cdot 28\,H_2O$ und Natriummetawolframat $Na_6W_{12}O_{39} \cdot 30\,H_2O$, ableiten. Ebenso wie Molybdän bildet auch das Wolfram mit anderen Säuren, wie Kiesel-, Bor-, Phosphor-, Überjodsäure usw., komplexe Heteropolysäuren, von denen z. B. die 6-Diwolframo-Phosphorsäure $H_7\,[P\,(W_2O_7)_6]$ wie die analoge Phosphormolybdänsäure zur Ausfällung von Alkaloiden dient. Wolframsäure kann schon mit destilliertem Wasser leicht in eine kolloide Lösung übergeführt werden.

Durch Reduktionsmittel wird Wolframsäure in ein Salz des

5-wertigen Metalls mit Wolframsäure $(W^{V}O)_2(W^{VI}O_4)_3$, dem *Wolframblau*, übergeführt, das als Malerfarbe Verwendung findet. Diese Reaktion kann auch zum Nachweis des Wolframs verwendet werden.

Wolframbronzen sind keine Legierungen des Wolframs, sondern Verbindungen von Natriumpolywolframaten mit WO_2, die je nach dem Mischungsverhältnis der beiden Wertigkeitsstufen in verschiedenen Farbtönen erhalten werden. Die Wolframbronze $Na_2W_4O_{13} . WO_2$ ist z. B. blau gefärbt. Sie dient als Deckfarbe.

Nachweis. Weißer Niederschlag in schwach alkalischer Lösung mit Thallium-I-Nitrat $TlNO_3$; Zinn-II-Chlorid (25%ige Lösung) ergibt eine blaue Färbung oder Niederschlag.

XLII. Uran.

Symbol U; Atomgewicht 238,2; Ordnungszahl 92.

Metallisches Uran (3-, 4-, 5- und 6-wertig; D 18,7; Fp $\sim 1300^0$; nl: W; l: SS) ist ein eisengraues, verhältnismäßig edles Metall, das aber beim Glühen an der Luft zum Oxyd U_3O_8 verbrennt. Das wichtigste Uranerz ist die Uranpechblende, die aber keine einheitliche Uranverbindung, sondern ein sauerstoffreicheres Oxyd als U_2O_5 darstellt. Bemerkenswert ist der Bleigehalt der Verbindung, deren Zusammensetzung der Formel $(U . Pb_2)_3 . (UO_6)_7$ entspricht. Ein besonders wertvoller Begleiter der Uranpechblende ist das Radium, das in einer Menge von etwa 0,2 g/t enthalten ist. Die Uranpechblende wird in Kanada, Belgisch-Kongo, Colorado, Rußland und auch in Joachimstal gefunden. Uran wird durch Reduktion von Uran-IV-Chlorid UCl_4 mit Natrium, Wasserstoff oder aluminothermisch dargestellt, hat aber keine technische Bedeutung. Viel größer ist sein wissenschaftliches Interesse, da es die Muttersubstanz der radioaktiven Elemente darstellt (s. S. 328).

Beständig sind nur die 4- und 6-wertigen Uranverbindungen, in denen aber das 6-wertige Uran keine normalen Ionen, sondern unter Sauerstoffanlagerung Uranylionen $UO_2^{\cdot\cdot}$ und Uranationen $U_2O_7^{\cdot\cdot}$ bildet, die leicht ineinander übergehen. Alle Uran-VI-Verbindungen zeigen eine starke grüne Fluoreszenz.

Urantrioxyd UO_3 (g-r; polymorph; D 5,92; nl: W; l: SS, Alkalicarbonatlösungen) wird beim Glühen von Uranverbindungen mit flüchtigem Anion erhalten. Es geht bei weiterem Erhitzen in das beständigste Oxyd des Urans, das *Triuranoctoxyd* U_3O_8 (gr-s; D 7,19; nl: W; l: SS, Alk), über. Glasflüsse werden durch U_3O_8 gelb gefärbt.

Uranylnitrat $UO_2(NO_3)_2 . 6 H_2O$ (g; kryst; D 2,81; Fp $59,5^0$; Kp 118^0; L $21,1^0$: 56,0; l: Al, As) entsteht beim Eindampfen der Lösung des U_3O_8 in Salpetersäure in Form gelbgrüner fluoreszierender Krystalle. Gut krystallisierte Verbindungen sind das Uranylacetat $UO_2(CH_3COO)_2 . 2 H_2O$ und Uranylphosphat $UO_2HPO_4 . . 4 H_2O$ und das in der analytischen Chemie zur maßanalytischen Bestimmung der Phosphorsäure benützte Uranylammoniumphosphat $UO_2(NH_4)PO_4$. Urangelb oder Uranorange ist das durch Versetzen von Uransalzlösungen mit Basen erhaltene Natriumuranat $Na_2U_2O_7$. Uranverbindungen sind sehr giftig und erzeugen Darm- und Nierenentzündungen.

Nachweis. Brauner Niederschlag von Uranyl-Ferro-Cyanid $(UO_2)_2Fe(CN)_6$ bei der Fällung mit Kaliumferrocyanidlösung.

XLIII. Mangan.

Symbol Mn; Atomgewicht 54,93; Ordnungszahl 25; Schmelzpunkt 1247°; Siedepunkt 1900°; Dichte 7,3; Wertigkeit: II, III, IV, VI, VII.

Mangan (hgrau; trim.; reg; tetr; l: SS) ist ein der Eisengruppe nahestehendes, in der Natur ziemlich verbreitetes Metall (Tab. 2, 24), grau, sehr spröde, pulverisierbar. An trockener Luft ist es haltbar, von Säuren wird es aber unter stürmischer Wasserstoffentwicklung leicht aufgelöst. Auch Wasser greift langsam unter Freiwerden von Wasserstoff an. Beim Erhitzen an der Luft verbrennt es zu Mn_3O_4.

Das wichtigste Manganerz ist der Braunstein oder Pyrolusit, wasserhaltiges MnO_2, der in großen Lagern in Rußland, Indien, Brasilien, Südafrika usw. gefunden wird. Bedeutung haben auch noch andere oxydische Manganerze, wie der Braunit Mn_2O_3, Manganit $MnO(OH)$, Hausmannit (zinkhaltig; $(Mn, Zn) Mn_2O_4$) sowie der Manganspat $MnCO_3$. Die Weltproduktion an Manganerzen betrug 1936 5,1 Mill. t, wovon Rußland 3 Mill. t lieferte.

Metallisches Mangan kann durch Reduktion mit Kohlenstoff nicht dargestellt werden, weil sich dabei nur Carbid bildet. Auch durch Wasserstoff können die Manganoxyde nicht zum Metall reduziert werden. Reines Mangan wird daher auf aluminothermischem Wege hergestellt, hat aber praktisch keine Bedeutung. Es wird nur in sehr geringem Umfange zur Erzeugung von Manganbronzen (75% Cu, 20% Mn, 5% Zn), Manganin (84% Cu, 12% Mn, 4% Ni) und anderen manganhaltigen, wie z. B. den Heuslerschen (magnetischen) Legierungen verwendet. Ungleich wichtiger ist aber die Bedeutung des Mangans für die Stahlindustrie, wo es zur Herstellung von Spiegeleisen (5—20% Mn) und Ferromangan (30—90, meist 78—82% Mn) dient, die zur Desoxydation und Entschwefelung des Stahles in riesigen Mengen gebraucht werden. Spiegeleisen wird durch Reduktion eines Gemisches von Eisen- und Manganerzen im Hochofen, Ferromangan im Elektroofen erzeugt. Braunstein wird auch zur Herstellung von Taschenlampenbatterien verwendet.

Manganverbindungen.

Mangan tritt in seinen Verbindungen 2-, 3-, 4-, 6- und 7-wertig auf, kann aber nur in der höchsten und niedrigsten Oxydationsstufe beständige Verbindungen bilden. Zweiwertiges Mangan bildet sehr beständige, teils dem Eisen-II, teils dem Magnesium ähnliche, schwach gefärbte Verbindungen. In alkalischem Medium sind sie aber unbeständig und wandeln sich schon an der Luft in 4-wertiges Mangan um (Braunstein). Die rotviolett gefärbten 3-wertigen Manganverbindungen sind sehr instabil und gehen leicht in 2-wertige Manganverbindungen über. Sie neigen aber stark zur Bildung beständigerer Komplexverbindungen.

Die beständigste Verbindung des 4-wertigen Mangans ist der Braunstein MnO_2. Aber auch das 4-wertige Mangan bildet in saurer oder neutraler Lösung keine beständigen normalen Salze. In alkalischem Medium wirkt ein hydratisiertes Oxyd, H_2MnO_3, die manganige Säure, salzbildend, wobei mit Alkalien Manganite entstehen. Ähnlich verhält sich das 6-wertige Mangan, dessen blaugrün gefärbten Verbindungen man sich von der unbeständigen Mangansäure H_2MnO_4 abgeleitet denken kann. Sie sind aber nur in trockenem Zustande oder in stark alkalischer Lösung stabil. Beständiger sind wieder die Salze der in freier Form nicht bekannten Permangansäure $HMnO_4$, die sowohl in saurer als auch alkalischer Lösung auftreten können.

a) Verbindungen des zweiwertigen Mangans.

Mangan-II-Oxyd, Manganooxyd, Manganoxydul MnO (gr; amorph oder reg; D 5,18; Fp 1785°; nl: W; l: SS) stellt das Endprodukt der Reduktion der höheren Manganoxyde mit Wasserstoff dar. Man erhält es auch bei der Trocknung von Mangan-II-Hydroxyd $Mn(OH)_2$, kann es aber nicht wieder durch Wasseranlagerung in das Hydroxyd überführen.

Mangan-II-Hydroxyd, Manganohydroxyd, Manganhydroxyd $Mn(OH)_2$ (h-rosa; rhomboedr; D 3,26; L 18°: $1{,}9 \cdot 10^{-4}$; l: SS) entsteht bei der Fällung von Mangan-II-Salzlösungen mit Alkalien als weißer, flockiger Niederschlag, der sich an der Luft durch Oxydation sofort braun färbt, wobei manganige Säure gebildet wird. Die hohe Empfindlichkeit dieser Reaktion dient zur Bestimmung des Sauerstoffes im Wasser. Die Wasserprobe wird mit einem Überschuß einer Mangan-II-Salzlösung und Natronlauge versetzt, geschüttelt, Kaliumjodid zugegeben und das ausgeschiedene Jod mit Natriumthiosulfatlösung titriert.

Mangan-II-Sulfat, Manganosulfat $MnSO_4$ (1, 4, 5, 7) H_2O (rosa; dimorph; rhomb; monokl; D [4 H_2O]: 2,1; D [0 H_2O]: 2,9; Fp 700°; Uwp 37,2°; 39,8°; L 9° [5 und 7 H_2O]: 37,2) erhält man als weiße bis schwach rosa gefärbte Masse beim Abrauchen von Braunstein mit konzentrierter Schwefelsäure.

Mangan-II-Chlorid, Manganochlorid, Manganchlorür $MnCl_2$ . . 4 H_2O (rosa; monokl; dimorph; D 2,01; Uwp [2 H_2O] 58°; Fp [0 H_2O} : 690°; Kp 1190°; L 43,6°; sl: Al) wird beim Lösen von Manganoxyden in Salzsäure erhalten. Mn_2O_3 ergibt mit Salzsäure eine anfänglich tiefbraun gefärbte Lösung von Mangantrichlorid $MnCl_3$, Braunstein von Mangantetrachlorid $MnCl_4$, die aber beim Erhitzen Chlor abspalten und in $MnCl_2$ übergehen.

Mangan - II - Carbonat, Manganocarbonat, Mangancarbonat $MnCO_3$ (weiß oder rosa; amorph oder rhomboedr; D_m 3,1; D_{rh} 3,7; L: 0,013; L in CO_2-haltigem W: 0,026) kommt in der Natur als Manganspat vor und entsteht bei der Fällung von Mangan-II-Salzlösungen mit Soda als weißer, an der Luft sich schwarzbraun färbender Niederschlag. In Wasser ist es nur bei Gegenwart von Kohlensäure als Hydrocarbonat etwas löslich. Als dieses ist das Mangan in vielen Wässern gelöst und kann beim Waschen die Wäsche durch Bildung von Braunsteinflecken mißfarbig machen. Wasser für Wäschereien, aber auch für industrielle Zwecke muß daher vorher entmangant werden (s. S. 45).

Mangan-II-Ammoniumphosphat $Mn(NH_4)PO_4 . H_2O$ erhält man bei der Fällung von Mangan-II-Salzlösungen mit Ammonphosphat als rötlichweißen Niederschlag, der in der analytischen Chemie als Bestimmungsform des Mangans benützt wird. Beim Glühen geht er in Manganpyrophosphat $Mn_2P_2O_7$ über. Eine andere, gleichfalls für analytische Zwecke dienende Manganverbindung ist das Mangan-II-Sulfid MnS (g-r; amorph oder reg; D_{am} 3,6; D_{kr} 3,99; Fp 1610°; L [gefällt]: $6,1.10^{-4}$; L [gr] 18°: $4,8.10^{-4}$; l: SS), das bei der Fällung von Mangansalzlösungen mit Ammonsulfid entsteht. Es ist in Säuren leicht löslich und geht allmählich in Braunstein über.

Dem gelben und roten Blutlaugensalz isomorph sind das farblose Kalium-Mangan-II-Cyanid $K_4[Mn(CN)_6] . 3 H_2O$ und das rot gefärbte Kalium-Mangan-III-Cyanid $K_3[Mn(CN)_6]$. Das primäre und sekundäre Manganphosphat $Mn(H_2PO_4)_2 . H_2O$, bzw. $MnHPO_4$ . . 3 H_2O (fbl-rosa; rhomb) spielen bei der Phosphatierung des Eisens eine wichtige Rolle, da aus sauren Manganphosphatlösungen die beständigsten Schutzschichten als Untergrund für eine Lackierung hergestellt werden können.

b) Verbindungen des dreiwertigen Mangans.

Dimangantrioxyd, Manganioxyd Mn_2O_3 (s; tetr; D 4,50; nl: W; l: SS) wird durch vorsichtiges Erhitzen von Mangan-III-Hydroxyd oder beim Erhitzen von MnO_2 in Sauerstoff erhalten. Es kommt in der Natur als Mineral Braunit vor. An der Luft bildet sich beim Erhitzen aller Manganoxyde mit flüchtigem Säurerest das beständigste Manganoxyd überhaupt, das Mn_3O_4, *Mangan-II-IV-Oxyd, Mangano-Manganioxyd* (rbr oder s; amorph oder tetr; D 4,3—4,9; nl: W; l: SS). Man kann es entweder als Manganomanganit

$$Mn\langle{}^{O}_{O}\rangle Mn\langle{}^{O}_{O}\rangle Mn$$ oder als gemischtes Oxyd mit 2- und 3-wertigem Mangan $O = Mn - O - Mn - O - Mn = O$ auffassen. Mn_3O_4 kommt in der Natur als Hausmannit vor.

In der Phosphorsalzperle (s. S. 135), die schon durch Spuren von Mangansalzen in der oxydierenden Flamme violett gefärbt wird, liegt ein Manganiphosphat $MnPO_4$ vor. Diese Reaktion ist sehr empfindlich und zum Nachweise des Mangans geeignet. Manganisulfat, Mangan-III-Sulfat $Mn_2(SO_4)_3$ bildet sich beim Erhitzen von gefälltem Braunstein mit konzentrierter Schwefelsäure als grünes Pulver. Mit Kaliumsulfat entsteht der in schönen, violett gefärbten Oktaedern krystallisierende Manganialaun $KMn(SO_4)_2 . 12\,H_2O$, der wie das Manganisulfat bereits durch Wasser unter Abscheidung von Manganihydroxyd $Mn(OH)_3$ zersetzt wird.

c) *Verbindungen des vierwertigen Mangans.*

Mangandioxyd MnO_2 (gr-s; dimorph; tetr; rhomb; D 5,026; diss. von 530° an; nl: W) stellt ein Dioxyd, aber kein Super- oder Peroxyd (s. S. 47) dar, das in der Natur als Braunstein und Polianit oder wasserhaltig als Pyrolusit vorkommt. Es kann aber auch künstlich durch Erhitzen von Mangan-II-Nitrat auf Temperaturen über 200° erhalten werden. Bei Temperaturen über 530° gibt Braunstein Sauerstoff ab. Mit konzentrierter Schwefelsäure entsteht beim Erwärmen $Mn_2(SO_4)_3$, mit Salzsäure $MnCl_2$ und Cl_2. Normale Salze des 4-wertigen Mangans sind somit nicht beständig, nur Ammonium- und Kaliumverbindungen mit den komplexen Ionen $MnCl_6''$ und MnF_6'' sind bekannt. MnO_2 kann kräftige Oxydationswirkungen hervorrufen und wird z. B. als Depolarisator zur Oxydation des kathodisch entwickelten Wasserstoffes im Leclanché-Element verwendet, das aus amalgamiertem Zink (s. S. 384), Ammonchloridlösung, Braunstein und einer Kohleanode besteht. Die Spannung beträgt 1,5 V. An Stelle des Braunsteins wird in Trockenelementen heute aber vielfach der Luftsauerstoff als Depolarisator verwendet, wobei die folgende Kombination angewendet wird: amalgamiertes Zink (Kathode), Magnesiumchloridlösung, aktive, mit Sauerstoff gesättigte Kohle (Anode).

Manganige Säure H_2MnO_3, Braunsteinhydrat, gefällter Braunstein, hydratisches Mangandioxyd (s-br; amorph; D 2,58; zers; swl: W, Al) bildet sich bei der Oxydation von frisch gefälltem Mangan-II-Hydroxyd an der Luft oder mittels Oxydationsmitteln sowie bei der Reduktion der Permanganate in alkalischer Lösung. Das hydratisierte Mangandioxyd bildet wie eine Säure Salze, die Manganite. Bei der früher wichtigen Chlorgewinnungsmethode aus Braunstein und Salzsäure spielte die Bildung eines sauren Calziummanganits $Ca(HMnO_3)_2$ eine große Rolle (Weldon-Verfahren).

Die manganige Säure wirkt stark oxydierend und wird z. B. bei der Trocknung der Öle durch Sikkative zur Übertragung des Sauerstoffes auf ungesättigte flüssige Öle verwendet.

d) Verbindungen des sechswertigen Mangans.

Kaliummanganat K_2MnO_4 (dunkelgr; rhomb; zers 200°; l: Alk; W zers) leitet sich von der im freien Zustande nicht bekannten Mangansäure H_2MnO_4 ab. Es entsteht beim Erhitzen von MnO_2 mit KOH bis zur Sinterung, Mahlen und Rösten an der Luft. Als Katalysator kann auch ein Oxydationsmittel, wie Luft, Kaliumchlorat oder Kaliumnitrat, dienen. Die Reaktion ist sehr empfindlich und zeigt bereits sehr geringe Mengen von Mangan durch Grünfärbung der Schmelze an, so daß sie zum Nachweise des Mangans verwendet werden kann. In wässeriger Lösung reagiert das Salz zufolge Hydrolyse stark alkalisch und zersetzt sich allmählich in Kaliumpermanganat und Braunstein: $3\,K_2MnO_4 + 2\,H_2O = 2\,KMnO_4 + MnO_2 + 4\,KOH$. Durch Ansäuren wird der Zerfall stark beschleunigt. Da bei der Bildung des Permanganats die grüne Farbe der Lösung in Violett umschlägt, bezeichnete man früher Kaliummanganat und -permanganat als mineralisches Chamäleon.

Bariummanganat $BaMnO_4$ (gr; hex; D 4,85; wl: W; l: SS) wird beim Glühen von Bariumhydroxyd, -carbonat oder -nitrat mit MnO_2 als smaragdgrünes Pulver erhalten, das Verwendung als grüne Farbe findet (Rosenstiehls Grün).

e) Verbindungen des siebenwertigen Mangans.

Manganheptoxyd Mn_2O_7, das Anhydrid der Übermangansäure, entsteht bei der Einwirkung von konzentrierter Schwefelsäure auf festes Kaliumpermanganat als dunkle, in Wasser nur wenig lösliche Flüssigkeit. Diese entwickelt beim Erwärmen auf etwa 50° violette Dämpfe und zerfällt bei weiterem Erhitzen unter Entwicklung von ozonhaltigem Sauerstoff sowie Ausscheidung von MnO_2. Es wirkt daher sehr stark oxydierend und kann bei Anwesenheit von organischen Stoffen zu deren Entzündung oder einer Explosion führen. In Wasser hydratisiert sich das Mn_2O_7 zur freien, stark violett gefärbten Permangansäure $HMnO_4$, $Mn_2O_7 + H_2O \rightarrow 2\,HMnO_4$, die bei höheren Konzentrationen als etwa 20% und auch sonst allmählich unter Sauerstoffentwicklung und Abscheidung von Braunstein zerfällt. Wegen dieses freiwilligen Zerfalles unter Freiwerden von Sauerstoff stellen die Permangansäure und ihre Salze sehr energische Oxydationsmittel dar: $2\,KMnO_4 \rightarrow 2\,MnO_2 + K_2O + 3\,O$ oder in saurer Lösung: $2\,KMnO_4 + 3\,H_2SO_4 = K_2SO_4 + 2\,MnSO_4 + 3\,H_2O + 5\,O$. Durch sehr kräftige Oxydationsmittel können andererseits Manganverbindungen niedriger Wertigkeitsstufe in das Permanganation übergeführt werden, z. B. durch Kochen mit Bleidioxyd und Salpetersäure, wobei sich intermediär Blei-IV-Nitrat bildet: $5\,Pb(NO_3)_4 + 2\,Mn(NO_3)_2 + 8\,H_2O = 2\,HMnO_4 + 5\,Pb(NO_3)_2 + 14\,HNO_3$. Diese Reaktion ist sehr empfindlich und gibt noch geringe Manganmengen an der auftretenden Violettfärbung der Lösung zu erkennen, so daß sie gleichfalls zum Nachweise von Mangan dienen kann. Durch Oxalsäure, Fe-II-Ionen und Wasserstoffperoxyd wird das Permanganation bis zur Mn-II-Stufe reduziert, wovon in der analytischen Chemie zur maßanalytischen Bestimmung dieser Ionen Gebrauch gemacht wird.

Kaliumpermanganat, übermangansaures Kalium $KMnO_4$ (dunkelv; rhomb; D 2,703; zers 240°; L: 6,38; sl: M, Essigs, Aceton) wurde früher aus Kaliummanganat durch Einleiten von Chlor oder Kohlendioxyd hergestellt: $3\,K_2MnO_4 + 2\,H_2O + 4\,CO_2 = 2\,KMnO_4 + MnO_2 + 4\,KHCO_3$, wird aber heute nur noch durch anodische Oxydation erzeugt: $MnO_4'' \rightarrow MnO_4' + \ominus$. Dabei fällt weder Kaliumchlorid noch Braunstein als Nebenprodukt an wie bei der chemischen Oxydation, sondern das ganze Manganat wird oxydiert. Die Anode besteht aus einem Eisengeflecht, die Kathode aus durchlochtem Eisenblech, das mit Asbest als Diaphragma belegt ist. Das Kaliummanganat wird an der Anode nach der Gleichung: $2\,K_2MnO_4 + 2\,H_2O + O \rightleftarrows 2\,KMnO_4 + 2\,KOH + H_2O$ oder $2\,MnO_4'' + O + H_2O \rightarrow 2\,MnO_4' + 2\,OH'$ oxydiert. Der zur Oxydation benötigte Sauerstoff steht durch die anodische Entladung der OH-Ionen zur Verfügung. Die Temperatur der Lösung beträgt etwa 60° C. Das Kaliumpermanganat krystallisiert bereits beim Erkalten aus. Die Mutterlauge geht wieder in den Betrieb zurück. Das Kaliumpermanganat wird sowohl in der Technik als auch im Laboratorium als Oxydations- und Desinfektionsmittel verwendet.

Natriumpermanganat $NaMnO_4$ ist löslicher als das Kaliumpermanganat, aber auch hygroskopischer und wird daher nur sehr selten verwendet.

Calziumpermanganat $Ca(MnO_4)_2 \cdot 5\,H_2O$ (r-s; D 2,4; L 0°: 28) ist bedeutend löslicher als das Kaliumpermanganat, stark hygroskopisch und gibt seinen Sauerstoff derart leicht ab, daß es z. B. beim Betropfen mit Alkohol diesen zur Entzündung bringt. Man erhält es aus saurer Kaliumpermanganatlösung durch Neutralisation mit Kalk. Es wird zur Trinkwasserentkeimung oder in der organischen Technologie zur Oxydation verwendet. Das hiebei entstehende $CaCO_3$ und MnO_2 kann vom Wasser leicht durch Filtration getrennt werden.

Silberpermanganat $AgMnO_4$ (v; monokl) zerfällt noch leichter als Calziumpermanganat und kann durch doppelte Umsetzung von Kaliumpermanganat mit Silbernitrat dargestellt werden. Als überaus kräftiges Oxydationsmittel kann es sogar bei Raumtemperatur CO zu CO_2 oxydieren und wird daher als Einsatz in Spezialgasmasken, die auch gegen CO (wie in Rauchgasen) schützen sollen, verwendet.

Nachweis. Grünfärbung der Schmelze von Manganverbindungen mit Soda und Salpeter; Violettfärbung beim Kochen mit Bleidioxyd und konzentrierter Salpetersäure; Violettfärbung beim Tüpfeln mit Kaliumpersulfat und Silbernitrat.

XLIV. Masurium.

Symbol Ma; Atomgewicht 98,5; Ordnungszahl 43

und

Rhenium

Symbol Rhe, Atomgewicht 186,31; Ordnungszahl 75; Wertigkeit: IV, VI, VII.

Masurium und Rhenium sind erst seit 1925 bekannte, sehr seltene, in Platin- und Nioberzen (Columbit), der Yttererde Gadolinit, im Mannsfelder Kupferschiefer usw. vorkommende Metalle, die in ihrem Verhalten dem Mangan sehr ähnlich sind. Rhenium ist weißglänzend, schmilzt bei 3440° und hat ein spez. Gew. von 21,4. In Salzsäure ist es unlöslich und wird von Schwefelsäure nur wenig, von Salpetersäure aber leicht unter Bildung von Perrheniumsäure $HRheO_4$ aufgelöst. Oxydierend wirkende Alkalischmelzen führen es in grünes Rhenat Na_2RheO_4 über. Das Metall bildet unbeständige 3- und 5- sowie 4-, 6- und 7-wertige Verbindungen, von denen ähnlich wie beim Mangan die vom 7-wertigen Rhenium sich ableitenden Perrhenate die beständigsten sind. Rhe_2O_7 ist gelb, die Perrhenate sind weiß gefärbt. Rhenium und seine Verbindungen haben noch keine Bedeutung erlangt.

XLV. Eisen.

Symbol Fe (latein. ferrum); Atomgewicht 55,84; Ordnungszahl 26; Schmelzpunkt 1528°; Siedepunkt 2450°; Dichte 7,875; Wertigkeit: II, III, VI.

Das Eisen steht mit dem Kobalt und Nickel, die zusammen als Eisenmetalle bezeichnet werden, und den sog. Platinmetallen Ruthenium, Rhodium, Palladium, Osmium, Iridium und Platin in der 8. Gruppe des periodischen Systems. Sie sollten daher 8-wertig sein, treten aber mit Ausnahme von Ru und Os, von denen 8-wertige Verbindungen bekannt sind, in bedeutend niedrigeren Oxydationsstufen auf, was durch die Unregelmäßigkeit und geringe Stabilität der Elektronenanordnung in den Elektronenzwischenschalen hervorgerufen wird. Diese ist aber auch die Ursache der dunklen Färbung der Mischverbindungen aus zwei verschiedenen Wertigkeitsstufen, des leichten Überganges von einer Wertigkeitsstufe in eine andere und den Paramagnetismus der Eisenmetalle.

Das Eisen ist das wichtigste und verbreitetste Schwermetall. Vom Menschen ist es erst verhältnismäßig spät für Werkzeuge und Waffen verwendet worden. Die ältesten Eisenfunde in Ägypten stammen aus dem 4. Jahrtausend v. Chr. Sie dürften, wie aus dem Nickelgehalt zu schließen ist, aus Meteoreisen hergestellt worden sein. Dieses zeigt beim Ätzen mit verdünnten Säuren die sog. Widmannstädtschen Figuren. Der Kern der Erde und der erkalteten Sterne besteht aus einer Eisen-Nickel-Legierung. Da das Zentrum der Sonne und vieler anderer Sterne deutlich ausgeprägte Eisenlinien zeigen, muß man annehmen, daß das Eisen auch auf anderen Sternen ein vorherrschendes Element ist.

Über die Eisengewinnung im Altertum ist nur wenig bekannt. Sicherlich ist sie sehr einfach gewesen und dürfte in einem Reduzieren leicht reduzierbarer Eisenerze mit Holzkohle in kleinen Feuern zu Luppen, das sind unreine, nur unvollkommen durchgeschmolzene Eisenklumpen mit anhängender Schlacke, bestanden haben. Erst sehr spät wurden Blasebälge zur Erzeugung höherer Temperaturen erfunden. Im Anfange des 15. Jahrhunderts wurden Schacht- und Hochöfen verwendet, in denen erstmalig auch unmittelbar flüssiges Eisen erhalten wurde. Kokshochöfen wurden zuerst in England etwa 1750 verwendet. Die eigentliche moderne Stahlerzeugung, das Bessemer-, Thomas- und Siemens-Martin-Verfahren, ist noch nicht einmal 100 Jahre alt.

Das Eisen bildet einen lebenswichtigen Bestandteil der roten Blutkörperchen, wo es als Oxyhämoglobin den durch die Lungen eingeatmeten Sauerstoff bindet. Durch das Atmungsferment (s. S. 551) Eisenporphyrin wird sodann der Sauerstoff auf die aus den Nahrungsmitteln aufgenommenen organischen Verbindungen übertragen, wobei diese Vorgänge den Energiebedarf und Wärmeaufwand des Organismus decken.

1. Die Eigenschaften des Eisens. (Tab. 24.)

Modifikationen. Reines Eisen besitzt eine silberweiße Farbe, mäßige Härte (4,5), ist politurfähig, dehnbar. Es kommt in zwei Modifikationen vor, und zwar als bis 906° beständiges α-Eisen, das bis 769° ferromagnetisch ist und ein kubisch raumzentriertes Gitter besitzt. Über 769°, dem Curiepunkt des Eisens, verliert das Eisen seine ferromagnetischen Eigenschaften, bildet aber dabei keine neue metallische Modifikation. Früher hielt man fälschlich das unmagnetische Eisen für β-Eisen. γ-Eisen ist die bei 906° bis 1401° beständige Eisenmodifikation mit einem kubisch flächenzentrierten Gitter (s. a. S. 224).

Magnetismus. Das Wärme- und elektrische Leitvermögen des Eisens beträgt nur etwa $^1/_5$ desjenigen des Kupfers. Es übertrifft jedoch alle anderen Metalle hinsichtlich seiner Magnetisierbarkeit. In reinem Zustande besitzt das Eisen nur temporären Magnetismus,

d. h. dieser verschwindet beim Aufhören des äußeren magnetischen Feldes wieder. Die Kohlenstofflegierungen des Eisens weisen jedoch permanenten Magnetismus auf, d. h. die magnetischen Eigenschaften werden auch nach dem Aufhören des magnetischen Feldes beibehalten.

Beständigkeit. Reines Eisen ist an trockener Luft beständig, wie z. B. die etwa 3000 Jahre alte Eisensäule in Delhi beweist. Es oxydiert aber auf Grund seiner verhältnismäßig unedlen Natur (Normalpotential —0,44 V) und dem Fehlen einer dichten, porenfreien sowie beständigen Oxydhaut an feuchter Luft sehr bald. Es bilden sich 2- und 3-wertige Eisenhydroxyde und -carbonate aus, das Eisen rostet. Auch von reinem, sauerstofffreiem Wasser wird Eisen langsam unter Wasserstoffentwicklung zersetzt. Dieser Angriff wird durch die Anwesenheit von Sauerstoff und Wasserstoffionen (Säuren) ganz außerordentlich beschleunigt. Man kann die Rostgeschwindigkeit direkt dem Sauerstoffgehalt der angreifenden Lösung proportional setzen.

In konzentrierter Salpeter- und Schwefelsäure ist das Eisen unangreifbar, wobei diese Korrosionspassivität auf eine dünne, in HNO_3 unlösliche Oxydhaut, in Schwefelsäure auf eine in dieser nicht lösliche Salzschicht von wasserfreiem Eisen-II-Sulfat zurückzuführen ist. Auf Grund dieser Passivität des Eisens kann man sogar konzentrierte Schwefelsäure in schmiedeeisernen Kesselwagen transportieren.

Bei höherer Temperatur wird Eisen von Sauerstoff, Luft und Wasserdampf unter Oxydbildung angegriffen. Wasserdampf reagiert bei Rotglut nach $3\,Fe + 4\,H_2O \rightleftarrows Fe_3O_4 + 4\,H_2$, welche Reaktion technisch zur Wasserstoffgewinnung ausgenützt wird (s. S. 26). Die Bildung von Fe_3O_4 führt zu einer Verzunderung des Eisens und schließlich zu einer vollständigen Zerstörung, z. B. von Roststäben in Feuerungen.

Von Alkalien von höherer Konzentration als etwa 0,5% wird das Eisen nicht mehr angegriffen, da in diesen Lösungen die natürliche Oxydhaut beständig ist oder stets wieder neu nachgebildet wird. In verdünnteren Lösungen als etwa 0,5% Alkali quillt aber die Oxydschicht auf, so daß das Eisen rostet. In konzentrierten Alkalilaugen geht das Eisen bei höherer Temperatur wieder unter Ferritbildung in Lösung, worauf z. B. die sog. Laugensprödigkeit des Eisens beruht. Diese tritt bei der Einwirkung stark alkalischer Lösungen bei gleichzeitiger mechanischer Beanspruchung auf.

Besonders schädlich wirken sich in Salzlösungen die Chloridionen aus (Meerwasser), da die schnell wandernden Chlorionen auf Grund ihres kleinen Ionendurchmessers durch alle Poren leicht durchdringen können und die Chloride des Eisens, ebenso auch diejenigen anderer Metalle, meist sehr leicht löslich sind.

Einfluß der Zusammensetzung. Der Einfluß der Zusammensetzung des technischen Eisens, das ja immer mit Kohlenstoff, Mangan, Silicium, Phosphor, Schwefel, Kupfer, Stickstoff und Sauerstoff verunreinigt ist und eventuell noch Zusätze von Nickel, Molybdän, Chrom, Wolfram, Vanadin, Kobalt sowie als absichtliche Beimengungen Silicium, Mangan oder Kupfer enthält, auf die Korrosionsbeständigkeit des Eisens ist im allgemeinen nur gering. Er wird meist stark überschätzt. Das reinste Eisen (Armco- oder Elektrolyteisen) ist etwas beständiger als die normalen technischen Weicheisensorten. Höhere Kohlenstoffgehalte als etwa 0,5% wirken sich nicht sehr schädlich aus. In unlegierten Stählen übt das Kupfer bei Gehalten über 0,2% bis etwa 1% bei der Korrosion an der Atmosphäre einen deutlichen günstigen, hemmenden Einfluß aus. Die Beständigkeit kupferhaltiger Stähle an der Luft ist etwa doppelt so groß als jene kupferfreier Stähle (witterungsbeständige Stähle, Stähle mit erhöhtem Rostwiderstand). Bei einer Unterwasserkorrosion zeigen sich jedoch zwischen kupferhaltigen und -freien Stählen keine Unterschiede mehr, da hier das anfänglich sich lösende Kupfer auf der Eisenoberfläche nicht als zusammenhängender, fest haftender Film, sondern als schwammige, lockere Schicht abgeschieden wird.

Ein Nickelgehalt von selbst 5% erreicht die Wirkung von 0,2—0,3% Cu nicht. Nur die hoch mit Nickel legierten Stähle sind recht korrosionsbeständig. Stähle werden erst mit mehr als 10% Cr von selbst passiv. Säure- und zunderbeständige Stähle enthalten mehr als 15% Chrom, weiters Nickel, Silicium, Aluminium, daneben als Hilfsmetalle Molybdän, Wolfram und Kupfer. Wolfram übt in einer Menge bis zu etwa 20% keine bemerkenswerte Verbesserung der Korrosionsbeständigkeit aus. Günstig sind aber Molybdän und Aluminium (0,2—0,4%), insbesondere bei gleichzeitiger Anwesenheit von Nickel oder Magnesium. Alle diese Legierungszusätze haben in geringeren Mengen ihre wesentlichste Bedeutung vorwiegend hinsichtlich der physikalischen und mechanischen Eigenschaften des Stahls.

Hingegen haben die Oberflächenbeschaffenheit, die Reck- oder Wärmebehandlung des Stahls, insbesondere aber die äußeren Faktoren bei der Korrosion, wie der Salz-, Sauerstoff-, Kohlensäure- und Säuregehalt des angreifenden Mediums, die Bewegung, Temperatur usw. einen bedeutend größeren Einfluß auf die Korrosion des Eisens. Blanke Oberflächen rosten schwerer als rauhe. Bewegte Flüssigkeiten greifen stärker an als ruhende. Erhöhte Temperatur begünstigt die Korrosion beträchtlich.

2. Korrosionsschutz des Eisens.

Die wesentlichsten Maßnahmen zur Verhütung der Korrosion des Eisens wurden bereits S. 271 besprochen. Diese erstrecken sich auf die Verhinderung der Berührung des Eisens mit dem angreifenden Medium durch Aufbringung von metallischen, organischen und anorganischen Schutzschichten. Am häufigsten wird als Rostschutz ein Anstrich (s. S. 605) angewendet. Kurzzeitigen Rostschutz erreicht man durch Aufbringung von Deckschichten aus Fett, Talg, Ölen, Kalk, denen man zur Verstärkung ihrer Wirkung noch schützende Pigmente, wie Zinkstaub, Aluminiumpulver, Chromat usw., zusetzen kann. Einen besonders großen Raum als Rostschutzverfahren nimmt die Verzinkung ein. Für wertvollere Gegenstände, wie Bestecke, weiters für medizinische Instrumente usw. spielt die Vernickelung und Verchromung eine größere Rolle. Plattierungen mit korrosionsbeständigen Metallen, wie Aluminium, Silber, rostfreiem Stahl usw., führen sich immer mehr in die Technik ein. Vollkommen säurebeständig sind Emailüberzüge, nur bereitet hier noch die fehlerfreie Emaillierung größerer Eisengegenstände sowie die Temperatur- und Stoßempfindlichkeit erhebliche Schwierigkeiten.

Durch Zusatz von metallischen Beimengungen, wei z. B. 0,2—0,3% Cu oder 0,2—0,4% Mo und Al gemeinsam mit geringeren Zusätzen von Ni und Mg, erhält man witterungsbeständige Stähle. Der bekannte rostfreie V2A-Stahl enthält 18% Chrom sowie zur Erhöhung der Säurebeständigkeit und Zähigkeit 8% Nickel.

Die Bildung schützender Oxydhäute auf dem Eisen kann durch einen Zusatz von Oxydationsmitteln, wie Chromsäure, Bichromaten oder Chromaten der Alkalien sowie alkalisch reagierende Stoffe, wie Wasserglas, Natronlauge, Soda, Borax, zur angreifenden Lösung wesentlich herabgesetzt werden. Chromsäure verhindert bereits in einer Konzentration von nur 0,01—0,05 g/l das Rosten, während von Chromaten eine Menge von etwa 0,1 g/l erforderlich ist. Die alkalischen Stoffe müssen in einer Konzentration von etwa 1—10 g/l der angreifenden Lösung zugesetzt werden.

Obwohl diese Art des Korrosionsschutzes sehr wirksam ist, läßt sie sich doch nur in geschlossenen Systemen, wie Autokühlern, Warmwasseranlagen usw., mit Erfolg anwenden. Störend wirken anwesende Chloride, die sogar eine Förderung des Angriffes bewirken können. Phosphate und Zinksalze können gleichfalls durch Deckschichtbildung eine Schutzwirkung ausüben. In Wasserleitungsrohren aus verzinktem Eisen oder Eisen allein können die Härtebildner des Wassers (s. S. 40) Schutzschichten bilden. Maßgeblich dafür ist ein gewisser Kalkgehalt und die Abwesenheit von freier aggressiver Kohlensäure. Wasser mit mehr als 7° dH und ohne übermäßigen Gehalt von freier Kohlensäure, das also keine saure Reaktion zeigt, führt bei Eisen und verzinktem Eisen durch Abscheidung von Calziumcarbonat eine Schutzschichtbildung herbei, die die weitere Einwirkung des Wassers auf das Eisen zum Stillstand bringt. Wässer, die diesen Anforderungen nicht entsprechen, müssen durch Kalkwasser, Soda, Ätznatron, Nachschalten alkalischer Filter aus Magnesit o. dgl., Rieselung, Belüftung usw. aufbereitet werden (s. S. 38).

Phosphatschichten werden durch eine Behandlung der gereinigten Eisengegenstände in einer schwach sauren Zink- oder Manganphosphatlösung bei 95—98°, bei der Kaltphosphatierung bei 20—35° hergestellt. Die feinkrystalline, nur 0,001—0,015 mm dicke Phosphatschicht erlangt aber erst ihre volle Schutzwirkung in Verbindung mit einem Farb- oder Lacküberzug, insbesondere mit Einbrennlacken.

Organische Flüssigkeiten, wie Petroleum, Benzin, Öl usw., greifen Eisen meist nur in dem Ausmaße an als sie Wasser enthalten (Tab. 28). Andererseits hat sich aber gezeigt, daß bei organischen Säuren, wie Propion- und Buttersäure, geringe Wassermengen auch stark korrosionsverzögernd wirken können. Man führt dieses Verhalten auf eine starke Verminderung der Aktivität der Wasserstoffionen durch Wasserbindung (Hydratationseffekt) zurück. Schwefelverbindungen und Salzsäure in Rohölen, die gleichfalls die Ursache von Korrosionserscheinungen sein können, können durch Zugabe von Kalk oder Ammoniumhydroxyd beseitigt werden.

Korrosionsschutz im Dampfkessel. In Flüssigkeiten, insbesondere bei höherer Temperatur, wirkt sich der Sauerstoffgehalt ganz besonders schädlich aus. Man kann ihn durch einen Zusatz von Natriumhydrosulfit $NaHSO_3$, am besten mit Hilfe von automatischen Dosierungsvorrichtungen, beseitigen. Im Dampfkessel ist der Angriff durch Sauerstoff um so größer, je höher die Temperatur und der Druck im Kessel sind. Wesentlich ist auch der pH-Wert des Wassers. So soll bei einem pH von 9 das Wasser völlig entgast sein. Wasser mit 0,5 mg Sauerstoff/l soll einen pH-Wert von 9,6, ein solches mit 1 mg Sauerstoff/l sogar von 12 haben. Dieser Wert ist bereits wegen der zu hohen Konzentration an Alkali für den Kesselbetrieb schädlich. Für Hochdruckkessel soll für Drucke über 40 atü das Wasser vollkommen sauerstofffrei sein. Bei Drucken über 60 atü (275° C) können durch Schwefelwasserstoff, der aus dem zur Entfernung des Sauerstoffes verwendeten Natriumhydrosulfit stammt, Korrosionen verursacht werden. Das Wasser muß bei Drucken über 50 atü auch carbonatfrei sein, da sonst durch Abspaltung von CO_2 Zerstörungen eintreten können. Vorteilhaft hat sich die Verwendung von beständigeren Chromstählen als Behälterwerkstoff bewährt.

Die Laugensprödigkeit ist nur bei Zugbeanspruchungen des Werkstoffes bei gleichzeitiger Anwesenheit von mehr als 35% NaOH möglich. Derartige Konzentrationen sind aber im normalen Dampfkesselbetrieb nicht möglich, können aber an bestimmten, verstärkten Stellen, wie Nietnähten, auftreten. Zur Verhinderung der Laugensprödigkeit wird entweder aluminiumhaltiger Kesselstahl (Izette-

Stahl), wärmebehandelter Stahl verwendet oder ein bestimmtes Verhältnis von Soda und Natriumsulfat eingehalten. Dieses, aber noch ziemlich umstrittene Verhältnis soll sein:

für Kessel bis 10,5 atü Betriebsdruck soll $Na_2CO_3 : Na_2SO_4$ 1 : 1,
„ „ „ 17,5 „ „ „ „ „ 1 : 2,
„ „ über 17,5 „ „ „ „ „ 1 : 3.

Durch einen Zusatz von Trinatriumphosphat, der auch noch von der Enthärtung herrühren kann (10—50 mg P_2O_5/l), kann die Natronzahl (Anzahl mg NaOH/l + $\frac{\text{mg}}{4{,}5}$ Na_2CO_3/l) auf etwa ¼, nämlich von 400—2000 auf 100—400, herabgesetzt werden. Die interkrystalline Korrosion von Kesselwänden kann außer durch Phosphat auch durch Chromate verhindert werden. Auch eine Wärmebehandlung der geschweißten Teile sowie Herabsetzung des Carbidgehaltes des Stahls durch Zusatz von carbidbindenden Stoffen wie Titan wirken sich günstig aus.

Bei Dampfkesseln kann auch ein elektrochemischer Schutz ausgeübt werden, wobei entweder die Kesselwände als Kathode bei Gleichstrom (Cumberland-Verfahren), mit Wechselstrom überlagertem Gleichstrom oder mit Wechselstrom behandelt werden. Durch Einhängen von Zink- oder Aluminiumplatten, die sich im Laufe der Zeit im Kessel auflösen, soll gleichfalls ein Korrosionsschutz der Kesselwände erreicht werden, jedoch versagt dieses Verfahren manchmal aus bisher noch nicht erkannten Gründen.

Zunderbeständige Legierungen. Gegen heiße Ofengase oder heiße Luft bei Temperaturen über 700—1000° C haben sich Eisenlegierungen mit Aluminium und Silicium, Chrom und Nickel oder Aluminium und Chrom bewährt. Eisenlegierungen mit 30—50% Chrom sind bei 1000° gegen SO_2 beständig. 4%iger Molybdänstahl hat sich gegen Wasserstoff von 250 Atm. und hohen Temperaturen, wie sie bei Hydrierungen und der Ammoniaksynthese auftreten, bewährt. Gegen Schwefelwasserstoff und -dioxyd, welche Gase bei der Treibstoffsynthese sehr störend wirken, hat sich ein Stahl mit 23% Cr, 3% Si und Al als beständig erwiesen. Auch durch Änderung der Zusammensetzung des angreifenden Gases kann einem Angriff oder einer Verzunderung des Eisens entgegengearbeitet werden. Glühungen werden bereits vielfach in einer sog. Schutzgasatmosphäre ausgeführt, die nicht oxydierend wirkt und aus Wasserstoff, Stickstoff, Kohlenwasserstoffen, Ammoniak usw. bestehen kann.

3. Eisengewinnung.

Eisenerze, Zuschläge, Brennstoff.

Elekrolyteisen, Armcoeisen, Carbonyleisen. Reinstes kohlenstofffreies Eisen kann man durch eine Elektrolyse einer Calziumchlorid enthaltenden Eisen-II-Chloridlösung bei etwa 110° C mit Kupferkathoden, die mit Arsen überzogen sind, gewinnen, ebenso im Siemens-Martin-Ofen (Armcoeisen). Es wird wegen seiner geringen Hysteresisverluste zum Bau von Dynamoblechen verwendet. Carbonyleisen wird durch thermische Dissoziation von Eisenpentacarbonyl $Fe(CO)_5$ erhalten. Aus dem gewonnenen Eisenpulver wird durch Pressen, Sintern und Warmkneten reines Eisen für Pupinspulen erzeugt.

Eisenerze. Im Hochofenbetrieb werden Eisenerze mit einem höheren Eisengehalte als etwa 30% Fe verarbeitet, es ist aber durch Arbeiten mit saurer Schlacke auch möglich, auch noch ärmere Eisenerze wirtschaftlich verhütten zu können. Die wichtigsten Eisenerze, ihre Zusammensetzung und Fundorte sind in der Tab. 40 zusammengestellt.

Tab. 40. Zusammensetzung und Vorkommen der Eisenerze.

Erz	Chemische Zusammensetzung	Fundort	% Eisen
Magneteisenstein (Magnetit)	Fe_3O_4	Norwegen und Mittelschweden, Ural	45–70
Roteisenstein (Eisenglanz, Hämatit) . .	Fe_2O_3	Elba, Cumberland, Siegen, Lahn, Nordamerika	40–65
Brauneisenstein (Raseneisenerz, Bohnererz).	$2\,Fe_2O_3 \cdot 3\,H_2O$	Minette (Lothringen, Luxemburg), Oberschlesien, Salzgitter	30–60
Spateisenstein. . . .	$FeCO_3$	Erzberg (Steiermark), Spanien, Frankreich	25–40 (enthält stets Mangan)
Kohleneisenstein . .	Toniger Spateisenstein mit Kohle vermengt	England	24–30
Brauneisenstein . . .	Gemenge von Ton mit Spateisenstein	Oberschlesien, England	30–40
Doggererze	Eisen-Aluminium-Silicat	Baden	20–35
Manganerz	SiO_2-haltige Eisen- und Manganoxyde	Gießen	19–22% Fe, 15–20% Mn, 11–23% SiO_2

Man unterscheidet zwischen oxydischen, carbonatischen und silicathaltigen Erzen. Die reichsten Erze sind die Magnetite mit bis zu 70% Fe, sie sind aber schwer reduzierbar. Der aus wasserfreiem Eisenoxyd bestehende Roteisenstein bildet riesige Lager am Oberen See in USA. und liefert etwa ¾ der Eisenerze für die riesige amerikanische Eisenindustrie. Durch Verwitterung sind aus den silicatischen Eisenerzen hydratisierte Eisenhydroxyde, wie der

Brauneisenstein, entstanden, die die großen phosphorhaltigen Erzlager in Luxemburg und Lothringen bilden. Spateisenstein ist nahezu vollkommen schwefel- und phosphorfrei und bildet die Grundlage der seit Jahrhunderten berühmten steirischen, Kärntner und Siegerländer Eisenindustrie. Kiesabbrände (s. S. 84), Konverterauswurf (s. S. 467), Hammerschlag, Schlacken und Gichtstaub usw. werden gleichfalls im Hochofen auf Eisen verarbeitet.

Neben den Eisenerzen werden zur Eisengewinnung auch noch

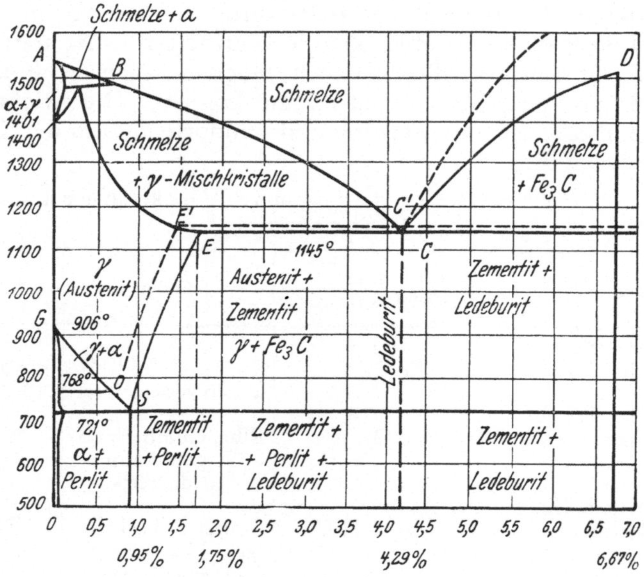

Abb. 72. Eisen-Kohlenstoff-Diagramm.

Zuschlagsstoffe benötigt, um die meist saure, kieselsäurereiche Gangart der Erze und die Asche des Brennstoffes in eine leicht flüssige und daher gut vom Eisen trennbare Schlacke überzuführen. Je nach der Zusammensetzung des Erzes, der Höhe des Kieselsäuregehaltes usw. setzt man entweder Kalkstein oder, wie z. B. in der Steiermark, einen Tonschiefer der Beschickung zu.

Brennstoff. An Stelle der früher zur Reduktion verwendeten Holzkohle wird heute fast ausschließlich schwefel- und aschearmer, druckfester Koks (Tab. 17 s. S. 181) benützt. Zur Herstellung von Spiegeleisen und Ferromangan, die zur Entschwefelung des Roheisens dienen, wird auch noch Braunstein mit 50—55% MnO_2 oder manganreicher Eisenspat benötigt.

4. Das Eisen-Kohlenstoff-Diagramm.

In reinem Zustande kommt das Eisen fast nie vor, sondern immer in Form einer Legierung mit mehreren Begleitelementen, von denen der Kohlenstoff das wichtigste ist. Da der Kohlenstoff für viele technisch wichtige Eigenschaften des Stahls, wie die Härte, Vergüt-, Gieß- und Schmiedbarkeit, sehr wesentlich ist und auf Grund des Kohlenstoffgehaltes auch eine Einteilung der technischen Eisensorten möglich ist, soll vorerst das wichtige Eisen-Kohlenstoff-Diagramm besprochen werden (Abb. 72).

Das Zustandsdiagramm enthält nur den technisch wichtigen eisenreichen Teil bis 6,67% C, welcher Gehalt dem reinen Eisencarbid Fe_3C entspricht. Durch den Kohlenstoff wird der Schmelzpunkt des reinen Eisens nach dem Gesetz der Gefrierpunktserniedrigung (s. S. 33) von 1528° C bis auf 1145° C herabgesetzt, dem eutektischen Punkt *C* bei 4,2% Kohlenstoff. Oberhalb *ACD* ist alles flüssig, unterhalb *AEF* alles fest. Längs der Kurve *AE* scheiden sich γ-Mischkrystalle aus Eisen und Eisencarbid bis 1,7% C, dem *Austenit*, aus, längs *CD* Eisencarbid. Oberhalb der Linie *GOEF* ist nur γ-Eisen, unterhalb α-Eisen beständig. Unter 768° C wandelt sich das diamagnetische α-Eisen in das paramagnetische α-Eisen um. Im Punkte *C* und längs der Linie *CR* ist nur Eutektikum vorhanden, das den Namen *Ledeburit* führt und aus einem innigen Gemisch von γ-Mischkrystallen und *Zementit*, wie der Gefügebestandteil Eisencarbid Fe_3C genannt wird, besteht. Längs der Kurve *CD* scheidet sich Fe_3C, der *Primärzementit*, ab. Im Zustandsfeld γ liegt der *Austenit*.

Im Fe-C-Diagramm gehen auch im festen Zustande allotrope und polymorphe Umwandlungen vor sich. Die Löslichkeit des Eisencarbides im Mischkrystall aus γ-Eisen und Fe_3C nimmt mit sinkender Temperatur ab, ebenso auch die Löslichkeit des Kohlenstoffes im α-Eisen. Die Mischkrystalle entmischen sich daher bei langsamer Abkühlung längs der Kurve *GSE*, wobei ein Gemenge von α-Eisen und Fe_3C entsteht. Dieses führt als Eutektoid *S* mit 0,95% C den Gefügenamen *Perlit*. Unterhalb 721° C ist bei langsamer Abkühlung wegen des eutektoiden Zerfalles von γ-Eisen in α-Eisen kein γ-Eisen mehr vorhanden. Als Gefügebestandteil führt α-Eisen die Bezeichnung *Ferrit*, das durch Umsetzung oder Zersetzung entstandene Fe_3C den Namen *Sekundärzementit*. Eisen mit weniger als 0,95% C besteht daher bei langsamer Abkühlung unter 721° aus Ferrit und Perlit, mit 0,95—1,75% C aus Perlit, Sekundärzementit und Ledeburit, mit 1,75—4,29% C aus Sekundärzementit, Perlit und Ledeburit, mit mehr als 4,29% C aus Primärzementit und Ledeburit.

Läßt man das Eisen aus dem Zustandsfeld γ nicht langsam abkühlen, sondern erhöht durch Abschrecken die Abkühlungsgeschwindigkeit so sehr, daß für die Umwandlungen im festen Zustande nicht genügend Zeit bleibt, so bleibt der oberhalb *GOSE* bestehende Zustand auch bei Raumtemperatur mehr oder weniger weit erhalten. Im abgeschreckten Zustande tritt im Gefügebild dann der nadelige *Martensit* (γ-Eisen und Fe_3C) auf, der sich durch große Härte und Sprödigkeit auszeichnet. Seinem Auftreten verdankt der Stahl seine *Härte*. Durch langsames Erwärmen (*Anlassen*) des durch Abschrecken erhaltenen Stahls geht die Härte durch Umwandlung des Martensites in α-Eisen und Zementit wieder verloren. Je nach der Schnelligkeit der Abkühlung, der Temperatur des Anlassens, der Anwesenheit anderer Legierungskomponenten, wie Silicium oder Mangan, erhält man verschiedene Härtezwischenstufen zwischen dem weichen α-Eisen und dem harten *Martensit*, die *Osmondit*, *Troostit* und *Sorbit* genannt werden. Mit mehr als 1,7% C ist das Eisen nicht mehr härt- und schmiedbar. Als *Stahl* wird Eisen von 0,4—1,7% C, jedoch im allgemeineren Sinne auch alles ohne Nachbehandlung schmiedbare Eisen bezeichnet.

Auch bei der normalen Abkühlungsgeschwindigkeit, z. B. bei Abkühlung an der Luft, wird nur ein metastabiles System erhalten, während bei sehr langsamer Abkühlung durch Umwandlung des Zementits Fe_3C in α-Eisen und *Graphit* erst das stabile System Fe-C entsteht. Dieses unterscheidet sich nur wenig vom Diagramm Fe-Fe_3C. Es ist in der Abb. 71 durch punktierte Linien angedeutet. Es hat für die Herstellung von weichem *Gußeisen*, *Temperguß* usw. auch eine praktische Bedeutung. Der eutektische Punkt *C'* liegt dann bei 1152° statt 1145°, der eutektoide Punkt *S* bei 769° statt 721° C.

Bei höheren Kohlenstoffgehalten als 1,7% nimmt die Härte des Eisens wieder ab. *Gußeisen* oder *Grauguß* ist kohlenstoffreiches, leicht flüssiges Eisen mit Perlit, Ledeburit, Zementit und Graphit als Gefügebestandteilen. Wird die Umwandlung des Zementites in α-Eisen und Graphit durch einen höheren Mangangehalt verzögert, so erhält man einen *Weißguß* mit Perlit, Ledeburit und Zementit.

5. Die Eisensorten.

Je nach dem Kohlenstoffgehalt werden die folgenden Eisensorten unterschieden:

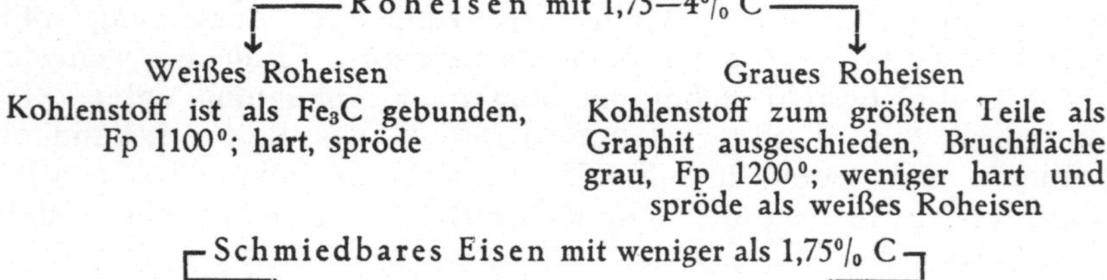

Schmiedbares Eisen mit weniger als 1,75% C

Schweißeisen
In teigigem, nicht flüssigem Zustande erzeugt; schlackenhaltig; aus zusammengeschweißten Eisenkörnern bestehend

- Schweißeisen
- Schweiß- oder Puddelstahl

Flußeisen
in flüssigem Zustande erhalten, schlackenfrei

- Flußeisen
- Flußstahl
Thomas-, Bessemer-, Siemens- Martin-, Tiegel-, Elektrostahl

Als *Stahl* wird alles Eisen bezeichnet, das ohne Nachbehandlung schmiedbar ist. *Gußeisen* ist ein Roheisen, das ohne weitere Veredelung unmittelbar zum Gießen verwendet werden kann. *Gußstahl* ist ein zum Gießen bestimmter Stahl.

6. Die Eisengewinnung.

Die Eisengewinnung kann nach direkten Verfahren im Rennofen oder nach indirekten Verfahren im Hochofen vor sich gehen. Beim alten Rennverfahren wurde das durch Reduktion von Eisenerzen erhaltene Eisen durch eine stark eisenhaltige Schlacke vor der Aufkohlung bewahrt, so daß man am Boden des Herdes einen kohlenstoffarmen Eisenklumpen, die Luppe (Rennstahl), erhielt. Beim modernen Krupp-Rennverfahren, das eigentlich ein Mittelding zwischen einem Aufbereitungs- und direkten Eisengewinnungsverfahren darstellt, wird das eisenarme Erz mit Kohle im Drehrohrofen reduziert. Durch die Bewegung des Drehrohres werden die einzelnen Eisenkörner zu festen großen Klumpen vereinigt, die von der Schlacke getrennt und im Hochofen ähnlich wie ein schrottähnlicher Rohstoff aufgegeben werden.

Aufbereitung. Die heute allgemein übliche Eisengewinnung vollzieht sich im Hochofen durch Reduktion der Eisenerze mit Koks, seltener mit Holzkohle. Die meisten Eisenerze werden so, wie sie gefunden werden, verhüttet. Nur sehr eisenarme Erze werden einer Aufbereitung, d. h. einer mechanischen oder chemischen Anreicherung des Eisens unterworfen. Unter den Aufbereitungsverfahren hat das magnetische eine besondere Bedeutung, das, manchmal auch nach einer reduzierenden Röstung durchgeführt, Konzentrate mit 65—70% Fe ergibt. Tonhaltige Feinerze werden manchmal auch noch in einer Waschtrommel aufbereitet. Spate werden durch Röstung vom größten Teil von der Kohlensäure befreit, Gichtstaub und Kiesabbrände brikettiert, da der Hochofen nur einen gewissen Teil der Beschickung in Mehlfeinheit verarbeiten kann.

Die Verunreinigungen der Eisenerze, die Gangart, müssen beim Schmelzprozeß in eine leichtflüssige, vom Roheisen leicht trennbare Schlacke übergeführt werden. Dazu werden die zu verhüttenden Erze entweder so gemischt (gattiert), daß sich die erwünschte Schlacke ergibt, oder es werden sauren Erzen basische Zuschläge, wie Kalkstein, Dolomit, Kalkspat, basischen Erzen, wie Eisenspat, aber saure Zuschläge, wie Tonschiefer oder Granit, zugegeben. Das Erzgemisch samt Zuschlägen wird als Möller, die gesamte Beschickung je nach ihrer Art als Koks- oder Erzgicht bezeichnet. Die im Hochofen auf einmal aufgegebene Erz- oder Koksmenge beträgt mehrere Tonnen. Sie wird mittels Aufzügen auf den Hochofen hinaufgeführt. Erz und Koks werden vor dem Begichten nicht miteinander vermischt.

Die Tagesleistung eines Hochofens beträgt 100—800 t. Die Bewältigung dieser riesigen Erz-, Koks- und Zuschlagsmengen von vielen 1000 t täglich erfordert in großen Hochofenwerken ausgedehnte Anlagen für Hebezeuge, Krafterzeugung, Eisenbahn usw.

Der *Hochofen* selbst ist ein 20—30 m hoher Schachtofen, der aus tonerdereichenen Schamottestein in der Dicke von 70—80 cm

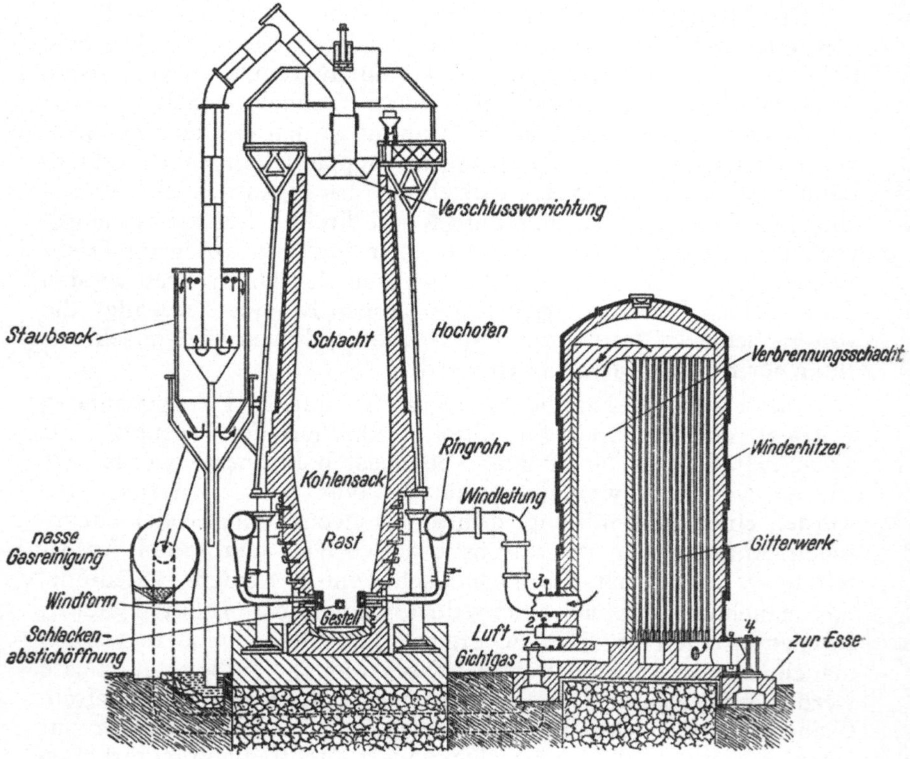

Abb. 73. Hochofen.

mit Eisenumklammerung gemauert ist. Er besteht aus drei Teilen, dem (unteren) Gestell, der (mittleren) Rast und dem (oberen) Schacht (Abb. 73). Im oberen Teile des Gestelles münden 4—16 Düsen, d. s. wassergekühlte, kegelförmige Windformen mit Winddüsen, durch die der heiße Wind in den Ofenraum eintritt. Unterhalb der Windformebene befindet sich die gleichfalls wassergekühlte, kupferne Lührmannsche Schlackenform. Die Abstichöffnung für das Roheisen liegt über dem gemauerten Bodenstein, der auf einem starken Fundamente ruht.

Die Rast ist ein sich nach oben erweiternder, abgestumpfter Kegel mit einer oder mehreren, nur bei Betriebsstörungen in Funktion tretenden Notwindformen. Zwischen der Rast und dem

Schacht befindet sich der breiteste Teil des Hochofens (6—8 m Durchmesser), der Kohlensack. Am oberen Ende des sich verjüngenden Schachtes liegen die mit besonderen, gasdichten Verschlußvorrichtungen ausgestattete Gichtöffnung (L a n g e n sche Glocke oder P a r r y scher Trichter) sowie die Abzugsrohre für die Gichtgase. Der Hochofen wird von außen durch Berieselung mit Wasser gekühlt, um seine Lebensdauer zu erhöhen.

Vorgänge im Hochofen. Im Hochofen gehen folgende Vorgänge vor sich: Im Gestell, dem heißesten Teile des Hochofens (1600° C), erfolgt die Verbrennung des Kokses vor den Windformen, der somit nicht nur das Reduktionsmittel, sondern auch den Brennstoff darstellt. Das bei der Reduktion nach $Fe_2O_3 + 3\,C = 3\,Fe + 3\,CO$ gebildete Kohlenoxyd steigt gemeinsam mit dem bei der Verbrennung des Kokses entstehenden Kohlendioxyd und dem Stickstoff nach oben und verläßt mit etwa 250° C an der Gicht den Ofen. Die Gichtgase enthalten etwa 12% CO, 20% CO_2, 2% H_2, 60% N_2 und besitzen eine Verbrennungswärme von etwa 800—900 kcal/nm³. Pro 1 Tonne Roheisen fallen rund 4500 nm³ Gichtgas an, von denen ¼ zur Vorwärmung des Windes durch Verbrennung in den Winderhitzern oder Cowpern auf 700—800 °C, ¼ zum Antriebe der Gebläse und der Aufzüge, die Hälfte für den Stahlwerksbetrieb usw. zur Verfügung stehen. Der Hochofen ist der größte Gasgenerator. Zur Verbrennung in Gichtgasmotoren müssen die Gase sorgfältig grob in weiten Leitungen und Staubkammern, fein in T h e i s s e n schen Zentrifugalreinigern durch zerstäubtes Wasser oder auf elektrischem Wege entstaubt werden.

In der obersten Zone des Schachtes findet bei etwa 200° nur eine Vorwärmung und Entwässerung statt. Weiter unten beginnt bei etwa 400° bereits eine indirekte Reduktion von Eisenoxyd und Kohlenoxyd zu Eisen-II-III-Oxyd und FeO nach $3\,Fe_2O_3 + CO = 2\,Fe_3O_4 + CO_2$; $Fe_2O_3 + CO = 2\,FeO + CO_2$. Über 500° setzt die Umwandlung von Fe_3O_4 in FeO, über 650° von FeO in festes Eisen ein. Bei niedrigeren Temperaturen als 500° zerfällt auch Kohlenoxyd, katalysiert durch das Eisen, nach der Gleichung $2\,CO = CO_2 + C + 38{,}8\,kcal$, wobei der ausgeschiedene Kohlenstoff zum Teil vom Eisen aufgenommen wird, das Eisen „kohlt" sich. Über 650° beginnt auch die direkte Reduktion der Eisenoxyde, zuerst von Fe_3O_4, zu metallischem Eisen. Über 800° wird aus den Carbonaten CO_2 ausgetrieben und setzt sich Eisen mit der vorhandenen Kieselsäure zu Eisensilicaten um, deren Reduktion zu Fe nur mit festem Kohlenstoff bei Weißglut möglich ist. Bei dieser hohen Temperatur werden auch SiO_2, MnO, P_2O_5 und FeS durch festen glühenden Kohlenstoff zu den Elementen reduziert, die vom flüssigen Eisen aufgenommen werden. Dieses schmilzt bei etwa 1100° und sammelt sich flüssig unter der ebenfalls geschmolzenen

Schlacke. Von Zeit zu Zeit wird die Schlacke und das Roheisen gesondert abgezogen.

Schlacke. Die hellgrau gefärbte Schlacke enthält im Mittel 35—50% CaO und MgO, 30—40% SiO_2, 6—8% Al_2O_3, ferner MnO, FeO, CaS, $Ca_4P_2O_9$ usw. Abgeschreckte Schlacke erstarrt glasig und kann zur Erzeugung des Hochofen-Portlandzementes (s. S. 303 u. 304) verwendet werden. Durch Gießen in Formen können Straßenpflastersteine, Körnen in Wasser Schlackensand zur Verwendung im Bauwesen, Schaumschlacke (Schlackenbims) zur Anwendung in der Leichtbauweise, Zerstäubung mit Dampf Schlackenwolle als Isolierstoff usw. aus Schlacke hergestellt werden.

Auf manchen Hochofenwerken wird statt der erhitzten Gebläseluft mit Sauerstoff auf etwa 45% O_2 angereicherter Wind in den Hochofen eingeblasen, wodurch sich gewisse Vorteile, wie niedrigere Temperatur der Gichtgase, wodurch weniger Wärme dem Ofen entzogen wird, geringerer Koksverbrauch, bessere Reduktion von SiO_2 und MnO, geringere Eisenverlust, höhere Schmelztemperatur der Schlacke, bessere Entschwefelung, niedrigere Schachthöhe usw., ergeben.

Elektrohochofen. In kohlearmen Ländern mit billigen Wasserkräften, wie Italien, Norwegen und Schweden, steht auch der Elektrohochofen in Anwendung, bei dem die Wärmeerzeugung durch den elektrischen Lichtbogen bewirkt wird. Die Koksmenge sinkt auf $^1/_3$ der im Hochofen erforderlichen Menge, da sie nur zur Reduktion des Eisens dient. Die Elektroden sind im Gestell untergebracht. Der Ofen ist nur ein niedriger Schachtofen. Es wird kein Wind eingeblasen, infolgedessen erhält man ein Gichtgas mit hohem Heizwert. Seltener wird statt Koks Holzkohle, namentlich in holzreichen Ländern, wie Schweden, Steiermark, im Ural oder in Amerika, verwendet, wobei sehr reines, phosphor- und schwefelarmes Roheisen erhalten wird.

Verarbeitung niedrigprozentiger Erze. In Deutschland, England und Amerika hat man auch niedrigprozentige, aber kieselsäurereiche Eisenerze mit 20—35% Fe, 20—50% Gangart im Hochofen verhüttet. Aus wirtschaftlichen Gründen konnte man bei diesen Erzen nicht auf eine basische Schlacke mit einer Schlackenzahl von CaO : SiO_2 von 1,2—1,7 hinarbeiten, sondern um weniger Schlacke einschmelzen zu müssen, mußte die Schlackenzahl auf 0,7—0,8 eingestellt werden. Da aber nur die basischen Schlacken mit CaO : $SiO_2 > 1$ eine ausreichende Entschwefelungswirkung besitzen, enthält das sauer erschmolzene Roheisen bis 1% Schwefel. Dieser muß durch eine gesonderte nachträgliche Entschwefelung mit geschmolzener Soda, die den Schwefel als Natriumsulfid bindet, vom Schwefel befreit werden. Durch Aufbereitungsverfahren kann der Eisengehalt erhöht und der Kieselsäuregehalt der Erze vermindert werden, so daß die Hochofenleistung auf etwa 90% der normalen gebracht werden kann.

7. Das Gußeisen.

Das wichtigste Erzeugnis des Hochofens ist das Roheisen, ferner Gichtgas und die Schlacke. Das Roheisen enthält etwa 3—4% C sowie weitere Beimengungen von Si, Mn, P, S, Cu usw. Graues Roheisen schmilzt bei etwa 1200° und weist neben Kohlenstoff in Form von blätterigem Graphit einen Gehalt von 2—3% Si und 0,5% P auf, ist weich und wird in Gießereien als Gußeisen verwendet. Siliciumeisen ist ein helles Gußeisen mit 5—15% Si. Im weißen Roheisen ist der Kohlenstoff als Zementit gebunden, was teils durch schnellere Abkühlung, teils durch einen höheren Mangangehalt von 3—6% Mn sowie auch durch einen größeren Phosphorgehalt erreicht wird. Die Übergangsform zwischen weißem und grauem Roheisen wird als meliertes Roheisen bezeichnet. Spiegeleisen ist ein weißes Gußeisen mit 5—10% Mangan. Es wird aus manganreicheren Erzen hergestellt und dient zur Erzeugung feinerer Stahlsorten. Ferromangan weist einen Mangangehalt von 25—28% Mn, Siliciumeisenmangan von viel Mangan und Silicium auf.

Neben grauem und weißem Gußeisen werden in der Technik noch verschiedene andere Gußeisensorten je nach ihrem Verwendungszweck unterschieden, wie Hämatit-, Gießerei-, Qualitäts-, Puddel-, Stahl-, Bessemer-, Thomas-, Holzkohlenroheisen usw. In der Tab. 41 sind die Zusammensetzungen verschiedener Gußeisensorten angeführt.

Tab. 41. Zusammensetzung verschiedener Gußeisensorten.

Bezeichnung	% C	% Si	% Mn	% P	% S	Bruch
Hämatitroheisen. .	3,5–4	2–3	bis 1,3	bis 0,1	bis 0,04	grau
Gießereiroheisen .	3,5–4	bis 2,5	bis 1,0	bis 0,6	bis 0,04	weiß
Stahleisen.	4–5	bis 1,0	2,0–6,0	bis 0,3	bis 0,08	weiß
Bessemerroheisen .	3,5	1,5–2,0	1	bis 0,1	bis 0,04	weiß
Thomasroheisen (manganhaltig) .	3,2–3,6	0,3–0,4	1,2–1,5	1,8–2,2	0,05–0,12	weiß

Das Gußeisen wird entweder vom Hochofen in Formen oder Masseln gegossen oder unmittelbar zur Verarbeitungsstelle, der Gießereihalle, zugeführt. Die Masseln werden in den Gießereien in eigenen kleinen, bis 5 m hohen Öfen, den sog. Kupolöfen, mit 10—15% Koks und 2% Kalk zur Verschlackung des Schwefels des Kokses verschmolzen, wobei die Verbrennungsluft durch Winddüsen im Gestell zugeführt wird. Das Gießen erfolgt in Sand- oder Stahlformen. Die Dünnflüssigkeit wird durch einen Gehalt von

0,5—1% P erhöht. Läßt man die Oberfläche des Gußstückes an der kühleren Formwand schneller erkalten als das Innere, so entsteht Hartguß mit harter weißer Außenfläche und weichem grauem Kern. Säurefestes Gußeisen (Thermisilid, Acidur, Tantiron usw.) enthält 13—20% Silicium und wird durch einen Zusatz von Ferrosilicium hergestellt.

8. Schmiedeeisen und Stahl.

Eisen mit mehr als 1,7% C kann nur mehr durch Gießen in die gewünschte Form gebracht werden. Um das Eisen auch schmieden und walzen zu können, muß der Kohlenstoffgehalt des Roheisens sowie der Anteil seiner Verunreinigungen an Si, P und S bedeutend erniedrigt werden. Die Überführung des Roheisens in schmiedbares Eisen oder Stahl erfolgt durch einen Oxydationsprozeß. Wird bei diesem der Schmelzpunkt des Eisens nicht überschritten, so erhält man nur einen aus zusammengeschweißten Eisenkörnern bestehenden schlackenhaltigen Schweiß- oder Puddelstahl. Wird das Eisen während des Oxydationsvorganges so hoch erhitzt, daß es flüssig wird, gewinnt man schlackenfreien Flußstahl.

Beim ältesten Verfahren, dem *Herdfrischverfahren*, wurde das Roheisen auf einem Holzkohlenfeuer wiederholt tropfenweise abgeschmolzen. Die Tropfen fielen durch einen Windstrom und wurden dabei oxydiert. Das Eisen sammelte sich samt der gebildeten Schlacke am Boden des Herdes.

Das *Flammfrischverfahren oder Puddeln* beruht auf der Entkohlung des Roheisens durch oxydierende Flammengase. Das Roheisen wird in einem Puddelofen, der aus einer Rostfeuerung mit Feuerbrücke, einem Arbeitsherd, der mit einer an Fe_3O_4 (Hammerschlag) reichen Schlacke ausgefüttert ist, einem Feuerkanal und Fuchs besteht, von einem Arbeiter mit Haken durchgearbeitet, damit immer neue Eisenteilchen mit der Luft in Berührung kommen können. Mit zunehmender Entkohlung wird das Eisen immer zähflüssiger, so daß das Feuer verstärkt werden muß. Die einzelnen Teilchen schweißen zu mehreren Klumpen, den Luppen, zusammen. Die Luppen werden sodann unter dem Dampfhammer zusammengeschweißt, wobei ein großer Teil der flüssigen Schlacke ausgepreßt wird. Diese Rohschienen mit etwa 4% Schlacke werden zu Paketen vereinigt, im Schweißofen auf Schweißhitze erwärmt und nochmals gehämmert und gewalzt. Ein Doppelofen mit zwei Arbeitern kann bis zu 10 t Puddelstahl täglich erzeugen. Das Schweißeisen enthält noch immer fein verteilte Schlackeneinschlüsse, die eine geringe Erhöhung der Korrosionsbeständigkeit bewirken. Die Puddelstahlerzeugung geht aber zugunsten der Flußeisenerzeugung immer mehr zurück.

Flußstahl wird nach dem Bessemer-, Thomas- oder Siemens-Martin-Verfahren hergestellt. Der *Bessemer- oder Windfrischprozeß* (Henry B e s s e m e r, 1856) beruht auf der Entkohlung des flüssigen Roheisens durch hindurchgeblasene Luft. Vom Hochofen gelangt das flüssige Roheisen mit 1250—1300° zunächst in den Mischer, d. s. große, bis 2000 t Roheisen fassende Sammelgefäße. Sie sind entweder als rollbare Zylindermischer oder kippbare flache Herdmischer ausgebildet. Sie dienen zum Ausgleich der Zusammensetzung verschiedener Abstiche sowie zur teilweisen Entschwefelung des Roheisens, da sich das Mangan mit dem Schwefel zu Mangansulfid MnS verbindet, das im Eisen unlöslich ist und als manganreiche Schlacke aus dem Roheisen abscheidet. Zur teilweisen Oxydation des Kohlenstoffes wird auch etwa 7% Erz und 2% Kalk im Mischer zugegeben.

Beim Bessemer-Verfahren wird das geschmolzene Roheisen, das 1,5—2% Silicium, 1—2% Mangan, 3,5—4% Kohlenstoff, weniger als 0,1% Phosphor und 0,01—0,05% Schwefel enthalten soll, flüssig in den Konverter oder die Bessemerbirne (Abb. 74) eingesetzt. Dieser besteht aus mit Dolomit (basischer Konverter) oder Quarz (saurer Konverter) ausgemauertem Eisenblech und gliedert sich in ein zylindrisches Mittelstück, eine kegelförmige Haube und einen Unterteil mit auswechselbarem Boden mit 50—200 Durchbohrungen für den Durchtritt der Luft. Die Birnen sind mittels eines Zahnrades und einer Zahnstange um zwei Zapfen kippbar, wobei der eine Zapfen hohl ist und der Luftzuführung in den Windkasten dient. Bei den großen durchgeblasenen Windmengen (2—4 atü) würde das Eisen durch Wärmeentzug bald fest werden, wenn nicht durch die Verbrennung der Verunreinigungen des Eisens, wie des Kohlenstoffes, Siliciums und Mangans, beim (ursprünglich) sauren Bessemer-Verfahrens oder des C, P und Mn beim basischen Windfrischverfahren (Thomas-Verfahren) dauernd Wärme nachgeliefert werden würde.

Im sauer gefütterten Bessemerkonverter kann nur phosphorarmes Roheisen verarbeitet werden, da der Phosphor durch die Kieselsäure aus der Schlacke wieder in Freiheit gesetzt wird und daher beim Eisen bleibt. Bereits 0,2—0,3% Phosphor machen aber das Eisen kaltbrüchig, d. h. bei gewöhnlicher Temperatur spröde. Die Beseitigung des Phosphors aus phosphorsäurereicheren Roheisensorten (Lothringen, Luxemburg, Deutschland usw.) gelang 1878 Thomas und Gilchrist durch Anwendung eines basischen, aus Magnesiumoxyd oder gebranntem Dolomit und Teer bestehenden, gebrannten Futters im Konverter. Außerdem setzt man dem Konverterinhalt noch Kalk zu, wobei der Phosphor als Tetracalziumphosphat $Ca_4P_2O_9$, der Thomasschlacke (s. S. 310), gebunden wird und abgezogen werden kann.

Sowohl beim basischen als auch beim sauren Windfrischverfahren wird der Kohlenstoff nahezu vollständig verbrannt. Da aber harter Stahl mehr als 0,4% Kohlenstoff enthalten muß (s. S. 459), wird das Flußeisen nach dem Abziehen der Schlacke durch Zusatz von Ferromangan desoxydiert und mit gemahlenem Koks, der sich im flüssigen Eisen sehr leicht löst, wieder rückgekohlt. Außerdem wird durch den zugesetzten Kohlenstoff gebildetes Eisen-II-Oxyd FeO reduziert, das den Stahl rotbrüchig macht, der Stahl wird „desoxydiert". In Deutschland, Frankreich, Luxemburg, Belgien usw. sind ungleich mehr basische Konverter, in Amerika hin-

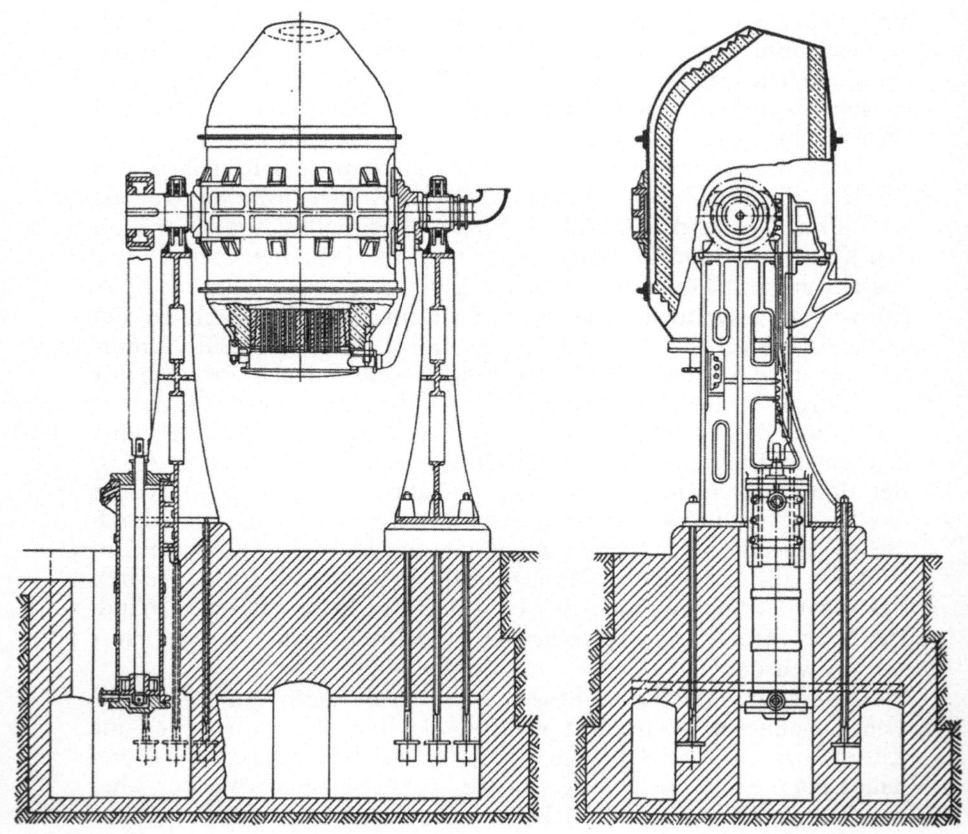

Abb. 74. Bessemer-Konventer.

gegen mehr saure in Anwendung. Ein Konverter liefert in 20 Min. so viel schlackenfreien Flußstahl, als ein Puddelofen in einem Tage Schweißstahl erzeugt.

Bessemerstahl, der für Baueisen, Schienen, Bleche, Werkzeuge usw. verwendet wird, enthält 0,4—0,5% C, 0,3—0,60% Si, 0,6—1,0% Mn, 0,06—0,1% P, 0,03—0,06% S, *Thomasstahl* 0,25—0,48% C, 0,01% Si, 0,5—1,0% Mn, 0,04—0,08% P, 0,02—0,05% S. Sie sind geschmeidig, schweiß- und schmiedbar.

Das *Siemens-Martin- oder Herdfrisch-Verfahren* beruht auf der Oxydation der Verunreinigungen des Roheisens im Flamm- oder

Herdofen, und zwar beim *Schrottprozeß* durch eine oxydierende Flamme von Heizgasen und die sich bildende Schlacke, beim *Roheisen-Erz-Prozeß* durch die oxydierende Flamme und den Sauerstoffgehalt der aufgegebenen Erze. Beim Siemens-Martin-Ofen wird die Siemenssche Regenerativfeuerung (s. S. 318) zur Ausnützung der Abwärme der Verbrennungsgase zur Vorwärmung der Heizgase und der Verbrennungsluft angewendet. Der Herd kann basisch (Roheisen-Erz-Prozeß) oder sauer gefüttert sein, erlaubt daher die Verarbeitung aller Roheisensorten (Abb. 75 und 76). Die Heizung erfolgt durch Generatorgas unter Benützung der Siemensschen Regenerativfeuerung (s. S. 318).

Ein weiteres wichtiges Merkmal des Siemens-Martin-Verfahrens ist die Möglichkeit der Verarbeitung von Schrott. Etwa 40% der Stahlerzeugung wird aus Alteisen im Siemens-Martin-Ofen hergestellt. Der Schrott wird durch Arbeitstüren mittels Chargiermaschinen eingesetzt, Roheisen vom Mischer sowie Kalk in den Ofen eingefüllt und niedergeschmolzen, wobei schon ein großer Teil der Verunreinigungen des Roheisens verbrennt. Hierauf wird bis zur völligen Beseitigung der Verunreinigungen weitererhitzt, die Schlacke abgezogen, mit Spiegeleisen, Manganerzen, Ferrosilicium und Ferromangan gekohlt und desoxydiert sowie die erforderlichen Legierungskomponenten, wie Nickel, Chrom usw., meist gleichfalls in Form von Ferrolegierungen, dem Bade zugesetzt. Das Siemens-Martin-Verfahren dient in erster Linie zur Herstellung besserer Stahlsorten und legierter Edelstähle. Für die Aufarbeitung einer Beschickung von 20 t benötigt man 6 Stunden. Der flüssige Stahl wird in die Gießpfanne ablaufen gelassen und aus dieser dann in Sand- oder Kokillenformen gegossen.

Beim *Roheisen-Erz-Verfahren* werden etwa 5% gebrannter Kalk sowie 18—25% Rot- oder Magneteisenstein eingeschmolzen und dabei etwa 70—80% der Beschickung an meist flüssigem Roheisen in den basischen Herdofen eingegossen. Das Bad schäumt stark auf und wird dann wie beim Schrottverfahren weiterverarbeitet. Man hat aber hier keinen Abbrand, sondern im Gegenteil wegen des Zusatzes von Eisenerz ein Mehrausbringen an Eisen.

Hartes Siemens-Martin-Eisen (SM-Stahl) hat z. B. folgende Zusammensetzung: 0,2—0,8% C, 0,6—1,5% Mn, 0,10—0,45% Si, 0,04% P, 0,04% S und eine Zerreißfestigkeit von 50—100 kg/qmm. SM-Stahl wird zu Drähten, Nägeln, Schienen, Achsen, Federn, Bohrern, Trägern usw. verarbeitet.

Zementstahl ist ein Stahl, der nicht aus Roheisen, sondern aus weichem reinem Schmiedeeisen durch 7—12 Tage langes Glühen bei etwa 1000° in gemauerten Kisten mit Holzkohlenpulver durch Eindiffundierung von Kohlenstoff hergestellt wurde. Durch „Gärben", d. i. ein Schweißen mittels Hämmern usw., oder Schmelzen (Raffinieren) wird der auf diese Weise erhaltene „Blasenstahl" in Gärb- oder Raffinierstahl übergeführt.

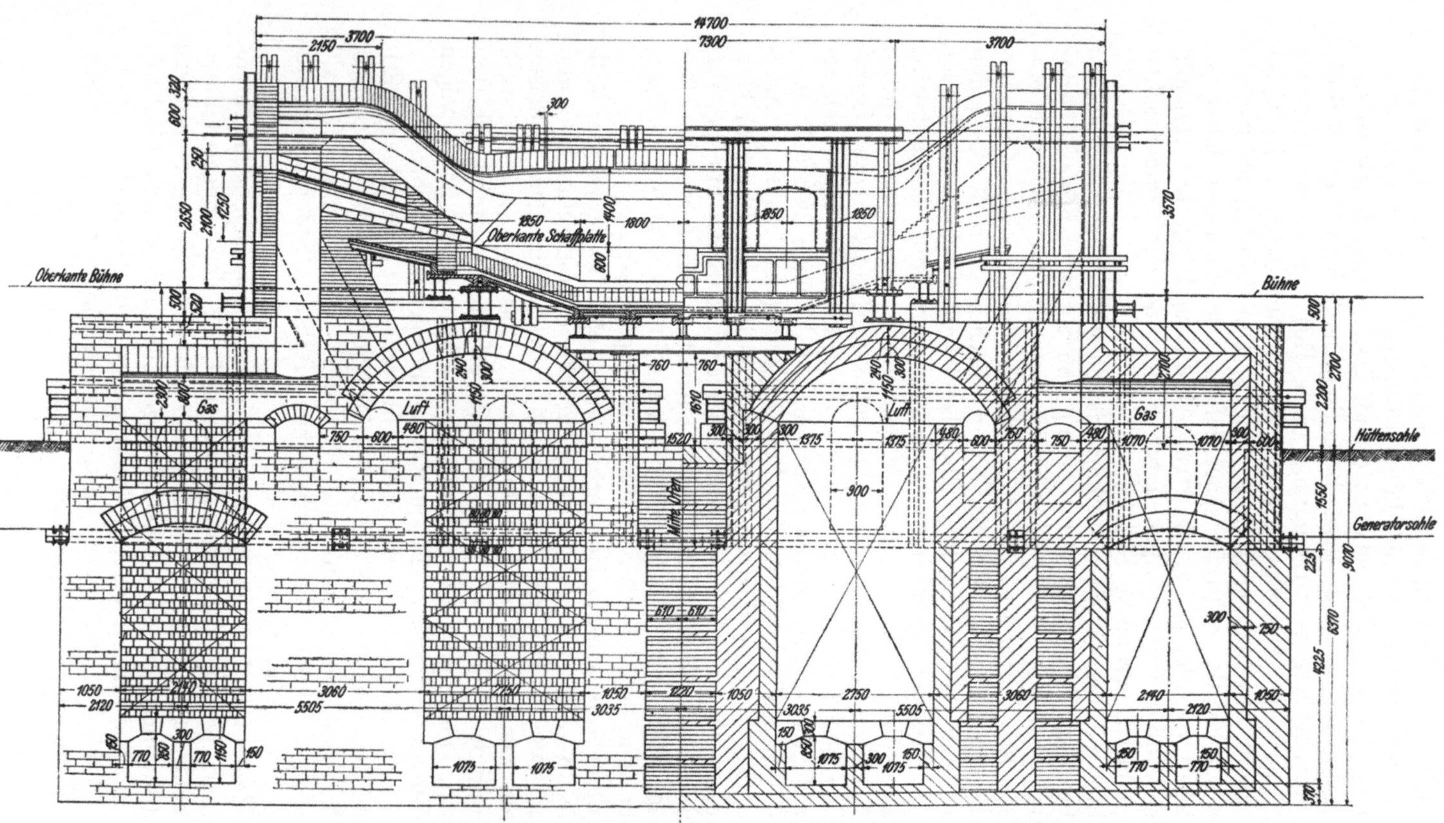

Abb. 75. Gesamtanlage eines Siemens-Martin-Ofen mit Regenerativfeuerung; Längsschnitt (Schoeller-Bleckmann).

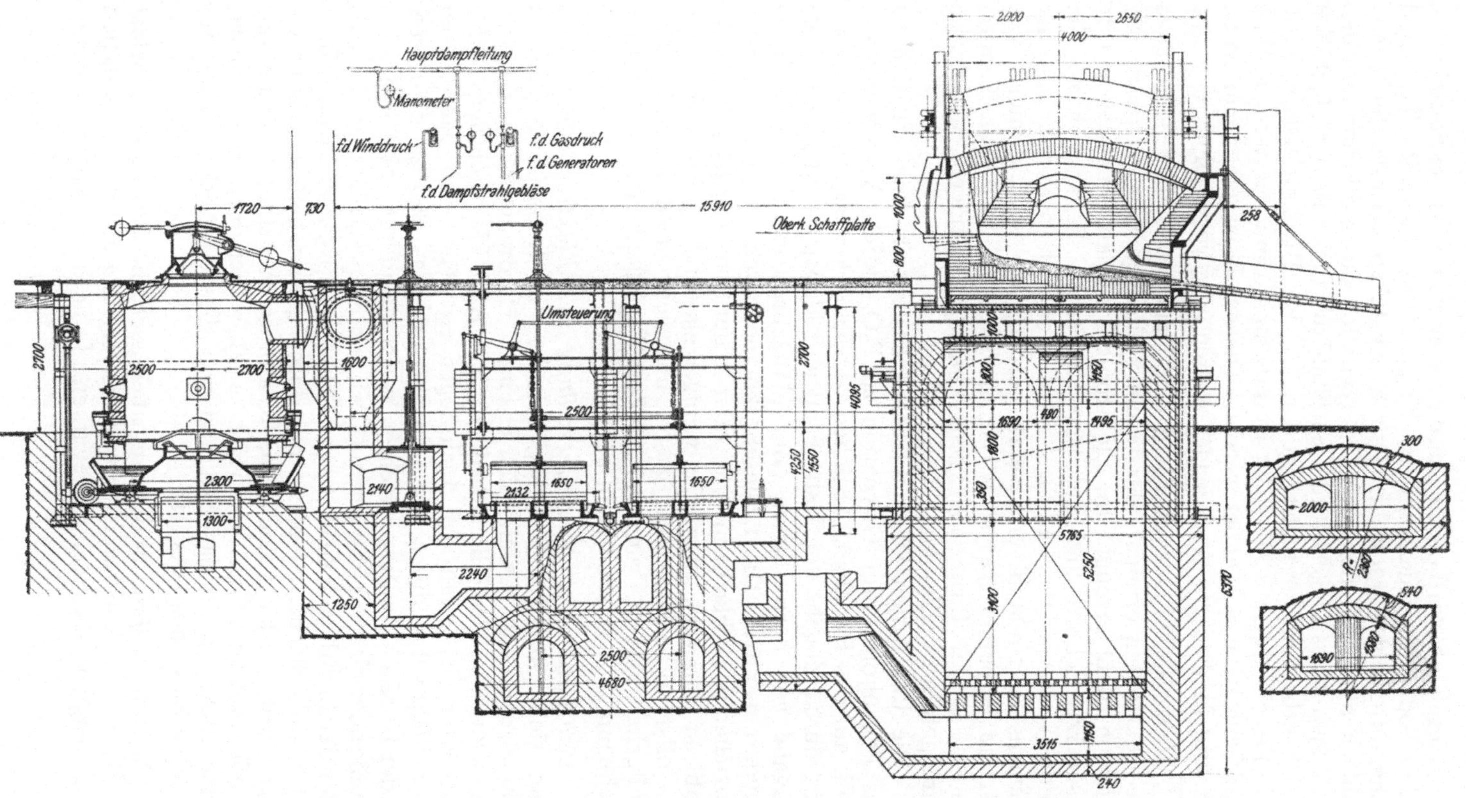

Abb. 76. Gesamtanlage eines Siemens-Martin-Ofen mit Generator und Regenerativfeuerung; Querschnitt.

Tiegelstahl wird durch Umschmelzen von reinstem Herdfrisch-, Gärb- oder Raffinierstahl in Tiegeln aus Graphit, Ton und Schamottemehl hergestellt. Durch Abstehen (Abscheidung von Schlackenbestandteilen) und Desoxydation durch Silicium und den Kohlenstoff des Tiegels wird Tiegelstahl mit nicht mehr als 0,015% P und S erhalten, der meist mit Cr, Ni, W, Mo usw. legiert wird. Ein Tiegel faßt nur 30—40 kg Einsatz und kann nur wenige Male zum Schmelzen verwendet werden. Tiegelstahl ist daher sehr teuer. Er wird für Federn, Werkzeuge, Waffen usw. verwendet.

Elektrostahl. Der Gütegrad des Tiegelstahls wird heute auch im Elektroofen erreicht, der in einer einzigen Charge bis zu 30 t reinsten Stahl erzeugt. Im Elektroofen werden entweder reinste Eisenerze, Schrott und Roheisen eingesetzt, die ähnlich wie im Siemens-Martin-Ofen raffiniert werden oder, falls Konverter- oder Siemens-Martin-Stahl eingesetzt werden, nur nachraffiniert. Die letztere Arbeitsweise ist wirtschaftlicher, da die Vorraffination bereits in der Birne oder dem kippbaren Siemens-Martin-Ofen durchgeführt werden kann.

Die Raffination im Elektroofen besteht in einer Entfernung des Phosphors unter Oxydation zu P_2O_5 durch Aufbringen von Kalk auf das Eisenbad, Abziehen der Schlacke, einer Entschwefelung durch Zugabe von Kalk, Sand und Flußspat und gleichzeitige Zugabe von Ferrosilicium oder Manganerz und Kohle als Desoxydationsmittel. Die Legierungskomponenten werden nach dem Abziehen der Schlacke im Ofen oder in der Pfanne gegeben. Elektrostahl ist sehr rein, er enthält weniger als 0,02% P, 0,005—0,01% S, ist vollständig desoxydiert, gasfrei und weist bei gleichem Kohlenstoffgehalt eine um rund 20% größere Festigkeit und 15% größere Dehnung als normaler Stahl auf.

Lichtbogenöfen. Zur *Herstellung des Elektrostahls* bedient man sich entweder Lichtbogen- oder Induktionsöfen. Das zu schmelzende Gut befindet sich in einem Herdraum, der von einem kuppelartigen Gewölbe überdeckt ist (Abb. 77). Bei den Lichtbogenöfen läßt man den Lichtbogen entweder von den oberen 2—3 Elektroden durch die Schlacke und das Bad zu mehreren, in der Herdsohle untergebrachten, wassergekühlten Stahlelektroden (Stäbe oder Platten) übergehen (Ofen von Massano oder Girod) oder der Lichtbogen spielt nur zwischen zwei Kohleelektroden über der Badoberfläche, die somit nur durch die strahlende Wärme erhitzt wird. Es kann auch eine Kombination beider Systeme verwendet werden (Ofen von Héroult), wobei der Strom von der einen Elektrode in das Bad und von diesem wieder zurück zur anderen Elektrode übergeht.

Induktionsöfen. Man kann aber auch die Beschickung selbst als Heizwiderstand benützen und die Heizung nur durch Induktion eines magnetischen Feldes bewirken. Je nach der Frequenz unter-

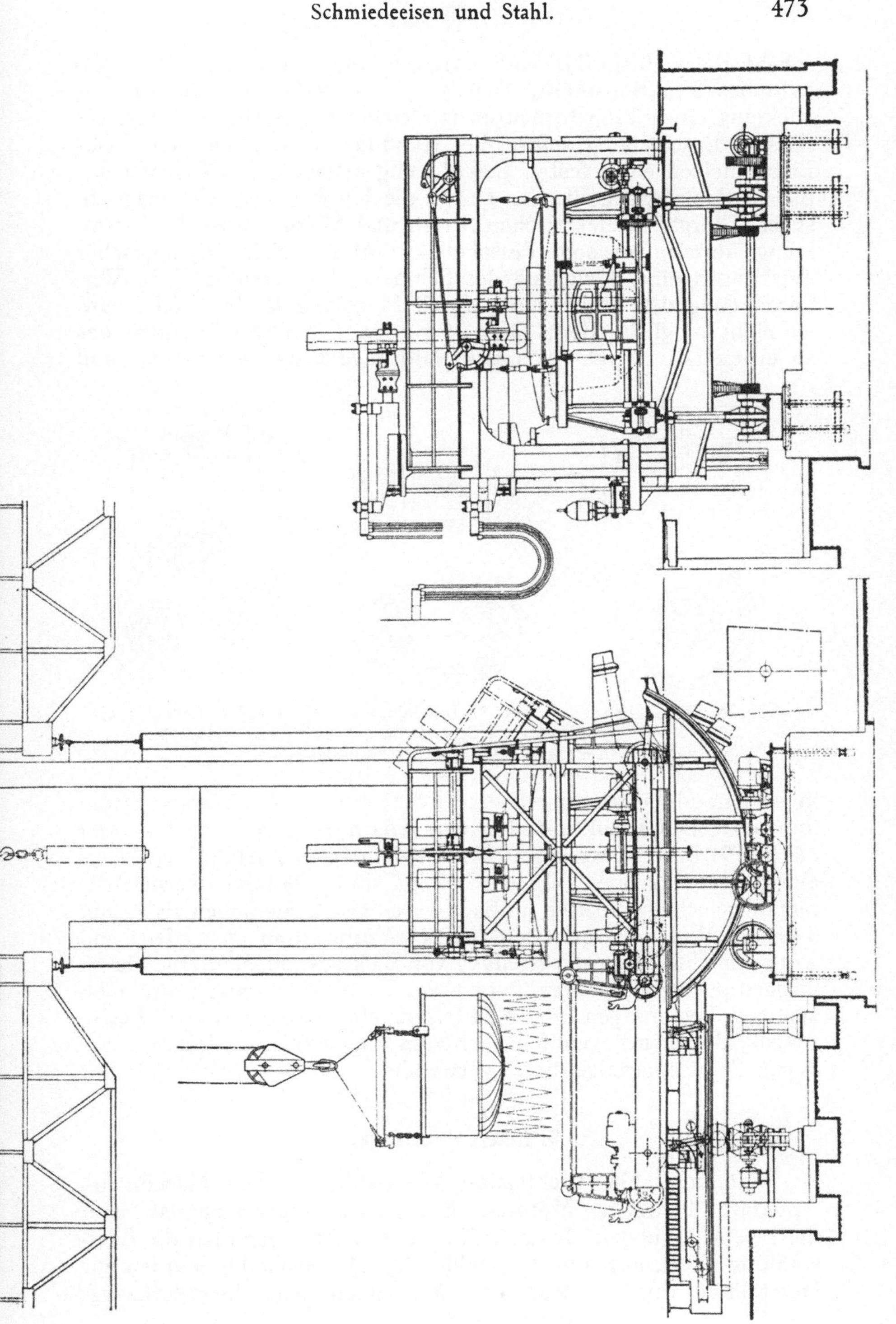

Abb. 77. Kippbarer Elektrooten (Schoeller=Bleckmann).

scheidet man Hoch- (HF-) oder Niederfrequenz- (NF-) Öfen. Außerhalb des Reaktionsofens, Tiegels usw. befindet sich die Primärwicklung eines Transformators mit einem Eisenkern, während die flüssige Beschickung selbst die Sekundärwicklung darstellt. Das Einschmelzen einer festen Beschickung erfolgt durch Eisenstücke, die im Reaktionsgut liegen. Durch die Umwandlung der magnetischen Energie in elektrischen Strom und Wärme wird die Erwärmung, durch den sog. Pinscheffekt zufolge elektrodynamischer Wirkungen eine Bewegung des Schmelzgutes erreicht. Eine Verunreinigung der Beschickung durch Elektrodenkohle, Asche usw. ist nicht möglich. Beim Ofen von Kjellin (Abb. 78) wird das zu erhitzende Metall in eine kreisförmige Rinne *a* gebracht und

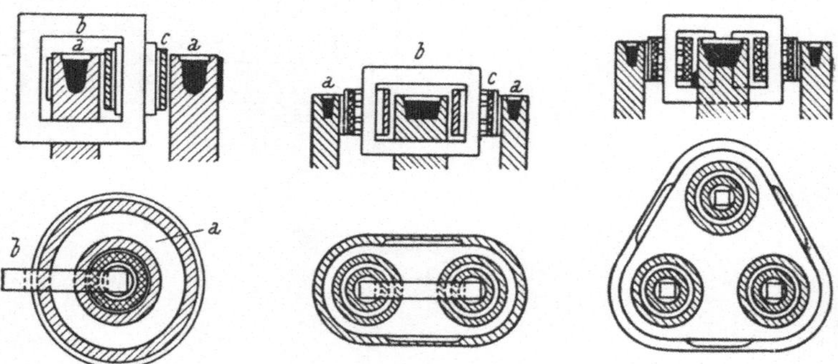

Abb. 78. Kjellin-Ofen.

Abb. 79. Induktionsofen von Röchling-Rodenhauser. *a* = Schmelzrinne, *b* = Magnetkern und -joche, *c* = Primärspule.

in diesem Metallring durch eine Primärspule *c* ein starker Strom induziert. Der Induktionsofen von Röchling-Rodenhauser (Abb. 79) besteht aus zwei bis drei derartigen Kjellinöfen, die zu einem Herde großer Fläche vereinigt sind. Dadurch werden die metallurgischen Arbeiten im Bade vereinfacht. Sie haben als 2- und 3-Phasen-Wechselstrom-Öfen große Verbreitung gefunden und werden nicht nur zur Herstellung von Elektrostahl, sondern, wie im übrigen auch die anderen Typen von Elektroöfen, zum Einschmelzen von Legierungen von Nichteisenmetallen, Leichtmetall-Legierungen, die Lichtbogenöfen auch zum Verschmelzen der verschiedenen Ferrolegierungen usw. verwendet.

9. Eisenlegierungen.

Einteilung. Die wichtigsten Werkstoffe für den Maschinen-, Apparate-, Fahrzeug-, Motoren-, Brückenbau, Werkzeuge usw. sind die Eisenlegierungen. Je nach der Verwendung teilt man die Edelstähle in Werkzeug- und Baustähle ein. Die Baustähle werden zur Herstellung von Fahrzeug- und Maschinenteilen, die Werkzeugstähle zur Formgebung, Trennung und Zerkleinerung verschiedenartigster Stoffe verwendet.

Während bei den Baustählen eine Charakterisierung des Verhaltens im Betriebe durch die Angabe der Festigkeitseigenschaften, wie Zerreißfestigkeit, Dehnung, Einschnürung und Kerbzähigkeit, noch möglich ist, versagt diese Methodik bei den Werkzeugstählen. Hier ist außer der chemischen Zusammensetzung die Führung des Schmelzvorganges, die Schmiede- und Glühbehandlung usw. für die Güte des Stahles von Bedeutung. Die meisten Werkzeugstähle sind mit Chrom, Nickel, Wolfram, Mangan, Molybdän, Vanadin, Kobalt usw. legiert. Diese Legierungskomponenten erniedrigen entweder die für die Härtung erforderliche Abkühlungsgeschwindigkeit oder sie bewirken, daß die erreichte Härte auch bei höheren Arbeitstemperaturen erhalten bleibt. Bei manchen Elementen, wie W, V, Mo usw. sind auch die Carbide härter als die Eisencarbide.

Mit steigendem Kohlenstoffgehalt im Eisen nimmt die Schmied- und Hämmerbarkeit ab. Übereutoktoide Stähle (0,9—1,7% C) können nur unter besonderen Vorsichtsmaßnahmen geschmiedet werden. Die Festigkeit geschmiedeter und langsam abgekühlter Stähle erreicht bei etwa 0,9% C den Höchstwert von etwa 75 kg/qmm. Die Härte nimmt mit steigendem Kohlenstoffgehalt zu, die Dehnung proportional dem Kohlenstoffgehalte ab.

Schwefel beeinträchtigt die Schmiedbarkeit des Stahles sehr. Bereits bei 0,2% S zerfällt das Eisen bei der Bearbeitung in der Rotglut (Rotbruch). Auch können bei Schwefelgehalten über 0,1% Entmischungen (Saigerungen) auftreten. Phosphor ist die Ursache des Kaltbruches (Sprödigkeit), Silicium setzt von einem Gehalte von etwa 5% die Schmiedbarkeit gleichfalls herab. Stickstoff erhöht durch Bildung von Eisennitrid die Härte des Stahles, welches Verfahren zur oberflächlichen Härtung von Eisengegenständen benützt wird (Nitridhärtung). Sauerstoff in nicht ausreichend desoxydierten Stählen liegt als FeO vor und bewirkt das „Unruhigwerden“ des Stahles, d. h. er gibt beim Erstarren Gase, wie CO, H_2 und N_2, ab, die eine Blasenbildung verursachen können.

Chrom erhöht die Widerstandsfähigkeit gegen Abnützung sowie die Zähigkeit. Chromstähle besitzen aber keine Schneidhaltigkeit. Bei mehr als 12% Cr wird der Stahl korrosionsbeständig. Die VM-Stähle enthalten 13—14,5% Cr, 0,15% C und 0,5% Ni. Wolframcarbide sind besonders hart, was für die Schneidestähle sehr wichtig ist. Nickel (3—6% Ni) verleiht Stählen auch bei größeren Querschnitten eine durchgehende Härte und Zähigkeit. Eine Legierung mit 36% Ni besitzt eine sehr geringe Wärmeausdehnung (Invar).

Gemeinsam mit Chrom ist Nickel das wichtigste Legierungselement des Eisens für legierte Baustähle (4—6% Ni, 1—3% Cr; V2A-Stahl: 18% Cr, 8% Ni, 0,10% C; V4A-Stahl: 18% Cr, 8% Ni, etwa 1% Molybdän; Nicrotherm (NCT): 20—27% Cr, 9—20% Ni (beständig gegen heiße oxydierende Gase).

Die Wirkungen des Mangans sind jenen des Nickels sehr ähnlich. Austenitische Manganstähle mit mehr als 10% Mn sind gegen Abnützungen besonders widerstandsfähig. Molybdän gleicht in seiner Wirkung dem Chrom, Vanadin dem Wolfram. Beide Metalle verfeinern das Korn des Martensits und der Carbide, erhöhen die Warmfestigkeit und die Wärmebeständigkeit des Härtegefüges, wie z. B. in den Schnelldrehstählen, die auch bei Rotglut ihre Schneidhaltigkeit beibehalten. Kobalt erhöht insbesondere in Schnelldrehstählen die Härtetemperatur und deren Leistung. Silicium in Mengen von 3—4% erhöht in möglichst kohlenstofffreien Stählen die magnetische Permeabilität bei sehr niedrigen Hystereisverlusten (Verwendung für Dynamobleche), bei Gehalten über 10% die Säurebeständigkeit, jedoch sind diese Stähle spröde und nur schwer bearbeitbar. 0,5—3% Si, 10—30% Cr, 0,5—2,5% Al und 7—60% Ni verleihen Stählen Hitzebeständigkeit bis Temperaturen von etwa 1250° C. In der Tab. 42 sind einige charakteristische Eisenlegierungen, ihre Zusammensetzung und Festigkeitseigenschaften angeführt.

10. Wirtschaftliches.

Die wichtigsten eisenerzeugenden Länder sind Nordamerika, England, Frankreich, Deutschland und Rußland, die mehr als ¾ der gesamten Welterzeugung an Eisen herstellen. Die größten Eisenerzvorräte besitzen die USA. (4,5 Md. t), Frankreich (3,3 Md. t), Lothringen-Luxemburg (2,63 Md. t), England (1,3 Md. t), Deutschland (1,3 Md. t), Schweden-Norwegen (1,5 Md. t), Rußland (0,86 Md. t), Österreich und die Nachfolgestaaten (0,28 Md. t). Im Jahre 1937 wurden in USA. 74,6 Mill. t, Frankreich 37,8 Mill. t, Rußland 28,0 Mill. t, England 14,4 Mill. t, Schweden 14,1 Mill. t, Deutschland 12,5 Mill. t Roheisen erzeugt. 1937 wurden auf der Erde 136 Mill. t Roheisen und 104 Mill. t Rohstahl hergestellt.

11. Eisenverbindungen.

Eisen bildet beständige 3-wertige Ferri- und unbeständige 2-wertige Ferroverbindungen, die leicht durch Oxydation, insbesondere in alkalischer Lösung, in die 3-wertige Oxydationsstufe übergehen. Hingegen sind die Komplexverbindungen des 2-wertigen Eisens beständiger. Alle Eisen-II-Verbindungen absorbieren Stickoxyd NO, wobei die tiefbraun gefärbten, stark dissoziierten Ferro-Nitroso-Verbindungen mit dem Komplex $[Fe(NO)]^{\cdot\cdot}$ entstehen. Diese Reaktion wird sowohl zum Nachweise von Nitrat- und Nitritionen als auch zur Darstellung von Stickoxyd (s. S. 119) verwendet, da die bei höheren Drücken mit NO gesättigte Lösung bei einer Druckverminderung NO abgibt.

a) Verbindungen des zweiwertigen Eisens.

Ein Eisen-II-Oxyd FeO scheint es nach bisherigen Untersuchungen gar nicht zu geben, denn die als Eisenoxydul FeO bezeichnete Verbindung (s; D 5,7; Fp 1360°; l: SS) enthält etwa 1,09 Äquivalente Sauerstoff auf 1 Fe. Sie wird als Wüstit bezeichnet und spielt beim Beizen des Eisens eine große Rolle, da sie als das am leichtesten in Säuren lösliche Eisenoxyd die Auflösung der Rost- und Zunderschichten beim Beizen vermittelt. Sie wird als die unterste der drei Oxydschichten gelöst, worauf die Fe_3O_4- und Fe_2O_3-Schichten abfallen und in den Beizschlamm gehen.

Eisen-II-Hydroxyd, Ferrohydroxyd, Eisenoxydulhydrat $Fe(OH)_2$ (w; amorph; hex; D 3,4; L 18°: $9{,}6.10^{-3}$; l: SS; nl: Alk) wird als weißer, flockiger Niederschlag in sauerstofffreien Lösungen bei der Fällung von Eisen-II-Salzlösungen mit Alkalien erhalten. Die Anwesenheit von Ammonsalzen oder Ammoniumhydroxyd verhindert die Fällung. Bei Zutritt von Luft wird der Niederschlag grün und dann schwarz, um schließlich zu braunem Eisen-III-Hydroxyd oxydiert zu werden. Die Schwarzfärbung des aus 2- und 3-wertigem Hydroxyd bestehenden Zwischenproduktes beruht auf der bereits mehrfach erwähnten Farbvertiefung beim Vorliegen leicht ineinander übergehender Wertigkeitsstufen (s. S. 424).

Eisen-II-Sulfat, Ferrosulfat, Eisenvitriol $FeSO_4 . 7\,(5,\,1)\,H_2O$ (h-gr; monokl; hex; D 1,898; Fp 64°; L: 21,0; L: [40% Al] 15°: 0,3) wird in großen Mengen bei der Aufarbeitung von schwefelsauren Abfallbeizlösungen erhalten und stellt ein schwer verwertbares Nebenprodukt der Eisenindustrie dar. Eisenvitriol ist mit den Sulfaten des Zinks, Magnesiums, Nickels und Mangans isomorph. Es verwittert beim Liegen an der Luft und reagiert in wässeriger Lösung schwach sauer. Das komplexe Doppelsalz mit Ammonsulfat $(NH_4)_2\,[Fe(SO_4)_2] . 6\,H_2O$ (h-gr; monokl; D 1,864; L: 21,2; nl: Al), das Mohrsche Salz, ist an der Luft beständiger als das Eisenvitriol. Geringe Mengen von Eisenvitriol werden zur Unkrautbekämpfung verwendet.

Eisensulfat und Tannin oder Gallussäure sind die Hauptbestandteile der Gallustinten. Das farblose Eisengallat wird an der Luft in dunkelblau gefärbtes, kolloidales Eisen-2-3-Gallat übergeführt. Die frische flüssige Tinte ist durch andere Farbstoffe blau gefärbt.

Eisen-II-Chlorid, Ferrochlorid, Eisenchlorür $FeCl_2\,(2,\,4,\,6)\,H_2O$ (fbl; hex; D 2,98; Fp $[6\,H_2O]$: 37,0°; Fp $[0\,H_2O]$: 677°; Kp 1023°; L: 40,7; l: Al) wird bei der Auflösung von Eisen in Salzsäure, z. B. beim Beizen von Eisen in Salzsäurelösungen, erhalten.

Eisen-II-Carbonat, Ferrocarbonat $FeCO_3$ (fbl; rhomboedr; D 3,80; L 25°: $6{,}7.10^{-3}$) wird in sauerstofffreien Eisensalzlösungen bei der Fällung mit Alkalicarbonaten erhalten. Es kommt in der Natur als Eisenspat (Siderit) vor. In kohlensäurehaltigen Wässern

Tab. 42. Zusammensetzung und Festigkeitseigenschaften von Eisenlegierungen.

	Bezeichnung	Behandlung	Chemische Zusammensetzung in %											Streckgrenze kg/qmm	Zugfestigkeit kg/qmm	Dehnung 5 d %	Einschnürung %	Brinellhärte kg/qmm	Wechselfestigkeit Luftkg/qmm
			C	Si	Mn	S	P	Cu	Cr	Ni	V	Mo	W						
1	Armcoeisen . . .	955°, 3h Ofen	0,018	0,002	0,016	0,005	0,031							10,5	30,0	47,0	69		17
2	C-Stahl	915°, 1h Ofen	0,16	0,02	0,45	0,005	0,026	0,09		0,026				22,5	36,6	37,0	69		18—19
3	,, ...	900°, 1h Wasser, 480°, 2h Ofen	0,26	0,01	0,56	0,015	0,036							36,5	59,3	25,0	61		25—26
4	,, ...	815°, 1h Wasser, 635°, 1h Ofen	0,56	0,12	0,67	0,008	0,030							56,7	79,2	23,3	59		38
5	,, ...	790°, 1h Ofen	1,09	0,28	0,33	0,023	0,015							42,5	72,6	29,5	51		29
6	Cu-Stahl	915°, 1h Wasser, 425°, 1h Ofen	0,14	0,02	0,41	0,005	0,026	0,98		0,014				45,0	59,0	26,3	67		62
7	Cr-Ni-Baustahl .	815°, 1h Öl, 400°, 1h Luft	0,47	1,58	0,87	0,013	0,015		0,32	3,11				142,0	176,0	8,3	47		89
8	,, .	860°, 1h Öl, 400°, 1h Luft	0,46	0,24	0,69	0,007	0,017		0,88		0,14			97,6	126,2	14,0	48		46
9	,, .	860°, 1h Öl, 540°, 1h Ofen	0,33	0,13	0,71	0,005	0,017		0,93			0,15		63,7	82,6	20,6	65		41
10	,, .	Walzzustand	0,39	0,17	0,69	0,015	0,023		0,82	1,67				77,7	95,0	18,4	58		73
11	Rostfreier Cr-Ni-Stahl	980°, 1h Wasser, 650°, 2h Luft	0,10	0,29	0,34	0,007	0,030		13,30	0,51				51,0	73,7	23,0	70	200	53
12	Baustahl	Walzzustand	0,14	0,64	0,46	0,019	0,029	0,07	17,09	0,01				28,3	61,8	29,2	61	170	33
13	,, ...	930°, 1h Ofen	1,20	1,13	0,41	0,027	0,007	0,09	17,74	0,12				33,5	75,8	16,3	30	220	41—42
14	,, ...	Walzzustand	0,20	0,28	0,32	0,023	0,023	0,01	27,37	0,19				33,0	57,0	28,0	57		30
15	Cr-Ni-Stahl . .		0,12	0,5	0,5				18,0	8,0				25,0	60—75	50	60	160	
16	,, . .		0,5	1,5	0,7				15,0	13,0			2,0	40	75—85	30	35	220	
17	,, . .		0,5	0,8					15,0	58,0				30	60—70	30	50	190	
18	Cr-Mn-Stahl . .	1150°, Wasser	0,07		10,48				17,55					32	65,8	40	42	149	
19	,, . .	1150°, ,,	0,26		20,25				18,08					33	64,6	50	53	170	
20	Cr-Si-Stahl . . .	vergütet	0,45	4,0					3,0					60	85-100	20	40	250	
21	,, . . .	,,	0,15	2,0					18,0					40	65	15	15	200	
22	Cr-Al-Stahl . .	,,	0,10	0,8					6,0					30	50	20	60	160	
23	Cr-Al-Si-Stahl .	,,	0,15	1,0					21,0					40	60	10	60	200	

ist das Carbonat unter Bicarbonatbildung $Fe(HCO_3)_2$ löslich. In dieser Form ist es in den natürlichen Wässern und den Eisensäuerlingen enthalten. Da das Eisen beim Waschen, Färben usw. stört, muß es aus dem Wasser entfernt werden (s. S. 45).

Eisen-II-Sulfid, Ferrosulfid, Schwefeleisen FeS (s; hex; D 4,84; Fp 1195°; L 18°: 5.10^{-4}) bildet sich als schwarz-grüner Niederschlag bei der Fällung von Eisen-II-Salzlösungen mit Ammonsulfid. An der Luft ist das Sulfid nicht beständig, da es zu Eisen-III-Sulfat und -Hydroxyd oxydiert wird.

Eisen-II-Oxalat, Ferrooxalat $FeC_2O_4 . 2\,H_2O$ ist ein gelbes, krystallinisches, schwer lösliches Pulver, das sich im Oxalat-Überschuß zu Kalium-Eisen-II-Oxalat $K_2[Fe(C_2O_4)_2] . H_2O$ löst. Eisen kann in dieser Bindung wegen der Stärke des Komplexes nicht mehr gefällt werden. Es hat schwach reduzierende Eigenschaften und dient als Entwickler sowie zur Entfernung von Eisenflecken, da es auch Eisen-III-Hydroxyd nach der Reduktion in den löslichen Oxalat-Komplex überführt.

b) Verbindungen des dreiwertigen Eisens.

Die Salze des 3-wertigen Eisens sind luftbeständig, bilden gleichfalls Komplexe und lassen sich durch Reduktion mittels naszierendem Wasserstoff, Zinn-II-Chlorid, schwefeliger Säure, Schwefelwasserstoff, Oxalsäure, Hydroxylamin, Hydrazinhydrat usw. in die 2-wertigen Verbindungen überführen. Die verdünnten wässerigen Lösungen von Ferrisalzen sind stark hydrolytisch gespalten und nur in stark saurer Lösung beständig. In neutralem Medium bildet sich zuerst kolloidales Eisen-III-Hydroxyd, das allmählich ausflockt.

Eisen-III-Oxyd, Ferrioxyd, Eisenoxyd Fe_2O_3 (r; amorph; rhomboedr; γ-Fe_2O_3 ist ferromagnetisch; α-Fe_2O_3 ist paramagnetisch; Uwp $\gamma \rightarrow \alpha$: 300°; D 5,1—5,2; Fp 1565°; nl: W; nach dem Glühen nl: SS) bildet sich beim Glühen von Eisensalzen, Hydroxyd und bei der Verbrennung von Eisen in Sauerstoff. In der Natur findet es sich als Hämatit, Blutstein, Roteisenstein, roter Glaskopf usw. (Tab. 40). Die Farbe, Härte und Löslichkeit in Säuren hängen sehr stark von der Vorbehandlung des Oxyds ab. Geglühtes Eisenoxyd ist hart (Polierrot) und unlöslich in Säuren (Caput mortuum). Eisenoxyd wird wegen seiner Beständigkeit und hellroten bis purpurvioletten Farbe als Farb- und Rostschutzpigment verwendet. Es wird als Englisch-, Venezianisch-, Pompejanisch-, Eisen-, Berliner Rot, Eisenmennige usw. in den Handel gebracht.

Eisen-II-III-Oxyd, Ferri-Ferro-Oxyd, Eisenoxyduloxyd, Ferroferrit, Magnetit Fe_3O_4 (s; reg; D 5,18; Fp 1527°; nl: W; wl: SS) kommt in der Natur als Magnetit vor und bildet sich bei Rotglut bei der Einwirkung von Wasserdampf auf Eisen (s. S. 26), beim Rosten des Eisens oder beim Erhitzen von Fe_2O_3 im Vakuum auf über 1000° C. Auch der beim Schmieden, Walzen, Schweißen usw. des Eisens bei hohen Temperaturen entstehende Hammerschlag besteht aus Fe_3O_4.

Eisen-III-Hydroxyd, Eisenhydroxyd, Ferrihydroxyd $Fe(OH)_3$ (r-br; amorph; D 3,4—3,9; L 18°: $4{,}8.10^{-9}$; l: SS; nl: Alk) fällt aus Eisen-III-Salzlösungen mit Alkalien und Ammoniumhydroxyd als rotbrauner flockiger Niederschlag aus. Das wasserreiche Hydroxyd hat wahrscheinlich die Formel $Fe_2O_3 . x\,H_2O$. Beim Trocknen geht es ohne Zwischenstufen bei etwa 220° in FeO(OH) über, was auf die Nichtexistenz der Verbindung $Fe(OH)_3$ hindeutet. Eisenhydroxyd kann leicht in den kolloidalen Zustand übergeführt werden, wobei es ein positiv geladenes Kolloid bildet, das ein starkes Adsorptionsvermögen, z. B. für AsO_3'''-Ionen, besitzt. Eisenhydroxyd ist amphoter, die Neigung zur Bildung von Ferriten ist aber nur gering. Diese können durch Auflösen des Hydroxyds in heißen konzentrierten Laugen oder Zusammenschmelzen von Eisenoxyd mit Hydroxyden der Alkalien, Erdalkalien und einiger 2-wertiger Metalle erhalten werden. Die Ferrite, welche das Radikal FeO_3''' enthalten, haben Spinellstruktur, sind dunkel gefärbt und ferromagnetisch.

Eisen-III-Chlorid, Ferrichlorid, Eisenchlorid $FeCl_3 . 6\,H_2O$ (g; rhomboedr; Fp 37°; Fp [0 H_2O] 304°; Kp 319°; L 20°: 47,9; l: Al, Ae) entsteht beim Glühen von Eisenspänen im Chlorstrom in Form von dunklen, metallisch glänzenden Tafeln oder grünschimmernden Krystallnadeln, die sehr hygroskopisch sind und an der Luft zerfließen. Die wässerige, braun gefärbte Lösung des Chlorids enthält kolloidal gelöstes Eisenhydroxyd. Der Dampf von Eisen-III-Chlorid enthält bis 800° die Doppelmoleküle Fe_2Cl_6.

Eisen-III-Sulfat, Ferrisulfat, Eisensulfat $Fe_2(SO_4)_3 . (3, 9, 10)\,H_2O$ (g; rhomb; rhomboedr; D 3,09; zers 480°; l: W; Hydrolyse; nl: k H_2SO_4) entsteht bei der Oxydation von Eisen-II-Sulfat mit Salpetersäure in Gegenwart von Schwefelsäure oder beim Abrauchen von Fe_2O_3 mit konzentrierter Schwefelsäure. Die wässerige Lösung reagiert stark sauer. Bei ihrem Erhitzen fallen basische Salze aus. Es bildet mit Kalium- und Ammoniumsulfaten Alaune, von denen der gut krystallisierende Eisenammonalaun $(NH_4)[Fe(SO_4)_2] . 12\,H_2O$ (h-v; reg; D 1,71; l: 14; nl: Al) in der Färberei Verwendung findet.

Eisen-III-Sulfid, Ferrisulfid, Eisensesquisulfid Fe_2S_3 (D 4,3) entsteht beim Schmelzen von Eisen-II-Sulfid mit Schwefel als gelbe, krystallinische Masse. Beim Zusammenschmelzen mit Metallsulfiden bilden sich krystallisierte Sulfosalze, in denen das Eisen-III-Sulfid die Rolle einer Sulfosäure spielt. Derartige Sulfosalze sind die in der Natur vorkommenden Mineralien Kupferkies $CuFeS_2$, Buntkupfererz Cu_3FeS_2 usw.; weiters gibt es ein $KFeS_2$, $AgFeS_2$ u. a. Eisen-III-Sulfid ist an der Luft nicht beständig und oxydiert sich zu Eisenhydroxyd und -sulfat.

Eisendisulfid FeS_2 (g; Pyrit; reg; stabil; Markasit, g, rhomb; D_M 4,87; D_P 5,03; Kp 1171°; L 18°: $0{,}44.10^{-3}$; l: SS) ist in der Natur sehr verbreitet. Es kann durch Einleiten von Schwefelwasserstoff in eine Suspension von Eisenhydroxyd erhalten werden, wobei aus dem durch Umlagerung nach $Fe_2S_3 = FeS_2 + FeS$ erhaltenen Gemisch das FeS durch Auflösen in verdünnten Säuren abgetrennt werden kann.

Eisen-III-Rhodanid $Fe(CNS)_3 . 3\,H_2O$ (s-r; reg; sl: W, Al, Ae) bildet sich aus Eisen-III-Salzlösungen mit Kalium- oder Ammoniumrhodanid, wobei sich die Lösung blutrot färbt. Die Reaktion ist sehr empfindlich und kann zum Nachweis von Ferriionen dienen.

Eisen-III-Nitrat, Ferrinitrat $Fe(NO_3)_3 . 9\,H_2O$ (fbl; monokl; D 1,684; Fp 47,2°; L 25°: 87,2 [Hydrolyse]; swl: k HNO_3) wurde früher zum Schwarzfärben von Leder, Seife usw. unter dem Namen Eisen- oder Rostbeize verwendet.

Berliner Blau, Eisen-III-Eisen-II-Hexacyanid $Fe^{III}_4[Fe^{II}(CN)_6]_3$ entsteht bei der Fällung von im Überschuß vorhandenen Ferrisalzlösungen mit Kaliumferrocyanid (gelbem Blutlaugensalz) als blauer, in Wasser und verdünnten Säuren unlöslicher, durch Alkalien unter Abscheidung von Eisen-III-Hydroxyd zersetzlicher Niederschlag. Bei einem Überschuß des Kaliumferrocyanids erhält man eine kolloide Lösung des löslichen Berliner Blaus $Fe^{III}K[Fe^{II}(CN)_6]$.

Sehr ähnlich ist das Turnbullsblau *Eisen-II-Eisen-III-Hexacyanid* $Fe_3[Fe(CN)_6]_2$, das sich bei der Einwirkung von rotem Blutlaugensalz, Kaliumferricyanid $K_3[Fe(CN)_6]$ auf Eisen-II-Salzlösungen bildet. Turnbullsblau ist zwar in Wasser und verdünnten Säuren unlöslich, jedoch auf die Dauer unbeständig. Von Alkalien wird es zu einem schwarz gefärbten Gemisch von Eisen-II- und Eisen-III-Hydroxyd zersetzt. Wasser wandelt es bei längerer Einwirkung unter Austausch der Ladungen von Eisen-II auf Eisen-III außerhalb und innerhalb des Komplexes in Berliner Blau um. Auch Pariser Blau, Williamsons-Violett u. a. Mineralfarben sind aus komplexen Eisen-II- und Eisen-III-Cyaniden aufgebaut. Sie verdanken ihre dunkle Färbung wieder dem leichten Austausch der gelockerten Valenzelektronen zwischen den verschiedenen Wertigkeitsstufen. Berliner und Pariser Blau werden als Malerfarben, zum Tapetendruck, zum Zeugdruck als Dampfblau usw. verwendet.

Nitroprussidnatrium $Na_2[Fe(CN)_5NO] . 2\,H_2O$ (r; rhomb; D 1,71; L: 25; l: Al) entsteht beim Erwärmen von gelbem Blutlaugensalz mit verdünnter Salpetersäure, wobei ein Austausch einer CN- gegen eine NO-Gruppe vor sich geht, und Neutralisieren der Lösung mit Soda. Es gibt bereits mit Spuren von Schwefelverbindungen, wie z. B. H_2S, eine violette Färbung und ist daher ein empfindliches Reagens auf Sulfide.

Eisenpentacarbonyl $Fe(CO)_5$ (g; fl; D 1,460; Fp —21°; Kp 105°; l: Al, Ae, Bzl) bildet sich bei der Einwirkung von Kohlenoxyd auf fein verteiltes Eisen bei Zimmertemperatur. Die Flüssigkeit leitet den elektrischen Strom schlecht, wird aber leicht und besonders stark durch Wärme unter Abspaltung von CO zersetzt. Dabei entsteht zunächst das Eisenenneacarbonyl $Fe_2(CO)_9$ (or-g Platten) und dann das Tetracarbonyl $Fe(CO)_4$ (s-gr Platten). Die Carbonyle, auch von anderen Metallen, wie Nickel, Kobalt usw., sind stark ungesättigte Verbindungen, die leicht Ammoniak, Halogene, Wasserstoff usw. addieren. Ihre Konstitution ist noch nicht vollständig aufgeklärt. Auf die Bildung von Carbonylen ist die zerstörende Wirkung von kohlenoxydhaltigem Leuchtgas auf Eisengasometer zurückzuführen.

Eisencarbid Fe_3C (grau; rhomb; D 7,4; Fp 1837°; l: verd. SS) ist ein wichtiger, im technischen Eisen und Gußeisen vorkommender Gefügbestandteil des Eisens (s. S. 458).

Nachweis. Rotfärbung von Eisen-III-Salzlösungen mit Ammonium- oder Alkalirhodaniden; Berliner-Blau-Bildung aus Eisen-III-Salzlösungen mit Kaliumferrocyanid.

XLVI. Kobalt.

Symbol Co; Atomgewicht 58,94; Ordnungszahl 27; Schmelzpunkt 1490°; Siedepunkt 3185°; Dichte 8,8; Wertigkeit: II, III.

1. Eigenschaften.

Kobalt (Tab. 24) ist ein glänzendes, graues Metall, das härter als Eisen ist. Es ist schmiedbar und magnetisch. Seinen Namen hat es von den Bergleuten des Mittelalters, die die Kobalterze für Silber- und Kupfererze hielten, als Schimpfnamen erhalten. Kobalt wird an der Luft nicht verändert, von Säuren aber langsam angegriffen. Da es gegen Fruchtsäuren beständig ist, hat man gelegentlich Kobaltüberzüge an Stelle von Nickelüberzügen, insbesondere für Küchengeräte, Obstmesser usw., verwendet. Reines Kobalt wird aber sonst kaum verwendet.

Hingegen besitzen einige *Kobaltlegierungen* trotz eines hohen Preises einige Bedeutung, namentlich zur Herstellung von Magnet-, Werkzeugstählen, Hartmetallen, wie z. B. Widia (s. S. 428) usw. Die Kobalt-Chrom-Legierungen Stellit, Akrit, Celsit usw. mit 30—65% Co, 5—35% Cr, 0—30% Mo, 5—30% W, 0—3,0% C dienen als Schneidmetalle bei höheren Temperaturen. Wegen ihrer Unangreifbarkeit und des hohen Widerstandes gegen Abnützung werden sie auch zur Herstellung von Gewichtssätzen, chemischen und medizinischen Geräten usw. als Platinersatz verwendet.

Ein wesentlicher Teil der Kobalterzeugung wird auf *Smalte*, d. i. ein Kobalt-Kalium-Silicat-Glas mit 2—18% Co, in den Handel gebracht. Sie wird durch Zusammenschmelzen von Kobaltoxydul, Kaliumcarbonat und Quarz, Abschrecken, Zerkleinern und Naßaufbereitung hergestellt. Smalte dient zur Blaufärbung der Glasur des Porzellans.

Vorkommen. Kobalterze kommen in der Natur ziemlich selten, und zwar immer gemeinsam mit Nickel, dem es sehr ähnlich ist, als nickel- und silberhaltiger Kobaltglanz CoAsS, Speiskobalt $CoAs_2$ (Nordkanada), Erdkobalt (Mn-Fe-Co-Oxyde) (Neukaledonien und Belgisch-Kongo) vor und werden immer gemeinsam mit Nickel verarbeitet (s. S. 486).

Die Trennung des Kobalts von den Begleitmetallen Nickel, Silber, Eisen usw. erfolgt immer auf nassem Wege, wobei die bei der Nickelgewinnung anfallende „Speise“ zur Entfernung des Arsens geröstet, das Silber mechanisch oder durch Verbleiung abgetrennt, Kobaltoxyd Co_2O_3 mit Salzsäure ausgelaugt, Kupfer, Blei, Arsen und Antimon mit Schwefelwasserstoff gefällt, Eisen mit gerade ausreichender Kalkmilch und Kobalt mit Chlorkalk oder Chlor unter 40° abgeschieden werden. Im Filtrat wird das Nickel mit überschüssiger Kalkmilch ausgefällt.

2. Kobaltverbindungen.

Kobalt ist in seinen Verbindungen 2- und 3-wertig. Nur die 2-wertigen sind in neutralen Lösungen normal ionisiert. Bereits in konzentrierten Lösungen tritt unter Farbvertiefung von Schwachrosa nach Purpurrot Komplexsalzbildung ein.

a) Verbindungen des zweiwertigen Kobalts.

Kobalt-II-Oxyd, Kobaltooxyd, Kobaltoxydul CoO (graugr-br; reg; D 5,60; Kp 1810°; nl: W; sl: SS) wird beim Glühen aller anderen Kobaltverbindungen mit flüchtigem Anion erhalten.

Kobalt-II-Hydroxyd, Kobaltohydroxyd, Kobalthydroxydul $Co(OH)_2$ (r-v; rhomb; D 3,597; L 18°: $0{,}32.10^{-3}$; l: SS, k h Alk) fällt bei der Einwirkung von Alkalien auf Kobalt-II-Salzlösungen aus, geht aber bei Luftzutritt oder bei Anwesenheit von Oxydationsmitteln, wie Wasserstoffperoxyd, Chlor, Brom, Hypochloriten usw., in braunes $Co(OH)_3$ über.

Kobalt-II-Nitrat, Kobaltonitrat, Kobaltnitrat $Co(NO_3)_2 . 6\,H_2O$ (r; monokl; D 1,87; Fp 56°; Uwp $6 \rightarrow 3\,H_2O$ 55°; Fp [$3\,H_2O$] 91°; L: 49,7), *Kobalt-II-Sulfat, Kobaltosulfat, Kobaltsulfat* $CoSO_4 . (1,4,6,7)\,H_2O$ (r; dimorph; rhomb; monokl; D [$7\,H_2O$] 1,948; Uwp $7 \rightarrow 6\,H_2O$ 41°; Uwp $6 \rightarrow 1\,H_2O$ 100°; Uwp $1 \rightarrow 0\,H_2O$ 200°; L: 25,7) sowie das *Kobalt-II-Chlorid, Kobaltchlorid, Kobaltochlorid, Kobaltchlorür* $CoCl_2$ $(1, 1\frac{1}{2}, 2, 4, 6)\,H_2O$ (r; 40° bl; monokl; D [$0\,H_2O$] 3,356; D [$6\,H_2O$] 1,84; Uwp $6 \rightarrow 4\,H_2O$ 48°; Uwp $4 \rightarrow 2\,H_2O$ 57°; Uwp $\rightarrow 0\,H_2O$ 140°; L: 33,3; L Ae: 0,29; L Aceton 18°: 2,67) sind stark hygroskopische Salze, die aus den betreffenden Säuren und den Oxyden oder Hydroxyden des Kobalts entstehen. Die verdünnte Lösung des Kobaltchlorides kann beim Schreiben als sympathetische Tinte gebraucht werden, da die Schriftzüge wegen der Bildung des blauen Komplexes oberhalb 40° erst sichtbar werden, beim Erkalten aber allmählich verblassen.

Kobaltaluminat, Aluminiumkobaltit $Al_2[CoO_4]$, Thenardsblau entsteht beim Glühen von Kobalt- mit Aluminiumverbindungen mit flüchtigem Säurerest als intensiv gefärbte Verbindung, die aus Borsäureschmelzen in schönen Krystallen wie die Spinelle krystallisieren. Es wird als feuerbeständige Farbe in der Töpferei, ebenso wie Smalte (s. S. 482) in der Porzellanfärberei, verwendet.

Umsetzungen im festen Zustande. Bei der Herstellung des Thenardsblaus findet die Umsetzung nicht in flüssigem, sondern im festen Zustande statt. Eine solche ist auch bei vielen anderen festen Stoffen beobachtet worden. Für derartige Umsetzungen gilt die von Hedvall aufgefundene Regel, daß die Geschwindigkeit von Umsetzungen im festen Zustande dann ein Maximum erreicht, wenn eine krystallographische Umwandlung vor sich geht, da dann die Gitterkräfte geschwächt sind und eine leichtere Beweglichkeit der Bausteine möglich ist. Diese kann sogar bei der Umwandlungstemperatur größer als bei höherer Temperatur sein. Eine leichtere Reaktionsfähigkeit im festen Zustande ist auch bei der Bildung einer neuen, reaktionsfähigeren Phase oder beim Vorliegen zahlreicher Fehl- oder Lockerstellen im Krystallgitter der Reaktionspartner möglich.

Kobalt-II-Sulfid, Kobaltsulfür CoS (s; amorph oder rhomboedr; D 5,45; Fp 1100°; L: $3{,}79.10^{-4}$; l: SS) entsteht bei der Fällung von Kobaltsalzlösungen mit Schwefelwasserstoff oder Ammonsulfid in saurer Lösung.

Kobalt-II-Phosphat, Kobaltophosphat $Co_3(PO_4)_2$ bildet sich als roter Niederschlag in Kobalt-II-Salzlösungen mit Natriumphosphat. Es wird beim Erhitzen violett und bildet dann die Malerfarben Kobaltrosa, Kobaltrot und Kobaltviolett.

b) *Verbindungen des dreiwertigen Kobalts.*

Normale Salze des 3-wertigen Kobalts sind nicht mehr beständig. Hingegen bildet es sehr viele Komplexverbindungen so großer Stabilität, daß sie von keinem anderen Metall erreicht wird. Die Komplexverbindungen des Kobalts sind jenen des Chroms in Farbe, Löslichkeit, Umlagerungsreaktionen usw. sehr ähnlich.

Kobalt-III-Oxyd, Kobaltioxyd Co_2O_3 (br; rhomboedr; D 5,18; zers; l: SS zu Co-II-Salzen) entsteht beim vorsichtigen Glühen von Kobalt-II-Nitrat, geht aber bei stärkerem Glühen unter Sauerstoffabgabe in *Kobalt-II-III-Oxyd, Kobaltoxyduloxyd* Co_3O_4 (s; amorph; grau, reg; D 6,073; l: SS zu Co-II-Salzen) und schließlich in CoO über. Die durch Rösten von Kobalterzen erhaltenen Produkte enthalten alle drei Oxyde des Kobalts nebeneinander.

Kobalt-III-Hydroxyd, Kobaltihydroxyd $Co(OH)_3$ (br; D 3,597; zers b. Erhitzen; Lm: $3{,}2.10^{-4}$) entsteht beim Stehenlassen des Kobalt-II-Hydroxyds an der Luft als brauner, flockiger Körper. Dieser besitzt aber keine einheitliche Zusammensetzung und geht bei der Auflösung in Säure unter Sauerstoffabgabe wieder in Co-II-Salz über, da die Co-III-Salze nicht stabil sind. Bei der Oxydation von Kobalt-II-Hydroxyd mit Oxydationsmitteln, wie Wasserstoffperoxyd, Chlor, Brom usw., entsteht ein schwarzes Produkt, das mehr Sauerstoff enthält als der Formel $Co(OH)_3$ entspricht. Wahrscheinlich dürfte es sich um eine Additionsverbindung des H_2O_2, kaum aber um eine Verbindung des 4-wertigen Kobalts handeln.

Kobalt-III-Sulfat, Kobaltisulfat $Co_2(SO_4)_3 . 18\,H_2O$ tritt bei der anodischen Oxydation von Kobalt-II-Salzlösungen in der Kälte auf, zersetzt sich aber bereits mit Wasser unter Sauerstoffentwicklung zu $CoSO_4$. Mit Kaliumsulfat bildet das Kobalt-III-Sulfat Alaune, wie z. B. $KCo(SO_4)_2 . 12\,H_2O$ (bl; reg; l: W).

Kaliumkobaltinitrit $K_3[Co(NO_2)]_6$, *Kaliumkobalthexanitrit* (g; reg; D 2,64; swl: k. W; l: h W [zers]; nl: Al, Ae) bildet sich bei der Einwirkung von Kaliumnitrit in essigsaurer Lösung auf Kobaltsalzlösungen. Während das entsprechende, gelb gefärbte Natriumkobaltinitrit in Wasser löslich ist, sind die gleichartigen Rubidium-, Cäsium-, Kalium- und Ammoniumsalze in kaltem Wasser unlöslich. Kaliumkobaltinitrit wird auch unter dem Namen Königsgelb als Malerfarbe verwendet. In der analytischen Chemie dient das Salz zur Kaliumbestimmung.

Kalium-Kobalt-III-Cyanid $K_3Co(CN)_6$ (g; monokl; dimorph; D 1,906; sl: W; nl: Al) entsteht aus Kobalt-III-Salzlösungen mit Kaliumcyanidlösung. Die Verbindung ist dem roten Blutlaugensalz isomorph. Sie bildet sich aus dem entsprechenden Doppelcyanid Kalium-Kobalt-II-Cyanid, das derart unbeständig ist, daß es schon bei Luftabschluß allmählich unter Wasserstoffentwicklung, rascher aber bei Luftzutritt oder Anwesenheit von Oxydationsmitteln in das gleiche Kobalt-III-Salz übergeht.

Kobaltammine sind komplexe, äußerst beständige Salze des 3-wertigen Kobalts mit Ammoniak, die meist gut krystallisieren und sich zum Teil durch sehr schöne Färbungen auszeichnen. Man erhält sie bei gelinder Oxydation von Kobaltsalzlösungen in Anwesenheit von überschüssigem Ammoniak. Im folgenden sind einige Beispiele von Kobaltamminsalzen angeführt (über die Bindungsverhältnisse und Struktur s. S. 112):

Hexammine: $X_3[Co(NH_3)_6]$, Luteokobaltsalze, gelb;
Pentammine: $X_3[Co(NH_3)_5 . H_2O]$, Roseokobaltsalze, rosenrot;
Tetrammine: $X[Co(NH_3)_4(NO_2)_2]$, Dinitro-Tetrammin-Kobaltsalze;
Triammine: $[Co(NH_3)_3(NO_2)_3]$, Trinitro-Triammin-Kobaltsalz, orangegelb;

Diammine: $X[Co(H_2O)_2Cl_2(NH_3)_2]$, Diaquo-Dichloro-Diammin-Kobaltsalze, Diammin-Praseo-Kobaltsalze, grün; Monammine sind nicht bekannt.

Nachweis. Blaue Phosphorsalzperle; blaue Färbung mit Ammonrhodanid, die sich in Amylalkohol mit blauer Farbe löst; roter Farblack mit α-Nitroso-β-Naphthol.

XLVII. Nickel.

Symbol Ni; Atomgewicht 58,69; Ordnungszahl 28; Schmelzpunkt 1452°; Siedepunkt 3075°; Dichte 8,8; Wertigkeit: II, III, IV.

1. Eigenschaften.

Nickel (Tab. 24) ist ein weißes, glänzendes Metall, so hart wie Eisen, aber fester und dehnbarer als dieses. Es läßt sich schmieden, walzen, schweißen, zu feinstem Draht ausziehen. Nickel ist ferromagnetisch. An der Luft bleibt Nickel selbst beim Erhitzen auf mäßige Temperaturen völlig blank. Erst bei höheren Temperaturen geht es in das Oxyd über. Gegen Wasser und die meisten Salzlösungen ist das Nickel beständig, wird aber von verdünnten Säuren, auch organischen Fruchtsäuren gelöst oder stark angegriffen. In konzentrierter Schwefel- und Salpetersäure ist Nickel wie Eisen passiv, d. h. unangreifbar.

Die natürliche Oxydhaut des Nickels ist außerordentlich beständig und haftet am Nickel sehr fest, wodurch die Beständigkeit des Metalls an der Luft bedingt ist. Der Angriff von wässerigen Salzlösungen auf das Nickel wird durch den Luftsauerstoff wesentlich beschleunigt. Nickel ist gegen geschmolzene Alkalien vollkommen widerstandsfähig. Wegen seiner Korrosionsbeständigkeit, seines schönen, glänzenden Aussehens, der Polierbarkeit wird Nickel häufig als Überzugsmetall für andere Metalle, wie Eisen, verwendet. Nickelüberzüge werden entweder durch Plattieren oder auf galvanischem Wege aus Nickelsulfatbädern aufgebracht. Häufig wird das Nickel dann auch noch hauchdünn verchromt.

Vorkommen. Die wichtigsten Nickelmineralien sind der Garnierit, ein wasserhaltiges Nickel-Magnesium-Silicat (Neukaledonien) mit 7—8% Ni, die nickel- und kupferhaltigen Magnetkiese (Haarkies mit 3—11% Ni von Sudbury in Kanada), die etwa $^9/_{10}$ der Weltproduktion an Nickelerzen liefern. Die Arsen- und Schwefelverbindungen, wie Rotnickelkies NiAs, Weißnickelkies $Ni(Co, Fe)As_2$, Haarkies NiS usw., sind nur von geringerer Bedeutung. Sie werden z. B. im Sächsischen Erzgebirge und in Schlesien gefunden.

2. Gewinnung des Nickels.

Die Gewinnung des Nickels gleicht der Kupferverhüttung (s. S. 389), da das Nickel auch eine sehr große Verwandtschaft zum

Schwefel besitzt und in den Erzen nur in sehr geringer Konzentration vorhanden ist. Die schwefelhaltigen Magnetkiese werden meist in Haufen auf 4—7% S abgeröstet und im Wassermantelofen (Abb. 69) mit einem Zuschlag von Quarz und Koks zu einem Rohstein mit 20—30% Ni als Ni_2S, 20—25% Cu als Cu_2S, Rest Eisensulfid, verschmolzen. Die Schlacke enthält die Verunreinigungen und einen großen Teil des Eisens als Silicat. Der Rohstein wird dann in Bessemerbirnen auf einen raffinierten Nickel-Kupfer-Stein mit 40% Ni, 43% Cu, 0,3% Fe und 12—15% S verschmolzen.

Nickel und Kupfer werden nach dem Orfordprozeß getrennt, wobei der geröstete Stein mit Natriumsulfid oder Natriumsulfat und Kohle geschmolzen wird und sich zwei nicht mischbare Schmelzen, ein schwererer Nickelstein und ein dünnflüssigerer, leichterer Natrium-Kupfer-Sulfid-Stein, bilden, die nach dem Erkalten durch Zerschlagen voneinander getrennt werden. Die „Köpfe“ und „Böden“ werden getrennt weiterverarbeitet. Die nickelhaltigen Böden werden noch einmal mit Natriumsulfat und Kohle verschmolzen, nach dem Erkalten chlorierend geröstet, das Kupfer, Eisen und Blei als Chloride ausgelaugt und das verbleibende Nickeloxyd auf Nickel aufgearbeitet.

Schwefelfreie Erze, wie der Garnierit, werden zunächst mit Gips und Kohle verschmolzen und dann wie sulfidische Erze behandelt. Das Nickeloxyd wird mit Holzkohlenpulver und Mehl zu etwa 1 cm großen Würfeln geformt und in Muffeln unterhalb des Schmelzpunktes des Nickels zu Würfelnickel reduziert.

Kupfer und Nickel können auch, wenn weniger Kupfer vorhanden ist, nach dem *Mondprozeß* voneinander getrennt werden. Der Nickel-Kupfer-Stein wird totgeröstet und mit verdünnter Schwefelsäure ausgelaugt, wobei bereits ein Teil des Kupfers und Eisens entfernt werden kann. Der Rückstand der Oxyde wird mit Wassergas bei 250—300° reduziert und die Metalle in einem Verflüchtiger genannten Turm bei 50° einem von unten entgegengeführten Strom von Kohlenoxyd ausgesetzt. Das Nickel verflüchtigt sich in 1—2 Wochen zu etwa 60% als Nickelcarbonyl $Ni(CO)_4$ und wird in einem Zersetzerturm bei 180° wieder in Kohlenoxyd und Nickel zerlegt, wobei sich das Nickel auf Nickelgranalien in einer Reinheit von 99,4—99,8% Ni abscheidet. Aus dem Nickelpulver können durch Sintern Platten für Filterzwecke oder Akkumulatorenplatten für den Nickel-Eisen-Akkumulator (Edison-Akkumulator) hergestellt werden.

Arsenhaltige Nickelerze und Speisen werden gleichfalls mehrmals oxydierend verschmolzen, wobei sich aber kein Nickel-Kupfer-Stein, sondern wegen der großen Affinität des Nickels zum Arsen eine aus NiAs, Arsennickel, bestehende sog. Nickelspeise bildet. Diese wird totgeröstet, d. h. zur Entfernung des ganzen Schwefels geröstet, wobei sich auch das Arsen verflüchtigt. Das erhaltene Nickeloxyd wird wie oben weiterverarbeitet.

Auch auf elektrolytischem Wege kann das Nickel in reinem Zustande erhalten werden. Man stellt sich zunächst durch Schmelzen im Schachtofen einen Nickelfeinstein her oder geht von den Orfordböden (s. o.) aus, die feinst gemahlen, totgeröstet und naß mit Chlor behandelt werden (Chloridverfahren). Durch Schwefelwasserstoff wird Kupfer, Zink, Blei und Antimon ausgefällt und die Lösung mit Graphitanoden, Diaphragmen und Kathoden aus Nickelblech elektrolysiert. Das an der Anode gebildete Chlor geht wieder zur Laugerei zurück. Beim Sulfatverfahren wird der totgeröstete Kupfer-Nickel-Stein mit Kohle zum Metall reduziert, zu Anoden gegossen und das Kupfer in einer sauren Kupfersulfatlösung abgeschieden. Das Nickel bleibt in Lösung, reichert sich an und wird dann auf elektrolytischem Wege auf Reinnickel verarbeitet. Elektrolytnickel besteht aus 99,5—99,7% Ni, 0,1—0,2% Cu und 0,1% Fe.

Nickel besitzt die Fähigkeit, Wasserstoff zu lösen und zu aktivieren, weshalb es sich als Katalysator für Hydrierungen (Fetthärtung) eignet.

Die Weltproduktion an Nickel betrug 1937 119.000 t, von der etwa 60% zur Herstellung von Nickelstählen verbraucht wurden.

3. Nickellegierungen.

Nickel wird für die chemische Industrie vor allem in Form von Nickel-Kupfer-Legierungen, die auch noch Chrom, Molybdän oder Wolfram enthalten können, hergestellt. Sehr vielseitig ist die Verwendung der Nickelstähle (3—6% Ni) und der nichtrostenden $^{18}/_{8}$-Stähle (18% Cr, 8% Ni; s. S. 475). Die wichtigste Nickel-Kupfer-Legierung ist das Monelmetall mit etwa 68% Ni, 28% Cu, Rest Eisen, eventuell etwas Vanadin. Sie widersteht sowohl dem Angriff von Seewasser, Grubenwasser, Wasserdampf, verdünnter warmer Schwefelsäure und Phosphorsäure, so daß es z. B. als Material für Kondensatorrohre, Beizkörbe usw. benützt werden kann. Durch einen Zusatz von wenigen Prozent Wolfram kann die Beständigkeit des Monelmetalls noch weiter erhöht werden.

Chrom-Nickel- und Chrom-Nickel-Molybdän-Stähle können überall dort eingesetzt werden, wo selbst Monelmetall versagt. Die Gußlegierung mit 10% Si, 2% Al, 3% Cu ist gegen 10%ige Salzsäure beständig. Mit zunehmendem Chromgehalt (10—33%) steigt in Ni-Cr- und Cr-Ni-Fe-Legierungen (50% Ni, 33% Cr, 16% Fe, 1% Mn) die Widerstandsfähigkeit gegen Salpetersäure, aber auch die Sprödigkeit, so daß diese Legierungen schwer verarbeitbar sind. Eine Legierung mit 63% Ni, 15% Cr und 22% Fe ist bis 1000° gegen Flammengase beständig. Eine Ni-Cu-Legierung mit 40—45% Ni wird für Widerstandsdraht (Konstantan) verwendet.

Nickel-Eisen-Legierungen mit 19—34% Fe (Permalloy) sind nach einer Sonderbehandlung schon im Erdfeld magnetisch gesättigt und werden für Kabel gebraucht. Die Ni-Fe-Legierung mit 35—37% Ni ist unter dem Namen Invar als Werkstoff mit besonders niedrigem Wärmeausdehnungskoeffizienten in Verwendung. Ni-Fe-Legierungen mit 42—45% Ni werden für Einschmelzdrähte verwendet, da sie den gleichen Ausdehnungskoeffizienten wie Glas besitzen.

Die Legierung mit 55% Ni, 13% Cr, 17% Fe und 15% Al ist selbst gegen schwefelhaltige Gase bei hohen Temperaturen beständig. Ein Siliciumzusatz von einigen Prozent bewirkt eine weitere Verbesserung der aluminiumhaltigen Nickellegierungen, die für Glühtöpfe, Härtekästen, Roste usw. verwendet werden können. Silber-Nickel-Legierungen werden elektrolytisch auf Bestecken niedergeschlagen, da sie eine größere Härte und besseren Abnützungswiderstand als reines Silber aufweisen. Sie behalten auch ihren Glanz längere Zeit als reines Silber bei. Nickelmünzen bestehen aus 75% Cu und 25% Ni.

4. Nickelverbindungen.

Vom Nickel sind Salze des 2- und 3-wertigen Metalls bekannt, wobei Ni^{II} sowohl normale als auch komplexe Verbindungen mit der Koordinationszahl 6 (s. S. 112) bildet. Die Nickelsalze sind durch das hydratisierte Ion $Ni(H_2O)_6^{\cdot\cdot}$ grün gefärbt, wasserfrei besitzen sie eine gelbe Färbung. Mit Ammoniak bildet das Nickel schön blau gefärbte Ammine. Mit gewissen organischen Verbindungen bildet das Nickel im Gegensatz zum Kobalt unlösliche innere Komplexe, die zur analytischen Trennung des Nickels vom Kobalt, Zink und anderen Metallen dienen können. So fällt z. B. mit Dicyandiamidinsulfat ein gelber Niederschlag der Zusammensetzung

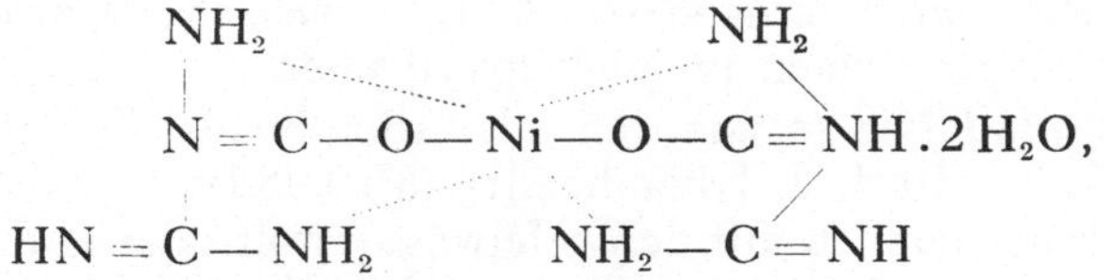

$$\begin{array}{ccc}
NH_2 & & NH_2 \\
| & & \diagdown \\
N = C - O - & Ni & - O - C = NH \,.\, 2\,H_2O, \\
| & & \diagup \\
HN = C - NH_2 & & NH_2 - C = NH
\end{array}$$

mit Dimethylglyoxym ein roter voluminöser Niederschlag von Diacetyldioxym-Nickel aus:

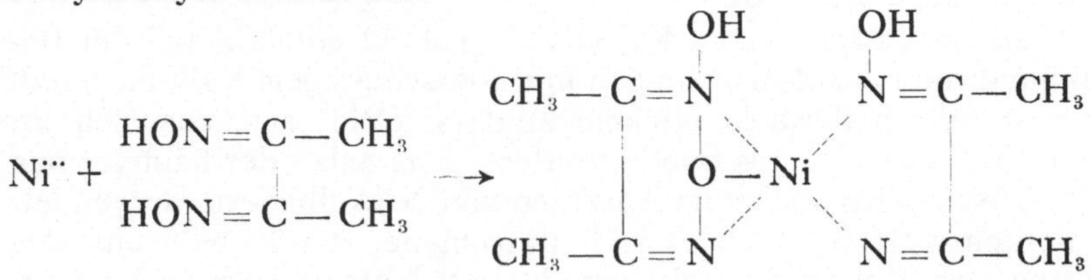

$$Ni^{\cdot\cdot} + \begin{array}{c} HON = C - CH_3 \\ | \\ HON = C - CH_3 \end{array} \longrightarrow \begin{array}{ccccc}
 & OH & & OH & \\
 & | & & | & \\
CH_3 - C = & N & & N & = C - CH_3 \\
| & | & \diagdown \quad \diagup & & | \\
| & O & - Ni & & | \\
| & | & \diagup \quad \diagdown & & | \\
CH_3 - C = & N & & N & = C - CH_3
\end{array}$$

Die sehr empfindliche Reaktion dient in der analytischen Chemie zur Bestimmung des Nickels.

a) Verbindungen des zweiwertigen Nickels.

Nickel-II-Oxyd, Nickeloxydul NiO (grau; amorph oder reg; D_{am} 6,66; D_{reg} 7,45; Fp 1990°; l: h SS, NH_3) hinterbleibt beim starken Glühen von Nickelhydroxyd oder -nitrat als graugrünes Pulver. Es ist in Säuren leicht löslich und mit Wasserstoff bei 200° zum Metall reduzierbar.

Nickel-II-Hydroxyd, Nickelhydroxydul $Ni(OH)_2$ (h-gr; amorph; rhomboedr; D 4,1; Lm: $1{,}3.10^{-3}$; l: NH_3.SS) fällt aus Nickelsalzlösungen mit Alkalien als flockiger, apfelgrüner Niederschlag aus, der nicht an der Luft, wohl aber durch starke Oxydationsmittel zu $Ni(OH)_3$ oxydiert werden kann.

Nickel-II-Sulfat, Nickelsulfat, Nickelvitriol $NiSO_4$ (1, 2, 3, 4, 5, 6, 7) H_2O (gr; rhomb; monokl; D 1,98; Uwp 7 → 6 H_2O 31,5°; Uwp → 0 H_2O > 200°; L: 27) entsteht bei der Auflösung von Nickel in Schwefelsäure. Es bildet mit Ammonsulfat ein komplexes Doppelsalz $(NH_4)_2Ni(SO_4)_2 \cdot 6\,H_2O$ (bl-gr; monokl; D 1,923; L: 9,4; L 80°: 23,1), das früher vielfach zum Ansetzen von galvanischen Nickelbädern verwendet wurde.

Nickel-II-Chlorid, Nickelchlorid, Nickelchlorür $NiCl_2$. (2, 4, 6) H_2O (gr; monokl; Uwp 6 → 4 H_2O 70°; L: 39) bildet sich beim Glühen von Nickel im Chlorstrom oder beim Einengen einer Lösung von Nickel in Salzsäure. Beim Entwässern gibt das Salz Salzsäure ab, wobei sich ein basisches Chlorid bildet.

Nickel-II-Nitrat $Ni(NO_3)_2$(2, 4, 6, 9) H_2O (gr; monokl; D 2,03; Fp 56,7°; L: 49,1; l: Al; Uwp 9 → 6 H_2O — 3°; Uwp 6 → 4 H_2O 54,0°; Uwp 4 → 2 H_2O 85,4°) ist stark hygroskopisch. Es wird beim Einengen einer Lösung von Nickel in Salpetersäure erhalten.

Nickelcarbonat $NiCO_3$ (h-gr; rhomboedr; nl: W; l: SS) fällt auf Zusatz von Alkalicarbonaten zu Nickelsalzlösungen aus. Es geht leicht unter Abgabe von CO_2 in basisches Carbonat und bei stärkerem Erwärmen in Nickeloxyd über.

Nickelsulfid NiS (s; amorph oder rhomboedr; D 5,2; Fp 790°; L [gef] 18°: $3{,}62.10^{-4}$; L [rhomboedr] 18°: $1{,}48.10^{-4}$; swl: SS) fällt aus Nickelsalzlösungen mit Schwefelwasserstoff oder Ammonsulfid als schwarzer, in verdünnten Säuren unlöslicher Niederschlag aus. Es kommt in der Natur als Haarkies oder Millerit in gelben haarförmigen Krystallen vor.

Kalium-Nickel-Cyanid $K_2[Ni(CN)_4] \cdot H_2O$ entsteht bei der Behandlung von Nickelsalzlösungen mit überschüssigem Kaliumcyanid. Vorerst fällt hellgrünes Nickelcyanid $Ni(CN)_2$ aus, das sich im Überschuß des Cyanids wieder auflöst. Das Salz oder häufiger das Natriumsalz wird auch zum Ansetzen von Nickelbädern verwendet. Bemerkenswert ist, daß zum Unterschiede von Kobalt aus der Lösung des Kalium-Nickel-Cyanids mit Natronlauge und Bromwasser schwarzes $Ni(OH)_3$ ausfällt, wodurch Kobalt vom Nickel quantitativ analytisch getrennt werden kann.

b) Verbindungen des dreiwertigen Nickels.

Nickel-III-Hydroxyd, Nickelihydroxyd $Ni(OH)_3$ (s; amorph; l: SS, NH_3) entsteht bei der Oxydation von Nickel-II-Hydroxyd mit Chlor, Brom u. dgl. Es zerfällt aber schon beim Stehen an der Luft oder Erhitzen unter Sauerstoffabgabe. Beim Auflösen in Säuren wird Sauerstoff, in Salzsäure Chlor frei.

Nickel-Eisen-Akkumulator. Nickel-III-Hydroxyd bildet die wirksame Substanz im Nickel-Eisen-Akkumulator von Edison. Dieser besteht aus einer Nickel-III-Hydroxyd-Anode und einer amalgamierten Eisenkathode in einer lithiumhaltigen Natronlauge (D 1,12). Der stromliefernde Vorgang besteht in der Reaktion:

$$2\,Ni(OH)_3 + Fe \underset{\leftarrow \text{Aufladung}}{\overset{\text{Entladung} \rightarrow}{\rightleftarrows}} 2\,Ni(OH)_2 + Fe(OH)_2 + 2\,(-).$$

Statt des Eisens kann mit Vorteil Cadmium oder eine Legierung von Cadmium mit Eisen (Jungner) verwendet werden. Die Entladespannung des Edison-Akkumulators beträgt 1,35 V, die Endspannung 1 V, der Wirkungsgrad 52—60%. Der Nickel-Eisen-Akkumulator ist leichter als der Bleiakkumulator, gegen Erschütterungen, Überladung, rauhe Behandlung, längeren Stillstand unempfindlich, besitzt aber einen geringeren Wirkungsgrad und ist teurer. Auch die Spannung ist kleiner.

Nickelcarbonyl $Ni(CO)_4$ (fbl; fl; D 1,32; Fp —25°; Kp 40°; nl: W, verd. SS, Alk; l: Al, Bzl, Chlf) bildet sich beim Überleiten von Kohlenoxyd über fein verteiltes Nickel bei etwa 80—100° C. Es ist stark lichtbrechend, giftig, entflammt beim Übergießen mit konzentrierter Schwefelsäure und bildet dampfförmig mit Luft ein Gemisch, das bei Berührung mit einer Flamme explodiert. An der Luft brennt es mit leuchtender Flamme. Beim Erhitzen auf etwa 200° zersetzt sich das Carbonyl unter Nickelabscheidung, welche Reaktion zur Nickelgewinnung verwendet wird (s. S. 487). Leitet man dampfförmiges Nickelcarbonyl in eine Lösung von Toluol, so entsteht beim Erhitzen eine sehr beständige Lösung von kolloidalem Nickel.

Nachweis. Fällung mit Dimethylglyoxym in ammoniakalischer, tartrathaltiger Lösung als roter Niederschlag.

XLVIII. Platin.

Symbol Pt; Atomgewicht 195,23; Ordnungszahl 78; Schmelzpunkt 1770°; Siedepunkt 3800°; Dichte 21,4; Wertigkeit: II, IV.

1. Die Gruppe der Platinmetalle.

Platin ist der wichtigste und häufigste Vertreter einer Gruppe von Metallen, die Platinmetalle genannt werden und zu denen

Ruthenium, Rhodium, Palladium, Osmium, Iridium und Platin gehören. Obwohl sie in der 8. Gruppe des periodischen Systems stehen, bilden nur Ruthenium und Osmium tatsächlich Verbindungen mit 8-wertigem Metall. Die Platinmetalle sind chemisch sehr widerstandsfähig und werden von nichtoxydierenden Säuren, wie Salz- oder Schwefelsäure, nicht angegriffen. In ihren chemischen Eigenschaften sind die in der Natur gemeinsam auftretenden Platinmetalle sehr ähnlich, so daß ihre Trennung und Reindarstellung sehr schwierig ist.

2. Platin.

Platin (Tab. 24) ist grauweiß, glänzend, hämmerbar, sehr geschmeidig, weich, walzbar, läßt sich zu feinsten Drähten ausziehen und ist in der Glühhitze schweißbar. Selbst bis in die Nähe seines Schmelzpunktes (Fp 1770° C) wird Platin von Sauerstoff nicht verändert. Es wird nur von Königswasser gelöst. Chlor, Brom, Phosphor, Alkalihydroxyde, Sulfide greifen in der Glühhitze aber an. Ebenso kann bei Berührung mit rußenden Flammen Platincarbid gebildet werden, das brüchig ist. Wasserstoff kann durch rotglühendes Platin diffundieren. Platin legiert sich bei hohen Temperaturen mit den meisten Metallen.

Aus seinen Lösungen kann das Platin in saurer Lösung durch Zink und Eisen, in alkalischer durch Hydrazin oder Formaldehyd reduziert werden. Es fällt als fein verteiltes Platinmohr aus. In Gegenwart von Schutzkolloiden, wie Gummiarabicum, Eiweiß u. dgl., können auch konzentriertere Lösungen ohne Bildung von Platinmohr reduziert werden, wobei kolloid verteiltes Platin entsteht. Beim Glühen von Platinsalmiak hinterbleibt Platinschwamm, eine graue, schwammartige Masse. Platinasbest ist auf Asbest durch Imprägnierung mit Platinchlorid und Glühen in feinster Verteilung niedergeschlagenes Platin, das als Katalysator verwendet wird.

Verwendung. Platin wird in der chemischen Technik, im Laboratorium usw. wegen seiner Unangreifbarkeit und Schwerschmelzbarkeit zur Herstellung von Schmelztiegeln, Drähten, Heizspiralen für elektrische Öfen, nicht angreifbaren Elektroden usw. verwendet. Die Widerstandsfähigkeit des Platins wird durch Zulegieren von 10% Iridium noch erhöht. Wegen seiner guten katalytischen Eigenschaften dient es als Reaktionsbeschleuniger bei der Schwefelsäureerzeugung, der Ammoniakverbrennung usw. Das meiste Platin wird in der Schmuckwarenindustrie (50%) und zur Herstellung von künstlichen Zähnen (26%) verbraucht.

Platinlegierungen. Platin-Rhodium-Legierungen werden zur Herstellung von Thermoelementen gebraucht. In der zahnärztlichen Technik werden Platin-Gold-Legierungen mit 80% Au (Platine) oder Platin-Gold-Silber-Legierungen zum Füllen der Zähne verwendet. Federplatin ist eine Legierung von Platin mit Kupfer.

Platinor ist eine Legierung aus 18% Pt, 10% Ag, 57% Cu, 9% Ni und 6% Zn, sie dient zur Herstellung von Federn für Füllfederhalter.

Vorkommen. Platin wird fast ausschließlich in gediegener Form in alluvialen Flußsanden als kleine stahlgraue Körner, in neuerer Zeit auch in den nickel- und kupferhaltigen Magnetkiesen in Kanada bei Sudbury als $PtAs_2$, Sperrylith, und als PtS, Cooperit, gefunden. Das Platinerz ist meist 70—90% rein und enthält immer noch andere Platinmetalle, meist auch Eisen, Kupfer, Blei und Gold. Die wichtigsten Fundstätten liegen am Ostabhang des Urals (etwa 20% der Welterzeugung), in Sudbury (60%), Südafrika und Kolumbien (je etwa 10%). Sehr geringe Mengen sind auch in den gold- und silberführenden Mineralien, wie Kupfer- und Bleiglanz, enthalten, wobei die Platinmetalle bei der elektrolytischen Raffination von Silber und Gold im Anodenschlamm zurückbleiben (s. S. 402 u. 409).

Gewinnung. Das Platinerz wird vorerst mit verdünntem Königswasser zur Herauslösung des Goldes und Palladiums, dann mit stärkerem Königswasser behandelt, wobei Platin in Lösung geht, die übrigen Platinmetalle Os, Ir, Ru, Rho aber zum größten Teil als Rückstand verbleiben. Die Lösung des Platins wird eingedampft, der Abdampfrückstand auf 125° erhitzt, wobei Palladium und Iridium in unlösliche Chloride übergeführt werden. Hierauf wird mit Wasser aufgenommen und das Platin mit Ammoniumchlorid als Ammoniumplatinchlorid $(NH_4)_2[PtCl_6]$ gefällt. Durch Glühen wird dieses Salz in Platinschwamm übergeführt, das im Knallgasgebläse zu Platinmetall geschmolzen wird. 1937 betrug die Weltproduktion an Platin 7600 kg.

3. Platinverbindungen.

a) *Verbindungen des zweiwertigen Platins.*

Das Platin tritt in seinen Verbindungen vorwiegend 2- und 4-wertig, seltener 6-wertig auf. Platin bildet fast ausschließlich nur mehr komplexe Salze.

Platin-II-Oxyd PtO (grau-v; zers 550°; nl: W, SS, Königsw; l: H_2SO_3) entsteht beim Glühen von Platin im Sauerstoffstrom oder beim Trocknen von Platin-II-Hydroxyd. Platinoxyd disproportioniert sich beim Erhitzen nach $2\,PtO \rightarrow Pt + PtO_2$, wobei PtO_2 und Platin eine feste Lösung bilden.

Platin-II-Hydroxyd $Pt(OH)_2$ (s; amorph; nl: W, H_2SO_4, verd. HNO_3; l: HCl, KCN-Lsg) entsteht bei der Fällung von Platin-II-Chlorid mit Alkalien.

Platin-II-Chlorid, Platinchlorür $PtCl_2$ (grau-gr; br; rhomboedr; D 5,87; zers 581°; nl: W, SS, Aceton) bildet sich beim Erhitzen von Platin-II-Chlorwasserstoffsäure auf 240°. Es kann andere Radikale, wie CO, PCl_3 usw., anlagern. Mit Salzsäure geht es als Platin-II-Chlorwasserstoffsäure, Platinochlorwasserstoffsäure $H_2[PtCl_4]$ in Lösung, die ein in Wasser schwer lösliches Kaliumsalz bildet, $K_2[PtCl_4]$ Kaliumtetrachlorplatinat (r; tetr; D 3,38; L: 0,774; nl: Al). Durch Ersatz eines oder mehrerer Chloratome in diesem Salz durch Ammoniak oder andere Ionen oder Radikale entstehen die Platinammine und andere Komplexverbindungen.

Platin-II-Cyanwasserstoffsäure $H_2[Pt(CN)_4]$ (zinnoberrote Krystalle) ist die Ausgangssubstanz von komplexen Cyanverbindungen des Platins, von denen das Barium-Platin-II-Cyanid, Bariumplatincyanür $Ba[Pt(CN)_4] . 4\,H_2O$ (g-gr; dimorph; monokl; D_g 2,076; D_{gr} 2,09; L: 2,94) wegen seiner Fluoreszenz in den Röntgenstrahlen zur Herstellung von Röntgenschirmen verwendet wird.

b) Verbindungen des vierwertigen Platins.

Platin-IV-Oxyd, Platindioxyd PtO_2 (s; Fp 430°; nl: W, SS, Königsw) entsteht als schwarzes Pulver beim Erhitzen von Hexahydroxoplatinsäure $H_2[Pt(OH)_6]$. Diese wird beim Versetzen von Platin-IV-Chlorwasserstoffsäure mit Alkalien als gelbes Pulver erhalten.

Platin-IV-Chlorid, Platinichlorid, Platintetrachlorid $PtCl_4$ (1, 4, 5, 8) H_2O (r-br; kryst; D [8 H_2O] 2,43; zers 370°; L 25° [5 H_2O]: 58,7; sl: Ac; wl: Al; nl: Ae) bildet sich beim Erhitzen von Platin-IV-Chlorwasserstoffsäure auf etwa 360°. Bei noch stärkerer Erhitzung wird Chlor abgespalten und ein in seiner Zusammensetzung $PtCl_3$ entsprechendes schwarzgrünes Platintrichlorid erhalten, das aber wahrscheinlich aus einer Mischung von $PtCl_2$ und $PtCl_4$ besteht.

Beim mehrmaligen Eindampfen der Lösung von Platin in Königswasser oder beim Lösen von Platin-IV-Chlorid in Salzsäure erhält man *Platin-IV-Chlorwasserstoffsäure, Platinichlorwasserstoffsäure* $H_2[PtCl_6] . 6\,H_2O$ (g-br; kryst; D 2,43; l: W, Al, Ae), die mit Ammonium, Rubidium, Kalium und Cäsium unlösliche Salze bildet, z. B. Kalium-Platin-IV-Chlorid $K_2[PtCl_6]$ (g; reg; D 3,499; zers 250°; L 16°: 0,68; nl: Al, Ae), das zur analytischen Bestimmung des Platins dient. Durch Austausch eines oder mehrerer Chloratome durch Ammoniak oder andere Radikale erhält man wieder Ammine oder andere Komplexverbindungen.

Platin-IV-Sulfid, Platindisulfid PtS_2 (s-grau oder dkl-br; rhomboedr; D 7,22; nl: W, SS; l: h HNO_3, h Königsw) entsteht als dunkelbrauner Niederschlag beim Einleiten von Schwefelwasserstoff in saure Platinsalzlösungen. Es löst sich in Polysulfiden als gelbes Sulfosalz auf.

Platintrioxyd PtO_3 bildet sich als rotbraunes Pulver bei der anodischen Oxydation alkalischer Platin-IV-Salzlösungen.

Nachweis. Gelber Niederschlag mit Kalium- oder Rubidiumchlorid; Nickelacetat (1%) und Natriumhypophosphit NaH_2PO_2 ergeben in schwach saurer Lösung bei 100° eine schwarze Fällung.

XLIX. Ruthenium.

Symbol Ru; Atomgewicht 101,7; Ordnungszahl 44.

Ruthenium (2-, 3-, 4-, 6-, 7-, 8-wertig; grau; reg; D 12,26; Fp 1950°) ist ein graues, sprödes, pulverisierbares Metall, das nur in Königswasser löslich ist. Es läßt sich durch Reduktion des schwarzbraunen Hydroxyds $Ru(OH)_3$ durch Wasserstoff darstellen. Beim Schmelzen mit Ätzkali und Natriumnitrat läßt sich Ruthenium in Kaliumruthenat überführen, das nach dem Lösen und Auskrystallisieren als $K_2RuO_4 . H_2O$ gewonnen werden kann.

In der 4-wertigen Form bildet das Ruthenium seine beständigsten Salze, z. B. das rot gefärbte komplexe Kalium-Ruthenium-IV-Hexachlorid $K_2[RuCl_6]$.

Aus Ruthenatlösungen entsteht durch Oxydation mit Chlor Perruthenat, z. B. das grün gefärbte Kaliumperruthenat $KRuO_4 . . H_2O$. Vom 8-wertigen Ruthenium ist das Rutheniumtetroxyd RuO_4 (gold-g; rhomb; Fp 25,5°; Kp [183 mm] 100,8° [zers]; wl: W; l: Alk) bekannt, das beim Einleiten eines starken Chlorstromes in eine Perruthenatlösung oder beim Darüberleiten von Chlor über Rutheniumsalze in der Hitze sublimiert. Wird das RuO_4 in konzentrierter Salzsäure absorbiert, so bildet sich unter Braunfärbung Rutheniumchlorwasserstoffsäure $H_2[RuCl_6]$, wodurch noch 2 Mikrogramme (2.10^{-6} g) Ru nachgewiesen werden können.

Nachweis. Nickelacetat (1%) und eine gesättigte Lösung von Natriumhypophosphit NaH_2PO_2 ergeben eine schwarze Fällung; Thioharnstoff, Diphenyl- oder Allylthioharnstoff geben in stark saurer Lösung eine blaue bis grüne Färbung.

L. Rhodium.

Symbol Rh; Atomgewicht 102,91; Ordnungszahl 45.

Rhodium (2-, 3- und 4-wertig; h-grau; reg; D 12,5; Fp 1966°; nl: W, SS, Königsw, Alk) ist ein glänzendes, weißes, dehnbares Metall, das nur von Fluor angegriffen wird. Man kann es durch Reduktion der Lösungen seiner Salze, durch Ameisensäure, Hydrazinhydrat u. dgl. als schwarzes Pulver darstellen. Es wird in der Legierung mit Platin zu Thermoelementen bis 1500° und als Katalysatornetz bei der Ammoniakverbrennung verwendet. Hauchdünne Rhodiumüberzüge, die aus einem Bade von Rhodiumsulfat abgeschieden werden, können das Anlaufen des Silbers mit Sicherheit verhindern, ohne die Farbe und den Glanz des Silbers zu beeinflussen.

Rhodium tritt in seinen Verbindungen nur 3-wertig auf und

bildet ein Hydroxyd $Rh(OH)_3$ (g; l: SS, Alk), ein Chlorid $RhCl_3 . 4 H_2O$ (r; sl: W, Al; nl: Ae; $0 H_2O$: nl W) beim Überleiten von Chlor über Rhodium in der Glühhitze, ein Sulfat $Rh_2(SO_4)_3 . 12 H_2O$ (h-g; r; kryst; l: W), von welchem die wässerigen Lösungen des gelben Salzes normal ionisiert sind, das rote aber komplex gebunden ist. Das Sulfat bildet einen Alaun $RhK(SO_4)_2 . 12 H_2O$ (g; reg; D 2,23; l: W). Von der komplexen Rhodiumchlorwasserstoffsäure $H_3[RhCl_6]$ leiten sich eine Reihe von Komplexsalzen her, von denen sich das schwer lösliche gelbe Pentammin-Chloro-Rhodiumchlorid $[Rh(NH_3)_5Cl]Cl_2$ zur Abscheidung und quantitativen Bestimmung des Rhodiums eignet.

Nachweis. Kaliumnitrit und Cäsiumchlorid ergibt in schwach alkalischer Lösung eine gelbe Färbung bis Fällung.

LI. Palladium.

Symbol Pd; Atomgewicht 106,7; Ordnungszahl 46.

Palladium (2-, 4-wertig; kub. fl. z.; D 11,97; Fp 1555°; Kp 2200°; l: HNO_3, als Mohr in h HCl und H_2SO_4) ist silberweiß und zum Unterschiede von allen anderen Platinmetallen schon in Salpetersäure löslich. Es zeichnet sich durch ein großes Lösevermögen für Wasserstoff aus, wobei es als Kathode in verdünnter Schwefelsäure das 800—900fache seines Volumens an H_2 auflösen kann. Kolloidales Palladium wird daher häufig als Katalysator für Reduktionsvorgänge mit Wasserstoff in der organischen Chemie benützt. Glühendes Palladium läßt Wasserstoff leicht hindurch diffundieren.

Palladium wird technisch nur wenig verwendet. Silberwaren lassen sich durch Palladiumüberzüge ähnlich wie durch Rhodiumüberzüge vor dem Anlaufen bewahren.

Wird Palladium in Königswasser gelöst, so erhält man beim Eindampfen Palladichlorwasserstoffsäure $H_2[Pd^{IV}Cl_6]$, deren Kaliumsalz $K_2[PdCl_6]$ (r; reg; D 2,77; wl: W; h W: zers) wenig löslich ist. Wird die Lösung der freien Säure gekocht, so geht sie unter Abspaltung von Chlor in Palladium-II-Chlorid, Palladiumchlorür (r-br; kryst; sl: W, SS) über. Seine wässerige, zur Zurückdrängung der Hydrolyse mit Natriumacetat versetzte Lösung dient zum Nachweise von Kohlenoxyd in Gasen oder der Luft, da CO die Lösung nach $PdCl_2 + CO + H_2O = Pd + 2 HCl + CO_2$ durch kolloidal ausgeschiedenes Palladium schwarz färbt. Die Reaktion wird z. B. zur Prüfung der Anwesenheit von Leuchtgas in Luft verwendet.

Mit Ammoniak entsteht aus Palladiumchlorid $PdCl_2$ gelbes, schwer lösliches, feinkrystallines Dichloro-Diammin-Palladium $[Pd(NH_3)_2Cl_2]$, das beim Erhitzen Palladiumschwamm ergibt. Mit Kaliumjodid bildet Palladiumchlorid einen schwarzen, unlöslichen Niederschlag von Palladium-II-Jodid PdJ_2, Palladiumjodür, der sich in überschüssigem Jodid zu einem komplexen, braun gefärbten Tetrajodid-Ion $[PdJ_4]''$ auflöst.

Das Palladium-II-Oxyd PdO (gr; D 8,3; nl: W; l: SS) dissoziiert bei etwa 800°. Palladium-II-Cyanid, Palladiumcyanür $Pd(CN)_2$, ein in Wasser fast unlöslicher weißer Körper, löst sich im Gegensatz zu Platin, Gold und Silber in überschüssiger Kaliumcyanidlösung nicht auf, welche Reaktion zur Trennung des Palladiums von diesen Metallen verwendet werden kann.

Nachweis. Kaliumjodid und Ammoniumhydroxyd ergeben eine schwarze Fällung; festes Dymethylglyoxim gibt eine gelbe Fällung.

LII. Osmium.

Symbol Os; Atomgewicht 190,9; Ordnungszahl 76.

Osmium (2-, 3-, 4-, 6-, 8-wertig; hex; h-grau; D 22,48; Fp 2500°; Kp $>$5300°; nl: SS; als Mohr l: HNO_3, Königsw) ist bläulichweiß, sehr hart und das schwerste aller Metalle. Das kompakte Metall ist in allen Säuren, selbst in Königswasser unlöslich, Osmiummohr wird aber von Salpetersäure und Königswasser gelöst. Beim Erhitzen an der Luft verbrennt Osmium zum Osmiumtetroxyd OsO_4. Werden Platinerze mit Königswasser behandelt, so bleiben Osmium und Iridium ungelöst. Beim Glühen von Osmium und Iridium in einem feuchten Chlorstrom verflüchtigt sich Osmium als OsO_4. Wird dieses mit Salzsäure und Quecksilber behandelt, so bildet sich Osmiumamalgam, aus dem durch Glühen im Wasserstoff amorphes Osmium erhalten werden kann. Wird dieses mit Zinn geschmolzen und aus dem Regulus mit Salzsäure das Zinn herausgelöst, so gewinnt man einen glänzenden Osmiumregulus. Osmium wurde früher zur Herstellung von Glühlampenfäden verwendet, wurde aber durch das Wolfram verdrängt.

Osmium bildet mehrere Oxyde, Osmium-II-Oxyd OsO (grau-s; nl: SS), Osmium-III-Oxyd Os_2O_3, Osmium-IV-Oxyd OsO_2 (s, amorph; br, tetr; D_{am} 11,4; D_{tetr} 11,4; zers 650°; nl: W, SS) und Osmium-VIII-Oxyd OsO_4, Osmiumtetroxyd (g oder fbl; dimorph; kryst; D 4,916; Fp_{fbl} 41,8°; Fp_g 41°; Kp 130°; L 18°: 6,5; l: Alk, CCl_4), das die wichtigste Osmiumverbindung darstellt. Es bildet sich beim Verbrennen von Osmiumpulver im Sauerstoffstrom bei etwa 400°. Die Dämpfe sind sehr giftig, riechen nach Chlordioxyd und greifen die Augen stark an. Die wässerige Lösung reagiert neutral. Eine von OsO_4 sich ableitende Säure ist nicht bekannt. Von 8-wertigen Osmiumverbindungen kennt man auch das Osmiumoctofluorid OsF_8 (g; kryst; Fp 34,4°; Kp 47,3°; l: Alk zu Perosmiat) sowie ein komplexes Rubidium- oder Cäsium-Tetroxo-Difluorosmiat $Rb_2(Cs_2)[OsO_4F_2]$.

Wird zu der wässerigen Lösung des Osmiumtetroxyds Kaliumhydroxyd und ein Reduktionsmittel, wie Alkohol, zugesetzt, so bildet sich Kaliumosmiat $K_2OsO_4 . 2 H_2O$ (granatrote Krystalle), dessen Lösung beim Ansäuern OsO_4 und ein niedrigeres Oxyd abspaltet.

Nachweis. Mit KOH schwarzviolette Färbung—Fällung; Nickelacetat (1% in W) und gesättigte Lösung von Natriumhypophosphit NaH_2PO_2 ergibt eine schwarze Fällung.

LIII. Iridium.

Symbol Ir; Atomgewicht 193,1; Ordnungszahl 77.

Iridium (1-, *3*-, *4*-, 6-wertig; kub. fl. z.; h-grau; D 22,42; Fp 2454°; Kp 4400°) ist hellgrau, hart, spröde und bei Weißglut schlecht hämmerbar. Es ist auch in Königswasser unlöslich, nur Iridiummohr kann von dieser Säure gelöst werden. Die in Königswasser unlöslichen Rückstände bei der Aufarbeitung von Platinerzen werden mit Natriumchlorid gemischt und mit Chlor in der Glühhitze behandelt, wobei sich lösliches Natriumiridiumchlorid $Na_2[Ir^{IV}Cl_6]$ (schwarzrote Oktaeder) bildet. Aus der wässerigen Lösung des Salzes kann mit konzentriertem Ammoniumhydroxyd Iridiumsalmiak, Ammonium-Iridium-Chlorid $(NH_4)_2[IrCl_6]$ (s-r; reg; D 2,86; L 14°: 0,70; L 69,3°: 2,85) gefällt werden, der beim Glühen Iridiumschwamm hinterläßt. Iridium wird wegen seiner großen Härte und Widerstandsfähigkeit für Laboratoriumsgeräte, Federn, Elektroden, Normalmeßstäbe usw. verwendet.

Beständigere Salze bildet nur das 3- und 4-wertige Iridium. Schwarzes Iridium-III-Oxyd, Iridiumtrioxyd Ir_2O_3 wird beim Trocknen von Iridium-III-Hydroxyd $Ir(OH)_3$ (h-gr-s; amorph; l: SS, nl: Alk) erhalten, das aus Iridium-III-Salzlösungen mit Alkalien als grüner Niederschlag entsteht. An der Luft oxydiert sich $Ir(OH)_3$ zum indigoblauen $Ir(OH)_4$, Iridium-IV-Hydroxyd. Iridium-III-Oxyd wird in der Porzellanmalerei wegen seiner Feuerbeständigkeit zur Erzielung schwarzer oder grauer Töne verwendet.

Iridium-III-Chlorid $IrCl_3 . 4 H_2O$ (olivgr-br; D 5,30; zers 763°; nl: W, SS, Alk), das sich beim Erhitzen von Iridium im Chlorstrom bildet, gibt beim stärkeren Erwärmen wieder Chlor ab und geht in das braune *Iridium-II-Chlorid* $IrCl_2$ und schließlich in kirschenrotes *Iridium-I-Chlorid* IrCl über. Wasserlösliche Iridium-III-Salze werden durch Reduktion von Iridium-IV-Salzen mit schwefeliger Säure erhalten, wobei *Iridium-III-Hexachlorowasserstoffsäure* $H_3[IrCl_6]$ entsteht. Ihre olivgrün gefärbten Alkalisalze sind leicht löslich.

Iridium-IV-Chlorid, Iridiumtetrachlorid $IrCl_4$ (r-s; reg) bildet sich gleichfalls beim Erhitzen von Iridium im Chlorstrom bei nicht allzu hoher Temperatur. Die Lösung des stark hygroskopischen Chlorids gibt mit Salzsäure Iridium-IV-Chlorwasserstoffsäure $H_2[IrCl_6]$, deren Alkali- und Ammoniumsalze gut krystallisieren und ziemlich schwer löslich sind.

Iridium-IV-Oxyd, Iridiumdioxyd IrO_2 (s Nadeln; nl: W, SS) bildet sich beim Trocknen von Iridium-IV-Hydroxyd $Ir(OH)_4$.

Nachweis. Tetramethyldiamminotriphenylmethan (Leukomalachitgrün) (1% in Essigsäure) ergibt eine blaugrüne Färbung.

LIV. Die Edelgase.

In der Luft sind außer Stickstoff und Sauerstoff auch noch die sog. Edelgase Helium, Neon, Argon, Krypton, Xenon und Radon (Emanation) enthalten (Tab. 3). Sie kommen auch in einigen seltenen Mineralien, Mineralquellen und Erdgasen vor. Ihren Namen haben sie von ihrem chemisch vollkommen indifferenten Verhalten, das durch den Bau ihrer äußersten Elektronenschale bedingt ist. Helium besitzt dort 2, die übrigen Edelgase 8 Elektronen, wodurch diese Elektronenschalen komplett sind und sich die stabilste Elektronenkonfiguration überhaupt gebildet hat. Daher gehen die Edelgase keine Verbindungen ein. Man bezeichnet sie daher auch als nullwertig. Alle Edelgase sind einatomig, farblos, geruchlos und nur durch physikalische Methoden voneinander und von der Luft zu trennen. Der Gehalt der Luft an Edelgasen mit Ausnahme des Argons ist nur gering. Die Edelgase (He, Ne, A) besitzen bereits einiges technisches Interesse.

Helium wurde zuerst auf vielen Fixsternen und als Hauptbestandteil der Sonnenatmosphäre und dann erst auch auf der Erde gefunden. In Uran und Thorium enthaltenden Mineralien findet sich Helium in sehr geringen Mengen als Zerfallsprodukt der radioaktiven Elemente (s. S. 328), da die ausgesandten α-Teilchen zwei Elektronen aufnehmen und dabei in Heliumatome übergehen. Aus dem Heliumgehalt dieser Mineralien kann man auch ihr Alter berechnen (s. S. 328). Helium ist auch in manchen Erdgasquellen in Mengen von meist nur einigen $^1/_{100}$—$^1/_{1000}$%, selten bis zu 1% enthalten.

Die Gewinnung kann aus radioaktivem Monazitsand oder Cleveit bei dessen Aufschluß mit konzentrierter Schwefelsäure erfolgen, wobei aber auf 1 kg Mineral nur günstigstenfalls 1—3 ccm He anfallen. Bei der Luftverflüssigung bleibt Helium als am schwersten kondensierbares Gas im Gemisch mit Neon (75% Ne und 25% He) zurück und wird von diesem durch Kühlung mit flüssigem Wasserstoff getrennt. Aus Erdgasen gelingt die Abtrennung des Heliums verhältnismäßig leicht durch Verflüssigung oder Kühlung mit flüssiger Luft, da die übrigen Begleitstoffe (CH_4, C_2H_6, CO_2, N_2) weit vor dem Helium verflüssigbar sind.

Die Verflüssigung des Heliums gelang erstmalig K a m e r l i n g h O n n e s durch Expansion von mit flüssigem siedendem Wasserstoff vorgekühltem, komprimiertem Helium. Helium wird zum Füllen von elektrischen Glühlampen, gelbleuchtenden Leuchtröhren,

Thermometern für sehr tiefe Temperaturen, zur Füllung der Gaszellen von Luftschiffen verwendet, da selbst Mischungen mit 15% Wasserstoff unbrennbar sind. Da Helium aber viel teurer ist als Wasserstoff, umgibt man nur die Wasserstoffzellen mit Heliumzellen, um die Explosions- und Brandgefahr zu verringern.

Neon ist nach dem Helium das am schwersten verflüssigbare Edelgas. Es kann bei der Luftverflüssigung und Kühlung mit flüssigem Wasserstoff oder aber mittels Absorption durch mit flüssiger Luft gekühlter Holzkohle getrennt werden. Die im Spektrum des Neons auftretende orangerote Linie wird in den Neonglühlampen und -leuchtröhren nutzbar gemacht. Eine Spannung von 220 V ist wegen des geringen Kathodenfalles von 145 V bereits ausreichend, um in Neon Glimmentladungen hervorzurufen. Der geringe Stromverbrauch von nur etwa 0,1 W/1 Kerzenstärke empfiehlt sie besonders für Reklamelampen, Signallampen usw.

Argon wird aus der Luft durch Verflüssigung und fraktionierte Zerlegung gewonnen, wobei es schließlich im Sauerstoff in einer Menge von 3% vorhanden ist. Man kann aber auch das Argon von O_2 und N_2 durch Überleiten der Luft über Calziumcarbid oder Beseitigung des Sauerstoffes durch glühendes Kupfer als CuO, des Stickstoffes durch Bildung von Magnesiumnitrid Mg_3N_2 oder Calziumnitrid Ca_3N_2 trennen. Das Rohargon enthält dann aber auch alle anderen Edelgase, was aber für die meisten Verwendungszwecke des Argons nicht stört. Dieses wird in der chemischen Technik bei solchen Reaktionen verwendet, bei denen unbedingt ein vollkommen inertes Schutzgas vorhanden sein muß. Weiters verwendet man das Argon in Leuchtröhren, wobei es je nach dem Druck in verschiedenen Farben leuchten kann, und zwar bis 1 mm Hg blau, bis 5 mm Hg rot und über 10 mm Hg grün. In Mischung mit 15% Stickstoff wird Argon auch zur Füllung von gasgefüllten Glühlampen gebraucht, wobei es dem reinen Stickstoff gegenüber den Vorteil der geringeren Wärmeleitfähigkeit besitzt. Auch für die Füllung von Gasthermometern für hohe Temperaturen ist Argon brauchbar.

Krypton findet sich bei der Luftverflüssigung in der Mittelfraktion im Rohargon. Bei der fraktionierten Destillation des Argons entweicht zuerst Argon, dann Krypton und schließlich Xenon. In Leuchtröhren leuchtet Krypton grünlich bis lila. Wegen seiner Seltenheit hat Krypton jedoch keine Bedeutung.

Xenon ist das schwerste, bei Raumtemperatur bereits verflüssigbare Edelgas.

Radon (Radium-Emanation) ist ein unbeständiges Zerfallsprodukt der Uran-Zerfallsreihe mit Edelgascharakter. Ein beständiges Edelgas mit der Ordnungszahl des Radons ist bisher nicht bekanntgeworden.

C. Organische Chemie und Technologie.

I. Die Natur der Kohlenstoffverbindungen.

Bauelemente. Der Kohlenstoff besitzt eine sehr mannigfaltige Verbindungsfähigkeit, so daß es eine außerordentlich große Zahl von Kohlenstoffverbindungen gibt (s. S. 136). Die Kohlenstoffverbindungen sind eigentlich nur aus sehr wenigen Bestandteilen aufgebaut. Viele bestehen nur aus Kohlenstoff und Wasserstoff, die Kohlenwasserstoffe, andere aus Kohlenstoff, Wasserstoff und Sauerstoff. Weitere wesentliche Bauelemente sind Stickstoff, Schwefel, Chlor, Brom, Jod, Phosphor und noch seltener andere Elemente.

Homöopolare Bindung. Von den anorganischen Verbindungen unterscheiden sich die organischen Kohlenstoffverbindungen vor allem durch die Art der Bindung der einzelnen Elemente aneinander. In den anorganischen Verbindungen herrscht vorwiegend die heteropolare oder ionogene Bindung vor (s. S. 62), die auf gegenseitiger elektrostatischer Anziehung der positiv oder negativ aufgeladenen Liganden beruht. Bei ihr gibt ein Bestandteil Elektronen ab oder nimmt sie von einem anderen auf. Bei dieser Bindung findet auch beim Auflösen in Wasser sehr leicht eine Dissoziation in Ionen statt.

Bei organischen Verbindungen (von anorganischen auch z. B. beim Sauerstoff-, Stickstoff-, Wasserstoffmolekül, Ammoniak usw.) tritt hingegen vorwiegend die homöopolare Bindung auf, die zwar gleichfalls durch Elektronen bewirkt wird, bei der aber nicht zwei getrennte Elektronenträger, die sich gegenseitig elektrostatisch anziehen, vorhanden sind. Die homöopolare Bindung kommt vielmehr durch die gleichzeitige Rotation eines oder mehrerer gemeinsamer Elektronen jedes einzelnen Bestandteiles um die Kerne der beiden Atome zustande. Sie ist nicht nur schwer zu lösen, sondern es findet auch keine elektrolytische Dissoziation statt. Außerdem ist diese Bindung stets gerichtet und bedingt dadurch in vielatomigen Molekülen die häufig auftretende Erscheinung der Isomerie.

Selbst organische Säuren sind nur schwach dissoziiert, Essigsäure z. B. nur zu 1,673% bei unendlicher Verdünnung (s. S. 36). Wegen dieser geringen Dissoziation sind organische Umsetzungen keine Ionen-, sondern Molekülreaktionen, die nur sehr langsam verlaufen. Häufig gehen diese Reaktionen auch nur sehr unvollständig vor sich und bleiben bei Erreichung eines bestimmten Gleichgewichtszustandes stehen. In der organischen Chemie haben daher Katalysatoren zur Beschleunigung der Reaktionsgeschwindigkeit eine ganz besondere Bedeutung.

Das Kohlenstoffatom besitzt fast immer 4 gleichwertige Valenzen. Diese sind im Raume gleichmäßig wie die Verbindungslinien von den Tetraederecken zum Schwerpunkt desselben gerichtet. Bei den einfacheren Kohlenstoffverbindungen besteht die Möglichkeit der vollkommen freien Drehbarkeit um die Verbindungsachse. Es können auch Bindungen zwischen zwei Kohlenstoffatomen durch 1, 2 oder 3 Valenzen auftreten: C—C, C=C, C≡C. Drei oder mehr Kohlenstoffatome können sich auch zu sog. Kohlenstoffketten —C—C—C— bis zu 60 C-Atomen aneinanderknüpfen.

Ringspannung. Normalerweise weisen die 4 Valenzen des Kohlenstoffatoms von dem im Schwerpunkt eines Tetraeders sitzenden Kohlenstoffatom zu den 4 Ecken und nehmen einen Winkel von 109° 28′ gegeneinander ein. Bei der Ringbildung ist bei 5 oder 6 C-Atomen ein spannungsfreier Zusammenschluß möglich. Hingegen treten bei Dreier- oder Viererringen durch Unterschreitung des Winkels von 109° 28′ beträchtliche Spannungen auf, weshalb diese Ringe auch wesentlich unbeständiger sind als die Fünfer- und Sechserringe. Die gleichen Spannungen treten aber auch bei einer Doppelbindung auf, da die beiden Valenzrichtungen der C-Atome deformiert werden müssen. Doppelbindungen und noch mehr Dreifachbindungen besitzen daher einen größeren Energieinhalt und demzufolge auch eine geringere Beständigkeit. So merkwürdig dies klingen mag, aber die einfache ist fester als die doppelte oder gar dreifache Kohlenstoffbindung. Diese haben die Neigung, unter Aufspaltung der Doppelbindung 2, bei dreifacher Bindung vier 1-wertige Atome oder Atomgruppen aufzunehmen und in einfache Bindungen überzugehen.

Einteilung. Man teilt die organischen Verbindungen in folgende Gruppen ein:

1. Aliphatische, azyklische oder Fettreihe, d. s. Verbindungen mit offenen Kohlenstoffketten, auch Methanderivate nach dem ersten Gliede der Reihe genannt.
2. Zyklische Verbindungen mit einem Ring von Kohlenstoffatomen:
   a) Zykloparaffine und Zykloolefine, die in ihrem Verhalten den aliphatischen Verbindungen sehr ähnlich sind;
   b) Benzolderivate oder aromatische Verbindungen;
   c) Heterozyklische Verbindungen, bei denen sich an der Ketten- oder Ringbildung auch andere mehrwertige Elemente, wie Stickstoff, Sauerstoff oder Schwefel, beteiligen.

II. Paraffine, Methan-Kohlenwasserstoffe.

Die gesättigten Kohlenwasserstoffverbindungen, die keine Doppel- oder Dreifachbindung im Molekül enthalten und deren

Kohlenstoffatome nur kettenförmig miteinander verbunden sind, besitzen den Maximalgehalt an Wasserstoff und lassen sich durch die Formel C_nH_{2n+2} darstellen. Man nennt derartige Reihen von Verbindungen, die sich durch die Differenz von CH_2 unterscheiden, auch homologe Reihen. In diesen sind die chemischen Eigenschaften der einzelnen Vertreter sehr ähnlich. Die physikalischen Eigenschaften zeigen mit zunehmender Kohlenstoffzahl eine abnehmende Flüchtigkeit und eine Zunahme der Neigung, flüssig oder fest zu werden, wobei sich diese Eigenschaften meist nur graduell in der Reihe verschieben. Die Homologie ist ein sehr wertvolles Hilfsmittel zur Systematik und zum Studium der organischen Verbindungen.

Die niedrigsten Glieder der Methanreihe sind gasförmig, nämlich Methan oder Sumpfgas CH_4 (Fp —184°; Kp —164°), Aethan C_2H_6 (Fp —172°; Kp —88,5°), Propan C_3H_8 (Fp —189,19°; Kp —44,5°), Butan C_4H_{10} (Fp —135°; Kp 0,6°). Vom normal-Pentan (abgekürzt *n*-Pentan) C_5H_{12} (Fp —130,8°; Kp 36°) an sind sie flüssig, *n*-Hexan C_6H_{14} (Fp — 94,3°; Kp 69,0°), Heptan C_7H_{16} (Fp —90°; Kp 98,4°), vom Hexadecan $C_{16}H_{34}$ (Fp 20°; Kp 270°) bis zum höchsten bisher dargestellten Endgliede Hexacontan $C_{60}H_{122}$ (Fp 101°) fest. Die höheren Glieder sieden nur mehr im Vakuum ohne Zersetzung bei Temperaturen um 300°.

In Wasser sind alle Methanderivate unlöslich. Nur die niedrigsten Glieder sind in Alkohol etwas löslich, die flüssigen leicht, die festen immer schwerer löslich. In Aether, Benzin, Benzol, Chloroform, Aceton aber ist ihre Löslichkeit groß. Die Siedepunkte und spezifischen Gewichte steigen mit dem Molekulargewichte an. Die flüssigen Vertreter besitzen den charakteristischen „Benzingeruch", während die höheren Glieder geruchlos sind. Die Paraffinkohlenwasserstoffe können weder Wasserstoff noch Chlor, Brom oder Schwefelsäure binden oder absorbieren, weshalb sie als gesättigte oder Grenzkohlenwasserstoffe bezeichnet werden. Der Name „Paraffin" kommt vom lateinischen Parum affine, d. h. zu wenig reaktionsfähig, und soll die Reaktionsträgheit dieser Verbindungen kennzeichnen.

Halogene, wie Chlor oder Brom, können unter Bildung von Halogenwasserstoffen ein Wasserstoffatom substituieren: $C_2H_5\boxed{H + Cl}Cl = C_2H_5Cl + HCl$. Selbst sehr starke Oxydationsmittel, wie Kaliumpermanganat, Chromsäure oder rauchende Salpetersäure, greifen Paraffinkohlenwasserstoffe mit unverzweigter Kette bei Raumtemperatur nicht an. Erst beim Erhitzen werden sie unter Bildung von Kohlendioxyd und Wasser verbrannt.

Von den Verbindungen Methan CH_4, Aethan C_2H_6 und Propan C_3H_8 ist nur je ein Vertreter bekannt. Vom Butan C_4H_{10} aufwärts aber existieren von jedem Glied zwei oder mehrere Vertreter, die Isomeren, die trotz gleicher Summenformel chemisch und physikalisch nicht identisch sind. Die Isomerie ist z. B. bei der Metamerie, einem Sonderfall der Isomerie, durch die verschiedene Art der Verknüpfung der Atome begründet. Es gibt aber auch noch eine „Cis-Trans-Isomerie“ (linker und rechter Handschuh!) und eine Spiegelbildisomerie. Vom Pentan kennt man z. B. drei verschiedene Vertreter mit folgender Konstitution:

1. Normal- oder *n*-Pentan $CH_3-CH_2-CH_2-CH_2-CH_3$, unverzweigte Kette, Fp -131^0; Kp 36^0;

2. Iso-Pentan, Methyl-2-Butan $\begin{matrix} CH_3 \\ CH_3 \end{matrix} \!\!>\! CH-CH_2-CH_3$, Kp 30^0;

3. Tertiäres Pentan, Tetramethylmethan, Dimethyl-2-Propan

$$\begin{matrix} CH_3 & & CH_3 \\ & >C< & \\ CH_3 & & CH_3 \end{matrix} \quad , \text{ Fp } -20^0, \text{ Kp } 10^0.$$

Mit steigender Anzahl der Kohlenstoffatome nimmt die Möglichkeit der Kettenverzweigung und damit die Anzahl der Isomeren zu. So kennt man bereits die fünf möglichen Hexane. Je verzweigter eine Kette ist, desto niedriger ist der Siedepunkt dieser Verbindung.

1. Nomenklatur.

Alle Methanderivate ohne Doppelbindungen haben in der systematischen Nomenklatur der organischen Verbindungen die Endsilbe -an, die vom fünften Gliede der Reihe an das griechische Zahlwort angehängt wird: Pentan, Hexan, Heptan, Octan, Nonan usw. Die ersten vier Vertreter haben besondere Eigennamen. Die 1-wertigen Radikale C_nH_{2n+1} werden als Alkylradikale bezeichnet und im Grundwort wird an Stelle der Silbe -an die Silbe -yl gesetzt: CH_3- = Methyl, C_2H_5- = Aethyl, C_3H_7- = Propyl usw.

Bei längeren verzweigten Ketten werden die Kohlenstoffatome numeriert. Die Verbindung

$$\begin{array}{cccccccccccc} (1) & & (2) & & (3) & & CH_3(4) & & (5) & & (6) \\ & & & & & & \diagdown & & & & \\ CH_3 & - & CH_2 & - & CH & - & C & - & CH & - & CH_3 \\ & & & & | & & | & & | & & \\ & & & & CH_3 & & CH_3 & & CH_2 & & \\ & & & & & & & & | & & \\ & & & & & & & & CH_3 & & \end{array}$$

führt z. B. die Bezeichnung: 3-Methyl-4, 4-Dimethyl-5-Aethyl-Hexan. Häufig bezieht man die komplizierteren Paraffine auf das Methan, wobei jenes Kohlenstoffatom, bei dem die Verzweigung beginnt, als vom Methan herrührend betrachtet wird, während die H-Atome des Methans durch Alkylreste ersetzt gedacht werden. Ein Kohlenstoffatom, das nur mit einem anderen C-Atom verbunden ist, wie in vorstehender Formel (1) und (6), heißt primär, ein solches, das mit zwei anderen C-Atomen verkettet ist, wie (2), sekundär, ein mit drei C-Atomen verknüpftes, wie (3) oder (5), tertiär, mit vier C-Atomen endlich, wie (4), quaternär.

2. Bildungsweisen der Paraffine.

Es entstehen Paraffine:

1. bei der trockenen Destillation von Braunkohlen, in geringem Maße bei der Erhitzung von Steinkohlen auf 700° C (Urteergewinnung, s. S. 181 u. 184), bei der Destillation von Holz, bituminösen Schiefern, Torf, bei der Synthese von Benzin sowie beim Auflösen von Metallcarbiden in Säuren;

2. aus Substitutionsprodukten, wie Halogenen, durch Austausch von Halogenen durch Wasserstoff: $CH_3J + HOH + Zn = CH_4 + Zn(OH)J$ (basisches Zinkjodid);

3. aus aliphatischen Säuren mit höheren Kohlenstoffgehalten durch Kohlendioxydabspaltung beim Erhitzen mit Natronlauge oder Natriumalkoholat: $\underset{\text{Natriumacetat}}{CH_3COONa} + NaOH = CH_4 + Na_2CO_3$;

4. durch Vereinigung zweier Radikale von niedrigem Kohlenstoffgehalt, wie z. B. bei der Einwirkung von Natrium auf Halogenalkyl in ätherischer Lösung (W u r t z sche Synthese):

$$\begin{matrix} CH_3J + Na \\ CH_3J + Na \end{matrix} = \begin{matrix} CH_3 \\ CH_3 \end{matrix} + 2\,NaJ$$

oder bei der Elektrolyse organischer Carbonsäuren (K o l b e), wobei an der Anode die Säurereste unter CO_2-Austritt sich dimerisieren:

$$\begin{matrix} CH_3COOH \\ CH_3COOH \end{matrix} = \begin{matrix} CH_3 \\ | \\ CH_3 \end{matrix} + 2\,CO_2 + H_2.$$

Paraffine kommen im Erdgas, Erdöl und seinen Destillaten, Destillationsprodukten von Kohle und Holz, im Asphalt und Erdwachs vor. Methan steht in größeren Mengen als Erdgas, Grubengas (schlagende Wetter in Steinkohlenbergwerken), Sumpfgas (bei der Fäulnis organischer Stoffe, s. S. 503), Schwelgas, Krackgas usw. zur Verfügung. Man trachtet, aus ihm durch teilweise Verbrennung mit Sauerstoff nach $CH_4 + O_2/2 = CO + 2\,H_2$ über erhitztem Nickel Kohlenoxyd und insbesondere Wasserstoff (s. S. 25) für die Methanolsynthese (s. S. 550) und die Benzinsynthese nach F i s c h e r-T r o p s c h (s. S. 516) zu gewinnen (Synthesegas). Propan und Butan lassen sich unter Druck leicht verflüssigen und finden als Flüssiggas als Motortreibstoff Verwendung.

III. Das Erdöl.

Entstehung, Gewinnung. Das Erdöl findet sich als hellgelbes bis schwarzes, dünn- bis dickflüssiges Gemisch von Kohlenwasserstoffen im Inneren der Erde. Nach der Theorie von Engler und Höfer verdankt es seinen Ursprung der Druckzersetzung organischer pflanzlicher und tierischer Fette, Wachse und Eiweißstoffe, die vorwiegend aus riesigen Planktonablagerungen herstammen. Die Destillationsprodukte sammelten sich über undurchlässigen Gesteinsschichten an und können durch Anbohren dieser Lager gewonnen werden. Befindet sich über dem Erdöl ein unter Druck stehender Gaspolster, so kann dieser das Öl herauspressen, so daß es als Springbrunnen das Bohrloch verläßt. Bei vielen Erdöllagern muß aber das Öl gepumpt oder herausgeschöpft werden. Wird der Gasdom angebohrt, so entweicht nur das Erdgas. Man schätzt, daß durch die Bohrung nur etwa 20% des tatsächlich vorhandenen Erdöles gefördert werden können, während rund 80% in der Erde zurückbleiben.

1. Vorkommen.

Die meisten Erdöllager (53%) befinden sich im Tertiär (Kalifornien, Rußland, Vorderasien, Indien, Venezuela, Trinidad, Galizien, Rumänien, Österreich [Zistersdorf]). Dann folgen die Kreidelager (etwa 30%; Texas, Mexiko, Kolumbien). Der Rest verteilt sich auf das Karbon, Devon, Silur (Texas, Pennsylvanien, Kansas, Illinois, Kanada usw.). Die Erdölvorräte und die Förderung im Jahre 1938 verteilen sich wie folgt: USA. (Vorrat 3 Md. t, Förderung etwa 165 Mill. t); Asien (2,4 Md. t, Förderung 1930 8,3 Mill. t); Rußland (Förderung 1938 29 Mill. t); Venezuela (Förderung 1938 28 Mill. t); Europa (Vorräte 430 Mill. t, Förderung 1930 7,5 Mill. t); Rumänien (Förderung 1938 6,6 Mill. t); Mexiko (Förderung 1938 4,8 Mill. t); Österreich (Förderung 1940 1,2 Mill. t); Deutschland (Förderung 1938 0,6 Mill. t).

Die Vorräte an Erdöl werden bei gleichbleibender Förderung und gleichbleibendem Verbrauch, falls keine neuen Lagerstätten gefunden werden, in etwa 50 Jahren erschöpft sein. Die Ergiebigkeit der neuen Lager in Iran und Irak dürfte aber etwa 100 Jahre andauern.

Das Erdöl liefert etwa 20% des Energiebedarfes der Welt. Mehr als die Hälfte aller Schiffe ist wegen der leichten Speicherungsmöglichkeit und des hohen Heizwertes des Erdöles auf Ölfeuerung umgestellt. Der größte Erdölverbraucher sind die USA. (etwa 60—70% der Welterzeugung), die auch die größte Zahl der Kraftwagen auf den Kopf der Bevölkerung besitzen (auf 5 Einwohner 1 Kraftwagen, in Mitteleuropa erst auf jeden 100. Einwohner). Das Erdöl spielt sowohl in der Weltwirtschaft als auch in der Weltpolitik eine große Rolle.

Zusammensetzung. Die Erdöle sind je nach der Lagerstätte verschiedenartig zusammengesetzt, jedoch bestehen alle aus Kohlenwasserstoffen. Die Hauptbestandteile sind die gesättigten Kohlenwasserstoffe der Methanreihe, ferner Naphthenkohlenwasserstoffe (Zykloparaffine, s. S. 523) und schließlich aromatische Kohlenwasserstoffe. Besonders reich an Kohlenwasserstoffen ist das wertvolle pennsylvanische Erdöl mit etwa 13% Rohbenzin und 25% Paraffin, während das russische Erdöl vorwiegend aus Naphthenen besteht. Galizisches Öl enthält fast kein Benzin, aber etwa 43% Paraffin. Erdöl aus Ostindien (Borneo) ist reich an aromatischen Verbindungen. Neben diesen Verbindungen aus Kohlenstoff und Wasserstoff kommen aber auch noch in geringerer Menge solche mit Schwefel, Sauerstoff und Stickstoff vor. Technisch wichtig wegen der Verarbeitung ist der Gehalt des Erdöles an Benzin, Schmieröl, Paraffin und Asphalt. Das spez. Gewicht der Erdöle schwankt zwischen etwa 0,8—0,9, die Verbrennungswärme beträgt etwa 10.000—11.500 kcal/l. Erdöl ist optisch aktiv, d. h. es dreht die Ebene des polarisierten Lichtes (Rechtsdrehung), was den organischen Ursprung des Erdöles beweist.

Medizinisches. Während bereits geringe Mengen von Benzin tödlich wirken, führt erst der Genuß von etwa 750 g Rohöl zum Tode. Die im Erdöl vorhandenen Erdölsäuren besitzen eine antiseptische Wirkung. In der Heilkunde werden die hochsiedenden gereinigten Paraffine, wie Gaselin und Paraffinöl, als Salbengrundlage verwendet.

2. Die Verarbeitung des Erdöles.

Das geförderte Erdöl wird entweder in großen eisernen Tanks gelagert, mit Kesselwagen der Eisenbahn oder viele Hunderte Kilometer weit mit eisernen Rohrleitungen zu Raffinerien oder Tankdampfern befördert. Die einfacheren Verunreinigungen, wie Sand und Wasser, werden zunächst durch Absitzenlassen vom Erdöl, möglichst schon am Fundort, getrennt. Das weitere Aufarbeitungsverfahren ist verschieden und richtet sich nach der Zusammensetzung des Rohöles. Es besteht aber immer in einer Zerlegung durch Destillation in großen eisernen Kesseln (nur mehr selten) oder Röhrenerhitzern und anschließender Fraktionierung der Dämpfe in Kolonnen, einer chemischen Raffination der Destillate und gegebenenfalls nochmaligen Reinigung durch Destillation.

3. Destillation und Rektifikation.

Man unterscheidet

a) eine einfache Destillation zur Trennung unzersetzt verdampfbarer Flüssigkeiten von festen Rückständen, wie z. B. die Herstellung von destilliertem Wasser;

b) eine fraktionierte Destillation oder Rektifikation zur Zerlegung von Gemischen mehrerer Stoffe mit verschiedenen Siedepunkten in die Einzelbestandteile und
c) die trockene Destillation, bei der zersetzliche organische Substanzen unter Luftabschluß erhitzt und dabei zersetzt werden.

Bei der Destillation entstehen sowohl gasförmige, flüssige als auch feste Produkte (Rückstand). Zur Trennung des Erdöles wird die fraktionierte Destillation verwendet, jedoch ist die Trennung derart kompliziert zusammengesetzter Stoffe in ihre zahlreichen Einzelkomponenten, wie beim Erdöl, undurchführbar. Man begnügt sich daher mit einer Zerlegung in mehrere Fraktionen mit verschiedenen Siedegrenzen, die jedoch jede für sich nicht einzelne chemische Verbindungen, sondern immer noch Gemische aus solchen darstellen. Diese Fraktionen sind:

Rohbenzin, Siedegrenzen 40—150° C,
Leuchtöl (Rohpetroleum), Siedegrenzen 150—250° C,
Gasöl, Paraffinmasse, Siedegrenzen 250—350° C,
Rückstand, leichte und schwere Schmieröle, Asphalt.

Die Trennung eines flüssigen Gemisches in mehrere Einzelbestandteile ist nur möglich, wenn der Dampf eine andere Zusammensetzung hat als die Flüssigkeit. Die sog. azeotropischen Gemische (s. S. 61) sieden mit konstanter Zusammensetzung des Dampfes und der Flüssigkeit bei einer bestimmten Temperatur und bestimmtem Druck, sind daher durch eine einfache Destillation nicht zu trennen. Beim Erdöl, Steinkohlenteer, niedrigprozentigem Alkohol usw. ist der Dampf der siedenden Flüssigkeit aber reicher an dem oder den leichter flüchtigen Bestandteilen als die Flüssigkeit. Wird das Dampfgemisch aber zum mindesten teilweise kondensiert und diese 2. Flüssigkeit neuerlich zum Sieden gebracht, entweicht ein Dampfgemisch, das abermals reicher an dem flüchtigen Bestanteil ist und bei der Kondensation eine Flüssigkeit 3 ergibt, die bereits wesentlich reicher an dem flüchtigen Bestandteil ist, als das Ausgangsgemisch gewesen ist.

Bei der praktischen Durchführung der fraktionierten Destillation wird entweder in einem sog. Dephlegmator, d. i. eine Art Rückflußkühler, ein wesentlicher Teil der Dämpfe kondensiert, der den erforderlichen Rücklauf zum Auswaschen des schwer siedenden Bestandteiles aus den Dämpfen ergibt, oder aber es wird in einer Rektifikationssäule nur ein kleiner Teil der Flüssigkeit kondensiert und die Dämpfe in oftmalige innige Berührung mit der Flüssigkeit gebracht.

Bei der einfachen Destillation ohne Rektifikationskolonne wird in einem Dephlegmator oder Kolonnenaufsatz durch Kühlung mit Luft oder Wasser eine gewisse Menge der Dämpfe niedergeschlagen, die einen höheren Siedepunkt aufweisen als die Temperatur der nachfolgenden Dämpfe. Die in die Blase zurücklaufende Flüssigkeit weist auch ein anderes Mischungsverhältnis auf als der aus der Blase aufsteigende Dampf. Dieser Vorgang wird Dephlegmation genannt. Durch genaue Einstellung der Zufuhr des Kühlmittels kann eine ganz bestimmte Menge des Rücklaufes erzeugt werden.

Wirkungsvoller, wirtschaftlicher und daher technisch bedeutungsvoller ist das Rektifikationsverfahren, da hier ein längerer Weg zwischen Dampf und Flüssigkeit im Gegenstrom zurückzulegen ist und beide in genügend feiner Verteilung längere Zeit aufeinander einwirken können.

Die Rektifikationskolonnen sind durch Querböden in zahlreiche Kammern unterteilt, die durch oben und unten offene, in die Flüssigkeit eintauchende Rohre, die Überlaufrohre *r*, miteinander verbunden sind. Ein Stab *s* zwingt die Flüssigkeit zum Zickzacklauf auf den Böden (Abb. 80).

Man unterscheidet Böden- und Berieselungskolonnen. Die ersteren enthalten zum Teil Siebeinbauten mit zahlreichen, 2—3 mm großen Löchern (Abb. 81), durch welche die Dämpfe durch die bis zum Rande des Überlaufrohres stehende Flüssigkeit hindurchperlen, sich teilweise kondensieren und die Flüssigkeit zum Kochen bringen. Siebböden haben den Nachteil, daß beim Aufhören des Heizdampfes die Flüssigkeit durch die Siebe abläuft.

Besser sind die Bödenkolonnen mit vielen kleinen Kapseln oder Dampfverteilungsglocken g mit gezahnten Rändern (Abb. 80) oder für dickere Flüssigkeiten, wie z. B. Maischen (s. S. 561), mit einer größeren, ringartigen Kolonne mit Glockenhaube g (Abb. 82). Soll der Widerstand der Kolonne besonders niedrig sein, so verwendet man Berieselungskolonnen, die meist mit einer Füllung von Kugeln oder Ringen ausgestattet sind. Die Leistung ist annähernd die gleiche wie bei den Glockenböden. Die Erzeugung des in den Kolonnen erforderlichen Rücklaufes erfolgt entweder mit einem Kondensator mit Kühlwasser (billiger), in welchem Dämpfe und Niederschlag die gleiche Richtung haben, oder durch einen Dephlegmator (vorteilhafter) mit Gegenstrom von Dampf und Niederschlag. Außerdem sind die Destillationsapparate noch mit Heizkörpern für Innenbeheizung, wobei eingebaute Heizschlangen vorgesehen sind, oder mit Außenbeheizung durch die Wandung der Blase ausgestattet. Destillatkühler schlagen die rektifizierten Dämpfe nieder und kühlen sie meist durch Wasser auf die gewünschte Temperatur ab. Ablaufvorrichtungen, Kontrollinstrumente und Reguliervorrichtungen sorgen für die Kontrolle des Destillates. In den Abb. 80—82 sind Sieb- und Glockenböden und ihre Wirksamkeit dargestellt, während in der Abb. 83 eine vollständige Destillationsanlage mit Blase und Rektifikationskolonne gezeigt wird.

Um Zersetzungen bei den höher siedenden Fraktionen zu vermeiden, nimmt man vielfach die Destillation unter Einleiten von überhitztem Wasserdampf vor, wobei der strömende Wasserdampf gleichzeitig die Fortbewegung der Kohlenwasserstoffdämpfe bewirkt. Der Wasserdampf nimmt so viel von der betreffenden organischen Substanz mit, als deren Partialdruck bei dieser Temperatur entspricht. Die Dämpfe der zu destillierenden Substanz werden mit dem Wasserdampf gemeinsam in einer Kühlschlange niedergeschlagen und lassen sich, da Kohlenwasserstoffe mit Wasser nicht mischbar sind, leicht auf Grund ihres spez. Gewichtes trennen.

Bei der *kontinuierlichen Destillation* wird das Rohöl oder der Rohteer zuerst in einem Röhrenerhitzer entwässert und dann beim

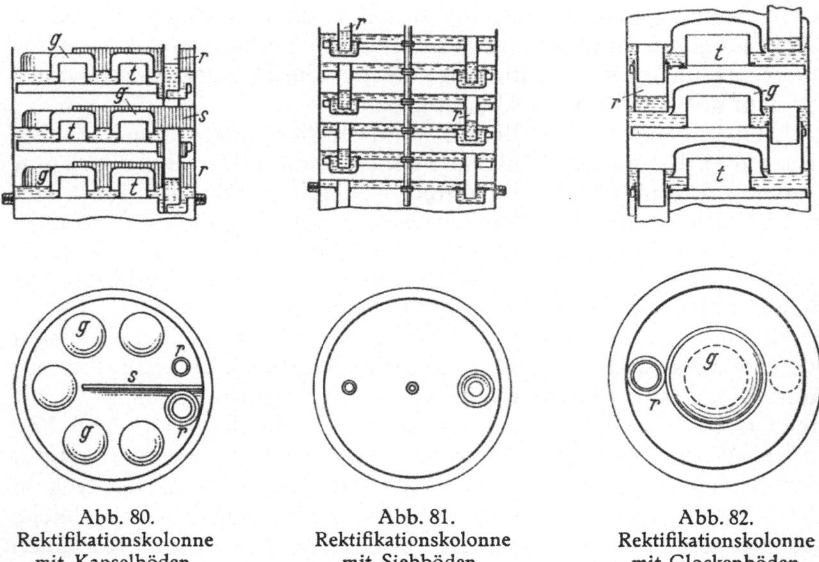

Abb. 80. Rektifikationskolonne mit Kapselböden.

Abb. 81. Rektifikationskolonne mit Siebböden.

Abb. 82. Rektifikationskolonne mit Glockenböden.

kontinuierlichen Durchfluß in einem zweiten Röhrensystem im gleichen Ofen verdampft. Durch eine anschließende fraktionierte Kondensation der Dämpfe in einer Kolonne bei verschiedenen Temperaturen erfolgt die Zerlegung des Öles in verschiedene Fraktionen. In dem Röhrensystem erzielt man eine gute Wärmeübertragung bei kurzer Erhitzungsdauer, wodurch Überhitzungen und Zersetzungen weitgehend vermieden werden.

4. Raffination.

Die erhaltenen Fraktionen der Kohlenwasserstoffe sind noch nicht genügend rein, dadurch auch nicht beständig und müssen noch raffiniert werden. Die Raffination bedient sich chemischer und physikalischer Methoden. Bei der chemischen Raffination werden durch Behandlung mit konzentrierter Schwefelsäure vorerst die leicht angreifbaren ungesättigten und aromatischen Verbindungen, Sauerstoff-, Stickstoff- und Schwefelverbindungen als schwarze, teerige Säureharze abgeschieden. Zur Durchführung der Raffination bedient man sich großer, zylindrischer, am Boden konisch verjüngter und mit Bleiblech ausgeschlagener Eisenblechzylinder (Abb. 40). Die Säure wird mittels eines Rührwerkes

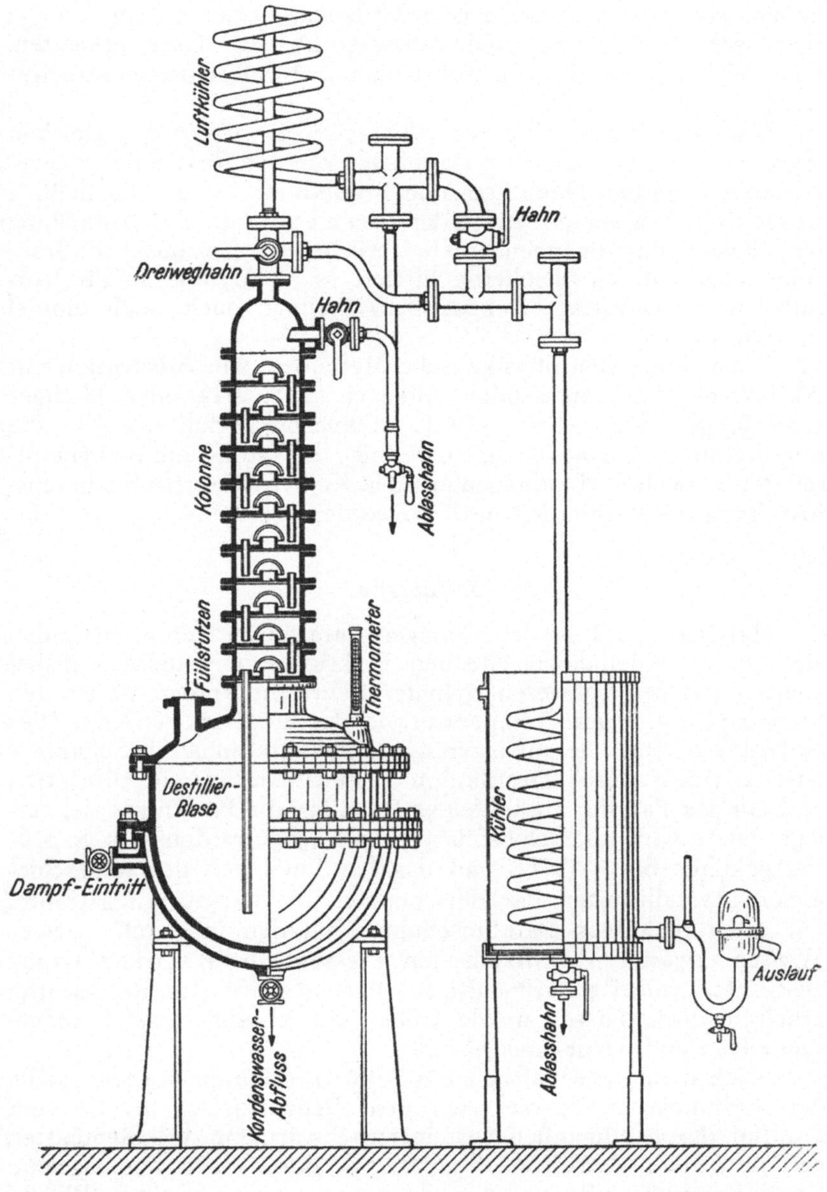

Abb. 83. Vollständige Destillationsanlage mit Destillierblase, Rektifikationskolonne und Kühler.

oder für die weniger flüchtigen Destillate durch Preßluft mit dem Öl usw. innig vermischt, absitzen gelassen und durch das verschiedene spez. Gewicht getrennt.

Die aus Polymerisationsprodukten, Sulfonaten und Schwefelsäureestern bestehenden Säureharze wurden früher in Flüsse abgelassen. Heute werden sie meist nach einem Verfahren von Lurgi thermisch in SO_2 und kohlenwasserstoffhaltige Gase gespalten. Das Schwefeldioxyd kann auf Kontaktschwefelsäure verarbeitet werden.

Nach der Behandlung mit Schwefelsäure wird in den gleichen Apparaten mit verdünnter Natronlauge von den Resten der Schwefelsäure sowie den Naphthen- und Erdölsäuren befreit. Schließlich werden mit Wasser die Reste der Lauge entfernt. Zur Aufhellung und Beseitigung unangenehmer Gerüche werden die Erdölfraktionen dann durch Bleicherde filtriert (s. S. 211) und in die Vorratsbehälter gedrückt. Benzin wird vielfach auch noch einmal destilliert.

Auch durch rein physikalische Methoden, wie Adsorption mit Aktivkohle, Fullererde oder Silikagel (s. S. 211) oder flüssiger schwefeliger Säure bei -10^0 C (Edeleanu-Verfahren), die die ungesättigten, aromatischen, Sauerstoff-, Stickstoff- und den Hauptteil der Schwefelverbindungen aus den Kohlenwasserstoffen herauslöst, kann die Raffination bewirkt werden.

5. Paraffin.

Hat das Erdöl größere Mengen Paraffin enthalten, so finden sich diese in den hochsiedenden Fraktionen und müssen insbesondere aus dem schweren Zylinderöl entfernt werden, da sie den Stockpunkt, d. i. jene Temperatur, bei der die Erstarrung des Öles eintritt, sehr stark heraufsetzen. Das rohe paraffinhaltige Schmieröl wird zunächst durch Destillation in eine paraffinfreie Ölfraktion und ein das Paraffin enthaltendes Destillat, die Paraffinmasse, zerlegt. Diese wird mit Schwefelsäure und Lauge raffiniert (s. S. 510) tief gekühlt (bis -15^0 C) und das Paraffinöl von den abgeschiedenen krystallisierten Paraffinschuppen in Filterpressen getrennt. Die noch ölhaltigen Paraffinschuppen werden in durch warmes Wasser erwärmten hydraulischen Pressen einem starken Druck ausgesetzt, wobei paraffinhaltiges Öl ausgepreßt und Rohparaffin erhalten wird. Dieses wurde früher mit Benzin versetzt, umgeschmolzen und wieder ausgepreßt.

Nach dem wirtschaftlicheren Schwitzverfahren wird an Stelle der hydraulischen Presse nach dem Benzinzusatz das Öl vom Paraffin durch allmählich gesteigerte Erwärmung auf Siebplatten getrennt, beim Maischverfahren das Öl durch Sprit herausgelöst. Die ölfreien Paraffinschuppen werden geschmolzen, über Bleicherden filtriert und als weiße, geruchlose Masse, das Hartparaffin

(Fp 58—62° C), Mittelparaffin (Fp 52—56° C) und Weichparaffin (Fp bis zu 30° C herab) gewonnen. Es wird zur Herstellung von Kerzen, Imprägnierung von Zündhölzern, Papieren, als Isolationsmaterial in der Elektrotechnik usw. verwendet. Ein besonders hochschmelzendes und daher sehr wertvolles Paraffin mit einem Schmelzpunkt bis 90° C liefert die Benzinsynthese nach Fischer-Tropsch. Größere Mengen Paraffin liefert die Braunkohlenschwelerei (s. S. 184).

6. Krackverfahren.

Der ungeheure Bedarf der Automobile und Flugzeuge an niedrig siedenden Benzinen kann aus den unmittelbaren Destillaten des Rohöles bei weitem nicht gedeckt werden. Man ist daher in den letzten beiden Jahrzehnten dazu übergegangen, aus den höher siedenden Anteilen des Erdöles durch eine thermische Zersetzung wieder niedriger siedende zu gewinnen. Bei der meist angewandten Temperatur von 470—500° C und geringen Drucken werden die langen Kohlenstoffketten gleichsam „zerbrochen" (englisch crack), wobei sich neue Verbindungen mit kürzeren Ketten und daher niedrigerem Siedepunkt ergeben. So liefert z. B. $CH_3(CH_2)_{10}CH_3 \rightarrow$ $\rightarrow CH_3-CH_2-CH_2-CH=CH_2+CH_3(CH_2)_5CH_3$.

Von den Tausenden Vorschlägen in der einschlägigen Patentliteratur haben sich folgende Gruppen von Verfahren in die Technik eingeführt:

1. die Druckdestillation bei 5—80 Atm. und höheren Drucken;
2. Kracken bei Gegenwart von Katalysatoren, wie insbesondere Aluminiumchlorid oder Eisenverbindungen, und
3. die Hochdruckhydrierung (s. S. 516).

Zur Durchführung des Verfahrens können gußeiserne, von außen beheizte Destillationsblasen oder Bleibäder verwendet werden. Meist wird der Spaltprozeß in kontinuierlich arbeitenden Verfahren in einem Röhrensystem durchgeführt, das in einer Länge von mehreren Kilometern sich in umgelegten Windungen in einem Ofen befindet. Die Temperatur des Ofens muß bis auf einige Grade genau eingehalten werden, wozu Verdünnung der Heizgase mit Verbrennungsgasen, Zu- und Abschaltung einzelner Brenner usw. herangezogen werden. Wegen der hohen Temperaturen und der Arbeitsweise unter Druck eignen sich als Werkstoffe für die Röhren nur Stähle mit einer großen Dauerstandsfestigkeit bei Temperaturen von etwa 500°, am besten mit Chrom und Molybdän legierte Stähle.

Das Ausgangsprodukt für den Krackprozeß bildet das Rohöl, das in einer Abtreibsäule mit den heißen, entspannten Spaltgasen behandelt und dabei von den leicht siedenden Anteilen befreit wird. Die beim Kracken sich reichlich bildenden Spaltgase (in USA. allein jährlich 14 Mill. t Gas), die reich an ungesättigten Verbindungen, wie Aethylen C_2H_4, Propylen C_3H_6, Butylen C_4H_8 usw., sind, wurden früher zu Heizzwecken verwendet. Heute aber werden sie durch Polymerisation mit Phosphorsäure, die auf Kieselsäure als Trägermaterial aufgebracht ist, als Katalysator oder durch Anwendung hoher Drucke und Temperaturen in synthetisches Benzin übergeführt (Polymerbenzin).

Die Raffination der Krackbenzine wird mit verdünnter Schwefelsäure vorgenommen, um die Olefine und Aromaten nicht zu verharzen. Auch eine kontinuierliche Raffination in der Dampfphase mit Phosphorsäure auf Kieselsäure aufgetragen oder durch konzentrierte wässerige Lösungen von Zinkchlorid ist in Gebrauch. Die Spaltverfahren liefern heute bereits mehr als die Hälfte der gesamten Benzinerzeugung.

7. Klopffestigkeit von Motorenbenzin.

Ein sehr maßgeblicher Faktor, der zur raschen Einführung der Krackverfahren (s. S. 513) in die Technik beigetragen hat, ist die höhere Klopffestigkeit der nach dem Krackverfahren erhaltenen Benzine. Unter der Klopffestigkeit versteht man jenen Grad der Kompression, dem das Benzin-Luft-Gemisch vor seiner Zündung im Motor unterworfen werden kann, ohne daß die charakteristische Eigenschaft des Klopfens, d. s. Unregelmäßigkeiten bei der Zündung, auftreten. Die Klopffestigkeit ist um so größer, je verzweigter die Paraffinkohlenstoffketten sind, je höher der Anteil an aromatischen Verbindungen und je niedriger das Molekulargewicht ist. Am geringsten ist sie bei den reinen gesättigten Grenzkohlenwasserstoffen. Eine Mittelstellung nehmen die olefinischen (s. S. 524) und hydroaromatischen (s. S. 523) Kohlenwasserstoffe ein.

Auf Grund des ungünstigeren Verhaltens der Grenzkohlenwasserstoffe hinsichtlich des Klopfens ist man sogar dazu übergegangen, die durch bloße Destillation aus dem Erdöl gewonnenen niedrig siedenden Fraktionen noch einem Krackprozeß zu unterwerfen (Reforming process), um ihre Klopffestigkeit zu erhöhen.

Als Maß der Klopffestigkeit eines Benzins dient die sog. Octanzahl, die den Prozentgehalt eines Gemisches des sehr klopffesten Isooctans 2-2-4-Trimethylpentan

$$\begin{array}{ccccccccc} & & CH_3 & & & & & & \\ & & | & & & & & & \\ CH_3 & — & C & — & CH_2 & — & CH & — & CH_3 \\ & & | & & & & | & & \\ & & CH_3 & & & & CH_3 & & \end{array} \quad \text{(Klopfzahl 100)}$$

und *n*-Heptan (sehr wenig klopffest, Klopfzahl 0) angibt, das mit dem zu untersuchenden Benzin hinsichtlich seiner Klopffestigkeit übereinstimmt.

In den durch Kracken erhaltenen Benzinen liegt ein höherer Gehalt an ungesättigten Kohlenwasserstoffen vor, so daß sie klopffester und dadurch auch wertvoller sind. Isooctan kann man am einfachsten nach dem sog. Alkylationsverfahren durch unmittelbare Addition von Isobutylen an Isobutan bei Gegenwart von konzentrierter Schwefelsäure unter Aufspaltung der Doppelbindung darstellen:

$$\underset{\text{Isobutylen}}{CH_2{=}\overset{\displaystyle CH_3}{\overset{|}{C}}\underset{\displaystyle CH_3}{\underset{|}{}}} + \underset{\text{Isobutan}}{CH_3{-}\underset{\displaystyle CH_3}{\underset{|}{CH}}{-}CH_3} \xrightarrow[]{\text{konz. } H_2SO_4} \underset{\text{Isooctan}}{CH_3{-}\overset{\displaystyle CH_3}{\overset{|}{\underset{\displaystyle CH_3}{\underset{|}{C}}}}{-}CH_2{-}\underset{\displaystyle CH_3}{\underset{|}{CH}}{-}CH_3}$$

Die Klopffestigkeit läßt sich auch durch geringe Zusätze von metallorganischen Verbindungen, wie Bleietraäthyl $Pb(C_2H_5)_4$ oder Eisenpentacarbonyl $Fe(CO)_5$, verbessern.

8. Erdölprodukte.

Benzin wird nach seinem spez. Gewicht als Leicht-, Mittel- und Schwerbenzin gehandelt. Leichtes und mittleres Benzin haben eine niedrige Kennziffer (KZ), d. i. jene Mitteltemperatur, bei der 95% des Kraftstoffes überdestillieren. Die KZ von Leichtbenzin ist von 100—120°, Schwerbenzin von 140°, Petroleum von 200°. Benzin wird als Motortreibstoff und Lösungsmittel, Leichtöl oder Petroleum als Treibstoff für Traktoren, schwere Motoren, zum Verbrennen in Lampen usw. verwendet. Gasöl diente früher zur Herstellung von Ölgas (s. S. 176), heute jedoch als Treibstoff für Dieselmotoren, zum Reinigen und Putzen von Maschinen, zur Bereitung von Wagenschmierfetten, als Heizöl für Schiffsmaschinenkessel, Zentralheizungen usw.

Die über 350° siedenden Anteile werden, meist nach einer Raffination, als *Schmieröle*, aber auch unraffiniert als Heizöl (Masut, Pacura) verwendet. Die Schmiermittel auf der Grundlage von Mineralölen sind im unraffinierten Zustande dunkle, raffiniert aber helle, mehr oder weniger zähflüssige Öle. Sie dienen dazu, bei bewegten Maschinenteilen die hohe Reibung zwischen zwei Metallen durch die geringere Reibung des dazwischen gebrachten Schmiermittels herabzusetzen. Je nach dem Verwendungszweck und der Viskosität unterscheidet man leichtflüssige Spindelöle, Eismaschinen- und Kompressoröle, mittlere Maschinen-, Motoren-, Transmissions-, Dynamoöle, schwere oder dicke Maschinenöle, Starrschmiermittel usw. Sie erscheinen im durchfallenden Lichte meist gelb bis rot gefärbt, während die Eisenbahnwagen-, Lokomotiv- oder Dampfzylinderöle meist dunkel gefärbt und von dickflüssiger bis salbenartiger Beschaffenheit sind. Paraffin wurde bereits erwähnt (s. S. 512).

Vaselin ist ein salbenartiges, halbfestes, luftbeständiges Gemisch von Ölen mit den im nichtdestillierten Erdöl enthaltenen festen „Protoparaffinen", die sich gallertartig, feinst verteilt abgeschieden haben. Es wird aus dunklen, halbfesten Erdölrückständen gemeinsam mit Zylinderöl nur durch Filtration und Entfärbung durch Bleicherden, ohne Raffination mit Schwefelsäure, hergestellt. Es wird zum Schmieren feiner Maschinenteile, als Lederschmiere sowie zur Herstellung von Salben verwendet.

Die asphalthaltigen Rückstände (s. S. 521), im dickflüssigen Zustande auch Goudron genannt, werden im Straßenbau, zur Dachpappenerzeugung oder für Isolationszwecke verwendet. Asphaltarme Rohöle werden meist bis auf Petrolkoks destilliert, der sehr aschenarm ist und zur Erzeugung von Elektroden dient. Minderwertigere Heizöle oder Abfallöle der Raffination werden als Heizöle verkauft.

Die *Untersuchung* der Erdölprodukte erstreckt sich insbesondere auf die Bestimmung der Zähflüssigkeit oder Viskosität (Viskosimeter von Engler, Bestimmung der Durchlaufszeit durch eine Kapillare), des Flammpunktes (d. i. jene Temperatur, bei der beim Erwärmen eine Entflammung bei einer kurzen Annäherung einer Zündflamme an die Oberfläche eintritt), des Brennpunktes (bleibende Flamme bei der Annäherung einer Flamme), des Stockpunktes (beginnende Erstarrung bei der Abkühlung), des Tropfpunktes, der Veränderlichkeit durch Luft und Hitze usw. Benzine haben einen Flammpunkt von —6 bis +8°, bei Leuchtpetroleum muß er über 21° C liegen. Putzöl hat einen Flammpunkt von 21—55° (Gefahrenklasse 2 beim Bahntransport), Dieselöl und Heizöl von 55—100° C (Gefahrenklasse 3). Stoffe mit einem Flammpunkt unter 21° zählen bei der Lagerung und dem Transport zur höchsten Gefahrenklasse.

9. Benzinsynthese.

Angesichts der Gefahr der baldigen Erschöpfung unserer Erdöllagerstätten in wenigen Jahrzehnten (s. S. 506) bedeutete es einen großen Fortschritt, als es Bergius im Jahre 1913 gelang, aus Kohle, die bis dahin nur über die Dampferzeugung zur Kraftgewinnung herangezogen worden war, flüssige Brennstoffe, wie Benzin, darzustellen. Es gibt zwei grundsätzlich verschiedene Verfahren zur Erzeugung von künstlichem Benzin, nämlich das Bergius-Verfahren (I. G. Farbenindustrie A. G.) der Hochdruckhydrierung und das Verfahren von Fischer-Tropsch der Totalsynthese aus Kohlenoxyd und Wasserstoff bei normalen oder niedrigen Drucken.

Beim *Bergius-Verfahren* bilden jüngere Steinkohlen, Braunkohlen, Torf, Kohlenextrakte, Pech, Hoch- und Tieftemperaturteer, Erdöl und Erdölrückstände die Ausgangsstoffe. Das Verfahren wird in einer flüssigen Sumpf- und in der Gasphase durchgeführt. Da Kohle nur etwa 5,5% Wasserstoff, Benzin aber rund 14,3% Wasserstoff enthält, besteht die Aufgabe darin, nicht nur die großen kohlenstoffreichen Moleküle der Kohle in kleinere zu zerlegen, sondern auch eine große Menge Wasserstoff anzulagern. Braunkohlenschwelteer enthält bereits 10,5% H_2, Erdölpech rund 8% H_2, sie sind daher sehr geeignete Ausgangsmaterialien für die Druckhydrierung.

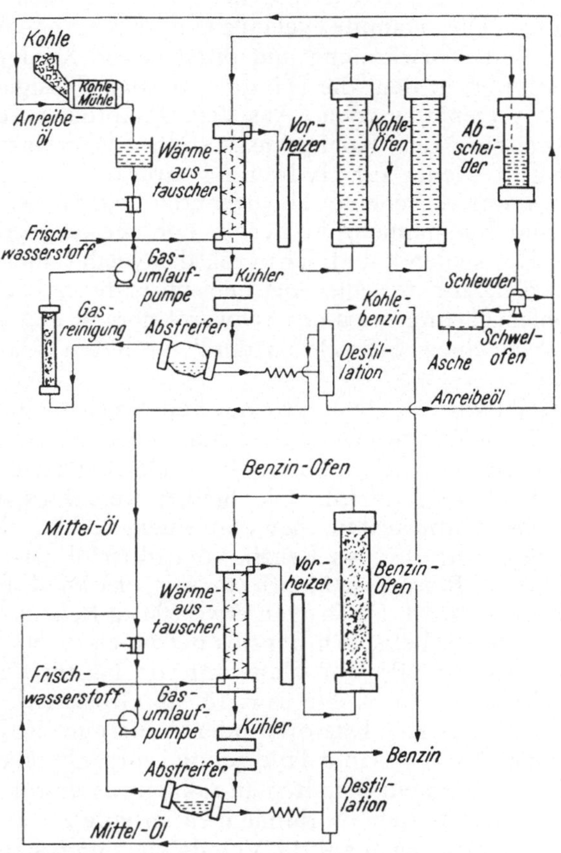

Abb. 84. Benzinsynthese durch Kohlehydrierung (Verfahren von Bergius).

Bei der Darstellung aus aschearmer Kohle (2—5% Asche) wird diese nach der Zerkleinerung in einer Anreibemühle (Abb. 84) mit dem aus dem Verfahren selbst stammenden Mittelöl zu einem Kohlenbrei mit etwa 50—60% festen Stoffen angerieben. Mit dem Öl werden auch geringe Mengen schwefelfester Katalysatoren, die aus Sulfiden des Wolframs oder Molybdäns bestehen, zugesetzt. In großen, etwa 12 m langen Hochdrucköfen bis zu 60 cbm Inhalt wird der Kohlebrei mit Wasserstoff unter einem Druck von 200 Atm. bei 460° hydrierend gespalten, nachdem er vorher durch

Wärmeaustauscher und Vorerhitzer auf etwa 420° vorgewärmt wurde. Durch den Abbau der hochmolekularen Verbindungen der Kohle entstehen Benzin, mittel- und schwersiedende Öle sowie gasförmige Kohlenwasserstoffe.

In einem Abscheider werden die Dämpfe der niedrig siedenden Öle und gasförmigen Kohlenwasserstoffe von dem Rest der nicht umgesetzten Kohle, der Asche und den flüssigen, hoch siedenden Ölen getrennt. Die Dämpfe gelangen durch einen Wärmeaustauscher zu einer Vorwärmung und durch einen Kühler in einen zweiten Abstreifer, in dem die Dämpfe von den flüssigen Kohlenwasserstoffen getrennt werden. Aus den Dämpfen werden durch eine Druckwäsche die Kohlenwasserstoffe ausgewaschen, der Wasserstoff geht wieder zur Hydrierung zurück.

Die im zweiten Abscheider abgetrennten Dämpfe werden nach Abkühlung und Entspannung in Benzin mit der Siedegrenze 170°, Mittelöl, bis 325° siedend, und Schweröl, das wieder zum Anreiben mit Kohle zurückgeht, zerlegt. Aus dem im ersten Abscheider erhaltenen Kohlenschlamm wird das Schweröl vorerst abgeschleudert und der Rest in einem Schwelofen durch erhitzten Wasserdampf abgetrieben.

Das Mittelöl wird in einem gesonderten Kreislauf mit Wasserstoff durch einen Wärmeaustauscher und Vorerhitzer verdampft und zu einem Benzinofen geführt, wo es gleichfalls, aber in der Gasphase, druckhydriert wird. Die heißen Reaktionsgase geben ihre Wärme im Wärmeaustauscher und einem Kühler ab und gelangen in einen Abstreifer, wo Benzin vom Mittelöl getrennt wird.

Das raffinierte Benzin ist klopffest. Aus 1000 kg Kohle, die zu etwa 96% abgebaut wird, erhält man etwa 600 kg Benzin. Der Herstellungspreis des synthetischen Benzins betrug etwa das Dreifache des Benzins aus Erdöl (Preis in Hamburg von 1 Liter Benzin 1938 aus Erdöl 6 Groschen, aus Kohle usw. 15—20 Groschen).

Durch spezifische Katalysatoren oder Änderung der Temperaturen kann man die Spalt- und Hydrierungsvorgänge beeinflussen, wobei Produkte mit hohen Gehalten an Kohlenwasserstoffen, Naphthenen oder aromatischen Verbindungen erhalten werden. Die Druckhydrierung kann auch auf die Veredelung von rohen Schmierölen, zur Aufarbeitung von Rückständen der Krackverfahren usw. angewendet werden. Umgekehrt erhält man durch Dehydrierung, d. h. Abspaltung von Wasserstoff aus Naphthenen Aromaten und dadurch klopffestes Benzin.

Beim *Verfahren von Fischer und Tropsch* (Kogasinverfahren) wird Koks oder Braunkohle in Wassergas übergeführt, in Gasreinigern durch Luxmasse vom Schwefel befreit, ein Teil des Kohlenoxyds über Eisenoxyd-Kontakte in Kohlendioxyd und Wasserstoff übergeführt und durch eine Vorreinigung von den organischen Schwefelverbindungen, Kohlenoxysulfid COS und Schwefelkohlenstoff CS_2 befreit. Im Kontaktofen werden bei

Drucken unter 7 Atm. und bei 190—195° nach der Gleichung $x(CO) + x(2H_2) \rightarrow x(CH_2) + x(H_2O) + x . 44,5$ kcal CH_2-Radikale gebildet, die sich unter Bildung von CH_2-Ketten aneinanderlagern. Der Kontakt besteht aus fein verteiltem Kobalt, Eisen und Nickel. Die auftretende Reaktionswärme muß abgeführt werden, da die Reaktionstemperatur am Kontakt auf ± 10° genau eingehalten werden muß. Die Kühlung erfolgt durch Druckwasser von 190°, das gleichzeitig zur Kraft- und Dampferzeugung dient. Die Reaktionsgase werden nach dem Verlassen des Kontaktofens gekühlt, wobei sich Wasser und schwer flüchtige Öle abscheiden. Ein Ölabscheider nimmt aus den Gasen die schweren Benzine auf, Aktivkohle die niedrig siedenden Kohlenwasserstoffe. Das Restgas wird entweder für Heizzwecke oder im Prozeß selbst wieder nach Umwandlung des Methans durch teilweise Verbrennung von CO und H_2 (s. S. 25) verwendet. Bei der Synthese erhält man primär ein Gemisch von etwa 8% gasförmigen, olefinreichen Kohlenwasserstoffen mit C_3 und C_4, etwa 46% Benzin bis 150°, 14% Schwerbenzin 150—200°, 22% Dieselöl und etwa 10% Weich- und Hartparaffin, die einen Schmelzpunkt bis 90° haben.

Die Umwandlung dieser Primärprodukte auf handelsübliches Benzin erfolgt nach den bei der Erdölaufarbeitung beschriebenen Methoden (s. S. 507), wobei, insgesamt etwa 80% der Ausbeute, klopffestes, schwefelfreies Benzin erhalten wird, das auch für Extraktionen, als Waschmittel usw. verwendbar ist. Durch bestimmte Führung des Prozesses kann bis zu 50% Paraffin erhalten werden, das sich wegen seiner Reinheit besonders zur Synthese von Fettsäuren eignet. Die Herstellung synthetischer Treibstoffe aus Kohle, Teer usw. war in Deutschland bereits auf einer sehr hohen Stufe entwickelt. Schätzungsweise wurden jährlich mehrere Millionen Tonnen Benzin nach diesem Verfahren erzeugt. Die Verfahren werden auch in Amerika und Frankreich ausgeübt.

10. Schmiermittel.

Schmiermittel sind flüssige oder talgartige Stoffe, die die Reibung und den Verschleiß sich aufeinander bewegender Maschinenteile vermindern sollen. Sie sind befähigt, auf den Metallen einen festhaftenden dünnen Film des Schmiermittels zu bilden, der eine bedeutend geringere Reibung als die Metalle aufweist. Die Schmierfähigkeit geht meist, aber nicht immer, mit der Zähflüssigkeit des Öles parallel. Leichtere und schnell laufende Maschinenteile erfordern dünnflüssigere Öle (Spindelöle), schwere Teile aber zähflüssige, da sonst das Öl durch den großen Flächendruck aus dem Lager herausgedrückt werden könnte. Öle für Kältemaschinen, Eisenbahnwagen usw. müssen kältebeständig sein und einen niedrigen Stockpunkt aufweisen. Zylinderöle müssen bei 200° noch eine gute Schmierwirkung besitzen und dürfen dabei noch nicht zu stark abtropfen.

Nach der chemischen Zusammensetzung, dem Verwendungszweck und der Herkunft unterscheidet man verschiedene Sorten von Schmiermitteln. Mineralöle (Spindelöle, Maschinenöle, Zylinderöle usw.) sind im Gegensatz zu den pflanzlichen und tierischen Fetten und Ölen säurefrei und greifen daher die Metalle nicht an. Sie sind die gebräuchlichsten Schmiermittel, in verschiedenen Viskositätsgraden vorhanden und verharzen an der Luft nicht.

Fette Öle finden nur mehr seltener für sich oder in Mischung mit Mineralölen (Compoundöle) Anwendung. Konsistente Fette, Schmieren und Starrschmieren sind kolloidale Auflösungen von Alkali- und Erdalkaliseifen in Maschinenöl mit etwa 1—4% Wasser. Ein bekanntes konsistentes Fett und Maschinenfett ist das Staufferfett, das von den Staufferbüchsen genannten Schmiervorrichtungen durch eine elastische Feder allmählich an die Schmierstelle gedrückt wird. Wagenfette bestehen aus Harzöl und Mineralöl.

Voltolöle sind künstliche Schmieröle, die durch elektrische Glimmentladungen auf Mineralöle oder fette Öle bei 50—80^0 bei Anwesenheit von Stickstoff oder Wasserstoff oder Polymerisation dünnflüssiger, ungesättigter Kohlenwasserstoffe mittels Aluminiumchlorid dargestellt werden. Sie eignen sich besonders für solche Anwendungsgebiete, bei denen das Schmiermittel auch noch bei hohen Temperaturen eine hohe Viskosität besitzen muß, wie z. B. im Explosionsmotor.

Fein verteilter Graphit dient als Schmiermittel bei heiß laufenden Lagern. Er füllt die feinen Poren der Metalloberfläche aus und bewirkt so eine Glättung und Schmierung. Der Verbrauch auch anderer Schmiermittel läßt sich durch einen Zusatz von fein verteiltem Graphit herabsetzen (Aquadag, Oildag, Gredag usw.). In Sonderfällen dient auch konzentrierte Schwefelsäure, wie z. B. bei der Chlorverflüssigung, Glycerin für Kohlensäurekompressoren, flüssige schwefelige Säure in Kältemaschinen usw., als Schmiermittel.

11. Aufarbeitung von Altölen auf Schmiermittel.

Die durch die Einwirkung von Luftsauerstoff, Wasser und Hitze in ihren chemischen und physikalischen Eigenschaften nicht allzusehr veränderten Altöle lassen sich auf mechanischem oder chemischem Wege wieder verwendbar machen. Schmutzstoffe können meist durch Filtrieren, Zersetzungsprodukte des Öles durch Absorption mittels Bleicherden beseitigt werden. Eine vollständige Regenerierung der ursprünglichen Eigenschaften des Öles kann man durch Ausfällung der durch Alterung und Polymerisation veränderten und verharzten Anteile in der Wärme mit konzentrierter Schwefelsäure, Waschen mit Wasser und Aufhellung mittels Bleicherden herbeiführen.

12. Ozokerit.

Als Ozokerit, Erdwachs, Montanwachs, Bergtalg wird ein natürliches, mineralisches Wachs bezeichnet, das mit dem Erdöl verwandt ist und vielfach mit ihm auch vergesellschaftet vorkommt. Es stellt eine bläulichgrüne bis braune, wachsartige Masse dar und besteht aus den wenig krystallisierten Protoparaffinen, einem Gemisch gesättigter Kohlenwasserstoffe der Paraffinreihe. Sie besitzen einen Schmelzpunkt zwischen 55 und 85° C und einen aromatischen Geruch. Man findet es in Ostgalizien, Rumänien, Baku, Rußland (Utah), wo es Neftgil genannt wird, usw.

Das Erdwachs wird bergmännisch gewonnen und durch Umschmelzung oder Raffination mit konzentrierter Schwefelsäure bei Temperaturen bis 200° C auf Ceresin oder Kunstwachs (Fp 60—80° C) aufgearbeitet. Durch Destillation entstehen die krystallisierten Pyroparaffine, die mit den mikrokrystallinen Protoparaffinen, die nur eine Entwicklungsvorstufe der Pyro- oder gewöhnlichen Paraffine bilden, isomer sind.

Ceresin übertrifft das aus Braunkohle oder Erdöl hergestellte Paraffin durch eine größere Härte und einen höheren Schmelzpunkt. Je höher der Schmelzpunkt eines Paraffins ist, desto technisch wertvoller ist es. Ceresin ist plastisch, in der Wärme knetbar und schweißbar. Es wird als Bohnerwachs, für Schuhkrem, Wachskerzen, Verfälschungen oder Ersatz von Bienenwachs verwendet.

13. Asphalt.

Natürlicher Asphalt, auch Erdpech genannt, ist ein Umwandlungs- und Polymerisationsprodukt von höher siedenden Erdölen durch den Luftsauerstoff. Er ist schwarzbraun gefärbt und glänzt stark. Der ursprünglich nur für das mineralische Produkt gebrauchte Name hat sich später auch für künstliche Erzeugnisse mit ähnlichen Eigenschaften, wie asphaltreiche Erdölrückstände und Steinkohlenpech, eingeführt. Asphalt ist ein Bitumen, enthält über 5% Schwefel, auch Sauerstoff und Stickstoff. Die reinsten Sorten werden in großen Lagern auf Trinidad (Asphaltsee), in Venezuela, Cuba, Türkei, am Roten Meer, in Kalkstein mit mehr als 10—20% Asphalt als Asphaltstein auf Sizilien, in Neuchâtel, Hannover (nur 5—6% Asphalt) und im Elsaß gefunden.

Rohasphalt enthält etwa 40% Bitumen, 30% Asche, Rest ist Wasser. Er wird mit etwa 60% Bitumen verkauft, aber wegen seiner großen Härte mit Erdölrückständen zu dem weicheren Goudron verschmolzen. Wegen seiner guten chemischen Beständigkeit dient Goudron zur Herstellung von Rostschutzanstrichen, Auskleiden von säurefesten Türmen, zur Isolierung gegen Feuchtigkeit, als Isolationsmaterial in der Elektrotechnik, in der Photoreproduktionstechnik (Kupferdruck), vor allem aber im Straßenbau und zur Erzeugung von Dachpappe.

Im Straßenbau unterscheidet man Stampf-, Guß- und Walzasphaltstraßen. Stampfasphalt wird aus natürlichem, gemahlenem Asphaltstein, eventuell noch mit etwas Trinidad- oder künstlichem Asphalt versetzt, auf einer trockenen Unterlage von Beton durch Aufstampfen mit heißen Schlägern oder Walzen hergestellt. Diese Straßen sind hart, haltbar, staubfrei und geräuschlos befahrbar (Bitumengehalt 10—12%).

Gußasphalt ist ein bei etwa 160° C erschmolzenes Gemenge von Asphaltmastix (mit 15—20% Bitumen, aus gemahlenem Asphaltstein und Goudron durch Gießen in Formen erhalten), 4—7% Goudron und 40—50% trockenem Sand oder Kies. Es wird in geschmolzenem Zustande auf eine trockene Betonunterlage aufgebracht und durch Streichen und Reiben mit Brettern geebnet.

Der aus Nordamerika übernommene *Walzasphalt* bürgert sich auch in Europa immer mehr ein. Er wird aus Steinschlag oder Sand durch Vermischen mit Asphalt und Erdölrückständen erhalten und durch Walzen auf der Straße festgewalzt. Asphaltmakadam wird aus Stein mit 1/3 Sand und 7—10% Bitumen hergestellt, mit geschmolzenem Bitumen getränkt und dieses Gemenge eingewalzt.

Während diese Asphalte nur bei trockenem Wetter aufgebracht werden können, können die sich immer mehr durchsetzenden wässerigen Asphaltemulsionen auch bei Regenwetter aufgetragen werden. Zu ihrer Herstellung wird Asphalt mit etwa der gleichen Menge Wasser mit 2% Seife emulgiert und diese Lösung dann auf gewöhnlichen Makadamstraßen kalt ausgegossen. Dabei bricht sich die Emulsion, d. h. der fein verteilte Zustand des Asphalts wird aufgehoben, der Asphalt überzieht die Steine, während das Wasser abrinnt. Man kann auch die mineralischen Bestandteile mit der Emulsion vermischen und kalt einbauen. Der emulgierte Asphalt oder Teer umhüllt die Steinstücke und verkittet sie.

14. Dachpappe.

Dachpappen sind mit Teer oder Bitumen getränkte Rohpappen, die für Dachdeckungen, Isolation gegen Grund- oder Sickerwasser usw. verwendet werden. Die Rohpappe besteht aus Hadern und Holzstoff. Beim Einbadverfahren wird die Rohpappe durch eine mit dem erwärmten Teer oder Bitumen beschickte Imprägnierpfanne geführt, wobei sie etwa das Doppelte ihres Gewichtes an Teer oder Bitumen aufnimmt. Der Überschuß davon wird durch Quetschwalzen entfernt. Nach der Imprägnierung wird die Dachpappe noch mit Sand oder Talkum u. dgl. bestreut, um das Zusammenkleben beim Rollen und Abfließen des Teers u. dgl. bei Sonnenbestrahlung am Dach zu verhindern.

Eine wertvollere Teerdachpappe erhält man nach dem Doppeltauchverfahren, wobei zuerst mit einem Weichpech mit dem

Erweichungspunkt von 16—20° und hierauf mit einem mit Asbest vermischten Weichpech mit einem Erweichungspunkt von 30—40° getränkt wird. Nach dem Bestreuen und Einpressen des Sandes oder Glimmerschiefers usw. durch Walzen wird gekühlt und aufgewickelt. Die Teerdachpappe ist biegefest und kältebeständiger als die nach dem Einbadverfahren hergestellte Dachpappe. Sie kommt in 1 m breiten und 10 m langen Rollen in den Handel.

IV. Zykloparaffine C_nH_{2n}.

Es gibt gesättigte Kohlenwasserstoffe, bei denen die Kohlenstoffatome nicht kettenförmig, sondern ringförmig miteinander verknüpft sind. Sie enthalten um 2 Wasserstoffatome weniger als die entsprechenden Paraffine und haben daher die Formel C_nH_{2n}. Die einfachste derartige ringförmige Verbindung besteht aus nur 3 Kohlenstoffatomen, bekannt sind aber auch solche mit bis zu 9 C-Atomen im Ring. Nach der Wurtzschen Paraffinsynthese entsteht aus endständigen Dihalogenderivaten von Kohlenwasserstoffen mit Natrium unter Ringschlußbildung z. B. aus 1, 3-Dibrompropan das Trimethylen oder Zyklopropan:

$$CH_2\left\langle\begin{matrix} CH_2 \\ \\ CH_2 \end{matrix}\right.\boxed{\begin{matrix} Br & Na \\ & + \\ Br & Na \end{matrix}} = H_2C\left\langle\begin{matrix} CH_2 \\ | \\ CH_2 \end{matrix}\right. + 2\,NaBr$$

Die Zykloparaffine verhalten sich wie gesättigte Kohlenwasserstoffverbindungen vollkommen ähnlich wie die analogen azyklischen Paraffine. Insbesondere fehlt ihnen das Additionsvermögen der isomeren Olefine. Hingegen sind die aus 3 und 4 Kohlenstoffatomen bestehenden Ringe gegen Halogene und Halogenwasserstoffsäuren nur wenig widerstandsfähig, wobei die Ringe unter Addition der Halogene, bzw. Halogenwasserstoffsäuren gesprengt werden. Diese Reaktionsfähigkeit ist nur auf die größeren Spannungen in diesen Ringen mit wenigen Kohlenstoffatomen zurückzuführen (s. S. 502):

$$H_2C\left\langle\begin{matrix} CH_2 \\ | \\ CH_2 \end{matrix}\right. + \begin{matrix} Br \\ | \\ Br \end{matrix} = CH_2\left\langle\begin{matrix} CH_2Br \\ \\ CH_2Br \end{matrix}\right.$$

Trimethylen 1, 3-Dibrompropan

Zykloparaffine mit 5, 6 und 7 C-Atomen bilden einen wesentlichen Bestandteil des kaukasischen Erdöles. Das Hexamethylen (Zyklohexan oder Hexahydrobenzol C_6H_{12}, $CH_2\left\langle\begin{matrix} CH_2 - CH_2 \\ \\ CH_2 - CH_2 \end{matrix}\right\rangle CH_2$) kann aus Benzol durch Hydrierung mit Wasserstoff und Nickel als Katalysator erhalten werden. Wegen dieser Verwandtschaft mit dem Benzol werden zahlreiche Derivate der Zykloparaffine auch als hydroaromatische Verbindungen bezeichnet.

In den Ringen insbesondere der Penta- und Hexamethylenderivate können neben den einfachen auch Doppelbindungen auftreten, wobei Zykloolefine C_nH_{2n-2} erhalten werden. Mit einer oder zwei Doppelbindungen zeigen diese Verbindungen noch das Verhalten von Olefinen, mit drei aber bereits von Aromaten.

V. Ungesättigte Kohlenwasserstoffe; Olefine, Aethylenreihe C_nH_{2n}.

Außer den Zykloparaffinen kommt die allgemeine Formel $C_n H_{2n}$ auch noch einer anderen Gruppe von Kohlenwasserstoffen zu, die sich von diesen jedoch durch ihre Additionsfähigkeit unterscheiden. Sie gehen dabei leicht in Paraffine oder Derivate derselben über und weisen daher offene Kohlenstoffketten mit einer Doppelbindung $-\overset{|}{C}=\overset{|}{C}-$ auf. Sie werden Alkylene (in der systematischen Nomenklatur Alkene) genannt und ihre Namen durch Anhängung der Silbe „-en" an den Namen des betreffenden Alkylrestes C_nH_{2n+1} oder Ersatz der Silbe „-an" durch „-en" gebildet: Aethylen oder Aethen C_2H_4, Propylen oder Propen C_3H_6, Butylen oder Buten C_4H_8, Amylen C_5H_{10} usw. Die Stellung der Doppelbindung gibt man durch eine Ziffer nach der Silbe „-en" an: Buten-(1) z. B. hat die Doppelbindung zwischen dem ersten und zweiten Kohlenstoffatom: $CH_2=CH-CH_2-CH_3$.

Mit den Methankohlenwasserstoffen weisen die Olefine eine große Ähnlichkeit auf. Die Verbindungen mit 4 Gliedern sind gasförmig, von C_4 bis C_{17} sind sie flüssig, von C_{18} an fest. Eine Verbindung ($CH_2=$) ähnlich dem CO gibt es nicht. In Alkohol und Aether sind sie leicht, in Wasser unlöslich.

Von den Paraffinen unterscheiden sich die Olefine wesentlich durch ihre Additions- und Polymerisationsfähigkeit sowie durch ihr Verhalten bei der Oxydation. Sie können sich mit 2 Atomen oder 2 einwertigen Gruppen, wie naszierendem Wasserstoff, Chlor, Brom, Chlor-, Brom-, Jodwasserstoff, rauchende Schwefelsäure, unterchlorige Säure, Salpetersäure usw., unter Aufspaltung der Doppelbindung vereinigen und werden daher auch „ungesättigte" Verbindungen genannt:

$CH_2=CH_2+H_2=CH_3-CH_3$ (Aethan, Nickel oder Platin als Katalysator);

$CH_2=CH_2+Br_2=CH_2Br-CH_2Br$ (Aethylenbromid; Fp 10,01°; Kp 131,6°; L 30°: 0,431; ∞l: Al);

$C_5H_{10}+H_2SO_4=C_5H_{11}-O-SO_3H$ (Amylschwefelsäure).

Polymerisationsvermögen.

Unter dem Einfluß von Schwefelsäure können sich die Olefine

unter Verkettung der bezüglichen Atomgruppen durch neue Kohlenstoffbindungen polymerisieren:

$$\begin{array}{ccccccc} CH_3 & & CH_3 & & CH_3 & & CH_3 \\ | & & | & & | & & | \\ CH & + & (H)C & \longrightarrow & CH & — & C \\ \| & & \| & & | & & \| \\ CH_2 & & CH_2 & & CH_3 & & CH_2 \end{array}$$

2 Propylen ⟶ Isohexen oder 2, 3-Dimethylbuten-(1)

Durch Kaliumpermanganat und Chromsäure werden die Olefine leicht oxydiert:

$$\underset{\text{Aethylen}}{CH_2 = CH_2} + O \rightarrow \underset{\diagdown \; O \; \diagup}{CH_2 — CH_2}$$

Aethylenoxyd (fl; Kp 13,5°; L: W; Al; Ae; KOH Polymerisation).

In wasserfreien Lösungsmitteln vereinigen sich die Olefine mit Ozon O_3 in der Kälte zu den stark explosiven Ozoniden: $>C = C< + O_3 \rightarrow >C — C<$ (mit Brücke $O — O — O$ zwischen den beiden C). Durch hydrolytische Spaltung mit warmem Wasser oder Essigsäure erfolgt ein Zerfall der Ozonide in 1 Mol Aldehyd $—CHO$ und 1 Mol Keton $>CO$ oder 1 Mol Aldehyd, bzw. Keton und 1 Mol Peroxyd $>C\langle{}^{O}_{O}$. Da diese Aufspaltung an der Stelle der Doppelbindung erfolgt, kann man aus der Art der Bruchstücke auf die Stellung der Doppelbindung schließen.

Bildungsweisen von Olefinen:

a) bei der Destillation des Holzes, von Steinkohle, Braunkohle, Paraffinen; das Leucht- oder Kokereigas (s. S. 166) enthält daher Olefine, wie C_2H_4, C_3H_6, C_4H_8 usw.;

b) aus Alkoholen durch Wasserabspaltung mit wasserentziehenden Mitteln, wie Erhitzen mit konzentrierter Schwefelsäure, Phosphorpentoxyd P_2O_5, Zinkchlorid, oder katalytisch beim Überleiten der Dämpfe bei 300° über Aluminiumoxyd oder Thoriumoxyd:

$$\underset{\boxed{H \quad OH}}{CH_2 — CH_2} \text{ (Aethylalkohol)} \rightarrow CH_2 = CH_2 \text{ (Aethylen)} + H_2O.$$

Höhere Olefine werden durch bloße Erhitzung bei vermindertem Druck der Palmitinsäureester der höheren Alkohole erhalten.

c) Aus den Dihalogeniden, am besten den Bromiden, durch Erhitzung mit Alkoholaten, Überleiten über glühenden Kalk, durch bloße Destillation mit Zinkstaub usw.:

$$CH_3 - CH_2 - CH_2Br + KOC_2H_5 \rightarrow CH_3 - CH_2 = CH_2 +$$

n-Propylbromid + Kaliumalkoholat → Propylen +

$$+ KBr + C_2H_5OH$$

+ Kaliumbromid + Aethylalkohol

Aethylen C_2H_4 (Fp —169°; Kp —103°; wl: W; l: Al) kommt in Mengen von 4—5% in Leuchtgas vor. Es brennt mit rußender Flamme, bildet mit Luft ein explosives Gemisch und zerfällt bei Glühhitze unter Kohlenstoffabscheidung in Methan, Aethan, Acetylen C_2H_2 usw.

Propylen C_3H_6 (Kp —48°; wl: W; LA: 0,282).

Kohlenwasserstoffe mit zwei Doppelbindungen.

Diese technisch für die Kautschuksynthese wichtigen Verbindungen sind in ihrem chemischen Verhalten durch die Lage der Doppelbindung charakterisiert. Zwei unmittelbar nebeneinanderliegende Doppelbindungen bezeichnet man als „kumulierte“, zwei weiter voneinander befindliche als „isolierte“ Doppelbindungen. Die letzteren verhalten sich so wie einfache Olefine, können jedoch 4 H-Atome oder vier 1-wertige Gruppen oder Radikale addieren. Sind die Doppelbindungen nur durch eine einfache Bindung voneinander getrennt, so spricht man von einer „konjugierten“ Doppelbindung. Diese addiert primär zwei 1-wertige Liganden nur an den Enden der Kohlenstoffkette und verlagert die zweite Doppelbindung dabei an die Stelle der früheren, zwischen den Doppelbindungen gelegenen einfachen Doppelbindung (Thielesche Regel), z. B.:

$$CH_2 = CH - CH = CH_2 + Br_2 \rightarrow$$

Butadien + Brom →

$$\rightarrow \overset{(1)}{CH_2Br} - \overset{(2)}{CH} = \overset{(3)}{CH} - \overset{(4)}{CH_2Br}; \text{ (1, 4-Addition)}$$

1, 4-Dibrombuten-(2)

Das Methylbutadien oder Isopren ($CH_2 = \underset{\displaystyle CH_3}{\underset{|}{C}} - CH = CH_2$) ist in vielen Naturprodukten, wie im Kautschuk, den Karatinoiden, dem Phytol (Bestandteil des Chlorophylls), dem Vitamin A, einigen Duftstoffen usw., enthalten und zeichnet sich ebenso wie die Olefine als ungesättigte Verbindung durch eine Polymerisationsfähigkeit aus, wodurch sowohl a) ketten- als auch b) ringförmig gebaute Verbindungen entstehen können:

$$\text{a)}\quad CH_2=\underset{\underset{\displaystyle CH_3}{|}}{C}-CH=CH_2+CH_2=\underset{\underset{\displaystyle CH_3}{|}}{C}-CH=CH_2+$$

$$+\,CH_2=\underset{\underset{\displaystyle CH_3}{|}}{C}-CH=CH_2+\ldots\rightarrow$$

$$-CH_2-\underset{\underset{\displaystyle CH_3}{|}}{C}=CH-CH_2\;\vdots\;CH_2-\underset{\underset{\displaystyle CH_3}{|}}{C}=CH-CH_2\;\vdots\;CH_2-$$

$$-\underset{\underset{\displaystyle CH_3}{|}}{C}=CH-CH_2-\ldots$$

Dies ist das Aufbauprinzip des Naturkautschuks (s. S. 528), wobei sich gerade Ketten durch 1,4-Addition bilden. Außer dieser Bildung von geraden Ketten können aber aus Isopren oder Butadien bei der Polymerisation auch verzweigte Ketten entstehen:

$$CH_2=CH-CH=CH_2\rightarrow-CH_2-\underset{\underset{\displaystyle -CH-CH_2-}{|}}{CH}-\quad\text{(1,2-Addition).}$$

Diese Verzweigung, die zu einer Art Netzbildung führt, tritt neben den geraden Ketten beim Kunstkautschuk auf.

$$\text{b)}\quad CH_3-C\begin{array}{l}\diagup CH=CH_2\\ \diagdown\!\!\diagdown CH_2\end{array}+\;\begin{array}{r}\\ CH_2\diagup\!\!\diagup\end{array}\!C\begin{array}{l}\diagup CH=CH_2\\ \diagdown CH_3\end{array}\longrightarrow$$

$$\longrightarrow CH_3-C\begin{array}{l}\diagup\!\!\diagup CH-CH_2\diagdown\\ \diagdown CH_2-CH_2\diagup\end{array}\!CH-C\begin{array}{l}\diagup\!\!\diagup CH_2\\ \diagdown CH_3\end{array}$$

Dies ist das Aufbauprinzip der Terpene (s. S. 692). Die Bildungsweisen von Butadien und seinen Derivaten werden auf S. 538 besprochen werden.

VI. Kautschuk.

Vorkommen. Kautschuk findet sich im Milchsaft einer großen Anzahl tropischer Pflanzen, die meist Bäume, seltener Sträucher oder gar Kräuter bilden. Er besteht aus polymerisierten Isoprenresten $(C_5H_8)_x$, die wie Fette in der Milch im Pflanzensaft, dem sog. Latex, emulgiert sind. Das Heimatland des wichtigsten Kautschukbaumes, der Hevea brasiliensis, ist das Gebiet des Amazonasstromes, wo er große Urwälder bildet. Da der dort gewonnene Wildkautschuk den durch die Entwicklung der Fahrrad- und besonders Automobilindustrie sehr stark steigenden Bedarf nicht decken konnte, wurden in den hinterindischen Kolonialbesitzungen

Englands, Hollands und Frankreichs etwa um die Jahrhundertwende große Kautschukplantagen angelegt, die derzeit etwa 99% der Welterzeugung an Naturkautschuk liefern.

Wirtschaftliches. Die wichtigsten Erzeugungsländer für Plantagenkautschuk sind (1938) Britisch-Malaya (etwa 40%), Holländisch-Indien (etwa 32%), Ceylon (5,3%), Französisch-Indochina (6,5%), Britisch-Borneo (4,8%) und Thailand (4,8%). England und Holland beherrschen mehr als 90% des Kautschukmarktes. Die größten Kautschukverbraucher waren (1938) Nordamerika (etwa 50%), Großbritannien (12%), Deutschland (9%), Frankreich (7%), Japan (6%), Rußland (3,3%) usw. Während im Jahre 1900 die Welterzeugung an Kautschuk nur etwa 54.000 t betrug, war sie im Jahre 1938 auf 865.000 t bei einem Verbrauche von 917.000 t angestiegen. Etwa 80% der Kautschukerzeugung werden zur Auto- und Fahrradbereifung, die übrigen 20% für andere technische Zwecke und hygienische Artikel verbraucht.

1. Gewinnung des Rohkautschuks.

Der Latex kommt in den Kautschukbäumen in weitverzweigten Röhrensystemen unter der Rinde vor. Die Entnahme des Saftes erfolgt nach verschiedenen Verfahren, meistens durch Anzapfen, Anritzen und -bohren der Rinde mit besonderen Messern, Hacken usw., seltener durch Auspressen der Blätter oder Trocknen der Pflanzenteile und Extraktion mit Lösungsmitteln.

Die beim Anzapfen ausfließende Milch wird in kleinen Bechern aufgefangen und in größeren Gefäßen gesammelt. Die durchschnittliche Zusammensetzung der Kautschukmilch ist: 1,5—2,5% Harz, 1,5—2% Eiweiß, 0,5—1% Asche, 25—35% Kautschuk, etwas Zucker, Rest Wasser. Ein Baum liefert jährlich etwa 20 kg Kautschuk rund 20 Jahre lang. Der Kautschuk ist in der Milch in Form von mikroskopisch kleinen Tröpfchen mit der Teilchengröße von etwa 0,002 mm fein verteilt.

Para- und Crêpekautschuk. Zur Gewinnung des Rohkautschuks wird der Kautschuk entweder durch Säuren, wie Ameisen-, Essig-, Schwefel-, Salz- oder Flußsäure koaguliert oder aber der Latex wird durch Eintauchen auf Holzstücken oder ruderförmigen Holzflächen als Häutchen ausgebreitet und dann der Einwirkung von Rauch ausgesetzt. Durch mehrmalige Wiederholung des Eintauchens und der Räucherung erhält man 5—40 cm dicke Brote oder Blöcke von Parakautschuk. Der durch Säuregerinnung erhaltene Rohkautschuk wird durch geriffelte Walzenpaare unter Wasserzufluß zerrissen und dann zu dünnen Fellen ausgewalzt (Crêpekautschuk).

Sprayed rubber, Guayulakautschuk. Die Kautschukmilch kann auch durch Versprühen in warmen Räumen in trockene Form übergeführt werden (sprayed rubber, snow-rubber). Guayulakautschuk ist durch mechanische und chemische Zerstörung des Strauches Pasthenium argentatum und nachträgliche Extraktion erhalten worden, da der Strauch den Kautschuk nicht in zusammenhängenden Röhren, sondern in allen Teilen der Pflanze verteilt enthält.

Revertex. Latex kann auch durch Zusatz von Seifen, Casein, Ammoniumhydroxyd, Formaldehyd usw. am Gerinnen gehindert und konserviert werden. Er wird dann in Metallfässern oder Tankdampfern versandt. Zur Ersparung von Transportkosten kann der Latex auch auf einen Latexgehalt von etwa 75% eingedickt werden (Revertex).

Eigenschaften des Kautschuks. Rohkautschuk stellt eine durchscheinende, weißlichgelbe bis braune, zähe und elastische Masse von typischem Kautschukgeruch dar. Er ist in Wasser, Alkohol und Aceton unlöslich, löslich in Benzol, CS_2, $CHCl_3$, CCl_4 usw. nach vorheriger Quellung zu viskosen Flüssigkeiten. Bei etwa 50^0 wird Kautschuk bildsam und plastisch, bei starker Kälte hart und spröde. Wasser vermag Kautschuk bei sehr langer Einwirkung etwas zu quellen. Gegen Laugen ist Kautschuk empfindlich. Er ist ein Nichtleiter der Elektrizität. In der Tab. 43 sind die wichtigsten physikalischen Eigenschaften von Kautschuk und anderen gummiartigen Erzeugnissen nach D'Ans-Lax zusammengestellt.

Tab. 43. Eigenschaften von Kautschuk und gummiartigen Stoffen (nach D'Ans-Lax).

(Die eingeklammerten Werte beziehen sich auf die gefüllten Stoffe.)

Stoff	Zugfestigkeit kg/qcm	Bruchdehnung %	Dielektrizitätskonst.	Dielektrische Verluste	Widerstand Ohm . cm
Naturkautschuk	—	—	2,7 (< 7)	0,001 (0,01)	10^{14}—10^{15}
Vulkanisierte hochwertige Kautschukqualität . . .	188	635	—	—	—
Vulkanisierte geringwertige Kautschukqualität .	30	360	—	—	—
Weichgummi	—	—	2,68	0,0018	8.10^{16}
Hartgummi	—	—	2,82	0,0051	$6\ 10^{16}$
Perbunan	300	600	15—20	—	10^{5}—10^{7}
Buna S	250	650	2,9 (< 7)	0,001 (0,03)	10^{14}—10^{15}
Zahlenbuna	—	—	2,9 (< 7)	0,001 (0,03)	10^{14}—10^{15}
Oppanol B	—	—	2,3—2,7	0,0004	10^{16}
Isoliermasse	100	300	3	0,035	—
Mantelmasse	70	300	—	—	—
Polyakrylat, gefüllt . . .	50—60	250—300	—	0,005 - 0,02	—

Die Elastizität. Die charakteristischeste Eigenschaft des Kautschuks, seine Elastizität, ist strukturell durch Isoprenketten bedingt (s. S. 527), die sich unter Spannung parallel lagern, bei der Entspannung zusammenrollen und -krümmen. Als Ursache des Zusammenrollens dürften Restvalenzen der Doppelbindungen in Frage kommen. Werden die Doppelbindungen nämlich durch Addition von Wasserstoff oder Halogen abgesättigt, so verschwinden beim Kautschuk die elastischen Eigenschaften und man erhält einen paraffinähnlichen Körper.

Vulkanisation. Nimmt der Kautschuk aus Schwefeldichlorid SCl_2 oder bei der Vulkanisation Schwefel (etwa 4%) auf, so bildet dieser an den Stellen der Doppelbindungen Brücken zwischen den einzelnen fadenförmigen Isoprenketten, wodurch diese stärker miteinander verknüpft werden. Es bildet sich eine netzartige Struktur aus, wodurch die Elastizität längere Zeit erhalten bleibt. Wird jedoch zu viel Schwefel gebunden, so wird das innere Gefüge des Kautschuks durch stärkere Vernetzung immer starrer, so daß schließlich der unelastische *Hartgummi* mit etwa 30—40% S erhalten wird.

2. Verarbeitung des Rohkautschuks auf Gummi.

Während der Plantagenkautschuk reiner ist und meist ohne weiteres auf Kautschukmischungen verarbeitet werden kann, muß der Wildkautschuk, der stets durch mineralische und organische Stoffe, wie Sand, Rinde usw., verunreinigt ist, gewaschen werden. Dieser *Waschprozeß* wird, meist nach Vorwärmung des Rohkautschuks, in großen Behältern sowie auf einem System von immer enger werdenden Walzenpaaren, die mit immer feiner werdenden Riffelungen versehen sind, mit kaltem Wasser durchgeführt. Das schließlich erhaltene Fell wird sodann in Trockenböden oder Kammern bei 35—40° getrocknet.

Herstellung der Gummimischung. Die Eigenschaften des Gummierzeugnisses, wie Festigkeit, Dehnbarkeit und Elastizität, hängen nicht nur von der Gummiart, der Zeit und Temperatur bei der Verarbeitung auf der Walze, sondern auch von den Füllstoffen ab. Die Herstellung der Gummimischung erfolgt auf einem Mischwalzwerk, das aus zwei horizontal nebeneinanderliegenden und sich mit verschiedener Geschwindigkeit drehenden Walzen besteht, die sowohl mit Dampf geheizt als auch durch Wasser gekühlt werden können. Die Abb. 85 zeigt eine geschlossene Mischmaschine neuerer Bauart von Banbury, bei welcher zwei um eine horizontale Achse gegeneinander rotierende hohle Knetflügel *b* in zwei Ausbuchtungen eines geschlossenen Kastens untergebracht sind. Der Kautschuk wird geknetet und zerrissen sowie von der Maschine gleichzeitig ausgezogen und ausgestrichen, ähnlich wie der Teig bei der Herstellung des Brotes behandelt wird. Die Zylinder werden von außen durch einen Sprühregen gekühlt, wobei sich die Sprührohre in einem Blechgehäuse befinden. Ein Gewicht *c* wird durch einen Kolben *d* in einem Preßluftzylinder *e* gesteuert, so daß es gehoben, gesenkt oder nach unten gedrückt werden kann. Die Entnahmeöffnung für die fertige Mischung wird durch einen

Druckluftzylinder *f* mit doppelt wirkendem Kolben g betätigt. Das Mischen darf nur bis zu einer gleichmäßigen Verteilung der Füllstoffe vorgenommen werden, da sonst die Zähigkeit des Kautschuks leiden würde. Auch die Temperatur der Mischung muß genau geregelt werden.

Füllstoffe. Die Füllstoffe haben eine verschiedene Aufgabe

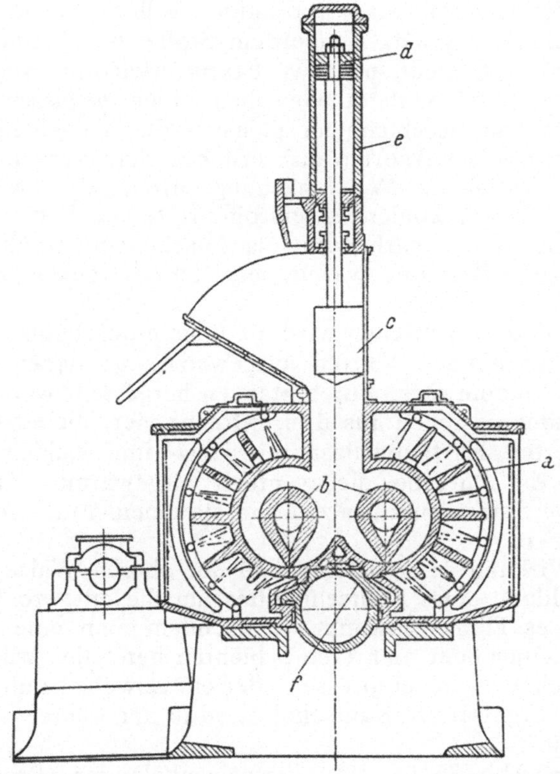

Abb. 85. Geschlossene Banbury-Mischmaschine für Kautschuk.

zu erfüllen. Sie dienen teils zum Färben, wie organische Farbstoffe, selten noch Goldschwefel (Antimonsulfid), ferner Lampen- und Ölruß, Ocker oder andere Erdfarben, Lithopon, Ultramarin, Zink- oder Titanweiß, teils zum Weichmachen bei der Verarbeitung oder der Verwendung, wie Öle, Paraffin- und Bitumenarten usw., Faktis (mit Schwefel auf etwa 160° erhitzte [brauner Faktis] oder mit Chlorschwefel behandelte vegetabilische Öle [weißer Faktis]), teils zur Beeinflussung der physikalischen Eigenschaften, teils aber auch zur Verbilligung, wie Kreide, Schwerspat, Kaolin, Talkum, Tonerde, Gips, Kieselsäure, Asbestmehl sowie das aus Altgummi hergestellte Regenerat. Als aktivierende Zusätze dienen amerikanischer

34*

Gasruß, Tonerde, Lithopon, Zinkoxyd, Magnesiumcarbonat, gewisse Kaolinarten und als Vulkanisationsmittel Schwefel oder Selenverbindungen. Ferner werden noch Vulkanisationsbeschleuniger, wie stickstoffhaltige organische Verbindungen oder Xanthogenate, Dithiocarbonate, Thiurame, Mercaptobenzthiazol, Thiocarbanilid, Hexamethylentetramin, Alkylidenanilin, Triphenylguanidin usw. sowie Stoffe, welche die Alterung, d. i. das Leimig- oder Brüchigwerden der Gummiwaren verhindern sollen, wie z. B. Aldol-α-Naphthylamin, zugesetzt, außerdem Stoffe zur Beeinflussung der Abriebfestigkeit, Dehnung usw. Faktis erleichtert auch die Verarbeitbarkeit und verleiht Geweben einen gewissen Griff und Weichheit. Die Beschleuniger gleichen die Verschiedenheit verschiedener Kautschuksorten aus, erhöhen den Nerv und teilweise auch die Festigkeit. Weichmachungsmittel, wie cyclische Verbindungen, Paraffinkohlenwasserstoffe, fette Öle, Fettsäuren, bieten Vorteile bei der Verarbeitung, da Mischungen erhalten werden, die in kürzerer Zeit aufgewärmt, gespritzt oder gekalandert werden können.

Nach dem Vermischen wird die Gummimischung auf dem sog. Kalander zu dünnen Platten ausgewalzt, aus denen eine ganze Reihe von Gummiwaren durch Stanzen hergestellt werden können. Die Kalander bestehen aus drei, seltener vier übereinanderliegenden, polierten Hartgußwalzen mit Heiz- und Kühleinrichtungen. Sie haben die Aufgabe, die eventuell vorgewärmte Mischung auf die richtige Stärke auszuwalzen und sie einem Mitläufer aus Stoff zu übergeben.

Die Wirkung der mittleren und der oberen Walze beruht auf der Ausbildung eines Kautschukfilms um die mittlere Walze. Die Dicke dieses Films schwankt, je nachdem man eine Kautschukplatte aus einer oder mehreren Schichten herstellen will, den Kautschuk in ein Gewebe einpressen oder ein Gewebe damit überziehen will. Der vorgewärmte Kautschuk wird in den oberen Walzenspalt eingebracht.

In der Abb. 86 ist ein Vierwalzenkalander (Profilkalander) nach Robinson dargestellt. Der Kalander weist zwei schwere gußeiserne Seitenrahmen, die die vertikalen Gleitbahnen der drei übereinandergelagerten Walzen und die waagrechte Gleitbahn für die vierte, die Profilwalze, bilden, auf. Die Profilwalze ist auf der gleichen Horizontalmittellinie wie die unterste der drei übereinanderliegenden Walzen angeordnet. Sie dient der Profilierung des Kautschukbandes. Ihr Walzenmantel ist dem gewünschten Profil entsprechend geschnitten.

Gummiwaren aller Art, z. B. Schläuche oder Bänder, lassen sich wirtschaftlich auf der Spritzmaschine herstellen. Die Abb. 87 zeigt eine moderne Spritzmaschine nach dem Schraubentypus. In einen horizontalen Zylinder *a* mit Lagergehäuse *b* und Einfüllöffnung *c* wird ein Kautschukband *d* um die Zuführungsrolle *f* durch die Einführöffnung g eingeführt. Durch die drehbare Schnecke *e* wird der Kautschukstreifen in den Zylinder gezogen. Bei jeder Umdrehung der Schnecke werden ein oder mehrere

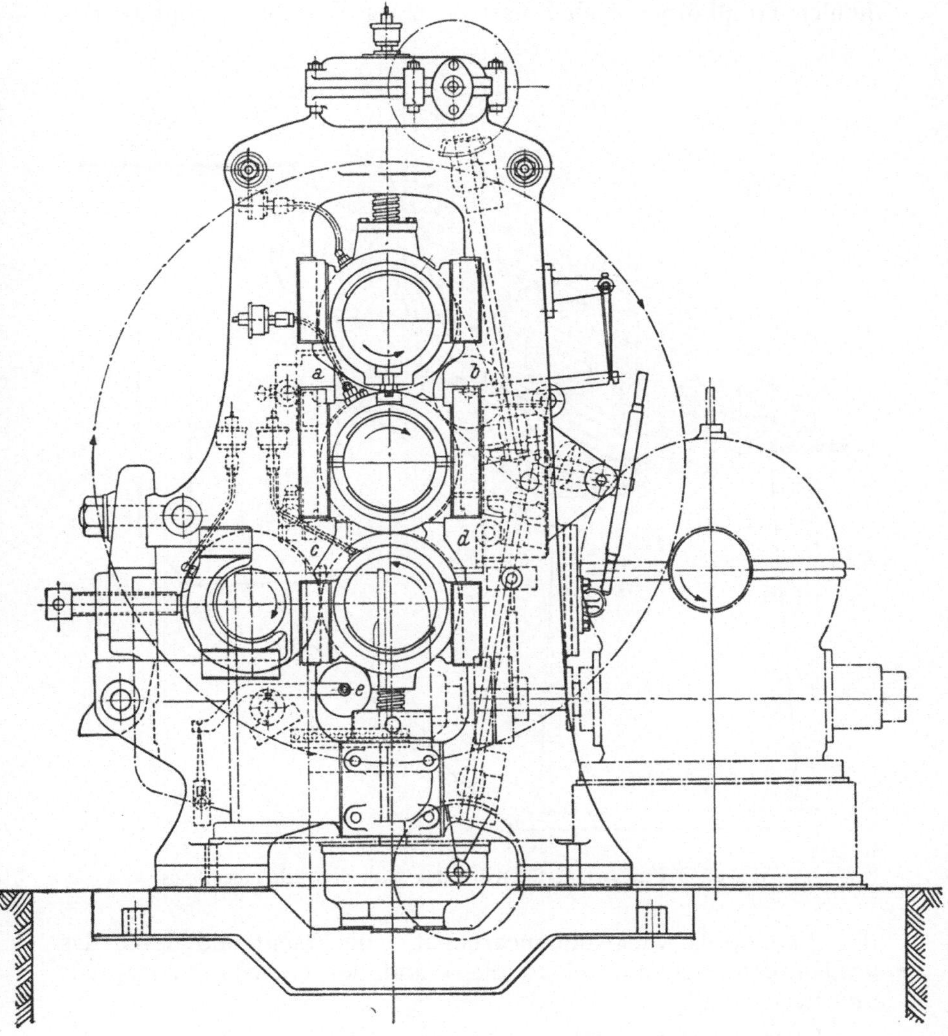

Abb. 86. Vierwalzenkalander für Kautschuk nach Robinson.

Stücke des Kautschukbandes abgeschnitten und in Form eiförmiger Scheibchen zwischen Zylinder und Schraube entlang gerollt. Im Spritzkopf *i* werden die Stücke zusammengepreßt und durch die Düsenscheibe *k* herausgepreßt. Die Schnecke wird gekühlt oder geheizt.

Gummibälle und ähnliche Hohlkörper werden aus Platten auf Ballstanzen oder Ballmaschinen geknipst oder bei größerer Wandstärke aus vier sphärischen Zweiecken, die aus Kautschukplatten zugeschnitten wurden, hergestellt. Die Stücke werden in einen hohlen Formkörper nach Einsetzen eines Verschlußpfropfens und

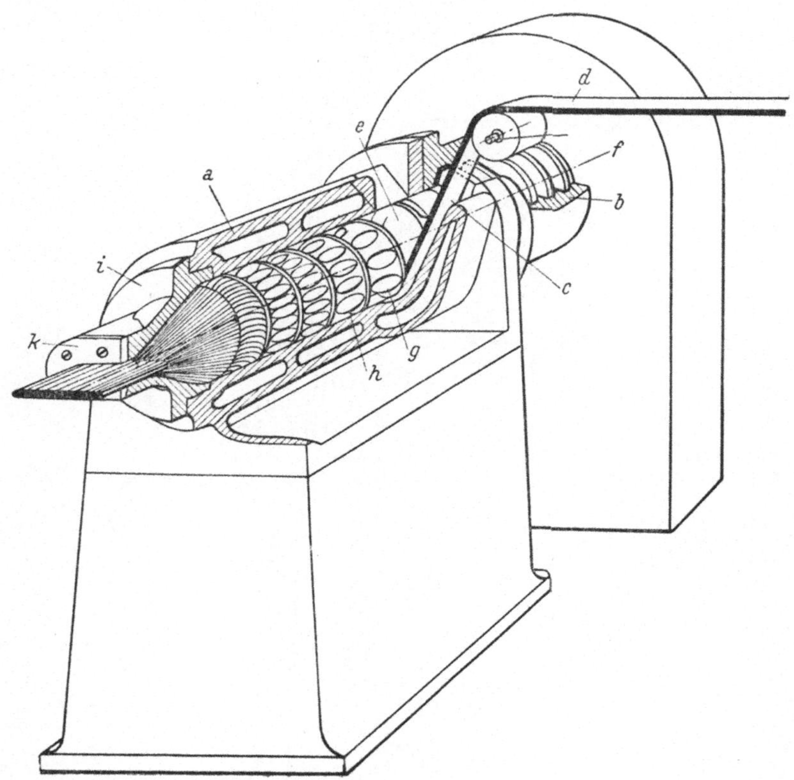

Abb. 87. Spritzmaschine für Kautschuk nach dem Schraubentypus.

des Blähmittels, wie Ammoncarbonat, eingebracht und durch das verdampfende Blähmittel an die Wand der Hohlform angepreßt und verschweißt.

Luftreifen für Kraftfahrzeuge und Fahrräder sind eines der Haupterzeugnisse der Kautschukindustrie. Die *Laufflächen* bestehen aus vier bis zwölf Lagen gummierten Baumwoll- oder Kunstseidengeweben, die in den Wulsten mit Wulstreifen aus hartem Gummi und einem Draht oder Drahtgewebe versehen sind. Die Lauffläche selbst trägt eine dicke profilierte Gummischicht, den Protektor. Die Vulkanisation erfolgt in zweiteiligen Ringformen in Kesselpressen unter Dampf- und hydraulischem Druck oder

Einzelheizpressen, wobei das Innere durch Heizschläuche aus Gummi Druck und Hitze bekommt.

Gummischnüre werden durch Schneiden von Platten oder durch Pressen von Latex durch eine Düse in ein Koagulationsmittel hergestellt. *Latex* kann auch auf Metallformen, die anodisch geschaltet sind, abgeschieden werden. Er läßt sich auch zum Tauchen von nahtlosen Gegenständen, wie Handschuhen, Fingerlingen, Saugern, Gummischuhen usw., zum Imprägnieren und Streichen von Stoffen, zur Herstellung von Gummischwämmen, als Klebemittel, zur Herstellung von Kunstleder aus Lederabfällen usw. unmittelbar verwenden. Latex kann auch gespritzt und gegossen werden.

Gummierte Gewebe können auf Streich- oder Spreading-Maschinen durch Bestreichen mit einer Lösung von Kautschuk in Benzin oder auf Kalandern durch Aufwalzen oder Friktionieren einer teigartigen Gummischicht auf die Gewebebahn hergestellt werden.

Patentgummiwaren, die nur aus reinem Paragummi ohne Schwefel oder anderen Zusätzen bestehen, werden aus möglichst homogenen Platten oder Blöcken geschnitten. Der Kautschuk wird in einem Mastifikator, der aus einem hohlen Zylinder mit sich darin drehenden Walzen besteht, gut durchgearbeitet und noch warm in eine eckige oder zylindrische Form gebracht, unter sehr hohem Druck gepreßt, erkalten und längere Zeit zur Homogenisierung lagern gelassen. Dann werden auf geeigneten Schneidmaschinen 0,1—4 mm starke Platten abgeschält, die zur Herstellung von Badehauben, Handschuhen, Schläuchen usw. dienen.

3. Die Vulkanisation.

Einen sehr wichtigen Teil der Kautschukverarbeitung bildet die Vulkanisation, wie die Schwefelung des Kautschuks bezeichnet wird. Der Schwefel bildet zwischen den Isoprenketten Brücken (s. S. 527) und verbessert damit die mechanischen Eigenschaften des Kautschuks, insbesondere seine Elastizität. Außerdem wird die Löslichkeit in Lösungsmitteln sowie die Klebrigkeit vermindert. Harz- und eiweißfreier Kautschuk, wie dies bei manchem Plantagenkautschuk und dem künstlichen Kautschuk der Fall ist, werden nach Zusatz von Vulkanisationsbeschleunigern vulkanisiert. Als solche verwendet man anorganische Verbindungen, wie Bleiglätte, Zinkoxyd, Kalk oder Magnesiumoxyd, organische Stoffe, wie Anilin-, Guanidin- oder Nitroverbindungen, Alkaloide usw. Sie erhöhen die Lebensdauer des Kautschuks, verbessern dessen physikalische Eigenschaften und gestatten, die Schwefelmenge und die Vulkanisationsdauer herabzusetzen.

Man unterscheidet eine *Heiß- und Kaltvulkanisation.* Bei der ersteren wird die Kautschukmischung für Weichgummi mit etwa 1—10% Schwefel auf 125—150°, möglichst unter 2—3 Atm. Druck, für Hartgummi auf etwa 160° und bis zu 50% Schwefel erhitzt, wobei die Erhitzungsdauer zwischen einigen Minuten und mehreren Stunden, je nach der Stärke des zu vulkanisierenden Gegenstandes, der Schwefelmenge usw., schwanken kann. Die Heißvulkanisation wird in stehenden oder liegenden, ein- oder doppelwandigen Druckkesseln bis zu 6 Atm., die durch direkte Dampfeinleitung erhitzt werden können, oder in mit Heißluft erwärmten Heizkammern, in mit Dampf beheizbaren Etagenpressen usw. vorgenommen.

Bei der *Kaltvulkanisation* wird der schwefelfreie, vorgeformte Gegenstand entweder in eine Lösung von SCl_2 in CS_2 oder Benzin eingetaucht und dann in einem Luftstrom bei 25° schnell getrocknet oder in den Dampf von SCl_2 eingehängt und dadurch vulkanisiert. Die Bedeutung der Kaltvulkanisation ist sehr zurückgegangen, da die Gegenstände eine schlechtere Haltbarkeit aufweisen.

4. Regenerierung von Altgummi.

Eine große wirtschaftliche Bedeutung besitzt die Frage der Wiederverwertung des Altgummis. Etwa die Hälfte des Kautschukbedarfes wird aus Altgummi gedeckt. Durch die Vulkanisation hat der Kautschuk die Fähigkeit, eine plastische, verformbare Masse zu bilden, verloren. Da auch die meisten Gummiwaren organische und mineralische Beimengungen, Gewebeeinlagen usw. enthalten, besteht die Aufgabe der Regenerierung von Altgummi sowohl in der Wiederherstellung der Plastizität als auch in der Abtrennung der Beimengungen des Altgummis. Hartgummiabfälle können nach dem Feinmahlen der Rohmischung ohne weiteres wieder zugesetzt werden und spielen für die Regenerierung keine Rolle. Diese kommt nur für Weichgummiabfälle in Betracht.

Vollgummi. Die Wiederherstellung der Plastizität erfolgt nicht durch Beseitigung des gebundenen Schwefels aus der Kautschukmischung, sondern durch eine reine Wärmewirkung. Vollgummi, der frei von Gewebeeinlagen ist, wird auf der Walze zermahlen und durch Erhitzen auf etwa 180—200°, eventuell unter Zusatz von Erweichungsmitteln, Ölen, Paraffin usw., regeneriert, jedoch hat diese Aufarbeitung nur eine geringere Bedeutung.

Für die Wiederverwertung von *Weichgummiabfällen* mit Gewebeeinlagen stehen folgende Verfahren zur Verfügung: a) Säureverfahren, b) Alkaliverfahren, c) Löseverfahren. Bei den *Säureverfahren* erfolgt die Zerstörung der bis zu 50% betragenden Gewebeteile von alten Automobilreifen durch Erhitzen der Abfälle mit verdünnter Schwefelsäure in Druckgefäßen. Da der Kautschuk aber gegen Säurespuren empfindlich ist, die die Oxydation begünstigen, müssen die so behandelten Abfälle gut mit Lauge und Wasser ausgewaschen werden. Die Kautschukmasse wird sodann durch längeres Erhitzen plastifiziert und dann auf einem Mischwalzwerk in Plattenform übergeführt.

Schonender arbeitet das *Alkaliverfahren*, bei welchem der Altgummi mit Alkalilauge in der Wärme behandelt wird, wodurch die Zellulose zerstört wird. Es hat daher das Säureverfahren weitgehend verdrängt.

Bei der *Auflösung der Kautschukmasse* aus Altgummi mit Benzol unter Druck werden nicht nur die Gewebeeinlagen, sondern auch ein Teil der mineralischen Füllstoffe abgeschieden, da sie nach dem Filtrieren der Kautschuklösung als Rückstand verbleiben. Nach dem Verdunsten des Lösungsmittels kann die erhaltene Kautschukmasse wieder auf Knetwalzen zu Platten geformt werden.

Bei diesen Regenerierungsverfahren erhält man Wärme- oder Alkaliregenerat, das für billigere Gummimischungen wieder verwendet werden kann. Das Lösungsregenerat ist aschearm und kann fast wie Rohkautschuk wieder benützt werden.

5. Die Kautschuksynthese.

Methylkautschuk. Bereits im Jahre 1909 ist Fr. Hofmann und C. Harries die Synthese des Kautschuks aus Isopren oder 2-Methylbutadien (s. S. 526) gelungen. Sie besitzt angesichts des Umstandes, daß jährlich für Kautschukwaren etwa 3 Md. Schilling umgesetzt werden, eine große wirtschaftliche Bedeutung.

Im ersten Weltkriege wurde in Deutschland aus Kautschukmangel aus 2,3-Dimethylbutadien sog. Methylkautschuk H für Hartgummi und Methylkautschuk W für Weichgummi, insgesamt etwa 2300 t, erzeugt. Man ging dabei von Acetylen aus, das in Gegenwart von Quecksilber-II-Sulfat, Vanadinpentoxyd oder Eisenoxyd als Katalysator beim Einleiten in verdünnte Schwefelsäure oder Essigsäure Wasser anlagert und dabei in Acetaldehyd übergeht: $C_2H_2 + H_2O \rightarrow CH_3C{\overset{\displaystyle O}{\underset{\displaystyle H}{<}}}$ Dieser liefert bei der Oxydation mit Sauerstoff Essigsäure: $CH_3CHO + O \rightarrow CH_3COOH$. Aus dieser kann durch CO_2-Abspaltung Aceton $(CH_3)_2CO$ hergestellt werden, das mit amalgamiertem Aluminium zu Pinakon $(CH_3)_2COH$— —$COH(CH_3)_2$ reduziert wurde. Aus ihm wurde durch Abspaltung von Wasser und Destillation 2,3-Dimethylbutadien $CH_2 = C(CH_3)$— —$C(CH_3) = CH_2$ erhalten, das bei 70° in Druckautoklaven in Gegenwart von Katalysatoren zu Kautschuk polymerisiert wurde.

Die *neuere Kautschuksynthese* geht von Butadien (Deutschland, Rußland) oder Chloropren, d. i. Chlorbutadien $CH_2 = CCl$— —$CH = CH_2$ (Amerika) aus. Bei der Synthese aus Butadien wird ebenso wie bei jener aus Methylbutadien von Acetylen oder aber von Aethylalkohol, Aethylen oder Butan ausgegangen. Das Acetylen wird entweder aus Calziumcarbid oder aus den Abgasen der Kohlehydrierung (s. S. 516) hergestellt und nach folgendem Reaktionsschema über Acetaldehyd, Polymerisation desselben bei Gegenwart von Alkali, Hydrierung und katalytische Wasserabspaltung in Butadien übergeführt:

$$1.\quad \underset{\text{Acetylen}}{CH \equiv CH} + H_2O \xrightarrow{HgSO_4} \underset{\text{Acetaldehyd}}{CH_3C{\overset{H}{\underset{O}{\lessgtr}}}} \xrightarrow[\text{merisation}]{\text{Alkali, Poly-}}$$

$$\longrightarrow \underset{\text{Acetaldol (Aldol)}}{CH_3C(OH)HCH_2C{\overset{H}{\underset{O}{\lessgtr}}}} \xrightarrow{+2H} \underset{\text{Butylenglykol}}{CH_2-\overset{H\;OH}{\underset{H}{C}}-\overset{H}{\underset{H}{C}}-CH_2OH} \longrightarrow$$

$$\xrightarrow{-2H_2O} \underset{\text{Butadien}}{CH_2=CH-CH=CH_2}$$

2. Acetylen gibt auch mit Aethylen Butadien:

$CH \equiv CH + CH_2 = CH_2 \rightarrow CH_2 = CH - CH = CH_2$.

3. In Amerika stellt man aus Acetylen vorerst Vinylacetylen $CH_2 = CH - C \equiv CH$ her und hydriert dieses zu Butadien.

4. Aethylen liefert mit Propylen gleichfalls Butadien.

5. *n*-Butan aus Krackgasen kann zu Butadien dehydriert werden:

$$CH_3 - CH_2 - CH_2 - CH_3 \xrightarrow{-2H_2} CH_2 = CH - CH = CH_2.$$

6. In Rußland geht man von Aethylalkohol aus Getreidesprit aus, der bei 400—500° über Kontakten aus Hydrosilicaten, Aluminiumoxyd, Manganoxyd, Zinkoxyd unter H_2- und H_2O-Abspaltung in Butadien übergeht:

$2\,CH_3 - CH_2 - OH \rightarrow CH_2 = CH - CH = CH_2$.

Die Polymerisation des Butadiens zu künstlichem Kautschuk kann nach vier Verfahren vorgenommen werden:

a) Bei der *Kaltpolymerisation* wird mehrere Monate lang nach dem Impfen mit vorgebildetem Polymerisat stehen gelassen, wobei aber keine besonders wertvollen Produkte erhalten werden.

b) *Wärmepolymerisation.* Durch Anwendung von Wärme wird die Polymerisation zwar wesentlich beschleunigt, aber mit Butadien keine erheblich besseren Ergebnisse erzielt. Bei Chloropren liefert die Wärmepolymerisation jedoch gut brauchbare Erzeugnisse.

c) *Polymerisation durch Alkalimetalle.* Diese verläuft im Gegensatz zur Wärmepolymerisation nicht in 1,4-, sondern in 1,2-neben 1,4-Stellung, wobei als Zwischenprodukte Alkalialkylene entstehen. Buna ist ein durch Natriummetall aus polymerisiertem Butadien erhaltener künstlicher Kautschuk.

d) Technisch größere Bedeutung besitzt die *Emulsionspolymerisation*, bei der das zu polymerisierende Butadien in Seifen-, Gelatine- oder Caseinlösungen durch Schütteln emulgiert wird. Man erhält eine feine Verteilung des Polymerisates, das große Ähnlichkeit mit Latex besitzt und wie dieser verarbeitet werden kann. Durch Zusatz anderer polymerisierbarer Verbindungen, wie Vinylverbindungen, können Mischpolymerisate mit technisch wertvollen Eigenschaften erhalten werden. Buna S und Buna N sind derartige Mischpolymerisate.

Wie bei allen künstlichen Produkten ist es auch beim synthetischen Kautschuk möglich, durch Wahl bestimmter Zusätze, Lenkung des Verfahrens usw. Produkte herzustellen, die nicht nur dauernd gleichartige Eigenschaften aufweisen, sondern auch die Naturprodukte in gewisser Hinsicht zu übertreffen vermögen.

Perbunan ist ein Mischpolymerisat, das durch gemeinsame Emulsionspolymerisation von Butadien und Acrylsäurenitril hergestellt wurde. Es ist quellbeständig, ölfest, abriebfest und hitzebeständig. Durch die Polymerisation in Ketten und Verzweigung besitzt Buna eine leicht vernetzte Struktur. Er ist dadurch wohl schwerer verarbeitbar als Naturkautschuk, übertrifft diesen aber in seiner Ölfestigkeit und besitzt einen um 30% geringeren Abrieb.

Die Alterungsbeständigkeit des künstlichen Kautschuks ist größer als die des natürlichen. Auch die Wärme- und Korrosionsfestigkeit übertrifft beim künstlichen Kautschuk den natürlichen. Wegen der besseren Quellfestigkeit gegen Öle, Benzin usw. kann Kunstkautschuk als Werkstoff für Dichtungen, Packungen, Schläuche, Kabel, Riemen usw. verwendet werden.

Dupren. Der in Amerika aus Chlorbutadien (Chloropren) erzeugte synthetische Kautschuk wird aus Acetylen über Vinylacetylen und Salzsäureanlagerung erhalten: $2\,C_2H_2 \rightarrow CH_2 = \underset{\displaystyle H}{\underset{|}{C}} - CH \xrightarrow{+HCl}$

$\rightarrow CH_2 = \underset{\displaystyle H}{\underset{|}{C}} - CCl = CH_2$ (Chloropren). Dieses wird durch Wärmepolymerisation in den *Dupren* genannten Kunstkautschuk übergeführt, der gegen Licht, Sauerstoff und Mineralöle besonders widerstandsfähig ist.

Fast alle Buna- und Duprensorten sind vulkanisierbar und auch sonst wie Naturkautschuk verarbeitbar. Der Preis des synthetischen Kautschuks liegt noch erheblich über jenem des Naturkautschuks. Für 1 kg Buna benötigt man etwa 40 kWh. Im Kriege wurden in

Deutschland etwa 100.000 t Kunstkautschuk jährlich erzeugt. Die Welterzeugung an künstlichem Kautschuk betrug 1936 noch etwa 36.000 t.

6. Kautschukartige Erzeugnisse.

Das Kautschukmolekül ist auf Grund seines Aufbaues aus Isopren als ungesättigte Verbindung aufzufassen und kann daher Anlagerungsverbindungen, Oxydationsprodukte usw. bilden. Durch Einwirkung von gasförmiger Salzsäure entsteht durch Anlagerung von H und Cl der chemisch sehr widerstandsfähige *Hydrochlorkautschuk*, der zu Filmen, Fäden und Überzügen verarbeitet werden kann. *Chlorkautschuk* entsteht durch Anlagerung von Chlor in der Wärme zu $(C_{10}H_{12}Cl_8)_x$. Er ist gegen Säuren, Alkalien und Sauerstoff widerstandsfähig, nicht entflammbar und wird zu besonders widerstandsfähigen Lacken verarbeitet. Durch Einwirkung von konzentrierter Schwefelsäure entstehen Abbauprodukte, die als Ersatz für Schellack verwendet werden können. Oxydation mit Kaliumpermanganat oder Wasserstoffperoxyd führen den Kautschuk in harzartige Erzeugnisse über, die gleichfalls zur Herstellung von Lacken und Überzügen dienen können.

Guttapercha ist der eingetrocknete Milchsaft von im malaiischen Archipel heimischen Bäumen und wird durch Einschneiden der Rinde gewonnen. An der Luft erstarrt er zu einer braunen, nicht elastischen Masse, die durch Zerreißen, kaltes und heißes Waschen mit Wasser sowie Durchkneten auf Guttapercha verarbeitet wird. Dieses wird bei 65^0 bildsam und kann dann zu Platten, Stäben, Röhren usw. verformt werden. Es wird nur von konzentrierter Schwefelsäure und Salpetersäure angegriffen. Benzol, Chloroform, Schwefelkohlenstoff und Terpentinöl sind Lösungsmittel für Guttapercha. Dieses besitzt einen besonders hohen elektrischen Widerstand und wird zur Isolation von Kabeln verwendet. Auch Röhren, Gefäße für Flußsäure, Treibriemen, Schuhsohlen usw. werden aus Guttapercha verfertigt. Die Herstellung der Guttaperchawaren ist ähnlich jener der Gummiwaren. Guttapercha ist auch vulkanisierbar. Seine Anwendung ist jedoch nur unbedeutend.

Balata ist ähnlich der Guttapercha der eingetrocknete Milchsaft eines im Orinokogebiet und in Guayana heimischen Baumes. Es stellt eine graubraune bis braunrote, lederharte Masse dar, die etwas elastischer als Guttapercha ist. Balata wird bei 49^0 bildsam. Es wird zu Schuhsohlen, Treibriemen, elektrischen Isolierungen usw. verwendet.

Balata und Guttapercha sind dem Kautschuk in chemischer Hinsicht verwandt. Ihnen fehlt aber die technisch wichtige Eigenschaft der Elastizität, weshalb sie an die Bedeutung des Kautschuks nicht heranreichen.

VII. Kohlenwasserstoffe mit dreifacher Kohlenstoffbindung; Acetylenreihe C_nH_{2n-2}.

Die Alkine oder Acetylene besitzen gegenüber den Olefinen noch um zwei Wasserstoffatome weniger und weisen eine dreifache Bindung $-C\equiv C-$ zwischen zwei C-Atomen auf. In physikalischer Hinsicht ähneln sie den Kohlenwasserstoffen der Methanreihe, da die ersten Glieder bis C_4H_6, Cetonylen, Butin (Kp 18°), gasförmig, die folgenden bis $C_{16}H_{30}$, Hexadecyliden, Cetin (*n*-Cetin, Fp 20°; Kp 160°), flüssig, die höchsten fest sind. Chemisch stehen sie den Olefinen näher als den Paraffinen, da sie noch stärker ungesättigt als die Olefine und daher additionsfähiger sind.

Bildungsweisen. Alkine entstehen bei der trockenen Destillation von Holz, Stein- oder Braunkohle. Leuchtgas enthält Acetylen C_2H_2, Allylen $CH_3-C\equiv CH$ und Crotonylen C_4H_6. Die Darstellung kann auch aus den Halogen-, am besten Bromverbindungen $C_nH_{2n}Br_2$ durch Abspaltung von Bromwasserstoff mit alkoholischem Kali erfolgen:

$$\begin{array}{c}\boxed{\mathrm{Br}\quad\mathrm{H}}\\ \mathrm{HC-CH}\\ \boxed{\mathrm{H}\quad\mathrm{Br}}\end{array} \rightarrow HC\equiv CH + 2\,HBr.$$

Ungesättigte Alkohole können durch Wasserabspaltung in Alkine übergehen. Dihalogenierte Paraffine, deren beide Halogenatome an einem Kohlenstoffatom sitzen, wie Keto- oder Aldehydchloride, können zwei Moleküle Halogenwasserstoff abspalten:

$$CH_3-CCl_2-CH_3 \rightarrow CH_3-C\equiv CH + 2\,HCl$$

2-Dichlorpropan → Allylen

Eigenschaften. Die Acetylene zeichnen sich durch eine große Anzahl von Additionsreaktionen aus, die durch ihre starke Ungesättigtheit zustande kommen. Sie können bis zu vier Atomen Wasserstoff oder vier 1-wertige Gruppen, zwei Moleküle Halogenwasserstoff usw. addieren, wobei diese Anlagerung auch nur stufenweise bis zu den Olefinen vor sich gehen kann: $HC\equiv CH + 2\,H \rightarrow$ $\rightarrow H_2C=CH_2$ (Aethylen); $HC\equiv CH + HCl \rightarrow H_2C=CHCl$ (Vinylchlorid; Fp —159,7°; Kp —13,9°; wl: W). Das Vinylchlorid ist als Olefin polymerisationsfähig und bildet das Ausgangsmaterial der technisch wichtigen Polyvinylchloride, die als Kunstharze Verwendung finden (Mipolam, Vinidur).

Weitere Anlagerungsverbindungen bildet das Acetylen mit aliphatischen Säuren, wobei Vinylester $CH_2=CH-OCOR$; mit Alkoholen, wobei Vinyläther $CH_2=CHOR$ entstehen; mit Aminen unter Bildung von Vinylaminen $CH_2=CH-NR_2$; mit Benzol unter Entstehung von Styrol $CH_2=CH-C_6H_5$; mit Blausäure unter Bildung von Acrylsäurenitril, das gleichfalls für die Kunststoffindustrie Bedeutung besitzt.

Die Addition von Wasserstoff oder Brom kann auch bis zu den gesättigten Paraffinen, bzw. deren Derivaten vor sich gehen:

$$C_2H_2 + 4\,H \xrightarrow{\text{Platinschwarz oder Nickel}} C_2H_6,\ \text{Aethan};$$

$$C_2H_2 + 2\,HBr \rightarrow C_2H_4Br_2,\ \text{Dibromäthan}.$$

Eine technisch wichtige Reaktion des Acetylens ist die Wasseranlagerung beim Einleiten des Gases in warme verdünnte Schwefelsäure mit Quecksilbersulfat als Katalysator, wobei Acetaldehyd entsteht. Diese Reaktion, bei der wahrscheinlich ein ungesättigter Alkohol als Zwischenprodukt entsteht, wurde bereits bei der Kautschuksynthese erwähnt (s. S. 537):

$$HC \equiv CH + HOH \rightarrow \begin{matrix} HC = CH \\ | \quad\quad | \\ H \quad\quad OH \end{matrix} \rightarrow H_2C - C\begin{matrix} \diagup H \\ \diagdown\!\!\diagdown O \end{matrix},\ \text{Acetaldehyd}.$$

Ähnlich den Olefinen sind die Acetylene auch polymerisationsfähig, wobei aus Acetylen Vinylacetylen, das zur Darstellung des Chloroporens dient (s. S. 539), weiters Benzol C_6H_6 oder andere ungesättigte Polymere entstehen: $HC \equiv CH + HC \equiv CH \rightarrow$ $\rightarrow H_2C = CH - C \equiv CH$ (Vinylacetylen, Butenin); Methylallylen $CH_3 - CH = C = CH_2$; Aethylallylen $CH_3 - CH_2 - C = CH$; Dimethylacetylen $CH_3 - C \equiv C - CH_3$; Divinyldiacetylen $CH_2 = CH - C = C - C \equiv C - CH - CH_2$.

Die technische Darstellung dieser Verbindungen ist wegen der Explosivität dieser Verbindungen auf Grund der starken und zahlreichen inneren Spannungen wohl sehr schwierig, aber doch möglich.

Der Wasserstoff im Acetylen und seinen Homologen mit einer $\equiv$CH-Gruppe ist auffallend leicht durch Metalle ersetzbar. Acetylen liefert z. B. mit ammoniakalischem Kupfer-I-Oxyd einen rotbraunen Niederschlag von Kupferacetylid Cu_2C_2, mit alkoholischer Silbernitratlösung von gelblichweißem Silberacetylid Ag_2C_2. Diese Acetylide sind in trockenem Zustande stark explosiv, so daß Kupferleitungen und -rohre, -armaturen usw. zum Transport oder zur Aufbewahrung von Acetylen in Druckflaschen nicht verwendet werden dürfen. Die Acetylide werden durch Säuren unter Freiwerden der Kohlenwasserstoffe zersetzt. Mit metallischem Natrium und Kalium bildet Acetylen die Verbindungen Na_2C_2, Natriumacetylid, und $NaHC_2$, Natriumhydroacetylid, die auch schon durch Wasser zersetzt werden.

Acetylen, Aethin C_2H_2 (Fp $-81{,}8^0$; Kp $-83{,}8^0$; L in 100 ccm W 18^0: 100 ccm; LA 18^0: 600 ccm; LAc 15^0: 2500 ccm) wird großtechnisch aus Calziumcarbid CaC_2 (s. S. 284) durch Zersetzung mit Wasser hergestellt: $CaC_2 + 2\,H_2O = C_2H_2 + Ca(OH)_2 + 25$ kcal. Da die untere und obere Explosionsgrenze (s. S. 22) des Acetylens im Gemisch mit Luft bei 1,6%, bzw. bei 58% C_2H_2 liegen, außerdem das Acetylen leicht in der Wärme, z. B. schon beim Durchschlagen eines elektrischen Funkens nach der exothermen Reaktion $C_2H_2 = 2\,C + H_2 + 60\,kcal$ zerfällt, sind für den Bau und den Betrieb von Acetylenentwicklern strenge gewerbepolizeiliche Vorschriften erlassen worden. Die Zerfallsreaktion des Acetylens wird technisch zur Erzeugung von Gasruß ausgenützt.

Acetylen kann aber auch aus Kohlenwasserstoffen, wie Methan, Aethan, Propan usw., bei etwa 5000° C im elektrischen Lichtbogen durch Abspaltung von Wasserstoff mit rund 15—30%iger Ausbeute dargestellt werden: $2\,CH_4 = C_2H_2 + 3\,H_2 - 93{,}8\,kcal$. Acetylen verbrennt mit sehr stark leuchtender Flamme und wird daher auch heute noch für Beleuchtungszwecke verwendet. Der hohe Heizwert des Acetylens von 14.300 cal/nm^3 wird beim Schweißen nutzbar gemacht.

Reines Acetylen riecht angenehm, der unangenehme Geruch rührt nur von seinen Verunreinigungen her. Es ist giftig. Acetylen gewinnt in neuerer Zeit immer größere Bedeutung, da es aus rein anorganischen Rohstoffen, wie Kalk und Kohle, herstellbar ist und zur Synthese zahlreicher technisch bedeutsamer organischer Stoffe, wie Kautschuk, Kunststoffen (Vinylverbindungen), Lösungsmittel, Imprägnierungsmittel usw., dient.

1. Halogensubstitutionsprodukte der Kohlenwasserstoffe.

Mit Ausnahme der niedrigsten Glieder mit nur einem Halogenatom sind die Halogensubstitutionsprodukte der Kohlenwasserstoffe flüssig, mit mehreren Halogenen, wie z. B. Perchloräthan C_2Cl_6, bereits fest. Nur die Produkte geringen Chlorgehaltes haben ein spez. Gewicht unter 1. Sie sind in Wasser unlöslich, in Alkohol und Aether leicht löslich. Nur die Monohalogenide sind noch brennbar. Die meisten Chlorkohlenwasserstoffe, wie z. B. Chloroform $CHCl_3$, Aethylbromid C_2H_5Br, verursachen beim Einatmen der Dämpfe Gefühls- und Bewußtlosigkeit.

Das Chloratom ist stärker als in den anorganischen Chloriden gebunden, so daß es mit Silbernitrat nicht mehr gefällt werden kann. Bromverbindungen reagieren aber bereits bei Siedehitze, Jodalkyle schon in der Kälte mit Silbernitrat. Für die präparative organische Chemie sind die Alkylhalogenide von großer praktischer Bedeutung, da sie zu den mannigfaltigsten Reaktionen unter Austausch des Halogens gegen andere Gruppen oder Radikale befähigt sind. Durch naszierenden Wasserstoff aus Natriumamalgam und Wasser oder Zinkstaub und Salzsäure wird das Halogen unter Zurückbildung der Paraffinkohlenwasserstoffe verdrängt. Wichtig ist auch die Reaktion der Alkylhalogenide in wasserfreier ätherischer Lösung mit metallischem Magnesium, wobei die reaktionsfähigen Organomagnesium-Halogenide entstehen (Grignardsche Reaktion): $C_2H_5J + Mg = C_2H_5MgJ$.

Wässerige Alkalien spalten die Alkylhalogenide allmählich in

Alkohol und Alkalihalogenid. In geringem Umfange geht diese Hydrolyse auch schon mit Wasser bei gewöhnlicher Temperatur vor sich, wobei sich ein Alkohol und freie Salzsäure bilden.

Bildungsweisen. Die Halogene wirken auf die Methankohlenwasserstoffe, insbesondere die niedrigen gasförmigen Glieder, sehr energisch ein, wobei Substitutionsprodukte verschiedener Art entstehen: $CH_4 + Cl_2 = CH_3Cl + HCl$. Der Eintritt mehrerer Halogenatome wird durch die Anwesenheit von Jod, Antimon-III-, Eisen-III-Chlorid oder Belichtung begünstigt. Ungesättigte Verbindungen, wie Olefine (s. S. 524) und Acetylene (s. S. 541), können auf Grund ihres Additionsvermögens sowohl Halogene als auch Halogenwasserstoffe zu Di-, bzw. Monosubstitutionsprodukten der Grenzkohlenwasserstoffe addieren. Das Halogenatom lagert sich dabei an jenes Kohlenstoffatom an, das die wenigsten H-Atome aufweist. Wichtig ist die Austauschreaktion von ein- und mehrwertigen Alkoholen mit einem großen Überschuß von Halogenwasserstoffsäuren, wobei die Hydroxylgruppe gegen Halogen ausgetauscht wird: $C_2H_5 — \boxed{OH + H}Br = C_2H_5Br + H_2O$. An Stelle der Halogenwasserstoffsäuren können auch die Halogenverbindungen des Schwefels oder Phosphors, wie PCl_3, PCl_5, $POCl_3$, $SOCl_2$ usw., genommen werden, die gleichfalls das Chlor gegen die OH-Gruppe austauschen: $C_2H_5OH + PCl_5 = C_2H_5Cl + HCl + POCl_3$ (Phosphoroxychlorid).

Methylchlorid, Chlormethan CH_3Cl (D 0,952; Fp —93°; Kp —23,7°; L: 4,1; LA: 9,85) wird durch Erhitzen eines Gemenges von Methylalkohol, Natriumchlorid und Schwefelsäure oder Einleiten von Chlorwasserstoffgas in den erhitzten Alkohol, in welchem Zinkchlorid aufgelöst ist, dargestellt. Das farblose, ätherisch riechende Gas kommt komprimiert in den Handel und dient zur Kälteerzeugung, zur Methylierung von Farbstoffen usw. Es brennt mit grünlicher Flamme.

Aethylchlorid, Chloräthan C_2H_5Cl (D 0,921; Fp —138,7°; Kp 13,1°; L: sw; LA, LAe: ∞) wird wie Methylchlorid (s. o.) dargestellt. Es dient als Anästhetikum. Ein Gemisch von Aethylchlorid, -alkohol und Chlor wird als Chloräther oder Salzäther bezeichnet.

Aethylbromid, Bromäthan C_2H_5Br (D 1,431; Fp —119°; Kp 38,4°; L: 0,914; LA, LAe: ∞) wird aus Aethylalkohol, Phosphor und Brom oder Alkohol, Kaliumbromid und Schwefelsäure dargestellt. Es wurde früher für kurz dauernde Narkosen verwendet.

2. Dihalogensubstitutionsprodukte.

Die Dihalogenide erhält man leicht durch Addition von Halogenen an die Doppelbindungen der Olefine: $CH_2 = CH_2 + Cl_2 = CH_2Cl — CH_2Cl$, Aethylenchlorid (D 1,261; Fp —35°; Kp 84°; L: 0,87; LA: +). Neben dieser Verbindung ist jedoch noch ein isomeres Dihalogenid des Aethans, das Aethylidenchlorid $CH_3 — CHCl_2$, bekannt (Fp —96,7°; Kp 57,3°; L: 0,55). Es wird aus Acetaldehyd durch Umsetzung mit Phosgen oder PCl_5 erhalten: $CH_3—CHO + COCl_2 = CH_3—CHCl_2 + CO_2$. Es dient als Anästhetikum.

Aus den symmetrisch gebauten Dihalogeniden kann mit alkoholischem Kali Acetylen, mit wässeriger Kalilauge durch Austausch des Halogens gegen die Hydroxylgruppe ein sekundärer Alkohol, das Glykol (s. S. 578), erhalten werden.

Aus Ketonen entstehen bei der Einwirkung von Phosgen oder PCl_5 Ketonchloride:

$$CH_3—CO—CH_3 + PCl_5 = CH_3—CCl_2—CH_3 + POCl_3$$

Aceton + Phosphorpentachlorid = Acetonchlorid + Phosphoroxychlorid

Acetonchlorid (fl; D 1,093; Kp 70°; L, LA, LAe: ∞).

3. Polysubstitutionsprodukte.

Durch mehrfache Abspaltung von Chlorwasserstoff aus Dihalogeniden durch Kochen mit Kalkmilch, Kaliumcarbonat oder Kalilauge und neuerliche Chloraddition lassen sich mehrfach substituierte, auch ungesättigte Produkte darstellen, z. B.:

$$CH_2Cl—CH_2Cl \xrightarrow{-HCl} CHCl=CH_2 \xrightarrow{+Cl_2} CHCl_2—CH_2Cl \xrightarrow{-HCl}$$

$$\longrightarrow CCl_2=CH_2 \xrightarrow{+Cl_2} CCl_3—CH_2Cl \text{ usw.}$$

Aus Acetylen erhält man durch abwechselndes Einleiten von Acetylen und Chlor in Antimon-V-Chlorid, Eisen-III-Chlorid oder Schwefeldichlorid SCl_2 Acetylentetrachlorid oder Tetrachloräthan $CHCl_2—CHCl_2$ (D 1,592; Fp —42,5°; Kp 146,2°; nl: W; ∞l: Al, Ae). Es ist unentzündlich und besitzt ein sehr gutes Lösevermögen für Fette, Öle, Harze u. dgl. und wird in der Technik vielfach als Lösungsmittel verwendet. Durch Kochen mit Soda oder Kalkmilch geht es unter HCl-Abspaltung in Trichloräthylen $CCl_2=CHCl$ (fl; D 1,4660; Fp —86°; Kp 87,0°) über. Es stellt eines der wichtigsten, technischen, organischen, unbrennbaren Lösungsmittel für Fette, Öle, Bitumina, Kautschuk, Schwefel, Phosphor dar. Es wird in der Wasch- und Extraktionstechnik, zur Entfettung von Metallen, zur Füllung von Seifen usw. angewendet.

Durch Einleiten von Chlor in Trichloräthylen wird Pentachloräthan $CHCl_2—CCl_3$ (D 1,693; Fp —29,0°; Kp 161,9°; nl: W; l: Al, Ae) erhalten, das gleichfalls als unbrennbares Lösungsmittel für Fette, Öle usw. dient. Pentachloräthan oder Acetylentetrachlorid ergibt mit Aluminiumchlorid als Katalysator mit Chlor Hexachloräthan oder Perchloräthan $CCl_3—CCl_3$ (D 2,091; Fp 187°; Kp 185,5° [777 mm]; nl: W; l: Al, Ae). Perchloräthylen $CCl_2=CCl_2$ (D 1,624; Fp —22,4°; Kp 120,8°; nl: W) wird durch Kochen von Pentachloräthan $CHCl_2—CCl_3$ mit Kalk durch HCl-Abspaltung dargestellt. Es wird als Fettlösungs- und Metallreinigungsmittel verwendet.

Chloroform, Trichlormethan $CHCl_3$ (D 1,498; Fp —63,5°; Kp 61,2°; L: 0,82; sl: Al, Ae) wird aus Alkohol, Essigsäure oder Aceton mit Chlorkalk, technisch durch Destillation von Alkohol mit Chlorkalk in eisernen Retorten dargestellt. Der Chlorkalk wirkt dabei oxydierend, chlorierend und auf Grund seiner Alkalität spaltend:

a) Oxydation:
$$\underset{\text{Aethylalkohol}}{CH_3CH_2OH} + ClO' \rightarrow \underset{\text{Acetaldehyd}}{CH_3-C\begin{smallmatrix}H\\ \diagdown\!\!\diagdown O\end{smallmatrix}} + Cl' + H_2O$$

b) Chlorierung:
$$\underset{\text{Acetaldehyd}}{CH_3-C\begin{smallmatrix}H\\ \diagdown\!\!\diagdown O\end{smallmatrix}} + 3\,Cl_2 \rightarrow \underset{\text{Trichloracetaldehyd}}{CCl_3-C\begin{smallmatrix}H\\ \diagdown\!\!\diagdown O\end{smallmatrix}} + 3\,HCl$$

c) Spaltung:
$$2\,CCl_3-C\begin{smallmatrix}H\\ \diagdown\!\!\diagdown O\end{smallmatrix} + Ca(OH)_2 \rightarrow \underset{\text{Chloroform}}{2\,CCl_3H} + \underset{\text{Ameisensaures Calzium}}{Ca(HOOC)_2}$$

Das technische Chloroform wird durch Schütteln mit konzentrierter Schwefelsäure und Destillation gereinigt. Die wasserhelle Flüssigkeit besitzt süßen ätherischen Geruch und Geschmack und ist unbrennbar. Chloroform zersetzt sich unter dem Einflusse des Lichtes und der Luft unter Freiwerden von Salzsäure, Chlor, Kohlendioxyd und Phosgen. Dieser Zerfall kann aber durch einen Zusatz von 1% Alkohol und Aufbewahrung in dunkeln, fast ganz gefüllten Flaschen verhindert werden. Reinstes Chloroform dient, da die Einatmung der Dämpfe Bewußtlosigkeit verursacht, zur Narkose. Technisch und im Laboratorium wird es als Lösungsmittel für Fette, Harze, Kampfer, Kautschuk, Alkaloide, Jod usw. verwendet.

Die Chloratome des Chloroforms sind sehr reaktionsfähig. Mit Kalilauge entsteht ameisensaures und salzsaures Kalium: $CHCl_3 + 4\,KOH = HCOOK + 3\,KCl + 2\,H_2O$. Mit Ammoniak bildet sich bei Rotglut oder beim Erwärmen mit etwas Ätznatron Blausäure, bzw. Kaliumcyanid: $CHCl_3 + NH_3 = HCN + 3\,HCl$; $CHCl_3 + NH_3 + 4\,KOH = KCN + 3\,KCl + 4\,H_2O$. Auf ähnliche Weise entstehen mit primären Aminen unter Abspaltung von zwei Chloratomen und deren Ersatz durch den Rest NR Isonitrile CNR mit zweiwertigem Kohlenstoff, durch deren durchdringenden Geruch sowohl Chloroform als auch primäre Amine deutlich nachgewiesen werden können:

$$Cl-\underset{\underset{H}{|}}{C}\begin{smallmatrix}Cl\\ \\ Cl\end{smallmatrix} + \begin{smallmatrix}H\\ \\ H\end{smallmatrix}\!\!>N-R \rightarrow \boxed{Cl}-\underset{\underset{\boxed{H}}{|}}{C}=N-R \xrightarrow{-HCl} C=N-R$$

Chromsäure oxydiert Chloroform zu Phosgen $COCl_2$, Kaliumamalgam reduziert zu Acetylen.

Das analoge *Jodoform* CHJ_3 (g; hex; D 4,008; Fp 119°; subl; nl: W; LA 1,5°: 11,1; LAe: 18,5) wird durch Erwärmen von Alkohol, auch Aceton, Aldehyd, Milchsäure mit Jod und Kalilauge oder Kaliumcarbonat erzeugt:

$$C_2H_5OH + 8\,J + 6\,KOH = CHJ_3 + HCOOK + 5\,KJ + 5\,H_2O$$

Auch eine elektrolytische Darstellung aus einer wässerigen, Alkohol enthaltenden Lösung von Kaliumjodid und Natriumcarbonat ist möglich. Es dient zur Wundbehandlung und als Desinfektionsmittel.

Tetrachlorkohlenstoff, Tetra CCl_4 (fl; D 1,598; Fp —22,9°; Kp 76,7°; L: 0,08; LA, LAe: ∞) wird durch Einwirkung von Chlor auf Schwefelkohlenstoff CS_2, Chloroform oder aus CS_2 und Chlorschwefel S_2Cl_2 bei Gegenwart von Katalysatoren, wie Eisen, dargestellt. Infolge seines guten Lösungsvermögens für Fette, Harze, Öle usw. dient CCl_4 als Fleckwasser und zur Fettextraktion. Da es unbrennbar ist, sich aber mit Benzol und Benzin mischt und dieses Gemisch am Weiterbrennen verhindert, dient es auch als Feuerlöschmittel bei Benzinbränden. Die Dämpfe sind giftig und wirken narkotisch.

VIII. Alkohole.

Durch Ersetzen eines oder mehrerer Wasserstoffatome durch eine oder mehrere OH-Gruppen, von denen aber jede an ein besonderes Kohlenstoffatom gebunden sein muß, erhält man die Alkohole. Je nach der Anzahl der vorhandenen Hydroxylgruppen unterscheidet man 1-, 2-, 3- oder mehrwertige Alkohole, nach der Stellung der Hydroxylgruppe im Molekül primäre, charakterisiert durch die —CH_2OH-Gruppe, sekundäre mit der =CHOH-Gruppe und tertiäre Alkohole mit der ≡C—OH-Gruppe:

$$CH_3—CH_2—CH_2—CH_2OH$$

prim. *n*-Butylalkohol

$$CH_3—CH_2—CH(OH)—CH_3$$

sek. *n*-Butylalkohol

$$\begin{matrix} CH_3 \searrow \\ CH_3 \rightarrow COH \\ CH_3 \nearrow \end{matrix}$$

tert. Butylalkohol

Die Bezeichnung erfolgt entweder durch Anhängung des Wortes „Alkohol" an die Alkylgruppe: Methylalkohol CH_3OH, Aethylalkohol C_2H_5OH oder durch Anhängung der Silbe „-ol" an den Namen des Paraffinkohlenwasserstoffes: Methanol, Aethanol. Bei 2- und 3-wertigen Alkoholen wird die Silbe „-diol", bzw. „-triol" usw. an den Namen des zugrunde liegenden Grenzkohlenwasserstoffes angehängt. Vielfach findet man aber bei wichtigeren Alkoholen besondere Namen, wie Glycerin, Glykol usw.

1. Einwertige, gesättigte Alkohole $C_nH_{2n+1}.OH$.

Die gesättigten 1-wertigen Alkohole stellen leicht bewegliche, mit mehr als 4—5 Kohlenstoffatomen ölige Flüssigkeiten, ab C_{12} feste Stoffe dar. Die niederen Glieder sind mit Wasser in jedem Verhältnis mischbar, die Löslichkeit nimmt jedoch von Butylalkohol an sehr rasch ab, wobei höhere, bereits paraffinähnliche Alkohole überhaupt nicht mehr in Wasser löslich sind. Auf den Organismus üben sie eine teils giftige, teils berauschende Wirkung aus. Die höchsten Alkohole sind aber geruch- und geschmacklos. Höhere Alkohole als der Propylalkohol C_3H_7OH kommen in mehreren Isomeren vor.

Bildungsweisen. Durch Verseifung oder Hydrolyse von Estern, und zwar Kochen mit Alkalien oder Säuren sowie Überhitzen mit Wasser, entstehen Alkohole:

$$\underset{\text{Aethylschwefelsäure}}{C_2H_5.O.SO_3H} + H_2O = C_2H_5OH + H_2SO_4$$

Die Umsetzung der Halogenverbindungen mit feuchtem Ag_2O, das sich wie AgOH verhält, hat technisch keine Bedeutung. Ebensowenig die Behandlung von primären Aminen mit H_2O_2. Durch die Einwirkung von Organomagnesiumverbindungen auf Aldole entstehen sekundäre, auf Ketone tertiäre Alkohole. Diese Grignardsche Reaktion ist für die präparative Chemie sehr wichtig:

$$\underset{\text{Acetaldehyd}}{CH_3C{\lower{0.5ex}{\overset{\diagup H}{=O}}}} + \underset{\text{Methyl-Mg-jodid}}{CH_3MgJ} = \underset{\text{Additionsprodukt}}{\begin{matrix}CH_3\\CH_3\end{matrix}\!\!>C<\!\!\begin{matrix}H\\OMgJ\end{matrix}} \xrightarrow{H_2O}$$

$$\longrightarrow \underset{\text{sek. Propylalkohol}}{\begin{matrix}CH_3\\CH_3\end{matrix}\!\!>C<\!\!\begin{matrix}H\\OH\end{matrix}} + \underset{\text{basisches Mg-jodid}}{HOMgJ}$$

$$\underset{\text{Aceton}}{\begin{matrix}CH_3\\CH_3\end{matrix}\!\!>C=O} + \underset{\text{Aethyl-Mg-jodid}}{C_2H_5MgJ} \longrightarrow \underset{\text{Additionsprodukt}}{\begin{matrix}CH_3\\CH_3\end{matrix}\!\!>C<\!\!\begin{matrix}C_2H_5\\OMgJ\end{matrix}} \longrightarrow$$

$$\longrightarrow \underset{\text{tert. Amylalkohol}}{\begin{matrix}CH_3\\CH_3\end{matrix}\!\!>C<\!\!\begin{matrix}C_2H_5\\OH\end{matrix}} + \underset{\text{basisches Mg-jodid}}{HOMgJ}$$

Durch Reduktion von Aldehyd mit naszierendem Wasserstoff

und Natriumamalgam und sehr verdünnter Schwefelsäure oder Zinkstaub und Essigsäure wird primärer Alkohol erhalten:

$$CH_3CHO + 2\,H = C_2H_5OH$$

Ketone liefern bei der Reduktion sekundäre Alkohole (Natriumamalgam oder Phosphorwasserstoff als Katalysator):

$$\underset{\text{Aceton}}{CH_3 - CO - CH_3} + 2\,H = \underset{\text{sek. Isopropylalkohol}}{CH_3 - CHOH - CH_3}$$

Technisch wichtig ist die Veredelung von Kohlehydraten, insbesondere Traubenzucker durch Hefepilze, wobei Alkohole mit 2—5 Kohlenstoffatomen erhalten werden (s. S. 551, Gärung).

Eigenschaften der Alkohole. Die Alkohole erinnern in ihrem Verhalten an amphotere Metallhydroxyde, da sie nicht nur mit Säuren durch Ersatz der OH-Gruppe Ester bilden, sondern auch das Wasserstoffatom der Hydroxylgruppe, den sog. typischen Wasserstoff, gegen Metalle austauschen können:

$$C_2H_5O\boxed{H + Na} = \underset{\text{Natriumäthylat}}{C_2H_5ONa} + H_2/2$$

Die Alkoholate, wie Methylat, Aethylat, werden durch Wasser leicht wieder in Alkohole und Alkalihydroxyd gespalten.

An manche anorganische Verbindungen lagern sich Alkohole ähnlich wie Krystallwasser an, z. B. an wasserfreies $CaCl_2$, so daß dieses nicht zum Trocknen von Alkohol verwendet werden kann. Wasserentziehende Mittel ergeben Olefine. Halogenwasserstoffsäuren und PCl_5 liefern Monosubstitutionsprodukte der Paraffinkohlenwasserstoffe (s. S. 502). Halogene oxydieren, aber substituieren nicht.

Gegenüber Oxydationsmitteln, wie Braunstein, verhalten sich primäre, sekundäre und tertiäre Alkohole so verschieden, daß man aus ihrem Verhalten bei der Oxydation sogar auf die Art des betreffenden Alkohols schließen kann. Primäre Alkohole ergeben bei der Oxydation Säuren mit gleich viel Kohlenstoffatomen, wobei als Zwischenprodukt Aldehyde entstehen:

$$\underset{\text{prim. Propylalkohol}}{CH_3 - CH_2 - CH_2OH} \xrightarrow{+O} \underset{\text{Propylaldehyd}}{CH_3 - CH_2 - C\genfrac{}{}{0pt}{}{O}{H}} + H_2O \xrightarrow{+O}$$

$$\rightarrow \underset{\text{Propionsäure}}{CH_3 - CH_2 - COOH}$$

Die sekundären Alkohole ergeben bei der Oxydation keine Säuren, sondern unter Austritt von 2 Wasserstoffatomen Ketone:

$$\underset{\text{sek. Propylalkohol}}{\genfrac{}{}{0pt}{}{CH_3}{CH_3}\!\!>CHOH} \xrightarrow{+O} \underset{\text{Aceton}}{\genfrac{}{}{0pt}{}{CH_3}{CH_3}\!\!>CO} + H_2O$$

Die tertiären Alkohole sind ebenso wie die Ketone nur unter Zerstörung der C-Kette durch sehr energische Oxydationsmittel oxydierbar, wobei zwar Ketone, bzw. Säuren, jedoch mit kleinerem Kohlenstoffgehalt als der Ausgangsstoff entstehen.

2. Methylalkohol CH_3OH, Holzgeist, Methanol

(fbl; D 0,792; Fp —97,1°; Kp 64,7°; L, LA, LAe: ∞).

Der Methylalkohol kommt in der Natur als Ester in ätherischen Ölen und als Aether z. B. im Lignin des Holzes vor, weshalb er bei der Holzverkohlung als Nebenprodukt gewonnen werden kann. Er stellt eine leicht bewegliche Flüssigkeit von alkoholischem Geruch und brennendem Geschmack dar, die leicht brennbar ist und daher als Brennstoff verwendet werden kann. CH_3OH wird zwar zum Denaturieren von Brennspiritus verwendet, ist aber ein starkes Gift, wobei die tödliche Dosis etwa 50 g beträgt. Schon die Dämpfe bewirken eine Reizung der Schleimhäute. Innerlich genossen, berauscht CH_3OH weniger als C_2H_5OH, führt aber zu schweren Vergiftungserscheinungen, wie Lähmungserscheinungen des Nervensystems sowie Schwäche und oft dauernder Erblindung.

Methylalkohol ist ein gutes Lösungsmittel für Fette und Öle und wird zur Darstellung von Formaldehyd, Dimethylanilin und vielen anderen organischen Verbindungen der Farbenindustrie, Methylierungen usw. verwendet.

Technisch wird CH_3OH in großem Maßstabe aus CO und H_2, die aus Wassergas (s. S. 160) dargestellt wurden, nach $CO + 2H_2 \rightarrow CH_3OH$ hergestellt. Das Gasgemisch wird bei etwa 400° und 200 Atm. über Katalysatoren, die aus ZnO und Cr_2O_3 bestehen, in kontinuierlicher Arbeitsweise geleitet. Die früher übliche Darstellungsweise aus Rohholzgeist bei der Holzverkohlung (s. S. 187) ist durch das synthetische Darstellungsverfahren fast vollständig verdrängt worden. Der dort anfallende Rohholzgeist enthält bis zu 10% CH_3OH neben Aceton, Methylacetat, Allylalkohole und Holzöle, die aus höheren Ketonen bestehen. Eine Trennung dieses Gemisches ist nur durch fraktionierte Destillation in Rektifikationskolonnen (s. S. 509) möglich.

3. Aethylalkohol, Weingeist C_2H_5OH, Alkohol, Aethanol

(D 0,7892; Fp —114,15°; Kp 78,3°; L, LA, LAe: ∞)

stellt eine farblose, leicht bewegliche Flüssigkeit von charakteristischem Geruch dar, die brennbar und nur wenig hygroskopisch ist. Beim Vermischen mit Wasser tritt eine Volumskontraktion ein. Er besitzt ein gutes Lösungsvermögen für Fette, Öle, Harze, viele organische Verbindungen, auch etwas für Schwefel und Phosphor.

Alkohol ist leicht, und zwar schon allmählich durch die Luft, oxydierbar, wobei zunächst Aldehyde und schließlich Essigsäure entstehen. Diese Oxydation vermögen auch die Essigsäurebakterien an der Luft herbeizuführen, worauf das Sauerwerden von Bier und die Weinessigbereitung beruhen. Chlor liefert Chloralhydrat und -alkoholat neben Trichloracetal. Alkohol wird als Zusatz zu Benzin oder Benzol sowie für sich, mit Pyridin, CH_3OH usw. vergällt, als Brennstoff, als Lösungsmittel in der Lack- und Firniserzeugung, als Ausgangsmittel zur Darstellung von Aether, Chloroform, Chloral, Chloräthyl, Butadien, zum Konservieren, Desinfizieren usw. verwendet. Eine größere Menge Alkohol wird auch als Genußmittel verbraucht.

Die Darstellung des Alkohols kann auf synthetischem Wege oder durch Gärung erfolgen. Aethylen C_2H_4 und Kokereigas kann durch Wasseraufnahme in Alkohol übergeführt werden. Das Verfahren besitzt größere technische Bedeutung. Acetylen läßt sich mit $HgSO_4$ als Katalysator in Acetaldehyd und dieses durch Reduktion mit Wasserstoff über Metallkontakte in Alkohol überführen. Man erhält den sog. Karbidsprit, dessen Herstellungskosten aber höher als bei der Erzeugung aus Aethylen oder durch Gärung sind. Die Herstellung aus Holzzellstoff durch dessen Überführung in Zucker wurde gleichfalls technisch versucht, hat aber noch keine größere Bedeutung erlangt.

Nachweis. Durch die Bildung von Jodoform (1 : 2000 Empfindlichkeit).

4. Gärungsvorgänge.

Unter Gärung versteht man langsam verlaufende Umwandlungsvorgänge organischer Verbindungen durch die Wirkung von Mikroorganismen, als welche Hefe-, Spalt- und Schimmelpilze in Betracht kommen. Je nach den Produkten der Gärung, die sich vorwiegend auf die Zersetzung von Kohlehydraten oder Eiweißstoffen erstreckt und die aus Alkoholen, CO_2, H_2, Essigsäure, Milchsäure, Propionsäure, Glycerin, Buttersäure bestehen, spricht man von einer Alkoholgärung, Milchsäuregärung usw. Die bekannteste und wichtigste Gärung ist die alkoholische Gärung, die bei der Herstellung des reinen Alkohols, von Spiritus sowie bei der Bier-, Wein-, Branntwein- und Preßhefebereitung benützt wird. Bei der Gärung werden durch rein biologische Vorgänge bei niederen Temperaturen und in den einfachsten Apparaten chemische Umsetzungen auch größten Umfanges bewirkt, die ansonsten in wesentlich komplizierteren Fabrikanlagen durchgeführt werden müßten. Kompliziert sind nur die chemischen Vorgänge an sich, über die wir größtenteils noch nicht genügend unterrichtet sind. Zurückzuführen sind die Gärungen auf die Wirkungen der Enzyme, den Katalysatoren der lebenden Zelle.

5. Enzyme oder Fermente.

Die Gärung ist, wie heute feststeht, ein enzymatischer Vorgang, bei dem die in den Hefe-, Schimmel- oder Spaltpilzen (Bakterien) vorhandenen Enzyme oder Fermente die Gärungen verursachen. Den Nachweis, daß nicht bloß eine vitale Kraft der lebenden Pflanzenzelle Wirkungen hervorrufen kann, sondern die im Zellsaft enthaltenen Enzyme, erbrachte 1896 E. Buchner, als er auch Gärungen mit einer durch Zerreiben von Hefezellen mit Quarzsand und Auspressen erhaltenen gelben Flüssigkeit hervorrufen konnte (zellenfreie Gärung). Die Enzyme sind in der lebendigen Natur sehr verbreitete, hochmolekulare, eiweißartige Stoffe, die ähnlich wie Katalysatoren im Pflanzen- und Tierkörper den Aufbau und die Umwandlung der Stoffe lenken.

Man bezeichnet sie auch als Biokatalysatoren, da sie, ohne selbst verbraucht zu werden, bereits in sehr geringen Mengen größere Stoffumsätze hervorrufen können (s. a. S. 16 u. 86).

Das gesamte Enzym oder Holoenzym besteht eigentlich aus dem kolloidalen Träger, dem Apoenzym, einem Eiweißstoff und dem Coenzym, dem tatsächlichen Wirkungsstoff. Das Coenzym tritt mit dem Substrat durch Anlagerung in chemische Reaktion und vermittelt dann den Reaktionsablauf. Die Wirkung des Coenzyms ist immer an das Vorhandensein des Apoenzyms gebunden, das anscheinend sowohl das Substrat als auch das Apoenzym erst durch seine Vermittlung in nähere Berührung bringt. Der chemische Aufbau einiger Coenzyme konnte bereits aufgeklärt werden. Beispielsweise besteht das H-übertragende Coenzym der Gärung, die Cozymase, aus 1 Mol Nikotinsäure + 1 Mol Adenin + 2 Mol Ribose + 2 Mol Phosphorsäure.

Die Fermente sind nur wenig temperaturbeständig, die meisten werden durch Erhitzen in wässeriger Lösung zerstört, bei vielen geht jedoch die Wirkung durch Kochen nicht vollständig verloren.

Jedes Enzym hat eine spezifische Wirkung, die nur auf ganz bestimmte Stoffe zur Geltung kommt und Umsetzungen in einer bestimmten Richtung lenkt. Im allgemeinen unterscheidet man zwei größere Gruppen von Enzymen, die durch Wasserverlagerung kompliziert zusammengesetzte Stoffe in einfachere zerlegenden Hydrotasen und die C-Bindungen auseinanderreißenden Desmotasen, die beispielsweise bei der alkoholischen Gärung wirksam sind.

Das im keimenden Getreidekorn (Malz) gebildete Enzym Diastase ist z. B. befähigt, Stärke zu lösen und in den Zucker Maltose und Dextrin zu wandeln. Neben Diastase kommen im Malz auch eiweißspaltende, organische, proteolytische Enzyme und oxydierend wirkende Enzyme, die Oxydasen, vor. Durch Maltase wird der Rohrzucker in zwei Moleküle Glucose gespalten, durch Lactase Milchzucker in Glucose und Galactose hydrolysiert. Das proteolytische Enzym Trypsin, das z. B. im Saft der Bauchspeicheldrüse vorkommt, spaltet Eiweißstoffe in Proteine und Aminosäuren, sie sind auch die Ursache der Fäulnis und Verwesung. Die Lipasen zerlegen Fette in Fettsäuren und Glycerin, die Zymase spaltet Zucker in Alkohol und CO_2, die Cytase löst Zellulose usw. Peroxydase vermittelt Oxydation durch Sauerstoffanlagerung, Katalase zersetzt die gebildeten Sauerstoffverbindungen oder das Wasserstoffperoxyd.

Jedes Enzym braucht zu seiner Wirksamkeit einen Erreger oder Aktivator, als welche Mineralsalze in Betracht kommen.

6. Gärungs-Mikroorganismen.

Die Gärung wird durch Mikroorganismen, und zwar einzellige Hefe- und Spalt- sowie mehrzellige Schimmelpilze, hervorgerufen, wobei sich die Hefen durch Sprossung, die Spalt- und Schimmelpilze durch Sporenbildung vermehren. Bei den Hefen unterscheidet man echte, sporenbildende Saccharomyceten (Kulturhefen), sporenlose Hefen (wilde Hefen) und Spalthefen. Die Kulturhefen kommen in der freien Natur nicht vor, sondern werden für besondere Zwecke als Bier-, Wein-, Preß- und Brennereihefen kultiviert, wobei durch Reinkultur der verschiedenen Rassen und Auswahl der geeigneten Sorten die Gärung ein sicher lenkbarer Vorgang geworden ist. Die wilden Hefen, wie z. B. auch die Weinhefen, kommen in der Natur im Boden und auf den Pflanzen vor. Nach der Gärungsart unterscheidet man untergärige (Hefe ist am Boden), obergärige (Hefe schwimmt an der Oberfläche) und nicht gärende, zymasefreie Hefen sowie stärkebildende (Frohbergtypus), reagierende Hefen (Saaztypus), welch letztere Maltodextrin vergären können.

Jede Heferasse vegetiert bei einer bestimmten Temperatur am stärksten, optimal meist 25—30°. Bei Temperaturen über 60—70° werden die Hefen abgetötet. Sie sind auch pH-empfindlich und bedürfen zu ihrer Ernährung außer C, H, O und N noch des S, P, K, Mg und Fe. Luftzutritt fördert die Vergärung der Hefen sehr. Sehr geringe Mengen von gewissen Salzen und Säuren, wie Br, J, As, Chromsäuren, Ameisensäure, Milchsäure usw., fördern, größere Mengen hemmen die Gärkraft. Cu-, Pb-, Ag-, Hg-Salze, HNO_2, Schwefelsäure, Salzsäure, Oxalsäure, Flußsäure sind Hefegifte. Auch Alkohol in größerer Menge, z. B. über 5%, bringt das Hefewachstum zum Stillstand, die Gärung kann aber noch bis zu einem Alkoholgehalt von 18—19% fortschreiten.

Die Spaltpilze, Bakterien oder Bazillen sind kleinste, einzellige Organismen in Stäbchen- oder Kugelform, die sich durch Zellteilung vermehren. Sie können Spaltungsgärungen, wie die Milchsäure- und Buttersäuregärung, Oxydationsgärungen (Essigsäuregärung) und Reduktionsgärungen (HNO_3-Gärung) hervorrufen. So sind Hefen gegen desinfizierend wirkende Stoffe, wie Sublimat, Ameisensäure, SO_2, Fluoride, Soda, Kali, Schwefelsäure, Salzsäure, Salpetersäure, Phosphorsäure, oft sehr empfindlich. Diese Eigenschaften werden in der Gärungsindustrie, besonders in der Brauerei, häufig zur Ausschaltung der unerwünschten Tätigkeit der Spaltpilze neben den vielfach weniger empfindlichen Hefen ausgenützt. Manche Bakterien können ohne Sauerstoff leben, für manche, die Anaeroben, ist er sogar schädlich.

Die Buttersäurebakterien sind meist Anaeroben. Sie vermögen Kohlehydrate aller Art, höhere Alkohole und Milchsäure in H_2, CO_2 und organische Säuren, unter denen die Buttersäure überwiegt, umzuwandeln:

$$C_6H_{12}O_6 \text{ (Dextrose)} = 2\,H_2 + 2\,CO_2 + C_3H_7COOH \text{ (Buttersäure).}$$

Da durch ihre Tätigkeit die Wirksamkeit der Hefen und Diastasen unterdrückt wird, sind sie für die Gärungsindustrie sehr schädlich, für den Kreislauf der Stoffe in der Natur sind sie aber sehr wichtig, da sie auch die schwer angreifbare Zellulose zerlegen können.

Die Essigsäuregärung wird durch die Essigsäurebakterien hervorgerufen, die bei etwa 30° eine Oxydation des Alkohols zu Essigsäure bewirken:

$$\underset{\text{Alkohol}}{C_2H_5OH} + 2\,O \rightarrow CH_3COOH \text{ (Essigsäure)} + H_2O$$

Durch die Erzeugung von Essigsäure stören sie das Wachstum von Hefen und verbrauchen außerdem Alkohol. Technisch wird jedoch die Essigsäuregärung zur Gewinnung von Essig durchgeführt.

Durch die *Milchsäuregärung* mit Milchsäurebakterien wird Zucker in Milchsäure gespalten: $C_6H_{12}O_6$ (Dextrose) $\longrightarrow$ $\rightarrow 2\,CH_3 - CHOH - COOH$ (Milchsäure). Da bei einem Gehalt von nur 1% freier Milchsäure die Milchsäurebakterien, z. B. der Bacillus acidificeus, ihre Tätigkeit bereits einstellen, fängt man in der Praxis die Milchsäure durch Zusatz von Kalk ($CaCO_3$) auf und stellt dann aus dem Calziumlactat die freie Säure her. Sie dient zum Brotbacken, Bereitung von Getränken, zum Griffigmachen in der Textilindustrie usw. Milchsäurebakterien kommen im Bier, in der Milch, im Sauerteig, Sauerkraut, sauren Gurken, in der Hefe und in Bäckereimaschinen vor und sind meist Anaeroben. Sie haben für die Bereitung von Sauermilch, Einsäuerung von Gemüse und Futtermitteln seit alters her eine große Bedeutung. Das Optimum ihrer Entwicklung zeigen sie bei Temperaturen um 50°.

Schimmelpilze kommen in Form langer Mycelfäden auf dem Mist, an der Oberfläche von Hefen, auf Früchten, Hölzern, feuchten Wänden usw. vor und üben eine oxydierende und spaltende Wirkung aus. Sie müssen nicht immer eine schädliche Wirkung im Gärungsgewerbe hervorbringen, deuten aber auf eine unsaubere Arbeitsweise hin. Manche Schimmelsorten werden technisch nutzbar gemacht, wie z. B. der die Gärung des Reisbieres bewirkende Aspagillus orizae in Japan oder der Zucker in Gegenwart von $CaCO_3$ in Citronensäure überführende Bacillus niger citrianus.

In der Gärungstechnik verlangt man von den Gärungserregern eine schnelle Gärung, hohe Ausbeute an dem gewünschten Erzeugnis ohne größere Bildung von Nebenprodukten, Unempfindlichkeit gegenüber Fremdstoffen und Giften sowie lange anhaltendes Gärvermögen.

7. Das Wesen der alkoholischen Gärung.

Die Vorgänge bei der alkoholischen Gärung sind gut bekannt. Die Gärung liefert durch ihre Stoffwechselvorgänge die zur Vermehrung der Heferassen notwendige *Energie*. Die Grundreaktion besteht summenmäßig in der Zerlegung von Hexosen, das sind Kohlehydrate (s. S. 617) mit 6 Kohlenstoffatomen, wie Glucose, Fructose, Galactose und Mannose, in Alkohol und CO_2 : $C_6H_{12}O_6 \rightarrow 2\,C_2H_5OH + 2\,CO_2$. Tatsächlich besteht jedoch die Gärung aus einer ganzen Reihe von verwickelten Einzelreaktionen. Die Cozymase als Hexose spaltender Faktor des Fermentes Zymase bewirkt in der ersten Phase des Gärungsvorganges durch ihren Phosphorsäureanteil (Zersetzung der Cozymase s. S. 552) eine Veresterung der Hexose; es entsteht Fructose-1, 6-Diphosphorsäure, die sich in je 1 Mol Glycerinaldehydphosphorsäure und Dioxyacetonphosphorsäure spaltet (I):

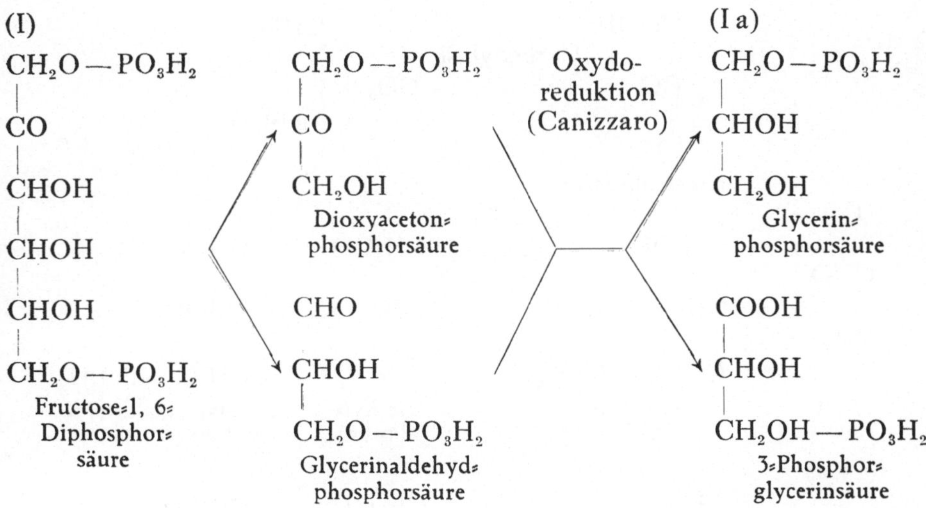

Durch Oxydoreduktion zufolge Wirkung der Cozymase entstehen nach Art einer Canizzaro-Reaktion (s. S. 705) Glycerinphosphorsäure und 3-Phosphorglycerinsäure (I a). Die letztere erleidet eine innere Umbildung in 2-Phosphorglycerinsäure, aus der zuerst unter Wasserabspaltung Phosphorbrenztraubensäure entsteht, die weiterhin unter Wasseraufnahme und Austritt von Phosphorsäure in Brenztraubensäure übergeht (II):

(II)

$$\begin{array}{lcccl}
COOH & & COOH & & COOH \\
| & -H_2O & | & +H_2O & | \\
CHOH & \longrightarrow & CO-PO_3H_2 & \longrightarrow & C=O+H_3PO_4 \\
| & & \| & & | \\
CH_2O-PO_3H_2 & & CH_2 & & CH_3 \\
\text{3-Phosphor-glycerinsäure} & & \text{Phosphor-brenztraubensäure} & & \text{Brenztrauben-säure}
\end{array}$$

Die abgespaltene Phosphorsäure tritt wieder in das Molekül der Cozymase ein, wodurch dieses rückgebildet wird und für einen weiteren Zuckerabbau befähigt ist. Alle diese Vorgänge spielen sich auch im lebenden Muskel beim anaeroben Kohlehydratabbau im tierischen Gewebe bei der sog. Glycolyse oder der Milchsäuregärung ab. Bei der Gärung wird die Brenztraubensäure durch das Ferment Carbocylase unter CO_2-Abspaltung in Acetaldehyd übergeführt (III) und dieser dann durch die nach I a entstandene Glycerinphosphorsäure (IV) oder eine im späteren Verlauf des Gärprozesses durch die nach I entstandene Glycerinaldehydphosphorsäure hydriert (IV a):

(III)

$$\begin{array}{lcl}
COOH & & CHO \\
| & \text{Carbocylase} & | \\
CO & \longrightarrow & CO_2 + CH_3 \\
| & & \text{Acetaldehyd} \\
CH_3 & & \\
\text{Brenztraubensäure} & &
\end{array}$$

(IV)

$$\begin{array}{lclclcl}
 & & CH_2OH & & CH_2OH & & CHO \\
CHO & & | & & | & & | \\
| & + & CHOH & \longrightarrow & CH_3 & + & CHOH \\
CH_3 & & | & & & & | \\
 & & CH_2O-PO_3H_2 & & & & CH_2O-PO_3H_2 \\
\text{Acet-aldehyd} & & \text{Glycerin-phosphorsäure} & & \textbf{Aethyl-alkohol} & & \text{Glycerinaldehyd-phosphorsäure}
\end{array}$$

(IV a)

$$\begin{array}{lclclcl}
 & & CHO & & CH_2OH & & COOH \\
CHO & & | & & | & & | \\
| & + & CHOH & \longrightarrow & CH_3 & + & CHOH \\
CH_3 & & | & & & & | \\
 & & CH_2-PO_3H_2 & & & & CH_2O-PO_3H_2 \\
\text{Acet-aldehyd} & & \text{Glycerinaldehyd-phosphorsäure} & & \textbf{Aethyl-alkohol} & & \text{3-Phosphor-glycerinsäure}
\end{array}$$

Die 3-Phosphorglycerinsäure kehrt wieder in den Kreislauf nach II zurück, der, nachdem er einmal durch I, und zwar die Triosephosphorsäure, in Gang gebracht wurde, im Zyklus II, III, IV a, II, III, IV a weiterläuft. Wird durch künstlichen Zusatz von $NaHSO_3$ der Acetaldehyd in eine schwer lösliche Additionsverbindung (s. S. 584 Aldehyde) übergeführt, so wird als Endprodukt nicht C_2H_5OH, sondern Glycerin gewonnen, das dann ja nicht nach IV oder IV a verbraucht werden kann. Durch einen Zusatz von Carbonat wird der Acetaldehyd nicht zu Alkohol hydriert, sondern es tritt eine Disproportionierung zu Essigsäure und Alkohol ein, so daß man neben Essigsäure auch Alkohol, Glycerin und CO_2 erhält.

8. Praktische Durchführung der Gärprozesse.

Das Wesen der alkoholischen Gärung besteht in der Erzeugung von Alkohol aus zuckerhaltigen Pflanzensäften oder von Zuckerlösungen, die aus Kartoffeln, Getreide oder Holz gewonnen wurden. Je nach dem gewünschten Endprodukt ist die Durchführung des Gärprozesses verschieden.

9. Wein.

Wein wird aus dem Traubensaft durch alkoholische Gärung erhalten, der gewöhnlich 15—20% Zucker, und zwar Dextrose und Lävulose (s. S. 620), ferner wenig Weinstein, etwas Apfelsäure, Gerbstoffe und teilweise auch schon Bukettstoffe enthält. Durch Pressen der Beeren wird der Most gewonnen, der dann meist durch wilde Hefen, die auf den Beeren und Stielen (Kämmen) vorkommen, in kurzer Zeit in Gärung übergeht. Neben den wilden Hefen, die aus verschiedenen Rassen von Saccharamyces ellipsoideus bestehen, werden aber auch schon Reinkulturen von Weinhefen (Geiserheim) verwendet. Für Rotwein werden die Schalen der Beeren während der Gärung im Most belassen, um die Farb- und Gerbstoffe in den Wein übergehen zu lassen. Die Hauptgärung dauert je nach der Temperatur, die am besten bei Obergärung bei 15—30°, bei Untergärung (Rheinweine) bei 10—12° durchgeführt wird, etwa 3—14 Tage, dabei wird stürmisch CO_2 entwickelt. Die stillere Nachgärung dauert einige Monate, wobei sich das aus Hefe, Weinstein, Pektinstoffen, Eiweißstoffen usw. bestehende Faßgeläger absetzt. Dieses wird häufig vor der Nachgärung bereits abgezogen und der sog. „Abstich" je nach der Menge der Ablagerung noch öfters vorgenommen. Aus dem Invertzucker sind neben Alkohol auch Glycerin, Isobutylenglycol, Bernsteinsäure und zahlreiche flüchtige Verbindungen, die sog. Fuselöle, entstanden.

Bei der Lagerung erfährt der junge Wein durch Oxydation wertvolle Veränderungen, er reift, wobei der Luftsauerstoff durch die porige Faßwand eindringt. Der Geschmack, die Blume des Weines, kommt während der Lagerung zur Entwicklung, wobei Aldehyde, wie Acetaldehyd, ferner durch Verbindung des Alkohols mit freien Säuren angenehm riechende und schmeckende Ester gebildet werden. Bei sehr langer Lagerung nimmt der Estergehalt zu, der Alkoholgehalt ab, der Wein schmeckt ölig, sauer und medizinartig.

Trübe Weine werden durch Schönen klargemacht, wobei Hausenblase, Gelatine, Tannin, Milcheiweiß, Klärerde oder Gips zugesetzt werden. Durchschwefeln der Fässer und des Weines kann durch Abbrennen von Schwefel im Faß, Ausschwenken desselben mit $NaHSO_3$-Lösungen oder Behandlung des Weines mit SO_2 erfolgen, um unerwünschte Gärungen, die Weinkrankheiten, wie das Säuern, Kahmigwerden usw., verursachen, zu unterdrücken. Der Zucker- und Alkoholgehalt des Weines kann durch Zusatz von Alkohol und Zucker erhöht, der Säuregehalt durch Behandlung mit reinem $CaCO_3$ vermindert werden. Glycerinzusatz (Schulisieren) verleiht dem Wein einen volleren Geschmack.

Süße Weine sind nach bestimmten Verfahren aus Rosinen, künstlich konzentriertem Most oder mit Alkohol versetztem Most hergestellt. Schaumwein oder Champagner enthält Zucker und komprimierte CO_2 (5—6 Atm.). Reiner Naturwein enthält etwa 7—15, südländische bis 24% Alkohol. Ferner sind im Wein etwa 0,4—1,0% Weinsäure, 0,1—0,2% flüchtige Säuren und etwa 0,15% mineralische Stoffe enthalten.

10. Bier.

Bier ist ein alkoholisches, extraktreiches und CO_2-haltiges Getränk, das seit uralten Zeiten bekannt ist. Während es früher im Haushalt erzeugt wurde, ist es jetzt ein gewerbliches und fabrikmäßiges Erzeugnis geworden, das wertmäßig etwa der gesamten Steinkohlenförderung oder den hüttenmännischen Erzeugnissen Europas gleichgesetzt werden kann. In der Regel wird das Bier aus dem Malz der Gerste, Hopfen und Wasser durch Gärung hergestellt, sein Alkoholgehalt ist geringer als der des Weines oder Branntweines. Es stellt jedoch nicht nur ein reines Genußmittel dar, sondern der ziemlich hohe Extraktgehalt aus Kohlehydraten, wie Zucker, Dextrin usw., Eiweißstoffe und Salze verleihen ihm auch einen gewissen Nährwert. 1 l Bier enthält etwa 40—70 g Extrakte, 30—60 g Kohlehydrate, 3—7 g Eiweiß, 25—50 g Alkohol, 2—3 g Asche, 0,2—0,7 g Phosphorsäure und hat einen Nährwert von 300—550 cal.

Bei der Bierbereitung spielen sich eine ganze Reihe von chemischen und biologischen Vorgängen ab, die unter Mitwirkung von mehreren verschiedenen Enzymen verlaufen (s. S. 551). Die meisten Biere werden durch untergärige Heferassen erzeugt, nur in England und Deutschland werden auch heute noch obergärige, aber gehopfte Biere hergestellt. Die früher rein empirische Bierbereitung ist erst allmählich auch wissenschaftlich durchforscht worden, so daß auch die Bierbrauerei heute ein Teilgebiet der chemischen Technologie darstellt.

Die Bierbrauerei gliedert sich in die Herstellung des Malzes, der Würze und deren Vergärung durch Hefe, wobei als Rohstoff Gerste, Hopfen und auch das Wasser dienen.

11. Die Rohstoffe der Brauerei.

a) Gerste. Zur Bierbereitung verwendet man meist die zweizeilige Sommergerste. Nicht jede Gerstenart kann als Brauereigerste verwendet werden, da an diese verschiedene Anforderungen, vor allem eine hohe Extraktergiebigkeit und hoher Stärkegehalt, gestellt werden. Für eine gute Beschaffenheit der Gerste sind weniger die Sorte als die Anbauverhältnisse, wie das Klima, der Boden, Düngung, Kulturweise usw., von Wichtigkeit. Ihre Hauptbestandteile sind die stickstofffreien Extrakte, nämlich etwa 60—70% Stärke, 0,5—2% Rohrzucker, 2—3% Fett, wenig Lezithin, Cholesterin sowie beim Keimen in Lösung gehende Zellulose.

Das Gerstenkorn soll glänzend, weißgelblich bis gelb sein, keinen dumpfen Geruch aufweisen, nicht mehr als 12—15% Spelzengehalt und ein Tausendkorngewicht von etwa 40 g besitzen. Da die Eiweißkörper während des Abbaues zum größten Teil koagulieren und daher eiweißreiche Gerste einen niedrigen Stärke- und Extraktgehalt bewirkt, soll der Eiweißgehalt nicht zu hoch sein. Sehr gute Gerste hat 9—10%, mittlere etwa 12% Eiweiß in Form von Globulinen, Edestin, Hordein, Pflanzenkasein und auch Peptonen (s. S. 657). Die Keimfähigkeit soll bei Zimmertemperatur wenigstens 95% in 24 Stunden betragen. Eine gute Braugerste hat folgende Zusammensetzung (L i n t n e r): 14,5% Wasser, 9% Protein, 62% Stärke, 4,5% stickstofffreie Stoffe, 2,5% Fett, 5% Rohfaser und 2,5% Asche (K_2O- und P_2O_5-reich).

Für untergäriges, gewöhnliches Bier ist auch Reis, Rohrzucker u. dgl. ein geeigneter Rohstoff, insbesondere für Exportbiere, bei denen Eiweißtrübungen vermieden werden sollen. Für obergärige Biere wird auch Weizenmalz, ungemälzter Mais (amerikanisches Rohfruchtbier), Rohrzucker, Stärkezucker und Sirup als Malzersatz verwendet.

b) Hopfen. Zum Würzen des Bieres dienen die Dolden der weiblichen Hopfenpflanze. Die das Aroma des Bieres ergebenden Bitterstoffe des Hopfens sitzen an seinen Fruchtständen in kleinen, gelbgrünen, hellglänzenden Drüsen, in denen das sog. „Hopfenmehl“ oder Lupulin erzeugt wird. Chemisch besteht das Lupulin aus einem flüchtigen ätherischen Hopfenöl, zwei krystallisierten Hopfenbuttersäuren, Abkömmlingen olefinischer Terpene der

Formel $C_{20}H_{30}O_5$ sowie einem Wachs und einem geschmacklosen und daher wertlosen Hopfenharz. Der Hopfen wird vornehmlich nach dem Aroma, in zweiter Linie erst nach der Höhe seines Lupulingehaltes beurteilt, jedoch spielt auch die Frage des Trockenheitszustandes eine Rolle. Guter Hopfen wird in Böhmen, Bayern, Württemberg, Belgien, England und USA. gebaut. Bester Hopfen hat einen Weichharzgehalt von etwa 16%. Zur Erhöhung der Haltbarkeit wird Hopfen nach der Ernte künstlich getrocknet und geschwefelt.

c) Wasser. Die Beschaffenheit des Wassers kann sowohl den Geschmack als auch die Farbe des Bieres beeinflussen. Das Malz und die Würze reagieren zufolge eines Gehaltes an primären Phosphaten sauer. Durch die im Wasser gelösten Bicarbonate werden die primären Phosphate in die schwer löslichen sekundären oder unlöslichen Salze übergeführt, wodurch diese beim Kochen ausgefällt werden. Da für die Überführung der unlöslichen Malzbestandteile in die lösliche Würze (Maische) die Tätigkeit der Enzyme erforderlich ist, diese aber auch durch die Anwesenheit der sekundären Phosphate ausgesprochen gehemmt wird, sind die Carbonate des Wassers für den Brauereibetrieb schädlich. Die Acidität der Maische, die durch die Carbonate des Wassers gleichfalls beeinflußt wird, ist ausschlaggebend für den Verlauf der Sudvorgänge, die Verzuckerung, den Eiweißabbau, die Abläuterung, Ausbeute, Grenze und den Bruch bei Beendigung des Würzekochens. Die Carbonate des Wassers werden entweder durch Kochen, Zusatz von gelöschtem Kalk, Zugabe berechneter Mengen von Säuren, wie Milchsäure, in neuerer Zeit auch nach dem Wofatitverfahren (s. S. 45) beseitigt. Durch Gips (Burtonisieren) wird nur die Härte des Wassers ausgeglichen, aber keine Enthärtung bewirkt. Die hellsten und „warm“ schmeckenden Biere, wie das Pilsener Bier, werden aus besonders weichem Wasser erhalten.

Die Beschaffenheit des Wassers ist für die Art des Bieres von ausschlaggebender Bedeutung. Münchener Bier erfordert ein etwas alkalischeres Wasser (etwa 14^0 dH), das Dortmunder Bier hat 30^0 dH, Schwechater Bier (Wien) etwa 23^0 dH (davon etwa 16^0 Carbonathärte) usw. Bier nach Pilsener Art (nur 1^0 dH) kann nach entsprechender chemischer Vorbereitung des Wassers in jeder Brauerei erzeugt werden, nur können für das Original die übrigen Faktoren, wie Gerste, Hopfen, Größe der Gefäße usw., nie genau nachgemacht werden.

12. Die Bereitung des Malzes.

Die Malzbereitung bezweckt, die Reservestoffe des Gerstenkornes, vor allem die Stärke, löslich und dialysierend zu machen, wozu die Überführung mittels des Enzyms Diastase in Zucker herangezogen wird. Diese Diastase bildet sich beim Keimen des Kornes. Hat sich genügend Diastase gebildet, so wird der Keimvorgang unterbrochen und das Malz durch Trocknen, Darren genannt, haltbar gemacht. Beim Mälzen wird vorerst in Putzmaschinen die Gerste von Sand, Unkrautsamen usw. befreit, auf gleiche Korngröße sortiert und dann in großen, trichterförmigen eisernen Bottichen mit Wasser übergossen, geweicht. Da während des Weichens bereits die biologische Tätigkeit des Gerstenkornes beginnt, wozu auch Luft erforderlich ist, wird entweder Luft in den Weichstock eingeblasen oder aber das Keimgut beim Weichwasserwechsel längere Zeit stehengelassen. Durch Zusatz von Kalk oder Säuren zum Weichwasser trachtet man, Mikroorganismen zu beseitigen. Beim Weichen nimmt das Korn etwa 37—48% Wasser auf.

Es wird nun auf der Tenne als Naß- und Trockenhaufen oder in mechanischen pneumatischen Keimapparaten keimen gelassen. Bei letzteren wird das Korn in Kasten oder Trommeln durch Scheiben oder rotierende Trommeln zeitweise umgewendet und dabei kontinuierlich Luft durchgeblasen. Der Keimling bildet sich seine Nährstoffe unter der Mitwirkung von Enzymen aus den unlöslichen Bestandteilen des Gerstenkornes, und zwar mit Hilfe von Diastase aus Stärke, von Lipase aus den Fetten, von Phytase aus den Phosphaten, von Cytase für die Zellwand und Oxydase für die Sauerstoffübertragung. Die Keimdauer beträgt etwa 6—8 Tage.

Ist die Gerste genügend ausgewachsen, so wird dieses Grünmalz durch Trocknen und Rösten (Darren) aufbewahrungsfähig gemacht, wodurch der Wassergehalt von 40—45% auf 0,5—3% sinkt und durch die Temperaturerhöhung der Keimling abgetötet wird. Das Darren wird auf Zwei- oder Dreihordendarren, das sind zwei oder drei übereinanderliegende, durchlochte Bleche oder Drahtgeflechte, durch indirekte Beheizung bei 90—110° unter wiederholtem Wenden des Malzes durchgeführt. 100 kg Gerste ergeben 70—80 kg Dörrmalz. Dieses wird nach dem Dörren in Malzputzmaschinen von den Keimen und Staub befreit. Es ist durch die Darre teilweise gebrannt und weist einen gewissen Caramelgehalt auf. Von der Art des Darrens hängt die Farbe und Type des Bieres ab. Dunkle Biere werden durch Zusatz von Farbmalz, das aus bei etwa 150° geröstetem Grünmalz hergestellt ist, erhalten.

13. Das Maischen.

An das Mälzen schließt sich das Maischen, die Gewinnung der Würze, an. Sie bezweckt, die Extraktstoffe des Malzes zu verzuckern und in Lösung zu bringen. Um die Extraktion des Malzes zu erleichtern, wird dieses auf Malzschrotmühlen zerkleinert und nach dem Wägen und der Ermittlung der Extraktausbeute dem

Sudprozeß unterworfen. Der Malzschrot wird im Sudhaus mit kaltem oder warmem Wasser eingemaischt, im Maischbottich, das sind meist runde, aus Kupfer oder Eisen hergestellte Gefäße, gut durchgerührt und dann mehrmals zwischen Maischbottichen und Maischpfannen umgepumpt, wodurch eine stufenweise Erwärmung bis höchstens 78° bewirkt wird, und dabei verzuckert.

Beim Maischen werden die löslichen Stoffe der Gerste, wie Zucker, stickstoffhaltige Verbindungen, Abbauprodukte des Eiweißes, Enzyme, Pentosane, Gummi- und Pektinstoffe usw., gelöst, man nennt sie den Extrakt, die wässerige Lösung die Würze. Durch bestimmte Lenkung des Maischens wird nicht nur die dem Charakter des Bieres entsprechende Würze, sondern auch ein bestimmtes Verhältnis zwischen löslicher Stärke und Eiweißstoffen hergestellt und die Stärke möglichst verzuckert. Die günstigste Verzuckerungstemperatur liegt zwischen 55 und 68°, bei welcher dunkle Biere länger, hellere hingegen kürzer gehalten werden.

Je nach der Führung, Temperatur und Dauer des Maischens können Würzen mit 20—70% Zucker erhalten werden. Beim Maischen wird die Stärke durch die Diastase mit Absicht aber nur zu etwa 80% in Maltose $C_{12}H_{22}O_{11}$ übergeführt, der Rest bleibt als unvergärbares Dextrin in der Maische und gibt dem Bier den „Extrakt" und seinen Nährwert. Etwa 50% der Eiweißstoffe werden durch das Mälzen und Maischen löslich gemacht. Gelöst werden auch die Amylane und Gummistoffe, die für die Schaumbildung des Bieres wertvoll sind, sowie die der Ernährung der Hefe dienenden Phosphate.

Zur Durchführung des Maischens gibt es verschiedene Verfahren, das Dreimaisch- oder Kochverfahren, das Kurzmaischverfahren, das Vormaischverfahren, das Eiweißrastverfahren, das Druckmaischverfahren für dunklere Biere, das Infusionsverfahren usw. Die Maische wird hierauf von den Biertrebern getrennt, d. h. geläutert, wozu entweder die *Läuterbottiche* mit siebartigen Einsätzen oder Maischfiltern, die aus mit Tüchern bespannten Rahmenfiltern bestehen, verwendet werden. In den Läuterbottichen bilden die Spelzen der Gerstenkörner selbst das Filtermaterial. Die klar ablaufende Würze heißt *Haupt-* oder *Vorderwürze*, die durch Auswaschen der Treber mit heißem Wasser entzogene Würze *Nachwürze*. Die Treber enthalten die meisten Eiweißstoffe und werden als Futtermittel verwendet.

Haupt- und Nachwürze werden vereinigt und im Hopfenkessel mit Hopfen gekocht (auf 100 l Bier kommen für Münchener Bier etwa 250 g, für Pilsener Biere bis über 400 g Hopfen), wodurch die meisten Eiweißstoffe koaguliert, die Enzyme zerstört, die Würze konzentriert und sterilisiert sowie die löslichen Hopfenbestandteile gelöst werden. Die heiße, durch den Hopfen aromatisierte und konzentrierte Würze wird filtriert und hierauf auf Kühlschlangen und Berieselungskühlern, über deren von Wasser durchströmte Rohre die Würze herausfließt, auf Kühlertemperatur gebracht, die 5—6° für Untergärung und 12—20° für Obergärung beträgt.

14. Die Gärung der Würze.

Im Gärkeller, der auf der gewünschten Temperatur durch Kältemaschinen gehalten wird, wird die Würze mit der in der Hefereinzuchtanlage gezüchteten Hefe (Saccharomyces cerevisiae) zur Gärung angestellt. Durch den Gärungsvorgang wird die Würze in Bier umgewandelt, wobei die Hauptgärung in etwa 8—12 Tagen beendet ist. Bei der Gärung erfolgt neben der CO_2-Entwicklung und Alkoholbildung auch eine Ausscheidung des Hopfenharzes und eines Teiles der Stickstoffverbindungen. Die Gärung wird in emaillierten Eisen-, Aluminium- oder Betontanks durchgeführt. Ihr Verlauf wird mit dem Saccharometer verfolgt. Nach beendeter Gärung wird das Jungbier oder Grünbier nach Entfernung der an der Oberfläche ausgeschiedenen Hopfenharze mit einem Schöpflöffel in zwei Lagerbehälter aus emailliertem Stahl, Reinaluminium, große Holzfässer oder mit einer bitumenhaltigen Paraffinmasse ausgekleidete Betontankanlagen gebracht und bei 0—2° einer 2—5 Monate dauernden Nachgärung unterworfen, wobei es sich mit Kohlensäure sättigt, der Extrakt abnimmt und der Alkoholgehalt steigt. Nach Passieren von Filtern kommt das Bier in eine Faßabfüllhalle. Die in den Gärbehältern sich absetzende Hefe wird von der oberen und unteren verunreinigten Schicht getrennt, gewaschen und als sog. Kernhefe in den Hefewannen zur Wiederverwendung unter Tiefkühlung aufbewahrt. Die anfallende Abfallhefe wird als hochwertiges Futtermittel oder zur Erzeugung von Nährextrakten verwendet.

Für 1 hl gutes Bier benötigt man 17—20 kg gutes Malz mit 12,5% Würze und 0,35—0,4% CO_2. Untergärig sind die meisten Lagerbiere, wie das dunkle Münchener, das helle, hochgehopfte Pilsener, das mittelfarbige Wiener, das helle Dortmunder Bier, obergärig das Berliner Weißbier, Leipziger Gose, Lichtenhainer, Grätzer Bier usw. Die englischen Biere Porter und Stout sind dunkle Biere mit einem Stammwürzgehalt von 14—18%, bzw. 20% und darüber. Ale ist ein helles Bier mit einem Würzgehalt von 14—25% und wird aus Gerste, Mais und Reis hergestellt.

15. Spiritus, Alkohol.

Spiritus, auch Weingeist genannt, ist mit Wasser verdünnter Aethylalkohol, während unter „Alkohol“ der absolute, reine C_2H_5OH verstanden sein soll. Branntwein ist der für den menschlichen Genuß bestimmte Trinkbranntwein. Spiritus wird entweder aus solchen Stoffen erzeugt, die Alkohol bereits vorgebildet enthalten, oder aber der Alkohol wird erst aus anderen Bestandteilen der Rohstoffe gebildet. Als solche kommen zuckerhaltige Stoffe, wie Melasse, Zuckerrüben, Zuckerrohr, Obst, Sulfitzellulose, in Betracht, die erst vergären müssen, oder aber stärkehaltige Stoffe, wie Kartoffeln, Roggen, Weizen, Gerste, Reis, Mais, bei denen der Vergärung eine Umwandlung der Stärke in Zucker vorangehen muß. Für Europa ist die Kartoffel der wichtigste Rohstoff für die Spirituserzeugung. Die Kartoffelbrennereien erzeugen stets einen hochprozentigen, nicht genießbaren Rohspiritus, der durch Raffination auf Feinsprit verarbeitet wird. Beim Brennen von Getreide kann sowohl auf 20—50% Trinkbranntwein als auch Spiritus gearbeitet werden. Stets wird auf eine vollständige Umsetzung der Stärke und Kohlehydrate in Alkohol hingearbeitet. Die Spiritusindustrie wird in vielen landwirtschaftlichen Betrieben als Nebenbetrieb, aber auch in gewerblichen Betrieben ausgeführt. 1913 betrug die Welterzeugung an Spiritus etwa 30 Mill. hl, davon wurden etwa 18 Mill. in Europa erzeugt. 1936/37 betrug die Welterzeugung etwa 20 Mill. hl.

Brennereibetrieb. Die Herstellung von Spiritus aus Kartoffeln gliedert sich in folgende Teiloperationen: 1. Malzbereitung; 2. Dämpfen der Kartoffeln; 3. Maischen, d. i. Verzuckerung der Stärke durch Malz; 4. Gärung und Hefezüchtung; 5. Destillation auf Rohspiritus; 6. Raffination.

Die Malzbereitung. Ebenso wie bei der Bierwürzeherstellung (s. S. 561) dient auch in der Spiritusbrennerei das im keimenden Getreidekorn sich bildende Ferment Diastase dazu, Stärke in vergärbare Maltose überzuführen. Da jedoch hier die Stärke von der Kartoffel geliefert wird, genügt eine bedeutend geringere Menge von Gerstengrünmalz, etwa 5—6 kg auf 100 kg Kartoffeln. Es wird auch nur gewöhnliche Futtergerste zur Malzbereitung verwendet, die mehr Diastase bildet. Außerdem läßt man auch noch statt auf „Kurzmalz" auf „Langmalz" malzen, wodurch gleichfalls mehr Diastase erhalten wird. Das Grünmalz wird dann in Malzquetschen zerdrückt und mit Wasser zu einem dünnen Brei angerührt.

Um die Stärke der Kartoffel (etwa 20% Stärkegehalt) durch die Diastase verzuckern zu können, muß sie vorerst der Verkleisterung unterworfen werden, wobei unter dem Einfluß von Wärme und Feuchtigkeit die Stärkekörner aufquellen und in ihrer Struktur zerstört werden. Diese Verkleisterung oder das Dämpfen wird vorwiegend in Hochdruckapparaten, insbesondere im Kartoffeldämpfer von Henze, durchgeführt. Dieser besteht aus einem stehenden Hochdruckkessel (Abb. 88) mit unterer konischer Verjüngung, in welchem die gewaschenen und zerkleinerten Kartoffeln durch gespannten Dampf von 3—3,5 Atm. gedämpft werden. Durch ein Mannloch werden die Kartoffeln eingefüllt, D, d_1, d_2 sind die Dampfspannungsrohre. Sind diese gar gedämpft, so wird durch Öffnen eines engen Spaltes mit Kegelventil v die Masse durch den eigenen Dampfdruck durch einen Zerkleinerungsrost in den Maischbottich hinübergedrückt, wobei ohne weitere Zerkleinerungsvorrichtung dort ein feiner Brei erhalten wird. Die Stärke wird bis auf 0,5—1% aufgeschlossen.

Der Maischapparat oder Vormaischbottich ist mit einem Rührwerk ausgestattet und ist bereits vor Einfüllen des Kartoffelbreies mit Wasser und dem zerkleinerten Grünmalz beschickt worden.

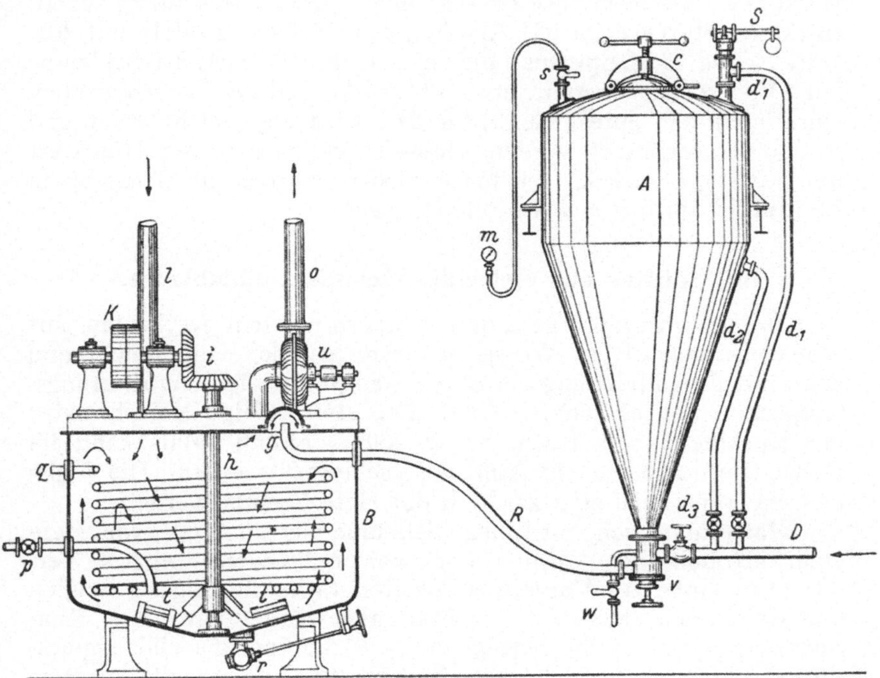

Abb. 88. Kartoffeldämpfer nach Henze.

Die Temperatur soll beim Maischen anfangs 55°, später 60° betragen. Während der etwa ½—1 Stunde betragenden Verzuckerung wird die Maische gerührt. Die Verzuckerung geht aber nur zu 80% vor sich, der Rest des Dextrins wird erst nach Vergärung der Maltose durch Nachwirkung der Diastase während des Gärprozesses allmählich zu Maltose umgewandelt.

Gärung. Nach der Verzuckerung wird die Maische auf die Gärtemperatur von etwa 17—20° abgekühlt, mit Hefe versetzt und in offenen Gärbottichen aus Eichenholz oder geschlossenen Eisengärkesseln, bei denen durch luftdichten Verschluß und Auswaschen der bei der Gärung entweichenden CO_2 die Verdunstungsverluste an Alkohol vermieden werden, lagern gelassen. Die zum Anstellen benötigte Hefe wird in den Brennereien täglich neu gezüchtet. Vor der Angärung läßt man das Hefegut eine Milchsäuregärung bei 55°

bis zu einem Gehalt von etwa 1% Milchsäure durchführen, um gärungsschädliche Bakterien und wilde Hefen in ihrer Tätigkeit zu hemmen.

Die Gärung zerfällt in eine langsame Angärung, in eine stürmische Hauptgärung und in eine ruhigere Nachgärung und ist nach etwa 3 Tagen beendet. Da auf 1 kg Zucker bei der Gärung 133 kcal frei werden, muß die Maische gekühlt werden. Man erhält eine vergorene Maische mit etwa 8—13 Vol.% C_2H_5OH, aus 100 kg reiner, trockener Stärke etwa 65 l Alkohol, aus 100 kg Kartoffeln mit 20% Stärke etwa 13,1 l Spiritus (100%ig gerechnet) und 150 l Schlempe mit 8 kg Trockensubstanz, etwa 1% Stärke und 3% Kohlehydraten. Diese stellt ein gutes Viehfutter dar, wird aber leicht sauer und soll sofort verfüttert werden. Beim Trocknen geht der Nährwert der Schlempe zurück. Im Jahre 1936/37 wurden in Deutschland 2,3 Mill. hl Spiritus aus Kartoffeln erzeugt.

16. Spiritus aus Getreide, Melasse, Sulfitablauge.

Roggen wird nicht gedämpft, sondern nur fein geschroten, mit schwefelsäurehaltigem Wasser mehrere Stunden eingeweicht und dann mit dem Malz langsam durch Dampf auf die Verzuckerungstemperatur von 64—66° C erhitzt. Die etwa 16%ige Maische wird mit Kunsthefe in 3 Tagen bei 20—30° vergoren. Mais kann im Henzedämpfer bei 3—4,5 Atm. aufgeschlossen werden. Die Maismaische kann auch zum Züchten der Hefe benützt werden.

Mais kann auch mit einem Schimmelpilz an Stelle von Hefe einer alkoholischen Gärung unterworfen werden, welches Verfahren in Japan zur Vergärung von Reisstärke, in Ungarn, Belgien und Frankreich aber auch für Mais angewendet wird. Die Konzentration der Maische beträgt etwa 18° Bulling, die Gärtemperatur zu Anfang 20°, die höchste Temperatur 30°. Aus 100 kg Mais erhält man 36 l Alkohol.

17. Melassebrennerei.

Melasse enthält etwa 50% Zucker, aber auch gärungshemmende Fettsäuren, Bakterien und zu wenig stickstoff- und phosphorhaltige Hefenährstoffe, ist daher schwer vergärbar. Zur Keimfreimachung und Invertierung des Rohrzuckers wird die Melasse mit Wasser verdünnt, mit etwas Salz- oder Schwefelsäure angesäuert (0,3%) und bei einem Zuckergehalt von 15—16% bei 30° mit Reinzuchthefen vergoren. Man erhält pro 1 kg Rohrzucker 60 Literprozente Alkohol. Die im Melassespiritus auftretenden Stoffe, die ihn für Genußzwecke ungeeignet machen würden, wie vor allem Acetaldehyd, Ameisensäureester, Isobutylaldehyd, Essigsäureester, Amylaldehyd, Akrolein usw., werden im Vorlauf bei der Destillation abgeschieden. Die kali- und phosphorreiche Schlempe ist zwar als Futtermittel nicht brauchbar, wird aber entweder durch Vermischen mit Torf auf Düngemittel oder auf Schlempekohle verarbeitet, wobei auch Cyanverbindungen (s. S. 148), Pottasche (s. S. 254) und Ammoniak gewonnen werden können.

Verarbeitung von Sulfitzelluloseablaugen.

Beim Aufschluß von Holz auf Zellstoff mit einer wässerigen Calziumbisulfitlauge werden auch die im Holz vorhandenen etwa 1,5—2% Zucker gelöst. Nach der Entspannung der Kocherlauge wird diese aus einem Rohlaugenbehälter entweder in größere Behälter und Eisenwannen unter Einblasen von Preßluft oder in Neutralisationstürme gebracht und mit $CaCO_3$ zur Abstumpfung der freien Säuren (Schwefelsäure, H_2SO_3, Essigsäure, Ameisensäure) auf einen pH-Wert von etwa 6 behandelt, geklärt und auf Gärtemperatur von etwa 30° abgekühlt. Nach Zusatz von Hefe und von Hefenährmitteln in großen, 100 cbm fassenden Gärbottichen oder vorteilhafter in stetem Durchfluß durch die Gärbottiche wird vergoren. Die noch vorhandenen, geringen Mengen von H_2SO_3 sterilisieren die Lauge und schützen sie vor wilden Hefen. In kontinuierlich arbeitenden Destillationsanlagen gewinnt man aus 1 cbm Sulfitablauge 10—14 l reinen Alkohol, Vorlauf, Fuselöle sowie Back- oder Futterhefe.

18. Die Preßhefefabrikation für biologische Eiweiß- und Fettsynthese.

Zum Auflockern des Brotteiges verwendet der Bäcker den Sauerteig, ein Gemisch von Hefe und Milchsäurebakterien, für Weißgebäck und Kuchen reine Hefe. Die Hefe bildet mit den geringen, im Mehl vorhandenen Zuckerarten die auflockernd wirkende CO_2, außerdem noch Geschmacksstoffe. Da die Bierhefe nicht für die Bäckerei verwendbar ist, wird in eigenen Preßhefefabriken aus Malz und Getreide, Mais, Melasse, Kartoffeln Hefe als Haupt- und Alkohol als Nebenerzeugnis gewonnen. Nach dem älteren Wienerverfahren wird ähnlich wie bei der Getreidebrennerei aus Roggenschrot, gedämpftem Mais, Grünmalz bei 63—65° eine Maische hergestellt, bei 50° mit Milchsäure gesäuert und bei 25° mit Kunsthefe eingestellt. Bei Beginn der Hauptgärung (18 Stunden) wird die Hefe als weißer Schaum abgeschöpft, gewaschen, gepreßt, aus den Maischen durch Destillation der Spiritus gewonnen.

Beim neueren Lüftungs-, Würze- oder Lufthefeverfahren macht man von der Tatsache Gebrauch, daß sich die Hefe bei stärkerer Luftzufuhr besonders kräftig vermehrt. Die Alkoholausbeute bleibt aber bei diesem Verfahren erheblich zurück. Die filtrierte, klare, stickstoffreiche Würze wird stark gelüftet, wobei sich bei etwa 30° rasch Hefe bildet. Sie wird durch Zentrifugieren abgetrennt. Meist werden nur ganz klare, angesäuerte Melasselösungen, denen durch Zusatz von anorganischen Nährsalzen, wie $(NH_4)_2SO_4$ und Phosphaten, der nötige Stickstoff usw. einverleibt wurde, verarbeitet. Man erhält aus 100 kg Getreide 25—35 kg Preßhefe und 15—18 l Alkohol (100%ig), aus 1,5—2,5%igen Melasselösungen mit Nährsalzen bis zu 90 kg gepreßte Hefe aus 100 kg Melasse (Mineralhefe).

Die Hefe enthält etwa 26—32% Trockensubstanz, welche ihrerseits wieder aus 50—60% stickstoffhaltigen Stoffen mit etwa 12,5% Proteinen, 2—7% Fett, 36—40% Zellulose, 3—9% Asche besteht. Wegen des großen Nährwertes der Hefe wird sie auf Trockennährpräparate, wie Bios, Ovos, Camos usw., mit etwa 55% Eiweiß verarbeitet, von denen 1 kg etwa 3,3 kg Fleisch gleichwertig ist. Da außer den Kohlehydraten, wie Getreide und Kartoffeln, auch Krystallzucker, ferner aber auch andere Kohlenstoffverbindungen mit 2 oder 3 Kohlenstoffatomen, wie Essigsäure, Milchsäure, Glycerin usw., zur Herstellung der Hefe dienen können, diese Stoffe aber durchwegs auf synthetischem Wege aus Kohle gewonnen werden können, kommt der Erzeugung von künstlichen Nahrungsmitteln aus Kohle über die Hefe in Zukunft wahrscheinlich eine große Bedeutung zu.

19. Destillation.

Der in der Maische enthaltene Alkohol wird wegen seines niedrigen Kochpunktes (78,3°) von Wasser durch Destillation getrennt, wobei sowohl die einfache Destillation als auch die Rektifikation angewendet werden (s. S. 507). Bei der Herstellung von Trinkbranntwein ist eine vollständige Trennung des Alkohols von den Fuselölen gar nicht erforderlich, da Trinkbranntwein etwa nur 20—50% Alkohol enthält und die Fuselöle das Aroma des Branntweines bewirken sollen. Man destilliert zweimal in den einfachen Apparaten aus kupferner Blase mit daraufgesetztem Helm, Kühlschlange und Vorlage. Auf der Blase ist eventuell noch eine kleine Verstärkungssäule zur Dephlegmation der aufsteigenden alkoholhaltigen Wasserdämpfe vorgesehen. Sobald ein Drittel bis ein halb der Maische abgetrieben ist, ist der Rückstand, die Schlempe, alkoholfrei.

Würde man Spiritus oder Alkohol in diesen Apparaten gewinnen wollen, müßte man wenigstens vier- bis fünfmal hintereinander destillieren und den Rest des Wassers aus dem Alkohol durch Zusatz von wasserbindenden Stoffen, wie Kalk, K_2CO_3, oder im Vakuum entfernen. In der Spiritusindustrie sind daher die ununterbrochen arbeitenden Säulenapparate oder Kolonnen entwickelt worden, die auch in anderen Industrien, wie der Teer-, Essigsäure-, Ammoniakindustrie usw., Eingang gefunden haben. Die Wirkungsweise der Rektifikationsapparate wurde bereits auf S. 509 besprochen.

Man arbeitet entweder periodisch mit abgemessenen Mengen Maische oder kontinuierlich. Der periodische Apparat von Pistorius besteht in der Regel aus zwei übereinanderliegenden Maischeblasen und einer Dephlegmationsvorrichtung. Man füllt beide Maischeblasen zur Hälfte mit Maische und leitet in die untere Dampf ein, wodurch die Flüssigkeit zum Sieden gelangt. Durch ein T-Rohr treten die alkoholhaltigen Dämpfe in die obere Maische ein und kochen diese auf. Die dort entweichenden, bereits alkoholreicheren Dämpfe werden im Dephlegmator an Alkohol verstärkt und im Kühler gekühlt. Ist die Maische der unteren Blase ausgekocht, läßt man sie ab und ersetzt sie durch die Maische der oberen Blase, die frisch gefüllt wird.

Bei der kontinuierlichen Rektifikation wird dauernd Maische zugeführt. Der Rektifizierapparat besteht aus der Mischkolonne, der Lutter- (Destillat-) Kolonne, dem Kondensator oder Dephlegmator, dem Kühler, Spiritusablauf und Schlemperegulator. In die untere Kammer wird Dampf eingeleitet. Die Rektifikation geht wie beim Erdöl vor sich (s. S. 507). Mit Kondensatoren erhält man einen Spiritus von etwa 86—88%, mit Dephlagmatoren von 90—95%.

Raffination des Rohspiritus. Der Rohspiritus enthält neben Alkohol auch noch die flüchtigen Nebenprodukte der Gärung, Fuselöle genannt, die bei Kartoffeln aus Aldehyd, Estern, höheren Alkoholen, wie Amyl-, Hexyl-, Heptyl-, Isobutyl-, Propylalkohol, Furfurol usw., bei Melassespiritus aus Ameisensäure, Aldehyd und Aminobasen bestehen. Die hohen Paraffinalkohole entstammen nicht dem Alkohol, sondern den Eiweißstoffen der Ausgangsprodukte. Für die Herstellung von Likören, Parfüm, als Weinzusatz usw. muß der Rohspiritus noch gereinigt werden. Diese Raffination wird meist in eigenen Spritfabriken durchgeführt.

Für feinere Sorten wird der auf etwa 40—50% verdünnte Rohspiritus manchmal durch geglühte Holzkohle filtriert, wobei durch den von der Kohle adsorbierten Sauerstoff eine Oxydation eines Teiles der Fuselöle erfolgt. Bei guter Rektifikation kann jedoch auf diese Filtration verzichtet werden. Die kontinuierliche Rektifikation wird meist in Feinspritapparaten von etwa 15 m Höhe, bestehend aus großer eiserner Blase, Rektifiziersäule, Kühler und Nebenapparat, durchgeführt. Die zuerst übergehenden Anteile enthalten die leicht siedenden Nebenbestandteile, sie bilden den Vorlauf. Hierauf folgt der eigentliche Sprit, der je nach seinem Reinheits- und Feinheitsgrad als Weinsprit (der feinste), Feinsprit und Primasprit bezeichnet wird. Im Nachlauf sind die höher siedenden alkoholischen Verunreinigungen enthalten. Der Weinsprit hat einen Gehalt von 94—95% Alkohol.

Die anfallende Kartoffelschlempe stellt ein wertvolles, stickstoffhaltiges Futtermittel dar. Beläßt man in der Schlempe etwas nicht vergorenes Dextrin, dann erhält man sog. Mastschlempe. Die

Fuselöle sind gleichfalls sehr gesucht. Man trennt die einzelnen Alkohole durch fraktionierte Destillation und führt sie in die Ester von Essig-, Butter-, Valeriansäure usw. über, die als künstliche Fruchtäther verkauft werden.

Absoluter Alkohol. Bei der Destillation eines mit Wasser verdünnten Alkohols geht bei 1 Atm. bei 78,3° ein Gemisch von 95,6% Alkohol und 4,4% Wasser über. Dieses Gemisch, das durch weitere Rektifikation nicht mehr weiter an Alkohol angereichert werden kann, wird als ein azeotropisches Gemisch bezeichnet (s. S. 61). Nur durch stark wasserentziehende Mittel, wie wasserfreies CaO, K_2CO_3, $CaSO_4$, ein Gemisch von K- und Na-Acetat, kann wasserfreier Alkohol hergestellt werden.

Für die Zumischung des Alkohols zu Benzin oder Benzol als Motortreibstoff muß der Alkohol aber wasserfrei sein, weshalb in der Technik brauchbare Methoden zur Erzeugung 100%igen oder absoluten Alkohols ausgearbeitet wurden. Es wurde dabei gefunden, daß durch Zumischen von Benzol, $CHCl_3$, CCl_4 oder Aethylacetat ternäre azeotsopische Gemische mit Wasser erhalten werden, wobei beim Verdampfen zuerst das Gemisch von Alkohol, Wasser und z. B. Benzol, und zwar so lange übergeht, als der Alkohol noch Wasser enthält. Man erzielt auf diese Weise absoluten Alkohol von 99,8% mit einem Siedepunkt von 78,5° und ein ternäres Gemisch, das beim Abkühlen in zwei sich nicht mischbare Flüssigkeiten, eine alkoholärmere, benzolreichere sowie eine alkoholreichere und benzolärmere, zerfällt. Jede Flüssigkeit wird sodann für sich einer weiteren Rektifikation unterzogen.

20. Weitere einwertige Alkohole.

C_3H_7OH, n-Propylalkohol, Propanol-1, Aethylcarbinol (D 0,804; Fp —126°; Kp 97,2°; L, LA, LAe: ∞) kommt in den Fuselölen bei der Spiritusraffination vor, riecht angenehm geistig. Er kann auch durch Reduktion von Propionaldehyd und Propionsäureanhydrid mit Natriumamalgam dargestellt werden.

Der sekundäre *Propylalkohol (Isopropylalkohol, Propanol-2) Dimethylcarbinol* $CH_3—CH(OH)—CH_3$ (D 0,7876; Fp —89,5°; Kp 82°; L: ∞; l: Al, Ae) entsteht durch Reduktion von Aceton mit Natriumamalgam; er sowie die *n*-Propylalkohole sind aus ihren wässerigen Lösungen „aussalzbar".

Die vier möglichen, isomeren Butylalkohole sind alle bekannt. *n-Butylalkohol, Butanol-1* $CH_3—CH_2—CH_2—CH_2OH$ (D 0,8098; Fp —79,9°; Kp 117°; L: 7,36) entsteht durch eine Gärung mit gewissen Bakterienarten aus Glycerin. Er ist in Wasser nur mehr beschränkt löslich und daher aussalzbar. Die Dämpfe reizen zum Husten. Der wichtigste der vier Isomeren ist der *Isobutylalkohol, Methylpropanol-1, Gärungsbutylalkohol* $(CH_3)_2—CH—CH_2OH$ (D 0,8050; Fp —108°; Kp 108°; L: ∞; LA, LAe: +), der im Kartoffelfuselöl enthalten ist und daraus durch Rektifikation oder über das Jodid darstellbar ist. Sein Geruch erinnert an Jasmin.

Gärungsamylalkohol, Isoamylalkohol. Isobutylcarbinol, Methyl-3-Butanol-1 $(CH_3)_2 - CH - CH - CH_2OH$ (fl; D 0,8130; Kp 131,3°; L: 2,58; LA, LAe: +) ist im Gärungsamylalkohol und im Römisch-Kamillenöl enthalten. Sein Ausgangsstoff bei der Gärung ist das Leucin. Er hat brennenden Geschmack, ist giftig und ist die Ursache der schweren Nachwirkungen des Branntweinrausches. Auch der aktive *Amylalkohol, Methyl-2-Butanol-1, Methyläthylcarbincarbinol* $\begin{matrix} CH_3 \\ C_2H_5 \end{matrix} \rangle CH - CH_2OH$ (fl; D 0,816; Kp 128°) kommt in geringer Menge im Gärungsamylalkohol, durch Gärung von Isoleucin entstanden, vor. Auf Grund des Vorhandenseins eines asymmetrischen C-Atoms dreht er die Ebene des polarisierten Lichtes nach links. Er findet als solcher und *Essigsäureamylester, Amylacetat* ausgedehnte Verwendung als Lösungsmittel für Harze und Öle, z. B. für Zaponlack, als Brennstoff der Normallampe und in Form seiner Ester mit verschiedenen organischen Säuren als Fruchtessenz.

Amylenhydrat, tertiärer Amylalkohol, Methyl-2-Butanol-2 $(CH_3)_2 = C(OH) - CH_2 - CH_3$ (D 0,8066; Fp —8,4°; Kp 102°; L: 12,5; LA: +) besitzt einen scharfen, ätherischen, an Pfefferminzöl erinnernden Geruch und wird als Schlafmittel verwendet.

n-Hexadecylalkohol, Cetylalkohol $C_{15}H_{31} . CH_2OH$ (D 0,817; Fp 49,5°; Kp 189,5°; nl: W; LA, LAe: +) kommt als Palmitinsäurecetylester als übergehender Bestandteil des Walrates, einer fettreichen Masse in den Stirnbeinhöhlen und einem vom Kopf bis zum Schwanz verlaufenden Kanal des Pottwales, vor.

Melissylalkohol $C_{29}H_{59} . CH_2OH$ (Fp 88°; LA: fast O; LAe: +) bildet als Palmitinsäureester einen wesentlichen Bestandteil des Bienenwachses, Myricylalkohol $C_{30}H_{61} . CH_2OH$ kommt in der gleichen Bindung im Karnaubawachs vor. Sie können aus diesen durch Kochen mit alkoholischer Kalilauge verseift und gewonnen werden.

21. Einwertige, ungesättigte Alkohole.

Diese Alkohole unterscheiden sich von den gesättigten, einwertigen Alkoholen durch ihr Additionsvermögen für Wasserstoff, Halogene, Halogenwasserstoffsäuren usw., wobei gesättigte Alkohole oder andere Halogensubstitutionsprodukte entstehen. Sie weisen eine Doppelbindung auf. Von Vinylalkohol $CH_2 = CHOH$ sind nur Derivate bekannt, er selbst ist unbeständig und konnte noch nicht isoliert werden.

Allylalkohol, Propenol $CH_2 = CH - CH_2OH$ (D 0,8703; Fp —129°; Kp 97,1°; L: ∞; LA: +) kommt in geringer Menge im rohen Holzgeist vor und kann aus Glycerin beim Erhitzen mit Oxalsäure auf etwa 260° über den Oxalsäureester des Glycerins dargestellt werden:

$$\begin{array}{l} H_2-C-\boxed{\begin{array}{ll}OH & H\\ & + \\ OH & H\end{array}}\begin{array}{l}OC=O\\ \quad | \\ OC=O\end{array} \longrightarrow \begin{array}{l}H_2C-\boxed{\begin{array}{l}O-C=O\\ \\ O-C=O\end{array}}\end{array} \xrightarrow{-\,CO_2} \\ \quad | \\ H_2-C-OH \qquad\qquad\qquad\qquad\qquad H_2-C-OH \\ \text{Glycerin} \qquad \text{Oxalsäure} \qquad\qquad \text{Glycerindioxalsäureester} \end{array}$$

$$\longrightarrow \begin{array}{c} CH_2 \\ \| \\ CH \\ | \\ CH_2OH \end{array} + 2\,CO_2$$

Allylalkohol

Allylalkohol geht durch vorsichtige Oxydation in Glycerin $CH_2OH-CHOH-CH_2OH$, bei Druck in den Aldehyd Acrolein $CH_2=CH-CHO$ und schließlich in die Säure, Acrylsäure $CH_2=$ $=CH-COOH$ über.

Einige ungesättigte, höhere Alkohole kommen in ätherischen Ölen vor, z. B. Citronellol $C_{10}H_{19}OH$ (—d; D 0,857°; Kp 222° [117°/17 mm]; swl: W; ∞l: A, Ae) kommt im Rosenöl vor, Geraniol $(CH_3)_2C=CH-CH_2-CH_2-C(CH_3)=CH-CH_2OH$ (D 0,8825; Fp < —15°; Kp 229,7° [121°/17 mm]; Fl.; nl: W; ∞l: A, Ae) im Geranienöl usw. Sie werden aus den diese Öle enthaltenden Pflanzenteilen durch Auspressung, Extraktion mit Lösungsmitteln, Wasserdampfdestillation, Enfleurage, d. h. Aufnahme in Öl oder Fett, gewonnen und für die Erzeugung von Parfüms verwendet.

Propargylalkohol, Propinol $CH\equiv C-CH_2OH$ (fl; D 0,972; Kp 114—115°; l: W) gehört in die Reihe der Acetylenverbindungen. Er bildet eine explosive Silberverbindung.

IX. Aether.

Aether sind als die Anhydride der einwertigen Alkohole aufzufassen, da sie durch Austritt von 1 Mol Wasser aus 2 Alkoholen entstehen. Die beiden Alkylreste sind durch ein O-Atom miteinander verbunden, wobei bei gleichen Alkylen einfache Aether $R-O-R$, bei verschiedenen Alkylen gemischte Aether $R-O-R'$ vorliegen.

Für die niedrigeren Aether eignet sich das Erhitzen mit wasserentziehender konzentrierter Schwefelsäure. Aus C_2H_5OH wird z. B. zuerst Aethylschwefelsäure, der saure Aethylester der Schwefelsäure, gebildet. Bei weiterem Zutropfenlassen von Alkohol bei

140° wird Schwefelsäure abgespalten und es destilliert der Aether kontinuierlich ab.

$$\text{I. } C_2H_5\,\boxed{OH + H}\,O \,.\, SO_2 \,.\, OH = C_2H_5 \,.\, O \,.\, SO_2 \,.\, OH + H_2O$$

$$\text{II. } C_2H_5 - O \,.\, \boxed{SO_2 \,.\, OH + OH} \,.\, C_2H_5 = C_2H_5 \,.\, O \,.\, C_2H_5 + H_2SO_4$$

Allgemein verwendbar ist die Reaktion zwischen Halogenalkyl und Natriumalkoholaten oder alkoholischem Kali:

$$C_2H_5\,\boxed{J} + C_2H_5 \,.\, O \,.\, \boxed{Na} = C_2H_5 \,.\, O \,.\, C_2H_5 + NaJ \quad \text{Diäthyläther}$$

$$C_3H_7\,\boxed{J} + CH_3O\,\boxed{Na} = C_3H_7 \,.\, O \,.\, CH_3 + NaJ \quad \text{Methylpropyläther}$$

Die Aether besitzen neutralen Charakter, sind chemisch sehr beständig, weder Alkalien, Ammoniak, verdünnte Säuren, Na noch PCl_5 reagieren mit Aethern. Salpetersäure oxydiert, Halogene substituieren, HJ führt über Bildung von C_2H_5OH zu Alkyljodid: $C_2H_5 \,.\, O \,.\, C_2H_5 + HJ = C_2H_5OH + C_2H_5J$; $C_2H_5OH + HJ = C_2H_5J + + H_2O$.

Mit Salzsäure und komplexen Säuren, wie Ferrocyanwasserstoffsäure H_4FeCN_6, bilden die Aether Salze, sie haben also die Eigenschaften einer schwachen Base. In den Oxoniumsalzen der Aether liegt 4-wertiger Sauerstoff vor.

Der wichtigste Aether ist der Diäthyläther, meist kurz Aether, auch Schwefeläther genannt, Aethanoxyäthan (D 0,71925; Fp —116,3°; instabile Form Fp —123,3°; Kp 34,60°; L: 7,51; LA: ∞), der nach kontinuierlichem Verfahren aus Aethylalkohol mit konzentrierter Schwefelsäure hergestellt werden kann. Da die Schwefelsäure immer wieder zurückgebildet wird, kann man mit einer geringen Menge Schwefelsäure verhältnismäßig große Mengen Alkohol umsetzen. Durch Verdünnung der Schwefelsäure mit Wasser kommt aber schließlich die Aetherbildung zum Stillstand.

Aether kann auch durch Überleiten von alkoholischen Dämpfen bei 240—260° über Tonerde erhalten werden. Von Alkohol wird der Aether durch Schütteln mit Wasser, von Wasser durch Destillation über CaO oder $CaCl_2$, zuletzt mit Natrium oder Amalgam befreit. Aether ist brennbar und bildet mit Luft explosible Gemische. Er ist ein sehr gutes Lösungsmittel für Fette und für andere organische Stoffe, wird aber wegen seiner Feuergefährlichkeit und Flüchtigkeit als Lösungsmittel nur wenig, z. B. in der Farbstoffindustrie, verwendet. Er wird in der Medizin als Betäubungsmittel und für die Hoffmannstropfen gebraucht. Aether ist auch ein Berauschungsmittel.

X. Thioalkohole und Thioäther.

Thioalkohole und Thioäther enthalten an Stelle des O-Atoms der Alkohole und Aether ein Schwefelatom. Sie können auch als Substitutionsprodukte des Schwefelwasserstoffes aufgefaßt werden:

$$\begin{matrix} H \\ H \end{matrix}\!\!>\!S \qquad \begin{matrix} H \\ R \end{matrix}\!\!>\!S \qquad \begin{matrix} R \\ R \end{matrix}\!\!>\!S \qquad \begin{matrix} R \\ R' \end{matrix}\!\!>\!S$$

Schwefel-wasserstoff — Thio-alkohol — Thio-äther — gemischter Thioäther

Thioalkohole entstehen bei der Einwirkung von KSH oder alkylschwefelsauren Salzen auf Halogenalkyl: $C_2H_5Br + KSH = C_2H_5SH$ (Aethylsulfhydrat) + KBr oder beim Erhitzen von Alkohol mit Schwefelphosphor. Wird an Stelle von KSH das neutrale Sulfid verwendet, entstehen in analoger Reaktion Thioäther: $2\,C_2H_5.O.\,.SO_3K + K_2S = (C_2H_5)S + 2\,K_2SO_4$.

Die Thioalkohole besitzen schwach sauren Charakter und können durch Ersatz des Wasserstoffatoms durch Metalle, wie Na oder K, Salze bilden und lösen sich daher in Lauge unter Druck ohne weiteres auf. Von der Quecksilberverbindung hat die Gruppe den Namen Mercaptane erhalten. Sie besitzen einen sehr widerwärtigen, noch in größter Verdünnung wahrnehmbaren Geruch, sind brennbar, in Wasser etwas, in Alkohol und Aether leicht löslich. Luftsauerstoff und Jod führen die Mercaptane in Disulfide über, wie z. B. Aethyldisulfid $(C_2H_5)_2S_2$, Aethan-dithio-äthan (fl; Kp 154°; L: sw). HNO_3 oxydiert dieses in Aethyldisulfoxyd, Aethan-disulfoxy-äthan $(C_2H_5)_2S_2O_2$, gemäßigte Oxydationsmittel in Diäthylsulfoxyd $(C_2H_5)_2SO$ (fl; zers), dann zum Diäthylsulfon $(C_2H_5)_2SO_2$ (Fp 70°; Kp 248°; L: 15,6).

Thioäther besitzen die Fähigkeit, mit Metallsalzen Doppelverbindungen zu bilden, Halogene oder Sauerstoff zu binden und sich mit Halogenalkylen zu Sulfoniumverbindungen, wie z. B. $(CH_3)_3SJ$, Trimethylsulfoniumjodid, zu vereinigen. Aus diesem kann mit feuchtem Ag_2O (AgOH) eine starke Base Trimethylsulfoniumhydroxyd $(CH_3)_3S.OH$ erhalten werden, die Ammoniak aus seinen Verbindungen austreibt, aus der Luft Kohlensäure anzieht, die Haut anätzt und mit Säuren Salze bildet.

Aethylsulfhydrat, Aethylmercaptan, Aethylthioalkohol, Aethanthiol C_2H_5SH (D 0,8454; Fp —144°; Kp 33,4°/724 mm; L: sw; LA: +) bildet das Ausgangsprodukt für die Synthese des Schlafmittels „Sulfonal". Allylsulfid, Propen-thio-propen $(C_3H_5)_2S$ kommt im Knoblauchöl vor.

Aethylenpolysulfide sind die Grundsubstanz des kautschukähnlichen Kunststoffes, der aus Aethylendichlorid und Alkalipolysulfid durch Polymerisation entsteht:

$$Cl-CH_2-CH_2-Cl + Na_2S_4 \rightarrow Cl.CH_2-CH_2S_4Na + NaCl,$$

wobei im Polymerisat Molekülketten mit der Konstitution

$$\begin{matrix} -CH_2-CH_2-S-S-CH_2-CH_2-S-S-CH_2-CH_2- \\ \quad\quad\quad\quad\quad\quad \| \quad \| \quad\quad\quad\quad\quad\quad\quad\quad \| \quad \| \\ \quad\quad\quad\quad\quad\quad S=S \quad\quad\quad\quad\quad\quad\quad\quad S=S \end{matrix}$$

vorliegen. Das Erzeugnis wird Thiokol genannt und dient wegen seiner hohen Quellbeständigkeit gegen Erdöl, aromatische Kohlenwasserstoffe usw. besonders in USA. zur Herstellung von Schläuchen, Muffeldichtungen usw. Es enthält etwa 82% Schwefel, besitzt aber einen unangenehmen Geruch und ist thermoplastisch, d. h. erweicht bei einer Erwärmung.

XI. Ester von Alkoholen mit anorganischen Säuren.

Ester sind die durch Einwirkung von Säuren auf Alkohole unter Wasseraustritt entstehenden Verbindungen. Man kann sie sich entweder analog der Salzbildung, z. B. KNO_3, $KHSO_4$, K_2SO_4, durch Ersatz der Wasserstoffatome in der Säure durch Alkyle: $(C_2H_5)NO_3$, $C_2H_5HSO_4$ (saurer Ester), $(C_2H_5)_2SO_4$ (neutraler Ester der Schwefelsäure) oder durch Austausch des typischen Wasserstoffes der Alkohole gegen einen um die OH-Gruppe verminderten Säurerest abgeleitet vorstellen:

$$C_2H_5 . O . H \rightarrow C_2H_5 . O . NO_2$$

1-wertige Säuren bilden nur einen Ester, von 2- und mehrbasischen können sowohl saure als auch neutrale Ester abgeleitet werden. Die neutralen Ester sind meist angenehm riechende, leicht flüchtige, neutrale und in Wasser kaum lösliche Flüssigkeiten. Hingegen sind die sauren Ester, auch Estersäuren genannt, in Wasser leicht löslich, sauer reagierend und beständiger, bei der Verdampfung zersetzlich und geruchlos. Viele Ester organischer Säuren werden wegen des angenehmen Geruches als Parfüms oder Fruchtessenzen (Fruchtäther) hergestellt.

1. Die wichtigste Darstellungsweise für Ester besteht in der direkten Einwirkung der Säure auf den Alkohol:

$$NO_2 - OH + HOC_2H_5 \rightleftharpoons NO_2 - O - C_2H_5 + H_2O$$

Die Reaktion verläuft selbst bei Siedetemperatur nur langsam und unvollständig, da das sich bildende Wasser die Ester wieder in Alkohol und Säure zersetzt. Diese Zersetzung, die schon beim Stehen der Ester mit Wasser langsam vor sich geht, rascher aber beim Kochen mit Alkali oder Säuren verläuft, nennt man „Verseifung". Um die Esterbildung zu beschleunigen, muß man daher wasserentziehende Mittel, wie konzentrierte Schwefelsäure oder gasförmige Salzsäure, in das Gemenge von Alkohol und Säure einleiten sowie auf Grund des Massenwirkungsgesetzes einen großen Überschuß an Alkohol anwenden.

2. Auch bei der Einwirkung von Säurechloriden und Säureanhydriden auf Alkohole entstehen Ester:

$$O_2S\left\langle\begin{array}{l}\boxed{\begin{array}{ccc}Cl & & H\\ & + & \\ Cl & & H\end{array}}\end{array}\right.\begin{array}{l}-O-C_2H_5\\ \\ -O-C_2H_5\end{array} \longrightarrow O_2S\left\langle\begin{array}{l}OC_2H_5\\ \\ OC_2H_5\end{array}\right.$$

Sulfurylchlorid — Alkohol — Diäthylsulfat oder neutraler Schwefelsäureäthylester

3. Als allgemeine Anwendung, aber nur als präparative Laboratoriumsmethode, kommt die doppelte Umsetzung von Silbersalzen mit Alkylhalogeniden in Betracht:

$$O_2S\begin{cases} O & \boxed{Ag \quad J} & -C_3H_7 \\ & + & \\ O & \boxed{Ag \quad J} & -C_3H_7 \end{cases} \longrightarrow O_2S\begin{cases} OC_3H_7 \\ OC_3H_7 \end{cases}$$

Silbersulfat Propyljodid Schwefelsäurepropylester

Ester der Salpetersäure werden durch unmittelbare Einwirkung der Säure auf die Alkohole in Gegenwart von etwas Harnstoff zur Beseitigung der HNO_2 (s. S. 121) erhalten. Sie werden auch Alkylnitrate genannt.

Methylnitrat $CH_3.O.NO_2$ (fl; D 1,2167; Kp 65° unter Zersetzung), farblos, explodiert beim Erhitzen. Brennt ohne Luftzufuhr, wobei er aus dem NO_2-Radikal den zur Verbrennung erforderlichen Sauerstoff nimmt.

Aethylnitrat $C_2H_5.O.NO_2$ (D 1,105; Fp —112°; Kp 87,7°; in W und A etwas löslich) brennt mit weißem Licht. Durch Zinn und Salzsäure entsteht unter Abspaltung des Stickstoffes Hydroxylamin und der freie Alkohol.

Salpetrigsäureester werden aus dem Alkohol durch Einleiten von NO_2 oder $NaNO_2$ und Schwefelsäure oder alkoholischer Salzsäure als leicht flüchtige, gewürzig riechende, giftige, leicht verseifbare Flüssigkeiten erhalten. Sie sind mit den Nitroverbindungen der Kohlenwasserstoffe (Nitroparaffine) isomer, z. B. $C_2H_5.O.NO$, Aethylnitrit (D 0,900; Kp 17°; L: O; LA: +; brennt leicht), $C_2H_5.NO_2$, Nitroäthan (fl; D 1,0561; Kp 114°; L: O; brennbar, Dämpfe explosiv), und unterscheiden sich von diesen durch die Unverseifbarkeit der Nitroverbindungen und durch die Bildung von Aminen ($C_2H_5NH_2$) bei der Reduktion. Die Nitroderivate spalten also bei der Reduktion den Stickstoff nicht ab. Bei den Salpetrigsäureestern ist der N über O an ein C-Atom, bei den Nitroverbindungen ist der N unmittelbar an das C-Atom gebunden. Aethylnitrit erhält man aus Alkohol, Natriumnitrit und alkoholischer Salzsäure:

$$NaNO_2 + C_2H_5OH + HCl \rightarrow \underset{\text{Aethylnitrit}}{O = N - O - C_2H_5} + H_2O + NaCl,$$

hingegen Nitroäthan aus dem Alkylhalogenid und $AgNO_2$:

$$C_2H_5Br + AgNO_2 \rightarrow C_2H_5.NO_2 + AgBr \text{ (Nitroäthan).}$$

Nebenher bildet sich aber auch bei dieser Reaktion Aethylnitrit, und zwar um so mehr, je schwerer der Alkylrest ist.

Schwefelsäureester. Bildungsweise siehe oben.

Dimethylsulfat, Schwefelsäuremethylester $(CH_3O)_2SO_2$ (fl; D 1,3278; Fp —32°; Kp 188,3°; Öl; durch W zers; l: A; wl: Ae) stellt ein für die Herstellung von Zwischenprodukten usw. sehr wichtiges, energisches Methylierungsmittel dar. Es ist sehr giftig. Es wird aus Schwefelsäureanhydrid und CH_3OH oder aus der freien Methylschwefelsäure $CH_3 . O . SO_3H$ (Fp $< -30^0$), die sich von der Schwefelsäure deutlich durch die Löslichkeit ihrer Ca-, Ba- und Pb-Salze unterscheidet, über das Bariumsalz durch Umsetzung mit der berechneten Menge Schwefelsäure und Destillation der Säure im Vakuum dargestellt.

Diäthylsulfat, Schwefelsäureäthylester $(C_2H_5O)_2SO_2$ (D 1,1837; Fp $-24,5^0$; Kp 208^0; Öl; nl: W; W zers; l: A, Bzl) besitzt pfefferminzartigen Geruch, leicht verseifbar.

Die *Schwefligsäureester*, z. B. $C_2H_5 . O . SO . O . C_2H_5$ (fl; D 1,077; Kp 158^0; durch W zers) oder $SO(OC_2H_5)_2$, leiten sich von der symmetrischen Formel der H_2SO_3 ab, sind wenig beständig, enthalten den Schwefel nicht an C, sondern O gebunden. Bildung aus Thionylchlorid und Natriumäthylat:

$$OS\left\langle\begin{matrix} Cl \\ Cl \end{matrix}\right. + \begin{matrix} NaOC_2H_5 \\ NaOC_2H_5 \end{matrix} \longrightarrow OS\left\langle\begin{matrix} OC_2H_5 \\ OC_2H_5 \end{matrix}\right. + 2\,NaCl$$

Sie sind isomer den Sulfonsäureestern $O_2S\left\langle\begin{matrix} C_2H_5 \\ OC_2H_5 \end{matrix}\right.$ (Aethylsulfonsäureester, Kp 213^0), die sich von der beständigen Aethylsulfosäure $C_2H_5 . SO_3H$, einer starken, einbasischen, nicht verseifbaren Säure, ableiten. Die Darstellung erfolgt aus Alkyljodid und Silbersulfit.

Von der dreibasischen Phosphorsäure leiten sich die drei Reihen von Phosphorsäureestern ab, die physiologisch eine große Bedeutung haben. Sie treten z. B. bei der alkoholischen (s. S. 555) Gärung, in allen tierischen Geweben als Phosphatide, in zahlreichen Vitaminen, in den Zellkernen als Nucleinsäure usw. auf. In den Phosphatiden ist die Phosphorsäure mit Glycerin, Aminoalkoholen und Fettsäuren verestert. Ein bekanntes Phosphatid ist auch das Lecithin mit Cholin als basischem Bestandteil, das besonders reichlich im Eigelb, ferner in der Gehirn- und Nervensubstanz vorkommt.

XII. Zweiwertige Alkohole oder Glykole.

Die 2-wertigen Alkohole weisen im Molekül zwei Hydroxylgruppen auf, die aber an verschiedene Kohlenstoffatome gebunden sein müssen. Sie können zwei Reihen von Estern, Aminen, Aethern, Alkoholaten usw. bilden. Sie entstehen aus den Dihalogensubstitutionsprodukten der Kohlenwasserstoffe, z. B. aus Aethylenchlorid, durch Kochen mit Lauge oder Soda: $C_2H_4Br_2 + 2\,HOH = C_2H_4(OH)_2 + 2\,HBr$.

Glykol, Aethylenglykol, Aethandiol-1,2 $CH_2OH - CH_2OH$ (D 1,1131; Fp —11,2°; Kp 197,4°; L: ∞; LA: ∞; LAe: 1,1) kann außer aus Aethylenchlorid auch aus Aethylenchlorhydrin, das man wieder aus Aethylen, Natriumhypochlorit und Chlor darstellen kann ($CH_2Cl - CH_2OH$), durch Erhitzen mit Natriumhydrocarbonat $NaHCO_3$ auf 70° C erhalten werden. Mit Kalkmilch wird aus Aethylenchlorhydrin HCl abgespalten und *Aethylenoxyd* $\begin{matrix} CH_2 \\ | \\ CH_2 \end{matrix}\!\!>\!O$ (D 0,896; Fp —111,3°; Kp 13,5°; L, LA: ∞; sl: Ae), das Anhydrid des Glykols, gebildet, das durch Wasseraufnahme in das Glykol übergeht. Glykol wird in zunehmendem Maße als Ersatz für Glycerin in der Sprengstoffindustrie, als das Gefrieren verhinderndes Mittel in der Automobilindustrie für Autokühler usw. verwendet.

Das Aethylenoxyd $(CH_2)_2O$ ist das Ausgangsprodukt für eine ganze Reihe von Glykolderivaten:

$$CH_2OH - CH_2OH + \begin{matrix} CH_2 \\ | \\ CH_2 \end{matrix}\!\!>\!O \rightarrow CH_2OH - CHOH - CH_2OH,$$

Polyglykol.

Aus Alkohol entsteht mit Schwefelsäure als Kontaktsubstanz bei 150° C im Autoklaven Glykolmonoäthyläther, der mit Säuren Ester liefert:

$$C_2H_5OH + \begin{matrix} CH_2 \\ | \\ CH_2 \end{matrix}\!\!>\!O \rightarrow CH_2OH - CH_2O - C_2H_5$$

Mit Aminen bilden Aethylenoxyd und Aethylenchlorhydrin Triäthanolamin $N(CH_2 - CH_2OH)_3$. Bei 400° lagert sich Aethylenoxyd in Acetaldehyd um. Triäthanolamin hat eine vielseitige technische Verwendung gefunden. Ähnlich der Salzbildung des Ammoniumhydroxyds ist es mit Fettsäuren leicht unter Bildung von neutralen Seifen verseifbar, die wasser- und öllöslich sind:

$$N(CH_2 - CH_2OH)_3HOH + C_{17}H_{35}COOH =$$
$$= N(CH_2 - CH_2OH)_3H \,.\, O \,.\, COOC_{17}H_{35}.$$

Diese Seifen sind sehr gute Emulgatoren für Öle, besitzen Wasch- und Reinigungswirkung, verdicken Schmieröle und werden für Rasierkrem, fettlösliche Hautkreme, für Wachsemulsionen zum Überziehen von Leder, Textilien, als Weichmacher für Kautschuk usw. gebraucht.

Cholin, Oxäthyltrimethylammoniumhydroxyd, Bilineurin $HO - CH_2 - CH_2 - N(CH_3)_3OH$ (zerfließliche Krystalle; ll: Al, W; nl: Ae) ist im Gehirn, Eidotter, Lecithin neben Fettsäuren und Glycerinphosphorsäure gebunden.

XIII. Drei- und höherwertige Alkohole.

Der wichtigste 3-wertige Alkohol mit drei veresterbaren OH-Gruppen ist das *Glycerin, Propantriol* $C_3H_5(OH)_3$ (D 1,2604; Fp 20°; Kp 290°; L, LA: ∞; LAe: 0), das in sämtlichen tierischen, pflanzlichen Ölen als Fettsäuretriglycerid vorkommt. Die Verseifung der Fette ist auch die wichtigste Gewinnungsart für Glycerin (s. S. 609). Auch durch Vergärung der Zucker kann man Glycerin gewinnen (s. S. 551). Die Synthese aus Propylen und Chlor bei 400—600° liefert über Allylchlorid, durch dessen Addition von Chlor zu Trichlorpropan und durch Verseifung desselben Glycerin. Dieses Verfahren wird neuerdings auch technisch angewendet:

$$\underset{\text{Propylen}}{CH_3-CH=CH_2} + Cl_2 \rightarrow \underset{\text{Allylchlorid}}{CH_2Cl-CH=CH_2} + HCl$$

$$\underset{\text{Allylchlorid}}{CH_2Cl-CH=CH_2} + Cl_2 \rightarrow \underset{\text{Trichlorpropan}}{CH_2Cl-CHCl-CH_2Cl} \xrightarrow{+H_2O}$$

$$\longrightarrow \underset{\text{Glycerin}}{CH_2OH-CHOH-CH_2OH}$$

Glycerin bildet eine dicke, sirupähnliche, hygroskopische Flüssigkeit, die mit Wasserdämpfen sehr leicht flüchtig ist, aber nur im Vakuum oder bei der Wasserdampfdestillation unzersetzt destilliert werden kann. Mit Alkalien und Metallhydroxyden entstehen *Alkoholate*, mit Schwefel- oder Phosphorsäure leicht verseifbare *Ester*, wie Glycerinschwefelsäure $C_3H_5(OH)_2-O-SO_3H$, Glycerinphosphorsäure $C_3H_5(OH)_2-O-PO_3H_2$, mit Salpetersäure Salpetersäureester, der den bekannten Sprengstoff Trinitroglycerin (Trinitrin) $C_3H_5(O-NO_2)_3$ darstellt. Trinitrin ist aber keine Nitroverbindung mit der $C-NO_2$-Gruppe, sondern der normale Salpetersäureester mit der $C-O-NO_2$-Gruppe.

Aus Glycerin und Salzsäure entstehen *Chlorhydrine*, die in Wasser weniger, aber in Alkohol und Aether leicht lösliche Flüssigkeiten darstellen. Glycerin-α-Monochlorhydrin $CH_2(OH)-CHOH-CH_2Cl$ (D 1,3295; Kp 129° [22 mm]; fl; L, LA, LAe: ∞; schmeckt süß), Glycerin-β-Monochlorhydrin $CH_2(OH)-CHCl-CH_2(OH)$ (D 1,328 [0° C]; Kp 146° [18 mm]; fl); α, α'-Dichlorhydrin, symmetrischer Dichlorisopropylalkohol $CH_2Cl-CHOH-CH_2Cl$; α, β-Dichlorhydrin $CH_2Cl-CHCl-CH_2OH$ (D 1,3506 [17°]; Kp 182°; L 19°: 11; LA, LAe: +); Trichlorhydrin, 1, 2, 3-Trichlorpropan $CH_2Cl-CHCl-CH_2Cl$ (D 1,417; Fp —14,5°; Kp 156,9°; fl; nl: W, Al, Ae; Erhitzen mit W auf 160° → Glycerin).

Ein 4-wertiger Alkohol ist der *Erythrit*, Butantetrol $CH_2OH-CHOH-CH_2OH-CH_2OH$ (Prismen; D 1,451; Fp 120°; Kp 330°; L: 61; wl: Al; LAe: 0), der als Ester der Orsellinsäure in Flechten und einigen Algen vorkommt. Der 6-wertige Alkohol *Mannit*

(Hexanhexol) $C_6H_8(OH)_6$ (D 1,489; Fp 166,1°; Kp [3 mm] 290°; Nadeln; L: 15,4; LA: 0,07; nl: Ae) tritt in vielen Pflanzen, wie Lärche, Zuckerrohr, im Roggenbrot usw. auf. Er kann aus Trauben- oder Fruchtzucker durch Reduktion mit Natriumamalgam dargestellt werden. Er kommt in zwei optisch aktiven, d. h. die Ebene des polarisierten Lichtes drehenden, und einer inaktiven, sog. racemischen Form vor. Sein Salpetersäureester $C_6H_8(O.NO_2)_6$, Nitromannit (D 1,604; Fp 112°), ist explosiv. Die Isomeren des Mannits Dulcit und Sorbit sind in der Natur gleichfalls weitverbreitet.

XIV. Amine.

Amine sind Derivate des Ammoniaks NH_3, bei dem ein oder mehrere Wasserstoffatome durch Alkyle ersetzt sind. Nach der Zahl der Substituenten unterscheidet man primäre oder Aminbasen (CH_3NH_2, Methylamin), sekundäre oder Imidbasen ($(CH_3)_2NH$, Dimethylamin) und tertiäre Amine oder Nitrilbasen ($(CH_3)_3N$, Trimethylamin). Die Amine verhalten sich ähnlich wie Ammoniak. Sie sind leicht flüchtige, ammoniakalisch riechende Gase, die höheren sind niedrig siedende Flüssigkeiten, die ähnlich wie Ammoniak durch Addition von einem Mol Halogenwasserstoffsäure oder -alkyl Salze oder quaternäre Ammoniumbasen bilden, die dem NH_4OH entsprechen:

$$(CH_3)_2NH + HCl \rightarrow (CH_3)_2NH_2Cl, \text{ Dimethylammoniumchlorid;}$$

$$(CH_3)_3N + CH_3J \rightarrow (CH_3)_4NJ, \text{ Tetramethylammoniumjodid.}$$

Mit feuchtem AgOH erhält man aus letzterem Tetramethylammoniumhydroxyd, das dem Ammoniumhydroxyd analog ist, $(CH_3)_4NJ + AgOH = AgJ + (CH_3)_4NOH$, aber eine weit stärkere Base als dieses darstellt. Sie bildet ein Platindoppelsalz, Sulfid, Polysulfid, Cyanid usw., die alle giftig sind. Die Aminbasen sind feste, zerfließliche, in Kalilauge lösliche Stoffe.

Bildungsweisen. Bei der Behandlung von Halogenalkylen mit NH_3 oder Erhitzen von NH_3 mit Alkoholdämpfen bei Anwesenheit von Thorerde auf 350—370° entstehen alle drei Gruppen von Aminen sowie auch quaternäre Ammoniumhalogenide. Durch Reduktion von Nitroverbindungen, ($CH_3NO_2 + 6\,H \rightarrow CH_3NH_2 + 2\,H_2O$), Oxymen $RCH = NOH$, Hydrazonen $RCH = N - NH_2$, Nitrilen RCN erhält man primäre Amine.

Verhalten. Außer den oben angeführten Reaktionen ist noch das Verhalten der Amine gegen HNO_2 wichtig, da es die drei verschiedenen Gruppen der Amine zu unterscheiden gestattet. Primäre Amine zerfallen in N_2, Alkohol und Wasser:

$$C_2H_5\,\boxed{N\,\boxed{H_2 + O}\,N}\,OH \longrightarrow C_2H_5OH + N_2 + H_2O$$

Sekundäre Amine geben ungefärbte, unzersetzt siedende Nitrosamine:

$$(CH_3)_2N\boxed{H + ON}\boxed{OH} \longrightarrow (CH_3)_2N.NO + H_2O$$

Dimethylnitrosamin
(fl; D 1,005; Kp 149°; L, LA)

Tertiäre Amine reagieren mit HNO_2 nicht. Stärkere Alkalien setzen die Aminbasen aus ihren Salzen in Freiheit, nicht aber aus den quaternären Salzen.

Methylamin $CH_3.NH_2$ (D 0,696; Fp —92,5°; Kp —6,5°; L, LA: +) kommt in der Heringslake sowie im Knochen- und Holzdestillat vor. Die wässerige Lösung fällt, wie NH_4OH, viele Metallsalze. Darstellung aus Hexamethylentetramin durch Reduktion.

Dimethylamin $(CH_3)_2NH$ (D 0,6845; Fp —96,0°; Kp 7°; ll: W; LA: +) findet sich im Peruguano und Holzessig.

Trimethylamin $(CH_3)_3N$ (D 0,673; Fp —124,0°; Kp 3,5°; L: 91; LA: s) kommt gleichfalls in der Heringslake, in den Destillaten der Schlempe als Zersetzungsprodukt des Betains der Zuckerrübe und in verschiedenen Pflanzen vor.

Aethylamin $C_2H_5NH_2$ (D 0,6892; Fp —80,6°; Kp 16,6°; L, LA, LAe: ∞) ist eine stärkere Base als Ammoniak.

Die Oxyamine Cholamin $NH_2—CH_2—CH_2OH$ und Cholin
CH_2OH
|
$CH_2—N(CH_3)_3—OH$ kommen in der Natur häufig im freien Zustand und in den Phosphatiden an Phosphor gebunden vor.

XV. Phosphine.

In ähnlicher Weise wie die Amine von NH_3 leiten sich von PH_3 die Phosphine ab, und zwar gibt es gleichfalls je nach der Zahl der ersetzten Wasserstoffatome primäre, sekundäre und tertiäre Phosphine und quaternäre, stark alkalische Phosphoniumbasen. Sie sind im Gegensatz zu den Aminen nur schwache Basen, von denen Dimethylphosphin $PH(CH_3)_2$ (Kp 25°) flüssig, an der Luft sehr leicht oxydierbar und selbstentzündlich ist. Bei vorsichtiger Oxydation werden sie zu Oxyden und Säuren, die sich von der Phosphorsäure durch stufenweisen Austausch der OH-Gruppe gegen Alkyl ableiten, oxydiert, wie z. B. $O=P\begin{cases}C_2H_5\\OH\\OH\end{cases}$, 2-basische Aethylphosphorsäure. Mit den Aminen (s. S. 580) haben sie aber eine ganze Reihe von Eigenschaften, z. B. auch die Nichtverseifbarkeit, die Additionsfähigkeit gegenüber Säuren usw. gemeinsam. Sie besitzen einen sehr widerlichen, betäubenden Geruch, Aethylphosphin erzeugt außerdem auf der Zunge und im Schlunde einen stark bitteren Geschmack. Dargestellt wird tertiäres Phosphin aus PH_3 und Alkyljodid, primäres und sekundäres beim Erhitzen von Phosphoniumjodid mit Alkyljodiden und ZnO und Spaltung der erhaltenen Alkylphosphoniumjodide mittels Alkali:

$$PH_3 + 3\,C_2H_5J = P(C_2H_5)_3 + 3\,HJ$$

$$2\,C_2H_5J + 2\,PH_4J + ZnO = 2\,PH_2(C_2H_5)\,.\,HJ + ZnJ_2 + H_2O$$

$$\downarrow + KOH$$

$$PH_2(C_2H_5) + KJ + H_2O$$

XVI. Arsine.

Die Ähnlichkeit des Arsens mit Phosphor und Stickstoff kommt auch in der Fähigkeit, durch Austausch von Wasserstoff des AsH_3 gegen Alkyl Arsine zu bilden, zum Ausdruck. Wegen der schon stark metallischen Natur des Arsens treten aber einfache primäre und sekundäre Arsine meist nur sehr selten in reiner Form, sondern nach Austausch des Wasserstoffes des AsH_3 durch Halogen oder Sauerstoff z. B. als CH_3AsCl_2, Monomethylarsendichlorid auf. Beständiger sind das tertiäre Trimethylarsin, das auch im Gegensatz zum primären und sekundären Arsin noch Additionsvermögen besitzt. Die quaternären Arsoniumbasen, wie z. B. das $As(CH_3)_4OH$ Tetramethylarsenhydroxyd, sind wieder kaliähnliche, starke Basen. Alle diese Verbindungen sind giftig, besitzen einen betäubenden Geruch und reizen die Schleimhäute sehr stark.

Durch Destillation von Kaliumacetat mit As_2O_3 entsteht das sehr giftige Kakodyloxyd oder Alkarsin $[(CH_3)_2As]_2O$ (D 1,4942; Fp —25°; Kp 120°; L; swl: Al, Ae: 1) sowie Kakodyl $As_2(CH_3)_4$ (Fp —6°; Kp nahe 170°; L; wl: Al, Ae: +), beide furchtbar widerlich riechende, Übelkeit erregende, die Nasenschleimhäute unerträglich reizende Stoffe. Kakodyl ist an der Luft selbstentzündlich. Kakodyloxyd gibt mit Säuren Salze, wie z. B. Kakodylchlorid $(CH_3)_2AsCl$, das noch unerträglicher riecht als das Kakodyl. Im ersten Weltkrieg wurde das entsprechende Diphenylarsinchlorid $(C_6H_5)_2AsCl$ sowie das Diphenylarsincyanid $(C_6H_5)_2AsCN$ als „Blaukreuzkampfstoff" verwendet.

XVII. Metallorganische Verbindungen.

Von nahezu allen Metallen sind Verbindungen mit Alkylen bekannt, die meist leicht bewegliche, leicht flüchtige, farblose Flüssigkeiten darstellen. Zum Teil sind sie, wie die Hg-, Pb-, Sn-Verbindungen, sehr beständig, die Zn-, Mg- und Al-Alkyle zersetzen sich aber bei der Berührung mit Wasser stürmisch und sind an der Luft explosionsartig entzündlich.

Zn-, Mg-, Hg-Alkyl usw. können aus den Metallen durch Einwirkung von Halogenalkylen erhalten werden:

$$2\,Zn + 2\,C_2H_5J = Zn(C_2H_5)_2 + ZnJ_2$$

Auch aus den Metallalkylen oder Alkylmagnesiumchlorid können durch Umsetzung mit Metallhalogeniden metallorganische Verbindungen erhalten werden:

$$SnCl_4 + 2\,Zn(CH_3)_2 = Sn(CH_3)_4 + 2\,ZnCl_2$$

Besondere Bedeutung für organische Synthesen besitzen die Organomagnesiumverbindungen, die nach ihrem Entdecker (1900) Grignardsche Verbindungen genannt werden. Sie entstehen aus Alkylhalogeniden und Magnesiummetall in ätherischer Lösung: $C_2H_5J + Mg \rightarrow C_2H_5MgJ$ (Aethylmagnesiumjodid). Sie stellen farblose, sehr reaktionsfähige Verbindungen dar, die mit den verschiedensten organischen und anorganischen Stoffen umgesetzt werden können. Mit Wasser bilden sie Kohlenwasserstoffe, mit CO_2 Carbonsäuren, mit Nitrilen Ketone, mit Aldehyden sekundäre (s. S. 548), mit Ketonen tertiäre Alkohole (s. S. 548).

Technisch wird *Bleitetraäthyl* $Pb(C_2H_5)_4$ (fl; D 1,6528; Kp $\simeq$ 200° [91°/19 mm]; zers; nl: W; l: Al, Ae) als Antiklopfmittel hergestellt. Es wird durch Einwirkung von Aethylchlorid auf eine Blei-Natrium-Legierung dargestellt. Interessant sind auch jene Verbindungen, die neben Alkyl auch noch Halogene an das Metall gebunden enthalten, wie z. B. $Hg(CH_3)Cl$, Methylquecksilberchlorid, ein farbloses Salz. In ihm verhält sich die Gruppe $Hg(CH_3)$— wie ein 1-wertiges Metall, z. B. K-Atom, wie auch aus dem Vorhandensein der starken Base $Hg(CH_3)OH$, Methylquecksilberhydroxyd, hervorgeht.

XVIII. Aldehyde und Ketone.

Aldehyde und Ketone enthalten beide die Carbonylgruppe $\gt C = O$ und weisen daher in ihrem Verhalten gewisse Ähnlichkeiten auf. Aldehyde werden durch Oxydation von primären, Ketone von sekundären Alkoholen (s. S. 548) erhalten. Diese Oxydation der Alkohole wird entweder mit Bichromatschwefelsäure oder bei 250—400° durch Überleiten der Alkoholdämpfe mit Luft über Kupfer durchgeführt. Bei Aldehyden kann die Oxydation bis zur Säure mit gleichvielen Kohlenstoffatomen fortgeführt werden, während Ketone nur bei energischer Oxydation in niedrigere Carbonsäuren übergeführt werden. Eine technisch wichtige Darstellung der Ketone besteht in der trockenen Destillation der fettsauren Salze des Calziums oder Bariums, z. B. von Calziumacetat

$Ca(CH_3COO)_2 \rightarrow (CH_3)_2CO + CaCO_3$. Wird bei der trockenen Destillation auch ameisensaurer Kalk verwendet, entsteht ein Aldehyd:

$$(CH_3COO)_2Ca + Ca(HCOO)_2 \rightarrow 2\,CH_3CHO + 2\,CaCO_3$$

Die Namen der Aldehyde werden durch Anhängen der Endung „-al" an den Namen des Kohlenwasserstoffes, bei den Ketonen entsprechend durch Anhängung der Endung „-on" gebildet.

Verhalten der Aldehyde und Ketone. Die leichte Oxydierbarkeit der Aldehyde macht sich in einem Reduktionsvermögen gegenüber ammoniakalischen Kupferlösungen bemerkbar, woran Aldehyde erkennbar sind. Aldehyde sind durch naszierenden Wasserstoff zu primären, Ketone zu sekundären Alkoholen reduzierbar. Sowohl Aldehyde als auch Ketone bilden mit $NaHSO_3$, NH_3, HCN meist gut krystallisierende Additionsverbindungen, die durch „Aufrichtung", d. h. Ablösung einer Affinität des Sauerstoffatoms vom C-Atom, zustande kommen:

$$CH_3-CH=O \xrightarrow{NaHSO_3} CH_3-CH\langle{}^{OH}_{O\,.\,SO_2Na}$$ aldehydschwefligsaures Natrium.

Viele dieser Additionsverbindungen, wie z. B. die Schwefligsäureester, werden durch Soda oder Lauge unter Rückwirkung des Aldehyds oder Ketons wieder zersetzt. Aldehyde liefern mit Ammoniak Aldehydammoniake, wie z. B. $CH_3\,.\,CHOH\,.\,NH_2$, in Wasser leicht, nicht in Aether lösliche, krystallisierte Verbindungen, die Ketone in komplizierter Reaktion basische, hochermolekulare Acetonamine. Mit Blausäure ergeben die Aldehyde und Ketone Nitrile höherer Säuren, wie z. B. das $CH_3\,.\,CH\langle{}^{OH}_{CN}$, Aethylidencyanhydrin, ebenso die Ketone Acetoncyanhydrin $(CH_3)_2C\langle{}^{OH}_{CN}$. Diese Oxynitrile ergeben durch Verseifung α-Oxycarbonsäure, wie z. B.

$$CH_3-CH\langle{}^{OH}_{CN} + 2\,H_2O \rightarrow CH_3CHOH\,.\,COOH + NH_3$$ Milchsäure,

oder α-Aminopropionsäurenitril mit Ammoniak α-Aminonitrile $CH_3CH(NH_2)CN$, aus denen durch Verseifung α-Aminosäuren dargestellt werden können.

Der Carbonylsauerstoff der Aldehyde und Ketone kann leicht

gegen andere Atome oder Gruppen ausgetauscht werden. So bilden Aldehyde und Ketone mit PCl_5 Aldehydchloride, bzw. Ketonchloride:

$$(CH_3)_2CO + PCl_5 = (CH_3)_2CCl_2 + POCl_3$$

Acetonchlorid (fl; D 1,093; Kp 70°) Phosphoroxychlorid

Mit Hydroxylamin NH_2OH entstehen aus Aldehyden Aldoxime, z. B. $CH_3 . CH = NOH$ (Fp 47°; Kp 115°; L: +), aus Ketonen Ketoxime, z. B. $(CH_3)_2C = NOH$ (Acetoxim) (D 0,97; Fp 60°; Kp 135°; sl: W, Al, Ae).

Aldehyde und Ketone vereinigen sich mit Hydrazin $NH_2—NH_2$ oder substituierten Hydrazinen zu Hydrazonen:

$$CH_3CHO + H_2N—NH . C_6H_5 \rightarrow CH_3 . CH = N . NH . C_6H_5 . H_2O$$

Phenylhydrazin Acetaldehydphenylhydrazon

Die Phenylhydrazone sind meist gut krystallisierte Verbindungen und werden vielfach in der präparativen Chemie zur Abscheidung oder Identifizierung der Aldehyde und Ketone verwendet.

Aldehyde, nicht aber Ketone, besitzen die Fähigkeit, sich zu polymerisieren, d. h. unter Bildung von Sauerstoffbrücken Molekülverkettungen einzugehen. So entsteht aus Acetaldehyd schon bei gewöhnlicher Temperatur durch Zusatz geringer Mengen von HCl, Schwefelsäure, $ZnCl_2$ usw. Paraldehyd $(C_2H_4O)_3$, durch bloße Destillation kann diese Polymerisation aber wieder rückgängig gemacht werden. Außerdem sind die Aldehyde und Ketone imstande, sich zu größeren Molekülen zu kondensieren, wobei eine neue C—C-Verbindung entsteht und ein Wasserstoffatom des einen Moleküls sich mit einem Sauerstoffatom des anderen zur OH-Gruppe vereinigen:

$$CH_3C\langle{}^{H}_{O} + HCH_2C\langle{}^{O}_{O} \rightarrow CH_3—\underset{OH}{CH}—CH_2C\langle{}^{H}_{O}$$

Acetaldehyd

Acetaldol (β-Oxybutyraldehyd)

Diese Reaktion, die beim Acetaldehyd schon beim längeren Stehen in Gegenwart geringer Mengen von HCl oder Schwefelsäure, Natriumacetat oder Soda eintritt, wird als Aldolkondensation bezeichnet. Aldol geht leicht beim Erhitzen mit Wasser unter Druck unter Wasserabspaltung in Crotonaldehyd $CH_3 . CH = CH—CHO$ über, aus dem man durch Reduktion *n*-Butanol erhalten kann. Aceton kondensiert bei Anwesenheit von Kalk, KOH, HCl, H_2SO_4 usw. unter Abspaltung von Wasser wie folgt:

$$2\,C_3H_6O = C_6H_{10}O + H_2O \text{ (Mesityloxyd)} = CH_3 . COCH = C(CH_3)_2$$

$$3\,C_3H_6O = C_9H_{14}O + 2\,H_2O \text{ (Phoron} = (CH_3)_2C = CH . CO . CH = C(CH_3)_2)$$

$$3\,C_9H_{12}O = C_9H_{12} + 3\,H_2O \text{ (Mesitylen oder Trimethylbenzol 1, 3, 5)}$$

Durch Alkalien werden die einfachen Aldehyde unter Bildung eines braunen Harzes, des Aldehydharzes, zerstört. Andere Aldehyde sind als Verbindungen einer mittleren Oxydationsstufe befähigt, sich unter Bildung von 1 Mol Alkohol und 1 Mol Säure zu disproportionieren, wobei sich die eine Hälfte auf Kosten der anderen oxydiert (Canizzarosche Reaktion):

$$2\,HCHO + H_2O = CH_3OH + HCOOH$$

HCHO, Formaldehyd, Methanal (D 0,815; Fp —92°; Kp —21°; L, LA: +) wird aus CH_3OH bei der Überleitung der Dämpfe mit Luft über glühende Kupferspiralen erhalten. Auch aus CH_4 oder C_2H_4 und Luftsauerstoff mit ähnlichen Katalysatoren ist es darstellbar. Die 40%ige, wässerige Lösung wird Formol oder Formalin genannt. Formaldehyd polymerisiert sich sehr leicht, so bildet sich z. B. beim Einengen fester, wasserlöslicher, wahrscheinlich trimolekularer Paraformaldehyd, mit Schwefelsäure Polyoxymethylen und aus Formaldehyddämpfen krystallisiertes α-Trioxymethylen, das unzersetzt flüchtig ist. Mit Ammoniak bildet Formaldehyd Hexamethylentetramin $(CH_2)_6N_4$,

```
              N
            /   \
      CH2   CH2   CH2
     /       |       \
  N — CH2 — N — CH2 — N,
     \               /
           CH2
```

das in der Medizin unter dem Namen Urotropin als mildes Desinfektionsmittel für die Harnwege verwendet wird.

Durch Alkalien wird eine ein- oder mehrfache Aldolkondensation zu Glykolaldehyd oder Formose, einem Gemenge verschiedener zuckerartiger Verbindungen, hervorgerufen. Diese Aldolkondensation scheint auch in der Pflanze aus Formaldehyd zum Aufbau der Kohlehydrate zu führen. Der Formaldehyd ist in der lebenden Pflanze das erste Assimilationsprodukt des CO_2 und somit für den gesamten Lebensvorgang von grundlegender Bedeutung. Das CO_2, das das Endprodukt der tierischen Verbrennung und Verwesungsprozesse darstellt, wird im Kreislauf der Natur unter Ausnützung der Energie der Sonnenstrahlen nach $CO_2 + H_2O \rightarrow HCHO + O_2$ reduziert und der entstehende Formaldehyd polymerisiert und kondensiert.

Formaldehyd spielt in der Technik eine große Rolle als Desinfektionsmittel, zur Herstellung von Kunststoffen durch Kondensation mit Phenol (Phenoplaste, wie Bakelite), Harnstoff und anderen Aminen (Aminoplaste, wie Pollopas, Plastopal usw.) (s.

S. 696), zur Härtung von Eiweiß (Galalith), Gerbung von Leder usw. In der Farbenindustrie wird Formaldehyd zur Herstellung von Farbstoffen und Zwischenprodukten verwendet. Gewisse Farbstoffe, wie die Benzoform- und Formalfarben, werden zur Erhöhung ihrer Echtheit mit Formaldehyd nachbehandelt. Im Zeugdruck gebraucht man beim Drucken mit Küpenfarbstoffen (s. S. 690) Formaldehydhydrosulfit, $2\,HCHO \,.\, Na_2S_2O_4 \,.\, 4\,H_2O$ (Hydrosulfit N, Rongalit, weiße Krystalle), das durch Krystallisation in Formaldehydbisulfit und Formaldehydsulfoxylat $HO - CH_2 - OSONa \,.\, 2\,H_2O$ (Rongalit C) übergeht; beide sind starke Reduktionsmittel. Aus Phenol- und Naphthalinsulfosäuren entstehen mit Formaldehyd künstliche Gerbstoffe (Neradol).

Methylal, Methandioxydimethan $CH_2(OCH_3)_2$ (D 0,8665; Fp — 105,0°; Kp 42,3°; L: 28,5) wird vielfach an Stelle von Formaldehyd zur Ausführung von Kondensationsreaktionen verwendet. Es dient auch als Schlafmittel und Extraktionsmittel für Riechstoffe.

Acetaldehyd, Aethanal CH_3CHO (D 0,7883; Fp — 123°; Kp 20,2°; L, LA, LAe: ∞); es wird technisch aus C_2H_2 und Wasser (s. S. 542) mit $HgSO_4$ als Katalysator hergestellt, ist im Vorlauf der Spirituserzeugung enthalten und entsteht intermediär bei der Hefegärung (s. S. 553), wo er bei der Glyceringärung als Bisulfitverbindung abgefangen werden kann. Brennbar. *Paraldehyd* $(CH_3CHO)_3$ (D 0,9943; Fp 12°; Kp 124°; L: 12,5; LA, LAe: ∞) dient als Schlafmittel. Wie bei allen polymeren Verbindungen weist der zusammengesetzte höhermolekulare Paraldehyd einen höheren Schmelz- und Siedepunkt sowie eine geringere Löslichkeit als der einfache Acetaldehyd auf. Acetaldehyd bildet sich als Zwischenprodukt bei der Essigsäuredarstellung und Butadiensynthese (s. S. 538).

Chloral, 2-Trichloräthanal CCl_3CHO (D 1,512; Fp — 57,5°; Kp 98°) entsteht beim Einleiten von Cl_2 in C_2H_5OH als Chloralalkoholat $CCl_3 \,.\, CH \,.\, OH \,.\, OC_2H_5$ (D 1,3286; Fp 46°; Kp 115—116°; L, LA: +). Mit Wasser bildet es krystallisiertes Chloralhydrat

$$CCl_3 \,.\, CH\!\left\langle\begin{matrix} OH \\ OH \end{matrix}\right.$$ (D 1,908; Fp 51,6°; Kp [Zersetzung] 96°; L: 82),

Schlafmittel. Es läßt sich leicht zu Trichloressigsäure CCl_3COOH oxydieren und mit verdünnter KOH in Chloroform $CHCl_3$ und HCOOK spalten.

Acrolein, Propenal, Allylaldehyd $CH_2 = CH - CHO$ (D 0,8389; Fp — 88°; Kp 52,0°; L: 50—53; LA, LAe: +) bildet sich bei der Oxydation von Allylalkohol (s. S. 571), der Destillation von Fetten, beim Erhitzen von Glycerin mit Phosphorsäure, $MgSO_4$ oder $KHSO_4$ unter Wasserabspaltung und Umlagerung; scharfer, unangenehmer Geruch.

Citronellal $C_{10}H_{18}O$, *Citral oder Geranial* $C_{10}H_{16}O$ (D 0,855; Fp 47°; Kp 207°; Öl; swl: W; LA: +) sind ungesättigte Aldehyde, die im Zitronenöl und in ätherischen Ölen vorkommen.

Aceton, Propanon $CH_3—CO—CH_3$ (D 0,7855; Fp —95°; Kp 563°; L, LA, LAe: ∞) kommt im rohen Holzgeist, im Harn von Zuckerkranken vor und wird technisch durch trockene Destillation von Calziumacetat (Graukalk aus Holzessigsäure) oder synthetisch aus Schwefelsäure und C_2H_2 oder beim Überleiten von Essigsäuredämpfen über erhitzte Metalloxyde oder Carbonate, wie BaO, gewonnen. Die höher siedenden Acetonöle mit Homologen des Acetons werden als Lösungsmittel für natürliche und künstliche Harze verwendet. Acetylen kann auch unmittelbar mit Wasser und Luft unter Anwendung von Katalysatoren in Aceton übergeführt werden. Bacillus Macerans kann Zucker aus Kartoffelstärke zu Aceton vergären. Aceton dient zum Gelatinieren der Nitrozellulose oder zur Herstellung rauchloser Pulver, zur Extraktion von Fetten, Harzen, Lösen von Acetylen (Dissousgas), als Ausgangsmaterial für Isopropylalkohol, Chloroform, Jodoform, Sulfonal usw.

XIX. Einbasische Fettsäuren, Carbonsäuren.

Aus primären Alkoholen oder den entsprechenden Aldehyden entstehen durch Oxydation einbasische Säuren, die durch die Carboxylgruppe —COOH charakterisiert sind, die in RCOO′— und H˙ dissoziieren kann. Da die höheren Glieder der Paraffinmonocarbonsäuren in den Fetten als Glycerinester vorhanden sind, nennt man diese homologe Reihe auch *Fettsäuren.* Sie haben die allgemeine Formel $C_nH_{2n+1}.COOH$. Die Anfangsglieder sind in Wasser unter stark saurer Reaktion löslich, riechen stechend, ätzen, die mittleren Säuren haben den unangenehmen Geruch nach ranziger Butter und Schweiß, sind ölig, in Wasser schwer löslich. Von der Caprinsäure $C_{10}H_{21}COOH$ an sind sie fest, in Wasser unlöslich, paraffinähnlich und nur bei niedrigem Druck unzersetzt siedend. Die Schmelzpunkte der Säuren mit geraden Kohlenstoffatomen liegen durchwegs höher als die der beiden benachbarten Homologen mit ungerader Zahl von Kohlenstoffatomen.

Nitrile, die aus Alkyljodiden, CuJ (Katalysator) und KCN entstehen, können durch Verseifung in Fettsäuren mit einem höheren C-Gehalt C_{n+1} übergeführt werden:

$$CH_3CN + 2\,H_2O = CH_3COOH + NH_3$$

Die Carbonsäuren bilden durch Ersatz des Wasserstoffatoms der —COOH-Gruppe durch Metalle Salze, wie z. B. CH_3COONa, Natriumacetat, essigsaures Natrium, durch ein Alkoholradikal Ester, durch ein zweites Säureradikal Säureanhydride.

Ameisensäure, Methansäure HCOOH (D 1,220; Fp 8°; Kp 101°;

L: ∞; LA, LAe: +) kommt im Giftstachel der Ameise, verschiedener Raupen, in der Brennessel, im Schweiß, Urin usw. vor, ätzt die Haut. Zur Darstellung wird wässeriges Alkali unter Druck oder Natronkalk bei höherer Temperatur mit CO behandelt, wobei Natriumformiat entsteht: $NaOH + CO = HCOONa$. Aus diesem wird die Säure mit Mineralsäuren (verdünnte Schwefelsäure) in Freiheit gesetzt. Die Dissoziationskonstante beträgt $21{,}4.10^{-5}$. Ameisensäure ist ein starkes Reduktionsmittel, da sie leicht, im Gegensatz zu anderen Fettsäuren, zu CO_2 oxydiert werden kann: $HCOOH = CO_2 + 2\,H$; konzentrierte Schwefelsäure und andere wasserentziehende Mittel spalten Wasser ab:

$$\boxed{\begin{matrix} H \\ OH \end{matrix}} \!\!> C = O \rightarrow H_2O + CO$$

Die Salze, Formiate der Alkalien und des NH_4 bilden an der Luft zerfließliche Krystalle, $Pb(HCOO)_2$, Bleiformiat schwer lösliche Nadeln, Kupferformiat $Cu(HCOO)_2 . 4\,H_2O$ monokline Krystalle. Ameisensäure wird in der Wollfärberei bei der Herstellung von Chrombeizen, in der Lederindustrie zum Entkalken der Häute, als Desinfektions- und Konservierungsmittel usw. verwendet.

Essigsäure, Aethansäure CH_3COOH (D 1,0493; Fp 16,6°; Kp 118,1°; L, LA, LAe: ∞) gewinnt man unmittelbar durch abwechselndes Einleiten von C_2H_2 und Luft in Essigsäure mit $HgSO_4$ als Katalysator und V_2O_5 oder Fe_2O_3 als Sauerstoffüberträger (Aluminiumkessel) über Acetaldehyd und dessen Oxydation. In untergeordnetem Maße wird sie auch als Nebenprodukt bei der Holzverkohlung (s. S. 187) erhalten. Der dort anfallende Holzessig enthält etwa 10% Essigsäure. Die rohe Essigsäure mit 80% Essigsäure wird durch Rektifikation auf reinen 98%igen Eisessig verarbeitet oder als Essigessenz für Speisezwecke verwendet. Speiseessig wird auch aus verdünntem Alkohol (6—10%), wie Bier, Wein, Stärkezucker (Maische), Nährsalzen durch Gärung (Oxydation) mittels der Essigbakterien (Bacterium aceti) hergestellt. Sie tritt auch beim Sauerwerden des Bieres oder Weines ein. Der wirksame Bestandteil bei der Essigsäuregärung ist das Enzym Alkohol-Oxydase. Speiseessig enthält 3—10% Essigsäure neben etwas Alkohol, Weinsäure, Bernsteinsäure, Aethylester dieser Säuren usw.

Reine, konzentrierte Essigsäure wird durch Ausfrieren von Essigsäure erhalten. Sie riecht stechend, ätzt die Haut unter Blasenbildung und kommt in den Handel mit 98% (Eisessig, da er bereits bei mäßigen Temperaturen erstarrt), 80% und 30%. Sie ist hygroskopisch und besitzt ein gutes Lösevermögen für viele organische Stoffe, auch S und P. Der Dampf ist brennbar. Sie wird in der Farbenindustrie, in der Färberei von Textilstoffen in Form von Eisen^{II}-, Eisen^{III}-Acetat (Eisenbeize) und Aluminiumacetat

(Rotbeize) zur Gewinnung von Riechstoffen, Aceton usw. verwendet. Die Salze der Essigsäure, die Acetate, sind wasserlöslich. Natriumacetat $CH_3COONa \cdot 3\,H_2O$ (D 1,528; Fp 320°) wird in wasserfreiem Zustande als wasserentziehendes Mittel verwendet. Bleiacetat, aus PbO und Essigsäure $Pb(CH_3COO)_2 \cdot 3\,H_2O$ (D 1,54; Fp 75°; $0\,H_2O$; Kp 280°), besitzt einen widerlich süßen Geschmack (Bleizucker), ist giftig, verbindet sich mit weiterem PbO zu basischen, alkalisch reagierenden Bleiacetaten, dem Bleiessig

$$Pb\begin{matrix}\diagup OH \\ \diagdown CH_3COO\end{matrix} \quad ; \quad \begin{matrix} Pb\begin{matrix}\diagup OH \\ \diagdown \end{matrix} \\ \qquad\quad > O \\ Pb\begin{matrix}\diagup \\ \diagdown CH_3COO\end{matrix}\end{matrix}$$

Es wird zur Bleiweißerzeugung und als Goulardsches Wundwasser verwendet.

n-Buttersäure, Butansäure, Gärungsbuttersäure, Propylcarbonsäure (D 0,1599; Fp —4,7°; Kp 162,5°; L, LA, LAe: ∞) kommt frei im Schweiß, im Dickdarminhalt, als Glycerinester Tributyrin in der Butter (2%) vor. Aus diesem entsteht beim Ranzigwerden der Butter freie Buttersäure. Außerdem bildet sie sich bei der Fäulnis von Eiweißstoffen (Limburger Käse), bei verschiedenen Gärungsprozessen aus Kohlehydraten, wie Zucker und Stärke, unter dem Einfluß von Bacillus butyricus. Die freie Säure besitzt ebenso wie die höheren Homologen *Valeriansäure* $CH_3—(CH_2)_3—COOH$ (D 0,9397; Fp —34,5°; Kp 187,0°; L: 3,7) *Capronsäure* $CH_3—(CH_2)_4—COOH$ (D 0,9294; Fp —3,9°; Kp 205°; Öl; L; swl: Al +, Ae +) einen unangenehmen, ranzigen Geruch.

Palmitinsäure $C_{15}H_{31} \cdot COOH$ (D 0,853; Fp 62,10°; Kp 215° [15 mm]; L, LA, LAe: +) kommt im Palmenöl, einem Gemisch von Palmitin und Olein, und japanischem Pflanzenwachs vor. Die natürlich vorkommende Säure ist die geradekettige, normale Säure. In den Ölen und Fetten bildet sie neben *Stearinsäure* $C_{17}H_{35} \cdot COOH$ (D 0,8386; Fp 69,3°; Kp 232° [15 mm]; L: 0,03; LA: 2,0; +; LAe: 25,06) und der ungesättigten Ölsäure in Form des Triglycerinesters deren Hauptbestandteil.

Für gewöhnlich sind in den Glyceriden alle drei —OH-Gruppen des Glycerins durch die gleiche Fettsäure verestert:

$$\begin{array}{l} C_{15}H_{31}—COO—CH_2 \\ \qquad\qquad\qquad\quad | \\ C_{15}H_{31}—COO—CH \quad \text{Tripalmitinsäureglycerinester} \\ \qquad\qquad\qquad\quad | \\ C_{15}H_{31}—COO—CH_2 \end{array}$$

Stearinsäure kann durch Hydrieren von Ölsäure oder aus Hammeltalg dargestellt werden. Das Gemisch von überwiegend Stearinsäure mit Palmitinsäure wird in der Technik als Stearin bezeichnet und zur Fabrikation von Kerzen sowie in der Seifen-, Gummi-, Leder- und kosmetischen Industrie verwendet. Die höheren Fettsäuren können auch auf synthetischem Wege (s. S. 613) erhalten werden.

XX. Ungesättigte Fettsäuren.

Die Reihe der ungesättigten Fettsäuren wird nach ihrem wichtigsten Vertreter auch Ölsäurereihe genannt. Sie sind ähnlich den Olefinen (s. S. 524) zur Addition von 2-H-Atomen, welche Reaktion bei der Fetthärtung eine große Rolle spielt, und von 1 Molekül Halogenwasserstoffsäure befähigt. Dabei bilden sich die gesättigten Fettsäuren oder deren Substitutionsprodukte. Zum Unterschiede von den gesättigten Fettsäuren sind die ungesättigten leicht oxydierbar (Entfärbung von Kaliumpermanganat). Die Stellung der Doppelbindung kann aus den Spaltprodukten bei der Oxydation mit Ozon oder Kaliumpermanganat erkannt werden.

Bildungsweisen.

1. Oxydation ungesättigter Alkohole oder Aldehyde, wie Acrolein $CH_2 = CH - CHO$, zu Acrylsäure $CH_2 = CH - COOH$;
2. Überführung eines ungesättigten Alkohols in das Nitril und Verseifung desselben;
3. Abspaltung von Halogenwasserstoffen aus den Monohalogensubstitutionsprodukten der gesättigten Säuren mit alkoholischem Kali;
4. Abspaltung von Wasser aus Oxyfettsäuren:

$$\underset{\text{Aethylenmilchsäure}}{HO - CH_2 - CH_2 - COOH} \rightarrow \underset{\text{Acrylsäure}}{CH_2 = CH - COOH} + H_2O$$

Acrylsäure, Propensäure $CH_2 = CH - COOH$ (D 1,062; Fp 13°; Kp 141°; L: ∞) kann außer nach 1. auch aus Acetylen durch Addition von Blausäure HCN zu Acrylsäurenitril $CH_2 = CHCN$ und Verseifung zur freien Säure dargestellt werden. Ebenso ist auch die Herstellung über Aethylenoxyd $(CH_2)_2O$ und HCN über β-Oxypropionsäurenitril $OH - CH_2 - CH_2 - CN$ und Wasserabspaltung zum Nitril möglich. Acrylsäure ist polymerisierbar, ebenso ihre Ester, die die bekannten Kunststoffe Plexigum, Troliloid und Acronale (Sicherheitsglas) bilden.

Die beiden Stellungsisomeren Crotonsäure $\begin{array}{c} H - C - H \\ \| \\ CH_3 - C - COOH \end{array}$ oder Transcrotonsäure, gewöhnliche oder feste Crotonsäure (D 1,018; Fp 71°; Kp 189°; L: 8,33), sowie die Cis- oder Isocrotonsäure $\begin{array}{c} H - C - CH_3 \\ \| \\ H - C - COOH \end{array}$ (Fp 15°) kommen im rohen Holzessig vor.

Methacrylsäure, Methylpropensäure $CH_2{=}C\begin{smallmatrix}\diagup CH_3\\ \diagdown COOH\end{smallmatrix}$ (D 1,015; Fp 16°; Kp 163°; L: —; 1; LA, LAe: ∞) kommt im Römisch-Kamillenöl vor. Es wird aus Aceton und Blausäure über Acetoncyanhydrin $CH_3{-}C\begin{smallmatrix}\diagup OH\\ -CN\\ \diagdown CH_3\end{smallmatrix}$ und konzentrierter Schwefelsäure erhalten. Ihre Ester mit Alkoholen können polymerisiert werden und ergeben dann Kunststoffe (Plexiglas).

Ölsäure $C_{17}H_{33}{-}COOH$, $CH_3(CH_2)_7{-}CH{=}CH{-}(CH_2)_7{-}$ $-COOH$ (dim; D 0,898; Fp 14°; Kp 286° [100 mm], 233° [15 mm]; Nadeln; nl: W; LA, LAe: ∞) ist als Triglycerid Olein in nahezu allen tierischen und pflanzlichen Ölen und Fetten enthalten. An der Luft wird die ansonsten farb-, geruch- und geschmacklose Säure schnell ranzig und gelb (unter Bildung von Peroxyden). Zum Unterschiede von Stearin- und Palmitinsäure ist ihr Bleisalz in Aether löslich (Trennungsmöglichkeit).

Jecoleinsäure $C_{18}H_{35}COOH$ und *Gadoleinsäure* $C_{19}H_{37}COOH$ kommen im Dorschlebertran, die *Erucasäure* $CH_3(CH_2)_7{-}CH{=}$ ${=}CH(CH_2)_{11}{-}COOH$ (D 0,8602/55°; Fp 34°; Kp 281° [30 mm], 264° [15 mm]; nl: W; LA, LAe: s) im Rüböl vor.

Zwei Doppelbindungen im Molekül weist die im Hanf-, Mohn-, Nuß- und Leinöl vorkommende *Linolsäure* $C_{17}H_{31}COOH$ (Fp $<$—18°; Kp 228° [14 mm]) sowie die *Elaemargarinsäure* $C_{17}H_{31}COOH$ (Fp 43—44°), die im chinesischen Holzöl enthalten ist, auf. Drei Doppelbindungen besitzt die *Linolensäure* $C_{17}H_{29}COOH$ (im Leinöl) und die *Jecorinsäure* $C_{17}H_{29}COOH$ (im Sardinenöl), vier Doppelbindungen die *Clupanodonsäure* $C_{21}H_{35}COOH$ (im Sardinen-, Herings- und Walöl). Die Ungesättigtheit dieser Verbindungen spielt bei der Verwendung als Anstrichbindemittel eine Rolle, da sie unter dem Einfluß des Luftsauerstoffes leicht oxydiert werden können und dabei unter Filmbildung verharzen. Sie bilden die trocknenden Öle der Anstrichmittel.

1. Halogensubstitutionsprodukte der Fettsäuren.

Durch Einwirkung der Halogene, wie Chlor oder Brom, auf die gesättigten einbasischen Säuren, am besten unter Zusatz von Phosphor oder Schwefel oder deren Halogenverbindungen, sowie durch Addition von HCl an Olefincarbonsäuren entstehen Substitutionsprodukte der Fettsäuren, wie z. B. *Monochloressigsäure* $CH_2ClCOOH$ (D 1,358/75°; Fp 61,3°; Kp 189°; sl: W), *Dichloressigsäure* $CHCl_2COOH$ (D 1,552; Fp 10,8°; Kp 194°) und *Trichloressigsäure* CCl_3COOH (D 1,62; Fp 57°; Kp 196,5°; L: 92; LA, LAe: +).

Sie sind einbasische, aber weit stärker dissoziierte Säuren (s. S. 593) als die Essigsäure und um so stärker in Ionen gespalten, je mehr Chloratome eingeführt wurden und je näher diese zur Carboxylgruppe —COOH stehen.

Durch Austausch des α-Halogenatoms beim Kochen mit Alkali gegen die Hydroxylgruppe entstehen Oxysäuren, wie z. B. die Glykolsäure $CH_2OH—COOH$. Mit Kaliumcyanid bilden sich Cyanfettsäuren, mit Ammoniak Aminosäuren.

β-Halogenfettsäuren tauschen beim Kochen mit Laugen nicht OH gegen Cl, sondern spalten HCl ab:

$$CH_3—CHCl—CH_2—COOH \xrightarrow{+\text{ Lauge}} CH_3—CH=CH—COOH$$

γ- und ϑ-Halogenfettsäuren spalten gleichfalls beim Kochen mit Laugen HCl ab, nehmen aber das H-Atom aus der Carboxylgruppe und bilden ein γ-, bzw. ϑ-Lacton:

$$CH_3—CHBr—CH_2—CH_2—COOH \longrightarrow$$
$$\longrightarrow CH_3—\underset{\lfloor\_\_\_\_\_\_\_\_ O \_\_\_\_\_\_\_\_\rfloor}{CH—CH_2—CH_2—CO} \;(\gamma\text{-Lacton}).$$

2. Säurechloride.

Durch die Einwirkung von Phosphor-V-Chlorid PCl_5, Phosphor-III-Chlorid PCl_3, Phosphoroxychlorid $POCl_3$, Thionylchlorid $SOCl_2$, Sulfurylchlorid SO_2Cl_2 auf die freien Fettsäuren oder ihre Salze entstehen die Säurechloride durch Ersatz der OH-Gruppe durch Chlor: $3\,CH_3COONa + POCl_3 = 3\,CH_3COCl + Na_3PO_4$. Sie bilden stechend riechende, an der Luft rauchende Flüssigkeiten, die von Wasser leicht hydrolysiert werden: $RC\begin{matrix}\nearrow O\\ \searrow Cl\end{matrix} + HOH \rightarrow RC\begin{matrix}\nearrow O\\ \searrow OH\end{matrix} + HCl$

Mit Alkoholen geben sie in analoger Reaktion Ester: $RC\begin{matrix}\nearrow O\\ \searrow Cl\end{matrix} +$ $+ HOC_2H_5 = RC\begin{matrix}\nearrow O\\ \searrow OC_2H_5\end{matrix} + HCl$, mit Aminen Säureamide. Das Radikal $RC\begin{matrix}— \\ \searrow O\end{matrix}$ wird als Acyl- oder Säurerest bezeichnet.

Acetylchlorid, Aethanoylchlorid CH_3COCl (fl; D 1,104; Kp 50,9°; W, Al zers) ist eine stechend riechende Flüssigkeit, die sich stürmisch mit Wasser zersetzt, auch, fast explosionsartig, mit Ammoniumhydroxyd. Es dient in der organischen Chemie zu Acetylierungen und zur Konstitutionsbestimmung.

3. Säureanhydride.

Durch intermolekulare Abspaltung von 1 Molekül Wasser aus 2 Molekülen Säure entstehen Säureanhydride:

$$\begin{array}{l} CH_3-CO\boxed{OH} \\ CH_3-COO\boxed{H} \end{array} \longrightarrow \begin{array}{l} CH_3-CO \\ CH_3-CO \end{array}\!\!>O + H_2O$$

Essigsäure Essigsäureanhydrid, Acetyloxyd

Praktisch werden die Fettsäureanhydride durch Einwirkung von Säurechloriden oder Sulfurylchlorid SO_2Cl_2 auf die Alkalisalze der Säuren dargestellt: $CH_3COCl + CH_3COONa = (CH_3-CO)_2O + NaCl$. An Stelle der Säurechloride kann auch $POCl_3$, $COCl_2$ auf Säuren reagieren gelassen werden.

Essigsäureanhydrid, Aethansäureanhydrid $(C_2H_3O)_2O$ (D 1,082; Fp —73°; Kp 139,4°; L: 11; Al zers langsam; LAe: ∞) ist eine neutrale, stechend riechende Flüssigkeit, die durch Wasser allmählich zum Säurehydrat, der Essigsäure, zersetzt wird. Es wird technisch durch Einleiten von Phosgen $COCl_2$ in Essigsäure bei Gegenwart von wasserfreiem Magnesiumchlorid oder aus Natriumacetat und Thionylchlorid $SOCl_2$, ferner durch Überleiten der Dämpfe von Essigsäure über Aluminiumphosphat als Katalysator bei 700° C hergestellt. Bei der Dampfreaktion entsteht ein ungesättigtes Keton $CH_2 = CO$, das polymerisierbare *Keten* (Fp —151°; Kp —56°), das mit Essigsäure das Anhydrid ergibt. Dieses stellt ein sehr wichtiges Acylierungsmittel in der organischen präparativen Chemie dar, das Alkohole, primäre und sekundäre Amine in Acetylverbindungen überführen kann.

4. Fettsäureester.

Die Ester der Fettsäuren mit Alkoholen entstehen nach den gleichen Methoden wie die Ester der anorganischen Säuren und weisen auch die gleichen Eigenschaften wie diese (s. S. 575) auf. Die Fettsäureester sind meist unzersetzt destillierbare, in Wasser mäßig lösliche Flüssigkeiten, die höheren Glieder aber fest und unlöslich. Die niedrigen Glieder werden wegen ihres angenehmen fruchtartigen Geruches als Fruchtäther oder -essenzen verwendet und dienen auch zur Herstellung von Parfüms. Durch Wasser werden sie, insbesondere beim Kochen mit Laugen, wieder in ihre Bestandteile verseift.

Die Geschwindigkeit der Verseifung ist eine Funktion der Wasserstoffionenkonzentration, so daß man direkt aus der Verseifungsgeschwindigkeit auf den Säuregrad einer Lösung schließen kann. Die Ester sind sehr reaktionsfähig, da sie die OR-Gruppe mit Ammoniak zu Säureamiden (s. S. 595), mit Phosphor-V-Chlorid unter Spaltung des Esters zu Chloriden des Alkohols und der Säure austauschen. Die Ester der höhermolekularen Alkohole mit höheren Fettsäuren werden als *Wachse* bezeichnet (s. S. 602), die auch in der Natur vorkommen, wie Bienenwachs, Walrat, Montanwachs (s. S. 521).

Ameisensäureäthylester $HCO-OC_2H_5$ (D 0,9229; Fp —80,5°; Kp 54,1°; L: 9,4; LA, LAe: +) wird zur Herstellung von künstlichem Rum und Arak verwendet.

Essigsäureisoamylester $CH_3-CO-OC_5H_{11}$ (D 0,8708; Kp 142°; L: 0,25; LA, LAe: +) dient in Form seiner alkoholischen Lösung als Birnenäther, *n-Buttersäureäthylester* (D 0,878; Fp —93,3°; Kp 120°; L: 0,5; LA, LAe: +) als Ananasäther, *Isovaleriansäureisoamylester* $C_4H_9-COO-C_5H_{11}$ (fl; D 0,858; Kp 194°; wl: W; LA, LAe: ∞) als Apfeläther.

5. Säureamide.

Aus Säurechloriden oder -estern entstehen durch Einwirkung von Ammoniak NH_3, festem Ammoniumcarbonat oder primären und sekundären Aminen (s. S. 580), je nach der Zahl der im Ammoniak durch Säureradikale ersetzten Wasserstoffatome primäre, sekundäre oder tertiäre Säureamide: $CH_3COCl + 2\,NH_3 = CH_3-CO-NH_2 + NH_4Cl$ (Acetamid; D 1,159; Fp 82°; Kp 221°; sl: W, Al; LAe: 0); $CH_3-COCl + 2\,NH_2(C_2H_5)$ (Aethylamin) $= CH_3-CO-NH(C_2H_5)$ (Aethylacetamid) $+ NH_2(C_2H_5)\,.\,HCl$.

Auch bei der trockenen Destillation der Ammoniumsalze der Fettsäuren entstehen Säureamide. Die Amide sind im Gegensatz zu den Aminen nur ganz schwach basische, leicht verseifbare Körper, die aber doch in ihrem Verhalten gegenüber salpetriger Säure an die Reaktionen der Amine erinnern:

$$\underset{\text{Säureamid}}{CH_3CONH_2} + \underset{\text{Salpetrige Säure}}{ONOH} = \underset{\text{Säure}}{CH_3COOH} + N_2 + H_2O$$

Bei der Einwirkung von Halogenen in Anwesenheit von Alkalien oder Chlorkalk auf primäre Amide entstehen unter Verminderung der Kohlenstoffatome primäre Amine (Hofmannscher Säureamidabbau):

$CH_3-CONH_2 + Br_2 + KOH = CH_3-CO-NHBr$ (Acetbromamid) $+ KBr + H_2O$;

$$CH_3-CO-NHBr + 3\,KOH = CH_3NH_2 + K_2CO_3 + KBr + H_2O.$$

6. Nitrile $R-C\equiv N$ und Isonitrile $R-N=C$.

Aus den Säureamiden entstehen unter Wasseraustritt (mit P_2O_5), durch Umsetzung zwischen Jodalkylen und Kaliumcyanid sowie beim Durchleiten von Säuredämpfen mit Ammoniak über Aluminiumoxyd bei 500° C Nitrile:

$$1\,a).\ CH_3COOH + NH_3 \rightleftarrows CH_3-C\begin{cases}O\\NH_2\end{cases} + HOH$$

$$1\,b).\ CH_3CONH_2 \rightleftarrows CH_3-C\equiv N + H_2O$$

Acetonitril (D 0,783; Fp —44,9°; Kp 81,6°; L: ∞; brennbar; im Steinkohlenteer und in den Destillationsprodukten der Zuckerschlempe):

$$2.\ \underset{\text{Ammoniumacetat}}{CH_3CO-ONH_4} \xrightarrow{-H_2O} \underset{\text{Acetamid}}{CH_3-CO-NH_2} \xrightarrow{-H_2O} \underset{\text{Acetonitril}}{CH_3-C\equiv N}$$

Beim Kochen mit Wasser, Säuren oder Alkalien zerfallen die sehr reaktionsfähigen Nitrile in jene Säuren, aus denen sie hervorgegangen sind: $CH_3CN + 2\,H_2O = CH_3COOH + NH_3$. Diese Umsetzung ist somit die Umkehrung der zur Darstellung der Nitrile führenden Reaktionen 1 a) und 1 b). Sie ist für die Synthese sehr wichtig, da sie ermöglicht, aus den Alkoholen $C_nH_{2n+1} \cdot OH$ über das Nitril und dessen Verseifung zu den um ein Kohlenstoffatom reicheren Säuren $C_nH_{2n+1} \cdot COOH$ zu gelangen. Aus diesem Grunde bezeichnet man die Nitrile auch mit dem Namen jener Säure, in die sie durch Verseifung übergeführt werden können: CH_3CN, Acetonitril; Aethannitril; C_2H_5CN, *Propionitril*, Aethylcyanid, Propannitril (D 0,8021; Fp —91,9°; Kp 97,1°; L 40°: 11,9; l: Al, Ae).

Die isomeren Isonitrile $R-N^{III}=C$ erhält man aus Alkyljodid und Silbercyanid: $AgCN + C_2H_5J = AgJ + C_2H_5-N=C$ (Aethylisocyanid; Kp 82°) oder primären Aminen, Chloroform und alkoholischem Kali:

$$CH_3NH_2 + CHCl_3 + 3\,KOH = CH_3NC + 3\,KCl + 3\,H_2O$$

Sie enthalten die Alkylgruppe unmittelbar an Stickstoff gebunden und liefern daher zum Unterschiede von den Nitrilen bei der Verseifung (Erhitzen mit Wasser) die um ein Kohlenstoffatom ärmere Aminbase und Säure:

$$CH_3-N=C + 2\,H_2O = CH_3NH_2 + HCOOH$$

Methylisonitril → Methylamin + Ameisensäure

7. Oxyfettsäuren.

Oxyfettsäuren sind einbasische, 2-wertige Verbindungen, die sowohl eine OH- als auch eine —COOH-Gruppe aufweisen und sich daher sowohl als Säure als auch als Alkohol betätigen können. Sie können aus den α-Halogensäuren durch Verseifung mit Alkali bei 150° im Autoklaven (s. S. 593) sowie aus den Blausäureadditionsprodukten von den um ein Kohlenstoffatom ärmeren Aldehyden und Ketonen, wie z. B. Aethylidencyanhydrin (s. S. 584) und Acetoncyanhydrin, durch Verseifung erhalten werden.

Glykolsäure, Aethanolsäure, Oxyessigsäure $CH_2(OH)COOH$ (D 1,1131; Fp —11,2°; Kp 197,2°; L, LA, LAe: ∞) kann außer durch die allgemeinen Bildungsweisen auch aus Glykol durch Oxydation mit Salpetersäure erhalten werden: $CH_2OH - CH_2OH \xrightarrow{+O} CH_2OH - COOH$. Auch die elektrolytische Reduktion (s. S. 435) von Oxalsäure ist möglich. Die Glykolsäure kann als Säure Salze, z. B. glykolsaures Natrium $CH_2OH - COONa$, Amide (Glykolamid $CH_2OH - CO - NH_2$; Fp 120°; L: +; LA: w), Ester (Glykolsäureäthylester $CH_2OH - CO - OC_2H_5$; fl; D 1,083; Kp 160°) oder als Alkohol Aether (Aethylglykolsäure $C_2H_5O - CH_2 - COOH$; Kp 206°), Amine (Glykokoll $CH_2(NH_2)COOH$; D 1,60; Fp 232—236°; Kp 260°; zers; L: 23; LA: 0,2; LAe: 0), Monochloressigsäure $CH_2ClCOOH$ bilden usw.

Milchsäure, Oxypropionsäure $CH_3 - CHOH - COOH$ kommt in der Natur in zwei stereoisomeren optisch aktiven Formen vor: als rechtsdrehende d-Aethylidenmilchsäure (Fp 25—26°; zerfließl. Prismen; L, LA: ∞; LAe: w) und linksdrehende l-Aethylidenmilchsäure sowie als optisch inaktives racemisches Gemisch beider, der Racemform dl-Aethylidenmilchsäure, 2-Propanolsäure, α-Oxypropionsäure (D 1,240; Fp 18°; Kp 119° [12 mm]; zerfließl. Krystalle; ∞l: W, Al; LAe: w). Diese die Schwingungsebene des polarisierten Lichtes drehenden Formen sind durch das Vorhandensein eines unsymmetrischen Kohlenstoffatoms (Spiegelbildisomerie) verursacht:

$$\begin{array}{c} COOH \\ | \\ H-C-OH \\ | \\ CH_3 \end{array} \quad \text{oder} \quad \begin{array}{c} COOH \\ | \\ C-OH \\ \diagup\;\diagdown \\ H \quad CH_3 \end{array} \qquad \text{sowie} \qquad \begin{array}{c} COOH \\ | \\ HO-C-H \\ | \\ CH_3 \end{array} \quad \text{oder} \quad \begin{array}{c} COOH \\ | \\ C-H \\ \diagup\;\diagdown \\ HO \quad CH_3 \end{array}$$

d-Milchsäure (die Rechts-Form, mit d = dexter oder + bezeichnet)

l-Milchsäure (l = laevus oder mit — bezeichnet)

Die Rechts- und Links-Form bilden für sich Reihen konfigurativ zusammengehöriger Verbindungen, sog. sterische Reihen. Die inaktive Form der Milchsäure, die durch Vermischung der beiden aktiven Formen in gleichen Mengen erhalten werden kann, entsteht bei der Milchsäuregärung (s. S. 554) des Zuckers und bei der Synthese. Sie kommt auch im Magensaft, Opium, bei sauren Gärungen usw. vor. Sie ist sehr hygroskopisch, bildet aber beim Verdunstenlassen im Exsikkator unter intramolekularer Wasserabspaltung verhältnismäßig leicht Milchsäureanhydrid $C_6H_{10}O_5$

(Laktylsäure). Eine andere Form der Wasserabspaltung führt zu Laktid $C_6H_8O_4$:

$$\begin{array}{ccc} CH_3-CH(OH) & & HOOC \\ | & + & | \\ COOH & & (HO)HC-CH_3 \end{array} \longrightarrow \begin{array}{cc} CH_3-CH-OOC & \\ | & | \\ COO \text{---} & CH-CH_3 \end{array} + 2\,H_2O$$

α-Oxypropionsäure (Milchsäure) Laktid (Fp 125°)

Durch Verseifen liefert das Laktid (Kp 255°; L, LA: sw) wieder die freie Säure. Alkalisalze der Milchsäure werden als Ersatz für Glycerin verwendet; das Natriumsalz wird im Handel als Perglycerin, das Kaliumsalz als Perkaglycerin bezeichnet.

Eine ungesättigte Oxyfettsäure ist die Ricinusölsäure, Ricinolsäure, Oxyölsäure $C_{17}H_{32}(OH)COOH$ (Fp 5°; Kp 250° [14 mm]; LA, LAe: ∞), deren Triglycerid das Ricinusöl bildet. Ihr Sulfurierungsprodukt, die Ricinusölschwefelsäure, bildet das sog. Türkischrotöl, das in der Färberei ausgedehnte Verwendung findet.

8. Ketonsäuren.

Ketonsäuren weisen sowohl eine Carboxyl- (— COOH) Gruppe als auch eine Ketogruppe (— CO —) auf und geben daher sowohl die Reaktionen der einbasischen Fettsäuren (s. S. 588) als auch der Ketone (s. S. 583). Sie bilden Salze, Ester, Verbindungen mit Natriumhydrosulfit $NaHSO_3$, Hydroxylamin NH_2OH, Kondensationsprodukte usw.

Brenztraubensäure, Acetylameisensäure, Pyrotraubensäure $CH_3CO-COOH$ (D 1,2649; Fp 13,6°; Kp 165° [zers]; Kp 61° [12 mm]; L, LA, LAe: ∞) entsteht bei der trockenen Destillation von Trauben- oder Weinsäure, ferner als Zwischenprodukt bei der alkoholischen Gärung (s. S. 551) und der Glykolyse (s. S. 578), bei der Oxydation von Milchsäure und aus Acetylchlorid mit Kaliumcyanid mit nachfolgender Verseifung des Ketonitrils: $CH_3COCl + KCN \rightarrow CH_3COCN + KCl \xrightarrow{+H_2O} CH_3-CO-COOH + NH_3$. Sie ist polymerisations- und kondensationsfähig und geht dabei in Benzol-, bei Anwesenheit von NH_3 in Pyridinderivate über.

Acetessigsäure, β-Ketobuttersäure $CH_3-CO-CH_2-COOH$ ist eine stark saure, mit Wasser mischbare Flüssigkeit, die aber beim Erwärmen in Aceton und CO_2 zerfällt. Sie wird durch Oxydation von β-Oxybuttersäure erhalten. Beständiger ist ihr Aethylester, der Acetessigsäureester $CH_3-CO-CH_2-COOC_2H_5$ (D 1,023; Fp $<-80°$; Kp 180°; wl: W; LA, LAe: ∞), eine angenehm obstartig riechende Flüssigkeit. Im Acetessigester und ähnlichen Verbindungen, die eine sog. „reaktivierte" CH_2-Gruppe durch die Nachbarschaft gewisser anderer Atomgruppen besitzen, kann ein Wasserstoffatom der CH_2-Gruppe reversibel an die benachbarte Carbonylgruppe abwandern, wobei aus der gesättigten Keto- eine ungesättigte Oxyverbindung gebildet werden kann. Man spricht dann von einer „Keto-Enol-Tautomerie" oder „Keto-Enol-Desmotropie":

$$CH_3-\underset{\underset{O}{\|}}{C}-CH_2-COO-C_2H_5 \rightleftarrows CH_3-\underset{\underset{OH}{|}}{C}=CH-COO-C_2H_5$$

(Tautomerie s. S. 121). Die Verbindung kann sowohl in der einen als auch der anderen Form reagieren. Beispielsweise kann Acetessigsäure in der Enolform mit Natrium und Kupfer Salze bilden, wie z. B. den Natriumacetessigester $CH_3-CONa=CH-COO-$ $-C_2H_5$. Auch durch Alkylgruppen ist das reaktive Wasserstoffatom ersetzbar, z. B. durch Einwirkung von Alkylhalogenid auf das Natriumenolat.

Lävulinsäure $CH_3-CO-CH_2-CH_2-COOH$ (D 1,143; Fp 33,5°; Kp 245° [zers]; wl: W; l: Al, Ae) entsteht aus Kohlehydraten, wie Rohrzucker, Fruktose, Zellulose, Stärke usw., bei der Einwirkung von Säuren.

XXI. Fette und Öle.

Fette und Öle sind in vielen tierischen und pflanzlichen Zellen als Reservestoffe abgelagert. Bei den Pflanzen sind es vorwiegend die Samen und Ölfrüchte, in denen das Fett zur Ernährung des Keimlings aufgespeichert wird, während in den tierischen Organismen das Fett meist unter der Haut und in der Umgebung bestimmter Organe, wie Leber, Niere, Herz usw., abgelagert wird. Die Fette sind meist Gemische der Ester der aliphatischen Fettsäuren mit C_{16} bis C_{18} mit Glycerin, wie das Tripalmitin oder Palmitin $C_3H_5(C_{15}H_{31}COO)_3$ (D 0,877 [64°]; Fp 65°; L: 0; LA: 0,004; LAe: s), Stearin oder Tristearin $C_3H_5(C_{17}H_{35}COO)_3$ (D 1,010; Fp 72°; L: 0; LA: 0; +; LAe: 0; +) und Olein oder Triolein $C_3H_5(C_{17}H_{33}COO)_3$ (D 0,920; Fp —17°; Kp 235—240° [18 mm]; L: 0; LA: w; LAe: sl). Die festen Fette sind reicher an Stearin- und Palmitinsäure, die flüssigen an Ölsäure. Es kommen aber auch gemischte Triglyceride, wie Oleodipalmitin, Palmitodistearin, Glykoside, ferner ungesättigte Fettsäuren mit 1, 2, 3 und 4 Doppelbindungen (trocknende Öle; s. S. 592), Oxyfettsäuren, wie Ricinolsäure (s. S. 596), Tributyrin usw., vor. Auch Wachse, die nicht assimilierbare Ausscheidungen von tierischen und pflanzlichen Zellen darstellen und aus den Estern höherer Alkohole und höherer Fettsäuren bestehen (s. S. 602), sind zu den Fetten zu rechnen.

Die Fette sind fest oder flüssig, in Wasser unlöslich, leichter wie Wasser, in Alkohol wenig, aber leichter löslich in Benzin, Benzol, Aether, Schwefelkohlenstoff, Chloroform, Tetrachlorkohlenstoff, Trichloräthylen, Tetrachloräthan usw. Neben den Glyceriden sind in den Fetten stets auch freie Fettsäuren sowie gewisse Begleitstoffe enthalten. Das Cholesterin $C_{27}H_{46}O$ findet sich in allen tierischen, das Phytosterin $C_{26}H_{44}O$ in allen pflanzlichen Fetten, wodurch die Herkunft eines Fettes festgestellt werden kann.

Die Fette lassen sich bei Gegenwart von etwas Alkali in Wasser durch Schütteln sehr fein verteilen oder emulgieren, in welcher Form sich z. B. das Butterfett in der Milch vorfindet. Die Fette dienen in erster Linie der Ernährung, aber auch für technische Zwecke, wie zur Herstellung von Seifen, Kerzen, Lacken, Firnissen, Anstrichen, Schmiermitteln, zum Geschmeidigmachen von Gespinstfasern, zur Hautpflege, Herstellung von Linoleum usw.

1. Die Gewinnung der Fette.

Die Gewinnung der Fette erfolgt gewöhnlich durch Auspressen zwischen erwärmten Platten oder Extrahieren mit flüchtigen Fettlösungsmitteln. Tierische Fette werden meist ausgeschmolzen oder besser ausgekocht, wobei die niedrig schmelzenden Fraktionen die wertvollsten sind, da sie noch wenig Zersetzungsprodukte der stickstoffhaltigen Bindegewebe des Fleisches enthalten. In doppelwandigen Kesseln mit Wasser oder Dampf als Heizmittel wird das Fett auf trockenem Wege oder beim Naßschmelzverfahren durch unmittelbare Berührung zwischen Fett und (wenig) Wasser oder Dampf bei 50° C ausgeschmolzen.

Premier Jus oder Speisetalg I ist der in den Talgschmelzen oder Schlachthäusern zuerst abfließende Talg, der für Speisezwecke verwendet wird. Die fettreichen Grieben werden entweder durch Pressen, Naßschmelzen oder flüchtige Lösungsmittel weiterentfettet und die Rückstände nach dem Vermahlen als Mastviehfutter verkauft. Bei der Säureschmelze erhält man zwar durch Zusatz von 5—8% Schwefelsäure zum Wasser eine höhere Ausbeute, aber ein nur für technische Zwecke brauchbares Fett.

Aus Tierkadavern wird durch Kochen in einem Autoklaven mit gespanntem Dampf der größere Teil des Fettes und des Knochenleimes entzogen, das Fett, die Leimbrühe und das Fleischwasser abgezogen und die Reste durch indirekten Dampf getrocknet, wobei Tierkörpermehl erhalten wird.

Auspressen. Die pflanzlichen Rohstoffe, wie Samen usw., werden vor der Verarbeitung in Siebapparaten, Ventilatoren, Magnetschneidern von Verunreinigungen befreit, in Trieuren von fremden Samen gereinigt, aufgeknackt oder geschält und in Mahlgängen, Kollergängen, Walzwerken, Schlagkreuzmühlen usw. (s. S. 297) zerkleinert. Das Auspressen erfolgt nach einem Anwärmen des Preßgutes in Wärmepfannen in hydraulischen Pressen, wie z. B. Seiherpressen, Etagenpressen, kontinuierlich arbeitenden Schnecken- oder Stempelpressen usw. Die Ölkuchen mit etwa

5—7% Fett, den Eiweißstoffen und Kohlehydraten dienen als Viehfutter.

Extraktion. Bei der Extraktion mit Lösungsmitteln, wie Benzin, Trichloräthylen, Schwefelkohlenstoff u. dgl., von Kokosnüssen, Knochen, Fischabfällen, Oliven, Preßkuchen usw. werden vorerst die Rohstoffe gereinigt, zerkleinert (ausgenommen Fischabfälle und Knochen) und in Extraktionsapparaten, die nach dem Prinzip des Laboratoriums-Soxhletapparates oder nach der Art der Diffusionsbatterien der Zuckerindustrie (s. S. 624) gebaut sind, extrahiert. Nach der Extraktion wird das Lösungsmittel abdestilliert und durch Kühlung für die nächste Operation zurückgewonnen. Die durch Extraktion gewonnenen Fette sind nicht so rein wie die durch Pressen erhaltenen. Sie sind durch Harze, Farbstoffe usw. verunreinigt.

Reinigung der Fette. Die nach diesen Verfahren gewonnenen Fette und Öle enthalten vielfach noch Geruch-, Farb-, Schleim- und Eiweißstoffe, freie Fettsäuren, die je nach dem Verwendungszweck mehr oder weniger stark stören. Durch Alkalien, Läutern und Behandlung in Filterpressen werden Wasser und feste Stoffe und durch Bleichen mit Tierkohle, Holzkohle, Fullererde, Silicagel Farbstoffe entfernt.

Durch eine Raffination mit ½—1% konzentrierter Schwefelsäure bei 15—20° in mit Blei ausgeschlagenen und mit einem Rührwerk ausgestatteten Bottichen werden Eiweiß- und Schleimstoffe verkohlt und Seifen und ähnliche Emulsionsbildner zersetzt, so daß sich auch andere Verunreinigungen absetzen können. Alle diese Stoffe scheiden sich als Säuretrub ab.

Freie Fettsäuren werden durch eine Behandlung mit Alkalien, Kalk, Magnesiumoxyd, Soda u. dgl. als Seifen, die in den Fetten und Ölen unlöslich sind, abgeschieden. Geruch- und Geschmackstoffe in Speiseölen und -fetten werden durch Wasserdampf bei 180—200° (Dämpfen) beseitigt.

Die wichtigsten Pflanzenöle sind Leinöl, Mohnöl, Holzöl, Rüböl, Bucheckernöl, Sojabohnenöl, Sonnenblumenöl, Maisöl, Cottonöl (Baumwollsamenöl), Olivenöl, Sesamöl, Erdnuß- oder Arachisöl, Ricinusöl usw. Tierische Öle stammen aus Knochen, Klauen, Fischen, der Leber von Fischen (Dorschlebertran), Tran (Waltran). Pflanzliche Fette sind das Palm- und Palmkernfett, der chinesische Pflanzentalg, Japantalg oder Japanwachs, tierisches Fett das Schweinefett, Rindertalg (Talg oder Unschlitt), Knochenfett, Milchfett oder Butter, Kunstspeisefett usw.

2. Margarine, Schmierfette u. dgl.

Margarine ist ein Buttterersatzmittel, das aus tierischen oder pflanzlichen Fetten, wie Kokosfett, Sojaöl, Cottonstearin, Talg, Oleomargarine (der bei 30° aus Talg ausgeschmolzene feine Talg), gehärteten Fetten oder Tran, Palmkernöl und -stearin, Olivenöl usw. meist mit Zusätzen von Magermilch, Eigelb, Lecithin, Glucose, Kochsalz u. dgl. hergestellt wird. Die Fette werden geschmolzen, mit Milch oder Wasser in Kirnmaschinen, d. s. verzinnte Behälter mit senkrecht stehendem Rührwerk, in eine Emulsion übergeführt, bei 20^0 von überschüssigem Wasser befreit und in Knet- und Walzmaschinen mit Zusätzen versehen.

Zur Herstellung von Schmierfetten, geringeren Seifen usw. werden Abfallfette, wie die Rückstände der Speiseölerzeugung, Walkfett (aus seifenhaltigen Abwässern der Textilindustrie durch Ansäuern gewonnen), Leimfett aus ungegerbten Hautabfällen, Abdecker- oder Kadaverfett, Lederfett, Extraktions- und Abwasserfett, verwendet.

Die billigste Fettquelle stellt der Walfisch dar, von dem auch die Knochen und das Fleisch einer industriellen Verwertung zugeführt werden können. Jährlich werden im Südlichen Eismeer etwa 30.000 Tiere im Gewicht von etwa je 85—100 t gefangen. Im Nördlichen Eismeer ist der Wal so gut wie ausgerottet. Durch chemische Raffination und Fetthärtung kann auch der ansonsten ungenießbare Waltran in Form der Margarine für den menschlichen Genuß brauchbar gemacht werden. Durch die Härtung steigt der Schmelzpunkt des Walöles bis auf etwa 55^0 C an.

3. Wachse.

Technische Wachse sind das Spermacetiöl, Bienenwachs, Wollfett, Karnaubawachs und Montanwachs. Spermacetiöl ist ein flüssiges Wachs, das in der Kopfhöhle und im Speck des Pottwales vorkommt und als Hauptbestandteil einen Ester Cetin $C_{16}H_{31}O_2 — C_{16}H_{31}$ enthält. Es ist kältebeständig, enthält etwa 40% unverseifbare Wachsalkohole und wird aus dem Pottwalöl bei 0^0 ausgepreßt, wobei ein festes weißes Wachs, der Walrat, als Rückstand bleibt. Spermacetiöl wird als kältebeständiges Spindel- und Maschinenöl sehr geschätzt.

Bienenwachs wird durch Schmelzen der entleerten Honigwaben gewonnen (D 0,960—0,970; Fp 63,5—$64,5^0$) und besteht aus Myricin (Palmitin-Myricylester $C_{46}H_{92}O_2$), etwa 20% Cerotinsäure, Milissinsäure, Myricyl- und Cerylalkohol sowie Farbstoffen. Es wird für Kerzen, Bildhauerzwecke, elektrische Isolation, kosmetische Präparate usw. verwendet.

Wollfett enthält Ester des Cholesterins und Isocholesterins, ferner Cetylalkohol, Lanolinalkohol, Myristinsäure, Karnaubasäure $C_{24}H_{48}O_2$, die Oxysäure Lanocerinsäure $C_{30}H_{60}O_4$ usw. Wollfett wird aus der Wolle mit Soda oder Seifenlösung ausgewaschen und durch Ansäuern gewonnen. Die etwa 75%ige Emulsion des Wollfettes mit Wasser ist das Lanolin (fast reines Cholesterin). Wollfett wird nicht ranzig und dient daher als Salbengrundlage und Schmiermittel.

Karnaubawachs ist das technisch wertvollste Wachs, das auf den Blättern der brasilianischen Wachspalme vorkommt und durch Abstreifen oder Abklopfen der abgetrennten Blätter gewonnen wird. Es besteht vorwiegend aus dem Cerotinsäure- und Karnaubasäureester des Myricylalkohols (Fp 84°). Es dient zur Herstellung von Isolationsmassen, Schallplatten, Kerzen, Schuh- und Möbelkremen usw. Bohnermassen und Schuhkreme sind entweder „Ölwaren" aus Lösungen von Karnaubawachs, Montanwachs, Paraffin usw. in Terpentinöl, Tetralin u. dgl. oder verseifte Wasserkreme, d. s. Emulsionen von Wachsen in einer wässerigen, oft seifenhaltigen Kaliumcarbonatlösung.

4. Untersuchung der Fette.

Zur Unterscheidung der oft sehr ähnlichen Fette sind chemische und physikalische Kennzahlen geschaffen worden, die zur Charakterisierung der Eigenschaften eines Fettes herangezogen werden können. Diese sind: der Schmelz- und Erstarrungspunkt; das Lichtbrechungsvermögen; die optische Aktivität; die Verseifungszahl (d. s. die mg KOH, die zur Verseifung von 1 g Fett erforderlich sind; reines Stearin z. B. hat die Verseifungszahl von 189, Rindertalg 193—200, Paraffin 0); die Säurezahl (Gehalt an freien Fettsäuren in mg KOH pro 1 g Fett); Jodzahl (Aufnahmefähigkeit für Jod durch ungesättigte Fettsäuren in g Jod/100 g Fett); Reichert-Meißls-Zahl (mit Wasserdampf flüchtige Säuren in ccm *n*/10 NaOH der aus 5 g Fett verflüchtigten Säuren); Hehners-Zahl (% der in Wasser löslichen Fettsäuren); Acetylzahl (Gehalt an Oxysäuren, bestimmt durch Acetylierung der OH-Gruppen mit Essigsäureanhydrid); Esterzahl (Differenz zwischen Verseifungs- und Säurezahl, gibt die Menge der veresterten Fettsäuren an); Phytosterinprobe (Unterscheidung zwischen pflanzlichen und tierischen Fetten).

5. Oxydierte oder geblasene Öle.

An den Doppelbindungen der ungesättigten Fettsäuren, wie sie z. B. im Leinöl, Rüböl, Baumwollsamenöl usw. vorkommen, lagert sich beim Hindurchleiten von Luft bei 50—150° C Sauerstoff unter Bildung von Oxysäuren an. Gleichzeitig geht eine Polymerisation vor sich, die um so stärker ist, bei je höherer Temperatur das Öl geblasen wird. Geblasenes Rüböl und Baumwollsamenöl (blown oils) dienen zum Verdicken von Mineralschmierölen, die als „Marineöle" zum Schmieren von Schiffsmaschinen verwendet werden.

Durch Blasen von Tranöl bei etwa 150° C entsteht ein Oxydationsprodukt, das mit 10—15% Soda oder Ammoniumhydroxyd enthaltendem Wasser emulgiert und dann als Degras zum Einfetten von Leder verwendet werden kann. Bei der sog. Sämischledergerbung von Schaf- oder Rehfellen werden diese wiederholt mit Dorschlebertran getränkt und dann der Oxydation durch Luftsauerstoff ausgesetzt. Der oxydierte Tran wirkt als Gerbmittel.

6. Ölhärtung.

Ungesättigte Fettsäuren, wie z. B. Ölsäure und ihre Glyceride, haben durchwegs einen niedrigeren Schmelzpunkt als gesättigte. Durch Anlagerung von Wasserstoff an die Doppelbindungen der ungesättigten Fettsäuren ist es daher möglich, den Schmelzpunkt der Öle zu erhöhen und diese in wertvolle Fette überzuführen oder zu „härten". Die Ölhärtung geht auf eine Erfindung Normanns zurück, der fand, daß beim Einleiten von Wasserstoff unter Druck in erhitzte Öle bei Gegenwart von Katalysatoren, insbesondere etwa 1% fein verteiltes Nickel (auch Kobalt, Kupfer, am besten aber Palladium und Platin sind wirksam), eine Hydrierung der ungesättigten Fettsäuren vorgenommen werden kann. Der Katalysator wird durch Reduktion von Nickelformiat hergestellt.

Die Hydrierung wird in einer Batterie stehender, mit einem Heizmantel und Rührwerk ausgestatteter Autoklaven bei etwa 125—200° C und einem Wasserstoffdruck von rund 5—7 Atm. ausgeführt. Das mit dem Katalysator vermengte Öl wird im oberen Teil des unten konisch verjüngten Druckgefäßes eingestäubt und fällt dem von unten eingeblasenen Wasserstoff entgegen. Das Reaktionsgut wird durch die ganze Reihe der Autoklaven durch Pumpen hindurchgefördert. Nach etwa drei Stunden ist die Härtung beendet. Man trennt vom Katalysator durch Filterpressen oder Schleudern ab, der sodann durch Erhitzen auf etwa 600° C durch Zerstörung der organischen Stoffe und Kontaktgifte wieder belebt wird.

Für 1 kg Öl braucht man etwa 8—12 cbm Wasserstoff. Man kann den Schmelzpunkt des Fettes durch mehr oder weniger vollständige Absättigung der Doppelbindungen mit Wasserstoff beliebig einstellen. Die unangenehmen Geruchstoffe der Trane verschwinden bei der Hydrierung, so daß diese dann zur Herstellung von Speisemargarine verwendet werden können. Ölsäure $C_{17}H_{33}COOH$ wird durch die Hydrierung in Stearinsäure $C_{17}H_{35}COOH$, Ricinolsäure $C_{17}H_{32}(OH)COOH$ in Oxystearinsäure $C_{17}H_{34}(OH)COOH$ umgewandelt. Gehärteter Walfischtran ist unter dem Namen Talgol, gehärtetes Leinöl als Linolith u. ä. im Handel.

7. Sulfurierung von Ölen und Fetten.

Sulfuriertes Ricinusöl, seltener Olivenöl, wird in der Textilindustrie, und zwar der Baumwollindustrie, zur Farblackbildung verwendet. In verbleiten eisernen Rührkesseln wird Ricinusöl mit etwa 20—30% des Öles an konzentrierter Schwefelsäure bei 35—40° versetzt, wobei Abspaltung eines Teiles des Glycerins, Sulfurierung durch Reaktion mit der OH-Gruppe und der Doppelbindung sowie innere Esterbildung (estolide) eintreten. Nach Auswaschen der überschüssigen Schwefelsäure mit Wasser werden Soda oder Ammoniumhydroxyd und die freien Säuren ganz oder teilweise neutralisiert, wobei je nach dem Grade der Neutralisation vollkommen wasserlösliche oder nur eine milchige Emulsion bildende Erzeugnisse gebildet werden. Sie sind unter dem Namen Türkischrotöl, Monopolöl, Türkonöl usw. im Handel. Sie zeichnen sich durch eine große Benetzungsfähigkeit, Emulsionsfähigkeit für wasserunlösliche Öle, Kohlenwasserstoffe, Tetrachlorkohlenstoff usw. aus. Tetrapol ist eine klare Lösung von Tetrachlorkohlenstoff CCl_4 in Türkischrotölseifen. Es dient in der Textilindustrie zum Auswaschen von Fetten, selbst Mineralölen aus Fasern.

8. Anstriche, Farben und Lacke.

Anstriche sind Stoffe, die auf Holz, Metall, Mauerwerk usw. einen festen Überzug bilden und diese teils verschönern, teils gegen äußere Einflüsse, wie Luft, Regen, Sonne, Feuer usw., schützen sollen. Die *Anstrichfarben* bestehen aus einem meist anorganischen Pigment und einem filmbildenden Bindemittel. Sie werden durch Streichen, Gießen, Spritzen mit einer Spritzpistole durch Druckluft oder Tauchen aufgebracht.

Lacke sind streichfertige Anstrichstoffe, die natürlich vorkommende oder künstlich hergestellte Lackstoffe enthalten, die im Binde- oder Lösemittel gelöst sind. Die Lackstoffe haben die Aufgabe, dem Anstrich ganz bestimmte Eigenschaften, wie Erhöhung der Widerstandsfähigkeit gegen äußere Einflüsse, Erhöhung des Glanzes oder Herstellung einer glatten Oberfläche, zu verleihen. Es gibt lasierende oder durchscheinende und deckende oder undurchsichtige Anstriche. Glänzende Anstriche werden durch Lackierung des Farbanstriches hergestellt.

Feuersichere Anstriche auf Papieren, Geweben, Holz usw. schützen nur insoweit, daß der Stoff nicht mit heller Flamme brennt, sondern nur langsam verkohlt. Am besten eignet sich für feuersichere Anstriche eine wässerige Wasserglaslösung.

Von einem guten Anstrichmittel verlangt man eine gute Elastizität, Haftfestigkeit am Untergrund, lange Lebensdauer, Wetterfestigkeit, Lichtbeständigkeit und Härte. Durch geeignete Auswahl der Rohmaterialien lassen sich diese Eigenschaften erreichen. Die Filme der Anstriche entstehen erst bei der Trocknung der flüssig aufgebrachten Anstriche, wobei die Filmbildung entweder durch rein physikalische Vorgänge, wie Verdunsten des Lösungsmittels oder Verdünnungsmittels (Spiritus-, Zaponlack) oder durch chemische Veränderungen des Lösungs- und Bindemittels, wie Oxydation und Polymerisation der trocknenden Öle, bewirkt wird (Öllacke).

Je nach ihrer Zusammensetzung teilt man die Lacke in verschiedene Gruppen ein. *Harzlacke* sind Lösungen von natürlichen Harzen, Kopal (ein fossiles Harz großer Härte), Kolophonium, Schellack, Dammar, Kunstharzen usw. in einem flüchtigen Lösungsmittel. Besteht dieses aus Spiritus, so spricht man von Spirituslacken. Sie sind nur für Innenanstriche geeignet und werden immer mehr durch Nitrozelluloselacke verdrängt. Weitere Lösungsmittel sind Benzin, Tetralin, Terpentinöl usw.

Zelluloselacke enthalten gelöste Nitrozellulose (Zaponlacke), Acetylzellulose (Zellonlacke) oder Zelluloseäther, wie Aethyl- oder Benzylzellulose. Die letzteren sind sehr alkali- und säurefest, sehr elastisch, lichtfest, hitzebeständig und un- oder schwerentflammbar. *Asphalt-* und *Stearinpechlack*e (Schwarzlacke) enthalten Asphalt, Steinkohlenteer-, Braunkohlenteer- und Stearinpech, die zur Entwässerung geschmolzen, mit Trockenstoffen (Sikkativen) bei 250—300° verkocht und dann nach der Abkühlung mit Benzin oder Petroleum verdünnt wurden. Die Trocknung erfolgt in elektrisch geheizten Öfen bei 200°. Sie werden für elektrische Isolierungen, Imprägnierungen von Spulen, Rostschutzanstriche usw. verwendet. Sie sind glänzend, schwarz, wetter- und schlagfest.

Öllacke werden aus ungesättigten Ölen, wie Lein- oder Holzöl, durch Kochen mit Harzen oder Kopalen bei 200—300° C erzeugt. Zur Beschleunigung des Trockenvorganges des Ölfilms setzt man dem Sud Bleiverbindungen, wie PbO, zu, wobei sich Bleioleat und -resinat (harzsaures Blei) bildet. Hierauf wird der Sud auf etwa 180° abkühlen gelassen, Verdünnungsmittel und weitere Sikkative, wie Kobalt- oder Manganresinate oder -oleate, zugegeben. Die Sikkative sind befähigt, die Trocknungsdauer des Leinölfilms ganz wesentlich herabzusetzen. Sie beschleunigen die Sauerstoffübertragung an die Doppelbindungen des Leinöles und dessen Polymerisation, so daß sich der dünne, Linoxyn genannte Film aus Leinöl rasch bilden kann. Man nennt das einen Trockenstoff oder Sikkativ enthaltende trocknende Öl, das ohne Harzzusatz filmbildend wirken kann, einen *Firnis.*

Enthält der Öllack viel Harz und wenig Öl, so spricht man von mageren Öllacken, bei ölreichen Ansätzen von fetten Öllacken. In neuerer Zeit geht man aber immer mehr auf ölarme *Kunstharzlacke* über. Diese besitzen eine größere Wetterbeständigkeit, mechanische Widerstandsfähigkeit und Wasserbeständigkeit als die Ölfarben. Außerdem trocknen sie rascher als die Öllacke. Hervorragende Ergebnisse wurden mit Hilfe der sog. ofentrocknenden oder Einbrennlacke erzielt, die keine Lösungsmittel enthalten, sondern deren Polymerisation nach Aufbringung des Anstriches durch Erhitzen des gestrichenen Gegenstandes in einem Ofen bei 150—180° C bewirkt wird.

Sehr gut bewährt haben sich auch die Kunstharzlacke auf der Grundlage von *Chlorkautschuk* (s. S. 540) und *Polyvinylchlorid* (s. S. 541). Diese Polyvinylchloride sind thermoplastisch, d. h. sie werden in der Wärme plastisch (Mipolam, Vinidur), können daher über 60° nicht mehr eingesetzt werden. Sowohl Chlorkautschuk als auch Polyvinylchlorid lassen sich mit teer-, pech- und bitumenhaltigen Anstrichen kombinieren, was für Rostschutzzwecke besonders wertvoll ist.

Schiffsanstriche müssen nicht nur gegen das stark angreifende Meerwasser schützen, sondern auch das Anwachsen des Schiffskörpers durch Pflanzen und Muscheln verhindern. Vollkommen ist das Problem der Anwuchsverhinderung noch nicht gelöst. Gute Ergebnisse wurden mit bitumenhaltigen Anstrichen, die noch Quecksilber- oder Arsenverbindungen enthielten, auf einer Mennigegrundierung erzielt.

Eine wichtige Rolle beim Anstrich spielt auch das *Pigment* oder der Farbkörper, das meist aus natürlichen Mineralien, wie Siena, Ocker, oder künstlich hergestellten anorganischen Metallverbindungen besteht. Weiße Pigmente sind Bleiweiß (s. S. 421), Zinkoxyd (Zinkweiß, s. S. 380), Sachtolit (Zinksulfid, s. S. 381), Lithopon (s. S. 381), Titanweiß (s. S. 366), Barytweiß (s. S. 325); Rotpigmente: Zinnober (s. S. 385), Mennige (s. S. 424), Eisenrot (s. S. 479), Chromrot (s. S. 421), Cadmiumrot; gelb: Chromgelb (s. S. 421), Chromorange (s. S. 421), Zinkgelb (Zinkchromat), Mussivgold (s. S. 416), Goldschwefel (Antimon-V-Sulfid, s. S. 206), Neapelgelb (s. S. 205); blau: Ultramarin (s. S. 350), Berliner Blau (s. S. 481), Smalte (s. S. 482); grün: Guignetsgrün (s. S. 436), Chromoxydgrün (s. S. 436), Scheeles Grün (s. S. 398), Schweinfurter Grün (s. S. 398); schwarz: Graphit, Ruß.

An Stelle der anorganischen Pigmente werden in neuerer Zeit in steigendem Ausmaße auch organische verwendet, wie Karminlack, Hansagelb usw. Das beste Rostschutzpigment ist die Mennige in einem Firnis enthaltenden Ölanstrich, das als Grundiermittel für Rostschutzanstriche auf Eisen hervorragende Ergebnisse liefert. Die Mennige bildet wahrscheinlich Bleiseifen, die auf das Eisen passivierend wirken. Ähnlich wirkt mit Ammoniak gesättigte Aktivkohle, ferner Zinkstaub, Aluminiumpulver, Zinkoxyd, Chromat und Alkali enthaltende Pigmente usw. Die besten Ergebnisse hinsichtlich Beständigkeit und Rostschutz werden mit einer Kombination von zwei oder mehreren Anstrichen erhalten, wobei der unterste Chromat- oder Mennigeanstrich zur Passivierung des Eisens dient, auf welchen eine oder mehrere möglichst wasserdichte Lackschichten aufgebracht werden.

9. Fettspaltung.

Für technische Zwecke werden die Fette in die Fettsäuren und in Glycerin zerlegt, da beide gesondert verwendet werden. Diese Fettspaltung wird nur mehr selten durch Kochen mit Laugen, insbesondere noch bei der Erzeugung von Seifen, vorgenommen, da die das Glycerin enthaltenden sog. Unterlaugen nur sehr schwierig aufzuarbeiten sind und früher überhaupt weglaufen gelassen wurden. Es gibt jedoch heute mehrere verbesserte Arbeitsweisen, nach denen auch eine wirtschaftliche Gewinnung des Glycerins möglich ist.

Es wurde nämlich gefunden, daß die Fette außer durch Laugen auch durch Wasser, Schwefelsäure oder Fermente gespalten werden können:

$$C_3H_5\begin{cases}COOR\\COOR\\COOR\end{cases} + 3\,HOH = 3\,R-COOH + C_3H_5(OH)_3.$$

Bei der Fettspaltung durch Wasser wird das Fett mit etwa 10% Wasser sowie einem Gemisch von Zinkoxyd und Zinkstaub oder auch 1—2% CaO (Calziumoxyd), 0,5—1% MgO (Magnesiumoxyd), 0,25—0,75% Zinkoxyd, das seifenbildend und die Fette emulgierend wirkt, mehrere Stunden in einem Autoklaven auf etwa 6 Atm. erhitzt. Das Spaltgut wird vom Wasser auf Grund des spez. Gewichtes durch Absitzenlassen getrennt, wobei sich zwei Schichten, die untere aus Glycerinwasser, die obere aus den Fettsäuren mit einigen Prozent unverseiften Neutralfettes und den Seifen, bilden. Die Seifen und Neutralfette werden mit verdünnter Schwefelsäure gesondert in verbleiten Behältern zersetzt, wobei sich Zinksulfat und Fettsäure bilden.

Nach einem weiteren Fettspaltungsverfahren wird die Behandlung mit Dampf, Zink und Zinkoxyd usw. nur bei Temperaturen bis etwa 90° mit einer darauffolgenden Nachbehandlung mit Schwefelsäure vorgenommen. Aus der ungesättigten Ölsäure bildet sich über den Oxystearinschwefelsäureester die gesättigte Oxystearinsäure und daraus bei der Destillation feste Isoölsäure, bzw. Stearolakton, wodurch die Ausbeute an festen Fettsäuren erhöht wird.

Bei der Spaltung mit dem Twitchel-Reaktiv wird mit einer fettaromatischen Sulfosäure, meist Naphthalinstearosulfosäure, beim Pfeilringspalter mit hydrierter Ricinolsulfosäure usw., gearbeitet, die sowohl im Fett als auch im Wasser löslich ist und dadurch beide Reaktionspartner in innige Berührung miteinander bringt. Das spaltende Agens ist wieder das Wasser, die Sulfosäuren (nur 0,5%) wirken nur als Katalysatoren. Die Spaltung wird in Bottichen bei etwa 90—100° vorgenommen. Nach dem Abziehen des Glycerinwassers werden die noch neutrale Fette enthaltenden Fettsäuren ein zweites Mal durch einen Zusatz von etwas Schwefelsäure gekocht, wodurch ein zweites, schwächeres Glycerinwasser erhalten wird.

Bei der fermentativen Spaltung durch das Ferment Lipase (s. S. 551) wird der Fettansatz mit etwa 40% Kondenswasser, 6—9% des aus Ricinussamen extrahierten Fermentes in Form einer Emulsion und etwas Aktivator, wie z. B. Mangansulfat oder Essigsäure, bei 18—31° mit Luft zeitweise und kräftig durchgerührt. Nach 48 Stunden wird auf 75—85° erwärmt, mit etwas konzentrierter Schwefelsäure versetzt und über Nacht stehen gelassen. Es bilden sich drei Schichten: Glycerinwasser, die aus Enzym, Neutralfett usw. bestehende Mittelschicht und die oberste Fettsäureschicht, aus. Die Mittelschicht stört die Durchführung des Verfahrens, das vorwiegend auf die Spaltung flüssiger Fette beschränkt ist.

10. Seifen.

Seifen sind die Metall- und Ammoniumsalze der höheren Fettsäuren mit mehr als acht Kohlenstoffatomen. Nach dem Sprachgebrauch unterscheidet man bei den zum Waschen bestimmten chemischen Erzeugnissen harte Kern- oder Natronseifen sowie weiche Schmier- oder Kaliumseifen. Zum Waschen sind nur die wasserlöslichen Natrium-, Kalium- und Ammoniumseifen brauchbar. Es besitzen jedoch auch noch andere Metallsalze der Fettsäuren eine technische Bedeutung, so z. B. die Blei-, Kobalt-, Nickel- und Manganlinoleate als Sikkative oder Firnisse (s. S. 606), die Calzium- und Magnesiumseifen als unlösliche, die Wäsche verschmutzende und Seife verbrauchende Niederschläge im harten Wasser beim Waschen, Aluminiumseifen zum Tränken von wasserdichten Stoffen, Bleiseifen wegen ihrer klebrigen Beschaffenheit als Pflaster usw.

Eigenschaften. Die wasserunlöslichen Metallseifen sind in Fetten, Ölen, Mineralölen, die Seifen der ungesättigten Fettsäuren auch in Benzin, Aether usw. löslich. Saure Alkaliseifen sind in Benzin löslich. So besteht die Benzinseife aus einer Lösung von saurem Kalium- oder Ammoniumoleat in Benzin. In Wasser lösen sich die Seifen nur bis zu einer sehr geringen Konzentration von einigen $^{1}/_{10}$% molekular auf und erleiden dabei eine Hydrolyse (s. S. 81), weshalb Seifenlösungen alkalisch reagieren. Höher konzentrierte Alkaliseifenlösungen enthalten die Seife in Form einer kolloidalen Verteilung (s. S. 206). In Alkohol sind die Seifen löslich. Hochkonzentrierte Seifenlösungen sind dickflüssig und werden als „Seifenleim" bezeichnet.

Durch einen Zusatz von Kochsalz oder anderen Alkalisalzen lassen sich die Seifen aus ihren wässerigen Lösungen völlig „aussalzen“, wozu eine bestimmte Grenzlaugenkonzentration des Elektrolyten erforderlich ist. Der ausgeschiedene „Seifenkern“ enthält noch Mutterlauge und adsorptiv gebundenes Wasser. Die Mutterlauge läßt sich durch Auspressen aus dem Kern entfernen. Palmkernöl und Kokosöl sind aus ihren Seifenlösungen nur schwer und durch höhere Salzkonzentrationen aussalzbar, man nennt sie „Leimseifen“.

Als *Rohstoffe* können alle natürlichen pflanzlichen und tierischen Fette, gehärtete Trane, Abfallfette, ferner aber auch für die billigeren Kernseifen die gleichfalls seifenbildenden Harz- und Naphthensäuren verwendet werden. Für die Schmierseifenerzeugung eignen sich besonders die stark ungesättigten Fettsäuren, wie Leinöl, Sojabohnenöl, Hanföl, Baumwollsamenöl, Tran usw. Die Verseifbarkeit der Fette ist verschieden, Talg läßt sich schwer, Palmkernöl und Kokosöl schon bei 40—70° verseifen (kalte und halbwarme Verseifung, kalt gerührte Seifen).

Bei der *alten Laugenverseifung* werden Talg, Palmkernöl, gebleichte Abfallfette, gehärteter Tran usw. in großen offenen Laugenkesseln geschmolzen und mit wenig Lauge zunächst eine Emulsion des Fettes hergestellt, die sich leichter verseifen lassen. Dann wird der „Verband“ mit starker Lauge bis zur deutlich alkalischen Reaktion versetzt, gekocht und der Kern von der Unterlauge getrennt. Die flüssige Seife wird in einer Plattenkühlmaschine erstarren gelassen und entweder in Riegel geschnitten oder zu einem Strang ausgepreßt. Der Wassergehalt der Kernseife beträgt etwa 36%, wird aber durch Zusatz von etwas Wasser (oder eventuell Natriumchloridlösung), das die ansonsten krümelige abgesetzte Kernseife „glättet“ oder „schleift“, auf etwa 39% erhöht.

Bei der billigeren Carbonatverseifung werden die durch Fettspaltung (s. S. 608) erhaltenen flüssigen Fettsäuren in eine zum Sieden erhitzte Sodalösung einfließen gelassen, wodurch sie unter lebhafter Kohlendioxydentwicklung leicht in Seife übergeführt werden. Zum Schlusse wird noch etwas freies Ätznatron NaOH zugesetzt und bis zum Aufhören der Kohlendioxydentwicklung gekocht. Die weitere Verarbeitung ist die gleiche wie bei der Laugenverseifung.

Wird das Enderzeugnis der Verseifung, der Seifenleim, nicht mit Kochsalz ausgesalzen, so erhält man beim Erstarren die sog. Leimseifen, die alle Verunreinigungen der Ausgangsstoffe sowie das ganze Glycerin enthalten, falls Neutralfette zum Ansatze verwendet wurden. Zur Beeinflussung der Konsistenz wird Natriumchlorid, -carbonat, als Füllstoffe Mehl, Wasserglas, Leim, Talg usw. zugesetzt. *Schmierseifen* sind gallertartig erstarrte Kalileimseifen. Zur Erhöhung des Schmelzpunktes setzt man ihnen etwas Ätznatron, aber auch Füllmittel zur Streckung zu. Ungefüllte

Schmierseifen enthalten 38—40% Fettsäuren, gefüllte nur 12—15%. Natriumleimseifen sind die Eschwegerseife, die weiße Alabasterseife, Mandelseife, Transparentseife (mit einem Zusatz von Alkohol, Zucker oder Glycerin).

Für die Herstellung von *Fein- oder Toiletteseifen* werden besonders helle und geruchfreie Fette, wie heller Rindertalg, Kokosöl, Erdnußöl usw., verwendet. Die zunächst erzeugte Grundseife wird über dampfgeheizten Trockentrommeln oder nach dem Zerschnitzeln in Trockenkammern bis auf 80% Fettsäuregehalt getrocknet, mit Farb- und Riechstoffen versetzt, in Walzenstühlen fein verteilt („piliert"), mit Druckschnecken in Strangform gebracht, geschnitten und auf Schlag- oder Spindelpressen in die gewünschte Form gebracht. Seifenflocken werden ähnlich erzeugt. aber auf Mehrwalzenstühlen, die mit einer Schneidewalze verbunden sind, in Flockenform gebracht.

Medizinische Seifen enthalten Zusätze von Karbolsäure (Phenol), Sublimat, Schwefel, Teer usw. *Flüssige Seifen* enthalten nur 10—20% Fettsäuren. *Lösungsmittelseifen* (Fleckseifen) sind gleichfalls flüssig und stellen Seifenlösungen in Benzin, Benzol, Tetrachlorkohlenstoff, Trichloräthylen, Hexalin usw. dar. *Seifenpulver oder Waschpulver* sind Mischungen von gepulverten reinen Seifen, Soda, Wasserglas und etwa 10% Perborat (s. S. 220), Talg, Ton usw.

Da die Seife mit den Calzium- und Magnesiumsalzen des Wassers unlösliche fettsaure Salze mit diesen Metallen bildet, wodurch nicht nur ein Verlust an Seife, sondern wegen der schmieriggrauen Beschaffenheit dieser Erdalkaliseifen eine Verschmutzung der Wäsche usw. beim Waschen eintritt, wurden insbesondere für die Textilindustrie Seifenpräparate auf der Basis des sulfurierten Ricinusöles, aus deren Polymerisationsprodukten und ihren Estern, von alkylierten Naphthalinsulfosäuren, Fettsäurekondensationsprodukten und Fettalkoholsulfonaten u. dgl. geschaffen. Diese Produkte sind neutral, unempfindlich gegen Säuren, besitzen auch im sauren Gebiete eine Waschwirkung, weisen aber nicht eine so große Reinigungskraft wie die Seife auf. Sie werden als Textilhilfsmittel und Netzmittel beim Waschen, Bleichen, Reinigen usw. verwendet.

Die *Waschwirkung* der Seife beruht auf ihrer Eigenschaft, Schmutzstoffe, Fette, Mineralöle usw. zu emulgieren, wobei auch durch Erniedrigung der Oberflächen- und Grenzspannung die Berührung zwischen dem Waschwasser und den Schmutzstoffen ermöglicht wird. Heiße Seifenlösungen waschen besser als kalte, da dann die Fette der Schmutzstoffe geschmolzen und daher leichter emulgierbar sind. Durch mechanisches Rühren wird die Waschwirkung wesentlich erhöht, da dann die Schmutzteilchen leichter abgelöst werden. Eine verseifende Wirkung des hydrolytisch aus der Seife abgespaltenen Alkalis auf die Fette der Schmutzstoffe kommt wegen der geringen Konzentration des Alkalis und der kurzen Waschdauer nicht in Betracht, wohl aber eine Neutralisation der freien Fettsäuren des Schmutzes durch das Alkali der Seife.

11. Glycerin.

Das bei der Fettspaltung (s. S. 608) anfallende Glycerinwasser mit 10—15% Glycerin wird zur Gewinnung desselben durch eine Behandlung mit Kalkmilch und Ammonoxalat gereinigt. Aus Seifenunterlaugen mit nur 4—6% Glycerin, 8—15% Kochsalz, Seife, freiem Alkali werden durch Zusatz von Aluminiumsulfat oder basischem Ferrisulfat (entfernt auch Arsen) die Fett- und Harzsäuren sowie Eiweißstoffe abgeschieden und mit Soda, Bariumhydroxyd oder Kalkmilch neutralisiert. Im Mehrfach-Vakuum-Verdampfapparaten (Abb. 89), die bei der Verarbeitung von Unterlaugenglycerin mit besonderen Salzabscheidern ausgestattet sind, wird dann auf Rohglycerin mit 26—30% Glycerin konzentriert. Für manche Zwecke genügt eine Entfärbung des meist braun bis schwarz gefärbten Rohglycerins durch Filtration bei 80—100° über Knochenkohle und Konzentration durch weiteres Eindampfen.

Zur Herstellung von Nitroglycerin muß aber eine Raffination des Glycerins durch Destillation vorgenommen werden, die entweder im Vakuum, durch Übertreiben mit erhitztem Wasserdampf, einer Kombination beider Verfahren oder Versprühen des Rohglycerins in überhitztem Wasserdampf erfolgt. Durch geeignete Einstellung der Temperatur des Dephlegmators (s. S. 507) ist es auf Grund des verschiedenen Siedepunktes des Wassers (100° C) und Glycerins (290° C) möglich, fast nur Glycerin zu kondensieren. Eventuell wird noch in Rührwerken mit Entfärbungspulver behandelt. Der Blasenrückstand besteht aus Glycerinpech (Polyglycerine) mit etwas Glycerin, das durch Verdünnung mit Wasser gewonnen werden kann.

Glycerin wird zur Herstellung von Nitroglycerin, in der Medizin, Kosmetik, Textil-, Nahrungs- und Genußmittelindustrie, als Schmier- und Abdichtungsmittel (Gasmesser), Gefrierschutzmittel, für nicht eintrocknende Kopiertinten, als Ausgangsmaterial für die Herstellung von Lösungsmitteln usw. verwendet. Über Gärungsglycerin (Protolverfahren) s. S. 551, chemische Eigenschaften s. S. 579.

12. Stearin- und Kerzenerzeugung.

Zur Kerzenerzeugung dient heute nur mehr sehr selten Bienenwachs, vielmehr werden billige Fette verwendet, die durch Fettspaltung (s. S. 608) in Fettsäure und Glycerin zerlegt werden. Da bei der Schwefelsäurespaltung wegen der Überführung der flüssigen Ölsäure in die feste Isoölsäure wohl eine höhere Ausbeute erhalten wird, dafür aber ein bei 50° statt ansonsten bei 54—55° schmelzendes Fettsäuregemisch erhalten wird, arbeitet man vielfach nach einem kombinierten Autoklaven- und darauffolgenden Schwefelsäurespaltungsverfahren.

Da die Fettsäuren für die Kerzenerzeugung rein weiß sein müssen, werden sie durch eine Vakuum-Dampf-Destillation destilliert, wobei die noch unverseift gewesenen Fette unter Bildung des stechend riechenden Acroleins zerstört werden. Etwa 2% der Fettsäuren bleiben als schwarzes Stearinpech in der Blase. Die destillierten Fettsäuren werden mit Schwefelsäure und Wasser zur Entfernung von Kupfer- und Eisensalzen gewaschen, durch mehrtägiges Stehenlassen krystallisieren gelassen, zuerst kalt bei 250—300 Atm. und dann in dampfgeheizten Warmpressen nochmals mit steigendem Druck ausgepreßt. Das flüssige Preßöl geht als Destillatolein in die Seifenfabriken. Das harte, rein weiße und durchscheinende Prima-Stearin wird zur Kerzenerzeugung, in der Papier-, Leder- und kosmetischen Industrie verwendet.

Die Kerzen bestehen meist aus Gemischen von Stearin und Paraffin, die Kompositionskerze aus $^2/_3$ Paraffin und $^1/_3$ Stearin (Fp 58—60° C). Eventuell wird noch ein härtend wirkender Zusatz von Karnaubawachs (s. S. 603) oder Erdwachs (s. S. 521) sowie fettlöslichen Farbstoffen gemacht.

Das Formen der Kerzen erfolgt durch Gießen, Ziehen oder Kneten um einen Docht aus geflochtenem Baumwollfaden, der mit Ammonphosphat, -sulfat, Borax, Schwefelsäure zwecks Vermeidung des Nachglimmens, Salpeter zur besseren Verbrennung usw. getränkt ist. Beim Ziehen wird der Docht öfters durch die zum Schmelzen gebrachte Masse getaucht, bis die Kerze die gewünschte Stärke aufweist. In der Kerzengießmaschine wird die Schmelze in senkrecht stehenden 100—200 Formen aus einer Blei-Zinn-Legierung oder Glas, die durch Dampf geheizt oder durch Wasser gekühlt werden können, um einen Docht herumgegossen. Besonders große Kerzen werden durch schichtenweises Herumwickeln von Wachsstreifen, die in heißem Wasser geknetet wurden, um einen Docht und Ziehen der ganzen Masse durch eine Form hergestellt.

13. Fettsäure- und Fettsynthese.

Durch Oxydation mit dem Luftsauerstoff lassen sich aus Paraffin Fettsäuren herstellen, wobei als Ausgangspunkt vornehmlich die bei der Benzinsynthese von F i s c h e r - T r o p s c h (s. S. 518) erhaltenen Weichparaffine verwendet werden. Diese sind vorteilhafter zu verarbeiten als die aus Steinkohle, Braunkohle, Erdöl oder Tieftemperaturteer-Hydrierungsprodukten erhaltenen Paraffine. Die Oxydation wird bei 80—170° C in Gegenwart von Katalysatoren durchgeführt und ergibt außer Fettsäuren auch noch Oxysäuren und Ketosäuren.

Stets erhält man Produkte mit gerader Kette, aber geringerer Kohlenstoffanzahl, als sie das Ausgangsmaterial enthielt. Am leichtesten wird bei der Oxydation der tertiäre Kohlenstoff bei verzweigten Kohlenstoffketten angegriffen, etwas weniger leicht die sekundäre CH_2-Gruppe und am schwierigsten die endständige CH_3-Gruppe. Es werden daher nur sehr selten Dicarbonsäuren gebildet. Um eine Überoxydation zu vermeiden, wird die Oxydation bereits abgebrochen, wenn eine gewisse Verseifungszahl erreicht und noch nicht alles Paraffin oxydiert ist, die Luft möglichst fein verteilt und die Reaktionswärme durch Wasserkühlung beseitigt.

Aus dem Reaktionsgemisch werden die nicht oxydierten Paraffine entweder durch Verseifung der Fettsäuren oder Destillation bei 300—400° C abgetrennt. Die bei der Verseifung erhaltenen Stoffe sind noch nicht als Seifen verwendbar. Sie müssen durch Säuren zerlegt und die Rohsäuren durch fraktionierte Vakuumdestillation in verschiedene Fraktionen zerlegt werden. Neben 50—80% für die Seifenindustrie brauchbaren Fettsäuren erhält man im Rückstand die Oxyfettsäuren.

Werden die Fettsäuren mit Glycerin verestert, so erhält man synthetische Fette, die aber im Gegensatz zu den natürlichen Fetten auch Fettsäuren mit unpaaren Kohlenstoffatomen enthalten. Nach einer Raffination gewinnt man butter- oder schmalzähnliche Erzeugnisse, die nach den bisherigen Erfahrungen nicht nur für technische Zwecke, sondern auch für den menschlichen Genuß durchaus brauchbar sind. Sie werden vitaminiert, parfümiert, gefärbt und schmecken fast wie Butter. In den Deutschen Fettsäurewerken in Witten-Ruhr werden jährlich bereits etwa 20.000 t künstliche Fette hergestellt.

XXII. Mehrbasische aliphatische Säuren.

1. Zweibasische Säuren.

Diese Säuren sind durch den Besitz von zwei Carboxylgruppen —COOH ausgezeichnet, die ähnlich wie die einbasischen Fettsäuren aus primären Glykolen oder Dialdehyden, Verseifung von Dicyaniden, Cyanfettsäuren usw. dargestellt werden können. Beim Erhitzen zerfallen die niedrigen Glieder unter CO_2-Abspaltung in die nächstniedrigere einbasische Fettsäure:

$$\underset{\text{Malonsäure}}{CH_2\left<\begin{matrix}COOH\\COOH\end{matrix}\right.} = CO_2 + \underset{\text{Essigsäure}}{CH_3COOH}$$

Die Glieder mit mehr als 4 C-Atomen spalten beim Erhitzen 1 Molekül Wasser ab und bilden dabei zyklische Anhydride:

$$\begin{array}{l} CH_2-COOH \\ | \\ CH_2-COOH \end{array} \rightarrow H_2O + \begin{array}{l} CH_2-CO \\ | \\ CH_2-CO \end{array}\! \qquad\qquad\qquad\qquad\qquad\quad >O$$

Bernsteinsäure — Bernsteinsäureanhydrid

In Wasser erleiden sie eine stufenweise Dissoziation, wobei das zweite Wasserstoffatom vielfach erst bei sehr großer Verdünnung abgespalten wird. Dicarbonsäuren bilden neutrale und saure Salze, Ester, Chloride, Amide, vollkommen analog den einbasischen Säuren, wobei aber auch gemischte Derivate auftreten können, die z. B. gleichzeitig Amid und Säure sind.

Oxalsäure, Aethandisäure $(COOH)_2 . 2H_2O$ (D 1,653; Fp $[2H_2O]$ 101,5°; Kp $[0H_2O]$ 189,5°; subl; L 20°: 8; 100°: 120; LA: 23,7; LAe: 1,47) kommt in vielen Pflanzen, z. B. im Sauerklee, in der Rhabarberwurzel usw. als Calziumoxalat vor. Beim Erhitzen zerfällt sie in CO_2 und Ameisensäure. Schwefelsäure zerlegt sie nach $(COOH)_2 = CO_2 + CO + H_2O$. Kaliumpermanganat oxydiert sie zu CO_2 und H_2O, Reduktion führt sie in Glyoxalsäure CHO—COOH über. Das Calziumoxalat ist in Wasser und verdünnter Essigsäure unlöslich und dient zum Nachweise und zur Bestimmung des Calziums und der Oxalsäure. Das Kleesalz des Handels besteht aus dem Doppelsalz des sauren Kaliumoxalates und der freien Oxalsäure $COOK-COOH . (COOH)_2 . 2H_2O$ (D 1,765; L 5°: 7,15; nl: Al). Die Darstellung der Oxalsäure erfolgt durch Erhitzen von ameisensaurem Natrium bei vermindertem Druck auf etwa 280° C: $2HCOONa = H_2 + (NaCOO)_2$. Auch aus Zucker kann Oxalsäure durch Oxydation mit Salpetersäure oder oxydatives Schmelzen von Zellulose (Holzmehl) mit Alkalihydroxyd erhalten werden.

Malonsäure, Propandisäure $CH_2(COOH)_2$ (D 1,631; Fp 135,6°; subl im Vakuum; L: 58,2; LA; LAe: 8,7) kommt in der Runkelrübe vor. Sie wird durch Kochen von Chloressigsäure mit Kaliumcyanid und Verseifen der erhaltenen Cyanessigsäure dargestellt. Sie zerfällt in freiem Zustande leicht unter CO_2-Abspaltung, ist jedoch in Form ihrer Ester ähnlich wie die Acetessigsäure beständig, z. B. als *Malonsäureäthylester* $CH_2(COO-OC_2H_5)_2$ (D 1,155; Fp —49,8°; Kp 198°). Dieser kann in der Enolform (s. S. 599) die Wasserstoffatome der CH_2-Gruppe durch Natrium oder Alkyl ersetzen, wodurch Dialkylmalonsäureester entstehen. Spaltet man aus dieser das Kohlendioxyd durch Erwärmen mit verdünnter Schwefelsäure ab, so erhält man höhere einbasische Säuren (Malonester-Synthese).

Bernsteinsäure, Butandisäure $COOH-CH_2-CH_2-COOH$ (D 1,564; Fp 185°; Kp 235°; L 20°: 6,84; 100°: 60,4; LA 15°: 7,54; LAe 15°: 1,25) kommt, wie schon der Name sagt, im Bernstein, in

Harzen, Braunkohle, Algen, Flechten, Pilzen, unreifen Weintrauben, im Urin, Blut usw. als wichtiges Zwischenprodukt der Kohlehydratumsetzungsprozesse vor.

Ungesättigte, zweibasische Säuren sind die Isomeren *Maleinsäure* (Cis-Form) HC — COOH
‖
HC — COOH (D 1,590; Fp 130°; L 25°: 78,8; LA 30°: 69,9; LAe 25°: 8,2) und *Fumarsäure* (Trans-Form)
HC — COOH
‖
HCOO — CH (D 1,625; Fp [Dr] 286°; subl; Kp zers; L 17°: 0,69; LA 17°: 4,76; wl: Ae). Beide Säuren können aus der zweibasischen Oxysäure Äpfelsäure durch Erhitzen unter Wasserabspaltung dargestellt werden. Nur die Maleinsäure ist zur Anhydridbildung befähigt, wodurch die beiden Isomeren unterschieden werden können. Hydrierung ergibt bei beiden Säuren Bernsteinsäure. Fumarsäure kann technisch durch Gärung von Stärke erzeugt werden.

2. Zweibasische Oxysäuren.

Äpfelsäure, Butanoldisäure, Oxybernsteinsäure COOH — CH_2 — CHOH — COOH (D 1,595; Fp 100°; zers; sl: W, Al; LAe 20°: 8,4) ist als linksdrehende Äpfelsäure im Pflanzenreich sehr verbreitet, die rechtsdrehende Form ist jedoch in der Natur noch nie gefunden worden. Die Darstellung erfolgt aus Vogelbeeren oder durch Reduktion von Wein-, Trauben- oder Oxyessigsäure.

Weinsäure, Butandioldisäure, Dioxybernsteinsäure, Oxyäpfelsäure COOH — CHOH — CHOH — COOH kommt in verschiedenen Modifikationen vor:

1. gewöhnlicher, d- oder rechts-Weinsäure (D 1,759; Fp 170°; Säulen; L 20°: 58,2; LA 15°: 25,6; LAe 15°: 0,39; sl: Ac);
2. l- oder links-Weinsäure (Eigenschaften wie 1.);
3. Traubensäure, dl-Weinsäure, racemische Weinsäure (D 1,697; Fp 203,4°; Kryst mit 1 H_2O; L 20°: 20,6; LA 15°: 2,08; LAe 15°: 1,08); in Früchten;
4. Meso- oder Antiweinsäure, inaktive Weinsäure; Kryst mit 1 H_2O (D 1,666; Fp [0 H_2O] 140°; Tafeln; L 15°: 55,5).

Bei der Gärung von Traubensaft scheidet sich das saure Kaliumtartrat als unlöslicher *Weinstein* $C_4H_5O_6K$ (D 1,973; L 18°: 0,49; 100°: 6,9; LA: 0,06) ab. Es wird in der Färberei und in der Medizin verwendet. Das Natrium-Kalium-Salz $C_4H_4O_6KNa \cdot 4\,H_2O$ ist das *Seignettesalz* (D 1,797; L 6°: 38,2; 20°: 53,2; bei 55° Uwp: → Kaliumtartrat + Natriumtartrat). *Brechweinstein* ist Kaliumantimonyltartrat $C_4H_4O_6K(SbO) \cdot 0{,}5\,H_2O$ (D 2,607; Fp [0 H_2O] 100°; L 4°: 8,00; nl: Al) wird durch Erhitzen von Weinstein mit Antimonoxyd und Wasser dargestellt. Er ist giftig und wurde früher als Brechmittel verwendet. Heute dient er in der Färberei als Beize.

Fehlingsche Lösung, die als Reagens auf reduzierend wirkende Stoffe verwendet wird, ist eine alkalische, Seignettesalz enthaltende, tiefblaue Lösung von Cuprihydroxyd. Durch Reduktionsmittel wird aus ihr rotes Kupfer-I-Oxyd Cu_2O ausgeschieden.

Citronensäure, β-Oxypropan-, α-, β-, γ-Tricarbonsäure $COOH — CH_2 — C(OH)(COOH) — CH_2 — COOH . H_2O$ (D 1,542; Fp 153°; L 20°: 73,3; LA 15°: 75,91; LAe 15°: 2,26) findet sich in Preißelbeeren, Citronen, Orangen, Stachelbeeren usw. Sie wird durch Gärung der Melasse durch Schimmelpilze gewonnen; wirkt bakterizid. Sie findet Verwendung als Beize in der Druckerei, Zusatz zu Limonaden.

XXIII. Kohlehydrate.

Kohlehydrate sind Verbindungen des Kohlenstoffes mit Wasserstoff und Sauerstoff, die meist der allgemeinen Summenformel $(CH_2O)_x$ entsprechen und deshalb als Hydrate des Kohlenstoffes bezeichnet werden. Sie bestehen fast durchwegs aus Aldehyd- und Ketonalkoholen und tragen mit Ausnahme jenes Kohlenstoffatoms, an dem die Carbonylgruppe $= CO —$ oder Aldehydgruppe $— CHO$ sitzt, an jedem C-Atom eine Hydroxylgruppe. Je nach der Anzahl der Kohlenstoffatome spricht man von Triosen (C_3), Tetrosen (C_4), Hexosen (C_6) usw., wobei die letzteren die wichtigsten Kohlehydrate sind. Die nicht in kleinere Moleküle aufspaltbaren Kohlehydrate bezeichnet man als Monosaccharide oder einfache Zucker. Durch Zusammentritt von 2, 3 oder *n* Molekülen von Monosacchariden, meist Hexosen, entstehen unter intermolekularem Wasseraustritt Di-, Tri- und Polysaccharide, die zusammengesetzten Zucker.

Alle Monosaccharide reduzieren Fehlingsche Lösung (s. oben) und ammoniakalische Silbersalzlösung, verharzen beim Erhitzen mit Alkalilaugen unter Braunfärbung und geben wegen des Besitzes der CO-Gruppe und der unmittelbar daneben befindlichen OH-Gruppe mit Phenylhydrazin charakteristisch gelb gefärbte Niederschläge von Bisphenylhydrazonen, die Osazone genannt werden

$$\begin{array}{l} | \\ — C = N — NHC_6H_5 \\ | \\ C = N — NHC_6H_5 \\ | \end{array}$$

, die wegen ihrer verschiedenen Löslichkeit, Krystallform und Schmelzpunkt zur Trennung von Zuckergemischen und Identifizierung einzelner Zucker verwendet werden können.

Bei den Monosacchariden unterscheidet man Aldosen mit einer endständigen Aldehydgruppe —CHO und Ketosen mit einer nicht endständigen Carbonylgruppe =CO. Die Zucker verhalten sich daher in vieler Hinsicht wie Aldehyde oder Ketone. Oxydationsmittel führen daher Aldosen zunächst in Monocarbonsäuren, die Aldonsäure, dann unter Überführung der endständigen OH-Gruppe in die 'COOH-Gruppe in Dicarbonsäuren, die Zuckersäuren, über. Durch Reduktion werden die Zucker in die entsprechenden Alkohole Pentit, Hexit usw. umgewandelt.

Aus manchen Reaktionen der Aldosen kann geschlossen werden, daß die Aldehydgruppe nur zum Teil frei vorhanden ist. Sie muß vielmehr mit der Hydroxylgruppe in 5-Stellung desselben Moleküls intermolekular, „halbacetal" als gebunden angenommen werden. Acetale nennt man die Verbindungen zwischen Aldehyden und Alkoholen. Durch die *Acetalbindung* wird jenes C-Atom, an dem die CHO-Gruppe gewesen ist, unsymmetrisch, so daß in Lösung zwei optische Isomere zu erwarten sind. Tatsächlich ist dies bei vielen Zuckern der Fall. Im festen Zustande kommt nur eine dieser beiden Formen vor, die sich bei Lösen unter Ausbildung eines Gleichgewichtszustandes über die Aldehydform in die andere umlagert. Aus einer Gleichgewichtslösung von Glucose krystallisiert nur die gewöhnliche oder α-Glucose auf Grund ihrer geringeren Löslichkeit aus, wobei sich im Maße der Krystallisation allmählich die β-Glucose in die α-Form umlagert. Bei der Auflösung der einen Form stellt sich dann wieder der Gleichgewichtszustand her, wobei sich aber der optische Drehwert der Lösung ändert (Mutarotation):

		O		
HOCH		CH		HCOH
HCOH		HCOH		HCOH
HOCH				
HCOH O	⇄	HOCH	⇄	HOCH O
HC		HCOH		HCOH
CH_2OH		HCOH		HC
		CH_2O		CH_2OH
β-Glucose		Aldehydform		α-Glucose

Glucosidbildung. In der Halbacetalform, die wegen der geringsten Spannungszustände als 6-Ring vorliegt, treten die meisten Monosaccharide auf. In ihr sind sie zur sog. Glucosidbildung befähigt, die in einer Verätherung der Hydroxylgruppe mit einer anderen OH-Gruppe einer anderen Verbindung in 1-Stellung unter Wasseraustritt besteht:

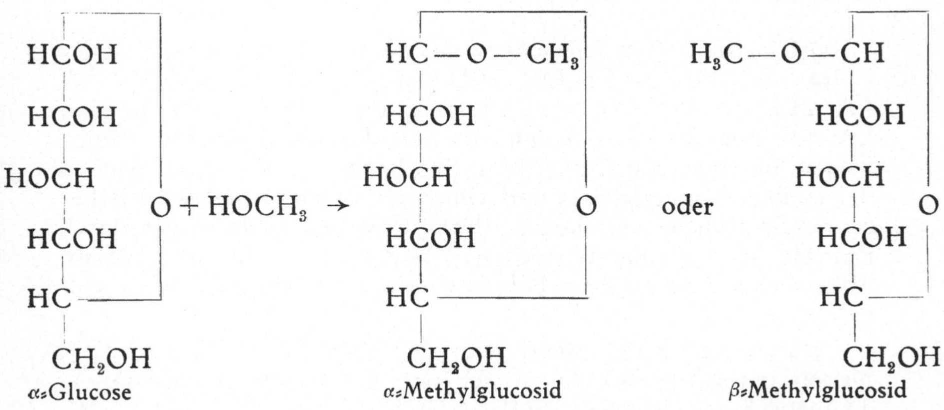

α-Glucose α-Methylglucosid β-Methylglucosid

Die Glucoside kommen in der Natur sehr verbreitet vor (Strophantin, die Saponine, Anthocyane, d. s. Blütenfarbstoffe, Chitin usw.). In ihnen ist wegen der Methylierung keine Rückbildung der Aldehydgruppe mehr möglich, so daß auch eine gegenseitige Umwandlung der α- in die β-Form nicht mehr auftritt. Von den Zuckerarten haben die Triosen, Tetrosen, Heptosen, Octosen und Nonosen praktisch keine Bedeutung. Wichtiger sind die Pentosen und Hexosen.

1. Pentosen.

Pentosen mit 5 Kohlenstoffatomen sind nicht vergärbar. Bei der Erhitzung mit verdünnten Säuren spalten sie Wasser ab und gehen in Furfurol über. Alle Pentosen sind Aldosen. In vielen Pflanzen kommen sie in polymerer Form, den Pentosanen, vor. Beim Kochen mit Säuren und Phloroglucin (Trioxybenzol) geben die Pentosen eine kirschrote Färbung.

l-Arabinose $C_5H_{10}O_5$, $CH_2OH—CHOH—CHOH—CHOH—$ $—CHO$ (Fp 159°; L 10°: 59,4; LA [90%]: 0,42; nl: Ae) kommt als Pentosan im arabischen Gummi, Kirschgummi, in Rübenschnitzeln usw. vor.

d-Xylose $C_5H_{10}O_5$, *Holzzucker* (D 1,535; Fp 145°; Nadeln; L: 53,9) findet sich als Pentosan im Holz, Stroh, in der Kleie, aus denen sie durch Kochen mit verdünnter Schwefelsäure in Freiheit gesetzt werden kann.

2. Hexosen.

Die Hexosen sind die wichtigsten Monosaccharide, süß schmeckend, farblos, meist gärfähig. Sie entstehen aus den Kohlehydraten der Rohrzucker- oder Stärkegruppe durch Wasseraufnahme (durch Enzyme oder Kochen mit verdünnter Säure, auch durch Oxydation von 6-wertigen Alkoholen). Die Hexosen sind meist Aldosen, die Fructose ist aber eine Ketose.

d-Glucose, Traubenzucker, Dextrose $C_6H_{12}O_6 . H_2O$ oder $CHO — (CHOH)_4 — CH_2OH . H_2O$ (Fp 83°; L 30°: 120,5; 50°: 243,8; LA: 21,7; nl: Ae; 0 H_2O: D 1,544; Fp 146°; zers >200°; L: 81,7; LA: 1,9; g in 100 g Lm) kommt im Saft der süßen Früchte, Honig, Samen, im Harn von Diabetikern (bis 10%) vor. Sie ist am Aufbau der meisten Kohlehydrate und Glucoside beteiligt und wird daher bei der Spaltung von Glykogen, Stärke, Zellulose, Maltose usw. durch Enzyme oder verdünnte Säuren gebildet. Auch im Rohrzucker, Milchzucker und anderen Polysacchariden ist Traubenzucker enthalten.

Durch Reduktion erhält man den Alkohol Sorbit (Fp 110°; Nadeln mit ½ oder 1 H_2O; sl: W; swl: Al), durch Oxydation die d-Gluconsäure $CH_2OH(CHOH)_4COOH$ (Sirup mit 2 H_2O; l: W; nl: Al), d-Glucuronsäure $CHO(CHOH)_4COOH$ (Sirup), d-Zuckersäure $COOH(CHOH)_4COOH$ (zers 100°; Sirup; ll: W, Al; wl: Ae) und schließlich Oxalsäure. Technisch gewinnt man den Traubenzucker durch Hydrolyse von Stärke oder Zellulose.

d-Mannose $C_6H_{12}O_6$ (D 1,539; Fp 132°; Prismen; L 17°: 71,5; wl: Al; nl: Ae) ist stereoisomer mit Glucose und Bestandteil vieler Reservezellulosen, gärungsfähig, süß. Bei der Oxydation entsteht Mannonsäure.

d-Galactose $C_6H_{12}O_6$ (Prismen mit 1 H_2O; Fp 118—120°; L 25°: 68; wl: Al) wird bei der Hydrolyse von Milchzucker durch Säuren neben d-Glucose erhalten. Durch Oxydation entsteht Schleimsäure.

d-Fructose, Fruchtzucker, Lävulose $CH_2OH(CHOH)_3CO — — CH_2OH$ (D 1,669; Fp 102—104°; Nadeln mit ½ H_2O; L: 355; LA 18°: 8,5; l: Ae; g in 100 g Lm) ist eine Ketose. Sie findet sich neben d-Glucose im süßen Saft der Früchte, Honig und entsteht neben dieser bei der Inversion des Rohrzuckers sowie bei der Spaltung von Insulin, einem Reservekohlehydrat verschiedener Pflanzenknollen, mit erwärmter Schwefelsäure.

3. Di- und Trisaccharide.

Durch Zusammentritt zweier gleicher oder verschiedener Monosaccharide, fast ausnahmslos von Hexosen, entstehen unter Wasseraustritt die Disaccharide. Die Bindung der beiden Moleküle erfolgt entweder an nur einem glucosidischen Hydroxyl (Monocarbonylbindung wie bei der Maltose) oder an beiden glucosidischen Kohlenstoffatomen (Dicarbonylbindung, Rohrzucker):

```
CHOH                                      Glucose        CH2OH  Fructose
 |                                                         |
CHOH                                   ┌── CH ───── O ── C ──────┐
 |          Glucose                    │    |              |      │
CHOH                                   │   CHOH           CHOH    │
 |                                     │    |              |      │
CH ──── O ── CH                        │   CHOH           CHOH    O
 |            |                        O    |              |      │
CH           CHOH  Glucose             │   CHOH           CH ─────┘
 |            |                        │    |              |
CH2OH        CHOH                      └── CH             CH2OH
              |                             |
             CHOH                          CH2OH
              |
             CH
              |
             CH2OH
Monocarbonylbindung (Maltose)          Dicarbonylbindung (Rohrzucker)
```

Nur die Disaccharide mit Monocarbonylbindung besitzen noch eine reaktionsfähige Carbonylgruppe oder glucosidische Hydroxylgruppe und können daher noch die Reaktionen der Monosaccharide geben. Die Disaccharide sind nicht unmittelbar vergärbar, sondern erst nach Spaltung durch Enzyme (Inversion, Maltase, Lactase) oder verdünnte Säuren. Wegen dieses Zerfalles bezeichnet man die Disaccharide auch als -biosen, Milchzucker z. B. als Lactobiose. Raffinose ist eine Triose, und zwar Melitriose.

Beim (+)-drehenden Rohrzucker heißt die Spaltung auch Inversion, weil das entstehende (—) oder linksdrehende Gemenge, der Invertzucker, eine umgekehrte Drehung der Ebene des polarisierten Lichtes verursacht, da Fructose stärker linksdrehend ist als die Glucose rechtsdreht. Rohrzucker reduziert Fehlingsche Lösung und ammoniakalische Silbersalzlösung erst nach der Inversion, Maltose und Milchzucker aber unmittelbar.

Rohrzucker, Saccharose $C_{12}H_{22}O_{11}$ (monokl; D 1,588; Fp 185°; L 20°: 204; 100°: 487; LA: 0,9; nl: Ae; g in 100 g Lm) kommt im Zuckerrohr, der Zuckerrübe, -hirse und vielen anderen Pflanzen im Samen und Stamm vor. Stärkeres Erhitzen bewirkt Zersetzung unter Braunfärbung (Caramelbildung). Er bildet mit Calzium und Strontium Saccharate $C_{12}H_{22}O_{11} \cdot CaO \cdot 2\,H_2O$; $C_{12}H_{22}O_{11} \cdot 2\,CaO$; $C_{12}H_{22}O_{11} \cdot 3\,CaO$.

Milchzucker, Lactose, Lactobiose $C_{12}H_{22}O_{11} \cdot H_2O$ (D 1,525; Fp 201,6°; L 15°: 16,9; LA 20°: 0,09; nl: Ae; g in 100 g Lm) kommt in der Frauenmilch (5—6,5%), Kuhmilch (4—5%) usw., seltener in Pflanzen vor. Er wird durch Eindampfen der süßen Molke und Krystallisieren gewonnen. Er besteht aus d-(—)-Galactose und d-(+)-Glucose.

Maltose, Malzzucker (D 1,540; Fp 104,5°; Nadeln mit 1 H_2O; L 21°: 79; 96°: 569; wl: Al; nl: Ae; g in 100 g Lm) entsteht bei der Spaltung von Stärke mit Diastase beim Keimen der Getreidekörner.

Zellobiose ist ein Abbauprodukt der Zellulose und besteht aus 2 Molekülen Glucose. Das 1. C-Atom des Glucoserestes ist mit dem 4. C-Atom des 2. Glucosemoleküls ätherartig durch den Sauerstoff verbunden. Die Zellobiose bildet einen Baustein der Zellulose, da diese durch die gleichartige 1-4-Verknüpfung vieler Zellulosemoleküle in Form langer Ketten entsteht. Auf diese Weise kommt die faserige Struktur der Zellulose zustande.

4. Polysaccharide (Stärke, Zellulose usw.).

Durch Zusammenlagerung zahlreicher Moleküle von Hexosen, seltener Pentosen, unter Wasserabspaltung entstehen hochmolekulare mikrokrystalline Stoffe der Formel $(C_6H_{10}O_5)_x \cdot H_2O$ oder $(C_5H_8O_4)_x \cdot H_2O$. In Wasser sind sie nur kolloid oder gar nicht löslich. Durch Kochen mit verdünnten Säuren oder Enzyme werden sie unter Wasseraufnahme in Hexosen oder Maltose gespalten.

Stärke, Amylum, ist als Reservestoff in allen assimilierenden Pflanzen in Form von Stärkekörnern, besonders in Samen und Wurzelknollen (Kartoffel), anzutreffen. Die Stärkekörner haben für jede Pflanze einen charakteristischen Aufbau, wodurch sie mikroskopisch unterschieden werden können. Die chemische Zusammensetzung des Inneren und der Hülle des Stärkekornes ist verschieden. Die Außenschicht besteht aus phosphorsäurehaltigem Amylopektin, dessen Teilchengröße größer als die des Korninneren, der Amylose, ist. Die Hülle des Kornes kann daher nicht, wie die Amylose, kolloid gelöst, sondern nur gequollen oder verkleistert werden. Jod färbt die Amylose blau, Amylopektin rot. Das Molekulargewicht der Stärke beträgt etwa 50.000—200.000.

Diastase und Malz spalten Stärke in Maltose. Als Zwischenprodukt des Abbaues, z. B. beim Rösten, treten lösliche Dextrine auf. Stärke ist erst nach dem Abbau zu Traubenzucker vergärbar. Kaltes Wasser löst nicht oder nur wenig, heißes Wasser verkleistert unter Aufspaltung der einzelnen Stärkekörner. Stärke besitzt kein Reduktionsvermögen, gibt kein Osazon und verharzt mit Alkalien nicht.

Die Stärke baut sich aus d-Glucoseresten mit aldehydischen, bzw. α-glucosidischen Endgruppen auf. Über die technische Gewinnung s. S. 629.

Glykogen, Leberstärke, tierische Stärke, findet sich besonders in der Leber und in den Muskeln, wo sie bei der Muskelbewegung als energieliefernder Stoff durch den Abbau zu Milchsäure wirkt. Sie hat wahrscheinlich die gleiche Zusammensetzung wie das Amylopektin. Glykogen wird durch Jod rotbraun gefärbt. Es kann sich ohne Kleisterbildung auflösen.

Gummiarten sind amorphe, durchsichtige, im Pflanzenreiche vielfach anzutreffende, klebend wirkende Stoffe, wie Gummiarabikum, Holzgummi, Dextrin oder Stärkegummi, die aus ihren wässerigen Lösungen durch Alkohol gefällt werden. Erfolgt bei der Behandlung mit Wasser keine Lösung, sondern nur eine Quellung, so daß die Suspensionen nicht filtrierbar sind, so spricht man von Pflanzenschleimen, wie z. B. Agar-Agar.

Zellulose bildet in allen Pflanzen einen wesentlichen Bestandteil der Zellwand. Baumwolle, Holundermark usw. bestehen aus fast reiner Zellulose. Sie ist in Wasser, Säuren und Alkalien unlöslich. Nur konzentrierte Säuren hydrolysieren zu d-Glucose, wobei als Zwischenprodukt Zellobiose auftritt. Durch Messung der Molekulargröße mit der Ultrazentrifuge wurde ein Molekulargewicht von etwa 300.000 gefunden. Der Polymerisationsgrad beträgt etwa 2000. Er wird beim Bleichen und Lösen der Zellulose kleiner, so daß er z. B. in der Kunstseide oder Cellophan durch Abbau der Molekülaggregate nur mehr 50—100 beträgt. Nur die Ester und Aether der Zellulose sind löslich.

Zellulose gibt mit Eisessig und Essigsäureanhydrid Acetylzellulose (s. S. 652), mit Salpeter- und Schwefelsäure Salpetersäureester, die Nitrozellulosen genannt werden (Schießbaumwolle, s. S. 683). Mit starker Natronlauge entsteht Natronzellulose, die aus labilen Anlagerungsverbindungen $(C_5H_{10}O_5)_2 . NaOH$, $(C_6H_{10}O_5 . . NaOH)_n$ usw. bestehen. Da das Zwischenzellengewebe dadurch erheblich lockerer geworden ist, sind die aus der Alkalizellulose gewonnenen Stoffe, wie z. B. die Viskosekunstseide oder die merzerisierte Baumwolle, leichter anfärbbar, quellbar, glänzend usw. Man bezeichnet sie als regenerierte Zellulose oder Hydratzellulose. Stark hydratisierte Salze, wie Lithiumchlorid, Rhodanide, Zinkchlorid usw., quellen die Zellulose stark an und können sie auch unter Bildung von regenerierbaren Molekülverbindungen auflösen.

Aus Natronzellulose und Schwefelkohlenstoff entstehen Zellulosexanthate (s. S. 649), die für die Viskosekunstseideerzeugung sehr wichtig sind. In Kupferoxydammoniaklösung $[Cu(NH_3)_4](OH)_2$ ist Zellulose löslich (Kupferseideherstellung). Zelluloseäther, wie die wasserlösliche Methylzellulose, werden durch Einwirkung von Dimethylsulfat, Aethylzellulose von Aethylchlorid C_2H_5Cl auf Alkalizellulose erhalten. Bei gelinder Oxydation durch Sauerstoff entstehen Oxyzellulosen, wodurch die Zellulosefaser sehr geschwächt und brüchig wird (Vergilben des Papiers). Ein Abbau der hochmolekularen Zellulose ist durch Hydrolyse, Sulfolyse, Acetolyse, Chlorolyse und Bakterien möglich.

Die Zellulose besteht wahrscheinlich aus β-glucosidisch verknüpften Ketten von Hexosen (Zellobiosen). Die Zellulose besitzt für die Papier-, Faserstoff-, Schießbaumwolle-, Kunstfaserindustrie, Kunststoffe, wie Zelluloid usw., eine sehr große technische Bedeutung.

XXIV. Zuckergewinnung.

Die Gewinnung des Zuckers aus der Zuckerrübe und dem Zuckerrohr, in welchen er bereits als fertiger Rohrzucker $C_{12}H_{22}O_{11}$ (s. S. 621) vorliegt, besteht eigentlich nur in der Extraktion und Raffination des Zuckers. Die Gewinnung ist je nach der Verarbeitung von Rüben oder Zuckerrohr verschieden.

1. Rübenzuckergewinnung.

Die Zuckergewinnung zerfällt in folgende Operationen:

1. Saftgewinnung;
2. Reinigung des Saftes;
3. Eindampfen zur Krystallisation, Trennung der Krystalle vom Sirup und
4. Raffinieren.

1. Saftgewinnung. Die Zuckerrübe mit etwa 14—20% Rohrzucker wird im entblätterten und geköpften Zustande zunächst in einer schwach geneigten Zementrinne, der Rübenschwemme, vom größten Teil des Schmutzes befreit und in die Waschmaschine, meist eine Quirlwäsche, befördert. Durch den Elevator gelangen die Rüben sodann nach dem Wiegen in die Schnitzelmaschinen, die nach dem Prinzip des Tischlerhobels arbeiten und die Rüben in 2—5 mm starke Schnitzel zerschneiden. Diese gelangen in eine Diffusionsbatterie aus 8—10 Diffuseuren, d. s. große, eiserne, stehende, zylindrische, oben und unten durch Klappen verschließbare Kessel von 50—100 hl Inhalt, wo sie mit Wasser bei 70—90° C ausgelaugt werden. 7—9 Gefäße sind unter Zwischenschaltung von Vorwärmern (Kalorisatoren) für das Wasser mit Abdampf hintereinandergeschaltet, wobei das Frischwasser auf die bereits am meisten ausgelaugten Schnitzel gegeben wird (Gegenstromprinzip). Die stärkste Konzentration des Saftes herrscht in den frisch gefüllten Gefäßen.

2. Reinigung des Saftes. Der grauschwarze Rohsaft mit 13—15% Zucker und Nichtzuckerstoffen, wie Pektinen, Eiweißstoffen, Salzen usw., wird nun mit 1,5—2% Kalk in Stücken (Trockenscheidung) oder als Kalkmilch (nasse Scheidung) in sog. Scheidepfannen versetzt. Durch den Kalk werden Phosphorsäure, Oxal- und Citronensäure, Magnesium- und Eisenhydroxyd gefällt, Invertzucker zersetzt, der sauer reagierende Saft alkalisch gemacht und dadurch vor einer Inversion (s. S. 621) und Gärung geschützt. Der an den

Zucker gebundene Kalk (s. S. 626) wird durch Einleiten von Kohlendioxyd, das vom Brennen von Kalk in Kalköfen herstammt, in großen Pfannen unter gleichzeitigem Einleiten von Dampf bei 80—90° C einer Saturation unterworfen, wodurch Calziumcarbonat $CaCO_3$ und die von diesem absorbierten Nichtzuckerstoffe ausgefällt werden. Der in Vorwärmern fast auf Siedetemperatur erwärmte Saft wird dann durch Schlamm- oder Filterpressen gedrückt. Der Scheideschlamm (etwa 8 kg auf 100 kg Rüben) enthält außer $CaCO_3$ etwa 1—2% P_2O_5, 0,2—0,5% Stickstoff, etwas Kali und stellt ein wertvolles Düngemittel dar.

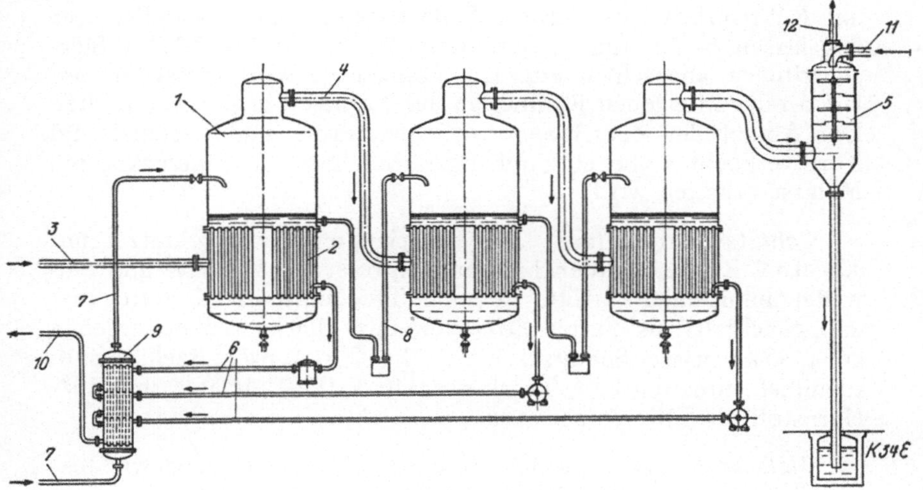

Abb. 89. Dreikörper-Vakuum-Verdampfapparat.

Der klare Dicksaft muß zur Vervollständigung der Reinigung einer zweiten Saturation mit nur 0,1—0,3% CaO, Erhitzen, Sättigen mit CO_2 oder Schwefelsäure bis auf schwache Alkalität (0,01%) unterworfen werden.

3. *Eindampfen und Krystallisation.* Der nochmals filtrierte Dünnsaft wird in Mehrfach-Verdampfern auf Dicksaft mit 50—55% Zucker eingedickt (Verdampferstation), nochmals filtriert und in der Kochstation in einzelnen Kochapparaten bei etwa 60 cm Quecksilberdruck bis „auf Korn" gekocht, d. h. bis durch Übersättigung Krystallzucker aus der Lösung ausfällt. Man läßt dann bei weiterem Zuzug von vorgewärmtem Dicksaft in kleinen Anteilen die Krystalle auf grobes Korn anwachsen, da sich dieses vom Sirup besser trennen läßt als Feinkorn.

Bei den Zwei-, Drei- oder Mehrkörperapparaten erfolgt das Eindicken oder Verdampfen im Vakuum und unter mehrfacher Ausnützung des Heizdampfes in großen, mit Heizkörpern ausgestatteten Apparaten. Der in Abb. 89 dargestellte Dreikörper-

Vakuum-Verdampfapparat arbeitet in der Weise, daß der durch die Dampfleitung *3* kommende Dampf den Inhalt des Kessels *1* durch den Heizkörper 2 im Vakuum zum Sieden bringt, der erhaltene Brüden durch *4* in den Heizkörper des 2. Kessels geleitet wird usw. Das Vakuum ist im 1. Kessel kleiner als im 2., dort wieder kleiner als im 3. Kessel. Die Bewegung der Brüden wird durch Absaugen der Dämpfe aus dem letzten Kessel durch eine Luftpumpe bei *12* bewirkt, wobei die Brüden im Kondensator *5* mit Wasser aus *11* niedergeschlagen werden. Die Leitungen *6* dienen zum Abführen des Kondenswassers aus den Heizkörpern.

Zur weiteren Entzuckerung und Abkühlung wird der Sud in mit Rührwerken ausgestattete Sudmaischen oder Krystallisatoren abgelassen, 8—12 Stunden gerührt und dann bei 40—50° C in Siebzentrifugen abgeschleudert. Der Rohzucker wird entweder verladen oder in eigenen Raffinerien auf Raffinadezucker verarbeitet. Der Ablauf der Zentrifugen wird angewärmt und nochmals auf Korn verkocht, wobei ein dunkel gefärbter Nachproduktzucker und Melasse erhalten wird.

Schnitzelverarbeitung. Die ausgelaugten Rübenschnitzel mit 0,2—0,5% Zucker werden in Schnitzelpressen entwässert und entweder unmittelbar verfüttert oder in Trockentrommeln getrocknet und gleichfalls als Futtermittel verkauft. 100 kg Rüben ergeben etwa 45 kg nasse Schnitzel oder 7 kg Trockenschnitzel. Amidschnitzel enthalten 60% Trockenschnitzel, 25% Melasse und 15% Harnstoff als Eiweißersatzstoff.

Melasseentzuckerung. Die Melasse (2,2% des Rübengewichtes) enthält noch etwa 50% nicht krystallisierbaren Zucker sowie sämtliche Nichtzuckerstoffe. Sie kann auf Alkohol vergären gelassen (s. S. 566), verfüttert, aber auch für eine Gärung auf Citronen-, Milch- oder Buttersäure sowie zur Preßhefeerzeugung verwendet werden. Das Osmoseentzuckerungsverfahren ist aufgegeben worden.

Zur Ausscheidung des Zuckers aus der Melasse wird diese gekühlt, mit Wasser auf das drei- bis vierfache Volumen verdünnt und mit fein gepulvertem, gebranntem Kalk versetzt, wobei sich das schwer lösliche Tricalziumsaccharat (s. S. 621) ausscheidet, das mit Kalkwasser ausgewaschen wird. Der Saccharatniederschlag dient zur Scheidung des Rübensaftes (s. o.). Alle Nichtzuckerstoffe gehen verloren. Dieses Verfahren ist besonders stark in Amerika verbreitet.

Strontianentzuckerung. An Stelle des Kalkes kann auch Strontiumhydroxyd zur Entzuckerung verwendet werden (Strontianverfahren), wobei sich beim Kochen ein Niederschlag von Distrontiumsaccharat bildet. Dieser wird abgenutscht und bei 15° mit Wasser versetzt, wobei eine Zuckerlösung und feste Krystalle von Strontiumhydroxyd $Sr(OH)_2$ erhalten werden. Die Zuckerlösung wird noch zweimal mit CO_2 saturiert und geht dann zur Raffinerie. Aus 100 kg Melasse lassen sich 42—45 kg Zucker gewinnen.

Die *Schlempe* wird in Kestnerverdampfern (Kletterverdampfern; Abb. 90) eingedampft, der aus langen engen Vertikal- oder Kletterrohren, einem zylindrischen Teil *A* und einem Separator *B* besteht. Der Saft tritt bei *c* ein und wird vom umspülenden Heizdampf auf Siedetemperatur erhitzt. Die Dampfblasen reißen die Flüssigkeit nach oben, die im Separator auf einen Pralltеller *d* auftreffen und sich dort in Dampf und Saft scheiden. Der Saft fällt herab und gelangt durch den Stutzen *e* in den nächsten Verdampfer, der Dampf geht trocken nach *f*. Die Wärmeübertragung ist sehr gut. Trotz des geringen Fassungsvermögens von nur 500 l ist die Verdampfungsgeschwindigkeit groß. Kestnerverdampfer werden auch in anderen Industrien häufig verwendet.

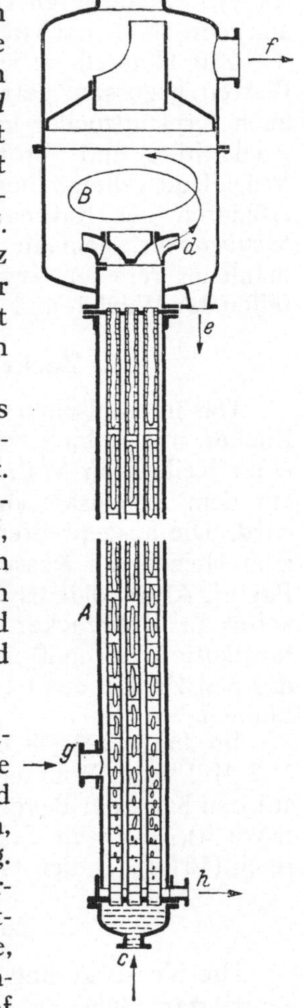

Abb. 90. Kestnerverdampfer.

Aus der eingeengten Schlempe wird das Strontiumhydroxyd auskrystallisieren gelassen, der Rest mit Kohlendioxyd gefällt. Die so erhaltene eingedickte Schlempe enthält 75% Trockensubstanz, 4% Stickstoff, 10—15% Betain, Leucin, organische Säuren (15%), besonders Milchsäure. Sie wird durch trockene Destillation auf Ammoniak und Cyan (s. S. 147) verarbeitet. Der Rückstand ist kalireiche Schlempekohle.

4. *Raffination des Zuckers.* Den Krystallen des Rohzuckers haftet noch eine gelbe Siruphülle mit 1,2% Nichtzuckerstoffen und 0,8% Asche sowie ein Rübengeschmack an, die entfernt werden müssen. Bei der sog. *Affinerie* wird guter Rohzucker in Rührmaischen ohne Auflösung mit einer gesättigten reinen Zuckerlösung, der Deckkläre, eingemaischt, abgeschleudert und in der umlaufenden Zentrifugentrommel mit Dampf und Wasser mehrmals gewaschen (Abb. 91). Zur Zerstäubung dient ein Körtingscher Zerstäuber *c d*, der durch die Zuckerschicht *z* den feinen Wassernebel (Nebeldecke) preßt. Der erhaltene Weißzucker wird nach verschiedenen Korngrößen gesichtet und als Krystallzucker verkauft.

Beim eigentlichen *Raffinierverfahren* werden die schlechteren

Rohzuckersorten nach dem Aufmaischen mit Kläre, Schleudern und Decken in Auflösepfannen in Wasser zu Dicksaft von etwa 60% Zucker zurückgelöst (geklärt). Hierauf wird über Vorfilter und Entfärbungsfilter (Kohlefilter) filtriert und auf Weißzucker verkocht.

Kandiszucker wird aus sehr reinen Säften in großen Wannen, die mit Fäden beschickt sind, durch langsame Abkühlung (8—10 Tage) krystallisieren gelassen. Man kann auch fadenlosen Kandis aus gebrochenen, schwebend erhaltenen Kandiskrystallen herstellen.

Zur Herstellung von *Würfelzucker* werden die Kochklären in Platten gegossen, getrocknet und in Würfel zersägt. Man kann auch Krystallzucker zu Platten pressen und diese zerschneiden. Zuckerhüte und -brote werden wie die Zuckerplatten für die Würfelzuckerherstellung erzeugt. *Melisware* wird aus den reinen Abläufen der Raffinadeherstellung als Sekundaware hergestellt. *Staubzucker*, gemahlene Raffinade oder Puderraffinade, ist gemahlener reinster Krystallzucker, der vielfach auch aus den Abfällen der Würfel- und Zuckerbrotherstellung erzeugt wird.

2. Zuckergewinnung aus Zuckerrohr.

Das in tropischen Gebieten angebaute Zuckerrohr, mit 12—18% Zucker, mit Halmen von etwa 5 m Länge und 7 cm Dicke, wird in einer Reihe von Walzen unter Wasserzugabe zerquetscht, wobei ein dem Rübensaft ähnlicher Saft mit 12—15% Zucker erhalten wird. Die ausgepreßten Rohre, Bagasse genannt, werden entweder zum Heizen der Kessel oder auch zur Herstellung von Zellulose, Papier, Aktivkohle usw. verwendet. Die Verarbeitung des Zuckersaftes auf Rohrzucker entspricht fast zur Gänze der Rübenzuckerfabrikation, nur muß man bei Rohrzucker drei- bis viermal kochen, um den Zucker aus den Säften möglichst weitgehend gewinnen zu können.

Im Jahre 1937/38 betrug die Weltproduktion an Rübenzucker 11,2 Mill. t, an Rohrzucker 18,8 Mill. t. Am meisten Zucker wird, auf den Kopf der Bevölkerung gerechnet, in USA. verbraucht (51 kg jährlich), dann in England (41 kg), Deutschland (24 kg), Österreich (16 kg), Italien (9 kg).

3. Zuckergewinnung aus Holz.

Die Verzuckerung der Zellulose des Holzes kann 1. mit konzentrierter, 40%iger Salzsäure bei 20° C (Hägglund-, Bergius-, Rheinauverfahren) oder 2. mit verdünnter Schwefelsäure bei 170° C (Scholler-Tornesch-Verfahren) vorgenommen werden. Beim Rheinauverfahren wird das zerkleinerte Holz mit Abgasen getrocknet und in einer Diffusionsbatterie aus eisernen, ausgemauerten Behältern mit Salzsäure-Zucker-Lösung aus einem vorherigen Diffuseur behandelt. Das am meisten ausgelaugte Holz wird mit der stärksten, 40% HCl enthaltenden Zuckerlösung behandelt. Der Zuckergehalt der Lösung steigt bis etwa 30% an, der Salzsäuregehalt fällt bis auf etwa 32% ab. Der zellulosefreie Rückstand besteht aus salzsäurehaltigem Lignin, das durch Auswaschen von Salzsäure befreit wird. Das Lignin wird verbrannt.

Bei der Vakuumverdampfung der Lösung wird die Salzsäure bis auf rund 9% zurückgewonnen, der Rest durch Zerstäubungstrocknung bis auf 1% aus der Zuckerlösung entfernt. Aus 100 kg Holztrockensubstanz erhält man 70 kg nicht vergärbaren Polymerzucker und 30% Lignin. Der Zucker wird nach dem Neutralisieren entweder als Futtermittel verwendet oder nach der Invertierung (in 10%iger Lösung) auf Reinzucker verarbeitet oder vergoren.

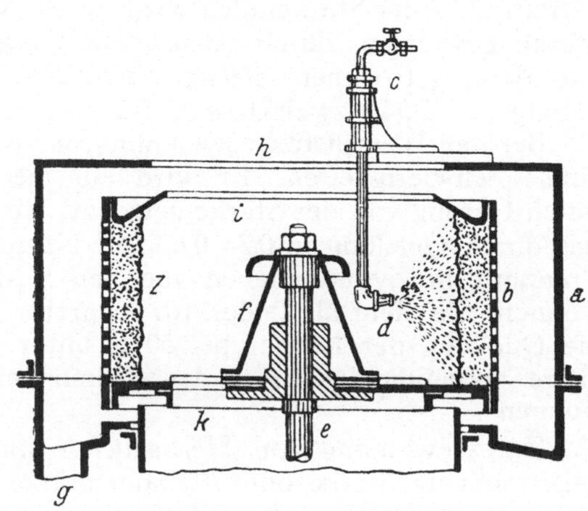

Abb. 91. Zentrifugentrommel zum Decken von Zucker.

Beim Verfahren von Scholler-Tornesch erhält man unmittelbar auch aus nicht vollkommenem Trockenholz einen vergärbaren Zucker. Das Holz wird in drei großen, eisernen, mit säurefesten Steinen ausgemauerten Perkolatoren mit 0,2- bis 0,4%iger Schwefelsäure bei 170—180° C bei 8 Atm. behandelt. Die Säure durchfließt in zeitlichen Abständen die drei Perkolatoren und reichert sich dabei an Zucker an. Das sich zusammenballende Lignin wird von Zeit zu Zeit durch einen Dampfstoß aus dem Kessel entfernt und verbrannt (Heizwert der Trockensubstanz 6000 kcal/kg). Es läßt sich brikettieren, ist aschefrei und liefert einen großen Teil der gesamten Betriebsenergie. Die erhaltene, etwa 4%ige Zuckerlösung wird mit Kalk und sekundärem Calziumphosphat neutralisiert, mit stickstoffhaltigen Nährstoffen (Malzkeimen) versetzt und vergoren. Die Ausbeute an Zucker beträgt 75—80%. Aus 100 kg trockenem Nadelholz erhält man 40 kg vergärbaren Zucker (theoretisch 66%) und 24 l 100%igen Alkohol, 20 kg Kohlendioxyd und 60 kg Lignin. Als Nebenprodukte können durch Extraktion des Holzes Gerbstoffe, Harze, ferner Pentosen gewonnen werden, die sich auf Furfurol verarbeiten lassen.

4. Die Stärkeindustrie.

Die Stärke dient nicht nur als Nahrungsmittel, sondern sie wird auch industriell zu Dextrin und Stärkezucker verarbeitet, zum

Appretieren, Stärken von Wäsche, zur Papierfabrikation usw. verwendet. Als Ausgangsmaterial für die Stärkegewinnung dient in Europa fast nur die Kartoffel, sie kann aber auch aus Weizen-, Mais- und Reiskörnern gewonnen werden. Bei der Erzeugung aus Kartoffeln werden diese vorerst gereinigt und in sog. Sägeblattreibern, d. s. liegende zylindrische Trommeln mit einem Mantel gezahnter Sägeblätter, zerkleinert, wobei die Zellwände zertrümmert werden. Die freigelegten Stärkekörner werden sodann von den Fasern und dem „Fruchtsaft" durch Auswaschen in Sieben befreit. Aus der Stärkemilch wird durch Absetzen oder Fluten die Stärke gewonnen, durch Abspritzen gewaschen (Schlammstärke) und dann getrocknet. 100 kg Kartoffeln ergeben 10—15 kg erstklassige, 1—1,5 kg zweitklassige Stärke und 1—2 kg Schlammstärke.

Bei der Weizenstärkegewinnung bereitet der Kleber (7—19%) einige Schwierigkeiten. Er wird auf mechanischem Wege oder durch Gärung von der Stärke getrennt. Reisstärke wird aus Bruchreis durch Quellung in 0,3—0,6%iger Natronlauge, Vermahlen und Trennung in Zylindersieben von den Resten der Reiskörner gewonnen. Sie dient als Puder, für Appreturen usw. Beim Mais wird die Quellung der Körner bei 50° C unter Zusatz von schwefliger Säure vorgenommen. Aus den Keimlingen wird das Maisöl gewonnen.

Zur Gewinnung von *Stärkezucker* (Sirup) wird grüne, d. h. ungetrocknete Stärke oder Schlammstärke in Form einer 20%igen Milch in durch Dampf erhitzte, verdünnte, arsenfreie Schwefelsäure, die sich in verbleiten Autoklaven befindet, eingeleitet und dann auf einen Dampfdruck von 3 Atm. erhitzt. Bei der Verzuckerung mit Schwefelsäure wird diese durch Neutralisation mit Calziumcarbonat als -sulfat abgeschieden. 0,3% Natriumchlorid sind im Sirup geschmacklich nicht mehr feststellbar. Sodann wird mit Knochenkohle, Fullererde od. dgl. entfärbt und auf 42—44° Bé eingedampft. Stärkezucker wird ähnlich hergestellt, nur wird im Autoklaven länger erhitzt, so daß sich doppelt soviel Dextrose als Dextrin bildet. Nach dem Einengen im Vakuum krystallisiert beim Stehenlassen ein Dextrosehydrat (d-Glucose) $C_6H_{12}O_6 . H_2O$ mit eingeschlossenem Sirup aus.

Stärkesirup enthält 40—42% Dextrose, 42—45% Dextrine, 15—18% Wasser, Stärkezucker 55—60% Dextrose, 25—30% Dextrine, 15—20% Wasser. Der Nährwert des Stärkezuckers entspricht dem des Rohrzuckers, süßt aber nicht so stark wie dieser. Er wird für Konditoreierzeugnisse, Bonbons, Marmeladen, Gelees, Liköre usw. verwendet. *Dextropur* ist gereinigter Stärkezucker, er dient als leicht verdauliches Kräftigungsmittel. Durch Erhitzen von festem Stärkezucker mit 1—3% Soda auf 220° unter Zusatz von Wasser erhält man „*Couleur*", zum Färben von Likören, Essig, Bier usw.

Kunsthonig wird durch Invertieren einer etwa 80%igen Rohrzuckerlösung mit 0,02% Salz- oder Ameisensäure und Neutralisieren hergestellt. Eventuell wird noch mit echtem Blumenhonig oder Stärkesirup vermischt.

Dextrine sind Kohlehydrate $(C_6H_{12}O_5)_{10}$, stehen also hinsichtlich der Molekülgröße zwischen dem Rohrzucker und der Stärke. Sie werden entweder durch Rösten trockener Stärke auf 160—220° C (Röstdextrine) oder Erhitzen von mit 0,3% Salz- oder Salpetersäure durchfeuchteter Stärke auf 100—120° C erhalten (Säuredextrine). Die braunen Krusten auf Mehlgebäcken bestehen gleichfalls aus Röstdextrinen. Dextrine werden als Kleb- und Verdickungsmittel (Zeugdruck), zum Appretieren von Geweben usw. verwendet.

Lösliche Stärke ist eine Stärke, die durch etwa 10% Schwefelsäure, Aluminiumsulfat, Chlor, Ozon oder kalte Natronlauge in warmem Wasser löslich gemacht wurde (Appreturmittel).

XXV. Zellstoffgewinnung.

Zellstoff, der für die Erzeugung weißer Papiersorten und für die Kunstfasern das Ausgangsmaterial darstellt, kann aus Holz, Stroh, Bastfasern, Kartoffelstauden, Zuckerrohr, Bambus und anderen Pflanzen gewonnen werden. Trotz der Gefahr der Ausrottung unserer Wälder dient aber bisher in überwiegendem Maße das Holz zur Zellstoffgewinnung. Holz ist nicht reine Zellulose, sondern sie ist von Inkrusten, wie Lignin, Hemizellulosen, Holzgummi, Pentosanen, Harzen, Gerbstoffen usw., durchsetzt, von denen sie erst auf chemischem Wege durch Aufschluß mit a) Natronlauge, b) Natriumsulfat und Natronlauge oder c) saurer Calziumbisulfitlösung befreit werden muß.

Die wasserfreie Holzsubstanz besteht zu 60% aus Zellulose, Baumwolle ist fast reine Zellulose. Im Jahre 1937 wurden auf der Erde 14,4 Mill. t Zellulose verbraucht, davon zur Papierherstellung 13,3 Mill. t, der Rest für die Erzeugung von Kunstfasern und in der chemischen Industrie.

Holzschliff ist nur durch mechanische Zersplitterung hergestellte Holzmasse, die durch nasses Zerschleifen von entrindeten Fichtenholzstücken und Abtrennung der gröberen Stücke durch Sieben erhalten wurde. Vielfach wird das Holz vor dem Schleifen gedämpft. Nach dem Schleifen wird durch Chlorkalk gebleicht. Holzschliff ist nur für billigere Zeitungs- und Packpapiere brauchbar, bedarf aber auch dazu noch eines Zusatzes von 10—20% Zellstoff, da die einzelnen losgerissenen Faserbündel und -trümmer des Holzschliffes wegen ihrer Starrheit für sich allein nur schwer auf einer Papiermaschine verfilzt werden können. Er vergilbt am Licht sehr rasch und gibt kein festes Papier.

Dem Holzschliff vergleichbar ist der *Strohstoff*, der durch Kochen von Stroh mit Kalkmilch unter Druck erhalten wird. Er ist als Halbzellstoff anzusprechen, da er noch inkrustierende Bestandteile enthält.

1. Alkalischer Holzaufschluß, Natronzellstoff.

Der alkalische Aufschluß des Holzstoffes wird am meisten für Stroh, seltener für Fichtenholz angewendet. Strohzellstoff dient zur Erzeugung mittelfeiner und feinerer Papiere. Wegen der großen Mengen Kieselsäure im Stroh muß der Aufschluß nach dem alkali-

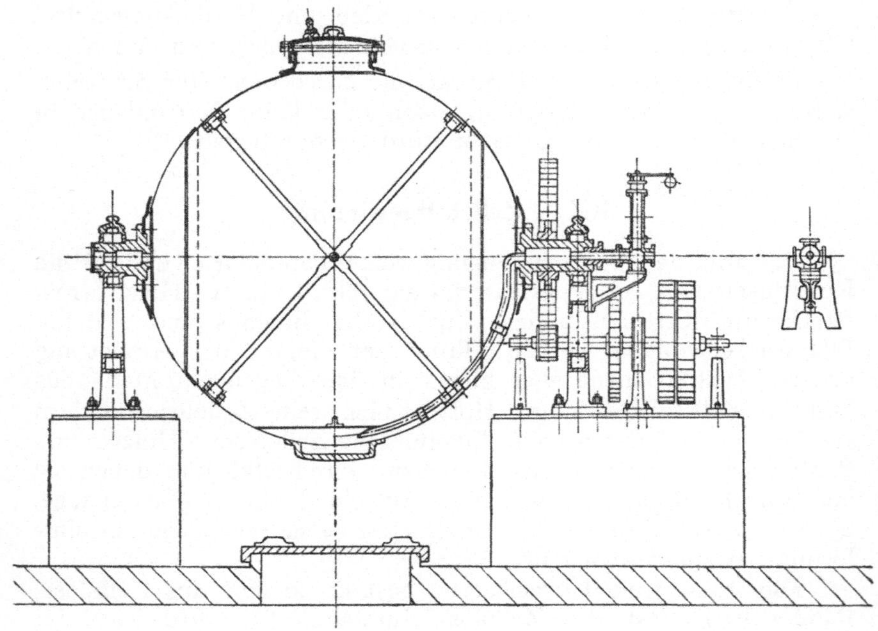

Abb. 92. Kugelkocher.

schen Verfahren durchgeführt werden, um die Holzfaser herauslösen zu können. Man unterscheidet

a) ein reines Ätznatronverfahren (mit 10% NaOH), bei dem die Kochlauge aus Soda durch Kaustifizieren hergestellt wird, und

b) das wichtigere Sulfatverfahren, bei dem das Holz durch Kochen mit Natronlauge und Natriumsulfid, das aus Natriumsulfat im Schmelzprozeß gewonnen wurde, aufgeschlossen wird.

Das Stroh wird vorerst zu Häckseln zerschnitten, trocken durch Siebe und Ventilatoren vorgereinigt, dann in Kugelkochern (Abb. 92) oder in stehenden eisernen Kochern (Sturzkochern) dicht eingepreßt und gleichzeitig heiße Kochlauge zufließen gelassen. Diese enthält beim Sulfatverfahren etwa 50 g/l NaOH, 20 g/l Na_2S, 13—14 g/l Na_2CO_3, 13—14 g/l Na_2SO_4, beim Sodaverfahren 85—90 g/l NaOH, 5—10 g/l Na_2CO_3, 4—5 g/l Na_2SO_4. Auf 1 kg Strohfüllung benötigt man 2 l Kochlauge. Nach der Füllung wird etwa 7 Stunden lang bei 7—8 Atm. direkter Dampf eingeleitet und die Kocher langsam rotieren gelassen.

Nach Beendigung des Kochvorganges wird die schwarze Kochlauge abgelassen, die Zellulose im Kocher und in offenen Waschkästen oder Diffuseuren, Schneckenpressen oder Zellenfiltern gewaschen, grob und fein sortiert, in Sandfängern von Sand, Unkraut usw. befreit. Vor dem Bleichen wird die Stoffdichte noch von etwa 0,3% in Eindick- oder Entwässerungszylindern auf 7—8% gebracht und im Bleichholländer bei 35—40° etwa 12—24 Stunden mit Chlor, das in Form einer Chlorkalk- oder Natriumhypochloritlösung zugesetzt wird, gebleicht. Die Bleichholländer (Abb. 93) ähneln den in der Abb. 96 dargestellten Mahlholländern, besitzen aber keine Zerkleinerungsvorrichtung für den Zellstoff, sondern nur Propeller oder Schaufelräder zur Bewegung des Stoffes. Dieser wird nach

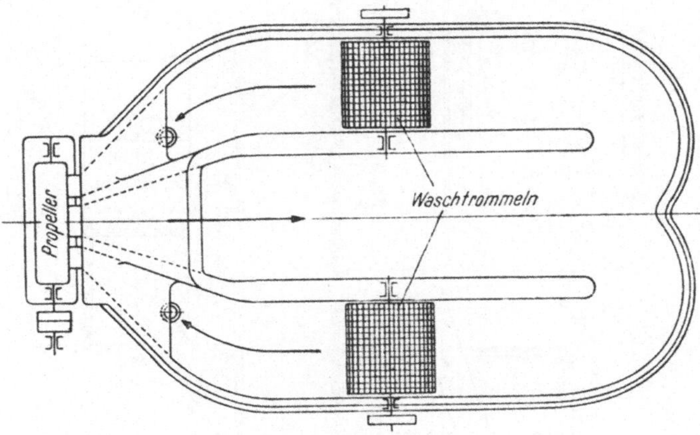

Abb. 93. Bleichholländer.

dem Waschen entweder der Papierfabrikation zugeführt oder aber auf einer Langsiebpapiermaschine entwässert und dann verkauft.

Die Kochlauge (Schwarzlauge) und Waschwässer, die die inkrustierenden Substanzen des Holzes sowie die Alkalien gelöst enthalten, müssen aus wirtschaftlichen Gründen auf Alkalien verarbeitet werden. Sie werden in Mehrkörperverdampfapparaten eingedampft und zur Zerstörung der organischen Substanzen in Drehrohröfen geglüht (Abb. 94). Die vorgewärmte Lauge durchströmt zuerst einen Scheibenverdampfer, der aus etwa 35—40 Scheibenringen in Abständen von 60—70 mm, welche auf einer rotierenden Achse sitzen, besteht. In diesem Verdampfer wird sie von 20 auf 30° Bé eingedickt und durch eine periodisch arbeitende Pumpe einem etwa 5—6,5 m langen Drehrohrofen mit 2,5 m Durch-

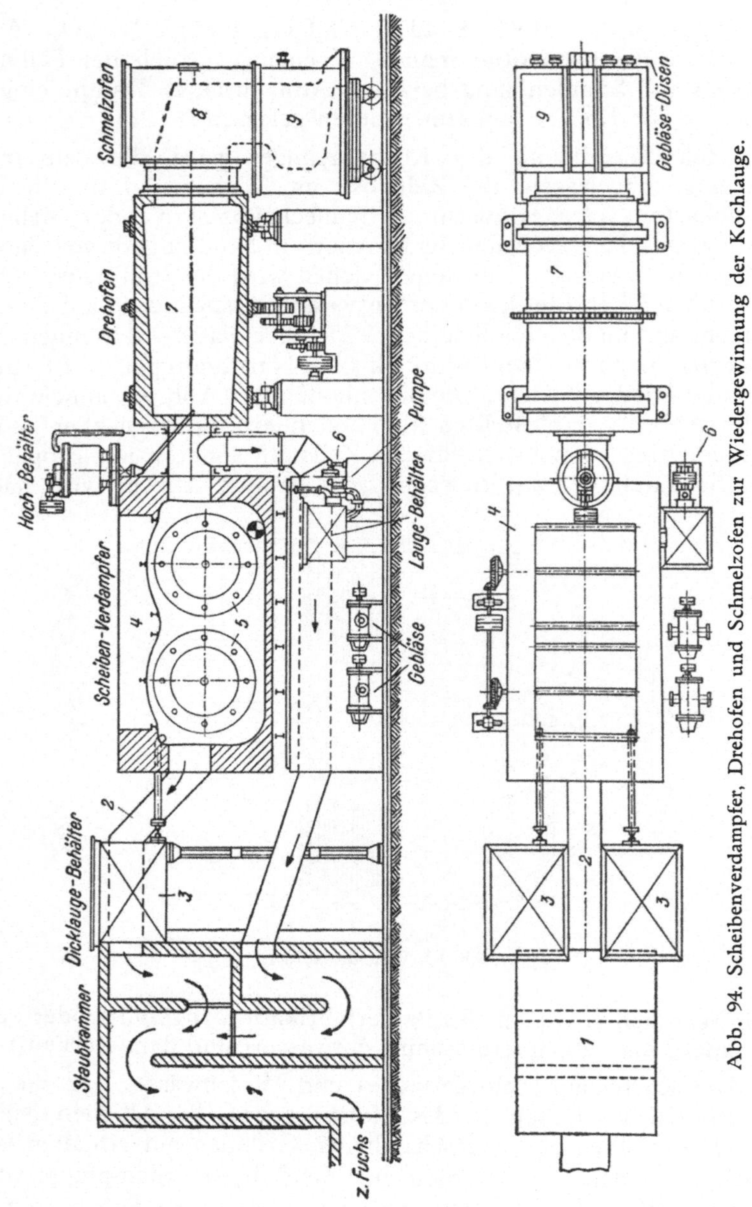

Abb. 94. Scheibenverdampfer, Drehofen und Schmelzofen zur Wiedergewinnung der Kochlauge.

messer zugeführt, wo sie durch die etwa 300° heißen Abgase des Schmelzofens getrocknet und verkokt wird.

Der Glührückstand, aus geschmolzener Soda (50%), 2—4% NaOH, 18—20% Na_2S, 5—15% Na_2SiO_3 und 1—7% Na_2SO_4 bestehend, wird gelöst und mit Ätzkalk kausifiziert (s. S. 233). Nach

Ergänzung der 10—15% Alkaliverluste wird die Lauge wieder zum Kochen verwendet.

An Nebenprodukten werden aus den Kochergasen und den Kondensaten der Eindampfapparate Methylalkohol, Terpentinöl, Aceton, Butanon und Methylsulfide (Mercaptane) gewonnen. Die Mercaptane machen sich auch in der Umgebung der Sulfatzellstofffabriken durch ihren widerlichen Geruch unangenehm bemerkbar, jedoch ist die Geruchbelästigung in neueren Ofenkonstruktionen nur mehr gering.

Sulfatzellstoff ist fester als Natronzellstoff, da das Kochen der Zellulose mit Lauge zu einer Schwächung der Faser führt. Er heißt daher auch Kraftzellstoff und dient zur Herstellung von Kraftpapier. Das Sulfatverfahren eignet sich besonders zur Verarbeitung harzreicher Hölzer (Fichtenholz), die nach dem Entrinden durch Schälen in Scheiben zerhackt und in Schleudermühlen in kleinere Stücke zerschlagen werden. Sie werden dann in ähnlicher Weise, wie dies für Strohstoff beschrieben wurde (s. S. 632), in zylindrischen eisernen Kochern bei 5—10 atü 3—7 Stunden gekocht und weiterverarbeitet. Für das Sulfatverfahren ist die Wärmewirtschaft und eine möglichst weitgehende Regenerierung der Kochlauge von grundlegender Bedeutung. Vorteilhaft ist, daß kein Schwefel oder Pyrit, die aus dem Auslande bezogen werden müssen, benötigt werden.

Reinheitsgrad der Zellulose. Durch den Aufschluß und die Bleichung erfährt die Zellulose einen teilweisen Abbau, so daß das Zellulosemolekül des Zellstoffes kleiner ist als jenes der natürlichen Zellulose. Die Beurteilung eines Zellstoffes in der Technik erfolgt nach der Löslichkeit in 18%iger NaOH unter Luftabschluß. α-Zellulose ist jener nicht abgebaute Anteil der Zellulose, der in der 18%igen Lauge im Gleichgewicht ungelöst bleibt. β-Zellulose ist teilweise abgebaut und daher in der 18%igen Lauge löslich. Unter γ-Zellulose werden ihre Begleitstoffe, wie Pentosen, Galaktosen, Xylane, die oberflächlich adsorbiert oder in die Kettenmoleküle selbst eingebaut sind, verstanden. Reinste Zellulose weist einen α-Zellulosegehalt von etwa 98%, Zellulose aus Roggenstroh nach dem Sulfatverfahren von 70—80%, nach dem Natronverfahren von 80—82% auf.

2. Sulfitverfahren, saurer Aufschluß mit Calziumbisulfitlösung.

Beim Sulfitverfahren werden die Holzschnitzel mit einer sauren Calziumbisulfitlösung unter Druck gekocht. Die Lösung wird durch Verbrennen von Schwefel oder Gasreinigungsmasse oder Rösten von Pyriten und Einwirkung der Schwefeldioxyd enthaltenden Gase (s. S. 82 ff.) und Wasser auf Kalkstein oder Kalkmilch in bis zu 50 m hohen Türmen hergestellt. Das SO_2 tritt von unten in

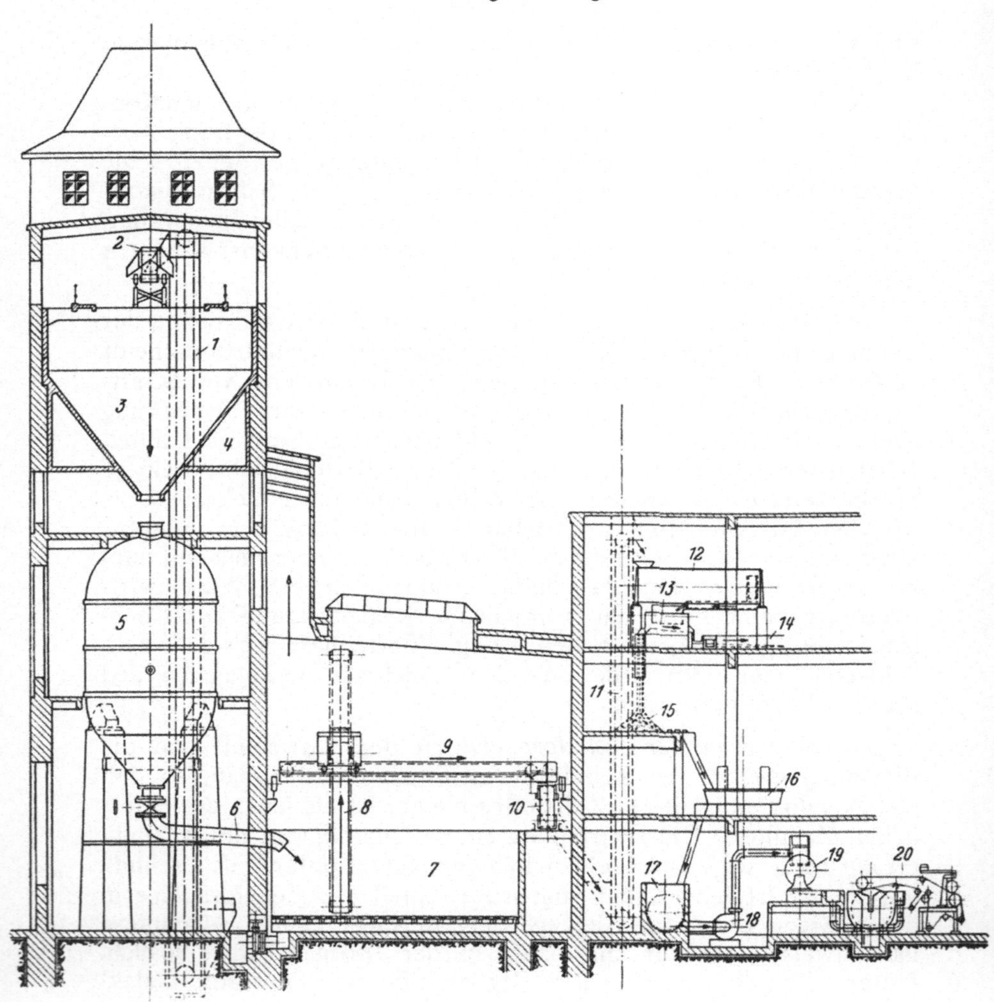

Abb. 95. Anlage zur Gewinnung von Sulfitzellstoff mit stehendem Kocher.

den mit Kalkstein ausgesetzten Turm ein und strömt dem von oben über den Kalkstein herabrieselnden Wasser entgegen.

Das Kochen wird meist in stehenden, eisernen und mit säurefesten Steinen ausgemauerten Kochern mit bis zu 300 cbm Rauminhalt (Abb. 95) vorgenommen, wobei die Kochdauer je nach der Stoffqualität und Säurekonzentration zwischen 8 und 80 Stunden schwanken kann. Es gibt zwei Arbeitsweisen des sauren Aufschlußverfahrens: a) das langsamere Mitscherlich-Kochverfahren bei Temperaturen bis 130^0 in liegenden oder stehenden Kochern, mit 24—28 Stunden Kochdauer, 3—3,5 atü, indirekter Heizung durch Rohrschlangen, mit einer schwachen Calzium-, auch Ca- und Magnesiumbisulfitlösung mit etwa 3—3,5% Gesamtsäure, und b) das schnellere Ritter-Kellner-Verfahren mit Kochtemperaturen bis etwa 145°, 4—5 atü, direkter Heizung in stehenden Kochern bei 8—15 Stunden Kochdauer, mit einer stärkeren Sulfitlösung von etwa 4—5,5% Gesamtsäure. Das Mitscherlich-Verfahren liefert die geschmeidigere, längere und festere Faser.

Durch ein Becherwerk (*1*) (Abb. 95), einen Verteilungsgurt *2* und Bunker *3* gelangt das kochfertige Holz in den Kocher *5*. Nach dem Kochen wird die Kochflüssigkeit (Sulfitablauge) abgelassen und der Zellstoff mit Wasser aus den Warmwasserbehältern *4* vorerst im Kocher *5* und dann nach Entleerung durch die Leitung *6* im Stoffkasten *7* gewaschen. Von *7* gelangt der Zellstoff durch Bagger *8*, Quergurt *9*, Längsgurt *10*, Becherwerk *11* zu den Separatoren oder Openern *12*. In diesen werden durch große Quirle die Faserbündel aufgeschlagen und von den Ästen und halb aufgeschlossenen Holzteilchen nach besonderer Verdünnung in zylindrischen Vorsortierern oder Ästefängern *13* getrennt. Der vorsortierte Stoff geht einerseits zur Sandfängerrinne *14*, während die Äste *15* im Kollergang *16* zerkleinert und dieser Stoff in der tieferliegenden Sammelbütte *17* verdickt wird. Durch eine Pumpe *18* wird der Stoff sodann zum Feinsortierer (Knotenfänger) *19* befördert. Gemeinsam mit Fangstoff aus den Fangstoffanlagen wird der Stoff sodann auf der Rundsiebmaschine *20*, an deren Stelle aber meist eine Langsiebmaschine mit Trockenpartie verwendet wird, entwässert und in Pappe übergeführt. Ein großer Teil des Sulfitzellstoffes wird mit Chlorkalklösung oder Bleichlauge gebleicht.

Die *Sulfitablauge* (auf 100 kg Zellstoff kommt 1 cbm Lauge) enthält 8—10% Trockensubstanz, die zum größten Teil aus Ligninsulfosäuren, deren Calziumsalzen und anderen schwefelhaltigen Verbindungen, Harzen, 1,5—2% Zucker usw. besteht; sie wird entweder auf Alkohol vergären gelassen (s. S. 566) oder zur Herstellung von Gerbstoffextrakten oder Klebestoffen, als Bindemittel (Zellpech), zur Brikettierung von Erz- oder Kohlenstaub, zum Besprengen von Straßen zwecks Staubbindung usw. verwendet.

Aus 1 cbm Holz erhält man etwa 150 kg Zellstoff. Dieser ist eine langfaserige, weiche Masse, die zur Herstellung von Papier, Kunstfasern, Schießbaumwolle, Zelluloid, Lacken usw. verwendet wird.

3. Papierherstellung.

Papier ist ein durch Verfestigung von Fasern entstandenes blattförmiges Gebilde, das in größerer Dicke als Karton und noch stärker als Pappe bezeichnet wird. Der Rohstoff zur Herstellung des Papiers besteht meist aus Pflanzenfasern, insbesondere des Holzes von Nadelhölzern, seltener von Laubhölzern, wie Pappel, Buche, Espe, ferner aus Stroh, Bambus, Esparto- oder Alfagras in Nordafrika und Spanien. Lumpen und Hadern werden nur mehr für einige Spezialpapiere benützt. Hingegen wird in ausgedehntem Umfange Altpapier, vorwiegend zur Pappeherstellung, verwendet. Die Aufbereitung dieser Rohstoffe ist größtenteils auf den Seiten 631—637 besprochen worden.

Lumpen werden zunächst im Haderndrescher durch starkes Klopfen und Herumschleudern von Staub und Schmutz befreit, nach Farbe, Art der Fasern usw. sortiert, von Knöpfen usw. befreit, im Hadern- oder Lumpenschneider in kleinere Stücke geschnitten und schließlich im Haderstäuber (Lumpenwolf) einer zweiten Reinigung unterzogen. Im Kugelkocher (Abb. 92) werden sie dann mit Alkalien gekocht, wobei Fette, Farben usw. zerstört werden. Die Zerfaserung der Gewebestücke erfolgt im sog. Holländer, d. s. flache, ovale und durch eine Scheidewand in zwei Abteilungen geteilte Behälter. In ihm befindet sich auf einer schräg ansteigenden Ebene eine mit Messern besetzte Walze, unter der sich das sog. Grundwerk, eine gleichfalls aus Messern bestehende Metallplatte, befindet (Abb. 96). Die Messer der Walze greifen in jene der Grundplatte ein und zerreißen und zerquetschen die Stoffstücke beim Durchgang durch das „Mahlgeschirr", wie die Messerwalze und das Grundwerk heißen.

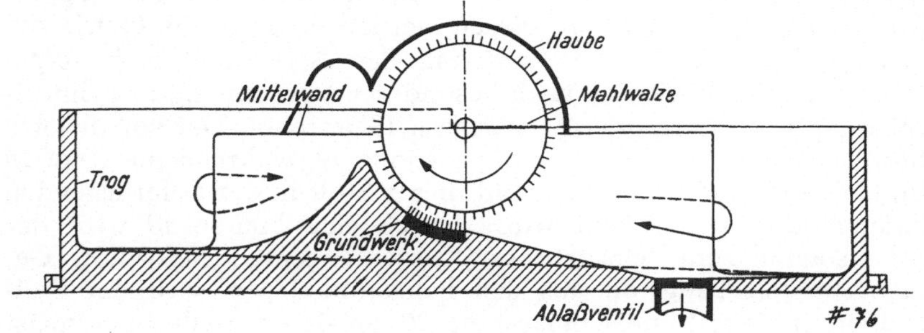

Abb. 96. Mahlholländer zur Papierherstellung.

Das Mahlen wird in zwei Operationen durchgeführt: vorerst erfolgt eine Zerkleinerung zu Halbstoff, die in einer Auflösung in einzelne Fäden und Faserbündel besteht, dann eine zweite Zerkleinerung zu Ganzstoff oder Ganzzeug, wobei die Fasern zu einzelnen Elementarfasern zerlegt werden. Der Ganzzeugholländer unterscheidet sich nur durch eine engere Stellung der Walzen- und Grundwerksmesser von den Halbzeugholländern.

Zum Zerfasern von trockenem Zellstoff, Holzschliff, Altpapier, aber auch zur Zerkleinerung in der keramischen, metallurgischen, Farbstoff-, Sprengstoffindustrie usw. kann auch der Kollergang (Abb. 97) verwendet werden. Er besteht aus einer tellerförmigen Eisenschale A, auf deren Boden zwei schwere Läufer L und L' (für Papier aus Sandstein, für Gesteine aus Hartguß) laufen. Sie werden durch eine gemeinsame Läuferwelle G und G' verbunden, welche durch die Königswelle *B*, Zahnrad *C* und Riemenscheibe *E* angetrieben werden. Eine Scharrvorrichtung *K* befördert das Mahlgut auf der Mahlbahn stets wieder unter die Läufer.

Die Zerkleinerung der Halbstoffe ist auch für andere Faserstoffe als Lumpen erforderlich, da die meisten Halbstoffe für die

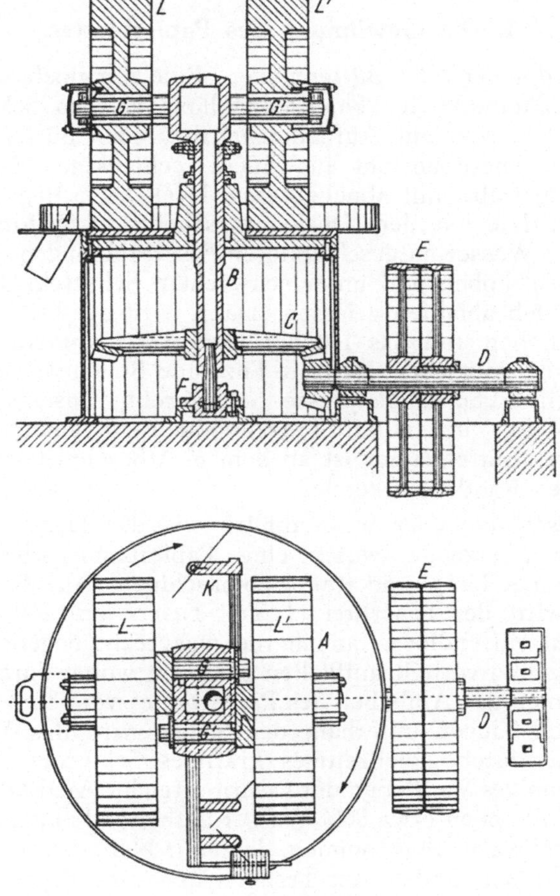

Abb. 97. Kollergang.

Papierherstellung noch ungeeignet sind. Man unterscheidet eine sog. rösche Mahlung, bei der die Zelle wohl in kleinere Teile zerschnitten wird, aber in ihrem Aufbau unverändert bleibt, und eine schleimige Mahlung, bei der die Zelle nicht zerschnitten, sondern gequetscht und in feine schleimige Fäden oder Fibrillen zerteilt wird. Derartig gemahlener Zellstoff ergibt z. B. ein stärker durchscheinendes Papier, das Pergamyn, das als Ersatz für Pergamentpapier (Butterpapier) dient.

Nach dem Mahlen wird im Bleichholländer, der an Stelle der Mahlwalzen zwei Mahltrommeln besitzt, mit Chlorkalk oder Natriumhypochloritlösung gebleicht und gewaschen (Abb. 93). Das Mischen von verschiedenen Zellstoffsorten erfolgt im Halbzeugholländer, während der Zusatz der Füllstoffe, das Leimen und Färben im Ganzzeugholländer erfolgt.

4. Die Gewinnung des Papierblattes.

a) Handpapier oder Büttenpapier. Eine nur noch seltener angewendete Methode der Papierherstellung ist das Schöpfen des Papierbreies aus einem Aufnahmebehälter, der Bütte, mit einer Schöpfform. Diese besteht aus einem rechteckigen Rahmen mit Metalldrahtgewebe, mit abnehmbarem Deckel zur Begrenzung der Stoffmenge. Die mit dem Deckel versehene Schöpfform wird in den mit viel Wasser aufgeschlämmten Faserbrei eingebracht, waagrecht herausgehoben und unter schwachem Schütteln das Wasser durch das Sieb ablaufen gelassen. Dann wird der Deckel von der Form abgehoben und das feuchte Papierblatt auf einen Filz abgedrückt (abgegautscht). Mehrere Filze und Bögen werden gemeinsam in einer Schraubenpresse ausgepreßt, auseinandergelegt, trockengepreßt, einzeln auf Trockenböden aufgehängt, geglättet und sortiert. Büttenpapier ist an dem nichtbeschnittenen und unregelmäßigen Rand zu erkennen.

b) Maschinenpapier wird ähnlich wie das Handpapier, aber kontinuierlich erzeugt, wobei eine Papierbahn erhalten wird. Man verwendet Lang- und Rundsiebmaschinen. Auf der Langsiebmaschine wird der Faserbrei (1 Teil Fasern auf 100—200 Teile Wasser) auf ein endloses, annähernd waagrecht liegendes Metallsieb gleichmäßig verteilt auffließen gelassen, wobei durch seitliche Gummirahmen das Abfließen des Papierbreies vom Sieb verhindert wird. Durch Saugen unterhalb des Siebes wird das Wasser abgesaugt und durch gleichzeitiges kräftiges Schütteln des ganzen Siebes ein inniges Verfließen der Fasern erreicht. Am Ende der Siebpartie wird die noch etwa 80% Wasser enthaltende Papierbahn von einer Gautschwalze abgenommen, dann auf Naßpressen entwässert (50—60% Wasser) und in der Trockenpartie, die aus einer großen Anzahl von gußeisernen, hohlen und mit Dampf beheizten Walzen besteht, langsam getrocknet. In der Trockenpartie wird das Papier durch mitlaufende Trockenfilze eng an die Trockenwalzen angepreßt. Schließlich wird noch geglättet, wobei ein ganz besonderer Glättegrad durch das Kalandern erreicht wird.

Bei den *Rundsiebmaschinen* erfolgt die Papierbahnbildung auf einem im Büttentrog, in dem sich der Papierbrei befindet, umlaufenden zylindrischen Rundsieb, wobei das Wasser durch das Sieb eindringt und seitlich abfließt. Ein über den Zylinder streichender Filz nimmt beim Auftauchen die Papierbahn ab, worauf diese wie bei der Langsiebmaschine der Gautschpresse, Pressen- und Trockenpartie zugeführt wird. Der Filz kann die Papierbahnen mehrerer Rundsiebe gleichzeitig aufnehmen, so daß stärkere Kartons oder Pappen, die eventuell auch schichtenweise verschieden gefärbt sein können, entstehen. Die Abb. 98 zeigt eine Rundsiebmaschine in Ansicht (Kontropa, Wien).

Abb. 98. Rundsiebmaschine zur Papierherstellung (Kontropa, Wien).

5. Ausrüstungs- und Vollendungsarbeiten.

Im Ganzzeugholländer wird auch noch eine ganze Reihe von physikalischen und chemischen Behandlungen durchgeführt, um dem Papier bestimmte Eigenschaften zu verleihen. Tintenfest wird das Papier durch die Leimung. Bei der Stoffleimung wird dem Papierstoff vor der Papierbindung eine wässerige Lösung von Harzseifen $C_{19}H_{29}COONa$, die aus Harzen oder Kolophonium durch Kochen mit Soda oder Lauge hergestellt wurde, auch Montanharzen oder Kunstharzen zugesetzt und durch Zugabe von Alaun oder schwefelsaurer Tonerde das freie Harz durch das sauer reagierende Aluminiumsulfat wieder abgeschieden. Bei der älteren Oberflächenleimung werden mehrere Papierbögen in eine Lösung von tierischem Leim getaucht, abgepreßt und zum Trocknen aufgehängt.

Das *Füllen oder Beschweren* des Papiers bezweckt die Schaffung einer gleichmäßigen, porenfreien Oberfläche des Papiers, um seine Bedruckbarkeit zu erhöhen. Es besteht in der Zugabe mineralischer Stoffe, wie fein gepulvertem Kaolin, Talkum, Schwerspat, Kreide, Magnesit, Gips usw., in einer Menge bis zu 30% im Ganzzeugholländer. Das Papier wird durch das Füllen weißer, schwerer, geschmeidiger und undurchsichtig (Schreibpapier).

Das *Färben* wird entweder zur Beseitigung von störenden gelben, grauen usw. Färbungen des Papiers (Nuancieren) oder zur Herstellung von gefärbten Papieren ausgeführt. Es erfolgt entweder im Stoff im Ganzzeugholländer, auf der Papiermaschine durch Anspritzen des feuchten Blattes oder durch Tauchen des fertigen Papierblattes in eine Farbstofflösung (Tauchfärbung). Es werden sowohl Teerfarben als auch Mineralfarben zum Färben verwendet.

Einen besonderen Glanz des Papiers, wie z. B. bei Kunstdruckpapieren, erhält man durch das *Satinieren.* Die fertige Papierbahn wird durch mehrere Paare von auf Hochglanz polierten Walzen geführt, von denen abwechselnd eine aus Hartguß, die andere aus elastischem Material, wie z. B. zusammengepreßtem Papier, besteht und die durch Druck fest aneinandergepreßt werden. Muster werden in einem besonderen Gaufrierkalander, Kreppen, besonders von Seidenpapier, auf der Kreppmaschine vorgenommen.

Je nach der Zusammensetzung der Papiere unterscheidet man verschiedene Papierarten, wie *holzhaltige* (holzschliffhaltiges Zeitungspapier), *holzfreies* Papier, wie das aus Lumpen, Hadern mit oder ohne Zusatz von Zellstoff hergestellte Papier, ferner Hand- oder Maschinenpapier sowie nach der Oberflächenbeschaffenheit maschinenglatte, einfachglatte oder satinierte Papiere. Durch Imprägnierungen mit Ölen, Paraffin, Alkaliresinaten und Formaldehyd, Borax, Zinksulfat usw. erhält man Ölpapier, Wachspapier, wasserdichtes Papier, unverbrennbares Papier usw. Papiere mit Oberflächenpräparation sind z. B. die photographischen und Lichtpauspapiere, Kopierpapiere usw.

Im Jahre 1929 wurden insgesamt etwa 16,5 Mill. t Papier auf der Erde erzeugt, wobei die wichtigsten Erzeuger USA. (5,2 Mill. t), Kanada (2,7 Mill. t) und Deutschland (2,13 Mill. t) waren.

XXVI. Textilstoffe.

Die Rohstoffe für die Textilindustrie stellen natürliche Faserstoffe tierischen oder pflanzlichen Ursprunges dar. Neuerdings stellt man aber auch schon vollsynthetische Fasern her. Mineralische Faserstoffe, wie Asbest, Glaswolle, Metalldrähte, werden nur für Filter, feuerfeste Gewebe, Siebe usw. in beschränktem Umfange verwendet. Bei den Pflanzenfasern unterscheidet man Samenhaare, wie bei der Baumwolle, Stengelfasern (Hanf, Flachs, Jute, Ramie oder Chinagras), Blattfasern (Agave) und Fruchtfasern (Kokosnuß).

Als Spinnfasern kommen nur die Baumwolle (etwa 50% der insgesamt verarbeiteten Faserstoffe), ferner Jute, Flachs oder Leinen, Hanf und Ramie, gewisse Ersatzstoffe, wie Nessel, Ginster, die Kunstfasern sowie die tierischen Fasern, Wolle, Seide und Haare von verschiedenen Tieren, wie Ziege, Kamel, Dromedar usw., in Betracht. Die Textilindustrie hat volkswirtschaftlich eine sehr große Bedeutung. Der Bruttoerzeugungswert der Welttextilindustrie betrug 1913 44, 1928 etwa 90 Md. Schilling, wovon ¼ auf die Rohstoffe und ¾ auf die Veredlung entfielen.

Chemisch sind die Pflanzenfasern von den tierischen Fasern vollkommen verschieden, wodurch sich ihr verschiedenartiges Verhalten gegen Wasser, Chemikalien, Farbstoffe usw. erklärt. Während die Pflanzenfasern mehr oder weniger aus reiner Zellulose, also Kohlehydraten mit freien Hydroxylgruppen, bestehen, bauen sich die tierischen Faserstoffe aus Eiweißstoffen mit Aminogruppen NH_2— und Carboxylgruppen —COOH auf. Pflanzenfasern sind daher gegen Säure empfindlich, beständiger gegen Alkalien, während die Verhältnisse bei den tierischen Fasern gerade umgekehrt liegen. Kunstfasern entstehen aus teilweise abgebauter Zellulose (s. S. 650), sind daher leichter quellbar und empfindlicher gegen chemische Beanspruchungen.

Die Textilindustrie umfaßt die mechanische Verarbeitung der Fasern zu Gespinsten und Geweben in Spinnereien, Zwirnereien, Webereien, Wirkereien usw., während die Veredlung der Fasern und Fasererzeugnisse hinsichtlich Farbe, Glanz, Griff, Schwere usw. teils auf mechanischem Wege, teils nach chemischen Verfahren (Bleichen, Beizen, Färben, Bedrucken usw.) erfolgt. Zu Textilerzeugnissen verarbeitbar sind nur die spinnfähigen Fasern einer gewissen Länge und Festigkeit, die sich zu einem Faden und Garn vereinigen lassen.

Die Länge der Faser und ihr Durchmesser ist für die Faserstoffe sehr verschieden. Sie beträgt z. B. bei der Seide 300.000—800.000 mm Länge bei einem Durchmesser von 0,010—0,020 mm, bei Wolle 30—150 mm Länge und 0,015—0,040 mm Durchmesser, Baumwolle 20—40 mm Länge und 0,015—0,036 mm Durchmesser, Flachs 300—500 mm Länge und 0,020—0,070 mm Durchmesser, Ramie 60—200 mm Länge und 0,016—0,025 mm Durchmesser, Hanf 15—25 mm Länge und 0,020—0,025 mm Durchmesser, Jute 1,5—2,0 mm Länge und 0,015—0,026 mm Durchmesser, Espartogras 0,5—3,0 mm Länge und 0,010—0,018 mm Durchmesser.

Auch die Festigkeit und Elastizität der Fasern sind verschieden. Verholzte Fasern sind spröde, zu kurze, wie z. B. Espartogras, nicht mehr zu langen Fäden verspinnbar. Je größer das Verhältnis zwischen Länge und Durchmesser ist, je feiner eine Faser ist, desto edler ist sie. Seide, Wolle, Baumwolle, Flachs und Ramie sind edle Fasern.

1. Tierische Fasern.

a) Seide. Der Seidenfaden ist das Erzeugnis der Raupe des Maulbeerspinners. Er besteht aus zwei Kernfäden aus Fibroin, einem Eiweißstoff, die von einer gemeinsamen, leimartigen Hülle, dem Seidenleim oder -bast oder Serizin, umgeben sind (Rohseide). Seide glänzt, leitet den elektrischen Strom und die Wärme schlecht, ist sehr reißfest, wird von heißen Alkalien, konzentrierten Säuren und Zinkchlorid aufgelöst. Die rauhe Serizinhülle ist in heißen Seifenlösungen löslich, wodurch die inneren glänzenden Fäden freigelegt und die schöne abgekochte Seide erhalten wird.

Der in Seidenzuchtanstalten erhaltene Kokon wird nach dem Abtöten der Raupe durch Hitze in Seidenhaspeleien auf Seide verarbeitet. Beschwerte Seide ist die durch Einlegen der Seide in Zinn-IV-Chlorid $SnCl_4$ sowie Natriumphosphat oder Wasserglas, die von der Faser aufgenommen und festgehalten werden, auf das vier- bis fünffache Gewicht beschwerte Seide.

b) Wolle. Die Wolle des Schafes zeichnet sich vor den Haaren anderer Tiere durch ihre Länge, Kräuselung, Feinheit, Dehnbarkeit und Oberflächenrauheit aus. Durch Reiben oder Walken tritt Verfilzen der Wolle ein. Sie besteht aus dem Eiweißstoff Keratin, das beim Abbau hauptsächlich Glutaminsäure, Leucin und Cystin ergibt. Letzteres enthält zum Unterschiede von Seide Schwefel. Die Wolle enthält nach dem Scheren sehr viel Schmutz und Schweiß (bis 80%), die mit schwach alkalischen Lösungen ausgelaugt und zur Herstellung von Wollfett (s. S. 602) und Kaliumcarbonat (s. S. 255) verwendet werden. Vor dem Färben mit hellen Farben wird mit schwefliger Säure oder Wasserstoffperoxyd gebleicht.

Die langen Wollfasern liefern Kammgarn, die kürzeren Streichgarn. Kunstwolle ist eine aus Wolle enthaltenden Abfällen und Lumpen gewonnene Wolle. Von Baumwolle und Lein wird Wolle durch Karbonisieren, d. h. Tränken und Erhitzen mit verdünnter Schwefelsäure, Aluminiumchlorid oder Magnesiumchlorid bei 100° C getrennt, da die Pflanzenfasern durch diese Behandlung zerstört (verkohlt) werden. Die Welterzeugung an Wolle betrug 1937 etwa 960.000 t.

2. Pflanzenfasern.

a) Baumwolle wird aus den Samenhaaren der Baumwollstauden durch Abpflücken der Samenkapseln gewonnen. In sog. Engriniermaschinen werden die Samen von den Samenhaaren getrennt, wobei etwa 70% der Baumwollernte als Körner, Schalenreste usw. abfallen. Von diesen gewinnt man noch die an den Kernen festsitzenden Linters, d. s. kürzere Baumwollhaare, die zur Papierherstellung, Kunstseidenerzeugung usw. verwendet werden. Aus den Samen wird das Baumwollsamenöl durch Auspressen gewonnen (s. S. 600).

Die Baumwolle ist ein einzelliges Haar mit korkzieherartigen Windungen, das aus etwa 91—95% Zellulose mit geringen Mengen (0,5%) Baumwollwachs, -öl, Eiweiß- und Pektinstoffen (0,5%), 0,8—1,8% Asche und Wasser besteht. Die meiste Baumwolle wird in USA. (Texas), ferner in Britisch-Indien, China, Ägypten, Rußland, Brasilien usw. gewonnen. Wegen ihrer Reinheit und leichten Färbbarkeit wird Baumwolle in großem Umfange zur Herstellung des Zeugdruckes verwendet. Dazu muß sie gebleicht und von den Verunreinigungen befreit werden, weshalb man sie vorerst in verdünnte Schwefelsäure einlegt, mit Wasser wäscht und mit einer Lösung von 3—5% NaOH, Kolophonium und Soda bei 2,5 Atm. bäucht. Dadurch werden die Eiweiß- und Pektinstoffe und andere Verunreinigungen entfernt. Hierauf wird mit Chlorkalk oder Wasserstoffperoxyd gebleicht. Die letzten Reste von Chlor werden durch Natriumthiosulfat entfernt.

Merzerisierte Baumwolle ist eine mit konzentrierter kalter Natronlauge behandelte Faser, die dadurch schrumpft, fester und für Farbstoffe aufnahmefähiger geworden ist. Wird während der Merzerisation die Faser unter Spannung gehalten, so nimmt die Baumwolle einen höheren, seidenähnlichen Glanz an, wodurch sie wertvoller wird. Wird diese Merzerisation nur streifenförmig, z. B. durch Aufdrucken von konzentrierter Natronlauge, vorgenommen, so erhält man einen Kreppeffekt. Die Weltproduktion an Baumwolle betrug 1937 8,46 Mill. t.

b) Flachs oder Lein. Flachs wird aus den Stengeln der Leinpflanze, die vorwiegend in Rußland, Ostpreußen, Böhmen, Belgien, Schlesien, Holland, Irland usw. gepflanzt wird, gewonnen. Kurz vor der Samenreife wird der Flachs mitsamt den Wurzeln durch Raufen mit der Hand aus der Erde gezogen, getrocknet und durch bündelweises Durchziehen der Flachsstengel durch die Zähne eines Riffelwerkes von den Samenkapseln und Blättern befreit. Durch einen Gärungsprozeß, Rösten genannt, werden sodann die die Faserstoffe verklebenden Pektinstoffe gelöst.

Bei der Tauröste werden die Stengel auf einer Wiese in dünnen Lagen ausgebreitet und 3—4 Wochen der Witterung ausgesetzt. Bei der Kaltwasserröste (Belgien) werden die Stengel ganz unter stehendes oder fließendes Wasser getaucht (2—4 Wochen). Bei der Warmwasserröste wird in großen Flachsaufbereitungsanstalten der Flachs in etwa 35° C erwärmtes Wasser eingelegt, wodurch die Röstdauer auf 2—3 Tage herabgesetzt werden kann. Chemische Röstverfahren mit heißer verdünnter Schwefelsäure arbeiten noch schneller, haben sich aber nicht eingeführt. Nach dem Rösten wird der Flachs gespült, getrocknet und gebrochen.

Beim Brechen (Knicken) werden die die Fasern umschließenden Holzteile der Stengel durch Klopfen von den Fasern getrennt und diese gleichzeitig voneinander gelöst. Da diese Trennung aber nicht vollständig ist, muß noch eine weitere mechanische Bearbeitung, das Schwingen, d. i. ein Abstreifen der Holzteilchen mit einem Messer, vorgenommen werden. Die Fasern werden auch noch ausgekämmt (Hecheln), wodurch die noch bündelweise zusammenhängenden Fasern in Einzelfasern aufgelöst werden.

Die Faser besteht zu etwa 65—70% aus Zellulose, 20—25% Pektinstoffe, 1—4% Asche und 1—2% Flachswachs. Flachs wird zu festen Garnen, Bindfäden, Leinen, weißer Wäsche usw. verarbeitet. Die Welterzeugung an Flachs betrug 1927 580.000 t, 1937 über 1 Mill. t.

c) Hanf. Die Hanfpflanze ist eine bis zu 2 m hohe Faserpflanze, aus der die Spinnfaser ähnlich wie beim Flachs durch einen biologischen Rott- oder Röstprozeß in stehendem oder fließendem Wasser gewonnen wird. Nach der Rotte wird gespült, getrocknet, gebrochen, durch Stoßen eine Verkürzung der Fasern herbeigeführt und gehechelt. Hanffasern sind länger, aber auch härter, gröber und steifer als der Flachs, so daß aus ihnen nur grobes Garn, Seilerwaren, Schiffstaue, Netze, aus Werg und Abfällen Polster usw. hergestellt werden können. Die Welterzeugung an Hanf betrug 1937 über 1 Mill. t.

d) Ramie wird aus den Stengeln einer ostasiatischen, nesselähnlichen Pflanze gewonnen. Durch Abschaben der Rinde und des Holzes durch rotierende kantige Stäbe wird die Faser freigelegt, die aber noch stärker mit Pektinstoffen verklebt ist, die durch Alkali gelöst werden. Man erhält etwa 5% rein weiße Fasern, die zur Herstellung von Tischwäsche, leinenartigen Geweben, Gardinen, Glühstrümpfen verwendet werden. Ramiegewebe sind feiner als Leinwand.

e) Jute ist die Bastfaser einer ostindischen Corchoruy-Art. Drei Monate nach der Aussaat werden die Stengel während der Blütezeit geschnitten oder ausgerauft. Die Aufbereitung erfolgt ähnlich wie bei Flachs durch einen Gärungsprozeß in stehendem oder fließendem Wasser (8—10 Tage). Die durch Knicken und Abschälen vom Bast befreiten Fasern werden gespült, getrocknet und zum Versand zu Ballen gepreßt. Jutegewebe werden zur Herstellung von Säcken, Grundgeweben von Linoleum, Möbelstoffen, Vorhängen, Teppichen usw. verwendet. Künstliche Jute wird aus Viskose (Zelljute) durch Auspressen der Viskoselösung aus ringförmigen Düsen in ein schwefelsaures Fällbad hergestellt. Die Welterzeugung an Jute, die sich fast nur auf Britisch-Indien beschränkt, betrug 1937 1,65 Mill. t; von ihr wurden $^2/_3$ ausgeführt.

f) Kokosfasern werden durch Aufweichen von Kokosnußschalen in Wasser gewonnen. Sie werden auf Matten, eventuell nach dem Bleichen mit Natriumhypochlorit oder Chlor und Färben, verarbeitet.

3. Kunstfasern.

In den Anfängen der Kunstseidenindustrie, die in das Jahr 1884 fallen, als Chardonnet Nitroseide herstellte, herrschte das Bestreben vor, einen Ersatzstoff für die Naturseide zu finden. Später entwickelte sich jedoch die Kunstseidenindustrie immer mehr in der Richtung nach Schaffung von selbständigen Faserstoffen mit Eigenschaften, wie sie in der Natur nicht vorkommen. Kunstfasern lassen sich, wie alle Kunstprodukte, mit immer gleichbleibender Beschaffenheit in jeder gewünschten Faserstärke und -länge, von starkem Glanz bis zum vollständigen Matt, aus nur einem einzigen Rohstoff, der Zellulose, herstellen.

Die Tatsache, daß die Kunstseide heute nicht mehr bloß ein Ersatzstoff für natürliche Faserstoffe ist, geht vielleicht am deutlichsten daraus hervor, daß auch in Amerika, das der größte Baumwollerzeuger der Welt ist, die Erzeugung von Kunstseide dauernd im Steigen begriffen ist. Man kennt heute mehr als 200 verschiedene Typen von Kunstfasern, die jedem gewünschten Verwendungszweck angepaßt werden können.

Nach dem Herstellungsverfahren unterscheidet man Nitro-, Kupfer-, Viskose-, Acetat-, Aetherseide usw. Das weitaus wichtigste ist das Viskoseverfahren, nach welchem etwa 85% aller Kunstseiden und rund 95% der Zellwolle erzeugt werden. Fast keine Bedeutung besitzt mehr das Nitroseideverfahren.

Bei allen Kunstseideherstellungsverfahren wird aus Zellulose in Form von Linters (Acetat-, Kupfer-, Nitroseide) oder Zellstoff (Viskoseseide) durch Behandlung mit Lösungsmitteln eine zähflüssige Spinnlösung hergestellt, die durch Auspressen aus feinen Düsen in ein Spinnkoagulierungsmittel in Fadenform übergeführt wird. Bei Viskose- und Kupferseide besteht das Fällmittel aus flüssigen Spinnbädern (Naßspinnverfahren), bei der Nitro- und Acetatseide aus trockener heißer Luft (Trockenspinnverfahren), wobei nur die flüchtigen Lösungsmittel der Zellulose verdampft werden.

In neuerer Zeit sind auch die Bemühungen, eine der tierischen Faser, wie Seide oder Wolle, ähnliche Spinnfaser herzustellen, von Erfolg begleitet gewesen, wobei als Ausgangsmaterial der Eiweißstoff Kasein der Magermilch dient (Lanitalverfahren). Einen besonderen Aufschwung hat die Kunstseidenindustrie in Amerika, Deutschland, Italien und Japan genommen, wobei für die letzteren Länder der Mangel an einheimischen geeigneten natürlichen Faserstoffen die Triebfeder für die steigende Erzeugung war. Im Jahre 1920 hatte die gesamte Kunstseidenerzeugung der Welt nur 25.000 t betragen, im Jahre 1939 war sie bereits auf über 1 Mill. t angestiegen, wovon 511.000 t Kunstseide und 493.000 t Zellwolle hergestellt wurden.

a) Nitroseide oder Chardonnetseide.

Nitrozellulose (Kollodium) wird in einem Gemisch von Aether-Alkohol (20—25%) gelöst und in eine von heißer Luft durchströmte Spinnkammer aus feinen Spinndüsen ausgepreßt. Die Spinndüse hat eine große Anzahl von feinsten Bohrungen, so daß sich die austretenden Einzelfasern zu einem gemeinsamen Faden vereinigen. Der durch Verdunstung des Lösungsmittels verfestigte Faden wird von einer umlaufenden Spule abgezogen und aufgespult. Der Faden besitzt den großen Nachteil der leichten Entflammbarkeit und muß daher durch Behandlung mit Reduktionsmitteln, wie Natriumsulfid, denitriert werden. Dabei wird der Faden matt und büßt auch an Festigkeit ein. Außerdem bedeutet diese Behandlung eine wesentliche Verteuerung. Das Verfahren besitzt trotz der verhältnismäßig hohen Naßfestigkeit des Fadens keine praktische Bedeutung mehr.

b) Kupferseide.

Die Zellulose wird in einer Lösung von Kupferoxydammoniak in Lösung gebracht, wobei eine tiefblau gefärbte viskose Spinnlösung entsteht. Man geht meist von Linters (Abfälle der Baumwollgewinnung, s. S. 644) aus, kann aber auch Zellstoff verwenden. Vor dem Lösen wird die Fasermasse durch Bäuchen (Druckkochung mit verdünnter Natronlauge) gereinigt, gebleicht und im Holländer vermahlen. Nach der Trennung der Fasern vom Waschwasser in Zentrifugen wird die feuchte Fasermasse in einen mit einem Rührwerk ausgestatteten Lösekessel eingetragen, in dem sich Kupfersulfat, Natronlauge und Ammoniumhydroxyd befinden. Nach Beendigung des Lösevorganges wird die Spinnlösung in Filterpressen mit Metallfiltern filtriert, in geschlossenen Kesseln entlüftet und vom Überschusse des Ammoniaks befreit.

Die fertige Spinnlösung wird durch Spinnpumpen der Spinndüse, die zahlreiche feine Austrittsöffnungen aufweist, mit einem Druck von 2—3 Atm. zugeführt. Die Düse befindet sich in einem konisch nach unten sich verjüngenden Glastrichter. Beim meist ausgeübten Streckspinnverfahren wird der austretende, noch plastische Faden durch die von oben nach unten im Fälltrichter strömende Fällflüssigkeit während des Koagulationsvorganges gestreckt und ausgezogen. Die Streckung bewirkt eine Parallelrichtung der Zellulosemizellen in der Längsrichtung des Fadens und damit eine Erhöhung der Festigkeit. Als Fällflüssigkeit dient entweder verdünnte Schwefelsäure oder verdünnte Alkalilauge.

Nach dem Austritt aus dem Fälltrichter passiert der noch plastische Faden eine Rinne, in der ihm verdünnte Schwefelsäure entgegenströmt, die das Kupfersulfat aus dem Faden herauslöst und ihn härtet. Der nasse Faden wird auf Spulen oder Haspeln aufgewickelt, auf diesen mit 1%iger Salzsäure abgesäuert, gewaschen und getrocknet. Die Wiedergewinnung des Kupfers und Ammoniaks ist für die Wirtschaftlichkeit des Verfahrens von ausschlaggebender Bedeutung. Die Kupferseide (Bembergseide) besitzt eine hervorragende Naßfestigkeit und ausgezeichnete Dauerhaftigkeit.

c) *Viskoseseide.*

Zur Herstellung der Viskoseseide (Schema Abb. 99, nach Brockhaus) wird vorerst aus Sulfitzellstoff Natronzellulose erzeugt. Der von den Zellstoff-Fabriken in Bögen *1* gelieferte Zellstoff wird durch Vermengen von Bögen aus verschiedenen Ballen zu den einzelnen Chargen zusammengestellt, da schon geringe Unterschiede in den Zellstoffsorten die Einheitlichkeit der Charge in Frage stellen können. Dies macht sich später z. B. an einer uneinheitlichen Anfärbbarkeit der Fasern bemerkbar.

Die einzelnen gemischten Zellstoffchargen werden mit 18—19%iger Natronlauge, die durch Absitzenlassen gereinigt wurde, in Tauchpressen in Alkalizellulose umgewandelt, wobei die überschüssige Lauge genau dem Gewicht nach auf das dreifache Trockengewicht abgepreßt wird. Die abgepreßte Alkalizellulose *2* wird aus der Presse ausgestoßen und gelangt in den darunterliegenden Zerfaserer *3*, wo sie für die spätere gleichmäßige Einwirkung des Schwefelkohlenstoffes zu einer sägespäneähnlichen Masse zerkleinert wird.

Die zerkleinerte Alkalizellulose wird bei einer ganz bestimmten Temperatur 2—3 Tage lang in eisernen Kästen lagern gelassen (*4*), um der Viskose eine bestimmte Zähflüssigkeit zu verleihen, die für die Eigenschaften der Kunstseide von ausschlaggebender Bedeutung ist. Dieser Vorgang wird als Vorreife bezeichnet. Bei ihr tritt ein gewisser Abbau des Zellulosemoleküls ein.

Die fertiggereifte Alkalizellulose wird nun in den Sulfidiertrommeln *5* mit 30—32% an Schwefelkohlenstoff CS_2 zum gelbrot gefärbten Zellulosexanthat umgesetzt, wobei sich der Xanthogensäureester der Zellulose, richtiger der Ester der Dithiokohlensäure

$$CS\begin{matrix}\diagup OH \\ \diagdown SH\end{matrix}$$

, und zwar das Natronzellulose-Dithiocarbonat, bildet:

$$C_6H_9O_4 - ONa + CS_2 \rightarrow C\begin{matrix}\diagup O - C_6H_9O_4 \\ = S \\ \diagdown S - Na\end{matrix}$$

Das fertige Zellulosexanthogenat wird hierauf in verdünnter Natronlauge in sog. Lösekesseln *6* zur „Viskose“ aufgelöst, die aus etwa 83% Wasser, 7—8% Zellulose, 6,7—7% NaOH und 2,5% S besteht. Sie wird hierauf durch Pumpen *7* zu dem Entlüfter *8* gepumpt und hier von Luftbläschen, die den Spinnvorgang stören würden, befreit. Nach einer gründlichen Durchmischung im Mischer *9*, Reinigung in Filterpressen *10* wird in den eisernen Reifekesseln *11* 3—4 Tage lagern gelassen, wobei eine Nachreife vor sich geht. Bei der Nachreife tritt unter Abspaltung von Dithiocarbonatresten eine Anreicherung von Zelluloseresten, also eine Polymerisation, ein. Schließlich tritt (im Fällbad) regenerierte oder Hydratzellulose auf:

$$\mathrm{C}\begin{matrix} \diagup \mathrm{O-C_6H_9O_4} \\ =\mathrm{S} \\ \diagdown \mathrm{SNa} \end{matrix} \rightarrow \mathrm{C}\begin{matrix} \diagup \mathrm{O(C_6H_9O_4)_2OH} \\ =\mathrm{S} \\ \diagdown \mathrm{SNa} \end{matrix} \rightarrow \mathrm{C}\begin{matrix} \diagup \mathrm{O(C_6H_9O_4)_4(OH)_3} \\ =\mathrm{S} \\ \diagdown \mathrm{SNa} \end{matrix} \rightarrow$$

$$\rightarrow \underset{\text{regenerierte Zellulose}}{[(\mathrm{C_6H_9O_4})(\mathrm{OH})]_4}$$

Beim Erreichen eines bestimmten Reifegrades, d. h. einer gewissen Viskosität, wird die Viskose mittels Druckluft zum Spinnkessel und von diesem zur Spinnapparatur (*12*) gedrückt. Vor den Düsen, die aus einer nicht angreifbaren Platin-Gold-Legierung bestehen, sind in der Spinnleitung kleine Kolben- oder Zahnradspinnpumpen und Einzelfilter angeordnet, um die durch die Spinndüsen ausgepreßten Mengen genau dosieren zu können (Gleichmäßigkeit des Fadentiters!) und die Spinnlösung nochmals zu reinigen.

Das Spinnbad besteht aus einer schwefelsauren Natriumsulfatlösung (Müllerbad). Die Viskose wird sogleich beim Eintritt in das Spinnbad unter Zersetzung des Xanthogenates, kenntlich an der Schwefelabscheidung (milchige Trübung des Fadens), koaguliert und allmählich gehärtet. In einem Spinnsaale gibt es mehrere tausend einzelne Spinnstellen. Der Faden wird meist schräg von unten nach oben in das Fällbad eingepreßt, nach oben über einen Fadenführer abgezogen und auf ein Aufnahmeorgan aufgespult.

Spinnverfahren. Je nach der Art des Aufnahmekörpers der Spinnmaschine unterscheidet man Walzen-, Spulen- und Zentrifugenspinnmaschinen. Beim Walzenspinnverfahren wird auf großen, mehrere Kilogramm Seide aufnehmenden gläsernen Walzen, die an ihrem Umfange durch Friktion langsam gedreht werden, der Faden aufgewickelt, während beim Spulenspinnverfahren diese von kleineren, sehr schnell umlaufenden Aluminiumspulen aufgespult werden. Beim Zentrifugenspinnverfahren wird der Faden durch einen auf und ab gehenden Fadenführer in einem mit mehreren tausend Umdrehungen pro Minute umlaufenden Spinntopf gesammelt. Dieses Verfahren bietet den Vorteil, daß der Faden während des Spinnprozesses vorgezwirnt werden kann.

Spulenspinnverfahren. Beim Spulenspinnverfahren wird der Faden durch Einsetzen der Spulen in Barken durch Hindurchsaugen, -drücken oder Herabrieselnlassen mit der Waschflüssigkeit salz- und säurefrei gewaschen, entschwefelt und nachbehandelt. Die zu-

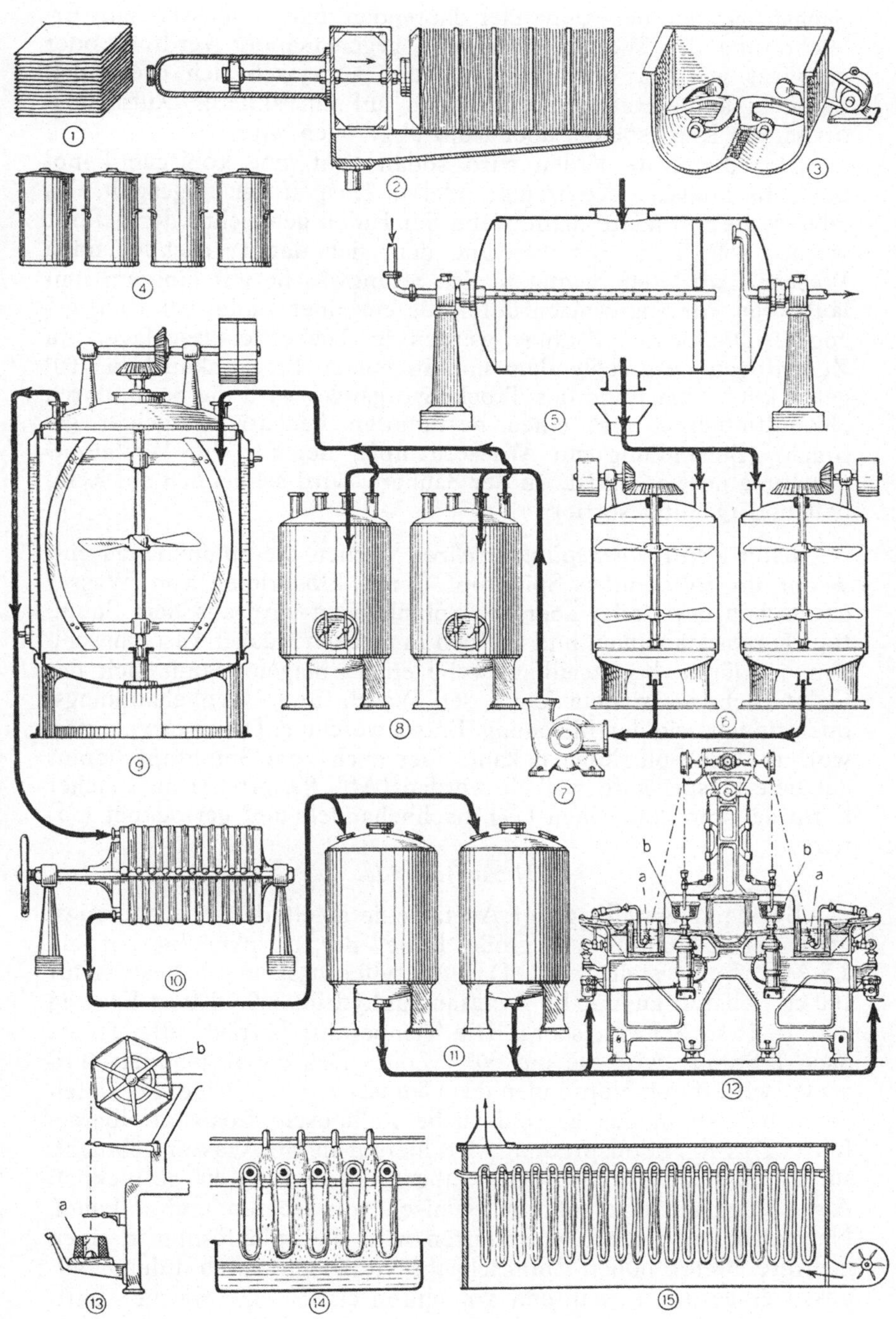

Abb. 99. Schema der Herstellung von Viskoseseide nach dem Topfspinnverfahren.

nächst parallel nebeneinander laufenden Fäden müssen zur Erleichterung der Weiterverarbeitung gegeneinander verdreht oder gezwirnt werden, weshalb die Spulen auf rasch sich drehenden Spindeln aufgesetzt und der Faden auf ein anderes Aufnahmeorgan, die Kreuzspulen, über Kopf abgezogen wird.

Der gezwirnte Faden wird sodann auf eine konische Papphülse als konische Kreuzspule oder in Haspelform umgespult, das letztere insbesondere dann, wenn der Faden gebleicht oder gefärbt werden soll. Beim Bleichen und dem sich daran anschließenden Waschen wird der Strang in der Strangwäsche auf langsam umlaufenden Porzellanwalzen durch die einzelnen Bäder (Flotten) gezogen. Die nassen Stränge werden in Tücher eingeschlagen, in Zentrifugen ausgeschleudert und in einem Trockenkanal bei 60° getrocknet. Am Ende des Trockenvorganges wird die Seide durch „Konditionieren“ auf einen bestimmten Feuchtigkeitsgehalt gebracht (Behandlung mit Wasserdampf), der für die Weiterverarbeitung notwendig ist. In der Säuberei wird schließlich auf Reinheit und Qualität sortiert.

Beim *Zentrifugenspinnverfahren* werden die Spinnkuchen entweder im rotierenden Spinntopf durch Einspritzen von Wasser gewaschen usw., oder aber der Spinnkuchen wird aus dem Spinntopf herausgenommen und für sich in eigenen Kuchenwaschmaschinen, in dünne Kunstseidengewebe eingeschlagen, damit sich der Faden nicht verwickeln kann, den Wasch- und Nachbehandlungsoperationen, wie der Bleichung, Entschwefelung, Ölung usw., unterworfen. Der Spinnkuchen kann aber auch vom Spinntopf heraus auf eine Haspel aufgewickelt werden (Abb. 99, Nr. *13*), in welcher Form er dann gewaschen (*14*), nachbehandelt und getrocknet (*15*) wird.

d) Acetatseide.

Bei der Herstellung der Acetatseide spielt der Acetylierungsgrad der Zellulose eine große Rolle, der zweckmäßig auf ein 2,5-Acetat eingestellt wird. Das Acetylierungsgemisch besteht für 100 kg Zellstoff aus 325 kg Essigsäureanhydrid, 300—400 kg Eisessig und 7—13 kg Schwefelsäure. Die Temperatur beträgt anfangs 20°, nach 1 Stunde wird sie auf 30° erhöht. Das dabei gebildete Triacetat wird durch Verdünnen des Gemisches mit 10%iger Schwefelsäure bei 40° in das acetonlösliche Zellulosehydroacetat übergeführt. Das Reaktionsprodukt wird hierauf in viel Wasser gebracht, so daß es ausfällt, zentrifugiert, abgepreßt und bei 40° getrocknet. Als Lösungsmittel dient ein Gemisch von Aceton und Alkohol. Nach dem Filtrieren und Entlüften wird die Spinnlösung in einen mehrere Meter hohen Spinnschacht von oben durch Edelmetalldüsen eingespritzt, während von unten ein 50—60° warmer Luftstrom entgegengeführt wird. Das Lösungsmittel verdunstet und der trockene Acetatfaden wird nach unten abgespult. Der Faden bedarf keiner nassen Nachbehandlung, sondern kann unmittelbar von der Spinnmaschine kommend gezwirnt werden.

4. Künstliches Roßhaar, Stroh und andere Erzeugnisse der Kunstseidenindustrie.

Diese Gespinstarten können nur durch besonders ausgestaltete Spinndüsen hergestellt werden. Es liegen sog. monofile Produkte vor, d. h. der dickere Einzelfaden ist beim gleichen Spinnverfahren aus einer Düse mit rundem oder geschlitztem, größerem Querschnitt erhalten worden. Die Fällstrecke muß wegen der schwereren Durchdringbarkeit der Fadenmasse für das Fällbad größer sein. Die *Bändchen* werden durch Düsen mit länglichem, rechteckigem Querschnitt erzeugt und insbesondere in der Damenhutindustrie, als Bindfaden usw. verwendet. *Filme* werden aus ganz langgestreckten Düsen erzeugt, Spinnlösung und Fällbad sind die gleichen wie bei der Fadenherstellung. *Hohl- und Luftseide* wird durch Zumischen von Soda, Emulgieren von Luft usw. zur Spinnlösung hergestellt. Durch die Schaffung von Hohlräumen wird die Wärmeisolationsfähigkeit der Seide erhöht, so daß sich die daraus verfertigte Wäsche warm trägt.

Der hohe Glanz der Kunstseide, der vielfach störend wirkt, kann durch einen Zusatz von Mattierungsmitteln, die organischen oder anorganischen Ursprunges sein können (Titandioxyd), vermindert werden. Besonders hochfeste Kunstseide kann nach Lilienfeld durch Anwendung von konzentrierter Schwefelsäure als Fällflüssigkeit erhalten werden, wodurch eine Art Pergamentisierung der Zellulose stattfindet.

5. Zellwolle.

Die Zellwolle unterscheidet sich in chemischer Hinsicht von der Kunstseide nicht, nur bei der Erzeugung treten hinter der Spinnmaschine Unterschiede auf. Zellwolle ist eine auf künstlichem Wege aus Zellulose erzeugte woll- oder baumwollähnliche, auf bestimmte Längen (Stapel) abgeschnittene Faser oder „Flocke". Aus ihr muß in Baumwoll- und Wollspinnereien erst in einem besonderen Arbeitsgang das Garn hergestellt werden. Der Zellwollfaden ist infolge der vielen abstehenden Faserenden wollähnlich und weich. Es gibt eine Viskosestapelfaser (Vistrafaser, Floxfaser), Kupferseidestapelfaser (Cupramafaser) und Acetatstapelfaser (Rhodiaspinnfaser).

Bei der Zellwollerzeugung werden größere Titer (Titer ist die Faserstärke, angegeben in Denier [Gramm] eines Fadens von 8000 m Länge) gesponnen und eine wesentlich höhere Spinngeschwindigkeit eingehalten, so daß die Leistung einer Spinnstelle einer Zellwollespinnmaschine etwa zehnmal so groß ist als die einer gleich großen Kunstseidenspinnmaschine. Während eine Kunstseidendüse nur etwa 24 Löcher aufweist, besitzt die größere Zellwolledüse etwa 800 Löcher. Im Gegensatz zur Kunstseidenherstellung werden sämtliche Fadenbündel nicht auf einem Aufwickelorgan aufgewickelt, sondern zu einem Kabel vereinigt und einer Schneidvorrichtung zugeführt, die das Kabel in Stapel von 3—5 cm Länge zerschneidet.

Die geschnittene Zellwolle wird auf ein siebartiges Transportband gelegt, das sich langsam bewegt, und dabei gewaschen, entschwefelt, gebleicht und mit einer Seifen-Öl-Emulsion (Avivage) behandelt, um die Faser für die weitere Behandlung geschmeidig zu machen. Der Überschuß des Avivagebades wird in einer Zentrifuge geschleudert. Das Fasergut wird sodann auf ein zweites langsam umlaufendes Siebband ausgebreitet und durchläuft schließlich Trockenkammern.

Die nach dem Waschen noch ziemlich dicht und fest aneinanderhaftenden Zellwollefasern werden in „Öffnermaschinen", d. s. mit Stiften versehene Walzen, die die Flocken auseinanderziehen, aufgelockert, dann verpackt und versandt.

Zellwolle ist wegen der beim Trockenvorgang auftretenden Schrumpfungen gekräuselt, besitzt einen seidenähnlichen matten Glanz, hat einen wolleähnlichen Griff, gleichmäßige Länge, große Saugfähigkeit und kann natürlichen Fasern als Streckungsmittel beigemischt werden. Die Zellwolleerzeugung ist von 53.000 t im Jahre 1935 auf 430.000 t im Jahre 1938 angestiegen.

6. Kaseinwolle (Lanitalwolle), vollsynthetische Fasern.

Lanital ist eine aus dem Kasein der Magermilch hergestellte Kunstfaser. Die Magermilch wird mit verdünnter Schwefelsäure angesäuert, wobei das Kasein ausfällt und gleichzeitig eine Umlagerung der Polypeptide und Abspaltung von Phosphorsäure aus den Aminosäuren vor sich geht. Nach dem Auswaschen des Kaseins wird dieses in Wasser quellen gelassen, in Alkali gelöst, reifen gelassen und in einem aus verdünnter Schwefelsäure und Natriumsulfat bestehenden Fällbad versponnen. Durch eine Härtung in Formaldehyd wird die Faser haltbar gemacht. Der Spinnlösung können auch Kunstharzlösungen auf der Basis von Harnstoff-Formaldehyd-Kondensationsprodukten zugesetzt werden. Die Kaseinfaser hat das Aussehen von natürlicher Wolle, denselben Griff, eine leichtere Anfärbbarkeit als Schafwolle und wird vornehmlich mit Wolle zusammen verarbeitet.

Aus Polyvinylchlorid hergestellte vollsynthetische Fasern (P. C.-Faser) sind bereits mit Erfolg wegen ihrer chemischen Unangreifbarkeit, Elastizität und Unbrennbarkeit für Filtertücher, Fischnetze, Labormäntel usw. verwendet worden. Nachteilig ist nur die Thermoplastizität der Fasern, die mit heißem Wasser nicht gewaschen und auch nicht gebügelt werden dürfen. Nylonfasern der Dupont sind aus in Phenol gelösten Aminomono- oder -dicarbonsäuren durch Schmelzen bei 215° C und Auspressen unter einem Stickstoffdruck von 10 Atm. aus Düsen in Fadenform übergeführt worden. Die aus Superpolyamiden bestehenden Fasern sind weich, elastisch, geschmeidig, reißfest sowie chemisch und mechanisch sehr widerstandsfähig.

XXVII. Aminosäuren.

Aminosäuren sind organische Verbindungen, die eine COOH — - und in α-, β-, γ-, ϑ- usw. -Stellung dazu eine Aminogruppe NH_2 — aufweisen. Sie zeigen daher gleichzeitig die Eigenschaften von Carbonsäuren und Aminen. Die α-Aminosäuren sind die Spaltprodukte von Eiweißstoffen und anderer Stoffwechselprodukte und sind daher physiologisch von großer Bedeutung. Sie entstehen beim Kochen von Leim, Kasein, Hippursäure, Glykocholsäure usw. mit Säuren und Alkalien, synthetisch bei der Einwirkung von Ammoniak auf halogenierte Fettsäuren:

$$\underset{\text{Chloressigsäure}}{Cl-CH_2-COOH} + NH_3 = \underset{\alpha\text{-Aminoessigsäure (Glykokoll)}}{NH_2-CH_2-COOH} + HCl$$

Auch bei der Einwirkung von Blausäure oder Cyaniden auf Aldehyde oder Ketone wird über das intermediär gebildete Cyanhydrin, bzw. Aminofettsäurenitril durch deren Verseifung Aminofettsäure erhalten:

$$\underset{\text{Acetaldehyd}}{CH_3CH=O} + HCN \rightarrow \underset{\text{Cyanhydrin}}{(CH_3)HC\langle{}^{CN}_{OH}} \xrightarrow{+NH_3}$$

$$\longrightarrow \underset{\text{Aminofettsäurenitril}}{(CH_3)HC\langle{}^{CN}_{NH_2}} \xrightarrow{+H_2O} \underset{\alpha\text{-Aminofettsäure}}{CH_3CH(NH_2)COOH}$$

Reduktion von α-Oxysäuren, ferner von Nitroso-, Isonitroso- und Nitrofettsäuren ergibt gleichfalls Aminosäuren. Die wässerige Lösung der Aminosäuren reagiert deutlich sauer. Aminosäuren bilden sowohl mit Säuren als auch mit Basen Salze, da im Gleichgewichtszustand ein Zwitterion vorliegt:

$$\underset{\text{Anion}}{RCH\langle{}^{NH_3OH}_{COO'}} + H^{\cdot} \rightleftharpoons RCH\langle{}^{NH_3^{\cdot}OH}_{COOH} \rightleftharpoons$$

$$\rightleftharpoons \underset{\text{Kation}}{RCH\langle{}^{NH_3^{\cdot}}_{COOH}} + OH' \rightleftharpoons \underset{\text{Zwitterion}}{RCH\langle{}^{NH_3^{\cdot} + OH'}_{COO' + H^{\cdot}}}$$

Aminosäuren können zwischen zwei Molekülen Aminosäuren oder intramolekular Wasser abspalten, wobei Ringbildung erfolgt. Auch Ammoniak wird leicht abgespalten, wobei Olefincarbonsäuren entstehen:

$$\underset{\beta\text{-Aminopropionsäure}}{H_2N - CH_2 - CH_2 - COOH} \rightarrow NH_3 + \underset{\text{Acrylsäure}}{CH_2 = CHCOOH}$$

Glykokoll, Aminoäthansäure, Glycin, Aminoessigsäure $NH_2CH_2 - COOH$ (D 1,60; Fp 232—236°; L: 23; LA: 0,2; nl: Ae) wird wegen seines süßen Geschmackes und der Bildung aus Leim auch Leimsüß genannt. Charakteristisch ist das blau gefärbte Kupfersalz Glokokollkupfer $(C_2H_4O_2N)_2Cu \cdot H_2O$, das durch Auflösen von Kupferhydroxyd in Glykokollösung erhalten wird. Das Methylderivat des Glykokolls $CH_3 - NH - CH_2 - COOH$, das *Sarkosin* (Fp 210—215°; sl: W; wl: Al; nl: Ae), ist ein Spaltungsprodukt des Keratins und Coffeins. Das *Trimethylglykokoll* oder *Betain* $CH_2 - N(CH_3)_3$ (Fp 293°; L: 162 [g in 100 g Lm]; l: Al; swl: Ae)

$$\begin{array}{ccc} CH_2 & - & N(CH_3)_3 \\ | & & | \\ CO & - & O \end{array}$$

kommt in der Runkelrübe, *Benzoylglykokoll* oder *Hippursäure* $C_6H_5 - CO - NH - CH_2 - COOH$ (D 1,308; Fp 190°; Prismen; L: 0,39; wl: Al; LAe 18°: 0,35) im Pferdeharn vor.

d-Alanin, α-Aminopropionsäure $CH_3 - CH(NH_2)COOH$ (Fp 297°; zers; L 45°: 205 [g in 100 g Lm]; LA: 0,2; nl: Ae) kommt in allen gewöhnlichen Proteinen vor.

l-Leucin, α-Aminoisobutylessigsäure $(CH_3)CH - CH_2 - - CH(NH_2)COOH$ (D 1,293; Fp 294°; zers; Blättchen; subl; L: 2,2) findet sich in sehr vielen natürlichen Eiweißstoffen, wie im Kasein, Horn, der Bauchspeicheldrüse, in Verdauungsprodukten des Dünndarmes, Fäulnisprodukten usw. Bei der Hefegärung entsteht Isobutylcarbinol, das auch im Fuselöl vorkommt.

dl-Serin, l-β-Oxy-α-Aminopropionsäure $OH - CH_2 - - CH(NH_2)COOH$ (Fp 246°; zers; L: 4,32; nl: Al, Ae) ist eine Oxyaminosäure, die aus Seidenleim (s. S. 644) durch Behandlung mit verdünnter Schwefelsäure erhalten werden kann.

l-Cystein, Thioserin $SH - CH_2 - CH(NH_2)COOH$ tritt in Harnsteinen und hydrolytischen Spaltungsprodukten von Wolle, Horn, Haaren usw. auf, ebenso dessen Disulfid *Cystin* $COOH - - CH(NH_2) - CH_2 - S - S - CH_2 - CH(NH_2) - COOH$ (zers 258°; Tafeln; L 19°: 0,011; nl: Al, Ae). Beide sind durch Oxydation und Reduktion reversibel ineinander überführbar. Cystin ist neben *Methionin* $CH_3 - S - CH_2 - CH_2 - CH(NH_2)COOH$ die Ursache des Schwefelgehaltes der Eiweißstoffe. Eine andere schwefelhaltige, im Eiweiß vorkommende Verbindung ist das *Glutathion*, das aus *Glutaminsäure* oder *α*-Aminoglutarsäure $COOH - CH_2 - CH_2 - - CH(NH_2)COOH$ (D 1,538; Fp 202°; Kryst mit $1 H_2O$; L: 1;

swl: Al; nl: Ae), Cystein und Glykokoll in sog. peptidartiger Bindung aufgebaut ist. Durch Amidverknüpfung von Aminosäuremolekülen entstehen nämlich hochmolekulare Polypeptide, die den bei teilweiser Hydrolyse von Eiweißstoffen erhältlichen Peptonen sehr ähnlich sind.

d-Lysin, α-, ε-Diaminocapronsäure $NH_2(CH_2)_4CH(NH_2)COOH$ wird bei der Spaltung von Kasein oder Leim durch Salzsäure erhalten.

l-Asparagin, das Monoamid der Aminobernsteinsäure NH_2— —CO—CH_2—$CH(NH_2)COOH$, kommt in den Kartoffeln, Runkelrüben, Spargel, Erbsen, Bohnen, Wicken vor (D 1,519; Fp 226—227°; Kryst mit 1 H_2O; L: 2,1; L 98°: 52,5; nl: Al, Ae). Sie geht durch Verseifung in die *l-Asparaginsäure,* Aminobernsteinsäure über, COOH—$CH(NH_2)$—CH_2—COOH (D 1,661; Blättchen oder Säulen; Fp 270°; L: 0,61; L 97°: 5,37; l: Al, Ae), kommt auch in der Zuckerrübenmelasse vor und entsteht aus Eiweißkörpern durch deren Zersetzung mit Alkalien oder Säuren.

XXVIII. Eiweißstoffe.

Die Eiweißstoffe sind aus Kohlenstoff, Wasserstoff, Sauerstoff, Stickstoff, meist auch Schwefel aufgebaute hochmolekulare Körper, die im wesentlichen aus säureamidartig miteinander verbundenen Aminosäuren in Peptidbindung —NH—CO— in einem scheinbar ziemlich festen Verhältnis bestehen. Bei ihnen ist eine Aminogruppe der einen Aminosäure unter Austritt eines Moleküls Wasser mit der Carboxylgruppe der zweiten Aminosäure verbunden:

$$\begin{array}{cccccccccccc}
 & & & & R_2 & & & & & & R_4 & \\
 & & & & | & & & & & & | & \\
 & & \diagup CO \diagdown & & \diagup CH \diagdown & & \diagup NH \diagdown & & \diagup CO \diagdown & & \diagup CH \diagdown & \\
\diagdown & CH & & NH & & CO & & CH & & NH & & \\
 & | & & & & & & | & & & & \\
 & R_1 & & & & & & R_3 & & & &
\end{array}$$

Das Molekulargewicht der Eiweißstoffe beträgt rund 17.000 oder ein Vielfaches davon. Eiweißstoffe konnten bisher nur schwierig in einer chemisch einheitlichen Form dargestellt werden, da selbst krystallisierende Eiweißstoffe Fremdstoffe in ihr Gefüge aufnehmen. Eine Synthese der Eiweißkörper ist bisher noch nicht gelungen, wohl aber eine solche der peptonähnlichen Polypeptide. Eine Eiweißbildung kommt nur in der lebenden Pflanzenzelle zustande, während der tierische und menschliche Organismus diese nur umformt. Eiweißstoffe sind für das Bestehen und die Ernährung aller Organismen unentbehrlich.

Die ersten Abbaustoffe der Eiweißstoffe sind die Albumosen, die nächsten die Peptone, dann werden Polypeptide und schließlich Aminosäuren erhalten. Als Endprodukt des Stoffwechsels der

Eiweißstoffe entstehen beim Säugetier Harnstoff, bei den Vögeln, Reptilien und Wirbellosen Harnsäure. Wahrscheinlich geht der oxydative Abbau durch Desaminierung vor sich:

$$\underset{\text{Alanin}}{CH_3CH(NH_2)COOH} \xrightarrow{+O} \underset{\text{Brenztraubensäure}}{CH_3-CO-COOH} + NH_3$$

Im Magen wird das Eiweiß durch die proteolytischen Fermente (Pepsin) in schwach saurer Lösung bis zur Peptidstufe abgebaut. Im schwach alkalischen Medium des Darmes werden durch Peptidasen, wie z. B. das Erepsin, die Peptide bis zu Aminosäuren zerlegt, aus denen der Organismus wieder andere Eiweißstoffe aufzubauen befähigt ist. Die Eiweißstoffe sind daher unentbehrliche Nahrungsmittel.

Wie bereits auf Grund des großen Molekulargewichtes zu erwarten ist, bilden die Eiweißstoffe, soweit sie überhaupt löslich sind, nur kolloidale Lösungen, aus denen sie durch Salze unverändert ausgesalzen oder beim Erhitzen durch Koagulation gefällt werden können. Fällungsmittel, wie Tannin, Phosphor-Wolfram-Säure, bauen die Eiweißstoffe ab oder führen sie in Verbindungen über, wodurch das Eiweiß denaturiert wird.

Nachweis. Zum Nachweise von Eiweißkörpern dienen Farbreaktionen, wie die Biuretprobe (Violettfärbung der alkalischen Lösung nach Zusatz von Kupfersulfat), die Xanthroproteinreaktion (Gelbfärbung durch konzentrierte Salpetersäure), die Millonsche Probe (Rotfärbung beim Kochen mit salpetrige Säure enthaltender Mercurinitratlösung), die Tryptophanprobe (Blaufärbung bei Zusatz von Glyoxylsäure [Spur] und konzentrierter Schwefelsäure) u. a.

Einteilung. Man teilt die Eiweißstoffe in einfache Eiweißkörper oder Proteine und in zusammengesetzte oder Proteide ein. Proteine sind: Protamine (enthalten mehr als 80% Diaminosäuren), Histone (in Zellkernen), Prolamine (Eiweißkörper der Getreidekörner, z. B. Hordein der Gerste, Gliadin des Weizens, Zein im Mais), Albumine (Serumalbumin im Blutserum, Ovalalbumin im Eiklar, Lactalbumin in der Milch, Ricin), Globuline (im Blut, in der Schilddrüse; Myosin der Muskeln; Legumin der Hülsenfrüchte usw.), Albuminoide, auch Skleroproteine, Gerüsteiweißstoffe (Keratin der Haare, Federn, Hörner, Hufe, Kollagen der Bindegewebe, Serizin und Fibroin der Seide, Spongin [jodhaltig, im Badeschwamm]) usw.

Proteide sind: Chromoproteide, z. B. das Hämoglobin (Blutfarbstoff), Nucleoproteide (Verbindungen von Eiweiß mit Nucleinsäuren, im Zellkern), Phosphorproteide (phosphorreich, sauer reagierend; Vitellin des Eidotters, in der Milch an Kalk gebunden als Kasein), Glykoproteide (Verbindungen von Eiweißstoffen mit Kohlehydraten; Muzine oder Schleimstoffe, wie Speichel; Mucoide, d. s. Abscheidungen von Drüsen).

Technisch verwertete Eiweißstoffe sind das *Kasein* der Magermilch, das zur Herstellung von Kunstfasern (Lanital, s. S. 654) und Kunsthorn verwendet wird. Das Kasein wird dafür in angefeuchtetem Zustande in Spindelstrangpressen homogenisiert und in Form von Stangen oder Platten mit Formaldehyd gehärtet. Aus dem Kunsthorn werden Knöpfe, Spielwaren, Perlen, Griffe usw. hergestellt. Auch zum Leimen und Kleben von Papier und Sperrholzplatten, für Lederappreturen usw. kann Kasein verwendet werden.

Fischeiweiß dient in gepulverter Form als Ersatz für Hühnereiweiß beim Backen, Kochen, für Mayonnaisen, zur Animalisierung von Kunstfasern aus Zellulose (20% Fischeiweiß), für die Herstellung von Sämischleder als Ersatz des Hühnereiweißes usw.

Weizenkleber (Eiweiß aus Weizen) wird bei der Gewinnung von Weizenstärke als Nebenprodukt gewonnen (s. S. 630) und für Nährpräparate, Klebstoffe (Schusterleim), Suppenwürfel usw. verwendet. Sehr vielseitig verwendbar ist die Sojabohne, die Eiweißstoffe (34%), Fett (19%) und Kohlehydrate (27%) enthält und sowohl als Nahrungsmittel als auch in Form von extrahiertem Sojaprotein in der Papierindustrie, als Tischlerleim, für Anstrichstoffe usw. verwendet wird.

Leim und Gelatine.

Leim und Gelatine sind aus Häuten, Knochen oder Sehnen gewonnene Klebstoffe, die entweder aus den leimgebenden Bestandteilen der Gewebe, dem Kollagen, oder der Knochen, dem Ossein, stammen. Der Leim entsteht aus Kollagen oder Ossein erst durch eine Behandlung mit heißem Wasser, wobei das Kollagen in Glutin (Leim), das in Knorpeln enthaltene Chondrogen in das technisch minderwertige Chondrin übergeht. Glutin enthält etwa 25% Glykokoll und ist in wasserarmem Zustande geruch-, geschmack- und farblos, durchsichtig und elastisch, quillt in kaltem Wasser auf und löst sich in heißem Wasser. Die Lösung besitzt eine besondere Klebkraft. Glutin und die nur wenige Verunreinigungen enthaltenden schwach gefärbten Gallerten werden als Gelatine bezeichnet. Unreineres, Zersetzungs- und Abbauprodukte (Gelatosen) enthaltendes und daher langsamer erstarrendes Glutin ist der Leim. Das Molekulargewicht der Gelatine schwankt zwischen 5500 und 18.500. Wahrscheinlich besteht Kollagen aus selbständigen Polypeptidmizellen, die durch Nebenvalenzen mit ihren Wasserhüllen und mit den benachbarten Peptonmizellen verbunden sind. Beim Lösen zu Leim oder Gelatine werden diese Mizellen voneinander getrennt. Je weniger Gelatosen eine Gelatine enthält, desto steifere Gallerten bildet sie.

Je nach dem Ausgangsmaterial unterscheidet man zwischen Haut- oder Leder- und Knochenleim. Zur Herstellung von Hautleim wird sog. Leimleder in Holzbottichen oder drehbaren Eisentrommeln mit 50%iger Kalkmilch „geäschert" und dann gewaschen, wobei für die Bereitung von Leim kaltes Wasser, für Gelatine ganz verdünnte Salz- oder Phosphorsäure verwendet wird. Das so erhaltene Leimgut wird zerschnitten oder zerrissen und in vernickelten eisernen Zylindern ausgekocht. Beim Abstehen der Brühe wird bei der Gelatineerzeugung mit schwefliger Säure oder Wasserstoffperoxyd gebleicht. Nach dem Neutralisieren wird filtriert, im Vakuumverdampfer auf 65—75% Wassergehalt eingedickt, in flachen Blechpfannen zur Erstarrung ausgegossen und schließlich in Tafeln geschnitten. Die Trocknung wird vielfach mit warmer Luft im Gegenstrom vorgenommen, wobei die Gallertetafeln auf Netzen gelagert sind. Auf diese Weise kommt die netzartig gezeichnete Oberfläche der Leimtafeln zustande. Perlleim wird durch Eintropfenlassen von Leimbrühe in Benzin od. dgl. erhalten.

Knochenleim wird aus den von Fett mit Benzin, Tetrachlorkohlenstoff od. dgl. sowie von Staub befreiten, zerkleinerten Knochen, die mit kaltem Wasser und ganz verdünnter Schwefelsäure einige Tage lang liegengelassen worden waren, durch Kochen bei 1½ Atm. in Dampfkesseln hergestellt. Die etwa 18% Leim enthaltende Leimbrühe wird meist mit schwefliger Säure gebleicht, abgelassen und wie Lederleim verarbeitet.

Flüssiger Leim enthält kleine Mengen Essig- oder Salpetersäure; er hat eine geringere Klebkraft. Leim kommt in den verschiedenartigsten Formen, in Tafeln, Perlen, Flocken, Pulver usw., in den Handel.

Kaltleim oder *Pflanzenleim* sind Leimstoffe pflanzlichen Ursprunges, die kalt verrührt benützt werden und eine wasserfeste Leimung bewirken. Die Darstellung erfolgt durch Einwirkung von Ätzalkalien auf verschiedene Kohlehydrate.

XXIX. Klebstoffe.

Klebstoffe sind dickflüssige oder pastenförmige Stoffe, die auf mechanischem oder chemischem Wege zwei Flächen dauernd aneinanderkleben können. Für die Zerreißfestigkeit der Bindung spielt sowohl das Adhäsionsvermögen des Klebstoffes an den Kapillarrändern der Oberfläche als auch die Kohäsion der Klebstoffteilchen selbst eine Rolle. Chemische Bindungen zwischen Klebstoff und zu verklebender Oberfläche kommen seltener vor.

Klebstoffe stammen entweder aus dem Pflanzen- oder Tierreiche oder sind synthetischen Ursprunges. Ein mineralischer Klebstoff ist z. B. das Wasserglas. Tierische Klebstoffe sind Leim, Gelatine, der Fischleim (aus den Fischblasen der Seefische, Hausenblase, Syndetikon), Hausenleim (aus den enthaarten Hasenfellen), Kaseinleim, Eialbumin, Rindergallerte usw. Albuminkitte, wie Eiweißkitt, Blutkitt, Kaseinkitt, werden beim Verrühren der Ausgangsstoffe mit gepulvertem Ätzkalk erhalten. Sie erstarren rasch und sind wasserfest.

Pflanzlichen Ursprunges ist der Kleberleim aus Weizen. Der Kleber wird einige Tage lagern gelassen, mit Leinöl verrührt und im Vakuum getrocknet (Schusterpapp). Mehl- und Stärkekleister werden durch Kochen von Roggenmehl, bzw. Kartoffel- oder Weizenstärke mit Wasser hergestellt. Kleine Mengen von Alaun oder Phenol verhindern eine Zersetzung oder Fäulnis. Dextrin ist gleichfalls ein gutes Klebemittel. Pflanzenleime sind außer Stärke, Dextrin, Kleber noch der arabische Gummi, Tragantschleim, Agar-Agar, Sulfitablauge, in Spiritus gelöstes Harz oder Kolophonium.

Synthetische Klebemittel bestehen aus Lösungen von Kollodium, Viskose, Acetylzellulose (Cellonklebelacke), Lösungen von Bakelit (Kondensationsprodukt von Phenolen mit Formaldehyd) in Spiritus, Glyptalen, polymerisierten Vinylsäureestern, Kautschuklösungen mit Zusatz von Schellack oder Asphalt usw. (Marineleim).

XXX. Ledererzeugung.

Die tierische Haut besteht aus Eiweißstoffen, die leicht in Fäulnis übergehen. Durch Trocknen entsteht nur ein hornartiges, durchscheinendes Gebilde, das technisch kaum brauchbar ist. Durch Aufnahme von Gerbstoffen kann die tierische Haut aber in Leder umgewandelt werden, ein undurchsichtiges, faseriges Gebilde großer Zerreißfestigkeit und Widerstandsfähigkeit gegen mechanische Abnützung, das nicht mehr fault und beim Kochen mit Wasser keinen Leim mehr liefert.

Bei der tierischen Haut unterscheidet man drei Schichten, die Oberhaut oder Epidermis, die mittlere Lederhaut (Corium) sowie die Unter- oder Fetthaut. Die obere Seite der Haut heißt Narben- oder Haarseite, die untere Fleisch- oder Aasseite. Für die Ledererzeugung eignet sich nur die mittlere Lederhaut. Sie besteht aus einem dichten Flechtwerk von Bindegewebsfasern und einer zwischen diese eingelagerten Interzellularsubstanz, dem Coriin.

Das Rohmaterial für die Ledererzeugung sind die Häute von Rindern, Pferden, Schweinen, Ziegen, Schafen, Kälbern, ferner von Hirschen, Rehen, Gemsen, Hunden, Renntieren, Robben, Alligatoren, Schlangen, Eidechsen, Haifischen usw. Frische Häute werden als Grünhäute, mit Kochsalz konservierte als grün gesalzene Häute bezeichnet. Die Umwandlung von Häuten in Leder oder die Gerbung zerfällt in drei getrennte Operationen:

1. vorbereitende Operationen, wie Enthaaren, Beizen, Spalten,
2. die eigentliche Gerbung und
3. die Zurichtung.

1. Die vorbereitenden Arbeiten bezwecken, die Lederhaut von der Unter- und Oberhaut zu trennen. Die grünen oder ge-

trockneten Häute werden zunächst einige Tage in Wasser gelegt, um sie zu reinigen, aufzuquellen und dadurch für die Gerbstoffaufnahme geeigneter zu machen (Wässern oder Weichen). Die gewässerten Häute werden nun in großen Stößen in mit Kalkmilch gefüllte Gruben (Äschern) gelegt und 2—4 Wochen lang liegen gelassen, bis die untere Epidermisschicht zerstört ist und die Haare sich abschaben lassen. Zur Beschleunigung der Haarlockerung wird der Kalkmilch etwas Natrium- oder Arsensulfid zugesetzt. Statt durch dieses Äschern oder Kalken kann die Haarschicht, insbesondere auch für Sohlleder, durch Schwöden entfernt werden, wobei die Häute nur mit einem Brei von Kalk und Natrium- oder Arsensulfid bestrichen und mehrere Stunden lang liegen gelassen werden. Die Haarlockerung kann auch durch Schwitzen erfolgen, das in einem Fäulnisprozeß bei 16° C der in einer Kammer eingehängten Häute (3—4 Tage lang) besteht.

Nach dem Waschen werden die Haare und die Unterhaut samt eventuell noch anhängenden Fleischresten beseitigt. Die nunmehr „Blößen" genannten Häute werden durch Beizen mit schwachen Säuren, wie Milchsäure, Kotbeize, Kleienbeize, Salz-, Essig- oder Schwefelsäure (1%), oder enzymatische Präparate, wie Oropon usw., entkalkt. Hierauf wird geglättet und eventuell mit der Bandmessermaschine zur Erzielung einer gleichmäßigen Lederstärke gespalten.

2. *Gerbung.* Die Gerbung kann a) mit pflanzlichen oder synthetischen organischen Gerbstoffen (Loh- oder Rotgerberei), b) mit verschiedenen Metallsalzen (Mineralgerbung), c) durch Fettstoffe (Sämischgerbung) und d) gemeinsam durch zwei oder mehrere Gerbverfahren [a—c] (Kombinationsgerbung) vorgenommen werden. Das Wesen der Gerbung ist noch nicht eindeutig aufgeklärt. Wahrscheinlich lagern sich die Gerbstoffe an die Peptidbindungen der Eiweißstoffe an und verhindern dadurch den Angriff der Fäulnisbakterien, die Quellung und die Hydrolyse.

Bei der vegetabilischen Gerbung werden die Blößen mit Gerbstoffen, die aus Eichenrinde, Fichtenrinde, Weidenrinde, Galläpfeln, Kastanien, Knoppern, Mimosenrinde, Quebrachoholz, Sumach usw. gewonnen werden, in Leder umgewandelt. Chemisch unterteilt man die pflanzlichen Gerbstoffe nach dem beim Erhitzen auf 180—200° C auftretenden Zersetzungsprodukt Pyrogallol oder Brenzkatechin in zwei Gruppen, und zwar die Pyrogallolgerbstoffe (Tannin, Edelkastanie, Sumach) und Brenzkatechingerbstoffe (Katechu, Quebracho, Fichten- und Eichenrinde). Synthetische Gerbstoffe sind meist Gemische von Sulfosäuren organischer Derivate des Naphthalins, Naphthols usw., aus denen durch Kondensation mit Formaldehyd große Moleküle aufgebaut worden sind. Sulfitablauge enthält die gleichfalls gerbend wirkenden Ligninsulfosäuren, sie wird aber nie allein angewendet.

Die Gerbung wird entweder durch schichtenweises Einlegen

der Blößen zwischen gemahlenes Gerbstoffmaterial (Lohe) in Gruben mit Wasserzusatz (Grubengerbung) oder Behandlung mit Gerbextraktlösungen durchgeführt (Brühengerbung). Da die reine Grubengerbung bei dickeren Ledersorten ½—2 Jahre beansprucht, wird immer mehr nach einer Kombination beider Verfahren gegerbt, wobei in mehreren Gruben in einem „Farbengang", d. h. von schwächeren Gerbstofflösungen mit langsam ansteigender Konzentration gegerbt und schließlich in den sog. Versätzen oder Versenken die Blöße schichtenweise mit Gerbstoffpulver und mit Gerbstoffbrühe fertiggegerbt wird (Gesamtdauer 3—9 Monate). Bei der Faß- oder Schnellgerbung wird die Blöße in rotierenden Fässern (Walkfaß) mit Gerbstofflösungen steigender Konzentration unter starker Bewegung in einigen Tagen bis Wochen gegerbt.

Bei der Mineralgerbung dienen verschiedene Metallsalzlösungen als Gerbmittel, wie z. B. Alaun oder Aluminiumsulfat und Kochsalz (Weißgerberei, für Schaf-, Ziegen- und Lammfelle), die in wenigen Stunden eine Ausgerbung herbeiführen. Das wichtigste Gerbverfahren nach der vegetabilischen Gerbung ist die Chromgerbung, die nach dem Einbad- oder Zweibadverfahren durchgeführt wird. Die gereinigten Blößen werden meist mit Kochsalz und Schwefelsäure behandelt (gepickelt) und beim Einbadverfahren im Walkfaß mit Chromchlorid- $CrCl_3$ oder -sulfat- $Cr_2(SO_4)_3$ Lösungen, die durch einen Zusatz von Soda alkalisch gemacht wurden, oder mit fertig bezogenen Chromgerbextrakten behandelt.

Beim Zweibadverfahren werden die Blößen vorerst in einer Lösung von Kalium- oder Natriumbichromat und Salz- oder Schwefelsäure imprägniert, worauf dann in einem zweiten Bade mit 15—17%iger Natriumthiosulfatlösung in Gegenwart von Salzsäure das Cr^{VI} zu dreiwertigem Chromsalz reduziert wird. Die Chromgerbung kann auch mit einer vegetabilischen Gerbung kombiniert werden (Semichromgerbung). Chromleder ist graugrün gefärbt, sehr zähe, weich im Griff, widerstandsfähig und wird für Treibriemen, Schuhleder, Dichtungen usw. verwendet.

Die *Eisengerbung* ist noch nicht sehr verbreitet, sie wird vielfach gemeinsam mit der Chromgerbung ausgeführt.

Die *Fettgerbung* (Sämischgerbung) wird durch die Oxydationsprodukte ungesättigter Fettsäuren des Tranes, Eidotters, Leinöles, von Mineralölen usw. bewirkt. Die gereinigten Blößen werden mehrfach mit dem Tran angespritzt und gleichzeitig mechanisch durch Walken oder Hämmern bearbeitet. Während des darauffolgenden Liegens im Stapel erfolgt eine Sauerstoffaufnahme und Gerbung. Das überschüssige, nicht gebundene Fett wird durch Auspressen und Lösen mit Alkalien entfernt. Sämischleder wird als Waschleder für Handschuhe, Kleidungsstücke usw. verwendet.

In der *Zurichtung* wird das Leder noch ansehnlich, gleichmäßig und eben gemacht. Sie besteht im Färben, Fetten, Stollen

(Geschmeidigmachen mit einem halbrunden Eisen), Falzen (Abarbeiten von dicken Stellen), Dollieren (Schleifen), Ausrecken, Appretieren, Stoßen, Einpressen eines Musters, Glätten usw.

Kunstleder sind lederähnliche Gewebe oder filzartige Stoffe mit einem wasserbeständigen Überzug von Zellulosederivaten. Die Lederähnlichkeit wird durch Einpressen von den Narben nachahmenden Mustern auf Kalandern (s. S. 532) erreicht. Durch Zerfasern von Lederabfällen in Gegenwart von Wasser und Mischen mit Latex, Kunstfasern u. dgl. sowie Überführung in Platten auf der Papiermaschine (s. S. 640) werden Kunstleder erhalten, die für Brandsohlen usw. verwendet werden können.

Linoleum ist ein Jutegewebe, auf das ein verschmolzenes Gemisch von Linoxyn, d. i. oxydiertem Leinöl (s. S. 603), Korkmehl, Harzen und Mineralstoffen im pulverförmigen Zustande aufgetragen und mit beheizten Walzen glatt gepreßt wurde. Die Rückseite wird mit eisenoxydhaltigem Firnis überzogen. Bei Lincrusta wird nur eine schwache Linoleumschicht auf eine Papierbahn aufgetragen.

XXXI. Kohlensäurederivate.

Von der zweibasischen Kohlensäure $H_2CO_3 = C{=}O \begin{smallmatrix} \diagup OH \\ \\ \diagdown OH \end{smallmatrix}$ leiten sich zwei Reihen von sauren und neutralen organischen Estern, Chloriden und Amiden ab. Sie bilden sich vollkommen analog wie die entsprechenden Derivate der einbasischen Säuren und der Oxalsäure.

Das saure Chlorid der Kohlensäure ist nur in Form von Estern, z. B. Chlorkohlensäureäthylester, Chlorameisensäureester $COCl(OC_2H_5)$ (D 1,135; Fp —80,6°; Kp 93°), beständig. Es entsteht aus Phosgen $COCl_2$ und absolutem Alkohol. Es wird als Säurechlorid zur Einführung der —COOH-Gruppe in organische Verbindung verwendet.

Carbamidsäure, Carbaminsäure $NH_2—CO—OH$ ist das saure Amid der Kohlensäure; *Urethan* $NH_2—CO—OC_2H_5$, sein Aethylester (D 1,048; Fp 49,6°; Kp 180°; L 11°: 26,0; LA 22°: 68; sl: Ae, Bzl, Chlf), wirkt schlaferregend. Das Ammoniumsalz der Carbaminsäure entsteht beim Einleiten von Kohlendioxyd in Ammoniumhydroxyd: $CO_2 + 2\,NH_3 = CO \begin{smallmatrix} \diagup NH_2 \\ \diagdown O—NH_4 \end{smallmatrix}$ und ist im Hirschhornsalz des Handels enthalten.

Harnstoff, Carbamid $CO(NH_2)_2$ (D 1,335; Fp 132,7°; subl; Prismen; L 5°: 43,7; L 21°: 50; LA 20°: 5,32; swl: Ae) stellt das Endprodukt des Eiweißabbaues im tierischen Organismus dar.

Harnstoff war die erste organische Verbindung, die 1828 von Wöhler auf synthetischem Wege aus anorganischen Ausgangsstoffen (durch Umwandlung von cyansaurem Ammonium beim Erhitzen nach $NH_4-O-C\equiv N \rightarrow C{=}O\langle{}^{NH_2}_{NH_2}$) dargestellt wurde.

Er wird heute technisch in großem Umfange durch unmittelbare Vereinigung von CO_2 und NH_3 unter Druck bei etwa 130° hergestellt. Harnstoff stellt das stickstoffreichste Düngemittel dar und ist leicht assimilierbar (s. S. 308). Durch Kochen mit Säuren, Alkalien oder Überhitzen wird Harnstoff zu CO_2 und NH_3 verseift.

Harnstoff ist befähigt, mit Säurechloriden oder -anhydriden Anhydroverbindungen zu bilden, die *Ureide*. Beispielsweise entsteht aus Harnstoff und Malonsäure Malonylharnstoff, die Barbitursäure:

$$O{=}C\langle{}^{NH\,|H\quad HO|\,OC}_{NH\,|H\quad HO|\,OC}\rangle CH_2 \rightarrow O{=}C\langle{}^{NH-CO}_{NH-CO}\rangle CH_2 + 2\,H_2O$$

Durch Verwendung von alkylierter Malonsäure bei der Kondensation erhält man die bekannten Schlafmittel Veronal (Diäthylbarbitursäure), Luminal (Phenyläthylbarbitursäure, Fp 174°), Phanodorm (Cyclohexenyl-Aethylbarbitursäure).

Technisch wichtig ist die Dithiokohlensäure $C{=}S\langle{}^{OH}_{SH}$, deren Natriumzelluloseester das Zellulosexanthogenat bei der Viskoseherstellung (s. S. 649) ist.

Guanidin $C{=}NH\langle{}^{NH_2}_{NH_2}$ (zerfließl. Kryst; sl: W, Al) ist als Imidoharnstoff aufzufassen und kann aus Cyanamid und Ammoniak dargestellt werden: $CN-NH_2 + NH_3 \rightarrow C(NH)(NH_2)_2$. Es ist eine starke Base und zieht aus der Luft CO_2 an. Einige Derivate des Guanidins sind Spaltungsprodukte des Eiweißes und in Körpersäften enthalten, so Kreatinin $HN{=}C\langle{}^{N(CH_3)-CH_2}_{NH-\!-\!-CO}$ (mit CH_2–CO verbunden) im Harn, Kreatin $C{=}NH\langle{}^{N(CH_3)-CH_2-COOH}_{NH_2}$ im Muskelsaft, Arginin

```
   ╱NH(CH2)3 — CH(NH2) — COOH
C = NH                                in Eiweißspaltungspro-
   ╲NH2
```

dukten.

Harnsäuregruppe oder Purinderivate.

Läßt man auf eine zweibasische Säure an Stelle von Ammoniak dessen Derivat Harnstoff einwirken, so entstehen durch Austritt von 1 Molekül Wasser „Ursäuren", durch Abspaltung von 2 Molekülen Wasser Ureide, so z. B. aus der Malonsäure die Barbitursäure (s. S. 665). Oxalsäure gibt z. B. die Parabansäure (ein Ureid) und Oxalursäure (eine Ursäure):

```
COOH                     ╱NH — CO                 ╱NH2
|     + Harnstoff → CO <       |    oder  CO <
COOH                     ╲NH — CO                 ╲NH — CO — COOH
Oxalsäure            Parabansäure (Ureid)       Oxalursäure (Ursäure)
```

Treten 2 Mole Harnstoff mit zweibasischen Säuren in Reaktion, so erhält man an Stelle der Monoureide die Diureide, wie z. B. die Harnsäure, 2, 6, 8-Trioxypurin (zers 400°; L 30°: 0,0088; L 100°: 0,625; nl: Al, Ae).

```
NH — CO
|     |
CO    C — NH╲
|     ‖      > CO
NH —  C — NH╱
```

Die Nomenklatur der Harnsäure und ihrer Derivate geht vom Purin als Bezugssubstanz aus.

```
(1) N ═══ CH (6)
    |     |
(2) HC  (5) C — NH (7)
    ‖       ‖      ╲
    ‖       ‖       > CH (8)
(3) N ——— C — N ╱
         (4)  (9)
```

Purin
(Fp 216—217°; zers; Nadeln; ll: W, h. Al; swl: Ae)

```
        NH — CO                          (CH3) — N —— CO
        |     |    ╱CH3                          |      |    ╱CH3
        CO    C — N<                             CO     C — N<
        |     ‖     ╲                            |      ‖     ╲
        |     ‖      > CH                        |      ‖      > CH
CH3 — N —— C — N ╱                       (CH3) — N —— C — N ╱
```

Theobromin
(Fp 351°; subl 290°; Kryst; L 18°: 0,03; LA 17°: 0,023)

Kaffein, Thein
(Fp 235°; subl 180°; Nadeln; Kryst mit 1 H_2O; L 20°: 2,43; LA 16°: 2,3; LAe 16°: 0,04)

```
NH — CO           NH — CO           NH — C = NH
|    |            |    |            |    |
CO   C — NH       CH   C — NH       CH   C — NH
|    ||    \      ||   ||    \      ||   ||    \
|    ||     >CH   ||   ||     >CH   ||   ||     >CH
NH — C — N //     N —— C — N //     N —— C — N //
```

Xanthin (zers; Kryst; L 17°: 0,26; LA 17°: 0,033; ll: Al; l: NH_3)

Hypoxanthin (zers 150°; Nadeln; L 19°: 0,07; wl: Al; nl: Ae)

Adenin (Fp 360—365°; subl; Kryst mit 3 H_2O; L: 0,09; wl: Al; nl: Ae)

```
        N = C — OH
        |   |
($NH_2$)C   C — NH
        ||  ||    \
        ||  ||     >CH
        N — C — N //
```

Guanin (Nadeln; nl: W; swl: Al, Ae; l in KOH)

Harnsäure findet sich in riesigen Lagern im Guano (s. S. 312). Gichtknoten und Blasensteine bestehen aus Harnsäure. Da diese in Wasser fast unlöslich, ihr Lithiumsalz aber leicht löslich ist, sucht man durch Verabreichungen von Lithiumsalzen die Harnsäureabscheidungen aufzulösen. Theobromin und Kaffein kommen im Tee, Kaffee, Kakao vor; Xanthin, Hypoxanthin, Adenin und Guanin (in Schuppen und Häuten von Fischen) sind Spaltprodukte der Nucleinsäuren, in denen sie mit Zucker glucosidisch (s. S. 618) zu Nucleosiden gebunden sind. Die Nucleinsäuren stellen Polynucleotide dar, bei denen die an Eiweiß gebundenen Nucleinsäuren in Form der Nucleoproteide einen wesentlichen Bestandteil der Zellkerne bilden.

XXXII. Aromatische Verbindungen, Benzolderivate.

1. Benzolformel, Nomenklatur.

Vom Benzol C_6H_6 leiten sich die aromatischen Verbindungen ähnlich wie vom Methan die Methanderivate oder aliphatischen Verbindungen ab. Durch Ersatz der Wasserstoffatome im Benzol durch Halogene entstehen Halogensubstitutionsprodukte, durch NH_2 aromatische Basen, durch Hydroxyl Phenole, durch NO_2 Nitroverbindungen, durch Eintritt von Methyl-, Aethylgruppen usw. die Homologen des Benzols. Der unverändert gebliebene Teil des Benzols heißt Benzolkern, die eintretende Gruppe Seitenkette, wenn sie aneinandergereihte Kohlenstoffatome enthält. Das Benzolmolekül weist drei Doppelbindungen zwischen den C-Atomen auf, die in Form eines regulären Sechseckes angeordnet sind: Im Formelbild wird das Benzolmolekül meist nur durch ein Sechseck ohne Anschreibung der Kohlenstoff- und Wasserstoffatome dargestellt:

Da diese Konstitutionsformel des Benzols (von Kékulé) einige Eigenschaften des Benzolkernes nicht ausreichend erklärt, hat man sich um die Aufstellung anderer Benzolformeln bemüht (Thiele, Armstrong, Bayer usw.). Die Röntgenstrahlenanalyse hat hiefür weitere Anhaltspunkte gegeben (Fajans, Debey).

Durch Ersatz eines oder mehrerer Wasserstoffatome können Mono-, Di- usw. bis Hexaderivate des Benzols erhalten werden. Während wegen der Gleichartigkeit der 6 Wasserstoffatome nur ein einziges Monoderivat möglich ist, gibt es bei den Disubstitutionsprodukten 3 Isomere, die als Ortho-, Meta- und Paraverbindungen, abgekürzt o-, m-, p-Verbindungen, bezeichnet werden. Die Kohlenstoffatome des Benzols werden im Sinne des Uhrzeigers fortlaufend numeriert. Der Orthoverbindungen entspricht dann die 1,2-, der m-Verbindung die 1,3- und der p-Verbindung die 1,4-Stellung:

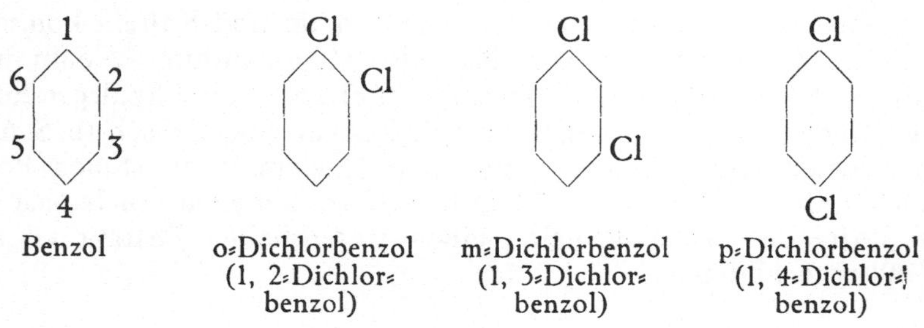

Benzol — o-Dichlorbenzol (1, 2-Dichlorbenzol) — m-Dichlorbenzol (1, 3-Dichlorbenzol) — p-Dichlorbenzol (1, 4-Dichlorbenzol)

Bei den Trisubstitutionsprodukten sind bei gleichem Substituenten gleichfalls 3 Isomere möglich, und zwar das vicinale (v-) Produkt (1,2,3-Stellung), die asymmetrische (a-)Verbindung (1,2,4- oder 1,3,4-Stellung) und die symmetrische (s-)Verbindung (1,3,5-Stellung).

Das 1-wertige Radikal C_6H_5— wird als Phenyl, das 2-wertige C_6H_4= als Phenylen bezeichnet. Aryle heißen die Radikale der im Kern alkylierten Benzolderivate, Aralkyle jene Radikale, bei denen die Funktionsstelle (Substitutionsstelle) in der Seitenkette sitzt:

Aryl: CH_3— —   Aralkyl: —CH_2—

2. Allgemeine Eigenschaften der Benzolderivate.

Benzol ist bedeutend beständiger gegen Oxydationsmittel als die Paraffin- und Olefinkohlenwasserstoffe. Kaliumpermanganatlösung wird durch Benzol nicht entfärbt. Die Homologen des Benzols werden dadurch aber in der Seitenkette zu Benzolcarbonsäuren oxydiert, der Kern bleibt unverändert. Konzentrierte Salpetersäure führt in Nitroverbindungen (Nitrobenzol $C_6H_5—NO_2$), konzentrierte oder rauchende Schwefelsäure in Sulfosäuren $C_6H_5—$ $—SO_3H$ (Benzolsulfosäure) über. Je nach den Reaktionsbedingungen können auch Di- und Trinitro- oder -sulfurierungsprodukte entstehen.

Die Halogenverbindungen sind verhältnismäßig reaktionsträge. Die Phenylgruppe verstärkt den sauren Charakter und schwächt den basischen von Verbindungen ab. So reagiert z. B. Phenol C_6H_5OH zum Unterschiede von C_2H_5OH deutlich sauer. Die Basizität von aromatischen Basen ist kleiner als jene des Ammoniaks. Benzol wird durch Alkylhalogenide in Gegenwart von Aluminiumchlorid alkyliert (Methode von Friedel und Crafts):

$$C_6H_6 + Cl—CH_3 \rightarrow C_6H_5—CH_3 \text{ (Toluol)} + HCl.$$

Diese Reaktion ist allgemein anwendbar und auch technisch sehr wichtig.

3. Benzolkohlenwasserstoffe.

Die Benzolkohlenwasserstoffe stellen farblose, fast durchwegs flüssige Stoffe dar, die in Wasser unlöslich, in Alkohol und Aether aber leicht löslich sind und mit stark rußender Flamme brennen. Wegen der verhältnismäßig leichten Bildungsmöglichkeit von Sulfosäuren und Halogensubstitutionsprodukten sind das Benzol und seine Homologen die Ausgangsprodukte für die Synthese der verschiedenartigsten organischen Verbindungen. Außer der Synthese von Benzolkohlenwasserstoffen mit Hilfe der Friedel-Craftsschen Reaktion (s. oben) kann auch die Synthese von Wurtz (s. S. 505), die Reduktion von aromatischen Aldehyden und Ketonen mit Zink und Salzsäure erfolgen:

$$C_6H_5CHO \text{ (Benzaldehyd)} + 2\,H_2 \rightarrow C_6H_5CH_3 \text{ (Toluol)} + H_2O.$$

Aus Carbonsäuren kann Kohlendioxyd abgespalten werden, z. B. bei der Destillation mit Natronkalk:

$$C_6H_5COOH \text{ (Benzoesäure)} \rightarrow C_6H_6 + CO_2,$$

wobei gleichfalls Benzol erhalten wird. Benzol und seine Homologe kommen insbesondere im Steinkohlenteer (s. S. 181) vor, der die wichtigste Rohstoffquelle zu ihrer Gewinnung darstellt. In der Natur finden sie sich z. B. Benzaldehyd im Bittermandelöl, ferner in Früchten, Benzoeharz, Balsamen, Benzoesäure, Salicylsäure usw. vor.

Aus aliphatischen Verbindungen bilden sich nur seltener Benzolderivate. So liefert Acetylen beim Durchleiten durch glühende Röhren unter Aufrichtung einer Kohlenstoffdreifachbindung Benzol, welche Reaktion gleichzeitig ein Beweis für die oben angegebene Benzolformel von K é k u l é mit 3 Doppelbindungen ist:

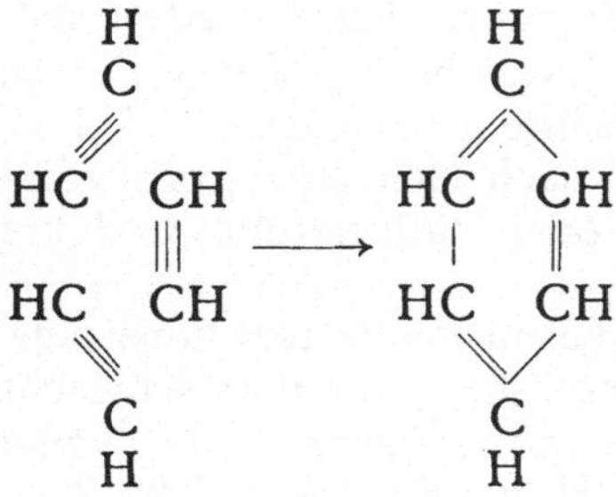

```
    H              H
    C              C
   ///            // \
 HC    CH       HC    CH
       |||   ──→ |    ||
 HC    CH       HC    CH
   \\\            \  //
    C              C
    H              H
```

In der Tab. 44 sind einige wichtigere, insbesondere die im Steinkohlenteer vorkommenden Benzol-Kohlenwasserstoffe und ihre Eigenschaften angeführt.

Benzol läßt sich nach S a b a t i e r - S e n d e r e n s mit Wasserstoff und Nickel als Katalysator bei 180° C reduzieren, wobei Hexahydrobenzol, ein Zycloparaffin (s. S. 523) C_6H_{12}, und zwar Zyclohexan (D 0,778; Fp 8°; Kp 81°), eine nach Petroleum riechende Flüssigkeit, erhalten wird.

4. Halogensubstitutionsprodukte.

Aus Benzol und seinen Homologen erhält man bei der Einwirkung von Chlor oder Brom in langsamer Reaktion bei Abwesenheit von Katalysatoren Additionsprodukte, wie $C_6H_6Br_6$, bei Anwesenheit von Katalysatoren, wie Aluminiumchlorid, Jod, einem Gemenge von Eisen und Eisen-III-Chlorid, Molybdän-V-Chlorid, Iridium-III-Chlorid usw., Substitutionsprodukte bis zum C_6Cl_6, Hexachlorbenzol, C_6Br_6, Hexabrombenzol. Benzolhomologe werden bei Anwesenheit von Katalysatoren, wie Eisen, Jod, Schwefel, im Kern, beim Fehlen solcher und im chemisch aktiven Licht in der Seitenkette halogeniert: $C_6H_5—CH_3 + Cl_2 = C_6H_5—CH_2Cl + HCl$, Benzylchlorid.

Die in der Seitenkette halogenierten Benzolderivate sind ähnlich wie die Halogensubstitutionsprodukte der Fettreihe reaktionsfähig und können ihr Halogen leicht gegen andere Atomgruppen austauschen. Hingegen tauschen die im Kern substituierten Benzolhalogenide nur sehr schwer ihr Halogen aus. Durch Anwesenheit von Metallen, wie Kupfer, Natrium, bei der Grignardschen Reaktion (s. S. 583) sowie bei gleichzeitiger Anwesenheit von negativen Gruppen, wie der Nitrogruppe, kann jedoch die Reaktionsfähigkeit bedeutend erhöht werden.

Benzylchlorid $C_6H_5—CH_2Cl$ (D 1,1027; Fp —39,0°; Kp 179°; nl: W; ∞l: Al, Ae) entsteht beim Chlorieren von kochendem Toluol. Die Dämpfe reizen die Schleimhäute der Nase und Augen.

Oxydation ergibt Benzoesäure. Es dient zur Darstellung von Farbstoffzwischenprodukten, wie Benzaldehyd usw.

5. Sulfosäuren.

Sulfosäuren des Benzols entstehen durch unmittelbare Einwirkung von konzentrierter oder rauchender Schwefelsäure auf Kohlenwasserstoffe, welche Operation Sulfurieren, Sulfieren oder Sulfonieren genannt wird. Auch mit Chlorsulfonsäure erhält man aromatische Sulfosäuren:

$$C_6H_6 + Cl - SO_3H = C_6H_5 - SO_3H + HCl.$$

Eine wichtige Eigenschaft der aromatischen Sulfosäuren ist ihre Wasserlöslichkeit. Viele Farbstoffe werden nur zu dem Zwecke sulfuriert, um sie wasserlöslich zu machen.

Benzolsulfosäure $C_6H_5 - SO_3H \cdot 1\,H_2O$ (Fp 43—44°; Fp [0 H_2O] 50—51°; Kp 136° [Vakuum]; zerfließl. Nadeln; sl: W, Al; nl: Ae) ist sehr beständig, wird aber beim Schmelzen mit Alkalien in Phenol zerlegt: $C_6H_5SO_3K + 2\,KOH = C_6H_5OK + K_2SO_3 + H_2O$. Auch durch Cyan, z. B. bei der Destillation mit Kaliumcyanid, kann die Sulfogruppe ersetzt werden:

$$C_6H_5SO_3K + KCN = C_6H_5CN \text{ (Benzonitril)} + K_2SO_3.$$

Benzolsulfosäure gibt mit Phosphor-V-Chlorid *Benzolsulfochlorid* (D 1,378; Fp 14,5°; Kp 247°; Kp [15 mm] 119°; nl: W; ll: Al, Ae), das auch durch Anwendung eines Überschusses von anorganischen Säurechloriden (Phosphorpentachlorid), z. B. beim Eintragen von Benzol in diese, erhalten werden kann: $C_6H_5 - SO_2 - OH + PCl_5 = C_6H_5 - SO_2 - Cl + POCl_3 + HCl$. In den Kern der Benzolsulfosäure können auch noch Chlor, Brom, NO_2- und NH_2-Gruppen eingeführt werden, wodurch z. B. *Sulfanilsäure, 1, 4- oder p-Aminobenzolsulfosäure* $C_6H_4(NH_2)(SO_3H)$ (Fp 288°; L: 0,9) erhalten werden kann.

XXXIII. Phenole.

1. Einwertige Phenole.

Phenole sind die durch Ersatz von Wasserstoffatomen des Benzolkerns durch Hydroxylgruppen entstehenden sauerstoffhaltigen Verbindungen, die in ihrem chemischen Verhalten zwischen den Alkoholen und Säuren stehen. Den Alkoholen entspricht die Fähigkeit, Aether und Ester, den Säuren Salze zu bilden. Phenole bilden mit besonderer Leichtigkeit Substitutionsprodukte, wie Chlor-, Brom-, Nitro-, Amido-, Diazo- und Sulfoprodukte. Phenol und seine Homologe finden sich vor allem im Holz- und Steinkohlenteer (s. S. 181). Sie bilden sich auch beim Schmelzen der sulfurierten Salze, Chlorsulfosäuren und Chlorphenole mit Al-

Tab. 44. Benzol und seine Homologe.

Formel	Name	Dichte	Schmelzpunkt °C	Siedepunkt °C	Eigenschaften und Verwendung
C_6H_5	Benzol	0,879	5,4	80,2	Lösungsmittel für Harze, Fette, Schwefel; im Steinkohlenteer
$C_6H_5-CH_3$	Toluol	0,867	−93	111	Im Steinkohlenteer
$C_6H_4(CH_3)_2$	o-Xylol	0,863	−27	141	„
„	m-Xylol	0,862	−54	139	„
„	p-Xylol	0,861	15	136	„
$C_6H_5-C_2H_5$	Aethylbenzol	0,876	−94	136	„
$C_6H_3(CH)_3$	s-Mesitylen, 1, 3, 5-Trimethylbenzol	0,860	46	163	Mit Dampf flüchtig; im Steinkohlenteer
$C_6H_5-C_3H_7$	Propylbenzol	0,862	fl	159	Im Steinkohlenteer
$C_6H_2(CH_3)_4$	Durol, 1, 2, 4, 5-(s-)Tetramethylbenzol	0,838/810	79	194 (subl)	Riecht kampferähnlich
$CH_3-C_6H_4-CH(CH_3)_2$	p-Cymol, Isopropyl-p-Methylbenzol	0,865	−74	175	Im Römisch- und Kamillenöl; riecht angenehm

kali beim Kochen der Diazoverbindungen mit Wasser usw.:

$$SO_3H-C_6H_4-N_2Cl+H_2O= =C_6H_4Cl(SO_3H)+N_2,$$

beim Verkochen ohne Kupferkatalysator:

$$SO_3H-C_6H_4-N_2Cl+H_2O \rightarrow \rightarrow SO_3H-C_6H_4-OH.$$

Phenol, Phenylalkohol, Carbolsäure C_6H_5OH (D 1,060/41°; Fp 41°; Kp 181,4°; Nadeln; L 15°: 8,2; ∞l: Al, Ae) besitzt einen charakteristischen Geruch, ätzt, ist giftig, in Laugen löslich. Eisen-III-Chlorid färbt die wässerige Lösung violett. Es dient in der Technik zur Herstellung von Kondensationsprodukten mit Formaldehyd (Bakelit, s. S. 697). Phenol wirkt bakterizid.

Derivate des Phenols. Die Aether des Phenols, wie das *Anisol, Methoxybenzol, Benzoloxymethan* $C_6H_5-OCH_3$ (D 0,990; Fp −37,2°; Kp 153,8°; nl: W; l: Al, Ae; aromatisch riechende Flüssigkeit) und *Phenetol, Aethoxybenzol* $C_6H_5-OC_2H_5$ (D 0,966; Fp −30,2°; Kp 172°; nl: W; ll: Al, Ae), die sich z. B. beim Erhitzen von Phenol, Kaliumhydroxyd und Dimethylsulfat oder Halogenalkylen bilden, sind ätherartig riechende, beständige, neutrale Flüssigkeiten. Das Kaliumsalz des Schwefelsäureesters des Phenols, Phenolsulfonsaures Kalium $C_6H_5-O-SO_3K$, tritt gelegentlich im menschlichen Harn auf.

Pikrinsäure, 2,4,6-Trinitrophenol $C_6H_2(NO_2)_3(OH)$ (D 1,767; Fp 122,5°; subl; explosiv; gelbe Blättchen; L: 1,2; L 100°: 7,2; LA: 6,23; LAe: 2,1) ist das Endprodukt der Nitrierung des Phenols, aber auch von Seide, Leder, Wolle, Harzen, Anilin usw. mit konzentrierter Salpetersäure. Sie ist eine starke Säure, explodiert bei Schlag heftig. Die drei möglichen Phenolsulfosäuren bilden sich mit konzentrierter Schwefelsäure schon bei gewöhnlicher Temperatur.

Die *Homologe des Phenols* besitzen nahezu die gleichen Eigenschaften wie die Phenole selbst. Die *Kresole* $C_6H_4(CH_3)OH$ (o-Kresol: D 1,0482; Fp 31°; Kp 191°; L 25°: 2,6; ∞l: Al, Ae; m-Kresol: D 1,034; Fp 10,9°; Kp 202°; L 25°: 0,53; l: Al, Ae; p-Kresol: D 1,0347; Fp 33,8°; Kp 202°; Prismen; L 40°: 2,29; ∞l: Al, Ae) finden sich im Steinkohlen-, Fichten- und Buchenholzteer. Sie besitzen einen unangenehmen Geruch. p-Kresol ist ein Produkt der Fäulnis von Eiweißstoffen. *Thymol* (1) $CH_3 — C_6H_3 — — CH(CH_3)_2$ (4) — OH (3) (D 0,960; Fp 51,5°; Kp 233,5°; Tafeln; L: 0,09; LA: 357; LAe: 385 [g in 100 g Lm]) kommt im Thymianöl vor; es wirkt antiseptisch.

2. Zweiwertige Phenole, Dioxybenzole.

Die 2-wertigen Phenole zeigen dieselben typischen Reaktionen der 1-wertigen und sind nach den gleichen Bildungsweisen wie diese darstellbar.

Brenzkatechin, o-Dioxybenzol $C_6H_4(OH)_2$ (1, 2) (D 1,344; Fp 105°; Kp 240°; Nadeln; L: 45,14; l: Al, Ae) kommt im Rübenzucker vor; es findet Anwendung im Entwickler in der Photographie. Darstellung: Verschmelzen von o-Phenolsulfosäure, Guajacol ($C_6H_4OH — OCH_3$) oder o-Halogenphenol mit Alkali bei 190° C. Guajacol findet sich im Buchenholzteer.

Resorcin, m-Dioxybenzol $C_6H_4(OH)_2$ (1, 3) (D 1,2717; Fp 110,7°; Kp 280,8°; Tafeln oder Säulen; L 30°: 229; LA 9°: 144; l: Ae [g in 100 g Lm]) wirkt auf Silbersalze reduzierend.

Hydrochinon, p-Dioxybenzol $C_6H_4(OH)_2$ (1, 4) (D 1,33; Fp 170,3°; Kp 285° [730 mm]; Nadeln; L 15°: 6,16; ll: Al, Ae) wird als starkes Reduktionsmittel in der Photographie im Entwickler gebraucht.

3. Dreiwertige Phenole, Trioxybenzole.

Pyrogallol, v- oder 1,2,3-Trioxybenzol $C_6H_3(OH)_3$ (D 1,453; Fp 133—134°; Kp 309°; Blättchen oder Nadeln; L 13°: 44; l: Al, Ae) kann nach den für Phenole üblichen Synthesen sowie durch Erhitzen von Gallussäure unter CO_2-Abspaltung erhalten werden. Es ist besonders für Silbersalze ein starkes Reduktionsmittel (Entwickler); nimmt in alkalischer Lösung leicht Sauerstoff auf und dient in der Gasanalyse als Absorptionsmittel für Sauerstoff.

Phloroglucin, s- oder 1,3,5-Trioxybenzol.2 H_2O (Fp [0 H_2O] 218°; subl; l: W, Al, Ae) bildet sich beim Schmelzen verschiedener Harze und von Resorcin mit Alkalien. Lignin wird durch salzsaure Phloroglucinlösung rot, Pentosen werden dadurch violett gefärbt.

Oxyhydrochinon, a- oder 1,2,4-Trioxybenzol (Fp 141°; Blättchen; sl: W, Al, Ae) tritt als Abbauprodukt von verschiedenen Blütenfarbstoffen auf.

XXXIV. Chinone.

Bei der Oxydation von Hydrochinon oder Anilin mit Chromsäure und von Brenzkatechin mit Silberoxyd Ag_2O geht unter Austritt von 2 Wasserstoffatomen als Wasser eine Umlagerung der Kohlenstoffdoppelbindungen des Benzols vor sich, wobei sich p- oder o-Chinone bilden:

$$\text{Hydrochinon} + O \rightarrow \text{p-Chinon} + H_2O; \quad \text{Brenzkatechin} + O \rightarrow \text{o-Chinon} + H_2O$$

Hydrochinon p-Chinon Brenzkatechin o-Chinon

p-Chinon ist gelb (Fp 116°), o-Chinon rot gefärbt; sie wirken gerbend, oxydierend, sind mit Wasserdämpfen nicht ohne Zersetzung flüchtig und besitzen einen stechenden Geruch. Chinhydron ist als ein Gemisch von Chinon und Hydrochinon aufzufassen; es dient in der Elektrochemie zur Messung der Wasserstoffionenkonzentration (pH).

Mit Hydroxylamin bilden die Chinone ebenso wie ein Keton *Chinonmonoxim* oder *Nitrosophenol* (zers 124°; Nadeln; l: W; sl: Al, Ae) $O{=}C_6H_4{=}NOH$ und ein *Chinondioxim* $NOH{=}C_6H_4{=}NOH$, farblose, beim Erhitzen verpuffende Nadeln. m-Dioxybenzol (Resorcin) bildet kein Chinon, da sich bei ihm keine chinonartigen Bindungen bilden können.

XXXV. Aromatische Alkohole.

Diese Verbindungen sind wirkliche Alkohole, deren Hydroxylgruppe in einer Seitenkette sitzt. Sie können daher Alkoholate, Aether, Ester, Mercaptane, Amine bilden. Durch Oxydation gehen sie in Aldehyde und Benzolcarbonsäuren über. Gleichzeitig sind sie aber auch Benzolderivate, indem sie Chlor-, Brom-, Nitro-, Amino-

usw. Substitutionsprodukte bilden. Aus ungesättigten Alkoholen entstehen durch Eintritt der Phenylgruppe aromatische ungesättigte Alkohole.

Benzylalkohol $C_6H_5-CH_2OH$ (D 1,0427; Fp —15,3°; Kp 205,2°; L: 4; ∞l: Al, Ae) findet sich als Ester im Peru- und Tolubalsam sowie im Jasminblütenöl. Er wirkt lokal anästhetisierend.

XXXVI. Aromatische Aldehyde und Ketone.

Die aromatischen Aldehyde und Ketone sind sowohl hinsichtlich der Bildungsweisen als auch in ihrem Verhalten den Fettaldehyden und -ketonen sehr ähnlich und geben auch die Reaktionen der Aldehyde (s. S. 583) und Ketone (s. S. 583). Als Benzolderivate sind sie jedoch durch Chlor, Brom, die Nitro-, Sulfo-, Aminogruppe usw. substituierbar. Aromatische Aldehyde, wie Benzaldehyd, geben besonders leicht die Canizzaro-Reaktion (s. S. 555), disproportionieren sich also z. B. in alkalischer Lösung in Benzylalkohol und Benzoesäure.

Benzaldehyd, Benzolmethylal C_6H_5-CHO (D 1,0498; Fp —26°; Kp 178°; L: 0,3; sl: Al; l: Ae) ist in den bitteren Mandeln als Glucosid (s. S. 618) Amygdalin vorhanden, in welchem der Benzaldehyd in Form des Cyanhydrins (Mandelsäurenitril) glucosidisch mit dem Disaccharid Gentiose verbunden ist. Aus diesem kann der Aldehyd durch Spaltung mit verdünnter Schwefelsäure oder dem Ferment Emulsin neben Glucose und Blausäure erhalten werden. Technisch wird er durch Oxydation von Toluol mit Vanadin-V-Oxyd als Katalysator dargestellt. Mit Phenolen kann Benzaldehyd als Aldehyd leicht kondensiert werden, wobei Triphenylmethanderivate entstehen:

$$C_6H_5CHO + 2\,C_6H_5OH = C_6H_5CH[(C_6H_4(OH)_2]_2 + H_2O.$$

Homologe Aldehyde, wie z. B. p-Toluolaldehyd $C_6H_4(CH_3)CHO$ (D 1,079; fl; Kp 204°), kann man aus Benzolkohlenwasserstoffen, wie Toluol, durch Einwirkung von Kohlenoxyd CO und HCl bei Anwesenheit von Kupfer und Aluminiumchlorid als Katalysatoren herstellen. Das Gemenge von CO und HCl verhält sich dabei wie das nicht existenzfähige Ameisenchlorid ClCHO:

$$CH_3\langle\bigcirc\rangle H + (ClCHO) \rightarrow CH_3\langle\bigcirc\rangle - CHO + HCl.$$

Vanillin $C_6H_3\begin{cases} OH\ (4) \\ OCH_3\ (3) \\ CHO\ (1) \end{cases}$ ist ein Oxyaldehyd (Fp 82°; Kp 285°; Nadeln; L 14°: 1; L 80°: 5; sl: Al, Ae), der als Glucosid in den Vanillinschoten vorkommt. Es wird als Geruchs- und Geschmacksstoff verwendet.

Aromatische Ketone erhält man entweder durch trockene

Destillation der Calziumverbindung oder durch Einwirkung von Säurechloriden auf aromatische Kohlenwasserstoffe:

$$\begin{matrix} CH_3C\begin{matrix}\diagup O\\ \diagdown O\end{matrix} \\ C_6H_5C\begin{matrix}\diagup O\\ \diagdown O\end{matrix}\end{matrix}\!\!>Ca \longrightarrow \begin{matrix}CH_3\\ C_6H_5\end{matrix}\!\!>C=O + CaCO_3;$$

Acetophenon

$$C_6H_5{-}H + Cl{-}\overset{\displaystyle O}{\overset{\|}{C}}{-}C_6H_5 \rightarrow C_6H_5{-}\overset{\displaystyle O}{\overset{\|}{C}}{-}C_6H_5$$

Benzophenon

XXXVII. Aromatische Säuren.

Durch Oxydation von primären Alkoholen, Aldehyden, Benzolhomologen, substituierten Benzolderivaten mit Seitenketten, Verseifung von zugehörigen Arylcyaniden, Einwirkung von CO_2 oder deren Derivaten auf Phenylmagnesiumbromid, Phenolnatrium oder Phenolate usw. entstehen ähnlich wie die Fettsäuren (s. S. 588) gesättigte und ungesättigte aromatische Säuren. Diese können als Säuren Salze, Ester, Chloride, Anhydride, Amide bilden, als Benzolderivate durch Chlor, Brom, NH_2, NO_2, SO_3H im Kern substituiert werden.

Benzoesäure C_6H_5COOH (D 1,266; Fp 121,7°; Kp 249°; subl ab 100°; Nadeln oder Blätter; L 17°: 0,27; LA 15°: 58,4; LAe 15°: 46,7) kommt im Benzoeharz, Perubalsam, im Pferdeharn als sog. Hippursäure, d. i. Benzoylglykokoll (s. S. 656), vor. Die technische Darstellung erfolgt über Benzylchlorid oder Benzalchlorid oder besser aus Toluol über Benzotrichlorid und dessen Verseifung mit Wasser bei höherer Temperatur nach

$$C_6H_5CH_3 \xrightarrow{+Cl_2} C_6H_5CCl_3 \xrightarrow{+H_2O} C_6H_5COOH + 3\,HCl.$$

Benzoylchlorid C_6H_5-COCl (D 1,211; Fp —1°; Kp 197°; W, Al zers) wird aus Benzoesäure und PCl_5 oder durch Chlorieren des Benzaldehyds dargestellt. Stechend riechende Flüssigkeit.

o-Aminobenzoesäure, Anthranilsäure $C_6H_4(NH_2)COOH$ (Blätter; Fp 145°; subl; L 14°: 0,35; L 90 Vol.% Al, 9,6°: 10,70; LAe 7°: 16,0) verhält sich wie eine Säure und Base. Sie wird zur Herstellung von Azofarbstoffen verwendet. Anthranilsäure ist ein Nebenprodukt der Indigosynthese und wird aus Phthalimid nach dem Hofmannschen Säureamidabbau (s. S. 595) durch Einwirkung von KOH und Brom oder Chlorkalk dargestellt:

Phthalimid (C_6H_4 mit C=O, NH, C=O) ⟶ C_6H_4(—$CONH_2$)(—COONa) Natriumsalz der Phthalamidsäure → C_6H_4(—NH_2)(—COOH) Anthranilsäure

Ein dem Phthalimid ähnliches Säureimid der o-Sulfobenzoesäure $C_6H_4\langle{}^{SO_2}_{CO}\rangle NH$ bildet den bekannten Süßstoff Saccharin. Er wird aus Toluol durch Chlorierung zu o-Toluolsulfochlorid, Überführung in das Amid, Oxydation der CH_3-Gruppe zu COOH durch Kochen mit Kaliumpermanganatlösung und Wasserabspaltung durch Erhitzen dargestellt:

C_6H_5—CH_3 (Toluol) + SO_3HCl (Chlorsulfosäure) → C_6H_4(—CH_3)(—SO_2Cl) (o-Toluolsulfochlorid) $\xrightarrow{NH_3}$ C_6H_4(—CH_3)(—SO_2NH_2) (o-Toluolsulfamid) $\xrightarrow{KMnO_4}$

⟶ C_6H_4(—COOH)(—SO_2NH_2) $\xrightarrow{-H_2O}$ C_6H_4(C=O, NH, SO_2) Saccharin

Die Süßkraft des Saccharins beträgt das etwa 500fache des Rohrzuckers. Eine schädliche Einwirkung des Saccharins auf den Organismus ist bei den geringen zur Anwendung kommenden Konzentrationen nicht möglich.

Trans-Zimtsäure $C_6H_5—CH=CH—COOH$ (D 1,2475; Fp 135—136°; Kp 300°; Blättchen; L: 0,04; LA: 23,8; ll: Ae) ist eine ungesättigte 1-wertige Säure, die im Peru- und Tolubalsam, Rhabarber und Storax vorkommt. Das Natriumsalz der Zimtsäure dient als Heilmittel „Hetol" gegen Tuberkulose.

Salicylsäure, o-Oxybenzoesäure $C_6H_4(OH)(COOH)$ (D 1,443; Fp 155—156°; subl; L: 0,18; LA 15°: 50; LAe 15°: 50,5) wird technisch durch Erhitzen von Natriumphenolat mit CO_2 unter Druck auf 130° dargestellt. Primär bildet sich phenylkohlensaures Natrium, das sich dann in das neutrale Natriumsalicylat umlagert: C_6H_5 — — ONa + CO_2 → C_6H_5O — COONa + C_6H_4(OH)(COONa) (1, 2). Salicylsäure kommt als Glucosid „Saligenin" in den Blättern der Weide (Salix) vor. Sie wird als Konservierungsmittel und antiseptisches Mittel sowie zur Herstellung von Farbstoffen angewendet. Aspirin ist Acetylsalicylsäure, häufig auch ihr Natriumsalz.

l-Tyrosin, p-Oxyphenylenalanin OH — C_6H_4 — CH_2 — — CH(NH_2)COOH (1, 4) (D 1,456; Fp 235°; Kp 290—320° [zers]; L 17°: 0,040; LA: 0,01; nl: Ae) findet sich in faulem Käse, Melasse, der Pankreasdrüse usw. und entsteht auch aus Eiweiß durch Verdauung oder Fäulnis.

Protocatechusäure, Dioxybenzoesäure $(OH)_2C_6H_3$ — COOH (COOH : OH : OH = 1 : 3 : 4) (D 1,542; Fp 199°; zers; Nadeln mit 1 H_2O; L 14°: 1,85; L 80°: 27,8; sl: Al; l: Ae) kann aus verschiedenen Harzen durch Schmelzen mit Alkalien erhalten werden. Es wirkt reduzierend.

Gallussäure, Trioxybenzoesäure $(OH)_3C_6H_2COOH$ (COOH : : $(OH)_3$ = 1 : 3 : 4 : 5) (D 1,694; Fp 239—240°; Kp zers; Nadeln mit 1 H_2O; L: 1,20; L 100°: 33; LA 15°: 22,2; LAe 15°: 2,50) kommt in Galläpfeln, im Tee und als Glucosid in einigen Gerbsäuren vor, aus denen sie, wie z. B. aus dem Tannin, durch Kochen mit verdünnter Schwefelsäure in Freiheit gesetzt werden kann. Wirkt auf Silber- und Goldsalze reduzierend. Sie bildet mit Eisensalzen blauschwarze Niederschläge (Tinte); oxydiert sich an der Luft sehr leicht. Gallussäure kann sich ebenso wie andere Phenolsäuren mit der gleichen oder einer anderen Phenolsäure zu Estern ein oder mehrmals vereinigen, wobei sog. Di-, Tri- und Polydepside entstehen:

OH
OH⟨ ⟩— COO
OH
OH⟨ ⟩COOH
OH

= m-Digallussäure, ein Didepsid. Die m-Digallussäure bildet einen Baustein vieler Gerbstoffe, z. B. des Tannins. Gallussäure wird auch zur Herstellung von Farbstoffen verwendet.

Phthalsäure, Benzol-o-Dicarbonsäure $C_6H_4(COOH)_2$ (1, 2) (D 1,59; Fp [231 mm] 191°; 203°; Kp zers; L 14°: 0,54; LA 18°: 11,7; LAe 15°: 0,68) bildet sich bei der Oxydation von allen o-Diderivaten des Benzols mit 2 Seitenketten, technisch durch Oxydation von Naphthalin in der Gasphase mit Luftsauerstoff und mit Vanadin-V-Oxyd V_2O_5 als Sauerstoffüberträger: (Naphthalin) $\xrightarrow{O_2}$ (Benzolring) —COOH —COOH

Sie liefert beim Erhitzen über den Schmelzpunkt *Phthalsäureanhydrid* (D 1,527; Fp 131,6°; Kp 285°; Nadeln; l: W), das ein wichtiges Ausgangsprodukt zur Herstellung von Phthaleinfarbstoffen (Phenolphthalein, Fluoreszein, Eosin) und Kunstharzlacken (Glyptalharze) darstellt; sie entstehen durch Veresterung mit mehrwertigen Alkoholen wie Glycerin.

Phthalimid (Nadeln; Fp 238°; subl; L: 0,06; LA siedend: 5; ll: KOH) wird aus Phthalsäureanhydrid und Ammoniak durch Erhitzen dargestellt. Seine Bedeutung liegt darin, daß der Imidwasserstoff durch Kalium ersetzt werden kann, wobei das Kaliumsalz mit Halogenalkylen stickstoffalkylierte Phthalimide liefert. Diese ergeben bei der Verseifung Phthalsäure und primäre Amine:

$$C_6H_4(CO)_2\boxed{O + H_2}NH \longrightarrow C_6H_4(CO)_2NH \xrightarrow{+KOH}$$

Phthalsäureanhydrid — Phthalimid

$$\longrightarrow C_6H_4(CO)_2N\boxed{K + Hal}R \longrightarrow C_6H_4(CO)_2NR \xrightarrow{H_2O}$$

Phthalimidkalium — Halogenalkyl — Phthalimidalkyl

$$\longrightarrow C_6H_4(COOH)_2 + H_2NR$$

Phthalsäure — Amin

Mellithsäure, Benzolhexacarbonsäure $C_6(COOH)_6$ (Fp [Dr] 287°; sl: W) kommt in der Braunkohle als Aluminiumsalz vor. Sie bildet sich bei der Oxydation von Kohle oder Graphit mit konzentrierter Salpetersäure oder Kaliumpermanganat.

XXXVIII. Aromatische Nitroverbindungen.

Benzol und seine Derivate bilden mit konzentrierter Salpetersäure ziemlich leicht, besonders leicht die Homologen und die

Phenole, im Kern nitrierte Verbindungen, wobei bis zu 4 Nitrogruppen eintreten. Die Nitrogruppe ist sehr fest gebunden und nicht durch andere Gruppen austauschbar. Die aromatischen Nitroverbindungen haben als solche technisch eine große Bedeutung und können durch Reduktion leicht in die gleichfalls wertvollen Amine übergeführt werden.

Nitrobenzol $C_6H_5(NO_2)$ (D 1,203; Fp 5,7°; Kp 210,9°; L: 0,19; L 55°: 0,27; l: Al, Ae; mit Dampf flüchtig) ist ein großtechnisch aus Benzol durch Nitrierung mit einem Gemisch von konzentrierter Salpeter- und Schwefelsäure hergestelltes Produkt, das nach Bittermandelöl riecht. Es wird unter dem Namen „Mirbanöl" als Parfümierungsmittel verwendet. Durch kräftigere Nitrierung bei höherer Temperatur entsteht vorwiegend m- neben wenig o- und p-Dinitrobenzol; o-Dinitrobenzol (D 1,565; Fp 118°; Kp [773 mm] 319°; Nadeln; L: 0,01; LA: 3,8); m-Dinitrobenzol (D 1,575; Fp 89,8°; Kp 297°; Tafeln; L 30°: 0,065; L 100°: 0,32; LA: 3,5); p-Dinitrobenzol (D 1,625; Fp 172°; Kp [777 mm] 299°; L: 0,008; LA: 0,4). Bei längerer Einwirkung der Nitriersäure bildet sich auch s-Trinitrobenzol (Fp 121°; zers; L: 0,04; LA: 1,9; LAe: 1,5; sl: Bzl).

Trinitrotoluol, Trotyl $C_6H_2(NO_3)_3CH_3$ $(CH_3 : (NO_3)_3 = 1, 2, 4, 6)$ (Kryst; Fp 80,8°; L 22°: 1,62; LA: 1,6; l: Ae) ist ein wichtiger Sprengstoff, desgleichen Pikrinsäure oder Trinitrophenol (s. S. 673), die durch Nitrierung von Phenoldisulfosäure oder Chlorbenzol sowie Behandlung mit Sodalösung dargestellt wird.

XXXIX. Schieß- und Sprengstoffe.

Explosivstoffe, d. s. Schieß- und Sprengstoffe, sind energiereiche chemische Verbindungen oder Gemenge, die durch Wärme, Schlag, Stoß oder Initiierung mit einer Sprengkapsel unter plötzlichem Freiwerden von Wärme und Gasen mit großer Geschwindigkeit zerfallen. Sie enthalten Sauerstoff an Stickstoff als Salpetersäureester (Nitroverbindungen) oder Nitrate, oder auch an Chlor als Chlorate oder Perchlorat gebunden, sowie Kohlenstoff, der bei seiner plötzlichen Verbrennung zu CO und CO_2 einen hohen Druckanstieg bewirkt.

In seiner einfachsten Form besteht der Sprengstoff aus reinem Sauerstoff und Kohlenstoff, und zwar aus flüssigem Sauerstoff und Ruß (Oxyliquit, s. S. 16). Je nach der Geschwindigkeit, mit der die Druckwelle der Explosion sich durch den Sprengstoff fortpflanzt, unterscheidet man zwischen *Explosion* beim Schießpulver (Explosionsgeschwindigkeit unter 2000 m/sek) und *Detonation* bei den brisanten Sprengstoffen (Detonationsgeschwindigkeit 2000—8000 m/sek). Die Detonation eines Sprengstoffes kann nur durch eine besonders kräftige Auslösung der chemischen Umsetzung durch eine gut wirksame Sprengkapsel erfolgen. Durch bloßes

Anzünden brennen viele Sprengstoffe nur mit sehr heißer Stichflamme, aber sehr geringer Geschwindigkeit ab.

Je größer die bei der chemischen Umsetzung im Explosionsstoff frei werdende Energie, die Explosionswärme, ist, die in dem zur Verfügung stehenden Raum zur Wirkung gebracht werden kann, um so höher wird auch seine Wirkung sein. Man bezeichnet den bei der Explosion der Gewichtseinheit in der Raumeinheit entstehenden maximalen Druck, den spezifischen Explosionsdruck, als spezifische Energie. Sehr wesentlich ist auch die Ladedichte, d. i. die in der Raumeinheit tatsächlich unterzubringende Menge des Explosivstoffes. Der Brisanzwert stellt das Produkt aus Dichte mal spezifischer Energie mal Detonationsgeschwindigkeit dar. In der Tab. 45 sind die wichtigsten technischen Daten einiger Sprengstoffe zusammengestellt. Ein Maß der spezifischen Energie und des bei der Explosion auftretenden Gasdruckes ist die Bestimmung der Ausweitung bei der Explosion einer bestimmten Sprengstoffmenge in der zylindrischen Bohrung des sog. Trauzlschen Bleiblockes.

Tab. 45. Technische Daten einiger Sprengstoffe (nach Henglein).

	Sprengstoff	Explosionswärme in kcal/kg	Spez. Energie kg/qcm	Praktisch anwendbare Dichte	Detonationsgeschwindigkeit m/sek	Brisanzwert
1	Nitroglycerin	1485	13.160	1,60	8000	168.000
2	Sprenggelatine	1560	13.400	1,53	7800	160.000
3	65%ige Gelatine-Dynamit	1280	9.616	1,53	6500	95.500
4	Ammonit 1	940	10.135	1,10	4850	54.000
5	Ammonit (5% Aluminium)	1260	11.170	1,12	4600	58.000
6	Chloratit 1	1250	7.200	1,55	4950	55.000
7	Wetter-Nobelit A	642	5.160	1,66	5750	49.300
8	Wetter-Nobelit B	546	6.160	1,05	3100	20.000
9	Schießpulver	665	2.800	1,20	400	1.350

Der Initialimpuls zum explosiven Zerfall eines Sprengstoffes kann durch eine Erwärmung durch eine Flamme mittels einer Zündschnur oder den elektrischen Funken sowie mechanisch durch Übertragung der von einer Sprengkapsel ausgehenden Detonationswelle erfolgen. Je geringer die Energie ist, mit der ein Sprengstoff zur Explosion oder Detonation gebracht werden kann, desto sensibler ist er. Die Sensibilität oder Empfindlichkeit eines Sprengstoffes wird durch Zusatz harter, scharfkantiger Stoffe, wie Glaspulver, Sand usw., erhöht, Einhüllung oder Lösung in wärmeverbrauchenden Stoffen, wie Öl, Wasser oder Kampfer usw., vermindert.

Mit einem Hammer von 250 g explodiert Knallquecksilber, Nitroglycerin, Gelatinedynamit schon bei einer Fallhöhe von nur 5 cm, trockene Nitrozellulose von 20 cm, Schießpulver über 200 cm. Manche Stoffe, wie z. B. Salze der Stickstoffwasserstoffsäure, Chlorstickstoff NCl_3, manche Diazoniumverbindungen sind derartig sensibel, daß sie trotz einer hohen Energie usw. wegen der Gefahr einer unbeabsichtigten Explosion als Sprengstoff unbrauchbar sind.

1. Schießpulver.

Die Wirkung des Schießpulvers ist keine zertrümmernde, sondern nur treibende, wie sie für Feuerwaffen erforderlich ist. Das Schwarzpulver als ältestes Schießpulver besteht aus 70—80 Teilen Kaliumnitrat, 14—3 Teilen Schwefel und 12—20 Teilen Holzkohle. Die Größe und Dichte der Körner ist für die Leistung des Pulvers entscheidend. Die Sprengsalpeter enthalten an Stelle des Kaliumnitrates das langsamer wirkende Natriumnitrat.

Die schiebende und treibende Wirkung wird heute noch in der Gesteinssprengtechnik für weichere Gesteine, Salzlager usw. angewendet, wenn man größere und nicht allzusehr zertrümmerte Stücke erhalten will. Die Schießpulver werden wegen ihrer starken Rauchentwicklung durch die bei der Verbrennung entstehenden festen Salze, wie Kaliumsulfat, -carbonat, -sulfid usw., nicht mehr angewendet. Die Zündung erfolgt durch Zündschnur oder Zündhütchen.

2. Brisante Sprengstoffe.

Die Schwarzpulver sind fast gänzlich durch die brisanten Sprengstoffe verdrängt worden. Sie bestehen entweder aus Salpetersäureestern oder aromatischen Nitroverbindungen (einfache Sprengstoffe) oder aus Gemengen von mehreren Sprengmitteln (zusammengesetzte Sprengstoffe). Einer der wichtigsten Sprengstoffe ist das 1876 von A. Nobel eingeführte Nitroglycerin, richtiger der Trisalpetersäureester des Glycerins $C_3H_5(O-NO_2)_3$.

Reinstes Dynamitglycerin (s. S. 612) wird in dünnem Strahle in ein Gemisch von 37,5 Teilen konzentrierter Salpetersäure (D 1,5) und 62,5 Teilen konzentrierter Schwefelsäure (D 1,84) einfließen gelassen, das sich in einem hölzernen Bottich befindet. Die bei der Veresterung auftretende Reaktionswärme muß durch Kühlung mit eingeführter Preßluft, die gleichzeitig die Rührung besorgt, beseitigt werden. Die Temperatur darf nicht über 30^0 C ansteigen, da sonst die Gefahr einer weiteren Erwärmung und einer Explosion besteht. Das Sprengöl sammelt sich über der Säure an, wird in einem mit Blei ausgeschlagenen Scheideapparat von dieser getrennt, mit Wasser und verdünnter Sodalösung gewaschen und über Kochsalz durch Flanell oder dgl. filtriert.

Die Durchführung der Veresterung wird in leicht gebauten Holzhütten vorgenommen, die zur Verhinderung der Übertragung einer Detonationswelle auf benachbarte ähnliche Anlagen mit hohen Erdwällen umgeben sind. Die Nitriersäure wird zur Abscheidung von weiterem Trinitroglycerin 14 Tage lang stehen gelassen, dann denitriert und auf konzentrierte Schwefelsäure (s. S. 90 u. 125) verarbeitet.

Nitroglycerin wird wegen seiner zu hohen Sensibilität mit anderen Sprengstoffen vermengt oder in Kieselgur (25%) aufgesaugt (Gurdynamit). Sprenggelatine besteht aus mit Nitrozellulose gelatiniertem Nitroglycerin. Gelatinedynamit enthält Sprenggelatine und weitere Zusatzstoffe. Wird an Stelle von Glycerin sein Monochlorhydrin (s. S. 579), erhalten durch Einwirkung von gasförmigem Chlorwasserstoff auf Glycerin $CH_2OH-CHOH-CH_2Cl$, verestert, so erhält man Dinitrochlorhydrin $C_3H_5(ONO_2)_2Cl$. In Mischung mit Nitroglycerin ergibt dieses ebenso wie Nitroglykol (s. S. 578) nicht gefrierbare Dynamite, die außerdem noch Holzmehl, Salpeter usw. enthalten. Die Gefrierbarkeit ist bei Sprengstoffen von großer Bedeutung, da im gefrorenen Zustande der Sprengstoff besonders empfindlich ist.

Kollodiumwolle (10—12% Stickstoff), die in einem Gemisch von Aether-Alkohol löslich ist, sowie Schießbaumwolle (12—13,5% Stickstoff) wird durch Veresterung von Holzzellstoff oder Baumwolle-Linters als Di- (überwiegend), bzw. Trinitrozellulose erhalten. Die Nitriersäure läßt man von der Zellulose aufsaugen, schleudert sie am Schlusse der Veresterung durch Zentrifugen ab, wäscht mit Wasser, zerkleinert im Mahlholländer, wäscht und schleudert ab. Die rauchschwachen Schießpulver bestehen im wesentlichen aus besonders bearbeiteter Schießbaumwolle mit Nitroglycerin.

Von aromatischen Nitrokörpern werden Pikrinsäure, Dinitro- und Trinitrotoluol (s. unten), Trinitrokresol, Tetranitromethylanilin (Tetryl), Nitronaphthaline, Hexanitrodiphenylamin $NH[C_6H_3(NO_3)_3]_2$ (Hexa) und andere zur Herstellung von Füllungen von Granaten, Seeminen, Torpedos usw. verwendet.

Die *zusammengesetzten Sprengstoffe* bestehen aus Mischungen von a) Nitroglycerin mit Kieselgur, Kollodiumwolle, Kaliumnitrat, Kaliumchlorat (Abschwächungsmittel), Holzmehl, aromatischen Nitrokörpern; b) Ammonsalpeter (Ammonite, Sicherheitssprengstoffe) mit 10—18% aromatischen Nitroverbindungen, Getreidemehl, eventuell bis 4% Nitroglycerin, 6—10% Aluminium (wegen dessen hoher Verbrennungswärme, Ammonal), Trotyl usw.; c) Kaliumchlorat, seltener Kaliumperchlorat mit organischen Nitroverbindungen, Petroleum oder Ricinusöl zur Verminderung der Reibungsempfindlichkeit.

Wettersprengstoffe sind Sprengstoffe, die im Bergbau verwendet werden sollen und schlagwettersicher sowie kohlenstaubsicher sein müssen, d. h. bei ihrer eigenen Detonation keine unmittelbare Explosion von Grubengasen oder Kohlenstaub auslösen. Sie erhalten zu diesem Zwecke als Kühlmittel einen Zusatz von Natrium- oder Kaliumchlorid, die bei ihrer Verdampfung der Explosionsflamme viel Wärme entziehen.

Initialsprengstoffe sind mit besonders hoher Geschwindigkeit explodierende Sprengstoffe, die ihre hohe Flammentemperatur und

Druckwelle auf einen anderen Sprengstoff übertragen können. Sprengkapseln enthalten gewöhnlich eine Mischung von Knallquecksilber $Hg(CNO)_2$ und Kaliumchlorat (15%), Bleiacid PbN_6 (s. S. 117), ferner das Bleisalz des Trinitroresorcins $C_6H(NO_2)_3(O_2Pb)$. Die Art der Zündung ist sehr wichtig, da sie für die Detonationsgeschwindigkeit und damit die Brisanz des Sprengstoffes von wesentlichem Einfluß ist.

XL. Aromatische Amine.

Bei den aromatischen Aminen unterscheidet man ebenso wie bei den aliphatischen (s. S. 580) primäre, sekundäre und tertiäre (1, 2 oder 3 H-Atome des Ammoniaks durch Kohlenwasserstoffreste ersetzt) und 1-, 2- und mehrwertige Amine, wenn 1 oder mehrere Benzolkerne an Stickstoffreste gebunden sind. Das weitaus wichtigste Darstellungsverfahren der primären Mono-, Di- und Triamine besteht in der Reduktion von Nitroverbindungen oder Nitroaminen. Die sekundären, tertiären und quaternären Amine können aus den primären mit Halogenalkylen, wie CH_3Cl, Methylchlorid, oder Erhitzen mit Alkohol und Salzsäure im Autoklaven dargestellt werden: $C_6H_5NH_2 + CH_3Cl = C_6H_5NH(CH_3) . HCl$.

Die Amine bilden mit Säuren meist gut krystallisierende Salze. Durch Halogene, Salpeter- und Schwefelsäure werden sie erheblich leichter als das Benzol im Kern in o- und p-Stellung substituiert. Sehr wichtig ist die Reaktion primärer Amine mit salpetriger Säure, die in saurer Lösung zu den für die Farbstoffchemie sehr wichtigen Diazoverbindungen (s. S. 686) führt. Sekundäre Amine ergeben mit salpetriger Säure Nitrosoverbindungen, wie z. B.

$$\underset{\text{Methylanilin}}{C_6H_5NH(CH_3)} + NO-OH = \underset{\text{Phenylmethylnitrosamin}}{C_6H_5-N(NO)CH_3} + H_2O.$$

Tertiäre aromatische Amine reagieren mit salpetriger Säure zum Unterschiede von den aliphatischen tertiären Basen (s. S. 580) unter Bildung von p-Nitrosaminen:

$$\underset{\text{Dimethylanilin}}{C_6H_5N(CH_3)_2} + NO-OH = \underset{\text{p-Nitrosodimethylanilin}}{NO-C_6H_4-N\begin{matrix}CH_3\\CH_3\end{matrix}} + H_2O$$

Anilin, Aminobenzol, Phenylamin $C_6H_5-NH_2$ (D 1,022; Fp $-6,2°$; Kp 184,4°; L 15°: 3,61; l: Al, Ae, Bzl) kommt im Steinkohlenteer und Knochenöl vor. Technisch wird es durch Reduktion von Nitrobenzol mit Eisenspänen und wenig Salzsäure und Destillation des Anilins mit Wasserdampf erzeugt. Es stellt eine giftige, ölige, brennbare Flüssigkeit dar, die sich an der Luft braun färbt.

Bei der Reduktion des Nitrobenzols, bzw. in umgekehrter Richtung bei der Oxydation des Anilins treten je nach den Reaktionsbedingungen verschiedene Zwischenstufen auf, und zwar:

$$C_6H_5NO_2 \rightarrow C_6H_5NO \rightarrow C_6H_5NHOH \rightarrow C_6H_5NH_2$$

Nitrobenzol → Nitrosobenzol → β-Phenylhydroxylamin → Anilin

Bei ganz schwach saurer Reaktion verläuft die Reduktion bis zum Anilin in der angegebenen Reihenfolge, in stärker saurer Lösung erfolgt aber eine Umlagerung des β-Phenylhydroxylamins (Fp 82°; L: 2; sl: Al, Ae, Chlf) zu *p-Aminophenol* $NH_2—C_6H_4—OH$ (Fp 185°; subl; L: 1,11; LA: 4,55). Die kathodische Reaktion sowie jene mittels Zinkstaub und Ammoniumchloridlösung oder Aluminiumamalgam und Wasser in neutraler Lösung führt nur bis zum Phenylhydroxylamin. In alkalischem Medium tritt eine Sekundärreaktion zwischen *Nitrosobenzol* $C_6H_5—NO$ (Fp 68°; Kp [18 mm] 59°; Kryst; l: Al; wl: Ae) und Phenylhydroxylamin unter Bildung von *Azoxybenzol* $C_6H_5—N=N—C_6H_5$ (mit O am N) (D 1,248; g; Fp 36°; zers; nl: W; LA 16°: 11,4; ll: Ae) sowie dessen Reduktion zur niedrigsten erreichbaren Reduktionsstufe *Hydrazobenzol* $C_6H_5—NH—NH—C_6H_5$ (Tafeln; Fp 126°; zers; L: 0,03; LA 16°: 5,3; l: Ae) ein. Dieses liefert in Säure unter Spaltung des Moleküls und Drehung der beiden Molekülhälften um 180° durch die sog. Benzidinumlagerung Benzidin:

$$H—C_6H_4—NH—NH—C_6H_4—H \rightarrow$$

Hydrazobenzol

$$\rightarrow H_2N—C_6H_4—C_6H_4—NH_2$$

Benzidin

Azoxybenzol kann auch durch Kochen von Nitrobenzol mit alkoholischer Lauge dargestellt werden. *Azobenzol* $C_6H_5N=N—C_6H_5$ (D 1,03; Fp 68°; Kp 296°; L: 0,03; LA 16°: 7,9; l: Ae) wird aus Nitrobenzol durch Reduktion mit Alkalistannit erhalten.

Diphenylamin $(C_6H_5)_2NH$ (D 1,159; Fp 54°; Kp 302°; Blättchen; L: 0,03; LA: 56; sl: Ae, Eg) erhält man aus Anilin beim Erhitzen mit Anilinchlorhydrat $C_6H_5NH_2 . HCl$ (D 1,221; Fp 198°; Kp 245°; sl: W; LA: 74; nl: Ae):

$$C_6H_5NH\boxed{H + HCl . NH_2}—C_6H_5 \rightarrow NH_4Cl + (C_6H_5)_2NH.$$

Es ist ein empfindliches Reagens auf Salpetersäure, Nitrate sowie andere Oxydationsmittel; Ausgangsprodukt zur Darstellung von orangeroten Azofarbstoffen.

Acetanilid $C_6H_5NH(CH_3CO)$ (D 1,211; Fp 115°; Kp 304°; l: W, Al, Ae) entsteht als Säureanilid durch längeres Kochen von Anilin mit Eisessig unter stetem Abdestillieren des sich bildenden Wassers. Es wird als Antifebrin verwendet.

Eine für die Darstellung von Azofarbstoffen und Heilmitteln, wie Prontosil, Eubasin, Penicillin usw., sehr wichtig gewordene Verbindung ist die *p-Aminobenzolsulfosäure, Sulfanilsäure* (Fp [$2\,H_2O$] ca. 288°; zers; L: 0,9). Sie wird technisch durch Erhitzung von *Anilinsulfat* (L: 5,2; l: Al; nl: Ae) erhalten:

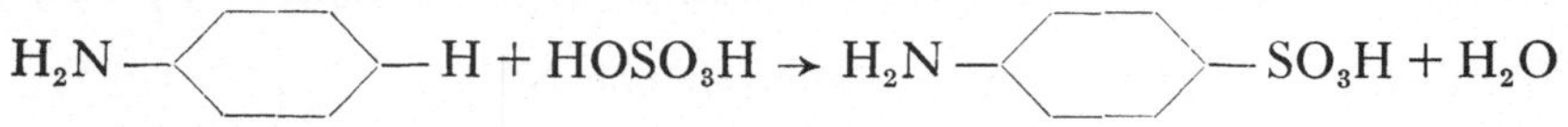

$$H_2N-C_6H_4-H + HOSO_3H \rightarrow H_2N-C_6H_4-SO_3H + H_2O$$

Wichtige Heilmittel sind auch das Natriumsalz der Arsanilsäure, p-Aminobenzolarsinsäure $H_2N-C_6H_4-As(OH)_2{=}O$, das als Atoxyl zur Heilung der Schlafkrankheit dient, sowie das Heilmittel gegen Malaria und Syphilis Salvarsan 4,4'-Dioxy-3,3'-Diaminoarsenobenzol $HO-C_6H_3(NH_2)-As=As-C_6H_3(NH_2)-OH$

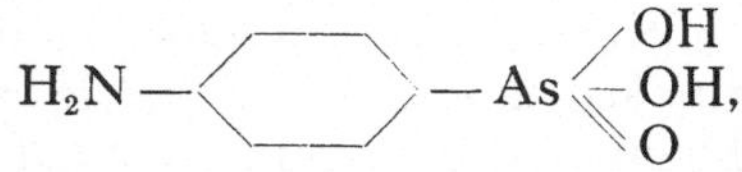

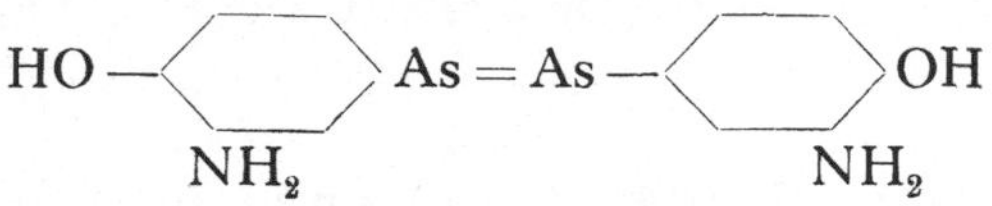

Homologe des Anilins sind *o-, m- und p-Toluidin* $C_6H_4(CH_3)(NH_2)$ (o-Toluidin: Fp —24,4°; Kp 200,7°; m-Toluidin: Fp —43,6°; Kp 203,2°; p-Toluidin: Fp 45°; Kp 200,4°), die im Steinkohlenteer enthalten sind, *Benzylamin* $C_6H_5-CH_2-NH_2$ (D 0,983; fl; Kp 184°), ferner die *Xylidine* $C_6H_3(CH_3)_2(NH_2)$ usw.

XLI. Diazoverbindungen.

Läßt man auf ein aromatisches Amin in saurer Lösung salpetrige Säure einwirken, so wird nicht wie bei den aliphatischen Aminen Stickstoff abgespalten, sondern es entstehen Verbindungen, bei denen auf 2 Stickstoffatome (daher der Name Diazoverbindungen) 1 Benzolkern entfällt:

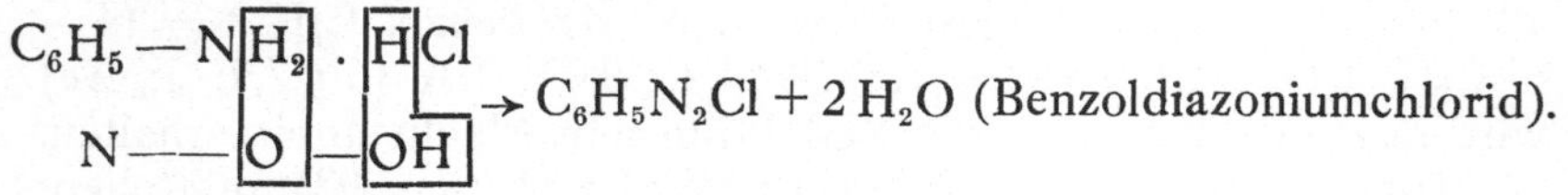

$$\begin{array}{l} C_6H_5-N\boxed{H_2} \;.\; \boxed{H}Cl \\ N-\!\!-\boxed{O}-\boxed{OH} \end{array} \rightarrow C_6H_5N_2Cl + 2\,H_2O \text{ (Benzoldiazoniumchlorid).}$$

Die Diazoniumverbindungen haben ähnlich wie die Ammoniumverbindungen ein koordinativ 4-wertiges Stickstoffatom (s. S. 114) mit einer ionogenen Valenz. Aus dem Diazoniumchlorid $C_6H_5N_2Cl$ kann durch Umsetzung mit Silberoxyd Ag_2O das freie Diazoniumhydroxyd $C_6H_5N_2OH$, eine starke Base, in Freiheit gesetzt werden. Sie zeigt amphoteres Verhalten und kann sowohl mit Säuren als auch mit Basen Salze bilden, wobei sie einmal in der Diazoniumform, das andere Mal als Diazohydrat reagiert:

$$\underset{\text{Diazoniumhydroxyd}}{C_6H_5-N(OH)\equiv N} \rightleftarrows C_6H_5-N^{\cdot}\equiv N + OH' \rightleftarrows \underset{\text{Diazohydrat}}{C_6H_5-N=NOH} \rightleftarrows C_6H_5-N=NO' + H^{\cdot}$$

Verhalten. Die Diazoniumsalze sind sehr reaktionsfähig und daher für die organische Synthese sehr wertvolle Verbindungen. Beim Erwärmen scheidet die schwefelsaure Lösung den Stickstoff ab und das Diazoniumsalz wandelt sich in ein Phenol um. Es ist dies ein Weg, um aus einem Amin ein Phenol zu erhalten:

$$C_6H_5\boxed{N_2}\boxed{Cl + H}OH \rightarrow C_6H_5OH + N_2 + HCl.$$

Mit absoluten Alkoholen bilden die in konzentrierter Schwefelsäure gelösten Diazoniumsalze bei Siedetemperatur Phenoläther: $C_6H_5N_2Cl + C_2H_5OH = C_6H_5 - O - C_2H_5 + HCl + N_2$.

Durch Reduktion mit Zinn-II-Chlorid kann die $-N_2Cl$-Gruppe durch Wasserstoff ersetzt werden, somit eine Aminogruppe aus einem Benzolderivat entfernt werden. Die Diazogruppe kann beim Behandeln mit Kupfer-I-Bromid oder -Chlorid und Salzsäure gegen Halogen ausgetauscht werden: $C_6H_5N_2Cl \rightarrow C_6H_5Cl + N_2$. Ähnlich ist auch der Austausch gegen Cyan beim Behandeln mit einer Lösung von Kaliumkupfercyanid $K_3[Cu(CN)_4]$ möglich. Aus dem erhaltenen Nitril C_6H_5CN kann durch Verseifung die Carbonsäure dargestellt werden.

Starke Alkalien führen viele Diazoniumverbindungen zunächst in normale Alkalisalze, die normalen, kupplungsfähigen Diazotate, z. B. $C_6H_5 - \underset{\underset{N}{|||}}{N} - OMe$, über, die sich beim Erhitzen in die nicht mehr kupplungsfähigen Isodiazotate $C_6H_5N = N - OMe$ umlagern.

Bei vorsichtiger Reduktion erhält man aus Diazobenzol Phenylhydrazin $C_6H_5 - NH - NH_2$ (D 1,097; Fp 19,6°; Kp 243,5°; L: w; l: Al, Ae, Chlf, Bzl), Diphenylhydrazin $(C_6H_5)_2N - NH_2$ (Fp 34,5°; Kp [45 mm] 220°; wl: W; sl: Al, Ae) und s-Diphenylhydrazin oder Hydrazobenzol (s. S. 685).

Bei der Einwirkung von Diazoverbindungen auf primäre oder sekundäre Amine in schwach saurer Lösung erhält man primär Diazoaminoverbindungen, die leicht in Aminoazoverbindungen übergehen. Tertiäre Amine ergeben sofort Aminoazoverbindungen: $C_6H_5N_2Cl + NH_2 - C_6H_5 \rightleftarrows C_6H_5 - N = N - NH - C_6H_5 + HCl$ (Diazoaminobenzol; Fp 98°; zers; g Blättchen; swl: W; l: Al; sl: Ae); $C_6H_5N_2Cl + C_6H_5N(CH_3)_2 \rightarrow C_6H_5 - N = N - C_6H_4 - N(CH_3)_2 +$ $+ HCl$ (Dimethylaminoazobenzol).

Mit den Phenolen entstehen Oxyazoverbindungen, die ebenso wie die Aminoazoderivate für die Herstellung von Azofarbstoffen sehr wichtig sind: $C_6H_5OH + C_6H_5N_2Cl = C_6H_5N = NC_6H_4OH$ (p-Oxyazobenzol; Fp 152°; Kp [20 mm] 220—230°; or Prismen; L 25°: 0,002; sl: Al, Ae).

XLII. Triphenylmethanderivate.

Das *Triphenylmethan* $CH(C_6H_5)_3$ (D 1,014 [99°]; Fp 93°; Kp 359°; Kryst; nl: W; wl: Al) ist die Ausgangssubstanz für zahlreiche und wichtige Triphenylmethanfarbstoffe. Es kann aus Chloroform und Benzol mit Aluminiumchlorid als Katalysator dargestellt werden: $3\,C_6H_6 + CHCl_3 \rightarrow (C_6H_5)_3CH + 3\,HCl$.

Triphenylcarbinol $(C_6H_5)_3COH$ (D 1,188; Fp 162,5°; Kp 380°; Tafeln; nl: W; l: Al, Ae, Bzl) wird aus Triphenylmethan durch Oxydation in essigsaurer Lösung mit Bleioxyd oder Chromsäure erhalten. Von ihm, dem Triphenylmethan und m-Tolyldiphenylmethan $(C_6H_5)_2CH — C_6H_4CH_3$ (Fp 59,5°) leiten sich die Farbstoffe der Triphenylmethanreihe ab, die aus diesen Ausgangssubstanzen durch Eintritt von 2—3 Amid-, Hydroxyl- oder Carboxyl-Gruppen entstehen oder bei deren Herstellung derartige Gruppen enthaltende Derivate verwendet wurden.

Diese Verbindungen sind an sich noch farblos (Leukobasen oder Leukoverbindungen). Die eigentlichen Farbstoffe entstehen aus ihnen erst bei Oxydation durch den Luftsauerstoff, Bleidioxyd in saurer Lösung usw. sowie durch Salzbildung mit Säuren unter Wasseraustritt. Umgekehrt erhält man aus den manchmal unlöslichen Farbstoffen durch Reduktionsmittel, wie Zink und Salzsäure, Zinn-II-Chlorid, Hydrosulfit, Ammonsulfid usw., die löslichen, aber ungefärbten Leukobasen, die auf die Faserstoffe aufgebracht werden können. Den Farbstoffen schreibt man chinoide Konstitution (s. S. 674) zu:

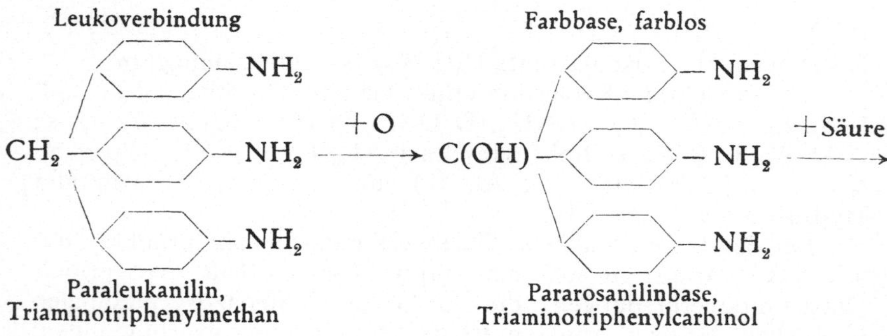

Paraleukanilin, Triaminotriphenylmethan

Pararosanilinbase, Triaminotriphenylcarbinol

Farbstoff (rot)

→ C — (– NH_2, – NH_2, $= NH.HCl$)

Salzsaures Pararosanilin, Parafuchsin

Die Leukoverbindung kann man durch gemeinsame Oxydation von 2 Molekülen Anilin mit einem Molekül p-Toluidin kondensieren:

$$HC\begin{matrix}-C_6H_4-NH_2\\-H\\-H\end{matrix} + 3\,O + \begin{matrix}H-C_6H_4-NH_2\\H-C_6H_4-NH_2\end{matrix} \longrightarrow$$

$$\longrightarrow (OH)C\begin{matrix}-C_6H_4-NH_2\\-C_6H_4-NH_2\\-C_6H_4-NH_2\end{matrix}$$

Zu den Triphenylmethanfarbstoffen gehört das Malachitgrün (Bittermandelölgrün; Kondensation von Benzalaldehyd mit Dimethylanilin und Zinkchlorid, Oxydation und Salzbildung), Aurin (Trioxytriphenylmethan), Phenolphthalein (Kondensation von Phthalsäureanhydrid mit 2 Molen Phenol durch Erhitzen mit konzentrierter Schwefelsäure oder Phosphorsäure; Fp 254°; Kryst; L: 0,0175; LA: 20,9; LAe: 5,92). Phenolphthalein selbst ist farblos. Wegen des Vorhandenseins der Hydroxylgruppe besitzt es aber ganz schwach sauren Charakter und bildet mit Alkalien rot gefärbte Salze, wobei wieder ein chinoides System auftritt. Durch Säuren tritt wieder Entfärbung ein. Solche Farbstoffe, wie Phenolphthalein, die in saurer und alkalischer Lösung anders gefärbt sind, werden in der analytischen Chemie als „Indikatoren“ verwendet:

$$C\begin{matrix}-C_6H_4-COOH\\-C_6H_4-OH\\=C_6H_4=O\end{matrix}$$

HO, OH, C, O, C, O (farblos) $\underset{\text{Säure}}{\overset{\text{KOH}}{\rightleftarrows}}$ OH, C=, =O, KOOC (rot)

farblos — rot

Kondensation von 1 Mol Phthalsäureanhydrid mit 2 Molen Resorcin liefert Fluorescein, das sich in alkalischer Lösung mit roter Farbe und gelbgrüner Fluoreszenz löst. Das Kalisalz des Tetrabromfluoresceins ist der Farbstoff Eosin.

XLIII. Farbstoffe und Färben.

Farbstoffe sind solche Verbindungen, die einen Teil des Lichtes selektiv absorbieren und dann in der Komplementärfarbe gefärbt erscheinen. Die Fähigkeit zur selektiven Lichtabsorption hängt mit der Durchsichtigkeit der Moleküle zusammen und ist meist an bestimmte Atomgruppen, die sog. chromophoren Gruppen, gebunden. Chromophore Gruppen sind: $>C=C<$, Carbonyl, $>C=O$; Nitro-, $-NO_2$; Nitroso-, $-NO$; Azo-, $-N=N-$, $>C=N-$; chinoide oder Chinoniminogruppe.

Neben den chromophoren Gruppen sind an der Farbbildung auch noch auxochrome oder farbgebende Gruppen, wie NH_2- oder $OH-$, wirksam, die für sich keine starke farbgebende Eigenschaft besitzen, aber die Farbe eines Chromogens vertiefen oder aufhellen. Außerdem können noch SO_3H-Gruppen zur Erhöhung der Wasserlöslichkeit, die COOH-Gruppe zur Verbesserung der Echtheit und Bildungsmöglichkeit von Farblacken mit Beizen, ferner Halogene, Aryl usw. vorhanden sein.

Die natürlichen Farbstoffe, wie Indigo, Alizarin usw., sind von den künstlichen Farbstoffen fast vollständig verdrängt worden. Bei diesen unterscheidet man nach chemischen Gesichtspunkten Triphenylmethan-, Azo-, Nitro-, Chinonimin-, Azin-, Thiazin-, Acridin-, Xanthen-, Anthrachinon-, Indigo- und andere Küpenfarbstoffe, nach ihren färberischen Eigenschaften Woll-, Baumwoll-, Lederfarbstoffe usw.

Für diese verschiedenen Farbstoffgruppen sind die folgenden Atomgruppierungen charakteristisch:

Diazofarbstoffe: $>-N=N-<$ (mit OH), $>-N=N-<$ (beiderseits OH), OH-Naphthalinrest $-N=N-$

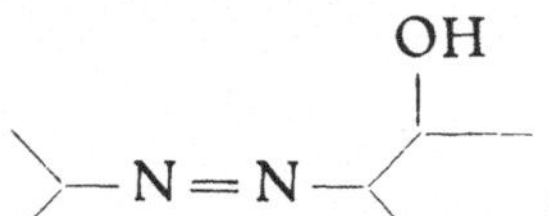

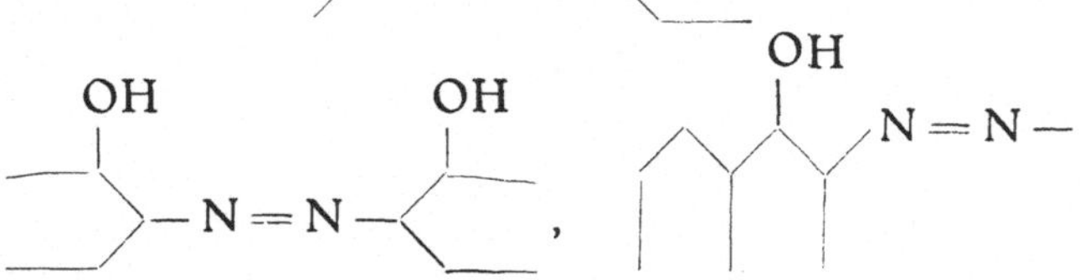

Beispiel: Alizaringelb, Naphtholschwarz;

Azinfarbstoffe: $C_6H_4\langle{N \atop N}\rangle C_6H_4$ (Pyrazinreihe), Beispiel: Mauvein;

Oxazinreihe: $C_6H_4\langle\genfrac{}{}{0pt}{}{N}{O}\rangle C_6H_4$, Beispiel: Kapriblau;

Thiazin: $C_6H_4\langle\genfrac{}{}{0pt}{}{N}{S}\rangle C_6H_4$, Beispiel: Methylenblau;

Acridin: $C_6H_4\langle\genfrac{}{}{0pt}{}{N}{CH}\rangle C_6H_4$, Beispiel: Acridingelb;

Xanthenfarbstoffe: $C_6H_4\langle\genfrac{}{}{0pt}{}{O}{CH_2}\rangle C_6H_4$ (Xanthen), Beispiel: Fluoreszein, Eosin;

Anthrachinonfarbstoffe, z. B. Alizarin: $C_6H_4\langle\genfrac{}{}{0pt}{}{CO}{CO}\rangle C_6H_2(OH)-OH$ (1,2-Dioxyanthrachinon);

Küpenfarbstoffe, z. B. Indigo:

$$\text{Indigo} + 2H_2O \quad \underset{O}{\overset{H_2}{\rightleftarrows}} \quad \text{Indigoweiß}$$

(Strukturformeln: Indigo — zwei Benzolringe, je N–H und C=O, verbunden durch C=C; Indigoweiß — je N–H und C–OH, verbunden durch C–C.)

Tierische Fasern, wie Wolle, sind alkaliempfindlich und reagieren als Eiweißstoffe, die sich den Farbstoffen gegenüber wie Basen verhalten, mit den sauren Farbstoffen unter Salzbildung. Die Pflanzenfasern, wie Baumwolle oder auch Kunstseide, verhalten sich zu den Farbstoffen neutral und binden diese vorwiegend durch Adsorption. Nur wenige Farbstoffe sind befähigt, direkt zu färben (substantive Farbstoffe), meist ist zum Färben eine Präparierung des Färbegutes mit den sog. Beizen erforderlich (adjektive Farbstoffe).

Die *Beizen* bestehen aus sauren Substanzen, wie Tannin- und Ölbeizen, wenn es sich um die Befestigung von basischen Farbstoffen handelt, und aus basischen Stoffen, wie den Oxyden von

Erd- und Schwermetallen, wie Aluminium, Chrom, Eisen, Kupfer oder Zinn, die mit sauren Farbstoffen auf der Faser unlösliche Verbindungen, die sog. Farblacke, bilden (Alizarin usw.). Die Entwicklungsfarbstoffe werden erst auf der Faser erzeugt, indem diese nur mit den Lösungen der Ausgangsstoffe des Farbstoffes behandelt und dann erst durch Diazotieren, Kuppeln, Oxydieren usw. in die Farbstoffe übergeführt werden.

Ähnlich ist die Färbung mit den an sich unlöslichen *Küpenfarbstoffen*, wobei die Faser vorerst mit den wasserlöslichen, durch Reduktion der Farbbase erhaltenen, ungefärbten Lösungen des Küpenfarbstoffes, der Küpe, behandelt wird. Durch Oxydation mit dem Luftsauerstoff oder Oxydationsmitteln wird dann der Farbstoff auf der Faser waschecht fixiert (Indigo, Indanthrenfarbstoffe).

Die Einrichtungen der Farbstoffabriken zur Erzeugung von Farbstoffen sind verhältnismäßig einfach, sie bestehen meist nur aus hölzernen Bottichen, Reaktionskesseln, Filterpressen, Trockenvorrichtungen und Farbmühlen. Die Weltproduktion an künstlichen Farbstoffen beträgt etwa 200.000 t (Wert etwa 600 Mill. Schilling), wovon mehr als die Hälfte Azofarbstoffe sind.

Das *Färben* wird entweder mit ruhender Flotte (Farbstofflösung) und bewegtem Material durchgeführt, oder es wird durch eine Pumpe die Flotte durch das ruhende Färbegut hindurchgedrückt. Gefärbt wird im Strang, auf der Spule, im Stück, oder das Gewebe geht in breiter Bahn durch die Färbemaschine. Beim Packsystem ist das Färbegut fest eingepackt, beim Aufstecksystem werden Kopse oder Kreuzspulen auf besondere Düsen aufgesteckt.

Einer der ältesten Apparate ist die Färbekufe, die aus einem heizbaren Trog für die Flotte und einer Umziehvorrichtung besteht. Der Jigger ist eine Stückfärbemaschine, wobei die Ware durch Walzen durch die Färbeflotte in breiter Bahn hindurchgeführt wird. Es wird auch mit der Klotz- oder Pflatschmaschine gefärbt, die für gewöhnlich zum Imprägnieren von Geweben dient. Sie besteht aus einem kleinen Bottich für die Farb- oder Beizflotte und einem Paar Quetschwalzen.

XLIV. Terpene und Campher.

Die Terpene sind im Pflanzenreich in den ätherischen Ölen sehr verbreitet. Der chemischen Struktur nach leiten sie sich vom p-Methylisopropylhexahydrobenzol, dem Hexahydrocymol oder p-Menthan ab. Nach dem p-Menthan erfolgt auch die Nomenklatur der übrigen Terpene. Die Terpene sind wahrscheinlich aus Isoprenmolekülen (s. S. 526) aufgebaut. Außer diesen cyclischen Terpenen gibt es aber auch noch acyclische mit offenen Ketten, zu denen z. B. das Myrcen gehört. Man unterscheidet einfache oder monocyclische Terpene $C_{10}H_{16}$, bicyclische Terpene $C_{20}H_{32}$, Sesquiterpene $C_{15}H_{24}$ und Polyterpene $(C_5H_8)_{x>3}$.

Die Terpene sind leicht oxydierbare Flüssigkeiten, die additionsfähig sind, wobei die monocyclischen Terpene 4 und die bicyclischen 2 1-wertige Atomgruppen anlagern können. Man kann die Terpene auch als teilweise hydrierte Benzolderivate, und zwar sehr häufig als Dihydrocymole, auffassen. Die Isoprengruppen können auch in eigenartiger Weise im Hexanring zu einem zweiten Ring verknüpft sein, wobei drei verschiedene Bindungsarten möglich sind, nämlich Caran, Pinan und Camphan (s. u.). Von den letzteren leiten sich als Derivate Pinen und Camphen ab. Pinen ist ein wesentlicher Bestandteil des Terpentinöls und vieler ätherischer Öle. Limonen (Dipenten) ist im Pflanzenreich gleichfalls sehr verbreitet. Die Terpene sind in Wasser unlöslich, in Alkohol und Aether löslich. Die wichtigsten Vertreter der sehr zahlreichen Terpene sind:

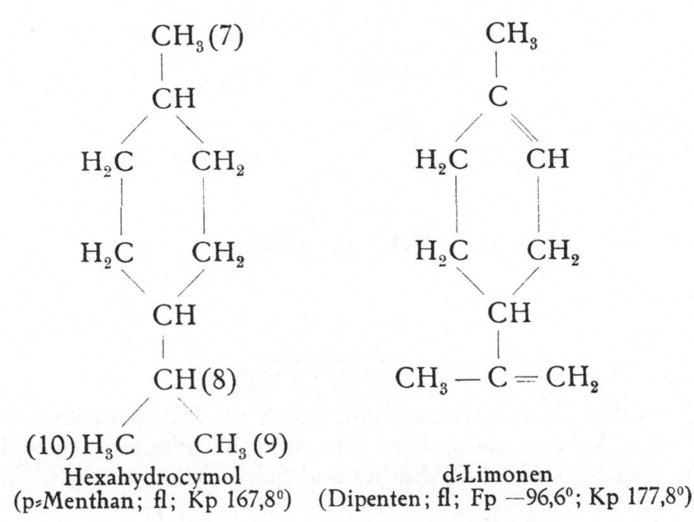

Hexahydrocymol (p-Menthan; fl; Kp 167,8°) d-Limonen (Dipenten; fl; Fp −96,6°; Kp 177,8°)

Caran

Pinan

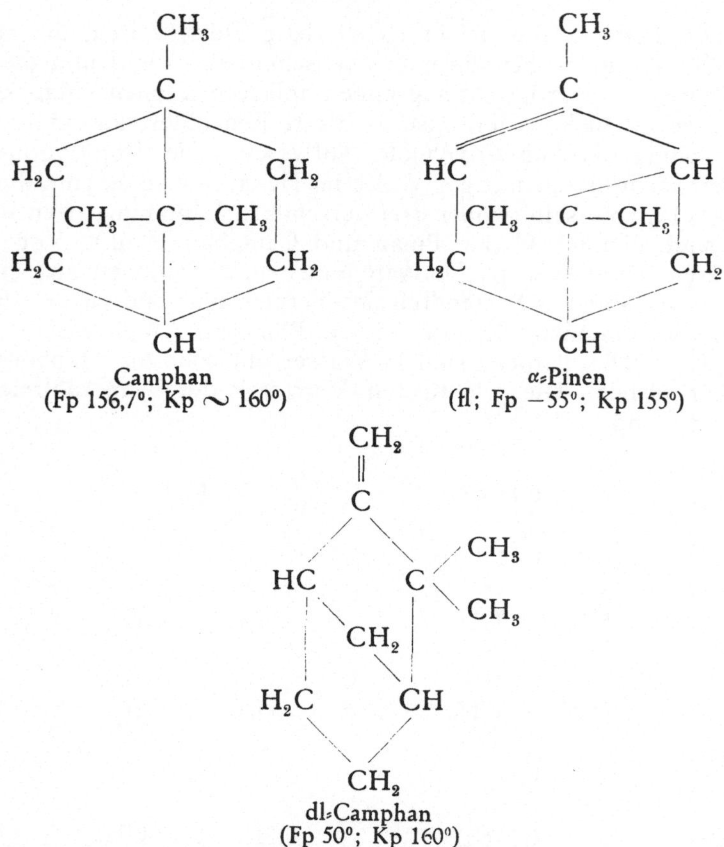

Camphan
(Fp 156,7°; Kp ∼ 160°)

α-Pinen
(fl; Fp −55°; Kp 155°)

dl-Camphan
(Fp 50°; Kp 160°)

Von den Hydroterpenen leiten sich die Campher ab, die Alkohole oder Ketone darstellen. Sie sind in Wasser etwas löslich, leicht löslich in Alkohol, Aether und Schwefelkohlenstoff. Campher sind z. B.:

```
        CH3                          CH3
        |                            |
        CH                           CH
       /  \                         /  \
   H2C     CH2                  H2C     CH2
    |       |                    |       |
   H2C     CHOH                 H2C     CO
      \   /                        \   /
        CH                           CH
        |                            |
        CH                           CH
       /  \                         /  \
   H3C     CH3                  H3C     CH3
```

l-Menthol
(Fp 43°; Kp 215,5°)

l-Menthon
(Fp −6,6°; Kp 209,6°)

CH_3
C
H_2C CH
H_2C CH_2
CH
COH
H_3C CH_3

α-Terpineol
(Fp 35°; Kp 219°)

CH_3
C
H_2C C=O
CH_3—C—CH_3
H_2C CH_2
CH

d-Campher
(Tafeln; Fp 178,8°; Kp 204°)

Menthol ist der wesentliche Bestandteil des Pfefferminzöles, Campher (Japancampher) wird durch Wasserdampfdestillation aus dem Campherbaum oder synthetisch aus Pinen dargestellt. Er wird bei der Herstellung von Zelluloid verwendet.

XLV. Harze.

In der Rinde und besonders im Holz der Nadelhölzer finden sich die Harze, die chemisch keine einheitlichen Stoffe darstellen und meist in ätherischen Ölen gelöst sind. Erhärten die Harze nach dem Ausfließen, so heißen sie Hartharze, bleiben sie flüssig, Balsam. Erhärten sie gummiartig, nennt man sie Gummiharze. In Aether, Terpentinöl, Benzol, Petroläther, Chloroform, Alkohol sind sie mehr oder weniger löslich, brennen mit stark rußender Flamme, haben meist Estercharakter und verseifen beim Kochen mit Alkalien. Die Harzseifen dienen u. a. zum Leimen des Papiers (s. S. 641) und werden Fettseifen als Streckungsmittel zugesetzt.

Gewinnung. Das durch absichtliche Verletzung der Rinde und des Holzes der Schwarzföhre ausfließende Harz wird in Bechern u. dgl. gesammelt, geschmolzen, filtriert und durch Destillation in festes Harz (Kolophonium) und Terpentinöl getrennt. Das harte, spröde, hell- bis goldgelbe französische Kolophonium enthält Pinarsäure $C_{20}H_{30}O_2$, amerikanisches Kolophonium die isomere Abietinsäure. Ferner sind noch Resinolester und Resene enthalten. Die Abietinsäure ist die Carbonsäure eines Diterpens, und zwar die Dimethyl-Isopropyl-Dekahydrophenanthrencarbonsäure.

Verwendung der Harze. Die Harze dienen zur Herstellung von Firnissen, Lacken, Kitten, Harzseifen, als Brauer- und Faßpech, Kolophonium außerdem noch zum Bestreichen der Bögen von

Streichinstrumenten, zum Löten usw. Durch Schmelzen von Kolophonium mit etwa 10% Calziumhydroxyd bei 190° erhält man das höher schmelzende Hartkolophonium. Bei der trockenen Destillation des Kolophoniums erhält man bei 300° Pinolin, bei 330° blondes Mittelharzöl, Dicköl und als Rückstand Kohle und Harzpech, das z. B. als Schusterpech verwendet wird. Das Mittelharzöl dient zur Herstellung von Buchdruckerfirnis, Dicköl in Form der Calziumseife zur Bereitung der Wagenschmiere. Terpentinöl wird gleichfalls zur Seifen- und Lackfirnisherstellung verwendet. Kopal und Bernstein sind fossile Harze, die die gleichen Eigenschaften wie das Kolophonium aufweisen.

XLVI. Kunstharze und Kunststoffe.

Kunstharze sind in ihren physikalischen Eigenschaften den natürlichen Harzen ähnliche Stoffe, die aus nicht harzartigen Produkten hergestellt wurden. In chemischer Hinsicht bestehen zwischen den natürlichen und künstlichen Harzen, ja unter den letzteren selbst außerordentlich große Unterschiede. Stets bilden verhältnismäßig niedrigmolekulare Verbindungen die Ausgangsstoffe, die durch Kondensation (Molekülvergrößerung unter Abspaltung von Wasser) und Polymerisation zu hochmolekularen Körpern miteinander verbunden werden. Der Chemismus der Bildung der kolloidalen Endprodukte ist meist nur schwierig zu durchschauen. Stets kommt es aber auf die Bildung von langen Molekülketten mit Faserstruktur an, zwischen denen auch eine Vernetzung durch Brückenbildung, ähnlich wie beim Vulkanisieren von Kautschuk (s. S. 535), auftreten kann.

Für die Herstellung der Kunststoffe können aber auch bereits vorgebildete größere Moleküle, wie Zellulose, Eiweiß usw., als Ausgangsprodukte dienen. Man kann auch nach der Molekülgröße der Ausgangsprodukte eine Unterteilung der Kunststoffe in zwei Klassen vornehmen, und zwar a) in Kunststoffe aus niedrigmolekularen und b) in solche aus hochmolekularen Produkten.

1. Kunststoffe aus niedrigmolekularen Ausgangsstoffen.

Die Kunststoffe weisen im Vergleich mit den übrigen natürlichen Werkstoffen, wie Holz, Glas und Metall, eine Reihe von Vorteilen auf, wie leichte Vergießbarkeit, Verpreßbarkeit, Plastizität, chemische Unangreifbarkeit, Härte, Elastizität, geringes spezifisches Gewicht (1,1—1,4), leichte mechanische Bearbeitbarkeit, Verformbarkeit auch durch Spritzguß usw., so daß sie nicht als Ersatzstoffe, sondern als Werkstoffe mit vollkommen neuartigen Anwendungsmöglichkeiten anzusehen sind.

Durch Polymerisation von Vinylestern durch Wärme, Licht oder Katalysatoren erhält man glasklare, lichtbeständige Produkte, wie Vinnapas (aus Vinylacetat), bzw. Mowilith (aus Vinylchloracetat $CH_2 = CH - O - CO - CH_2Cl$). Ausgangsprodukt bildet das Acetylen, das zunächst in Vinylchlorid übergeführt wird, dessen Chloratom durch organische Säuren ausgetauscht werden kann.

Vinylchlorid gibt bei der Polymerisation Polyvinylchloride (Igelit, Mipolam, Vinylit, Vinidur), die gegen Säuren, Alkalien, oxydierende Stoffe, wie konzentrierte Salpetersäure usw., beständig sind. Polyvinylchlorid kann zu Röhren, Platten, Folien usw. gepreßt, geschweißt und sehr leicht bearbeitet werden. Nachteilig ist seine Thermoplastizität, so daß es nur bis zu etwa 50—60° C eingesetzt werden kann. Die niedrigmolekularen Polymerisationsprodukte von Vinylderivaten werden als Zusatzstoffe zu Lacken verwendet. Auch Vinylalkyläther und Vinylthioäther werden zur Herstellung von Kunststoffen benützt.

Styrol (Vinylbenzol $C_6H_5 - CH = CH_2$) liefert bei der Polymerisation den Kunststoff Trolytul, der gegen Wasser, Alkalien und Säuren beständig ist. Die harten, zelluloidartigen Polymerisate werden für Platten, Rohre und Formstücke, die weicheren Sorten als Dichtungen und Mantelmassen für Kabel, als Ersatz für Leder und Kautschuk verwendet. Das durchsichtige Plexiglas besteht aus einem Polymerisationsprodukt von Methacrylsäure $CH_2 = C(CH_3)COOH$. Es dient als unzerbrechliches, nicht splitterndes Sicherheitsglas.

Sehr vielseitig anwendbar und sehr wichtig sind die *Phenoplaste* oder *Bakelite*, die durch Kondensation von Phenolen mit Aldehyden, insbesondere Formaldehyd, erhalten werden. Wird die Kondensation in saurem Medium durchgeführt, so bilden sich nicht härtbare, dauernd lösliche und schmelzbare Produkte, die als Schellackersatz verwendet werden (Novolacke). Bei ihnen verläuft die Kondensation unter Bildung von Methyläthern des Phenols: $2\,C_6H_5OH + CH_2O \rightarrow CH_2(O - C_6H_5)_2$. Aus diesen können sich Dioxydiphenylmethan $CH_2(OC_6H_5)(C_6H_4OH)$ oder $CH_2(C_6H_4 - OH)_2$ bilden, die mit weiterem Formaldehyd ein Vinylderivat $CH_2 = C(C_6H_4 - OH)_2$ ergeben, das bei seiner Umlagerung in $CH_2 = C(C_6H_4OH)(OC_6H_5)$ oder $CH_2 = C(O - C_6H_5)_2$ polymerisiert und dadurch zur Härtung führt.

Bei der Kondensation von Phenolen und Formaldehyd in alkalischer Lösung bilden sich härtbare Kunstharze, wobei zuerst noch lösliche und schmelzbare, wenig kondensierte Resole (Bakelit A), als Zwischenprodukt unlösliche, aber noch schmelzbare Resitole (Bakelit B) und als Endprodukt unlösliche und unschmelzbare Resite (Bakelit C) erhalten werden. Es treten jedoch keine scharf ausgeprägten Zwischenstufen auf, sondern es findet ein allmählicher Übergang statt. Die Härtung kann nicht mehr rückgängig gemacht werden. Die Kondensation führt zur Bildung von Oxybenzylalkohol: $C_6H_5OH + CH_2O \rightarrow OH - C_6H_4 - CH_2OH$. An

Stelle von Phenol kann auch Kresol verwendet werden, wobei Schellackersatzprodukte entstehen. Phenol und Acetaldehyd oder Benzaldehyd liefern Kopalersatzmittel. Setzt man bei der Kondensation von Phenol und Formaldehyd noch natürliche Harze, fette Öle usw. zu, so erhält man die sogenannten Albertolkopale, die bei der Herstellung von Lacken ausgedehnte Verwendung finden.

Die Formgebung der Bakelitkunstharze erfolgt durch Erhitzen und Pressen der Anfangskondensationsprodukte, worauf beim Erhitzen bei Drucken von 6—8 Atm. die Kondensation zu Ende geführt wird. Haveg ist ein Phenol-Formaldehyd-Kondensationsprodukt mit Asbest als Füllmittel. Hartpapier und Hartleinen werden durch Tränken von Papier oder Leinen mit einem spritlöslichen Resol, Verdunstenlassen des Alkohols und Verpressen mehrerer Lagen in der Wärme zu homogenen Platten hergestellt. Sie dienen als Isolationsmittel oder zur Erzeugung von geräuschlos laufenden Zahnrädern. Bernsteinähnliche Kunstmassen werden aus Bakelit u. dgl. unter Zusatz von Füll- und Farbstoffen in den verschiedenartigsten Formen hergestellt. Resole werden auch als Klebstoffe für Papier, Stoff usw. benützt.

Eine weitere wichtige Gruppe von Kunstharzen sind die *Aminoplaste*, die durch Kondensation von Harnstoff oder Thioharnstoff mit Formaldehyd, seltener dessen höheren Homologen, erhalten werden. Auch hier verläuft die Kondensation und Polymerisation in saurer und alkalischer Lösung verschiedenartig. Bei Säuren als Katalysatoren entstehen Mono- und Dimethylolharnstoff, der beim Erhitzen unter Abspaltung von Wasser und Formaldehyd polymerisiert:

$$CH_2O + NH_2-CO-NH_2 \rightarrow HO-CH_2-HN-CO-NH_2 \xrightarrow{+CH_2O}$$
$$\longrightarrow HO-CH_2-NH-CO-NH-CH_2OH.$$

In saurer Lösung entsteht Methylenharnstoff, der sich dann zu kettenförmigen Molekülaggregaten kondensiert:

$$CH_2O + NH_2-CO-NH_2 \rightarrow CH_2=N-CO-NH_2 + H_2O \rightarrow$$
$$\rightarrow -\underset{\displaystyle CONH_2}{CH_2-\underset{|}{N}}-\!\!-\!\!-CH_2-\underset{\displaystyle \underset{|}{} CONH_2}{N}-$$

Die noch wasserlösliche, flüssige Anfangsstufe der Kondensationsprodukte dient als „Schellan“ für Kleb- und Appreturzwecke, als Kunstleim „Kaurit“, die ausgehärtete Masse als durchsichtiges Kunstglas „Pollopas“.

Anilin verharzt bei der Kondensation mit Formaldehyd in Gegenwart von Mineralsäuren gleichfalls unter Bildung von Polymerisationsprodukten, die in der Isolationstechnik oder als Schellackersatz verwendet werden können. Auch Kohlenwasserstoffe, wie Naphthalin, können mit Formaldehyd kondensiert werden, wobei besonders alkalifeste Produkte erhalten werden, die sich als Lackrohstoffe eignen. In der Tab. 46 sind die Eigenschaften von organischen glasartigen Kunststoffen, in der Tab. 47 von Preßstoffen aus Kondensationsprodukten und Naturharzen zusammengestellt.

Die *Glyptalharze* oder *Alkyde* entstehen bei der Kondensation von Polyalkoholen mit mehrbasischen Säuren, wobei sich zunächst noch lösliche und schmelzbare Ester bilden, die bei weiterer Erhitzung unlöslich und unschmelzbar werden. Die Ausgangsprodukte für diese wertvollen Kunstharze sind Phthalsäureanhydrid oder Maleinsäure und Glycerin. Die mehrbasischen Säuren lassen sich zum Teil durch höhere einbasische Fettsäuren ersetzen, wobei nicht nur eine Verbilligung, sondern auch eine Verbesserung der Löslichkeitsverhältnisse erzielt werden kann. Die löslichen und schmelzbaren Formen werden als Lackharze, z. B. Membranit, verwendet, die sich durch hohe Lichtbeständigkeit, Unempfindlichkeit gegen höhere Temperaturen und helle Farbe auszeichnen.

Cumaron O und Inden CH_2, die im Steinkohlenteer enthalten sind, lassen sich unter der Mitwirkung von Schwefelsäure kondensieren und bilden die Cumaronharze, die als Ersatz für Kolophonium und Lackrohstoffe dienen.

2. Kunstharze aus hochmolekularen Ausgangsstoffen.

Als Ausgangsstoffe für diese Klasse von Kunststoffen kommen insbesondere Zellulose, Eiweiß, Kautschuk und ähnliche Materialien in Frage. Künstliche Fasern, Folien aus Zellulose oder Zellulosederivaten wurden bereits besprochen (s. S. 647). *Vegetabilisches Pergament*, ein weiteres aus Zellulose erhältliches Kunstprodukt, wird aus Papierbogen hergestellt, die durch kurzes Tauchen in konzentrierte Schwefelsäure, Waschen und Trocknen oberflächlich pergamentiert wurden.

Eine etwa 70%ige Zinkchloridlösung wirkt auf Zellulose sehr stark quellend ein. Saugfähiges Papier aus Baumwollhadern wird durch diese Lösung hindurchgezogen, dabei pergamentiert und zu mehreren Lagen vereinigt. Diese werden durch den Druck einer geheizten Walze zu einer gleichartigen Masse verschweißt, das Zinkchlorid ausgewaschen und getrocknet. Die so erhaltenen *Vulkanfiberplatten* dienen zur Anfertigung von Koffern, werden aber auch in der Textilindustrie und im Maschinenbau verwendet.

Zelluloid ist eine in der Wärme hochplastische, in der Kälte

Tab. 46. Eigenschaften von Polymerisationskunstharzen und Zelluloseabkömmlingen (nach D'Ans-Lax).

Handelsname des Kunststoffes	Chemische Grundlage	Formbeständigkeit (Martens) °C	Dichte $g \cdot cm^{-3}$	Spez. Wärme $cal \cdot g^{-1} \cdot grad^{-1}$	Wärmeleitzahl $\lambda 10^{-4}$ in $kcal \cdot cm \cdot {}^{0}C^{-1}$	Linearer Ausdehnungskoeffizient $10^{-6}/{}^{0}C$	Widerstand Ω abgelagert	Dehnungsmodul $E \cdot 10^{-4}$ in $kg \cdot cm^{-2}$	Biegefestigkeit kg/cm^2	Schlagzähigkeit cm kg/cm^2	Kugeldruckhärte kg/cm^2	Wasseraufnahmevermögen $mg/100\ cm^2$
Trolytul	Polystyrol	60—70	1,05	0,30—0,32	0,13	80—100	$>3 \cdot 10^6$	—	1100	20	1100	0
Hartmipolam MP	Mischpolymerisat	60—70	1,35	—	0,18	65—80	$>3 \cdot 10^6$	—	1000	bis 400	1000	20—30
Hartmipolam PCU . . .	Polyvinylchlorid	60—70	1,40	0,28	0,14—0,18	≈ 80	$>3 \cdot 10^6$	—	1000	> 150	1000	20
Plexiglas . .	Polymethacrylat	60—80	1,2	—	—	80—130	$> 10^6$	—	700—1000	15—20	1700	125
Luvikan . . .	Polyvinylcarbazol	100—150	1,2	0,28	—	40—60	$>3 \cdot 10^6$	—	800—1000	6—10	1200	—
„ . .	Polyvinylchloridacetat	55—72	1,34—1,36	0,24	0,25	69	$> 10^6$	2,4—2,9	—	—	—	—
Vulkanfiber	Hydratzellulose	70—90	1,1—1,45	—	0,18—0,29	25	> 1000		800—1300	120—190	800—1400	(14.000)
Cellon	Zelluloseacetat	35	1,3—1,4	—	0,18—0,22	110	850.000		550	100—200	500	600
Trolit W . . .	„	40	1,3—1,4	—	—	130	500.000		300	15	600	1000
Zelluloid	Nitrozellulose	40	1,4	—	0,32	100	25.000		600	100—200	600	700
Trolit F . . .	„	40	1,4	—	—	—	$3 \cdot 10^6$		500	6	800	—
Trolit BC . . .	Benzylzellulose	55	1,2—1,3	0,36	—	60—100	$>3 \cdot 10^6$		700	75	700	32
„ . . .	Aethylzellulose	90—130	1,14	0,25—0,40	0,36	100—140	10^6	1,4—2,8	—	—	—	—

Tab. 47. Eigenschaften von Preßstoffen aus Kondensationskunstharzen und Naturharzen (nach D'Ans-Lax).

Zusammensetzung und Preßstofftypbezeichnung	Biegefestigkeit kg/cm²	Schlagzähigkeit cm kg/cm²	Kugeldruckhärte kg/cm²	Formbeständigkeit (Martens) °C	Ausdehnungskoeffizient 10^{-6}/°C	Wärmeleitzahl kcal/l. . m . grad	Spezif. Wärme 20—100° kcal/kg . grad	Wiehte Ggew/cm³	Wasseraufnahme mg/100 cm²	Widerstand im Innern, abgelagert	Durchschlagsfestigkeit kV/cm
Phenolharz mit anorgan. Füllstoff	500	3,5	1500	150	20—30	0,5—0,8	0,28—0,30	1,8—2,0	45—60	600	50—100
Phenolharz mit Holzmehl	600	5,0	1300	100	40—60	0,25—0,30	0,35—0,38	1,3—1,4	160—300	bis 10^6	150—200
Phenolharz mit Textilien aus organ. Fasern	600	12,0	1300	125	15—30	0,30—0,32	—	1,4—1,5	400—500	1000	150—170
Phenolharz mit Zellstoff als Füllstoff	800	8,0	1300	125	10—30	0,25—0,27	0,37	1,3—1,4	600	1000	150—200
Harnstoffharz mit organ. Füllstoff	600	5,0	1700	100	40—50	0,30	—	1,5	140	200.000	170
Hartpapierplatten	1500	25,0	1300	—	10—25	0,24—0,26	0,37	1,4	1500	10^6	200—350
Hartgewebeplatten	1300	30,0	1300	100	10—25	0,28—0,30	—	1,4	—	1000	200
Anilinharz	1000—1200	15—20	—	110	45	0,26	0,33	1,2	23	$>3 \cdot 10^6$	100
Caseinharz	1000—1800	20—40	1300	50—60	—	0,14	—	1,3—1,4	6000	10.000	50
Kunstharz mit anorgan. Füllstoff, Kaltpreßmasse	350	2,0	—	150	—	—	—	1,8—2,2	—	—	40
Bitumen mit anorgan. Füllstoff, Kaltpreßmasse	150	1,2	—	150	—	—	—	1,8—2,2	—	—	90

feste und wie Holz verarbeitbare Mischung von 30—40 Teilen Campher mit 100 Teilen Dinitrozellulose. Diese Stoffe werden in Gegenwart von Alkohol und nach einem eventuellen Zusatz von Pigmenten miteinander vereinigt, filtriert, vom Alkohol auf Walzen und von Luftblasen in eigenen Pressen befreit sowie in Platten, Blockform usw. übergeführt. Von diesen können bis zu 0,1 mm dicke Folien abgehobelt werden.

Beim Verkneten von wasserhaltiger Nitrozellulose, Weichmachern und etwa 60% Füllmitteln erhält man nichtbrennbare plastische Massen (Trolit F), die auch in Pulverform zu Gegenständen verpreßt werden können.

Zelluloid ist gegen Wasser, Säuren, Seifen, Schweiß usw. beständig und wird für zahlreiche Gebrauchsgegenstände und Filme verwendet. Nachteilig ist seine leichte Entflammbarkeit. Zelluloid wird auch in Form von Lösungen (Zelluloidlack), z. B. zum Imprägnieren von Stoffen, Wäsche zwecks Herstellung von Dauerwäsche, insbesondere aber in Mischung mit Harzen und Weichmachern als Nitrolack in der Holzwaren-, Möbel- und Kraftwagenindustrie gebraucht.

Nitrolacke trocknen in wenigen Minuten. Zaponlacke sind sehr verdünnte, 3—5%ige Lösungen von Zelluloid, die z. B. zum Überziehen von Messingwaren verwendet werden.

Die Brennbarkeit des Zelluloids sucht man durch Verwendung von Acetylzellulose und Campherersatzmitteln, wie Trikresylphosphat, zu beseitigen. Diese zelluloidartigen Massen (Cellon) sind aber teurer als Zelluloid und zur Herstellung von Filmen nicht sehr gut geeignet, da sie nicht sehr elastisch sind. Aethyl- und Benzylzellulose dienen zur Erzeugung von Lacken, Methylzellulose wird als Kleb-, Appretur-, Seifenersatz- und Anstrichmittel verwendet.

Ein eiweißhaltiger Kunststoff ist das *Galalith*, das aus dem Casein der Magermilch durch Härten mit Formaldehyd erhalten wird. Die Härtung und Trocknung erfordert einige Monate. Galalith ist geruch- und geschmacklos, indifferent gegen Fett, Öl, organische Lösungsmittel, wie Aether, Benzin, aber empfindlich gegen Wasser, Alkalien und Säuren. Es läßt sich leicht bearbeiten und wird zur Herstellung von Drechslerwaren, Knöpfen u. dgl. angewendet.

XLVII. Verbindungen mit kondensierten Kernen.

Im Steinkohlenteer finden sich eine Reihe zusammengesetzter Kohlenwasserstoffe, die unter der Einwirkung hoher Temperaturen durch Kondensation von 2, bzw. 3 Benzolkernen entstanden sind und daher kondensierte Ringsysteme darstellen. Die wichtigsten Vertreter dieser Verbindungsgruppe sind Naphthalin, Anthrazen und Phenanthren:

(8) (1)
H H
C C
(7) HC CH (2)
(6) HC CH (3)
C C
H H
(5) (4)
Naphthalin

(8) (9) (1)
H H H
C C C
(7) HC CH (2)
(6) HC CH (3)
C C C
H H H
(5) (10) (4)
Anthracen

H
C
H
C CH
H
C C
CH
HC
HC CH
C C
H H
Phenanthren

Die 8 Wasserstoffatome des Naphthalins werden zur Kennzeichnung der Stellung der Substituenten numeriert. Beim Naphthalin gibt es 2 verschiedene Mono- und 10 Disubstitutionsprodukte, wobei die 1-, 4-, 5- und 8-Stellung häufig als α-, die 2-, 3-, 6- und 7-Stellung als β- und die 1- und 8-Stellung als Peristellung bezeichnet werden.

Naphthalin $C_{10}H_8$ (D 1,168; Fp 80,4°; Kp 217,9°; L 25°: 0,003; LA 19,5°: 9,5; LA 70°: 500; ll: Ae; LBzl 21°: 59,25; g in 100 g Lm; flüchtig mit W-Dampf) bildet glänzende Blättchen, ist sublimierbar und mit Wasserdampf flüchtig. Es dient zur Herstellung von Phthalsäure, von Azofarbstoffen, Mottenschutzmitteln usw. Es kann ziemlich leicht mit Nickel als Katalysator zu *1, 2, 3, 4-Tetrahydronaphthalin* $C_{10}H_{12}$ (D 0,973; Fp —31°; Kp 206—207°; nl: W; ll: Al, Ae; cis- und trans-Form) und weiter bis zum *Dekahydronaphthalin* $C_{10}H_{18}$ (D 0,8953; Fp —125°; Kp 188°; trans-Dekahydronaphthalin: fl; D 0,8753; Fp —36°; Kp 185°; nl: W; l: Al, Ae) hydriert werden, die unter den Namen Tetralin und Dekalin als Lösungsmittel verwendet werden.

In der Farbstoffindustrie werden vorwiegend die folgenden Derivate des Naphthalins verwendet:

α-Nitronaphthalin $C_{10}H_7-NO_2$ (g Nadeln; D 1,223 [62°]; Fp 61,5°; Kp 304°; nl: W; LA: 2,8) wird unmittelbar durch Nitrierung von Naphthalin erhalten.

α-Naphthylamin $C_{10}H_7—NH_2$ (Nadeln; D 1,171 [50°]; Fp 50°; Kp 300,8°; subl; nl: W; ll: Al, Ae) wird durch Reduktion von α-Nitronaphthalin oder Erhitzen von α-Naphthol mit wasserabspaltenden Mitteln (technisches „Chlorcalziumammoniak") dargestellt: $C_{10}H_7OH + NH_3 = C_{10}H_7—NH_2 + H_2O$. Es besitzt einen unangenehmen Geruch.

Auf die gleiche Weise erhält man aus β-Naphthol *β-Naphthylamin* (Blätter; D 1,216 [98°]; Fp 112°; Kp 306,8°; ll in h W; ll: Al, Ae). Beide Naphthylamine sind diazotierbar.

Die beiden durch Erhitzen von Naphthalin mit konzentrierter Schwefelsäure gebildeten Naphthalinsulfosäuren geben beim Schmelzen mit Alkalien *α-Naphthol* $C_{10}H_7—OH$ (D 1,224; Fp 96,1°; Kp 280°; nl: W; wl: h W; ll: Al, Ae) und *β-Naphthol* (Tafeln; D 1,217; Fp 123°; Kp 285,6°; L 25°: 0,075; ll: Al, Ae). Auch die verschiedenen Naphthylamino- und Naphtholmono-, -di- und -trisulfosäuren sind Zwischenprodukte bei der Farbstoffherstellung.

Anthracen $C_{14}H_{10}$ (Tafeln; D 1,242; Fp 217°; Kp 351°; nl: W; LA 16°: 0,076; LA sdd: 0,83; LAe 15°: 0,70; LBzl 15°: 1,04) liefert bei der Oxydation mit Chromsäure in Eisessig oder technisch durch Anlagerung von Benzol an Phthalsäureanhydrid mit Aluminiumchlorid als Katalysator *Anthrachinon* $C_{14}H_8O_2 = C_6H_4\langle{}^{CO}_{CO}\rangle C_6H_4$ (g; D 1,419; Fp 286°; Kp 377°; subl; nl: W; LA 18°: 0,05; LA sdd: 2,25; LAe 25°: 0,10). Es gleicht in seinen Eigenschaften mehr den Ketonen als einem Chinon. Es ist die Ausgangssubstanz der Alizarin- und Indanthrenfarbstoffe (s. S. 691).

Phenanthren $C_{14}H_{10}$ (D 1,063 [100°]; Fp 100°; Kp 340°; nl: W; LA: 2,6; LA sdd: 10,08; LAe 15°: 8,93; LBzl 15,5°: 16,72) bildet farblose Blättchen.

XLVIII. Heterocyclische Verbindungen.

Die heterocyclischen Verbindungen bestehen aus Ringsystemen, in denen außer Kohlenstoff auch noch andere Elemente, wie Stickstoff, Schwefel und Sauerstoff, vorhanden sind. Meist beträgt die Zahl der Ringglieder 5 oder 6, selten mehr oder weniger. Auch Verknüpfungen mehrerer Ringsysteme untereinander mit einem oder mehreren Benzolkernen sowie ungesättigten heterocyclischen Verbindungen sind möglich. Von den Verbindungen mit 5gliedrigem Ring seien die folgenden erwähnt:

```
CH=CH           CH=CH            CH=CH
|     >O        |     >NH        |     >S
CH=CH           CH=CH            CH=CH
 Furan           Pyrrol          Thiophen
```

$$\begin{array}{ccc} \begin{array}{l} CH{=}CH \\ | \qquad\quad \rangle NH \\ CH{=}\ N \end{array} & \begin{array}{l} CH{=}CH \\ | \qquad\quad \rangle NH \\ N\ {=}CH \end{array} & \begin{array}{l} N\ {=}CH \\ | \qquad\quad \rangle S \\ CH{=}CH \end{array} \\ \text{Pyrazol} & \text{Imidazol} & \text{Thiazol} \end{array}$$

Ähnlich wie vom Benzol leiten sich von ihnen durch Ersatz der Wasserstoffatome gegen Halogen-, Methyl-CH_3-, CH_2OH-, —CHO-, —COOH- usw. Gruppe eine Reihe von Abkömmlingen ab.

Furan C_4H_4O (D 0,937 [19°]; fl; Kp 32°; nl: W; ll: Al, Ae); im Fichtenholzöl, Holzteer. Sein Aldehyd, der Furanaldehyd *Furfurol* (Öl; D 1,1594; Fp —36,5°; Kp 161,6°; L: 8,3; l: Al, Ae), bildet sich aus Kohlehydraten (Pentosen) bei der Einwirkung von starker Schwefelsäure durch Wasserabspaltung. Er wird auch als Lösungsmittel verwendet. Durch alkoholische Kalilauge wird Furfurol in einer Canizzaro-Reaktion (s. S. 555) zur Brenzschleimsäure (Blättchen; Fp 134°; Kp 260—275°; L 15°: 3,85; l: Al; ll: Ae) und zum Furfuralkohol (D 1,1326; fl; Kp 171°; ∞l: W; ll: Al, Ae) umgelagert:

$$\begin{array}{l} CH{=}CH \\ | \qquad\quad \rangle O \\ CH{=}C{-}CHO \end{array}$$

$$2\,C_4H_3O - CHO + H_2O \rightarrow$$
Furfurol →

$$\rightarrow C_4H_3O - COOH + C_4H_3O - CH_2OH \left(\begin{array}{l} HC \text{———} CH \\ \| \qquad\qquad \| \\ HC - O - C - CH_2OH \end{array}\right)$$

→ Brenzschleimsäure + Furfuralkohol

Pyrrol $\begin{array}{l} HC \text{———} CH \\ \| \qquad\qquad \| \\ HC - NH - CH \end{array}$ (D 0,969; fl; Kp 130°; wl: W; ll: Al, Ae; nl: Alk) kommt im Steinkohlenteeröl und Knochenöl vor. Es ist leicht polymerisierbar. Pyrrol ist auch ein Bestandteil des Blutfarbstoffes, Chlorophylls, einiger Eiweißstoffe und Alkohole.

Thiophen C_4H_4S (D 1,062; Fp —30°; Kp 84°; nl: W; l: Al, k H_2SO_4) ist im Steinkohlenteer vorhanden.

Pyrazol $C_3H_4S_2$ (Nadeln; Fp 70°; Kp 185,8°; wl: W; l: Al, Ae, Bzl) ist durch Kondensation mit einem Benzolring am Aufbau der Purinderivate beteiligt. Wichtig sind die Ketopyrazoline, die *Pyrazolone* (Nadeln; Fp 165°; subl; zers; l: W, Al; swl: Ae), von denen das *1-Phenyl-3-Methyl-5-Pyrazolon* (Prismen; Fp 127°; Kp 287° [265 mm]; swl: W; l: h W; ll: Al; swl: Ae; l: SS, Alk) ein Ausgangsprodukt für die Darstellung des Antipyrins und zahlreicher Diazofarbstoffe ist.

$$\begin{array}{l} H_2C \text{———} CO \\ | \qquad\qquad | \\ HC = N - NH \end{array}$$

$$\begin{array}{l} CH_3 - C {=\!=} N \\ | \qquad\qquad\quad \rangle N - C_6H_5 \\ CH_2 - CO \end{array}$$

Durch Kondensation mit einem Benzolring erhält man aus Furan, Pyrrol und Thiophen kondensierte heterocyclische Verbindungen, wie Cumaron, Indol, das als Ausgangsprodukt für die Indigosynthese sehr wichtig ist, sowie das Benzothiophen:

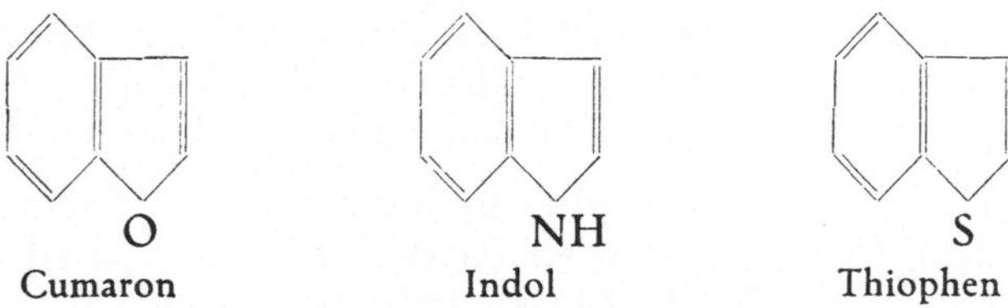

Cumaron Indol Thiophen

Cumaron C_8H_6O (aromatisch riechendes Öl; D 1,070; Fp $<-18^0$; Kp 176^0; l: sdd W; sl: Al; wl: Chlf); *Indol* C_8H_6N (Blättchen; Fp 53^0; Kp 253^0; l: h W; sl: Al, Ae; flüchtig mit W-Dampf) kommen im Jasminblütenöl, Steinkohlenteer, bei der Eiweißfäulnis vor. Im ganz reinen Zustande riechen sie angenehm. Indol kann durch Ozon zu Indigo oxydiert werden.

Indoxyl $C_6H_4\langle{}^{C(OH)}_{NH}\rangle CH$ (h-g; Fp 85^0; l: W, HCl) kommt als Glucosid Indican in der Indigopflanze und als Schwefelsäureester im Harn von Pflanzenfressern vor. Oxydation mit Salpetersäure führt zu *Isatin* $C_6H_4\langle{}^{CO}_{NH}\rangle CO$ (g-r; Fp $203{,}5^0$; subl; wl: k W; l: sdd W; sl: Al; wl: Ae), das sich in Kalilauge unter Salzbildung zu C_8H_4ON-OK löst.

Indigo (Formel s. S. 691) (D 1,35; Fp 390—392^0; subl; nl: W, Al, Ae) ist ein seit Jahrtausenden bekannter blauer Farbstoff, der früher nur aus der Indigopflanze und Färberwaid gewonnen wurde, jetzt aber nur mehr auf künstlichem Wege erzeugt wird. Aus Anilin wird mit Chloressigsäure Phenylglycin hergestellt, das bei der Schmelze mit Ätzkali oder Natriumamid Indoxyl ergibt. Wird an Stelle von Anilin Anthranilsäure verwendet, erhält man Phenylglycin-o-Carbonsäure und daraus bei der Kalischmelze Indoxylsäure und Indoxyl. Zum Färben muß das in Wasser unlösliche Indigo durch Verküpung, d. h. Reduktion in wasserlösliches, aber farbloses Indigoweiß übergeführt werden (s. S. 692). Erst durch Oxydation erhält man wieder blaues Indigo. Der Purpurfarbstoff der Purpurschnecke ist Dibromindigo.

Pyridin und Chinolin.

Unter den zahlreichen sechsgliedrigen Heterocyclen mit 5 oder weniger Kohlenstoffatomen im Ring, wie Pyran, Pyron (als Benzopyron im Pflanzenreich sehr verbreitet), Pyridin, Penthiophen,

Pyridazin, Pyrimidin, Pyrazin und Morphin, ist das Pyridin die wichtigste Verbindung.

CO	CH	CH_2
HC CH	HC CH	H_2C CH_2
HC CH	HC CH	H_2C CH_2
O	N	NH
Pyron (Fp 32°; Kp 215—217°; sl: W)	Pyridin	Piperidin

Pyridin C_5H_5N (D 0,977; Fp —42°; Kp 115,5°; ∞l: W, Al, Ae; hy; fl mit W-Dampf) kommt im Steinkohlenteer vor. Es entsteht auch bei der Destillation von Alkaloiden mit Kalilauge. Pyridin ist ebenso wie Chinolin eine schwache Base, die mit Salz- und Schwefelsäure lösliche, mit Chromsäure schwer lösliche Salze, mit Platin-IV-, Gold-III- und Quecksilber-II-Salzen meist schwer lösliche Komplexsalze bildet. Gegen Oxydationsmittel ist Pyridin beständig, Chlorierungen, Sulfonierung und Nitrierungen gelingen schwerer als beim Benzol. Pyridin dient u. a. zur Denaturierung von Spiritus.

Die drei *Methylpyridine* oder *Picoline* $C_5H_4N(CH_3)$ (α-Picolin: D 0,950; fl; Fp 69,9°; Kp 128°; β-Picolin: D 0,961; fl; Kp 143,4°; γ-Picolin: D 0,957; Kp 143,1°; ll: W; ∞l: Al, Ae) finden sich in tierischen Ölen und Steinkohlenteer.

Pyridinmonocarbonsäuren $C_5H_4N—COOH$ entstehen durch Oxydation aller Pyridinderivate mit kohlenstoffhaltiger Seitenkette.

Piperidin $C_5H_{11}N$ (D 0,860; Fp —13°; Kp 106°; l: W, Al, Ae) ist ein Hydroderivat des Pyridins, das aus diesem durch elektrolytische Reduktion erhalten werden kann. Es ist im Pfeffer enthalten und besitzt pfefferminzartigen Geruch, ist stark basisch und bildet krystallisierte Salze, wie z. B. *d-Coniin, r-α-Normalpropylpiperidin* $C_5H_{10}N(C_3H_7)$ (D 0,844; Fp —25°; Kp 166°; l: W; sl: Al, Bzl). d-Coniin ist der giftige Bestandteil des Schierlings; es besitzt einen betäubenden Geruch.

Ein Benzopyridin ist das *Chinolin* (fl; D 1,095; Fp —23°; Kp 238°; wl: W; ll: h W; ∞l: Al, Ae, CS_2, Ac; giftig; flüchtig mit W-Dampf), eine schwache 1-wertige Base, im Steinkohlenteer.

H H
C C
C
HC CH
HC CH
C
C N
H

oder

a γ
p β
m α
o N

2-Methylchinolin oder *Chinaldin* $C_9H_6N—CH_3$ (D 1,059; Fp —2°; Kp 247,6°; swl: W; l: Al, Ae) ist gleichfalls im Steinkohlenteer enthalten. Es bildet mit Phthalsäureanhydrid Chinolingelb $C_{10}H_7N(CO)_2 - C_6H_4$.

$$\mathit{Acridin}\ C_6H_4\langle{}^{CH}_{N}\rangle C_6H_4$$ (Kryst; Fp 110°; Kp 346°; subl 100°; wl: sdd W; ll: Al, Ae, CS_2) ist eine tertiäre Base, die im Rohanthracen enthalten ist. Es reizt die Epidermis und die Schleimhäute. Acridin ist ein Chromogen (s. S. 690); Acridinfarbstoffe sind z. B. Acridingelb (Diaminodimethylacridin $(CH_3)_2C_{13}H_5N(NH_2)_2$), Phosphin (Diaminophenylacridin $C_{19}H_{11}N(NH_2)_2$).

XLIX. Alkaloide.

Die Alkaloide sind organische Basen, die in bestimmten Pflanzen enthalten sind und wegen ihrer therapeutischen Wirkungen auf das Zentralnervensystem gewonnen werden. Sie stellen sehr starke Gifte dar, die teils narkotisch (Opium, Cocain), teils krampferregend (Thebain, Strychnin) wirken. Ihre Gewinnung aus den Pflanzen (Solanazeen, Papavarazeen, Rubiazeen, Ramonkulazeen usw.) ist ziemlich einfach. Die Pflanzen werden mit angesäuertem Wasser ausgezogen und mit Alkalien zur Fällung der Alkaloide behandelt oder diese werden durch eine Wasserdampfbehandlung ausgetrieben. Schwierig ist jedoch die Reinigung und Trennung der Rohalkaloide. Man benutzt dazu die Fällbarkeit mit Gerbsäure, Quecksilber-II-Chlorid, Phosphor-Molybdän-Säure, Kalium-Quecksilber-Jodid usw.

Cocain $C_{17}H_{21}O_4N$ (Fp 98°; L: 0,18; LA 25°: 20; LAe: 12; L CCl_4: 31,9) bildet als salzsaures Salz Prismen.

Atropin $C_{17}H_{23}O_3N$ (Fp 115°; subl; L 20°: 0,16; L 100°: 0,33; ll: Al; LAe: 3,2) ist geruchlos, besitzt bitteren Geschmack.

Morphin $C_{17}H_{17}O(OH)_2N \cdot H_2O$ (D 1,32; Kp 191° [Kathodenlichtvakuum]; L: 0,025; L sdd: 0,25; LA sdd: 50; nl: Ae) ist im Opium (Schlafmittel) enthalten, ebenso *Codein*

$$C_{17}H_{17}N\langle{}^{OCH_3}_{OH} \cdot H_2O$$ (D 1,31; Kp 155°; L: 0,83; LA 25°: 63,7; l: Ae) und *Papaverin* $C_{20}H_{21}O_4N$ (D 1,317; Fp 147°; nl: W; LA sdd: 1; LAe: 0,387; wirkt krampflösend).

Chinin $C_{20}H_{24}O_2N_2 \cdot 3\,H_2O$ (Fp 57°; subl; Fp [0 H_2O] 175°; L 15°: 0,05) wird als Chlorid und Sulfat als fiebervertreibendes Mittel verwendet. Es kommt in der Chinarinde vor.

In den Brechnüssen findet sich *Strychnin* $C_{21}H_{22}O_2N_2$ (D 1,359; Fp 268°; Kp [5 mm] 270°; L: 0,016; LA 25°: 0,7; LAe: 0,018); ist sehr giftig, erzeugt Starrkrampf. Auch *Brucin* $C_{23}H_{26}O_4N_2 \cdot 2\,H_2O$ (Fp 178°; L: 0,10; LA 25°: 82,4; LAe: 0,8) findet sich in den Brechnüssen.

Von den im Tabak vorkommenden Alkaloiden ist das wichtigste das *l-Nicotin* $C_5H_4N—C_4H_7N—CH_3$ (D 1,009; Fp —10°; Kp [730 mm] 246°; ∞l: W; l: Al, Ae). Es ist eine 2-wertige starke Base von betäubendem Geruch; wirkt narkotisch; mit Wasserdampf ist es unzersetzt flüchtig. Es wird auch zur Bekämpfung von tierischen und pflanzlichen Schädlingen verwendet.

L. Wirkstoffe (Vitamine und Hormone).

Die Vitamine und Hormone gehören zu der Gruppe der sog. Wirkstoffe, deren Anwesenheit im menschlichen Organismus für einen normalen Funktionsablauf notwendig ist. Sie stellen, wie schon aus der äußerst geringen Menge, in der sie wirksam sind, hervorgeht, keine Nahrungsmittel oder Bausteine dar, sondern sind organische Katalysatoren, bei deren Fehlen schwere Mangelerscheinungen und Krankheiten auftreten. Eine scharfe Trennung der Vitamine und Hormone ist nicht immer möglich, da manchmal ein Wirkstoff bei Menschen und Tieren einmal als Vitamin, das andere Mal als Hormon wirkt. Im allgemeinen gehören aber Vitamine und Hormone chemisch vollkommen verschiedenen Körperklassen an. Zwischen den Fermenten (s. S. 551) und Vitaminen besteht vielfach ein engerer Zusammenhang, da einige Vitamine (A, B_1, B_2) als Coenzyme einiger Fermente erkannt wurden.

1. Vitamine.

Die Vitamine sind Stoffe pflanzlichen Ursprungs, die durch die Nahrung vom Menschen aufgenommen werden müssen. Ihr Fehlen ruft bestimmte Krankheitserscheinungen hervor, die durch ausreichende Gabe der Vitamine wieder beseitigt werden können, sofern nicht bereits organische Schäden aufgetreten sind. Mangel an Vitaminen wird als Hypovitaminose, das völlige Fehlen als Avitaminose bezeichnet.

Manche Vitamine können im menschlichen Organismus aus vorgebildeten Stoffen synthetisiert werden. So ist z. B. der Mensch befähigt, das Vitamin B_1, das chemisch aus Aneurin, einem Pyrimidin-Thiazol-Derivat besteht, aus Pyrimidin und Thiazol selbst aufzubauen. Der wirksame Teil des Vitamins B_1 dürfte jedoch das Aneurindiphosphat sein, das die Wirkgruppe der Carboxylase darstellt.

Man teilt die Vitamine im allgemeinen in zwei Gruppen ein, nämlich fettlösliche (A-, D-, E-, F_1-, K-Vitamin) und wasserlösliche Vitamine (B_1, B_2-Komplex, B_6, C, J und P).

Vitamin A ist der bekannte Epithelschutzstoff, dessen Mangel Nachtblindheit, Gewichtsabnahme, Haarausfall verursacht. Es kommt im Lebertran, im Eigelb, in der Milch, Butter und als Provitamin (Vorstufe eines Vitamins) im Karotin vor. Die allgemeine Wirkung beruht in einer normalen Funktion der Haut und der

Schleimhäute sowie der Sehpurpurbildung. Chemisch besteht Vitamin A aus der Verbindung $C_{20}H_{30}O$ (blaß-g Nadeln; Fp 7,5°; säureempfindlich).

H_3C CH_3
H_2C —$CH=CH-C=CH-CH=CH-C=CH-CH_2OH$
H_2C —CH_3 CH_3 CH_3
CH_2

Vitamin C, l-Ascorbinsäure $C_6H_8O_6$ (fbl; Fp 192°; l: W) ist das antiskorbutische Vitamin. Mangel an Vitamin C verursacht Skorbut, Zahnfleisch- und Hautblutungen, Fehlen Infektionsanfälligkeit und Frühjahrsmüdigkeit. Es kommt vor allem in frischem Obst, Gemüse, Orangen, Citronen, Hagebutten, Paprikaschoten usw. vor. Es ist sehr sauerstoffempfindlich. Die Tagesdosis beträgt etwa 50 mg. Die Citrone scheint neben Ascorbinsäure auch noch einen Wirkstoff zu enthalten, der besonders günstig gegen Pneumococceninfektionen ist sowie die erhöhte Eiweißdurchlässigkeit der Capillaren bewirkt und als Vitamin I bezeichnet wird. Außerdem kommt in der Citrone auch noch das antipneumonische Vitamin P oder Citrin, ein Gemisch der Glykoside Hesperidin und Eriodiktin, vor.

$C=O$
$C-OH$
$C-OH$
$HC-O$
$OH-CH$
CH_2OH

Vitamin D (D_2, D_3, D_4) ist das antirachitische Vitamin. D_2 kommt die Formel $C_{28}H_{36}OH$ (Fp 116—117°), D_3 $C_{27}H_{36}OH$ zu.

D_2:
CH_3
H_3C $CH-CH=CH-CH-CH\langle{}^{CH_3}_{CH_3}$
CH_3 CH_3
OH
H

Mangel und Fehlen führen zu Rachitis, insbesondere im wachsenden Organismus des Säuglings. Das Vorhandensein bewirkt eine Steigerung des Phosphor- und Calziumstoffwechsels im Sinne einer normalen Knochenbildung. Es kommt in der Milch, Butter und im Lebertran vor. Ein Provitamin ist das Ergosterin, das durch Bestrahlung mit ultraviolettem Licht in Vitamin D_2 übergeführt werden kann. Der Tagesbedarf des Säuglings beträgt etwa $10\,\gamma$ ($1\,\gamma = 10^{-6}$ g).

Vitamin E ist das Antisterilitätsvitamin, α- und β-Tocopherol $C_{29}H_{50}O_2$. Es kommt in der Milch, in Eiern, Gemüse, Fleisch, insbesondere aber Keimlingen von Getreide vor und bewirkt bei

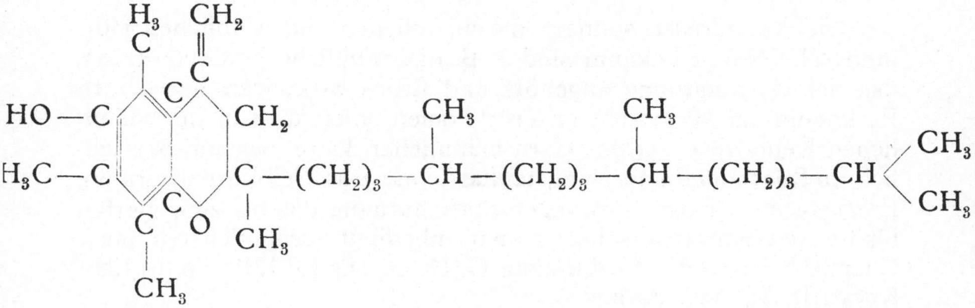

```
        H3  CH2
        C   ||
        |    C
        | C
HO — C       CH2        CH3               CH3
                         |                 |                    CH3
H3C — C       C — (CH2)3 — CH — (CH2)3 — CH — (CH2)3 — CH <
        C     |                                            CH3
      C   O   CH3
      |
      CH3
```

männlichen Tieren die Erhaltung der Fruchtbarkeit, bei weiblichen die normale Austragung und Aufzucht der Jungen. Beim Menschen ist Avitaminose mit Sicherheit nicht bekannt geworden.

Vitamin F (Linol- oder Linolensäure) beeinflußt den Fettsäure-Stoffwechsel. *Vitamin K* ist ein 1, 4-Naphtochinonderivat und regelt die Blutgerinnung.

2. Hormone.

Hormone sind im Gegensatz zu den Vitaminen Wirkstoffe, die der menschliche und tierische Organismus selbst aufzubauen vermag. Sie werden durch Drüsen mit innerer Sekretion an Blut oder Lymphe abgegeben und beeinflussen durch sie die Tätigkeit anderer Organe. Derartige Hormone erzeugende Drüsen sind z. B. die Nebenniere

```
                               HO      — CHOH — CH2 — NH — CH3,
(1-Adrenalin C9H13O3N =
                               HO
```

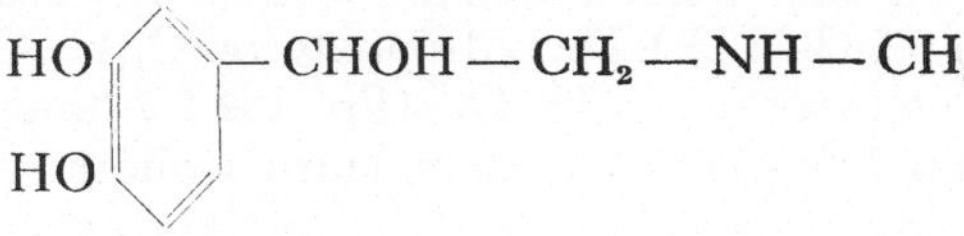

Fp 212°, das das sympathetische Nervensystem regelt [Nebennierenrindenhormon]), die Bauchspeicheldrüse (Insulin), Schilddrüse (Thyroxin $C_{15}H_{11}O_4NJ_4$; Fp 231—233°; nl: SS; l: Alk; Formel

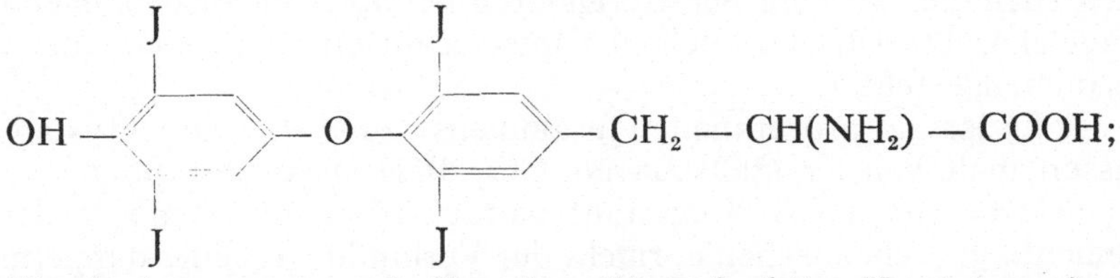

```
       J           J
       |           |
OH —       — O —       — CH2 — CH(NH2) — COOH;
       |           |
       J           J
```

Überfunktion verursacht Basedow, Unterfunktion Kretinismus) und die Nebenschilddrüse (Parathormon). In der Hypophyse wird eine ganze Reihe von Hormonen erzeugt, wie Stoffwechselhormon (Wachstums-, Kohlehydratstoffwechselhormon, Fettstoffwechsel-,

Lactationshormon, das die erste Milchsekretion anregt). Glandrotrope Hormone sind solche, die erst über andere Drüsen, wie z. B. Keimdrüsen, wirksam werden (Mittellappen- und Hinterlappen-Hormon).

Die *Keimdrüsen* sondern die männlichen und weiblichen Hormone ab. Näher bekannt sind z. B. das weibliche Follikelhormon, das der Östrongruppe angehört und Brunstwirkungen hervorruft. Es kommt im Harn schwangerer Frauen, aber auch in der männlichen Keimdrüse und im Harn männlicher Tiere, besonders reichlich im Stierhoden und Hengstenharn vor. Das Gelbkörperhormon, Progesteron, ist das Schwangerschaftshormon, das bis zum vierten bis fünften Schwangerschaftsmonat unbedingt vorhanden sein muß. Chemisch ist es die Verbindung $C_{21}H_{30}O_2$ (Fp [α] 121°; Fp [β] 128°; Kryst; l: Al, Ae), Formel

```
                              H3  CO—CH3
                         H2  C   |
                          C  |  C
                    H2C/    \C/ H  \CH2
                      |      |       |
          H2  CH3     |      |       |
           C    |    C   H   C———————CH2
      H2C/  \ C/  H \ C/ H
        |      |      |
        |      |      |
       OC     C      CH2
         \ C//  \ C/
          H      H2
```

Von männlichen Sexualhormonen wurden Androsterin $C_{19}H_{30}O_2$ (Fp 182—183°), Dehydroansteron $C_{19}H_{28}O_2$ (Fp 138—139°; 146—148°), Testosteron $C_{19}H_{28}O_2$ (Fp 154,5°) und Androstandion $C_{19}H_{28}O_2$ (Fp 129—130°) aus dem Harn isoliert.

LI. Chemisches Rechnen.

Da das Rechnen in der Chemie besonders dem Anfänger und Nichtchemiker größere Schwierigkeiten bereitet, sind nachstehend einige charakteristische Rechenbeispiele samt ihren Ausrechnungen zusammengestellt.

1. Es ist die prozentuelle Zusammensetzung und der Krystallwassergehalt von Krystallsoda $Na_2CO_3 . 10\,H_2O$ zu berechnen.

Wie bereits auf S. 8 erwähnt wurde, haben die Symbole der Elemente und chemischen Formeln der Verbindungen eine doppelte Bedeutung. Sie bezeichnen nämlich nicht nur die Art und Anzahl der Atome selbst, sondern auch die durch die Atom-, bzw. Molekulargewichte dieser Stoffe zum Ausdruck kommenden Mengenverhältnisse.

Das Molekül Krystallsoda $Na_2CO_3 . 10\,H_2O$ besteht aus 2 Natriumatomen, 1 Kohlenstoffatom, 13 Sauerstoffatomen und 20 Wasserstoffatomen.

2 Grammatome Natrium sind $2 \times 23{,}00$ g	= 46,00 g
1 Grammatom Kohlenstoff	= 12,01 g
13 Grammatome Sauerstoff sind $13 \times 16{,}00$ g	= 208,00 g
20 Grammatome Wasserstoff sind $20 \times 1{,}008$ g	= 20,16 g
Das Molekulargewicht oder Grammol der Krystallsoda ist die Summe aller Grammole	= 286,17 g

Die Prozentzahlen der einzelnen Bestandteile erhält man durch einfache Schlußrechnung:

286,17 g Krystallsoda enthalten 46,00 g Natrium
100 g „ „ x g „

$$x = \frac{46{,}00 . 100}{286{,}17} = 16{,}07\% \text{ Natrium}$$

286,17 g Krystallsoda enthalten 12,01 g Kohlenstoff
100 g „ „ y g „

$$y = \frac{12{,}01 . 100}{286{,}17} = 4{,}19\% \text{ Kohlenstoff}$$

Auf die gleiche Weise ergibt sich ein Gehalt von 72,70% Sauerstoff und 7,04% Wasserstoff. Für die Ermittlung des Krystallwassergehaltes wird folgender Ansatz gemacht:

286,17 g Krystallsoda enthalten 10 Grammole oder 170,16 g Wasser
100 g „ „ n g „

$$n = \frac{180{,}16 . 100}{286{,}17} = 62{,}96\% \text{ Wasser}$$

2. Wieviel g Zink muß man in Schwefelsäure auflösen, um 2,5 cbm Wasserstoff zu erhalten? (0° C, 760 mm.)

Über die Art eines chemischen Vorganges und über die Mengenverhältnisse der an der Umsetzung beteiligten Stoffe gibt uns die chemische Reaktionsgleichung Aufschluß (s. S. 9, 24). Ist der Reaktionsverlauf bekannt, so kann man die Mengen der entstandenen Endprodukte oder die Mengen der anzuwendenden Ausgangsstoffe durch Schlußrechnung ermitteln. Für die Umsetzung zwischen Zink und Schwefelsäure gilt folgende Reaktionsgleichung:

$$\begin{array}{ccccccc} Zn & + & H_2SO_4 & = & ZnSO_4 & + & H_2 \\ 65{,}38\text{ g} & + & 98{,}08\text{ g} & = & 161{,}44\text{ g} & + & 2{,}02\text{ g} \end{array}$$

$$\underbrace{65{,}38\text{ g} + 98{,}08\text{ g}}_{163{,}46\text{ g}} = \underbrace{161{,}44\text{ g} + 2{,}02\text{ g}}_{163{,}46\text{ g}}$$

2,02 g Wasserstoff = 1 Mol H_2 nehmen bei 0° C und 760 mm ein Volumen von 22,4 Liter, das Molvolumen, ein. 2,5 cbm = 2500 Liter sind dann $\frac{2500}{22,4} = 111,6$ Mole oder 111,6 . 2,02 = 225,4 g Wasserstoff.

65,38 g Zink liefern 2,02 g Wasserstoff
x g „ „ 225,4 g „ ; $x = 7292$ g Zink

3. Welche Normalität besitzt eine 25,21%ige Schwefelsäure? (Litergewicht 1180.)

Eine Normallösung ist eine Lösung, die im Liter 1 Gramm-Äquivalent (s. S. 10, 76) (Val) des Stoffes gelöst enthält. Nach ihrem chemischen Wirkungswert entspricht eine 1 *n* Lösung 1 Grammatom Wasserstoff. Schwefelsäure mit der Formel H_2SO_4 enthält 2 disponible Wasserstoffatome, entspricht daher 2 Grammatomen Wasserstoff. Das Äquivalentgewicht der Schwefelsäure ist daher gleich dem halben Molekulargewicht $= \frac{98,08}{2} = 49,04$ g H_2SO_4 im Liter. Eine 25,21%ige Schwefelsäure enthält in $\frac{1000}{1180} = 847,5$ ccm 252,1 g H_2SO_4. Das sind 252,1 : 49,04 = 5,141 Val H_2SO_4 in 847,5 ccm oder $\frac{5,141}{0,8475}$ Val/Liter = 6,066 Val/Liter. Eine 25,21%ige Schwefelsäure ist daher 6,066 normal oder 6,066 *n*.

4. Wie groß ist der pH-Wert einer $\frac{n}{10}$ Ammoniumhydroxydlösung, deren Dissoziationsgrad $\alpha = 0,013$ beträgt?

Ammoniumhydroxyd NH_4OH dissoziiert (s. S. 35) in die Ionen NH_4^+ und OH', wobei aber nur 1,3% aller NH_4OH-Moleküle in Ionen zerfallen sein sollen. Die Konzentration der Hydroxylionen $[OH']$, d. i. der in Ionen dissoziierte Anteil an der Gesamtkonzentration c ist:

$$[OH'] = c \,.\, \alpha = 0,1 \,.\, 0,013 = 1,3 . 10^{-3} \text{ Grammionen/Liter.}$$

Das Ionenprodukt (s. S. 34) des Wassers ist $[H^+] \,.\, [OH'] = K = 10^{-14}$, woraus sich die Konzentration der Wasserstoffionen $[H^+]$ der wässerigen Lösung zu $[H^+] = \frac{K}{[OH']} = \frac{10^{-14}}{1,3 . 10^{-3}} = 0,77 . 10^{-11} = 7,7 . 10^{-12}$ Grammionen pro Liter ergibt. Die Wasserstoffionenkonzentration H^+ einer Lösung wird nach dem Vorschlage von S ö r e n s e n in Form ihres negativen Logarithmus angegeben: $pH = -\log [H^+]$; für die $n/10$ NH_4OH-Lösung ist daher $pH = -(\log 7,7 . 10^{-12}) = -(+0,89 - 12) = 11,11$.

5. Wieviel Silberchlorid ist in 500 ccm reinem Wasser und 500 ccm einer $n/100$-Natriumchloridlösung löslich?

Silberchlorid ist in Wasser oder wässerigen Lösungen sehr wenig löslich, wobei das gelöste AgCl wegen der starken Verdünnung dieser Lösung als vollständig in $Ag^{\cdot}$- und Cl'-Ionen dissoziiert angenommen werden kann (s. S. 35).

Das Löslichkeitsprodukt (s. S. 144) des AgCl $P = [Ag^{\cdot}] . [Cl'] = 1{,}61 . 10^{-10}$, so daß $[Ag^{\cdot}] = [Cl'] = \sqrt{1{,}61 . 10^{-10}} = 1{,}27 . 10^{-5}$ Grammionen/Liter ist. Bei vollständiger Dissoziation des Silberchlorids kann angenommen werden, daß $[Ag^{\cdot}] = [Cl'] = [AgCl]$ ist. In reinem Wasser sind dann $1{,}27 . 10^{-5}$ Mole AgCl/Liter $= 1{,}27 . 10^{-5} . 143{,}34 = 0{,}00182$ g/Liter $= 0{,}00091$ g AgCl in 0,5 Liter Wasser löslich.

In 1 Liter einer *n*/100-Natriumchloridlösung beträgt bei Annahme der vollständigen Dissoziation dieser sehr stark verdünnten Natriumchloridlösung in $Na^{\cdot}$- und Cl'-Ionen die Konzentration der Chlorionen gleichfalls *n*/100. Da diese Konzentration wesentlich größer als jene der durch Dissoziation des gelösten Silberchlorids gebildeten Chlorionen ist, kann ohne einen größeren Fehler in das Löslichkeitsprodukt des Silberchlorids nur die Konzentration der Chlorionen, die aus dem Natriumchlorid stammen, eingesetzt werden. Das Löslichkeitsprodukt des Silberchlorides ist dann gegeben durch:

$$P = [Ag^{\cdot}] . [Cl'] = [Ag^{\cdot}] . [0{,}01] = 1{,}61 . 10^{-10}; \quad [Ag^{\cdot}] = 1{,}61 . 10^{-8}.$$

Da wieder $[Ag^{\cdot}] = [AgCl]$ gesetzt werden kann, sind $1{,}61 . 10^{-8} . 143{,}34 = 2{,}30 . 10^{-6}$ g Silberchlorid pro Liter und $1{,}15 . 10^{-6}$ g AgCl in 0,5 Liter *n*/100-Natriumchloridlösung löslich. Durch den Zusatz eines gleichnamigen Salzes wird also die Löslichkeit eines schwerlöslichen Stoffes sehr stark herabgesetzt.

6. Wie groß ist die Verbrennungswärme von 1 cbm Propan C_3H_8?

Propan verbrennt nach der Gleichung $C_3H_8 + 5\,O_2 = 3\,CO_2 + 4\,H_2O$, wobei die molekularen Bildungswärmen von Propan 33,85 kcal, von Kohlendioxyd 97,2 kcal und von Wasser (dampfförmig) 58,06 kcal betragen. Die Wärmetönung einer Reaktion (s. S. 74), die im vorliegenden Falle gleich der Verbrennungswärme ist, ist gleich der Summe der Bildungswärmen der entstandenen Stoffe, vermindert um die Summe der Bildungswärmen der verschwundenen Stoffe. Zu berücksichtigen ist aber das Vorzeichen und die Anzahl der Moleküle der einzelnen Verbindungen.

Es ergibt sich also:

$$\underbrace{\begin{array}{lllll} C_3H_8 & + \; 5\,O_2 & = & 3\,CO_2 & + \; 4\,H_2O \\ -33{,}85 & & = & 3 . 97{,}2 & + \; 4 . 58{,}06 \end{array}}$$

d. s. 489,99 kcal/Mol Propan oder 22,4 Liter C_3H_8. Bei der Verbrennung von 1000 Liter Propan = 1 cbm werden dann $\frac{489{,}99 . 1000}{22{,}4} = 21.873$ kcal frei.

7. Die Rauchgasanalyse einer mit Steinkohlen betriebenen Kesselfeuerung ergab folgende Werte: 12,7 Vol.% CO_2, 80,6 Vol.% Stickstoff und 6,7 Vol.% Sauerstoff. Mit welchem Luftüberschuß wurde die Kohle verbrannt?

Da die Luft auf 20,9 Vol.% O_2 noch 79,1 Vol.% Stickstoff (einschließlich der nicht reaktionsfähigen Edelgase, s. Tab. 3) enthält, gehören zu den in den Rauchgasen enthaltenen 6,7 Vol.% Sauerstoff noch $\frac{6{,}7 \cdot 79{,}1}{20{,}9} = 25{,}4$ Vol.% Stickstoff. Die Differenz $80{,}6 - 25{,}4 = 55{,}2$ Vol.% stammen daher aus der zur Verbrennung der Kohle erforderlichen theoretischen Luftmenge. Diese Stickstoffmenge mußte auf jeden Fall in den Rauchgasen verblieben sein. Der Luftüberschuß ergibt sich dann aus der Proportion: 80,6% N_2 : : 55,2% N_2 = Gesamtluftmenge $x : 1$; $x = 1{,}46$. Die Kohle wurde somit mit dem 1,46fachen der theoretisch erforderlichen Luftmenge verbrannt.

8. Ein Wassergas besteht z. B. aus 51,1 Vol.% Wasserstoff, 42,7 Vol.% Kohlenoxyd, 1,2 Vol.% Methan, 2,6 Vol.% Kohlendioxyd und 2,4 Vol.% Stickstoff. Wie groß ist die nutzbare Verbrennungswärme von 1 cbm dieses Wassergases, wenn die Verbrennung a) mit der theoretischen Luftmenge, b) mit einem Luftüberschuß von 50% erfolgt und die Verbrennungsgase mit einer Temperatur von 300° C entweichen, während die Außentemperatur 20° C beträgt?

Die verbrennbaren Bestandteile des Wassergases sind Wasserstoff, Kohlenoxyd und Methan, von welchen 0,511 cbm H_2, 0,427 cbm CO und 0,012 cbm CH_4 in 1 cbm Wassergas enthalten sind. In den folgenden Tabellen sind die zur Durchführung von Rechnungen mit Gasen erforderlichen Litergewichte, Verbrennungswärmen und spez. Wärmen zusammengestellt.

Tab. 48. Litergewichte der wichtigsten Gase in g.

Luft	1,2929	Chlor	3,220	Kohlendioxyd	1,9768
Sauerstoff	1,4289	Ammoniak	0,7714	Kohlenoxyd	1,2500
Stickstoff	1,2505	Stickoxyd	1,3402	Schwefeldioxyd	2,9263
Wasserstoff	0,08987	Salzsäure	1,6391	Schwefelwasserstoff	1,2502

Tab. 49. Verbrennungswärmen der wichtigsten Gase in kcal.

	für 1 kg	für 1 cbm
Kohlenoxyd, verbrannt zu CO_2	2.429	3.034
Methan, verbrannt zu CO_2 und Wasserdampf	11.970	8.562
Methan, verbrannt zu CO_2 und flüssigem Wasser	13.318	9.727
Wasserstoff, verbrannt zu Wasserdampf	28.557	2.570
Wasserstoff, verbrannt zu flüssigem Wasser	33.928	3.052

Tab. 50. Mittlere spezifische Wärmen der wichtigsten Gase bei konstantem Druck (c_p), bezogen auf 1 kg.

Luft	zwischen 20^0	und 400^0	0,237;	zwischen 0^0	und 2000^0	0,272
Stickstoff	„ 0^0	„ 400^0	0,243;	„ 0^0	„ 2000^0	0,282
Sauerstoff	„ 20^0	„ 400^0	0,224;	„ 0^0	„ 2000^0	0,246
Wasserdampf	„ 100^0	„ 400^0	0,468;	„ 0^0	„ 2000^0	0,578
Kohlendioxyd	„ 0^0	„ 400^0	0,228;	„ 0^0	„ 2000^0	0,283

1 cbm Wassergas liefert demnach folgende Wärmemengen:

Wasserdampf	0,511 . 2570 = 1313 kcal
Kohlenoxyd	0,427 . 3030 = 1294 kcal
Methan	0,012 . 8560 = 103 kcal
Verbrennungswärme von 1 cbm Wassergas	= 2710 kcal

Zur Bestimmung der Verteilung dieser Wärmemenge auf die einzelnen Verbrennungsgase müssen vorerst deren Mengen festgestellt werden: Nach den Reaktionsgleichungen:

$2\,H_2 + O_2 = 2\,H_2O$ (Dampf) liefern 0,511 Vol. Wasserstoff 0,511 Vol. Wasserdampf,

$2\,CO + O_2 = 2\,CO_2$ liefern 0,427 Vol. CO 0,427 Vol. CO_2,

$CH_4 + 2\,O_2 = CO_2 + 2\,H_2O$ liefern 0,012 Vol. CH_4 0,012 Vol. CO_2 + + 0,024 Vol. Wasserdampf.

Insgesamt enthält also das Rauchgas

a) folgende Vol. CO_2:

0,427 cbm aus dem Kohlenoxyd
0,012 cbm aus dem Methan
0,026 cbm aus dem Wassergas selbst

0,465 cbm CO_2 insgesamt.

b) Menge des Wasserdampfes:

0,511 cbm aus der Verbrennung des Wasserstoffes
0,024 cbm von der Verbrennung des Methans

0,535 cbm Wasserdampf im Rauchgas.

c) Die Menge des Stickstoffes ergibt sich aus dem Anteil der zur Verbrennung erforderlichen Sauerstoff-, bzw. Luftmenge und dem Gehalte des Wassergases an N_2. Die Berechnung des Stickstoffes erfolgt an Hand der Verbrennungsgleichungen, wobei auf 20,9 Vol.% Sauerstoff 79,1 Vol.% Stickstoff kommen (bei theoretisch für die Verbrennung notwendiger Luftmenge).

Wasserstoff erfordert zur Verbrennung die Hälfte des Wasserstoffvolumens = 0,255 cbm O_2,

Kohlenoxyd erfordert zur Verbrennung die Hälfte des CO-Volumens $= 0{,}214$ cbm O_2,
Methan erfordert zur Verbrennung das Doppelte des CH_4-Volumens $= 0{,}024$ cbm O_2
zusammen $= 0{,}493$ cbm O_2.

Diese 0,493 cbm O_2 entsprechen $\frac{0{,}493 \,.\, 79{,}1}{20{,}9}$ 1,866 cbm N_2. Es wurden somit theoretisch für die Verbrennung 0,493 cbm O_2 und 1,866 cbm N_2 oder 2,359 cbm Luft benötigt. Zu dieser Luftmenge kommen noch 0,024 cbm N_2 aus dem Wassergase selbst, so daß die Summe des Stickstoffes im Rauchgas 1,890 cbm N_2 beträgt. Bei einem 50%igen Luftüberschuß bei der Verbrennung sind gegenüber der theoretischen Luftmenge 0,739 cbm O_2 und 2,799 cbm N_2 oder 3,538 cbm Luft erforderlich, wovon im Rauchgase noch 0,246 cbm O_2 und 2,799 N_2 vorhanden sind.

Bei der Verbrennung mit der theoretischen Luftmenge werden mit den Rauchgasen folgende Wärmemengen abgeführt (Außentemperatur 20° C, Temperatur der Verbrennungsgase im Schornstein 300° C, Temperaturdifferenz 280° C), wobei zur Berechnung die spezifischen Wärmen der Abgase berücksichtigt werden müssen.

Abgasmengen:

0,465 cbm CO_2	$= 0{,}465 \,.\, 1{,}9768$	$= 0{,}919$ kg CO_2
0,535 cbm Wasserdampf	$= 0{,}535 \,.\, 0{,}803$	$= 0{,}430$ kg H_2O
0,246 cbm O_2	$= 0{,}246 \,.\, 1{,}4289$	$= 0{,}352$ kg O_2
1,890 cbm N_2	$= 1{,}890 \,.\, 1{,}2505$	$= 2{,}363$ kg N_2
3,538 cbm N_2	$= 3{,}538 \,.\, 1{,}2505$	$= 4{,}470$ kg N_2.

Abgeführte Wärmemenge (bei theoretischer Luftmenge):

$$280\,(0{,}919 \,.\, 0{,}228 + 0{,}430 \,.\, 0{,}468 + 2{,}363 \,.\, 0{,}243) = 275{,}8 \text{ kcal.}$$

Die nutzbare Wärme beträgt demnach bei theoretischer Luftmenge $2710 - 275{,}8 = 2434{,}2$ kcal/cbm $= 89{,}82\%$. Bei einem 50%igen Luftüberschuß bei der Verbrennung führt auch dieser Luftüberschuß eine gewisse Wärmemenge mit den Abgasen fort, welche sich dann wie folgt berechnet: $280\,(0{,}919 \,.\, 0{,}228 + 0{,}430 \,.\, 0{,}468 + 0{,}352 \,.\, 0{,}228 + 4{,}470 \,.\, 0{,}243) = 639{,}5$ kcal. Die nutzbare Wärme bei 1,50fachem Luftüberschuß beträgt somit nur $2710 - 639{,}5 = 2070{,}5$ kcal $= 76{,}40\%$.

9. Welche Höchsttemperatur der Flamme kann bei der Verbrennung von Kohlenoxyd in Sauerstoff erreicht werden, wenn a) keine oder b) eine 50%ige Dissoziation des Kohlendioxyds in CO und O bei dieser Temperatur angenommen wird?

Die Verbrennungsgleichung lautet: $2\,CO + O_2 = 2\,CO_2 + 136$ kcal. Das Volumen des entstandenen CO_2 ist also gleich groß wie jenes von CO. Da die Verbrennungsgase auf die

Flammentemperatur erhitzt werden müssen, ergibt sich diese aus der Formel $t = \frac{\text{Verbrennungswärme}}{\sum \text{Gewicht . spezifische Wärme der Abgase}}$. Pro Mol CO = 28 g = 22,4 Liter beträgt die entwickelte Wärmemenge 68 kcal, für 1 cbm CO = 1000 Liter = 3034 kcal, pro kg 2429 kcal. Ohne Dissoziation des CO_2 würde die Flammentemperatur pro cbm (spezifische Wärme von CO = 0,38, von CO_2 = 0,58 bei der Flammentemperatur) $t = \frac{3034}{0{,}58} = 5231^0$ betragen. Da bei einer angenommenen Dissoziation von 50%, was gleichbedeutend mit einer nur 50%igen Verbrennung und daher nur 50%igen Wärmeentwicklung ist, ist die Flammentemperatur wesentlich niedriger:

$$t = \frac{0{,}5 \,.\, 3034}{0{,}5 \,.\, 0{,}58 + 0{,}5 \,.\, 0{,}38} = 3086^0\ \text{C}.$$

10. Ein Wasser hatte die folgende Zusammensetzung: 130,5 mg/Liter Calziumcarbonat, 21,5 mg/Liter Magnesiumcarbonat (beide als Bicarbonate vorhanden; s. S. 29), 12,3 mg/Liter Calziumsulfat, 1,8 mg/Liter Magnesiumsulfat.

Wie groß ist die Härte dieses Wassers und wieviel Ätzkalk (92%ig) und Soda (97%ig) werden zur Fällung der Härtebildner für 1 cbm Wasser benötigt? (S. S. 41.)

Ein Liter des Wassers enthält 130,5 mg $CaCO_3$ entsprechend $130{,}5 \,.\, \frac{CaO}{CaCO_3} = 130{,}5 \,.\, \frac{56{,}08}{100{,}09} = 73{,}1$ mg CaO = 7,3⁰ *d*; 21,5 mg $MgCO_3$ entsprechend $21{,}5 \,.\, \frac{MgO}{MgCO_3} = 21{,}5 \,.\, \frac{40{,}32}{84{,}33} = 10{,}5$ mg MgO $= 10{,}5 \frac{MgO}{CaO} = 10{,}5 \frac{40{,}32}{56{,}08} = 7{,}4$ mg CaO = 0,7⁰ *d*.

Die Carbonat- oder temporäre Härte des Wassers beträgt somit 7,3 + 0,7 = 8,0⁰ *d*.

Ein Liter Wasser enthält ferner 12,3 mg Calziumsulfat, welche $12{,}3 \,.\, \frac{CaO}{CaSO_4} = 12{,}3 \,.\, \frac{56{,}08}{136{,}14} = 5{,}07$ mg CaO äquivalent sind, entsprechend 0,5⁰ *d*, sowie 1,8 mg $MgSO_4$, welche $1{,}8 \,.\, \frac{MgO \,.\, MgO}{MgSO_4 \,.\, CaO} = 1{,}8 \,.\, \frac{40{,}32 \,.\, 40{,}32}{120{,}40 \,.\, 56{,}08} = 0{,}42$ mg CaO = 0,4⁰ *d* entsprechen.

Die bleibende oder permanente Härte ergibt sich somit zu 0,5 + 0,4 = 0,9⁰ *d*, die Gesamthärte zu 8,0 + 0,9 = 8,9⁰ *d*.

1 Mol Calziumbicarbonat $Ca(HCO_3)_2$ entspricht 1 Mol $CaCO_3$ = = 100,1 g und benötigt zur Ausfällung 1 Mol CaO = 56,08 g, demnach 130,5 mg/Liter $CaCO_3$ 73,19 g CaO für 1 cbm Wasser. Zur Fällung von 84,33 g $MgCO_3$ sind ebenfalls 56,08 g CaO erforderlich, für 21,5 g $MgCO_3$ demnach 14,30 g CaO/cbm Wasser. Zur Überführung von 1 Mol = 120,40 g $MgSO_4$ in Magnesiumhydroxyd sind 56,08 g CaO notwendig, für jene von 1,8 g $MgSO_4$ 0,84 g CaO.

Der gesamte Verbrauch an CaO ist daher 73,19 + 14,30 + + 0,84 = 88,33 g 100%iges CaO oder 96,01 g 92%iger Ätzkalk.

Zur Fällung der permanenten Härtebildner werden folgende Sodamengen benötigt:

Für 1 Mol $CaSO_4$ = 136,14 g, 1 Mol Soda = 106,01 g Na_2CO_3, für 12,3 g $CaSO_4$ demnach 9,58 g Soda;

für 1 Mol Magnesiumsulfat = 120,40 g $MgSO_4$ benötigt man 106,01 g Soda, für 1,8 g $MgSO_4$ folglich 1,59 g Na_2CO_3, demnach zusammen 11,17 g 100%ige Soda oder 11,52 g 97%ige Soda.

11. Wie lange muß man ein Metallblech von 3 qdm Oberfläche (beidseitig gerechnet) bei einer Stromdichte von 2 Amp./qdm und einer Stromausbeute von 89% vernickeln, um eine Dicke der Nickelschichte von 0,01 mm zu erreichen?

Die Strommenge von 1 Faraday = 96.500 Coulombs = 96.500 Amperesekunden scheidet in 1 Sekunde 1 Grammäquivalent Nickel $= \frac{58{,}69}{2} = 29{,}35$ g Nickel, 1 Amperesekunde demnach $\frac{29{,}35}{96.500} = 0{,}0003041$ g Nickel ab. Eine Nickelschichte von 300 . . 0,01 cbmm = 0,3 ccm wiegt (spez. Gew. des Nickels ist 9,0) 0,3 . 9,0 = 2,7 g. Zur Abscheidung dieser Nickelmenge sind $\frac{2{,}7}{0{,}0003041}$ Ampsek. = 8877 Ampsek. bei einer Stromdichte von 1 Amp. oder 4438 Ampsek. bei einer Stromdichte von 2 Amp. erforderlich, d. s. $\frac{4438}{3600} = 1{,}232$ Amperestunden bei einer Stromdichte von 2 Amp. Da die Stromdichte nur 89% beträgt, muß die Elektrolyse $\frac{1{,}232}{0{,}89} = 1{,}384$ Stunden lang geführt werden.

Zum tieferen Studium werden die folgenden Literaturwerke empfohlen:

Hofmann, K. A., und Hofmann, U., Lehrbuch der Anorganischen Chemie.

Remy, H., Lehrbuch der anorganischen Chemie, 2 Bde.

Smith-D'Ans, Einführung in die allgemeine und anorganische Chemie.

Vanino, L., Handbuch der präparativen Chemie.

Karrer, P., Lehrbuch der organischen Chemie.

Bernthsen, A., Kurzes Lehrbuch der organischen Chemie.

Richter-Anschütz, Handbuch der Kohlenstoffverbindungen, 5 Bde.

Gattermann, L., Praxis des organischen Chemikers.

Strebinger, R., Praktikum der quantitativen chemischen Analyse.

Strebinger, R., Praktikum der qualitativen chemischen Analyse.

Treadwell, F. P., Lehrbuch der analytischen Chemie, 2 Bde.

Berl-Lunge, Chemisch-Technische Untersuchungsmethoden, 5 Bde.

Abderhalden, E., Lehrbuch der physiologischen Chemie.

Hahn, A., Grundriß der Biochemie für Studierende.

Kuhn, A., Kolloidchemisches Taschenbuch.

Staudinger, Organische Kolloidchemie.

Thoms, H., Grundzüge der pharmazeutischen und medizinischen Chemie.

Eggert, J., Lehrbuch der physikalischen Chemie in elementarer Darstellung.

Eucken, A., Lehrbuch der chemischen Physik, 2 Bde.

Kuhn, W., Physikalische Chemie.

Uhlich, H., Kurzes Lehrbuch der physikalischen Chemie.

Foerster, Fr., Elektrochemie wässeriger Lösungen.

Müller, Robert, Allgemeine und technische Elektrometallurgie.

Müller, Robert, Allgemeine und technische Elektrochemie nichtmetallischer Stoffe.

Tammann, G., Lehrbuch der Metallographie.

Ost-Rassow, Lehrbuch der chemischen Technologie.

Neumann, B., Lehrbuch der chemischen Technologie und Metallurgie.

Henglein, F. A., Grundriß der chemischen Technik.

Der Chemie-Ingenieur, 3 Bde. mit je mehreren Teilen.

Ullmann, Enzyklopädie der technischen Chemie, 10 Bde.

Chemische Technologie der Neuzeit, herausgegeben von Dammer, Peters und Großmann, 5 Bde.

Sachverzeichnis.